KB139747

ICT 및 융·복합 제품개발을 위한

최신 제품설계

Advanced Product Design

이 국 환 지음

기전연구사

머리말

기술보국(技術報國)이란 말이 생각납니다. 치열한 기술 경쟁의 환경 속에서 우리 일상생활을 풍족하고 편리하게 해주는 모든 제품(상품)들은 우수한 품질을 갖추어야만 합니다.

이런 품질은 첫 단계에서의 연구·개발 관련 제품설계 품질뿐만 아니라 생산기술, 품질관리(QC), 생산 등에 걸친 모든 공정에 있어서의 총체적인 제품의 품질을 의미합니다.

기술은 빠른 속도로 변하고 있습니다. 동반하여 이러한 첨단기술이 적용된 획기적인 제품들도 시장에 나오고 있습니다. 우리들이 친숙하게 접하는 생활용품부터, 가전제품(TV, 냉장고, 세탁기, 에어컨, 공기청정기, 식기세척기 등), 첨단정보통신제품(스마트폰 등), IT 및 IoT(사물인터넷) 응용기기, 반도체뿐만 아니라 자동차, 전기전자분야, 기계부품 및 전장분야, 로봇, 드론(무인비행기), 광학기기, 소재분야, 첨단산업인 항공우주산업에 이르기까지 여기에 폭넓게 적용되는 핵심기술은 바로 '제품설계' 기술인 것입니다.

대학 과정을 거쳐 실제로 제품을 개발하는 연구소에 입사하여 막상 연구개발 및 설계라는 실무를 해나가는데 커다란 차이(gap)를 느꼈습니다. 그리고 대학에서 학생들과 직장인들에게 강의 및 실습을 가르치면서 커다란 차이를 경험했습니다. 이론과 적용, 즉 실무 사이의 차이입니다.

본 저서는 본인이 30년 이상 다양한 융·복합 연구·개발분야에 근무하면서 실제로 설계한 많은 know-how를 제시하며 또한 생산공정상의 축적된 경험을 바탕으로 연구개발, 설계 및 디자인, 생산기술, 품질보증의 검사 및 시험, 생산분야 등 전 분야에 걸친 관련 자료를 수록하고 있어 R&D 및 설계 엔지니어에게 기본적이면서도 필수적인 제품설계 및 개발의 길잡이가 되고자 합니다.

신제품 개발실무, 설계품질을 고려한 공정품질 향상 및 생산기술 개선 등의 전문기술을 반영하며 토털(total) 전주기 설계기법을 제시하는 제품설계와 개발에 대해서 오랫동안의 실무 및 대학에서의 교육경험을 기반으로 저술된 본 저서가 현업에 근무 중인 전자, 기계의 제품관련 연구원, 기술자, 상품기획 등을 포함한 모든 업무분야의 관련자를 비롯하여 대학원, 대학교, 전문대학, 각종 훈련학교의 구성원에게도 제품설계 및 개발에의 실무에 접근하며 적용하는데 훌륭한 가이드가 되었으면 합니다.

부록으로 첨단정보통신 제품인 스마트폰(smart phone)에 대한 사례연구를 통하여 개발 프로세스 및 구체적인 설계내용을 제시하여 첨단 '제품설계'에 대한 이해를 돕도록 하였습니다.

끝으로 방대한 '제품설계' 기술의 내용을 담은 이 책을 펴내는데 있어서 출간에 도움을 주신 기전연구사 사장님을 비롯한 직원 여러분께 진심으로 감사를 드립니다.

2017년 6월
저자   이국환

차 례

제2편　Press 제품의 설계

제3편 Die Casting 제품의 설계

제5편 기계요소의 적용과 설계

제6편 3차원 CAD론

제7편 동시공학적 제품 설계(Concurrent Engineering of Product Design)

제8편 창의적 개념설계

제9편　지식재산권(발명특허)

부 록

제 1 편 ● Plastic 성형제품의 설계

사출성형용 Plastic(플라스틱)

1.1 Plastic 개론

Plastic이라 함은 "고분자 물질을 주원료로 하여 인공적으로 유용한 형상으로 만든 고체이다. '고분자 재료' 또는 '수지(resin)'라고 한다. 단, 섬유, 고무, 도료, 접착제 등은 제외한다."라고 정의하고 있다.

사출성형(injection molding)이라 함은 설계도면에 의한 원하는 제품을 생산하기 위하여 우선 생산 공정에서 수지를 가열해서 유동상태(유동체)로 만들고 이 재료를 닫혀진 금형의 공동부(cavity)에 압력을 주어(가압) 주입하여 금형(die) 내에서 고화(solidification)시킨 후 제품 모양을 갖춘 성형품(molded part)을 만드는 방법을 일컫는다.

본 절에서는 plastic의 일반적 분류 및 장단점에 대해 기술한다.

1.1.1 열가소성 Plastic과 열경화성 Plastic

Plastic을 구분하면 기본적인 성질에 따라 열가소성 plastic(thermoplastic)과 열경화성 plastic(thermosetting plastic)의 2종으로 나누어진다.

1) 열가소성 Plastic

상온에서는 고체이지만 열을 가하면 녹아서 연화하여 유동체로 되고, 냉각되면 굳어져서 고체가 된다. 이 상태에서 다시 가열하면 앞의 과정을 반복할 수 있는 성질을 가진 plastic이다. 열가소성 플라스틱은 전체 고분자제품의 70% 이상을 차지한다. 성형(forming)이 쉽고, 재사용이 가능하며, 용도에 적합한 다양한 성질을 가지고 있다. 열가소성 plastic은 일반적으로 기능, 용도에 따라 범용 plastic과 engineering plastic(엔지니어링 플라스틱)으로 분류할 수 있다.

(1) 범용 Plastic
가격도 싸고 성형이 용이한 것.

예 ABS, PS, PE, PP, SAN, PMMA 등

(2) Engineering Plastic

기계부품에 적합한 고성능의 plastic으로 내열성, 기계적 강도 등의 특성을 향상시켜 금속을 대체할 수 있도록 개발하여 주로 공업용도에 사용되며, 내열성 100℃ 이상, 인장강도 500kgf/cm² 이상의 것.

예 PC, PA(Nylon), POM, PBT, PET(이상을 5대 엔지니어링 플라스틱이라 한다.), PPE, PPS 등

금속이나 열경화성 수지의 대체 소재로 개발된 엔지니어링 플라스틱은 범용 플라스틱에 비해 투명성, 내열성, 내마모성 및 기계적 특성이 우수하여 전기, 전자, 자동차 및 기계부품 등에 사용되는 고기능성 수지이다. 특히 최근에는 유리섬유나 탄소섬유 등을 합금(alloy)하여 금속의 특성에 한층 근접한 형태의 소재로 발전해 나가고 있다.

(3) 결정성(Crystalline)과 비결정성(Amorphous) 플라스틱

열가소성 plastic은 고체일 때 고분자의 배열에 따라 그림 1.1과 같이 연쇄상의 고분자가 다수 모여 규칙적으로 다발로 묶인 상태의 배열된 결정성(結晶性)과 고분자의 배열에 규칙성이 없는 비결정성(非結晶性)의 2가지로 또한 분류하고 있다. 결정 부분이 많아지면 밀도가 높고 강한 성질을 지니게 된다.

결정성 plastic에는 PE, PP, PA, POM, PBT 등이 있으며, 비결정 plastic으로는 ABS, PS, SAN, PC, PMMA 등이 있다. 사출성형시 결정성 및 비결정성 plastic의 차이는 결정성 plastic은 금형속에서 냉각 고화(固化)하는 과정에서 융해열에 상당하는 양의 결정화열을 내므로 냉각을 충분히 해야 한다. 또한, 비교적 저온으로 사출한 경우에는 성형수축률도 크고 흐름방향에 의한 수축차도 크게 나온다.

결정화 속도와 수축률 관계는 사출후 서냉(徐冷)되면 고온으로 유지되는 시간이 길기 때문에 결정화가 진행되면서 수축은 커지며, 반면 급냉하면 결정화가 진행하기 전에 고화(固化)되기 때문에 수축은 작아진다.

| (a) 비결정성 | (b) 배열 안 된 결정성 | (c) 배열된 결정성 |

그림 1.1 결정화 모형도

(4) 수퍼(특수) Engineering Plastic

산업이 고도화됨에 따라 고분자 소재에 있어서도 내열성, 내화학성 등의 고기능을 요구하는 분야가 계속 증가하고 있다. 특히 자동차, 전기전자 부품의 소형화, 경량화 및 고성능화 추세에 따라 내열성,

내화학성, 기계적 고강도의 특성을 지닌 소재가 요구되고 있다. 이러한 시장의 수요 및 요구에 따라 세계적으로 기존 엔지니어링 플라스틱의 성능을 뛰어넘는 고기능성을 지닌 고분자 소재의 개발이 활발하게 진행되고 있으며, 그 중에서도 내열성, 내화학성, 난연성 및 기계적 물성에서 우수한 특성을 갖는 고분자 소재로서 수퍼 엔지니어링 플라스틱에 대한 수요가 커지게 되었다.

1970~80년대 수퍼 엔지니어링 플라스틱은 뛰어난 내열성, 내화학성, 내마모성 및 기계적 물성을 가진 최적의 소재이기는 하지만 가격이 비싼(고가) 문제와 수요를 충당하기에는 생산능력이 부족한 실정이었다. 그러나 1990년대 접어들면서 고가의 수퍼 엔지니어링 플라스틱에 대한 수요가 증가함에 따라 시장 규모 및 생산 능력이 해마다 증가하였다. 현재 세계적인 기업들은 더욱 고기능화된 높은 특성의 새로운 수퍼 엔지니어링 플라스틱 종류를 경쟁적으로 선보이고 있다. 그 중 가장 대표적인 PPS, LCP, PI, PEEK, Sulfone계를 중심으로 한 '5대 수퍼 엔지니어링 플라스틱'이 그 대표 소재이다.

> **예** 수퍼(특수) 엔지니어링 플라스틱 : PEEK, PSU, PI
> 특수 목적의 플라스틱 : COP, PPA, LCP

2) 열경화성 Plastic

가열하면 한때는 용융되어 유동체로 되지만 더 가열하면 점차 화학변화를 일으켜 경화(硬化)하거나 연소하는 성질을 가지고 있는 plastic이다. 일단 고체화된 것은 가열해도 다시는 유동체로 되지 않는다.

> **예** phenol, urea, melamine 등

1.1.2 Plastic의 일반적 장·단점

1) 장점
① 가공이 용이하고 생산성이 높다.
② 가볍고 튼튼하다.
③ 전기, 열에 대해 절연성이 좋다.
④ 착색(着色)이 자유롭고 아름답다.
⑤ 여러 가지 화학약품에 잘 견딘다(내산(耐酸), 내알카리성이 있다).

2) 단점
① 고온에서 사용하기 어렵다.
② 기계적 강도가 부족하다.
③ 온도변화에 의해 치수변화가 크다.
④ 내후성(耐候性)에 한계가 있다.

⑤ 흠이 생기기 쉽고 더러워지기 쉽다.

⑥ 연소성이 있다.

이 장점과 단점은 모든 plastic에 해당하는 것은 아니다. 예를 들어, 장점 중에서 전기절연성은 특수 용도에서는 결점으로 되어, 이 점을 해결하기 위한 전도성 plastic도 있으며, 결점으로 열거된 온도에 의한 치수변화를 개선한 plastic과 연소하기 쉬운 점을 개선한 난연성 plastic도 있다.

1.2　사출성형용 Plastic 각론(최근 플라스틱의 분류)

사출성형용으로 사용되고 있는 plastic은 30종 이상이다. 이 많은 plastic 중에서 그 성질, 가격 등을 이해하고 제품에 적용해야 할 것이다.

본 절에서는 일반적으로 사용되고 있는 plastic의 성질과 용도에 대해 설명한다.

플라스틱(polymer, 수지)은 대량생산이 우수하고(양산성), 아주 가벼워서(경량성), 소형이 가능하며 (소형화), 전기가 안통하고(전기절연성), 녹슬거나 부식되지 않은 성질(내식성) 등 다른 소재보다 우수한 성질을 가지고 있어 기존에 사용되는 소재의 대체는 물론, 아주 다양하고 많은 새로운 용도로 개발되어져 현재는 범용 및 첨단 소재로서의 그 사용범위를 넓혀가고 있다. 그 적용분야는 일용잡화품·생활용품에서부터 첨단정보통신제품, 자동차, 전기전자분야, 반도체, 기계전장부품, 가전제품, 화학장치, 드론(drone, 무인비행기) 및 첨단산업인 항공우주산업 분야에 이르기까지 폭넓게 활용되고 있으며, 그 종류도 용도에 따라 아주 다양하다. 그림 1.2는 일반적인 플라스틱의 분류이다.

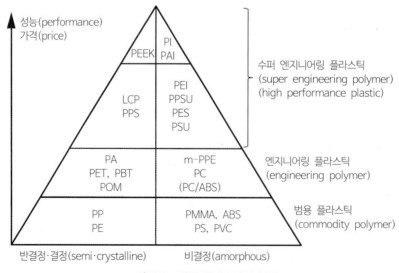

그림 1.2 최근 플라스틱의 분류

1.2.1 **열가소성 Plastic**

1) PS(Polystyrene)

(1) 성질

단순히 PS라 하면 일반용 PS(GPPS)를 가리킨다. 성질은 투명하고 강성(剛性)이 있으며 성형가공성이 좋고, 전기적 성질이 우수한 비결정성 plastic이다. 사출성형 특성도 우수해 대표적인 범용 plastic으로서 광범위하게 사용되고 있다. 반면에 취약하고 내열온도가 낮으며 내유성(耐油性)이 없다. GPPS의 쉽게 깨어지는 단점을 보완하고자 고무(rubber) 성분을 보강하여 내충격성을 강화시킨 HIPS(High Impact Polystyrene)을 개발하게 되었다. 내충격성 PS(HIPS)는 일반 PS의 결점인 취약성을 butadiene과 graft 중합에 의해 개선한 것이다. 그러나 반투명이며 내후성은 좋지 않다. 일반용 PS, 내충격성 PS 모두 사출성형성은 매우 용이하며 성형조건의 허용범위가 넓고 유동성이 우수하다. 일반용 PS는 앞서 지적한 것과 같이 취약성이 있으므로 이형성(離型性)이 좋은 금형이 필요하고 내부변형에 의한 crazing(크레이징 ; 성형물 내부에 생기는 가느다란 균열)이 발생하기 쉽기 때문에 사출시 과충전(過充塡)되지 않도록 주의해야 한다.

(2) 용도

PS는 일용품 분야에는 그 투명성, 강성의 성질 때문에 널리 사용되고 내충격용 PS는 완구, 문방구류 등에 사용되고 있다. 또한, PS는 무독성이므로 의약품, 식기, 식품용기, 냉장고 야채박스, 일회용 투명커피컵에도 사용된다. 공업용품 분야에서도 널리 사용되고, tape cassette(테이프 카세트), 냉장고, 세탁기 등의 각종 가전품을 비롯하여 각종 제품의 housing(하우징), cabinet(캐비닛), case(케이스), 내부부품, 명판 등으로 그 용도범위는 매우 넓다. 난연제를 첨가한 자기소화성의 내충격성 PS는 TV, radio, cabinet(캐비닛), 선풍기 날개 등에 널리 사용된다.

2) PE(Polyethylene)

(1) 성질

PE는 대표적인 결정성 plastic이다. PE는 그의 결정화도에 의해 약간의 성질을 달리하나, 모두 반투명이며 강인하고 전기적 성질, 내약품성, 내한성이 우수하다. 반면, 상온에서는 완전히 용제에는 녹지 않아 접착제에 의한 접착 및 인쇄는 성형품에 표면처리를 하지 않는 한 견고하게 부착시킬 수 없다. PE의 사출성형특성은 매우 양호하고 성형도 용이하다.

그러나 수축률이 크고, 흐름방향에 의해 성형수축률의 차가 커서 정밀 치수는 얻기 힘들며, 제품 중앙에 direct gate 또는 pin point gate(핀 포인트 게이트)로 성형하면 성형품에 비틀림이 생기고 더욱이 gate 부근이 갈라질 수 있다. 또한 PE는 계면활성제라든가 약품류에 의한 응력균열(stress cracking, 파괴강도보다 작은 응력에 의해 성형품의 표면 혹은 내부에 생기는 균열)에 주의해야 한다.

PE는 제조공정에 의해 저밀도 PE(LDPE, 밀도 0.925 이하), 중밀도 PE(MDPE, 밀도 0.926~0.940) 및 고밀도 PE(HDPE, 밀도 0.941 이상)의 3종류로 나누어진다.

(2) 용도

PE(Polyethylene : 폴리에틸렌)은 에틸렌(ethylene) 중합에 의해 만들어진 결정성의 열가소성 수지이며, 그 특성에 따라 LDPE(Low Density Polyethylene : 저밀도 폴리에틸렌)과 HDPE(High Density Polyethylene : 고밀도 폴리에틸렌)으로 구분된다. 통상 LDPE는 고중압법에 의해, HDPE는 저중압법에 의해 제조된다. LDPE는 영국 CI사에서 고압 라디칼 중합에 의해 개발되어 2차대전 중 미국에서 상용화되었으며, HDPE는 이태리 몬테카티니 에디슨사에 의해 치클러 촉매의 방법으로 공업화되었다. 또한 미국의 필립스사는 산화크롬계 촉매에 의한 중압법을 개발하였다.

저밀도 PE(LDPE)는 유연성이 있기 때문에 농업용 필름, 부엌용품, 물통, 완구, 화장품 포장재, 약품 뚜껑, 비닐장갑, 용기의 뚜껑 등의 유연성을 필요로 하는 용도에 널리 사용되며, 고밀도 PE(HDPE)는 강인성이 있으므로 쇼핑백, 종량제 백, 하수관 파이프, 일용잡화, 식기, 약품통·용기, 컨테이너 등 일용품에서 공업용품에 걸쳐 널리 사용된다. 특히 PE는 무해하므로 식품 관련용기로도 적합하다.

3) PP(Polypropylene)

(1) 성질

PP는 반투명으로 강인하고 가벼우며 내열성(결정융점 160~168℃)이 있는 결정성 plastic이다. 그러나 PE와 같이 성형수축률이 크고 상온에서는 용제에 녹지 않는다.

Homopolymer(호모폴리머)는 저온에서 취약한 결점이 있으며, copolymer는 그 결점이 약간 개선된 것이지만 0℃ 이하의 저온에서는 역시 취약하다. PP는 동과 접촉하면 취약화되는 성질이 있어 황동재질의 insert(인서트)를 사용할 경우에는 동해방지(銅害防止)가 된 품종을 사용해야 한다.

PP의 특이한 장점으로는 굴곡피로에 견디는 강한 성질을 가지고 있는 것이다. 이것은 다른 plastic에 비해 우수하여 성형품 일체형으로 hinge(힌지)를 만들 수가 있다(뚜껑, 몸체 및 hinge를 일체형으로 성형시켜 뚜껑을 여닫을 수 있게 한 case류).

PP의 사출성형성은 매우 우수하나 성형수축률이 크며, 사출성형품이 휘거나 비틀리기 쉽고 치수가 정밀한 성형품은 얻기 힘들다. PP는 물리적 성질이 PE보다 뛰어나지만, 대기중에 노출된 상태에서 빛이나 열에 산화 및 열화하는 결점이 있어 안정제를 필요로 한다.

(2) 용도

PP는 100℃에 견디며 강하고 미려해서 주방용품, 세면기, 쓰레기통, 의자, 가정용품인 바가지 등 소형에서 대형의 일용품, 컨테이너, 오토바이 및 전동킥보드, 하우징 등 공업용품에 이르기까지 널리 사용된다.

4) ABS(Acrylonitrile-Butadiene-Styrene)

(1) 성질

ABS는 내충격성 PS의 내유성의 부족을 acrylonitrile을 공중합(共重合)시킨 plastic이다. 극히 균형이 잡힌 기계적 성질을 가지고 있으며 좋은 광택을 가지고 있다. 한편, 결점으로서는 polybutadiene을 함유하고 있는 관계로, 옥외에서 사용하면 강도의 저하가 현저하고, 특히 오존에 침투된다.

ABS는 3元(원) 공중합체이므로 그 제조방법 및 성분의 비율에 따라 기계적 성질이 크게 변화한다. 중충격성 ABS 및 고충격성 ABS도 있는데 이들은 고강성 ABS에 비해 충격강도가 크나 고강성 ABS에 비해서는 강성이 낮다. 내열성 ABS는 내열성을 개선한 것으로 하중에 의한 처짐온도(deflection temperature under load, 일정 하중하에서 시험편이 일정량의 변형을 생기게 하는 온도, plastic의 내열성을 표시하는 기준)가 100℃ 이상의 것도 있다. ABS의 성형성은 PS에 비해 유동성은 약간 떨어지고 흡습성이 있기 때문에 예비건조를 하지 않으면 안 된다.

(2) 용도

ABS, 특히 고강성 ABS는 고급 범용 plastic이다. 따라서, PS라든가 내충격성 PS가 사용되고 있는 용도 중에서 약간의 유지, 가솔린, 윤활유에 접촉되고 있는 경우 또는 PS라든가 PP에서 치수정밀도, sink(싱크), 외관에 문제가 있는 경우에 널리 사용된다. 즉, 일용품에서 공업용품에 이르기까지 광범위하게 사용된다. 중충격, 고충격 및 내열의 각 품종은 각각의 물성요구에 응해 사용되고 있다. 난연제를 첨가한 자기소화성 ABS는 가전제품(전화기, TV, 컴퓨터 모니터 · 본체, 마우스, 냉장고 내외장재 등)과 전기제품의 하우징(복사기, 자동차 내장재 등) 등에 광범위하게 사용된다.

ABS의 중요한 용도의 하나는 plastic 도금의 바탕재료가 된다. ABS는 polybutadiene 입자가 함유되어 있기 때문에 화학적으로 산화(etching)시키면 표면이 미조화면(微粗化面)으로 되어 이 면에 금속이 밀착하여 도금층을 이루게 된다.

5) SAN(Styrene-Acrylonitrile)

(1) 성질

PS의 내유성(耐油性)을 개선한 plastic으로, 투명하고 내유성이 있으며 강성이 큰 비결정성 plastic이다. SAN은 흡습성이 있기 때문에 예비건조가 필요하고 PS에 비해 사출성형에 있어 유동성은 좋지 않다.

(2) 용도

SAN은 내유성과 투명성을 요하는 용도에 사용된다. 주된 용도는 선풍기의 날개, battery case(배터리 케이스) 등이고, 그밖에 내약품성이 요구되는 일회용 라이터 케이스, 화장품 케이스 등의 일용잡화에도 널리 사용된다.

6) PMMA(Polymethyl Methacrylate)

(1) 성질

PMMA는 완전투명으로 내후성, 내약품성, 내긁힘(scratch)성이 있으며 착색성이 뛰어나고 외관이 미려하며, 강성이 큰 plastic이다. 광선투과율은 100%에 가까우며 옥외에 노출되어도 강도저하율이 낮고 황색으로 변색하는 일도 없다. 그러나 작은 응력하에서도 크레이징(crazing)이 발생되기 쉬우며 내열성도 그다지 높지 않다.

PMMA는 흡습성이 있기 때문에 사출성형 전에 예비건조가 필요하며, 유동성도 PS에 비해 떨어지며, 또한 취약한 성질이 있어 금형구조는 ejecting(이젝팅)시 성형품에 무리가 가해지지 않도록 해야 한다.

(2) 용도

PMMA의 최대 특징은 투명한 것이므로 투명성을 중시하는 용도에 사용된다. 주된 용도는 자동차 후미등, 실내등의 커버, lens(렌즈), 카세트도어, 광고판, 전등의 갓, IT기기의 윈도우(window), 평면스크린 등에 사용되고 또한 인조대리석, 피아노 건반, 수족관 투명창 등 고급 일용품에도 사용된다.

7) PVC(Polyvinyl Chloride)

(1) 성질

PVC는 가소제를 가하지 않거나 극히 적은 양을 가한 경질 PVC(H-PVC)와 PVC 100에 대해 가소제(plasticizer ; 제품에 유연성을 주기 위해 수지에 첨가하는 액체 또는 고체물질) 50~80을 가한 연질 PVC(S-PVC)로 나누어진다. PVC는 가소제 배합에 의해 투명한 제품으로 될 수 있으며, 난연성 및 내후성이 우수한 제품으로도 될 수 있다. 연질 PVC는 유연한 plastic으로 투명하다. 그러나 다른 plastic과 접촉하면 가소제가 이행될 수 있으며, 저온에서는 딱딱해지는 결점이 있다.

PVC는 사출성형온도와 분해하는 온도가 서로 가깝기 때문에 아무리 하여도 고온으로 성형될 수 없다. 따라서, 특히 경질 PVC는 사출성형용으로는 유동성이 좋지 않다. 또한 약간 분해하여도 염산을 발생하여 사출성형기의 실린더, screw(스크류 ; 나사), 금형을 부식시키므로 내식성 재료를 사용하지 않으면 안 된다.

분해를 방지하기 위해 고가의 안정제가 요구되며, 내식성을 요하는 등으로 인해 PVC 사출성형품은 고가로 되는 것은 피할 수 없다.

(2) 용도

PVC 수지는 널리 사용되고 있으며, 세계 전체 수요 중 PE 수지 다음으로 많은 양을 차지하고 있다.

경질 PVC는 압출성형품으로 제조되는 파이프 등의 부품으로 사용된다. 또한 연질 PVC는 유연성을 요하는 용도 즉, 전선의 피복, 플러그(plug) 등에 사용된다. 인조모(합성섬유, synthetic hair) 소재로도 사용한다(이는 잦은 세척에도 처음 스타일이 계속 유지되는 형태유지 기능이 우수하기 때문이다). PVC는 PVC만이 아니면 안 되는 특수용도 외에는 사용하지 않는 것이 좋다.

8) PC(Polycarbonate)

(1) 성질

PC는 무색, 투명으로 극히 강인한 비결정성 plastic이다. 특히 충격강도가 큰 것이 특징이다. 또한, 하중에 의한 처짐온도는 130℃ 이상으로서 내열성이 우수하다. 그러나 내약품성에는 한계가 있으며 강한 산성, 알칼리성에 의해 가수분해를 일으키고 내(耐)용제성도 그다지 양호하지 않다. 특히 염소 탄화수소 또는 방향족 탄화수소에 접하면 극히 취약하게 되어 변형(strain)에 의해 파괴되기 쉬운 결점이 있다.

PC는 습기를 제거하기 위해 150℃ 이상 가열하면 가수분해하고 분자량이 저하되어 취약하게 된다. 그 때문에 PC의 사출성형시에는 적어도 120℃로 5시간 이상 건조하고, 흡수율을 0.02% 이하로 하도록 하며, 성형기의 hopper(호퍼) 내에서도 흡습을 방지하기 위해 hopper drier(호퍼 드라이어) 등으로 hopper 내의 온도가 100℃ 이하로 되지 않도록 해야 한다. 또한 PC의 유동성은 그다지 좋지 않기 때문에 사출성형용 금형의 sprue(스프루), runner(런너)는 압력손실이 적은 것이 요구되며, 얇은 벽의 제품이라든가 L/t(길이와 벽두께비)가 큰 제품의 성형은 어렵다.

(2) 용도

PC는 1956년 독일 Bayer사에서 처음으로 개발한 열가소성 수지이다. PC의 투명성, 내충격성, 내열성이 가장 강하고, 양호한 수지인 것을 이용하여 lens, 전등의 cover, relay case(릴레이 케이스), 스마트폰 내·외장재, 광디스크 재료, 자동차 부품, 의료기기 부품, 휴대용 IT기기, 전기·전자 부품, 광학기기 부품 등에 널리 이용된다. 특히 난연성의 품종은 가전제품에 널리 사용된다. 또한 내충격을 이용한 용도로서는 안전모, 각종 housing류가 있다. glass 섬유 강화 PC는 카메라, 정밀공업부품에 널리 사용도 되고 공업용으로도 자동차분야, 의료기분야 등 광범위하게 사용되고 있다. 사출성형, 압출성형, 진공성형, 압축성형 등 모든 성형가공법이 가능한 최첨단 소재이다.

9) PA(Polyamide, Nylon)

PA는 amide 결합(-NH-CO-)으로 규칙적인 연쇄상으로 연결된 선상 polymer의 총칭이다. PA는 미국의 du pont(듀폰)사에 의해 합성섬유로서 개발되어 나일론이라는 상품명으로 실용화된 것이다. 각종 나일론 중에서 주요한 것으로는 나일론 6, 66, 11, 12이며, 그밖에 나일론 46, 특수 나일론이 있다. 이 중에서도 나일론 6과 66이 PA 전수요량의 96%를 차지하고 있다.

(1) 나일론 6과 66

나일론 6, 66은 대표적인 결정성 plastic으로 내유성, 내열성, 마찰, 마멸, 내충격성의 특성이 우수한 유백색 불투명 plastic이다.

그러나 흡습성이 큰 관계로 흡수율에 의한 특성이 변화한다. 즉, 흡수율이 커지면 인장강도, 탄성율, 경도가 감소하고, 신도(伸度 ; elongation, 재료를 인장하였을 때 일어나는 변형. 보통 재료의 늘어난

길이와 원래의 길이의 비를 백분율로 표시한다), 충격강도 및 치수가 증대한다. 나일론 6, 66의 사출성형에 있어서 흡수된 채로 성형하면 monomer(모노머)로 되돌아오므로 반드시 건조가 요구되나, 이 때 공기중에서 건조하면 황색으로 변색하므로 진공건조를 해야 한다.

사출성형시 용융된 나일론은 그 점도가 극히 낮아 burr(버) 발생이 쉽다. 따라서, 사출성형기의 노즐은 역 테이프 노즐 등을 사용하는 것이 좋은 방법이다. 나일론 6, 66은 마찰, 마멸에 대한 성질이 양호하고 강인한 것이기 때문에 기어나 캠 등에 사용되고, 내유성 또한 양호하여 가솔린과 접촉되는 용도에도 이용된다.

(2) 나일론 11과 12

나일론 11 및 12는 나일론 6 및 66의 흡수성의 큰 결점을 개선한 것이다. 즉, amide(아미드) 결합산의 alkyl기의 탄소수를 높임으로써 흡수성을 떨어뜨린 것이다. 나일론 11 및 12도 결정성 plastic이나 나일론 6 및 66에 비해 약간 유연하다. 다른 물성은 나일론 6 및 66과 유사하나 흡수에 의한 치수변화는 거의 무시될 수 있다. 나일론 11 및 12의 용도는 나일론 6 및 66에서 흡수성 때문에 사용하기 어려운 용도에 사용된다.

(3) 특수 PA

PA 결합을 가진 비결정성의 투명한 나일론이다. 내유성이 있고 투명을 요하는 용도에 사용된다.

10) POM(Polyacetal)

polyacetal은 그 화학구조가 polyoxymethylene인 관계로 POM이라는 약호로 부르고 있다. 종류로서는 homopolymer와 ethylene oxide와의 copolymer의 2종이 시판되고 있다.

(1) 성질

POM은 전형적인 결정성 plastic으로 마찰, 마멸특성이 우수하며 반발탄성이 우수하다. 그러나 결정성 plastic이므로 성형수축률이 크다. 그 외에 내용제성은 극히 우수해 용제 접착 또는 접착제 접착이 매우 어렵다. POM 중에서 특히 homopolymer는 수중에서 가열하면 분해되는 결점이 있어 뜨거운 물에서는 사용할 수 없다.

POM은 유동성이 좋으며 사출성형특성이 우수한 plastic이나 과도하게 실린더 온도를 높여 사출성형하면 좋지 않다.

(2) 용도

POM(polyoxymethylene 혹은 acetal, polyacetal, polyformaldehyde)은 포름알데히드를 주원료로 제조되는 결정성 수지로서 장기간의 광범위한 사용온도 범위에서도 기계적, 열적, 화학적 성질이 우수하고, 부품설계 및 적용이 용이한 엔지니어링 플라스틱이다. Acetal Copolymer 구조에 의해 열안정성이 뛰어나며, 우수한 기계적 강도와 플라스틱 중 내피로성이 가장 뛰어난 특징을 가지고 있다. 아세탈은 내마찰, 내마모성이 우수하므로 플라스틱 기어(gear)류, 자동차, 전기, 전자, 산업용 소재의 부품에 적합한 수지이며, 기능면에서 금속소재 및 열경화성 수지를 대체할 수 있는 소재이다.

11) PBT(Polybutylene Terephthalate)

PBT는 1970년 celanese社에 의해 glass(유리) 섬유강화형 engineering plastic으로서 상품화된 5大 (대) engineering plastic 중 강성, 내열성, 내약품성, 전기특성, 정밀성형성 및 내마멸성의 면에서 최고로 균형잡힌 plastic이다.

(1) 성질 및 특징

PBT는 다음의 성질 및 특징을 가지고 있다.

① 결정화 특성이 우수하고, 빠른 성형시간에서도 우수한 표면의 성형품을 얻을 수 있다.

② glass 섬유강화에 의해 강성, 열변형온도, 내(耐) creep(크리프, 재료에 응력이 가해졌을 때 생기는 변형 중 시간의존성의 부분)을 향상시킬 수 있다.

③ 전기특성이 우수하고 난연화가 가능하다.

④ 흡수성이 적으며 흡수에 의한 물성저하, 치수변화가 무시될 수 있으며 선팽창계수(온도 1℃ 변화했을 때 길이의 변화율)도 작기 때문에 정밀치수의 성형품을 얻을 수 있다.

⑤ 가솔린, 윤활유 등 각종 약품에 내성이 있다.

⑥ 장기내열, 내산화열화성(degradation, 제품이 열, 빛 또는 화공약품에 의해 그 화학적 구조가 유해한 변화를 일으키는 것. 특히, 물리적으로 영구변화를 일으켜 특성이 저하되는 성질로 노화라고도 한다.) 양호하고, 120℃~14℃에서 연속사용(10만 시간)이 가능하다.

⑦ 내후성(weatherability)이 우수하다.

PBT의 성형시 주의점은 ester(에스테르)기의 본질적 성질이 있어서 가수분해될 수 있어, 이에 따라 분자량이 저하되어 특히, 충격강도가 낮아지므로 수분율 0.02% 이하까지 건조해야 한다.

제품설계시 주의점은 응력집중을 피하기 위해 각 코너에 R/T=0.2 이상의 R을 줌으로써 충격강도의 향상을 기할 수 있다.

(2) 용도

전 수요량에 대한 분야별 구성비는 전기, 전자가 약 55%, 자동차가 약 30%, 기타분야가 약 15%로 추정된다. 종래 나일론 66이 주류였던 자동차용 커넥터가 그 흡수에 의한 탄성 및 강성이 저하되는 문제점 때문에 PBT로 대체되면서 수요가 증가하고 있다.

PBT는 나일론의 흡수시의 강인성, POM의 내마찰, 마멸성, PPS의 치수안정성, 내약품성의 견지에서 볼 때 개별의 특성은 특출하지는 못하나 각종의 특성을 고루 가지고 있어 수요가 확대되고 있다.

PBT는 제품의 가공성으로서는 승화인쇄(sublimation printing), 각종 기계적 결합법, 용접법, 접착법에 의해 접합이 가능하다. 후가공상의 유의점은 제품의 가열 후에 결정화 증대가 원인이 되어 후수축으로 치수가 변화하고, warp(웝 ; 휨, 평면상의 제품에서 가공 후, ⌣, ⌢ 또는 비틀리는 변형) 발생, 인성저하, 색조변화가 발생하는 것에 주의해야 한다.

PBT의 용도는 자동차 도어핸들, 커넥터(connector) 등의 자동차 부품이나 형광램프소켓, 전자레인지 door latch, 에어컨 frame류와 blade 등의 전기전자용품, pump case, toaster 및 cooker 등의 하우징, 기어, 수도계량기 하우징, 통신케이블 접속관 등 산업용품과 기타 가전기기용품에 사용된다.

12) 변성 PPE(Modified Polyphenylene Ether)

변성 PPO(Modified Polyphenylene Oxide)라고도 부르며, 1967년 미국 GE에서 공업화되어 noryl(노릴)이라는 상품명으로 불려지고 있다.

일반적인 noryl은 ABS나 PC와 같이 비결정성의 열가소성 수지로 성형수축률은 POM이나 PA 등의 결정성 수지와 비교하면 작아 치수정밀도를 필요로 하는 용도에 적당하다. 고내열성이며 성형성도 eng.(engineering) plastic으로서는 양호하며 주로 난연성을 요하는 제품에 많이 사용된다.

13) PET(Polyethylene Terephthalate)

PET는 1948년 ICI, 이후 du pont의 양사에 의해 공업화된 이래 그 우수성이 인정되어 현재에는 일반화된 plastic이다.

(1) 성질

역학특성은 glass 섬유의 함유량에 의존한다. glass 섬유를 배합하는 것에 의해 충격강도, flexural strength(굽힘강도), 인장강도 등의 각종 역학특성이 대폭 향상된다. 예를 들면, 열변형온도와 같은 열적 성질도 glass 섬유의 배합에 따라 비약적으로 개량된다. 또한, PET는 열적성질도 거의 손색이 없어 전기 · 전자 용도에도 사용되는 재료이다.

(2) 용도

약 50%가 전기 · 전자 분야이다. 복합화에 의해 용이하게 난연화가 되는 것과 PET의 전기적, 열적 특성 때문에 난연성이 필요한 해당분야에서 사용이 활발하다. 코일용 보빈(bobbin), 모터 하우징, 커넥터, PET병 등에 사용한다. 또한 조명기구, 다리미 등의 가정용 전기기구에도 사용되고 자동차분야가 약 30%, 기계분야는 약 10% 정도로 사용되고 있다.

14) PPS(Polyphenylene Sulphide)

PPS는 phenylene기를 유황으로 연결한 구조를 가진 plastic으로, 내열성, 치수안정성 및 내약품성이 우수하다. 사출성형으로서는 주로 glass(유리) 섬유강화품이 사용되고 있다. 그 품종은 특히 강성과 내열성이 우수하며, 강성은 일반적으로 사용되고 있는 열가소성 plastic 중에서 가장 높다.

PPS는 미국 Phillips Petroleum의 Edmond와 Hill이 1963년 특허출원 후 1973년 연산 3,000톤의 상업 플랜트를 완성하여 상업화된 고성능의 열가소성 수퍼 엔지니어링 플라스틱이다. 최초 Phillips Petroleum에서 개발된 PPS는 가교형 PPS 수지였으나 1980년대 들어서면서 PPS 중합에 관한 특허 기한이 만료됨에 따라 일본 업체들이 중합반응 개선을 통한 고분자량의 선형 PPS 중합에 성공하면서 본격적으로 PPS 사업에 진출하였다. 현재 세계적으로 PPS 시장은 쉐브론 필립스와 일본기업들이 주도하고 있다. PPS는 뛰어난 내열성, 내약품성, 난연성, 전기특성을 가지고 있어 자동차 부품 및 전자부품 수요로 큰 성공을 거두고 있다.

PPS(Polyphenylene Sulfide)는 화학적으로 매우 안정한 구조를 갖는 고결정성 수지로서 내열성, 내약품성 및 치수 안전성, 강성 등이 매우 우수한 고기능성 엔지니어링 플라스틱이다. PPS는 기존의 범용 엔지니어링 플라스틱으로 대체하지 못한 금속 및 열경화성 수지를 대체할 수 있는 소재이다. 주요 용도로는 switch, connector, socket 등의 전기, 전자용품과 배기가스 순환밸브 등의 자동차 부품, 카메라, 시계 등 각종 측정기 부품, 기타 산업용품 등에 사용된다.

15) TPE

TPE는 열가소성 탄성체(thermoplastic elastomer)로서 Polyolefin계와 Polyester계가 있다. 열가소성 탄성체는 기존의 고무가 가진 탄성과 열가소성 수지가 가진 가공성을 동시에 가지는 소재이다. PP/EPDM, 폴리우레탄, 폴리에스테르, 폴리아미드 등의 다양한 제품군이 있으며, 소재의 재활용과 환경친화라는 전 세계적 추세에 부응하여 그 용도 및 시장이 확대되고 있다.

상업적으로 TPE는 6가지로 클래스[styrenic block copolymers, polyolefin blends, elastomeric alloys(TPE-v or TPV), thermoplastic polyurethans, thermoplastic copolyester, thermoplastic polyamides]로 구분한다.

(a) 열가소성 폴리우레탄

(b) 요가용 매트

그림 1.3 TPE 수지를 활용한 제품

TPE는 내열성, 내한성, 내환경성(방음성, 내후성)이 뛰어나고, 리사이클(recycling)을 통한 재활용성이 뛰어나다. 주요 용도는 범퍼(bumper), 에어스포일러(air spoiler), 가스켓(gasket) 등 자동차 내외장재로 사용되며, 세탁기, 청소기의 호스나 포장(packing)류 등에 사용되며, 전선 피복용으로 사용된다.

16) PC/ABS

PC/ABS는 PC와 ABS 수지를 얼로이(alloy)함으로써 각각의 수지가 갖는 단점을 상호 보완하고 장점을 최대한 살린 엔지니어링 플라스틱으로서 기계적 강도, 열적 성질, 가공성 및 내후성이 우수하다. 주요 용도로는 자동차 콘솔박스(console box), 계기판(instrument panel), glove box, wheel cover 및 cap, 그리고 모니터 하우징, Fax 하우징, 노트북 컴퓨터 하우징, 무선 전화기 케이스 등 가전용품과 단자함, 농사용 배전함, 공중전화박스 등 산업용으로 사용된다.

17) 폴리올레핀(Polyolefin)

Polyolefin은 알켄족 탄화수소(Olefin : 올레핀) 중합체(Polymer)의 일반 명칭이다. 내열성이 우수하고 가벼우며, 결정성 고분자이면서 투명하고, 내약품성, 안전성도 우수하므로 가선용 전자부품, glove box, air cleaner 등 자동차 부품, propeller fan 등 산업용품과 기타 레저용품의 성형에 사용된다.

- Thermoplastic polyolefins : polyethylene(PE), polypropylene(PP), polymethylpentene(PMP), polybutene-1(PB-1)
- Polyolefin elastomers(POE) : polyisobutylene(PIB), ethylene propylene rubber(EPR), ethylene propylene diene Monomer(M-class) rubber(EPDM rubber)

18) LCP(Liquid Crystalline Polymer)

LCP는 액정 폴리머로 1976년 Eastman Kodak의 Jackson이 PET의 내열성 향상 목적으로 PHB로 변성시킨 액정 polyester를 1984년 Amoco가 Xydar 상표로 처음 상업화하였으며, 빠른 시장 확장세를 보이고 있는 대표적인 수퍼 엔지니어링 플라스틱이다. LCP는 고체결정과 등방성액체의 중간 형태로 액체와 같은 유동성이 있으며, 규칙성이 있는 질서구조를 갖는 폴리머로서 제조사마다 제조 기술 및 조성이 다르다. 대표적인 LCP 제조사는 TICONA와 DuPont이 있으며 Celanese의 EP 사업부인 TICONA와 일본 다이셀과의 합작사인 Polyplastics사가 아시아 지역을 집중적으로 시장을 확대하고 있는 실정이다. 또한 Solvay, Sumitomo, Ueno 등의 후발업체들 역시 시장 확대를 위해 맹추격을 벌이고 있으며 TICONA와 DuPont 역시 플랜트 증설을 통한 생산량 증대로 시장 확대를 위해 노력하고 있다. LCP의 시장 성장은 뛰어난 유동성, flash 특성 및 내열특성으로 ODD, connector 등의 전기, 전자 부품 중심으로 성장하였으며 특히 아시아 지역의 성장세가 두드러졌다.

19) PEEK(Polyether Etherketone)

PEEK는 1980년 ICI에서 개발한 내열성, 내마모성, 내화학성이 우수한 수퍼 엔지니어링 플라스틱이다. 내열성은 PI 대비 떨어지기는 하지만 성형가공성이 우수한 특성이 있다. 베이스 레진은 Victrex사가 독점공급하고 있으며 생산능력은 2,000톤 규모이다. PEEK의 응용분야는 항공기 커넥터 및 엔진부품, 자동차 엔진부품, 반도체 부품 등 첨단산업에 응용되고 있다.

20) PI(Polyimide)

PI는 1964년 DuPont에서 개발한 수퍼 엔지니어링 플라스틱 중 내열성이 가장 우수한 수지이나 가격 역시 최고 수준의 고가의 수지이다. 그러나 최근 PI 시장의 공급 부족이 발생하면서 PSU, PES, PPSU 등의 sulfone계 수지들로의 대체가 진행되고 있다. PI는 DuPont이 품질과 시장면에서 선두를 지키고 있으나 이 외에도 DSM, 엔싱어, 도레이 등의 기업들이 분포되어 있다.

화학섬유 제조업체인 코오롱인더스트리가 2016년 접을 수 있는 스마트폰을 생산하기 위한 핵심 소재인 '투명 폴리이미드' 필름 생산설비에 882억 원을 투자했다. 접는 스마트폰이란 화면을 휘어지게 만든 기존 스마트폰에서 한 단계 더 나아가 화면을 폴더폰처럼 접을 수 있도록 만든 것이다. 큰 화면을 탑재하더라도 접으면 크기가 작아지기 때문에 소지하기 편리하다.

투명 폴리이미드 필름은 코오롱인더스트리가 세계 최초로 개발한 소재다. 유리처럼 강도가 세면서 수십만 번 접어도 흠집이 나지 않는다. 기존 폴리이미드 필름은 투명하지 않아 스마트폰 등에 활용하기 어려웠는데, 최초로 투명한 폴리이미드 필름을 개발해 이 문제를 해결했다. 투명 폴리이미드 필름은 접을 수 있는 스마트폰에 없어서는 안 될 핵심소재이다.

기존 스마트폰 디스플레이에 쓰이는 유리는 접으면 깨져버리지만, 유리 대신 CPI(clear polyimide) 필름을 사용하면 수십만 번 접어도 깨지지 않고 흠집도 나지 않는다. 향후 CPI 필름 기술은 스마트폰 외에 말았다가 펼칠 수 있는 '롤러블(rollable) 디스플레이', 종이처럼 벽에 쉽게 붙일 수 있는 '월(wall) 디스플레이', 종이처럼 접고 펼 수 있는 '폴더블(foldable) 디스플레이' 등 다양한 차세대 디스

표 1.1 수퍼 엔지니어링(super engineering) 플라스틱 특성

수지명	주요 제조사	특 징	용 도
PPS	Chevron Phillips TORAY DIC TICONA	난연성, 내열성, 내약품성, 치수안정성	전기전자부품 자동차부품 정밀기기부품
LCP	DuPont TICONA Polyplastics AMOCO	내열성, 낮은 흡수율, 난연성, 내약품성, 기계적 성질	전기전자부품 기계부품 광학정밀기기부품
PI	DuPont TORAY DSM	내열성, 내크리프 특성, 치수안정성, 내마모성, 내약품성, 정밀부품 성형	전기전자분야(항공우주, 군사용) FPC, 반도체 다층화용 층간 절연막, 자기기록 매체의 기판
케톤계 수지 (PEEK, PEK)	VICTREX	내열성(300℃ 이상) 내마모성 내충격성 내약품성	컴퓨터, 항공기, 원자력 발전소의 전선피복재, 열수 펌프하우징, 내열패킹

플레이 소재에 적용할 수 있다. 또한 투명 폴리이미드 액상소재를 활용하면 대형 투명 창을 컴퓨터 모니터처럼 사용할 수도 있다.

1.2.2 충전(充塡) 열가소성 Plastic

열가소성 plastic에 무기물 등을 혼합하여 그 특성을 변화시키고 있다. 그 목적은 다음과 같다.
① 강도 및 강성 향상
② 성형수출률의 감소
③ 도전성 부여
④ 도금부착성의 향상
⑤ 난연성 향상
⑥ 윤활성 향상
⑦ 전자파 shield성(차폐성)의 부여
충전 열가소성 plastic의 종류로서는 다음과 같은 것이 있다.

1) 섬유강화 열가소성 Plastic(FRTP, Fiber Reinforced Thermoplastics)

열가소성 plastic에 강도가 큰 섬유상 물질인 glass 섬유, 탄소섬유(carbon fiber, or graphite fiber), 티탄산 gallium(Ga) 등을 10~30% 혼합하면 하중변형온도가 상승되고, 강성도 커지며 성형수축률에서도 기본 plastic에 비해 1/2로 된다. 그런 이유로 거의 모든 열가소성 plastic에 glass 섬유 등을 혼합한 품종이 시판되고 있다.

Glass(유리) 섬유로는 10~13μ 직경(지름)의 것을 plastic에 혼입하여 pellet(펠레트 : 직경 또는 한 변의 길이가 2~5mm 정도의 구형(球形), 원주형(圓柱形) 또는 각주형(角柱形)으로 한 성형재료)한 것이 대부분이나, 일부 pellet에 glass 섬유를 피복만 한 것도 있다. glass 섬유강화 열가소성 plastic(GRTP)의 성형조건은 glass 섬유를 충전(充塡)하지 않은 것과 큰 차는 없으나 금형온도를 낮게 성형하면 glass 섬유가 성형품의 표면에 나타나 비강화의 것에 비해 성형품의 외관이 좋지 않게 되며, weld line(웰드 라인) 부위는 glass 섬유가 결합되지 않은 곳이 되므로 강도가 떨어진다. 또한, glass 섬유는 notch effect(노치 효과 ; 구멍, 홈이 있는 재료에 응력을 가하면 그 집중효과에 의해 강도가 떨어지는 효과)의 원인이 되므로 일반적으로 충격강도는 떨어진다.

Glass 섬유 강화 plastic은 사출성형시 glass 섬유가 plastic의 흐름방향으로 배치되는 경향이 있어 흐름방향과 그 직각방향과의 성형수축률은 다르게 된다. 특히, 결정성 plastic과 같이 수축률이 큰 것에서는 그 차가 크게 되어 성형품이 비틀리는 경향이 있다. glass 섬유 강화 plastic 중 비결정성 plastic인 SAN, PC 등의 glass 섬유강화품은 그 선팽창계수가 금속에 가까워 특히 정밀공업용품에 적합하다. 탄소강화 plastic은 glass 섬유강화 plastic보다 강도의 정도가 높으며, 탄소섬유가 표면에 노출됨으로 윤활성이 향상될 수 있는 특징이 있다.

티탄산 Ga(갈륨)는 매우 미세하므로 이것이 표면으로 노출되어도 외관상으로는 지장이 없으나 순백색인 관계로 착색에는 한계가 있다.

2) 무기물 충전 열가소성 Plastic

PA, PP 등에 무기물, 예를 들면 glass beads(유리알), talc(활석), 운모(mica), 점토, 탄산 gallium 등을 혼합한 것이다. 이 무기물은 충전하면 glass 섬유보다 강도의 향상은 얻을 수 없지만 강성이 높아져 성형수축률은 작아지며 하중에 의한 처짐온도가 상승하고 경우에 따라서는 용적당의 plastic의 가격도 떨어지며, glass 섬유 강화 plastic에서와 같은 유동방향에 의한 성형수축률의 차이는 없다. 그러나 충격강도는 본래의 plastic에 비해 떨어지는 것은 피할 수 없다.

3) 윤활성 향상 열가소성 Plastic

베어링, 캠 등에 열가소성 plastic을 사용할 경우, 윤활성과 마찰, 마멸특성이 필요하다. 이를 위해 plastic에 흑연(graphite), 2유화 molybdenum(Mo), silicone oil(실리콘 오일) 등을 혼합하여 만들어지고 있다. 탄소섬유는 흑연의 조성을 가지고 있으므로 윤활성 향상이 가능하다.

4) 전도성 Plastic과 전자파 Shield(실드 ; 차폐)용 Plastic

Plastic은 일반적으로 전기절연성이 우수하여 전기절연용 재료로 많이 사용된다. 그런데 plastic의 진전과 더불어 역으로서 plastic에 전도성이 요구되는 경우가 생기고 있다. 전도성은 금속분말을 다량으로 혼합한 도료를 사용한 도장에 의해 그 성질을 부여한 것이 있으며, plastic 재료 자체로서 전도성을 가질 수 있도록 한 것도 있다. 이를 위해서는 금속분말, 금속박 또는 도전성이 높은 carbon flake (카본 플레이크 ; 탄소 조각), 탄소섬유 등을 혼입함으로써 가능하다. carbon flake를 10% 혼입함으로써 체적고유저항을 10Ωm 정도 얻을 수 있으며, 또한 30%의 탄소섬유를 혼입하는 것도 같은 효과를 얻을 수 있다.

1.2.3 **열경화성 Plastic**

열경화성 수지는 성형 중에 일정한 온도에 도달하면 가교결합(cross linking)이 발생하여 3차원 망목구조의 매우 견고한 형태를 가지게 된다. 결합이 이루어지는 수지는 특별한 목적 외에는 사용이 제한적이다. 높은 신뢰성이 요구되는 반도체 사출(encapsulation) 공정이나 내화학성 또는 내열성이 요구되는 제품에 사용된다.

열경화성 plastic으로는 phenol resin(PF), urea resin(UF), melamine resin(MF), melamine/phenol resin, epoxy resin(EF), silicone resin(SI) 등이 있으며 모두 성형사출이 가능하다. 열경화성 plastic의

사출성형은 특별한 사출성형기가 사용되어야 한다. 사출성형에 있어서는 실린더 내의 온도로 유동성을 생기게 함과 동시에 실린더 내에서 잠시 정체하여도 화학반응에 의해 경화가 생기지 않도록 하는 것이 필요하다. 이를 위해서는 압축성형 및 트랜스퍼 성형(열경화성 plastic의 성형법의 하나로 가열실 중에서 가소화된 재료를 가열된 금형 cavity(캐비티) 내에 압입으로 성형하는 방법)용의 열경화성 plastic과는 달리 사출성형용에서는 유동하는 온도에서 경화의 속도가 극히 늦은 것, 금형온도에서는 경화속도가 가속되는 것이 요구되므로 이에 적합한 품종을 선택하지 않으면 안 된다.

주로 사용되는 열경화성 수지는 다음과 같다.

멜라민(melamine), 실리콘(silicon), 불포화 폴리에스터(unsaturated polyester), 에폭시(epoxy), 페놀(phenol), EMC(epoxy molding compound, 반도체 사출에 사용되며, 에폭시 수지에 무기충전재를 혼합한 것) 등이 있으며 다음 그림 1.4는 반도체 사출에 사용되는 EMC의 예이다.

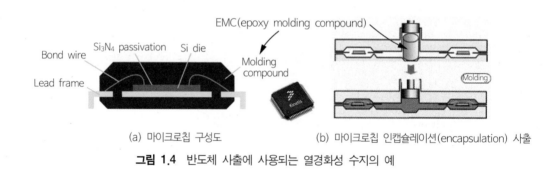

(a) 마이크로칩 구성도   (b) 마이크로칩 인캡슐레이션(encapsulation) 사출

그림 1.4 반도체 사출에 사용되는 열경화성 수지의 예

1.2.4 기타 Plastic(고분자 재료)

1) 얼로이(alloy)와 블렌드(blend)

고분자 얼로이와 블렌드는 둘 또는 그 이상의 완성된 고분자의 혼합시스템이다. 얼로이와 블렌드의 차이를 살펴보면 아래와 같이 구분할 수 있다. 고분자들의 조합이 하나의 유리전이온도(Tg)를 가지며 시너지 효과(즉, 혼합물성이 개개의 물성보다 뛰어남)를 나타내는 고분자를 얼로이(alloy)라 한다. 반면, 여러 개의 유리 전이온도를 가지고 그것의 물성이 개개 요소의 평균을 나타낼 때 이를 블렌드(blend)라 한다.

① 얼로이 : 하나의 유리전이온도(Tg), 각각의 요소 물성보다 뛰어남
② 블렌드 : 여러 개의 유리전이온도(Tg), 각각의 요소 물성의 평균치
③ 사용예

  ABS/PC alloy
  ABS/polysulfone alloy
  ABS/nylon alloy

ASA/MMA blend

SAN/EPDM blend

2) 고분자 복합재료(composites)

고분자 복합재료는 원하는 물성을 얻기 위하여 고분자 모재에 다양한 강화제(첨가제)를 혼합한 것이다. 낮은 종횡비를 갖는 첨가제는 강성을 증가시키며, 높은 종횡비를 갖는 강화제는 인장강도와 강성을 모두 증가시킨다.

일반적으로 많이 사용되는 첨가제(filler, 충전제)의 종류와 형태는 다음과 같다.

① 섬유형태 : Glass fiber, Carbon fiber, Kevlar

② 충전제 형태 : Talc, Clay, Carbon powder, Glass bead

③ 금속 충전제 : 니켈, 알루미늄

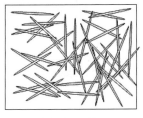 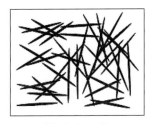 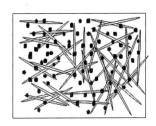

(a) Glass fiber　　　　(b) Carbon fiber　　　　(c) Glass fiber + Talc

그림 1.5 첨가제에 따른 분포형상 비교

1.3 사출성형용 Plastic의 시험법

1.3.1 유동성(流動性)

사출성형에서 가공성의 표준으로서 유동성이 사용되고 있으나 유동성은 온도, 압력 및 전단속도에 그 의존성이 크므로 전체를 파악하는 시험법은 현재로서는 없다. 점도의 물리적 단위로 P(Poise)가 있으나 별로 사용되지 않고 있다. 유동성의 실제적인 측정법으로는 맴돌이 형상의 금형을 실제의 사출성형기에 걸고 유동거리를 측정하는 spiral flow 시험이 행해지고 있다. 그 금형의 예는 그림 1.6과 같다.

사출압력, 온도 등을 일정하게 해야 되는 것은 당연하나 사출속도의 변화에 주의해야 한다. 또 다른 유동성 시험방법으로는 압출의 원리를 이용한 것으로서 2중으로 장치된 가열통에 일정량의 시료를 넣고 plastic의 종류에 따라 각각 정해진 가열온도와 가압력으로 저부(底部)의 가는 구멍(orifice)으로 수지를 압출시켜 10분간의 압출된 양(g/10min)을 구하고, 이것을 melt-flow index(MFI) 또는 melt-flow rate(MFR)라 정의하여, 그 재료의 유동성의 척도로 한다.

따라서 이 값이 큰 것이 유동성이 좋은 것이나, 수지의 종류에 따라 시험조건도 다르기 때문에 MFI 값만 가지고 그대로 다른 수지와의 유동성을 비교할 수는 없다.

그림 1.7은 본 시험법의 원리이다.

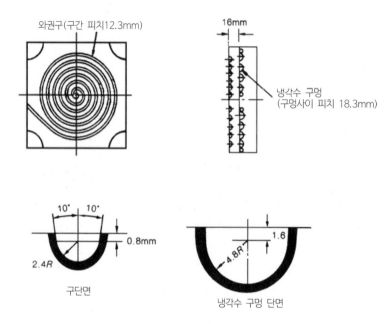

그림 1.6　Spiral Flow 시험용 금형 예

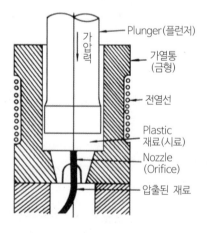

그림 1.7　압출식 유동성 시험법의 원리

1.3.2 기계적 성질

기계적 특성의 시험법으로서 다음과 같은 것이 있다.

① 인장강도(tensile strength)   ② 전단강도(shear strength)

③ 굽힘강도(flexural strength)   ④ 충격강도(impact strength)

⑤ 경도시험(hardness test)   ⑥ 기타

1) 인장강도시험

인장강도는 plastic 재료의 특성 중에서 가장 중요한 것의 하나이다. 일정 치수, 형상의 시험편 양단에 외력(인장하중)을 가해 그 재료가 파단할 때까지의 응력과 변형과의 관계를 표시하는 기계적 성질이다.

그림 1.8은 상온에서 고분자 재료 인장시편을 통해서 시험한 결과이다. 보통 금속재료의 경우는 항복응력(yield stress)과 최대응력(maximum stress)을 비교했을 때 대부분 극한응력이 높게 나온다. 하지만 고분자 재료의 경우는 최대응력이 항복응력보다 낮게 나오거나 비슷하게 나온다.

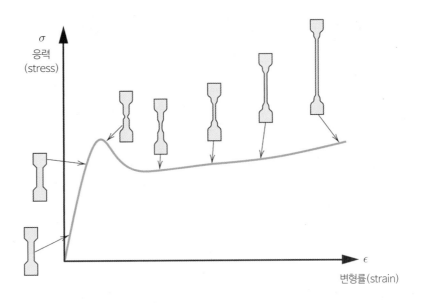

그림 1.8 응력(stress) 및 변형률(strain) 곡선(반결정성 고분자 재료)

또한 고분자 재료 인장시험의 경우 시편온도에 매우 민감하므로 시험할 때 온도관리를 잘해야 한다. 즉, 고분자 재료가 사용되는 환경(온도)과 동일하게 할 필요가 있다.

표 1.2에서는 다양한 고분자 재료의 상온에서 인장시험한 결과값을 보여주고 있다. 비중(specific

gravity), 탄성계수(elastic modulus), 인장강도(tensile strength), 항복강도(yield strength), 연신율 (elongation)을 보여주고 있다. 비중은 1.0 전후에서 대부분이 존재하는 것을 알 수 있다. 또한 연신율 도 고분자 재료에 따라서 변화가 심하다는 것도 알 수 있다. 예를 들어 PE(polyethylene, low density) 는 100~650%인데 반하여, PMMA(polymethyl methacrylate)는 2.0~5.5% 정도로 많은 차이가 난다. PMMA는 PE에 비해서 취성파괴에 훨씬 취약하다는 것을 알 수 있다.

표 1.2 일반 고분자 재료의 상온에서의 기계적 특성

수지명	비중	종탄성계수 (GPa)	인장강도 (MPa)	항복강도 (MPa)	연신율 (%)
Polyethylene (low density)	0.917~0.932	0.17~0.28 (25~41)	8.3~31.4 (1.2~4.55)	9.0~14.5 (1.3~2.1)	100~650
Polyethylene (high density)	0.952~0.965	1.06~1.09 (155~158)	22.1~31.0 (3.2~4.5)	26.2~33.1 (3.8~4.8)	10~1,200
Polyvinyl chloride	1.30~1.58	2.4~4.1 (350~600)	40.7~51.7 (5.9~7.5)	40.7~44.8 (5.9~6.5)	40~80
Polytetrafluoro-ethylene	2.14~2.20	0.40~0.55 (58~80)	20.7~34.5 (3.0~5.0)	–	200~400
Polypropylene	0.90~0.91	1.14~1.55 (165~225)	31~41.4 (4.5~6.0)	31.0~37.2 (4.5~5.4)	100~600
Polystyrene	1.04~1.05	2.28~3.28 (330~475)	35.9~51.7 (5.2~7.5)	–	1.2~2.5
Polymethyl methacrylate	1.17~1.20	2.24~3.24 (325~470)	48.3~72.4 (7.0~10.5)	53.8~73.1 (7.8~10.6)	2.0~5.5
Phenol-formaldehyde	1.24~1.32	2.76~4.83 (400~700)	34.5~62.1 (5.0~9.0)	–	1.5~2.0
Nylon 66	1.13~1.15	1.58~3.80 (230~550)	75.9~94.5 (11.0~13.7)	44.8~82.8 (6.5~12)	15~300
Polycarbonate	1.20	2.38 (345)	62.8~72.4 (9.1~10.5)	62.1 (9.0)	110~150

표 1.3 고분자 재료의 비중과 인장강도(대표값)

수지명	비중	인장강도(kg$_f$/cm^2) ASTM D638	비 고
POM	1.41	630	열가소성
PC	1.20	650	〃
PA6	1.14	820	〃
PBT	1.32	550	〃

수지명	비중	인장강도(kg$_f$/cm^2) ASTM D638	비 고
PSF	1.24	710	열가소성
PTFE	2.18	280	〃
Epoxy	1.12~1.40	280~910	열경화성
Phenol	1.25~1.30	490~560	〃
알루미늄 합금	2.80	770~5,800	금속

시험기로서는 유압 press(프레스)의 원리를 응용한 암슬러식 만능시험기가 가장 일반적이나 인장강도가 작은 재료는 진자식 lever(레버)를 응용한 쇼퍼가 사용되고 있다. 최근에는 CRT 장치를 이용하여 인장력과 각 순간의 변형량도 정확히 측정할 수 있는 인스트론(instron)식 만능시험기도 사용되고 있다.

2) 굽힘강도시험

그림 1.9의 (a)와 같은 가늘고 길쭉한 각형의 단면을 가진 시험편을 만들어서 (b)와 같이 지점 위에 올려놓고 중앙부에 일정속도로 하중을 가해서 최대파괴응력을 측정한다.

굽힘강도는 다음의 식으로 계산된다.

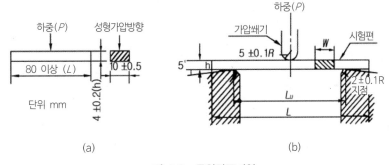

(a) (b)

그림 1.9 굽힘강도시험

$$\sigma_b(\mathrm{kgf/mm^2}) = \frac{3PL_U}{2Wh^2}$$

P : 시험편이 절단되었을 때의 하중(kgf)

L_U : 지점간의 거리(mm)

W : 시험편의 폭(mm)

h : 시험편의 높이(mm)

3) 충격강도시험

충격강도는 물체가 충격을 받았을 때 나타나는 저항에 대한 강도를 나타내며, 열경화성과 열가소성 수지의 기계적 성질을 대표하는 중요한 특성이다. 충격강도는 인장강도처럼 시료 파단시의 응력으로 나타내지 않고 파단시에 소요되는 총에너지나 시료의 단위 길이당 흡수된 파단에너지로 나타낸다.

일반적으로 분자량이 클수록, 유리전이온도(Tg)가 높을수록 충격강도는 감소한다. 범용플라스틱의 충격강도의 크기는 다음과 같다.

$$LDPE \gg HDPE > PP(Impact) > PP(Random) > PP(Homo) > PVC > PS$$

충격시험에는 많은 방법이 규격화되어 있으며 그 중 아이조드(Izod)법과 샤르피(Charpy)법에 의한 값이 가장 일반적으로 상용되고 있다.

Plastic 재료의 충격특성은 다음의 2가지로 나누어진다.

① 인성(toughness)이 풍부한 것

인성이란 충격에 대한 재료의 저항을 의미하며 인장시험에서 연신율이 큰 것이 충격에 대해서도 잘 견딘다. PC, PA, POM, ABS 수지 등이 인성이 풍부하다.

② 취성(brittleness)이 강한 것

인성과 반대로 약하고 부서지기 쉬운 성질을 취성이라 한다. 열경화성 수지로서는 유리아, 멜라인 수지가 그 경향이 강하고 열가소성 수지로는 PS, PMMA 재료가 취성이 있다.

충격시험법으로는 다음과 같은 것이 있다.

(1) 아이조드(Izod) 충격시험법

그림 1.10에 표시한 것과 같이 시험편의 한끝을 지지대에 고정하고 망치를 규정된 높이까지 올렸다가 시험편의 끝을 때리면 시험편이 부러지면서 망치는 반대방향으로 올라간다.

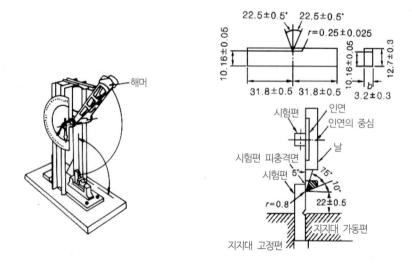

그림 1.10 Izod 충격시험기 및 시험편

측정할 때는 망치의 속도는 일정하게 하도록 정해졌고 반대방향으로 올라간 망치의 각도로 충격강도를 측정할 수 있게 정해져 있다. 단위는 $\text{kgf} \cdot \text{cm}/\text{cm}^2$이다.

(2) Charpy 충격시험기

그림 1.11에 표시한 것과 같이 시험편의 양단을 지지하고 시험편 중앙을 망치로 때려 절단될 때의 흡수에너지를 측정하는 방법이다. 측정할 때 성형재료의 경우 그림 1.12와 같은 형상의 notch(노치)가 있는 막대기형상의 성형품을 시험편으로 사용하고, 적층판, 봉, 관의 경우에는 원재료에서 각각 소정의 형상치수로 자른 것을 시험편으로 사용한다. 단위는 $\text{kgf} \cdot \text{cm}/\text{cm}^2$이다.

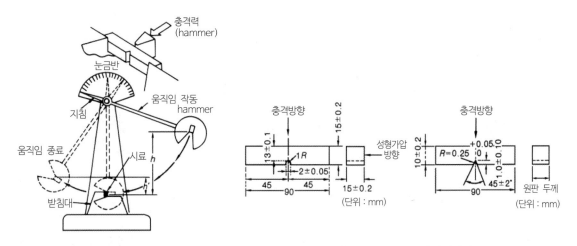

그림 1.11 Charpy 충격시험법　　　　　**그림 1.12** Charpy 충격시험편

4) 경도시험

경도라 함은 물질에 외부에서 국부적인 집중하중을 단시간 내에 가했을 때 생기는 물질의 변형도에 대한 저항의 대소이다. 경도측정에는 다음과 같은 것이 사용되고 있다.

(1) 브리넬 경도(Brinell Hardness, HB)

주로 열경화성 수지의 경도측정에 사용되고 있으며, 10mm 직경의 강구(鋼球)를 사용해 시험편에 500kgf의 정하중으로 30초간 눌렀을 때 생기는 영구변형의 직경을 측정하고, 표면적을 계산해서 소정의 계산식에 대입하여 경도를 구한다. 브리넬 경도는 다음의 식에서 산출된다.

$$H_B = \frac{500}{S} = \frac{500 \times 2}{\pi D (D - \sqrt{D^2 - d^2})} (\text{kgf}/\text{mm}^2)$$

S : 영구변형의 면적
d : 영구변형의 직경
D : 강구의 직경

또한, 영구변형의 길이가 측정되었을 때는 다음의 식으로 계산한다.

$$H_B = \frac{P}{\pi h D}(\mathrm{kgf/mm^2})$$

P : 하중(kgf)

h : 영구변형길이(mm)

(2) 록크웰 경도(Rockwell Hardness, HR)

Plastic의 종류에 따라 강구의 크기, 하중의 크기로 분류되어 있으며, 시험편에 대한 측정형상이나 치수는 정해져 있지 않다. 측정방법은 시험편에 정해진 치수의 강구를 대고 처음에는 소하중을 주어 눈금을 0점에 맞추고 규정된 하중 60kgf 또는 100kgf을 주어 15초 후의 변형길이를 눈금으로 읽어서 경도의 값으로 한다. 강구의 치수와 하중의 크기로 R scale(ϕ12.7, 하중 60kgf), L scale(ϕ6.35, 하중 60kgf), M scale (ϕ6.35, 하중 100kgf) 등이 있다.

본 시험법의 특징은 시험기의 눈금에 의해 경도가 표시되어 바로 읽을 수 있어 계산이 필요없고, 측정이 간단하고 신속하다. 각종 plastic의 록크웰 경도값은 표 1.4와 같다.

표 1.4 각종 Plastic의 Rockwell 경도

Plastic의 종류	H_R	Plastic의 종류	H_R
PS	M65~M80	Nylon(6)	R103~R118
ABS	R85~R120	PP	R85~R110
PMMA	M85~M105	PC	M62~M91
POM	M94		

(3) 듀로미터 경도(Durometer Hardness)

Shore(쇼어) 경도라고도 부르며 바늘형태의 압자(壓子)를 사용하는 시험법으로 사용되는 바늘의 형상에 따라 A형과 D형이 있다. A형은 비교적 연질(예 : 고무 등)의 재료에, D형은 경질의 재료에 적용한다(그림 1.13).

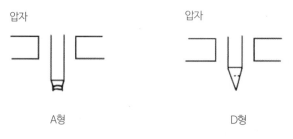

그림 1.13 Durometer의 압자

시험방법은 바늘형상의 압자를 측정할 재료면을 누르면 스프링의 힘에 의해 바늘의 끝이 재료면을 누르고 들어가게 되며, 이 누르고 들어간 길이가 눈금판에 나타나게 된다. 이 방법은 측정기가 소형이고 취급이 간단한 특징이 있으나, 오차가 많은 것이 결점이다.

(4) 바콜 경도(Barcol Hardness)

원리적으로는 durometer 경도와 유사하다. 바콜경도는 재료의 표면경도의 사용에만 이용되지 않고, 열경화성수지 성형품이 가열되어 있을 때의 표면경도를 측정하고 시간경과에 따른 경화도(rate of cure)의 판정척도로도 이용된다. 그림 1.14는 바콜 경도계의 구조이고, 그림 1.15는 epoxy(에폭시) 수지의 경화시간과 바콜 경도와의 관계를 표시한 것이다.

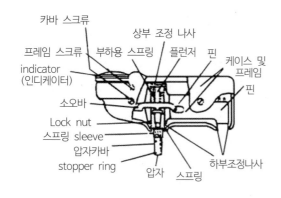

그림 1.14 Barcol 경도계

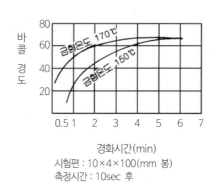

시험편 : 10×4×100(mm 봉)
측정시간 : 10sec 후

그림 1.15 Epoxy 수지의 경화시간과 바콜경도

5) 기타의 기계적 강도 시험법

(1) Creep(크리프) 시험

Plastic 재료는 하중을 준 그대로 방치하면 점차 늘어나는 성질이 있다. 이것을 creep 특성이라고 부르며, 이것을 측정하기 위해서는 시험편에 하중을 주고 그대로 장시간 방치해서 늘어남을 측정한다. creep 특성은 하중의 크기, 온도, 진동 등에 많은 영향을 미치므로 이와 같은 조건을 일정하게 정하고 측정해야 한다.

(2) 피로 시험

Plastic 재료는 반복변형을 부여하면 기계적 강도가 감소하는 성질이 있다. 이 시험은 규정된 시험편을 사용해서 반복굽힘으로 파괴했을 때의 응력과 반복횟수를 구한다.

그림 1.16은 다양한 고분자 재료의 피로수명을 나타낸 피로수명곡선이다. 여기서 PET와 나일론(Nylon)은 피로사이클이 진행되면서 급격하게 응력(stress amplitude)이 감소하는 것을 볼 수 있다. 그러므로 정적인 시험인 인장강도만 믿고 피로파괴 측면을 생각하지 못하면 큰 낭패를 볼 수 있다.

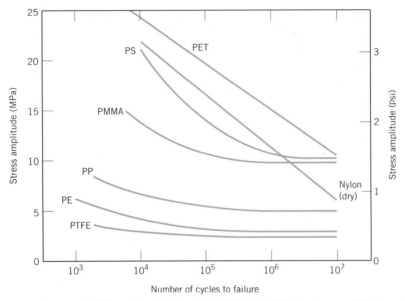

그림 1.16　다양한 고분자 재료의 피로수명(SN)곡선 (시험 frequency : 30Hz)

1.3.3 **열적 성질**

Plastic 열특성 시험으로서는 다음과 같은 것이 있다.

① 내열성 시험

② 내한성 시험

③ 연소성 시험

④ 기타

1) 내열성 시험

내열성 시험방법에는 하중변형온도 시험과 vicat 연화온도 시험이 있다. 하중변형온도는 종래에는 열변형온도라고 부른 것이지만, 표현이 오해를 살 우려가 있어 ASTM, ISO, JIS 모두 하중변형온도라고 개정되었다.

(1) 하중변형온도(Deflection Temperature Under Load) 시험

그림 1.17과 같이 막대기형상의 시험편 중앙에 하중을 가하면서 2℃/분의 속도로 온도를 상승시키고 0.25mm(0.01inch) 변형이 생겼을 때의 온도를 하중변형온도라 한다. 하중은 plastic의 종류 및 시험편의 두께에 따라 $4.6kgf/cm^2$(66psi) 혹은 $18.6kgf/cm^2$(264psi)가 사용된다.

하중변형온도는 그 시험방법에서 알 수 있는 것과 같이 plastic의 강성에 따라 그 결과치가 변화한다. 비결정성 plastic에서는 하중변형온도는 *glass 전이점 이하에 가까운 온도를 표시하므로 어느 정도 실용적일 수 있으나, 결정성 plastic에서는 하중변형온도는 glass 전이점과 결정용점의 사이 온도를 나타낸다. 따라서, 논리적으로 실용적으로 의미없는 온도로 되고 측정오차도 크다.

* glass 전이점(Glass Transition Point, 유리전이온도 Tg) : 전이온도라 함은 물질의 성질이 비연속적으로 변화하는 온도를 의미한다. 전이온도에는 1차 전이온도(first order temperature)와 2차 전이온도(second order temperature) 또는 glass 전이점이 있다.

다음 표 1.5는 플라스틱(폴리머, 수지)의 유리전이온도 및 용융온도를 나타냈다.

표 1.5 플라스틱 재료의 유리전이온도 및 용융온도

수지명	유리전이온도 (Tg, Glass transition temp.) [℃]	용융온도 (Melting temp.) [℃]
LDPE (low density polyethylene)	−110	115
PTFE (polytetrafluoroethylene, Teflon)	−97	327
HDPE (high density polyethylene)	−90	137
PP (polypropylene)	−18	175
PA (Nylon 6, 66)	57	265
PVC (polyvinylchloride)	87	212
PS (polystyrene)	100	240
PC (polycarbonate)	150	265

1차 전이온도는 용점과 같이 물리적 성질의 불연속적인 변화 즉, 체적 자체가 급격히 변화하는 온도이고, 2차 전이온도 또는 glass 상태의 굳은 상태에서 고무와 같이 연질상태로 변화하는 온도이다 (그림 1.18 참조).

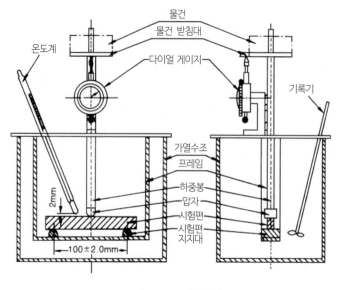

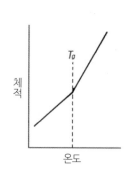

그림 1.17 하중변형온도

그림 1.18 Glass 전이점

(2) Vicat 연화점(軟化点) (Vicat Softening Temperature)

그림 1.19와 같은 단면 $1mm^2$ 원주형의 침에 1,000g의 하중을 가하고, 침이 1mm 침입할 때의 온도이다. 수조의 시험개시온도는 25~30℃로 하고 상승온도는 0.8~2℃/min으로 한다.

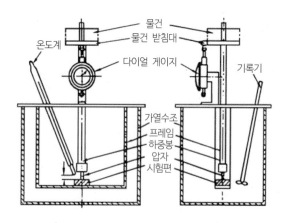

그림 1.19 Vicat 연화점 시험장치

2) 내한성 시험

내한성은 빙점 이하의 저온도에서의 저항성을 말한다. 시험방법으로서는 그림 1.20과 같이 일정치수의 sheet(판) 상태의 시험편을 dry ice(드라이 아이스)로 냉각한 저온도 욕조에 담그고 izod 충격시험과 유사한 방법으로 일정 크기의 충격력을 가해 파괴되었을 때의 욕조온도가 내한성이 된다. 이것은 취성온도(brittleness temperature) 시험이라 할 수 있으며, 취성으로 인해 파괴되는 온도를 표시하는 것이다.

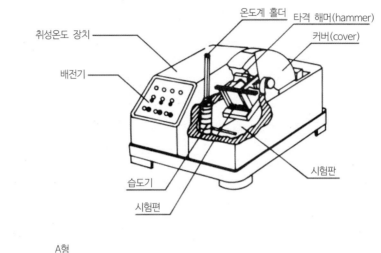

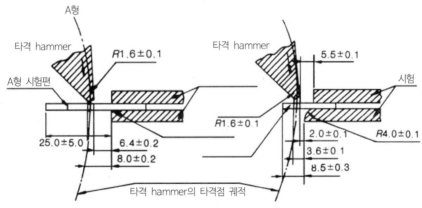

그림 1.20　취성온도장치와 시험법

3) 내연성 시험(Flammability Test)

Plastic 재료는 아무리 내열성이 좋은 것이라 해도 유기합성물질이므로 화염을 직접 댈 때 절대 연소하지 않는 것은 없다. 따라서 plastic 재료의 내연성(연소성이라고도 한다)이라고 말하는 것은 철강이나 콘크리트와 같이 내화성을 의미하는 것이 아니고 연소에 대해 어느 정도 저항이 있는가를 표시하는 것이다.

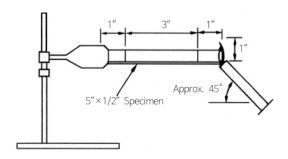

Horizontal Burning Test for 94HB Classification

94HB Horizontal Flame Class Requirements	
Thickness	Burning Rate
≥ 1/8 in.	≤ 1-1/2 in./min.
< 1/8 in.	≤ 3 in./min.

그림 1.21   UL 94HB 시험법

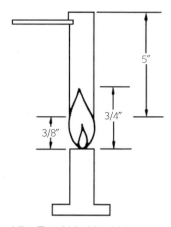

UL94 Flammability Test V-0, V-1, V-2

Vertical Flame Class Requirements			
	94V-0	94V-1	94V-2
Individual Flame Time, seconds Total Flame Time,	≤10	≤30	≤30
seconds (5 specimens) Glowing Time, seconds	≤50	≤250	≤250
(individual specimens)	≤30	≤60	≤60
Particles Ignite Cotton	No	No	Yes

그림 1.22   UL 94V-0, V-1, V-2 시험법

시험방법으로는 UL 시험법이 일반적으로 사용되고 있다. UL 시험법은 미국 underwriters labora-tories Inc.(약칭 UL)가 제정한 시험법으로 미국 국내에서 사용하는 전기기구 및 구성재료는 이 시험법에 합격해야 하는 것이 실제상 필수조건으로 되어 있고, 특히 미국 수출품에도 이 시험에 합격해야 하는 것이 절대 필수조건으로 되어 있다. UL 시험법에는 지연성(94HB), 자기소화성(94V-0, 94V-1, 94V-2) 등으로 구분되어 있다(그림 1.21, 1.22).

결과판정

94HB	A. 두께 0.12in(3.048mm)~0.5in(12.7mm)의 시험편은 중간 3in 구간에서 분당 1.5in 이상 속도로 연소하지 않아야 한다. B. 두께 0.12in(3.048mm) 이하의 시험편은 중간 3in 구간에서 분당 3in 이상 속도로 연소하지 않아야 한다.
94V-0	A. 어느 시험편도 착화 후 10초 이상 화염을 내면서 연소하지 않아야 한다. B. 5개의 시험편에서 10회의 착화시험에서 연소시간합계는 50초 이내일 것. C. 어느 시험편도 Holding Clamp까지 연소하지 않아야 한다. D. 시험편 12in 아래에 위치한 건조된 외과용 흡수솜을 떨어진 불똥에 의해 연소시키지 않아야 한다. E. 어느 시험편도 두번째 착화시험에서 30초 이상 착화되지 않아야 한다.
94V-1	A. 어느 시험편도 착화 후 30초 이상 화염을 내면서 연소하지 않아야 한다. B. 5개의 시험편에서 10회의 착화시험에서 연소시간합계는 250초 이내일 것. C. 어느 시험편도 Holding Clamp까지 연소하지 않아야 한다. D. 시험편 12in 아래에 위치한 건조된 외과용 흡수솜에 떨어진 불똥에 의해 연소시키지 않아야 한다. E. 어느 시험편도 두번째 착화시험에서 60초 이상 착화되지 않아야 한다.
94V-2	A. 어느 시험편도 착화 후 30초 이상 화염을 내면서 연소하지 않아야 한다. B. 5개의 시험편에서 10회의 착화시험에서 연소시간합계는 250초 이내일 것. C. 어느 시험편도 Holding Clamp까지 연소하지 않아야 한다. D. 시험편 12in 아래에 위치한 건조된 외과용 흡수솜에 떨어진 불똥에 의한 착화는 단시간이어야 한다. E. 어느 시험편도 두번째 착화시험에서 60초 이상 착화되지 않아야 한다.

4) 열전도도

기구설계 및 제품설계를 위한 필수내용으로 재료의 열전도도가 있다.

재료의 열전도도(thermal conductivity)를 표 1.6에 요약하였다. 이것은 제품설계 및 사출실무에서 다양하게 활용된다. 제품 및 금형의 경우에는 다양한 재료들의 조합으로 이루어지는데 이 경우 열전도도를 고려해야 한다. 즉, 제품설계의 조건 및 금형설계·가공·제작 등에 있어서 가열 및 냉각 등 열전달이 지속적으로 이루어진다. 또한 개발하는 제품의 설계를 위해서도 용도에 맞는 재료의 선택이 중요하다. 물론, 열전도도뿐만 아니라 열팽창계수 등도 복합적으로 고려되어야 하는 경우가 많다.

표 1.6 일반적인 열전도도(25℃ 기준)

재료	열전도도[Watts/meter -˚K (W/m ㆍ˚K)]	재료	열전도도[Watts/meter -˚K (W/m ㆍ˚K)]
Acrylic	0.200	Nickel	91.0
Air	0.024	Paper	0.05
Aluminum	250.0	PTFE(Teflon)	0.25
Copper	401.0	PVC	0.19
Carbon Steel	54.0	Silver	429.0
Concrete	1.05	Steel	46.0
Glass	1.05	Water	0.58
Gold	310.0	Wood	0.13

플라스틱 소재의 열전도도를 표 1.7에 요약하였다.

표 1.7 플라스틱 소재의 열전도도(Thermal conductivity)

재료	열전도도 (W/m ㆍ˚K)	재료	열전도도 (W/m ㆍ˚K)
Elastomer		Polyethylene	
- Butadiene-scrylonitrile(nitrile)	0.25	- Low density(LDPE)	0.33
- Styrene-butadiene(SBR)	0.25	- High density(HDPE)	0.15
- Silicone	0.23	- Ultrahigh molecular weight(UHMWPE)	0.33
Epoxy	0.19	Polyethylene terephthalate(PET)	0.15
Nylon 6, 66	0.24	Polyethylene methacrylate(PMMA)	0.17~0.25
Phenolic	0.15	Polypropylene(PP)	0.12
Polybutylene terephthalate(PBT)	0.18~0.29	Polystyrene(PS)	0.13
Polycarbonate(PC)	0.20	Polyvinyl chloride(PVC)	0.15~0.21

1.3.4 전기적 시험

Plastic 재료의 전기적 특성은 다음과 같은 것이 있다.

① 체적저항률

② 표면저항률

③ 내전압

④ 역률(또는 $\tan\delta$)

⑤ arc 저항

1) 체적저항률 및 표면저항률

Plastic 재료의 체적저항률과 표면저항률은 그림 1.23의 (a) 및 (b)와 같은 장치로 측정한다.

시험편을 수은용기속에 띄우고 3개의 금속제 링을 동심원으로 놓고 그 사이에 수은을 넣어 전극으로 하여 측정한다.

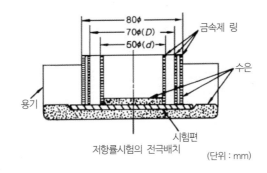

그림 1.23 (a) 체적저항률 및 표면저항률 측정장치

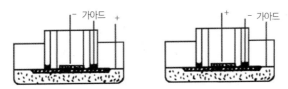

그림 1.23 (b) 체적저항률 및 표면저항률 측정방법(전극접속방법)

다음과 같은 식에서 체적저항률과 표면저항률을 계산한다.

$$\rho_v = \frac{2d^2}{4t} \times R_v, \ \rho_s = \frac{\pi(D+d)}{D-d} \times R_s$$

ρ_v : 체적저항률(MΩ · cm), ρ_s : 표면저항률(MΩ)

d : 안쪽 금속 링의 내경(cm), t : 시험편의 두께(cm)

R_v : 체적저항(MΩ), D : 중앙 금속 링의 내경(cm)

R_s : 표면저항(MΩ), π : 원주율

2) 내전압

판상의 시험편을 절연유에 넣어 양전극 사이에 있도록 하고 교류전압을 점차 높여 가면 방전이

일어나고 시험편은 녹아 파괴된다. 이 현상을 절연파괴(dielectric breakdown)라 하고, 파괴를 일으키는 전압의 인계치를 파괴전압(breakdown voltage)이라 한다.

시험편의 두께 2±0.15mm이고, 절연유의 최초온도 20±10℃로 한다.

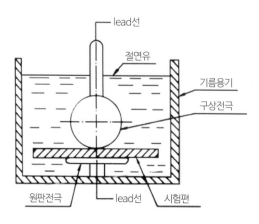

그림 1.24 내전압 측정방법

3) 유전율 및 tanδ(유전정접)

유전율(dielectric constant)이라 함은 단위전계(單位電界)에서 단위체적중에 축적된 정전기 에너지의 크기 정도를 표시한 것으로 condenser(콘덴서) 유전체에 축적된 정전용량과 공기에 축적된 정전용량의 비이다. 그리고 tanδ(dielectric dissipation factor or dielectric or dielectric loss tangent)라 함은 유전체에 정현파(正弦波)전압을 가할 경우, 유전체 내를 흐르는 전류의 인가전압과 동일주파수를 가진 전류성분과의 상차각(相差角)의 여각(余角) δ를 정접(正接) tanδ라고 한다.

유전율과 tanδ는 plastic 재료를 높은 주파수에서 사용할 때 매우 중요한 값이 된다. 이 값을 측정하기 위해서는 평판상의 시험편을 극사이에 끼우든가 알루미늄 박(箔)을 시험편에 붙여 전극으로 하든가, 은분(銀粉)의 전도성 페인트를 전극을 만들어 bridge(브리지) 회로를 만들어서 측정한다.

4) Arc 저항

절연재료의 표면이 arc(아크)에 노출되면 표면이 탄화(炭化)하거나 녹아서 변질함으로써 전기 절연성이 열화(劣化)한다. plastic 절연재료에서는 그 종류에 따라서 내arc성의 정도가 다르므로 arc 저항치를 구해 그 저항성의 강도를 비교하고 있다.

그림 1.25는 arc 저항시험장치로 전극간에 정해진 전압을 단계적으로 가해서 arc를 발생시켜 시험

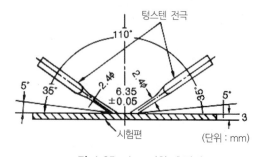

그림 1.25 Arc 저항 측정법

편이 파손할 때까지의 시간을 측정해 arc 저항의 값을 구한다.

1.3.5 그 밖의 시험

1) 내후성(耐候性) 시험

Plastic은 장기간 옥외노출하거나 계속해서 열을 받으면 물성이 저하한다. 즉, 물성이 열화(劣化)해 균열이 생기기도 하고 깨어지기도 한다. 내후성 시험으로서 가장 좋은 방법으로는 직접 옥외에 시료를 내놓고 노출시키는 방법이지만, 이 방법으로는 몇 년간의 시간이 걸리므로 가속시험을 행하기 위해 weather-o-meter에 의한 시험을 하고 있다.

2) 응력균열(Stress Cracking) 시험

plastic에 변형을 주어 아세톤, 저급알코올과 같은 극성이 높은 액 또는 식염수, 물 등에 장기간 침적하면 균열이 생기고 무르게 된다. 이 현상을 응력균열이라고 부르는데, 이 응력균열 특성의 측정에는 시료를 일정한 치수로 절단하고 그 시료에 정해진 깊이로 칼질을 넣어 180° 구부려 고정하고 일정 온도의 액속에 일정시간동안 담갔다가 갈라진 시험편의 개수를 조사하는 것이다.

1.4 사출성형용 Plastic의 선택

1.4.1 범용 플라스틱

많은 플라스틱이 사출성형용으로 사용되고 있으나, 범용 플라스틱으로서는 폴리스티렌(polystyrene), 내충격성 폴리스티렌, 폴리에틸렌(polyethylene), 폴리프로필렌(polypropylene)과 ABS 등이 있다.

범용 플라스틱은 사출성형이 용이하며 가격도 저렴하기 때문에 어떤 특별한 물성(物性)이 요구되지 않는 용도로 사용되며 현재 사출성형품의 70% 이상이 이 범용 플라스틱 제품으로써 일용잡화 및 공업부품의 재료로 쓰이고 있다.

폴리스티렌과 내충격성 폴리스티렌에서의 치수정밀도는 플라스틱의 표준값을 나타낼 수 있으므로 사출성형용 플라스틱 재료 중 가장 우수한 재료 중의 하나이지만 일반용 폴리스티렌은 취약하고, 내충격성 폴리스티렌은 투명성이 없으며 또한 최고 사용온도는 90℃ 이하이며 내유성(耐油性)이 부족하다.

고밀도 폴리에틸렌(HDPE)과 폴리프로필렌은 가볍고 튼튼하고 성형이 용이하며 100℃ 이상에서도 잘 견디지만, 성형수축률이 커서 정밀도를 필요로 하는 제품의 제조에는 곤란하다. 또한 접착제에 의한 접착이 거의 불가능하여 견고한 인쇄, 도장은 하기가 힘들어 공업부품 외에 외관을 필요로 하는 제품에는 사용하기가 어렵다.

ABS는 조성(組成)의 변화에 따라 고강성(高剛性), 중충격성, 고충격성(高衝擊性), 내열성, 초내열성, 투명한 여러 종류가 있으며 공업용 부품뿐만 아니라 범용 플라스틱으로 널리 사용되고 있다. 그러나 내후성(耐候性)이 부족하여 실외용으로는 부적격하다.

1.4.2 특히 투명성(透明性)을 필요로 하는 용도

범용 플라스틱에서는 일반용 폴리스티렌이 투명하지만 광선 투과율이 낮고 크레이징(crazing)이 생기기 쉽다. 메타크릴수지인 아크릴(acryl)수지는 광선 투과율이 90% 이상이고 내후성(耐候性)이 좋고 변형이 없기 때문에 고급스런 가정용 전자제품, 명판류(銘板類), 고급잡화 등에 사용되고 있다. 그러나 이 아크릴수지는 쉽게 깨어지는 취성(脆性)을 가지고 있는 결점이 있다.

1.4.3 내충격성을 필요로 하는 용도

내충격성의 plastic으로서는 먼저 내충격성 ABS가 선택될 수 있다. 그러나 ABS는 품종에 따라 그 내충격성의 정도가 다름에 주의해야 한다. 따라서 내충격성용도에 ABS를 지정하는 경우에는 그 충격치를 규정할 필요가 있다. 단순히 ABS라 지정하면 고유동성 ABS로 되므로 주의해야 한다.

ABS 이외의 것으로는 PC 및 PA를 들 수 있다. 이들의 선택에서도 물성에 따라 정해야 하나 제일 충격강도가 높은 것은 PC이다. 또한 나일론 6, 66은 흡습성이 있으나 너무 건조되면 취약해진다.

1.4.4 투명성(透明性)과 내충격성(耐衝擊性)을 필요로 하는 용도

일반용 폴리스티렌이나 메타크릴수지인 아크릴수지는 깨지기 쉽고, 내충격성을 갖고 있지 않다. 투명성과 내충격성용으로 사용되는 플라스틱으로는 섬유소계(纖維素係) 에스테르(ester)와 폴리카보네이트(PC, polycarbonate), 투명 ABS, 염화비닐수지(PVC, polyvinyl chloride) 등이 있다. 이 중에서 폴리카보네이트가 내충격성이 가장 좋다(크다).

1.4.5 내열성을 필요로 하는 용도

열가소성 plastic은 당연히 그 연화온도(softening point ; plastic에 일정 하중을 가하고 규정의 온도로 가열할 때 변형을 시작하는 온도) 이상으로는 사용될 수 없다. 범용 plastic 중 내열성이 제일 높은 것은 PP이고, 연화점이 120~130℃이다. 일반적으로 내열성의 판정에는 하중에 의한 변형온도가 적용되나 이것은 18.5kgf/cm² 혹은 4.6kgf/cm²의 하중하에서 규정의 변형을 생기게 하는 온도인 것에 주의할 필요가 있다. 즉 하중이 작은 또는 하중이 거의 없는 용도에는 하중변형온도 이상으로 사용이 가능하다. 예를 들면, 나일론 6은 18.5kgf/cm² 하중하에서의 하중변형온도는 55~75℃이나, 하중이 작으면 120℃까지도 충분히 사용할 수 있다.

또한, 고밀도 PE도 18.5kgf/cm² 하중에서는 43~52℃, 4.6kgf/cm² 하중에서는 60~82℃의 하중온도를 표시하나, 100℃ 이상에도 하중이 걸리지 않는 용도에는 충분히 사용할 수 있다. 한편, 하중변형온도가 충분하여도 그 온도에서 연속 사용하면 열열화(熱劣化, degration ; 물리적인 영구변형)의 염려가 있는 것은 PP의 예가 있으며 creep에서도 주의해야 한다.

내열성은 그 용도에 따라 필요한도가 다르나, 100℃ 혹은 그 정도 범위에는 내열성 ABS가, 이것보다 약간 높은 120~130℃ 정도의 재료에서는 PC, 변성 PPE(noryl)가 사용된다. 특히 고온을 요하는 경우에는 PBT, PPS, nylon 6, nylon 66 등이 사용된다. 내열성 열가소성 plastic에 glass 섬유 20~30% 혼입한 FRTP는 원래의 plastic보다 강성이 높기 때문에 당연히 하중변형온도가 상승한다.

열경화성 plastic은 가열에 의해 연화하지 않으므로 내열용도로 사용되나, 사용하는 충전제(filler) 종류에 따라 내열성이 다르다. 예를 들면, phenol 수지는 120℃에서 260℃의 폭으로 변화한다.

1.4.6 치수정밀성과 강성을 필요로 하는 용도

열가소성 plastic 사출성형품의 결점의 하나는 치수정밀성이 나오기 어렵고 강성이 부족한 것이다. 열가소성 plastic의 사출성형에는 성형수축률이 2/1,000에서 30/1,000 범위의 여러 가지 수지가 있으며, 같은 재료라도 수지의 흐름방향에 따라 변동한다. 따라서, 성형수축률이 큰 결정성 plastic은 비결정성 plastic에 비해 훨씬 정밀성 제품을 얻기 어렵다. 이들의 결점을 보완한 것이 glass 섬유강화 열가소성 plastic(FRTP)이다. FRTP로서 시판되고 있는 것으로는 PS, SAN, ABS, PC, PP, PA, POM, PBT, 변성 PPE(noryl) 등이 있으며, 거의 모든 plastic에 이른다.

열경화성 plastic에 있어서는 특히 BMC(bulk molding compound ; 가늘게 자른 glass 섬유를 충전한 putty(퍼티)상의 불포화 polyester 수지)는 성형수축률이 0이며 강성도 크다.

1.4.7 유연성과 탄성을 필요로 하는 용도

본 용도에는 열가소성 elastomer(엘라스토머 ; 주원료는 고분자 물질로 상온에서 고무상 탄성을 가지고 있는 고체)가 사용된다. '엘라스토머'라는 합성수지는 플라스틱처럼 가공하기 쉽고, 고무처럼 탄성이 뛰어나 자동차 소재부터 전선케이블 피복재, 운동화 충격흡수용 밑창, 기능성 필름 등에 고루 쓰인다. 폴리에틸렌과 같은 일반 범용 제품 대비 10% 이상 비싼 고부가가치 제품이다.

특히 최근 자동차 업계에서 연비 향상을 위해 경량화 경쟁에 나서면서 자동차 범퍼에 강철 대신 엘라스토머를 쓰는 경우가 늘고 있다. 또한 유연성 용도로는 연질 PVC가 사용된다. 그러나 열가소성 elastomer에는 polystyrene계, polyolefine계, polyurethane계, polyester계, nylon계, 그밖의 것이 있으나, 모두 고무에 비해 응력, 탄성은 약간 떨어지는 것은 피할 수 없다. 열가소성 elastomer도 그 성질은 폭넓게 변화하므로 용도에 따라 선택을 검토해야 한다.

1.4.8 난연성을 필요로 하는 용도

열가소성 plastic 중에는 그대로 불연성의 것은 불소수지(flurocarbon resin) 이외는 없다. 그러나 불을 갖다 대면 연소하지만 불을 떼면 붙은 불이 스스로 꺼지는 자기소화성(自己消化性) plastic은 여러 종류가 많이 생산되고 있다.

미국 UL 94 규격의 94HB, V-0, V-1, V-2에 합격한 시판되고 있는 plastic으로는 PE, ABS, PS, PP, SAN, PC, 변성PPE, PA, PBT, PMMA, phenol, melamine, epoxy 등이 있다.

상기 plastic은 모두 유기 혹은 무기 화합물의 난연제를 첨가하거나 공중합(共重合, copolymerization)한 것이다. 따라서, 난연성 plastic의 물성은 원래의 plastic보다 차이가 있음을 주의해야 한다. 즉, 물리적 성질에 있어서도 강도, 내충격성이 낮아지는 것도 많고, 내열성도 하락되는 경우도 있다.

1.4.9 내약품성을 필요로 하는 용도

일반적으로 열가소성 plastic은 강산(强酸), 강알칼리를 함유해 산, 알칼리 및 염기성에 침식되는 일은 거의 없다. 그러나 농질산에 견디는 plastic은 불소수지 외는 없다. 또한 일부 plastic 중에는 산, 알칼리에 약한 것도 있다. 예를 들면, PA, POM은 약산에 분해되고, PC, PBT는 약알칼리에 분해된다.

내용제성은 plastic에 따라 현저히 다르므로 표기하기는 곤란하다. 즉, 거의 모든 용제에 녹지 않는 PE, PP가 있으며, 비교적 넓은 범위에서 용제에 녹지 않는 PS가 있다. plastic에는 stress cracking이 발생되는 성질을 가지고 있다. 예를 들면, PE에 응력을 걸고 세제용액에 담그면 PE 자체의 외관적으로는 변하지 않지만 갈라지는 수가 있다. 이 성질은 PC의 경우 4염화탄소 또는 휘발유에서 일어난다.

따라서, plastic의 내용제성의 판정에 있어서는 단순히 그 plastic과 접촉하는 용제에 용해 혹은 팽창 유무만 아니고, stress cracking(응력균열)이 발생하는가 하지 않는가도 유의해야 한다. 표 1.8은 주요 플라스틱의 내약품성 자료이다.

표 1.8 주요 Plastic의 내약품성

	물	약산	강산	약 알칼리	강 알칼리	알코 올	에스 테르	케톤	에테르	4염화 탄소	벤젠	가솔린	광유
PS	+	+	0∼+	+	+	0∼+	−	−	−	−	−	−	0
내충격성 PP	+	+	−∼0	+	0	0	−	−	−	−	−	−	0
SAN	+	+	0	+	0	+	−	−	+	−	−∼0	+	+
ABS	+	+	−∼0	+	0	+	−	−	−	−	−∼0	0∼+	+
LDPE	+	+	0	+	+	0	0	0	0	−	−∼0	0∼+	+
HDPE	+	+	0	+	+	0∼+	0	0	0	−∼0	0	0∼+	+
PP	+	+	0	+	+	+	0	0	0	−	0	0∼+	+
PMMA	+	+	0	+	+	+	−	−	−	−	−	0	+
PA	+	−∼0	−	+	−	+	+	+	+	0	+	+	+
POM	+	+	−	+	−	+	+	+	+	0	0∼+	+	+
CAB	+	+	−	−	−	0	−	−	−	−	−	−∼0	0
PVC	+	0	−∼0	+	+	−	−	−	−	−	−	−	0∼−
PC	+	+	0	−	−	0	−	−	−	−	−	−	+

(+ : 사용 가능, 0 : 조건에 따라 사용 가능, − : 사용 불가)

1.4.10 하중을 받는 용도

Plastic은 탄성물질이므로 고온도 사용 경우를 제외하고는 탄성한계 내에서 그 성질이 변화하지 않는다. 금속의 경우, 하중을 걸면 변형하나, 하중을 제거하면 원래 상태로 되돌아오고 하중의 크기에 따라 변형량은 정해진다. 이에 대해 plastic은 하중을 걸면 변형을 일으키나 그 변형량은 시간에 따라 증대하고, 하중이 크게 되면 장시간 경과 후 파괴되고 만다. 또한 하중을 제거하여도 변형의 회복은 늦고 완전히 원형으로 되돌아오지 않는다. 이것을 creep(크리프) 현상이라 한다. creep 특성은 인장강도, 신율, 하중변형온도 등의 단시간 시험결과로는 알 수 없고 creep 시험에 의해서만 나타난다.

또한, creep 특성은 온도의존성이 매우 크므로 동일 plastic에서도, 예를 들면 ABS는 grade마다 creep 특성을 달리한다. 따라서, 하중을 받는 용도에 대한 재료의 선정은 단순히 인장강도만이 factor가 될 수 없고 creep 강도, 탄성 modulus(계수) 등을 고려해야 한다.

1.4.11 마찰, 마멸에 대한 특성을 필요로 하는 용도

Plastic 중에는 내마멸성이 우수하고, 마찰계수가 작은 것이 있다. 이의 판정에는 마멸량, 정지마찰계수(μ_s, coefficient of static friction ; 접촉정지상태에서 물체간에 미끄럼 이동을 생기게 하는 필요최소의 값으로 마찰력과 법선방향의 하중과의 비), 운동 마찰계수(μ_k, coefficient of kinetic friction ; 물체가 미끄럼을 시작해 운동상태로 될 때 접선방향의 마찰력과 법선방향의 하중과의 비) 및 pV값이 사용된다. 후자는 면하중(kgf/cm^2)과 미끄럼속도(cm/sec 또는 cm/min)의 곱의 최대치로 pV값을 넘는 마찰용도에 사용하면 plastic의 마찰면이 녹아붙는 수가 있다.

본 용도에 우수한 특성을 가진 plastic으로서는 POM, PA, PBT 등이 있다. 불소수지는 마찰계수가 매우 작은 재료로 미끄럼에 대해 상당히 우수하나 pV값 및 마멸에 대한 특성은 반드시 우수하지는 않다.

표 1.9와 1.10은 재료간 마찰계수이고, 표 1.11은 마멸량 자료이다.

마찰계수표를 종합하여 보면 동일재료간의 μ_k와 μ_s는 일반적으로 $\mu_k < \mu_s$이고, μ_k의 범위는 0.083~0.55이다. 그리고 결정성 plastic의 μ_k는 0.1~0.25의 낮은 값의 범위이고 상대재료에는 그다지 영향을 받지 않음을 알 수 있다.

표 1.11 열가소성 Plastic의 pV값

재료	pV값 (kgf/cm^2 · cm/sec)	마멸량 (mg/100회)
POM	약 600	14
Nylon 66	약 600	12
PBT*	약 800	40
PC	약 50	13

* 30% glass 섬유충전재료

Gear(기어), cam(캠), bearing(베어링)을 일체화한 부품은 POM, PA, PBT가 사용되며, 모두 결정성 plastic이므로 성형수축률이 커서 정밀치수의 부품제조가 어려운 문제가 있다.

마찰, 마멸특성이 우수하지 않은 plastic, 예를 들어 SAN, PC의 경우는 윤활제와 polytetrafluoroethylene(PTFE) 분말을 혼합해 사용하고 있다. 첨가제로는 graphite(흑연), 이유화(二硫化) molybdenum(Mo), silicone oil 등이 있으며 POM에도 첨가하는 경우도 있다. 성형수축률을 낮추기 위해 glass 섬유강화로 하는 수도 있으나 상대부품을 마멸시킬 위험이 있다.

다음의 표 1.12~1.13은 열가소성, 열경화성 plastic의 제성질을 표시한 것이다.

표 1.9 정지마찰계수 일람표

시험편(상) \ Plate	Steel	Al	POM	Nylon	PMMA	PC	ABS	PVC	PP	PE	Phenol	Urea	Melamine	PS	Epoxy no filler	Epoxy (10%)	불소수지	평균
Steel	0.194	0.258	0.286	0.400	0.237	0.299	0.305	0.404	0.258	0.417	0.204	0.224	0.237	0.321	0.246	0.240	0.271	0.282
Al	0.264	0.550	0.431	0.441	0.466	0.565	0.491	0.383	0.448	0.424	0.390	0.350	0.308	0.367	0.491	0.441	0.350	0.421
POM	0.131	0.246	0.318	0.227	0.283	0.227	0.308	0.328	0.363	0.243	0.206	0.237	0.283	0.252	0.194	0.230	0.200	0.251
Nylon	0.203	0.596	0.334	0.731	0.505	0.484	0.524	0.459	0.445	0.407	0.524	0.344	0.350	0.484	0.581	0.387	0.380	0.455
PMMA	0.293	0.704	0.452	0.441	0.462	0.637	0.434	0.417	0.484	0.459	0.653	0.469	0.502	0.476	0.491	0.494	0.357	0.484
PC	0.249	0.546	0.308	0.441	0.498	0.524	0.604	0.407	0.452	0.558	0.302	0.441	0.380	0.441	0.427	0.360	0.414	0.449
ABS	0.243	0.509	0.331	0.407	0.484	0.498	0.539	0.441	0.469	0.438	0.473	0.400	0.364	0.577	0.621	0.509	0.337	0.449
PVC	0.215	0.535	0.328	0.448	0.370	0.484	0.466	0.397	0.498	0.704	0.363	0.363	0.344	0.341	0.395	0.321	0.387	0.409
PP	0.249	0.383	0.305	0.383	0.321	0.360	0.373	0.367	0.393	0.347	0.331	0.286	0.299	0.404	0.350	0.367	0.224	0.338
PE	0.188	0.243	0.261	0.215	0.315	0.243	0.261	0.209	0.277	0.354	0.360	0.233	0.249	0.271	0.289	0.367	0.200	0.267
Phenol	0.179	0.296	0.280	0.377	0.47	0.531	0.407	0.321	0.513	0.596	0.367	0.274	0.252	0.305	0.277	0.277	0.274	0.348
Urea	0.164	0.321	0.200	0.312	0.344	0.448	0.457	0.308	0.360	0.410	0.233	0.240	0.243	0.367	0.264	0.230	0.255	0.427
Melamine	0.176	0.227	0.206	0.299	0.331	0.354	0.387	0.347	0.360	0.387	0.299	0.286	0.229	0.334	0.308	0.230	0.277	0.296
PS	0.221	0.438	0.261	0.328	0.390	0.459	0.581	0.370	0.494	0.849	0.484	0.455	0.448	0.462	0.431	0.367	0.383	0.437
Epoxy no filler	0.203	0.440	0.315	0.462	0.360	0.328	0.271	0.370	0.434	0.542	0.400	0.397	0.318	0.441	0.377	0.427	0.283	0.372
Epoxy (10%)	0.233	0.535	0.293	0.462	0.400	0.527	0.434	0.347	0.539	0.491	0.380	0.410	0.370	0.452	0.380	0.431	0.407	0.401
불소수지	0.146	0.312	0.274	0.283	0.331	0.173	0.249	0.182	0.252	0.237	0.255	0.373	0.305	0.312	0.246	0.237	0.134	0.253
평균	0.208	0.386	0.304	0.391	0.382	0.420	0.417	0.356	0.417	0.438	0.366	0.340	0.322	0.389	0.375	0.348	0.302	

표 1.10 운동마찰계수 일람표 (단, 0.8 kgf/cm² · 6.2 cm/sec)

상부\하부	강	Phenol	Mela-mine	Urea	PC	Nylon	POM	PMMA	PVC	ABS	PP	PS	PE	불소수지	평균
강	0.448	0.524	0.686	0.711	0.362	0.104	0.180	0.385	0.216	0.376	0.316	0.517	0.109	0.100	0.359
Phenol	0.468	0.373	0.083	0.495	0.418	0.154	0.112	0.308	0.20C	0.195	0.271	0.403	0.074	0.100	0.261
Melamine	0.567	0.397	0.071	0.076	0.028	0.050	0.067	0.260	0.101	0.158	0.065	0.273	0.025	0.082	0.158
Urea	0.453	0.067	0.089	0.153	0.058	0.087	0.071	0.078	0.071	0.282	0.352	0.127	0.075	0.092	0.146
PC	0.302	0.429	0.286	0.468	0.429	0.100	0.195	0.549	0.442	0.487	0.478	0.479	0.088	0.092	0.344
Nylon	0.192	0.152	0.073	0.101	0.120	0.077	0.074	0.088	0.076	0.191	0.075	0.099	0.066	0.099	0.105
POM	0.129	0.190	0.090	0.136	0.142	0.092	0.177	0.091	0.124	0.190	0.180	0.161	0.092	0.095	0.134
PMMA	0.568	0.464	0.470	0.395	0.418	0.168	0.109	0.551	0.386	0.177	0.472	0.452	0.123	0.099	0.436
PVC	0.219	0.256	0.087	0.110	0.222	0.112	0.143	0.313	0.250	0.216	0.317	0.391	0.088	0.128	0.202
ABS	0.366	0.229	0.087	0.125	0.269	0.126	0.167	0.185	0.176	0.180	0.213	0.138	0.096	0.100	0.175
PP	0.300	0.314	0.139	0.308	0.326	0.124	0.188	0.479	0.249	0.316	0.350	0.292	0.133	0.112	0.259
PS	0.368	0.392	0.310	0.438	0.375	0.171	0.153	0.345	0.333	0.263	0.246	0.467	0.156	0.108	0.274
PE	0.139	0.147	0.130	0.092	0.090	0.079	0.086	0.068	0.102	0.127	0.122	0.160	0.141	0.106	0.114
불소수지	0.117		0.075	0.101	0.105	0.094	0.104	0.108	0.097	0.093	0.111	0.106	0.095	0.083	0.092
평균	0.331	0.302	0.191	0.264	0.240	0.109	0.130	0.271	0.201	0.232	0.254	0.290	0.104	0.099	0.218 / 0.215

표 1.12 열가소성 플라스틱의 성질

성질 / 플라스틱 종류	PS (Polystyrene)				PE (Polyethylene)			PP		ABS			
	일반용	내충격성	내열성	30% glass	저밀도	고밀도	30% glass		40% glass	고강성	고충격성	내열성	20% glass
예비조건 온도 °C										80	80	80	80
예비조건 시간 hr										2	2	2	2
사출성형조건 실린더 온도 °C	200~280	220~280	220~280	220~280	150~270	200~300	200~300	200~300	200~300	200~260	200~260	250~300	200~260
사출성형조건 금형 온도 °C	20~60	10~80	20~80	20~80	20~60	10~60	10~60	20~90	20~90	50~80	50~80	50~80	50~80
성형수축율 %	0.4~0.7	0.4~0.7	0.2~0.6	0.1~0.3	1.5~5	1.5~5	0.2~0.6	1.0~2.5	0.3~0.5	0.9~0.9	0.4~0.9	0.4~0.9	0.2
유동비 L/t (두께 2mm일 때)	200~500	200~500			550~600	200~600		250~700					
화학도금		+						++(특수 grade)		++			+
2차가공 도장인쇄	++	++	++	++	+	+	+	+	+	++	++	++	++
2차가공 진공증착, Sparkling	++	++	++	++	+	+	+	+	+	+	+	+	+
2차가공 Hot Stamping	++	++	++	++	+	+	+	+	+	++	++	++	++
2차가공 초음파 용착	++	++	++	++	-	-	-	-	-	++	++	++	++
2차가공 용제 접착·접착제 접착	++	++	++	++	-	-	-	-	-	++	++	++	++
밀도 JIS K7112 g/cm²	1.03~1.05	1.03~1.06	1.05~1.09	1.20~1.22	0.9~0.925	0.941~0.965	1.28	0.90~0.91	1.22~1.28	1.03~1.06	1.01~1.04	1.05~1.08	1.22
인장강도 JIS K7113 kgf/cm²	350~550	200~350	350~530	730~870	50~170	200~370	600	210~400	560~1000	400~500	320~420	400~500	735
신율 JIS K7113 %	3~4	13~50	2~60	1~2	90~800	20~130	1.5	100~800	2~4	5~25	5~70	3~20	2
인장탄성율 JIS K7113 10^9 kgf/cm²	23~33	17~32	21~32	50~80	1~2.5	4~12	6	7~15	73~100	20~27	15~22	20~23	50
충격강도(Izod) JIS K7110 kgf·cm/cm²	1.4~2.2	3.3~20	2.2~1.9	6~12	파손안됨	2.7~110	6	2.2~110	7.6~11	16~33	33~87	11~35	6.5
경도 Rockwell JIS K7202	M60~75	M19~80	1.80~108	M80			R75	R50~110	R102~111	R110~115	R85~105	R110~115	M85
경도 Durometer JIS K7215					D41~50	D60~70							
용점 결정 융점 °C					95~130	120~140	120~140	160~168	160~168				
용점 Glass 전위점 °C	85~100	90~110	110~128	85~105						110~125	100~110	105~125	105~115
하중변형온도 JIS K7207 (4.6 kgf/cm²) °C					40~100	60~90		85~120		102~108	98~108	110~118	100
하중변형온도 (18.5 kgf/cm²) °C	70~100	70~95	95~120	110~125	35~40	40~55	121	50~60	148~155	95~105	95~102	105~115	
선팽창계수 10^{-9} cm/cm°C	7~8	6~10	6~7	3.6~4.1	10~22	11~13	4.8	7~10	2.7~3.2	8~10	9.5~11	6~9.3	2.1
투명성	투명	약간 반투명	투명	불투명	반투명	반투명	반투명	반투명	반투명	불투명	불투명	불투명	
흡수성(24 hr) JIS K7209 %	0.03~0.10	0.03~0.10	0.03~0.12	0.1~0.3	<0.01	<0.01	0.02	0.01~0.03	0.05~0.06	0.2~0.45	0.2~0.45	0.2~0.45	0.2~0.45

성질 / 성능	SAN 80	SAN 30% glass	PMMA	PVC 연질	PVC 경질	PC 120	PC 10% glass	PC 30% glass	Nylon 6→	Nylon 6 30% glass	Nylon 66→	Nylon 66 30% glass	Nylon 11
예비조건 온도 ℃	80	80	80	80		120	120	120	80	80	80	80	80
예비조건 시간 hr	2	2	2~6	2		>4	>4	>4	8~15	8~15	8~15	8~15	8~15
사출성형 조건 실린더 온도 ℃	200~260	200~260	190~290	160~190	170~210	270~380	270~380	270~380	240~290	240~290	260~300	260~300	190~270
사출성형 조건 금형 온도 ℃	50~80	50~80	40~90	10~20	10~60	80~120	80~120	80~120	40~120	40~120	420~120	40~120	20~100
성형수축율 %	0,2~0,7	0,1~0,2	0,1~0,4	1~5	0,1~0,5	0,5~0,7	0,2~0,5	0,1~0,2	0,5~1,5	0,4~0,6	0,8~1,5	0,5	0,3~1,5
유동비 L/t (두께 2mm일 때)			200~500	150~500	160~250				400~600		800		200~500
화학도금						+							
도장인쇄	++	++	++	++	++	++	++	++	++	++	++	++	++
진공 증착, Sparkling	+	+	+	+	+	+	+	+	+	+	+	+	+
Hot Stamping	++	++	++	++	++	++	++	++	++	++	++	++	++
초음파 용착	++	++	++	++	++	++	++	++	++	++	++	++	++
용제 접착·접착제 접착	++	++	++	++	++	++	++	++	++	++	++	++	++
밀도 JIS K7112 g/cm²	1,07~1,08	1,22	1,17~1,20	1,16~1,35	1,30~1,58	1,19~1,20	1,27~1,28	1,4	1,12~1,14	1,35~1,42	1,13~1,15	1,38	1,05
인장강도 JIS K7113 kgf/cm²	600~800	1000~1200	470~750	100~240	400~500	550~700	630	1250	700~850	1650	700~850	1850	530~550
신율 JIS K7113 %	1~4	2	2~10	200~450	40~800	100~130	5	3~5	200~300	3~6	150~300	3	300~500
인장탄성율 JIS K7113 10^9 kgf/cm²	27~38	75~120	25~30	23~40		18~25	33	83	25	97	28		12~12,5
충격강도(Izod) JIS K7110 kgf·cm/cm²	1,9~2,7	5,4	1,6~2,7	크게 변함	2,2~110	75~100	6,5	11	3,3~5,4	16	4,3~5,4	12	10~30
경도 Rockwell JIS K7202	M80~90	R122	M85~105			R115~125	M75	M92	R119	M101	R120	M100	R106~109
경도 Durometer JIS K7215				A50~100	D68~85								
융점 결정 융점 ℃									216	216	265	265	194
융점 Glass 전위점 ℃	115~125	115~125	90~105	75~105	75~105	140	142	146					
하중변형온도 JIS K7207 (4,6 kgf/cm²) ℃	85~105	96~100	85~107		60~85	130~142			185~195	210	250	250	145~150
하중변형온도 (18,5 kgf/cm²) ℃			74~100		60~85				70~85	210	75	250	55
선팽창계수 10^{-9} cm/cm/℃	6,5~6,8	3,8~4	5,9	7~25	5~10	6~7	6,5	11	8~8,3	2~3	8	1,5~2	10
투광성	투명	투명	투명	투명	투명	투명			반투명		반투명		반투명
흡수성(24 hr) JIS K7209 %	0,2~0,3	0,15~0,3	0,1~0,4	0,04~0,4	0,15~0,75	0,15	0,15	0,14	1,3~1,9	1,2	1,0~1,3	1,0	025~0,3

성질	PA Nylon 12	POM	POM 25% glass	PETP	PETP 30% glass	PBT	PBT 30% glass	변성 PPE	변성 PPE 30% glass	PPS	PPS 40% glass
성형조건 예비조건 온도 ℃	80			120	120	120	120	100	100		
예비조건 시간 hr	8~15			> 4	> 4	> 4	> 4	2	2		
사출성형조건 실린더 온도 ℃	190~270	180~230	180~230	260~300	260~300	230~280	230~280	260~310	260~310	315~330	315~330
사출성형조건 금형 온도 ℃	20~100	60~120	60~120	130~150	130~150	40~80	40~80	40~110	40~110		
성형수축률 %	0.3~1.5	2~2.5	0.4	2~2.5	0.2~0.9	1.5~2.0	0.2~0.8	0.5~0.7	0.1~0.4	0.6~0.8	0.2
유동비 L/t (두께 2mm일 때)	200~500	500		500		250~600		260	260		
2차가공 화학도금		+						+			
도장인쇄	++	+	+	+	+	+	+	++	++	-	-
진공 증착, Sparkling	+	+	+	+	+	+	+	+	+	+	+
Hot Stamping	++	+	+	+	+	+	+	++	++	++	++
초음파 융착	++	++	++	++	++	++	++	++	++	++	++
용제 접착·접착제 접착	++	-	-	-	-	-	-	++	++	-	-
기계적 성질 밀도 JIS K7112 g/cm²	1.01	1.41~1.42	1.61	1.34~1.39	1.5~1.6	1.31~1.38	1.52	1.06~1.10	1.27~1.36	1.30	1.64
인장강도 JIS K7113 kgf/cm²	530~550	580~800	1250	560~700	1500	550	1100~1250	520~640	1100~1250	1630	1450
신율 JIS K7113 %	300~500	25~75	3	50~300	3	50~300	2~4	50~60	3~5	1	1.3
인장탄성율 JIS K7113 10⁹ kgf/cm²	12~12.5	27~37	83	27~40	96	19	87	24	80	32	79
충격강도(Izod) JIS K7110 kgf·cm/cm²	10~30	5.4~13	10	1.4~3.5	10	4.4~5.4	7.0~8.7	27	8~11	> 2.7	
경도 Rockwell JIS K7202	R106~109	M78~94	M90	M90	M100	M68~78	M90	R115~119	R115~116	R123	R121
경도 Durometer JIS K7215											
열적 성질 결정 융점 ℃	179	175~181	175~181	245	245	232~267	232~267			290	290
Glass 전위점 ℃				73	73					88	88
하중변형온도 (4.6 kgf/cm²) ℃ JIS K7207	145~150	155~170	163	38~41	280	50~85	220	110~135	110~135	135	> 260
하중변형온도 (18.5 kgf/cm²) ℃	55	110~125						110~135	110~135	> 260	
선팽창계수 10⁻⁹ cm/cm/℃	10	8.5~10		6.5	2.9	6.0~9.5	2.5	110~129	1.4~2.5	4.9	3.6
기타 투명성	반투명	유백		투명유백		유백					
흡수성(24 hr) JIS K7209 %	0.25~0.3	0.22~0.4	0.29	0.1~0.2	0.05	0.08~0.09	0.06~0.08	0.7~1.1	0.06	> 0.02	0.03

표 1.13 열경화성 플라스틱의 성질

성질	수분(水粉)충전	Phenol resin 고강도 glass	고충격 면충전	고충격 섬유소	고충격 포충전	내열 석면충전	30% 광물충전	Urea 수지	Melamine 수지	Melamine/Phenol	Epoxy 수지
예비조건 온도 ℃											
예비조건 시간 hr											
사출성형조건 실린더 온도 ℃											
사출성형조건 금형 온도 ℃	165~205	165~200	165~205	165~205	165~205	165~205	165~195	140~160	140~170	175~205	120~150
성형수축율 %	0.1~0.4	0.4~0.9	0.4~0.9	0.4~0.9	0.4~0.9	0.1~0.9	0.2~0.26	0.6~1.4	0.5~1.5	0.9~1.0	0.6~1.0
유동비 L/t (두께 2mm일 때)											
도장인쇄	++	++	++	++	++	++	++	++	++	++	++
진공증착, Sparkling	+	+	+	+	+	+	+	+	+	+	+
Hot Stamping	+	+	+	+	+	+	+	+	+	+	+
초음파 융착	-	-	-	-	-	-	-	-	-	-	-
용제 접착·접착제 접착	++	++	++	++	++	++	++	++	++	++	++
밀도 JIS K7112 g/cm²	1.37~1.46	1.69~2.0	1.38~1.42	1.38~1.45	1.37~1.45	1.45~2.0	1.42~1.84	1.47~1.52	1.47~1.52	1.5~1.7	0.75~1.0
인장강도 JIS K7113 kgf/cm²	330~600	460~1500	400~670	240~430	400~530	300~600	400~650	365~870	330~870	400~530	165~270
신율 JIS K7113 %	0.4~0.8	0.2	1~2	1~2	1~4	0.1~0.5	0.1~0.5	<1	0.6~1.0	0.4~0.8	
인장탄성율 JIS K7113 10⁹ kgf/cm²	50~115	125~200	173~193	173~180	160~173	165~200	165~200	67~100	73~93	53~80	93~120
충격강도(Izod) JIS K7110 kgf·cm/cm²	1.1~3.3	2.7~10	1.6~10	2.3~6	6~20	1.4~2	1.4~2	1.4~2.2	1.1~2.2	1.1~2.2	0.8~1.4
경도 Rockwell JIS K7202	M100~115	E51~101	M105~120	M95~115	M105~115	M1C5~115	E88	M110~120	M115~125	E95~100	
경도 Durometer JIS K7215											
융점 Glass 전위점 ℃											
하중변형온도 JIS K7207 (4.6 kgf/cm²) ℃	150~190	175~315	150~180	150~175	160~200	150~260	180~250	115~120	175~200	140~155	93~120
하중변형온도 (18.5 kgf/cm²) ℃											
선팽창계수 10^{-9} cm/cm/℃	3~4.5	0.8~2.1	1.5~2.2	2.0~3.1	1.8~2.4	1.0~4.0	1.9~2.6	2.2~3.6	1.0~4.0	1.0~4.0	0.8~1.4
투명성											
흡수성(24 hr) JIS K7209 %	0.3~1.2	0.03~1.2	0.6~0.9	0.5~0.9	0.6~0.8	0.1~0.5	0.1~0.3	0.4~0.8	0.3~0.65	0.3~0.65	0.2~0.1

CHAPTER 02

Mold(몰드) 금형

금형은 원하는 형상 및 치수의 성형품을 만드는 것이 주된 역할이며, 또한 금형 안으로 들어온 고온의 용융된 plastic을 냉각시키는(경우에 따라서는 가열 및 보온) 열교환기로서의 역할도 하고 있다. 특히 후자의 조건은 성형품 품질에 큰 영향을 미친다.

2.1 사출성형용 금형의 종류와 기본구조

2.1.1 금형의 종류

금형의 종류는 기본구조 및 그 사용목적에 따라 표 2.1과 같이 분류할 수 있다.

표 2.1 금형의 종류

```
                    ┌─ Direct Gate 방식 (그림 2.1)
                    ├─ Side Gate 방식 (그림 2.2)
         2단 구성 금형 ─┤
                    ├─ Submarine Gate 방식 (Tunnel)
                    └─ 특수 Gate 방식

금 형 ──┤  3단 구성 금형 ─┬─ Pin Point Gate 방식 (그림 2.3)
                    └─ Side Gate 방식 (그림 2.4)

                    ┌─ Slide(Side) Core 금형 (그림 2.5)
         특수 금형 ───┤  분할 금형 (그림 2.6)
                    ├─ 나사 금형
                    └─ 그밖의 조합형 금형
```

1) 2단 구성 금형(2-Plate형 금형)

2단 구성 금형은 parting line(P/L, 고정측과 가동측이 분리되는 면)에 의해 고정측(cavity)과 가동측(core)으로 분리되는 가장 일반적인 구조의 금형이다. 본 금형의 특징은 게이트의 종류와 위치를 비교적 임의로 결정할 수 있으며, 형개폐의 스트로크(stroke)가 짧아 성형 사이클이 단축되며, 금형제작비도 저렴하다.

2) 3단 구성 금형(3-Plate형 금형)

3단 구성 금형은 고정측 부착판과 고정측 형판 사이에 runner stripper plate를 설치하고 금형이 열릴 때마다 이 runner stripper plate가 열려 runner를 뺄 수 있도록 한 금형이다.

본 금형의 특징은 이상적인 gate 위치를 설정할 수 있으며, pin point gate의 경우 금형이 열릴 때 gate가 자동 절단되고, 그 흔적도 작으며, 또한 multi-cavity로 제작이 가능하다. 그러나 형개폐의 stroke가 길어 성형 cycle이 길고 구조가 복잡하여 금형제작가격이 높다.

3) 특수 금형

특수 금형의 구조는 경우에 따라 달리하므로 단적으로 표현할 수는 없으며, 그 특징은 금형이 복잡하고 ejecting(이젝팅)에서도 시간이 걸리지만 전용화로서 이용되면 그 효과는 크다. 본 금형의 대부분은 사출성형기의 왕복운동을 이용하거나, 기어나 핀에 의해 작동되기도 하며, 유압장치나 에어 장치를 금형 내에 설치해야 하는 것도 있다.

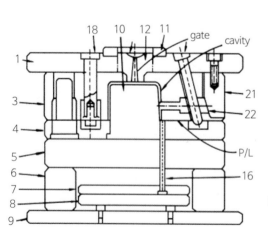

그림 2.1 Direct Gate 방식(2단 구성)
(고정측에 Slide Core 설치)

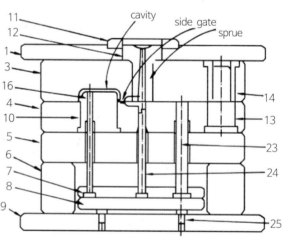

그림 2.2 Side Gate 방식(2단 구성)

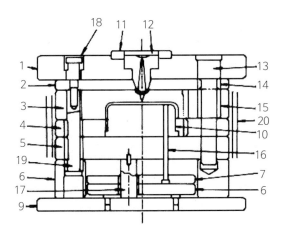

그림 2.3 Pin Point Gate 방식(3단 구성)

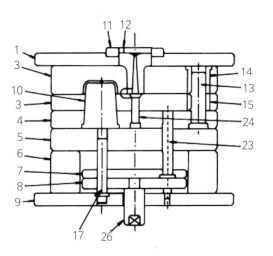

그림 2.4 Side Gate 방식(3단 구성)
(Stripper Plate 설치)

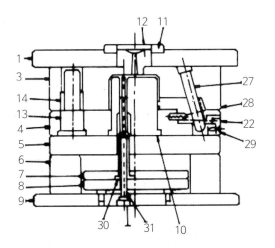

그림 2.5 Slide Core 금형(특수금형)
(그림 2.1과는 반대로 Side Core가
가동축에 있어, 측면 hole의 형성을
위해 좌우 이동한다.)

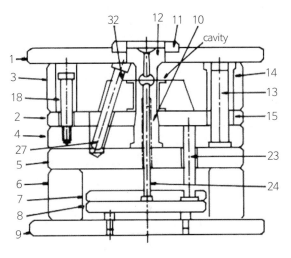

그림 2.6 분할 금형(특수금형)

금형의 각부 명칭

번호	명 칭	번호	명 칭	번호	명 칭
1	고정측 부착판	12	Sprue Bush	23	Return Pin
2	Runner Stripper Plate	13	Guide Pin	24	Sprue Lock Pin
3	고정측 형판	14	Guide Pin Bush	25	Stop Pin
4	가동측 형판	15	Guide Pin Bush	26	Ejector Rod
5	받침판	16	Ejector Pin	27	Angular Pin
6	Spacer Block	17	Ejector Plate Guide Pin	28	Coil Spring
7	Ejector Plate (상)	18	Stop Bolt	29	Stopper
8	Ejector Plate (하)	19	프러 볼트	30	Core Pin
9	가동측 부착판	20	Chain	31	Ejector Sleeve
10	Core	21	Locking Block	32	분할 Block
11	Locate Ring	22	Slide Core		

2.1.2 금형의 기본구성부품

금형의 주요 각 구성부품에 대해 설명한다.

1) Locate Ring(KSB 4156)

Locate ring은 사출성형기의 nozzle과 금형의 sprue bush와의 적정한 위치를 잡기 위한 것이다.

2) Sprue Bush(KSB 4157)

Sprue bush는 사출성형기의 nozzle과 접속되는 부분이다. sprue bush측의 R은 그림 2.7에서 표시한 것과 같이 nozzle측의 r보다 1mm 정도 크게 하여, 접속부위에서 용융된 plastic이 흘러 나오지 않도록 한다. sprue bush의 빼기구배는 $3°\sim4°$가 일반적이나 길이가 길 경우는 $1°\sim2°$로 한다.

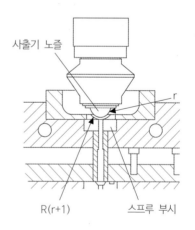

사출기 노즐

r

R(r+1)

스프루 부시

그림 2.7 Sprue와 사출기 Nozzle과의 접속관계

3) Sprue Lock Pin

Sprue lock pin은 runner를 sprue bush에서 쉽게 빼낼 수 있도록 하기 위한 것이다. 본 핀의 선단 형상은 수지의 종류, runner의 치수에 따라 다르다. 그림 2.8은 그 종류를 표시한 것이다.

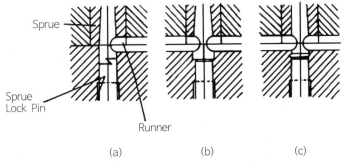

그림 2.8 Sprue Lock Pin 형상

4) Runner

Runner는 용융수지를 sprue bush에서 cavity로 인도하는 유로로서 수지의 종류에 따라 단면형상을 달리한다(그림 2.9). 그 단면형상은 재료의 유동성을 고려하면 굵고 짧게 하는 것이 좋으나, 이 경우 냉각시간이 오래 걸려 성형 사이클이 길어질 수 있다. 이상적인 형상은 원형이나, 제작공수가 많이 들어 사다리꼴이나 반원형으로 하며, 고정측 또는 가동측에 설치한다.

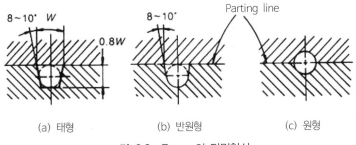

그림 2.9 Runner의 단면형상

5) Gate

Gate는 runner의 종점이자 cavity에 주입되는 용융수지의 흐름을 제어하는 입구이며, 동시에 용융수지가 runner측으로 역류되는 것을 방지하는 역할을 한다. 게이트의 위치는 성형품의 가장 두꺼운 부분에 붙이는 것이 원칙이고, 각 cavity의 말단부까지 충분히 충전할 수 있는 곳에 설치한다. gate의 종류와 특징은 다음과 같다.

유동 형식	Gate의 종류	적 용	장 점	단 점
비제한 Gate	Direct Gate (Sprue Gate) (그림 2.10)	① 대형 성형품	① 수지의 유동성이 좋다. ② 구조가 간단하다. ③ 적용수지가 넓다.	① Multi-Cavity에는 적 용 불가. ② Gate처리는 후가공 으로 해야 한다. ③ Gate 부근에 잔류 응력이 걸림.
제한 Gate	Side Gate (표준 Gate) (그림 2.11)	① Multi-Cavity 금형 ② 외관상에 Gate 흔적이 남아도 무방한 제품	① 잔류응력이 적다. ② Gate 가공이 쉽고 정밀하게 할 수 있다.	① 유동저항이 크다.
	Overlap Gate (그림 2.12)	① Side Gate의 일종 ② 성형품에 Flow Mark 발생 방지 목적	① Gate 흔적이 외관상에 눈에 띄지 않는다.	① Gate 가공에 주의 가 필요
	Fan Gate (그림 2.13)	① 두께가 얇고 평면 제품	① 잔류응력이 적다. ② 얇은 단면부분까지 원활하고 균등하게 충전됨.	① Gate 가공에 다소 공수가 든다. ② Gate 절단이 어렵 다.
	Film Gate (그림 2.14)	① 두께가 얇고 평면 제품	① Fan Gate보다 더 원활히 충 전시킬 수 있다.	① Gate 가공에 다소 공수가 든다.
	Disk Gate (그림 2.15)	① 원형 성형품 (기어 등)	① Weld Line 방지 ② 유동성이 좋다. ③ 원형 성형품의 정밀도가 좋다.	① Gate 제거가 번거 롭다.
	Ring Gate (그림 2.16)	① 원통형이면서 길이가 긴 성형품	① Weld Line 방지 ② 유동성이 좋다. ③ 원형 성형품의 정밀도가 좋다.	① Gate 제거가 번거 롭다.
	Tab Gate (그림 2.17)	① PVC, PMMA 등 투명 성형품	① 잔류응력, 변형이 적다.	① 유동저항이 크다.
	Submarine Gate (그림 2.18)	① Multi-Cavity 금형 ② Side Gate의 자동화	① Gate가 자동절단되고 흔적이 적다.	① 유동저항이 크다. ② 가공이 다소 어렵다.
	Pin Point Gate (그림 2.19)	① Multi-Cavity 금형 ② Gate 위치는 비교적 제 한을 받지 않음.	① Gate가 자동 절단되고 흔적이 적다.	① 유동저항이 크다. ② 과열되기 쉽다. ③ 구조가 복잡 ④ 모든 수지에 적용 되지 않음.

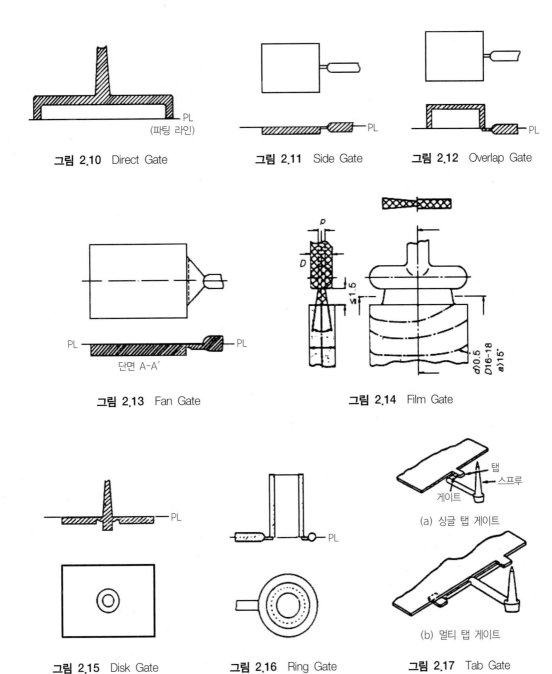

그림 2.10 Direct Gate

그림 2.11 Side Gate

그림 2.12 Overlap Gate

그림 2.13 Fan Gate

그림 2.14 Film Gate

그림 2.15 Disk Gate

그림 2.16 Ring Gate

그림 2.17 Tab Gate

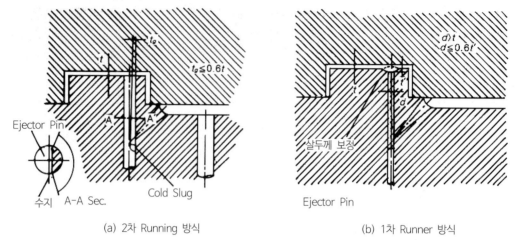

(a) 2차 Running 방식	(b) 1차 Runner 방식

그림 2.18 Submarine Gate

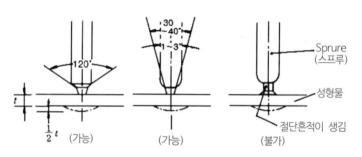

그림 2.19 Pin Point Gate

금형설계 중에서도 runner와 gate의 설계는 매우 delicate한 부분으로, 그 설계의 양부에 따라 성형품의 품질이 좌우된다 해도 과언이 아니다. 이의 최적설계를 위해 CAE(computer aided engineering)에 의한 수지유동해석이 도입되고 있는데, 이는 runner와 gate 설계의 중요성에서 발전하고 있으며 많은 소프트웨어와 그 응용 예가 발표되고 있다.

CAE에 의한 금형설계 적용 예는 다음과 같다.

금형 CAE에 의한 사출성형해석의 적용 예는 다음 그림 2.24와 같다.

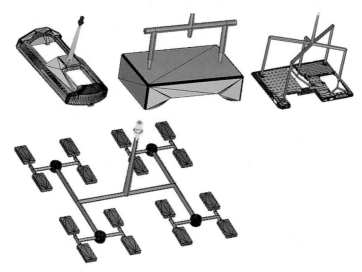

(a) 용융수지 흐름(flow) 해석(스프루, 런너, 게이트)

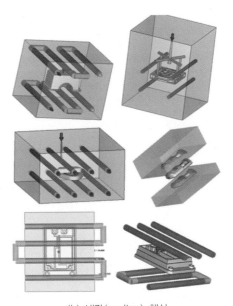

(b) 냉각(cooling) 해석

그림 2.24 금형 CAE에 의한 사출성형해석의 예

제품디자인, 제품설계 후 양질의 금형설계 및 금형제작을 위해 거쳐야 할 기본적이며 필수적인 검토단계 사항은 다음과 같다.

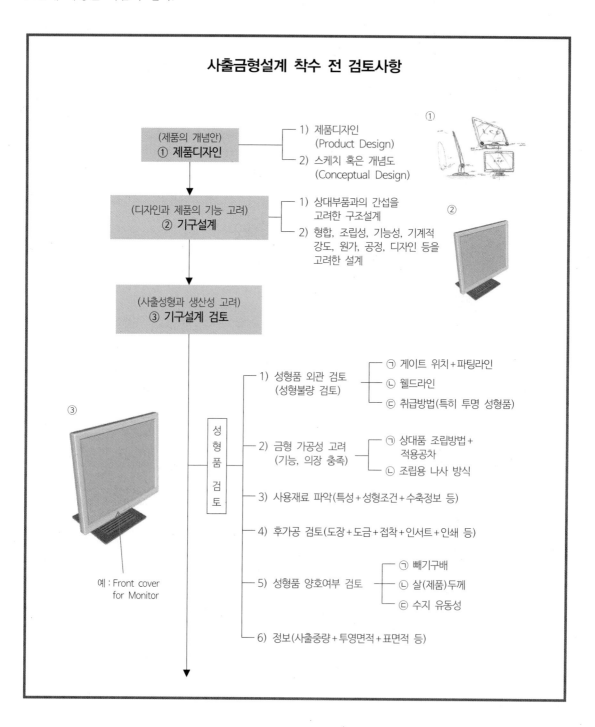

사출금형설계 착수 전 검토사항

(제품의 개념안)
① 제품디자인

1) 제품디자인 (Product Design)
2) 스케치 혹은 개념도 (Conceptual Design)

①

(디자인과 제품의 기능 고려)
② 기구설계

1) 상대부품과의 간섭을 고려한 구조설계
2) 형합, 조립성, 기능성, 기계적 강도, 원가, 공정, 디자인 등을 고려한 설계

②

(사출성형과 생산성 고려)
③ 기구설계 검토

③

예 : Front cover for Monitor

성형품 검토

1) 성형품 외관 검토 (성형불량 검토)
- ㉠ 게이트 위치+파팅라인
- ㉡ 웰드라인
- ㉢ 취급방법(특히 투명 성형품)

2) 금형 가공성 고려 (기능, 의장 충족)
- ㉠ 상대품 조립방법+적용공차
- ㉡ 조립용 나사 방식

3) 사용재료 파악(특성+성형조건+수축정보 등)

4) 후가공 검토(도장+도금+접착+인서트+인쇄 등)

5) 성형품 양호여부 검토
- ㉠ 빼기구배
- ㉡ 살(제품)두께
- ㉢ 수지 유동성

6) 정보(사출중량+투영면적+표면적 등)

6) 제품의 돌출기구

성형품의 돌출방법은 여러 종류가 있으며, 그 주된 것은 다음과 같다.

(1) Ejector Pin 돌출(Pin 돌출)

가장 일반적으로 사용되고 있는 돌출방법이다. 그 돌출위치를 어디에 둘 것인가는 금형설계시 고려하여야 한다. 그림 2.20과 같은 방식으로 핀을 돌출시키면 성형품의 돌출흔적은 반원형이 되며, burr(버)의 발생이 쉬운 결점이 있다.

(2) Ejector Sleeve 돌출(Sleeve 돌출)

중앙에 구멍이 있는 원형 성형품, 원형 boss(보스)의 ejecting에는 ejector sleeve 돌출방식이 일반적으로 사용된다(그림 2.21).

(3) Blade 돌출(각 Pin 돌출)

폭이 가늘고 깊이가 깊은 rib(리브)라든가 격자상의 성형품을 돌출하는데 사용하고 있다(그림 2.22).

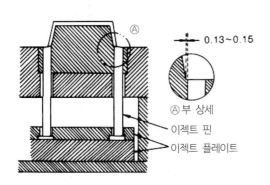

그림 2.20 가장자리를 밀어주는 Ejector

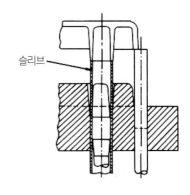

그림 2.21 Sleeve 돌출

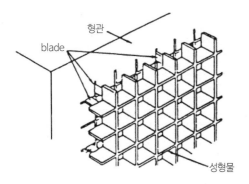

그림 2.22 각형 Pin Ejecting

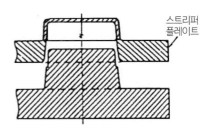

그림 2.23 Stripper Plate 돌출

(4) 압축공기에 의한 돌출

깊이가 깊고, 벽두께가 얇은 제품을 돌출시키는 방식으로 연한 수지라도 변형이라든가 파손을 일으키지 않고 돌출된다.

(5) Stripper Plate 돌출

그림 2.23과 같이 성형품의 전 둘레를 밀어내는 방식으로 돌출력이 강하며, 이형저항이 큰 성형품이라도 확실히 이형되며, 밀어낸 흔적도 눈에 잘 띄지 않는다.

(6) 2단 돌출

Stripper plate 돌출방식에서 stripper plate 자체 내에 제품형상 일부를 넣으면 돌출 후에도 성형품이 stripper plate에 그대로 부착된 상태가 되므로 다시 한 번 밀어내지 않으면 안 된다.

이때 돌출 핀 등으로 2단 돌출시켜 제품을 낙하되도록 한다. 이 돌출방법을 2단 돌출이라 한다.

(7) 이밖에 고정측형판(KSB 4151), 가동측형판(KSB 4151), 받침판(KSB 4151), ejector plate 위 및 아래, guide pin(KSB 4152) 및 guide pin bush(KSB 4155), return pin, guide pin(KSB 4152) 등이 있다.

2.1.3 금형의 냉각 및 온도조절

열가소성 plastic의 경우 plastic이 냉각 고화(固化)하지 않으면 안 되므로 금형에 냉각수용 구멍을 뚫고 이곳에 냉각수를 통과시켜 냉각한다. 경우에 따라서는 금형온도를 일정하게 하기 위해 물 또는 가열매체(주로 ethylene glycol)를 일정온도로 가열시킨 후 이것을 통과시켜 금형을 일정온도로 유지시키기도 한다.

열경화성 plastic이나 금형온도를 100℃ 이상의 고온으로 유지하고 사출성형해야 하는 열가소성 plastic 금형(주로 엔지니어링 plastic 경우)에서는 금형에 cartridge heater 또는 band heater를 붙여 전열로서 온도조절하여 일정온도를 유지시킨다.

저열, 냉각 어느 경우도 금형의 온도가 부분적으로 불균일하면 고화하는 속도가 부분적으로 달라져 성형불량이 생기기도 하고 성형 사이클이 늦어질 수 있으므로 금형설계시 필요한 개소가 충분한 온도조절이 될 수 있도록 냉각 및 온도조절장치를 설계해야 한다.

2.1.4 가스 빼기(Breathing)

가스 빼기는 일반적으로 경시되는 경향이 있으나, 가스 빼기 불량은 단순히 성형불량으로만 되는 것이 아니고, 엔지니어링 plastic의 경우는 그 수지에 sulfide(황화물) 성분이 포함되어 있어 가스 빼기가 부족하면 부식성 가스가 발생하여 금형을 부식시킬 위험이 있다. 또한, glass 섬유강화 plastic의 경우는 발생되는 가스량이 많아 충분한 가스 빼기가 필요하다.

그림 2.25는 연속 가스 빼기방식의 1-캐비티 금형을, 그림 2.26은 multi-cavity 금형에서 연속 가스 빼기방식을 표시한다. 그림 2.27은 가스 빼기겸용 ejector pin의 예를 표시한다.

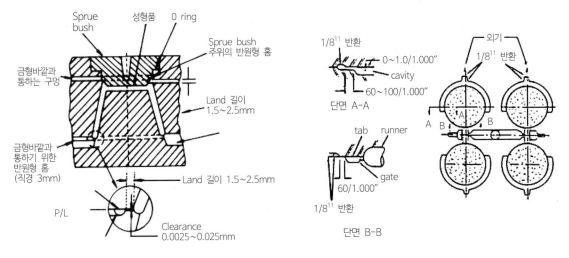

그림 2.25 연속 가스 빼기방식의 1-캐비티 금형   **그림 2.26** Multi-cavity 금형의 연속 가스 빼기 방식

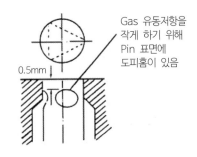

그림 2.27 가스 빼기 겸용 Ejector pin

2.2 금형의 제작

2.2.1 Cavity(캐비티) 수의 결정

금형제작에서 선행되어야 할 것은 제품의 cavity 수를 결정해야 한다. 생산총수, 생산 로트(lot)가 큰 경우에는 multi-cavity가 바람직하다. 그러나 multi-cavity의 경우에는 cavity 자체는 정밀제작되었

어도 sprue에서 cavity에 이르는 거리의 차, gate 크기의 차 등에 의한 유동저항의 차이가 생기면 각 cavity 제품의 치수의 차가 생길 수 있다. 따라서 높은 정밀도가 요구되는 제품에서는 최대 4 cavity 이하로 할 필요가 있다. multi-cavity 금형에서는 각 cavity에 균일 plastic의 흐름이 필요하므로 그림 2.28에 표시한 예와 같이 16 cavity일 때는 A와 같이 cavity 배열이 유동거리가 균일하도록 해야 하며, B, C와 같이 runner(런너)의 길이가 다른 것은 바람직하지 못하다.

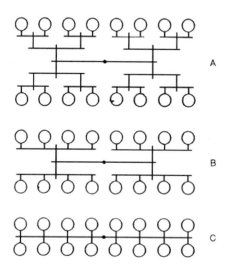

그림 2.28   Multi-cavity 시스템 예(A의 예가 유동거리가 가장 균일하다.)

다음 그림 2.29는 4 cavity 사출(성형)품일 때의 cavity의 배열과 사출품을 구성하는 주요 구성요소를 보여준다.

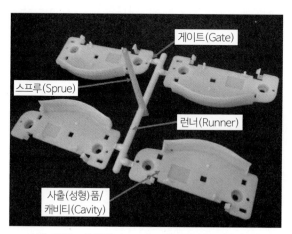

그림 2.29   금형의 4 cavity 배열과 주요 구성요소

2.2.2 금형의 재료

1) 금형재료와 선택사항

금형재료로서는 현재 KSD 3752(기계구조용 탄소강재)의 SM50C, SM55C, KSD 3711(크롬 몰리브덴 강재)의 SCM440 또는 KSD 3751(탄소공구강재)의 STC7가 사용되고 있다.

금형재료는 다음 사항을 고려하여 선택해야 한다.

① 가공성이 좋을 것.
② 구입이 용이한 것.
③ 연마가 쉽고 연마면이 좋을 것.
④ 내마모성이 있을 것.
⑤ 조직이 균일하고 pin hole이 없을 것.
⑥ 용접성이 좋을 것.
⑦ 열처리가 용이하고 열처리 후 변형이 없을 것.

금형의 제조공정 중 표준 die set로서 시판되고 있는 것을 구입하여 금형제조업자가 이것에 캐비티, 코어 등만을 제작하는 경우가 많다.

2) 주로 사용하는 금형재료의 특성

① NAK55
- 뛰어난 경면 연마면과 광택을 얻을 수 있다.
- 가공면이 극히 양호하다.
- 기계가공이 양호하다.
- 최적조건에서 열처리하였으므로 그대로 형상가공에 사용할 수 있다.

② NAK80
- NAK55의 경면 연마성, 방전, 가공면, 인성을 개선한 재료이다.
- 경면 연마성이 우수하다.
- 방전가공면이 치밀하고 미려하다.
- 투명, 광택제품, 정밀 금형에 주로 사용한다.
- 용접성이 우수하고 열처리가 필요없다.

③ STAVAX(크롬합금 스테인리스 금형강, SUS420J2)
- 내부식성이 뛰어나다.
- 내마모성이 우수하다.
- 경면성이 우수하다.

- 냉각수 회로의 부식문제를 극감시킬 수 있으므로 효과적인 냉각이 가능하다.

④ KP1, KP4, KP4M

- 기계가공성이 양호하여 가공시간을 크게 단축시킬 수 있다.
- 금형가공시 변형발생을 최소화할 수 있다.
- 고광택용으로 다소 부적절하다.

⑤ HR750

- 열전도도가 다른 금형소재에 비해 3배가량 높다. 냉각이 불리한 곳에 주로 사용한다.
- 금형온도가 높을수록 성형사이클 단축에 유리하다.
- S50C 이상의 강도, 내마모성, 절삭성 및 방전가공이 우수하다.

⑥ ASSAB718

- 경면성이 뛰어나다.
- 청청도가 높으며 균일성이 우수하다.
- 취약부위 및 인성이 요구되는 부위에 사용한다.
- 부식가공성이 우수하다.
- 치수에 관계없이 경도가 균일하다.
- STAVAX 대용으로 쓰기도 한다.

⑦ STD11(SKD11)

- 고탄소, 고크롬강이며 특히 내마모성이 크다.
- 주로 냉간프레스 금형에 많이 사용된다.
- HRC58 정도까지 경도를 구현할 수 있다.
- 경도가 요구될 때 열처리하여 사용한다.

⑧ STD61(SKD61)

- 열충격 및 열피로에 강하다.
- 주로 열간금형소재로 사용된다.
- 내마모성과 내열성의 장점을 이용하여 가공용 공구에 사용되고 있다.
- 정밀금형 및 열처리 금형에 주로 사용된다.

⑨ CENA1

- 프리하든강으로 사용경도는 HRC38~42 정도이다.
- 내청용, 경면, 부식, 방전가공면 중시할 때 사용한다.

2.2.3 금형의 정도(精度)

사출성형용 금형의 제조치수는 제품치수에 plastic 제조업자가 지정하는 성형수축률을 감안, 치수를 증가시킨 것이 금형의 치수가 되며, 공차는 제품도면에서 지정공차의 1/2 내지 1/4로 하는 것이 일반이다.

금형제조에 있어 성형수축률과 흐름방향에 근거하여 성형수축률의 차를 사전에 정확히 예상하는 것은 곤란한 경우가 많기 때문에 제조시 이를 감안하여 수정 가능한 방향의 치수로 하는 것이 좋다. 만약 수정이 매우 곤란한 것은 용접 또는 별도의 코어에 의한 방법으로 하고 있다. 특히 구멍간격의 공차가 매우 작을 때는 구멍용 핀을 세우지 않고 시험사출한 후 그 결과를 보고 핀을 세우는 방법도 시행하고 있다.

2.2.4 금형의 제작공정 예

1) 차별화 기술

① 금형부품의 표준화, 공용화
② Core 소재의 다양화
③ Mo Coating(몰리브덴 코팅) 표면처리

2) 금형의 제작 프로세스(Process)

3) 제품의 경쟁력 방안

	수 량	Core 재질	납 기	가 격
쾌속금형	5,000shot	DR79	10~15일	50~60%
	100,000shot	KP4	15~25일	60~70%
양산금형	100,000shot	KP4M SKD61 NAK80	25~35일	70~80%

① 특히, 다품종/소량생산(100shots~50,000shots), 준양산(100,000shots), 양산(100,000shots 이상)의 신제품 개발시기를 단축시킬 수가 있다.

② 새로운 금형기술로 정보통신제품, 아이디어상품, 의료기기, 전자제품, 부품 등 사출물이 필요한 모든 플라스틱 제품의 금형납기를 10일 이내에 기존 금형가격의 1/2 수준에서 공급한다.

③ 쾌속금형으로 10일 이내에 양질의 플라스틱 사출물을 기존 사출가격의 1/2 수준으로 공급하며, 제품개발기간을 단축시킴으로 제품 경쟁력을 높일 수 있다.

Plastic 제품의 성형법

3.1 각종 성형법과 그 특징

3.1.1 성형가공의 개요

Plastic 가공은 그 성질이 있는 가소성을 이용한 것으로
① 열가소성 plastic은 가열연화에서 소성가공을 거쳐 냉각경화한다.
② 열경화성 plastic은 가열연화에서 소성가공을 거쳐 가열경화한다.
이와 같은 기본적인 공정으로 되어 있다.

Plastic 제품을 만들 때는 압축성형(compression molding), 사출성형(injection molding), 이송(transfer molding), 압출(extrusion molding), 주입(cast molding), 적층(laminating), 진공(vacuum forming) 성형 등 7가지 방법이 주로 활용되고 있으며, 제품의 생산량이나 금액으로 볼 때는 사출성형 제품이 가장 많다. 따라서, 여기서는 사출성형을 제외한 기타 성형법은 개론적으로 성형법의 종류 및 특성을 가공 원리 및 공정개요 중심으로 기술하고, 사출방법은 3.2절에서 소개하고자 한다.

3.1.2 주요 성형법의 각론

1) 압축성형(Compression Molding)

압축성형은 성행재료를 금형 cavity에 넣어 형을 닫고 압력과 열을 가해 성형하는 방법이며, 사용하는 성형기를 압축성형기라 한다. 이 성형법은 phenol, urea, melamine 등 각종 열경화성 plastic의 대표적 성형법이었으나 최근에는 열경화성수지 사출성형기로서 대신하고 있다.

압축성형의 기본적인 순서는, ① 성형재료의 칭량, ② 재료의 금형에 투입(예열하고 나서 투입하는 것이 좋다), ③ 금형 체결, ④ 가스 빼기(불필요한 경우도 있음), ⑤ 재형체결하고 가열 및 압축, ⑥ 금형을 열고 제품을 빼는 순서로 된다. 압축성형기는 형체방식에 따라 기계식 press, 유압식 press, 기계·유압식 press의 3종류로 구분된다(그림 3.1).

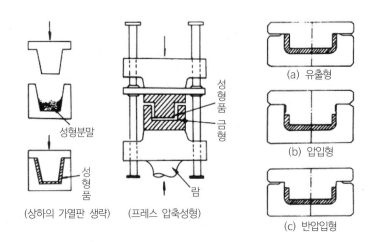

성형분말

성형품

(상하의 가열판 생략)   (프레스 압축성형)

성형품·금형

람

(a) 유출형

(b) 압입형

(c) 반압입형

그림 3.1 압축성형의 공정

2) 이송성형(Transfer Molding)

이송성형은 열경화성수지의 사출성형이 선구를 이루는 것이다. 이송성형의 개요는 그림 3.2에 표시한다. 즉, 압축성형에서의 가역화과정과 성형공정과를 분리하여 행하는 것이며, 일종의 열경화성 plastic의 사출성형법이라고 말할 수 있다. transfer성형의 개요를 기술하면 다음과 같다.

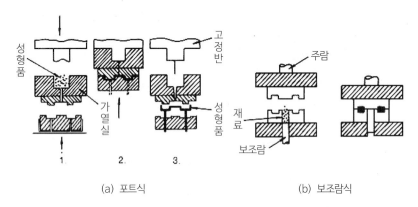

성형품

가열실

고정반

성형품

주람

재료

보조람

1.   2.   3.

(a) 포트식   (b) 보조람식

그림 3.2 Transfer 성형법의 공정개요

열경화성수지 성형재료를 계량하여 타블렛트를 만들어 예비성형을 행하고 이것을 가열한 포트 내에 넣어서 실린더를 삽입하여 가압, 가열시켜 노즐에서 금형 내로 밀어낸다. 금형은 수지의 경화에 충분한 온도로 가열되어 있기 때문에 수지는 경화하여 성형한다.

경화가 끝난 후 금형이 열려서 성형품이 빼내어진다. 금형은 소제되어 다음의 공정으로 옮겨지며 성형품은 플래시 제거, 애프터베이킹 등 후처리가 행하여지고 제품이 만들어진다. 이 성형법은 용융수지가 노즐에서 압출되어 성형되기 때문에 성형품은 경화상태가 균일하다.

또 압축성형보다 치수가 정확하며, 다듬질, 플래시 제거도 용이하며, insert 철구(鐵具)의 손상이 적고 또한 성형능률이 좋다. 이 성형법은 금형의 구조가 복잡하게 되고 특수한 프레스가 필요하게 된다. 트랜스퍼 성형법은 압출압력이 약간 높은 700~2,000kgf/cm² 정도는 필요하다. 이 방법은 성형공정의 자동화가 용이하다.

성형재료를 타블레트 머신으로 타블레트화하고 고주파 예열을 행하여 자동적으로 가열실(포트) 내에 송압하고 압출하고 가열가압성형을 행한다. 이 공정을 반자동 또는 자동으로 행할 수 있다. 트랜스퍼 성형은 페놀(phenol)수지, 유리아(urea)수지, 에폭시(epoxy)수지 등이 있다.

3) 저압성형(低壓成形)

최근 전자공학의 진보에 수반하여 집적회로(IC)소자, 반도체기술의 개발이 급속하게 행하여지고 있다.

이 반도체 기술, IC 기술에서는 부품의 방습, 방진 등을 위해 수지에 의한 봉입(封入)기술이 필요하게 되었다. 이 봉입가공은 보통 주입성형수지(에폭시수지)로 행하고 있으나, 최근 이송성형법을 사용하는 저압성형법이 나타나서 양산성이 있는 저압성형이 행하여지게 되었다. 전자부품은 일반적으로 내열성이 약하고 기계적으로 약한 것이 많으므로 봉입가공에는 저온, 저압으로 행하지 않으면 안 된다.

저압성형법의 특징은 다음과 같다.

① 성형품의 정도(精度)가 좋다.
② 전기특성이 좋고 기계강도가 강인하다.
③ 전자부품의 봉입이 용이하게 된다.
④ 작업능률이 극히 좋다.

저압성형법의 성형조건은 다음과 같다.

① 온도 : 120~150℃ 또는 그 이하
② 압력 : 2.5~80kgf/cm²

4) 블로우 성형(Blow Molding)

두 장을 합친 시트(sheet)상의 성형품 또는 관상성형품을 형 속에 넣고 공기를 내부에 불어 넣어 중공품(中空品)을 만드는 성형법을 블로우 성형 또는 중공 성형이라고 하며, 폴리에틸렌의 병 등에 응용되고 있다.

병을 제조할 경우에는 압출기로 우선 관상으로 성형한 후 이것을 금형속에 넣어 공기를 불어넣는다. 따라서, 보통 두 조의 성형부분이 장치되어 있고 관상성형과 블로우성형을 교대로 하여 생산량을 증가시키고 있으며, 두 조 이상의 경우도 있다. 그림 3.3 (a)에 이 방법의 요점을 표시하였다.

시트상의 plastic을 두 장 합쳐 형에 끼워 가열하고, 이 속에 공기를 불어넣어 팽창시켜 성형하는 방

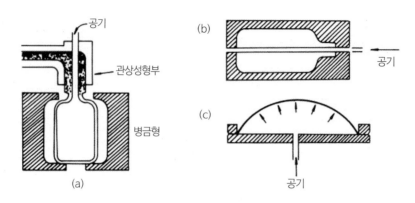

그림 3.3　압출 블로우 성형의 공정

법도 있다. 이 방법으로 셀룰로이드의 중공제품(인형 등)이 제조되고 있다.

압출 블로우 성형이라는 것은 원료수지를 압출기로 가열, 응용, 훈련한 것을 예비 성형금형(다이)으로 시트 또는 관상으로 성형하여 대기중에 압출하고, 이것을 성형금형 내에 도입하여 성형하는 방법이며, 예비성형된 수지의 향상에 호트시트법과 호트패리손법으로 대별된다.

호트시트법이란 압출기 선단에 시트 다이를 붙여 두 장의 시트를 압출하고, 이것을 금형에 끼운 후 시트 사이에 공기를 불어넣어 성형하는 방법이다. 호트패리손법은 블로우 성형법의 가장 일반적인 성형법이며, 보통 블로우 성형이라고 하면 이 성형법을 가리킨다.

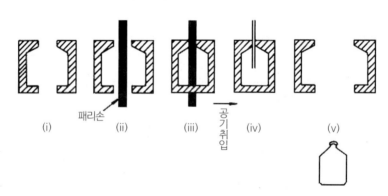

그림 3.4　블로우 성형(병의 제조)

성형원리는 전술한 호트시트법과 같으나, 시트 다이 대신 원형 또는 원추형 다이를 붙인 것이며, 관상으로 예비성형된 반용융수지(패리손 ; parison)를 성형금형 내에 도입한 후 금형을 닫고 패리손 속에 공기를 압입하여 패리손을 부풀게 하여 금형에 밀착시켜 원형대로 성형하는 방법이다. 마치 유리세공에서 용융상태의 유리를 주머니상으로 하여 그 속에 압축공기를 보내 병 등을 제조하는 방법과 비슷하며, 그 성형품도 유리제의 것과 경합하는 것이 많다. 압출 블로우 성형의 공정을 그림 3.4에 표시하였다.

　사출 블로우 성형은 그림 3.5에 표시한 바와 같이 밑바닥에 있는 패리손을 사출성형으로 만들고, 이 것을 금형 속에 옮겨 블로우 성형을 하는 방법이다. 이 성형용의 수지로는 사출 후의 패리손이 사출금 형에서의 이형성과 공기를 불어넣을 때의 성형성이 서로 균형이 잡혀있는 것이어야 하며, 현재에는 거 의 폴리스티렌만이 사용되고 있다.

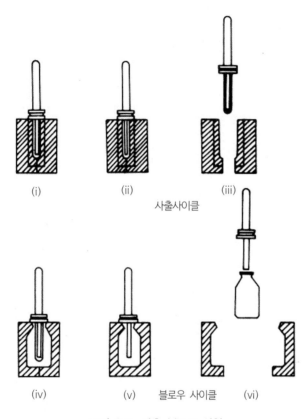

(i)　　　　(ii)　　　　(iii)

사출사이클

(iv)　　　　(v)　　블로우 사이클　(vi)

그림 3.5 사출 블로우 성형

5) 주형성형(Cast Molding)

　주형성형(casting, cast molding)은 유동상태에 있는 수지를 형 또는 면에 흘려 고화시키는 방법이 며, 주형수지로서는 열경화성 plastic의 액상의 초기 축합물 예를 들면, 페놀수지, 요소수지, 불포화 폴 리에스테르 수지 등을 사용하며, 열가역성의 것으로는 액상 모노머, 폴리폴리머, plastic졸 등이 사용 된다.

　필름 등의 경우에는 용매에 용해한 폴리머를 사용하며, 이것도 일종의 주형성형이라고 말할 수 있 다. 즉, 이와 같은 방법으로 만든 필름을 캐스트 필름(cast film)이라고 한다. 주형시 표본장식품, 전기 부품 등을 봉입하여 보호, 보존, 방습 등의 목적을 달성할 수도 있다.

회전원통 중에 흘려보내 원심력으로 파이프상으로 고화시키는 파이프제조법을 원심주형이라고 한다. 액상의 열경화성 plastic에 경화제를 혼합하였을 때 경화가 일어나지 않고 사용 가능한 최대의 시간을 포트라이프(pot life)라고 한다. 그림 3.6은 주형성형의 예를 보여준다.

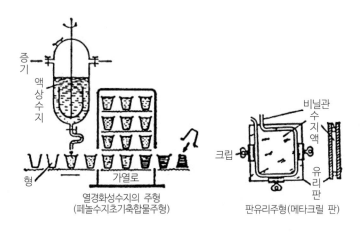

그림 3.6 주형성형(예)

6) 적층성형(Laminating)

열경화성 plastic 용액을 기재인 베니어판이나 천 또는 종이에 침투시켜 건조한 것을 중첩시키고 가열가압하여 판상으로 성형(화장판 등)하는 방법을 적층성형(laminating)이라고 한다. 페놀수지, 요소수지, 멜라민수지 등의 경우에는 경화시에 휘발성 성분을 생성하기 때문에 고압(100~200kgf/cm²)을 필요로 한다. 장치로서는 경면 연마한 금속판 사이에 끼워 프레스기에 넣고 가압하는 방법이 사용된다.

프레스는 보통 다단의 것이 사용되며 가열냉각은 증기와 물의 통로가 있는 플로팅 플레이트(floating plate)로 하고 있다. 이와 같이 고압을 필요로 하는 경우를 고압적층이라고 한다. 폴리에스테르나 에폭시 수지인 경우에는 특별히 프레스를 필요로 하지 않으며 약간 누를 정도의 저압이면 족하다.

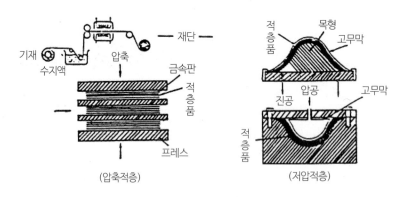

그림 3.7 적층성형

이와 같이 수지액을 침투시킨 천이나 유리섬유 등을 여러 장 중첩시켜 목형 또는 석고형에 붙이고 약간의 저압으로 프레스하여 경화제를 가하거나 다소 가열하여 성형하는 방법을 적층성형이라고 한다.

이 방법은 주로 폴리에스테르 수지의 성형에 사용되며 유리섬유로 보강한 폴리에스테르수지판, 보트, 자동차 몸체의 곡면의 것도 제조되고 있다. 적층성형의 개요는 그림 3.7에 표시한 바와 같다.

7) 압출성형(Extrusion Molding)

압출성형이란 압출기(extruder)를 사용하여 압출다이(extrusion die)로부터 가열 연화한 열가역성 plastic을 압출시켜 파이프, 막대기, 시트, 필름, 섬유피복, 전선 등과 같은 제품을 연속적으로 제조하는 방법이다.

개요는 그림 3.8에 표시한 바와 같으며, 호퍼(hopper)에 펠레트(pellet)상의 가역성 plastic을 넣고 이것을 가열실린더(cylinder) 중의 스크류(screw)에서 연화한 후 다이로부터 압출하여 냉각수 속을 통과시켜 제품을 감거나 절단한다. screw로 연화수지를 연속적으로 압출할 수 있다는 것이 특징이며, 압출기 출구에 있는 압출 다이의 구멍의 형상에 따라 여러 단면형상의 제품을 만들 수가 있다.

다이의 형상은 그림 3.9에 표시한 바와 같이 제품단면의 형상과는 다를 때가 있다. 필름의 압출성형법에는 다이의 형상에 따라 인플레이션(inflation)법과 T다이법으로 나누며, 이종재료를 붙이는 복합 필름의 압출가공을 적층(laminating)이라고 한다.

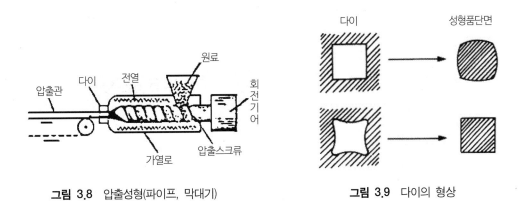

그림 3.8 압출성형(파이프, 막대기)   **그림 3.9** 다이의 형상

8) 진공 성형(Vacuum Forming)

목재나 금속의 가공과 원리적으로 동일한 각종 기계가공 외의 2차 가공으로서 가열 연화성을 이용하는 진공성형, 원통가공 등이 있다. 여기에서는 그 중에서 진공성형(vacuum forming)에 대하여 설명한다. 그림 3.10에 표시한 바와 같이 진공성형법이라는 것은 1차 가공으로 제조된 plastic 시트(판)를 형상에 고정하여 가열연화시키고 형에 설치한 세공(細孔)으로부터 진공펌프로 공기를 배출시킴으로써 대기압에서 시트를 형에 밀착시켜 성형하는 방법이다.

진공성형법에는 여러 종류가 있으나 그 중 몇 가지에 대하여 다음에 설명한다.

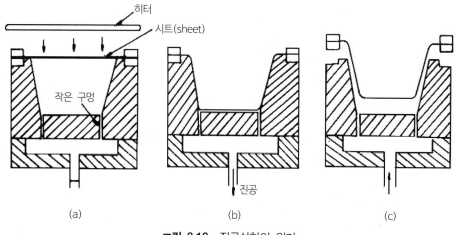

그림 3.10 진공성형의 원리

① 직접 성형(Straight Forming)

이것은 가장 간단한 성형법이며, 우선 시트를 고정시키고 그것을 가열기로 가열하여 연화시킨 후 암형에 올려 내면에서 시트를 흡인하여 성형하는 방법이다.

② 드레이프 성형(Drape Forming)

연화한 시트를 웅형(숫형)을 사용하여 기계적으로 예비성형시킨 후 진공으로 형의 외면으로 흡입하여 성형하는 방법이다.

③ 블로우 성형(Blow Forming 또는 Air Slip Forming)

시트를 가압공기로 반구상으로 부풀게 하여 두께를 균일하게 엷게 한 후 진공흡인하여 성형하는 방법이다.

9) 스팀 성형(Steam Molding)

첨단 스마트폰, 태블릿PC, 스마트기어 등을 비롯한 ICT(정보통신) 제품과 이를 활용한 다양한 액세서리 제품(무선헤드셋, 무선키보드, VR기기, 휴대용 프린터, 휴대용 소형 빔프로젝터, 셀카봉, 외장형 배터리 등)의 멋진 디자인과 경박단소(輕薄短小, 가볍고 얇고 짧고 작게 만드는 것)를 구현하려면 제품의 틀을 만드는 금형 기술이 뒷받침 해야만 한다. 그동안 기술의 한계라고 느껴졌던 0.1mm 두께의 플라스틱 외형까지 찍어낼 수 있는 금형(金型) 기술과 사출 기술이 개발되어 이젠 ICT 제품 경쟁력의 핵심기술이 되고 있다.

현재 휴대전화 덮개에 사용된 금형 제품들의 기술적 한계는 0.8mm 수준이다. 스마트폰 뒷부분 덮개 두께가 0.8mm이다. 기업들은 이 덮개를 0.6mm까지 얇게 만드는 것을 목표로 하고 있다. 삼성전자의 대박 상품인 보르도 TV와 크리스털 로즈 TV의 성공도 스팀몰드(steam mold)라는 새로운 금형 기술이 적용되었다.

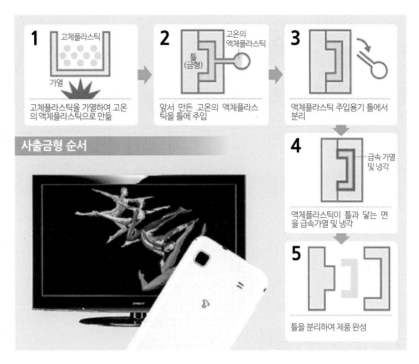

그림 3.11 스팀 성형의 순서

　스팀몰드(성형) 기술은 고온의 증기를 이용해 금형 장비를 140도까지 데워 액체 플라스틱이 굳지 않은 상태로 잘 분배되도록 한 기술이다. 금형틀 안쪽에 실제 플라스틱과 맞닿는 부분만 순간적으로 데웠다가 식히는 방법으로 좁은 면적만 데우면 가열과 냉각을 빨리할 수 있는 데다 에너지를 적게 소비할 수가 있다. 이렇게 하면 두 종류 이상의 플라스틱을 섞을 때 사용하는 이중 사출(double injection) 기술도 잘 적용할 수 있다. 두 종류의 플라스틱을 쏘아 섞으면 이들이 맞닿는 부분에 홈이 생기는 문제가 있다. 하지만 틀 전체를 데우면 모두 같은 온도의 액체가 돼 두 플라스틱이 맞닿는 부분을 매끄럽게 할 수 있다. 이 기술 개발로 보르도의 고광택 블랙 컬러와 빛에 따라 색깔이 변하는 크리스털 로즈의 프레임 제작이 가능했다.

9) 기타 성형법

　그림 3.12~그림 3.17과 같이 여러 가지 성형법이 있다.

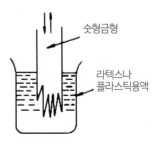

그림 3.12 딥 성형법(Dip Molding)

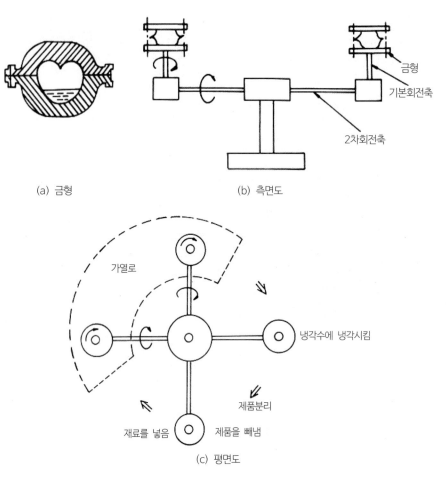

(a) 금형   (b) 측면도

(c) 평면도

그림 3.13 회전성형법

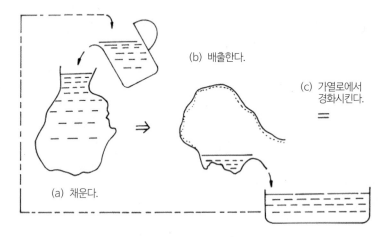

그림 3.14 슬러쉬 성형

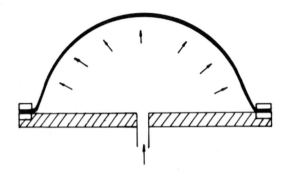

그림 3.15 자유 블로우 성형(Free Blow Molding)

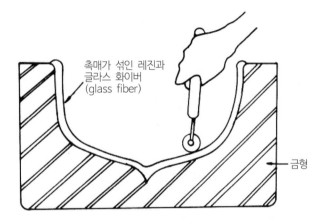

촉매가 섞인 레진과
글라스 화이버
(glass fiber)

금형

그림 3.16 Hand Lay-Up법(핸드 레이업법)

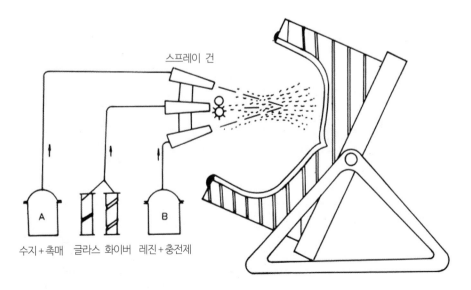

스프레이 건

A

B

수지＋촉매 글라스 화이버 레진＋충전제

그림 3.17 스프레이 성형법

3.2 사출성형법

3.2.1 사출성형의 개요

사출성형은 plastic 성형법의 대표적인 것으로 원재료로부터 여러 형상의 성형품을 직접 얻을 수 있는 점에서 매우 합리적이며, 생산성이 높고, 비교적 높은 정밀도의 제품을 얻을 수 있는 특징을 가지고 있다. 그림 3.18은 성형공정의 개요를 표시한다.

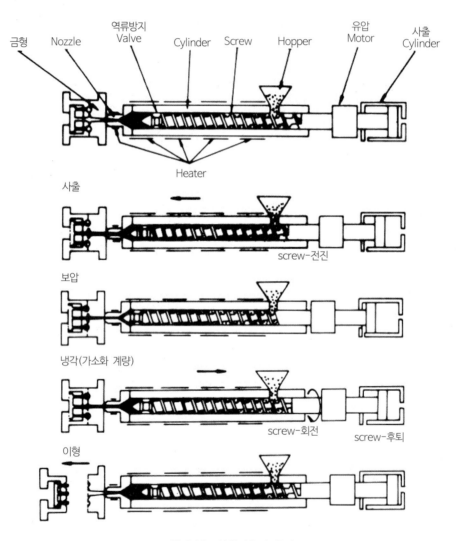

그림 **3.18** 성형사출의 공정

Hopper에 투입된 plastic 재료는 가열 실린더 내로 이동되며 screw 회전에 의해 금형방향으로 이동된다. 가열 실린더 내에서 plastic 재료는 가열, 혼합, 유동화된다. 이 공정을 가소화라 한다. 다음에 금형의 cavity(공간)에 용융된 plastic을 고압으로 주입한다. 그리고 금형의 냉각수 순환로에 물을 통과시켜 냉각, 고화시키고, 이후 형체(型締) 실린더에 의해 금형이 열리고 ejector 장치에 의해 제품은 돌출된다. 이와 같이 ① 금형의 체결, ② 사출, ③ 보압(保壓), ④ 냉각, ⑤ 금형의 열림, ⑥ 성형품의 돌출 공정으로 사출성형이 완료되며, 이 일련의 공정을 성형 사이클이라 한다(그림 3.19 참조).

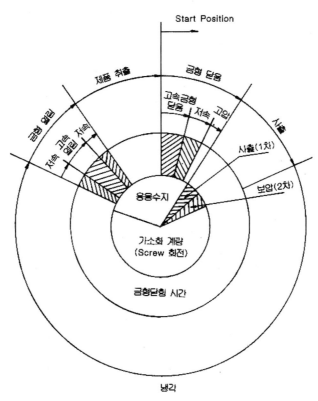

- 내축원 : 용융 수지의 상태
- 외축원 : 기계 및 금형의 상태

그림 3.19 사출성형의 한 사이클

3.2.2 일반 사출성형기의 구조

사출성형기는 형체장치, 사출장치, 구동장치, 전기제어장치의 4가지로 구성되어 있다(그림 3.20).

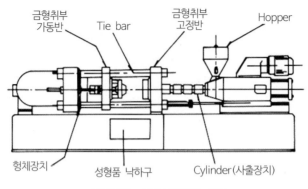

그림 3.20 사출성형기의 구조

1) 형체장치(Mold Clamping System)

형체장치는 금형의 개폐동작을 시키는 것 외에 고압으로 사출되는 용융 plastic에 의해 금형이 열리지 않도록 사출압력 이상으로 강력하게 체결해주는 역할을 한다. 형체방식에는 다음과 같이 3종류가 있다.

① 유압식(booster ram식이 대표적)

② 기계식(toggle식이 대표적)

③ 복합식(기계/유압식)

유압식은 유압에 의해 직접 금형을 체결하는 방식으로 그림 3.21은 유압식 booster ram(부스터 램)식을 표시한다. 그림 3.22는 기계식의 예로서 toggle(토글)식의 구조를 표시한다. 복합식은 큰 형체력을 얻기 위해 일반적으로 형체 실린더부, 금형을 개폐시키는 형개폐장치부, 기계적 lock부로 구성되어 있다. 그밖에 형체장치에 부속하는 장치로서는 성형품돌출장치, 금형보호장치 등이 있다. 현재 소형기의 형체력은 20ton 정도이고, 대형기에서는 3,000~5,000ton 정도에 이른다.

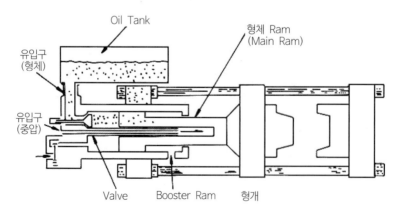

그림 3.21 Booster Ram(부스터 램)

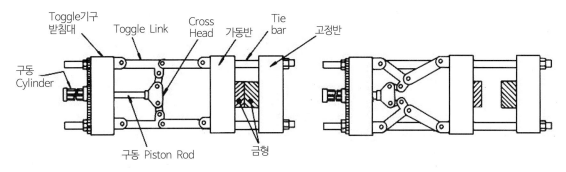

그림 3.22 Toggle(토글) 형체장치

2) 사출장치

사출장치는 사출성형기에서 가장 중요한 장치로 각 사출량을 계량하고 용융계량된 plastic 재료를 확실히 cavity 내로 사출시키는 것이 주된 역할이다.

구조적으로는 다음과 같은 종류가 있다.

① plunger 식

② in line screw 식

③ screw preplasticating 방식

④ plunger preplasticating 방식

이 중에서 in line screw 방식이 가장 일반적이며 그림 3.20에 그 예를 표시한다. in line screw 방식은 hopper에 투입된 재료는 자중으로 가열 실린더 내에 낙하하고 screw 회전에 의해 재료를 screw 나사산에 따라 전방으로 이송된다. 이때 가열 실린더 외주에 히터가 설치되어 있어 재료는 가열과 발열에 의해 용융, 혼합되어 전방으로 축적되고 그 반력으로 screw는 후퇴한다. 그리고 screw 후퇴거리에 따라 계량치가 결정되며 소정위치까지 후퇴되면서 회전이 정지된다.

다음에 계량된 재료를 screw 후부에 있는 유압 실린더에 의해 screw는 plunger식으로 전진해 금형 내로 사출한다. 이 방식은 구조가 단순하고 관성이 작고 응답성이 우수하며 재료의 잔류가 적은 특징이 있다.

재료의 가소화와 사출이 같은 축에서 이루어지므로 in line screw식이라 한다. 그림 3.23은 plunger 식의 성형기의 구조를 표시한다. 사출장치에서 그 밖의 부속장치로는 역류방지 valve(밸브), 가열 cylinder(실린더), nozzle(노즐) 등이 있다.

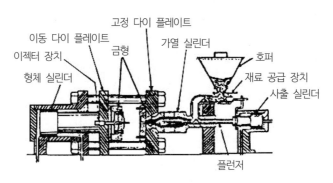

이젝터 장치
형체 실린더
이동 다이 플레이트
금형
고정 다이 플레이트
가열 실린더
호퍼
재료 공급 장치
사출 실린더
플런저

그림 3.23 Plunger(플런저)식 성형기

3) 구동장치

사출장치나 형체장치를 구동시키는 장치로 유압식, 공기압식, 전동식의 3방식이 있다. 대부분이 유압식이나 기름의 누출 등의 결점이 있어 근년에 개발된 servomotor 직결구동의 전동식이 주목되고 있다.

4) 전기제어장치

사출성형기의 전기제어장치로는 유압 pump용 motor 회로, 가열 cylinder와 금형을 가열하기 위한 heater 및 온도제어회로, screw 회전, 사출, 금형개폐를 수행하는 제어회로가 있다.

3.2.3 특수 사출성형기

1) 열경화성 수지용 사출성형기

Phenol, melamine, urea 등의 열경화성 수지는 종래에는 거의 압축성형기 혹은 transfer 성형기로 성형했으나, 수지의 개량과 함께 사출성형기도 개량되면서 현재에는 다수의 열경화성 수지가 사출성형기에 의해 성형되고 있다.

열경화성 수지는 가열, 가압하면 처음에는 유동성을 가지나, 다음의 열에 의해 경화반응을 일으켜 불용융의 경화수지로 되므로, 성형시 유동성을 잃지 않도록 하여야 한다. 따라서, 열경화성 수지의 사출성형은 일반 열가소성 수지의 사출성형에 비해 여러 가지 면에서 특별한 배려가 되어야 한다.

열경화성 수지의 사출성형이 증가되는 이유는 압축성형에 비해 성형 cycle이 대폭 단축되고 끝마무리 공정이 거의 필요없기 때문이다. 그러나 압축성형에 비해 제품물성이 떨어지고 두꺼운 벽두께의 성형은 사출성형으로는 어려운 점이 있어 열경화성 수지의 성형이 전면적 사출성형으로 교체된 것은 아니다.

2) 발포수지 사출성형기

일반적으로 styrofoam(스티로폼)이라 부르는 발포체의 경우, 발포율은 30배에서 50배에 이르며, 따라서 비중도 매우 낮으나, 여기서 말하는 저발포체라 하는 것은 발포(發泡) 배율이 1.2~1.3배의 작은 것으로 많아야 3배 정도의 배율이다. 합성목재라 칭하는 성형품도 이 분야에 속하고, 목재와 유사한 표면을 갖는 성형품도 가능한 것이 특징이다.

저발포 사출성형에도 발포배율이 1.2~1.3배 정도의 작은 경우는 형체력이 어느 정도 높을 필요가 있기 때문에 통상의 사출성형기가 사용되나, 발포율이 2~3배의 경우에는 형체력은 클 필요가 없고 일반성형시의 1/10정도면 되므로 형체기구는 간략화될 수 있다.

발포성형의 경우 용융수지는 금형 cavity 내에서 발포되므로 일반적으로 고화(固化)까지 긴 시간이 필요하다. 따라서 rotary식 성형기를 사용하여 1개의 cylinder에 대해 직각 배치된 좌우 slide table 위에 2조(組)의 금형을 배치하여 상호 사출하는 식이 사용되고 있다. 발포성형의 발포제로서 질소가스, 프로판, 화학분해 발포제가 사용되기도 하고, 용융수지에 불활성 gas를 불어넣는 방법(PC 발포 사출성형품 제조에 사용)이 있으며, 사출 후 cavity의 용적을 증대시켜 발포시키는 방법도 있다.

3) 2색 사출성형기

전화기의 dial, 전자계산기의 key 등에 문자나 기호를 몸체와 다른 색으로 사출성형시키는 것으로 2개의 사출 cylinder를 가진 2색 사출성형기가 사용되고 2종의 금형이 필요하다. 성형의 공정은 1공정에서 문자나 기호로 되는 부분을 성형하고, 2공정에서는 금형이 반회전하여 key 몸체 부분이 성형된다. 금형의 회전기구는 금형에 설치하는 경우와 사출성형기의 형체기구에 설치하는 경우가 있다.

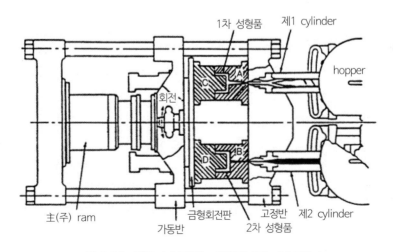

그림 3.24 금형이 회전하는 방식의 2색 사출성형기

　　2색 사출성형기에서 2색의 구분이 판연히 되지 않고 혼합시키는 성형법도 있다(혼색성형이라 한다).

　　이것은 위 방법과 같이 2종의 금형을 사용하지 않고 동일 cavity 내에 2색의 재료를 동시에 사출하는 것으로 대리석 모양, 나무무늬(wood grain) 등의 모양을 낼 수 있어 화장품용기, 장식용전화기의 housing (하우징) 성형에 많이 사용된다.

　　그림 3.25는 혼색성형기 nozzle부의 구조를 표시한 것이다.

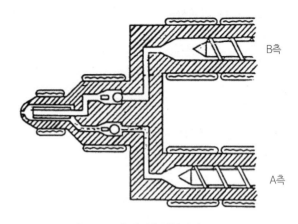

그림 3.25 혼색사출성형기의 nozzle부

　　그림 3.26은 2개의 사출 실린더와 cavity 내에서 전진 후퇴가 가능한 코어를 갖춘 금형을 사용하여 2색 또는 2재료 성형사출법으로 코어가 전진된 상태에서 1차 성형되고 코어를 후퇴시켜 여기에 생긴 공간에 2차 재료를 사출하는 방법으로 투명창을 가진 제품에 많이 사용된다. 본 기술을 응용하면 3색, 4색의 성형품도 가능하다.

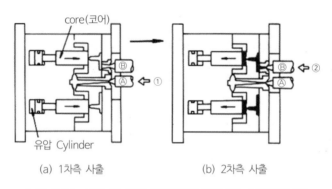

(a) 1차측 사출　　　　　(b) 2차측 사출

그림 3.26 코어 백 방식 이재료[異材料(2색)] 사출성형금형

3.2.4 사출성형기의 사양

　　사출성형기의 능력은 한 번의 최대사출량으로 표시되기도 하나 최근에는 형체력(mold clamping force)으로 평가되는 것이 일반적이다. 형체력이 사출성형기의 사양을 결정하는 대표적인 사항으로 되고 있다.

1) 사출 용량

　　사출 용량은 한 번의 최대사출량으로 screw 외경과 그의 최대 스트로크(stroke)로서 결정된다. 그

산출방법으로는 이론사출용량과 최대사출용량의 두 가지 방법이 있다.

$$\text{이론사출용량 } V \text{ (cm}^3\text{)} \quad : V = (\pi D^2 / 4) \cdot S \quad \text{\dotsfill} \quad ①$$

D : screw 외경(cm)

S : 최대 스트로크(cm)

$$\text{최대사출용량 } W \text{ (g)} \quad : W = V \cdot \rho \cdot \eta \quad \text{\dotsfill} \quad ②$$

V : 이론사출용량(cm^3)

ρ : 용융수지밀도(g/cm^3)

η : 사출효율

식 ①은 밀도, 사출효율이 고려되지 않아 현실적이 못 되며, 실제는 식 ②가 사용된다. 용융수지의 밀도는 그 비중, 온도, screw 배압력 등에 영향이 있다. 또한 사출효율은 screw 선단의 역류방지 밸브에서의 누출, 유동압력(금형 내에 주입되는 압력) 등에 영향이 있다. 1회 사출용량은 성형용량에 sprue(스프루) 용량과 runner(런너) 용량이 더하여져야 한다.

2) 사출률

사출률은 노즐에서 사출되는 단위시간당 수지의 양으로 사출률 Q(cm^3/s)는 다음 식으로 표시된다.

$$Q = (\pi D^2 / 4) \cdot v \quad \text{\dotsfill} \quad ③$$

D : screw 직경(cm)

v : 사출속도(screw 전진속도) (cm/s)

3) 사출압력(수지압력)

사출압력은 사출시 screw 선단에 수지에 의해 걸리는 압력으로 사출압력 P(kgf/cm^2)는

$$P = P'(d/D)^2 \quad \text{\dotsfill} \quad ④$$

P : 사출압력(kgf/cm^2)

P' : 금형내의 평균수지압력(kgf/cm^2)

d : 사출 실린더직경(cm)

D : screw 직경(cm)

일반적으로 사출압력은 2,000kgf/cm^2 정도가 표준이며 3,000kgf/cm^{2}을 넘는 것도 있다.

4) 형체력

형체력은 금형 내에 수지를 사출할 때 금형을 체결하기 위한 힘이다.

형체력 $F(\text{ton})$는,

$$F \geqq P' \cdot A \cdot 10^{-3} \quad \cdots\cdots\cdots\cdots\cdots\cdots\cdots\cdots\cdots\cdots\cdots\cdots\cdots \text{⑤}$$

  P' : 금형내의 평균수지압력(kgf/cm^2)
  A : 성형품의 투영면적(cm^2)

금형 내의 평균수지압력은 400kgf/cm^2가 일반적이며, 흐름성이 좋은 것은 350kgf/cm^2, 정밀성을 필요로 하는 것은 400kgf/cm^2를 목표로 함이 좋다.

5) 가소화 능력

단위시간당 수지의 가소화되는 최대치 즉, screw를 최고회전수로 연속운전할 때의 수지를 용융시키는 능력이다.

6) 금형의 부착

그림 3.27에 표시한 것과 같이 die plate 간격, tie bar 간격, 형체 스트로크, 최소 금형두께에 대해서도 유의해야 한다.

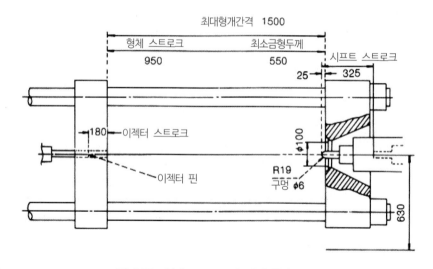

그림 3.27 형체 스트로크와 다이 플레이트 예

이상 대표적인 것에 대해 설명했으나, 그밖에 가열 실린더의 가열용량, 노즐 접촉력, 형개력(型開力), ejector 돌출력 등을 고려해야 한다. 표 3.1은 사출성형기의 능력표시의 예를 나타낸다.

표 3.1 사출성형기의 능력표시 예

항 목		단위	사 양		
사 출 장 치	스크류 직경	mm	35	40	45
	사출압력	kgf/cm^2	2,270	1,740	1,370
	이론사출용량	cm^3	125	163	207
	사출량	g	131	171	217
	사출률	cm^3/sec	103	135	172
	가소화 능력	kgf/hr	70	70	88
	사출시간	sec	1.21		
	스크류 회전수	rpm	高 토크 0~205, 低 토크 0~310		
	스크류 구동방식		유압 모터		
형 체 장 치	형체방식		더블 토글		
	형체력	ton	100		
	Daylight ①	mm	650		
	가동반 스트로크	mm	300		
전기 장치	펌프 모터	kW	18.5		
	히터	kW	9.44		
일 반 및 기 타	금형두께	mm	200~350		
	Tie Bar 간격(H×V)	mm	380×330		
	형반치수(Platen Size) H×V	mm	570×520		
	이젝터 방식		유압식		
	호퍼 용량	ℓ	50		
	작동유 탱크 용량	ℓ	280		
	냉각수 사용량	m^3/hr	0.7		
	기계치수(L×W×H)	m	5.17×1.13×1.88		
	기계중량	ton	4.4		

① Daylight : 고정반과 가동반이 최대로 열렸을 때의 간격

3.2.5 비결정성 수지 및 결정성 수지의 성형

1) 비결정성 수지의 성형

(1) 용융 및 냉각

비결정성 열가소성 수지는 "과냉" 액체, 즉 초고점도를 가진 액체로 생각할 수 있다. 온도가 높아질수록 점도는 낮아져 cavity에 흘러들어 가도록 밀어낼 수가 있다. cavity 내에서 수지온도가 낮아지게

되면 다시 점도가 커져 고화된다. 온도가 낮으면 낮을수록 단단해지게 된다. 제품이 충분히 고화되면 금형이 열려지고 제품은 변형되지 않고 ejector pin에 의해 성형품이 관통되지 않고 ejecting된다. 재료의 점도는 온도에 따라 심하게 달라지므로 때로는 용융온도로 긴 유로를 가진 cavity에 충전될 수 있는 정도까지 높인다.

결정성 수지와 달리 냉각시간이 사이클 시간을 결정하는 요인이 된다. 그러므로 성형품에 대한 냉각시간을 단축시키기 위해 냉각수를 사용하는 것이 일반적이다. 여름철에 상습온도가 높아서 사이클이 제대로 이루어지지 않을 경우 노점 이하까지 냉각시킬 수도 있다. 습기는 금형표면에 응축되어 표면결함을 발생시킬 수도 있다. 최대의 생산성 또는 냉각시간의 최소화를 위해 같은 ejecting함을 유지하면서 ejecting 압력을 최소화하기 위해 직경이 굵은 ejector 핀을 사용할 수도 있다. ejector 핀의 관통의 기회는 냉각시간을 짧게 해도 최소화한다.

(2) 유동 및 충전(充塡)

앞에서 설명한 바와 같이 용융온도는 유동성을 개선하기 위해 높일 수가 있다. 그러나 용융온도가 높으면 성형수축이 커진다는 것에 유의하여야 한다. 그러므로 수축자국이 생기지 않게 하면서 cavity를 충전하려면 충분한 사출압력이 요구된다. 대개의 경우 $400kgf/cm^2$의 실제 사출압력이 사용된다. 고점도 수지 또는 열감도가 높은 수지(점도를 낮추기 위해 용융온도를 높이기에 부적합) 또는 유로가 긴 제품은 $700kgf/cm^2$ 또는 그 이상의 사출압력이 필요하다. 재료의 최대유동거리는 제품의 두께에 따라 달라진다는 것에 유의해야 한다. 일반재료의 최대유동거리/제품두께의 비는 표 3.2와 같다.

표 3.2　최대유동거리/제품두께의 비

재　료	최대유동거리 / 제품두께
ABS	175 : 1
PMMA	130~150 : 1
PC	100 : 1
PS	200~250 : 1
강화 PVC	100 : 1

최근에 사출성형기는 조건설정을 위해 몇 단의 사출압력을 가지고 있다. 이러한 사출기는 금형에 충전하기 위해 제1단의 사출압력을 높게 setting하고 과잉충전 및 플래시 발생을 피하기 위해 "보압"으로 제2단계의 사출압력을 가할 수가 있다. 어떤 기계에서는 사출 스트로크 중간점에서 여러 가지 사출속도를 선택할 수 있도록 개발되어 있는 것도 있다. 이와 같은 방법으로 gate 자국과 같은 유동에 의해 발생되는 표면결함을 제거하는데 도움이 된다.

(3) 기타

① 비결정성 재료의 냉각시간은 결정성 재료에 비해 비교적 길다. 사이클을 길게 하지 않고 기계적인 열에너지를 가하기 위해 높은 배압을 사용하는 일이 많다(배압을 증가시키면 screw 후퇴시간(SRT)이 길어진다. 이것은 냉각에 소요되는 시간이 screw 후퇴시간보다 길면 전체 사이클 시간에 영향을 주지 않는다).

② screw의 압축비

용융온도가 너무 높지 않다면 용융점도가 높아지지 않는다. 그러므로 고압축비를 가진 screw를 필요로 하지 않는다. 실제로는 고압축비를 가진 screw를 사용하면 고점도 수지는 과열되거나 타버린다.

③ 건조

흡수성 수지에서 성형을 하기 전의 건조는 필수적이다. 높은 건조효율 및 저렴한 운용비가 절대적으로 요구되지는 않더라도 항상 제습 호퍼건조기를 사용하는 것이 바람직하다.

표 3.3은 범용수지에 대한 대표적인 건조조건이다.

표 3.3 범용수지에 대한 대표적인 건조조건

재 료	초기 습기함유량 (%)	건조시간 (hr)	건조온도 (℃)
ABS	0.6	2~3	80
PC	0.4	2~3	120
셀룰로스 아세테이트	1.3	2~3	75
PMMA	0.7	2~4	80
AS(또는 SAN)	0.3	2~3	80

2) 결정성 수지의 성형

결정성 plastic 중 나일론은 1938년 미국 듀폰사에서 개발되었으며 최근에는 폴리에틸렌, 폴리프로필렌, 폴리아세탈, 폴리스티렌, 텔레프타레이트 등의 수지와 함께 높은 강도, 내피로성, 내열성, 내마모성이 우수한 수지가 개발되어 자동차 부품, 전기전자부품에 널리 사용되고 있다.

이러한 plastic 수지들은 종전에 금속으로 사용되어 오던 까다로운 용도에 더욱 많이 사용되고 있으며, 비결정성 수지에 비하여 독특한 특성을 갖고 있다. 비결정성 plastic은 온도가 상승되면 연화(軟化)하여 성형이 가능하나, 결정성 plastic은 결정융점에서 비결정으로 변화하고 더욱 가열하여 연화한 뒤 성형하기 때문에 성형온도까지 많은 열량이 필요하고 고화할 때까지 많은 열을 방출한다.

(1) 사출시간(Injection Time)

반결정 특성으로 인하여 용융된 단계에서의 밀도는 고화단계에서의 밀도보다 훨씬 낮기(15%까지) 때문에 금형수축률이 높게 된다. 수축량의 감소를 위하여 성형품이 냉각되고 있는 시간동안에 수축으

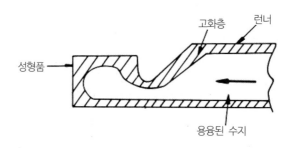

그림 3.28 수축으로 인해 체적이 감소된 만큼 보압으로 충전

로 생긴 공간을 채워주기 위하여 screw는(새로운 수지를 충전해주기 위하여) 전진된 상태로 있어야 한다(그림 3.28 참조).

Screw 전진시간은 다음과 같이 정의한다.

screw 전진시간 = 충전시간 + 보압시간

Screw 전진시간은 성형품의 내부까지 완전히 고화되어 새로운 수지가 보충되지 않을 때까지 충분히 길게 정해져야 한다. 정해진 금형에서 screw 전진시간을 정확히 구하는 방법은 screw 전진시간을 증가시켜가며 성형품의 무게를 조사하여 성형품의 무게가 증가해 가다가 일정하게 되기 시작하는 시점의 시간이 최적의 물성과 치수관리를 위한 적정한 screw 전진시간이다.

여기에서 중요한 사항은 gate(게이트)의 위치와 크기이다. gate의 크기가 작아서 성형품이 완전히 고화하기 전에 gate 부분이 먼저 고화된다면 성형품은 수축 현상 또는 내부에 기포가 생기게 된다.

적정한 gate를 설계하기 위한 기본원칙은 다음과 같다.

① gate는 가능한 한 성형품의 가장 두꺼운 부분에 위치해야 한다.

② gate의 두께는 gate가 있는 부분의 성형품 두께의 약 1/2이 되어야 한다.

③ 런너의 크기는 성형품의 가장 두꺼운 부분보다 약간 두꺼워야 한다.

결정성 수지는 냉각속도에 따라 결정부분 전체에 미치는 비율, 즉 결정화율이 변화한다. 냉각속도를 빠르게 하면 결정화율이 작아지고 서냉하면 결정화율이 커진다. 결정화율이 작으면 비중은 작아지고(수축률이 작아지고) 투명성은 증가한다.

결정화율이 크면 비중이 커지고(수축률이 커지고) 반투명 또는 불투명이 된다. 냉각속도는 성형품의 두께에 따라 다르며 냉각속도는 결정화율을 변화시키게 된다.

(2) 냉각시간(Cooling Time)

(1)에서 설명한 것과 같이 screw 전진시간의 결정은 결정성 수지의 성형에 매우 중요하다고 할 수 있다. 반결정성 수지는 연화점이 낮기 때문에 온도가 용융점 이하로 되면(screw 전진시간이 완료되면) 곧 고화되어 ejecting할 수 있다.

결정성 수지에서 냉각시간의 설정은 성형품을 고화시키기 위하여 필요한 시간을 말하는 것이 아니다. 냉각시간은 screw가 회전하여 용용된 수지를 노즐 쪽으로 모이게 하는 후퇴시간에 좌우된다. 냉각시간의 결정은 다음과 같이 정한다.

$$냉각시간 = screw\ 후퇴시간 + 1초$$

그러나 일회용 라이터의 몸체와 같이 깊은 성형품의 경우에서는 금형의 냉각방법이 효과적인 것이 아니면 일정한 금형온도의 유지를 위하여 조금 긴 냉각시간이 요구될 수도 있다.

(3) 실린더 온도

결정성 plastic을 성형하기 위하여 수지온도는 매우 중요한 변수이며 실린더 온도를 설정하는 것은 용용수지온도를 얻기 위한 것이다. 결정성 수지는 융점에서 비결정으로 변하고 추가적인 열에너지를 흡수하여 연화되므로 사출량이 사출용량에 비하여 40% 정도 이상일 경우에는 하향 실린더온도(실린더의 호퍼 쪽 온도가 노즐 쪽 온도보다 높은 경우)를 채택하는 것이 좋다.

최근의 plastic 수지의 메이커(maker)에서는 수지의 용도별로 물성을 조절하기 위해 각종 첨가제를 투입하므로 수지별 최적 실린더 온도는 수지 메이커에서 시험된 자료를 활용하는 것이 바람직하다.

(4) 사출압력

엔지니어링 plastic의 성형에 필요한 사출압력은 수지의 점도 및 첨가제에 따라 차이는 있으나 일반적으로 $350kgf/cm^2$에서 $1,400kgf/cm^2$ 범위 내에서 사용된다. 사출압력은 다음과 같은 문제점이 생기지 않도록 충분히 높아야 한다.
① 거칠은 표면
② 미성형
③ 취약한 weld line(웰드 라인)

반결정성의 plastic은 미성형과 같은 성형상의 문제점을 해결하기 위해 수지의 온도만을 상승시켜서는 해결되지 않는다. 수지온도의 상승은 점도의 상승에 큰 영향을 주지 못하며 오히려 열분해를 일으키기 쉬우므로 사출압력을 증가시킴으로써 개선될 수 있다.

약한 weld line은 금형에 air vent(공기빼기)를 설치하는 것이 좋다. 너무 높은 사출압력은 플래시의 원인이 될 수 있으며, 가늘고 긴 core는 변형될 우려가 있다.

반결정성 수지의 경우 수축량이 크기 때문에 과잉충전(over packing)에 ejecting 불량문제는 거의 없다. 여러 cavity가 있는 성형품 중 1~2개 cavity에서 플래시가 발생하고 동시에 다른 cavity에서는 미성형이 되는 경우가 종종 있다. 이 경우는 사출압력만을 조정하여 개선되지 않으며 모든 cavity에 거의 동시에 충전되도록 런너 시스템의 수정 또는 gate 밸런스를 고려하여 개선하여야 한다.

(5) 충전속도(사출속도)

사출압력과 사출속도는 서로 관련이 있으나 최근의 사출성형기에 있어서는 독립적으로 컨트롤된다.

사출압력은 실린더에 작용유압을 조절하는 밸브에 의해 조절된다. 사출속도는 screw가 얼마나 빨리 앞으로 움직이는가에 달려 있다. 그리고 그것은 사출기 유압 실린더로의 기름의 흐름속도를 조절하는 밸브에 의해 조절된다. 반결정성 수지는 빨리 고화되기 때문에 고화되기 전에 충분한 충전을 위해 중간에서 빠른 듯한 사출속도가 요구된다.

수지가 고화되기 전에 cavity가 채워지도록 충분히 빠르게 충전한다면 더 양호하고 더 균일한 표면 광택을 얻을 수 있다. 이것은 유리섬유 강화수지를 성형할 때 서리가 낀 듯한 표면(유리섬유가 나타난 표면)을 피하기 위하여 특히 중요하다. 그러나 제팅(jetting) 또는 gate 결함과 같은 부분적인 표면의 불량들은 충전속도를 낮춤으로써 종종 감소시킬 수 있다. 빠른 충전속도를 얻고, 약한 weld line과 타 버릴 문제를 피하기 위해서는 충분한 공기빼기(air vent)를 금형에 추가하여야 한다.

(6) Screw 후퇴속도(Screw Refill Speed)

약간 느린 또는 중간 정도의 screw 후퇴속도에서 균일한 색상과 양호한 용융상태의 수지를 얻을 수 있다. screw 후퇴시간은 대부분의 냉각시간을 차지하도록 screw 후퇴속도를 변화시켜 조정되어야만 한다. 따라서, 빠른 사이클의 성형작업을 위해서는 screw 후퇴속도를 빠르게 하여야 하며, 이때 성형품의 품질에 세심한 주의를 기울여야 한다.

(7) 배압(Back Pressure)

높은 배압은 screw로 하여금 원료의 혼합작용 및 기계적인 열에너지를 증가시킨다. 그러나 그것은 screw를 통과하는 수지의 토출량을 감소시키고 유리섬유의 길이를 짧게 하여 유리섬유 강화수지의 물성을 변화시킨다.

일반적으로 배압은 더 많은 열에너지를 가하거나 혼합을 필요로 할 때만 사용된다(마스터 뱃치나 안료가 사용될 때, 미용용 수지들을 피하고 착색의 균일성을 개선하는 것과 같은 경우).

(8) 건조(Drying)

나일론, 아세탈, 폴리에스테르(polyester) 수지와 같은 엔지니어링 plastic들 중에서, 나일론과 폴리에스테르는 응축 중합에 의해 만들어진다. 즉, 중합이 진행되는 동안에 물이 방출되고 제거된다. 사출성형기의 실린더 속에 젖은 수지를 넣고 약 300℃까지 가열시키면, 역반응(분해 또는 폴리머의 절단)이 발생하게 될 것을 쉽게 짐작할 수 있다. 그러므로 건조는 성형품의 품질을 보증하기 위해 매우 중요하다. 폴리에스테르 수지는 나일론보다 더 습기에 민감하다. 예를 들면, PET의 경우 성형전에 권장된 최고의 수분율은 0.02%이고 나일론 66은 0.3%이다. 그림 3.29는 성형품의 물성에 대하여 성형전의 습도의 영향을 나타낸다.

그러나 "수소결합"의 형성때문에 일단 나일론이 습기를 흡수하면 건조가 어렵다. 제습식 건조기와 재래의 호퍼 건조기 사이의 중요한 차이는 제습식 건조기는 공기를 가열시키고 원료를 통하여 그것을 순환시키기 전에 건조제층을 통과시켜 공기를 건조시킨다.

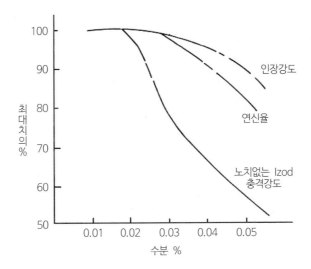

그림 3.29 PET 폴리에스테르 물성에 대한 수분의 영향

Closed loop system의 후냉각기는 간단하지만 매우 중요함에도 불구하고 종종 무시되는 경우가 있다. 그 기능은 호퍼로부터 순환된 공기가 필터를 통하여 건조층을 통과하기 전에 냉각시키는 것이다. 그것은 건조층을 손상시킬지도 모르는 휘발성 물질을 제거하는 것을 돕고, 건조제의 효율을 최대화한다.

3.3 Plastic 성형제품의 불량원인과 대책

우수한 성형제품은 금형, 사출성형기계, 원료수지가 모두 우수해야 한다. 보통 금형은 성형제품설계에 따라서 금형설계와 가공, 제작이 이루어진다. 원료수지는 성형제품의 설계과정에서 결정이 되는 등서로 매우 밀접한 관계를 이루고 있다.

이와 같은 과정에서 성형제품의 불량은 아래와 같이 여러 요인으로 나타나는데,

① 성형제품 설계 불량

② 금형 설계 불량

③ 금형가공 제작 불량

④ 성형기계 불량

⑤ 성형기계 운전조건 불량

⑥ 원료수지 선택 불량

⑦ 원료수지 처리, 첨가제 등의 불량 등

크게 7가지로 나눌 수 있다.

   우수한 plastic 제품의 성형을 위해서는
   ① 금형설계, 가공 제작공정
   ② 제품성형조건
   ③ 성형 plastic 원료 등
3조건이 서로 유기적으로 잘 조화되어야 좋은 성형품이 생산된다.

   그러나 실제로는 plastic 성형제품의 불량이 나올 때는 그 원인규명은 간단하지가 않음을 명심해야 한다. 즉, 금형설계도면, 금형가공의 정밀도, 거칠기, 성형기계 이상유무, 온도, 원료수지종류, 성분, 처리상태 등 체크해볼 항목이 수없이 많다. 여기서는 각종 plastic 제품의 불량원인과 대책을 자세히 종류별로 설명하고, 또 주요항목은 알기 쉽게 그림 및 표로 만들었다.

3.3.1 성형품의 치수변화

일반적으로 치수문제는 성형수축의 추정 잘못과 성형 후 발생되는 변형에서 오는 것이다.

1) 변형의 방지 또는 수정방법

   변형문제는 대부분의 성형품에 공통적인 논의대상으로 제기되는 문제로서 아주 중요한 사항이다. 경우에 따라 제품의 변형을 계산하는 문제에까지도 관계된다. 변형은 제품의 두 부위 사이에서 서로 줄을 당기는 영향에 의해 불균일한 수축 때문에 생기는 것이다. 변형의 정도를 예측하는 것은 요인이 너무 많아 거의 불가능하다. 그러나 한 가지 예측할 수 있는 것은 잘못된 설계나 적절하지 못한 성형 기술에서 발생된다는 것이다.

   이 문제는 내부응력에 의해 발생되는 변형에 국한된다는 것을 명심해야 할 것이다. 확실히 성형품은 불균일한 이젝션, 제대로 빠져 나오지 않는 언더 컷, 상자 내의 다른 성형품 위에 성형한 제품을 떨어뜨려 형상이 변하여 구부러질 수도 있다. 언제든지 그러한 외부적인 변형요인은 제거해야 한다. 성형 후 변형에 의해 문제가 발생되는 것으로 무조건 추정해서는 안 된다.

(1) 각종 수축의 주원인

   변형을 방지하려면 각종 수축을 일으킬 수 있는 요인을 이해해야 한다. 여기에는 금형온도, 냉각온도, 용융온도, 흐름의 방향성, 두께의 차이, cavity 내의 압력, 공기빼기의 부족 등이 있다. 이들 요인 중 하나 또는 이들이 복합으로 작용하여 수축 불균형을 일으킬 수가 있다.

   한 가지 명심해야 할 것은 변형을 일으킬 수 있는 요인은 또한 문제점을 수정하는 수단도 될 수 있다는 것이다.

(2) 제1요인-냉각온도

성형품에서 금형으로의 불균일한 열전달이 변형의 중요원인이 된다. 다음에 설명하는 몇 가지의 열전달이 불균일해지는 이유를 알아보자.

① 성형온도

성형온도가 높을수록 성형품의 수축은 커진다. 그 이유는 냉각이 느리면 응력회복이 커지고 성형품의 밀도가 높아진다. 성형품의 한쪽 면이 다른 쪽면보다 뜨거우면 성형품은 천천히 냉각되므로 뜨거운 쪽에서 더 많이 수축될 것이다. 불균일한 수축으로 뜨거운 면 위에서 성형품을 당겨 오목해질 것이다(그림 3.30 참조).

그러나 모든 일반적인 원칙과 같은 변형은 예상한 것과 다르게 나타나는 예외가 있다. 이것은 통상 설계 잘못 또는 이젝션 기술, 기타 요인을 조화시키지 못한 결과이다.

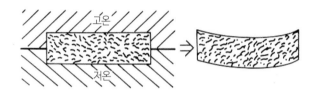

그림 3.30 냉각속도의 차에 의한 변형

② 열전달용량

열유동로의 특성에 의해 전달할 수 있는 열량을 제한할 수도 있다. 예를 들면, 긴 코어핀의 끝에서 몰드 베이스로는 열을 전달할 기회는 거의 없다(그림 3.31). 냉각을 위해 코어를 넣지 않으면 핀직경의 5배만큼 cavity 내에 돌출된 핀은 금형의 다른 부분보다 30~60℃만큼 더 뜨거워지기 쉽다. 이것 때문에 변형이 생기거나 달라붙음 또는 이젝션 문제를 일으킬 수도 있다.

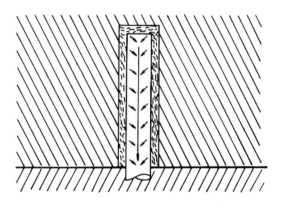

그림 3.31 긴 코어핀에서의 열전달

또 다른 열유동 장애문제는 그림 3.32에 설명된 것과 같이 성형된 rib에서 발생된다. 벽과 rib가 연결되는 곳에서 천천히 냉각되면 제품의 반대쪽보다 rib부분 주위에서 더 큰 수축이 발생된다. 따라서, 휨은 그림에 나타낸 것과 같이 발생된다.

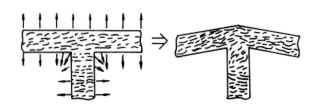

그림 3.32 리브(rib)에서의 열유동에 의한 휨발생

③ 금형재료

변형은 금형의 각부에 각기 다른 열전도를 가지는 재료가 사용된 금형에서 나타난다. 그 결과는 앞서의 성형온도에서 설명한 것과 아주 흡사하다. 복잡한 cavity 제품에 흔히 사용되는 베릴륨동(Be-Cu)은 공구강에 비해 훨씬 빠른 열전달 속도를 가진다. 따라서, 금형의 분화된 두 부분의 표면온도가 정확히 같아도 변형이 발생될 수 있다.

(3) 제2요인-단면의 두께

금형설계자는 성형수축은 두께에 비례한다는 것을 경험으로 알고 있다. 금형설계자는 불행하게도 이러한 기본적인 사실을 제품설계에서 흔히 무시한다. 단면의 두께가 변화되도록 설계한 제품은 그 부분이 독립적으로 수축되지 않는 한 명백히 변형이나 성형응력이 잔류하게 된다. 이것이 변형의 주 요인이며 제품을 다시 설계하지 않는 한 해결방법이 없다.

(4) 제3의 요인-흐름의 방향

Cavity 충전 과정에서 반쯤 고화된 수지의 외측윤곽을 통하여 수지가 유동되어 점성전단을 일으키고 gate로부터 방출이 막혀 응력을 일으킨다(그림 3.33 참조).

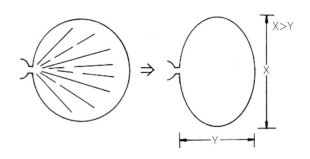

그림 3.33 수지의 흐름방향에 의한 변형

이 국부적인 응력이 성형수축의 분포에 영향을 미친다. 위 그림에 나타나는 바와 같이 성형품은 유동방향에 대해 직각방향보다는 유동방향으로 더 많이 수축된다. 이 영향으로 원주에 gate를 가진 기어에 흔들림이 커지고 환봉과 같이 센터 gate 제품에 변형을 일으킨다(그림 3.34 참조).

그림 3.34 센터 게이트(center gate) 제품의 변형

(5) 제4요인-압력분포

길이가 길고 두께가 얇은 cavity의 압력강하는 gate 부근의 높은 압력을 발생시켜 그 부분의 수축을 줄인다. 스프루 gate를 가진 디스크는 감자칩 모양의 변형을 일으킨다. 그 이유는 바깥 쪽의 수축(낮은 압력 부분)은 좌굴(座屈, buckling)을 일으키는 중앙보다(압력이 높아짐) 커지기 때문이다. 증압 실린더 타이머의 시간을 감소시키면 gate 주위의 고압충전을 감소시키는데 도움이 된다(그림 3.35 참조).

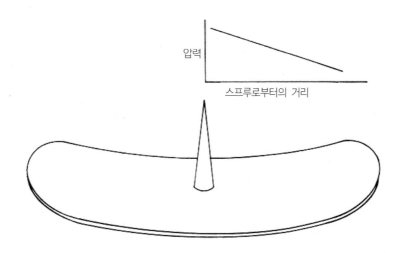

그림 3.35 스프루 게이트(sprue gate)를 갖는 디스크(disc, 원반)의 변형

(6) 제5요인-불균일한 용융온도

용융수지가 차지하는 체적은 온도에 따라 증가한다(즉, 용융수지의 밀도는 온도가 상승하면 감소한다). 그러므로 냉각에 대한 수축은 용융온도에 따라 달라진다. 쇼트(shot)의 첫 번째 부분과 마지막 부분의 온도편차가 있으면 수축의 차이가 변형을 일으킬 수도 있다. 그러한 상태는 사이클을 단축시키거나, 히터밴드에 의해 실린더에서 너무 뜨거운 곳 또는 너무 온도가 낮은 곳이 생긴 상태에 있을 때, 사출기에서 수지를 충분히 빠르게 용융시킬 수 없는 경우에 발생된다.

(7) 정확한 원인의 확인

변형문제는 정확한 원인을 알면 90%는 해결된다. 금형설계자는 변형문제에 몇 가지 기술을 이용하지만 제일 먼저 검토할 곳은 설계단계이다. 설계자에게 변형을 방지하는 중요성을 인식시켜야 할 필요성은 아주 큰 것이다. 잘못 설계된 제품에서 변형문제를 수정하는 것은 통상 아주 어려운 일이다. 아울러 최종제품에 요구되는 기타의 특성도 변형을 수정하는 성형조건 때문에 충족시키기 어려울 수도 있다.

2) 치수의 측정

성형품의 치수측정에 있어서 개인오차가 나와 정확한 정밀도를 잡기 어렵다. 성형품의 정도(精度) 검사방법과 주의사항에 대해서 알고 싶다. 치수측정에는 각종 일반금속용의 측정공구가 사용되지만 상대가 plastic이면 약간의 측정접촉압력에도 변형되어 올바른 치수를 알 수 없다. 투영기(projector)나 공구 현미경으로는 헤어 라인의 굵기를 구분하여 보는 것과 에지(edge)의 흐릿함과 광원의 열복사에 의한 치수변화 등으로 오차를 내기 쉽다.

측정 오차나 미스는 다음의 원인에도 기인한다.

① 측정기 자체의 차 : 정기적으로 검사한다.

② 개인의 습관에 의한 차 : 훈련하여 일치시킨다.

③ 눈금의 읽음 불량, 기록 미스, 계산 틀림, 부주의

④ 환경, 온도 차 : 고정도(高精度)의 것을 항온실 내에 넣어 수 일 후 측정한다.

마이크로미터는 100밀리 이하에서는 JIS로 측정압 400~600g이라고 되어 있으므로 기어외경 등은 매우 측정하기 어렵고 원통부품도 변형된다. 마이크로미터는 한계 게이지와 같이 사용하고 가볍게 성형품(눈에 보기에)이 정지될 정도일 때를 측정치수로 하고 싶으나, 여러 사람에게 동일한 물건을 측정시키면 10밀리에서 ±0.02 정도의 차가 생긴다. 계약상의 치수는 상호간에 측정법을 협정해 두며, 또 동일물건을 측정하여 회사간의 차, 개인 차를 될 수 있는 한 보정해 둘 필요가 있다.

다이얼 게이지는 스프링 힘으로 움직이므로 측정단자를 크게 움직인 위치에서는 여분의 측정압이 걸리므로 처음의 0.5~1밀리의 범위를 사용하는 것이 좋다. 측미지시계(마이크로 콤퍼레이터) 225g±45g, 또는 레버식 인디케이터(마이크로 테스터) 20g을 사용하면 좋다.

버니어 캘리퍼스는 최근 공업기술원 계량연구소의 지도로 정측(定測) 정력(定力) 버니어 캘리퍼스가 개발되어 시판되고 있지만 측정압은 70g이다. 특히 시험작업시는 성형조건이 확정된 정상적인 성형품을 샘플로 한다. 정산이라는 것은 그 조건에서 30쇼트 또는 수 시간을 사출한 것이다.

일반적 주의는 다음과 같다.

① 성형 직후는 치수변화가 크므로 규정시간이 경과한 후에 잰다.

② 측정압을 최소한으로 한다.

③ 습기를 흡수하는 것이나 정밀측정은 항온항습실에서 1~2일 방치한 후에 잰다.

④ 도면의 기준선은 성형품에는 없으므로 이를 정하는 방법이 문제가 된다. 기준선이 성형품의 바깥에 있는 것도 있다.

⑤ 구멍의 중심은 구하기 어렵다. 구멍은 굽어 있거나 크기가 출입구와 가운데가 다른 것이 있다.

⑥ 직교하는 기준선을 사용한 투영기에서의 측정은 문제가 되는 경우가 많다.

⑦ PL(Parting Line)면은 일반적으로 순평면이 아니므로 기준면이 되지 않는다. 끝 단은 거스러미가 생기기 쉽다.

⑧ 빼기 테이퍼(taper)가 있다.

⑨ 수지의 흐름방향에 따라 수축이 다르다.

⑩ 모서리 각(角)부분은 R(Round)이 되기 쉽다.

⑪ 방전 가공면의 치수는 성형품에서는 금형의 凹를, 금형의 측정에서는 凸부를 측정하는 것이 된다. 수축률의 계산에 틀리기 쉽다.

⑫ 피측정물의 성형조건과 측정방법을 상세히 기록하고 샘플은 일정기간 보관한다.

구멍의 치수는 실용상으로 습동, 회전, 압입에 쓰이므로 게이지를 사용하는 것이 적합하다. 관통 중량을 규정할 필요가 있다. 현장 측정용 게이지는 공작용을 사용하고 검정용은 별도로 보관하여 사용하지 않는다. 양산 중의 치수검사에는 제품에 따라 공기 마이크로미터를 사용하면 무접촉으로 빨리 측정할 수 있고, 치구를 연구하면 들어간 것도 측정할 수 있다.

3) 치수한계

정밀금속부품을 plastic화 하고 싶다. 그렇다면 현재의 기술수준으로 본 금형 정도, 성형품 정도의 한계는 어떻게 정하는가?

형상에 따라 다르나 간단한 것은 한계가 가능하지만, 한 개의 성형품 중에 몇 군데의 엄격한 치수가 있는 경우는 적용하지 않는 것이 좋다. plastic은 연한데도 설계자는 금속과 같은 엄격한 치수를 넣고 있으나, 많은 기능상의 불량은 근거도 없는 엄격한 치수를 넣는데서부터 발생된다. JIS B0406 보통 치수차(단조가공)의 해설에는 다음과 같이 씌어 있다. 성형품의 치수한계를 정하는데 좋은 참고가 된다.

"보통 치수차에 관해서 실제 공장에서 일어나는 문제는 설계자가 어떤 근거도 없이 엄밀한 수치를 기입하면 그 제품의 품질이 향상된다고 오인하는 것이다. 또 숙련공은 공차가 지시 안 된 치수에 대해서도 무의식적으로 가능한 한 정밀하게 가공하려고 노력하는 경향이 있고, 게다가 경험이 많은 검사공이라도 사내규격에 써 있는 허용된 기준보다도 예상 이상으로 엄중한 검사를 하고 있다. 따라서, 보통 치수차를 쉽게 해석하면, 공장에 있어서는 사용에 익숙해진 정밀도로서의 치수차로 인식하고 있으며, 설계에서는 어느 치수에 특정의 치수차를 기입해야만 할까를 지정하고 있는 것이다."

4) 성형품의 내외경 치수정도

원통모양 성형품의 내외경 치수정도가 잘 안 나온다. 그 원인은 무엇인가?

성형조건이나 금형수정에 의한 해결책에 대하여 알고 싶다. 내경은 凸형에 구속되어 수축되기 어려우므로 일반적으로 치수가 크게 된다. 살두께가 얇은 경우는 내외경이 서로 비례하지만 기어와 같이 내외경이 크게 다른 경우는 내경의 제어가 어렵다. 일반적으로 내경의 핀은 크게 만들어 시험을 하여 깎아 수정한다고 말하지만, 밀어박는 핀이 아니고 형을 관통하고 있는 경우는, 구멍을 작게 하지 않으면 안 되므로, 반대로 작게 만들어 구멍을 핀과 함께 키우는 것이 좋다. 긴 내경은 앙신에서 크게 변동하므로, 시험사출에서 간단히 수정하면 사이클의 단축이 불가능하다. 핀은 가느므로 축열되기 쉽다. 전열면적이 길이에 비하여 작기 때문이다. 핀의 뿌리 부분으로부터 에어를 불어내어 식히는 냉각과 온도조절이 필요하다. 금형온도, 압력사출속도에 의한 POM(폴리아세탈)의 내외경의 치수변화를 그림 3.36에 나타냈다. 수지온도가 높으면 수축이 커질 것이지만, 용융점도가 저하되어 사출압력이 효과를 발휘하여 상쇄되는 것이다.

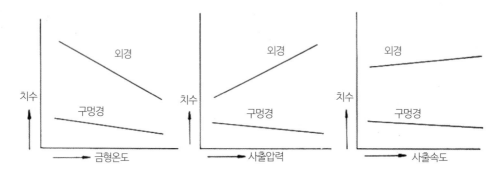

그림 3.36 금형온도, 사출속도에 의한 POM의 내외경 치수변화

구멍이 너무 클 경우에는 다음과 같은 해결방법이 있다.

① 사출압을 높인다.

② 금형온도를 높인다.

③ 부분적으로 금형온도를 다르게 한다.

④ 금형온도의 불균일을 조사한다.

⑤ gate의 형상을 조사한다.

⑥ 밀핀이 원활하고 균일하게 공랭되어 있는가.

⑦ 교정치구를 사용한다.

⑧ 2차압의 절환시점을 조정한다.

⑨ 2차압을 낮게 한다.

⑩ 다점 gate로 한다.

⑪ 언더컷(undercut)이 있는가, 어떤가.

⑫ 사이클을 길게 한다.

5) 멀티-Cavity의 수축편차

작은 정밀부품을 다수개취(多數個取)로 하고 있으나 cavity간의 정도(精度)가 불균일하여 곤란하다. 수축률의 편차를 줄이는 좋은 해결책은 없는가? 보통 어느 정도의 치수오차가 나오는가?

성형품의 cost down(원가 절감)을 생각하여 다수개취로 하여 큰 기계를 사용하면 왕왕 정도(정밀도)가 나오지 않아 실패한다. cavity가 1개 증가함에 따라 정도는 5%가 저하된다고 알려져 있다. 대형기계가 되면 형개폐 시간도 늦고 금형비는 높고 형의 교환횟수가 증가하여 금형의 보수도 어렵다.

필요한 정도와 로트(lot) 수를 생각하여 개취수, 기계의 대소를 결정하며 기업 이미지와 특징을 고려하여 정하는 것이 좋다. 성형품에 따라 기계를 선정하는 것을 원칙으로 한다. 다수개취의 금형으로 형제작이 제때에 안 되어 할 수 없이 cavity를 한 개만 만들어 납기를 맞추었다가 후일 다수개취로 하는 방법을 잘 쓰지만 잘 되지 않는 경우가 많다. 제작자도 긴급감이 없어지고 제작시기가 다름에 따라 형의 치수정도에도 차이가 생기게 되어, 전수(全數)가 합격하기까지 오랜 시일이 걸려 몇 달 후에도 계속하여 1개취 금형을 쓰는 경우가 많다.

3.3.2　성형품의 불량원인과 대책

1) Short Shot(미성형)

성형할 수지가 성형기(plastic molding machine)의 실린더 안에서 충분히 가열되지 않거나 사출압력과 금형온도가 매우 낮을 경우, 금형 전체에 수지가 들어가지 않고 냉각 고화해서 성형품의 일부가 모자라는 현상이다. 그 주원인은 다음과 같은데, 가장 결정적인 요인은 ㄱ ㅁ형의 형상과 수지의 유동성이다.

① 수지의 유동성이 부족하다.

② 금형내압이 부족하다.

③ 성형기의 능력이 부족하다.

④ cavity 안의 공기빠짐이 불량하다.

⑤ 재료공급량이 부적정하다.

⑥ 유동저항이 너무 크다.

(1) 대책

① 성형기계의 능력 부족

성형기계의 가소화(可塑化)능력의 부족 또는 공급능력의 부족 등이 원인이 된다. 가소화능력이 부족할 때는 가열시간의 연장, screw 회전수의 증가, 배압(背壓, back pressure)의 증가 등으로 가소화를 충분히 하면 해결되지만, 공급능력이 부족할 때는 능력이 큰 기계로 바꾼다.

② 여러 개 빼기의 일부가 충전 부족

성형기계의 능력이 충분하여도 gate 밸런스(gate balance)가 나쁘며 스프루(sprue)에 가까운 것, 또는 gate가 굵고 짧은 것만이 좋은 상품이 되고 일부가 불량품이 된다. 이것을 해결하려면 gate 평형을 수정한다. 즉, 런너 지름을 크게 하여 맨 끝까지 압력이 저하하지 않도록 함과 동시에 스프루에서 멀리 떨어진 cavity의 일부를 닫고, 1쇼트당의 성형갯수를 감소시킨다.

③ 수지의 유동성(流動性)이 부족

수지의 유동성은 수지의 종류, 품목에 따라 다르므로 성형품의 실용강도, 디자인에 의해 적절한 것을 선정한다. 또 성형조건(수지온도, 사출압력, 사출속도, 금형온도)과 성형품의 살두께에 의해서도 좌우된다. 수지의 유동성 척도로서는 카탈로그 등에 멜트 플로우 인덱스(melt flow index =MFI)나 스파이럴 플로우 길이로서 표시되어 있다.

표 3.4에 주된 수지의 실용상의 살두께와 유동비를 표시하였다.

표 3.4 일반 사출성형에서의 살두께 및 L/t

플라스틱	살두께[mm]	L/t	플라스틱	살두께[mm]	L/t
폴리에틸렌	0.6~3.0	280~200	메타크릴 수지	1.5~5.5	150~100
폴리프로필렌	0.6~3.0	280~160	경질 PVC	1.5~5.0	150~100
폴리아세탈	1.5~5.0	250~150	폴리카보네이트	1.5~	150~100
나일론	0.8~	320~200	아세틸셀룰로오스	1.0~4.0	300~220
폴리스티렌	1.0~4.0	300~220	ABS수지	1.5~4.0	280~160

수지의 유동성을 향상시키는 대책으로서는 수지온도, 사출압력, 사출속도, 금형온도를 들면 된다. 수지의 유동성이 부족하게 되면 금형의 끝 또는 웰드(weld)부까지 가는 동안 고화되므로 충전부족이 된다. 이것을 해결하려면 수지온도를 높이고 금형 끝까지 수지가 흐르도록 사출속도를 빠르게 하거나, 성형기계의 실린더 온도와 사출압력을 높이고 사출속도를 빨리하여 금형온도를 높게 한다. 또한 수지의 유동성이 좋아야 하므로 유동성이 좋은 원료(수지)로 바꾸는 것도 해결방법의 하나이다.

④ 유동저항이 클 때

유동저항이 크면 충전불량이 발생한다. 용융수지가 성형기의 노즐, 금형의 스프루, 런너, gate를 통해서 cavity로 흐를 경우, 수지가 냉각되어 점도가 높아져서 유동성이 방해되고, 고화해서 성형품의 말단까지 도달하지 않기도 한다. 이러한 경우 노즐, 스프루, 런너, gate의 단면적을 넓히고, 또한 길이를 단축시키고, 또 cavity 살두께가 허용되는 범위에서 늘리거나, gate 위치의 변경이나 보조 런너를 설치하는 것 등이 효과적이다.

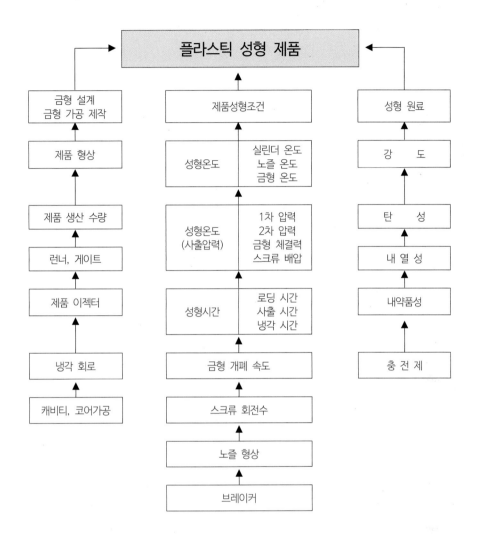

금형온도가 지나치게 낮으면 유동저항은 커지므로 주의하여야 한다. 노즐 저항은 노즐 지름을 크게 하거나 노즐 온도를 높이면 감소된다. 스프루는 지름의 증가, 런너는 저항이 큰 반원 런너를 피하고 원형 또는 사다리꼴 런너로 하거나 지름을 증가시키고 또 이들을 필요 이상 길게 하면 안 된다. 충전부족부까지의 사이에 얇은 부분 때문에 충전부족이 생길 경우는 두께 전체를 증가시키든가, 일부의 두께를 증가하여 보조 런너로 하거나, 혹은 gate를 충전부족 근처에 설치한다.

또한 유동저항은 노즐에서 나온 수지가 다시 스프루, 런너에서 냉각되기 때문에 콜드 슬러그 웰(湯溜, cold slug well)을 크게 설치한다. 금형온도가 낮으면 유동저항이 커지므로 금형온도를 높인다. 또는, 냉각배관의 위치를 바꾸고 냉각수의 통수(通水)방법을 변동한다.

⑤ cavity 내의 배기 불량

Cavity 내의 배기불량은 수지가 금형 내의 공기를 밀어내면 된다. 그런데 성형품의 형상, 살두께의 불균일, gate의 위치 등의 관계에서, 성형품의 말단이나 깊게 새긴 보스부 선단 주위가 살이 두껍고 중간이 얇은 성형품, 각형(角形) 성형품의 평면에 대칭인 4점 gate가 있는 중심부 등은 배기불량이 충전불량이 되기 쉽다. 수지의 온도와 압력을 올려 유동성을 증가시킬 때 태움(black sport)과 웰드 라인(weld line)이 생기기 쉽다.

충전부족이 자주 생기고, 수지가 cavity에 들어갈 때 미충전 부분에 공기가 남아 그 압력으로 충전부족이 되기도 하고 너무 급속 충전되어 공기가 파팅 라인(parting line) 면을 통하여 빠지지 못할 때도 있다. 이 현상은 금형의 구석진 곳, 금형의 오목부, 제품의 두꺼운 부분으로 둘러싸인 얇은 장소에 발생한다. 즉, 벽두께에 비해 천정의 두께가 얇은 제품을 사이드 게이트(side gate)로 성형할 긴 보스(boss)의 끝에 생긴다.

이때 공기는 단열 압축을 받아 고온으로 되어, 이 부분이 타버릴 수가 있다. 이 불량해결은 공기가 빠지게 사출속도를 느리게 하든가, 또는 금형 내의 공기를 진공펌프로 배기하면 된다. 그러나 가장 좋은 해결방법은 공기가 빠질 구멍을 설치, gate 위치를 선정하여 공기가 먼저 빠지도록 하든가, 공기가 빠질 곳을 금형의 구조에 따라 설치하는 것이다. 즉, 금형의 일부를 코어로 하여 코어의 틈새로 공기가 빠지게 하든가, 파팅(parting)면의 일부에 얇은 홈을 내든가, ejector 핀(밀핀)을 설치하여 그 틈새로 공기가 빠지게 하면 된다. 예를 들면, 다점 핀 gate를 성형할 경우 배기중 금형의 일부를 코어로 한다.

⑥ 형조임력 부족

형조임력(clamping force) 부족과 충전 부족은 서로 무관한 것으로 생각되지만, 이것이 원인이 될 때가 있다. 동일 사출량의 기계라도 형조임력이 부족하여 사출압력으로 가동축이 약간 움직이면 플래시(성형귀)가 발생하여 제품의 중량이 증가하고, 사출량이 부족되어 기계의 능력부족과 같은 충전 부족이 된다.

⑦ 수지의 공급이 불충분

성형기계의 능력은 충분하나 소요량의 수지가 노즐에서 나오지 못하면 충전부족이 된다. 이 원인은 ㉮ 호퍼(hopper) 안에서 수지가 브리징(bridging)을 일으켜서 실린더에 공급 부족, ㉯ screw식 사출성형기는 수지가 실린더 내에서 미끄러져 앞으로 이송되지 못할 때가 있다. 전자 ㉮는 호퍼 드라이어(hopper drier) 중에서 수지가 녹아 덩어리로 될 때와 분말 혹은 부정형(不整形)인 펠레트(pellet)는 호퍼에 붙는 경우가 있다. 후자 ㉯는 수지를 잘못 선택하여 윤활제가 너무 많은 펠레트를 사용할 때이므로 올바른 배합원료로 바꾼다.

가끔 성형기계의 능력을 과대하게 예측해서 실패하는 일이 있다. 예를 들면, 성형기의 이론 사출량(폴리스티렌의 비중 1.04로 계산)으로 빠듯하게 폴리올레핀(비중 0.9~0.95)을 사용하거나, 형체력(型締力)의 부족에 의해 cavity 용적이 증가해서 공급량 부족을 일으키는 실수를 하는 경우가 있으므로 주의하여야 한다.

⑧ 수지 공급 과잉

특히 플런저식 사출성형기계(plunger type injecting molding)는 실린더 내에 많은 수지가 들어

가면 사출압력, 즉 실린더 내의 수지를 미는 압력이 펠레트(pellet)의 압축에 소비되어 실제 사출 성형에 필요한 노즐에서 나오는 수지압력이 감소되어 사출압력 부족 현상이 나타나게 된다. 이 해결방법은 성형에 알맞은 수지량을 공급하도록 조정한다.

2) 금형 상처, 긁힌 상처(Mold Mark)

(1) 특징

금형 상처(mold mark)는 금형 표면의 상처가 제품표면에 나타나는 현상이므로 금형을 수정하면 고칠 수 있다. 긁힌 상처는 금형의 역테이퍼 혹은 테이퍼의 부족이 제품과 금형 마찰면에 상처가 생기는 현상이다. 그대로 성형을 계속하면 금형 자체를 마모시켜 상처가 계속 생기므로 금형을 수정해야 된다. 연마의 부족이나 거스러미로 생기는 수도 있으므로 금형을 수정한다.

(2) 대책

금형이나 기계에 이상이 없이 성형기술 자체로 긁힌 상처가 생기는 것은 과잉충전으로 예정된 성형 수축이 되지 않을 경우이다. 이때는 싱크 마크(sink mark)가 발생하는 것을 각오하고 성형한다.

금형에 따라서는 인젝션(injection) 방법에 있어서 중심에 하나의 바(bar)만을 사용하여 인젝션할 때 플레이트(injection plate)가 기울어 제품도 기울어지면서 긁힌 상처가 생기는 경우가 있다. 이것은 중심에 대한 cavity의 밸런스 불량으로 생기는 것이다. 따라서 이러한 cavity의 설계를 해서는 안 된다.

또한, 뽑기 테이퍼가 부족시에 긁힌 상처가 발생한다. 즉, 뽑기 테이퍼는 부분 혹은 제품의 설계에 따라 끊임없이 변화하므로 제품을 설계할 때 뽑기 테이퍼에 주의한다. 특히 곰보 가공시 그 섬세한 요철이 역테이퍼의 원인이 되므로 뽑기 테이퍼를 충분히 주고 테이퍼 면의 곰보의 깊이도 주의한다.

3) 플래시(Flash) 또는 Burr(버)

(1) 특징

금형의 맞춤면, 즉 고정형과 이동형의 사이, 슬라이드 부분, insert의 틈새(clearance), ejector 핀의 간격 등에 수지가 흘러들어가 제품에 필요 이상의 막인 지느러미가 생기는 현상이다. 이 플래시는 한 번 발생시 지렛대의 원리로 점차 큰 플래시가 생기고, 금형을 오목(凹)하게 하여 플래시가 다시 큰 플래시를 발생시키므로 처음부터 플래시가 나오지 않도록 하고, 플래시가 생기면 즉시 금형을 수정한다 (그림 3.37).

그 주원인은 다음과 같다.

① 금형의 맞춤면, 분할면 등의 불량에 의함.
② 형체력의 부족에 의함.
③ 수지의 용융점도가 너무 낮음.
④ 금형 사이에 이물이 끼어 있음.

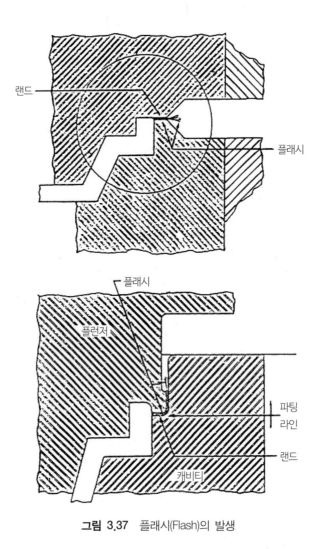

그림 3.37 플래시(Flash)의 발생

플래시의 대책은 우선 금형의 수리가 선결이다. 즉 맞춤면, 분할면의 끼워맞춤을 충분히 하고, ejector 핀, 부시의 틈새는 끼워맞춤 정밀도를 높인다.

(2) 대책

① 형조임력(型締力, clamping force)의 부족

성형품의 투영면적보다 형조임력이 작으면 사출압력으로 고정형(固定型)과 가동형(可動型)의 사이가 벌어져 플래시가 나오고, 더욱 투영면적이 커져서 큰 플래시가 나온다. 특히, 중앙부에 구멍을 이용한 사이드 gate로 성형할 때 런너(runner) 부분에 사출압력이 커져 플래시가 쉽게 발생한다. 이것을 해결하려면 사출압력을 낮추거나 형조임력을 높이는 방법과 유동성이 좋은 수지로 바꾼다. 성형품의 투영면적에 걸리는 압력이 성형기 형체결력보다 크면 금형의 열림이 발생한다.

$$QP = A \cdot CP$$

QP : 형체결력(Ton)

A : 성형품의 투영면적(cm^2)

CP : cavity 내의 압력(kgf/cm^2)

cavity 내의 압력은 성형재료, 성형품의 형상(살두께나 크기), 성형조건(수지온도, 사출압력, 사출속도), 금형구조(gate의 크기, 런너의 굵기), 성형기의 종류(플런저형, screw형)나 성형에 따라서 차이가 있으나, 일반적으로 200~400kgf/cm^2의 값이 취해진다. 투영면적은 런너도 포함시킨 값으로 한다. 따라서 형체력(형조임력)의 부족에는 기계의 변경이 필요하다.

② 금형의 밀착이 나쁨

우선 가동형과 고정형은 금형 자체의 밀착은 좋아도 토글식 형조임 기구(toggle type mold clamping system)는 금형의 평형도 불량이나 형조임 장치의 조정불량으로 형조임에 좌우 불균형 발생이 있다. 즉, 좌우 중 한 쪽만이 죄어져 밀착불량되는 수가 있다. 이때, 4개 또는 2개의 타이 바(tie bar)를 균등하게 조정한다. 또, 금형면 다듬질 불량으로 밀착불량이 되는 것과 중앙에 구멍이 있을 때 형조임력이 크게 걸리도록 한다.

또, 슬라이드 코어(slide core)는 이 작동기구의 헐거움으로 플래시가 발생하므로 슬라이드 코어의 밀어젖힘을 충분하게 하고, 특히 좌우분할금형은 이 방향의 투영면적에 사출압력이 걸려 이 압력에 견딜 수 있는 충분한 설계를 한다. 플래시는 금형에 약간의 틈에서도 생기고, 일단 플래시 발생은 플래시가 플래시를 크게 할 뿐만 아니라 제품의 낙하불량, ejector 핀의 고장 등을 가져오기 때문에 즉시 수리한다.

③ 금형의 휨(bending) 변형

금형의 두께가 부족시 금형이 수지의 사출압력으로 휘어지고, 중앙부에 구멍이 있으면 그 둘레에 플래시가 생기거나 구멍으로 사이드 gate에서 성형시 런너, 구멍 주위에 플래시가 생기는 것은 금형 제작불량에 의한 것이다. 이것을 바로 잡기는 어려우나 이 부분에 금형받침을 하면 감소된다.

④ 수지의 유동성이 좋을 경우

수지의 흐름이 너무 좋은 것은 직접 플래시 발생의 원인이라고 할 수 없으나, 용융점도가 낮아지면 아주 작은 틈으로도 흘러 들어가기 쉬우므로 수지온도, 금형온도를 내리면 된다. 그러나 사출속도를 느리게 하는 등 유동성을 나쁘게 해서 커버하는 이 대책은 일시적인 것으로서 재료의 특성을 저하시키는 경우도 있으므로 주의해야 한다.

⑤ 수지 공급의 과다

cavity 용적에 대해 공급량이 과대할 때에 플래시가 나온다. 특히 금형트라이(try) 때 수지의 공급이 과대하면 플래시가 계속 발생한다. 공급량은 약간 적게 시작해서 적정량으로 조정하면 된다. 플래시의 직접 원인은 아니나 싱크 마크(sink mark)를 방지하기 위해 수지를 너무 많이 공급하지 말고, 사출시간, 보압(=유지압 ; holding pressure=dwelling pressure) 시간을 증가시켜 성형한다.

⑥ 사출압력 과다

사출압력을 과대하게 높이거나, 금형의 맞춤면에 이물을 끼우고 형체를 하면 금형이 비틀어져서 틈이 생기고 홈이 생겨 플래시가 나오게 되므로 주의해야 한다.

⑦ 금형 분할면의 이물(異物)

금형면의 이물은 플래시를 발생시키므로 금형면을 깨끗이 하고, 금형면의 밀착을 좋게 한다.

4) 싱크 마크(Sink Mark)

(1) 특징

Sink mark는 성형품의 표면에 있는 오목한 부분(凹)을 말하며 성형품의 불량 중에서도 가장 많다. 이것은 수지의 성형 수축에 의한 것으로 제거가 곤란한 경우가 많다. 또 사출성형은 냉각된 금형용융수지를 주입할 때 금형에 접촉한 면부터 냉각되고 수지는 열전도가 나빠지고 매우 복잡한 현상이 생긴다.

금형에 접하는 표면이 빨리 냉각되어 고화, 수축한다. 내부는 냉각이 늦으므로 수축도 늦다. 따라서 빨리 수축하는 쪽으로 재료는 움직이고, 늦게 수축하는 부분은 수지량이 부족해서 기포가 된다. sink mark는 성형품의 냉각이 비교적 늦은 부분으로, 표면이 내부의 기포발생을 없애는 방향으로 끌려서 오목면이 되는 즉, 성형품의 두꺼운 부분에 발생하기 쉽다.

따라서 제품설계나 금형설계 때 sink mark 방지를 위하여 연구하고, 일단 sink mark가 발생시 제거 방법이 중요하다. 한편, 핀 홀(pin hole)은 sink mark가 제품 내부에 생기는 현상으로 이 점도 함께 고려한다. 특히 수축이 큰 수지(폴리프로필렌, 폴리에틸렌, 폴리아세탈 등)일수록 심하다.

주요 원인을 들면 다음과 같다.

① 성형품의 살두께가 불균일하다.

② 금형의 냉각이 불균일하거나 불충분하다.

③ 금형 내 압력이 부족해서 충분히 압축되지 않는다.

④ 사출속도가 너무 빠르다.

⑤ 재료의 수축이 큰 것 등이다.

Sink mark의 발생이 두꺼운 부분에 많은 점, 재료의 수축, 냉각속도에 차이가 있는 점을 고려해서 대처하면 된다.

(2) 유의점

① 살두께는 재료에 따라서도 다르나, 수축이 큰 수치는 3mm 이하로 가급적 균일하게 설계한다. 필요에 따라 rib, 보스 등 부분적으로 두껍게 되는 성형품의 경우라도 될 수 있는 대로 작게(가늘게, 낮게) 한다.

② 금형의 냉각홈은 충분히 뚫고 균일하게 함과 동시에 sink mark가 발생하기 쉬운 장소는 냉각을 강력하게 할 필요가 있다.

③ 금형 내 압력이 성형품 전체에 전달되도록 gate와 런너의 단면적을 크게 또는 짧게 하고 사출유지시간을 길게 한다. 재료 공급량을 약간 늘리는 것도 효과가 있으나, 플래시에 주의해야 한다.

④ 성형수축률이 큰 수지에서 온도와 비용적(比容積)이 크게 변하므로(그림 3.38), sink mark가 두드러진다. 성형온도는 낮게 억제하고 두꺼운 부위에 gate를 설치하고 sink mark가 발생하는 부분에 보조 런너를 설치하고 살빼기로 sink mark를 개량하는(그림 3.39) 등의 대책이 효과적이나, 재료에 무기물을 첨가해서 수축을 줄이는 것도 개선의 일책이다.

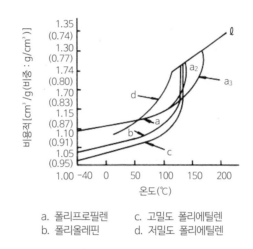

a. 폴리프로필렌   c. 고밀도 폴리에틸렌
b. 폴리올레핀   d. 저밀도 폴리에틸렌

그림 3.38 폴리올레핀의 온도-비용적(比容積) 관계

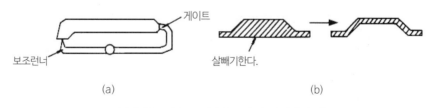

(a)   (b)

그림 3.39 sink mark(싱크 마크) 개량대책 예

(3) 대책

① 압축의 부족

성형품의 두께나 용적(容積)에 비해 스프루, 런너 및 gate가 가늘면 금형 내의 수지가 압력이 걸리지 않아서 수축량이 커지고 sink mark가 크게 발생한다. 특히 gate가 가늘면 보압(保壓 ; 유지압)시간이 충분해도 gate에서 고화되어 금형 내의 수지에 압력이 걸리지 않는다. 이 현상은 융점이 뚜렷한 결정성 plastic에 생기기 쉬운 현상이다. 또 플래시가 잘 생기는 금형은 금형밀착도가

나쁘게 되는데 이것은 압축부족으로 sink mark가 원인이 된다.

Screw식 사출성형기계(screw type injection molding machine)는 screw 홈으로 수지의 역류(逆流)방지를 위해서 체크 밸브(check valve)를 장치하지만 이것은 완전하지 않고, 플런저식 사출성형기(plunger type injection molding machine)보다 sink mark가 많이 생긴다. 이런 점이 플런저식 사출성형기가 screw식 사출성형기보다 우수하다.

압축부족에 의한 sink mark를 방지하기 위해 금형 전체에 사출압력(보압)이 걸리도록 스프루, 런너, gate 지름을 크게 한다. 또 사출압력을 크게 하고 보압이 충분한 것이 중요하다. 재료가 부족하면 sink mark가 된다. 수지의 흐름이 너무 좋아서 가입시 플래시를 발생시켜 sink mark가 생기는 수도 있으나, 이때는 실린더 온도를 내리거나 유동성이 나쁜 수지로 바꾼다.

Gate에서 먼 곳은 sink mark의 발생률이 많은데 이것은 유동저항에 의한 압력손실 때문이다. 따라서 sink mark가 발생하기 쉬운 곳에 gate를 설치하든가, 혹은 그 위치까지의 두께를 크게 한다. 또, 핀 게이트(pin gate)의 수를 늘리거나 gate의 위치를 변경한다.

② 계량 조정의 불량

Screw식 사출성형기로 성형하면 사출이 끝났을 때, screw의 선단과 노즐 사이에 적당량의 용융 수지를 남기는데 이것을 쿠션(cushion)이라 한다. 이 쿠션량을 0으로 하고 사출이 끝남과 동시에 screw가 전진 끝까지 가도록 계량조정을 하면 보압 중에는 screw가 전진할 수 없어 보압을 않는 것이 된다.

그러므로 보압 중의 수지의 수축분량이 sink mark가 된다. 이 sink mark는 gate부의 sink mark 및 제품 표면에 얼룩 모양의 sink mark로 되어 나타나므로, 쉽게 다른 원인에 의한 sink mark가 생기는 원인과 구별할 수 있다. 이 해결은 쿠션량을 규정대로 두고, 사출이 끝난 다음에도 screw가 수mm에서 10 수mm 더 전진하도록 한다.

이 쿠션량이 0, 즉 사출이 끝났을 때 단절하는 계량 설정을 하면 사출성형기 자체의 수명을 단축시킨다.

③ sink mark가 이면(裏面)에 나타남

제품에 따라서는 제품 이면의 sink mark는 지장이 없는 경우가 있으나, 앞의 설명과 같이 sink mark는 금형온도가 낮은 면에는 나타나기 어렵다. 금형온도가 높은 면에 나타난 금형의 부분 중 sink mark 부분은 냉각을 충분히 하든가 혹은 반대로 sink mark가 나타나도 지장이 없으면 즉, sink mark가 나타나면 안 되는 면의 반대면을 가온하여 성형한다.

④ 냉각의 불균일

제품의 두께가 매우 불균일하면 두꺼운 부분이 얇은 부분보다 늦어 sink mark가 된다. 두께가 균일하지 않을 때 sink mark는 이론상 제거가 곤란하여 제품설계 때 두께를 균일하게 하여 두께의 변동을 적게 한다. 예를 들어, 보스(boss)는 바깥 지름이 필요시 중앙에 sink mark 제거용 핀을 설치하고 보스에 강도가 필요할 때 보스 자체를 굵게 하지 말고 보강 리브(rib)로 대체한다.

⑤ 수축량이 큼

성형에 사용하는 수지의 열팽창 계수가 크면 sink mark가 발생하기 쉽다. 이때는 저온에서 성형하거나 사출압력을 크게 한다. 그러나 수지온도를 내리고 사출압력을 높여도 결정성 plastic인 폴리프로필렌, 고밀도 폴리에틸렌, 폴리아세탈 등은 결정(結晶)된 고체와 녹아 있는 수지의 비중의 차이가 있어 sink mark를 방지하기 어렵다. 이때 가능하면 비결정성의 폴리머(polymer)로 바꾸면 sink mark가 감소된다. 또, 수지에 무기물 충전제, 예를 들면 유리섬유, 석면 등을 혼입하면 sink mark가 작아진다.

5) 휨(Warp), 굽힘(Bending) 및 뒤틀림(Twisting)

|특징|

성형품의 변형은 그 형상에 따른 성형수축에 의한 잔류변형, 성형조건에 의한 잔류응력(오버팩, 수지온도, 금형온도, 사출압력 등), 이형시에 발생하는 잔류응력 등으로 변형과 crack(크랙)이 발생한다.

재료의 강성이 높은 것은 잔류응력이 있어도 큰 변형은 발생하지 않으나, 폴리에틸렌이나 폴리프로필렌은 가용성(可溶性)이 있고 성형수축률이 커서 변형이 크다. 성형품의 변형을 대별하면 휨, 구부러짐(굽힘), 비틀림(뒤틀림)의 3종이 있는데 비틀림 현상은 폴리에틸렌과 폴리프로필렌에서 깊이가 얇은 판 모양의 성형품에 많다.

(1) 휨(Warp)

상자 모양의 성형품 성형시 측벽이 안쪽으로 휨, rib가 있는 성형품이 rib 쪽으로 오목 휨과, 그 반

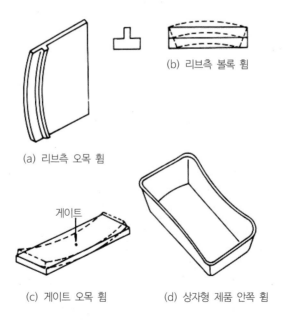

(a) 리브측 오목 휨

(b) 리브측 볼록 휨

(c) 게이트 오목 휨

(d) 상자형 제품 안쪽 휨

그림 3.40 여러 가지 휨 현상

대의 볼록 휨, 그리고 gate측으로 젖혀지는 오목 휨 등이 있다(그림 3.40).

|대책|

① 상자 모양 성형품의 측벽의 안쪽 휨

안쪽 휨은 코어의 온도가 cavity 온도보다 높을 때에 생긴다. 즉, 금형온도가 높으면 용융수지가 서냉되고, 낮으면 급냉된다. 서냉되면 결정화가 진행되어 수축률은 커지고 급냉은 그 반대로 된다. 따라서, 판 모양의 성형품에서는 금형온도가 높은 쪽이 낮은 쪽보다 수축률이 커서 오목 모양이 된다. 한편, 상자형 성형품의 경우 코이 온도가 높으면 코어 측벽의 안쪽 전체에 인장력이 작용하게 되는데, 4 코너가 보강된 구조로 되어 있으므로 구조적으로 가장 약한 측벽 중앙부가 안쪽으로 인장되어 활모양의 안쪽 휨이 된다.

그림 3.41에 폴리프로필렌의 금형온도와 성형수축률의 관계를 나타낸다. 더욱 수지온도를 낮게 해서 성형하면 흐름방향의 수축률보다 직각방향의 수축률이 커져 주변부의 치수가 남아 활모양의 안쪽 휨은 크게 된다. 따라서 상자형 성형품의 안쪽 휨일 때는 코어의 냉각이 충분히 되도록 냉각수 홈을 배치해 둔다. 사출성형에서의 냉각이란 용융된 고온의 수지를 유동이 완료된 후 빨리 금형 밖으로 배출하는 것으로서, 냉수와의 열교환이다. 그러므로 극단으로 찬물을 흘리면 안 된다. 온수라도 유량의 조절로 충분한 효과를 낼 수 있어야 결과가 좋다. 또 구조적으로 보강해 두는 의미에서 주위에 rib를 붙이거나 단을 설치하는 것도 좋고, 금형설계시에 외측으로 볼록하게 하는 것도 좋다. 이 경우 측벽길이 중심의 볼록이 측벽길이의 1/180~1/100 정도이다. 그러나 이들은 보조수단으로서 이용되는 것이다.

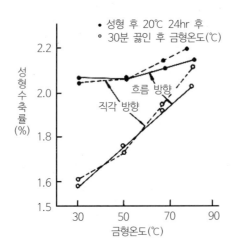

그림 3.41 폴리프로필렌(M14.0)의 금형온도와 성형수축률

② Rib 쪽과 그 반대쪽으로의 휨

Rib는 반드시 휨의 원인이 되는 것은 아니지만 rib의 두께, 높이에 따라 휨이 생긴다. 본체의 살

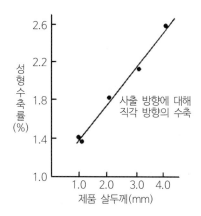

그림 3.42 살두께와 성형수축률의 관계

두께보다 얇고 높은 rib의 경우 rib 부분은 본체보다 급냉되어 rib 치수가 본체보다 길어지므로 rib 쪽이 볼록해져서 젖혀지고, 두껍고 낮은 rib의 경우는 rib 쪽이 서냉되어 rib 쪽이 오목해져서 젖혀진다. 이것은 살두께와 성형수축률의 관계(그림 3.42)에서도 쉽게 알 수가 있다. 따라서 금형의 냉각에 주의함과 동시에 rib의 살두께, 높이 등의 수정도 필요하다.

③ gate 쪽으로의 휨

다이렉트 gate의 성형품에서 흔히 볼 수 있다. 두꺼운 성형품을 약간 충전이 부족하고 가깝게 성형할 때 gate 대면(對面)은 평활하나 gate측에 현저한 요철이 있는 성형품이 얻어진다. 이것은 사출압력이 gate 대면에 강하게 작용하고 있는 것을 나타내고 있다. 완전히 충전한 경우에도 이 경향은 변하지 않는다. 즉 gate 대면측은 수지가 빽빽하고, gate측은 거칠게 충전되는 것을 나타내고 있다. 뒤에서 너무 밀면 이 경향은 강화되어 gate측에 휨으로서 나타난다. 이것은 뒤밀기에 의한 내부변형이 원인이므로 2차 압력을 내리든가 뒤밀기 시간의 단축 또는 병용으로 대처한다.

(2) 구부러짐(Bending)

가늘고 긴 통 모양의 성형품에서 흔히 발생한다. 예를 들면, 볼펜의 축이나 잉크가 든 심(core) 등에 발생한다. 수지가 cavity를 흐를 때, 가늘고 긴 코어가 압력에 의하여 움직이므로 살두께가 불균일한 성형품이 되어 성형품 전체가 살두께가 두꺼운 쪽으로 구부러진다.

(3) 뒤틀림(Twisting)

이 현상은 고밀도 폴리에틸렌을 센터 gate로 성형할 때에 가장 많이 발생되는 변형이다. 폴리프로필렌에서도 평판 또는 평판에 가까운 형상의 성형품은 이 현상이 성형 직후에 나타나거나 나중에 발생한다. 이것은 흐름방향의 수축률이 흐름에 직각방향의 수축률보다 클 때에 일어나는 현상이다.

센터 gate의 원판을 예로 들면, 흐름방향이 지름방향이고 흐름의 직각방향이 원 방향에 해당한다. 수축률에 방향차가 생겼을 때 지름에 대해 원주가 길어져 원판은 평면을 유지할 수 없게 되어 뒤틀림이 일어나고(그림 3.43) 지름과 원주의 치수균형을 취한다. 폴리프로필렌은 폴리에틸렌에 비해 강성이 높기 때문에 형상에 따라서는 성형 직후에 나타나지 않고 다음날 나타나는 등 생산이 끝나고 나서 불량이 되는 수가 있다. 이와 같은 트러블의 방지는 양산 전에 성형품을 열탕 중에 10~15분 가열시 뒤틀림을 검출하여 방지할 수 있다.

폴리프로필렌의 성형수축률에 방향차는 그림 3.44에서와 같이 저온 성형시 발생한다. 따라서, 방지법은 그림 3.44의 흐름방향 및 직각방향의 수축률이 교차하는 점의 수지온도 이상의 온도로 성형하면 된다.

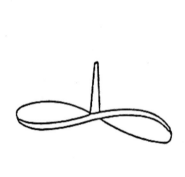

그림 3.43 원판의 뒤틀림

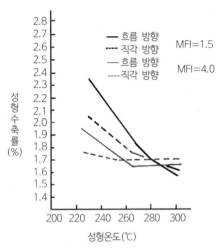

그림 3.44 성형수축률과 온도의 관계

(4) 외부응력에 의한 성형 후 변형

성형품은 금형에서 이형할 때 코어 또는 cavity에 밀착되어 큰 힘을 가하면 성형품은 변형을 일으킨다. 빼낼 때의 변형은 차가운 금형을 써서 고정할 수 있다. 또 충분히 냉각되기 전에 이형하면 ejector pin에 의해 변형하는 경우가 있으므로 금형온도를 내리거나 냉각시간을 연장해서 충분히 냉각 후 이형한다.

빼낸 성형품이 아직 냉각되기 전에 쌓아 올리거나 포장하면 변형하는 일이 있다. 이와 같이 냉각한 변형품은 가온해서 지연 탄성의 회복을 촉진하여 교정하면 된다. 사출성형시 수지의 성형수축률은 수지가 흐르는 방향에 따라 달라진다. 즉, 흐름방향은 그 직각방향보다 수축률이 월등하게 크다. 이 수축률 차이는 결정성 plastic은 수축률이 큼과 동시에 비결정성 plastic보다 크며, 수축률의 차는 10/1,000 이상일 경우도 있고, 성형수축률이 제품의 두께에 영향을 미친다.

또 사출성형법은 점탄성(粘彈性)이 있는 고중합체를 금형속에 압입하는 성형법으로 성형물의 내부에는 내부응력이 남는 것은 피할 수 없다. 이 원인 때문에 성형품을 금형에서 빼냈을 때 내부의 변형이 가장 적은 모양으로 하려는 것이다. 따라서, 제품이 원하는 모양이 되지 않을 때 이러한 휨, 굽힘 및 뒤틀림 현상이 발생한다. 이 외에도 고화가 충분하지 않을 때와 ejector 핀의 압력에 의한 변형이 있다.

변형의 방지법은 다음의 여러 방법이 있지만 보조수단으로 금형 내의 냉각 외에 냉각 지그(jig)를 사용하는 변형고정법도 있다. 즉, 금형에서 빼낸 후 굳지 않은 성형품을 냉각 지그 중에 다시 냉각시켜 변형을 그대로 고정하는 방법이다. 냉각 지그에 의한 냉각은 그 방법에 따라 다르나 10분 이상 냉각하는 경우도 있다.

|대책|

① 냉각 불균일 또는 불충분

　냉각이 충분하지 못할 때 금형에서 이젝션(ejection)시키거나 ejector 핀으로 밀어내는 압력으로 성형품이 변형되거나 또 냉각이 불충분한 상태로 금형에서 나와 생기는 변형도 있다. 이 대책은 금형 내에서 완전히 고화시까지 충분히 냉각시켜 고화한 다음에 빼내면 되므로 금형온도를 내리고 냉각시간을 길게 하거나 금형에 따라서는 gate 부분이 냉각부족으로 보통의 성형조건으로 변형방지가 어려울 때 금형의 냉각수 순환방법을 변경, 또는 냉각수 배관을 변경이나 추가시키고 냉각수가 통할 수 없을 때는 공기냉각방법을 한다.

② ejector 핀에 의한 변형

　금형에서 제품의 이형성(離型性)이 나빠 제품의 일부가 금형에서 떨어지기 어려울 때 무리하게 밀면 변형이 생기는 경우가 있다. 이때 변형이 생기지 않는 수지인 메타크릴 수지 성형품은 변형은 생기지 않으나 균열이 생기게 된다. 또 ABS나 폴리스티렌 제품은 변형이 이젝터 핀(밀핀 : ejector pin) 자국의 백화(白化) 현상으로 나타난다.

　이의 대책은 금형을 재연마하여 빠지기 쉽게 함과 동시에 이형제(離型劑)를 사용하여 금형에서 빠짐을 용이하게 한다. 다른 개량법은 코어의 호닝(honing)에 의한 이젝션 저항의 감소, 뽑기 테이퍼의 증대, 빠지기 어려운 부분에 ejector 핀의 증가 방법도 있다.

③ 성형 strain에 의한 변형

　스트레인(strain)에 의한 변형은 성형수축방향에 의한 차와 제품두께의 변동에서 생긴다. 이때는 금형온도와 수지온도를 올리고 사출압력을 내려서 금형에 유입시켜 수축률의 차를 낮추면 좋다. 그러나, 조건의 변경만으로 교정이 곤란한 경우는 gate 위치 및 수를 변경하게 되는데, 예를 들면, 긴 제품은 한 끝에서 주입한다. 또 냉각수 배관을 바로잡거나 긴 패널(panel) 등은 굽힘과 휨(warp)의 반대 면에 리브(rib)를 설치하는 등 제품설계의 일부 변경도 한다. 이때 변형의 교정에는 냉각 지그(jig)가 효과가 있는 경우가 많다. 경우에 따라서는 치수교정이 불가능한 경우도 있고, 금형의 수정을 할 때도 있다.

④ 결정성(結晶性) plastic 변형

　결정성 plastic 변형은 앞에서 설명한 ①, ②, ③의 원인에 의한 것이나, 성형수축률 값이 비결정성 plastic보다도 훨씬 크다. 융점이 예리한 것에 변형이 생기기 쉽고 또한 수정이 곤란한 경우가 많다.

결정성 plastic의 교정방법은 결정도(結晶度)가 수지의 냉각속도에 따라 달라 급냉하면 결정도가 낮아져서 성형수축률도 작게 되고 서냉하면 결정도를 높게 하여 성형수축률도 크게 하는 방법이 있다. 이 방법은 금형의 고정측과 이동측에 온도차를 두어서 휘어지는 반대쪽에 strain이 오도록 한다. 이때 온도차는 20℃ 이상의 차이를 두도록 하고 온도차이도 균일하게 한다. 또 제품 및 금형의 설계에 있어 plastic은 특별한 변형방지를 하지 않으면 변형으로 사용할 수 없게 되는 수도 있다.

6) 깨짐, 균열(Crack), 크레이징(Crazing) 및 백화(白化)

(1) 특징

이들의 현상은 성형품 표면에 가는 선 모양의 금이 가거나 균열되는 것을 말한다. 이것은 모두 성형품의 잔류응력에 기인한다. crazing은 용융수지가 cavity에 충전될 때, 그 표면은 냉각되어 고화 또는 고점도층이 되나 중심부는 아직 온도가 높아 저점도층이 되는데 그 사이에 전단력이 생겨 고화되므로 잔류변형을 내장한다. 잠시 후 재료의 탄성한계 이상이 되었을 때 성형품에 가는 금이 나타난다. 이 잔금이 더욱 진행되어 보다 커진 상태가 crack이다.

성형품을 옥외에 방치하거나 도장 또는 접착용 용제에 담그거나 변형이 집중되는 무리한 조립공정을 하면 crazing이나 crack이 발생하는 것도 그 대부분이 내부응력에 기인한다. 내부응력은 투명한 성형품에서는 편광(偏光)광선을 쪼이면 무지개 모양의 줄무늬를 볼 수 있다. 또한 내부응력은 줄무늬의 조밀(粗密)로 잔류변형의 대소를 판정하면서 대책을 세우면 효과적이다.

이와 같이 잔류응력이 주원인이므로 이에 대한 대책은 응력의 발생을 매우 작게 하도록 재료, 금형 성형조건, 성형품의 형상 등에 걸쳐 검토하고 대처하면 된다.

(2) 유의점

① 금형 및 제품설계가 나쁘고 급격한 살두께의 변화, 코너 부분이 날카로운 각, 나사나 재료의 흐름이 갑자기 바뀌는 장소가 있으면 난류(亂流)를 일으켜 응력이 발생하므로 crazing이 발생한다. 따라서 살두께는 서서히 변화시키고 코너부분은 곡률을 충분히 취하여야 한다.

② 금형의 연마가 나쁘거나 흡기구배가 부족하거나 언더컷이 있을 때는 이형하기 어렵다. ABS 수지나 내충격성 폴리스티렌 수지 등은 ejector 핀에 의해 밀리는 부분이 백화나 crack을 일으키는 경우가 있으므로 금형의 보수를 요한다. 또 금형에 밀착한 성형품을 이형할 때에는 내부가 강압(降壓)되어 중심부가 끌리는 외력이 작용하여 변형이 생기는 일이 있으므로 코어부에 통기구멍을 설치하거나 ejector 핀의 클리어런스(clearance : 틈새)를 크게 해서 공기가 들어가기 쉽게 하면 된다.

③ 유지시간을 길게 해서 sink mark나 기포를 없애려면 gate 부근에 밀도가 높은 부분이 생겨 과도한 잔류응력이 남게 된다. 이것은 노즐에 체크 밸브를 설치하거나 gate 단면적을 작게 하여 여분으로 수지의 주입이나 압력유지 시간을 줄이면 된다.

④ 금속 insert를 할 경우 수지가 수축해서 insert를 조이므로 insert에서는 가능한 한 둥글게 한다. 그렇지 않으면 insert 부근은 crack이 발생하고 큰 변형이 남는다. 금속 insert를 가열해서 성형하면 변형은 적어진다. 또 성형품을 풀림(annealing)하면 응력이 완화되어 용제에 의한 crazing이나 insert부의 crack 발생을 적게 하는 효과도 있다.

(3) 대책

① 이형불량(離型不良)으로 발생하는 변형

성형할 때 금형의 뽑기 테이퍼가 부족하거나 역테이퍼(reverse-tapered) 또는 연마가 불량하면 제품이 빠지기 힘들어 파손되거나 백화된다. 이 현상은 스프루(sprue)의 연마가 부족하여 고정형에 붙을 때와 이동측에 undercut을 붙여서 무리하게 빼낼 때 많이 생긴다. 제품이 불량할 때는 먼저 금형의 연마에 주의를 해야 한다. 또한 taper를 주어야 하고 성형품이 잘 깨지는 부분에 ejector 핀을 설치하여 제품이 구부러지지 않으면서 빠지도록 해야 한다.

특히 메타크릴 수지 성형품은 수지 자체가 깨지기 쉬우므로 표면광택을 얻고자 할 때에는 금형에 크롬 도금을 한다. 도금은 전기적 영향으로 모서리에 잘 붙는다. 도금에서 평면은 잘 안 되나 각이 진 곳에 역테이퍼가 생길 경우도 있다.

② 과잉충전에 의한 변형

성형할 때 sink mark를 막기 위해 금형에 수지를 너무 많이 공급하면 성형품의 내부변형이 커지고 수축량이 적어 깨지기도 쉽다. 이것을 오래 방치하면 내부변형으로 crazing이 나타나기 쉽다. 과잉충전의 제거는 수지온도와 금형온도는 높이고 사출압력을 내려 금형에 수지가 쉽게 들어가게 한다. 그러나 성형품의 형상 등으로 인한 과잉충전 성형시 crazing의 발생을 막기 위해서는 성형 후 성형품을 가열 풀림(annealing)하여 내부변형을 제거하는 것이 좋다.

③ 냉각 불충분에 의한 변형

성형품을 고화가 덜된 상태에서 밀어내면 ejector pin의 주위가 깨어지거나 백화가 생긴다. 이에 대한 대책은 냉각을 충분히 하거나 혹은 금형의 냉각방법을 개선하는 방법이 있다.

④ insert 주위가 깨지는 변형

Insert를 넣고 성형할 때, insert는 성형중에 수축하지 않고 수지만 수축하므로 insert 주위에 응력이 집중하게 된다. 이 힘으로 insert가 완전히 유지되기도 하지만 그 힘이 너무 커서 insert 주위에 깨짐과 균열이 발생한다. insert 주위의 깨짐을 막기 위해서는 insert를 미리 가열하여 가능한 한 수축의 차를 작게 하거나 ②의 경우처럼 풀림을 한다.

7) 웰드 라인(Weld Line ; Weld Mark)

(1) 특징

Weld line은 용융수지가 금형 내를 분기해서 흐르다가 합류한 부분에 생기는 가는 선을 말한다. 이 선은 1개의 gate로 흐르게 해도 도중에 구멍이 있거나 insert가 있고 플래시(덧살)가 있을 때에 발생한다. weld line은 2개 이상의 gate로 성형할 경우도 포함시켜 gate 위치를 바꾸어 눈에 띄지 않는 장소로 이동시키는 것 이외에 다른 방법이 없다.

Weld line은 분기해서 흐른 용융수지의 선단부가 다시 합류할 때까지 냉각되어 온도가 저하되어 있으므로 완전히 융합하기 어려워 합류부에 줄이 발생하는 것이다(그림 3.45). 그리고 수지 중의 수분이나 휘발분과 이형제에서 수지가 끊어 넘쳐 흘러 합류하는 경우도 다른 요인 중의 하나이다.

Weld(웰드) 부분은 융합이 완전하지 않을 때에 강도가 저하하므로 설계면에서 반드시 고려해 두어야 한다.

(2) 대책

① weld line의 위치 불량

Weld line이 제품의 강도상 혹은 외관이 좋지 않은 곳에 발생하는 경우가 있는데 weld line 을 gate와 제품형상으로도 제거하기 곤란한 경우는 적당한 위치로 옮기거나, gate의 크기를 변동시켜 불균형으로 해주기도 하고, 또는 제품의 두께를 변형시키는 방법도 있다. 예를

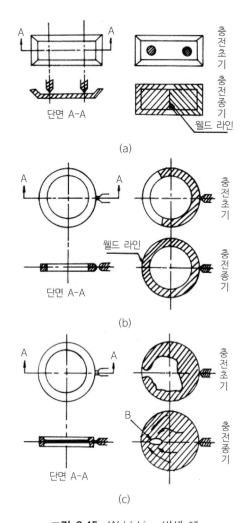

그림 3.45 Weld Line 발생 예

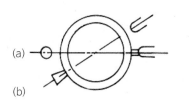

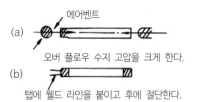

그림 3.46 Weld Line 개량책의 예

들면, 캐비닛(cabinet)은 윗면 또는 측면의 weld mark는 좋지 않으나 밑바닥의 weld mark는 그다지 문제되지 않는다. 이러한 weld mark는 ②항을 참조하라.

② 수지의 흐름이 부족할 때

수지의 흐름이 부족하면 weld line 부분은 수지온도가 낮아지므로 압력이 감소되고 weld line이 커져 성형품의 강도가 저하한다. 이때 weld line의 위치는 그대로 두고 그 농도를 엷게 하거나 강도를 높이고 외관상 또는 강도상 지장이 없게 수정한다. 이 대책은 접합부까지 고온과 고압의 plastic이 흐르도록 그대로 유동저항을 내리고 수지온도를 높여 유동성을 증가시킨다. 또한 사출 속도를 높여서 냉각되기 전에 접합부에 유동수지가 도달하게 한다. 금형온도를 높이고 plastic의 냉각을 적게 하여 gate를 넓히는 방법도 있다. 또한 웰드부 사이에 제품의 두께를 증가시켜 유동저항을 감소시킨다. 수지를 유동성이 좋은 것으로 바꾸면 weld line이 엷어진다. 또한 경우에 따라 다점(多点) gate는 weld 마크가 발생했지만 1점(一点)gate 성형으로 weld mark를 제거할 수도 있다.

③ 공기 또는 휘발분의 유입

Weld line은 피할 수 없는 것이기는 하지만 공기 또는 휘발분을 밀어 보내면서 진행하기 때문에 가스가 빠지는 장치가 불량하면 weld line이 크게 발생한다. 이 현상이 강하면 충전부족이 생겨 성형품이 타버린다. 이때는 가스가 빠지도록 insert 틈새를 이용하여 판을 설치한다. 가스 때문에 weld line이 강하면 insert의 틈새를 수정하여 사출속도를 느리게 하면 weld line이 없어질 수도 있다.

④ 이형제에 의한 불량

금형면의 이형제는 용융한 수지를 따라 weld line 부분에 보내져 용융수지의 접합을 방해하므로 weld 부분이 크게 된다. 실리콘계 이형제는 이 현상이 많이 나타나는데 weld 부분이 크게 되면 제품이 힘없이 깨진다.

⑤ 착색제(着色劑)

알루미늄박(aluminum foil)과 펄(pearl) 착색제가 들어간 펠레트(pellet)로 제품을 성형하면 weld line은 그 착색제의 성질상 뚜렷하게 나타난다. 이때, weld 부분이 없도록 설계하여 제거한다.

8) 플로우 마크(Flow Mark)

(1) 특징

Flow mark는 금형 내에서 수지가 흐른 자국이 gate를 중심으로 얼룩 무늬가 동심원으로 나타나는 현상이다. 금형면에서 균등하게 수지가 고화하지 못하기 때문이다. 이 원인은 금형 내에 최초로 유입한 수지의 냉각이 너무 빠르기 때문에 다음에 흘러 들어오는 수지와의 사이에 경계가 생겨 발생한다고 생각된다. 이것은 수지의 정도가 지나치게 높고 수지온도와 금형온도가 불균일하거나 성형품의 살 두께 변화가 많고 단(段) 차가 급한 것에 기인하고 있다.

(2) 유의점

① 수지온도와 금형온도를 올려 수지의 점도를 내림과 동시에 유동성을 좋게 하여 사출속도를 빠르게 한다.

② 부분적으로 수지가 냉각되는 것을 막고 수지의 유동이 원활하도록 살두께 변화를 완만하게 한다.

③ 스프루, 런너, gate가 과소하고 또한 스프루, 1차 런너와 2차 런너가 분기하는 곳에 cold slug가 없으면 식은 수지가 충전되어 flow mark가 되므로 단면적을 넓히고 또한 cold slug(slug well)를 붙인다(그림 3.47).

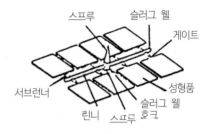

스프루   슬러그 웰
게이트
서브런너   성형품
슬러그 웰
린니   스프루 호크

그림 3.47 Slug well을 내는 방법

(3) 대책

① 수지의 점도가 너무 클 경우

수지의 점도가 너무 클 때에는 수지가 금형면에 접촉 즉시 교환한다. 그렇게 하지 않으면 뒤에서 밀려오는 수지에 밀려 얼룩무늬가 생긴다. 이것은 성형조건으로 수지온도와 금형온도를 높여 해결한다.

② 수지온도가 불균일할 때

성형기의 노즐 주위에 남은 수지는 성형품을 빼낼 때 성형품과 제거되어야 하는데 수지가 남아있을 때와 스프루나 런너에서 냉각된 수지가 금형속에 들어가면 그림 3.48과 같은 현상이 생겨 플로우 마크가 된다.

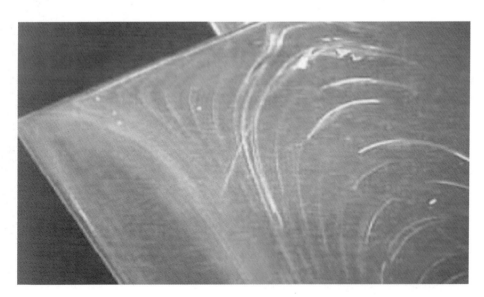

그림 3.48 Flow mark

이것을 제거하려면 금형의 cavity에 처음부터 뜨거운 수지가 들어가도록 노즐 온도를 높이고 노즐을 잘 연마한다. 특히 금형의 콜드 슬러그 웰(湯溜, cold slug well)을 크게 하면 그 효과가 클 때가 있다.

③ 금형온도의 부적당

금형온도가 낮으면 수지가 즉시 고화하여 플로우 마크가 생긴다. 그 원인을 제거하려면 금형온도를 높이면 되는데 여기에서 필연적으로 사이클이 길어진다. 특히 두께가 얇은 부분은 금형면의 온도가 급히 내려가서 고화가 빨라지므로 플로우 마크가 잘 생긴다.

9) 실버 스트릭(은줄, Silver Streak)

(1) 특징

이 현상은 성형품의 표면 또는 표면 가까이에 수지의 흐름방향으로 발생하는 매우 가는 선의 다발로 투명재료에서는 은백색의 선으로 흔히 보이는 현상이다. 폴리카보네이트, 폴리염화비닐, ABS 수지 등에 흔히 발생한다. 이 원인은 수지 중의 수분, 휘발분, 수지의 분해, 이종 재료의 혼입 등인데 재료의 건조를 완전히 하면 된다.

(2) 유의점

① 수지 중의 수분과 휘발분은 실버 스트릭으로 될 뿐만 아니라 전술한 플로우 마크, 광택불량이나 기포발생의 불량현상도 함께 발생하므로 재료를 완전히 건조시키면 된다. 건조는 재료의 연화점 이하에서 하는데 일반적으로 80~85℃에서 3~4시간이 적당하다.

② 실린더 내의 재료가 퍼지는 것은 물론 이종 재료의 혼입에 주의한다. 수지온도를 내리고 금형온도를 올려 윤활제의 사용량을 조절한다.

③ 가스빼기도 충분히 한다.

(3) 대책

① 수분 및 휘발분

건조가 불량한 수지로 성형하면 실린더 내에서 수분과 휘발분이 기화(氣化)하여 노즐에서 수지와 함께 나온다. 이 가스와 혼합된 수지가 금형면에 접촉되어 고화될 때 금형과 수지가 완전 밀착이 안 되어 수지의 흐름방향에 은줄, 즉 실버 스트릭이 제품에 나타난다. 이 현상은 쿠션량이 부족할 때 특히 많다. 이를 방지하기 위해 건조를 충분히 하고 수분과 부착을 제거해야 한다. 장마 때와 같이 공기중의 습도가 높을 때는 호퍼가 젖어 실버 스트릭을 발생시키는 수가 있다. 또 두께가 두꺼운 제품은 가스가 빠지기 어려워 실버 스트릭이 자주 생긴다. screw 형식도 실버 스트릭의 발생에 관계가 있지만 같은 조건하에서도 screw 형식에서는 다르게 발생한다.

② 수지의 분해

수지 또는 수지에 첨가되는 안정제와 대전방지제(帶電防止劑) 등이 분해하여 가스가 나와서 ①

과 같이 수분의 건조 불충분으로 생기는 이유와 동일하게 실버 스트릭을 발생한다. 이때는 수지가 분해하지 않게 수지온도를 내리고 성형과 동시에 실린더 내에 체류하는 시간을 짧게 한다.

③ 공기 흡입

호퍼에서 펠레트와 들어간 공기는 스프루와 실린더 사이의 틈새 혹은 플런저와 실린더 사이 뒤쪽으로 빠지는 것이 보통이다. 그러나 플런저식 사출성형기는 공기나 노즐 쪽으로 나오는 것은 거의 없으나, screw식 사출성형기는 가끔 공기가 노즐방향으로 빠지면서 가스가 들어간 수지가 나오게 되는데 금형면의 밀착이 나빠 실버 스트릭이 발생한다.

이것의 해결방법은 호퍼 밑의 온도를 낮춘다. 또한 가열 실린더 뒷부분의 온도를 내리고 screw 회전수를 증가시키고, 배압(背壓)을 높인다.

④ 수지온도의 저하

금형에 들어가는 수지의 온도가 낮으면 플로우 마크로 나타나는데 금형에 따라 실버 스트릭으로 되는 수가 있다.

⑤ 금형면의 수분 및 휘발분

금형면이 수분으로 오염될 때 수지가 기화하여 실버 스트릭을 발생시키고 제품에 흐름이 뒤따르므로 실버 스트릭의 결함은 흐름의 불량만 해결하면 동시에 해결된다.

⑥ 수지의 분말

수지가 펠레트 현상이 아니고 분말현상으로 성형시 파우더 성형 혹은 다량으로 분말형상의 수지가 혼입된 펠레트의 성형은 분말용의 압축비가 크고 공기가 호퍼로 흡입되기 쉬우므로 ③의 방지조건대로 한다.

⑦ 이종(異種) 수지 혼입

서로 용융점이 다른 두 종류의 수지를 혼합 성형하면 층상박리를 일으키는데 경우에 따라 실버 스트릭으로 나타난다. 이것의 해결은 스프루와 실린더를 청소하거나 오염된 펠레트의 사용을 금지해야 한다.

10) 태움(Black Spots)

(1) 특징

태움은 금형 내의 공기가 압축과 고온으로 인한 열로 수지가 타는 현상이다. 용융수지가 금형 내를 흐를 때 공기가 빠지는 길이 없는 장소(보스, rib 등의 깊은 파기)나 weld line이 발생하는 부분에서 에어 벤트를 설치하는 것이 가장 좋은 수단이다. 이때는 사출속도를 느리게 하여 공기의 파팅 라인(parting line)을 통한 배기, 시간을 주는 방법과 금형구조를 개량하여 insert의 틈새, ejector 핀의 틈새, 파팅 라인에 설치한 얕은 홈을 만든다. 이 경우 수지의 유동성이 저하해서 충전부족이나 플로우 마크가 발생하는 경우가 있으므로 주의하여야 한다.

제03장__Plastic 제품의 성형법   **0147**

11) 검은 줄(Black Streak)

(1) 특징

검은 줄은 성형품의 내부에 수지나 수지 중의 첨가제 또는 윤활제가 열분해하고 공기가 말려 들어가서 성형품이 검은 줄 모양으로 타서 나타나는 현상이다. 이 원인은 수지나 첨가제의 분해와 태움 및 이물의 혼입때문이다.

(2) 유의점

① 성형 사이클이 길 때와 성형기의 용량에 비해 성형품이 과소할 때 재료가 과열되어 분해 또는 태움을 일으켜서 생기는 경우가 많으므로 주의하여야 한다.

② 실린더 내부나 스프루에 흠이 있으면 마찰열도 가해져 산화되어 검은 이물이 되고 수지에 섞이면 검은 줄이 되므로 주의하여야 한다. 이 대책에는 충실한 관리가 필요하며 미리 충분히 재료로 퍼지(purge)해 두면 된다.

③ 금형의 공기 배기를 충분히 해두고, 사출속도를 늦추고, 수지온도 사출압력을 내린다.

④ 윤활제 등의 가연성 휘발분을 함유한 것은 극력 피하거나 사용량을 줄인다.

(3) 대책

① 수지의 열분해

수지 자체 또는 수지에 첨가된 자외선 흡수제와 대전방지제(帶電防止劑)가 실린더 내에서 과열 또는 오랫동안 체류하면 열분해로 검은 색이 된다. 이것이 노즐에서 나오면 제품에 검은 줄이 생긴다. 이것의 해결은 수지온도를 내려 성형시 실린더 내에 수지가 오래 체류하지 않도록 한다. 플런저식 사출성형기보다 screw식 사출성형기를 사용하는 것이 좋으나 성형시 가끔 성형기를 깨끗이 청소한다. 특히, 대전방지제는 수지 자체보다 내열성이 나쁘기 때문에 혼입 수지를 사용시 수지온도에 주의한다.

② 공기의 단열 압축

실린더 내의 공기가 단열압축과 고온으로 검은 줄이 생긴다. 이것은 사출성형용 수지 이외의 미끄럼이 불량한 펠레트를 사용했을 때에만 생기는 현상이다.

③ 가열 실린더의 소손(燒損)

가열 실린더나 체크 밸브가 타서 못쓰게 되거나 그 틈새에서 타버린 수지가 나와 검은 줄이 생기는 경우가 있다. 이때 신속히 그 부분을 수리하거나 교환한다.

12) 광택불량(표면흐림)과 가스얼룩

(1) 특징

광택불량과 가스얼룩은 성형품의 표면이 수지 원래의 광택과 다르고 층상에 유백색의 막에 덮혀 안개가 낀 듯한 상태가 되는 현상을 말한다. 이 주원인으로는 금형의 연마 부족, 윤활제, 이형제의 과다 사용을 들 수 있다.

(2) 유의점

① 고압으로 유입한 수지가 금형면에 접해서 성형품이 될 때 성형품은 충실히 금형면을 재생하므로 금형의 연마가 나쁘면 가는 요철(凹凸) 때문에 광택이 나빠진다. 투명성이 좋은 제품에서는 빛의 투과율이 나빠 투명성이 저하하기도 한다. 금형면을 연마하고 경질크롬 도금을 하는 것도 좋은 결과를 얻을 수 있다.

② 금형온도를 높일수록 광택은 좋아진다.

③ 윤활제나 이형제를 과도하게 사용하면 수지가 기화(氣化)되거나 또는 수지가 금형면에 응축해서 흐르게 되거나 금형과 수지의 밀착이 불충분해져 광택 불량이 되므로 적정량으로 조정해서 사용해야 한다.

(3) 대책

① 금형 연마의 불량

성형품의 표면은 금형면을 그대로 재생하기 때문에 금형의 연마가 나쁘면 잔 요철은 광택이 나빠져서 투명제품은 광선의 투과율이 저하되고 투명성을 상실한다. 이것의 해결은 금형을 재연마하는 것이고, 완전 투명제품은 금형면의 크롬 도금을 하면 된다.

② 수지의 유동성 부족

수지가 금형속에 사출되어 빨리 고화되면 금형면의 재생이 나빠져 잔 요철이 생기므로 광택불량이 된다. 이것의 해결은 수지온도를 높이고 사출속도를 증가시켜 금형온도를 높인다.

③ 수지중의 휘발분

수지중의 휘발분은 증발하여 금형의 차가운 면에 접촉시 응축하여 수지와 금형의 밀착이 저해되므로 금형면에 성형이 되지 못한다. 이것의 해결은 수지를 열분해로 가스의 발생을 멈추게 하여 수지를 건조시키면서 수분과 휘발분을 발산시킨다. 수지 또는 첨가제가 분해하지 않도록 수지온도를 내리고 실린더 안에서의 체류시간을 짧게 성형한다.

④ 금형면에 존재하는 이형제 영향

금형면의 이형제는 금형과 수지의 밀착이 저해되어 제품 표면에 흐림이 생긴다. 이 이형제의 과잉은 플로우 마크의 발생을 가져온다. 따라서 제품이 힘없이 깨지므로 이형제 사용을 규제한다.

⑤ 금형온도의 부적당

어떤 종류의 수지는 금형온도에 따라 광택이 변화한다. 즉, 어떤 온도에서는 광택이 나타나지 않지만 온도를 높이면 광택이 나는 수가 있다. 광택불량은 금형 온도를 광택이 나오는 온도까지 높여 해결한다.

13) 색의 얼룩

(1) 특징

이 현상은 제품 표면의 색이 균일하지 못하여 얼룩지는 현상인데 원인발생에 따라 얼룩지는 장소가 달라진다. 즉 gate 부근에 발생하면 착색제의 분산불량(分散不良)이고, 표면 전체에 나타나면 열안정성(熱安定性)이다. 표면 또는 웰드부에 색이 얼룩지면 착색제에 의한 것이다.

(2) 대책

① 착색제의 분산불량

드라이 칼라(dry color)를 사용하여 텀블링(tumbling)으로 착색한 펠레트의 표면에 안료의 입자가 부착되어 있을 뿐이므로 특히 플런저식 사출성형기를 사용한 성형은 노즐에서 나온 상태로 안료가 수지 중에 균일하게 분산되지 못하여 gate 부분에 얼룩무늬가 발생한다. 이것의 제거는 드라이 컬러링(dry coloring)으로는 어렵고 겉모양이 중요한 제품은 착색 펠레트를 사용한다.

② 열안정성 부족

이 현상은 수지에 사용한 착색제의 열안정성이 부족하여 열에 의한 변색, 퇴색 또는 수지 자체의 열안정성이 모자라 변색될 때 실린더 내의 온도가 불안정하기 때문이다. 이의 방지책은 실린더 내에서 수지의 체류시간을 짧게 하여 성형한다.

③ 착색제에 의한 얼룩

알루미늄박, 펄(pearl) 착색제 등 박편(薄片)모양의 착색제는 수지의 흐름과 평행으로 되려는 성질이 있어 평면에 수지가 흐르는 면은 원하는 색조와 광택이 나타나지만 gate 부근과 gate 반대방향, weld 부분 및 수지흐름의 끝부분은 착색제가 분산하여 색조가 다른 부분과 달라진다. 보통 착색제로서는 눈에 띄지 않는 웰드 라인에도 색의 얼룩이 생긴다. 이 현상은 착색제 자체의 성질로 방지하기가 어렵다. 또한 제품의 설계 및 gate의 디자인에 따라서 weld 마크, gate 등 눈에 띄지 않는 곳은 이것을 제거하기 곤란하다.

알루미늄박과 펄 착색제 이외의 착색제라도 웰드부의 색얼룩이 발생하기 쉬우므로 다점(多点) gate는 그 중앙의 색얼룩 제거가 곤란할 때가 많다.

④ 냉각속도에 의한 얼룩

결정성 폴리머는 냉각속도에 따라 결정도가 변화한다. 결정도가 낮을수록 투명성이 양호하고 두께에 따라 투명성이 변화하는 것을 피할 수 없다. 그 때문에 부분적인 결정도의 차(差)로 색의 얼룩이 나타난다. 이것의 제거는 매우 곤란하지만 안료에 의해 착색하거나 그 투명도의 차를 커버하는 이외에 좋은 해결방법은 없다.

14) 기포(Void), 핀 홀(Pin Hole)

(1) 특징

기포 및 핀 홀은 성형품의 두꺼운 부분 내부에 생기는 공극(空隙)을 말한다. 이것은 제품이 고화할 때 외측이 먼저 냉각 고화하여 전체 용적보다 수지의 양이 줄어 용적 부분으로 내부에 진공의 구멍이 생기는 것을 기포라 한다. 이때 기포라는 말은 부적당하다. 왜냐하면 적어도 성형 직후 핀 홀속에 공기는 들어있지 않다. 이 기포는 성형품에 있어서는 안 될 결함이지만 착색 불투명 제품은 문제될 것이 없다. 그러나 투명제품이나 다이렉트 gate(direct gate) 제품의 스프루 부분에 발생하는 기포는 제거해야 한다.

기포와 핀 홀은 또 하나의 발생원인으로 제품의 두꺼운 부분만이 아니라 전면에 생기는 작은 기포이다. 이것은 수지 중의 휘발분에 따라 생긴다. 그 생성하는 과정에 따라, ① 성형품의 비교적 두꺼운 부위에 발생하는 진공포(眞空泡)와 ② 수분이나 휘발분에 의해 발생되는 기포의 2종으로 대별된다.

①의 기포는 성형품이 식어 수축될 때 두꺼운 부위의 외측이 먼저 고화하기 때문에 늦게 고화하는 두꺼운 부위의 중심은 수지용적이 부족한 채 고화가 완료되므로 공간이 생긴다. 이 공간을 단순히 기포와 구분해서 일반적으로 핀 홀이라고 한다. 이 핀 홀(空洞)은 생성과정으로 보아 수축에 기인하고 있으므로 체적수축이 큰 폴리올레핀과 폴리아세탈에 많이 발생한다. 핀 홀과 기포는 투명한 성형품에서는 절대로 피해야 하는 것이지만 착색과 불투명품에서는 지장이 없는 경우가 많다.

(2) 유의점

① 핀 홀의 개선에는 스프루, 런너, gate의 단면적을 크고, 짧게 설계한다. 플래시가 발생하지 않는 범위에서 사출압력을 높이고 충분히 유지시간을 준다. 유동성이 나쁜 재료는 금형온도를 높이거나 플로우 몰딩법을 활용한다. 그러나 이 개선책은 sink mark의 발생과 상반 관계이므로 양립하기 어렵다.

② 기포는 재료를 건조시켜서 수분과 휘발분을 제거하여 사용함과 동시에 윤활제나 이형제 사용의 과다를 피하는 것이 좋다.

③ 금형에 공기빼기를 완전히 한다.

(3) 대책

① 압축 부족

압축 부족으로 sink mark와 같은 원인이 발생한다. 따라서 스프루, 런너, gate의 지름을 크게 하고, 수지온도는 내리고, 금형온도를 높인다. 또 유동성이 불량한 수지를 사용할 때는 사출 및 보압시간을 길게 한다. 그러나 사출속도는 느리게 한다. 이와 같은 조치가 두꺼운 제품이나 결정성 plastic은 pin hole을 방지할 수 없는 경우가 많다. 투명제품도 약간의 sink mark는 지장이 없기 때문에 기포를 내부에서 발생시키지 않고 외부로 발생시켜 sink mark로 만들기 위해 두꺼운 제품을 금형중에서 고화하기 전에 빼내 뜨거운 물속에서 서냉하는 방법도 있다.

② 냉각 불균일

이 원인에 의한 기포도 4)의 (3)의 ④와 같이 냉각 불균일에 의한 sink mark의 발생과 같이 그 대책도 같은 방법으로 하지만 이론적으로 제거는 곤란하다. 그러나 제품설계 때 피할 수 있도록 하거나 뜨거운 물속에서 서냉하는 것도 한 방법이다.

③ 휘발분에 의한 불량

휘발분에 의한 불량이란 수지중에 수분이나 휘발분 또는 실린더 내에서 수지나 그 첨가물의 분해로 기체가 발생할 때 노즐을 통해 수지와 함께 금형에 들어가 기포를 발생시키는 것이다. 휘발분이나 수분은 수지의 건조를 충분히 하고, 실린더 내의 가스가 잘 빠지게 배압을 높이고 호퍼 밑의 냉각을 잘 한다. 열분해의 경우는 수지온도를 내리고 수지가 실린더 내에서 너무 오래 체류하지 않게 한다.

15) 투명도의 불량

(1) 특징

투명도의 불량은 두 가지이다. 첫째로는 성형품 표면의 잔 요철과 둘째로는 성형품의 광선투과율의 저하이다.

(2) 대책

① 표면의 잔 요철

투명도의 불량은 표면을 평활하게 함과 아울러 금형의 연마, 수지온도, 금형 온도의 상승 및 이형제로 방지한다.

② 수지의 변화에 의한 변형

수지나 첨가제가 실린더 내에서 분해하면 수지의 투명성이 변화한다. 이것을 해결하려면 수지온도를 내리고 실린더 내에서 수지체류시간을 짧게 하여 열분해가 생기지 않도록 한다.

③ 수지의 결정도의 변화에 의한 불량

결정성 폴리머인 고밀도 폴리에틸렌, 폴리프로필렌, 나일론 등은 냉각속도에 따라 결정도가 변화한다. 투명도를 높이기는 매우 어렵다.

16) 이물 혼입

(1) 특징

제품 중에 수지 이외의 이물이 혼입되어 있을 때 나타나는 현상이다.

(2) 대책

① 원료 수지의 오염

펠레트, 드라이 칼라의 오염, 혹은 스크랩을 다시 사용할 때 오염이 생긴다. 또는 예비건조중에 건조실에서의 오염이나 호퍼 속에서의 오염 및 투명제품은 공기중의 먼지나 이물이 혼입될 수 있다.

② 성형기속에서의 오염

이 현상은 성형기계의 실린더, 스프루, 역류방지 링에 부착된 이물이 성형품에 혼입되는 것을 말한다. 특히, 투명제품은 역류방지 링에 수지가 부착하기 쉽고 조금씩 떨어져서 제품속에 혼입된다. 투명 메타크릴 수지제품은 역류방지 링이 없는 스프루를 사용하는 것이 좋다. 또, 실린더 벽 등의 산화로 녹슨 쇳가루가 떨어지면서 제품에 혼입되기도 한다.

17) Insert의 불량

(1) 특징

금속 insert를 매입할 때에는 여러 가지 불량이 발생한다. 이때에는 금속 insert 주위의 균열, 금속 insert의 휨, insert의 치수허용차를 충분히 검토한다.

(2) 대책

특히 관통 insert의 길이가 너무 길면 금형을 손상시키고, 너무 짧으면 수지가 파묻히거나 유입되어 사용불량이 되므로 insert 치수의 허용차는 작게 한다.

18) 이형 불량

(1) 특징

이형불량은 금형에서 성형품이 떨어지기 어려운 현상이며, 스프루나 런너에도 생기는 경우가 있다. 성형품에 변형을 남기고 crazing, crack이나 백화현상을 동반하는 경우가 있다. 이 원인은 빼기구배의 부족, 언더컷과 금형의 지나친 냉각 등에 의한 이형저항의 증대이다. 또 금형의 연마불량과 과대한 사출압력이나 충전과잉도 한 원인이다.

① cavity, 스프루, 런너, gate 등 수지의 유로를 잘 연마하고 빼기구배를 크게 함으로써 이형저항을 작게 한다.

② 사출압력, 수지온도, 금형온도를 내리고 과충전을 피한다. 성형품이 냉각에 의해 코어를 물고 있을 때는 금형온도를 조금 올리면 효과가 있다.

③ 스프루의 이형이 나쁠 때 노즐 터치 불량과 노즐 온도의 과냉각에 주의한다. 제품설계 또는 가공제작의 잘못으로 빼기구배의 부족 혹은 역테이퍼 노즐 등이 없어도 성형품이 빠지기 어려울 때 무리하게 제품을 밀어내면 제품이 구부러지거나 백화와 균열 등이 생긴다. 특히 성형품이 고정측에 붙어 제품을 빼낼 수 없을 때도 있다.

(2) 대책

① 과충전

사출압력을 너무 올리면 성형시 성형수축이 잘 안 되어 금형에서 제품 뽑기가 힘들게 된다. 이 때 사출압력을 내리고, 사출시간을 짧게 하고, 수지 및 금형 온도를 내리면 이형하기 쉽다. 또한 수지와 금형의 마찰을 적게하는 이형제를 사용하거나 금형 내부를 잘 닦고 ejector pin을 증가시키기도 한다. 이형을 돕기 위하여 금형과 제품의 틈새에 압축공기를 넣어 이형시키는 수도 있다.

② 고정형에 붙음

이 원인은 두 가지로 노즐과 금형의 선단 사이에 걸려 고정측에 붙는 경우와 고정측의 저항이 가동측보다 크기 때문에 고정형에 붙는 경우이다. 노즐과 금형 사이의 저항은 노즐의 R 쪽이 금형의 R 쪽보다 크거나 금형이 정확히 노즐 중심과 맞지 않을 때 혹은 노즐 중심과 맞지 않거나 노즐과 금형 사이에 수지가 끼이는 경우 등이다. 어느 경우나 고화가 걸려서 생긴다. 제품 저항이 크면 연마와 언더컷 등은 수정하고 가동측에 Z핀 등을 장치하여 잡아당긴다. 그러나 금형설계상 이런 일이 발생하지 않게 배려한다. 또 금형온도를 고정시키고 고정측과 가동측에 온도차를 둔다.

19) 제팅(Jetting)

(1) 특징

Jetting이란 gate에서 cavity에 분사된 수지가 끈 모양의 형태로 고화해서 성형품의 표면에 꾸불꾸불한 모양을 나타내는 현상이다. jetting은 사이드 gate에서 콜드 슬러그 웰이 없는 금형으로 gate에서 cavity로 유입하는 수지의 유속이 너무 빠르거나 유로가 너무 길면 생기기 쉽다. 그림 3.49에 표시되는 경과로 수지가 충전되는데 최초에 사출된 비교적 저온의 수지가 끈 모양인 채 고화하고 차례차례 사출되는 고온의 수지로 밀려 내려가게 되는데 융합 불충분한 상태로 표면에 나타난다.

일반적으로 수지가 gate에서 cavity로 유입하는 과정은 gate에서 점점 충전되어 가므로 수지의 흐름은 층상으로 된다라고 생각하면 jetting 현상은 재료와 금형설계(특히 gate 설계) 등의 상승에 의한 이상한 형태로서 벨트 플랙처라고도 생각된다.

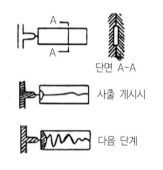

단면 A-A

사출 기시시

다음 단계

그림 3.49 두꺼운 부위의 jetting

(2) 대책

① jetting 현상의 방지는 gate의 위치를 재료의 두께방향으로 cavity 벽의 근거리에 닿도록 설치한다(그림 3.50). 또 사

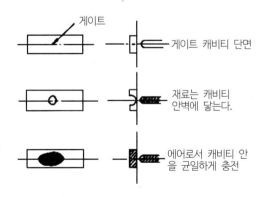

게이트

게이트 캐비티 단면

재료는 캐비티 안벽에 닿는다.

에어로서 캐비티 안을 균일하게 충전

그림 3.50 jetting 해소 대책 예

이드 gate에서는 cold slug well을 붙인다.

② 또한 gate부의 재료 유속을 느리게 하기 위해 gate 단면적을 넓히거나 성형기의 노즐온도의 저하를 막는다. 이 현상은 사이드 gate의 제품 중에서 cold slug well이 작은 금형에 많이 생긴다. 발생하는 원인은 성형이 시작될 때 노즐에서 나온 차가운 수지에 밀려 발생한 자국이라 생각된다. 금형과 노즐의 온도를 높여 성형하면 수정된다.

20) 취약(脆弱)

(1) 특징

성형품의 강도가 본래의 수지강도보다 훨씬 약한 경우이다. 이 원인은 수지의 열화, 성형조건, 금형설계 등의 원인에 의해 생긴다.

(2) 대책

① 수지의 열열화

Plastic은 분자량이 어떤 값 이하가 되면 충격강도가 급격히 작아져 약해진다. 이때 보통 수지 내에는 열분해를 막는 가공안정제가 들어 있는데 어느 한도에 있어서 너무 오랫동안 실린더 내에서 체류하든가 지나치게 높은 온도로 성형하면 열분해를 일으킨다. 또 원료를 재생할 때 여러 차례 가공하면 열이력(熱履歷)이 증가하여 분자량이 저하되고 약한 것으로 변동된다.

또한 유동성이 나쁜 원료에는 유동성을 좋게 하기 위하여 저분자량의 폴리머를 혼합하였기 때문에 이런 경향이 발생하기 쉽다. 열열화로 인한 취약을 피하기 위해서 분자량 저하를 발생하지 않도록 저온에서 성형할 수 있는 금형으로 하고 스크랩의 혼입을 피한다. 즉 스프루, 런너, gate를 선택하여야 한다. 스프루, 런너, gate를 크게 한다.

또 제품의 중량이 사출성형기의 용량보다 너무 작을 때는 과도의 체류시간이 생기므로 적정한 성형기를 선택하여야 한다. 부득이할 경우는 이따금 퍼지(purge)를 하여야 한다.

② 수지의 가수분해

흡습성(吸濕性)이 있는 plastic 중에는 흡습한 수지를 건조하지 않고 고온에서 성형할 때 가수분해를 일으켜 매우 취약한 제품이 되는 경우가 있다. 이 현상은 폴리카보네이트가 가장 심하여 폴리카보네이트의 건조는 충분히 해야 한다.

③ 수지의 배향(配向)에 의한 불량

사출성형시 수지의 분자는 흐름방향으로 배향하기 때문에 흐름방향은 강도가 강하지만 그 직각방향은 약하다. 그러므로 특히 두께가 얇은 제품은 사출속도를 빠르게 하고 사출압력을 강하게 성형하면 그 흐름방향으로 배향이 과대하여 배향이 평행하지 않게 된다. 이를 방지하기 위해 수지온도 및 금형온도를 높이고 사출 속도를 늦추어 성형한다.

특히, 결정성 폴리머는 그 배향의 현상과 성형수축값이 흐름방향과 직각방향일 때에는 많은 차이가 있어 평행으로 깨지는 현상이 더욱 심하다. 예를 들어, 중앙 1점 gate의 경우 성형품을 방치하면 gate를 중심으로 방사선 모양으로 깨지는 경우가 있다. 이것은 수지배향에 의한 결정이 뚜렷이 나타나는 경우이다.

④ weld mark

제품 중 weld부는 수지가 완전히 용해하지 못한 부분으로 본래 수지의 강도보다 작아진다. 따라서 weld mark의 제거방법을 강구하여야 한다.

⑤ 수지의 혼합이 불충분한 경우

수지의 혼합이 불충분한 경우 융합성을 갖는 plastic이라 하더라도 그 혼합이 성형기 내에서 불충분시 부분적으로 그 농도가 다르면 가압시 strain의 농도 차이가 있는 곳에 집중하여 약해져 깨지는 경우가 있다. 이 현상은 플런저식 사출성형기에서 생기기 쉽다. 이것을 제거하려면 혼합을 충분히 하고, 완전히 하려면 압출기에 한번 통하고 다시 펠레트화하면 된다. 특히 블렌드형에서는 성형할 때 그 성분이 분리되어 혼합 불충분과 같은 현상이 일어나기도 한다.

⑥ 흡습(吸濕)이 불충분한 경우

Plastic 중에는 건조한 상태에서는 취약하지만 흡습하면 강도가 커지는 것이 있다. 예를 들면, 나일론과 같은 폴리아미드가 이에 해당한다. 성형 직후의 성형품은 완전히 건조상태이므로 약하지만 공기중에 방치해 두면 흡습하여 강도가 강해진다. 이 제품을 성형 직후에 사용해야 할 경우 수중에서 흡수시키면 강도가 강해진다.

21) 박리(剝離)

(1) 특징

박리는 성형품이 층상으로 겹친 상태가 되어 벗기면 마치 구름과 같이 층층으로 겹처져서 벗겨지는 상태를 말한다. 이 원인은 주로 이종수지의 혼합과 성형조건에 따라 일어나는데 라미네이션(lamination) 또는 층상박리라고도 한다. 이 원인은 서로 다른 재료(상용성이 나쁜)의 혼입이다. 폴리올레핀에 틸렌 수지, 폴리스티렌 수지 등을 혼입하거나 같은 성형기로 상용성이 나쁜 수지를 교차 사용할 때에 발생한다. 특히 교차사용할 때는 실린더와 스프루의 헤드 부분에 타붙어서 남거나 성형중에 간헐적으로 벗겨져서 혼입하기 쉬우므로 충분히 청소해야 한다. 수지를 사용한 후 폴리프로필렌을 성형하기 위해 실린더를 폴리프로필렌 50으로 깨끗이 하였으나 완전히 교환되지 않아서 스프루를 빼고 청소형 5온스를 사용한 예도 있다.

또 특수한 조건, 예를 들면 용융수지의 온도가 매우 낮을 경우에 같은 종류의 재료라도 유동의 표면층과 내부에 엇갈림이 생겨서 표층박리가 생기는 경우가 있으므로 성형온도의 관리를 충분히 해야 한다.

(2) 대책

① 이종수지의 혼합

폴리스티렌(PS)과 폴리에틸렌(PE)과 같이 융합될 수 없는 수지를 혼합할 때 박리현상이 일어난다. 이 혼합의 발생은 실린더 내의 혼합시, 즉 청소가 불완전해 원료 자체가 오염된 경우도 있다. 이 원인은 앞의 설명과 같이 아주 분명하여 이종수지를 충분하게 퍼지하든가 실린더 안을 청소하는 것이 가장 좋다. 때로는 퍼징 컴파운드(purging compound)에 의해 발생하는 수도 있으므로 주의해야 한다.

② 성형조건의 불량

성형조건에서 수지온도가 매우 낮고 금형온도도 매우 낮을 때 성형하면 접촉한 수지가 즉시 고화하여 빅리현상을 일으킨다. 이것의 해결은 수지온도 및 금형온도를 높이고, 고화를 더디게 하여 성형하면 좋은 결과를 얻을 수 있다.

3.3.3 성형불량과 금형개선 대책(예)

불량 현상	개선전	개선 방안
 크고 복잡한 모양의 리브는 불필요하다. 얇은 부위의 과열 때문에 표면불량 및 성형주기가 길어질 수 있다.		

불량 현상	개선 전	개선 방안
게이트가 성형품의 얇은 쪽에 위치하면 캐비티를 완전히 충전시키기 어렵다. 결과 : 수축현상, 기포, 휨, 치수불량	게이트	문제해결의 두 가지 방법은 : A) 게이트를 두꺼운 부위로 이동 (캐비티 충전을 위해서 사이클타임이 길어질 수 있다) B) 성형품의 살빼기 가급적 B)가 추천된다.
과도한 두께 또는 불균일한 두께는 휨, 싱크마크, 기공, 치수 불량을 유발하고 성형 사이클을 길게 한다.		
성형품에서 기어의 크라운을 후가공하는 것은 문제가 발생할 수 있다(특히 기어 이(齒, tooth)가 큰 경우). 크라운의 두께가 크기 때문에 고가의 정밀성형이 필요하고, 크라운에 기포가 발생하면 기어의 이가 매우 약해진다.		
게이트 위치는 적정하나 가운데 웨브가 너무 얇다. 결과 : 기포와 휨 =물성 저하, 마모 증대 중앙 게이트	웨브 (web) 중앙게이트	웨브 두께를 키움으로써 문제를 해결할 수 있다. 때로는 중간에 리브를 보강하여 바깥쪽의 충전을 강화할 수 있다.

불량 현상	개선전	개선 방안
 벽의 두께가 두껍거나 솔더가 얇은 베어링은 필히 피해야 한다. 게이트가 적절하더라도 성형주기가 길어지며 또한 게이트와 성형주기가 적절하더라도 싱크마크와 변형을 초래한다.		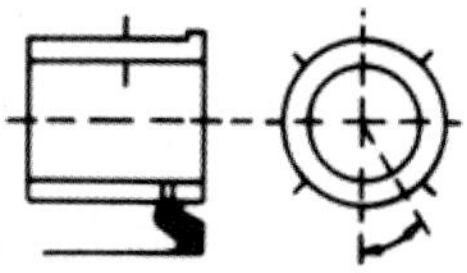 적절히 설계된 부싱의 예이다. 왼쪽 그림과 같이 솔더는 여러 개의 작은 돌출부로 대체되었다.
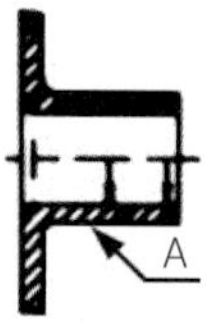 플라스틱 고유의 유연성 때문에 이러한 일체성형된 지지 구조물은 A 면적에 집중적으로 하중이 걸린다. 상대적으로 높은 하중을 받는 부싱의 경우 마모 및 용융이 A면에서부터 개시되어 전체가 파괴된다.	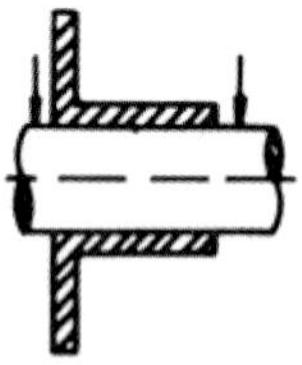	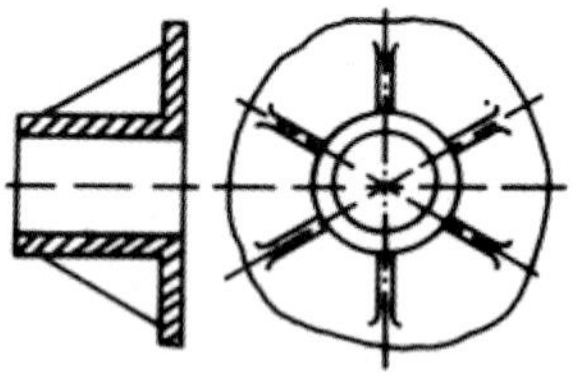 내경부위에 싱크 마크가 생기지 않을 만큼의 리브를 보강하면 도움을 받을 수 있다.
 플라스틱제 헬리코이드, 웜, 베벨 기어는 높은 토크가 걸리면 옆 방향의 힘 때문에 휘게 되며, 기능성의 저하를 초래한다.	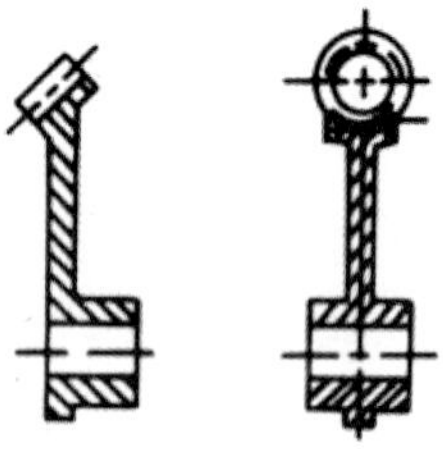	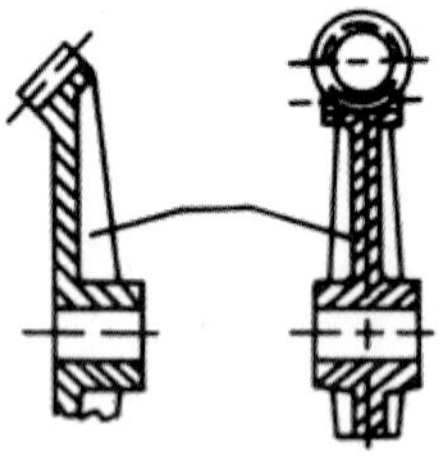 적절하게 리브를 보강함으로써 벤딩을 방지할 수 있다.
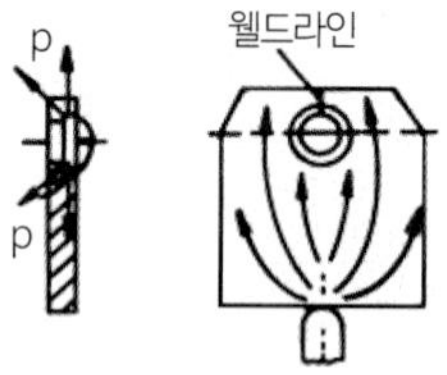 웰드라인이 가장 약한 부위에 위치하고 있다. 또한 원추형 나사 머리에 의해 측방 응력이 발생되었다. 이 부품은 나사를 조일 때 웰드 라인을 따라 파괴될 수 있다.	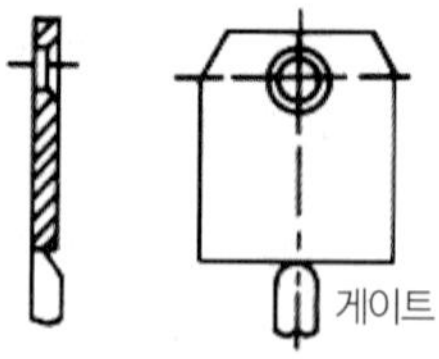	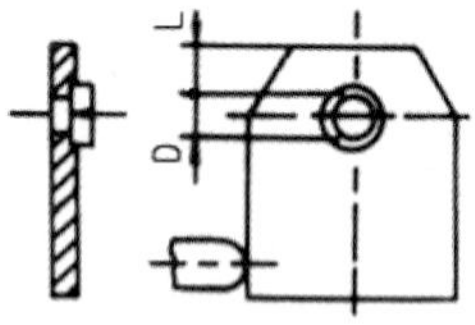 "L"은 D보다 같거나 크게 되어야 하며, 나사 머리부를 평면화함으로써 측방 응력을 없앤다. 게이트 위치를 변경하는 것도 도움이 된다.

불량 현상	개선전	개선 방안
"O"링을 축방향으로 압축하기 위해서는 매우 큰 하중이 걸리며, 플라스틱 플랜지의 변형 및 크리프를 초래한다. 이러한 효과는 길이가 증가할수록 커진다.		"O"링이 방사형으로 압축되고 있다. 크리프를 줄이기 위한 다른 방법은 : 1) 플랜지에 리브를 보강하는 방법 2) 볼트 아래에 금속 링을 설치하는 방법
스크류 6개를 사용하는 조립공정을 간소화하고 싶다. (내압은 높지 않다.)	셀프탭핑스크류	
이러한 인서트는 항상 피해야 한다. 수축 및 후 수축에 의해 크랙이 발생할 수 있고, 외부 진원도를 떨어 뜨린다.	금속 인서트	정교한 원형의 널링 가공된 인서트가 추천된다. 인서트에는 날카로운 모서리가 없어야 한다.
응력이 걸릴 때 플래시가 생긴 부위부터 크랙이 발생될 수 있다.	금속 인서트	플래시를 줄이기 위하여 메탈 인서트의 두께 및 평면도에 대한 공차를 줄여야 한다.

불량 현상	개선전	개선 방안
플라스틱에 큰 응력이 발생되다. 특히 PTFE 테이프나 원추형 나사 홈이 이용된 경우 응력이 더욱 커진다.	플라스틱 금속	일반적으로 엔지니어링 플라스틱은 인장응력보다 압축응력에 저항이 크다. 나사 홈은 플라스틱의 외부에 가급적 설계되어야 한다. "O"링을 넣음으로써 밀착시킬 수 있다.
스냅 피팅시에 응력이 두 슬롯(slot) 부위에 집중된다. 이 부품은 결합시 또는 사용시에 파괴될 수 있다.		
조립시에 응력집중이 발생한다. 플라스틱 돌출부는 조립시 또는 사용시에 파괴될 수 있다.		
복잡한 형상의 경우, 금형에서 취출시 변형되거나 갈라지게 된다. 언더컷의 코어가 있는 경우 금형이 복잡하고 비싸지게 된다.	언더컷	금형 내 언더컷을 없앴다. L : L1의 비가 커질 경우 리브를 추가할 수 있다.

불량 현상	개선전	개선 방안
내압에 의해서 용기부분이 뚜껑보다 먼저 변형되어 결합력을 잃게 되고 밀봉성이 파괴된다.		
언더컷이 없는 금형을 제작하고 싶다.		 구멍 "A는 사용시 기능은 없으나 금형을 단순하게 만들기 위해 설계되었으며, 이로 인해 2단금형으로 가능케 되었다. 이러한 개선책으로 리브 "B"를 보강할 수 있게 되었다.
아무리 낮은 토크가 걸리더라도 세트 스크류는 사용해서는 안 된다. 플라스틱 나사홈이 조립시 또는 사용시 크리프로 인하여 부서지게 된다.		 여기 두 가지 대안이 제시되어 있다. 전달되는 토크에 따라 선택할 수 있다.
나사가 있는 인서트는 문제를 해결하지 못한다. 주위에서 플라스틱의 크리프가 발생한다.		 여기 두 가지 대안이 제시되어 있다. 전달되는 토크에 따라 선택될 수 있다.

사출성형품의 설계 및 2차 가공

사출성형품의 설계의 양부(良否)로서 사출성형품의 성패가 정해진다 해도 과언이 아니다. 양질의 제품설계로서 금형제작 비용의 절감, 성형의 용이화, 그리고 제품의 가격이 싸게 제작될 수 있으며, 반면 설계가 좋지 못하면 금형제작이 어려워져 제작 비용이 높아지며, 성형이 곤란하게 되어 성형 cycle이 길어져 제품가가 높아지며, 금형이 자주 고장을 일으켜 생산이 중단되고 예정된 생산량을 달성할 수 없게 된다.

4.1 사출성형품의 설계

4.1.1 Parting Line(PL, P/L)(파팅 라인)

사출성형품은 성형 후 금형에서 빠지지 않으면 안 된다. 따라서 금형이 분리되어야 하며, 성형제품 측에서 볼 때 이 분리선을 parting line(파팅 라인)이라 한다. P/L의 결정은 성형품의 설계에서 제일 먼저 고려해야 할 사항이다. 금형이 분할되었을 때 성형품은 원칙적으로 금형의 가동측형판에 달라붙도록 고려하여 P/L의 위치를 결정하지 않으면 안 된다.

P/L 설정시 주의할 사항은 다음과 같다.

1) 가능한 간단히 할 것

P/L이 복잡하면 금형의 고정측형판과 가동측형판이 서로 잘 만나기가 어려워져 성형품에 burr가 발생하기 쉽게 된다.

그림 4.1과 4.2는 성형제품의 P/L 위치의 예를 나타낸 것이다.

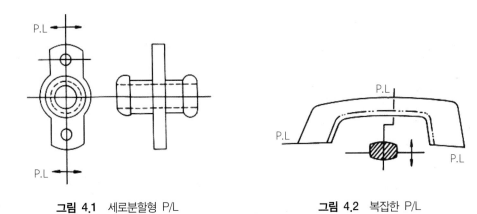

그림 4.1 세로분할형 P/L   **그림 4.2** 복잡한 P/L

2) 금형이 완전히 만나지 않는 점에 주의할 것

금형의 제작에 있어서 고정측형판과 가동측형판이 완전히 일치한다는 것은 기대하기 어렵다. 따라서, 그림 4.3과 같은 제품의 경우 잘 보이지 않는 측의 치수를 위쪽 치수보다 조금 작게 설계하면 (0.1mm 이내) 금형의 불일치도 구제될 수 있고 사출 후 burr의 제거도 용이하게 된다.

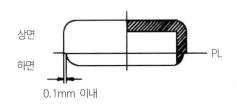

그림 4.3 양측에 R이 있는 제품의 P/L

4.1.2 Gate(게이트)

사출성형품에는 plastic을 주입하는 gate가 필요하다. gate 위치는 끝손질이 용이하고 외관상 눈에 잘 띄지 않는 곳에 설정해야 한다. 그런 관계로 gate는 제품상에서 살두께가 두꺼운 부분에 설정해야 하고, weld line의 방향에 주의해야 하고, gate 부근이 성형 후 뒤틀림 발생에 주의해야 하며, 제팅 등의 여러 사항을 제품설계시 유의해야 한다.

예를 들면, 상자형 제품의 경우 중앙 부근에 구멍이 있다면 그 구멍을 이용하여 side gate 혹은 오버 랩 gate를 사용함으로써 금형은 2단형으로 제작될 수 있으며 gate는 커터 또는 칼로 제거하여 마무리질 수 있게 된다. 만약 제품에 그와 같은 것이 없을 경우에는 핀 포인트 gate 등을 사용하여야 하는데, 이때 금형은 3단형으로 제작되어야 하므로 제작비가 상승되고 경우에 따라서는 gate 제거자국이 남을 수가 있어 이를 제거하기 위해 buffing(버핑) 작업이 필요하게 된다.

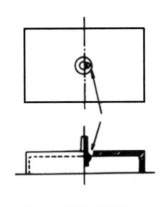

그림 4.4 구멍을 이용한 Gate

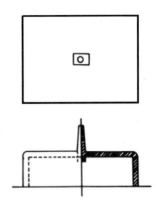

그림 4.5 라벨 자리 凹부를 이용한 Gate

다른 한 가지 방법으로서는 중앙 부근에 라벨(label)을 붙이는 자리로 설정하여 그 곳을 凹 부분으로 만들어서 direct gate로 성형하면 금형제작비가 싸지며 gate 자리는 보르반 등으로 제거할 수 있다. 이와 같은 라벨 자리를 이용한 방법은 가전기기 등에 널리 사용되고 있다(그림 4.4, 4.5).

다음은 특수형상 혹은 외관상의 제약에 따른 gate 위치 관계를 기술한다.

1) 길이가 긴 봉(Shaft)

사출성형에 있어 plastic의 흐름방향과 그 직각방향의 성형수축률이 차이가 나는 것은 피할 수 없는 현상이다. 그 차이는 plastic의 종류, 성형조건에 따라 변화한다. 길이가 긴 봉형태의 제품은 봉 중앙에 gate를 잡고 성형하면 휨이 생기게 된다. 이를 방지하기 위해 그림 4.6에 표시한 것과 같이 봉의 끝단 혹은 끝단 근처에 gate를 설치하는 것이 좋다.

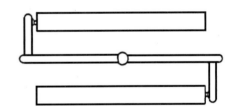

그림 4.6 길이가 긴 봉의 Gate 위치

2) 평판(平板) 또는 얇은 상자형

평판 형상 또는 매우 얇은 상자형 제품의 성형에서는 중앙부위에 direct gate 혹은 핀 포인트 gate를 사용해서는 안 된다. 이와 같은 경우도 앞에서 설명한 (1)항과 같이 plastic의 흐름방향과의 심한 수축률 차이로 현저히 비틀림이 발생한다(그림 4.7).

평판 형상의 제품에서는 다점(多点) 핀 포인트 gate 혹은 평판의 한쪽 편에서의 팬 혹은 필름 gate가 좋으나 직진도(直進度)가 크게 중요시되지 않을 때는 사이드 gate도 사용되고 있다.

그림 4.7 중앙 Gate의 경우에 발생되는 비틀림

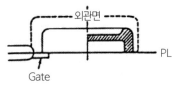

그림 4.8 Overlap Gate

3) 외관에서의 제약

외관에서의 제약으로 기인되는 gate 위치의 선정은 제품의 형상에 따라 다르므로 2~3개의 예를 들어 설명코자 한다. 그림 4.8에 표시한 바와 같이 한 방향에서 전면이 보이는 경우에는 overlap gate, submarine gate를 사용하고 있다.

그림 4.9에 표시한 바와 같이 P/L 아래 부분까지 보이는 제품에서는 사이드 gate를 사용할 수 없으므로 핀 포인트 gate를 사용하여 후작업으로 gate를 제거하거나 submarine gate를 사용한다. PMMA 수지 혹은 POM 제품 등에서 gate 부근에서 나타날 수 있는 원형상의 물결 모양의 불량(flow mark)을 원인적으로 피해야 할 경우에는 탭 gate를 사용하고 있다.

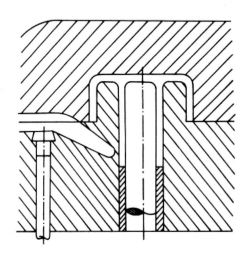

그림 4.9 P/L 아래까지 보이는 제품(Submarine Gate의 예)

4.1.3 Ejection(이젝션)(금형에서 성형품의 돌출)

1) 돌출위치

돌출자국이 제품의 면에 나오면 외관상의 결함이 되므로 제품의 설계 당시에 미리 이것을 고려해야 한다. 그 돌출위치는 제품이 금형과 물림현상이 나올 가능성이 있는 곳, 제품이 금형에서 빠져나오면서 휨 현상이 나타날 가능성이 있는 곳을 예상해 설치해야 한다.

2) 깊이가 깊은 제품의 돌출

그림 4.10과 같이 깊이가 깊은 제품의 돌출은 air ejection 방식 또는 air ejection 방식과 stripper plate ejection 방식(혹은 접시형 pin ejection 방식)을 병용하는 방법이 있다.

3) 탭을 이용한 돌출방법

PMMA 수지 성형품과 같이 외관투명제품에서는 돌출흔적이 면 전체에 없어야 할 필요가 있다. 이와 같은 경우에는 제품의 외측에 탭(overflow)을 추가해 이것을 이용, pin ejection 방식으로 돌출시키는 방법이 있다(그림 2.17 참조).

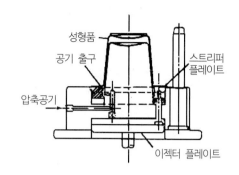

그림 4.10 Air Ejection

4.1.4 표면의 조도(粗度, 거칠기)

성형품 표면의 조도는 외관제품이라든가 렌즈와 같은 것들은 그 외관이 매우 중요시되는 것이 있는가 하면 성형품의 이면 또는 내장부품과 같이 외관이 중요시되지 않는 것 등 여러 등급이 있다. 이 규격에 대해서는 금속의 조도를 규정하는 기호로 사용되는 경우가 많으나, 이것을 plastic 표면의 조도 혹은 금형의 조도 그대로 준용하는 것은 어려운 일이다.

Plastic 표면의 조도에 대해 일본에서는 JIS K7104의 MR-1~6 등급으로 하여 거울면에서 거친면까지 규정하고 있다. 그러나 MR-1 정도의 표면을 얻기 위해서는 금형의 강재도 S55C와 같은 재료를 사용해야 하고 pin hole이 전혀 없어야 하므로 진공 용해한 것을 사용해야 한다. 따라서 금형이 고가로 되므로 특별한 경우가 아니면 요구될 수 없다.

표 4.1 Plastic 표면 조도의 기호 (JIS K7104)

성형품 및 금형의 기호		MR-1	MR-2	MR-3	MR-4	MR-5	MR-6
가공 조건		Diamond Powder 8000번 (1~5μ)	Diamond Powder 1200번 (8~20μ)	Emery Paper 사지(砂紙) 입도 360번	지석(砥石)봉 입도 150번	지석립(粒) 120번 dry blast 공기압 5kgf/cm²	지석립 46번 dry blast 공기압 5kgf/cm²
표면거칠기의 범위 (μRz)	최소치	—	0.06	0.24	1.2	4.8	15
	최대치	0.03	0.12	0.48	1.7	6.6	19

그리고 제품 표면의 광택을 요할 때는 금형에 Cr 도금을 하기도 하나 일반적으로 도금의 양이 구석 부위에 많이 몰리기 쉽기 때문에 역 테이퍼를 발생시킬 수가 있으며, 금형을 수리할 필요가 있을 때는 도금을 제거해야 하므로 일반 금형보다 많은 시간과 비용이 들며, 정밀도가 요구되는 제품에서는 도금 하는 것은 좋다고 볼 수 없다.

4.1.5 빼기 구배(Draft Angle)

금형에서 성형품을 빼기 위해서는 빼기구배가 필요하다. 빼기구배가 부족하면 성형품의 돌출시 표면에 긁힘이 생길 수 있고 휨이 발생할 수도 있다. 빼기구배의 정도는 성형품의 형상, 재료의 종류, 금형의 구조, 성형품 표면의 요구조건에 따라 다르므로 정확히 1개의 값으로 규정하기는 곤란하고 대개는 경험치로서 결정하고 있다. 그러나 제품의 형상이나 기능에 지장이 없다면 가능한 크게 하는 것이 유리하다. side core(slide core)에서도 마찬가지로 빼기구배가 필요하다.

빼기구배의 표시는 °(도) 또는 %로 나타내며 draft(경사량)은 다음과 같은 계산으로 알 수 있다. 예를 들어, 그림 4.11과 같은 제품에서 길이(H) 50mm일 때 도면상에 draft angle 1°라 표시되었다면, draft는

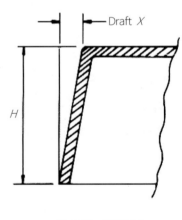

$$X = 50 \times \tan 1° = 0.813 \text{mm}$$

이다.

만약 도면상에 draft angle 1.5%라 표시되었다면, draft는

$$X = 50 \times \frac{1.5}{100} = 0.75 \text{mm}$$

이다.

그림 4.11 빼기구배

1) 일반적인 빼기구배

일반적인 빼기구배는 각 측면에 1°가 보통이며, 실용 최소한도로서 1/120(0.5°) 정도의 값으로 하는 경우도 있다. 성형품은 금형의 이형시 가동측형판에 달라붙도록 하는 것이 필요하다. 따라서, 캐비티 측의 빼기구배는 코어 측의 빼기구배보다 크게 하는 것이 일반적이다. 한 예로서, 작은 구멍용 핀을 금형의 가동측형판에 세울 때는 핀에는 빼기구배가 없는 것이 보통이다.

제품의 깊이가 낮고 벽의 두께가 두껍고 크기가 큰 경우에는 성형품의 성형수축률로서만 금형에서 빠져나올 수 있으므로 구배는 매우 작아도 지장이 없다. 특히, 성형수축률이 큰 plastic 예를 들면, POM, PE 등에서는 구배를 0으로 하고 있다.

2) Texture 표면의 빼기구배

성형품의 표면에 texture하는 경우가 많은데 이것은 금형의
표면을 사진부식으로 미세한 凹凸을 만드는 것이다. 이 때의
빼기구배는 texture가 없을 때보다 많이 주어야 texture가 손상
되지 않고 빠질 수 있다. 보통 0.025mm의 凹凸에 대해 1°의
추가 구배가 필요하다(그림 4.12 참조).

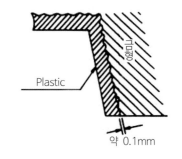

그림 4.12 Texture 빼기구배(4°
이상 요하는 것을 표시)

3) 격자의 빼기구배

$$\frac{0.5(A-B)}{H}=\frac{1}{12}\sim\frac{1}{14}$$

다음의 경우에는 빼기구배를 변화시키는 것이 좋다.

① 격자의 피치(P)가 4mm 이상이면, 빼기구배는 1/10 정도로 한다.

② 격자부의 치수(C)가 크면 빼기구배는 가능한 크게 하는 것이 좋다.

③ 격자의 높이(H)가 8mm를 넘거나 ②에서 빼기구배가 충분히 크지 않을 때는 그림 4.13의 (b)와
같이 격자부를 확실히 코어측에 남도록 하기 위해 격자깊이의 1/2 이하 깊이의 격자형상으로 하
는 것이 필요하다(그림 4.13 참조).

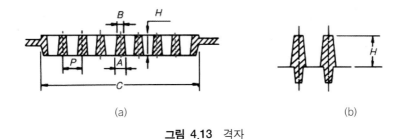

(a)   (b)

그림 4.13 격자

4) 상자형의 빼기구배

그림 4.11에서 H가 50mm까지는 $X/H = 1/30\sim 1/35$, H가 100mm 이상은 $X/H = 1/60$ 이하
로 한다.

5) 종(縱) Rib의 빼기구배

보강용으로서 많이 사용되고 있는 종(縱) rib에서 그 빼기구배는 일반적으로 측벽, 바닥두께에 의해
A, B의 치수(그림 4.14)가 정해지나 일반적으로 적용되는 빼기구배는,

$$\frac{0.5\,(A-B)}{H}=\frac{1}{500}\sim\frac{1}{200}$$

그림 4.14의 (a)는 내측벽, (b)는 외측벽의 rib를 표시한다. 여기서 $A = T \times (0.5 \sim 0.7)$ 적용하고, 다소의 sink 발생이 지장없다면 $A = T \times (0.8 \sim 1.9)$으로 적용할 수 있다.

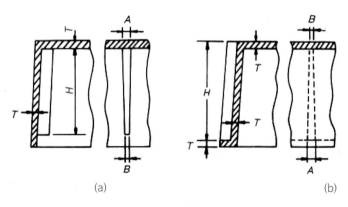

그림 4.14 종(縱) Rib

4.1.6 벽두께(Wall thickness)

제품설계시 사출압력에 영향을 미치는 벽두께(살두께, 제품두께)를 잘 설계해야만 양질의 제품을 얻을 수가 있다. 벽두께가 얇을수록 유동저항이 증가하여 사출압력은 증가한다. 동일한 제품에서도 두꺼운 부분과 얇은 부분의 유동속도는 달라진다. 유동저항식을 살펴보면 벽두께(H)의 영향이 변수들 중에서 가장 크다.

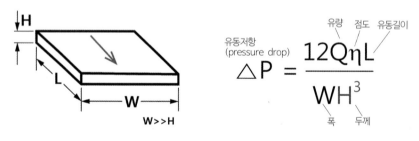

그림 4.15 벽두께에 따른 유동저항

Plastic 성형품의 벽두께는 무엇보다도 먼저 균일한 것이 이상적이다. 벽두께가 변동이 심하면 금형 내에서 plastic의 굳는 시간이 부분적으로 변하게 되어 sink mark 및 수축치수가 변하므로 성형품 내부에 잔류응력이 발생하여 외부충격에 대해 취약하게 된다.

그러나 제품의 형상 혹은 용도에서 요구되는 벽두께의 변화가 필요한 경우가 있고 또한 강도상 벽두께를 크게 하지 않으면 안 되는 부분도 나올 수 있지만, 가능한 구조적으로 보강하는 방법 등으로 하여 균일 벽두께로 하는 것이 바람직하다(그림 4.16).

코너부로 치우친 살은 싱크 마크 및 변형의
원인이 되므로 오른쪽 그림과 같이 수정

살두께는 원칙으로서 균일해야 한다. 오른쪽
그림과 같이 수정

극단으로 살이 두꺼운 부분은 기포가 발생하
거나 싱크 마크의 원인이 되므로 오른쪽 그림
과 같이 수정

살이 두꺼운 부분이 필요할 경우 오른쪽
그림과 같이 살두께를 서서히 변화시킨다.

그림 4.16 벽두께의 조정

Plastic 성형품의 재료에 따른 일반적인 벽두께는 표 4.2와 같다.

표 4.2 일반적인 벽두께

재 료	벽두께	재 료	벽두께
ABS	1.5~4.5	PMMA	1.5~5.0
PP	0.6~3.5	PVC	1.5~5.0
Nylon	1.5~4.5	PC	1.5~5.0
POM	1.5~5.0	PE	0.9~4.0
SAN	1.0~4.0		

아무래도 벽두께가 두꺼운 곳은 냉각시간이 오래 걸리게 되어 성형 cycle이 지연되므로 성형 비용이 높아진다. 그러므로 5mm 이상의 벽두께는 특별한 경우가 아니면 가능한 피한다. 또한, 최저 벽두께는 0.5mm로 하고, 그 이하는 충전부족(미성형)이 발생할 소지가 많으므로 적극 피해야 한다. 벽두께를 결정할 때는 다음과 같은 점을 고려해야 한다.

① 구조상의 강도

② 이형(離型)시의 강도

③ 외부충격에 대한 힘의 균등분산

④ insertion부의 crack(성형품과 금속의 열팽창의 차로 인한 수축시의 crack) 방지

⑤ 구멍, insertion부에 생기는 weld line 발생

⑥ 얇은 벽두께에서 생길 수 있는 burning(제품표면의 변색, 휨, 또는 파괴를 발생시키는 열분해
   현상)

⑦ 두꺼운 벽두께에서 생길 수 있는 sink mark

사출성형에 있어서 충전 가능 길이(L)과 벽두께(t)와의 비 L/t 에는 한계가 있다. 그 L/t 의 값은 동일 plastic에서도 품종에 따라 다르고 성형조건에 의해 서로 변동하나 그 값을 넘으면 성형이 되지 않는다.

게이트를 설치할 때도 되도록 두께가 두꺼운 쪽에 설치하는 것이 유리하다. 그림 4.17은 게이트 위치를 (a) 두께가 얇은 측과 (b) 두꺼운 측에 설치한 경우에 냉각시간의 변화를 비교한 것이다. 따라서 그림 4.17에서 보는 바와 같이 (b)처럼 두꺼운 측 살두께에 게이트를 설치하는 것이 올바른 방법이다.

사출성형품의 불량 중에서 가장 많이 발생하는 sink mark(성형품의 표면에 오목하게 들어간 수축부분)를 방지하기 위해서는 제품설계에 따른 금형제작에 있어서 게이트(gate) 위치 설정도 중요한 변수가 된다.

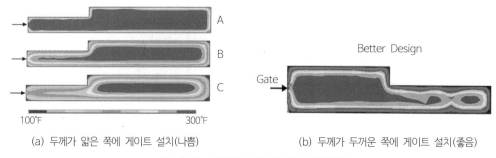

(a) 두께가 얇은 쪽에 게이트 설치(나쁨)　　　(b) 두께가 두꺼운 쪽에 게이트 설치(좋음)

그림 4.17 두께에 따른 게이트 위치설정

(a)는 두께가 얇은 쪽에 게이트를 위치한 것이다. 두께가 얇은 쪽이 두께가 두꺼운 오른쪽보다 고화(응고)가 먼저 일어난다. 그러면 보압(packing & holding pressure)이 두꺼운 쪽으로 더 이상 전달되지 못하기 때문에 두꺼운 부분에서 수축이 발생한다. 그러므로 (b)와 같이 두꺼운 쪽에 게이트를 설치하면 보압 부족으로 인한 수축불량이 발생하지 않게 된다. 제품을 설계하다보면 게이트 위치는 제품의 특성 및 기능에 따라서 제약을 많이 받는다.

4.1.7 **표면적**

제품 면적(표면적)이 증가할수록 동일한 조건에서 금형으로의 열손실이 증가하여, 수지가 흐르는 끝부위에서의 온도강하와 고화층의 두께 증가로 인하여 실제 유동단면이 감소함으로써 유동저항이 증가하여 사출압력도 증가한다. 일반적으로 다수의 미세한 구멍(hole)이나 표면의 굴곡이 존재하는 제품은 그렇지 않은 제품에 비하여 사출압력이 상승한다.

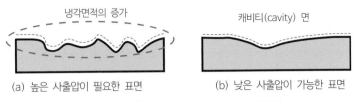

그림 4.18 제품의 표면적에 따른 사출압력

4.1.8 모퉁이(Corner)의 R

내부응력은 면과 면이 만나는 코너 부위에 집중한다. 따라서, 집중 내부응력을 분산시키고 동시에 수지의 흐름을 좋게 하기 위해 코너에는 반드시 R을 주어야 한다.

그림 4.19에 표시한 것과 같이 R/T가 0.3 이하에서 응력이 급격히 증가한다. 그러나 0.8 이상에 서는 집중응력의 제거에는 그다지 효과가 없다. 따라서 권장되는 내측의 R은 다음과 같다.

$$\frac{R}{T} = 0.6$$

그림 4.20 (a)는 코너 내측에만 R을 준 것을 표시하고 (b)는 내측의 R'와 외측의 R과 동심원으로 한 것을 표시한 것으로 (b)가 훨씬 바람직하다. Sharp-edge를 요하는 곳에서도 최소 $R0.3$ 정도 주는 것이 좋다.

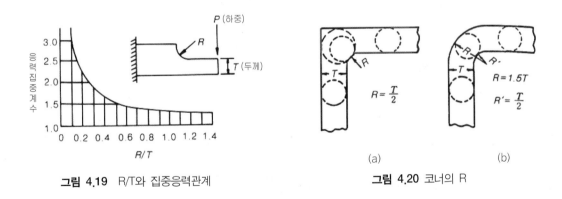

그림 4.19 R/T와 집중응력관계

그림 4.20 코너의 R

그림 4.19는 굽힘하중을 받는 보에 코너 반경(R)에 따른 응력집중계수(stress concentration factor) 를 보여주고 있다. 만약 두께(T)가 1.0mm라고 가정하면 R이 0.0mm일 때와 0.2mm일 때의 차이점은 엄청나다는 것을 알 수 있다.

그림 4.21과 같이 코너부를 설계하는 경우 반드시 R(라운드, fillet)을 주어야 한다. 외력이 작용하는 곳에는 (a)와 같이 설계하는 것이 파괴역학적인 측면에서는 상당히 유리하여 외부충격에도 잘 견딘다. 외관에 영향을 주지 않는다면 최대한 R을 주는 것을 고려하는 것이 합당하다.

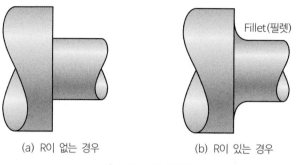

(a) R이 없는 경우　　　　(b) R이 있는 경우

그림 4.21 코너부의 R

4.1.9 Rib(리브)

Rib는 성형품의 보강 및 형상변형 방지 목적으로 많이 사용되고 있다. rib를 설계할 때 다음과 같은 점을 고려해야 한다.

① rib의 **빼기구배**는 제품돌출시 긁힘을 방지하기 위해 적어도 1° 이상으로 한다.

② rib의 근원(根元)두께는 벽두께 t 의 50~70% 정도로 한정하는 것이 sink를 방지할 수 있으며, 표면에 약간의 sink가 발생해도 지장이 없을 때는 80~100%로 해도 무방하다.

③ 응력의 집중을 분산시키기 위해 rib의 근원에는 R 을 준다.
   그 R 은 벽두께의 1/8~1/4정도로 한다. R 을 지나치게 크게 하면 응력분산 및 강도는 향상되나 sink가 발생된다.

④ rib의 높이는 벽두께의 1.5배 이하로 한다. 추가적인 보강을 위해 rib 높이를 높이는 것보다는 그 수량을 늘리는 것이 효과적이며, 그 pitch는 벽두께의 4배 이내로 하지 않도록 한다.

⑤ rib 선단의 두께는 금형제작상의 제약 때문에 1.0~1.8mm 정도로 한다.

그림 4.22의 (a)는 rib 근원의 내접원의 직경($2R_2$)이 벽두께의 50%를 넘어 sink가 발생되는 상태이고, (b)는 근원의 내접원의 직경이 벽두께의 20%를 넘지 않아 sink가 발생하지 않는 상태이다.

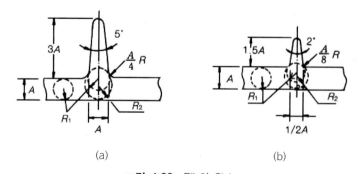

(a)　　　　　　　　　　(b)

그림 4.22 Rib와 Sink

4.1.10 Boss(보스)

Boss는 대부분이 self-tapping screw(셀프 태핑 스크류)를 사용하여 다른 plastic 성형부품을 고정하기 위해 세워진 원형돌기이다. 물론 self-tapping screw가 아닌 hot(또는 cold) staking(스테이킹) 방식으로 부품을 고정하기 위한 작은 원형돌기도 있고, 부품조립시 guide용으로 세워진 작은 돌기도 있으나 모두 boss라 칭한다. 본 절에서는 self-tapping screw용 boss에 대해 설명키로 한다.

1) Boss의 설계상 유의점

① boss의 빼기구배는 외경측 1°, 내경측 1.5° 정도로 한다.

② boss의 높이는 빼기구배로 인한 boss 근원 직경이 커짐으로 인한 외관상의 sink를 방지하고 금형의 고장을 방지하기 위해 20mm 이하로 하는 것이 좋다.

③ 높이가 높은 boss는 그의 보강 및 수지의 흐름을 좋게 하기 위해 측면에 rib를 추가한다[그림 4.23의 (b)].

④ boss 근원의 R은 0.5mm 이상, 벽두께의 1/4 이하로 한다.

⑤ 측벽과 가까운 boss는 rib로 연결한다(그림 4.24).

⑥ boss와 boss와의 간격은 boss 직경의 2배 이상으로 하는 것이 바람직하다.

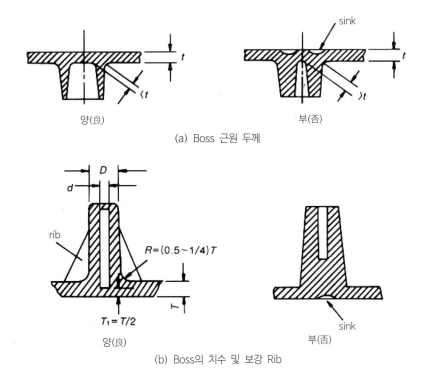

(a) Boss 근원 두께

(b) Boss의 치수 및 보강 Rib

그림 4.23 Boss의 설계방법

가(可)   불가(不可)

그림 4.24 측벽과 인접된 Boss의 처리 예

2) Self Tapping Screw 호칭경과 Boss 치수

Self tapping screw 호칭경과 boss의 외경(D)과 내경(d) 관련치수는 표 4.3에 따른다.

표 4.3 스크류 호칭경에 따른 보스의 치수

(단위 : mm)

Screw 호칭경	외 경 (D)	내 경 (d)
M2	4	1.7
M2.5	5	2.1
M3	6	2.5
M3.5	7	3
M4	8	3.4

4.1.11 Hole(구멍)

대부분의 사출성형품에는 구멍이 있게 마련이다. 구멍이 있으면 그 주변에 weld line이 발생하기 쉬워 강도가 저하되고 외관상에 결함이 되므로 다음 사항을 주의한다.

1) 구멍의 Pitch(피치)

구멍과 구멍의 간격(pitch)이 너무 작으면 weld line 이 발생하기 쉽고, 또한 금형이 약해질 우려가 있으므로 가능한 그림 4.25에 표시한 것과 같이 pitch는 구멍 직경의 2배 이상으로 하도록 한다.

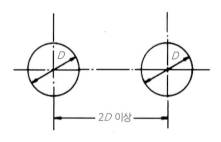

2D 이상

그림 4.25 구멍의 Pitch

2) 구멍 주변

구멍의 주변은 weld line에 의한 강도가 저하되므로
그림 4.26의 (a), (b)에 표시한 것과 같이 그 주변에 살을 두껍게 하는 것이 좋다.

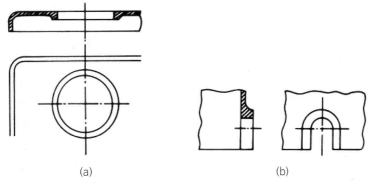

(a)

(b)

그림 4.26 구멍 주변의 보강

3) 구멍과 제품 끝단과의 거리

4.1.9 1)항과 동일한 경우로서 weld line 문제, 금형의 강도문제 등의 관계로 제품의 끝면과 구멍과의 거리는 구멍직경의 3배 이상으로 하는 것이 바람직하다(그림 4.27).

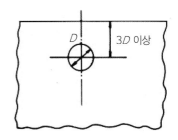

그림 4.27 구멍과 제품의 끝

4) 막힌 구멍(盲孔)

막힌 구멍의 설계는 특히 주의를 요한다. 이것은 수지의 흐름방향의 압력으로 인해 금형의 핀이 구부러지기 쉽다. 가는 구멍, 예를 들어 $\phi 1.5$ 정도의 경우, 깊이의 2배 이상으로 하는 것은 바람직하지 못하다. 어떠한 경우이든 막힌 구멍의 깊이는 직경의 4배 이상이 되지 않도록 한다(그림 4.28).

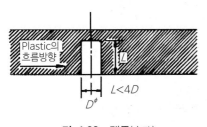

그림 4.28 맹공(盲孔)

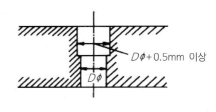

그림 4.29 관통구멍

5) 깊은 관통구멍

깊은 관통구멍에 있어서도 맹공과 같이 주의를 요한다. 직경의 5배 이상의 경우는 금형의 반대측에 pin supporter를 설치하면 핀의 휨을 방지할 수 있으나, 그 이상의 깊이로 되면 금형의 양측에서 핀을 세워 핀의 휨을 방지하도록 한다. 그런데 이 경우 구멍의 양측을 동일 직경으로 하면 편심의 우려가 있기 때문에 한쪽의 직경이 다른 쪽보다 0.5mm 이상 크게 하도록 한다. 또한 구멍의 깊이가 그 직경의 8배 이상이 되면 핀의 휨을 피할 수 없다(그림 4.29).

4.1.12 상자형 제품

1) 측벽

상자형 제품의 측벽은 직선상으로 하면 휨이 발생되기 쉽다. 이것을 방지하기 위해서는 테두리 부분을 보강용 형상을 주면 많이 개선될 수 있다. 보강방법은 그림 4.30에서 나타난 바와 같이 (a) 형상보다는 (e) 형상으로 갈수록 보강의 효과는 크다.

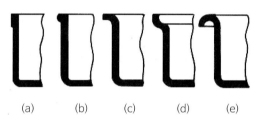

(a)   (b)   (c)   (d)   (e)

그림 4.30 테두리 부분의 보강

2) 바닥 부분

상자형 또는 용기 제품의 성형에서는 바닥의 바깥쪽 중앙에 gate를 설치하는 경우가 많다. 이때 수지의 흐름방향과 그 직각방향의 성형수축률 차이(무충전 수지의 경우, 그 수축률은 흐름방향 쪽이 직각방향보다 크나, 유리섬유를 충전한 수지의 경우는 그 반대로 흐름방향 쪽이 작다)로 인해 gate 부근에 현저히 내부응력이 발생하여 평면 그대로 방치하면 바닥이 파손되기 쉽다. 이를 방지하기 위해서는 그림 4.31과 같이 바닥 부분을 높낮이를 주거나, 파형으로 형성시키고 바닥의 주변은 그림 4.32와 같이 R을 줌으로써 응력을 분산시킬 수 있다.

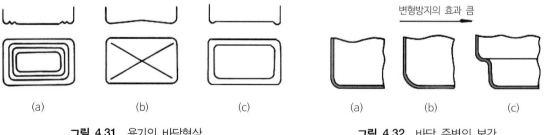

(a)   (b)   (c)   (a)   (b)   (c)

그림 4.31 용기의 바닥형상   **그림 4.32** 바닥 주변의 보강

4.1.13 Undercut(언더컷)

제품의 측벽에 구멍이 있다든가, 내부 또는 외부 측면에 돌기 부분이 있어 성형기의 형개(型開)방향 운동만으로는 성형품을 빼낼 수 없는 경우를 undercut이라 하며, undercut가 있으면 금형에 angular pin 또는 side core(slide core)를 설치하지 않으면 금형에서 제품을 뺄 수가 없다. 따라서, undercut 가 있는 제품의 금형은 제작이 복잡하게 되어 고가로 되며, 고장이 생길 가능성이 높고 성형 cycle도 길게 된다. 그런 이유로 가능한 undercut가 없는 제품설계를 하는 것이 바람직하다.

1) Undercut의 제거

다음의 예와 같이 제품설계를 변경함으로써 undercut를 제거할 수 있다. 그림 4.33 (a)의 측면 hole 을 같은 그림 (b)와 같이 하면 undercut가 제거된다. 그림 4.34도 같은 예를 표시한다. 그림 4.35는 제품 내부에 돌기가 있는 undercut의 예로서 angular pin 방식 또는 손으로도 제품을 금형에서 빼낼 수 없으나 (b)와 같이 밑에 구멍을 뚫으면 undercut가 제거된다. 그리고 그림 4.36은 제품의 형상 변경으로 undercut를 제거한 예이다.

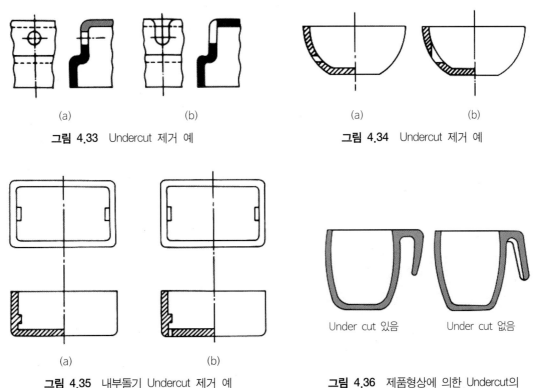

(a)   (b)

그림 4.33 Undercut 제거 예

(a)   (b)

그림 4.34 Undercut 제거 예

(a)   (b)

그림 4.35 내부돌기 Undercut 제거 예

Under cut 있음   Under cut 없음

그림 4.36 제품형상에 의한 Undercut의
제거

2) 강제 돌출

Plastic 중에서 탄성이 큰 것, 예를 들어 POM, PE, PP 등에서는 극히 작은 undercut는 재료의 탄성을 이용하여 금형에서 강제 돌출시킬 수 있다. 특히 POM은 탄성이 커서 원형제품의 경우 직경의 5% 이내에서는 강제돌출이 가능하다. 그러나 그 경우 돌출시 변형되는 것이 필요하게 되므로 돌출력을 높이기 위해 sleeve ejection 혹은 stripper ejection 방식으로 하지 않으면 안 되는 경우가 많다.

그림 4.37은 강제돌출이 가능한 예와 불가능의 예를 나타낸 것이며, 그림 4.38은 stripper plate에 의한 강제돌출의 예를 표시한 것이다.

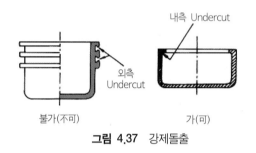

그림 4.37 강제돌출

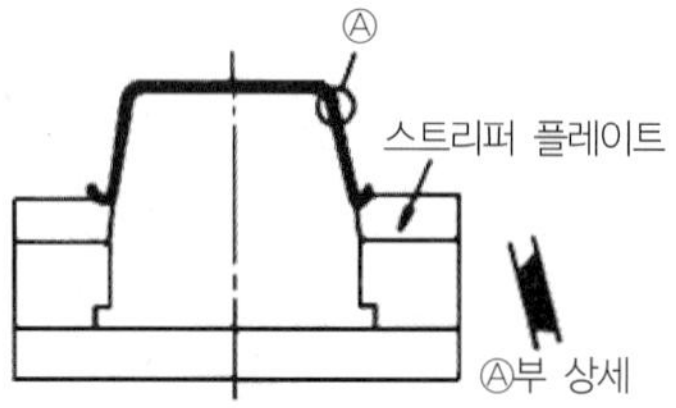

그림 4.38 Stripper plate에 의한 강제돌출

3) 분할금형에 의한 외부 Undercut 처리

분할된 cavity 전체 혹은 일부분을 성형기에서 금형의 형개(型開)운동을 기계적, 공기압 또는 유압으로 sliding시킴으로써 undercut을 처리하는 방법이다. 제품 외부의 전주(全周)에 홈이라든가 다수의 돌기가 있어 parting line의 변화로는 금형 제작이 곤란한 경우(예를 들면, 타자기의 문자 ball 등)는 금형을 2개 또는 수개로 분할하여 undercut을 처리한다.

분할금형의 이동은 보통 경사핀(angular pin)을 사용하나, ejector plate 혹은 경사 캠(angular cam)을 사용하는 경우도 있다. 이 경우 주의해야 할 것은 돌출핀(ejector pin) 혹은 stripper plate가 되돌아오지 않은 상태에서 금형이 닫히면 분할금형이 이것들과 충돌하여 금형이 파손되는 수가 있다. 그림 4.39와 4.40은 분할금형의 예를 표시한다.

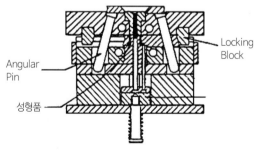

그림 4.39 분할금형(I) (Angular pin 사용, 핀 돌출)

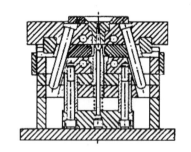

그림 4.40 분할금형(II) (Angular pin 사용, Stripper plate 돌출)

4) 슬라이드 코어에 의한 외부 Undercut 처리

사이드 코어 방식은 성형품의 외측에 undercut가 있는 경우에 사용할 수 있는 방법으로 분할금형은 캐비티 전체를 대칭적으로 둘 또는 그 이상으로 분할하는 것에 비해 슬라이드 코어(또는 사이드 코어라 칭함)는 undercut 부분만 부분분할하는 방식이다. 일반적으로는 가동측형판에 설치하고 고정측형판에 경사된 또는 경사캠을 설치해 유압 또는 공기 실린더로 이동시킨다.

그림 4.41과 4.42는 슬라이드 코어가 있는 금형구조를 표시한다.

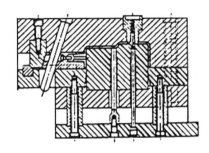
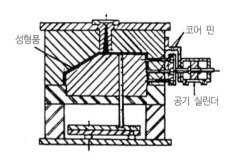

그림 4.41 슬라이드 코어(I) (경사핀 사용)　　　**그림 4.42** 슬라이드 코어(II) (에어 실린더 이용)

5) 내부에 Undercut이 있는 제품

성형품 내부에 있는 undercut의 처리는 외부의 언더컷에 비해 어려우나, 다음과 같은 금형구조방식으로 처리되고 있다.

(1) 경사 돌출핀 작동방식

그림 4.43의 구조 예와 같이 경사 돌출핀과 이와 접촉하고 있는 돌출판으로 구성되어 있다. 형개시 돌출판이 전진하면 이에 따라 경사 돌출핀도 전진함과 동시에 안쪽으로 동작되므로 내부 undercut은 처리된다.

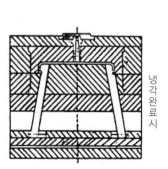
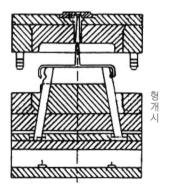

그림 4.43 경사 돌출핀

(2) 분할 코어 작동방식

그림 4.44에 그 대표 예로서 경사 돌출핀 방식과 비슷하지만 undercut부는 슬라이드 코어에 위치해 있다. 본 그림은 제품의 양측에 undercut이 있는 경우로 그 전진한계는 2조의 코어가 접촉하는 위치 이다. 그리고 그림 4.45에 표시한 것과 같이 성형품의 위쪽에 rib가 있을 때, 그 위치는 슬라이드 코어 가 undercut을 벗어날 수 있도록 충분한 거리에 있어야 한다.

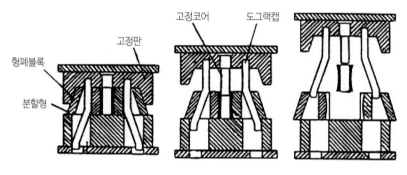

그림 4.44 분할코어방식의 기구 예

(3) Collapsible Core 방식

그림 4.46과 같이 코어 핀이 빠질 때 collapsible sleeve가 안으로 오므라들도록 함으로써 내부의 undercut을 처리하는 방식이다.

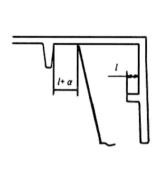

그림 4.45 내부의 Undercut에서의 설계상 주의

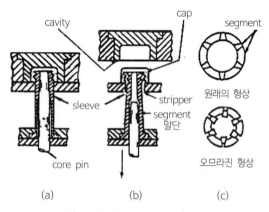

그림 4.46 Collapsible Core

4.1.14 **나 사**

사출성형으로 수나사 및 암나사의 성형이 가능하다. 나사를 성형사출시킴으로써 별도의 기계가공이 필요없게 되므로 비용면에서 유리하다. 그러나 plastic 나사는 설계과정에서 여러 가지 제약이 따른다.

① 매우 가는 나사는 성형이 어렵다.

피치가 최저 0.3 이하의 나사는 성형수축관계로 불완전 나사산이 되기 쉬우므로 가능한 피한다.

② 길이가 긴 나사는 주의를 요한다.

나사의 금형제작시 일반적으로 나사의 피치에 성형수축률을 감안하지 않은 상태에서 제작된다. 따라서 성형후 나사의 피치는 성형수축률만큼 작게 되어 긴 나사에서는 문제가 된다. 정밀나사 피치가 요구될 때는 NC선반 등을 사용하면 오차가 적은 나사의 성형도 가능하다.

다음에 수나사와 암나사의 설계상 요점을 설명한다.

1) 수나사

수나사의 나사부에 약간의 파팅 라인이 생겨도 무방할 경우에는 분할금형을 사용한다. 만약 파팅 라인을 절대 피해야 될 경우는 캐비티를 회전하여 금형에서 빼내야 된다. 이 경우는 매우 드물다. 수나사의 설계시 금형 및 제품에 sharp edge를 피하기 위해 나사의 선단 및 근원에 평활부를 두어야 한다(그림 4.47).

2) 암나사

암나사는 수나사에 비해 훨씬 제작이 곤란하다. 암나사에는 나사빼기 장치가 필요하기 때문이다. 그러나 피치가 크고, 나사의 profile이 둥글고, 외측의 벽두께가 얇을 때, 또한 PP나 POM 등 탄성이 많은 plastic으로 성형한 경우는 슬리브 이젝션 또는 stripper plate ejection을 사용하여 강제돌출시키는 경우도 있다. 암나사의 형상도 수나사와 같이 나사의 선단 및 근원에는 평활부를 두어야 한다(그림 4.48).

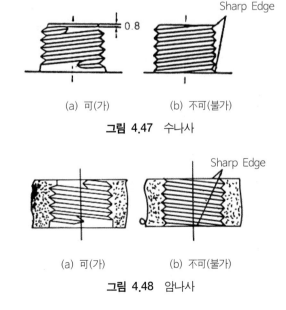

그림 4.47 수나사

그림 4.48 암나사

나사빼기장치는 랙 피니온 혹은 모터에 의해 나사부를 회전시키고 stripper plate 혹은 슬리브 이젝션을 병행하여 돌출시킨다. 이때 코어의 회전과 함께 성형물이 회전하면 성형물이 캐비티에서 빠지지 않기 때문에 회전방지부를 성형물 외주 등에 설계하지 않으면 안 된다.

다른 나사빼기장치로는 4.1.12 5) (3)항에서 설명한 collapsible core를 사용하는 경우(최소 나사내경 35.3mm까지 가능하다)라든가, 암나사의 일부를 제거하고 간단히 경사돌출핀 등으로 암나사 부분을 금형에서 빼내는 방법도 있다. 특히 후자는 금형제작비가 싸므로 간단한 뚜껑에 많이 사용되고 있다.

4.1.15 문자 조각

Plastic에 양각 또는 음각 문자를 넣을 수도 있다. 금형제작상 문자의 끝이 각진 것보다는 둥근 것이 가공이 쉽다.

1) 양각문자

양각문자는 금형에 직접 조각함으로써 용이하다. 따라서 양각문자나 음각문자 모두 목적상 지장이 없다면 양각문자로 함이 금형제작상 용이하다. 투명 plastic 제품에 문자를 넣을 때는 이면에 하는 것이 효과적이다.

2) 음각문자

음각문자를 성형시키려면 금형측에서는 문자를 양각시켜야 되므로 양각문자의 성형보다는 어렵다. 제작방법으로서는 문자만 남겨놓고 주변을 깎든가 방전가공으로 행하고 있다. 문자의 주위에 선이 있어도 관계없으면 그 부분을 별도 코어편으로 하여 제작하는 방법이 많이 사용되고 있다.

3) 문자의 착색

외관부품에서 미려한 문자가 요구되는 경우가 있는데, 이때는 silk screen(실크 스크린) 인쇄 또는 hot stamping(핫 스탬핑) 외에 제품에 음각문자를 만들고 여기에 도료를 충전시키는 것이 있다. 도료를 충전하는 방법에서는 문자의 끝부분에 weld line이 있으면 그 부분에 도료가 스며들어 외관상 좋지 않게 된다. 따라서 가는 음각문자라면 깊이 0.2mm, 폭 0.2mm 이상 되지 않도록 해야 한다.

4.1.16 Inserting(인서팅)

Insert가 있는 성형품의 설계에서는 여러 가지 주의가 필요하다. insert를 금형에 넣는 조작은 특별 기구를 사용하는 것을 제외하고는 손으로 집어넣어야 하므로 성형의 무인화가 불가능해지고 성형 cycle도 길게 된다. 또한, insert가 성형중에 떨어지면 금형을 손상시키는 일이 많으므로 insert를 넣어 성형하는 것이 필요불가결한 경우에만 사용한다.

따라서, 일반적으로 insert를 성형시에 삽입하지 않고, 성형품에 pilot hole을 뚫고 insert를 그 hole에 압입 또는 초음파로 삽입하는 2차 가공방식을 취하는 경우가 많다. insert의 외형을 각형으로 하면 성형품에서 그 부분에 응력이 집중하고 insert부로부터의 응력에 의해 갈라짐이 많이 생기므로 가능한 원형 insert를 사용하는 것이 좋다. 삽입된 insert의 plastic 내에서의 고정은 plastic의 열팽창이 금속에 비해 훨씬 큰 것을 이용한 것이다. 따라서 냉각되면 insert는 plastic 중에 고정되므로 인발력에서도 대항할 수 있게 된다. insert가 있는 제품에서는 insert를 잡아주기 위해 보통의 횡형(橫形)사출기가 사용되지 않고 입형(立形)사출기를 사용하는 경우가 많다.

1) Insert의 고정형상

Insert를 plastic에 고정하기 위한 형상으로는 여러 가지가 있다. 가장 일반적인 것은 insert 외주(外周)에 knurling(널링)하는 방법, 원주 양측을 커트하는 방법, 원주에 홈을 내는 방법, plate형 metal일 경우는 구멍 뚫는 방법 등이 있다(그림 4.459).

2) 금형에서의 Insert 고정

Insert는 금형에 충분히 고정되어 있어 금형으로부터의 진동에도 빠지지 않고, insert와 금형과의 틈으로 수지가 유입되지 않도록 해야 한다. 따라서, 유입을 방지하기 위해서 insert의 직경은 금형의 직경보다 0.02mm 이내로 작게 한다. 수나사가 있는 insert를 사용할 경우는 외경을 상기의 범위에 들어오도록 하고 insert 근원에는 평탄부를 주어 사출시 용융된 plastic이 나사부로 흘러나오지 않도록 해야 한다. 특히 insert의 plastic쪽에 매립된 직경이 수나사 직경보다 큰 것이 제일 좋다(그림 4.50).

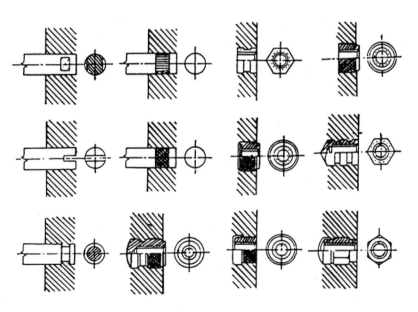

그림 4.49 insert의 예

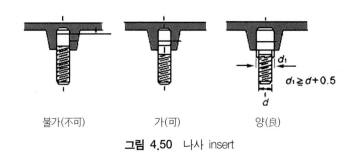

불가(不可)   가(可)   양(良)

그림 4.50 나사 insert

그림 4.51에서와 같이 구멍을 제품에 insert를 중간까지 넣어야 할 경우, insert가 성형중 뜨지 않도록 하기 위해 금형에서 핀을 캐비티 및 코어 양측에서 세워 insert 면에서 받도록 하지 않으면 여러 가지 지장이 발생한다.

Insert 끝면에서 핀으로 잡기 위해 필연적으로 plastic 측의 구멍은 insert의 구멍보다 커야 한다. 그 직경의 차는 insert 크기에 따라 다르나 구멍 직경이 $\phi 2 \sim 3mm$일 때, 그 차는 0.5mm 정도면 된다. 이 경우에도 insert의 치수 허용차는 엄밀하게 취급되어야 한다. 판상 insert의 고정은 그림 4.52와 같이 insert를 상하에서 끼워 고정하도록 하지 않으면 구부러짐이 생길 수 있고 경우에 따라서는 insert가 성형품의 면에 들 수도 있다. 판상의 insert가 들어간 성형은 거의 입형 사출기가 필요하다.

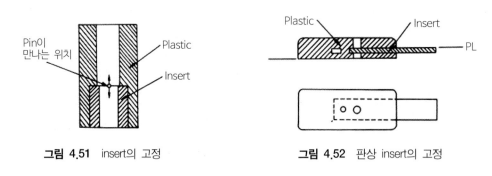

그림 4.51 insert의 고정   **그림 4.52** 판상 insert의 고정

4.1.17 금형에서의 제약

성형물에서 집중응력을 분산시키고 수지의 흐름을 좋게 하기 위해 sharp edge를 피해야 됨을 이미 설명한 바 있다. 금형에서도 sharp edge를 피해 제작상 불가능 부분을 없애고 또한 제작의 용이성을 주는 것 등의 주의가 필요하다.

1) 금형의 Sharp-Edge를 피한다.

4.1.13항에서 금형에서 sharp edge가 되는 것을 피하기 위해 나사의 선단 및 근원에 평활부를 두어야 한다고 설명한 바 있는데, 그와 같은 예는 그밖에도 많이 있다. 예를 들어, 그림 4.53과 같은 파형의 형상에서 그 골부위가 sharp edge가 되지 않도록 한다.

그림 4.53 제품의 골부위의 Sharp Edge

2) 가는 형상을 피한다.

가는 형상의 공작은 공구가 가늘어야 되므로 공구가 부러지기 쉬우며, 깊은 경우에는 방전가공으로 처리해야 한다. 따라서, 별도의 코어를 사용해야 하므로 금형 제작비가 높아진다.

3) 좌우 비대칭의 형상은 피한다.

그림 4.54와 같이 좌우 비대칭의 형상은 금형 제작시 조각이 어려워서 수작업으로 한다든가 방전가공 등을 사용하지 않으면 제작이 어렵게 된다. 따라서, 가능하면 좌우대칭이 될 수 있도록 한다.

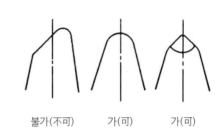

그림 4.54 좌우형상의 각도

4) 경사 Boss 및 경사 Hole은 피한다.

경사 boss 및 hole은 side core를 사용하면 성형이 안 되는 것은 아니나 금형에 slide 기구가 들어가므로 금형구조가 복잡하게 된다. 따라서, 그림 4.55의 가(可)와 같이 P/L에 직각이 되도록 노력한다. hole이 경사로 되지 않으면 안 될 경우에는 후가공으로 하는 편이 좋을 수도 있다.

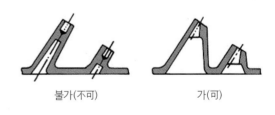

그림 4.55 경사 Boss와 Hole

4.1.18 Snap Fit(스냅 핏)

Plastic은 탄성을 가지고 있으므로 snap fit를 이용하여 조립하는 것이 가능하다. 성형재료로서는 변형된 후 즉시 복구되는 성질이 있는 POM과 같은 것이 특히 적합하다. 성형품의 형상은 그림 4.56~4.58에 표시한 것과 같이 undercut가 있어 slide core가 필요하다. 그러나 그림 4.56의 hole은 강제 돌출시켜 성형이 가능한 것이며, 이를 위해서는 여기에 적합한 형상으로 하지 않으면 안 된다.

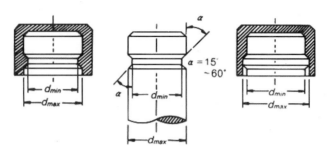

그림 4.56 Sanp Fit (1)

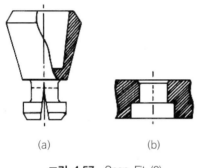

(a)   (b)

그림 4.57 Snap Fit (2)

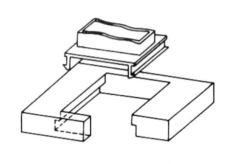

그림 4.58 Snap Fit (3)

보통 undercut은 금형의 parting line과 평행으로 한다. 그림 4.56의 경우의 undercut량 (H)는 다음의 식으로 계산하고, 재료별로는 표 4.4에 따라 그 값 이하로 되도록 해야 강제돌출이 가능하다.

$$H(\%) = \frac{d_{\max} - d_{\min}}{d_{\max}} \times 100$$

표 4.4 Snap Fit의 Undercut량

성형 재료	최대 언더컷 량 H(%)
PS, SAN, PMMA	1~1.5
경질 PVC, 내충격 PS, ABS, POM, PC	2~3
PA	4~5
PP, HDPE	6~8
LDPE, 연질 PVC	10~12

4.1.19 Outsert(아웃서트) 성형

Outsert 성형이라 하는 성형법은 금속 등의 경(硬)한 재질의 base 상에 부분적인 여러 가지 부품을

plastic 사출성형시키는 방법이다. 그림 4.59는 그 예를 표시한 것이다.

이 방법의 목적은 plastic 각 부품을 독립시킴으로써 plastic 각 부품의 자체는 성형 수축률에 의해 수축되지만 각 부품간에는 성형수축률이 작용하지 않고, 온도변화에 대해서도 base의 선팽창계수에만 관련되므로 부품간의 거리를 정확히 유지시킬 수 있게 된다.

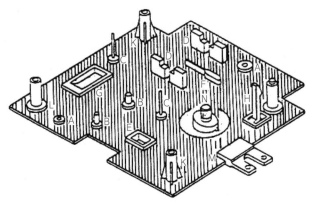

A : Bearing
B : Plastic Shaft
C : Plastic에 Insert된 Metal Shaft
D : 면에 평행한 Sliding용 Groove
E : 면에 직각인 Sliding용 Groove
F : 면에 평행한 Spring
G : 면에 직각인 Spring
H : Snap Hook
K, L : 고정용 Boss
M : 고정부
N : 가동부

그림 4.59 Outsert 성형품

각 기능부품의 plastic 사출은 각 개별적으로 핀 포인트 gate를 사용해도 좋으나 2개 이상의 부품을 2차 runner로 연결, 이것에 사출하여도 좋다. 그러나 이 경우는 개개의 부품에 응력이 걸리지 않도록 하기 위해 그림 4.60과 같이 2차 runner는 S자형으로 하면 좋다. 길이가 긴 부품을 outsert할 경우는 성형수축률 때문에 base를 휘게 할 우려가 있으므로 base 이면에도 성형물을 부착시켜 수축에 의한 힘을 균형되도록 해야 한다.

부품 1
주입구
2차 runner
부품 2

그림 4.60 Outsert 성형의 2차 Runner

4.1.20 강도에 대한 설계

Plastic 제품 설계에서 형상에 대한 설계 외에 강도에 대한 설계가 필요한 것은 당연하다. plastic은 탄성물질이므로 그 변형량은 시간에 따라 변화하고 하중을 제거한 후에도 원래의 형상으로 되돌아오지 않는다. 즉, creep(크리프)가 발생한다.

Plastic 성형품의 강도계산에 있어서는 금속재료의 강도계산식에 plastic의 인장강도, 탄성율 등을 그대로 대입해서는 안 되고 먼저 제품이 필요로 하는 수명을 정하지 않으면 안 된다. 다음에 그 시간에 있어서 creep 강도, creep 왜곡 및 겉보기 탄성 modulus(계수)를 구하고, 이 값을 금속강도 계산식의 강도, 왜곡 및 탄성 modulus값을 대입하여 강도 계산을 한다. 또한, plastic은 금속에 비해 강도는 온도 의존성이 크므로 creep 강도 등의 값은 사용온도일 때의 것을 취하지 않으면 안 된다.

또한 creep 시험은 간단하지만 제품의 필요수명에서의 값이 필요하기 때문에 많은 경우에 경험 데이터가 필요하게 된다. 그러므로 creep 강도, creep 왜곡 및 겉보기 탄성 modulus의 값은 신뢰도가 낮으므로 금속의 경우에 비해 안전율을 크게 해야 한다.

4.2 성형품의 2차 가공

4.2.1 Annealing(어닐링)

사출성형법은 낮은 온도의 금형 중에 높은 온도의 가소화된 plastic을 고압으로 밀어 넣어 성형하는 방법이므로 필연적으로 제품에는 내부응력이 남게 된다. 특히 gate 부근에서 응력이 제일 크게 된다. 그 내부응력이 지나치게 크면 방치된 상태에서도 갈라지는 현상이 생기고, 용제 등에 접촉하면 stress cracking을 일으키기 쉽고, crazing(크레이징) 현상도 발생하기 쉽다. 내부응력은 annealing을 함으로써 제거될 수 있다.

Annealing은 공기중 또는 수중에서 plastic 성형물을 가열시키는 방법으로 하고 있다. annealing의 온도는 그 성형품이 가열에 의해 연화점(softening point)보다 5~10℃ 낮은 점에서 하면 좋다. 비결정성 plastic은 가열에 의해 연화하는 온도 기준으로 하중 변형온도(deflection temperature under load)에 맞추면 좋으나, 결정성 plastic에서는 하중변형온도는 annealing하는 온도의 기준이 될 수 없다.

4.2.2 기계 가공

금형 내지는 성형법상 제약에서 기계가공을 하지 않으면 안 되는 경우가 있고, 사출성형품상에서의 정밀도보다 그 이상이 요구될 때 기계가공을 하는 경우도 있다. plastic 성형품의 기계가공은 금속 및 목재용 기계에서 가능하나 열가소성 plastic에서는 지나치게 빠르게 바이트를 동작시키면 마찰열로 용착하는 점에 주의해야 한다. 따라서 바이트의 과열을 피하기 위해서는 절삭부를 공냉과 수냉을 겸용하면 매우 유효하다.

구멍을 뚫기 위해서는 금속용 drill bit(드릴용 날)가 사용되나 plastic은 탄성이 있으므로 drill bit 직경보다 약간 작게 나올 수 있는 것이 금속과의 차이이다. 따라서, drill bit의 선택은 시행오차를 거쳐 하는 것이 좋다.

Punching(펀칭)에 의한 타발법도 2차 가공법으로 많이 사용되고 있다. 깨지기 쉬운 일반용 PS, PMMA 수지 등은 가열한 후 타발하는 것이 좋으며, 그외 plastic은 용이하게 타발된다. 또한, punching에 의한 2차 가공법은 ring gate라든가 film gate의 절단, 구멍을 뚫는 데도 사용되고 있다.

4.2.3 조 립

Plastic 성형품 상호 혹은 다른 부품과의 조립이 있게 마련이다.

1) Insert의 압입

Insert를 삽입하여 성형하면 사출성형기의 무인운전
이 곤란하게 되고 성형 cycle이 떨어지게 된다. 이 문
제점을 해결하는 방법으로서는 성형품에 pilot hole만
성형시키고, 그 hole에 insert를 성형물에 압입시키고
machine screw 등을 이용하여 다른 부품을 고정하는
방법이다. 그 압입방법으로서는 초음파, 냉간강제압입
이 있으며, 접착제에 의한 접착고정방법도 있다. 그림
4.61은 insert 형상의 예이다.

그림 4.61 압입 Insert와 설계 예

2) Screw에 의한 조립

Plastic 성형품 상호 조립 또는 다른 부품의 조립에서 screw가 가장 많이 사용되고 있다. 보통 작은
screw에 대해서는 성형품에 나사를 내지 않고 boss에 pilot hole을 뚫고 self tapping screw를 사용하
는 경우가 대부분이다(4.1.9 2)항 참조).

그러나 self tapping screw에 의한 고정방법은 insert를 삽입하고 machine screw를 사용하는 고정방
법보다는 체결강도가 크지 않음에 주의할 필요가 있다.

(1) Self Tapping Screw의 신뢰성

위에서 언급한 바와 같이 plastic 조립에서 양산화의 목적으로 insert 삽입 대신 self tapping screw
가 많이 사용되므로 그 신뢰성을 확인하기 위해 신뢰성 시험이 실시되었다.

성형품을 self tapping screw로 반복하여 죄고 풀 때 성형품의 나사산이 파괴되어 고정불능이 된다
고 예상할 수 있다. 따라서 일정 torque로 죈 후, 그 풀림 torque를 측정했다. 그 결과 통상의 죄고 푸
는 반복횟수에는 풀림 torque의 변동은 거의 없었으며 나사의 파괴 등도 발생되지 않는 것이 확인되
었다.

다음에 온·습도 등이 체결력에 미치는 영향을 조사하기 위해 온·습도 cycle 시험을 한 후 풀림
torque를 측정했다(온습도 cycle 시험조건은 제품의 사용환경을 고려하여 결정). 죔 torque에 대한 풀
림 torque의 비율과 온습도 cycle 횟수의 관계에서 1 cycle 경과 후 풀림 torque는 죔 torque의 약 1/5
로 저하하나, 그 이후에서는 급격한 저하는 발생되지 않는다.

온습도에 의해 풀림 torque는 저하하여도 그 후의 진동 등에 의한 풀림 torque는 저하하지 않아 실
용상 충분한 체결력을 가지고 있음이 확인되었다.

(2) Self Tapping Screw의 종류와 특징

종래에는 pan head type 2종(KSB 1032)이 많이 사용되었으나, 현재에는 tap tite screw라는 상품명으로 명명된 self tapping screw가 일반적으로 사용되고 있다. tap tite screw는 미국의 continental screw사(社)에서 개발되어 fastener 공업계에 신제품의 하나로 평가되고 있다.

Tap tite screw는 일반적으로 볼 때 종래의 것과 유사하나 나사직경 방향으로 단면을 보면 외경을 3개의 원호가 삼각형으로 이루고 있으며, 또한 종래의 나사와는 외경, 유효경 및 골경(골지름)이 상이함을 알 수 있다. 따라서, 원주상에 3개의 원호로 된 돌기가 있기 때문에 적은 쬠 torque로서 plastic에 나사산을 전조성형시킬 수가 있어 가장 이상적인 thread forming할 수 있게 된다(그림 4.62).

Tap Tite Screw의 특징은 다음과 같다.

① 나사의 접속률이 높아 큰 체결력을 얻을 수 있다.

② 진동에 대한 풀림방지효과가 크다.

③ 풀림 torque가 크고 tapover(탭오버) 현상이 적다.

Tap tite screw에는 여러 종류가 있으며 용도에 따라 그 종류를 선택하고 있다. 표 4.5는 일반 tapping screw 및 tap tite screw의 형상과 용도를 나타낸 것이다.

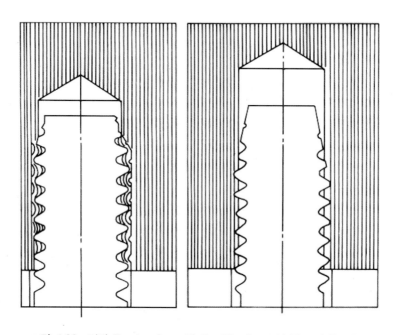

그림 4.62 일반 Tapping Screw와 Tap Tite Screw의 Thread Forming

표 4.5 Tap Tite Screw의 종류와 용도

형 상	용 도	비 고
일반 tapping screw (KSB1032 2종) 60° 나사산 모양	플라스틱, Al, 1.2t 이하의 철판	호칭경 $\phi3$의 피치=1.05
T A P T I T E S C R E W — S-type	철판, 알루미늄, 아연 die casting 제품에 사용된다.	pitch는 machine screw와 동일.
C-type	철판, 알루미늄, 아연 die casting 제품에 사용된다.	pitch는 machine screw와 동일하며 나사외경은 같은 호칭경에서 S-type 보다 작다.
B-type	박판, 알루미늄, 아연 die casting 및 일반 가소성 플라스틱에 사용된다.	pitch는 KSB1032 2종(예 ; 호칭경 $\phi3$의 경우 1.05)과 동일.
P-type	일반 가소성 플라스틱에 전용 사용된다.	pitch는 B-type보다 크며(예 : 호칭경 ϕ3의 경우 1.27), 나사외경은 같은 호칭경에서 B-type보다 크다.

(plastic 재료에서는 P-type을 사용하는 것이 최적이나 알루미늄, 아연 die casting 등에도 공용으로 사용할 수 있도록 B-type을 널리 사용하고 있다.)

3) 초음파 용착(Ultrasonic Welding)

(1) 원리

18k~20kHz 이상의 가청범위를 넘은 주파수음을 초음파라 부르며 초음파의 응용기기를 크게 나누면, 통신적 이용방법과 동력적 이용방법이 있다. 전자의 응용 예로서는 어군탐지기, 균열탐지기 등이 있고, 후자의 응용 예로서는 세정기가 대표적이다. plastic 용착은 기계적 에너지를 효과적으로 이용한 후자의 응용 예이다. 그 원리는 전기신호는 기계적 진동으로 변환되고, 그 진동주파수와 진동 진폭에 압력을 가함으로써 용착부에 분자간 마찰열이 일어나 plastic을 용융, 용착시키는 것이다.

(2) 장치

① Power Supply(파워 서플라이)

전원의 60Hz 전기신호를 20kHz의 전기신호로 변환시킨다.

② Converter(컨버터)

Power supply에서 발진된 20kHz의 전기신호는 본 unit에 의해 20kHz의 기계적 진동으로 변환된다.

③ Booster(부스터)

Converter와 horn을 접속시킨다.

④ Horn(호른)

Converter에서의 진동은 horn에 의해 확대되고 용착되는 부품에 초음파 진동을 전달한다.

⑤ Jig(지그)

Jig는 용착되는 2개의 부품을 적정한 위치에 고정시키고 용착시에 초음파 진동으로 부품이 이동되는 것을 방지한다.

(3) 특징

초음파 용착방법은 screw를 사용하여 조립할 경우 다수개가 필요하고 작업성이 좋지 않을 때 screw용 boss를 세울 만한 space가 없을 경우, 다시는 분해할 필요가 없을 때 본 초음파 조립방법을 사용하고 있다.

초음파 용착의 특징은 horn에서 전달된 초음파진동이 용착부에만 국부 발열을 일으키므로 cycle이 짧고(보통 1초 이하) burr도 생기기 않는다. 균일하게 작업이 되며, 강도는 모재(母材)에 가깝게 유지되며, 외관이 깨끗하며, 가격도 저렴하고 자동화가 쉽다. 또한 같은 장치에서 호른을 교환함으로써 용착뿐 아니라 inserting 작업, staking, spot welding 등도 가능해 그 응용범위가 넓다.

(4) 적합 재료

초음파용착은 열가소성 plastic에 한하며, 그 중에서도 비결정성이 일반적으로 양호하다. 결정성 수지의 용착은 그림 4.63과 같이 강력한 에너지를 필요로 하고 형상, 용착면까지의 거리, 흡수성, 접합설계 등을 충분히 고려하여야 한다.

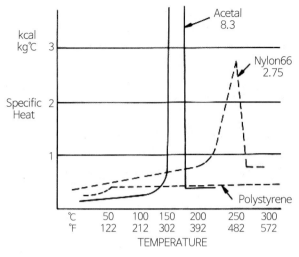

그림 4.63 열 에너지

(5) 접합부 설계

초음파를 이용한 plastic 조립방법에는 용착, inserting(인서팅), staking(스테이킹), swaging(스웨이징), spot welding(스폿 용접) 등이 있다. 만족한 결과를 얻기 위해서는 접합부의 형상설계가 무엇보다도 중요한 요소가 되므로 다음의 각 방법에 대해 기본설계를 설명한다.

① 용착

그림 4.64는 용착되는 파트(part)에 접합설계가 설정되지 않기 전과 설계된 후의 용착면 및 효과를 나타내는 것으로 접합설계가 되어 있으면 단시간 내에 강력한 용착이 되는 것을 알수 있다. 그 돌기물을 energy director라 부르고, 초음파 진동이 그 부분에 집중 전달되어 국부적인 마찰열을 발생시켜 plastic을 용융시켜 용착된다.

그림 4.65는 butt joint에 energy director를 설정한 것으로, energy director가 용착폭에 작으면 용착폭의 양단까지 충분히 용착되지 않고

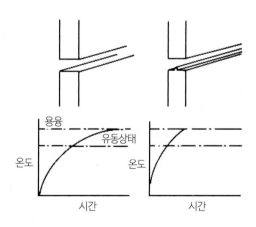

그림 4.64 Energy Director

강도도 약하게 된다. 반대로 지나치게 크면 burr가 발생하고 수지의 열화(degration : 제품이 열 또는 광에 의해 그 화학적 구조에 유해한 변화를 일으키는 것으로 특히, 물리적 성질에 영구변형이 일어나 성질이 저하하는 현상)의 원인으로 된다.

일반적으로 용착폭 W에 대하여 높이는 W/4, 폭 W/2로 설정한다. 예를 들어, 용착물의 폭이

1mm일 때 높이는 0.25mm, 폭은 0.5mm가 된다. 보통 energy director의 높이는 특별한 경우를 제외하고는 1mm 이하이다.

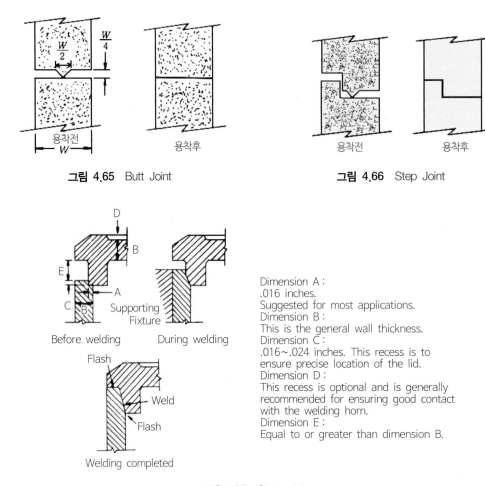

그림 4.65 Butt Joint

그림 4.66 Step Joint

Dimension A :
.016 inches.
Suggested for most applications.
Dimension B :
This is the general wall thickness.
Dimension C :
.016~.024 inches. This recess is to
ensure precise location of the lid.
Dimension D :
This recess is optional and is generally
recommended for ensuring good contact
with the welding horn.
Dimension E :
Equal to or greater than dimension B.

그림 4.67 Shear Joint

그림 4.66은 용착되는 2개의 파트의 위치 결정이 되면 바깥 측면으로 과도한 용착 burr를 없애기 위해 사용되며 step joint라 한다. 이 설계가 일반적으로 많이 사용된다.

그림 4.67은 특히 결정성 plastic용으로 개발된 디자인으로 shear joint라 부르며 Nylon, POM, PBT, PPS, PE, PP 등의 용착에 효과적이다. 일반적으로 결정성 수지는 좁은 온도범위에서 급격히 고체에서 용융상태로 변화하므로 energy director에는 용융된 수지가 인접 접합면으로 융합되기 전에 급속히 고체화하기 때문에 양호한 결과를 얻을 수 없는 경우가 많다.

Shear joint에서 용착부는 작은 접촉면으로 되는 것이 발열효과가 양호해져 충분한 용융상태로 된다.

② Inserting(인서팅)

Inserting은 가소성 plastic에 insert를 삽입시키는 기술로 제품설계시 hole의 직경을 insert의 직경보다 약간 작게 설정한다. insert는 통상 knurling, 홈 등이 실시되고 inserting 후 인장과 torque에 대해 강력한 고정이 되도록 한다. insert 표면에 horn에서의 초음파 진동과 압력이 가해지면 insert 외경면과 plastic 부품 내경에 있어서 통상 0.2~0.4mm의 간섭(interference)되는 면에서 국부적인 마찰열이 발생되고 수지를 용융시킨다(그림 4.68).

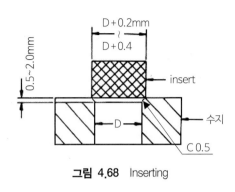

그림 4.68　Inserting

③ Staking(스테이킹)

초음파 staking은 제품설계시 미리 stud(스터드)를 설치하고 조립될 부품을 stud에 rivetting식으로 2개의 파트를 고정하는 조립방법으로서 rivetting(리벳팅)되어 조립되어지는 부품에서는 구멍을 뚫어 stud가 그 구멍을 통과해 돌출되도록 하여야 한다.

그림 4.69에 표시한 것은 표준형 staking으로서 이것은 그 stud의 머리형상이 평평한 것이며 그 stud 높이는 stud 직경 "D"에 대해 0.8D~1.0D 정도 돌출시키도록 한다. 그림 4.70은 dome형이라 부르며 작은 stud 직경이라든가 충전 혼입수지의 staking에서 유리하며 horn과 stud와의 위치를 잡는데 있어서도 표준형에 비교하면 용이하다. 그림 4.71은 knurled staking이다. 그림 4.72는 flush staking으로 rivetting 되어야 할 부품에 countersunk hole을 뚫은 후 staking하는 것으로 rivetting 후 평면이 되지 않으면 안 되는 부품에 유리하다. 그림 4.73은 hollow staking이라 부르며 stud 직경이 큰 경우에 사용된다. 다량의 용융이 필요하지 않으며 짧은 cycle로 강력한 rivetting이 가능하다.

그림 4.69　표준형 staking

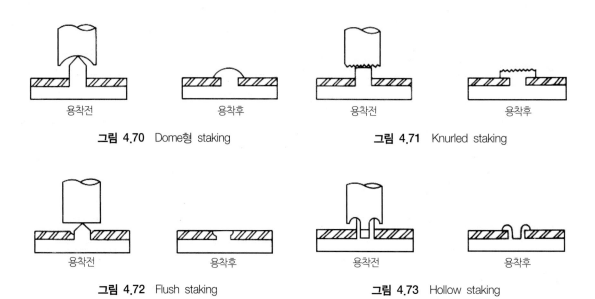

그림 4.70 Dome형 staking

그림 4.71 Knurled staking

그림 4.72 Flush staking

그림 4.73 Hollow staking

초음파 staking 방법 외에 냉간 rivetting 방법으로도 고정이 가능하나 결합력은 초음파 방법보다 약하다. 냉간 rivetting 방법에서는 모든 plastic이 되는 것이 아니고 PC, POM, ABS 등의 수지가 적당하다.

④ Swaging(스웨이징)

그림 4.74는 일반적으로 사용되는 swaging의 설계 예로서, 벽두께 T에 대해 높이는 1.5~2T 정도로 한다. 선단부는 호른이 삽입하기 쉽게 하고 외측에 벽두께 T는 보통 1mm 전후가 사용된다.

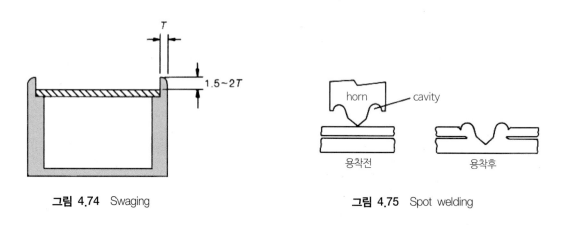

그림 4.74 Swaging

그림 4.75 Spot welding

⑤ Spot Welding(스폿 용접)

그림 4.75에 표시하는 것과 같이 2매의 부품을 중첩시켜 점용착을 하여 조립하는 방식이다. horn 선단의 형상을 용융시키기 쉬운 형상으로 하기 위해 plastic 측에는 특별한 접합설계는 하

지 않는다. 2매의 용착된 plate에 초음파 진동은 tip의 선단에서 상판을 용용시키고 하판의 판두께의 약 1/2까지 삽입되면 용용된 plastic은 tip에 미리 형성된 cavity에 흘러들어 상판의 표면은 링 형상으로 reforming된다. 판두께는 통산 1~3mm 정도가 많이 사용된다.

4) 용제 및 접착제에 의한 접착

열가소성 수지에서 PE, PP, POM 등을 제외하고는 거의 모든 수지가 용제에 녹는다. 그 용제에 녹는 것을 이용하여 접착하는 방법이 용제접착이다. 용제접착에는 용제를 그대로 이용하여 접착하는 방법과 용제에 plastic을 녹인 dope cement를 이용하는 방법도 있다.

용제접착의 결점으로서는 용제접착부는 용제가 휘발한 후 수축하여 접착부에 응력이 남기 때문에 crazing(크레이징)이 발생되기 쉽다. 그런 이유로 저비점용제와 고비점용제를 혼합한 것을 사용하는 방법이 좋다.

접착제로서는 합성고무계, epoxy계, urethane계, cyanoacrylate계 등의 접착제가 사용되고 있으며, 일반적인 접착에는 합성고무계 접착제가 사용되고, 강력한 접착이 필요할 때는 epoxy계 접착제가 사용되고 있다. epoxy계 접착제는 이액성이므로 사용 직전에 혼합시켜야 되며 고화하는데 시간이 걸리나 고화 전후에서 용적이 변화하지 않기 때문에 기밀성을 유지할 수 있고 접착강도가 높다. cyano-acrylate계 접착제는 고화하는데 시간이 걸리지 않고 투명하나 결정성 plastic에는 접착강도가 강하지 못하다.

4.2.4 Plastic에서의 인쇄 및 도금

1) Plastic에의 인쇄

Plastic 제품에 상표, logo, 문구 등을 인쇄하기 위해 silk screen 인쇄법, hot stamp 법이 많이 이용된다.

(1) Silk Screen(실크 스크린) 인쇄법

본 방법은 견망(絹網 : 가는 명주실로 짠 천)에 중크롬산 백색 감광란제를 바르고 사진법의 원리로 사진 필름을 사용해서 자외선을 조사(照射)하여 감광시킨다. 빛을 받은 부분은 불용성이 되어 현상하면 감광하지 않은 부분만 녹고 필요한 인쇄될 부분만 screen 원래의 망으로 남게 된다. 이와 같이 만든 silk screen 원판을 plastic 제품 위에 놓고 잉크를 바른 롤러(roller)로 screen 면을 굴리면 잉크가 인쇄될 부분만 통과하여 제품면에 인쇄된다(그림 4.76).

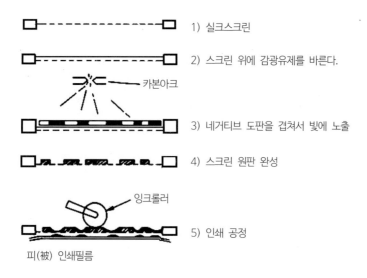

1) 실크스크린

2) 스크린 위에 감광유제를 바른다.

카본아크

3) 네거티브 도판을 겹쳐서 빛에 노출

4) 스크린 원판 완성

잉크롤러

5) 인쇄 공정

피(被) 인쇄필름

그림 4.76 Silk Screen 인쇄공정

(2) Hot Stamp(핫 스탬프)

Hot stamp는 plastic 제품에 문자, 눈금, 상표 등이 금속광택을 가지고 인쇄할 목적이나 제품 전체 표면에 나무무늬 등을 주기 위해 사용되는 인쇄법이다. 인쇄방법으로는 금속박 또는 착색박에 열용융 접착제를 바른 것(그림 4.77)을 plastic 제품에 겹쳐놓고 열반(가열된 형판)으로 누르면 plastic 제품면에 금속무늬, 착색무늬가 나타난다(그림 4.78).

작업방법으로는 silicon rubber를 이용하여 전사하는 방법(plastic 제품의 돌출부위에 적용), 황동 등에 각인한 것을 압착하여 전사하는 방법(평면부위에 적용) 및 silicon rubber로 된 롤러를 회전압착하여 전사하는 방법(넓은 평면부에 적용)이 있다.

이와 같이 hot stamp는 열접착에 의한 전사방법이므로, PE나 PP의 경우 금속(황동) 각인을 이용한 전사방법 이외는 부착강도가 약해 사용하기 어렵다.

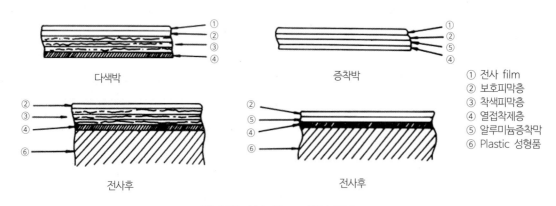

다색박

증착박

전사후

전사후

① 전사 film
② 보호피막층
③ 착색피막층
④ 열접착제층
⑤ 알루미늄증착막
⑥ Plastic 성형품

그림 4.77 Hot Stamp 박의 구조

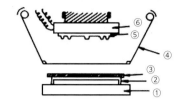

① 작업대 ② 지그 ③ 플라스틱 성형품
④ 박 ⑤ 각인 또는 실리콘 고무 ⑥ 열반(熱盤)

그림 4.78 Hot Stamp 인쇄방법

2) Plastic에의 도금

Plastic 제품표면에 금속도금을 하여 여러 가지 plastic 성질 개선과 장식 목적으로 가전제품, 자동차 부품 등에 널리 사용되고 있다. 도금을 함으로써 개선되는 성질은 다음과 같다.

① 금속적인 느낌을 준다.

Plastic 제품에 금속도금을 주면 금속제품과 같은 효과와 표면경도도 개선되므로 상품가치를 높일 수 있게 된다.

② 기계적 강도가 증가한다.

Plastic 재료는 일반적으로 기계적 강도가 약하나 금속도금을 하면 기계적 강도가 증가된다.

③ 내열성이 개선된다.

④ 내약품성, 내수성이 개선된다.

⑤ 전도성을 부여할 수 있다.

plastic의 금속도금방법으로 다음과 같은 것이 사용된다.

(1) 전기도금

Plastic은 전기불량도체이고 표면이 거친 면이 아니므로 그대로는 전기도금이 되지 않는다. 따라서, 앞선 공정으로 표면에 요철을 주는 화학 etching(부식)과 화학도금(일반적으로 동도금을 한다)을 실시한 후 전기도금을 하게 된다. plastic 도금의 소재로는 ABS, PC, PP, POM 등이 사용되나 ABS가 도금으로서 가장 좋은 수지이다. 전기도금의 상세공정은 다음과 같다(그림 4.79).

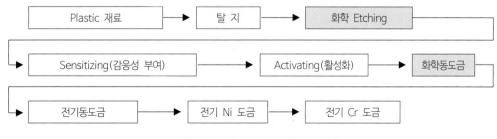

그림 4.79 Plastic의 전기도금 공정

(2) 진공 증착

아연, 알루미늄과 같은 저비점의 금속을 10^{-6}mmHg 정도의 진공 속에서 가열, 증발시켜 plastic 표면에 부착시키는 방법이다. 이 방법은 단순히 부착으로만 되는 것이므로 금속층이 얇아 plastic과의 밀착이 양호하지 못하므로 증착도금 전에 under coat를 요하고, 또한 얇은 증착막을 보호하기 위해 top coat가 필요하다. 착색된 top coat를 함으로써 금속색상의 효과를 얻을 수 있으나 부착강도는 전기도금에 미치지 못한다(그림 4.80).

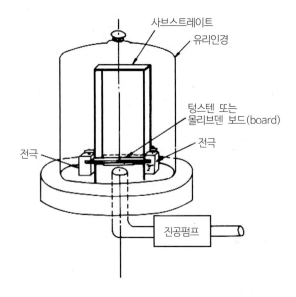

그림 4.80　진공증착의 원리

3) 침투 인쇄

승화 인쇄(sublimation printing)라고도 부르며, 가열에 의해 승화된 염료를 plastic 중에 침투시키는 인쇄법이다. plastic 표면에서 $10\mu m$ 정도의 깊이로 착색시키는 방법으로 plastic 표면이 어느 정도 마멸되어도 침투된 염료가 남아 있어 인쇄는 소멸되지 않게 된다. 침투 인쇄에 사용되는 잉크는 승화성 염료로서 특히 내마멸성, 내용제성이 우수해 3,000만 회의 마멸시험에서도 견딘다. 이 인쇄법의 적합 수지로서는 내열성이 있는 PBT가 최적이며 PET가 그 다음이다.

주로 응용되는 분야는 computer keyboard(키보드)이다.

일반적으로 keytop의 경우 보통의 plastic 인쇄법(실크 인쇄)으로는 사용중 마멸되어 지워지는 문제가 있어 2색 성형법이 사용되고 있다. 그러나 2색 성형법은 바탕재료의 색과 다른 한 가지 색밖에는 더할 수 없어 경우에 따라 한 keytop에 문자와 기호가 있어 단색만으로 표현되지 못할 때는 다색 성형으로 해야 하나, 이때의 금형제작은 고도의 기술을 요하게 되고 생산성도 좋지 않게 되어 비용면에서 매우 불리하게 된다.

침투인쇄의 출현으로 마멸에 대해 염려가 없는 다색인쇄가 가능해지고 단시간 납기가 가능해 각 분야에 널리 응용할 수 있게 되었다. 그러나 단점으로는 keytop의 재료가 PBT나 PET로 한정되고, 2색 성형법과 가격적인 면을 비교하면, 2색 성형법이 금형제작 관계로 초기투자는 많이 드나 컴퓨터 키보드와 같이 문자의 종류가 많지 않고, 제작수량이 많을 때의 제품가는 침투인쇄법이 2색 성형법보다 비싸 불리하게 된다.

CHAPTER 05 사출성형품의 허용공차

5.1 개 요

Plastic 사출성형품 치수의 공차는 불가피하다. 한 제품의 총공차를 정하는 데는 제품 제작상의 치수공차(제작공차) 외에도 관리 및 환경(온도 및 습도)에 따른 치수의 변경을 고려해야 한다. 본 장에서는 제작상의 치수편차만을 취급하기로 하며, 치수편차를 일으키는 원인은 여러 가지가 있다.

① 사출 성형시
- 성형재료의 불균일
- 성형기의 조정 및 금형온도

② 금형 상태
- 금형치수의 제작공차
- 금형의 마멸
- 가동되는 금형(코어)의 위치편차에 의한 성형품의 치수편차

이러한 요인과 실제 작업상의 수많은 측정결과를 고려하여 허용공차를 정하고 있다.

5.1 허용공차의 규격

현재 세계에서 발표된 치수의 허용공차 규격으로서는 미국의 SPI, 서독의 DIN16901, 스위스의 VSM77012로서 각종 plastic에 대해 그 공차를 정하고 있다. 이들 규격 중 정평있는 것이 DIN 16901이며, 널리 채용하고 있다. 표 5.1과 표 5.2는 본 규격을 나타낸 것이다.

표 5.1 DIN16901 성형재료의 공차등급 그룹 표

1	2		4	5	6
			공차등급 Group		
원재료의 약호	성형재료		일반 공차	수치를 직접 기입할 때	
				1종	2종
EP	Epoxy 수지성형재료		130	120	110
EVA	Ethylene 초산 Vinyl 수지성형재료		140	130	120
PF	Phenol 수지성형재료	무기물 충전	130	120	110
		유기물 충전	140	130	120
UF MF	Amino 수지성형재료 및 Amino 수지 Phenol 수지성형재료	유기물 충전	140	130	120
		무기물 충전	130	120	110
		유기물 및 무기물 충전	140	130	120
UP	Polyester 수지성형재료		130	120	110
UP	Polyester 수지 mat		140	130	120
	냉성형재료		140	130	120
ASA	Acrylonitrile · styrene · acrylester 수지성형재료		130	120	110
ABS	Acrylonitrile · styrene · butadiene 수지성형재료		130	120	110
CA	Cellulose · acetate 성형재료		140	130	120
CAB	Cellulose · acetate · butylate 성형재료		140	130	120
CAP	Cellulose · acetate · propynate 성형재료		140	130	120
CP	Cellulose · propynate 성형재료		140	130	120
PA	Polyamide 성형재료(비결정, 비충전, 충전)		130	120	110
PA 6	Nylon 6 성형재료[1] (비충전)		140	130	120
PA 66	Nylon 66 성형재료[1] (비충전)		140	130	120
PA 610	Nylon 610 성형재료[1] (비충전)		140	130	120
PA 11	Nylon 11 성형재료[1] (비충전)		140	130	120
PA 12	Nylon 12 성형재료[1] (비충전)		140	130	120
	Glass 섬유강화 Nylon 6. Nylon 66. Nylon 610. Nylon 11. Nylon 12 성형재료		130	120	110
PB	Polybutylene 성형재료		160	150	140
PBTP	Polybutylene · terephthalate 성형재료	(비충전)	140	130	120
		(충전)	130	120	110

1	2		4	5	6
			공차등급 Group		
원재료의 약호	성형재료		일반 공차	수치를 직접 기입할 때	
				1종	2종
PC	Polycarbonate 성형재료(비충전, 충전)		130	120	110
PDAP	Diarylphthalate 수지성형재료(무기물 충전)		130	120	110
PE	Polyethylene 성형수지[1] (비충전)		150	140	130
PESU	Polyether · sulphone 성형재료(비충전)		130	120	110
PSU	Polysulphone 성형재료(비충전, 충전)		130	120	110
PETP	Polyethylene · terephthalate 성형재료(비결정성)		130	120	110
	Polyethylene · terephthalate 성형재료(결정성)		140	130	120
	Polyethylene · terephthalate 성형재료(충전)		130	120	110
PMMA	Polymethyl · methacrylate		130	120	110
POM	Polyacetal 성형재료[1] (비충전) 성형품의 길이 <150mm		140	130	120
	Polyacetal 성형재료[1] (비충전) 성형품의 길이 ≧150mm		150	140	130
	Polyacetal 성형재료[1] (Glass 섬유 충전)		130	120	110
PP	Polypropylene 성형재료[1] (비충전)		150	140	130
	Polypropylene 성형재료[1] (Glass 섬유 충전. Talc 또는 석면충전)		140	130	120
PP/EPDM	Polypropylene rubber 혼합물(비충전)		140	130	120
PPO	Polyphenylene · oxide 성형재료		130	120	110
PPS	Polyphenylene · sulphide(충전)		130	120	110
PS	Polystyrene 성형재료		130	120	110
PVC · U	무가소제염화 Vinyl 수지성형재료		130	120	110
PVC · P	가소제를 함유한 염화 Vinyl 수지성형재료		현재 미결정		
SAN	Styreneacrylonitrile 수지성형재료(비충전, 충전)		130	120	110
SB	Styrene · butadiene 수지성형재료		130	120	110
	Polyphenylene · oxide와 Polystyrene의 혼합물(비충전, 충전)		130	120	110
	불화 Polyethylene-Polypropylene 성형재료		150	140	130
	열가소성 Polyurethane	Shore A경도 70 내지 90의 제품	150	140	130
		Shore D경도 50 이상의 제품	140	130	120

표 5.2 일반공차의 수치를 직접 기입할 때의 공차 (DIN16901)

호칭 치수 범위 — 일반공차

제1표의 공차등급 그룹	판별기호[1]	이상 0 미만 1	1–3	3–6	6–10	10–15	15–22	22–30	30–40	40–53	53–70	70–90	90–120	120–160	160–200	200–250	250–315	315–400	400–500	500–630	630–800	800–1000
160	A	±0.28	±0.30	±0.33	±0.37	±0.42	±0.49	±0.57	±0.66	±0.78	±0.94	±1.15	±1.40	±1.80	±2.20	±2.70	±3.30	±4.10	±5.10	±6.30	±7.90	±10.20
160	B	±0.18	±0.20	±0.23	±0.27	±0.32	±0.39	±0.47	±0.56	±0.68	±0.84	±1.05	±1.30	±1.70	±2.10	±2.60	±3.20	±4.00	±5.00	±6.20	±7.80	±9.90
150	A	±0.23	±0.25	±0.27	±0.30	±0.34	±0.38	±0.43	±0.49	±0.57	±0.68	±0.81	±0.97	±1.20	±1.50	±1.80	±2.20	±2.80	±3.40	±4.30	±5.30	±6.60
150	B	±0.13	±0.15	±0.17	±0.20	±0.24	±0.28	±0.33	±0.39	±0.47	±0.58	±0.71	±0.87	±1.10	±1.40	±1.70	±2.10	±2.70	±3.30	±4.20	±5.20	±6.50
140	A	±0.20	±0.21	±0.22	±0.24	±0.27	±0.30	±0.34	±0.38	±0.43	±0.50	±0.60	±0.70	±0.85	±1.05	±1.25	±1.55	±1.90	±2.30	±2.90	±3.60	±4.50
140	B	±0.10	±0.11	±0.12	±0.14	±0.17	±0.20	±0.24	±0.28	±0.33	±0.40	±0.50	±0.60	±0.75	±0.95	±1.15	±1.45	±1.80	±2.20	±2.80	±3.50	±4.40
130	A	±0.18	±0.19	±0.20	±0.21	±0.23	±0.25	±0.27	±0.30	±0.34	±0.38	±0.44	±0.51	±0.60	±0.70	±0.90	±1.10	±1.30	±1.60	±2.00	±2.50	±3.00
130	B	±0.08	±0.09	±0.10	±0.11	±0.13	±0.15	±0.17	±0.20	±0.24	±0.28	±0.34	±0.41	±0.50	±0.60	±0.80	±1.00	±1.20	±1.50	±1.90	±2.40	±2.90

수치를 직접 기입할 때의 공차 범위

공차등급 그룹	판별기호	이상 0 미만 1	1–3	3–6	6–10	10–15	15–22	22–30	30–40	40–53	53–70	70–90	90–120	120–160	160–200	200–250	250–315	315–400	400–500	500–630	630–800	800–1000
160	A	0.56	0.60	0.66	0.74	0.84	0.98	1.14	1.32	1.56	1.88	2.30	2.80	3.60	4.40	5.40	6.60	8.20	10.20	12.50	15.80	20.00
160	B	0.36	0.40	0.46	0.54	0.64	0.78	0.94	1.12	1.36	1.68	2.10	2.60	3.40	4.20	5.20	6.40	8.00	10.00	12.30	15.60	19.80
150	A	0.46	0.50	0.54	0.60	0.68	0.76	0.86	0.98	1.14	1.36	1.62	1.94	2.40	3.00	3.60	4.40	5.60	6.80	8.60	10.60	13.20
150	B	0.26	0.30	0.34	0.40	0.48	0.56	0.66	0.78	0.94	1.16	1.42	1.74	2.20	2.80	3.40	4.20	5.40	6.60	8.40	10.40	13.00
140	A	0.40	0.42	0.44	0.48	0.54	0.60	0.68	0.76	0.86	1.00	1.20	1.40	1.70	2.10	2.50	3.10	3.80	4.60	5.80	7.20	9.00
140	B	0.20	0.22	0.24	0.28	0.34	0.40	0.48	0.56	0.66	0.80	1.00	1.20	1.50	1.90	2.30	2.90	3.60	4.40	5.60	7.00	8.80
130	A	0.36	0.38	0.40	0.42	0.46	0.50	0.54	0.60	0.68	0.76	0.88	1.02	1.20	1.50	1.80	2.20	2.60	3.20	3.90	4.90	6.00
130	B	0.16	0.18	0.20	0.22	0.26	0.30	0.34	0.40	0.48	0.56	0.68	0.82	1.00	1.30	1.60	2.00	2.40	3.00	3.70	4.70	5.80
120	A	0.32	0.34	0.36	0.38	0.40	0.42	0.46	0.50	0.54	0.60	0.68	0.78	0.90	1.06	1.24	1.50	1.80	2.20	2.60	3.20	4.00
120	B	0.12	0.14	0.16	0.18	0.20	0.22	0.26	0.30	0.34	0.40	0.48	0.58	0.70	0.86	1.04	1.30	1.60	2.00	2.40	3.00	3.80
110	A	0.18	0.20	0.22	0.24	0.26	0.28	0.30	0.32	0.36	0.40	0.44	0.50	0.58	0.68	0.80	0.96	1.16	1.40	1.70	2.10	2.60
110	B	0.08	0.10	0.12	0.14	0.16	0.18	0.20	0.22	0.26	0.30	0.34	0.40	0.48	0.58	0.70	0.86	1.06	1.30	1.60	2.00	2.50
정밀가공 기술	A	0.10	0.12	0.14	0.16	0.20	0.22	0.24	0.26	0.28	0.31	0.35	0.40	0.50								
정밀가공 기술	B	0.05	0.06	0.07	0.08	0.10	0.12	0.14	0.16	0.18	0.21	0.25	0.30	0.40								

1) A : 금형에 의해 직접 정해지지 않는 치수, B : 금형에 의해 직접 정해지는 치수

본 규격의 적용범위는 열경화성 및 열가소성 수지를 사출성형, 압축성형하여 제작한 성형품의 허용 치수공차에 관해 적용하고, 압출제품, blow 성형품, 소결부품 및 절삭 수지물에 대해서는 규정하지 않는다. 본 규격에서는 금형에 의해 직접 정해지는 치수와 금형에 의해 직접 정해지지 않는 치수로 나누어 정하고 있다(그림 5.1).

또한, 본 규격에서는 일반공차와 수치(등급)를 직접 기입할 때의 공차범위로 나누어져 있으며, 이중 수치(등급)를 직접 기입할 때의 공차범위에서는 1종과 2종으로 다시 나누어져 있다. 1종은 그다지 지키기 어렵지 않으나 2종은 제작상 큰 비용을 필요로 하므로 중요한 조립 및 접속치수 등 특수한 경우에만 적용한다. 그밖에 정밀가공등급의 공차가 있으며, 이것은 160mm까지 한하고 있다. 표시방법으로서는 단순히 "DIN16901"이라 하면 일반공차를 의미하며, 수치(등급)를 직접 기입하고자 할 때, 예를 들어 140이라 하면 "140 DIN16901"이라 표시한다. 그리고 수치(등급)를 직접 기입할 때의 공차범위에서 무기호공차는 +공차나 -공차 또는 ±공차를 나타낸다.

예를 들어, 공차범위 0.8일 때는 $^{+0.8}_{0}$ 또는 $^{0}_{-0.8}$ 또는 ±0.4 또는 $^{+0.6}_{-0.2}$ 또는 $^{+0.3}_{-0.5}$ 등이다. 그러나 일반적으로 허용공차범위=$\pm\dfrac{공차}{2}$ 로 통용되고 있다.

금형에 의해 직접 정해지는 치수	금형에 의해 직접 정해지지 않는 치수
이것은 성형품의 그 부분이 금형 하나의 부분 중에 포함되는 치수이고 아래 그림의 각부 치수가 이에 해당되고, 금형의 웅(雄, 수)형 또는 자(雌, 암)형이 어느 한 쪽만에 의해 정해지는 치수이고 싱크마크가 생기는 방향이나 그 두께에 영향을 받지 않는 치수이다.	이것은 치수가 금형 2개 이상 부분에서 만들어지는 것이고 아래 그림의 각부 치수가 이에 해당한다. 상자류의 외측높이, 밑두께 등 파팅라인에 걸친 치수 측벽두께 등의 자웅(雌雄, 암수)형 상호관계로 정해지는 치수 그밖에 사이드 코어 등에 걸치는 치수이다.
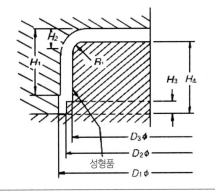	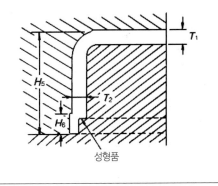

그림 5.1 금형에 의해 직접 정해지는 치수와 정해지지 않는 치수

본 규격에서는 "일반공차" 외 "수치(등급)를 직접 기입할 때의 공차범위"로 나누어져 있으며, 이 중 수치(등급)를 직접 기입할 때의 공차범위에서는 1종과 2종(표 5.1)으로 다시 나누어져 있다. 1종은 그다지 지키기 어렵지 않으나, 2종은 제작상 정밀가공이 되어 큰 비용을 필요로 하므로 중요한 접속치수등 특별한 경우에만 적용한다. 그밖에 특수정밀 가공등급의 공차가 있으며 160mm까지 한정되어 있다.

표시방법은 단순히 "DIN16901"이라 하면 일반공차를 의미하며 수치(등급)를 직접 기입코자할 때 예를 들어 120이라면 "120 DIN16901"이라 표기한다. 그리고 "수치(등급)를 직접 기입할 때"의 공차 범위에서 무기호 공차는 +공차나 −공차 또는 ±공차를 나타낸다.

Plastic 제품의 Prototype
(프로토타입 ; 시제품) 제작

Plastic 제품의 설계도면이 완성되면 금형제작을 위해서는 비용과 시간이 많이 걸리므로 제작 착수 이전에 설계도면의 오류 유무 점검, 회로부품을 실장해 기능점검, 최종 외관검토 및 조립성 문제 검토 목적 등으로 반드시 시제품을 제작하여 문제점을 사전 예방한다. 이 시제품을 prototype(프로토타입 ; 시제품) 또는 mock-up이라 하며, 제작방법은 다음과 같다.

6.1   Mock-up(목업 ; 모형제품)의 제작

Mock-up의 제작은 자체에서 시행하지 않고 외부 mock-up 전문 제작업체에 맡기게 된다. 제작업체는 설계자가 제공한 설계도면을 가지고 제작하며, 사용재료는 ABS판, PMMA판, PVC 봉 등이며 곡면부는 목형(木型)을 만들어 열을 가해 성형하고, 또한 드릴, 선반, 밀링 M/C(machine) 등을 이용하여 hole, boss, 평면부의 필요형상을 제작한다. 그 외는 수공으로 제작하며 접착제 등을 이용, 조합하여 한 개의 부분을 완성한다. 이후 외관에 도장을 실시하고, 필요한 곳에 silk screen 인쇄도 한다. 한 모델 전화기(handset 포함)의 mock-up 제작소요기간은 7일~10일 정도이며, 비용은 약 100만~150만 원 정도이다. 휴대폰(cellular phone)의 경우는 mock-up 제작기간은 10일~12일 정도이며(충전기 포함) 비용은 약 200~250만 원 정도이다.

6.2   Soft-mold(소프트 몰드)의 제작

Prototype의 제작은 기술검토 및 외관 디자인 검토용으로 제작되는 것이나, 흔히 수출품의 경우는 고객 제출용 또는 시험 검증용으로 10여대에서 수십 대가 필요할 때가 있다. 만약 이들을 mock-up으로 모두 제작한다면 그 비용이 엄청나게 들게 된다. 이 비용을 절감하기 위해 수량이 많을 때에는 soft-mold 방법으로 prototype을 제작하게 된다. 제작방법은 원형(master)을 그대로 copy하는 방식을 취하므로 반드시 원형으로 쓰일 mock-up이 필요하다.

성형사출에서 금형에 해당하는 형은 대개는 silicon rubber로 제작되며, 형의 제작과정은 그림 6.1 과 같이,

① mock-up 크기에 맞춰 적당한 크기의 상자를 만든 후, 그 안에 mock-up을 넣고 고정시킨다.

② gel(젤) 상태의 silicon rubber와 경화를 촉진하는 경화제를 50 : 50 비율로 혼합한다.

③ 혼합과정에서 기포제거를 위해 진공 펌프와 연결하여 혼합, 교반한다.

④ 혼합, 교반된 silicon rubber를 mock-up이 들어있는 상자에 주입한다.

⑤ silicon rubber가 경화된 후 상자를 제거하고, silicon rubber의 중간 부분을 잘라 mock-up을 빼 냄으로써 silicon rubber형이 완성된다.

그림 6.1 Silicon Rubber형의 제작과정

다음에 형이 완성된 후 목적하는 제품의 재료는 polyurethane(폴리우레탄)이며, 이의 제작과정은 다음과 같다(Soft-mold 제품의 제작과정).

① 젤 상태의 polyurethane(주제)과 경화를 촉진하는 경화제를 50 : 50 비율로 혼합한다(계량화 및 혼합).

② silicon rubber형에 혼합제를 주입할 때 기포발생을 제거하기 위해 진공주형기 내에서 혼합재료 를 주입한다(혼합·교반 후 형에 주입).

③ 혼합재료가 경화된 후 형을 진공주형기에서 꺼내 형을 분해하여 제품을 꺼낸다(30~90분 경화 후 탈형).

④ 형에서 나온 제품은 미성형 부위도 있고 표면에 기포도 발생된 것도 있으며, 게이트 제거작업도

필요해, 많은 후가공을 가해야 한다(후가공).

⑤ 후가공이 완료된 제품은 외관표면에 도장 및 필요부위에 실크 스크린함으로써 제품이 완성된다 (완성품).

한 개의 silicon rubber형에서 20~25개 정도의 제품을 제작할 수 있으며, 그 이상의 제품이 필요할 경우는 형을 더 제작해야 한다.

제작비용은 제품의 크기에 영향을 받아 큰 것이 가격이 높으며 silicon rubber형 가격과 제품가를 구분하여 계산한다. 제작비용을 mock-up 제작비와 비교하면 mock-up의 비용을 100이라 할 때, 형 가격은 95~115 수준이고, 제품가는 20 정도이다. 예를 들어, 20개의 soft-mold를 만든다면 (95~ 115)+(20×20)=490~515이며, 이때 mock-up 비용은 20×100=2,000이 된다.

Soft-mold는 제작비용을 대폭 절감할 수 있는 것이 최대 장점이고, 이음부가 없어 강도도 높다. 그러나 치수정밀도에 있어서는 주형시(注型時) 수축 등이 발생하여 mock-up에 비해 떨어지며 제작시간은 mock-up에 비해 2배 정도 소요된다.

제5대 국새는 어떤 기술로 만들어질까?

로스트왁스법(Lost wax process)은 납형주조법에서 발전한 공법으로 주로 귀걸이나 반지 같은 귀금속을 만들 때 사용한다.

인베스트먼트법이라고 불리는 정밀주조법의 일종으로서, 목형을 밀랍(wax)이나 연납같이 비교적 낮은 온도에서 녹아내리는 고체를 사용하여 형상을 만든다. 그리고 만든 형상 전체를 주물사로 덮고, 그 상태로 가열하면 주물사는 그대로 있고 밀랍이나 연납이 녹아서 빈 공간을 만들게 된다. 그 빈 공간에 쇳물을 부어 주조하는 방법을 로스트왁스법이라고 한다.

납형주조법은 벌집에서 나오는 밀랍으로 형상을 뜨고 흙으로 만든 거푸집을 사용하지만 로스트왁스법은 인공 왁스와 석고를 쓴다. 제품 형상을 왁스로 만들어 석고로 감싸고 구우면 석고는 단단해지고 왁스는 녹아 빠져나온다. 제품 형상이 그대로 남아 있는 석고에 쇳물을 넣어 굳힌 뒤 석고를 깨뜨려 제품을 얻는 방식이다.

일반적인 주형(mold, 용해된 금속을 주입하여 주물을 만드는데 사용하는 틀)을 만드는 주조 방식은 붕어빵을 만들 때처럼 금형을 반복해서 사용해 대량생산할 수 있는 장점이 있지만 미세하고 복잡한 제품은 만들기 어렵다.

로스트왁스법은 일반 주조와 달리 단 한 개 제품을 위한 맞춤형 금형으로 섬세한 조각을 표현할 수 있다. 국새가 갖고 있는 예술성에 어울린다.

이런 주조는 쇳물이 고체로 굳으면서 부피가 변하는 문제가 있다. 이때 발생하는 부피 차이가 제품 내부에 빈 공간을 만들고 강도가 떨어지기 때문에 쇳물이 모두 굳을 때까지 일정한 압력을 주는 기술이 필요하다.

제5대 대한민국 국새

왹스로 만든
국새모형

모형을 석고로 덮고 가열하면
석고가 단단해짐

녹아서 빠진 왹스

로스트왹스법

다듬어서 완성

제품의 형상을 간직한
석고틀에 쇳물을 부어 굳힘

감싸고 있던 석고를 깨뜨림

충분히 냉각

그림 6.2 로스트왹스법(Lost wax process)의 제작과정

CHAPTER 07

제품 설계

7.1 수지특성을 고려한 제품 설계

7.1.1 성형품의 조립과 형합

제품의 형합지정은 일반적으로 끼워맞춤측은 (−)공차, 반대측은 (+)공차를 지정하는 경우가 많다. 그 경우 clearance(C)를 정하는 데 있어 제품의 기능, 외관이 중요시되기 때문에 실제의 금형제작정도 (精度), 성형조건 등의 산포폭(散布幅)은 대단히 작은 것이 요구된다. 그러나 성형품의 치수는 가능한 여유를 부여해야만 하므로 수지특성의 수축성형조건 등에 의해 형합이 너무 헐겁다든지 꽉끼어서 들어가지 않는 경우도 생긴다.

그림 7.1에 텔레비전 cabinet(캐비닛)의 front cabinet과 back cover의 형합상태를 나타냈다.

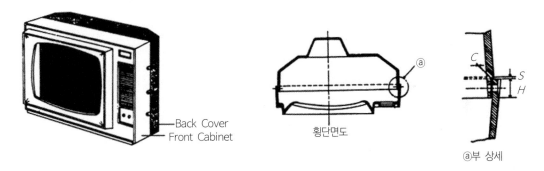

Back Cover
Front Cabinet

횡단면도

ⓐ부 상세

그림 7.1 텔레비전 Cabinet의 형합

가정용전자제품에 있어 외장관계에서는 외관도 중요한 포인트가 되기 때문에 형합틈(clearance)은 크게 잡을 수가 없다(생산성을 고려하면 큰 편이 좋지만). 그림의 경우, front cabinet은 고내충격 polystyrene(HIPS)이나 ABS수지를 사용하고 back cover는 내열성의 ABS수지나 polypropylene(PP)이다. 양쪽 모두 ABS 수지라면 성형수축이 작고 성형품의 치수 정도의 산포가 적기 때문에 clearance도 비교적 작게 할 수가 있다. 그러나 back cover가 polypropylene인 경우에는 성형수축이 다르기 때문에 설계에 있어서는 전자보다 크게 할 필요가 있다. 전자의 clearance(C)를 0.5~0.8로 한다면 후자에서는 1.0~1.5 정도의 clearance가 필요하다. 실제에는 성형 시작 후 양쪽의 치수정도를 고려해서 한 쪽의 금형을 수정하면 clearance를 작게 할 수가 있다. cabinet의 외형치수가 작다면 clearance는 작게 해도 좋지만, 외형 치수가 500~700mm 정도가 되면, 수축률이 $\dfrac{1}{1,000}$ 틀려도 그 차이는 0.5~0.7mm 생긴다. 따라서 양쪽 성형품의 산포를 맞추면 1.0~1.4mm나 된다. 그러므로 최초의 설계시점에서는 상당한 안전을 고려한 치수를 잡아야만 한다.

그림 7.2는 각형용기(vessel)의 형합 상태를 나타낸다. 용기 등의 본체와 뚜껑의 형합상태가 딱 맞는 것이 필요한 경우에는 처음부터 그 상태의 형합공차를 지시해도 위험성이 있으므로 다소의 여유를 준 clearance로 잡고, 시작 후 금형을 수정해서 소정의 형합상태로 하는 것이 바람직하다.

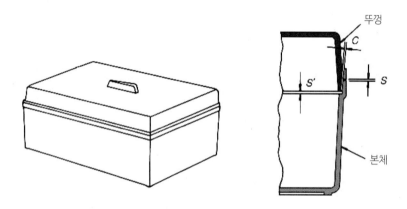

그림 7.2 용기본체와 뚜껑의 형합

그림 7.3은 컨테이너(container) 관계에 있어서 겹쳐 쌓을 때의 형합을 나타냈다. $L \times W$ 의 크기에 의해 다소의 차이가 있지만 일반적으로 틈새 C값은 5~8mm 정도 필요하다. 이것은 차량 등에서의 쌓기를 용이하도록 한 것이며 너무 적으면 작업성이 나빠진다. 단 운반중의 횡요동 등에 의해 하물(荷物)의 찌그러짐이 일어나지 않도록 치수 H 는 6~10mm 정도 필요하다. 또한 각도 α 를 주므로 미끄러져 들어가기 쉽도록 하기도 한다.

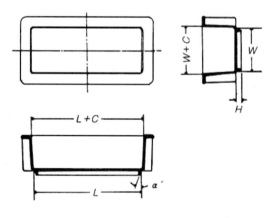

그림 7.3 컨테이너의 겹쳐쌓기 형합

7.1.2 Hinge(힌지)의 설계

Plastic이 갖는 특성을 충분히 살린 설계로서 polypropylene(PP)에 의한 일체 hinge가 있다. 이 일체 hinge는 조립작업을 생략하고 금속부품의 녹을 방지하는데 중요하다. hinge의 두께와 형상은 그림 7.4 및 그림 7.5에 나타냈다. 매우 얇은 막에 의해서 2개의 제품이 연결되어 있다. hinge 설계에 있어 기본적인 사항은 다음과 같다.

① hinge 두께는 소형 hinge에서는 얇게 하는 편이, 대형 hinge에서는 두껍게 하는 편이 좋으나 0.5mm 이상에서는 hinge 효과가 나오기 힘들다.

② hinge 두께에 절대로 살두께의 불균일이 있어서는 안 된다.

③ 성형시에는 수지를 hinge의 한 방향으로부터 흘리고 또한 금형 취출 직후에 수 회 hinge를 굽힌다.

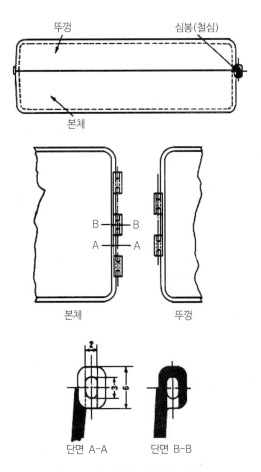

그림 7.4 상자형(箱型) 제품의 hinge

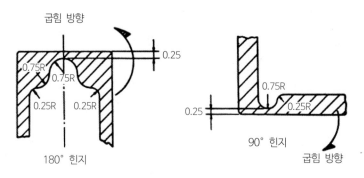

그림 7.5 Polypropylene의 hinge 치수도

이들 조건에 의해서 성형된 hinge는 수백만 회에 이르는 굴곡에 견디는 우수한 성능을 나타낸다. 이것을 응용해서 예를 들면 자동차의 가속 페달이나 피아노의 키 등에서도 사용된다.

7.1.3 설계 예

그림 7.6에 전자 tester를 내장한 polysulphone(PSU) 제품의 case를 나타냈다. 각각의 치수는 그림 7.7에 표시하였다.

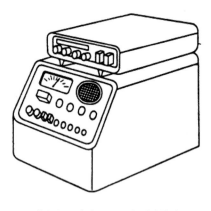

그림 7.6 전자 tester의 개략형상

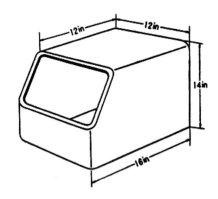

그림 7.7 Polysulphone제의 case

이 case 위에서는 약 2.7kgf의 무게를 갖는 별도의 cabinet을 지탱하지 않으면 안 된다. 문제는 다음 3가지로 나눌 수 있다.

(1) 단시간의 하중

만약 극히 짧은 단시간, cabinet가 case 위에 놓이게 된 경우에는 어느 정도의 살두께로 하면 최대 처짐이 1.25mm 이내로 보장이 되는가.

(2) rib의 사용

Rib를 보강하는 것에 의해 밑의 평탄면이 어느 정도 가능하게 될 것인가.

(3) 장시간의 하중

살두께를 계산할 때에 tester의 내부온도가 만약 60℃에서 10,000시간의 장기간 동안 cabinet가 위에 위치했다고 하면 어떠한 변형이 생기는 것일까?

이것은 자유로이 움직이는 case 끝단에 올려놓음으로써 견디내고 있다. 그래서 어떤 폭으로 구분한 소위 단순자리수의 처짐으로 분석해서 고려하는 것이 가능하다. 하중과 처짐의 관계를 도시하면 그림 7.8과 같다.

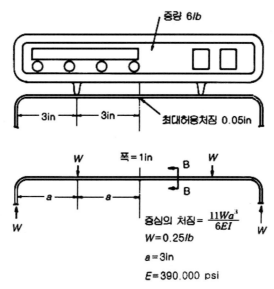

그림 7.8 하중과 처짐 관계

적용하는 설계공식은,

$$Y = \frac{11\,Wa^3}{6EI} \quad \cdots\cdots\cdots\cdots\cdots\cdots\cdots\cdots\cdots\cdots\cdots\cdots\cdots\cdots\cdots\cdots\cdots\cdots ①$$

    Y : 처짐량＝0.05in

    W : 하중＝0.25lb

    a : 3in

    E : 굽힘 탄성계수＝390,000psi

    I : 관성 모멘트

라고 하면 그림 7.9의 장방형 단면형상에 있어서

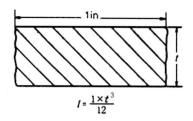

그림 7.9 장방형의 횡단면

$$I = \frac{bt^3}{12} \quad\text{··} ②$$

b : 폭=1in

t : 두께

라 하고 ①식을 대입하면

$$t = 0.197\text{in}$$

가 된다. 최대 변형률 S는

$$S_{\max} = \frac{MC}{I} \quad\text{··································} ③$$

가 된다. 여기서

$$M : 최대\ 모멘트 = \frac{WL}{4} = \frac{3}{4}lb - \text{in}$$

$$C = \frac{t}{2} = 0.0985\,\text{in 에서}$$

$$I = \frac{1 \times t^3}{12} = 6.38 \times 10^{-4}\,\text{in}^4$$

$$\therefore\ S_{\max} = 120\,\text{psi}$$

이 값은 작아서 문제가 되지 않는다.

그림 7.10에 살두께와 rib의 비율을 나타냈다. 이것을 T형자리의 식으로 끼워맞출 수가 있다.

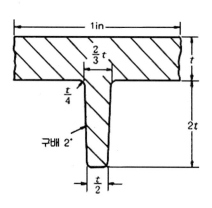

그림 7.10 살두께 t와 Rib의 형성

A : 횡(橫) 단면적

I : 관성 모멘트

C : 횡목(橫木)의 길이

라고 하면

$$A = t + \frac{7t^2}{6} \quad\text{……………………………………………………………………}④$$

$$C = \frac{45t + 22t^2}{18 + 21t} \quad\text{……………………………………………………………}⑤$$

$$I = \left(\frac{3t^3 + 13t^4}{9}\right) - A(2t - C)^2 \quad\text{………………………………………}⑥$$

여기서 0.05in 이내의 처짐을 갖는 살두께 t를 구해 보면 시작수정에 의한 것이 가장 좋다. 그 결과는 $t = 0.118\,\mathrm{IN}$가 되었다. 이것을 위 식에 대입하면 다음과 같다.

$$A = 0.134\,\mathrm{in}^2$$
$$C = 0.275\,\mathrm{in}$$
$$I = 6.33 \times 10^{-4}\,\mathrm{in}^4$$

따라서 ③식에서 최대 변형률은 약 300psi가 된다.

보강 rib에 의한 이점은 살두께를 얇게 하기가 가능하며(40% 절약) 중량을 작게 할 수가 있다(31% 절약). 따라서 case 상면 살두께의 수지중량은 580g에서 390g이 되어 그 차이는 약 190g이 절약된다.

그림 7.11은 polysulphone case의 실제 충격강도가 설계의 양부(良否)에 의해 영향을 받는 것을 나타냈다. 그래서 충격치에 의해 다양한 crack현상이 생긴다. 그림의 측면 살두께는 약 3.2mm이며 충격강도는 우측모서리에서는 5.5kgf-m임에도 크랙이 생기지 않는 것을 나타낸다.

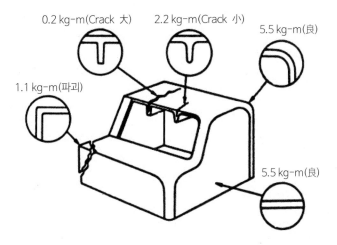

그림 7.11 충격에 의한 제품의 영향

모서리의 설계요소에 의해 우측모서리의 round를 준 경우와 좌측모서리의 예리한 코너와 비교가되고 있다. 예리한 코너에서는 겨우 1.1kgf-m의 하중에서도 crack이 생기지만 이것에 반해서 올바른설계라면 5.5kgf-m에서도 균열은 생기지 않는다. 또 그림에서 좌측의 rib설계는 예리한 모서리와 과도한 살두께가 되어 겨우 0.2kgf-m의 낙하충격 test에서도 균열이 발생한다.

올바른 rib설계에서 우측은 2.2kgf-m의 충격에 견디고 10수 회의 결과 약간의 균열이 생겼다. 한편이것도 측면의 벽에 비교하면 충격저항은 감소하고 있다. 그 밖의 일반적인 살두께에 있어서 말할 수있는 것은 사용상 문제가 없다면 가능한 얇은 살두께로 해야 한다. 그 결과 성형속도는 빨라지고 사용수지도 적게 되어 경제적이다.

그러나 polysulphone은 비교적 점성(粘性)이 있기에 금형에서의 충전을 용이하도록 하는 것을 고려하지 않으면 안 된다. 일반적으로 흐르는 거리가 긴 제품에서는 최소한 2.3mm의 살두께가 필요하다.작은 제품에서는 0.8mm로 얇게 할 수 있지만 흐름거리는 75mm를 넘을 수 없다.

7.2 금형제작에서 본 제품 설계

제품설계, 디자인에 있어서 제품의 사용목적, 조건에 적합한 재료를 선정하는 것, 또는 그 재료의특성에 부합한 설계를 하는 것은 금형제작을 고려한 설계를 하는데 있어 중요하다. 아무리 이상적인재료를 사용하여도 금형제작에 무리가 발생한다든지 성형품에 좋지 않는 영향을 끼치는 설계가 되어서는 안 된다. 성형품을 low cost로 하기 위해서는 여러 가지의 조건을 가능한 만족하도록 금형제작에 적합한 디자인 작업을 할 필요가 있다. 그것을 위해서는 제품설계의 단계에서 디자이너, 성형업자,금형 maker가 충분히 검토하고 종합된 제품설계를 하는 것이 바람직하다.

7.2.1 Parting Line(파팅 라인)과 형분할

Parting line은 제품형상에 의해서 필연적으로 결정되는 경우와 형제작(型製作), 성형상의 문제에서결정되는 경우가 있다. 전자에 의해 필연적으로 parting이 결정되어지는 경우에 대해서도 형제작의 곤란, 성형에 대한 이형(離型), 돌출 등을 고려해서 변경하지 않으면 안 되는 경우도 생긴다.

그림 7.12에 나타낸 바와 같이 parting면을 동일의 수평면으로 하지 않고 제품의 앞뒤(表裏)에 나눠서 만든다. 그림에서와 같이 A와 B의 범위를 상호간에 분할시켜 주면 제품이면에 상당하는 부분을 두꺼운 밀핀으로 ejection시키는 것이 가능하게 된다.

이 경우 rib의 두께가 빼기구배(勾配)만큼 외견상 달라지나 그 차이는 극히 작으므로 전술의 밀핀(ejector pin) 자국이 남는 경우와 비교하면 허용될 수 있을 것이다. 이와 같은 단순한 제품형상이라도parting을 결정하는 경우에는 이상의 것을 고려할 필요가 있다.

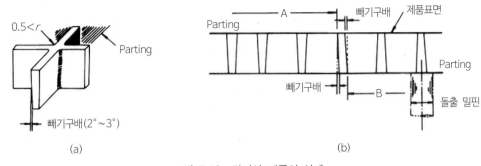

그림 7.12 격자상 제품의 상세

그림 7.13에 표시한 부분단면도는 잘 볼 수 있는 형상으로 (a)와 (b)를 비교하면 제품높이 H 는 양쪽과 같은 것이지만 상부의 폭이 $A < B$ 로 되어 있다. 형제작상부터도, 제품의 성형상부터도 (a)의 경우는 부적당하다. 형제작에서는 폭 A 의 가는 부분을 parting면에서 직접 깎아들어감으로써 가공성이 극도로 저하된다. 또 그 부분만큼 제품의 살두께가 두껍게 되기 때문에 측면에 sink 등이 발생되기 쉽다. (b)는 이것을 개량해서 우선 형제작상에서도 (a)와 비교하면 좋게 되지만 역시 직접 parting면으로부터 깎아들어가는 높이가 큰 경우에는 문제가 남는다.

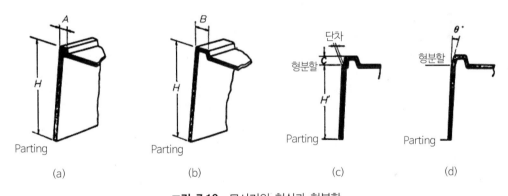

그림 7.13 모서리의 형상과 형분할

그래서 형제작을 고려한 형상에서는 (c) 또는 (d)의 형상으로 하는 것이 이상적이다. 어떤 경우에도 parting면은 같지만은, 형제작상 H' 의 위치에서 형을 분할하면 실제로 깎아들어가는 양은 C 높이만큼 되어 절삭가공이 용이하게 된다. 그때 분할면에 대해 단차(段差)를 만들어 줌으로써 형분할선의 효율성으로서도 유효하게 되고, 또 (d)와 같이 측면의 각도를 $θ$ 로 해서 변화시킬 수도 있다. 이와 같은 형상으로 제품설계를 하면 형제작은 전자의 (a), (b)에 비교해서 상당히 용이하게 되어진다.

한 예로 자동차의 radiator(냉각 장치)를 살펴보자. 차량관련 plastic 제품 중에서도 대형이며 복잡한 제품이다. 그래서 형제작상부터도 여러 가지 문제가 많으나, 특히 parting line이 곡면의 연속이며 또한 상·하의 요철(凹凸)이 크고 매끄러운 곡면의 변화가 있는 parting면이라면 형의 제작도 문제없지만, parting면이 단차가 되어 그 높이차를 형과 맞추는 경우에는 형의 제작과 함께 금형의 수명에도 관계된다.

그림 7.14에 radiator grille(그릴) 등에 대한 제품의 취부자리의 부분을 나타냈다. 앞서의 설명대로 일반적인 파팅면에서 취부자리의 면을 변화시킬 때 최소한 5의 각도를 주어 파팅면을 凹凸로 한다. 그렇게 하면 형의 맞춤도 확실하게 되어 성형중에 burr의 발생이나 갉아먹는 현상 등이 생기지 않게 되며 형의 보수측면에서도 양호하게 된다.

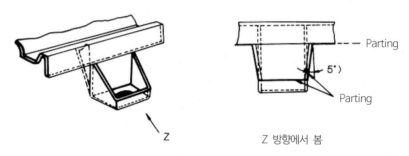

그림 7.14 凹凸의 Parting을 잡는 방법

7.2.2 Rib(리브) 형상의 설계

전술한 radiator grille, 가정용 전자제품인 텔레비전이나 라디오의 cabinet, 에어컨 그릴 등 rib를 취급한 제품이 많다. 그러므로 의의상 중요할 뿐만 아니라 그 형상은 여러 종류로서 다양하다.

여기서는 일반적인 rib가 그 형상에 의해 금형제작상 어떤 문제가 있는지를 기술한다.

그림 7.15의 (a)에 표시한 rib 단면형상은 잘 볼 수 있는 것이지만, rib 선단면이 수평면이라면 절삭가공에 의해 형은 제작된다. 물론 세로방향에서 본 형상이 직선이나 일정의 경사면의 경우에서 혹시 곡면이 있다거나 높이 변화가 있을 때에는 절삭가공은 곤란하게 된다. 이것이 (b)의 형상으로 되면 rib선단이 수평으로 되지 않아 절삭가공이 꽤 곤란해진다. 그래서 방전가공, 전주(電鑄), Be-Cu합금 등의 방법으로 제작하도록 한다. 단, 형의 제작은 위의 방법으로 가능하지만 성형상 parting면의 반대측에, cavity에서 이형(離型)시키기 위한 인장용 rib를 설계하지 않으면 rib가 취출(取出)될 수 없다. 그 관계치수는 (b)에 나타냈다.

또 그림 7.16에 표시한 rib 단면형상은 형에 직접절삭가공하는 것이 불가능하다. 이 경우에는 방전가공이나 Be-Cu 합금으로 제작하더라도, 전극 또는 master를 별도로 제작하게 되는데 rib선단은 전술의 절삭가공과 다르며 경사면(곡면)쪽의 제작이 쉬운 경우가 있다.

이것은 형의 깎아내는 것과는 반대로 제품과 동일 형상의 것을 만드는 것이 되기 때문에 만일 Be-Cu합금으로 형제작을 하는 경우에는 master형상은 제품의 형상과 같게 되기 때문에 (a), (b)에 표시한 형상 쪽이 좋다. 또 이들 rib 선단의 모서리에는 반드시 0.3~0.5mm 이상의 round를 부여하고 날카로운 모서리는 극구 피해야 한다.

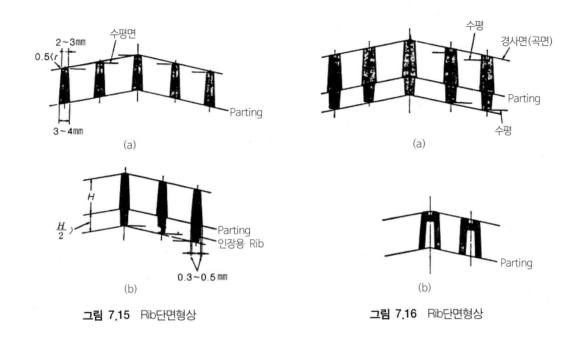

그림 7.15 Rib단면형상

그림 7.16 Rib단면형상

7.2.3 **Eject(이젝트) 방법과 외관**

제품의 형상, 외관에 있어 형에서 eject 방법이 결정되는 경우가 많지만 특히 제품표면이 되는 부분에 eject의 자국이 남아서는 곤란하므로 이것을 커버하기 위해서는 앞서 설명한 그림 7.12를 참조해야 한다.

또 그림 7.17은 자동차의 계기 판넬(meter panel) 뒷면의 일부를 나타낸 것이다. 그림에서와 같이 깊은 boss나 rib가 많이 있는 제품에서는 상당수의 밀핀(ejector pin)을 형에 설계하지 않으면 이형시(離型時)에 백화현상(白化現象)이나 균열이 생기기 쉽다. 그러나 적당한 eject 장소가 제한되어 있기에 eject balance는 상당히 잡기가 어렵다. 여기서는 깊은 boss의 가까이에 eject용 boss를 설계했다. 이것은 제품의 기능, 외관상으로는 꼭 필요한 것은 아니지만 eject하는 목적때문에 설계한 것

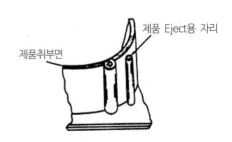

그림 7.17 제품을 Eject하기 위한 Boss

이다. 그래서 그 위치는 제품의 조립용 보스보다 낮게 하여 다른 곳에 영향이 없도록 배려해야 한다.

그림 7.18은 깊은 보스의 형상을 표시한다. 깊은 보스의 가장 좋은 eject 방법은 그 면을 직접 eject

하는 sleeve eject이다. (a), (b)에 표시한 boss는 형의 core가 구석이며 제작상에도 별로 좋지 않고 또한 성형상 큰 sink가 발생하는 모양이 되고 있다. 이것을 (c), (d)와 같은 형상으로 하면 eject sleeve에 의해서 제품을 eject시키는 것이 용이하다. 또 측면에 생길 수 있는 sink의 방지에도 좋다.

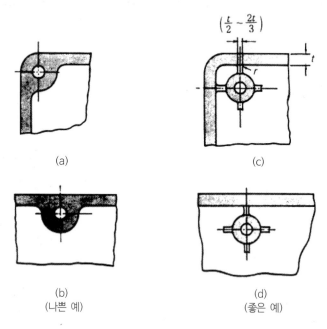

(a)

(c)

(b)
(나쁜 예)

(d)
(좋은 예)

그림 7.18 Boss형상의 좋은 예, 나쁜 예

7.2.4 __Undercut(언더컷)

  그림 7.19에 undercut의 한 예를 나타냈다. (a)의 경우는 parting면에 대해 각도 θ를 가진 세로구멍이다. 만약 이와 같이 금형에서 구멍을 처리하는 경우에는 형의 외측면에서 θ의 각도로 구멍가공을 해서 slide pin을 동작케 하는 설계가 되는데 치수 정도(精度)와 공작측면에서 대단히 곤란하다. (b)는 이것을 개선해서 parting면에 평행한 세로구멍으로 하고 도피자리도 parting면까지 빼기구배(taper)를 만들어 주어 형이 빠지도록 했다. 이 undercut이라면 형제작의 정도, 공작도 용이해진다.

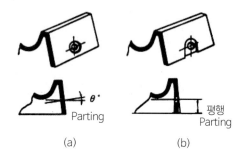

그림 7.19 Undercut의 설계 예

7.3 설계요점 예

불가(不可)	가(可)	적 요
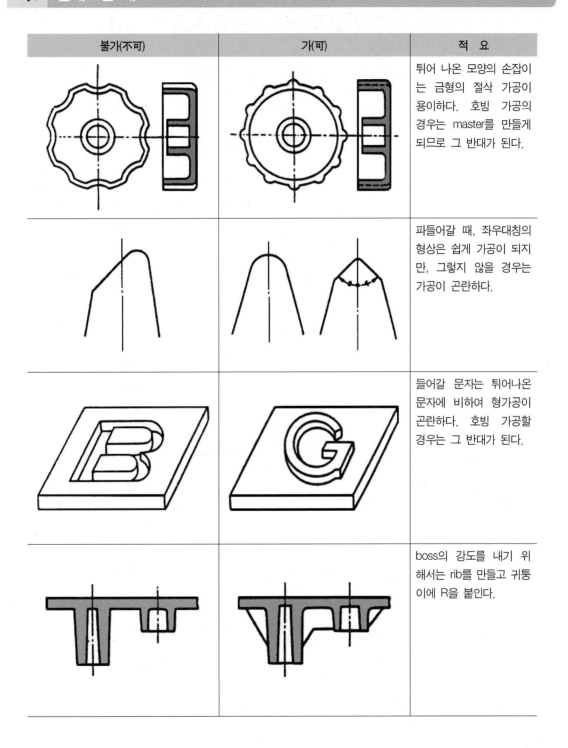		튀어 나온 모양의 손잡이 는 금형의 절삭 가공이 용이하다. 호빙 가공의 경우는 master를 만들게 되므로 그 반대가 된다.
		파들어갈 때, 좌우대칭의 형상은 쉽게 가공이 되지 만, 그렇지 않을 경우는 가공이 곤란하다.
		들어갈 문자는 튀어나온 문자에 비하여 형가공이 곤란하다. 호빙 가공할 경우는 그 반대가 된다.
		boss의 강도를 내기 위 해서는 rib를 만들고 귀퉁 이에 R을 붙인다.

불가(不可)	가(可)	적 요
		성형을 할 때 insert를 확실하게 고정시킬 수 있도록 insert의 끝면에서 core pin을 분할하여, insert가 움직이지 않도록 눌림여유를 댄다.
		기울어진 boss 또는 형상은 금형의 구조가 복잡 및 대형이 되기 때문에 parting line에 대하여 직각이 되도록 한다.
		core에 비교적 큰 사이드 core를 관통하면, 고장의 요인이 되므로 두 방향에서 두 개의 core를 맞닿게 하는 것이 좋다.
		깊은 부분은 되도록 제품의 한 방향으로 붙도록 한다.

불가(不可)	가(可)	적　요
		금형에서 고정측 core의 형상은 수축에 의한 흡착을 피하도록 한다.
		살두께가 얇은 벽이나 undercut를 없애기 위해서는 U형으로 구멍을 늘리면 된다.
		성형품을 조합해서 고정시키게 되는 것은 그 corner에 relief를 설치해 둘 것.
		단면의 살두께가 두꺼운 곳에는 보강 rib를 붙여서 살두께는 균일하게 한다.
		내부의 브라켓에 구멍을 뚫으려 할 때에는 경제성을 충분히 고려해야 한다. 관통 구멍은 금형의 구조가 복잡해지며 비용도 높아진다.

불가(不可)	가(可)	적 요
		측면의 구멍으로서도 가능한 것은 side core로 하지 않아도 좋을 설계로 하면 된다.
		살두께는 되도록 균일한 두께로 할 것.
		깊은 rib는 잘 빠지게 하기 위하여 되도록 최대의 draft(경사, 빼기구배)를 붙일 것.
싱크	(t=0.5~0.7T)	두꺼운 rib는 표면sink의 원인이 되므로, 되도록 얇게 한다.

불가(不可)	가(可)	적 요
		모든 코너에는 최대의 R 을 붙인다.
		insert 나사는 나사가 성형품에까지 닿는 것을 피하도록 하고, 평면부를 붙이면 매끈해진다.
		물결모양의 이음부분의 골은 금형으로 예각이 되는 것을 피한다.
싱크		단면이 T형으로 이어진 부분은 들어가게 되므로 core쪽에 edge를 만들어 살이 빠져나가게 한다.

불가(不可)	가(可)	적 요
		금형 구조상에서 "A"부의 살이 얇아지는 것을 방지토록 할 것.
		형에서 떨어질 때 core pin에 수축의 힘이 걸려서 굽어질 수 있으므로 boss를 만들면 좋다.
		구멍을 관통하기가 곤란할 때에는 적당한 위치로 하든지, 또는 drill spot만으로 하는 것이 좋다.
		살이 얇은 단면 부분은 재료의 충전 부족이 되기 쉽다.

Engineering Plastic
(엔지니어링 플라스틱)의 제품 설계

8.1 Engineering Plastic의 종류(美 GE社)

GE plastic은 제품 설계자들에게 성형성이 좋고 높은 성능의 engineering plastic(엔지니어링 플라스틱) 수지들을 제공하여 준다. 새로운 수지의 개발과 새로운 세대의 설계자들에 의해 높은 성능의 engineering plastic의 장점이 현저하게 증가하게 되었다.

GE plastic의 engineering plastic 수지들은 다음과 같은 독특한 설계 이점들이 있다.

① 여러 부품의 기능을 통합시킴으로써 부품수를 감소시킨다.

② 성형과 동시에 조립이 가능한 특성이 있다.

③ 도장이나 다른 후공정이 거의 불필요하다.

④ 제품 중량에 대한 강도의 비가 높다.

⑤ 내화학성이 있고 내충격성이 높다.

또한 외관제품에 사용시 고광택의 제품을 성형할 수 있으며 무광 또는 표면부식무늬의 제품도 성형할 수 있다. 제품의 가치를 높이기 위하여 도장이나 인쇄 또는 나무결 모양의 표면장식(wood graining)이나 핫스탬핑(hot stamping) 등의 일반적인 후가공 방법들을 사용할 수 있다.

성형품을 조립하는 방법으로는 기존의 기계적 방법이나 화학적인 방법으로 조립이 가능하다. 사무기기, 가전제품, 자동차 부품, 전기/전자 부품, 조명기구 및 안전장구와 같은 안전과 관련되어 있는 경우에는 높은 내열온도와 높은 충격강도를 갖는 GE plastic의 난연수지 등을 사용하는 것이 좋다. 기존의 금속 부품들은 기계적 강도가 증가된 유리섬유가 보강된 그레이드(grade)를 사용하여 필요한 강도를 갖도록 설계함으로써 중량감소와 비용절감을 이루면서 plastic으로의 대체를 가능하게 하여 준다.

제품 설계자들은 단순히 기존의 금속부품을 plastic으로 대체시키는 것을 생각할 뿐 아니라 plastic으로 생각하고 plastic 고유의 장점을 충분히 이용하는 방법을 배워야 할 필요가 있다. 한번 더 생각하고 재설계를 시도함으로써 기존의 금속 조립품들을 치수적으로 안정되고, 충격강도, 전기적 특성 및 내화학성 등의 우수한 물성을 갖는 engineering plastic으로 부품수를 반정도 줄인 채 자동으로 조립을 하면서 생산할 수도 있다.

GE plastic은 창조적이고 혁신적인 제품설계를 할 수 있는 가격과 성능이 잘 조화된 우수한 engineering plastic을 공급하고 있다.

8.1.1 Lexan(폴리카보네이트)

비스페놀 A(bisphenol A)로부터 만들어진 lexan은 탄산에스테르(ester carbonate)를 갖고 있다.

1) Lexan(렉산)의 특징

① 내creep성을 포함한 우수한 기계적 특성이 있다.

② 투명성이 우수하다.

③ 미국식품 규정(FDA)에 맞도록 개발된 식품용 그레이드가 있다.

④ 열기소성 수지중에 가장 높은 충격강도를 갖고 있다.

⑤ 치수 정밀도와 치수안정성이 우수하다.

2) Lexan의 종류

구 분	그레이드	특 징
고유동성	HF1110	아주 얇은 제품 사출성형용(MFI 22g/10min)
일반그레이드	121	저점도로서 얇은 제품 사출성형용
	141	중점도로서 일반적인 사출성형용
	101	고점도로서 두꺼운 제품사출용
	131	고점도로서 압출판재용
	151	고점도로서 압출 블로우성형용
유리섬유보강	3412	20% 유리섬유 보강
	3413	30% 유리섬유 보강
	3414	40% 유리섬유 보강
유리섬유보강난연	500	10% 유리섬유 보강
	LGN1500	15% 짧은 유리섬유 보강
	LGN2000	20% 짧은 유리섬유 보강
	LGN3000	30% 짧은 유리섬유 보강
고탄성이방성 개량	LGK3020	30% 유리섬유 및 미네랄 보강
	LGK4030	40% 유리섬유 및 미네랄 보강
	LGK5030	50% 유리섬유 및 미네랄 보강

구 분	그레이드	특 징
난연 그레이드	920	저점도로서 1.47mm에서 V-0
	920A	저점도로서 3.05mm에서 V-0
	940	중점도로서 1.47mm에서 V-0
	940A	중점도로서 3.05mm에서 V-0
	950	고점도로서 1.47mm에서 V-0
	950A	고점도로서 3.05mm에서 V-0
내후성	LS-1	저점도로서 자동차 외장조명용
	LS-2	중점도로서 자동차 외장조명용
	LS-3	고점도로서 자동차 외장조명용
광디스크용	OQ1020	콤팩트디스크 및 비디오 디스크용
광반사용	ML4351	UL94V-2
	LX2801	UL94V-0
내수증기성 개량	SR1000	UL94V-2 중점도
	SR1400	UL94V-2 고점도
탄소섬유보강	LC108	8% 탄소섬유 보강
	LC112	12% 탄소섬유 보강
	LC120	20% 탄소섬유 보강
	LCG2007	20% 탄소섬유 보강+7% 유리섬유 보강
내마모성 개량	LF1000	10% PTFE
	LF1010	10% PTFE+10% 유리섬유 보강
	LF1510	15% PTFE+10% 유리섬유 보강
	LF1520	15% PTFE+20% 유리섬유 보강
	LF1030	10% PTFE+30% 유리섬유 보강
내화학성 개량	LCR200	HB에 해당
사무기기용	BE2130R	우수한 이형성 및 고유동성(MFI 18g/10min)
SP그레이드	SP1010	초고유동성(MFI 45g/10min)
	SP1110	고유동성
	SP1210	일반그레이드(MFI 16g/10min)
	SP1310	고점도(MFI 10g/10min)
	SP7112	10% 유리섬유 보강 외관 개량
	SP7114	20% 유리섬유 보강 외관 개량
	SP7116	30% 유리섬유 보강 외관 개량

구 분	그레이드	특 징
발포 성형용	FL400	3.2mm에서 UL94V−0/5V인 제품두께 4mm용
	FL410	4.0mm에서 UL94V−0/5V인 10% 유리섬유 보강
	FL900	6.1mm에서 UL94V−0/5V인 5% 유리섬유 보강
	FL910	6.1mm에서 UL94V−0/5V인 10% 유리섬유 보강
	FL920	6.1mm에서 UL94V−0/5V인 20% 유리섬유 보강
	FL930	6.1mm에서 UL94V−0/5V인 30% 유리섬유 보강
압출블로우 성형용	PK2870	5GAL 생수통용
	EBL2061	투명성과 내충격성의 사무기기용
	EBL9001	투명성과 내충격성의 자동차용
고내열 PPC그레이드	PPC4501	하중 18.6kgf/cm^{2}에서의 열변형 온도가 152℃
	PPC4701	하중 18.6kgf/cm^{2}에서의 열변형 온도가 163℃

8.1.2 Noryl(변성 폴리페닐렌 옥사이드)

Noryl(노릴) 수지의 주원료인 폴리페닐렌 옥사이드는 2.6자이레놀(xylenol)의 중합에 의해 만들어진 방향족 폴리에테르(polyether)로서 내열온도가 현저하게 높다. noryl은 이 폴리페닐렌 옥사이드(PPO)를 변성시켜 만들었다.

1) Noryl(노릴)의 특징
① 내열 온도가 높다.
② 기계적 특성이 온도나 습도의 영향을 거의 받지 않는다.
③ 치수안정성이 우수하다.
④ 성형성이 우수하고 성형수축률이 적어 고품질의 정밀제품에 적합하다.
⑤ 광범위한 주파수에 대한 전기적 특성이 우수하다.
⑥ 물이나 산 및 알카리에 견디고 수분 흡수성이 낮다.
⑦ 부식이 되지 않고 난연 그레이드를 쉽게 이용할 수 있다.
⑧ 경제적이다.

2) Noryl의 종류

구 분	그레이드	특 징
일반그레이드	115	UL94HB인 일반 내열용
	731	UL94HB인 일반 내열용
	SE90	UL94V-1/5V인 고유동성 하우징용
	SE100	UL94V-1/5V인 내열 및 고유동성 하우징용
	SE1	UL94V-1인 내열성
	PPO534	UL94V-1인 내열성
난연그레이드	N85	대형 성형품용
	N190	대형 성형품용
	N225	내열성
	N300	초내열성
유리섬유보강	GFN1	10% 유리섬유 보강된 강성
	GFN2	20% 유리섬유 보강된 고강성
	GFN3	30% 유리섬유 보강된 고강성
	SE1-GFN1	10% 유리섬유 보강된 UL94V-1의 강성
	SE1-GFN2	20% 유리섬유 보강된 UL94V-1의 고강성
	SE1-GFN3	30% 유리섬유 보강된 UL94V-1의 고강성
	PX-2922	20% 유리섬유UL94V-0/5V의 고강성 및 고유동
	PX-2923	30% 유리섬유UL94V-0/5V의 고강성 및 고유동
고탄성	HM3020	UL94V-1/5V인 고탄성 및 치수정밀도
	HM4025	UL94V-1/5V인 고탄성 및 치수정밀도
	HM5030	UL94V-1/5V인 초고탄성 및 치수정밀도
	PX-2926	UL94V-1/5V인 고탄성, 치수정밀도 및 유동성 개선
	HFG100	UL94V-0/5V인 유동성, 우수한 외관 및 강성
	HFG200	UL94V-0/5V인 유동성, 우수한 외관 및 강성
	HFG300	UL94V-0/5V인 유동성 및 고강성
	BHM510	UL94V-0/5V인 우수한 외관 및 강성
탄소섬유 보강	NC108	8% 탄소섬유 함유된 대전방지 효과
	NC112	12% 탄소섬유 함유된 고강성 및 도전성
	NC120	20% 탄소섬유 함유된 고강성 및 도전성
탄소섬유 보강	NC208	8% 탄소섬유 함유된 내열성 및 대전방지 효과
	NC212	12% 탄소섬유 함유된 내열성, 고강성 및 도전성
	NC220	20% 탄소섬유 함유된 내열성, 고강성 및 도전성
	HMC3008	8% 탄소섬유 함유된 고강성, 높은 치수정밀도 및 대전방지 효과

구 분	그레이드	특 징
내마모성개량	NF1020	10% PTFE＋20% 유리섬유 보강된 중속고하중용
	NF2020	20% PTFE＋20% 유리섬유 보강된 고속고하중용
	NF1030	10% PTFE＋30% 유리섬유 보강된 고속고하중용, 고강성 및 적은 선팽창 계수
내열 및 내화학성 개량	CRN500	UL94HB
	CRN520	20% 유리섬유 보강된 UL94HB
	CRN530	30% 유리섬유 보강된 UL94HB
	CRN720	20% 유리섬유 보강된 UL94V−0
	CRN730	30% 유리섬유 보강된 UL94V−0
도금용	PN-235	내열성 및 내충격성
자동차용	PX−0844	기본 그레이드
	PX−0888	내열성
	PX−1222	높은 충격강도
	PX−1265	초내열성
	PX−1390	극초내열성
	PX−1391	극초내열성
발포성형용	FN−150	4.0mm에서 UL94V−0/5V인 제품두께 4mm용
	FN−170	6.35mm에서 UL94V−1/5V인 일반 그레이드
	FN−215	6.1mm에서 UL94V−0/5V인 기본 그레이드
	FM−3020	20% 유리섬유＋10% 미네랄이 보강된 고탄성
	FM4025	25% 유리섬유＋15% 미네랄이 보강된 고탄성
	FMC3008	8% 탄소섬유 함유된 고탄성 및 대전방지 효과
	SFG100	10% 유리섬유 보강된 유동성 개량
	SFG200	20% 유리섬유 보강된 유동성 개량
	SFG300	30% 유리섬유 보강된 유동성 개량
압출용	EN185	UL94V−1인 기본 그레이드
	EN212	UL94V−1인 내열
	EN265	UL94V−1인 초내열
	ENG265	UL94HB인 초내열
압출블로우 성형용	EBN2001	UL94V−0/5V인 사무기기용
	EBN2002	UL94V−1인 사무기기용
	EBN2003	내후성이 보강된 사무기기용
	EBN3001	외관 및 성형성이 개선된 사무기기용
	EBN7501	충격강도 및 내화학약품성
	EBN9001	고내열 및 고충격의 자동차용
	EBN9002	고내열의 자동차용
	EBN9003	고충격 및 고내열의 자동차용

구 분	그레이드	특 징
	EBN9004	외관이 개선된 자동차용
	BN11	내열, 작업성 및 외관이 개선된 기본 그레이드
	BN13	내열, 작업성 및 외관이 개선된 PX-1222와 유사
	BN15	초내열, 작업성 및 외관이 개선된 PX-1265와 유사
	BN25	UL94V-0/5V
압출블로우 성형용	BN30	UL94V-2
	BN31	UL94V-0/5V
	BN41	UL94V-1/5V
	BN43	UL94V-1
	EBG9051	내열성 및 내화학성이 좋은 GTX그레이드
GTX그레이드	GTX-901	내열성 및 내화학성이 우수한 휠카바용
	GTX-910	내충격 및 초내열의 휀다 온라인 페인트용
	GTX-810	10% 유리섬유 보강
	GTX-820	20% 유리섬유 보강
	GTX-830	30% 유리섬유 보강
	GTX-600	초내열 및 높은 충격강도

8.1.3 Valox(열가소성 폴리에스테르)

Valox는 디메틸 텔레프타레이트(DMT)와 1.4부탄디올(1.4 DB)과의 응축중합에 의하여 얻어지는 폴리부칠렌 텔레프타레이트(PBT)가 주제품이고, 최근에 폴리에틸렌 텔레프타레이트(PET)와 폴리 사이클로 헥산 디메칠렌 텔레프타레이트(PCT) 등의 다양한 그레이드가 개발되었다.

1) Valox(바록스)의 특징

① 내화학성 및 내유성이 우수하다.

② 표면 마찰 저항이 낮고 내마모성이 높다.

③ 내피로성이 우수하다.

④ 내열성이 매우 높다.

⑤ 사용 중 뒤틀림(warp)이 매우 적고 치수안정성이 좋다.

⑥ 수분 흡수율이 적고 기계적 및 전기적 물성의 저하가 적다.

2) Valox의 종류

구 분	그레이드	특 징
300시리즈	310	기본 그레이드
	310SEO	UL94V-0
	325	성형성 개량
	210HP	UL94HB인 식품용(FDA)
400시리즈	DR51	15% 유리섬유 보강된 UL94HB
	420	30% 유리섬유 보강된 UL94HB
	414	40% 유리섬유 보강된 HB에 상당
	457	7.5% 유리섬유 보강된 UL94V-0
	DR-48	15% 유리섬유 보강된 UL94V-0
	420SEO	30% 유리섬유 보강된 UL94V-0
500시리즈	507	30% 유리섬유 보강된 변형이 적은 UL94HB
	508	30% 유리섬유 보강된 변형이 적은 UL94HB
	553	30% 유리섬유 보강된 변형이 적은 UL94V-0
700시리즈	735	변형이 적고 내열성의 UL94HB
	745	변형이 적은 UL94HB
	750	내아크성 및 내트래킹성이 개선된 UL94V-0
	780	내아크성이 개선된 UL94V-0
	721	전기특성이 좋은 HB상당
800시리즈	815	15% 유리섬유 보강된 외관 개량
	830	30% 유리섬유 보강된 외관 개량
	855	15% 유리섬유 보강된 외관 개량 UL94V-0
	865	30% 유리섬유 보강된 외관 개량 UL94V-0
VC시리즈	VC108	8% 탄소섬유가 보강된 대전방지용의 UL94V-0
	VC112	12% 탄소섬유가 보강된 도전성 및 고강성의 UL94V-0
	VC120	20% 탄소섬유가 보강된 도전성 및 고강성의 UL94V-0
	VC130	30% 탄소섬유가 보강된 도전성 및 고강성의 UL94V-0
	PDR7904	변형이 적은 대전 방지용
900시리즈	9230	PET가 30% 보강된 UL94HB
	9530	PET가 30% 보강된 UL94V-0
	9730	PCT가 30% 보강된 UL94V-0인 일반 그레이드
	VSM730	PCT가 30% 보강된 유동성이 개선된 UL94V-0
	VSM731	PCT가 30% 보강된 인성이 개선된 UL94V-0
	VSM741	PCT가 40% 보강된 인성이 개선된 UL94V-0

구 분	그레이드	특 징
인성이 개선	357	UL94V-0인 일반 그레이드
	PDR4912	15% 유리섬유 보강된 UL94V-0
	PDR4908	30% 유리섬유 보강된 UL94V-0
변형이 적음	VDS4350	유리섬유와 미네랄이 35% 보강된 UL94V-0
	VDS5350	유리섬유와 미네랄이 35% 보강된 UL94V-0
가수분해성 개량	VSR4150	15% 유리섬유 보강된 UL94V-0
	VSR4350	30% 유리섬유 보강된 UL94V-0
고유동성	PDR4910	15% 유리섬유 보강된 UL94V-0
	PDR4911	30% 유리섬유 보강된 UL94V-0
에폭시 접착성 개량	VIC4101	15% 유리섬유 보강된 UL94HB
	VIC4311	30% 유리섬유 보강된 고유동성의 UL94HB
발포성형	FV600	30% 유리섬유 보강된 고강성의 UL94V-0/5V
	FV608	30% 유리섬유 보강된 고강성의 UL94HB
	FV699	10% 유리섬유 보강된 고강성의 UL94V-0/5V

8.1.4 Ultem(폴리에테르이미드)

Ultem은 비결정성의 열가소성 폴리에테르이미드 수지로서 이미드(imide)결합에 의해 내열온도가 높고 기계적 강도가 우수하며 또한 에테르(ether)결합에 의한 좋은 성형성을 갖고 있다.

1) Ultem(울템)의 특징

① 난연성이 우수하다.

47 이상의 높은 산소지수(oxygen index)를 갖고 화재시 연기 방출이 가장 적은 UL94V -0/5V 인 난연수지이다.

② 전기적 특성이 우수하다.

광범위한 온도와 주파수에 대하여 유전율과 유전손실이 아주 안정되어 있고 절연파괴강도가 높다.

③ 내열성이 우수하다.

하중 하에서의 열변형 온도가 200℃ 이상이고 UL의 장기연속사용온도가 170℃ 이상이다.

④ 기계적 강도가 우수하다.

⑤ 성형성이 좋다.

⑥ 내화학성이 좋다.

2) Ultem의 종류

구 분	그레이드	특 징
일반 그레이드	1000	UL94V-0인 기본 그레이드
	1010	UL94V-0인 유동성이 개선된 저점도
유리섬유 보강	2100	10% 유리섬유가 보강된 UL94V-0
	2110	10% 유리섬유가 보강된 UL94V-0의 저점도
	2200	20% 유리섬유가 보강된 UL94V-0
	2210	20% 유리섬유가 보강된 UL94V-0의 저점도
	2300	30% 유리섬유가 보강된 UL94V-0
	2310	30% 유리섬유가 보강된 UL94V-0의 저점도
	2400	40% 유리섬유가 보강된 UL94V-0
	2410	40% 유리섬유가 보강된 UL94V-0의 저점도
내마모성 개량	4000	내부윤활용 보강된 UL94V-0
	4001	내부윤활용 보강되지 않은 UL94V-0
내약품성 개량	CRS5001	UL94V-0
초고온용	6000	보강되지 않은 그레이드
	6100	10% 유리섬유 보강
	6200	20% 유리섬유 보강
	6202	20% 미네랄 보강
특수그레이드	JD7201	20% 탄소섬유가 보강된 도전성의 감지장치용
	JD7401	20% 탄소섬유에 20% 유리섬유가 보강된 고탄성의 CD부품용
	JD4901	10% 탄소섬유에 PTFE가 보강된 내마모성의 I.C 소켓용
	JD7902	대전방지성의 I.C 소켓용

8.1.5　Cycoloy(PC/ABS 얼로이)

Cycoloy는 폴리카보네이트(polycarbonate)와 아크릴로 니크릴 부타디엔 스티렌(acrylo nitrile buta-diene styrene)을 합성한 수지로서 두 수지의 특성을 모두 갖고 있다. 특히 충격강도와 내후성이 우수하고 성형성이 좋다.

1) Cycoloy(사이콜로이)의 특징

① 내후성이 우수하다.

② 충격강도가 현저하게 높다.

③ 성형성이 좋다.

④ 내열 온도가 높다(80~120℃).

2) Cycoloy의 종류

구 분	그레이드	특 징
C1000시리즈	C1000	고유동성 및 내충격성으로 대형이나 복잡한 제품용
	C1100	내열성 및 내충격성으로 자동차 부품용
	C1100HF	고유동성 및 내열성으로 자동차 부품용
	C1200	내열성 및 내충격성
	C1200HF	고유동성, 내열성 및 내충격성으로 복잡한 제품용
C2000시리즈	C2800	UL94V-0/5V에 유동성
	C2950	UL94V-0/5V에 내열성
MC5000시리즈	MC5000	UL94V-1에 내열성
	MC5001	UL94V-0에 내열성 및 유동성
	MC5003	UL94V-0/5V에 내열성 및 유동성
	MC5101	UL94V-0에 초내열성으로 도금용

8.2 제품 설계의 단계

제품 설계를 하는 과정에는 제품의 기능적인 면과 원료적인 측면이 고려되어야 한다. 기능적인 설계요소는 생산과 조립에 관계되어 있고 원자재 선정요소는 최종 사용시의 수지의 성능과 관련되어 있다. 즉 수지의 강도, 약점 및 사용 한계 등을 먼저 검토한다.

8.2.1 원자재 선정요소

초기 개념 설정시부터 제품설계를 완성하기까지 설계자에게 상당히 많은 정보가 필요하고 매 과정마다 세심하게 주의하여 설계를 하여야 한다. 설계자는 설계하는 제품의 용도에 따른 최종 성능 요구조건을 알아야 한다. 수지가 최종 성능 요구조건에 맞는지를 파악하기 위하여 설계자는 수지 공급처에서 제공되는 수지의 환경 특성과 물리적 특성에 관한 자료를 검토하여 결정하여야 한다.

8.2.2 제품 설계의 단계

어느 부품 설계시나 제일 먼저 예상되는 최종 사용 요구조건에 대하여 세심하게 검토하여야 한다. 일반적으로 금속이나 나무에 비해 수지의 강도가 낮으므로 plastic 제품설계시에는 가능한 한 수지강도를 최대한 이용하여 설계하여야 한다.

최종사용 요구조건 설정시에 필요한 사항은 다음과 같다.

1) 제품설계시의 필요사항

(1) 예상되는 구조적인 요구조건(Anticipated Structural Requirements)

① 하중

수지에 작용하는 응력과 제품의 변형을 파악할 수 있다.

② 하중의 속도

열가소성 plastic은 하중이 가해지는 속도 변화에 따라 각각 다른 거동(behaviour)이 나타나므로 하중이 가해지는 속도의 빠르기를 조사하여야 한다.

③ 하중의 작용기간

작은 하중에 의해 초기에 발생된 미소변형이라도 하중이 지속되는 경우 변형이 점점 더 심해져서 나중에는 사용할 수 없을 정도로 커질 수가 있다.

④ 충격하중

짧은 시간동안 큰 하중이 작용하는 경우 조기에 파손이 일어나는 수가 있다. 그러므로 제품에 작용되는 충격하중의 특성을 파악하여야 한다.

⑤ 진동

진동은 응력과 변형에 변화를 일으킨다. 이 응력과 변형들은 적지만 일정하게 반복을 하므로 제품의 파손을 일으킬 수 있다.

⑥ 예상되는 남용

구조적인 요구조건을 만족하고 적절하게 잘 설계된 경우라도 남용을 하여 사용함으로써 파손이 일어날 수 있다. 예상되는 위험 수준을 설정하기 위하여 사용시의 제품의 위험에 대한 사용평가를 하여야 한다.

(2) 예상되는 사용환경

① 극한온도

모든 수지들은 그 사용한도 범위를 갖고 있다. 이 범위 외에서는 부품이 그 의도된 기능을 적절하게 수행할 수 없다. 또한 수지의 물성은 그 사용한도범위 내에서도 상당히 변한다.

② 내화학성

모든 열가소성 plastic은 어떤 화학약품들에 의하여 영향을 받으므로 부품의 사용환경 조건이 설정되어야 한다.

③ 내후성

오랜 기간동안 외부에 노출시 수지의 물성 저하를 가져온다.

(3) 조립과 2차가공(Assembly and Secondary Operations)

① 조립

대개의 plastic 부품은 혼자서 사용되는 경우는 거의 없고 완제품을 이루는 수많은 부품 중의 하나로서 사용된다. 조립을 쉽게 하거나 자동화 조립시의 취급을 잘하기 위하여 또는 수리나 재생 사용을 위한 분해를 쉽게 하기 위하여 부품을 최적화시켜야 하고, 기계적인 체결이나 용착 및 접착제 접착 등의 조립에 사용되는 방법을 초기설계시에 검토하여야 할 필요가 있다.

② 2차가공

수축자국이나 급격한 형상 변화 등을 피하고 원하는 제품표면 상태를 얻기 위하여 도장이나 인쇄 또는 핫 스탬핑(hot stamping) 등의 가장 좋은 표면 형상을 얻을 수 있는 2차 가공 공정도 초기에 검토되어야 한다.

(4) 가격한도(Cost Limits)

① 이익을 내면서 판매할 수 있는 부품가의 설정

② 연간 수량의 설정

③ 추정 사이클 시간에 따른 경제적인 성형 방법

④ 선정된 성형 방법에 따른 금형비

⑤ 부품의 예상 수명

(5) 규정/표준에 적합성(Regulations/Standards Compliance)

수지나 부품은 특정요구 조건을 만족해야 할 필요가 있다. 보통 자주 사용되는 규정이나 표준은 다음과 같다.

|표준|

① 국제전기위원회 IEC　　유럽전기위원회 CEE

② 국제표준기구 ISO　　　유럽표준위원회 CEN

③ 독일산업표준 DIN

④ 영국표준연구소 BSI

⑤ 프랑스표준 NF

⑥ 미국재료시험협회 ASTM

|규정|

① 보험업자의 실험실 UL

② 카나다표준협회 CSA

③ 유럽전기위원회 규정 CEE

④ 공장과 건물규정 FACTORY AND BUILDING CODES.

2) 예비설계도면의 작성

계획된 부품의 예비개념 스케치는 요구되는 성능을 얻기 위하여 어떤 부분은 수정할 수 없고 어떤 부분이 수정가능한가를 설계자가 결정하는데 도움을 준다. 그러므로 이 예비 도면 스케치는 고정된 치수와 변경 가능한 치수 모두를 포함하여야 한다.

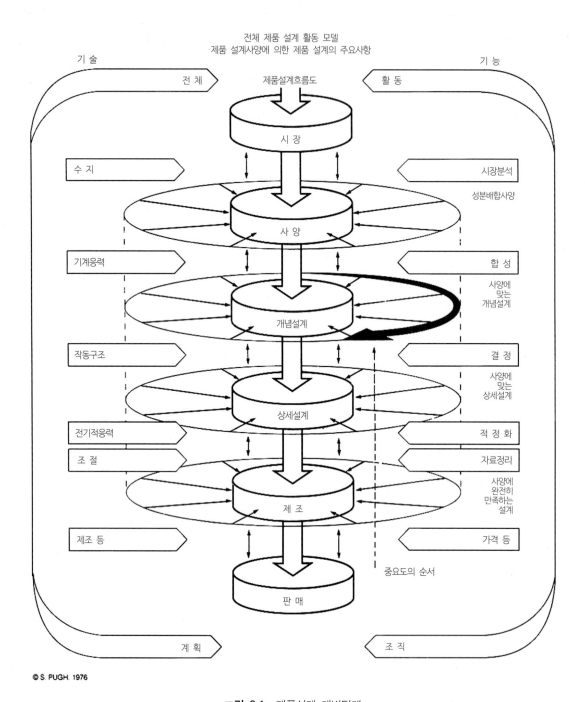

© S. PUGH. 1976

그림 8.1 제품설계 개발단계

3) 초기에 설정된 최종사용요구 조건을 만족하는 GE Plastic 수지의 그레이드 선정

최종사용 조건에 맞는 그레이드를 선정하기 위해서는 먼저 수지의 물성 비교 자료를 검토해야 한다. 초기 수지 선정 후 계속해서 특정 용도에 관한 시간 온도 및 환경에 따른 수지의 물성을 재검토하여 추린다. 내마모성이나 연성 같은 보충자료가 수지선정을 확신하기 위하여 필요할 수도 있다. 수지의 특성은 다음과 같이 2개의 주 영역으로 구분된다.

(1) 부품설계 계산에 필수적으로 사용되는 기계적 특성

① 탄성 한계   ② 인장 강도

③ 탄성계수대 온도   ④ 포아송의 비

⑤ creep 탄성계수   ⑥ 피로한도

⑦ 열팽창 계수   ⑧ 마찰계수

⑨ 열전도도   ⑩ 밀도

⑪ 금형수축률

(2) 수지의 성능을 나타내는데 관련된 특성

① 경도   ② 충격강도

③ 내화학성   ④ 내후성

⑤ 연성   ⑥ 난연성

⑦ 열변형 온도   ⑧ 전기적 특성

Plastic 부품을 설계하기 위해서는 수지의 물성과 관련된 어떤 정보도 필요하다.

4) 필요한 경우 제품도를 수정

① 선정된 그레이드의 특정물성의 균형-인장강도, 충격 강도 등

② 성형성의 제한-제품 두께 대 흐름길이 등

③ 조립방법-스냅 핏(snap fits), 접착제 접착 등

재료의 강도 계산식은 수지의 특성자료에 의해 제품 두께와 같은 필요한 치수를 계산하기 위하여 사용되어야 한다.

기본적인 형상의 경우는 제8.4절의 구조설계 계산에서 자세히 설명하였다. 특히 컴퓨터지원 해석(CAE)와 관련된 자료조사가 필요한 경우도 있다. 유한요소법을 이용한 사출성형의 유동해석과 최종부품의 응력해석은 작고 다루기 쉬운 부품이나 유한요소로서 부품의 형상과 물리적 특성을 고려하는 방법이다.

구조의 각 요소는 그 부근의 요소와 관련되어 별개로 조사되고 전체 구조는 계에 물리적으로 가해지는 조건에 의해 조사된다. 동시에 수많은 방정식이 컴퓨터의 반복적인 계산능력에 의해 해를 얻는다.

5) 간이 사용시험 및 부품의 보관시험 실시

시험실이나 실제의 조건에서 선정된 부품의 요구조건을 반영한 시험이 실시되어야 한다. 때로는 간이 시험용으로 개발된 시험 장비로 양산시의 부품 품질관리 시험을 실시하는 경우도 있다. 제품의 성능 시험은 간이 생산제품이나 양산 제품에 대한 기능을 시험한다.

간이 생산제품은 양산금형이 아닌 간이 금형으로 만들거나 제품의 모형을 만들기 때문에 시험방법과 결과를 판단하는데 주의를 하여야 한다. 간이 생산제품은 양산제품과 똑같은 결과가 나오지는 않는다. 초기 양산제품도 제품의 성능 시험을 확인하기 위하여 이와 같은 시험을 실시하여야 한다. 제품의 성능 시험에 사용되는 여러 가지의 특수한 시험 방법이 다음에 나와 있다.

① 변형률 게이지 분석(strain gauge analysis)
② 취성재료 도포분석(brittle coating analysis)
③ 광 탄성법(photoelasticity)
④ 열반사에 의한 응력분석(stress analysis by thermal emission)
⑤ 복사열 효과 측정을 위한 적외선 빛의 띠(infra-red light banks)
⑥ 온도 사이클 시험을 위한 환경시험챔버(environmental chambers)
⑦ 유사 사용조건 하에서의 수명시험(life testing)
⑧ 높은 온도, 높은 습도 또는 자외선 방사조건하에서의 노화가속시험(accelerated aging)
⑨ 전광 반사장치시험(holography)

컴퓨터 지원 기술은 제품 설계의 모델링(modeling)을 정밀하게 해주지만 제품의 성능 시험을 배제하거나 대체할 수는 없으므로 간이 생산제품의 제작이 추천된다.

8.2.3 유동해석

사출 성형 부품의 성능은 성형조건에 따라 크게 영향을 받기 때문에 각 부품의 사용조건만을 고려하는 것으로는 성공적인 제품을 만드는데 불충분하다. 단순한 형상의 부품은 수지의 흐름에 문제가 없으나 복잡한 형상의 큰 부품은 게이트의 수와 위치, 런너 치수 및 웰드 위치 등의 어려운 문제점이 있다. 유동해석과정은 우선 부품의 컴퓨터 모델을 만들고 초기 게이트 위치를 선정한다. 수지가 예상된 형태로 캐비티 내를 흐르는 것을 도식화하여 수치적으로 나타나진다. 동일한 온도와 압력분포가 전 제품에 계산되어 나타나지고 부수적으로 웰드라인 위치나 과충전 같은 바람직하지 않은 현상들이 나타나진다.

필요한 경우 성형조건과 게이트 위치 등을 연속적으로 변경시킴으로써 적정 흐름 형상을 찾을 수 있다. 이 반복적인 접근 방법에 의하여 실제로 금형을 제작하기 전에 여러 가지 방법으로 분석하여 성형의 어려움을 파악하고 설계 단계에서의 수정을 가능하게 한다.

8.2.4 응력해석

부품을 사용시 재료에 응력을 발생시키는 힘이 작용하게 된다. 과잉의 응력에 의하여 일어나는 파손을 방지하기 위해서는 그 응력이 추천되는 설계 한도를 넘지 않는 것이 필수적이다.

유동해석에서와 같이 단순한 형상을 분석시에는 어려움이 별로 나타나지 않고 일반적으로 자주 일어나는 상황에 대해서도 이미 유도된 계산식을 사용하여 해결할 수 있다. 그러나 복잡한 형상의 분석은 위와 같이 할 수 없으므로 유한요소법으로 해결하여야 한다. x, y, z좌표 축으로 형상을 나타내는 부품의 수학적 모델과 수지의 물성을 먼저 입력시킨다. 그 후 하중 조건을 입력시키고 난후 특정 부위에서의 응력과 같은 특정 결과치를 요구한다.

변형에 대한 수치, 비틀림 구조도나 응력 분포도 같은 사항도 조사될 수 있다. 이 방법에 의하여 응력이나 변형이 허용할 수 없을 정도로 높은 부위를 파악할 수 있고 적절하게 변경시킬 수 있다. 이 과정 중에 간이 제품을 만들어서 시험을 함으로써 설계자에게 다음과 같은 도움을 줄 수 있다.

1) 부품의 요구조건이 설계한도를 넘지 않는다는 것을 확인함으로써 설계의 확신을 갖는다.

2) 제품 성능에 관한 예비자료를 설정한다.

3) 문제점이 발생 가능한 부위를 파악한다.

4) 제품 사용평가를 하고 소비자의 사용평가에 대한 결과를 얻는다.

유익한 결과를 얻기 위해서는 시험시 다음과 같은 관점에 대하여 특별히 주의를 하여야 한다.

① 부품의 요구조건에 대하여 적절히 분석하여야 한다.

② 계획된 제품과 유사한 조건에서 시험하여야 한다.

③ 실제적으로 유사한 사용 시험과 보관 시험 조건을 설정하여야 한다.

④ 제품을 출하하기 전에 시험에 필요한 시간과 노력을 투자하여야 한다.

8.3 GE Plastic 수지의 특성

8.3.1 수지의 특성과 그 용어

Plastic은 인간이 만들어낸 유기물로서, 그 물리적인 거동을 결정하는 구성요소인 수지 중합체(polymers)는 하나 또는 여러 형태의 단량체(monomeric) 그룹의 반복되는 부가 중합에 의해 분자량이 증가되는 특성이 있다.

Plastic에 사용되는 수지 중합체(polymers)는 셀룰로오스 같은 천연 유기물을 화학적으로 변형시켜 생산하거나 단순한 단량체(monomers)의 중합(polymerization)에 의해 생산된다. 이들 단량체들은 보통 석유 화학산업의 부산물이다. plastic은 화학적 거동에 따라 열가소성 수지와 열경화성 수지의 2개의 그룹으로 나누어진다. 열가소성수지는 그 구조상으로 결정성수지와 비결정성수지로 구분될 수 있고 또한 공중합체, 세 개의 공중합체, 복합(합금)수지 및 열가소성 elastomer(엘라스토머)로도 구분될 수 있다. plastic에는 수지 중합체만 포함되어 있는 것이 아니고 첨가제와 보강제 및 충전제 등도 포함되어 있어 성형성이나 plastic의 물리화학적 특성 및 기계적 특성을 높여 준다.

1) 열가소성 수지와 열경화성 수지

(1) 열가소성 수지(Thermoplastics)

열가소성 수지는 수지별로 특정 온도 범위 내에서 반복적으로 가열에 의해 연화되고 냉각에 의해 경화되는 수지이다. 열가소성 수지는 그림 8.2에서 보는 바와 같이 많은 수의 독립된 분자사슬들이 얽혀져 있다.

이들 분자사슬들은 가열되면 미끄러져 plastic 흐름을 일으키고 냉각되면 다시 고정된다. 다시 가열을 하면 미끄럼을 촉진시키나 계속해서 가열과 냉각을 시킬 수 있는 횟수는 제한되어 있다. 단, 가열시에는 수지의 외관과 기계적 특성에 영향을 받지 않는 한도 내에서 이루어져야 한다.

(2) 열경화성 수지(Thermosets)

열경화성 수지는 가열에 의하여 경화되어 영구히 용해되지 않고 용융되지 않는 수지이다. 열경화성 plastic은 성형 전에 사슬과 유사한 구조를 하고 있다. 경화시 부근의 분자들 사이에 교차 결합이 일어나서 그림 8.3에서와 같이 복잡하게 서로 연결된 망상 구조가 된다.

이 교차 결합은 각각의 분자 사슬의 미끄러짐을 방지하고 성형시의 부수적인 열에 의해 plastic 흐름이 일어난다. 이때 너무 많은 열이 가해지면 수지의 물성저하가 일어난다.

그림 8.2 열가소성 Plastic 분자사슬

그림 8.3 열경화성 교차 결합분자

2) 결정성 수지와 비결정성 수지

어떤 열가소성 수지들은 용융 수지가 고화될 때 분자 사슬이 부분적으로 결정체를 형성시킨다. 이들 결정체를 갖는 수지를 결정성 또는 반결정성 열가소성 수지라 한다.

전체의 수지 중합체 중에서 완전한 결정성 구조는 존재하지 않으므로 반결정성 수지라는 용어를 주로 사용한다. 분자가 결정체를 형성시키지 않는 부위를 비결정성 구조라 부른다.

그림 8.4에 대표적인 결정성 구조와 비결정성 구조를 2차원적으로 설명하였다. 물성과 기계적 성질은 모두 그 수지의 구조에 의하여 영향을 받는다. 일반적으로 잘 정렬된 구조의 결정성 수지는 비결정

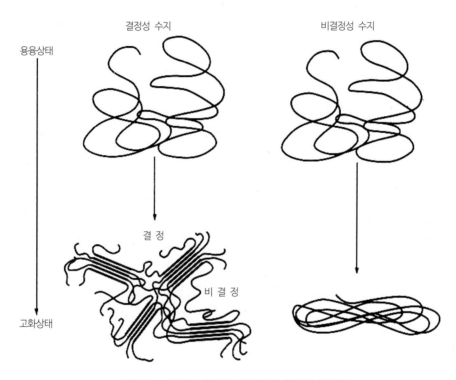

그림 8.4 결정성 수지와 비결정성 수지의 구조도

표 8.1 수지의 특성

수　지	결정성수지	비결정성 수지
비중	높다	낮다
인장 강도	높다	낮다
인장 탄성 계수	높다	낮다
연성, 신율	낮다	높다
내크리프성	높다	낮다
연속사용 온도	높다	낮다
수축률	높다	낮다
뒤틀림	높다	낮다
용융 수지 흐름	높다	낮다
내화학성	높다	낮다

성 수지보다 단단하고 강하나 충격 강도에는 약하다. 표 8.1에 수지(중합체)의 일반적인 특성을 나타 냈다.

3) 단일 중합체와 공중합체

단일 형태로 반복되는 구성단위 즉 단량체로만 구성된 중합체를 단일 중합체라 하고 반복되는 구성 단위의 수가 증가된 경우의 중합체를 공중합체라 한다. 반복되는 단량체가 무작위로 나타나는 경우를 무작위 공중합체라 하고 블럭으로 나타나는 경우를 블럭 공중합체라 하며, 교대로 나타나는 경우를 얼 터네이팅(alternating) 공중합체라 한다.

4) 수지합금과 복합수지

수지 합금이 무엇인지에 대하여 명확한 정의는 없지만 화학적 결합이라기보다는 기계적으로 혼합된 중합체의 화합물이라고 생각할 수 있다. 그와 같은 화합물을 얻기 위해서는 특수한 혼합제(compatibilisers)가 필요하다. 수지 합금은 각 성분들의 약점을 보완하고 하나의 수지로는 이룰 수 없는 각성 분의 최적특성을 모두 갖추도록 만들어졌고 그 물성 범위를 나타낼 수 있다.

5) 엘라스토머(Elastomers)

열가소성 엘라스토머(TPE)는 단단한 부분과 연한 부분이 혼합되어 있는 복잡한 분자 구조로 구성되 어 있다. 열가소성 elastomer는 일반적으로 낮은 계수(moduli)를 갖고 있어 상온에서 원래 길이의 최 소 2배까지 늘어났다가 응력이 제거되면서 거의 원래의 길이로 줄어드는 것을 반복적으로 할 수 있다.

열가소성 elastomer의 주요 용도 중의 하나는 견고한 열가소성 plastic의 충격특성을 보완하기 위하 여 사용하는 것이다.

6) 첨가제, 보강제 및 충전제

첨가제나 충전제 및 보강제는 일반적으로 수지 중합체의 물리적 특성과 기계적 특성 범위를 변화시 키기 위하여 사용된다. 섬유 보강은 기계적 특성을 개선시키는데 사용되고 가소제는 탄성계수(modulus)치를 낮추어 유연성을 높여 주는 반면에 충전제는 보통 탄성계수치를 증가시킨다. 첨가제로 난연 성이나 자외선 안정성과 산화방지 특성을 개선시킬 수 있으나 어떤 용도에서는 첨가제의 사용이 재료 에 도움이 되지 않는 경우가 있다. 특히 전기적 용도에서 그와 같은 현상이 일어난다.

카본 블랙과 같은 전도성 충전제는 재료의 내트래킹(tracking)성을 상당히 감소시키므로 전기적인 용도에서는 피해야 한다. 일반적인 수지용 충전제와 첨가제 및 보강제가 표 8.2에 있다.

표 8.2 충전제, 보강제 및 다른 첨가제

구 분	종 류
충전제	유리구슬, 목분, 카본 블랙, 세라믹 분말, 금속 분말, 운모 조각, 규사, 몰리브덴 황화물
보강섬유	유리섬유, 황마섬유, 탄소섬유, 나이론섬유, 아라미드섬유, 폴리에스터섬유
기타 첨가제	자외선 안정제, 방부제, 가소제, 윤활제, 살균제, 안료/염료, 연기 억제제, 난연제, 발포제, 산화 방지제, 점도 보완제, 정전기 방지제, 충격 보강제, 성형성 보완제(processing aids)

7) 수지의 기본 성질과 물리적 특성

(1) 밀도(Density)

수지의 밀도나 비중은 거의 모든 재료의 물성표에 포함되어 있다. 상기 2용어가 서로 호환성 있게 자주 사용되나 그 의미와 수치에 명백한 차이가 있으므로 구분하여 사용해야 한다.

밀도는 일정 온도(plastic의 경우는 23℃)에서 재료의 단위 체적당 질량으로 정의되며 g/cm³으로 표기한다.

(2) 비중/상대밀도(Specific Gravity/Relative Density)

비중은 23℃에서 물에 의한 체적의 질량에 대한 재료에 의한 체적의 질량의 비로서 정의된다. 23℃에서 물의 밀도가 1보다 약간 작기 때문에 두 수치 사이에 차이가 발생한다.

비중을 밀도로 환산하기 위해서는 다음의 공식이 사용된다.

$$밀도 = 비중 \times 0.99756$$

(3) 점탄성(Viscoelasticity)

응력의 작용 하에서 점성과 탄성 거동을 나타내는 재료를 설명하는 용어이다. 주로 측정하는 방법은 온도에 따른 응력이나 변형률의 크기 작용기간 및 속도에 의하여 결정된다.

(4) 탄성(Elasticity)

재료의 항복점 아래에서 변형 후 원상태로 되돌아오는 재료의 능력이다. 여기서는 명시되지 않는 한 일반적인 plastic은 탄성을 의미한다.

(5) 소성(Plasticity)

재료가 항복점 이상으로 응력을 받았을 때는 응력이 제거된 후에도 원상태로 되돌아가지 않는다. 이와 같이 소성은 탄성의 반대로 생각할 수 있다. 또한 소성은 열가소성 plastic의 냉간 가공성을 나타내 주기도 한다.

(6) 연성/취성(Ductility/Brittleness)

응력/변형률 거동은 재료가 연성인지 취성인지를 구분하는데 도움을 준다. 응력/변형률 선도에서 취성 재료의 특성은 초기에 변화량이 적은 급격한 경사의 직선을 갖고 파손시 변형량이 적고 거의 구부러지지 않는다. 연성 재료는 초기에 경사가 취성재료보다 완만한 변화량이 큰 직선을 갖고 파손시 변형량이 크다.

(7) 인성(Toughness)

인성은 파손되지 않는 한도 내에서 재료의 기계적 에너지를 흡수하는 능력을 나타내는 측정치이다. 이 기계적 에너지는 재료의 탄성 또는 소성 변형에 의하여 흡수된다.

인성은 그림 8.5에서 응력/변형률 선도의 아래에 표시된 부위 면적으로 계산될 수 있다.

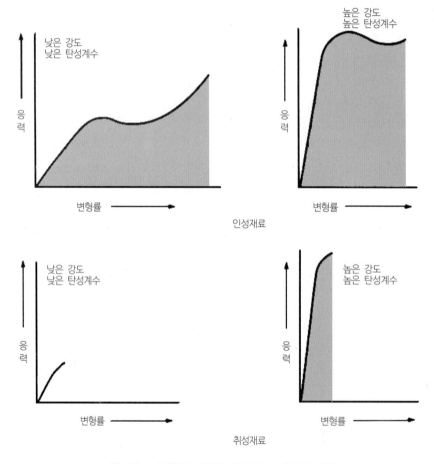

그림 8.5 인성(응력-변형률 곡선의 아래부위 면적)

8) 동질성과 이질성

동질성이란 용어의 의미는 균일하고 부위별 재료의 조성이 일정하다는 것을 말한다. 보강되지 않은 열가소성 plastic은 동질성을 갖는 재료의 좋은 예이다. 이질성이란 균일하나 부위별 재료의 조성이 다른 것을 말한다. 유리 섬유가 보강된 열가소성 plastic은 이질성 재료이다. 단 제품설계시에는 이질성 재료도 재질의 대부분이 동질성일 때는 동질성 재료로 취급하여 설계하여야 한다.

9) 등방성과 이방성

등방성 재료는 측정된 물성치가 방향과 관계가 없다. 이방성 재료는 측정된 물성치가 방향과 관계가 있다.

10) 탄성, 동질성 및 등방성의 중요성

설계자가 구조 부품을 분석할 때 재료의 기계적인 특성을 평가하기 위하여 영률과 포아송의 비 단 2가지의 상수만을 사용한다. 등방성의 탄성 재료일 때는 위의 2가지 상수만으로도 정확하게 분석될 수 있다. 이때 재료가 동질성이라는 가정하에 구조물 전체에 같은 상수를 적용한다. 이와 같은 분석시 재료는 선형적으로 탄성이고 동질성이며 등방성이라고 가정한다.

구조해석을 위한 대부분의 기본 방정식 즉 굽힘, 비틀림, 파이프의 압력 등에도 위와 같이 가정한다. 이 가정은 유리 섬유가 보강된 plastic과 같은 이방성이 큰 plastic으로 제품을 설계할 때 큰 오차를 일으킬 수 있다. 재료의 이방성 정도에 따라 이 오차가 증가하게 되므로 재료별로 최대 21까지의 상수 또는 율이 정해져 있다.

이와 같이 재료는 탄성이고 동질성이며 등방성이라는 가정에 의해 문제가 너무 단순화되고 재료 특성의 불확실성과 그 상황에서의 기본 방정식의 타당성 여부로 인해 제품이 출하되기 전에 엄격한 최종사용 시험을 할 필요가 생긴다. 최근에는 컴퓨터를 이용한 유한 요소법(FEA)에 의한 분석이 점점 더 쉽게 이용될 수 있고 소프트웨어(software)가 개선되어 이방성 재료로 인한 수학적인 문제 해결이 점점 더 가능해진다.

8.3.2 기계적 특성

실제로 열가소성 plastic으로 만든 모든 제품은 그 수명 기간 중에 기계적인 하중의 영향을 받는다. 인장 강도, 탄성계수, 충격 강도 및 신율 같은 기계적 특성이 재료 선정시의 기준으로 자주 사용된다. 제품 설계자가 수지의 기계적 특성과 제품의 용도에 따른 성능요구 사항과의 정확한 관계를 파악하기 보다는 다양한 수지의 종류와 그레이드별 물성치 비교에만 너무 치중한다.

열가소성 plastic 제품의 대부분의 용도는 환경이나 온도와 같은 다른 요소의 영향이 없이 기계적 하중만을 받는 경우는 거의 없다. 재료의 물성표에 나와 있는 물성치는 일정한 실험시 조건에서 표준

시험 장비와 표준시험 방법으로 시험하여 나온 결과치로서 재료의 사양 결정시와 재료 선정시에 이 자료만을 의존하는 것은 상당히 위험하다. 그러므로 기계적 특성과 그의 환경과 온도에 따른 영향을 완전히 이해하는 것이 필요하다.

1) 단기 응력/변형률 거동

수직 응력은 원래의 단면적에 대한 가해진 하중의 비로서 정의되고 N/m²으로 표기한다.

$$응력 = \frac{하중}{면적} \text{ 또는 } \sigma = \frac{F}{A}$$

수직 변형률은 하중이 가해진 결과로 인하여 재료에 일어난 변형량의 측정치로서 정의된다. 변형률은 동일한 단위를 갖는 두 치수의 비로서 단위가 없다.

$$변형률 = \frac{길이의 \ 변화량}{원래의 \ 길이} \text{ 또는 } \epsilon = \frac{\Delta L}{L}$$

일반적인 재료에서 응력과 변형률과의 관계는 온도에 따라 다르다. 열가소성 plastic에서는 시간과 변형률 속도에 따라서도 다르다. 열가소성 plastic은 점탄성 재료로서 응력이 가해졌을 때 소성 변형(또는 점성흐름)과 탄성의 2가지 현상이 나타난다.

탄성은 에너지를 저장하고 시간이 지남에 따라 재료의 변형이 원위치로 되돌아가는 반면에 점성 흐름은 마찰열로서 에너지를 방출하고 재료에 영구 변형을 일으킨다. 이와 같이 제품에 나타나는 현상은 적용 응력과 변형률의 크기, 기간 및 속도에 의하여 온도와 관계되어 결정된다.

그림 8.6에 일반적인 응력/변형률 곡선에 대한 설명이 나와있고, A점부터 F점까지 아래에 설명하였다.

(1) 비례한도(Proportional Limit)

대부분의 재료는 응력/변형률 곡선의 어느 지점에서 구배가 변하고 직선이 끝나는 지점이 있다. 곡선의 O점과 A점 사이에는 재료가 후크의 법칙(hooke's law)에 따른 탄성 거동을 나타내고 변형이 응력에 비례하고 이 비례상태를

$$\frac{응력}{변형률} = 상수$$

로 표현한다. 이 비례 한도는 재료가 견딜 수 있는 최대 하중(응력)으로서 변형률에 대한 응력의 비에서 벗어나지 않는 그림 8.6의 A점을 말한다.

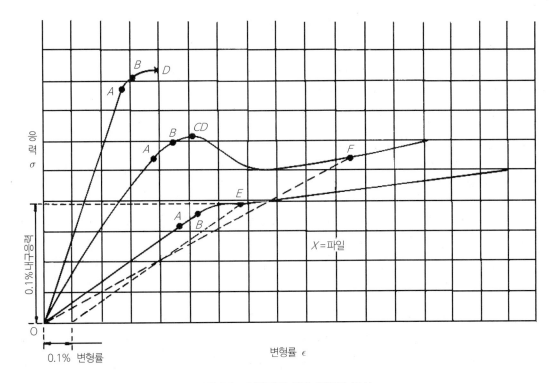

그림 8.6 일반적인 응력-변형률 곡선

(2) 탄성한계(Elastic Limit)

대부분의 재료는 비례한도 이상으로 하중을 가하면 하중이 제거된 후에 변형이 0으로 되돌아간다. 어떤 특정 plastic은 응력이 변형에 비례하는 지역이 없기 때문에 비례 한도가 없는 경우도 있으나 대부분의 plastic은 큰 하중을 견디고 하중에 제거된 후 변형이 0으로 되돌아온다. 탄성 한계는 하중이 제거된 후에도 변형이 원위치로 되지 않고 재료에 영구 변형이 생기기 시작하는 그림 8.6의 B점을 말한다.

(3) 항복점(Yield Point)

응력/변형률 곡선에서 응력이 증가되지 않고 변형만 증가되는 점으로 그림 8.6의 C점을 말한다. 이 점에서의 곡선의 구배는 0이다. 단 어떤 재료는 항복점이 나타나지 않는 경우가 있다.

(4) 최대 강도(Ultimate Strength)

하중이 가해질 때 견딜 수 있는 최대 응력으로서 그림 8.6의 D점을 말한다.

(5) 항복 강도/내구 응력(Yield Strength/Proof Stress)

항복 강도는 재료가 구부러 질 때의 강도(nominal strength)를 말한다. 많은 재료들이 응력/변형률 곡선에서 이 점을 찾기가 매우 어려우므로 이와 같은 경우는 내구 응력을 사용하는 것이 더 좋다.

내구 응력은 점진적으로 늘어나는 재료에 대하여 개발되었으나 항복점에서 매우 큰 변형이 일어나는 plastic 재료에 대하여 자주 사용된다. 내구 응력은 보통 0.1%(또는 0.2%)의 영구 변형시 곡선의 O점과 A점 사이의 비례되는 부분과 평행한 직선으로 구성되어 결정된다.

내구 응력은 주어진 영구 변형의 %에서 표시되고 그림 8.6의 E점을 나타낸다.

(6) 교차 탄성계수(Secant Modulus)

이것은 응력/변형률 곡선의 어느 점에서의 변형률에 대한 응력의 비로서 그림 8.6의 F점을 말한다. 교차 탄성계수는 곡선의 O점과 F점을 연결하는 직선의 기울기이다. 어떤 plastic의 경우에는 응력/변형률 곡선의 직선부를 설정하기가 매우 어렵다. 그러므로 탄성계수를 얻기 위하여 곡선의 초기부에 접하는 직선을 구성하여 초기 탄성계수를 유도한다.

어떤 plastic 재료는 직선이 아닌 탄성을 갖기 때문에 잘못될 수 있다. 어떤 수지 공급처에서는 재료의 거동을 잘 나타내기 위하여 1%의 교차 탄성계수를 제공하는 경우가 있다. 온도의 변화나 변형률 속도의 변화는 열가소성 plastic의 응력/변형률 거동에 상당한 영향을 줄 수 있다.

낮은 온도나 높은 변형률 속도에서의 응력/변형률 곡선은 초기 경사가 급하고 초기 직선으로부터의 변화가 적고 파손 변형률이 적은 취성 재료의 특성을 나타낸다. 높은 온도나 낮은 변형률 속도에서는 같은 재료의 응력/변형률 곡선이 초기 경사가 줄어들고 초기 직선으로부터의 변화가 심하고 파손 변형률이 높은 연질 재료의 특성을 나타낸다.

앞에서 설명한 바와 같이 취성재료는 초기 직선과의 변화가 거의 없으며, 파손 변형률이 낮고 항복점이 없는 응력/변형률 곡선을 나타낸다. 응력/변형률 거동은 초기 재료 선정시에 도움이 된다.

이와 같은 자료는 제품 설계시에 비례 한도(그림 8.6 A점) 내에서 사용하여야 하나 특별한 요구 조건이 있는 경우는 곡선의 어느 부위에서도 사용될 수 있다. 열가소성 plastic 부품의 대부분은 비례한도 내에서 설계되기 때문에 탄성론에 입각한 설계 계산공식을 사용할 수 있다.

2) 인장 응력/변형률

인장 응력/변형률 자료는 인장 시험기에 시편의 양끝단을 치구에 고정시킨 후 설정된 시험 조건으로 시편의 양끝을 잡아 당기면 힘이나 응력이 신장이나 변형률의 함수로서 그래프로 나타내진다. 같은 온도에서의 인장 시험시에 같은 계통의 수지도 그레이드에 따라 현저하게 다른 응력/변형률 현상이 나타난다.

그림 8.7은 일정한 변형률 속도하에서 열가소성 plastic의 응력/변형률 거동의 온도에 따른 영향을 나타낸다.

그림 8.8은 응력/변형률 거동의 변형률 속도에 따른 영향을 나타낸다. 높은 변형률은 탄성론과 기존의 설계 한도를 벗어나기 때문에 약 4~5%를 넘는 변형률의 경우는 거의 고려하지 않는다.

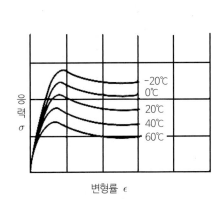

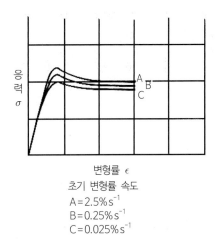

변형률 ϵ
초기 변형률 속도
A=2.5%s^{-1}
B=0.25%s^{-1}
C=0.025%s^{-1}

그림 8.7 응력-변형률 거동의 온도에 의한 영향 (일정한 변형률 속도시)　　**그림 8.8** 응력-변형률 거동의 변형률 속도 변화에 따른 영향(일정 온도시)

(1) 이방성(Anisotropy)

응력/변형률 특성은 사용한 성형 방법에 따른 분자의 방향성에 따라 변한다는 것을 알 수 있다. 분자의 방향에 평행한 경우의 강도가 직각인 경우의 강도보다 높다(연성의 경우는 그와 반대이다).

(2) 시편의 크기(Specimen Size)

동일한 인장 속도로 시험하는 경우라도 시편의 크기가 다르면 변형률 속도의 %가 달라지므로 인장 강도와 연성에 변화를 가져온다.

(3) 성형 요소(Processing Parameters)

게이트 크기, 런너 크기, 수지 온도, 금형 온도, 금형 상태, 웰드 라인 위치, 사출압 및 사이클 타임과 같은 성형 요소들이 사출 성형 시편의 응력/변형률 거동에 영향을 미친다.

3) 굴곡 응력/변형률(Flexural Stress/Strain)

열가소성 plastic 부품은 대개 굽힘 응력(하중)을 받기 때문에 재료의 굴곡 성질을 측정하는 것이 필요하다. 굴곡 응력/변형률 자료는 그림 8.9에서와 같이 재료의 시편 양끝을 일정 거리 떨어진 채로 지지하고 중앙부를 일정 속도로 변형시키는 3점 굽힘 시험으로 측정한다.

단순 보 굽힘 이론은 다음과 같은 여러 가정을 설정하는 것이 필요하다.

① 보의 재료는 선형적으로 탄성이고 등방성이며 동질성을 갖는다.

② 보는 초기에 직선이고 응력을 받지 않으며 대칭이다.

③ 보의 재료에 대한 인장시의 영률과 압축시의 영률은 같다.

④ 비례 한도는 초과하지 않는다.

⑤ 평평한 단면은 굽힘 전과 후의 평면에 남아 있다.

기존의 보의 공식과 단면 특성으로부터 다음의 관계식을 설정할 수 있다.

$$\text{굽힘응력 } \sigma = \frac{3FL}{2bh^3}, \text{ 굴곡 탄성계수 } \epsilon = \frac{FL^3}{4bh^3Y}$$

여기서 Y 는 하중이 가해지는 지점에서의 변형을 나타낸다. 이들 관계식을 사용함으로써 실험실에서의 시험에 의한 굴곡(항복) 강도와 굴곡 탄성계수를 결정할 수 있다.

분자의 방향성, 변형률 속도 및 온도가 변수로서 상기 결과에 영향을 미친다.

4) 압축 응력/변형률(Compressive Stress/Strain)

선형적으로 탄성이고 동질성이며 등방성인 engineering plastic은 인장특성과 압축 특성을 동일하게 고려하여야 한다. 그러므로 압축 특성은 측정할 필요가 없다.

이 원칙은 기존의 보의 굽힘 이론을 고려할 때도 마찬가지로 적용된다. 그러나 대부분의 plastic이 선형적이 아니고 이방성인 특성을 갖기 때문에 이들 특성들 특히 굴곡 특성이 열가소성 재료의 기계적 물성 자료집에 나와 있다. 일반적으로 재료의 탄성계수는 인장의 값으로서 측정되고 나타난다.

설계자의 관점에서 보면 압축하중에 대한 응력/변형률 관계가 설계시에 사용되는 더 유익한 물성치이다. 압축 응력/변형률 조사는 시험기의 납작하고 평평한 면 사이에 재료의 시편을 넣고 양면을 일정한 속도로 움직이면서 실시한다. 압축 탄성계수가 결정되는 곳에서부터 응력이 변형률의 함수로 그래프에 나타내진다.

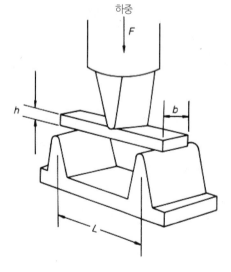

그림 8.9　3점 굽힘 치구

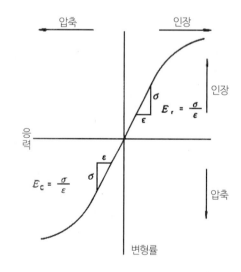

그림 8.10　일반적인 인장과 압축탄성계수

이 압축 응력/변형률 선도는 인장 응력/변형률 선도와 유사하나 응력이 높은 곳에서는 압축 변형률이 인장 변형률보다 적다. 일반적으로 유리섬유가 보강된 재료의 압축 탄성계수는 인장 탄성계수보다 상당히 적다. 재료에 압축 응력을 적용시에 파손은 거의 일어 일어나지 않고 저속으로 무한하게 늘어난다.

일반적인 압축 응력과 인장 응력 대 변형률 선도가 그림 8.10에 나와 있다. 여기에서 인장 탄성계수와 압축 탄성계수를 유도할 수 있다.

5) 전단 응력/변형률(Shear Stress/Strain)

그림 8.11의 (a)는 재료의 블록이 힘의 크기가 같고 방향이 반대인 전단력 F를 받을 때 전단 형태로 변형되거나 전단력의 크기가 충분하게 작용될 때 파손이 일어난다.

$$전단 응력 \ \tau = \frac{전단력}{전단력에 \ 저항하는 \ 면적} = \frac{F_s}{A}$$

로 정의된다. 전단 응력은 전단 변형률을 일으킨다.

그림 8.11의 (b)에서와 같이 재료의 블록이 ω만큼 옆으로 비스듬하게 전단변형이 작용시 전단변형률은 $\gamma = \frac{\omega}{\delta} = \tan\theta$로 정의된다. 여기서 θ는 라디안으로 표기되는 전단각이다. 모든 탄성 변형률은 거의 대부분이 매우 작으므로 개략적으로 $\gamma = \theta$로 표기할 수 있다.

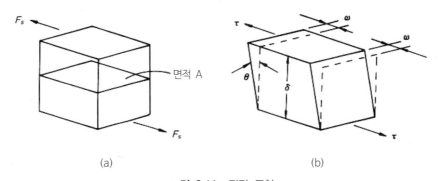

(a)   (b)

그림 8.11 전단 도형

6) 탄성계수

응력/변형률 선도의 각각 다른 특징을 검토할 때 후크의 법칙(hooke's law)에서 참조된 비례의 원칙은 $\frac{응력}{변형률} = 상수 = E$이다. 탄성계수를 나타내는 상수 E는 보통 인장 응력/변형률 선도의 초기 부위에서 유도된 영률(young's modulus)을 말한다.

Plastic 산업에서는 인장 탄성계수를 더 보편적으로 사용한다. 변형에 비례하는 응력이 없으면 그 원상태로 되돌아 갈 수 있는 탄성재료는 후크의 법칙을 따를 필요가 없을 것이다.

탄성계수는 하중이 가해진 부품의 단기간의 강도와 변형 특성을 결정하는 데 사용된다. 굽힘 응력 하에서 측정된 탄성계수는 발포 성형된 부품이나 유리섬유 보강제가 보강된 재료로 성형된 부품의 단기간의 물성을 파악하는 데와 굽힘 응력을 받는 경우에 사용하는 것이 더 적절하다. 탄성계수는 부품의 강성을 결정하기 위하여 단면적의 단면 2차 모멘트와 같이 사용된다. 강성은 영률과 단면 2차 모멘트에 의해 $R = EI$로 정의된다.

7) 전단 탄성계수

직접적인 응력이 적용되는 경우에 대하여 후크의 법칙을 따르면 전단 응력은 전단변형률의 합에 비례한다.

$$\frac{전단\ 응력}{전단\ 변형률} = 상수 = G$$

여기서 상수 G는 강성 탄성계수 또는 전단 탄성계수를 나타내고 탄성계수와 직접 비교되며 직접 응력이 적용되는 용도에 사용된다.

8) 포아송의 비

포아송의 비는 보통 그리스 문자 ν로 표기되며 탄성 한도 내에서의 길이 방향의 변형률에 대한 측면 방향의 변형률의 비를 말한다.

그림 8.12에서와 같이 원래의 길이 L과 원래의 직경 D인 둥근 봉에 인장력 F가 작용되었을 때 길이가 ΔL만큼 늘어나고 직경이 Δd만큼 감소한다.

여기서 $\Delta d = D - D_1$이다. ν의 수치 값은 다음 공식을 이용하여 결정한다.

$$\nu = \frac{측면\ 방향의\ 변형률}{길이\ 방향의\ 변형률} = \frac{\dfrac{\Delta d}{D}}{\dfrac{\Delta L}{L}}$$

포아송의 비는 인장 시험으로부터 직접 결정되거나 다음 공식에 의해 3개의 탄성계수중 2개의 탄성계수를 이용하여 계산할 수 있다.

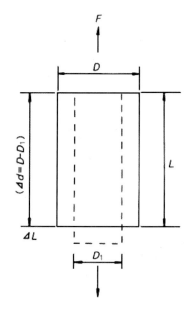

그림 8.12 인장하중이 가해진 봉에서의 직경과 길이 변화

$$\nu = \frac{E}{2G} - 1 = \frac{\dfrac{K}{2} - \dfrac{G}{3}}{K + \dfrac{G}{3}} = \frac{1 - \dfrac{E}{3K}}{2}$$

여기서 K는 체적 변형률에 대한 체적 응력의 비인 체적탄성계수(bulk modulus)이고, G는 전단탄성계수(shear modulus)이다.

포아송의 비는 탄성계수와의 함수관계이기 때문에 0과 0.5 사이에 있다. 0이란 값은 인장 응력이 작용하여 재료가 늘어날 때 측면 방향의 수축이 없는 경우를 나타내고 같은 조건하에서 0.5란 값은 일정한 체적과 밀도를 유지하기 위하여 측면 방향의 수축이 일어나는 경우를 말한다. 0.5보다 적은 값은 밀도의 감소가 일어나는 경우를 말한다. 대부분의 engineering plastic에 대한 포아송의 비는 0.2와 0.45 사이에 있다.

표 8.3에 구조용 재료에 대한 포아송 비가 나와 있다. 평판 원통형 및 구형이 부품에서 응력과 변형률을 정의하는 방정식과 같은 표준설계이론에서 포아송의 비가 자주 사용된다. 또한 회전하는 부품의 분석시에도 사용된다.

표 8.3 일반적인 포아송 비

구조용 재료	포아송의 비
알루미늄	0.33
탄소강	0.29
고무	0.50
순수한 강성 열가소성 플라스틱	0.2~0.4
보강 또는 충전된 강성 열가소성 플라스틱	0.1~0.4
발포 성형된 강성 열가소성 플라스틱	0.3~0.4
순수한 강성 열경화성 플라스틱	0.2~0.4
보강 또는 충전된 열경화성 플라스틱	0.2~0.4

9) 동역학적 분석

동역학적 분석(DMA) 방법은 광범위한 온도에 대하여 수지의 기계적 특성을 설명하는 기법이다. 동역학적 분석 시험은 시편의 한쪽 끝에 진동하는 구동 헤드를 부착하고 시편의 다른 한쪽 끝에 하중을 감지하는 헤드를 부착한 후에 시편의 한쪽 끝에서 알고 있는 주파수와 진폭을 보내면 시편의 다른 한쪽 끝에서 시편을 통하여 전달된 기계적인 파동이 측정된다.

수지는 점탄성이기 때문에 에너지의 일부가 탄성적으로 전달되고 나머지 에너지는 구조물 안에서 열과 분자 운동에 의해 소멸된다. 이때 전달된 파의 진폭과 상의 지체를 측정함으로써 재료의 탄성 계수를 결정하고 시편에서 손실된 에너지의 양을 계산하는 것이 가능하다.

이 시험을 각각의 여러 온도에서 실시함으로써 온도에 따른 저장 탄성계수(storage modulus) 그래프와 온도에 따른 손실 탄성계수(loss modulus) 그래프를 얻을 수 있다. 열의 변환도 동역학적 분석으로 쉽게 파악된다. 주변환은 유리전이 온도와 용융수지 온도에서의 수지 구조 재배열과 관련이 있으므로 손실 탄성계수가 이들 온도에서 최고치를 나타낼 것이다.

동역학적 분석 방법으로 유도되는 또 다른 특성은 저장되는 탄성계수에 대한 손실되는 탄성계수의 비, 즉 탄젠트 델타 또는 탄 델타(tangent delta or tan delta)이다.

상기 두 가지 탄성계수가 열변환시에 약간의 편차가 있으므로 그들의 비가 극도로 민감한 이들 변환의 위치와 폭의 지침이 된다. 이 동역학적 분석으로 수지가 사용되어질 수 있는 한계, 즉 유용한 열적 범위를 파악할 수 있고 또한 재료에 충격 강도가 작용시 열적 변환을 통한 관련된 변화를 파악할 수 있다는 것을 설계자는 알 필요가 있다.

10) 시간과 관련된 기계적 특성/Creep

열가소성 plastic에서 나타나는 중요한 특성 중의 하나는 장기 사용시의 점탄성 특성이다. 즉 장기간의 응력 작용하에서 점성과 탄성 거동이 둘 다 동시에 일어나는 현상이다.

점탄성의 중요한 형태의 하나가 creep이다. 단기간의 응력/변형률 거동은 앞에서 설명한 바와 같이 보통 1시간 이내에서 일어나고 가끔 순간적으로 일어나는 경우도 고려된다. 그러나 creep는 부품의 수명 내내 계속되거나 때로는 수년간 지속된다.

(1) 크리프(Creep)

일정한 응력(하중)의 작용하에서 점탄성 재료는 시간에 따라 변형량이 증가하게 된다. 이를 creep 또는 냉간 흐름이라 한다. 그러므로 creep는 일정 하중하에서 기간에 따라 증가되는 변형률을 말한다. 어떤 재료에 대한 creep의 속도는 가해지는 응력, 온도 및 시간에 따라 다르다.

Creep 현상은 주어진 온도에서 일련의 하중에 대한 시간의 함수로서 변형률을 그래프로 나타내는 방법으로 초기에 시험한다. 측정은 인장시험, 굴곡시험 및 압축시험 방법으로 실시된다.

인장시험 방법에서는 시편이 일정한 인장 응력을 받을 때 시간의 함수로서 길이의 변화량을 측정한다. 이 결과로 생기는 응력-변형률-시간의 creep 자료는 보통 변형률에 대한 측정 시간의 곡선으로 그림 8.13에서와 같이 나타내진다.

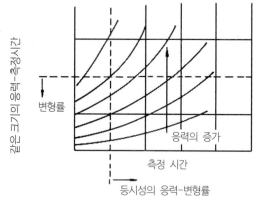

그림 8.13 Creep 곡선(변형률 대 측정시간)

다른 두 방법 즉 굴곡시험과 압축시험 방법에서는 시편이 일정한 굽힘 하중이나 압축 하중을 받을 때 시간의 함수로서 변형량이나 압축량을 측정한다. 그림 8.13에 나와 있는 자료는 특정 요구 조건에 맞도록 다른 형식으로 나타내어질 수 있다.

일정 시간에서의 creep 곡선을 통해 얻어진 자료가 그림 8.14의 B와 같은 등시성의 응력/변형률 곡선을 만든다. 이와 같이 같은 크기의 응력에 대한 측정시간의 곡선이 그림 8.14의 A와 같이 일정 변형률로부터 얻어진다.

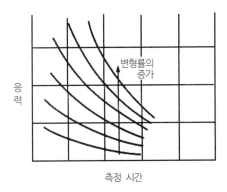

그림 8.14A 같은 크기의 응력 대 측정시간

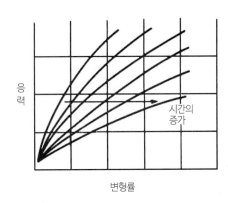

그림 8.14B 등시성의 응력 대 변형률

(2) 크리프 파손(Creep Rupture)

Creep로 인하여 파손되는 경우는 2가지 형태가 있다. 첫 번째는 부품의 허용 변형량을 초과하는 경우이고, 두 번째는 부서지거나 터지는 경우이다. creep 파손은 취성 파손 또는 연성 파열을 일으킨다.

Creep 파손의 측정은 creep 시험에서와 같은 방법으로 실시되나 높은 응력이 가해지고, 파손되는 시간이 측정된다. 결과는 보통 그림 8.15에서와 같이 파손되는 측정 응력에 대한 측정시간으로서 나타내진다.

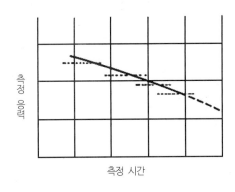

그림 8.15 creep 파열 자료(1사이클 시간측정)

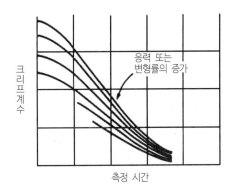

그림 8.16 creep 계수

(3) 크리프 계수(Apparent or Creep Modulus)

Creep 자료와 creep 파손자료가 재료의 장기 사용시의 현상에 대한 지침을 주더라도 제품 설계용으로는 시간에 대한 계수로 변형시켜 사용하는 것이 상당한 가치가 있다. 연속 하중을 받는 부품을 계산할 때 E 나 G 같은 단기 물성 계수를 사용한다면 E 나 G 가 creep 효과를 반영하지 않기 때문에 결과는 잘못되기 쉽다. 응력 수준과 온도를 알고 주어진 온도에서의 creep 곡선을 이용할 수 있다면 creep 계수 Eapp는 creep 곡선을 이용하여 다음과 같이 계산할 수 있다.

$$Eapp = \frac{\sigma}{\epsilon_c}$$

여기서 σ 는 계산된 응력 수준이고 ϵ_c 는 주어진 온도와 시간에서의 creep 곡선에서 얻어진 변형량이다. $Eaap$ 값을 E 에 대체하여 계산한다.

그림 8.16에서와 같이 일정 응력이나 변형률에서의 측정된 creep 계수에 대한 측정시간으로 나타내지는 creep 계수 곡선은 보통 creep 자료로부터 유도된다.

(4) 응력의 풀림(Stress Relaxation)

이 과정은 점탄성체에 일정한 변형률이 작용할 때 시간에 따라 응력의 감소가 일어나는 것이라고 설명할 수 있다. 나사로 조립하거나 강제 압입 및 스프링과 같은 장기간 변형을 받는 부품 설계시에 재료에 나타나는 응력의 풀림 정도를 파악하는 것이 중요하다.

그림 8.17에 이 현상에 대한 그래프가 나타나 있다. 그림 8.17의 A는 시간 t_0 에서 변형률 ϵ 가 재료에 작용하여 오랫동안 유지되어야 하는 경우의 예이다.

그림 8.17의 B는 시간 t_0 에서 재료에 응력이 즉시 0에서 σ_0 로 증가되고 시간이 지남에 따라, 이 응력치는 계속해서 감소되는 경향이 있다. 또한 응력의 풀림은 온도에 따라 다르다. 응력의 풀림 자료는 시편에 고정된 변형률을 가하여 시간에 따른 응력의 점진적인 감소를 측정함으로써 얻을 수 있다.

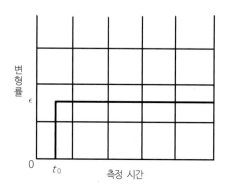

그림 8.17A 응력 풀림 거동

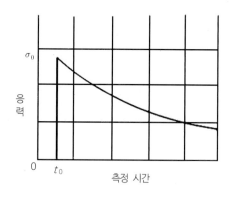

그림 8.17B 응력 풀림 거동

상기 결과에 의한 자료는 그림 8.14에서의 같은 크기의 변형률 곡선과 유사한 응력의 풀림곡선을 만드는데 사용될 수 있다. 응력의 풀림 자료는 creep 계수와 유사한 풀림계수를 유도하기 위하여 사용될 수 있다. 그러나 풀림 자료는 creep 자료에서와 같이 보편적으로 이용되지는 않는다. 그와 같은 경우에 creep 곡선으로부터 계산된 creep 계수 Eapp를 사용함으로써 응력의 풀림에 의한 하중의 감소를 개략적으로 계산할 수 있다. 탄성계수 자료(E 또는 G)는 응력의 풀림 효과가 반영되지 않았기 때문에 구조적인 성능 계산에 사용하는 것이 부적합하다.

(5) 크리프와 응력 풀림 자료의 보외법(Extrapolation of Creep and Stress Relaxation Data)

시간에 다른 재료의 거동을 예측하는 것은 자료를 이용하여 재료의 거동을 예측하는 것보다 크므로 creep 계수와 creep 파손자료는 특히 보외법이 자주 사용된다.

측정되는 물성에 대한 측정시간으로 그래프가 그려지는 creep와 응력의 풀림자료의 덜 뚜렷한 곡선은 일반적으로 보외법이 아주 유용하다. 어떻든 보외법은 대수의 한 시간 단위를 초과하지 말아야 하고 응력/신율의 한도인 최대(또는 항복) 응력/강도치의 20%를 넘지 말아야 한다.

11) 충격 강도(Impact Strength)

충격강도는 순간적인 하중을 견디는 재료의 능력을 말한다. 운동 중의 물체는 운동 에너지를 갖고 있고, 이 운동이 정지됐을 때 운동에너지는 없어진다. 이 에너지를 흡수하기 위한 plastic 부품의 능력을 결정하는 요소는 그 원료의 종류, 두께, 형상 및 크기이다.

현재까지 설계자가 분석하는데 사용할 수 있는 물성 자료를 제공하기 위한 재료의 물성을 나타내는데 사용할 수 있는 시험방법은 없다. 그러나 재료의 상대적인 노치에 대한 민감도나 상대적인 충격저항을 비교하는 유용한 자료가 있다. 이들 자료는 용도에 맞는지를 평가하기 위한 초기 재료 선정시나 일련의 재료들의 성능에 대한 등급을 매기는데 유효하게 사용된다.

아래에 plastic 재료의 평가나 적정 양인가를 판단하기 위하여 사용되는 가장 적절한 시험방법에 대한 설명이 있다.

(1) 펜듈럼 방법(Pendulum Methods)

이와 같은 시험방법은 펜듈럼이 재료의 시편을 정해진 조건으로 때려서 파손시키는데 필요한 에너지를 측정하는 방법이다.

① 샤피 충격(charpy impact)시험

그림 8.18의 (a)와 같이 노치가 나있는 시편을 치구에 올려 놓고 펜듈럼을 놓으면 이 펜듈럼이 시편의 중앙부를 때려 파손시킨다. 시편에 의하여 흡수된 에너지는 펜듈럼의 운동에 의해 작동되는 시스템에 나타내진다.

② 아이조드 충격(izod impact) 시험

샤피 충격시험과 유사하나 노치 형상과 시편 고정방법이 다르다. 이 시험 방법은 그림 8.18의

(b)에서 보는 바와 같이 시편이 수직으로 설치되고 노치에서 떨어진 곳에 충격을 가한다. 이 시험은 노치가 없는 시편으로도 시험할 수 있고 노치부를 뒤로 돌려 놓고서도 시험할 수 있다. 시험 결과는 노치의 존재 여부와 위치에 따라 정리되어야 한다.

③ 인장 충격(tensile impact) 시험

이 시험은 위의 시험 방법에서와 유사한 흔들리는 펜듈럼을 사용한다. 인장 시편을 사용하여 인장 충격하에서 시편을 파손시키는데 필요한 에너지를 측정하기 용이하도록 그림 8.18의 (c)에서와 같이 설치된다.

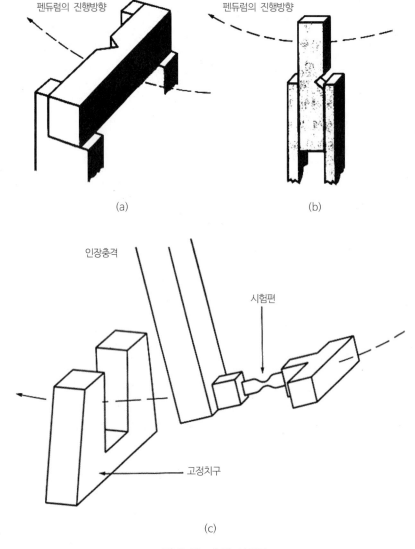

그림 8.18 충격 시험도

(2) 낙추 시험 방법(Falling Weight Methods)

펜듈럼 시험은 재료의 물성을 파악하는데 적합한 시험인 반면에 낙추 시험 방법은 완성품을 평가하는데 사용한다.

이 시험 방법은 정해진 조건으로 화살촉 모양의 추를 시편 위로 떨어뜨리는 방법으로 추의 높이와 중량을 증가시키면서 반복하여 시험한다. 가장 적절한 방법은 추의 높이를 일정하게 하고 충격 순간의 속도를 같게 한 상태에서 추의 중량을 변화시키는 방법이다.

그림 8.19에 이 시험 방법에 대하여 개략적으로 설명되어 있다. 개선된 낙추 시험 방법들이 사용되고 있고, 이 개선된 방법의 시험 원리는 같지만 충격과정 동안에 재료의 물성이 계기 시스템에 나타난다. 추에 압력 감지 장치를 설치한 후 마이크로프로세서로 된 시스템에 연결하여 힘/시간 곡선과 같은 더 유익한 자료를 얻을 수 있다.

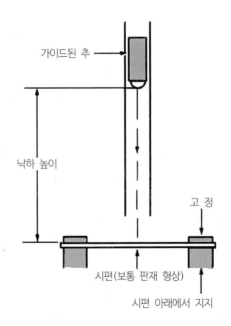

가이드된 추

낙하 높이

고 정

시편(보통 판재 형상)

시편 아래에서 지지

그림 8.19 낙추 충격 시험

그림 8.20에 연성 수지와 취성 수지에 대한 에너지 흡수 능력의 차이를 나타내주는 일반적인 예가 나와 있다. 더 자세한 분석을 하기 위해 고속으로 작동되는 낙추 시스템이 사용된다. 충격 강도는 온도의 영향에 따라 변하므로 설계시에 최종제품의 작동 온도도 고려하여야 하고, 충격 시험도 그 온도에서 실시되어야 한다.

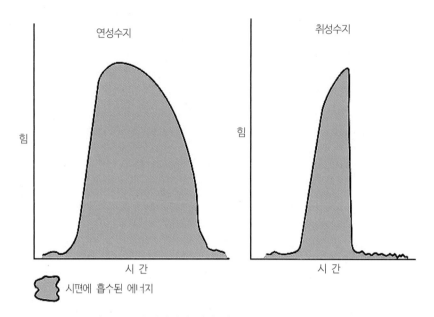

그림 8.20 측정계기에 의해 나온 일반적인 힘/시간 곡선

그림 8.21에 일반적인 충격 강도에 대한 온도의 영향이 나와 있다.

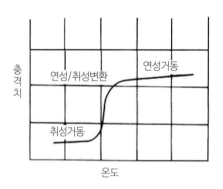

그림 8.21 일반적인 충격곡선 대 온도

12) 피로

피로는 재료가 반복적으로 응력을 받거나 어떤 일정한 주기적인 조건으로 응력을 받는 것을 말한다. 하중의 크기는 보통 한 번 정도 가해져서는 제품이 파손되지 않을 정도로 낮다. 또한 용도별로 하중치와 그 주기가 다르다.

진동을 받는 구조 부품, 반복되는 충격을 받는 부품, 왕복 운동을 하는 기계부품 및 plastic 스냅 핏을 이용한 조립품들이 모두 피로 환경 조건의 예이다. 주기적인 부하는 재료의 기계적 성질을 약화시키고 재료에 파열을 진전시켜 결국에는 제품을 파손시킨다.

시험은 인장이나 비틀림 방법으로도 가능하지만 보통
은 굽힘 조건하에서 실시된다. 재료의 시편에 일정한
주기로 일정한 변형을 반복적으로 가하여 파손을 일으
키는 횟수를 파악한다. 일정한 범위의 변형량에 대하여
시험하며 보통 S-N곡선이라고 불리는 측정된 응력에
대한 측정된 사이클 수의 그래프로 시험자료가 나타내
진다.

그림 8.22에 일반적인 S-N곡선이 설명되어 있고, 이
들 곡선의 중요한 특징은 다음과 같다.

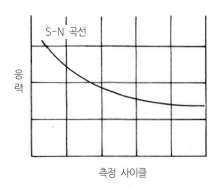

그림 8.22 일반적인 피로곡선

① 적용 응력 또는 변형률이 크면 클수록 시편이 견
디는 시험 횟수는 줄어든다.

② 곡선은 점차적으로 피로 한도라고 하는 일정한 값으로 접근한다.

그림 8.23에서 보는 바와 같이, 응력이나 변형률이 이 피로한도 이하에서는 피로로 인한 파손을 거
의 일으키지 않는다. 피로 한도를 나타내지 않는 재료도 있다. 그와 같은 재료는 내구력 한도가 주로
사용된다.

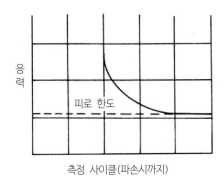

그림 8.23 피로한도

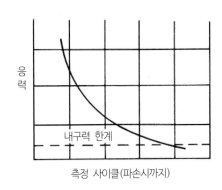

그림 8.24 내구력 한계

내구력 한도는 그림 8.24에서 보는 바와 같이 정해진 사이클 횟수에서 파손을 일으키는 응력이나
변형률의 값이다. 실험실 조건하에서 얻어진 S-N곡선은 이상적인 결과라고 생각할 수 있다. 실제의
사용 조건에서는 다른 요소들이 성능에 영향을 미칠 수 있으므로 수정된 피로 한도나 내구력 한도를
이용하여야 한다.

(1) 하중의 종류(Type of Loading)
굴곡하에서 실시된 시험 결과는 축하중이나 비틀림 하중을 받는 부품에 직접 이용할 수 있다.

(2) 치수(Size)
피로 특성으로 인한 물성 저하시 보통 제품 치수가 증가한다.

(3) 평균 응력(Mean Stress)
인장 평균 응력이 클 경우는 피로 한도나 내구력 한도를 감소시키는 반면에 압축 평균 응력이 클 경우는 피로 한도나 내구력 한도가 증가된다.

(4) 부하 주기(Loading Frequency)
열방출에 대한 대책이 잘 안 되어 있을 경우 높은 주기에서 온도가 증가한다. 이것은 피로 특성을 약화시킨다.

(5) 피로에 의한 파손의 개시(The Onset of Fatigue Failure)
피로에 의한 파손의 개시는 진폭이 큰 조건하에서 낮은 주기에서도 가속화된다. 피로 시험은 주어진 plastic 재료에 대한 피로에 견디는 상대적인 능력에 대한 지침을 준다. 그러므로 피로 시험은 그 부품의 피로에 대한 정확한 내구력을 결정하기 위하여 실제로 성형된 부품을 실제의 사용조건 하에서 작동시켜 실시하는 것이 필수적이다.

13) 내마모성
마모는 기계적인 마찰의 결과로서 분자 접착의 손실에 의한 접촉 표면이 감소되는 것을 말한다. 마찰과 마모사이에 뚜렷한 상관관계는 없으나, 마찰이 높으면 마모는 낮고 역으로 마찰이 낮으면 마모는 높다.

열가소성 plastic의 내마모성은 최종 제품 용도의 사용환경 조건에 따라 다르다. 온도, 표면의 오염(화학 약품, 그리스 등), 표면의 구조 및 형상 등이 모두 내마모성에 영향을 준다.

(1) 마모 과정(The Wear Process)
① 접착마모(adhesive wear)

접착부에서의 표면 전단, 변형 및 재료의 이동이 일어난다.

② 마멸(abrasive wear)

연한 재질에 그루브(grooves)가 설치된 채로 경도가 다른 표면끼리 접촉시 마멸된 조각이 표면에 부딪쳐서 마멸된 가루가 생기거나 표면침식이 일어난다.

③ 피로(fatigue)

표면 또는 표면 사이에 재료의 내구 한도 이상의 응력이 발생하여 표면에 피로로 인한 파손이 일어난다.

상기 결과는 접촉 재료의 표면 거칠기 정도에 따라 다르게 나타난다. plastic 경우는 사용되는 재료의 탄성계수(E-modulus)에 따라 다르다. 예를 들면 valox 수지로 비교적 매끄럽게 표면이 잘 형성된 부품은 표 8.4에서 보는 바와 같이 광범위한 사용조건에서 마찰이 낮고 내마모성이 높은 용도에 적합하다. 일반적으로 valox 수지는 금속이나 valox 수지 계통의 부품에 대하여 정적 마찰계수와 동적 마찰계수가 매우 낮다. 다른 반결정성 수지들은 일반적으로 금속에 대하여 적절한 내마모성이 있으나 그들끼리 접촉되는 용도에는 적합하지 않다.

표 8.4의 valox 수지에 대한 마찰계수는 실험실 조건에서 나온 자료로서 그레이드별 일반적인 값이다. 그러므로 설계시에 이 마찰 계수를 사용시에는 최종 용도의 사용환경을 고려하여야 한다.

표 8.4 valox 수지에 대한 마찰계수의 변화

구 분	마찰 계수					PV 한계(N/mm²×mm/s)		
	ASTM D 1894 정적	축 와셔 시험				250mm/s	500mm/s	1000mm/s
		wear sciences 정적	동적	whitford co. 정적	동적			
바록스 325 강철과의 마찰	0.13	0.25	0.20	0.12	0.19	330	140	105
같은 재료끼리 마찰	0.17	0.30	0.40				28	
바록스 310-SEO 강철과의 마찰	0.14	0.30	0.20	0.11	0.19	315	230	175
같은 재료끼리 마찰	0.16	0.35	0.40				33	
바록스 420 강철과의 마찰	0.14	0.26	0.20	0.19	0.24	1,400	200	700
같은 재료끼리 마찰	0.16	0.38	0.35				63	
바록스 420-SEO 강철과의 마찰	0.14	0.28	0.30	0.24	0.38	220	210	175
같은 재료끼리 마찰	0.16	0.38	0.35				49	

8.3.3 열적 특성

주어진 용도에 맞는 일정한 수준의 기계적 성능과 치수 안정성을 유지할 수 있는 수지를 선정할 때 설계자는 최종 제품이 사용되는 작동환경과 극한환경을 고려하여야 한다.

다음에 열가소성 plastic 수지에 관한 기본적인 열적 특성에 대하여 설명하였다.

1) 용융 온도

열가소성 plastic 수지는 온도가 증가함으로써 점도가 낮아진다.

결정성 수지는 명확하게 구분되는 용융온도(T_m)을 갖고 있고 그 용융 온도 이상에서는 모두 구조적 성질을 잃고 자유롭게 흐른다.

비결정성 수지는 유리 전이 온도(T_g) 이상의 광범위한 온도에서 연화되고 실제로 명확한 용융 온도는 없다.

2) 유리 전이 온도

모든 열가소성 plastic 수지는 물성에 중요한 변화를 일으키는 유리 전이 온도(T_g)가 있다.

보통 유리 전이 온도 이하에서는 하중이 가해졌을 때 수지가 딱딱하고 유리 같이 깨지기 쉬운 상태를 하고 있다. 유리 전이 온도 이상에서는 수지가 더 연성이 되고 고무 같이 질긴 상태로 된다.

3) 바이켓 연화 온도

이것은 시편에 작고 가벼운 하중이 가해진 가열된 시험침(probe)이 일정 거리만큼 침투될 때의 온도이다.

비결정성 수지는 시험중에 creep 현상을 일으키기 쉬우나 결정성 수지는 시험치가 상당히 크다. 이 시험의 목적은 가열된 물체와 접촉시에 제한된 짧은 기간동안 견딜 수 있는 수지의 성능에 대한 지침을 제공하기 위한 것이다.

4) 열변형 온도

하중하에서의 변형온도(DTUL) 또는 열변형 온도(HDT)는 하중이 가해지는 동안 높은 온도에서 견디는 수지의 성능에 대한 상대적인 측정치이다. 비결정성 수지의 열변형 온도는 거의 유리 전이 온도(T_g)와 일치한다. 결정성 수지는 열변형 온도가 낮으나 그보다 높은 온도에서도 구조적 성질을 유지한다.

수지에 충전제를 보강하면 보통 열변형 온도는 증가한다. 이것은 충전제의 보강에 의해 탄성계수가 증가하기 때문이다. 열변형 온도는 일정한 탄성계수(설정된 응력하에서 미리 선정된 변형률)를 나타내주므로 탄성계수의 증가는 열변형 온도를 증가시킨다. 충전제의 보강은 비결정성 수지보다 결정성 수지에 더 큰 영향을 미친다.

5) 선팽창 계수

재료가 가열되거나 냉각되면 재료의 화학적 성질에 의하여 결정되는 범위까지 팽창되거나 수축이 일어난다. 선팽창 계수(CLTE)는 단위 온도 변화(보통 ℃로 표기)마다의 길이 변화의 비이다.

사출 성형품은 온도 증가에 비례하여 길이가 변하고 팽창한다. 사출성형 수지는 대개 이방성이기 때문에 그 팽창은 측정 방향에 따라 다르다. 비결정성 수지는 일반적으로 광범위한 온도 범위에 대하여 일정한 팽창률을 나타낸다.

결정성 수지는 유리 전이온도에서 결정성구조에 변화가 일어나 선팽창 계수가 급격히 변하고 일반적으로 유리 전이 온도 이상에서는 팽창계수가 증가한다. 충전제로서 유리섬유를 사용시 흐름방향으로 정열이 되므로 수지가 가열되면 유리섬유가 그 축을 따라서 팽창을 제한하여 수지의 선팽창 계수를 감소시킨다.

보강된 수지들은 흐름방향으로의 팽창이 제한되고 흐름 반대 방향과 두께 방향으로 팽창이 일어나기 때문에 흐름반대 방향과 두께 방향의 선팽창 계수가 증가된다.

만약 부품이 온도 조건이 변하는 곳에서 사용된다면 설계단계에서 부품의 팽창이나 수축 가능성을 고려하여야 한다. 유사하지 않은 수지를 같이 조립할 때는 특히 주의하여야 하고 다음 사항들이 추천된다.

① 부품에 전체적으로 큰 레디우스(R)와 적은 곡선들을 사용한다.

② 가능한 한 유사한 선팽창 계수를 갖는 재료를 사용한다.

③ 선팽창 계수가 다른 부품을 조립할 때 볼트나 리벳 또는 스크류 같은 기계적 조립 방법을 사용한다.
- 구멍 크기를 약 40% 이상 크게 한다.
- 팽창이나 수축방향으로 구멍에 슬롯(slot)을 낸다.
- 높은 압축 응력을 피하기 위하여 큰 와셔를 사용한다.
- 높은 압축 응력을 피하기 위하여 안전한 회전력을 사용하여 체결한다.

④ 낮은 온도에서도 연성을 유지하고 응력에 의한 크랙을 일으키지 않는 접착제나 봉합제(sealants)를 사용한다.

⑤ 선정된 수지의 화학 약품에 대한 적합성 여부를 확인하여야 한다.

표 8.5에 GE plastic 수지와 다른 구조용 재료에 대한 선팽창 계수가 나와 있다.

표 8.5 선팽창 계수($℃^{-1}×10^{-6}$)

구조용 재료	선팽창 계수	구조용 재료	선팽창 계수
GE 플라스틱 수지		울템 2300/2310	20
사이콜락 AM	88	울템 2400/2410	14
사이콜락 T	96	울템 6000	51
사이콜락 TCA	90	울템 6100	25
사이콜락 LA	110	울템 6202	45
사이콜락 GSM	95	바록스 325/310-SEO	130
사이콜락 XMM	67	바록스 420/420-SEO	25~75*
사이콜락 DH	85	바록스 752	27~50*
사이콜락 X37	62	바록스 815	55
사이콜락 KJY	94	바록스 855	43
사이콜락 KJB	95	다른 수지	
사이콜락 XMA-AS	82	아세탈	85
렉산 미보강 그레이드	70	아크릴	68
렉산 500(10% GF)	40	나일론	99
렉산 3412(20% GF)	30	폴리에틸렌	169
렉산 3414(40% GF)	20	폴리프로필렌	86
노릴 SEO/110/SE 100	70	열가소성 폴리에스테르	124
노릴 731/SE1	60	다른 재료	
노릴 GFN1/SE1-GFN1	50	알루미늄	23
노릴 GFN2/SE1-GFN2	40	황동	18
노릴 GFN3/SE1-GFN3	30	콘크리트	14
수펙 6401	22	구리	16
수펙 6402	22	유리(조질 처리)	3
울템 1000/1010	56	소나무(나무결이 있는)	5
울템 2100/2110	32	아연	39
울템 2200/2210	25	강철	11

6) 열전도도

열전도도는 재료의 길이 방향이나 두께 방향으로 열이 전도되는 재료의 성질을 측정하는 것이다. 열전도도는 온도에 따라 길이 방향으로 약간씩 변화하고 시편의 수분함량에 의해 영향을 받는다. plastic이 단열체나 발산체(dissipators)로서 자주 사용되기 때문에 열전도도가 중요한 요소이다.

표 8.6에 GE plastic 수지와 다른 재료에 대한 열전도도 값이 나와 있다.

표 8.6 열전도도(W/mk) 23℃

구조용 재료	선팽창 계수	구조용 재료	선팽창 계수
GE 플라스틱 수지		다른 수지/재료	
사이콜락	0.17~0.22	나일론	0.260
렉산	0.19~0.22	폴리프로필렌	0.121~0.109
렉산 발포성형	0.13~0.16	폴리스티렌	0.052~0.121
노릴	0.16~0.28	고무(연질)	0.138
노릴 발포성형	0.12~0.13	유리	0.346~1.038
바록스	0.16~0.19	물(60℃)	0.652
지노이	0.18~0.19	공기	0.024
노릴 GTX	0.23~0.26	강철	45.35
울템	0.22	알루미늄	224.99
		구리	403.26

7) 뒤틀림 온도

부품에 허용할 수 없을 정도의 변형이 일어나는 온도를 말한다.

바이켓 연화 온도(vicat softening point)나 열변형 온도(HDT)는 높은 온도에서 변형에 견디는 고유의 열가소성 plastic 성질에 대한 확실한 지침을 주지만 최종 제품에는 수지의 방향성, 부품 두께, 체결력 같은 가해지는 하중 등과 관계가 있으므로 최종 제품 성능에는 직접 적용할 수 없다. 만약 지지되지 않은 큰 공간이 있는 경우는 부품자체 중량도 크게 영향을 미친다.

이와 같은 이유에서 뒤틀림 온도가 명시되어야 하고 성형조건의 변수나 설계상의 변수 때문에 최종 제품 생산자가 보통 사양을 결정한다.

8) 고온에서의 노화

이것은 장기간 동안 특정 온도에서 많은 수의 샘플을 저장하고 미리 정해진 시간 간격마다 샘플을 채취하여 표준 시험 조건에서 기계적 특성, 물리적 특성, 열적 특성 및 전기적 특성을 시험한다. 결과는 다양한 노화 온도에서의 물성 대 시간의 그래프로 나타나며 이 결과는 설계시에 허용되어야 할 재료의 열안정성에 대한 지침을 제공한다.

9) 상대 열적 지수/상대 온도 지수

미국의 Underwriter's Laboratories(보험업자의 실험실)에서 전기적인 용도에 사용되는 plastic 수지의 연속 사용온도를 시험한다. 또한 전기적인 특성, 충격하의 기계적인 특성 및 충격이 없는 상태에서의 기계적인 특성에 대하여 개별적으로 평가하여 작성한다. 최종 제품이 UL의 인정을 받아야 하는 경우에 이들 시험결과가 중요한 항목이 된다.

표 8.7에 GE plastic 수지의 연속 사용온도치가 나와 있다.

표 8.7 상대 열적 지수(℃)

구 분	모든 특성	충격 없음
사이콜락		
AM/T/TCA/DH/X37/KJY/KJB/XMA	60	60
GSM	70	70
렉산		
미보강 그레이드	115	125
자외선 안정 그레이드	100	100
2014/2034	110	125
3412/3414	120	130
940/940A	110	125
노릴		
731	90	105
110	85	95
SE90	75	95
SE100	80	95
SE1	105	110
Vo-150	115	135
유리섬유 보강 그레이드	105	110
울템		
미보강 그레이드	170	170
유리섬유 보강 그레이드	170	170
2300	170	180
바록스		
325/31-SE0	120	140
420	140	140
420-SEO/752	130	140
815/855	110	125
수펙 G401/G402	220	220
지노이 6120	120	140

10) 난연성

난연성은 점화 후 재료가 불에 타는 특성을 엄밀하게 평가하여 구분한 것이다. 난연성은 전기적 용도에 중요할 뿐만 아니라 주택의 방과 같이 크거나 제한된 공간에서 plastic 성분이 대부분 노출되는 경우데도 중요하다는 것을 설계자는 알아야 한다.

공인된 시험방법으로 가연성, 연기 방출 및 점화 온도를 측정한다. UL94의 난연성 구분은 V-0, V-1, V-2, 5V HB 등이 보통 사용되는 등급이다. 이 시험은 시편을 특정 표준 불꽃에 노출시켜 시험한다. 불꽃이 제거된 후 시편에 연소가 되는 성능이 구분하는 기준이 된다. 일반적으로 불이 빨리 꺼지고 불에 탄 재가 떨어지지 않는 재료가 높은 등급으로 구분된다. 등급은 1.6mm나 3.2 mm의 일정한 두께를 기준으로 평가되므로 특히 제품 벽 두께에 대한 평가 등급과 직접 관련된 설계자에게 필요하다.

11) 기계적 특성에 대한 온도의 영향

설계자가 열가소성 plastic으로 제품 설계시에 이해해야 하는 기본적인 재료의 특성은 변형률 속도와 온도 사이의 반비례 관계이다. 매우 높은 변형률 속도나 매우 낮은 온도에서 재료에 나타나는 현상은 유사하다.

역으로 말하면 높은 온도에서 변형률이 매우 낮을 경우는 creep 효과가 가속화된다. 재료의 성질을 파악하고 장기 사용 성능에 대한 지침을 주기 위하여 여러 가지 이론적이고 실험적인 방법을 사용하여 시험에 의해 자료를 얻는다(단 전이 온도 부근과 그 이상에서와 용융 온도 부근에서의 시험은 제외되었다). 앞 절에서 설명한 기계적 특성에 대한 온도의 영향에 대하여 다음에 검토하였다.

(1) 강도, 탄성계수와 신장(Strength, Modulus and Elongation)

이들 3가지 재료의 특성은 인장, 압축, 굴곡 및 전단 하중에서의 성질이 유사하게 나타난다. 보통 온도가 증가하면 강도와 탄성계수는 감소하고 신율은 증가한다.

그림 8.25에 여러 온도에서 일정한 변형률 속도를 사용할 때 생기는 일반적인 응력-변형률 선도가 나와 있다. 또한 그림 8.25에 일정한 온도에서 여러 변형률 속도를 사용할 때 생기는 일반적인 응력-변형률 선도가 나와 있다.

온도가 유리 전이 온도까지 증가함으로서 탄성계수는 점차 감소한다. 결정성 수지는 용융온도에 근접할 때까지는 탄성계수가 어느 정도 유지되나 비결정성 수지는 유리전이온도 이상에서는 탄성계수가 급격히 내려간다. 결정성 수지에 유리섬유 같은 보강제를 보강시 유리 전이온도 이상에서 탄성계수가 현저히 개선되나 비결정성 수지는 이와 같은 보강시 유리 전이 온도 이상에서 거의 영향이 없다.

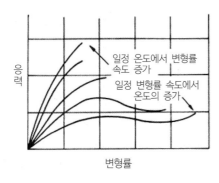

그림 8.25 응력-변형률 곡선에 온도나
변형률 속도의 영향

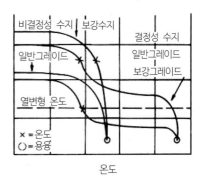

그림 8.26 온도와 탄성계수의 관계

그림 8.26은 비결정성 수지(미보강 및 보강시)와 결정성 수지(미보강 및 보강시)에 대한 온도에 따른 탄성계수의 변화를 나타내었다. 그림 8.27은 일반적인 온도 증가에 따른 신율의 증가를 나타내었다.

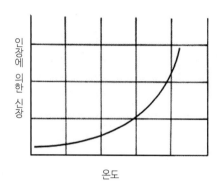

그림 8.27   온도 증가에 따른 신장의 증가

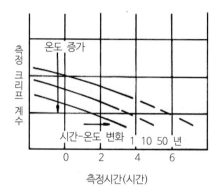

그림 8.28   creep 탄성계수곡선의
시간-온도 변화

(2) Creep

Creep에 대한 곡선으로서 일정 온도에서의 등시의 응력-변형률 곡선과 같은 크기의 응력곡선이 있다. 필요한 경우 각각의 다른 온도에서 이와 같은 곡선을 만든다. creep 파손이나 실제의 탄성계수 곡선은 측정시간에 대한 변수로서 온도가 관련되어 있다. 그림 8.28에 장기 사용시 재료의 성질을 나타내는 시간-온도 변화에 따른 실제의 creep 탄성계수 곡선이 나와 있다.

그림 8.29는 여러 온도에서의 creep 파손곡선이다. 곡선은 가장 낮은 온도 곡선에서 긴 시간동안 직선으로 나타나서 파열강도를 미리 예측할 수 있도록 되어야 한다.

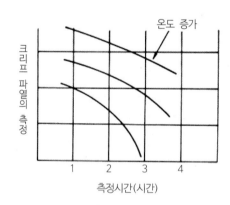

그림 8.29   저온에서 오랜 시간동안에 나타
나는 일반적인 creep 파열 곡선

(3) 충격(Impact)

다양한 온도에서의 충격시험은 그림 8.21에 설명된 곡선과 유사하게 충격 강도 대 온도의 그래프로 구성되어 있다. 일반적으로 온도가 대기 온도(23℃) 이하로 현저하게 떨어졌을 때 plastic은 충격강도가 현저하게 감소한다.

아즈델, 아즈로이 및 아즈멧 같이 길이가 아주 긴 유리섬유가 보강된 재료는 대기 온도에서 비교적 높은 충격강도를 나타내고 또한 $-40℃$ 정도의 낮은 온도에서도 높은 충격 강도를 유지한다.

(4) 피로(Fatigue)

재료는 온도가 증가함에 따라 피로값이 감소한다. 실험실에서 나온 피로에 대한 자료는 환경에 대한 피로성능을 거의 나타내지 못한다. 그러므로 이들 자료는 최종사용 성능시험에 대한 초기 재료선정시의 지침으로만 사용하여야 한다.

8.3.4 전기적 특성

GE plastic의 다양한 engineering plastic은 전기공업 분야에 적용하는데 이상적인 전기적 특성과 기계적 특성을 갖고 있다.

전기 공업분야의 용도로는 소형의 전자부품과 전선피복절연제로부터 큰 전기적인 제품(enclosure)까지의 모든 것을 포함한다. plastic 고유의 절연성은 이와 같은 용도에 plastic이 사용되어지는 plastic의 여러 특성 중의 하나에 불과하다. 또한 용도에 따라서는 사용될 국가의 관련된 인증증명이 필요한 경우에는 관련된 국내 또는 국제적인 인증기관에 확인하여 조사하여야 한다.

아래에 전기공업분야에 사용되는 plastic 시험과 관련된 여러 표준과 시험기관에 의해 구분된 전기적 특성의 정의가 설명되었다.

1) 표면 고유저항

표면고유저항은 표면에 단위 두께와 단위 간격을 띠고 설치된 전극사이에 직류가 가해질 때 그 표면을 따라서 흐르는 전류의 흐름을 저항하는 재료의 능력을 측정하는 것으로 단위는 옴(Ω)이다.

2) 체적 고유저항

체적고유저항은 단위 입방체의 반대면 사이에 전위가 가해질 때 측정되는 재료의 전기적 저항을 말하고 단위는 Ω-cm 또는 Ω-m가 사용된다.

3) 절연저항

이것은 두 전극 사이에 전체 전류에 대한 두 전극사이에 가해진 직류의 비를 말한다. 이 특성은 표면고유저항 및 체적고유저항과 시스템의 기하학적인 특정 형상과의 복합적인 관계를 나타내고 단위는 Ω로 측정된다.

4) 전기절연강도

이것은 전기적 특성에서의 최대강도와 유사한 특성으로서 가해진 전압하에서 재료의 전기절연 파괴

저항을 측정하는 것이다. 파손이 일어나기 직전에 도달한 전압을 재료의 두께로 나눔으로써 전기절연 강도의 값이 나오고 보통 kV/mm로 표시한다.

이 측정치는 다음과 같은 많은 요소에 의해 영향을 받는다.

① 가해지는 전압의 주파수와 파형

② 시편의 두께와 동질성

③ 분위기 온도와 압력 및 습도

④ 시험 전극의 치수와 열전도성

⑤ 분위기 물질의 전기적 특성과 열적특성

⑥ 시편의 미세 가공이나 오염

그러므로 전기절연강도를 나타낼 때는 주의를 하여야 한다.

5) 상대적 허용치/전기절연상수

상대적 허용치 또는 전기절연상수는 절연체로서 진공으로 이루어진 시스템의 정전용량에 대한 plastic으로 이루어진 시스템의 정전 용량의 비를 말한다. 교류의 전기절연 용도에서는 좋은 고유저항 만큼 낮은 에너지 소멸이 바람직하다.

재료분자의 이중극 운동은 전기적 에너지를 효과적으로 소멸시키는 재료의 능력을 감소시키므로 이 비효율성이 열로서 나타난다. 상대적 허용치 또는 전기절연상수는 이 비효율성을 측정하는 것이다. 그 러므로 상대적 허용치 또는 전기절연상수가 낮은 값이 전기절연체로서의 재료 성능이 더 좋다는 것을 말한다.

6) 소실률/손실정접

완전히 전기절연이 될 때는 전압파와 전류파의 상이 정확하게 90° 떨어져 있다. 전기절연 효율이 100%보다 떨어지면 그에 비례하여 전류파가 전압파보다 지연되기 시작한다.

전류파의 상이 전압파의 상과 90° 떨어진 상태에서 이탈된 양을 소실률 또는 손실정접이라 한다. 전 파 탐지기나 초단파 장비(microwave equipment)와 같은 고주파용에 사용되는 plastic 절연체는 낮은 소실률이 중요하게 요구된다.

상대적 허용치(전기절연상수)와 소실률(손실정접)은 같은 시험장비를 사용하여 측정하고 이들 시험 치들은 온도, 습도, 주파수 및 전압에 따라 크게 영향을 받는다는 것을 알아야 한다.

표 8.8 열가소성 Plastic의 체적고유저항, 전기절연상수 및 소실률(상온에서)

구 분	체적고유저항 (Ω-cm)	전기절연상수	소실률
GE 플라스틱 수지			
사이콜락	10^{16}	2.9~3.4	0.006~0.021
렉산	10^{14}~10^{15}	2.9~3.4	0.006~0.026
렉산발포성형품		2.33	0.008
노릴	10^{13}~10^{15}	2.6~3.0	0.009~0.003
노릴발포성형품		2.20	0.003
바록스	10^{14}	1.5~4.0	0.010~0.003
지노이	10^{14}	3.1~4.0	0.010~0.100
수펙	10^{13}	3.9(1kHz)	0.001(1kHz)
다른 수지			
아세탈	10^{14}~10^{16}	3.7~3.9	0.001~0.007
아크릴	10^{16}~10^{18}	2.1~3.9	0.001~0.060
나일론	10^{12}~10^{16}		
나일론 6/6		3.1~8.3	0.006~0.190
열가소성 폴리에스테르	10^{14}~10^{17}	3.0~4.5	0.0012~0.022
폴리 프로필렌	10^{14}~10^{17}	2.3~2.9	0.003~0.014
폴리 설폰	10^{15}~10^{17}	2.7~3.8	0.008~0.009
폴리 페닐렌 설파이드	10^{16}	2.9~4.5	0.001~0.002
폴리 아릴레이드	10^{16}~10^{17}	2.6~3.1	0.001~0.002

7) 아크 저항

아크 저항은 고전압의 낮은 전류 특성의 아크가 간헐적으로 일어날 때 재료의 표면에 전도 통로의 형성이 방해받아 지연되는 시간을 초로 나타낸 것이다.

이 시험은 일반 사용 환경에서는 거의 있을 수 없는 건조되고 오염이 안 된 상태의 시편으로 시험된다. 오염된 환경에서의 추적(tracking) 시험은 비교추적계수(CTI)가 더 적합하다.

8) 비교추적계수

비교추적계수(CTI)는 오염된 용액에서 전류가 가해질 때 전기전도 통로의 형성을 방해하는 재료의 능력을 측정하는 것이다. 이 시험은 염화암모늄 용액이나 용제가 섞인 염화암모늄 용액을 시편의 표면에 묻히고 시험한다.

비교추적계수(CTI)는 50회 강하 전에 파손이 되지 않는 최대전압치를 말하고 이 최대전압치에서 25V 낮추었을 때 100회 강하시까지 파손되지 말아야 한다. 단 전압은 600V까지로 제한되어 있다. 전기적인 시험은 아니지만 다음과 같은 시험이 전기공업분야의 열가소성 plastic에 중요하다.

9) 구압력 시험

이 시험은 전기적 에너지가 충전된 회로에 의해 발생되는 열을 견디는 재료의 능력에 대한 지침을 준다. 사용중에 일어날 수 있는 위험한 상황인지에 대한 지침을 주기 위하여 열과 압력을 가한 후 재료의 변형을 측정한다. 전류가 통하는 부위가 있는 부품은 최소 125℃ 이상 되어야 한다.

8.3.5 환경적인 영향

어떤 용도에 사용할 재료 선정시에 설계자는 그 용도의 사용 환경조건을 주의깊게 고려하여야 한다. 금속은 녹이 슬고 부식이 되는 것을 잘 알고 있는 바와 같이 plastic도 에너지원이나 복사체 또는 화학적 물질이 있는 곳에서 변색, 미세균열(crazing), 균열(cracking), 물성저하, 용융 또는 용해가 일어난다는 것을 알아야 한다. 또한 부품이 최종용도로 사용되기 전에 환경적인 영향을 받을 수 있는 성형공정, 조립공정, 사상 공정 및 세척공정에 대해서도 고려되어야 한다.

1) 내환경성에 영향을 주는 요소

(1) 응력수준(Stress Level)

내환경성에 중요한 영향을 미치는 요소는 성형시나 조립 등에 의해 생기는 제품 내부응력과 외부에서 가해진 하중에 의한 외부응력의 수준이다. 일반적으로 응력의 수준이 높아지면 내환경성은 감소된다.

(2) 온도(Temperature)

Plastic은 온도가 높아지면 특정 물질에 의한 악영향이 보다 더 심해진다.

(3) 노출(Exposure)

어떤 환경조건에 대한 plastic의 적합성에서 노출의 정도가 결정적인 영향을 미친다.
고려되어야 할 요소들은 다음과 같다.
① 불리한 환경조건에의 노출기간
② 강한 영향을 미치는 용액의 농도
③ 물질의 종류(기체, 액체, 고체)
④ 발열의 수준과 세기
⑤ 보호물질여부(도장, 코팅 등)

2) 화학적 적합성

Plastic에 나타나는 화학적인 영향에 의해 예측하기 어려운 화학적 적합성이 만들어진다. 어떤 화학약품은 같은 계통의 수지나 같은 계통의 다른 그레이드에 대해 완전히 다른 반응이 일어날 수 있다.

역으로 말하면 어떤 재료는 유사한 화학약품들에 대해 완전히 다른 반응이 일어난다. plastic에 영향을 주는 화학약품에 의한 작용(mechanisms)에 대한 설명이 아래에 나와 있다.

(1) 반응(Reaction)

강한 영향을 미치는 화학약품은 수지체인에 영향을 주어 점진적으로 수지의 분자량을 감소시킨다. 이 결과로서 단기 사용시의 기계적 특성이 변한다.

(2) 용해(Solvation)

대부분의 열가소성 plastic은 가용성 요소가 있다. 분자량이 높은 수지는 일반적으로 천천히 용해된다. 이 결과로서 제품에 중량과 치수변화가 일어나고 물성저하와 함께 팽창이 일어난다.

(3) 가소화(Plasticization)

화학약품이 수지와 혼합될 때 흡수하여 가소화를 일으킨다. 이 결과로서 강도, 견고도 및 크립저항이 감소하고 충격강도가 증가한다. 또한 제품이 팽창되고 응력이 풀려 가끔 휨이 발생한다.

(4) 응력부식파손(Stress Corrosion Failure)/환경응력크랙(Environmental Stress Cracking)

응력을 받고 있는 부품이 화학물질과 접하고 있는 어떤 환경조건에서 파손이 일어난다. 이 현상을 결정성 수지에 대해서는 응력부식파손이라 하고 비결정성 수지에 대해서는 환경응력크랙(ESC)이라 한다.

3) 내화학성

비결정성 수지인 lexan, noryl, cycolac 및 ultem 수지의 화학적 적합성은 극한적인 화학환경조건에서 용제와 접촉시간, 응력의 존재 여부와 크기, 온도 및 다른 조건에 의해 상당히 많은 영향을 받는다. 즉 응력이 없는 제품에 대하여 전혀 영향을 미치지 않는 환경조건이라도 높은 응력이 있는 제품에 대해서는 부적합할 수 있다.

반결정성 수지로 된 제품의 경우에도 높은 응력이 존재할 때는 어떤 환경조건에서 영향을 받는다. valox supec 및 lomod 수지는 반결정성 수지의 특성 때문에 극한적인 화학환경조건에서도 잘 사용된다.

Xenoy 수지와 noryl 지티엑스 수지는 중간 정도의 좋은 화학적 적합성을 갖고 있으므로 반결정성 수지로 고려한다.

(1) 렉산(Lexan)

폴리카보네이트 수지로서 높은 온도의 건조된 공기에서는 우수하나 물이나 습기가 있는 조건하에서는 60℃ 이하의 온도에서만 연속적으로 사용할 수 있다. lexan 수지는 희석된 무기물과 유기산에는 견디나 알칼리 용액에는 천천히 분해된다. 또한 지방성 탄화수소, 에스테르 및 알코올에는 용해되지 않으나 방향족 탄화수소에는 부분적으로 용해되고 할로겐화 탄화수소에는 완전히 용해된다.

(2) 노릴(Noryl)

Noryl 수지는 광범위한 온도에서 물에 대한 안정성이 매우 좋다. 실온에서부터 높은 온도까지에서의 수분흡수율이 모든 엔지니어링 plastic 중에서 noryl 수지가 가장 낮다. 이것이 noryl수지 제품의 치수 안정성에 상당히 기여한다. noryl수지는 세척제, 약산, 강산 및 알칼리에서 사용할 수 있으나 방향족 탄화수소에 부분적으로 용해되고 할로겐화 탄화수소에 용해된다.

(3) 사이콜로이(Cycoloy)

폴리카보네이트 수지와 아크릴로니트릴 부타디엔 스티렌 수지와 합성된 수지로서 다양한 가정용 및 상업용의 화학약품에 견디고 산, 희석된 알칼리 용액, 식물성기름 및 광유에도 잘 견딘다.

휘발유는 응력의 수준과 노출시간에 따라 cycoloy 수지에 악영향을 준다. 방향족 탄화수소는 cycoloy 수지를 팽창시키고 환경응력크랙(ESC)을 일으킨다. 또한 cycoloy 수지는 에스테르, 케톤 및 어떤 염화물계탄화수소(chlorinated hydrocarbons)에 용해되나 약한 가정용의 세척제나 희석된 가정용 표백제로 세척될 수 있다.

(4) 사이콜락(Cycolac)

Cycolac 수지의 환경저항 특성은 아크릴로니트릴, 부타디엔 및 스티렌 성분의 배합비에 따라 다르다. cycolac 수지는 물, 수성소금용액, 희석된 산과 알칼리, 포화된 탄화수소, 낮은 방향족 가솔린, 식물성 및 동물성 지방과 기름에 사용될 수 있다. 그러나 계속적인 물과의 접촉시 재료의 내열온도(HDT)가 내려가고 내열성이 감소된다는 것을 주의하여야 한다. cycolac 수지는 방향족 탄화수소, 농축된 무기산 및 산화제에 의해 영향을 받는다.

(5) 울템(Ultem)

비결정성 수지로서 어닐링(annealing)된 상태에서는 100℃의 고온에서 물과 접촉시 10,000시간 후에도 그 인장 강도의 95%를 보유하고 있으나 어닐링이 되지 않은 상태에서는 위와 같은 환경조건에서 장기사용시 크랙이 일어난다.

Ultem 수지는 증기상태와 상온의 진공건조상태를 교대로 하는 환경조건에서 기본물성의 주요변화 없이 시험되었다. 또한 지방성 탄화수소, 알코올 및 약한 수성소금용액, 산과 알칼리에는 적합하게 사용할 수 있으나 할로겐화 탄화수소에는 용해된다.

(6) 바록스(Valox)

반결정성 열가소성 plastic으로 지방성 탄화수소, 휘발유, 기름과 지방, 알코올, 글리콜, 에테르, 고분자량의 에스테르와 케톤, 희석된 산과 알칼리, 세척제와 수성 소금용액과 같은 다양한 화학약품에 견디는 우수한 특성을 갖고 있으나 높은 온도에서 물이나 수성 알칼리용액과의 접촉시 가수분해에 의한 영향을 받는다.

(7) 수펙(Supec)

반결정성 수지로서 광범위한 온도에서의 화학환경조건에서 잘 견디나, 온도수준이나 접촉시간이 한계점일 때의 어떤 순간에 강산, 할로겐, 아민 및 염화탄화수소에 의해 영향을 받는다.

(8) 로모드(Lomod)

Lomod 수지는 강 알칼리, 뜨거운 산과 염화탄화수소에 의해 영향을 받고 케톤, 방향족 용제와 약산에 부분적으로 견딘다.

(9) 지노이(Xenoy)

비결정성 수지와 반결정성 수지의 혼합된 수지로서 용제, 기름, 그리스에 잘 견디고 자동차 산업에서 사용되는 페인트류에 대한 화학적 적합성이 있다. xenoy 수지는 결정성이 증가함으로서 내화학성이 개선되나 유기용제나 지방성 탄화수소에 의해 영향을 받는다.

(10) 노릴 지티엑스(Noryl GTX)

비결정성 수지와 반결정성 수지의 혼합된 수지로서 수지 자체의 특성 때문에 고온에서 수분을 흡수하고 물에 장기간 노출시 팽창하여 조기파손을 일으킨다. noryl gtx 수지는 자동차 산업에서 차체와의 동시 페인트 및 건조조건과 같은 한정된 시간 내에서 180℃까지의 뜨거운 공기에서 견딘다. 또한 noryl gtx 수지는 기름, 그리스, 지방 및 자동차 산업에서 사용되는 여러 화학약품에 잘 견딘다.

상기 자료는 적절한 조건하에서 만들어진 시편을 사용하여 실험실에서 시험평가된 자료를 기준으로 만들어졌다. 또한 같은 계통의 화학약품이라도 완전히 다른 현상이 나온다는 것을 알아야 한다. 즉 메틸알코올이 일부 cycolac 수지에 영향을 미치나 에틸알코올은 거의 영향을 미치지 않는다.

실제로 우리는 지구상에서 사용 중인 수천 종의 화학약품이 섞인 것과 같은 상태에서 각각의 제품을 취급하고 있으므로, 제공된 자료를 기준으로 어떤 결론을 내거나 추천을 할 수는 없고 다만 상기 재료의 성능 차이를 설명함으로써 비교만 할 수 있다.

4) 내후성

열가소성 plastic의 물성에 좋지 않는 영향을 미칠 수 있는 또 다른 환경조건은 기후 조건과 자외선 방출 같은 대기 조건이다. 기후조건은 온도, 산소, 상대습도 및 자외선 방출하에서 재료의 질이 저하되는 것을 말한다.

위의 조건들이 합쳐진 상태에서는 기본적인 물성과 색상을 모두 잃어버리고 수지의 물성을 완전히 저하시킨다.

(1) 렉산(Lexan)

Lexan 수지로 만든 제품은 자외선 방출과 온도가 같이 작용하는 환경조건에 매우 민감하여 재료에 변색이 나타나고 미세한 금이나 균열이 발생한다. 자외선 안정제는 상기조건에 의한 영향을 개선시키고 성형품의 수명을 증가시킨다.

(2) 노릴(Noryl)

Noryl 수지로 만든 제품은 자외선 빛과 습도의 영향하에 변색이 나타나나 기계적 물성은 감소되지 않는다. 새로운 안정제 기술의 발전으로 자외선 안정성이 크게 개선되고 변색이 대폭 줄어들었다.

(3) 사이콜로이(Cycoloy)

Cycoloy 수지로 만든 제품은 대부분의 다른 수지와 마찬가지로 기후 조건에 의한 영향을 받고 변색과 미세한 금이 나타나며 심한 경우에는 기본적인 물성의 저하를 가져온다.

(4) 사이콜락(Cycolac)

Cycolac 수지로 만든 제품은 기후조건이나 자외선에 계속 노출시 악영향을 받는다. 주로 부타디엔 성분의 산화로 인해 변색이 일어나고 충격강도가 감소한다.

(5) 울템(Ultem)

Ultem 수지로 만든 제품은 기후 조건과 자외선 방출에 잘 견디고 수지 자체의 기본적인 특성인 고온에 견디고 가수분해에 안정되어 내후성에 어느 정도 도움이 된다.

(6) 바록스(Valox)

Valox 수지로 만든 제품은 자외선 방출에 상당히 잘 견디나 변색이 나타난다. 심한 하중과 악조건인 환경하에서 기본적인 물성이 약간 감소한다.

(7) 수펙(Supec)

Supec 수지로 만든 제품은 기후조건 하에서 약간의 변색만이 나타난다. 수지 자체의 기본적인 특성인 고온에 견디는 성질 때문에 기계적 특성의 현저한 감소는 일어나지 않는다.

(8) 로모드(Lomod)

Lomod 수지로 만든 제품은 기후조건과 자외선 방출하에서 변색이 나타나고 기본적인 물성이 감소한다. 영향을 받는 정도는 lomod 수지의 배합 성분에 따라 다르나 견고도가 감소하고 E-탄성계수(E-modulus)가 증가한다.

(9) 지노이(Xenoy)

Xenoy 수지로 만든 제품은 기후 조건과 자외선 방출에 잘 견디나 극한적인 기후 조건과 자외선 환경하에서 계속 노출시 약간의 물성저하가 일어난다.

(10) 노릴 지티엑스(Noryl GTX)

Noryl gtx 수지로 만든 제품은 일반적인 대기 조건하에서 변색이 일어나므로 페인트나 라카로 제품에 보호용 칠을 한다.

(11) 테크노 폴리머 스트락처(Techno-Polymer Structure)

아즈델, 아즈멧 및 아즈로이 수지로 만든 제품은 요구되는 특성에 따라 다양한 기본수지로 만들어졌다. 그러므로 어떤 그레이드에 대한 내후성이나 자외선 안정성은 사용된 기본 수지에 의한 특성이 그대로 나타난다.

제품에 자외선 및 내후성 코팅을 함으로써 기후조건과 자외선으로부터 열가소성 수지를 보호할 수 있다. 이 경우 가격이 비교적 높아지기 때문에 일반적으로 열가소성 plastic의 기본적인 기계적 물성 보유치가 크게 문제가 될 때만 사용한다.

8.4 구조설계계산(Structural Design Calculations)

기구적인 부품설계시에는 체계적인 방법으로 계산하여 설계에 적용하는 것이 유익하다. 그러나 고려중인 제품에 대한 하중과 변형이 무시되는 경우가 많다. 그와 같은 경우에 설계자는 만족할 만한 제품설계 또는 부품설계를 하기 위하여 그의 경험과 판단을 이용한다.

이와 같은 경우에 구조물이 아닌 plastic 부품설계시에 사용하는 성형방법에 의하여 적절하게 결정되는 제품기본두께 등과 같은 기본적인 설계만을 하는 경우가 자주 있다. 비록, 경험이 있는 설계자라 할지라도 설계나 부품에 작용되는 성형, 취급, 운반, 열적 및 다른 환경적 영향에 의한 가장 단순한 응력을 가끔 무시하는 경우가 있다.

이 장에서는 열가소성 plastic 수지로 제품설계시에 자주 사용되는 간단한 방정식과 계산 예를 설계자에게 제공하고자 한다. 이것들은 새로운 부품을 허용 가능한 응력과 변형한도 내로 유지되도록 설계하는 데 필요할 뿐만 아니라 기존부품의 가치분석, 파손분석 및 원가절감에 필요하다. 매우 정밀한 결과가 요구되는 부품형상이나 복합적인 하중을 받는 경우에는 더 엄격한 고전적인 방법론이나 전자계산기를 이용한 유한요소법을 사용하여야 한다(이 책자에서는 이와 같은 방법은 취급하지 않았다).

8.4.1 하 중

어떤 부품의 성능을 검토하는 초기단계는 어떤 하중이 가해지는가를 파악하는 것이다. 이들 하중은 다음과 같이 설명할 수 있다.

1) 직접하중

직접하중은 일정한 부위에 작용하는 인장, 굴곡, 전단, 압축, 충격, 피로 등의 하중을 말한다. 이들 부위는 응력이 집중된, 크거나 작은 점이나 선 또는 경계가 될 수 있다. 이와 같이 하중은 크기와 방향이 변하고 주어진 면적에서 균일하게 분포되거나 불균일하게 분포될 수 있다.

큰 plastic 부품을 고려할 때 부품중량 그 자체가 중요한 영향을 미치는 하중으로서 작용할 수 있다는 것을 주의하여야 한다.

2) 간접하중

변형과 같은 변형률이 작용된 부품의 구조적인 반작용은 하중 그 자체이다. 결과적으로 생긴 하중은 보통 하중을 유발한 변형률이라 한다. 하중을 유발한 변형률은 직접 하중에서와는 달리 재료의 E-모듈러스(탄성계수)에 따라 다르다.

열가소성 plastic 수지의 특성 때문에 하중을 유발한 변형률은 일반적으로 시간이 지남에 따라 감소하고, 열응력과 많은 조립응력들이 하중을 유발한 변형률로부터 생긴다.

8.4.2 지지방법

부품에 하중이 작용할 때 평형상태를 유지하기 위하여는 부품에 대하여 작용하는 힘과 같은 반대방향의 힘이 있어야 한다. 이 반력들은 부품이나 몸체가 지지되는 지점에서의 반작용이다. 구조해석을 위하여 정의되어야 하는 여러 가지의 지지조건이 그림 8.30에 나와 있다.

1) 자유 상태

이 조건은 몸체의 끝단에 아무것도 없으므로 어느 방향으로나 변형이 되거나 회전이 될 수 있다.

2) 가이드 상태

이 조건에서는 끝단의 회전만 되지 않고 모든 다른 움직임은 자유상태에서와 같다.

3) 단순지지 상태

이 조건에서는 한 방향의 왕복운동만 제한된다.

4) 유지 상태

이 조건에서는 단지 회전만 일어난다.

5) 고정 상태

이 조건에서는 견고하게 강제로 고정되어 왕복운동과 회전방향의 움직임을 방지한다. 이 조건은 보나 판의 끝단에 적용하는 방법이다.

열가소성 plastic은 수지자체의 탄성특성 때문에 지지점에서의 변형이나 움직임이 어느 정도 일어나기 때문에 거의 사용하지 않는다.

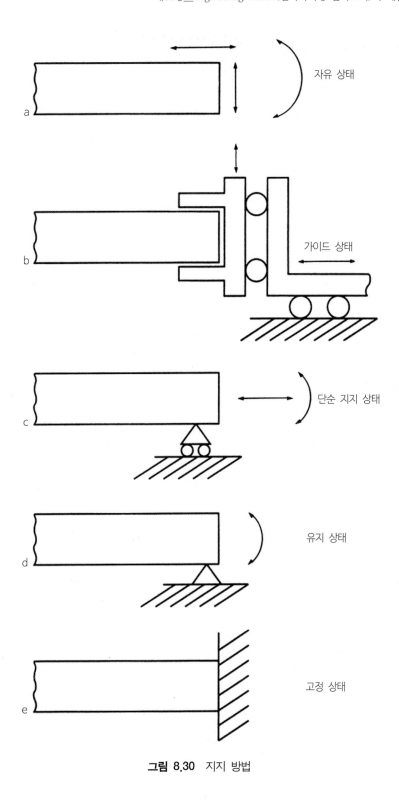

자유 상태

가이드 상태

단순 지지 상태

유지 상태

고정 상태

그림 8.30 지지 방법

8.4.3 설계시의 가정(Design Assumptions)

표준방식을 사용하여 열가소성 plastic 구조물을 분석할 때 그 방정식의 적용을 용이하게 하기 위하여 다음과 같은 가정을 하는 것이 필요하다.

① 분석을 하기 위하여 하중이 걸려있는 부품은 하나 또는 그 이상의 보나 판 또는 관과 같은 단순구조로 나누어질 수 있다.

② 분석되는 재료는 선형적으로 탄성이고 동질성이며 등방성이다.

③ 방정식은 하중이 한 점에서만 정적으로 작용하거나 분포되고 짧은 기간동안 속도가 증가되면서 작용한 후 제거된다고 가정한다.

④ 적절한 탄성계수나 파열강도치를 사용하여 같은 방정식을 creep, 이완 또는 피로하중을 분석하는데 사용할 수 있다.

⑤ 분석하는 부품에 잔류응력이나 성형응력이 없다.

⑥ 방정식은 하중이 가해지는 지점이나 구멍 및 끝단 또는 구조물의 치수가 급격히 변하는 곳으로부터 떨어져 있는 부위에 적용한다.

⑦ 적절한 응력집중요소를 적용함으로써 구멍이나 끝단 및 치수상 큰 변화가 있는 곳에 방정식을 적용할 수 있다.

8.4.4 안전율(Safety Factors)

설계자에게 가장 중요한 고려사항은 제품개발이 실패하는 것이다. 제품개발이 실패할 수 있는 경우는 부품이나 조립품이 작동이 되지 않거나 사용자의 잠재적인 위험성을 모를 때이다. 이들 설계개념에서는 책임문제가 일어나는 것을 방지하기 위하여 안전율을 고려하여야 한다. plastic 부품을 설계할 때 최종사용시험을 대신할 방법이 없다는 것을 염두에 두어야 한다. 제품을 출하하기 전에 실제 생산된 부품을 가장 극한의 작동조건에서 시험해야 하고, 모든 환경조건을 고려하여야 한다. 즉 윤활유, 화학약품 등이 있는 상태에서의 최대온도에서 최대작업하중이 가해진다고 고려하고 조립응력, 열응력 및 운반 중에 일어날 수 있는 충격하중도 고려하여야 한다.

오랫동안 생산이 지속되는 대량생산 부품의 경우는 성형조건 변화의 영향과 수지 생산로드의 영향도 고려하여야 한다. 시험 중에 일어나는 파손은 관련된 부품을 선별적으로 수정함으로써 주로 해결한다. 어떤 경우는 같은 종류의 수지 중에서 다른 그레이드로 변형함으로써 해결할 수도 있다. 만약 다른 수지계통으로 변경하여야 할 경우는 부품을 개발하는 동안에 적용되는 기본적인 설계 원칙을 완전히 검토하여야 한다. plastic 부품설계시 설계자가 참고할 수 있도록 안전율의 범위가 표 8.10에 나와 있다.

표 8.10 초기제품도를 위한 안전율

구 분	파손이 중요하지 않을 경우	파손이 중요할 경우
간헐적인 하중	25~50%	10~25%
연속적인 하중	10~25%	5~10%

※ 강도치의 추천되는 %는 응력의 형태와 최대온도를 기초로 발행된 개발자료집을 참고했으며 이들 자료들은 초기설계분석시에만 사용하여야 하고 완전한 제품시험에는 사용하지 말아야 한다.

실제 적용된 결과를 검토하여 나온 이 안전율의 범위는 일반적으로 제품치수를 기입하는 초기설계 검토시에만 사용하는 것이 추천된다. 기 발행된 기계적인 특성 자료집을 적용할 때 이 지침들을 이 장에서 나와있는 방정식에 사용할 수 있다. 이 지침들을 이용하여 설계된 모든 제품은 만족스러운 성능을 얻기 위하여 철저히 시험되어야 한다.

8.4.5 굽힘응력(Bending Stress)

하중이 가해진 보에서의 응력은 다음 방정식에 의하여 정의된다.

$$\sigma = \frac{MC}{I}$$

σ : 굽힘응력(Pa)

M : 굽힘모멘트(Nm)

C : 중립축으로부터 단면 끝단까지의 거리(m)

I : 단면 2차모멘트(m^4)이다.

단순보의 굽힘이론에는 어떤 가정이 만들어져 있다.

① 초기에 보는 직선이고 응력이 없으며 좌우대칭적이다.

② 인장과 압축탄성계수는 같다.

③ 비례한도를 초과하지 않는다.

④ 평평한 단면은 중립축에 직각이다.

단면의 2차모멘트는 단면의 형상으로부터 결정된다. 관과 같은 복잡한 단면은 표 8.11에 설명한 공통적인 단면에 대한 단면특성을 참고하여 계산한다.

표 8.11 중심과 단면 2차 모멘트

단면	면적 A 중심 C	축에 대한 단면 2차 모멘트
	$A = \dfrac{1}{2}(bd)$ $c = \dfrac{2d}{3}$	$I = \dfrac{bd^3}{36}$
	$A = bs + ht$ $c = d - \dfrac{d^2 t + s^2 (b-t)}{2(bs+ht)}$	$I = \dfrac{ty^3 + b(d-y)^3}{3} -$ $\dfrac{(b-t)(d-y-s)^3}{3}$
	$A = bd - h(b-t)$ $c = \dfrac{d}{2}$	$I = \dfrac{bd^3 - h^3 - (b-t)}{12}$
	$A = \dfrac{\pi d^2}{4}$ $c = \dfrac{d}{2}$	$I = \dfrac{\pi d^4}{64}$

단면	면적 A 중심 C	축에 대한 단면 2차 모멘트
	$A = \dfrac{\pi\,(D^2 - d^2)}{4}$ $c = \dfrac{D}{2}$	$I = \dfrac{\pi\,(D^4 - d^4)\,b}{64}$
	$A = bd - h\,(b - t)$ $c = \dfrac{b}{2}$	$I = \dfrac{2sb^3 + ht^3}{12}$
	$A = bd - h\,(b - t)$ $c = \dfrac{d}{2}$	$I = \dfrac{bd^3 - h^3\,(b - t)}{12}$
	$A = bd - h\,(b - t)$ $c = b - \dfrac{2b^2 s + ht^2}{2A}$	$I = \dfrac{2sb^3 + ht^3}{3} - A\,(b - y)^2$

단면	면적 A 중심 C	축에 대한 단면 2차 모멘트
	$A = bd$ $c = \dfrac{d}{2}$	$I = \dfrac{bd^3}{12}$
	$A = bd - hw$ $c = \dfrac{d}{2}$	$I = \dfrac{bd^3 - hw^3}{12}$

　위에 정의한 방정식의 사용 예로서 noryl 731수지로 만들어진 부품이 그림 8.31에서 보는 바와 같이 폭이 5mm이고 깊이가 10mm, 길이가 50mm인 보의 끝단에 하중 5N이 작용할 때 보에서의 응력은 얼마인가? 이것은 전형적인 체결장치의 예이다.

　하중이 가해진 보의 방정식으로부터

$$\sigma = \frac{MC}{I}$$

$$M = 5 \times (50 \times 10^{-3})\,\text{Nm} = 0.25\,\text{Nm}$$

$$I = \frac{5 \times 10^{-3} \times (10 \times 10^{-3})^3}{12}\,\text{m}^4$$

$$= 4.167 \times 10^{-10}\,\text{m}^4$$

이다.

　이것들을 대입하면

$$\sigma = \frac{0.25 \times (5 \times 10^{-3})}{4.167 \times 10^{-10}}\,Pa = 3\,\text{MPa}$$

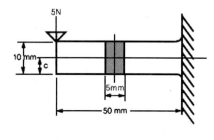

그림 8.31　굽힘 작용하의 보

8.4.6 동등한 강도(Equivalent Rigidity)

각각 다른 재료로 만든 부품이 동등한 강도를 갖도록 단면 두께를 계산하기 위해 다음과 같은 방정식이 사용된다.

$$E_1 I_1 = E_2 I_2$$

$\quad E_1$　: 재료1의 굴곡탄성계수(Pa)

$\quad I_1$　: 재료1의 단면 2차모멘트(m^4)

$\quad E_2$　: 재료2의 굴곡탄성계수(Pa)

$\quad I_2$　: 재료2의 단면 2차모멘트(m^4)

① 일정한 폭의 사각단면에 대하여는 다음과 같이 축소된 공식으로 사용한다.

$$t_2 = t_1 \sqrt[3]{\frac{E_1}{E_2}}$$

$\quad t_1$　: 원래부품의 재료두께

$\quad t_2$　: 개발될 부품의 재료두께

예를 들면 두께가 1mm인 사각단면의 강철부품을 cycolac AM수지로 동등한 강도를 갖는 두께 계산은 위의 공식을 사용하여 다음과 같이 계산된다. 단 폭은 일정하다고 가정한다.

$$t_2 = (1 \times 10^{-3}) \times \sqrt[3]{\frac{200 \times 10^{-9}}{2.48 \times 10^{-9}}} \ m = 4.3mm$$

② 이와 같은 방법은 중량감소가 중요하게 요구되는 경우에 아주 효과적이다. 상기부품의 경의 단위 면적에 대한 중량은 다음과 같다.

$$W = pt$$

$\quad W$　: 단위면적당 중량(kgf/m^2)

$\quad p$　: 밀도(kgf/m^3)

$\quad t$　: 두께(m)

원래의 강철부품에 대하여 대입하면

$$W = (7.83 \times 10^3) \times (1 \times 10^{-3}) kgf/m^2 = 7.83 kgf/m^2$$

cycolac AM수지로 만든 부품에 대하여 대입하면,

$$W = (1.04 \times 10^3) \times (4.3 \times 10^{-3}) \text{kgf/m}^2 = 4.47 \text{kgf/m}^2$$

중량감소를 S라 하면

$$S = \frac{7.83 - 4.47}{7.83} \times 100\% = 43\%$$

이다.

8.4.7 보의 방정식(Beam Equation)

열가소성 plastic 부품설계시 굽힘응력이 자주 검토된다. 응력을 계산하기 위해서는 모멘트값이 먼저 결정되어야 한다. 보의 이론을 적용하여 모멘트와 변형방정식이 다양한 형상과 하중조건에 대하여 유도되었다. 이것들은 재료에 대한 표준강도자료집에 나와 있고 표 8.12에 주로 많이 사용되는 경우에 대해 설명되어 있다.

표 8.12 최대 모멘트(보의 변형과 경사)

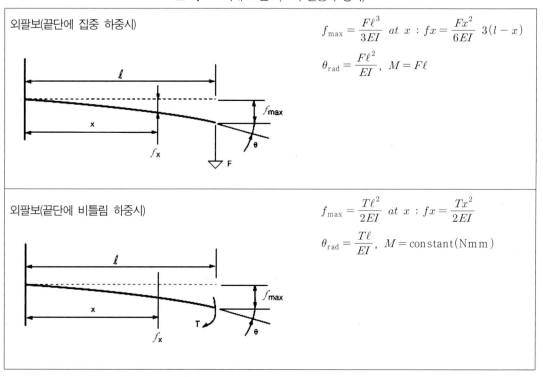

외팔보(균일 분포 하중시)

$$f_{\max} = \frac{G\ell^4}{8EI} \ at \ x : fx = \frac{Gx^2}{24EI}$$

$$\theta_{\mathrm{rad}} = \frac{G\ell^3}{6EI}, \ M = \frac{G\ell^2}{2}$$

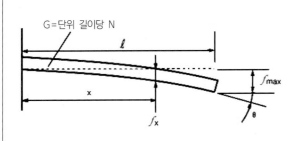

외팔보(어느 지점에서의 집중 하중시)

$$f_{\max} = \frac{Fx^2}{2EI}\left(\ell - \frac{x}{3}\right), \ fx = \frac{5F\ell^3}{48EI}$$

$$\theta_{\mathrm{rad}} = \frac{Fx^2}{2EI}, \ M = Fx$$

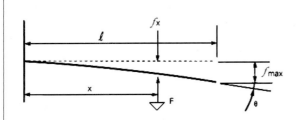

외팔보(길이에 따라 점진적으로 감소되는 하중시)

$$f_{\max} = \frac{G\ell^4}{30EI}$$

$$\theta_{\mathrm{rad}} = \frac{G\ell^3}{24EI}, \ M = \frac{G\ell^2}{6}$$

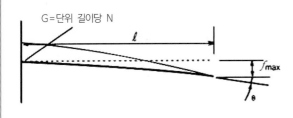

외팔보(일부 길이에 대한 균일 분포 하중시)

$$f_{\max} = \frac{Gx^3}{24EI}\left(\ell - \frac{x}{4}\right)$$

$$\theta_{\mathrm{rad}} = \frac{Gx^3}{6EI}, \ M = \frac{Gx^2}{2}$$

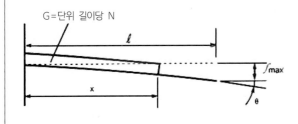

단순 지지보(증심에서의 집중 하중시)

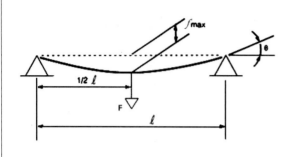

$$f_{max} = \frac{F\ell^3}{48EI}$$

$$\theta_{rad} = \frac{F\ell^2}{16EI}, \quad M = \frac{F\ell}{4}$$

단순 지지보(전체 길이에 대한 균일 분포 하중시)

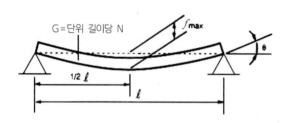

G=단위 길이당 N

$$f_{max} = \frac{5G\ell^4}{384EI}$$

$$\theta_{rad} = \frac{G\ell^3}{24EI}, \quad M = \frac{G\ell^2}{8}$$

양단 고정보(중심에서의 집중 하중시)

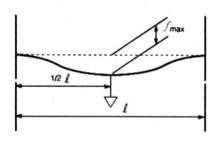

$$f_{max} = \frac{G\ell^4}{30EI}$$

$$\theta_{rad} = \frac{G\ell^3}{24EI}, \quad M = \frac{G\ell^2}{6}$$

양단 고정보(전체 길이에 대한 균일 분포 하중시)

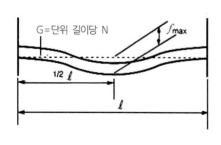

G=단위 길이당 N

$$f_{max} = \frac{Gx^3}{24EI}\left(\ell - \frac{x}{4}\right)$$

$$\theta_{rad} = \frac{Gx^3}{6EI}, \quad M = \frac{Gx^2}{2}$$

8.4.8 평판의 굽힘(Bending of Flat Plates)

평판에 하중이 작용할 때 그 평판이 변형되고 응력이 발생한다. 이 현상이 일어나는 정도는 재료의 특성, 하중조건 및 평판의 형상과 같은 많은 요소에 의해 나타난다. 각각의 경우에 대하여 해결책은 첫 번째 원칙을 사용하여 결정한다. 다양한 형상들에 대한 여러 하중조건이 작용되는 많은 경우들은 계산을 하기 위하여 비교적 단순한 표현으로 줄여서 재료의 표준강도자료집을 이용한다. 가장 자주 접하게 되는 원판과 사각판에 대해서 설명하고 있다.

8.4.9 사각판과 원판에서의 최대응력과 변형

하중이 가해진 평판에는 반경 방향의 응력과 접선 방향의 응력이 작용한다. 아래에 있는 최대응력은 두 개의 최대치 중에 큰 것을 말한다. 각각의 경우 최대변형은 중심에서 일어난다.

① 원판의 양끝단이 단순지지되어 있고, 그림 8.32에서 와 같이 균일분포하중을 받고 있을 경우

$$\sigma = \frac{0.4\,\pi\,r^2 p}{t^2}$$

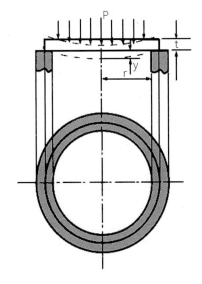

σ : 최대응력(Pa)
r : 판의 반경(m)
P : 균일분포하중(Pa)
t : 판두께(m)

이다. 최대응력은 중심에서 일어난다.

$$Y = \frac{0.21\,\pi\,r^3 P}{Et^2}$$

Y : 최대변형량(m)
E : 인장탄성계수(Pa)이다.

그림 8.32 균일 분포 하중을 받는 단순지지된 원판

② 원판의 끝단이 고정되어 있고 그림 8.33에서와 같이 균일분포하중을 받고 있는 경우

$$\sigma = \frac{0.239\,\pi\,r^2 p}{t^2}$$

최대응력은 끝단에서 일어난다.

$$Y = \frac{0.052\,\pi\,r^4 P}{Et^3}$$

③ 사각판의 양끝단이 단순지지 되고 그림 8.34에서와 같이 균일분포하중을 받고 있는 경우

$$\sigma = \frac{0.75b^2 P}{t^2\left(1 + 1.61\dfrac{b^3}{a^3}\right)}$$

a : 긴 측면의 길이(m)
b : 짧은 측면의 길이(m)
P : 균일분포하중(Pa)

최대응력은 중심에서 일어난다.

$$Y = \frac{0.142b^4 P}{Et^3\left(1 + 2.21\dfrac{b^3}{a^3}\right)}$$

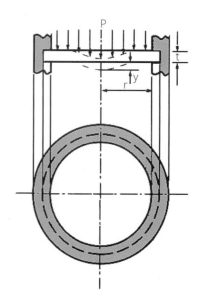

그림 8.33 균일 분포 하중을 받는
끝단이 고정된 원판

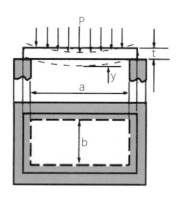

그림 8.34 균일 분포 하중을 받는
단순 지지된 사각판

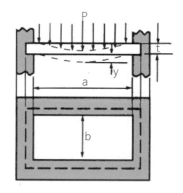

그림 8.35 균일 분포 하중을 받는
끝단이 고정된 사각판

④ 사각판의 끝단이 고정되어 있고 그림 8.35에서와 같이 균일분포하중을 받고 있는 경우

$$\sigma = \frac{0.5b^2 P}{t^2\left(1 + 0.623\dfrac{b^6}{a^6}\right)}$$

최대응력은 긴 측면의 중앙에서 일어난다.

$$Y = \frac{0.0284 b^4 P}{Et^3 \left(1 + 1.056 \dfrac{b^5}{a^5}\right)}$$

※ 위의 각각의 경우에 대하여 최대변형량에 대한 공식은 변형량 Y 가 두께 t 를 초과하지 않는 경우에만 적용한다.

예제 치수가 250mm×125mm×2mm인 noryl N-185수지로 만들어진 사각판의 끝단을 고정시킨 후 중량이 10kgf인 VDU케이스를 올려놓았다. 이 판 밑에 전자 장비가 설치되어 있고 최대허용변형은 3mm이다. 이 판이 전자장비와 접촉이 일어나는가?

상기 ④항의 경우에서

$$Y = \frac{0.0284 b^4 P}{Et^3 \left(1 + 1.056 \dfrac{b^5}{a^5}\right)}$$

$$P = \frac{mg}{ab}$$

m : 중량(kg)

g : 중력가속도(m/s^2)

이들을 대입하면

$$P = \frac{10 \times 9.81}{0.25 \times 0.125} = 3139 Pa \text{이고}$$

$$Y = \frac{0.0284}{2.8 \times 10^9} \times \frac{0.125^4}{(2 \times 10^{-3})^3} \times \frac{3139}{1 \times 1.056 \times \dfrac{0.125^5}{0.25^5}} = 0.9 \text{mm 이다.}$$

이 값이 3mm보다 적으므로 판이 전자장비로까지 변형하지 않는다. 상기 계산은 단기간의 물성치를 판의 방정식에 넣어 계산하였으므로 creep와 온도의 영향도 조사하여야 한다.

8.4.10 비틀림 응력

직선의 균일한 원형의 축이 그 축에 대하여 뒤틀릴 때 가해진 토크(torque)는 그림 8.36에서 보는 바와 같이 디스크단면으로부터 디스크단면으로 축을 따라서 전단력이 전달된다.

초기에 축성분(axial elements)은 상대회전(relative rotation)에 의해 비틀게 되어 같은 각도에 남아 있는 중심과 표면사이의 점들은 축의 각도가 θ 만큼 비틀려진다. 비틀림에서의 파손은 일반적으로 이들 전단응력이 재료의 전단강도를 초과할 때 일어난다고 생각된다.

① 비틀림시 축에서의 최대전단응력은 다음과 같다.

$$\tau = \frac{T\rho}{J}$$

τ　: 전단응력(Pa)

T　: 비틀림 모멘트(Nm)

ρ　: 단면의 중심으로부터 표면의 어느
점까지의 거리(m)

J　: 단면 극2차 모멘트(m⁴)

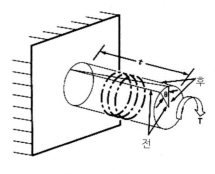

그림 8.36 비틀림 응력

② 가해진 토크에 의한 축의 각 변형은 다음과 같다.

$$\theta = \frac{Tl}{JG}$$

l　: 단면의 길이(m)

G　: 전단탄성계수(Pa)

전단탄성계수는 다음 방정식을 사용하여 계산할 수 있다.

$$G = \frac{E}{2(1+v)}$$

E　: 인장탄성계수(Pa)

v　: 포아송의 비

③ 봉의 비틀림 강성은 일반방정식에 의하여 표기하면 다음과 같다.

$$T = \frac{\theta}{l}KG \quad \text{또는} \quad \theta = \frac{Tl}{KG}$$

여기서 K는 단면의 형상과 치수에 따른 계수로서 단위는 m⁴이다. 원형의 단면일 때의 K는 단면 극2차 모멘트 J이다. 다른 형상의 단면일 때 K는 J보다 작고 어떤 단면형상의 경우 K는 단지 J의 일부이다. 최대응력은 비틀림 모멘트와 단면의 형상과 치수와의 함수 관계이다.

표 8.13의 공식에는 보통 자주 사용되는 단면에 대한 단면계수 K와 최대전단응력 τ에 대하여 나와 있다.

표 8.13 비틀림 변형과 응력에 대한 공식

형 상	
단면의 형상과 치수	K에 대한 공식 $\theta = \dfrac{T \times l}{I_p \times G}$ 전단응력에 대한 공식

1. 원형의 단면

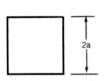

$$K = 1/2 \times \pi \times r^4$$

$$Max_\tau = \frac{2 \times T}{\pi \times r^3} \text{ 경계에서}$$

2. 정사각형 단면

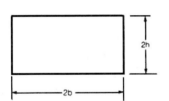

$$K = 2.25 \times a^4$$

$$Max_\tau = \frac{0.6 \times T}{a^3} \text{ 각변의 중심에서}$$

3. 직사각형 단면(b > h일 때)

$$K = b \times h^3 \times \left[\frac{16}{3} - 3.36\frac{h}{b} \times \left(1 - \frac{h^4}{12b^4} \right) \right]$$

$$Max_\tau = \frac{T \times (3b + 1.8h)}{8 \times b^2 \times h^2} \text{ 긴 변의 중심에서}$$

4. 중공 원형 단면

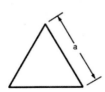

$$K = 1/2 \times \pi \times (r_0^4 - r_i^4)$$

$$Max_\tau = \frac{2 \times T \times r_0}{\pi \times (r_0^4 - r_i^4)} \text{ 외부 경계에서}$$

5. 정삼각형 단면

$$K = \frac{a^4 \sqrt{3}}{80}$$

$$Max_\tau = \frac{20\,T}{a^3} \text{ 각변의 중심에서}$$

형 상	

6. 테 두께가 균일한 T형 단면

r = 반경   t = b일 때 b<d

D = 가장 큰 t = d일 때 d<d

  내접원 t = b일 때 b<d

     t = d일 때 d<d

$K = K_1 + K_2 + \alpha D^4$일 때

$$K_1 = a \times h^3 \times \left[\frac{1}{3} - 0.21 \times \frac{b}{a} \times \left(1 - \frac{b^3}{12a^4} \right) \right]$$

$$K_2 = c \times d^3 \times \left[\frac{1}{3} - 0.105 \times \frac{d}{c} \times \left(1 - \frac{d^4}{192c^4} \right) \right]$$

$$\alpha = \frac{t}{t_1} \times \left[0.15 + 0.10\frac{r}{b} \right]$$

예제 lexan 141수지로 만든 사각보가 그림 8.37에서와 같이 끝단이 2° 회전되는 토크를 받는다고 생각하면 이와 같이 회전시키는데 필요한 토크는 얼마인가? 단 하중이 가해졌을 때 약 2%의 변형률이 예상되고 lexan수지에 대한 포아송의 비가 0.38이고 인장탄성계수는 2.5GPa이다.

③의 공식 $\theta = \dfrac{Tl}{KG}$ 에서 $T = \dfrac{\theta KG}{l}$ 이다. 여기서

$$G = \frac{2.5 \times 10^9}{2(1 + 0.38)} Pa = 906\,\mathrm{MPa}$$

이고

$$\theta = 2° \times \frac{2\mathrm{rad}}{360} = 0.003495\,\mathrm{rad}$$

이고 표 8.14로부터

$$K = bh^3 \left[\frac{16}{3} - 3.36\frac{h}{b} \times \left(1 - \frac{h^4}{12b^4} \right) \right]$$

여기에 $2b$ = 폭 = 25mm이고 $2h$ = 두께 = 6mm를 대입하면

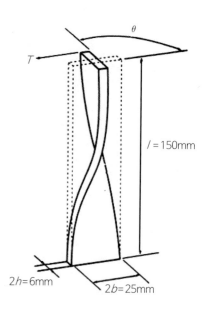

그림 8.37 비틀림 하중을 받는 직사각 단면의 보

$$K = (12.5 \times 10^{-3}) \times (3 \times 10^{-3})^3 \times \left[\frac{16}{3} - 3.36 \times \frac{3 \times 10^{-3}}{12.5 \times 10^{-3}} \right.$$

$$\left. \times \left(1 - \frac{(3 \times 10^{-3})^4}{12 \times (12.5 \times 10^{-3})^4} \right) \right]$$

$$= 1.527 \times 10^{-9} \, \text{m}^4$$

그러므로

$$T = \frac{0.03495 \, \text{rad} \times 1.527 \times 10^{-9} \times 906 \times 10^6}{150 \times 10^{-3}} = 0.322 \, \text{Nm}$$

8.4.11 충격 하중

이 장의 처음에 열가소성 plastic 부품의 구조분석을 하기 위한 표준 방정식의 적용을 검토할 때 하중의 속도가 점차적으로 증가되면서 가해진다는 가정을 했었다. 그러나 물체나 부품에 크기가 매우 짧은 시간간격으로 작용하는 순간적인 하중이 가해지므로 실제로 이것은 불필요한 가정이다.

이 결과 응력과 변형률이 현저하게 증가되지만 대부분의 경우 열가소성 plastic의 탄성에 의해 완전히 원상복구된다. 따라서 모든 물체에 대하여 균일한 응력의 적용과 순간적인 하중이 가해짐으로써 생긴 물체의 변형은 하중이 점차적으로 가해진 물체의 경우와 같다. 그러나 충격하중이 아주 클 때에 거의 예외없이 plastic 부품의 파손이 일어난다.

일반적으로 충격강도가 높은 내충격성수지는 일정속도의 하중이 가해질 때 측정된 응력변형률 곡선의 값으로부터 예상되는 적정 변형이나 변형률 이상의 과잉의 변형률을 견딘다. 일반적으로 모든 작업환경에서 만족스럽게 작동하는 부품의 충격응력 계산치는 보통 엄청나게 높게 나타난다. 순간적인 하중이 작용하는 물체의 이론적인 조사는 복합적이고 시간이 소모되는 진동분석을 하여야 하는 어려움이 나타난다. 그와 같은 분석을 실시하기 위하여 전체하중이 가해지는 사이클 동안에 가해지는 힘의 크기가 필요하다.

이것들은 알려지지 않았고 단지 시험하는 중에 물리적인 측정으로 만이 파악할 수 있다. 첫 근사값은 다음 방정식을 사용하여 정적 응력과 변형상태를 고려함으로써 얻어진다.

$$\frac{\delta_i}{\delta_s} = \frac{\delta_i}{\sigma_s} = \frac{V}{(g \delta_s)^{0.5}}$$

g : 중력가속도(m/s/s) δ_i : 충격변형(m)

δ_s : 정적변형(m) σ_i : 충격응력(Pa)

σ_s : 정적응력(Pa) $\qquad\qquad$ V : 충격속도(m/s)

위 방정식은 개략계산을 위한 것이고 충격성능에 대한 예상을 하기 위하여는 실제의 부품이나 제품에 대한 시험을 하는 것이 필수적이다.

예제 xenoy 수지로 만든 길이가 400mm이고 폭 b가 200mm이고 두께 t 가 4mm인 평편한 사각판에 500mm높이에서 5N의 하중 W 가 직경 50mm의 면적에 균일하게 떨어진다고 했을 때 사각판에 작용할 예상동적 변형량과 동적응력은 얼마인가?

먼저 정적인 하중 상황에 대하여 고려하는 것이 필요하다.

$$\text{정적변형량} \ ; \ \delta_s = \frac{\alpha \, W b^2}{E t^3}$$

δ_s : 중심에서의 최대변형량(m)

α : 표 8.14로부터 나온 $\dfrac{A}{B}$에 대한 값

E : 인장탄성계수(Pa)이다.

xenoy 수지로 만든 제품의 인장탄성계수는 2.5GPa, 이들을 대입하면

$$\delta_s = \frac{0.078 \times 5 \times (200 \times 10^{-3})^2}{2.5 \times 10^9 \times (4 \times 10^{-3})^3} = \frac{0.01576}{160} = 9.85 \times 10^{-5} \, \text{m}$$

$$\text{정적응력} \ : \ \sigma_s = \frac{3 \, W}{2 \, \pi \, t^2}(1+v) \ln \frac{2b}{\pi \, r_0} + \beta_1$$

r_0 : 충격부의 반경(m)

σ_s : 중심에서의 최대응력(Pa)

β_1 : 표 8.14로부터 나온 $\dfrac{A}{B}$에 대한 값

v : 포아송비

xenoy에 대한 포아송의 비는 0.35이다.
이들을 대입하면

$$\sigma_s = \frac{3 \times 5}{2 \times 1.6 \times 10^{-5}}(1+0.35) \ln \frac{2 \times 200 \times 10^{-3}}{25 \times 10^{-3}} + 0.067$$

$$= 15 \times 10^4 \times 1.35 \times \ln 5.13 + 0.067$$

$$= 341 \, \text{kPa}$$

표 8.14 응력과 변형률에 대한 ROARK의 공식

$\dfrac{A}{B}$	1.0	1.2	1.4	1.6	1.8	2.0	α
β_1	−0.238	−0.078	0.011	0.053	0.068	0.067	0.067
β_2	0.7542	0.8940	0.9624	0.9906	1.000	1.004	1.008
α	0.0611	0.0706	0.0754	0.0777	0.0786	0.0788	0.0791

동적상황을 고려하면

$$\text{동적변형}: \frac{\delta_i}{\delta_s} = \frac{V}{(g\,\delta_s)^{0.5}} \text{이고}$$

$$V = \sqrt{2gh} = \sqrt{2 \times 9.81 \times 500 \times 10^{-3}} = 3.1\,\mathrm{m/s}$$

이다.

이들을 대입하면

$$\frac{\delta_i}{985 \times 10^{-5}} = \frac{3.1}{(9.81 \times 985 \times 10^{-5})^{0.5}}$$

δ_i 에 대하여 다시 정리하면

$$\delta_i = \frac{3.1}{(9.81 \times 9.85 \times 10^{-5})^{0.5}} \times 9.85 \times 10^{-5} = 9.85 \times 10^{-3}$$

동적변형률 δ_i 는 9.85mm이다.

$$\text{동적응력}: \frac{\sigma_i}{\sigma_s} = \frac{V}{(g\,\delta_s)^{0.5}}$$

이들을 대입하면

$$\frac{\sigma_i}{341 \times 10^3} = \frac{3.1}{(9.81 \times 9.85 \times 10^{-5})^{0.5}}$$

이것을 다시 σ_i 에 대하여

$$\sigma_i = \frac{3.1}{(9.81 \times 9.85 \times 10^{-5})^{0.5}} \times 341 \times 10^3 = 34.1\,\mathrm{MPa}$$

이다.

8.4.12 회전하는 원판

펌프나 환풍기용의 날개나 승압기(booster)판과 같은 기능적이고 회전하는 부품은 열가소성 engi-neering plastic으로 사용하는 것이 보편적이다. 이들과 같은 부품을 설계할 때 설계자는 수지에 대한 추천한도 이내의 응력이 날개에 유지되도록 특별한 주의를 하여야 한다.

날개에 작용하는 전체하중은 고속회전에 의해 생기는 압력차와 응력에 의한 복합적인 굽힘응력이다. 고속회전에 의해 생기는 응력은 다음의 방정식에 의하여 계산할 수 있다. 여기서 평판은 반경이 R, 밀도가 ρ, 중심 구멍의 반경이 R_0인 균일한 두께의 동질성의 원판으로 그 원판의 중심축에 대하여 균일한 각속도 ω로 회전한다고 정의한다. 중심으로부터 거리가 r만큼 떨어진 점에서의 반경방향의 인장관성응력은

$$\sigma_r = \frac{3+v}{8}\rho\,\omega^2\left(R^2 + R_0^2 - \frac{R^2\,R_0^2}{r} - r^2\right)$$

접선방향의 인장관성응력은

$$\sigma_t = \frac{3+v}{8}\rho\,\omega^2\left(R^2 + R_0^2 - \frac{R_0^2\,R^2}{r^2} - \frac{1+3v}{3\times v}r^2\right)$$

    v : 포아송비

    ρ : 밀도(kgf/m^3)

    ω : 라디안/초(rad/s)

    R : 원판의 반경(m)

    R_0 : 중심구멍의 반경(m)

    r : 중심에서 떨어진 거리(m)

    σ_r : 반경방향의 인장관성응력(Pa)

    σ_t : 접선방향의 인장관성응력(pa)이다.

8.4.13 압력용기

Plastic 압력용기로 가장 보편적으로 쓰이는 형태는 내압을 받는 통이나 관(tube or pipe)이다. 관(pipe)과 같은 압력용기 용도들은 GE plastic의 산업부분설계자와 먼저 상의 없이는 GE plastic 수지로 만들지 말아야 한다. 압력관용도인 압축공기관도 열가소성 plastic 수지로의 제작이 추천되지 않는다.

1) 벽두께가 얇은 경우

벽두께가 얇은 원통형 제품 설계시 초기압력에 의한 후프(hoop)응력은 다음 방정식을 사용하여 계산할 수 있다.

$$\sigma = \frac{PR}{t}$$

σ : 후프응력(Pa)

P : 내부에 작용하는 압력(Pa)

R : 내측 반경(m)

t : 벽두께(m)

내부에 작용하는 압력은 또한 관의 직경을 증가시킨다. 이것은 다음과 같이 계산될 수 있다.

$$\Delta R = \frac{PR^2}{Et}$$

R : 직경의 증가(m)

E : 인장탄성계수(Pa)

상기방정식은 벽두께 $t < \dfrac{2R}{10}$ 한도 내로 유지될 때는 충분히 정확하다고 할 수 있으나 벽두께가 이 이상으로 증가되면 계산시 상당한 오차가 발생한다.

2) 벽두께가 두꺼운 경우

벽두께가 두꺼운 경우의 후프응력 방정식은 두꺼운 벽두께에 대한 방정식을 사용하여 성능시험 전에 개략의 벽두께를 결정하는데 사용할 수 있다. 두께가 두꺼운 원통형에서 벽단면의 주어진 점에서의 후프응력은 다음과 같이 계산될 수 있다.

$$\sigma = \frac{Pb^2(a^2 + r^2)}{r^2(a^2 - b^2)}$$

σ : 후프응력(Pa)

P : 내부에 작용한 압력(Pa)

a : 외측반경(m)

b : 내측반경(m)

r : 후프응력이 일어나는 곳의 반경(m)

통(tube)의 내경 벽표면에 일어나는 최대 후프응력은 다음 공식을 이용하여 계산된다.

$$\sigma_{\max} = P \frac{a^2 + b^2}{a^2 - b^2} \qquad 단, \; r = b \; 일 \; 때$$

직경의 증가된 양은 다음과 같이 계산된다.

$$\Delta a = \frac{P}{E} \frac{2ab^2}{a^2 - b^2}, \quad \Delta b = \frac{Pb}{E} \frac{a^2 + b^2}{a^2 + b^2} + v$$

Δa : 외경의 증가량(m)
Δb : 내경의 증가량(m)
v　: 포아송비

8.4.14 **압력파이프의 시험**

열가소성 plastic수지로 만든 파이프에 적용될 수 있는 안전한 내압을 결정하는 절차는 ISO 1167에 완전히 설명되어 있다.

관(파이프)의 시편을 잡아 그 외경과 두께를 측정한다. 그리고 시편을 유압시험기에 연결하고 설정된 온도조건하에서 내압을 가한다. 파손에 걸리는 시간이 파악되고 앞의 방정식 중의 하나를 사용하여 후프응력을 계산한다. 그 절차를 응력치 범위에 대해 후프응력을 반복하여 파손에 걸리는 시간의 함수로서 그래프로 나타낸다. 보통 50년 정도의 상당히 오랜 기간 동안 견딜 수 있는 파이프의 응력을 결정하기 위하여 보통 최소제곱법에 의하여 가장 적합한 곡선이 연이어 그려진다. 그림 8.38에 전형적인 그래프가 나와 있다. 오용이나 예상치 못한 일에 대한 대책으로서 이 단계에서 안전율을 적용하는 것이 보통관례이다.

이것은 상기절차에 의하여 결정된 값과 연속사용시 파이프에 가해지는 후프응력의 비이다.

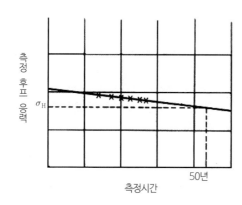

X = 시험으로부터 얻어진 결과
− = 가장 적합한 보외법에 의한 결과
σ_H = 50년에서의 후프 응력치

그림 8.38 예상되는 후프응력 대 시간 그래프

예제 ISO 1167에 따라 실시된 시험에 다음의 결과를 얻었다.

후프응력(MPa)	파손에 걸리는 시간(S)
12.13	3.6×10^3
11.31	4.0×10^4
9.83	5.0×10^6
9.47	18.4×10^6

안전율규정이 50년에서 2라면 관(파이프)에 가해질 수 있는 최대 후프응력은 얼마인가?

최소자승법에 의하여 가장 적합한 선은 다음에 의해 정해진다.

$$\sigma = \frac{15.381}{t^{0.029}}$$

σ : 후프응력(MPa)

t : 파손에 걸리는 시간(S)

50년이므로

$$t = 50 \times 52 \times 168 \times 3,600 S = 756 \times 10^6 S$$

50년일 때의 후프응력을 찾기 위해 대입하면

$$\sigma = \frac{15.381}{(765 \times 10^6)^{0.029}} = 8.32 \, \mathrm{MPa}$$

적용될 수 있는 응력 σ_a를 결정하기 위하여 전술한 안정률로 나누면

$$\sigma_a = \frac{8.32}{2} = 4.16 \, \mathrm{MPa}$$

관(파이프)에 작용될 수 있는 최대후프응력은 4.16MPa이다.

8.4.15 **열응력**

열가소성 engineering plastic은 설계의 다양성과 모든 산업분야와 상업적 분야에서 적용이 잘되기 때문에 철이나 알루미늄과 같은 기존의 engineering 재료와 조립되어 자주 사용된다.

선형 열팽창계수가 다른 재료인 볼트, 리벳, 강제조립, 크림핑(crimping), 접착 및 용착 등에 의해 상대부품과의 움직임이 방지될 때 잠재적인 열응력이 존재하게 된다. 재료의 선형 열팽창계수는 다음

공식을 사용하여 계산할 수 있다.

$$a = \frac{\delta l}{l \Delta T}$$

> a 　: 선팽창계수(℃$^{-1}$)
> l 　: 원래의 길이(m)
> δl 　: 길이의 변화(m)
> ΔT : 온도변화(℃)

재료의 열팽창계수를 측정하는 시험방법은 ATSM D696에 설명되어 있다. 부품의 길이변화는 상기 방정식을 다음과 같이 정리하여 계산할 수 있다.

$$\delta l = l \Delta T a$$

예제 길이가 350mm인 ultem 6,000수지로 만든 부품이 80℃에서 20℃로 온도가 내려간다고 할 때 상기 부품의 길이변화는 얼마인가?

$$\delta l = 0.35 \times (80 - 20) \times 51 \times 10^{-6} = 1.071 \times 10^{-3}\,\mathrm{m} = 1\,\mathrm{mm}$$

상기부품이 큰강철 구조물에 부착된 채 전체구조물이 80℃에서 20℃로 온도가 내려간다고 할 때 ultem 6,000수지와 강철사이에 선팽창계수의 차이가 있으므로 열응력이 일어난다.

이 열응력의 값은 다음 방정식에 의하여 계산할 수 있다.

$$\sigma = \Delta a \Delta T E$$

> σ 　: 열응력(Pa)
> Δa : 팽창계수의 차이(℃$^{-1}$)
> ΔT : 온도변화(℃)
> E 　: 변화 후 온도에서의 사용할 재료의 탄성계수(Pa)

위 식에 대입하면 열응력은

$$\sigma = (51 - 11.7) \times 10^{-6} \times (80 - 20) \times 3 \times 10^9 = 7\,\mathrm{MPa}$$

이다.

8.4.16 열전도도

열전도도와 관계된 경우는 푸리에(fourier)의 방정식을 자주 사용하게 된다.

$$Q = -KA\Delta\frac{T}{dx}$$

Q : 열흐름(W)
K : 열전도도(W/mk)
A : 단면적
ΔT : 온도차(℃)
dx : 두께(m)

위의 방정식을 미지의 표면온도에서 계산하는데 사용될 수 있다.

예제 두께가 5mm이고 단면적이 0.5m^2인 valox 357로 만든 부품에 1,000W의 열흐름이 작용된다고 할 때 외부온도가 5℃일 때의 내부표면온도는 얼마인가?

위 식에 대입하면

$$1,000 = \frac{0.17 \times 0.5 \times (T-5)}{5 \times 10^{-3}}$$

T에 대하여 정리하면

$$T = \frac{1,000 \times 5 \times 10^{-3}}{0.5 \times 1.17} + 5℃ = 63.8℃$$

그리고 온도구배값이 클 때 조기파손이 일어날 수 있으므로 설계단계에서 온도구배값을 고려하여야 한다.

8.4.17 강제조립

강제조립은 한 부품에 있는 축을 다른 부품에 있는 허브(hub)에 접착제나 다른 작업방법을 사용하지 않고 조립하는 방법이다. 축직경은 허브직경보다 약간 크고 이 치수차이에 의해 접합이 확고히 된다.
유사재료나 유사하지 않은 재료 모두 경제적으로 단단하게 접합하여 조립할 수 있다. 단, 치수가 간섭되는 양이 불충분하면 결합강도가 나쁘고, 치수간섭이 너무 크면 과잉의 응력이 재료에 작용하여 조기파손을 일으킬 수 있으므로 간섭되는 양은 주의하여 고려하여야 한다.

그리고 온도변화가 일어나는 경우는 재료의 열팽창 특성도 검토해야 한다. 간섭은 온도와의 역함수 관계이므로 온도증가시 결합강도는 낮아진다. 역으로 온도감소는 결합강도를 증가시키고 재료에 응력을 증가시키므로 파손을 일으킬 수 있다. 간섭되는 양은 다음 식으로 계산한다.

① 축과 허브가 각각 다른 열가소성 plastic을 사용할 경우

$$\delta = \frac{\sigma D}{G} \left[\frac{G + \nu_h}{E_h} + \frac{1 - \nu_s}{E_s} \right]$$

$$G = \frac{1 + \left(\dfrac{a}{b} \right)^2}{1 - \left(\dfrac{a}{b} \right)^2}$$

　　δ　: 간섭량(m)
　　σ　: 허브의 설계응력(Pa)
　　ν_h　: 허브의 포아송의 비
　　ν_s　: 축의 포아송의 비
　　E_h　: 허브의 탄성계수(Pa)
　　E_s　: 축의 탄성계수(Pa)
　　a　: 축의 반경(m)
　　b　: 허브의 외측반경(m)

② 축과 허브가 같은 열가소성 plastic일 때

$$\delta = \frac{\sigma D}{E} \left[\frac{G + 1}{G} \right]$$

③ 금속으로 만든축과 열가소성 plastic으로 만든 허브를 사용할 때

$$\delta = \frac{\sigma D}{E_h} \left[\frac{G + \nu_h}{G} \right]$$

④ 금속으로 만든 허브와 열가소성 plastic으로 만든 축을 사용할 때

$$\delta = \frac{\sigma D}{E_s} \left[\frac{G + \nu_s}{G} \right]$$

[예제] cycolac GSM수지로 만들어진 외경이 100mm인 허브에 직경이 50mm인 축을 강제조립할 때 안전율을 2로 하면 허용 가능한 간섭 양은 얼마인가?

이 경우 ②식에서 $\delta = \dfrac{\sigma D}{E}\left[\dfrac{G+1}{G}\right]$를 적용하고 형상요소는 $G = \dfrac{1 + \left(\dfrac{a}{b}\right)^2}{1 - \left(\dfrac{a}{b}\right)^2}$를 사용하여 계산한다.

$$\sigma = \frac{\text{항복강도}}{\text{안전율}} = \frac{41 \times 10^6}{2} = 20.5 \times 10^6$$

$$D = 50 \times 10^{-3}\,\text{m}$$

$$E = 2.14 \times 10^9\,\text{N/m}^2$$

$$G = \frac{1 + \left(\dfrac{25}{50}\right)^2}{1 - \left(\dfrac{25}{50}\right)^2} = 1.667$$

이들을 대입하면

$$\delta = \frac{20.5 \times 10^6 \times 50 \times 10^3}{2.14 \times 10^9} \times \frac{1.667 + 1}{1.667} = 7.7 \times 10^{-4}\,\text{m} = 0.77\,\text{mm}$$

즉 축의 직경은 허브의 내경보다 0.77mm 커야 한다. 이때 조립에 필요한 힘은

$$F = \frac{\pi \mu \sigma l}{G}$$

    F : 조립에 필요한 힘(N)

    μ : μ마찰계수

    l : 간섭되는 길이(m)

일반공차				R E V I S I O N	
치수	공차	치수	공차		
0〜	±0.1	〜			
〜		〜			
〜		〜			

No.	REMARK		MATERIAL	COLOR/FINISH
A			POM	NA

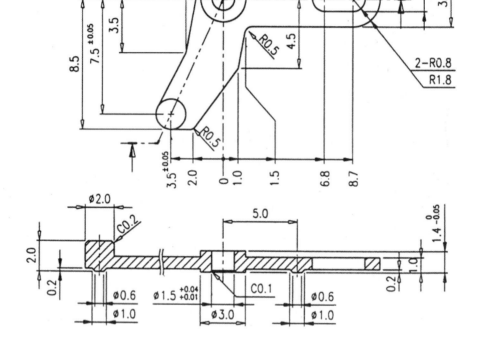

NOTE
1. 무지시 치수공차는 ±0.1, 무지시 모서리부 R 0.2 이하
2. 재질 : DURACON M90-44 또는 그 상당품
3. 발구배는 치수공차 이내일 것. 치수는 대치수 기준임.
4. GATE, P/L, EJECT PIN의 위치는 설계자와 협의할 것.
5. GATE, EJECT PIN의 형상은 凹의 형태일 것.
6. 각 부 치수는 18〜25℃, 45〜55% RH에서 24시간 이상 경과 후 측정할 것.

C	B	A	No.	PART NO.	DESCRIPTION	MATERIAL	COLOR/FINISH	REMARK
QUANTITY								

척도	단위	품명	관계도면	도면번호
5/1	mm	LEVER, BACK		

제 2 편 ● Press 제품의 설계

Press(프레스) 가공과 제품 설계

1.1 Press 가공의 종류

Press 가공의 종류는 대단히 많고, 또 그 가공방법의 내용과 병행하면 복잡하지만 가공 또는 성형방법이 유사한 것을 그룹별로 정리하면 전단타발가공, 굽힘성형가공, 드로잉(drawing) 가공, 압축가공 등의 4개로 분류할 수 있다.

Group	가공명칭	설 명	그 림
전 단 타 발 가 공 그 룹	blanking (블랭킹)	press 작업에서 다이구멍 속으로 떨어지는 쪽이 제품으로 되고, 외부에 남아 있는 부분은 스크랩이 되는 가공을 말한다.	
	cutting (절단)	재료의 일부를 절단, 분리하는 가공으로 완성된 제품은 shea-ring의 경우와 같다.	
	dinking (딩킹)	고무, 가죽, 금속, 박판 등의 blanking 또는 piercing 가공 할 때 쓰이며 펀치의 절삭날은 20° 이하의 예각으로 하며 다이는 목재, 화이버 등의 평평한 판을 사용한다.	

Group	가공명칭	설 명	그 림
전 단 타 발 가 공 그 룹	half blanking (하프 블랭킹)	타발가공의 일종으로, 재료의 타발을 도중에서 정지하면, 펀치 하면의 재료는 펀치가 먹어 들어간 양만큼 밀려난다. 이와 같이 절반쯤 타발하는 것을 반타발이라 한다.	
	notching (노칭)	재료 또는 부품의 가장자리를 여러 모양으로 따내는 가공을 말한다.	
	perforating (퍼훠레이팅)	동일치수의 구멍을 미리 정해져 있는 배열에 따라 순차적으로 다수의 구멍뚫기를 하는 가공을 말한다.	
	piercing (피어싱)	재료에 형을 사용하여 구멍을 뚫는 작업으로 타발된 쪽이 스크랩이 되는 것으로 blanking과는 반대이다.	
	shaving (세이빙)	press 가공에 의한 제품의 절단면은 절단면, 파단면 등으로 이루어졌으며 약간의 경사를 갖고 있다. 제품의 용도에 따라 이 점이 곤란할 때 경사면을 깎아서 양호한 절단면을 얻는 가공을 말한다.	
	shearing (전단 절단)	각종 전단기를 사용하여 재료를 직선 또는 곡선에 맞춰 전단하는 가공을 말한다.	

Group	가공명칭	설 명	그 림
전단타발가공그룹	slit forming (슬릿 포밍)	재료의 일부에 slit를 내거나, slit를 냄과 동시에 성형하는 가공을 말한다.	
	slitting (슬리팅)	둥근 칼날을 회전하여 장척의 판재를 일정한 쪽으로 잘라내는 가공을 말한다.	회전날 / 재료
	trimming (트리밍)	드로잉된 용기의 나머지 살을 잘라내기 위한 가공을 말한다.	
굽힘성형가공그룹	beading (비딩)	판이나 용기의 일부에 장식 또는 보강의 목적으로 좁은 폭의 비드를 만드는 가공을 말한다.	비드
	bending (굽히기)	굽히기 작업의 총칭으로 V, U, channel, hemming, curling, seaming 등도 이에 속한다.	
	bulging (벌징)	원통의 용기나 관재의 일부를 넓혀서 직경을 크게 하기 위한 가공을 말한다.	
	burring (버링)	평판에 구멍을 뚫고 그 구멍보다 큰 직경을 가진 펀치를 밀어 넣어서 구멍에 플랜지를 만드는 가공을 말한다.	

Group	가공명칭	설 명	그 림
굽힘성형가공그룹	curling (컬링)	판 또는 원통용기의 가장자리에 원형단면의 테두리를 만드는 가공을 말한다.	
	embossing (엠보싱)	금속판의 두께를 변화하지 않고, 여러 가지 형태의 비교적 얕은 凹凸을 만드는 가공을 말한다.	
	flanging (플랜징)	그릇 따위의 단부에 형을 사용하여 플랜지를 만드는 가공을 말한다.	
	flattening (프래트닝)	재료의 표면을 평평하게 고르는 작업을 말한다.	
	forming (포밍)	drawing, bending, flanging 등의 가공을 모두 포함하나 협의의 forming은 판 두께의 변화 없이 용기를 만드는 가공을 말한다.	
	hemming (헤밍)	전 가공에서 굽힘가공된 제품의 가장자리를 약간 젖혀서 눌러 접어두는 가공을 말한다.	
	necking (네킹)	통 또는 원통용기의 단부 부근의 직경을 감소시키는 가공을 말한다.	

Group	가공명칭	설 명	그 림
굽힘성형가공그룹	restriking (리스트라이킹)	전 공정에서 만들어진 제품의 형상이나 치수를 정확하게 하기 위해 변형된 부분을 교정하는 마무리 가공을 말한다.	
	seaming (시밍)	다중 굽힘에 의해 2장의 판을 굽혀 겹쳐서 눌러 접합하는 가공을 말한다.	
압축가공그룹	coining (코이닝)	재료를 밀폐된 형속에서 강하게 눌러 형과 같은 凹凸을 재료의 표면에 만드는 가공을 말한다.	
	cold extrusion (냉간압출)	다이 속에 금속재료를 넣고 펀치로 재료를 눌러 붙이면 다이의 구멍(전방압출), 펀치와 다이의 틈새(후방압출), 펀치와 다이의 틈새 및 다이 구멍(복합압출)으로 재료가 이동하여 형상을 만드는 가공을 말한다.	
	heading (헤딩)	막대모양의 재료의 일부를 상하로 압축하여 볼트, 리벳 등과 같은 부품의 두부를 만드는 일종으로 upsetting가공을 말한다.	
	impact extrusion (충격압출)	치약 튜브와 같은 얇은 벽의 깊은 용기를 만들 때 적용되는 일종의 후방 압출가공을 말한다. 다이에 경금속을 넣고 펀치가 고속으로 하강하면 재료는 그 충격으로 신장된다.	

Group	가공명칭	설 명	그 림
압축가공그룹	swaging (스웨이징)	재료를 상하방향으로 압축하여 직경이나 두께를 감소시켜 길이나 폭을 넓히는 가공을 말한다.	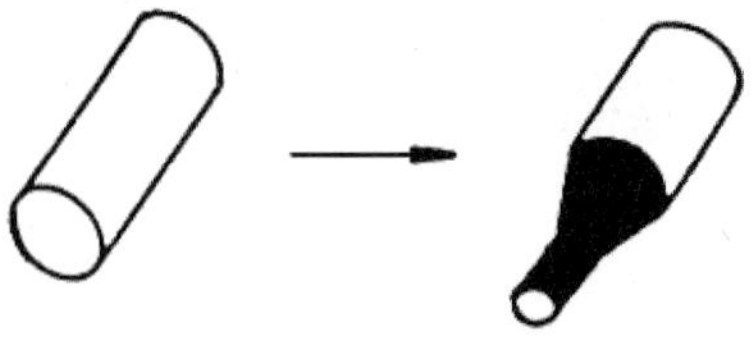
	upsetting (업세팅)	재료를 상하방향에서 압축시켜 높이를 줄이고 단면을 넓히는 가공을 말한다.	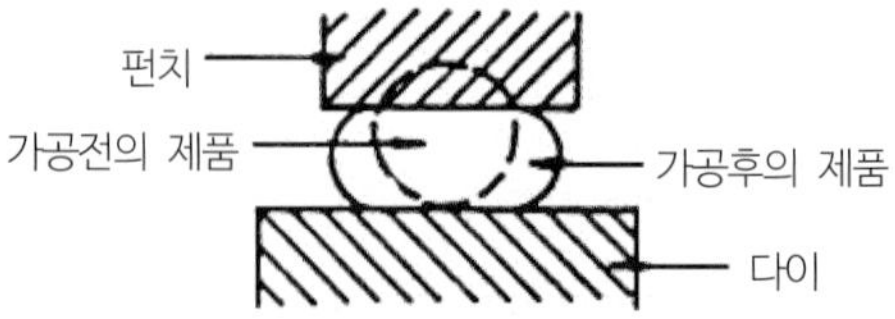 펀치 / 가공전의 제품 / 가공후의 제품 / 다이
드로잉가공그룹	drawing (드로잉)	평판에서 형을 사용하여 용기를 만드는 가공을 말한다.	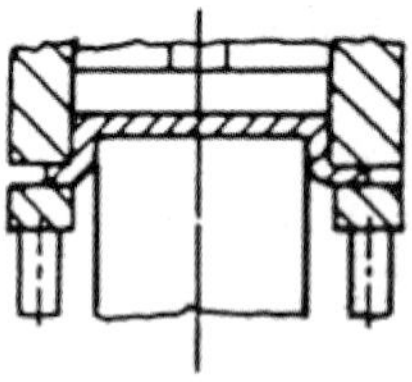
	redrawing (리드로잉)	용기의 직경을 감소시키면서 깊이를 증가시키는 가공이다.	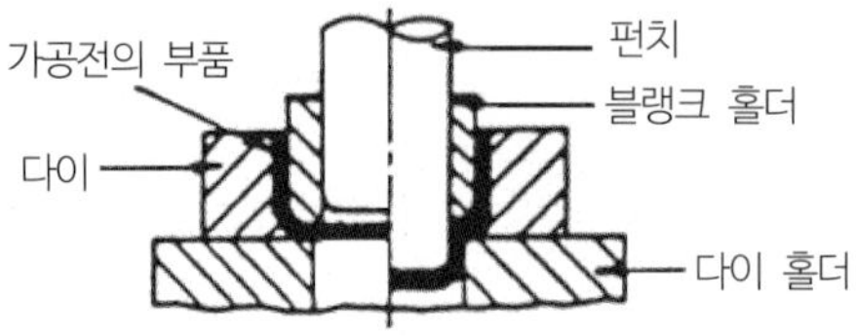 가공전의 부품 / 펀치 / 다이 / 블랭크 홀더 / 다이 홀더
	ironing (아이어닝)	제품의 측벽 두께를 얇게 하면서 제품의 높이를 높게 하는 훑기 가공을 말한다.	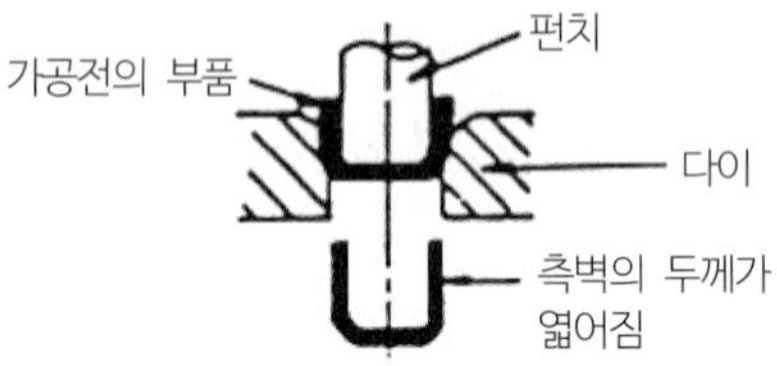 가공전의 부품 / 펀치 / 다이 / 측벽의 두께가 얇어짐

그림 1.1 Press 가공의 종류

1.2 일반 Press 제품의 설계

1.2.1 전단가공

재료의 전단가공은 그림 1.2와 같이 예리한 날을 가진 펀치(punch)와 다이(die)의 전단력으로 재료를 절단 분리시키는 것이다. 분리될 때 그림 1.3과 같이 burr가 발생하게 된다.

1) 펀치와 다이의 틈새

펀치와 다이의 틈새가 적당하지 않으면 전단면이 불량하게 된다. 일반적으로 틈새가 적은 경우, 처짐(roll-over)은 적어지나 2차 파단면(B 및 F)이 나타나며, 큰 타발력이 필요하고 기계와 금형에 무리가 가게 된다. 적당한 틈새를 갖는 경우는 절단면이 깨끗하며 정확한 치수를 얻을 수 있고 burr도 비교적 적다. 과도한 틈새일 경우는 처짐, 파단면이 커지며 burr도 많이 발생한다(그림 1.3). 보통 경질재는 연질재에 비해 큰 틈새를 주고 있다.

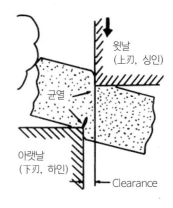

그림 1.2 전단가공

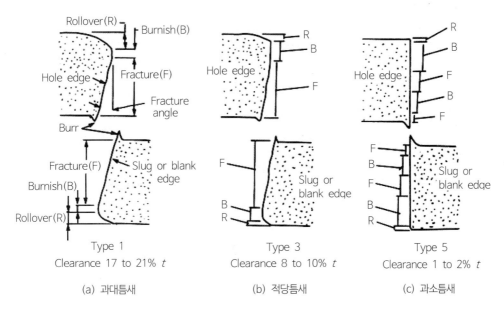

그림 1.3 전단면의 형상

2) 전단의 가공한계

(1) Piercing을 할 수 있는 최소치수

원형 piercing을 할 수 있는 최소 구멍지름은 연질재료에서는 판두께 정도, 경강이나 스테인리스강 등과 같은 경질재료에서는 판두께의 1.3배에서 2배 정도이다. 각 재료별 원형구멍 및 각형구멍의 최소 piercing 치수는 표 1.1과 같다.

표 1.1 Piercing의 최소치수(t : 판의 두께)

재료	원형 구멍	각형 구멍
경 강	1.3t	1.0t
연 강	1.0t	0.7t
황 동	1.0t	0.7t
알루미늄	0.8t	0.5t

(2) Blanking 가공한계

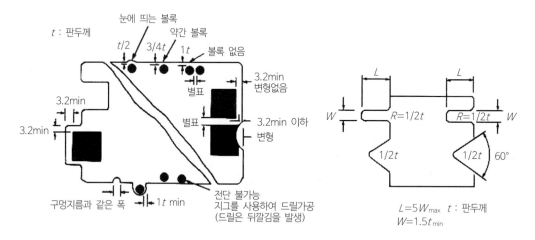

그림 1.4 Blanking 및 Notching 가공한계

표 1.2 원형 구멍전단의 Pitch 한계

판두께 (t) (mm)	최소간격 (mm)
1.55 이하	3.1
1.55 이상	2t

표 1.3 각형구멍전단의 Pitch 한계

판두께 (t) (mm)	최소간격 (mm)
2.3 이하	4.6
2.3 이상	2t

1.2.2 굽힘(Bending) 가공

1) Bending 제품의 설계

Bending 제품의 설계시 재료와 형상에서 다음과 같은 주의를 요한다.

(1) 재료의 방향성

일반적으로 판재료에는 압연방향(rolling direction)이 있으며, 연신율에서는 압연방향쪽이 압연직각 방향보다 큰 값을 가지고 있다. 따라서 bending 제품은 되도록이면 압연직각 방향으로 bending하는 것이 모서리부분의 균열을 방지할 수 있게 된다. bending 방향이 2방향 이상일 경우는 압연방향이 가능한 45°가 되도록 한다(그림 1.5). 특히 후판(厚板), 알루미늄, 판 spring 제품 등에서는 압연방향에 주의하지 않으면 bending시 균열이 쉽게 생기고, spring 특성이 저하될 수 있다. 따라서, 재료의 압연방향이 중요시되는 제품에서는 그 도면에 방향을 표시해야 한다.

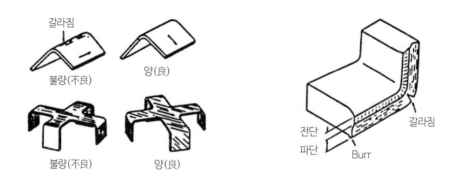

그림 1.5 압연방향과 Bending 방향

(2) 형상에서의 주의

① 제품형상의 붕괴

정확한 bending과 가공의 용이성을 위해 bending되는 주변부위를 relief notch를 주는 것이 좋다. 그림 1.6에서 (A1)→(A2), (B1)→(B2)로 하여 relief notch를 줌으로써 bending 부분의 주변이 붕괴되지 않고 정확히 bending할 수 있으며, (C1)→(C2)와 같이 bending 끝부위에 직선부를 줌으로써 정확한 형상의 bending을 할 수 있게 된다. relief notch의 폭 b는 1.5mm 이상 2t 이하로 한다.

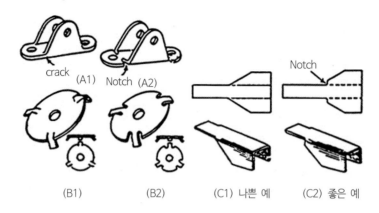

그림 1.6 Bending 제품의 Cut-off

② hole이 있는 판의 bending

그림 1.7의 (a)와 같이 hole 근처 부위를 bending하게 되면 hole이 변형되기 쉽다. 이때는 (c) 또는 (d)와 같이 보조구멍을 뚫으면 변형을 방지할 수 있다. 일반적으로 (b)에서 $s > t$ 이면 hole 이 변형되지 않고 bending이 가능하나, hole의 크기에 따라 최소값은 달리한다(표 1.4 참조).

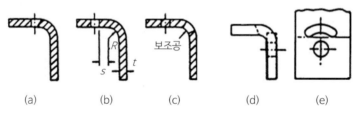

그림 1.7 Hole이 있는 판의 Bending

③ bending 가능한 플랜지의 최소 높이

Bending 가능한 flange의 최소높이는 내측 R 의 중심에서 $2t$ 까지 가능하고, 내측 $R = 0$의 경우는 $1.3t$ 까지 가능하다(그림 1.8).

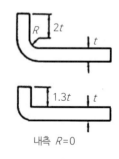

그림 1.8 Bending 가능한 최소높이

표 1.4

S SIEMENS	Rechtwinklig gebogene Teile milt Ausklinkungen oder Lochungen	SKR 20313 Z-Fassung

Z-Passung für die Bereiche B, D, E6 M, E6 P und N
Das Ausklinken und Lochen bei Biegetelien soll, um eine wirt-schaftliche Pertigung zu ermöglichen, bereits im Zuschnitt erfolgen, Um unerwünschtes Verformen, z, B, der Lochung, durch das Biegen zu verhindern, dürfen die in der Tabelle angegebenen e-Werte nicht unterschritten werden

R	b d	\multicolumn{10}{c}{s}

R	b / d	0.4	0.5	0.6	0.8	1	1.2	1.5	1.8	2	2.5
		\multicolumn{10}{c}{e}
0.4	1.5	1.2	1.3	1.4	1.5	1.7	1.8	2.0	2.1	2.2	2.4
	2	1.3	1.4	1.5	1.7	1.8	2.0	2.2	2.4	2.5	2.7
	3	1.4	1.6	1.7	1.9	2.1	2.3	2.6	2.8	2.9	3.2
	4	1.6	1.8	1.9	2.2	2.4	2.6	2.9	3.2	3.3	3.7
	5	1.7	1.9	2.1	2.4	2.7	2.9	3.2	3.5	3.7	4.1
	6	1.9	2.1	2.3	2.6	2.9	3.1	3.5	3.8	4.0	4.4
0.6	1.5	1.3	1.4	1.5	1.6	1.8	1.9	2.1	2.2	2.3	2.5
	2	1.4	1.5	1.7	1.8	1.9	2.1	2.3	2.5	2.6	2.8
	3	1.5	1.7	1.8	2.0	2.2	2.4	2.7	2.9	3.0	3.3
	4	1.7	1.8	2.0	2.3	2.5	2.7	3.0	3.2	3.2	3.8
	5	1.8	2.0	2.2	2.5	2.7	3.0	3.3	3.6	3.7	4.2
	6	2.0	2.2	2.3	2.7	2.9	3.2	3.5	3.9	4.1	4.5
0.8	1.5	1.4	1.5	1.6	1.8	1.9	2.0	2.2	2.4	2.5	2.7
	2	1.5	1.6	1.7	1.9	2.1	2.2	2.4	2.6	2.7	3.0
	3	1.6	1.8	1.9	2.1	2.3	2.5	2.8	3.0	3.1	3.4
	4	1.8	1.9	2.1	2.3	2.6	2.0	3.1	3.3	3.5	3.8
	5	1.9	2.1	2.2	2.5	2.8	3.0	3.3	3.6	3.9	4.7
	6	2.0	2.2	2.4	2.7	3.0	3.3	3.6	3.9	4.1	4.6
1	1.5	1.6	1.7	1.7	1.9	2.1	2.2	2.4	2.5	2.6	2.8
	2	1.6	1.7	1.8	2.0	2.2	2.3	2.5	2.7	2.8	3.1
	3	1.7	1.9	2.0	2.2	2.4	2.6	2.6	3.1	3.2	3.5
	4	1.8	2.0	2.2	2.4	2.7	2.9	3.1	3.4	3.6	3.9
	5	2.0	2.1	2.3	2.6	2.8	3.1	3.4	3.7	3.9	4.3
	6	2.1	2.3	2.5	2.8	3.1	3.3	3.7	4.0	4.2	4.6
1.6	1.5	1.9	2.0	2.1	2.3	2.4	2.6	2.7	2.9	3.0	3.2
	2	1.9	2.1	2.2	2.3	2.5	2.7	2.9	3.0	3.2	3.4
	3	2.0	2.1	2.3	2.5	2.7	2.9	3.1	3.3	3.5	3.8
	4	2.1	2.2	2.4	2.7	2.9	3.1	3.4	3.6	3.8	4.2
	5	2.2	2.4	2.5	2.8	3.1	3.3	3.6	3.9	4.1	4.5
	6	2.3	2.5	2.7	3.0	3.3	3.5	3.9	4.2	4.4	4.8
2.5	1.5	2.5	2.6	2.7	2.9	3.0	3.2	3.3	3.5	3.6	3.8
	2	2.5	2.6	2.7	2.9	3.0	3.2	3.4	3.6	3.7	3.9
	3	2.5	2.6	2.7	2.9	3.1	3.3	3.5	3.8	3.9	4.2
	4	2.5	2.6	2.8	3.0	3.3	3.5	3.7	4.0	4.2	4.5
	5	2.5	2.7	2.8	3.1	3.4	3.6	4.0	4.2	4.4	4.8
	6	2.8	2.8	3.0	3.3	3.6	3.8	4.2	4.5	4.7	5.1

Siehe auch SKR 20315 Gestalten von Schnitteilen, Metallische Werkstoffe.
Bereich Nachrichtentechnik-N Wv ZL KB 4

SIEMENS		

(3) 최소 bending 반경

균열이 생기지 않고 bending할 수 있는 최소허용 bending 반경 R_{min}(내측)은 bending 가공상 중요한 사항 중의 하나이다.

R_{min}에 영향을 주는 인자는 다음과 같다.

① 판두께(t) : R_{min}은 보통 판이 두꺼우면 크게 되나 R_{min}/t의 비로 계산하면 t에 무관하다.

② 판폭(b) : R_{min}/t는 폭이 넓으면 크게 되는 경향이 있으나, b가 약 $8t$ 이상으로 되면 R_{min}/t의 값은 거의 일정하다.

③ 재료와 압연방향 : R_{min}가 재질에 따라 다름은 당연하며, 압연방향에 있어서는 일반적으로 재료는 압연방향으로 연신율이 크기 때문에 압연직각방향의 최소허용 bending 반경은 압연평행방향보다 작게 할 수 있다.

표 1.5는 재료별 최소허용 bending 반경(R_{min})과 재료두께(t) 관계를 표시한 것이다.

표 1.5 최소허용 Bending 반경

재 료	상 태	R_{min}/t	
		압연과 직각	압연과 평행
연강(SCP1)	압연	0	0.4
반경강	압연	0.2	0.6
동(銅)	연질	0	0.2
순 Al		0	0.2
Al 합금	연질	0	0.2
Al 합금	경질	0.2	1
황 동	연질	0	0~0.5
황 동	경질	1~2	10~12
인청동	경질	1~2	10~13
양 백	경질	1.5~2	5~6
Stainless Steel (18-8)	1/2H	2.5	4
Stainless Steel (18-8)	Anneal	0.5	1

2) Spring Back(스프링 백)

Bending 금형으로 제품을 가공할 때 펀치와 다이(die) 사이에서 굽힘 가공된 제품의 각도는 금형의 각도와 약간의 차이가 생긴다. 이와 같은 현상을 spring back이라 하며, V-bending에서는 그림 1.9와 같이 각도가 커지는 방향이지만, U-bending에서는 판두께, 굽힘반지름 및 가공조건에 따라 각도가 커지는 방향과 작아지는 방향의 spring back이 생긴다.

Spring back을 적게 하려면 bending면에 인장 변형을 주는 방법, 즉 그림 1.10 (a)와 같이 bending 부분만을 특히 강하게 압축하여 늘림을 주는 방법이 있다. 표 1.6은 각종 재료의 spring back을 나타낸다.

또한 그림 1.10 (b)와 같이 성형의 끝머리에서 판의 폭방향으로 압축력을 주어도 동일한 효과를 얻을 수 있다. U-bending의 경우는 그림 1.11과 같이 pad가 있는 다이를 사용하여 재료에 배압(背壓)을 주어 bending하면 spring back량이 감소된다.

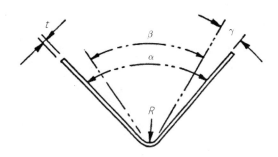

α : 제품의 감소
t : 판두께
γ : 스프링 백에 의한 각
β : 금형의 각도
R : 굽힘 반지름

그림 1.9 V형 Bending의 Spring back

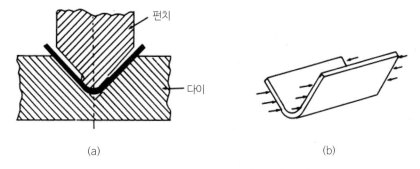

(a) (b)

그림 1.10 Spring back을 감소시키는 방법

표 1.6 각종 재료의 Spring Back

재　료	판두께 (t)	Spring back θ		
		굽힘 R=t	R=1~5t	R=5t 이상
연강판	1.0	4°	5°	6°
	1.0~2.5	2°	3°	4°
	2.5 이상	0°	1°	2°
보통강판	1.0	5°	6°	8°
	1.0~2.5	2°	3°	5°
	2.5 이상	0°	1°	3°
경강판	1.0	7°	9°	12°
	1.0~2.5	4°	5°	7°
	2.5 이상	2°	3°	5°

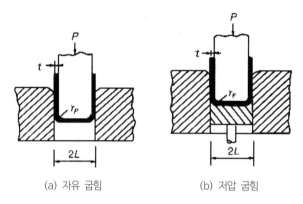

(a) 자유 굽힘　　　　　(b) 저압 굽힘

그림 1.11 U-bending의 Spring back을 감소시키는 방법

3) 전개길이의 계산방법

제품을 소정의 치수로 bending하기 위해서는 재료의 전개길이를 미리 결정해야 한다. 계산방법으로는 다음의 두 가지가 있다.

(1) 중립면(中立面) 기준법

판두께에 비해 bending 반경이 비교적 큰 경우 그의 중립면은 판두께의 중앙에 있으나, bending반경이 작으면 내측방향으로 이동하게 된다. 판의 내측표면에서 중립면까지의 거리를 K_t 라 표시하면 재료의 전개길이 L 은 다음과 같이 구해진다.

$$L = l_1 + l_2 + \frac{2\pi\theta}{360°}(R + K_t)$$

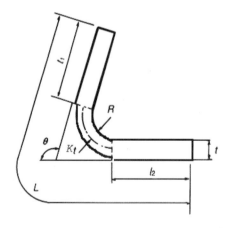

그림 1.12 재료의 전개길이를 산출하기 위한 설명도

표 1.7 계수 K_t의 값

R/t	K_t
0.1	0.32
0.25	0.35
0.5	0.38
1.0	0.42
2.0	0.46
3.0	0.47
4.0	0.48

(2) 바깥치수 가산법

Bending 부위가 여러 곳이 있을 때의 계산법은 먼저 바깥치수를 전부 더하고 그 합계에서 판두께와 bending 반경의 두 요소에 의해 늘어날 길이를 빼는 방법이다.

$$L = (l_1 + l_2 + \cdots + l_n) - \{(n-1)c\}$$

$(n-1)$: bending 부위의 수

c : 늘어난 보정계수

표 1.8 보정계수 c의 값($90°$ bending, $R=0$)

판두께	1.0	1.2	1.6	2.0	2.3	3.2
c	1.5	1.8	2.5	3.0	3.5	5.0

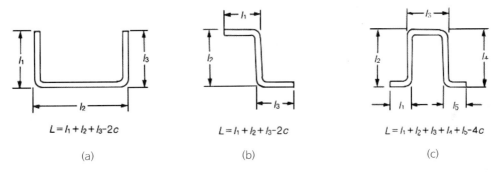

$$L = l_1 + l_2 + l_3 - 2c$$
(a)

$$L = l_1 + l_2 + l_3 - 2c$$
(b)

$$L = l_1 + l_2 + l_3 + l_4 + l_5 - 4c$$
(c)

그림 1.13 바깥치수 가산법의 예

일반적으로 사용되는 전개길이 계산법은 표 1.9에 나타낸다.

표 1.9 전개길이의 계산법

V 굽힘 (굽힘각 1)		$L = l_1 + l_2 + \dfrac{\pi}{2}(r_i + \lambda t)$
U 굽힘 (굽힘각 2)		$L = l_1 + l_2 + l_3 + \pi(r_i + \lambda t)$

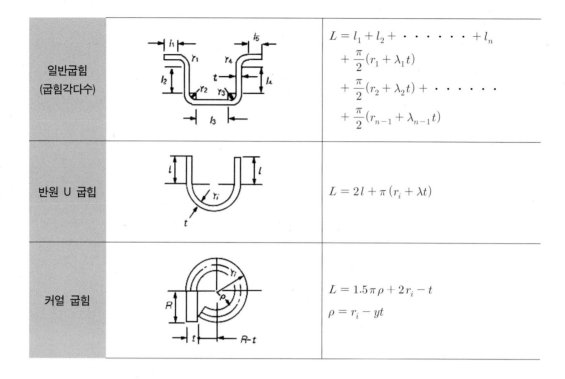

일반굽힘 (굽힘각다수)	$L = l_1 + l_2 + \cdots\cdots + l_n$ $+ \frac{\pi}{2}(r_1 + \lambda_1 t)$ $+ \frac{\pi}{2}(r_2 + \lambda_2 t) + \cdots\cdots$ $+ \frac{\pi}{2}(r_{n-1} + \lambda_{n-1} t)$
반원 U 굽힙	$L = 2l + \pi(r_i + \lambda t)$
커얼 굽힘	$L = 1.5\pi\rho + 2r_i - t$ $\rho = r_i - yt$

1.2.3 Drawing(드로잉) 가공

성형되는 제품이 얕은 경우는 단 1회로 drawing될 수 있으나 비교적 깊은 경우는 수회에 걸쳐 drawing해야 한다. 이 drawing 횟수는 재질, 판두께, drawing 각도, 틈새, drawing 속도, 주름억제의 유무에 따라 차이가 있으며, 정확하게 정한다는 것은 매우 곤란하여 일단 다음의 식으로 구하고 있다. blank 직경 D와 펀치의 직경 d와의 비를 drawing비라 하고, 그 역수를 drawing률이라 한다. 그림 1.14와 같이 flange 없는 원통 용기의 경우 blank 직경 D는

$$D = \sqrt{d^2 + 4dh} \quad (\text{내부에 } R \text{이 있을 때, } D = \sqrt{d^2 + 4dh - 3.44R}\,)$$

여기서 drawing비 Z와 drawing률 m은

$$Z = \frac{D}{d}, \; m = \frac{1}{Z} = \frac{d}{D}$$

그림 1.15와 같이 flange가 있는 원통용기의 경우 blank 직경 D는

$$D = \sqrt{d_0^2 + 4d_1 h}$$

이다.

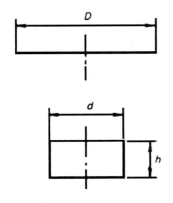

그림 1.14 Flange 없는 원통용기의
Blank 직경(D)

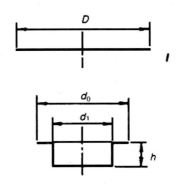

그림 1.15 Flange 있는 원통용기의
Blank 직경(D)

Drawing비 또는 drawing률은 drawing가공의 난이를 가리키며, drawing률이 크면 가공이 쉽고, 한계치보다 작으면 밑부분 부근이 파단되어 drawing을 할 수 없게 된다. 다음의 표 1.10은 재료별 실용상의 한계 drawing률을 표시한 것이다.

표 1.10 실용한계 Drawing률

재 료	실용한계 drawing률 $\left(\dfrac{d}{D}\right)$	2차한계 drawing률 $\left(\dfrac{d_1}{d_0}\right)$
drawing용 강판	0.5~0.55	0.75~0.8
18-8 스테인리스강	0.5~0.55	0.85~0.0
동(銅)	0.55~0.6	0.85
황동(7/3)	0.5~0.55	0.75~0.8
Al	0.53~0.6	0.8
두랄루민	0.55~0.63	0.9

1.2.4 Press 제품의 강성과 보강

1) 판두께 및 길이 관련 휨강도 관계

① 동일형상에서 판두께와 휨에 대한 강도와의 관계는 관성 모멘트식에서 3제곱에 비례하므로 판두께를 2배로 할 경우 휨강도는 8배로 된다.

② 동일단면형상에서 집중하중을 받을 경우, 길이와 강도와의 관계는 3제곱에 반비례하므로 길이를 2배로 하면 강도는 1/8이 된다.

2) 외력의 방향과 강도

그림 1.16과 같은 동일 bending 제품에서 외력의 방향에 따라 휨강도가 다르다. 휨강도는 (a)>(b)>(c) 순이 된다(화살표는 외력의 방향).

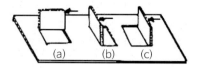

그림 1.16　외력의 방향과 강도

3) 판두께를 높이지 않고 강도를 높이는 방법

① 판의 외곽을 ⌞__⌟ , ⌞__⌟ 의 형상으로 bending한다.

② 판의 중앙부를 ～～～ , ～～～ 의 형상으로 바닥에 스폿 용접(spot welding)한다.

③ 판의 중심부를 ⊓ 형상으로 bending한다.

④ 판의 둘레를 ⊂___▭ 와 같이 180° bending한다.

⑤ 보강 rib, bead를 그림 1.17과 같이 추가하여 보강한다.

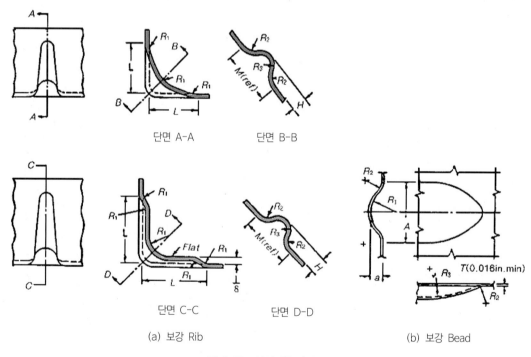

단면 A-A　　　단면 B-B

단면 C-C　　　단면 D-D

(a) 보강 Rib　　　　　　　(b) 보강 Bead

그림 1.17　보강 Rib와 Bead

1.3 허용 공차

　Press 제품의 허용공차 규격으로는 주로 KSB0236과 DIN7168(독일 규격)을 사용하고 있으며, 도면에서 기능상 특별한 정밀도가 요구되지 않는 치수에 대하여 허용공차를 일일이 기입하지 않고 일괄해서 지시할 경우에 적용된다. 규격의 내용은 다음과 같다.

1.3.1 KSB 0236(치수의 보통 허용공차 통칙)

표 1.11 KSB 0236

공차등급 치수의 구분	12급	(13급)	14급	(15급)	16급	(17급)	18급	(19급)	20급
0.5 이상 3 이하	±0.05	±0.05	±0.1	±0.2	–	–	–	–	–
3 초과 6 이하	±0.05	±0.1	±0.1	±0.2	±0.2	±0.6	±0.9	–	–
6 초과 30 이하	±0.1	±0.15	±0.2	±0.4	±0.5	±1	±1.6	±2.5	±4
30 초과 120 이하	±0.15	±0.25	±0.3	±0.7	±0.8	±1.8	±2.8	±4.5	±7
120 초과 315 이하	±0.2	±0.4	±0.5	±1	±1.2	±2.5	±4	±6	±10
315 초과 1,000 이하	±0.3	±0.7	±0.8	±1.8	±2	±4.5	±7	±11	±18
1,000 초과 2,000 이하	±0.5	±1.1	±1.2	±3	±3	±8	±11	±18	±30

* (　)가 붙은 등급은 가능한 한 사용하지 않는다.
* 위 표의 12급~20급 중에서 14급을 가장 일반적으로 사용하고 있다.

1.3.2 DIN 7168(Deviations for Dimension without Indication of Tolerances)

표 **1.12** DIN 7168

치수의 구분 / 등급	f (fine)	m (middle)	g (coarse)
0.5 이상 3 이하	±0.05	±0.1	±0.15
3 이상 6 이하	±0.05	±0.1	±0.2
6 이상 30 이하	±0.1	±0.2	±0.5
30 이상 120 이하	±0.15	±0.3	±0.8
120 이상 315 이하	±0.2	±0.5	±1.2
315 이상 1,000 이하	±0.3	±0.8	±2
1,000 이상 2,000 이하	±0.5	±1.2	±3
2,000 이상 4,000 이하	±0.6	±2	±4
4,000 이상 8,000 이하	–	±3	±5
8,000 이상 12,000 이하	–	±4	±6
12,000 이상 16,000 이하	–	±5	±7
16,000 이상 20,000 이하	–	±6	±8

* 위 표의 f, m 및 g급 중에서 m급을 가장 일반적으로 사용하고 있다.

KSB0236과 DIN7168을 비교하면, KSB0236의 12급과 DIN7168 f와는 그 공차범위가 동일하고, 14급과 m급이 동일하며, 16급과 g급이 거의 동일하다.

Press 금형과 기계

2.1 Press 금형(Die)

Press 가공에서의 금형은 펀치와 다이로 구성되어, 이 사이에 재료를 넣고 기계로 눌러 요구하는 형상을 얻는데 목적이 있다.

2.1.1 금형의 종류

Press 금형은 제품의 형상 및 공정에 따라 다음과 같이 분류할 수 있다.

1) 단일공정형

(1) 전단형(타발형)

전단형은 전단방식에 따라 blanking, piercing, cutting, parting, trimming die로 나누어진다. 그림 2.1은 blanking형의 예로서, 스트리퍼에 의해 펀치가 안내되는 형식으로 띠모양의 재료를 손으로 소재

안내를 따라 이송하고, 오른쪽 그림과 같은 제품을 차례차례 blanking하는 것이다. blanking되는 위치를 정하기 위해 스톱핀이 설치되어 있으며, 먼저 blanking된 구멍에 스톱핀을 걸어서 고정시킨 후에 다음 blanking을 한다.

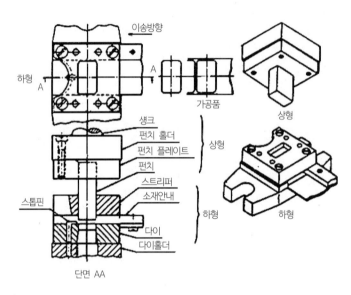

그림 2.1 Blanking Die

(2) Bending형

① V-bending die

　㉮ 표준형식의 V-bending die

　　V자형 bending은 bending의 기본적인 것으로 많은 제품의 단면형은 V자형 bending이 반복되는 형상이다.

그림 2.2는 단순 V-bending die라 칭하는 것으로 punch hold라든가 cam 기구 등이 없는 간단한 구조이다. Die의 V폭 W_d는 제품의 크기에 관계없이 판두께 t의 8배로 하는 것이 표준이다 (그림 2.3). W_d가 작으면 bending 압력, spring back이 증가하고, W_d가 크게 되면 압력은 감소하나 punch 선단에서 경사면에 따라 변형이 생긴다. 그리고 punch의 폭 W_p는 W_d와 거의 같은 치수로 만드는 것이 좋다.

Polyurethane은 plastic의 경도와 고무의 탄성을 가지고 있는 합성수지로 매우 강인하고, 인장강도, 압축강도 및 파열강도가 크며 내유성이 우수한 것이다. 또한, 영구변형이 작고 높은 반발탄성을 가지고 있으므로 강제(鋼製) spring을 대체하여 금형부품에 다수 사용되고 있다.

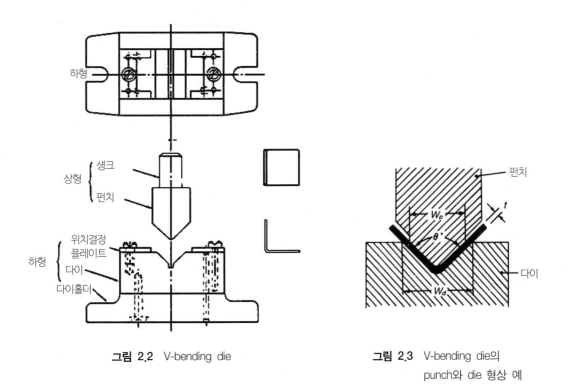

그림 2.2 V-bending die

그림 2.3 V-bending die의
punch와 die 형상 예

그림 2.4는 polyurethane을 이용한 V-bending die로 금형 die를 사용한 bending과 비교하면 spring back의 양이 작고 제작비가 저렴하게 된다. 그리고 그림 2.5와 같이 polyurethane에 적절한 형상의 도피를 설치하면 수명을 연장시킬 수 있다.

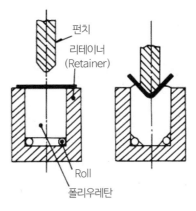

그림 2.4 Polyurethane die

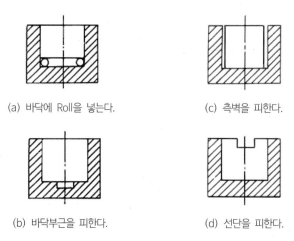

(a) 바닥에 Roll을 넣는다.   (c) 측벽을 피한다.

(b) 바닥부근을 피한다.   (d) 선단을 피한다.

그림 2.5 수명연장을 위한 Polyurethane die의 형

② U-bending die

U자형 bending 제품은 press brake 가공(bending, 절단, forming에 사용되는 open frame press)에서는 V-bending의 연속으로 U자형이 만들어지나 press가공에서는 1공정으로 만들어진다. 그림 2.6은 knock-out 장치(die에서 제품을 빼내는 장치)가 있는 die로 가장 많이 사용되고 있는 구조이며 치수의 정밀도도 높다.

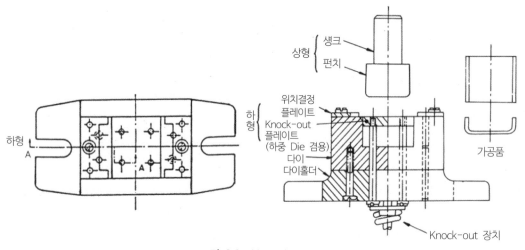

그림 2.6 U-bending die

③ Curling die

Curling die는 drawing 가공 또는 인발가공에 의하지 않고 판을 ring, pipe 등의 형상으로 만드는 금형이다.

일반적인 방법으로는 예비 bending 공정으로 U-bending을 실시하고, 원형가공 중 재료가 안으

로 찌그러짐을 방지하기 위해 또는 정도(精度)를 좋게 하기 위해 Arbor(心金)를 사용한다(그림 2.7 참조).

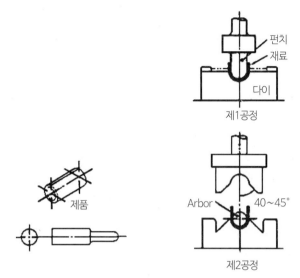

그림 2.7 Arbor식 Curling die

④ Cam식 bending die

제품의 형상에 따라 금형의 상하운동만으로는 불충분할 때 금형의 일부를 cam기구로서 좌우 또는 경사방향으로 움직이도록 하여 여러 가지 bending 가공을 할 수 있는 die이다.

그림 2.8은 cam식 die의 일례로 상형(上型)이 하강하면 die위의 평판재료가 ⎡⎤형으로 bending 되고 한층 더 상형이 하강하면 cam A는 좌우로 열리고, cam B는 punch B를 좌우에서 닫히는 방향으로 움직여 재료를 ⎡⎤형으로 bending한다.

가공종료 후 상형이 상승하면 spring의 작용으로 punch는 좌우로 열리고 die는 축소되어 제품이 빠지게 된다.

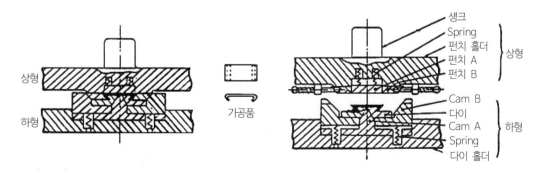

그림 2.8 Cam식 Bending die

(3) 성형형(成形型, Forming Die)

① Flange 성형형

Flange 가공은 판, 관, 구멍의 테두리에 flange를 만드는 작업으로서 수축 flange 변형과 확장 flange 변형(flaring)의 2종류가 있다. 그림 2.9는 원판형 재료를 눌러 flange를 성형시켜 원형뚜껑을 만드는 금형으로, 이 경우의 금속변형은 drawing 변형과 동일한 수축 flange 변형이다. 그림 2.10은 원통형의 상부를 바깥쪽으로 bending을 일으켜 flange를 성형시키는 die이다.

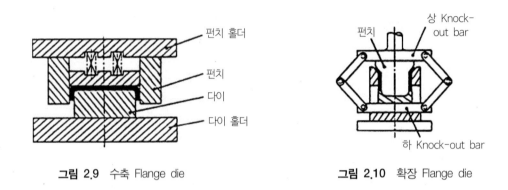

그림 2.9 수축 Flange die   그림 2.10 확장 Flange die

② Curling die

Curling은 판의 끝면을 둥글게 bending 하는 작업으로 잘라진 면을 없앰으로써 안전, 보강, 장식을 목적으로 한다. 또한 경첩의 회전부, 통조림 등의 2부분을 결합하기 위한 기초가공이다. 그림 2.11은 curling die의 예로서 앞 공정에서 높이를 일정하게 한 원통을 die중에 삽입하여 상형을 누르면 테두리가 curling된다. curling 과정에서 wire 등을 삽입하여 curling하는 것을 wiring이라 하며 강도를 높이기 위한 것이다.

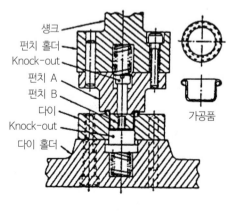

그림 2.11 Curling die

③ Bulging die

Bulging 가공은 원통용기의 입구는 그대로 두고 중앙부분을 볼록하게 만드는 가공법으로 가공 후 제품을 쉽게 빼낼 수 있도록 다이를 분할식으로 한다. 그림 2.12는 고무 또는 polyurethane을 사용한 금형으로 제품가공시 상형(上型)이 하강하면 plate는 하형에 있는 고무를 압축시켜 옆으로 벌어지게 되어 bulging이 이루어진다. 가공종료 후 상형이 상승되면 고무는 원래의 상태로 복구되어 제품을 뺄 수 있게 된다.

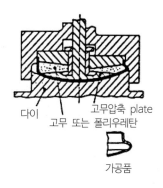

그림 2.12 Bulging die

④ Beading die

Bead 가공은 판 또는 각종 press 제품의 보강 또는 외관을 좋게 하기 위해 실시하고 있다. beading die는 punch 및 die 모두 금형으로 된 것, 일부가 고무 또는 액체로 구성된 것이 있다.

그림 2.13의 (a)는 얇은 bead를 관에 붙이는 것이기 때문에 관의 외경에 잘 맞는 die에 관을 넣고 punch로서 관의 축방향으로 압축하면 die에 미리 성형되어 있는 홈으로 관의 일부가 흘러 들어가 원하는 bead를 얻을 수 있게 된다. 그림 2.13의 (b)는 평판에 bead를 추가할 때 사용되는 고무로 된 것이다.

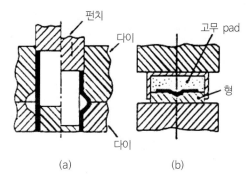

그림 2.13 Beading die

(4) Drawing Die

① Blank holder가 없는 drawing die

재료의 크기와 판두께의 비율이 적당하면 blank holder가 없는 die도 drawing을 할 수 있다. 그림 2.14와 같이 die의 면은 단순한 원호보다는 30°의 원추면이 좋고 punch의 형상은 구면보다는 평면이 좋으며 코너 부위는 적당한 r(라운드)가 있는 것이 안정된다.

가공완료 후 제품과 punch 선단의 기름으로 인해 진공상태가 되어 제품을 빼내기가 어렵게 되므로 punch에 통기구멍을 뚫어 진공발생을 방지한다.

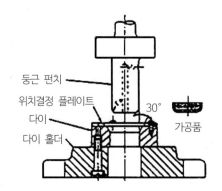

그림 2.14 Blank holder가 없는 drawing die

② Blank holder가 있는 drawing die

이 die의 blank holder는 knock-out 장치 및 위치 결정판을 겸하고 있으며, blanking된 재료를 그 위에 놓고 상형이 하강하면 knock-out 장치의 spring(또는 고무) 때문에 재료는 die 및 blank holder에 의해 완전히 눌린 다음 punch에 의해 die의 구멍속으로 drawing되면서 들어간다. 가공이 끝나고 상형이 상승하면 제품은 knock-out 장치에 의해 밖으로 올라가 빠지게 된다 (그림 2.15 참조).

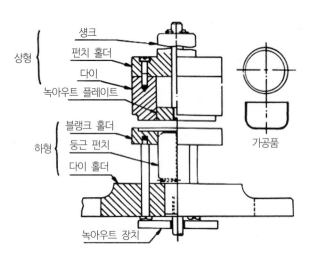

그림 2.15 Blank holder가 있는 drawing die

③ Spring pad가 있는 drawing die

　　Flange가 없는 작은 drawing 제품에 사용되는 die로서 그림 2.16과 같이 spring pad와 punch holder 사이에 spring을 넣어 through bolt로 고정한 것으로 제품 가공시 punch가 상승하면 spring의 복구력에 의해 제품은 자동적으로 빠지게 되어 생산성이 높다. 그러나 punch holder가 두꺼워야 된다는 것과 spring pad의 압력을 조정할 수 없는 결점이 있다.

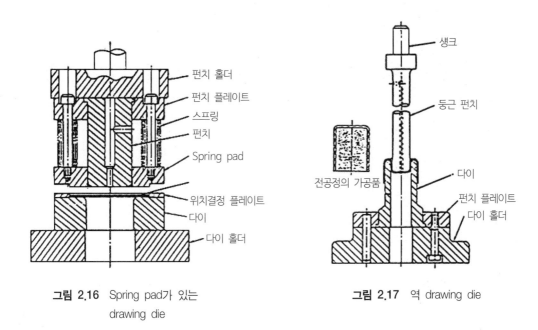

그림 2.16 Spring pad가 있는
drawing die

그림 2.17 역 drawing die

④ 역 drawing die

　　그림 2.17과 같이 미리 성형된 원통형 제품의 밑부분을 밖에서 punch로서 오목하게 성형시키는 것으로, 이 방법은 재료에 압축응력의 차가 증대하지 않아 갈라짐이 발생하지 않는다.

2) 복합형(Compound Die)

(1) 복합 Bending die

　복합 bending die는 bending과 blanking 혹은 bending과 drawing가공 등으로 복합공정이 필요한 하나의 제품에 하나의 금형으로 제작토록 한 것을 말한다. 단, transfer die에서 bending공정이 들어간 경우에는 복합 bending die라 하지 않고 progressive die라 한다.

　그림 2.18은 shearing-bending die로 절단과 bending이 동시에 가공되는 것이고, 그림 2.19는 bending-blanking die로 punch의 하면의 형상으로 자동적으로 bending 가공이 되고 동일한 stroke의 최후에서 blanking이 되는 제품을 만드는 die이다.

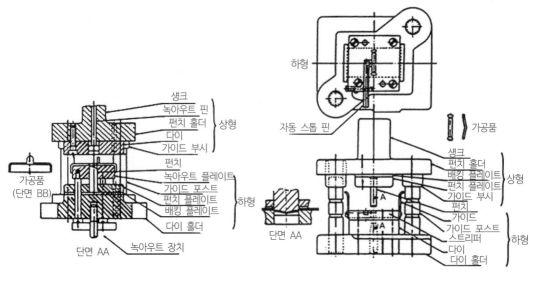

그림 2.18 Shearing-bending die

그림 2.19 Bending-blanking die

(2) 복합 Drawing die

이 die는 재료의 blanking과 drawing 가공을 동시에 가공하는 복합형과 drawing과 trimming 가공을 동시에 가공하는 복합형이 있다.

그림 2.20은 blanking-drawing die로서 재료외경을 blanking한 후 drawing die가 가공물을 누른 다음 drawing punch가 하강하여 drawing 가공하게 된다.

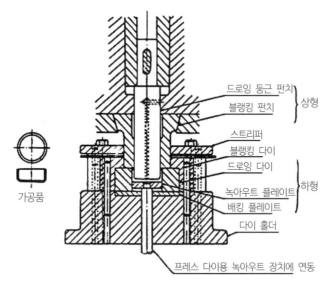

그림 2.20 Blanking-drawing die

가공이 끝난 제품은 상형의 상승과 동시에 blanking punch가 stripper(punch에 끼인 제품을 빼내는 장치)의 역할을 하여 drawing punch에서 빠진 다음 knock-out plate에 의해 하형에 떨어진다.

3) 순차이송형(Progressive Die)

여러 공정을 필요로 하는 제품의 가공에서 1대의 press기계와 하나의 금형을 사용하여 필요공정을 금형 내부에 일정의 pitch로 배열하고 재료를 그 pitch만큼 움직이도록 하여 연속적인 공정을 거쳐 제품을 완료토록 한 die를 progressive die라 한다. 1공정에서 2요소 이상의 가공을 한데 모은 compound die와 blanking된 것을 다음의 공정으로 운반하여 추가 가공하는 transfer die와는 구별된다. progressive die의 특징은 다음과 같다.

① press 기계는 특수한 것이 아니고 범용기계에 feeding(피딩) 장치를 붙여 사용할 수 있다.

② 고속생산을 할 수 있다.

③ blanking, bending, drawing 가공 등이 하나의 금형에서 가능하다.

④ 무인운전이 가능하다.

⑤ 고도의 금형가공기술을 필요로 하고, 금형이 고가로 되며, 다량생산일 때 적합하다.

Progressive die는 다수 있으나 KSB4127에는 A, B, C 및 D형으로 분류하고 있다. 그림 2.21, 2.22, 2.23, 2.24, 2.25는 progressive die로 제작한 제품의 예이다.

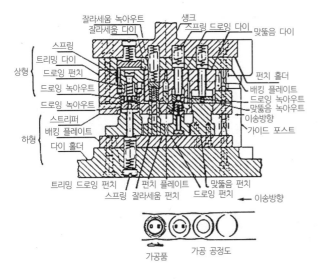

그림 2.21 Progressive die A
(타발만의 가공)

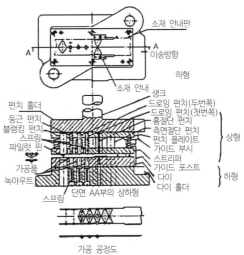

그림 2.22 Progressive die B
(Drawing과 전단가공)

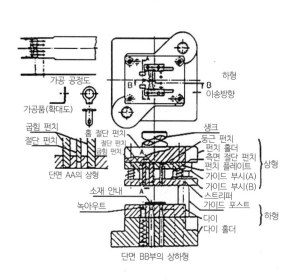

그림 2.23 Progressive die C
(Bending이 포함된 가공)

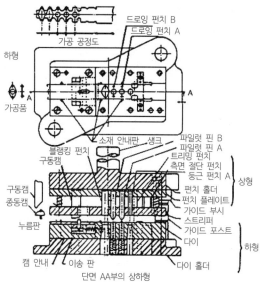

그림 2.24 Progressive die D
(Drawing과 성형가공)

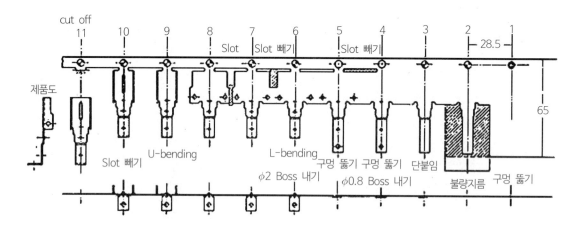

그림 2.25 Progressive Die로 제작한 제품의 예

2.1.2 금형의 재료

금형용 재료는 일반적으로 다음과 같은 조건을 만족해야 한다.
① 경도가 크고 고온에서도 그 경도를 유지할 것
② 내마모성이 클 것
③ 내충격성, 인성이 클 것
④ 열처리가 쉽고 열처리 후 변형이 적을 것
⑤ 가공이 용이하고 가격이 쌀 것
⑥ 구입이 용이할 것
사용되는 재료로서는 다음과 같은 것이 있다.

1) 탄소공구강

탄소공구강은 공구강의 기본적인 강(鋼)이며, 기계가공성도 좋고 공구강 중에서는 가장 가격이 싸므로 탄소량의 변화에 따라서 여러 가지 용도에 이용되지만, 담금질 변형 등이 크고 내마모성도 낮은 결점이 있어서 비교적 소량 생산의 punch나 die의 공구재료로서 적당하다. 일반적으로 KSD3751(탄소공구강 강재)의 STC3~STC5가 금형용으로 많이 쓰인다.

2) 합금공구강

KSD3753(합금공구강 강재)의 특수공구강(STS)과 다이스강(STD) 2종류가 있으며, 금형용 punch나 die에는 절삭용과 냉간금형용이 일반적으로 많이 사용되고 있다. 특히, 후자의 STD1, STD2, STD11 등 12% 크롬계 냉간 공구강은 내마모성이 우수하며, 담금질성이 좋고 열처리 변형이 적으므로 대표적인 금형용 공구강이다. 그러나 가공성이 약간 떨어지고 절삭이나 연삭가공에 난점이 있다.

3) 고속도강

텅스텐계와 몰리브덴계의 2종류가 있으며 경도가 크고 내마모성이 우수하기 때문에 절삭용 공구강으로서 많이 쓰인다. 흔히 하이스라고도 부른다. 금형용강으로는 KSD3522(고속도 공구강 강재)의 몰리브덴계 SKH9가 특히 인성이 크고 작은 지름의 piercing용 punch 및 대량생산용의 고급금형 punch나 die에 많이 사용되고 있으나 담금질 온도가 높고 또한 고도의 담금질 기술이 요구되기 때문에 사용범위가 한정되는 결점이 있다.

그밖에 punch holder나 die holder에는 KSD4301(회주철품)의 GC20이 사용되고, punch plate, stripper 등에는 KSD3752(기계구조용 탄소강 강재)의 SM20C가 많이 사용된다.

2.2 Press 기계

Press 기계란 2개 이상의 쌍을 이룬 공구를 사용하여 그들 공구 사이에 가공물을 놓고 공구에 관계 운동을 하여 공구에 의해 가공물에 강한 힘을 가함으로써 성형가공을 하는 기계이며, 또 공구 사이에 발생되는 힘의 반력(反力)을 기계 자체로 지탱하도록 설계되어 있는 기계이다. 형단조를 행하는 hammer는 위 정의에 가까우나 공구간에 발생되는 힘의 반력을 기계자체로서 지탱할 수 없기 때문에 press 기계와 다르다.

2.2.1 Press 기계의 종류와 특징

1) Crank Press

Crank 기구로서 slide 운동되는 것을 crank press라 한다. 따라서 crank 축이 없는 crankless press 및 toggle 복동 press도 crank press라 한다.

(1) Crank Press의 종류

Crank press의 종류는 대단히 많다. 그 구성요소로서 frame의 형식[C형, straight side형 4주식(四柱式), 횡형(橫形) 등], crank축의 위치방향(상하, 전후, 좌우 등), crank 수 및 slide의 수(단동, 복동 등) 등으로 분류될 수 있으며, 또한 조합에 의해서도 여러 종류가 있다.

구조상으로의 분류와 용도상으로의 분류로도 나눌 수 있으나 구조에 의한 분류가 일반적이다. 다음의 표 2.1과 같이 분류하는 것이 실용상 편리하다.

표 2.1 Crank Press 분류

대분류	중분류	소분류	비 고
C R A N K P R E S S	단동(單動) Press	C Frame Press	Bench press Power press Eccentric press 조절 table press Horning press 복(複) crank press	그림 2.26
		Straight-Side Press	단(單) crank press 복(複) crank press	그림 2.27
	복동(複動) Press	C Frame Press Straight-Side Press	Crank 복동 press Cam 복동 press Toggle 복동 press	그림 2.28

① 단동 press(single action press)

㉮ C-frame(gap frame) press

Frame이 C자형의 단동 crank press로 압력 100ton 이하의 소형기가 대부분이다.

㉯ bench press

5ton 이하의 초소형기로 bench(台)에 얹어 사용되므로 얻어진 이름이다. 구조, 형식은 power press형, eccentric press형의 2종류가 있으나 모두 직동형(直動形)이다.

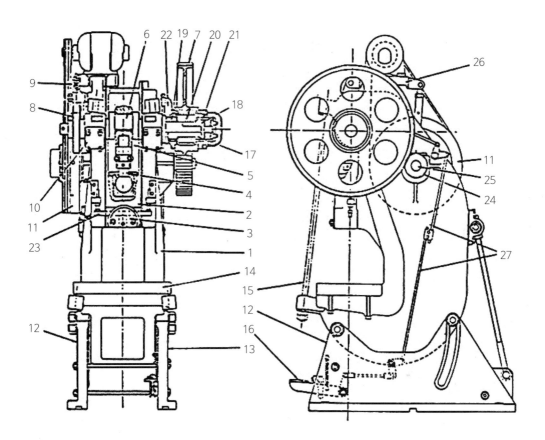

1 : Frame	10 : Crank shaft bearing cap	20 : Center clutch ring
2 : Ram	11 : Fly-wheel	21 : Outer clutch ring
3 : Shank clamping cap	14 : Bolster plate	22 : Clutch bracket
4 : Connection screw	15 : Tie rod	23 : Knock-out beam
5 : Connecting rod	16 : Foot panel	24 : Pinion
6 : Crank shaft	17 : Rolling key	25 : Back shaft
7 : Gear	18 : Back key	26 : Motor base
9 : Brake spring	19 : Inner clutch ring	27 : Treadle rod

그림 2.26 C-Frame Power Press

ⓓ power press

Crank 축이 작업자에 대하여 좌우방향에 있는 것으로 frame을 가변경사시킬 수 있는 가변경사식이 대부분이나 75ton 이상의 대형기에는 고정식이 많다.

ⓔ eccentric press

Crank 축이 작업자에 대하여 전후방향에 있는 것으로 직동식과 gear식으로 나누어진다. open front and solid back crank power press라고도 한다.

ⓕ Straight-side press

Frame 형식이 상자형으로 양측 column이 직선인 단동 press를 말한다. 압력 범위는 50ton에서 2,500ton에 이르기까지 단(單) crank, 복(複) crank 및 frame이 경사진 경사형이다.

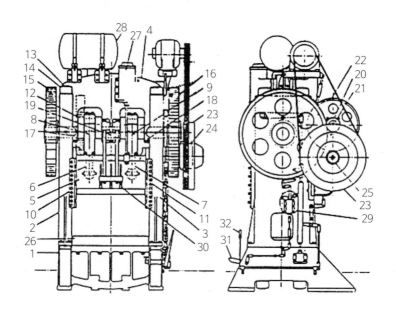

1 : Bed	12 : Crank shaft	22 : Inter gear
2 : Side frame	13 : Tie rod	23 : Fly-wheel
3 : Side frame	14 : Tie rod mut	24 : Friction clutch
4 : Crown	15 : Main gear LH	25 : Drive shaft
5 : Ram	16 : Main gear RH	26 : Bolster plate
6 : Connection screw	17 : Crank shaft bearing cap	27 : Counter balance
7 : Connection screw	18 : Crank shaft center	cylinder
8 : Connecting rod	bearing cap	28 : Surge tank
9 : Connecting rod	19 : Crank shaft bearing cap	29 : One stop device
10 : Gib strip LH	20 : Pinion	30 : knock-out beam
11 : Gib strip RH	21 : Inter shaft	31 : Clutch pedal
		32 : Clutch level handle

그림 2.27 Straight-Side(複 Crank) Press

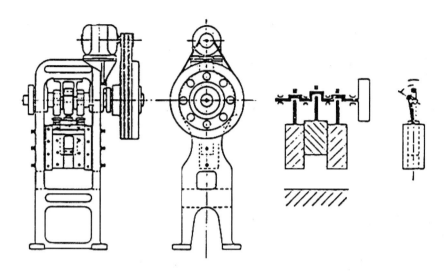

그림 2.28 Crank 복동 press(Straight-Side Type)

② 복동(複動) press(double action press)

별개로 작동하는 2개의 ram을 가진 press로 deep drawing, blanking-drawing 작업에 사용된다. frame의 형식에는 C형(소형기), straight side형(중, 대형기)가 있다.

(2) Crank Press 능력

Crank press의 작업능력을 표시하는 것으로는 공칭압력으로 하는 것이 보통이나 제조자에 따라 crank 축의 직경을 표시하는 경우도 있다. 그러나 공칭압력으로만의 능력표시는 불충분하여 정확히 하기 위해서는 다음의 요소를 표시하지 않으면 안 된다. 즉, 공칭압력, 공칭압력을 발휘하는 위치 및 용량의 3요소이다.

예를 들면, 공칭압력 200ton, 하사점상(下死点上) 7mm에서 용량 650kgf·m라 한다.

① 공칭압력(ton)

이것은 press 작업능력 중 가장 중요한 factor로 일반용도의 press에 있어서는 이 압력의 크기로 press의 대략적인 크기가 결정된다.

② 공칭압력의 발휘위치(Sp)

이것은 하사점상(下死点上)의 몇 mm에서 공칭압력이 발휘하는가를 나타내는 능력요소로 crank press의 사용 및 설계상 매우 중요한 요소이다.

③ 용량(kgf·m)

이 능력은 유효작업의 힘에 관한 것으로 1회의 작업에 사용되는 용량으로서 이 능력이 부족하면 작업중도에서 정지한다.

④ 편심(偏心)하중

Press의 능력은 보통 press 중심의 하중이 걸리는 것을 조건으로 하고 있다. 따라서 편심하중이 걸리는 경우, 공칭압력능력은 저하한다. 1대의 press에 2개 이상의 die를 붙여서 사용할 경우나 progressive die를 사용하는 경우에는 반드시 편심하중이 되므로 press 능력을 선택할 때 주의하지 않으면 안 된다.

2) 마찰 Press

마찰 press라 함은 작업할 때마다 마찰력으로 fly wheel을 구동하고 fly wheel의 회전운동을 나사기구에 의해 직선운동으로 바꾸어 작업을 하는 press로 정확히는 마찰나사 press라 해야 한다. 다른 press에서는 fly wheel은 전동기와 직접 연결돼 fly wheel과 ram 사이에 clutch(클러치)가 있으나, 마찰 press는 fly wheel과 ram은 직접 연결되고, 전동기와 fly wheel 사이에 clutch가 있다. 운동전달방법이 다른 것이나 마찰 press는 큰 특징을 가지고 있다.

(1) 특징 및 용도

마찰 press는 다른 기계(crank, toggle 등)와 매우 다른 특성을 가지고 있으며 그 능력은 hammer와 유사하나 작업반력을 모두 frame이 흡수하는 점에서 근본적으로 다르다. hammer적 특성으로 다른 기종에서는 곤란한 작업을 용이하게 할 수 있는 독특의 작업분야를 가지고 있다.

본 press와 다른 press와의 다른 특성은 다음과 같다.

① 1회의 작업에 fly wheel의 energy를 전부 소비한다.

② hammer와 같이 stroke를 각 stroke마다 자유로 할 수 있다.

③ 연속운전이 불가능하다.

④ 작업정도(精度)가 나쁘다.

(2) 종류

Fly wheel 구동방식에 따라 4종으로 나누어진다.

① 원판구동형 마찰 press(friction screw press)

현재 마찰 press의 대부분이 이 종류이며 fly wheel을 좌우에 있는 큰 원판상 마찰차로 구동한다.

② roll 구동형 마찰 press(roll drive friction screw press)

③ hasenclever형 마찰 press

독일의 hasenclever사(社)에서 개발된 것이다.

④ vincent형 마찰 press

마찰차가 원추형인 것, ram이 아래에서 위로 운동하는 것, frame에 작업압력이 걸리지 않는 것 등이 3종 마찰 press와 다르다.

3) Toggle Press

Toggle press는 crank press와 마찬가지로 전동기의 회전을 적당히 감속시켜 이것을 crank로 왕복운동으로 바꾸고 toggle 기구에 의해 그 힘의 비를 증대시켜 ram에 일정한 직선적인 압축가공을 하는 구조로 되어 있다.

(1) Toggle Press의 용도

Toggle press는 그 특성, 즉 ram의 stroke 종단 부근에서 일정범위 내로 강력한 압축가공이 되는 것을 이용하여 다음과 같이 광범위한 용도로 사용된다.

① forging   ② stamping

③ embossing   ④ indenting

⑤ coining   ⑥ rivetting

⑦ extruding   ⑧ molding

(2) Toggle Press와 Crank Press의 비교

가공성능(매분 stroke 수 및 stroke 길이)의 같은 toggle press와 crank press를 사용한 경우 작업상황을 비교하면 다음과 같다.

그림 2.29는 toggle press와 crank press의 동작곡선을 각각 표시한 것으로 종축은 ram의 stroke, 횡축은 crank축의 회전각도를 표시한다.

여기서 ram의 stroke 종단 부근에서 강력한 압축력을 발휘함을 알 수 있다. 즉, 매분 stroke 수가 동일할 때는 toggle press 쪽이 crank press보다 압축가공 시간이 길게 되고 평균압축속도가 작은 완속압축가공을 할 수 있다.

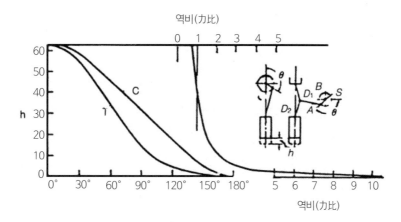

그림 2.29 Toggle press와 Crank press의 동작곡선

4) Press Brake

길이가 긴 판의 bending 작업에 적당토록 만들어진 bending 전용 press기계이다. 본 기종은 bend-ing 전용기로 발전한 것이지만, bending 작업 이외 wide bed press로서 넓은 판의 press 작업 또는 다공정의 die를 붙여 다공정작업을 하기도 한다.

Ram 구동방식으로는 기계식(crank식 또는 eccentric식)과 유압식이 있다(그림 2.30).

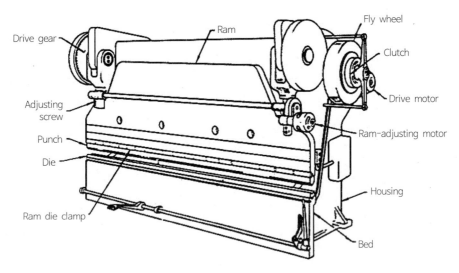

그림 2.30 기계식 Press brake

(1) Press Brake의 가공방식

Press brake는 긴 길이의 bending 작업은 물론 blanking, punching, notching, piercing, seaming, wiring, 그밖에 forming, piping 등 각종 단명의 성형 및 bed에 공기 또는 spring die cushion을 갖추면 깊이가 낮은 drawing 가공도 할 수 있다.

(2) 각종 성형형(成形型)

Press brake에 사용되는 대표적 성형형(成形型)은 다음과 같다(그림 2.31).

5) Hydraulic Press

구동 동력원으로 유압 또는 수압을 이용하는 것이 기계 press와 큰 차이점이다. hydraulic press를 기계 press와 비교했을 때의 장점으로서는 die의 취부가 용이하고 압력, 속도 및 stroke 조정이 자유로운 것이며, 최대 단점으로서는 속도가 느린 것이다. 생산성에서 기계 press가 절대 유리하기 때문에 현재의 press가공은 90% 이상이 기계 press를 사용하고 있다. 표 2.2는 기능비교를 나타낸 것이며, 그림 2.32는 double-action hydraulic press의 구조이다.

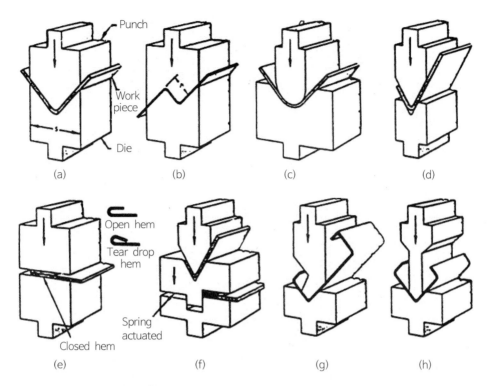

(a) 90° V-bending (b) Offset bending (c) Radiused 90° bending (d) Acute-angle bending
(e) Flattening for three types of hems (f) Combination bending and Flattening (g) Goose
neck punch for multiple bends (h) Special clearance punch for multiple bends

그림 2.31 Press brake forming

표 2.2 기계 Press와 Hydraulic Press의 기능 비교

기 능	기계 Press	Hydraulic Press
가공 속도	빠르다.	기계 press보다 매우 느림
stroke의 한도	600~1,000mm 한도	상당히 긴 것도 가능
stroke의 변화	불가	가능
가압속도의 조절	불가	가능
가압력의 조절	불가	가능
가압력의 유지	불가	가능
press frame에 과부하를 일으키는 것의 유무	과부하를 일으키기 쉽다.	과부하를 절대로 일으키지 않는다.
보수의 난이도	용이	보수에 비용이 듦. (주로 기름이나 물의 누출)
최대능력	4,000t~9,000t	70,000t~200,000t

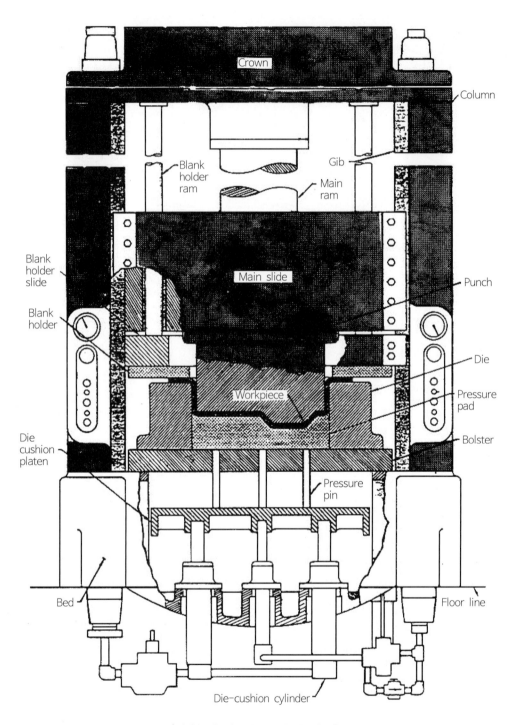

그림 2.32 Double-Action Hydraulic Press

CHAPTER 03

Press 제품과 다른 부품과의 결합

Press 가공 이후의 후공정으로 조립의 합리화는, 조립공정에 차지하는 cost가 점점 그 비중이 높아지고 있는 현상이므로 필히 다루어야 할 사항이다.

3.1 Screw(스크류 : 나사) 고정법과 간이고정법

3.1.1 Bolt(볼트)와 Nut(너트)에 의한 결합

조립되는 2개의 부품 양측에 bolt가 통과할 수 있는 구멍을 뚫어 bolt와 nut를 사용하여 결합하는 방식이다. 이 방식은 bolt측, nut측 어느 한 쪽에서 조일 때 반대측은 회전방지가 필요하게 되어 작업이 2방향으로 되므로 작업이 불편하고 제한된 공간에서는 사용하기 어렵다(그림 3.1). 그러나 이 방식은 양 부품에 구멍만 뚫으면 간단히 결합할 수 있으므로 일반적으로 많이 사용하고, 또한 구멍 pitch의 허용공차도 넓어 응용범위가 넓으나 대량 생산의 경우에서는 위의 작업성 때문에 그다지 채용되지 않고 있다.

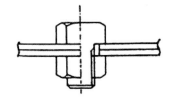

그림 3.1 Bolt, Nut에 의한 결합

3.1.2 Press 제품에 나사고정방법

Bolt나 nut 어느 한 쪽만이 결합되어야 할 제품의 한 쪽을 고정하면 결합작업은 한 방향으로 되어 작업성은 앞의 방식보다 현저히 개선된다. 또한 press 제품은 사용되는 판두께가 그다지 두껍지 않아 충분한 강도를 얻기 위한 충분한 tapping(태핑) 가공이 곤란한 경우도 있고, 제품에 따라 여러 가지 형태의 bolt나 nut를 press 제품에 고정해야 할 경우가 발생하므로 이의 방법과 종류에 대해 검토하기로 한다.

1) Burring후 나사가공

본 방식은 사용되는 판두께 내에서 성형되는 나사산이 부족할 경우(3산 이하) burring(버링)을 성형시킨 후 나사가공을 하는 것이다. burring 가공은 기초구멍을 뚫은 후 그 구멍의 전주(全周)위에 flange를 만드는 것으로 flange가 성형됨으로써 그림 3.2와 같이 많은 나사산을 형성시킬 수 있게 된다. burring 가공의 주요사항으로서는 기초구멍의 직경과 flange 높이로서, 기초구멍이 크면 flange 높이가 낮아져 bolt체결 torque 및 체결력이 저하하고, 적으면 flange 끝부분의 갈라짐이 생길 수 있게 된다. 따라서 기초구멍의 직경 설정에는 주의를 요하며, flange 높이는 1~1.5t가 되도록 함이 보통이다. burring후 나사가공방식은 nut 및 조립공수를 삭감할 수 있어 경제적인 방식이므로 널리 사용되고 있으며 비교적 큰 부하에도 사용할 수 있다.

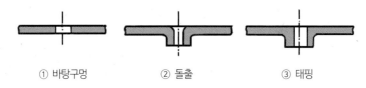

① 바탕구멍   ② 돌출   ③ 태핑

그림 3.2 Burring후 나사가공 공정

2) Clip Nut

Press 제품에 나사의 성형을 burring 등으로 하지 않고, U자형 박판의 spring성 재질로 제조되어 그 탄성력을 이용하여 제품에 끼워넣는 방식으로 매우 간단히 one touch 작업으로 고정이 가능하다. 그림 3.3은 그 형상과 실장의 예이다. 본 nut의 단가는 다른 방식에 비해 다소 고가이나 nut고정을 위한 준비작업이 불필요하고 사용되는 screw(bolt)는 tapping screw 또는 clip nut 제조자가 제조된 특수 screw로서 기기 panel 등의 quick-opening fastener의 목적으로도 사용할 수 있어 널리 사용되고 있다.

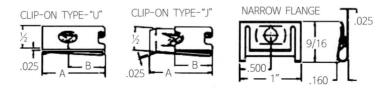

그림 3.3 Clip Nut

Quick-opening fastener의 목적으로는 U자형 이외에 flat type 및 saddle type이 있으며 이의 press 품에 고정은 spot 용접 또는 rivet을 사용한다. 그림 3.4는 그 적용 예를 나타낸 것이다.

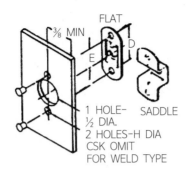

그림 3.4 Flat 및 Saddle Type 적용 예

3) Tapping Screw

박판(1t 이하)에 경하중의 부품조립시 또는 다시 분해할 필요가 적을 경우에는 그림 3.5와 같이 press제품에 emboss 및 hole을 성형시키고 끝이 날카로운 tapping screw(KSB 1024의 1종 또는 4종)를 사용하여 결합시키는 방법이다.

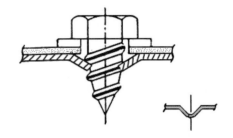

그림 3.5 Tapping screw용 emboss hole

4) Clinch Nut

Clinch nut는 그림 3.6과 같이 press 제품에 구멍을 뚫고 clinch nut의 pilot collar부를 삽입시켜 caulking하여 고정하는 방식이다.

그림 3.7은 다른 형태의 clinch nut로 단순한 구조의 punch와 anvil로서 압입시켜 고정하는 방식이다. 자동조립이 가능해 양산성이 있으며, press 제품의 이면에 어떠한 돌출도 생기지 않아 조립부품을 밀착 조립할 수 있다.

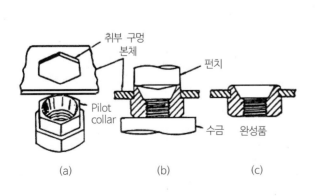

그림 3.6 Caulking 방식 clinch nut

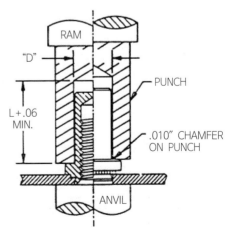

그림 3.7 자동조립식 Clinch nut

Clinch nut는 고착강도가 크므로 높은 torque로서 체결할 수 있으며, 두 조립되는 부품을 간격을 두고 조립해야 할 필요성이 있을 때에 spacer(스페이서)의 역할을 할 수 있어 stand off의 용도로도 많이 사용된다.

Clinch nut와 유사한 것으로 영국 Avdel사(社)의 thin sheet nutsert(상품명)가 stand off 용도로 많은 press 제품에 사용되고 있다. 이것은 그림 3.8과 같이 press제품에 구멍을 먼저 뚫고 본품을 삽입한 후 압축공기식 조립 tool(끝부위에 nutsert의 나사와 물릴 수 있는 screw가 있다)로 선단부위를 끌어당기면 nutsert(넛서트)의 중간부분벽이 주저앉게 되어 rim을 형성시켜 고정되는 방식이다. 고정법이 매우 간단 신속하며, 다른 방식과는 달리 한쪽 방향에서 고정작업을 할 수 있어 안쪽이 막힌 press 제품에도 적용이 가능하다(그림 3.9).

그림 3.8 Thin Sheet Nutsert의 조립과정

Thin Sheet Nutsert

그림 3.9 안쪽이 막힌 제품의 적용 예

5) Welding Nut

십여 년 전에는 T-nut라 부르는 T자형 nut를 press제품에 spot용접하였으나, 그 후 생산성이 좋은 projection nut로 바뀌었다(그림 3.10).

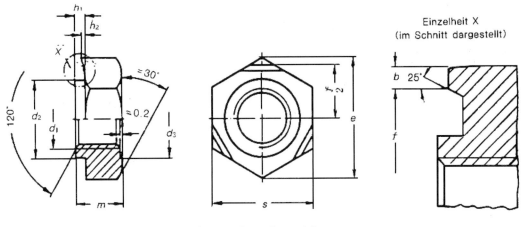

그림 3.10 Projection welding nut

이것은 형상이 작고 1공정의 projection welding으로 고정할 수 있어 용접기와 조합시켜 nut를 자동공급, 자동위치를 결정할 수 있어 생산성이 높다. welding nut는 충분한 체결강도가 필요한 경우에 사용하는 예가 많다.

6) 용접 Stud

용접 stud는 arc welding의 일종으로 stud를 press제품(모재)에 용접 gun(그림 3.11)을 사용하여 arc 열과 압력으로 용착시키는 것으로 flux(용제)를 사용하는 형식(arc stud welding)과 사용하지 않는 형식(capacitor-discharge stud welding)이 있다.

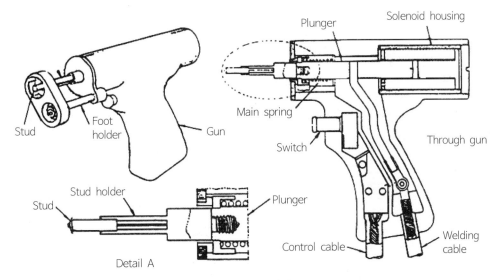

그림 3.11 용접 Gun

|용도|

① stud welding된 모재 이면에는 어떠한 구멍, caulking면 등이 생기지 않으므로 외관이 중요시되
면서 내부에 부품들을 결합해야 할 경우

② steel 구조물에 나무 등의 연질의 부품을 결합해야 할 경우

③ 자동차 내장, 선박의장, 주방기기, panel 고정 등에 사용된다.

(1) Arc Stud Welding

사용되는 stud는 그 선단에 flux가 작은 돌기로서 장전되어 있는 것이며 flux의 역할은 arc 안정과
산화방지가 목적이다. 또한 ceramic ferrule를 사용하여 arc열을 집중시키고 동시에 용융금속이 다른
곳으로 퍼지는 것을 방지한다.

그림 3.12는 stud형상의 예이며 주문자 설계로서
제작된다. 특징으로는 두꺼운 모재를 사용하는 경우
와 충분한 용접강도가 요구될 때 사용된다. 용접과
정은 그림 3.13과 같이 저전압 고전류를 stud에 흘
리면 용접면에서 약 1.5mm 정도 일정시간동안 arc
가 발생, 그 발생열로서 용해된 상태에서 stud를 압
입함으로써 용접이 완료된다. 자동용접기를 사용하
면 60개/분 작업이 가능하다.

Arc stud welding 공정은 다음과 같다.

① stud를 소정의 위치에 놓는다.

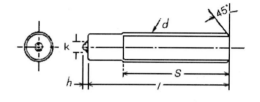

그림 3.12 Stud 형상

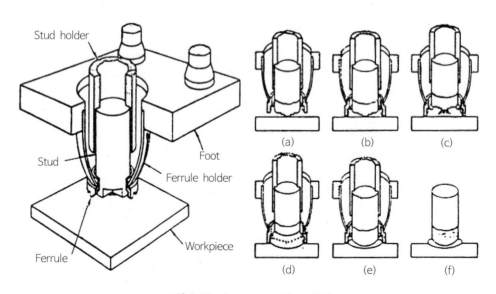

(a) (b) (c)

(d) (e) (f)

그림 3.13 Arc stud welding 공정

② ferrule이 모재에 완전히 고정될 때까지 용접 gun의 spring이 압축될 정도로 힘을 가한다.

③ 전류를 흘리면 gun의 solenoid가 작동해 stud가 위로 올라가고 모재와의 사이에 arc가 발생한다.

④ stud와 모재가 용융된다.

⑤ 전류의 흐름이 정지되면 solenoid는 spring 힘으로 원위치하면서 stud를 압입시킨다.

⑥ 용접완료(용점 fillet는 ferrule 형상에 의해 형성된다.)

(2) Capacitor-Discharge Stud Welding

본 방식은 arc 발생시간이 매우 짧아 flux가 불필요한 것으로, stud의 형상은 그림 3.14에 표시한 것과 같이 stud 용접면에 1개의 작은 돌기(tip)가 있는 것과 둥근형 돌기가 있는 것이 있다. tip의 크기는 M2~M8 호칭경 범위에서 $\phi 0.4 \sim \phi 1.2$의 크기이다.

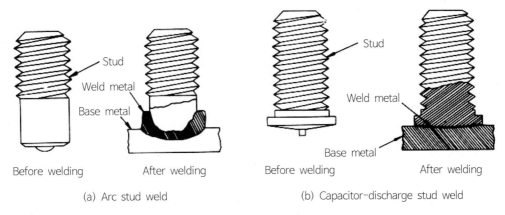

그림 3.14 Stud 형상

특징은 다음과 같다.

① 적용재료가 넓다. 철, stainless steel, 동, 황동재질의 stud가 동종 혹은 다른 종의 모재에 용접되고, 일반적으로 용접이 곤란한 Al에서도 Al stud와 Al모재가 완전용접된다.

② 순간용접이 가능하다. stud를 누르면서 방전하여 순간적(3/1,000~12/1,000초)으로 용착되어 박판(0.5t)에서도 모재의 이면에 어떠한 변색도 발생하지 않는다.

③ flux가 불필요하다.

용접과정은 그림 3.15에서 표시한 것과 같이 작은 돌기 또는 둥근 돌기형 모두 DC 100V 내외의 저전압으로 arc를 발생시켜 접착면이 용융되어 단시간 내에 용접이 완료된다. 자동용접기를 사용하면 80개/분 작업이 가능하다.

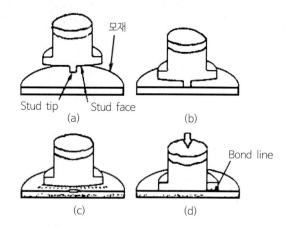

Stud tip   Stud face
(a)   (b)

Bond line
(c)   (d)

(a) Stud를 모재와 접촉시킨다.
(b) 통전이 되면 tip이 용융되고 arc
    가 발생한다.
(c) Stud면과 모재에 arc가 발생한다.
(d) Gun의 spring힘으로 용융된
    stud면이 모재에 압입시킴으로써
    용접이 완료된다.

그림 3.15 Capacitor-discharge stud welding 공정

3.1.3 간이고정법

Press 제품과 다른 부품과의 screw를 사용하지 않는 간이결합법으로 C형, E형 멈춤링, snap pin 등도 포함되나 이것들은 규격화되어 있다. 본 항에서는 박판을 press에 의해 가공하여 그 재질의 spring 성질을 이용해 간단히 착탈할 수 있는 구조의 clip류에 대해 설명한다.

본 품에 사용되는 재료는 주로 0.5~0.8% 정도의 탄소강이 많고, 성형 후 열처리에 의해 HRC 45~50으로 하고 있다. 성형 후는 전기도금을 행하는 것이 많으나, 최근에는 특수 착색을 하는 것뿐 아니라 목적에 따라 비닐 또는 neoprene 고무를 coating하기도 한다. spring clip의 이용은 비교적 경하중이 작용하는 부품에 많으나, tapping screw 목적으로도 사용된다. 가전기기, 완구, 사무기계 등 각 방면에 사용되고 있다.

1) 화살형상 Spring Clip(Dart-Type Clips)

화살과 같은 형상의 다리를 가지고 그것에 의해 press제품에 결합하고 다리는 지지물에 따라 형상이 달라진다. 그림 3.16은 여러 종류의 dart clip이며 그림 3.17은 plastic으로 만들어진 것이다. 이 clip의 용도는 2매의 판을 중첩시켜 결합하는데 이용되는 것으로, 예를 들면 냉장고, PCB 고정, 명판 등에 사용된다.

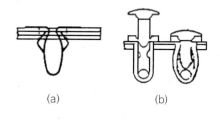

(a)   (b)

그림 3.16 Dart-type clip

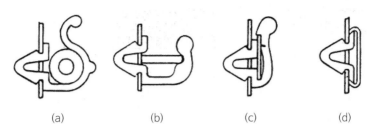

그림 3.17 Plastic clip

2) Molding Fastener

Press제품에 plastic mold부품을 결합하기 위한 것으로 그림 3.18의 (a), (b), (c)는 화살형상에 결합을 표시한 것이고 (d)는 U자형에 의한 조립을 표시한 것이다.

그림의 (e), (f)는 이것 이외의 특수지지방법을 나타낸 것이다.

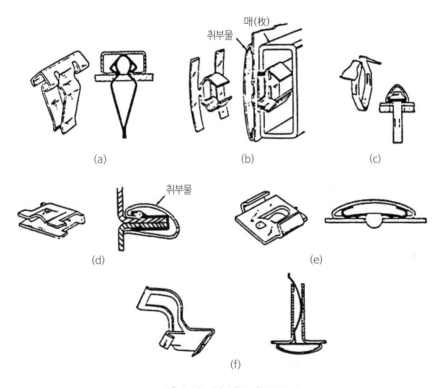

그림 3.18 Molding fastener

3) C형 Clip(C-Shaped Clips)

그림 3.19에 표시한 것과 같이 형상이 C자형으로, 일명 압축 ring clip이라고도 한다. knob에서 축과 물리는 부위에 끼워넣는 것이 많다.

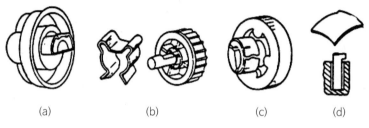

(a)   (b)   (c)   (d)

그림 3.19 C형 clip

4) U형 Clip(U-Shaped Clips)

본 clip은 비교적 널리 사용되고 있는 것으로 그림 3.20과 같이 2매의 판을 간단히 결합시키는 것과 (b)와 같이 거는 식으로 이용할 수 있는 것 등 여러 가지로 사용된다.

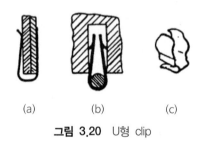

(a)   (b)   (c)

그림 3.20 U형 clip

5) S형 Clip(S-Shaped Clips)

이 방식도 많이 사용되는 것으로 그림 3.21과 같은 형상으로 되어 한쪽 방향으로 press 제품에 끼워넣은 후 지지물을 끼워넣는 식으로 사용하는 것이 일반적이다.

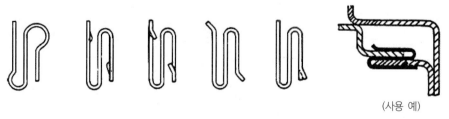

(사용 예)

그림 3.21 S형 clip과 사용 예

6) Spring Clip의 설계상 주의

강판을 blanking하고 bending 가공을 하여 사용하는 spring clip류의 설계시 주의하지 않으면 안 될 사항은 다음과 같다.

① press에 의해 blanking 가공을 하는 것이므로 판폭의 변화가 급격히 변하는 설계는 피해야 한다. 이것은 일반의 박판 spring 관계 설계에도 적용되는 것으로 양산을 하는 경우의 가공성에서 경험적인 자료에 의해 그림 3.22에 표시한 것이다.

② press의 progressive die로 제작하는 경우, 그 가공방법을 충분히 고려한다.

③ 판의 압연방향과 그의 직각방향과는 강도가 다르나, 강도를 희생하더라도 경제적인 blanking 방향으로 취할 수가 있다.

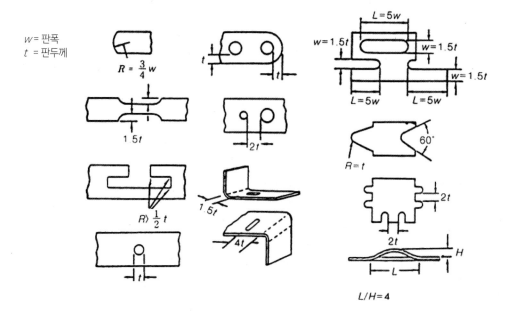

그림 3.22 press 가공의 주의

7) Burring에 의한 가공 데이터

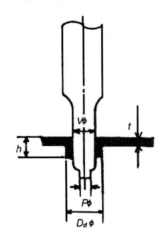

다이 지름[경(徑)] $D_d\phi$ 의 표시방법

판두께 t 0.9 이하 ⋯ $D_d\phi = V\phi + 2t \times 0.7$
판두께 t 0.9 이상 ⋯ $D_d\phi = V\phi + 2t \times 0.65$
※ 이상 $D_d\phi$ 치수 가공한 경우, 판두께 감소율은
　30%～35%가 된다.

$D_d\phi$ 에 대한 h의 데이터

가공재료 : 냉간압연강판(spcc)

TYPE	M2		M2.6		M3		MT3		M4		MT4		M5		MT5		M6	
펀치경 $V\phi \times P\phi$	1.65× 1.0		2.21× 1.3		2.57× 1.5		2.76× 1.65		3.40× 1.9		3.66× 2.2		4.30× 2.4		4.6× 2.75		5.10× 2.8	
판두께 t ＼ $D_d\phi$에 대한 h	$D_d\phi$	h	$D_d\phi$	h	$D_d\phi$	h	$D_d\phi$	h	$D_d\phi$	h	$D_d\phi$	h	$D_d\phi$	h	$D_d\phi$	h	$D_d\phi$	h
0.5t	2.35	1.2	2.90	1.3	3.25	1.35	3.45	1.35	—		—		—		—		—	
0.6t	2.45	1.3	3.05	1.4	3.40	1.5	3.60	1.5	—		—		—		—		—	
0.8t	2.75	1.55	3.30	1.65	3.65	1.7	3.85	1.75	4.50	1.95	4.75	2.0	—		—		—	
1.0t	2.95	1.75	3.50	1.8	3.85	1.9	4.05	1.95	4.70	2.2	4.95	2.2	5.60	2.5	5.90	2.45	—	
1.2t	—		3.75	2.0	4.10	2.1	4.30	2.15	4.95	2.4	5.20	2.4	5.85	2.7	6.15	2.65	6.65	2.9
1.6t	—		—		—		—		5.45	3.05	5.70	3.05	6.35	3.15	6.65	3.2	7.15	3.5

3.2 Caulking(코킹)

최근에는 press 가공품의 결합 중에서 caulking은 screw 고정 다음으로 많이 사용되는 것으로 부품의 조정, 교환 등의 요구가 없으면 caulking에 의한 결합이 무엇보다도 확실, 안전하다. 현재 실시되고 있는 press품의 caulking에는 부품의 형태에 따라 여러 가지 방법이 채용되고 있다.

3.2.1 Caulking의 종류와 특성

1) Rivet Caulking

일반의 rivet에 의해 2부품의 결합법과 단차가 있는 pin을 기계가공하여 press 제품에 caulking 결합하는 방법이 있다. 후자의 방법은 회전가동부품의 지지핀 또는 핀 중앙의 길이방향으로 screw를 내어 clinch nut 또는 stand off로서 많이 사용하고 있다. 그림 3.23, 3.24, 3.25, 3.26은 본 방법에 대한 상세 형상 및 data이다. 결합부위의 조립공차는 hole측이 D11, pin측이 h11의 공차를 적용한다.

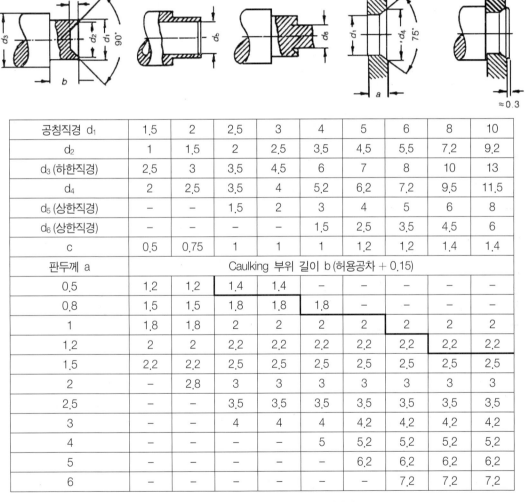

공칭직경 d_1	1.5	2	2.5	3	4	5	6	8	10
d_2	1	1.5	2	2.5	3.5	4.5	5.5	7.2	9.2
d_3 (하한직경)	2.5	3	3.5	4.5	6	7	8	10	13
d_4	2	2.5	3.5	4	5.2	6.2	7.2	9.5	11.5
d_5 (상한직경)	–	–	1.5	2	3	4	5	6	8
d_6 (상한직경)	–	–	–	–	1.5	2.5	3.5	4.5	6
c	0.5	0.75	1	1	1	1.2	1.2	1.4	1.4
판두께 a	Caulking 부위 길이 b (허용공차 + 0.15)								
0.5	1.2	1.2	1.4	1.4	–	–	–	–	–
0.8	1.5	1.5	1.8	1.8	1.8	–	–	–	–
1	1.8	1.8	2	2	2	2	2	2	2
1.2	2	2	2.2	2.2	2.2	2.2	2.2	2.2	2.2
1.5	2.2	2.2	2.5	2.5	2.5	2.5	2.5	2.5	2.5
2	–	2.8	3	3	3	3	3	3	3
2.5	–	–	3.5	3.5	3.5	3.5	3.5	3.5	3.5
3	–	–	4	4	4	4.2	4.2	4.2	4.2
4	–	–	–	–	5	5.2	5.2	5.2	5.2
5	–	–	–	–	–	6.2	6.2	6.2	6.2
6	–	–	–	–	–	–	7.2	7.2	7.2

그림 3.23 Rivet Caulking, Form A (회전방지부 無)

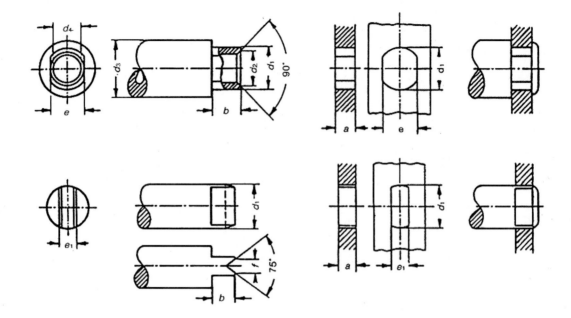

공칭직경 d₁		1.5	2	2.5	3	4	5	6	8	10
d₂		1	1.5	2	2.4	3.2	4	4.8	6.4	8
d₃ (하한직경)		3	3.5	4	5	6	7	8	10	13
d₄ (상한직경)	hole	–	–	1.5	2.3	2.5	3	4	5	6
	screw	–	–	M1.5	M2.3	M2.5	M3	M4	M5	M6
e		1	1.5	2	2.4	3.2	4	4.8	6.4	8
e₁		–	–	1	1.2	1.6	2	2.4	3.2	4
f		–	–	0.6	0.8	1	1.4	1.8	2.4	3.2
판두께 a	Caulking 부위 길이 b (허용공차 + 0.15)									
0.5		1.2	1.2	1.4	1.4	1.4	1.4	1.4	–	–
0.8		1.5	1.5	1.8	1.8	1.8	1.8	1.8	1.8	–
1		1.8	1.8	2	2	2	2	2	2	2
1.2		2	2	2.2	2.2	2.2	2.2	2.2	2.2	2.2
1.5		–	2.3	2.5	2.5	2.5	2.5	2.5	2.5	2.5
2		–	–	3	3	3	3	3	3	3
2.5		–	–	–	3.5	3.5	3.5	3.5	3.5	3.5
3		–	–	–	–	4	4.2	4.2	4.2	4.2
4		–	–	–	–	–	5.2	5.2	5.2	5.2
5		–	–	–	–	–	–	6.2	6.2	6.2
6		–	–	–	–	–	–	–	7.2	7.2

그림 3.24 Rivet Caulking, Form B (회전방지부 無)

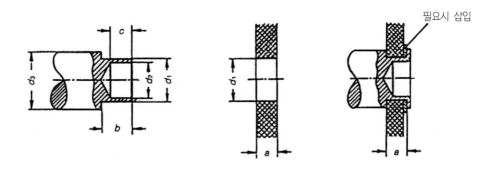

공칭직경 d_1		2	2.5	3	4	5	6	8
d_2 (상한직경)		1.5	2	2.4	3.2	4	5	6
d_3 (하한직경)		3.5	4	5	6	7	8	10
판두께 a		Caulking 부위길이 b (허용공차 + 0.15) 및 구멍깊이 c						
1	b	2.2	2.2	2.2	2.2	2.5	2.5	2.5
	c	1.5	1.5	1.5	1.5	1.8	1.8	1.8
1.2	b	2.4	2.4	2.4	2.4	2.7	2.7	2.7
	c	1.8	1.8	1.8	1.8	2	2	2
1.5	b	2.7	2.7	2.7	2.7	3	3	3
	c	1.8	1.8	1.8	1.8	2.2	2.2	2.2
2	b	3.2	3.2	3.2	3.2	3.5	3.5	3.5
	c	2	2	2	2	2.5	2.5	2.5
2.5	b	–	3.7	3.7	3.7	4	4	4
	c	–	2.5	2.5	2.5	3	3	3
3	b	–	–	4.2	4.2	4.5	4.5	4.5
	c	–	–	2.5	2.5	3	3	3
4	b	–	–	–	5.2	5.5	5.5	5.5
	c	–	–	–	3	3.2	3.2	3.2

그림 3.25 Rivet Caulking, Form C (회전방지부 無)

(주로 절연판 재질에 사용)

필요시 삽입

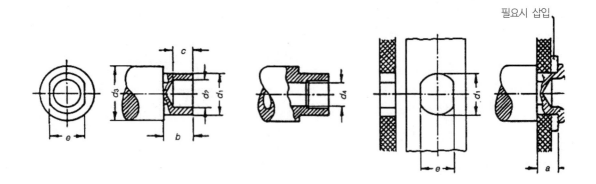

공칭직경 d₁		2	2.5	3	4	5	6	8
d_2 (상한직경)		1	1.5	1.8	2.5	3.2	4.2	5.4
d_3 (하한직경)		3.5	4	5	6	7	8	10
d_4 (상한직경)	hole	–	1	1.5	2.3	3	4	5
	screw	–	–	M1.5	M2.3	M3	M4	M5
e		1.5	2	2.4	3.2	4	4.8	6.4
판두께 a		Caulking 부위길이 b (허용공차 + 0.15) 및 구멍깊이 c						
1	b	2.2	2.2	2.2	2.2	2.5	2.5	2.5
	c	1.5	1.5	1.5	1.5	1.8	1.8	1.8
1.2	b	2.4	2.4	2.4	2.4	2.7	2.7	2.7
	c	1.8	1.8	1.8	1.8	2	2	2
1.5	b	2.7	2.7	2.7	2.7	3	3	3
	c	1.8	1.8	1.8	1.8	2.2	2.2	2.2
2	b	3.2	3.2	3.2	3.2	3.5	3.5	3.5
	c	2	2	2	2	2.5	2.5	2.5
2.5	b	–	3.7	3.7	3.7	4	4	4
	c	–	2.5	2.5	2.5	3	3	3
3	b	–	–	4.2	4.2	4.5	4.5	4.5
	c	–	–	2.5	2.5	2.5	3	3
4	b	–	–	–	5.2	5.5	5.5	5.5
	c	–	–	–	3	3.2	3.2	3.2

그림 3.26 Rivet Caulking, Form D (회전방지부 有)
(주로 절연판 재질에 사용)

2) Emboss를 이용한 Caulking

그림 3.27과 같이 별도의 pin을 사용하지 않고 press 제품 Ⓐ 자체의 embossing(엠보싱)을 성형시키고 caulking에 의해 다른 부품을 결합하는 방식이다. emboss 높이의 제한(보통 높이는 판두께의 1/2이 상한) 때문에 결합되는 부품은 박판의 것 Ⓑ가 적당하다.

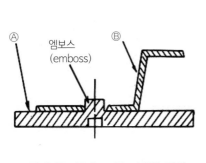

그림 3.27 Emboss를 이용한 결합

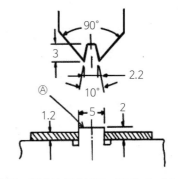

그림 3.28 장방형 돌출부를 이용한 Caulking

3) 장방형 돌출부를 이용한 Caulking

Press 제품 결합에서 상자형을 만들 때 사용되는 caulking 방법이다. 소형기계식 press 혹은 공기압식 press로 caulking한다. 간단한 punch에 의해 될 수 있는 반면, 접합부에 틈이 생길 수 있는 결점이 있다(그림 3.28).

3.2.2 회전식 Caulking 방법

1) 원리

공구(punch)를 일정각도로 경사지게 하고 spin head를 중심으로 회전시켜 punch에 세차운동을 일으키게 하고 이것을 공기압 또는 유압으로 재료를 누르고 spin head의 회전과 함께 조금씩 소성가공을 하도록 하여 caulking하는 방식이다(그림 3.29).

Motor로서 고속 연속적인 caulking 작업이 가능하고 작은 동력으로 큰 변형량을 줄 수 있다.

2) 특징

① 세차운동에 의해 caulking punch 자체는 회전하지 않기 때문에 pin표면에 긁힘이나 타격 등이 없으므로 도금된 pin의 경우에도 도금이 거의 벗겨지지 않는 좋은 caulking 면을 얻을 수 있다.

② 가압력(加壓力)을 조절함으로써 가는 pin 및 굵은 pin도 caulking이 가능하다. pin 직경, 형상, 재질 등에 맞도록 가압력과 시간을 세팅하면 타이머에 의해 정확히 caulking이 된다.

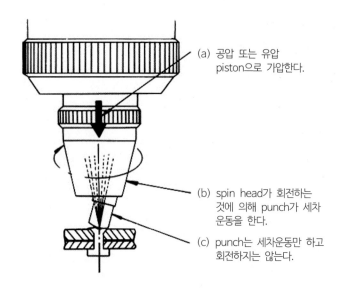

(a) 공압 또는 유압 piston으로 가압한다.

(b) spin head가 회전하는 것에 의해 punch가 세차 운동을 한다.

(c) punch는 세차운동만 하고 회전하지는 않는다.

그림 3.29 회전식 Caulking 법의 원리

③ 타격음이 발생하지 않아 조용한 작업환경이 가능하다.

④ 고정 caulking은 물론, 유동식 caulking도 가능하고, plastic과 같은 연질부품, ceramic(세라믹)과 같은 깨지기 쉬운 부품의 caulking도 가능하다.

3) Caulking 형상과 공구(Punch)

그림 3.30은 caulking 형상의 예이다. 이것 이외에도 공구의 형상에 따라 여러 가지로 caulking 형상이 될 수 있다.

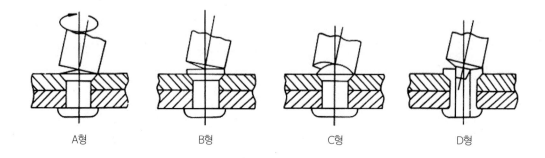

A형   B형   C형   D형

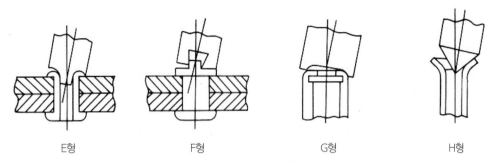

| E형 | F형 | G형 | H형 |

그림 3.30 Caulking 형상과 공구

3.2.3 열간 Caulking

Typewriter, computer 등의 기구조립에서 정밀도가 높고 강력하게 결합하는 방법으로서 열간 caulking이 많이 사용되고 있다. 이것은 부품의 일부로서 가공된 凸부를 국부가열에 의해 연화시키고 작은 힘으로 압력을 가하는 것이다.

1) 열간 Caulking의 특징
① 부품의 형상이 단순해지고 설계의 자유도가 높다.
② 가공시 변형가공이 작으므로 박판(thin plate)의 제품에도 정밀도가 좋은 조립이 가능하다(회전 caulking, spot 용접의 1/5의 힘).

2) 열간 Caulking의 방법
(1) 부품형상
Caulking 형상의 예로서 그림 3.31 (a)와 같다. 이것은 부품의 일부로서 미리 press 가공시 성형된 것이다. 결합되는 부품에는 구멍이 있어야 한다. 형상설계에서 다음과 같은 주의가 필요하다.
① 정밀도가 필요한 구멍의 근처에는 본 caulking 부를 만들지 않는다.
② 수개 소의 caulking이 필요한 경우에는 조립정밀도를 유지하기 위해 2~3개소는 조립공차가 tight하게 하고, 그 밖의 개소는 느슨하게 하여 결합강도를 높인다.
③ caulking부 바로 밑에 ϕ4~5 정도의 구멍을 뚫으면 그림 3.31 (b)와 같이 통전(通電)에 의한 caulking시 편리하다.

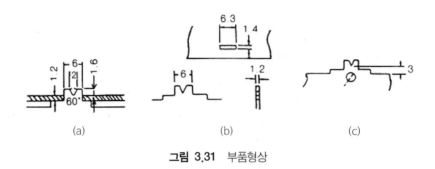

그림 3.31 부품형상

(2) 가열방법

가열은 보통 저항용접기를 사용한다. 통전방법은 그림 3.32와 같이 일반 spot 용접과 별로 차이는 없다. 그러나 통전시간은 수십 ms가 되므로 능률은 높다. 1개소의 전류값은 800~1,500A, 가압력은 10~25kgf/cm²이다.

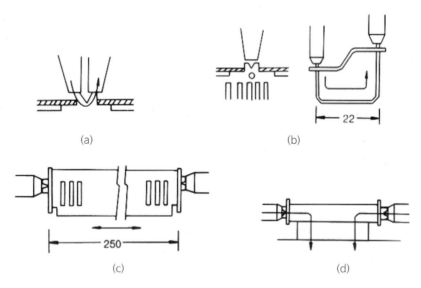

그림 3.32 여러 가지 통전방법

3.3 압 입

압입방식의 결합은 roller shaft나 hinge pin 용도로 사용될 때, 보통 shaft(pin) 일부에 knurling(널링)을 형성시키고 끼워맞춤식으로 고정하는 방법이다. 그밖에도 knurling을 형성시키지 않고 억지끼워맞춤식으로 하거나 중간끼워맞춤으로 한 후 brazing(브레이징 ; 납접) 등을 실시할 수도 있다. 전자의 방식을 많이 사용하고 있으며 구멍과 shaft(pin)와의 치수 예는 그림 3.33과 같다. 또한 그림 3.34에 결합방법의 예를 나타냈다.

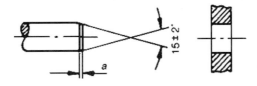

NennmaBbereich (mm)		PreBpassung (Auswah1 nach SHN 30401)		
		X7 / h7	X7 / h9	ZB9 / h9
über	bis	Fasenbreite a (KleinstmaB in mm)		
1	3	0, 3	–	0, 6
3	6	0, 4	–	0, 8
6	10	0, 4	–	1
10	14	0, 5	–	1
14	18	0, 5	–	1, 2
18	24	0, 6	–	–
24	30	0, 6	0, 6	–
30	40	0, 8	0, 8	–
40	50	1	1	–

그림 3.33 결합치수의 예

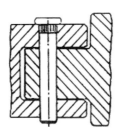 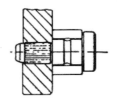

그림 3.34 결합방법의 예

3.4 용접(Welding) 및 Brazing(브레이징)

용접이라 함은 금속과 금속을 결합하는 방법의 하나로서 기계적인 방법이 아닌 야금적인 방법이다. 야금적인 방법은 금속과 금속을 충분히 접근시켰을 때 생기는 원자 사이의 인력으로 결합되는 것이다. 용접의 종류는 대단히 많으나 크게 3종으로 나눌 수 있다.

① 융접(Fusion welding)

연소가스 및 전기 arc 등의 열원(熱源)을 사용하여 모재를 용융시켜 접합하는 것.

예 gas welding, arc welding 등

② 압접(Pressure welding)

가열된 접합부에 압력을 가하여 접합하는 것.

예 spot welding 등

③ 납접(Brazing)

저용융 합금을 사용하여 모재를 접합하는 것으로 연납(soft solder)과 경납(hard solder)의 2계통이 있다.

3.4.1 Gas Welding(가스 용접)

Gas welding은 가장 오래된 용접방법으로 산소와 acetylene(아세틸렌) 또는 수소(화염온도가 낮으므로 Al, 마그네슘과 같은 저용융 모재의 용접시 사용)의 연소에 의한 화염의 열원으로 용접하는 것이다(그림 3.35).

|장점|

① 용접장치가 매우 간단하며 가격이 싸다.

② 가열온도의 조정이 쉽다.

③ 용접뿐만 아니라 절단가공이 가능하다.

④ 용접비용이 다른 용접법과 비교할 때 가장 저렴하다.

|단점|

① 화염의 온도가 arc에 비해 낮으며 두꺼운 판의 용접은 곤란하다.

② 화염의 온도가 낮으므로 열을 오래 주면 열영향 범위가 넓어져 모재에 변형이 발생할 수 있다.

③ 용융깊이가 낮아 기계적 강도가 낮다.

④ gas를 사용하므로 폭발의 위험성이 있다.

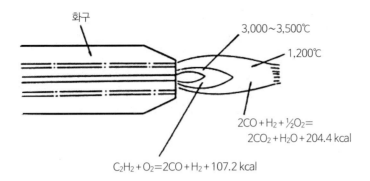

그림 3.35 Gas welding의 torch 및 화염온도(산소＋Acetylene)

$$2CO + H_2 + \tfrac{1}{2}O_2 = 2CO_2 + H_2O + 204.4\,kcal$$

$$C_2H_2 + O_2 = 2CO + H_2 + 107.2\,kcal$$

3.4.2 Arc Welding(아크용접)

Arc welding은 arc열(3,000∼6,000℃)을 이용한 용융용접의 일종으로 온도가 거의 일정하여 작은 면적에 많은 열량을 균등히 줄 수 있어 용접열로서는 최적이다.

|장점|

① 용접기의 가격이 매우 싸다.

② 박판(1t 이하)을 제외하고는 어떠한 판 두께의 용접도 가능하다.

③ 용접강도가 우수하다.

④ cable을 연장하면 피용접물을 이동시키지 않아도 작업이 가능하다.

⑤ 어떠한 용접자세라도 용접이 가능하다.

|단점|

① 비교적 큰 전류가 필요하다.

② 1mm 이하의 박판용접은 어렵다.

③ 연강재료 모재에는 유효하나 Al, 동 등에는 제약이 따른다.

그림 3.36은 arc welding의 과정을 도시한 것이다.

그림 3.37은 arc welding의 이음부의 형상과 설계를 표시한 것이다.

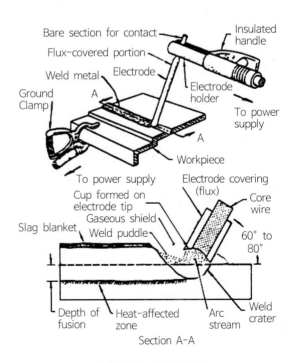

그림 3.36 Arc Welding

Benennung	Nahtvorbereutung und empfohlener Anwendungs bereich				Symbol n. DIN 1912

I-Naht

s.a.Abschn.5.2

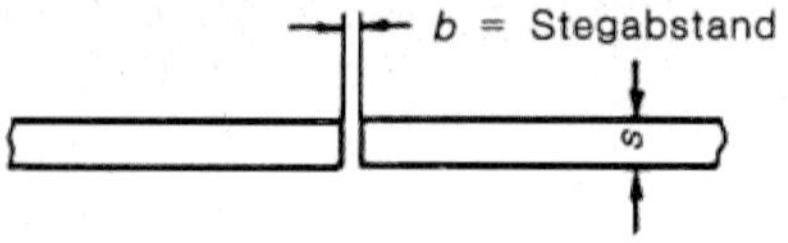

b = Stegabstand

Bild 1

SchweiBverfahren	s	b
Metall-Lichtbogenschweißen	≈ 1,5 bis 5	≈ 1,5 bis 2,5
Gasschweißen 9)	≈ 0,5 bis 4	≈ 0 bis 2
Schutzgasschweißen	≦ 4	≈ 0 bis $\frac{5}{2}$

Symbol: **||**

V-Naht

s.a.Abschn.5.2

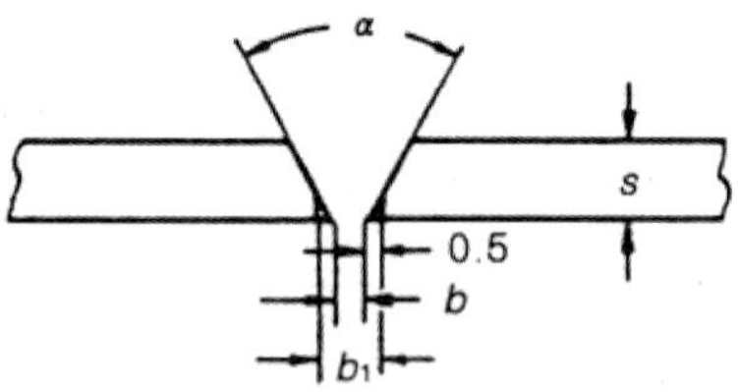

Bild 2

SchweiBverfahren	α	S	b	b_1
Metall-Lichtbogenschweißen	≈ 60°	3 bis 20	≈ 1 bis 2	–
Gasschweißen 9)	≈ 60°	3 bis 12	≈ 2 bis 4	–
Schutzgasschweißen 10)	40° bis 20°	3 bis 10	–	≈ 1 bis 2

Symbol: **V**

X-Naht

s.a.Abschn.5.2

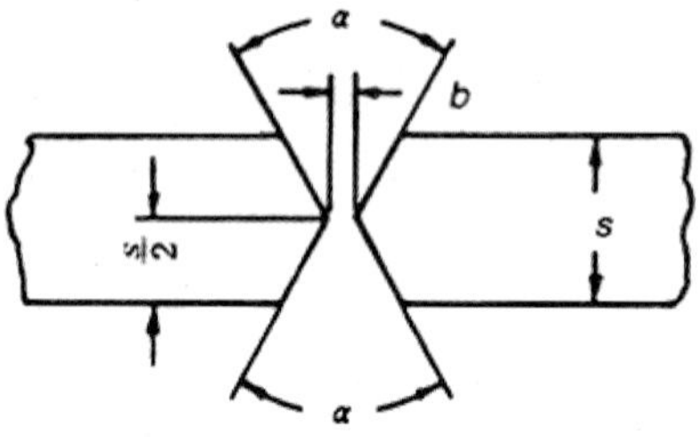

Bild 3

SchweiBverfahren	α	s	b
Metall-Lichtbogenschweißen	≈ 60°	16 bis 40	≈ 2
Schutzgasschweißen 10)	40° bis 20°	≧ 10	≈ 2

Symbol: **X**

Benennung	Nahtvorbereutung und empfohlener Anwendungs bereich					Symbol n. DIN 1912

U-Naht

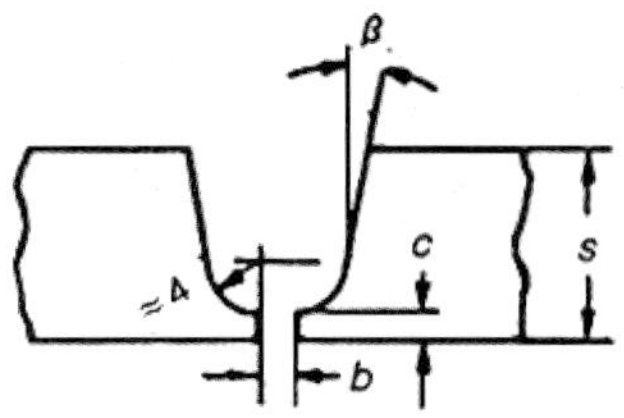

Bild 3 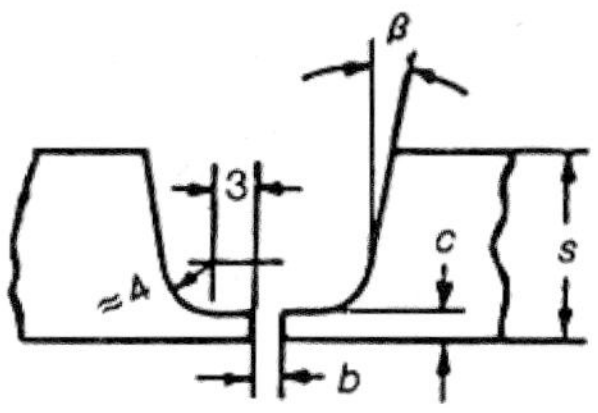   Bild 4a

Nur anwenden, wenn nicht beidseitig(x-Naht) geschweuBt werden kann

SchweiBverfahren	B	s	b	c
Metall-LichtbogenschweiBen Bild 4	≈ 10°	≧ 16	≈ 2	≈ 2
SchutzgasschweiBen Bild 4a	≈ 10°	≧ 16	0 bis 2	≈ 2

s.a.Abschn.5.2

Symbol: **Y**

HV-Naht

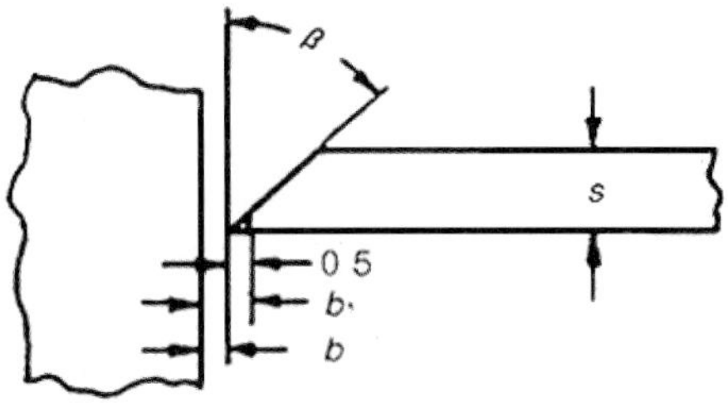

Bild 5   bei s≦2mm isk keine

Abschrögung erforderlich

SchweiBverfahren	B	s	b	b₁
Metall-LichtbogenschweiBen	40° bis 60°	1 bis 16	0 bis 3	–
SchutzgasschweiBen	40° bis 60°	1 bis 16	–	0 bis 2

s.a.Abschn.5.3

Symbol: **V**

K-Naht

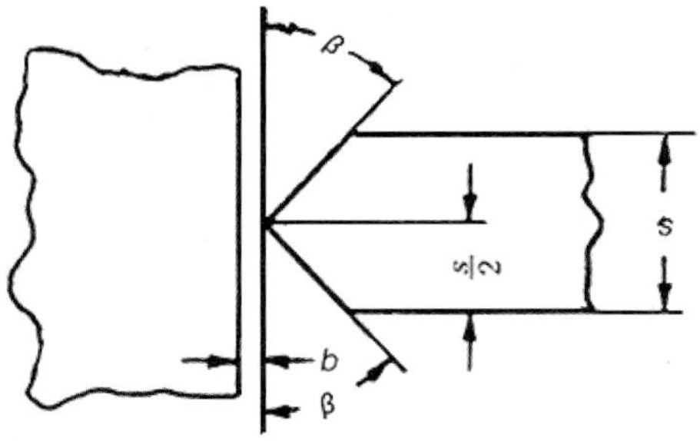

Bild 6

SchweiBverfahren	β	s	b
Metall-LichtbogenschweiBen	40° bis 60°	16 bis 40	0 bis 2
SchutzgasschweiBen	40° bis 20°	16 bis 40	≈ 3

s.a.Abschn.5.3

Symbol: **K**

Benennung	Nahtvorbereutung und empfohlener Anwendungs bereich				Symbol n. DIN 1912

11) Kehlnaht (s.a.Abschn.5.4)

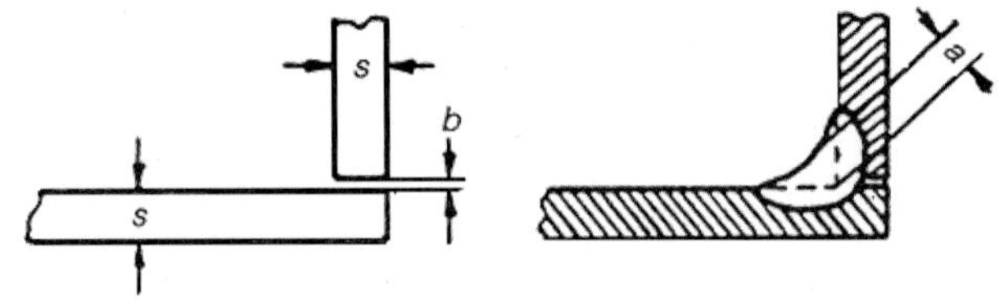

Bild 7

SchweiBverfahren		s	b
BosschweiBen	9)	1, 0 bis 1, 5	0 bis 0, 5
Metall-LichtbogenschweiBen und		1, 0 bis 4, 0	0 bis 1, 0
SchutzgasschweiBen		4. 0 bis 16	0 bis 1, 5

Symbol: ◿

11) Doppel-kehlnaht (s.a.Abschn.5.4)

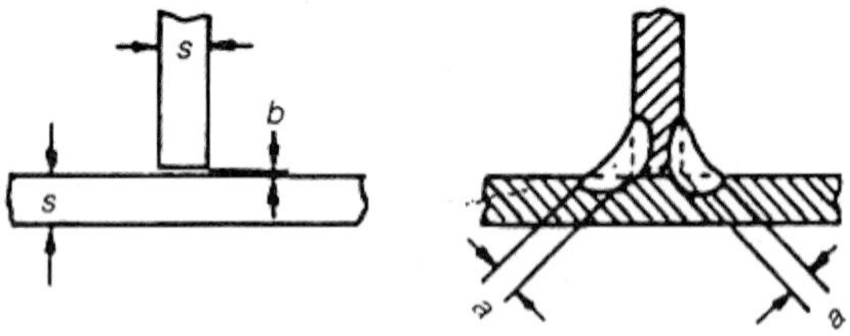

Bild 8

SchweiBverfahren		s	b
BosschweiBen	9)	0, 5 bis 1, 0	0 bis 0, 5
Metall-LichtbogenschweiBen und		1, 0 bis 4, 0	0 bis 1, 0
SchutzgasschweiBen		4 bis 16	0 bis 1, 5

Symbol: ◺◿

Ecknaht (s.a.Abschn.5.5)

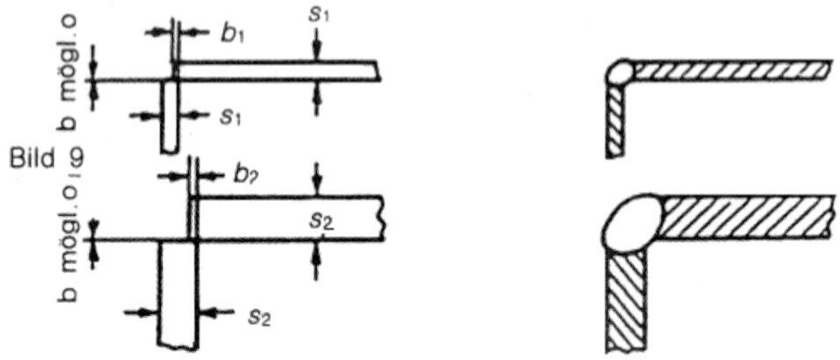

Bild 10

SchweiBverfahren		S_1	b_1	S_2	b_2
Metall-LichtbogenschweiBen		–		2 bis 6	
GasschweiBen	9)	–	0 bid $\frac{5}{3}$	2 bis 6	0 bid $\frac{5}{4}$
SchutzgasschweiBen		$\leqq 2$		2 bis 6	

Symbol: ◹

Benennung	Nahtvorbereutung und empfohlener Anwendungs bereich				Symbol n. DIN 1912
12) Halbe Y-Naht	Bild 11				Y
	SchweiBverfahren	B	S	b_1	
s.a.Abschn.5.5	Metall-LichtbogenschweiBen und SchutzgasschweiBen	$\approx 45°$	$\geqq 6$	$\approx \frac{5}{4}$	
Bördel-Naht	Bild 12				JL
	SchweiBverfahren	s	b	n	
s.a.Abschn.5.6	BosschweiBen 13)	asbis 2	0	$\approx s$	
Stirn- Flachnaht	Stegabstand b möglichst o Bild 14				I I I
	SchweiBverfahren	s		h min	
	13) SchutzgasschweiBen	$\leqq 1,0$		3,0	
s.a.Abschn.5.6		$\geqq 1,0 \leqq 3,0$		5,0	
		$> 3,0 \leqq 5,0$		6,0	

Benennung	Nahtvorbereutung und empfohlener Anwendungs bereich					Symbol n. DIN 1912
Stirn- Fugennaht s.a.Abschn.5.6	Bild 15					M
	SchweiBverfahren	α	s	h	b_1	
	Metall-LichtbogenschweiBen older SchutzgasschweiBen	$\approx 75°$	$\geqq 5, 0$	2S	$\frac{S}{3}$	

그림 3.37 Arc welding 이음부의 형상과 설계표시(독일 DIN 규격)

3.4.3 저항용접(Resistance Welding)

1) Spot Welding

(1) Spot Welding의 원리

이 방법은 2개 또는 2개 이상의 용접물을 전극 사이에 넣고 전류를 통하면 용접물 접속부의 요철 때문에 큰 저항층으로 인해 저항열이 일어나 용접부의 온도는 급격히 상승하여 금속은 용융되고 상하 전극으로 압력을 가한 후 통전을 중지하면 용접은 완료된다. 이때의 통전시간은 1/100초에서 몇 초로 되며, 용융되어 접합된 부위를 너겟(nugget)이라 한다(그림 3.38).

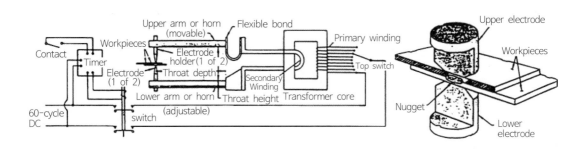

그림 3.38 Spot welding의 장치와 nugget

(2) Spot Welding의 적용

Spot welding은 주로 도금이나 도장처리되지 않은 같은 두께의 연강판을 접합하는데 주로 사용한다. 개개의 모재의 두께는 3mm를 초과하지 않도록 하며 초과할 경우 충분한 용접강도가 보장되지 않으며, 용접시 많이 변색되거나 용접자국이 심하게 나타나도록 용착시키지 않고는 강도를 보장할 수 없다. 개개의 모재두께가 3mm 이상일 경우는 projection welding을 적용토록 한다.

2) Projection Welding(돌기용접)

(1) Projection Welding의 원리

이 방법은 spot welding과 유사한 것으로 그림 3.39와 같이 모재의 한쪽 또는 양쪽에 작은 돌기(projection)를 만들어 이 부분에 용접전류를 집중시켜 용접하는 방식이다. 이 용접의 전극은 평평한 것이 사용되며 여러 점을 동시에 용접할 수 있기 때문에 대단히 능률이 좋고 견고한 이음을 얻을 수 있다.

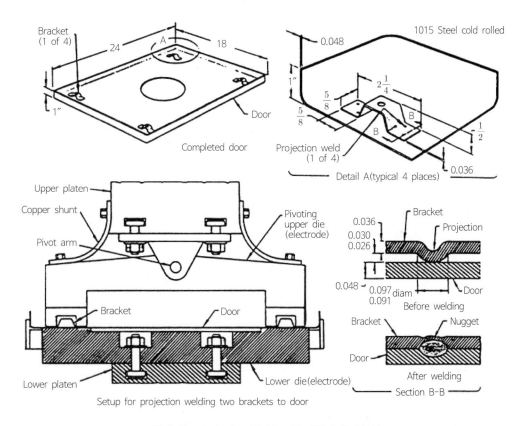

그림 3.39 Projection Welding의 과정과 용접형상

(2) Projection Welding의 적용

모재의 두께가 0.5mm보다 크거나 같은 연강판이나 서로 다른 두께의 연강판에도 양호하게 용접할 수 있다.

본 용접의 특징은 다음과 같다.

① 열용량 차이가 많은 서로 다른 모재의 접합에서도 좋은 열평형이 얻어진다.

② 넓은 면의 전극을 사용할 수 있어 전극의 수명이 오래 유지될 수 있다.

③ 동시에 많은 점을 용접할 수 있고 작업속도가 빠르며 신뢰성이 높다.

④ 점(点) 사이의 거리가 작은 용접이 가능하다.

(3) Projection 형상의 종류

① 구형(球形) Projection

구형돌기의 형상은 용접기계의 전기적인 출력과 용접압력에 따라 달라지므로 2가지의 돌기를 사용한다.

㉮ Projection 등급 1(사용기계 Group I)

돌기의 형상은 등급 2보다 높이와 직경이 크며, 동시에 많은 projection을 동시용접(multi-projection welding)할 때만 오직 사용되고, 최대두께 5mm인 모재에 많은 돌기를 동시용접할 때 적용한다.

사용하는 기계는 group I으로서 높은 전기적 출력과 폭넓은 가압범위를 가진 유압작동모터가 장착된 기계이다. 제어시스템도 sequence control을 사용했을 뿐 아니라 연속 pulse 제어가 부착되어 있어서 모든 용접작업에 투입할 수 있는 만능기계이다.

㉯ Projection 등급 2(사용기계 Group II)

1회 stroke당 한 점의 projection을 용접하거나, 4점 이하의 동시용접을 할 때 주로 사용되는 돌기이다. 사용하는 기계는 group II로서 소형이거나 중형의 출력을 가지고, 가압력은 공기 cylinder나 족답식으로 사용되며 압력의 크기 또한 중간정도로 가압할 수 있는 형식의 기계이다. 이 용접기로 등급 1의 돌기는 용접되지 않는다.

② Ring Projection

반지형의 돌기로서 모재의 두께가 0.5t 이상 1t 미만의 얇은 금속판 용접에 사용되는 것으로 안정성을 가지고 있어서 구형돌기에 비해 높은 가압력을 부여할 수 있으므로 용접부위가 깨끗하고 강한 접착력을 얻고자 할 때 사용한다. 그러나 가장자리 간격(모재가장자리에서 최소간격)은 구형돌기보다 증가되어야 하며 사용되는 용접기는 group I과 II 모두 사용할 수 있어 편리하다.

③ Oblong Projection

양끝이 원형인 막대기 모양의 돌기로 용접부위에 비틀림 응력이 작용하거나 장소가 협소하여 2개의 구형돌기로 용접하지 못할 곳에 사용된다. 사용되는 기계는 group II이다.

3) Spot 및 Projection Welding의 설계

(1) Spot 및 Projection Welding의 작업표준

① 각 용접의 최소가장자리 간격과 피치(Pitch)

모재두께 (mm) ⓐ	최소간격 (mm)				비 고
	a_1 ⓑ	a_2	e_1	e_2	
0.5~0.8	2.5	4.0	25	10	
1.0	3.0	6.0	25	12	
1.5	4.0	7.0	40	15	
2.0	5.0	8.0	40	18	그림 3.40
2.5	6.5	9.0	50	20	3.41,
3.0	8.0	10.0	50	22	3.42 참조
3.5	–	–	–	22	
4.0	–	–	–	24	

| – | 적용되지 않음

㉮ 중간두께는 얇은 쪽을 선택할 것.

㉯ Ring Projection Welding의 경우 최소가장

자리 간격 $\approx a_1 + \dfrac{D(직경)}{3}$ 적용함.

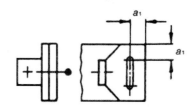

그림 3.40 Oblong Projection Welding

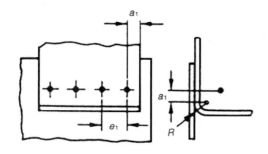

그림 3.41 Spot 및 1점 Projection Welding

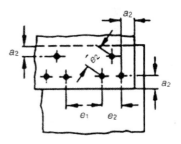

그림 3.42 Multi-Projection Welding

② 각 Projection 형상과 크기

㉮ 구형 Projection(그림 3.43)

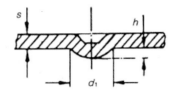

그림 3.43 구형 Projection

모재두께 (mm)	Group I 용접기			Group II 용접기		
	직경 (D)	원추직경 (d)	높이 (h)	직경 (D)	원추직경 (d)	높이 (h)
1.0	2.5	0.6	0.7	2.0	1.0	0.4
1.5	3.0	0.8	0.9	3.0	1.0	0.5
2.0	4.0	1.0	1.0	3.5	1.2	0.6
2.5	5.0	1.2	1.2	4.0	1.3	0.6
3.0	6.0	1.6	1.3	4.5	1.5	0.6
4.0	8.0	2.0	1.5	–	–	–
5.0	9.0	2.5	1.8	–	–	–

㉯ Ring Projection(그림 3.44)

모재두께 (mm)	직경 D (mm)	내경 d (mm)	반경 R (mm)	높이 h (mm)
0.5	3.0	2.5	0.3	0.4
0.8	4.0	3.2	0.3	0.5
1.0	4.5	3.2	0.3	0.5

㉰ Oblong Projection(그림 3.45)

모재두께 (mm)	길이 l (mm)	폭 b (mm)	높이 h (mm)
0.5~3.0	4.0	1~1.5	0.3
	6.0	2~3.0	
	8.0	4.5	

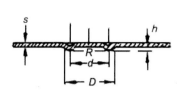

그림 3.44 Ring Projection

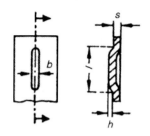

그림 3.45 Oblong Projection

(2) 동일한 모재두께가 아닌 경우의 Projection Welding

① 한쪽 판의 두께가 1.5mm보다 적거나 같을 때는 언제나 얇은 판 쪽에 projection을 만들 것(특히 ring projection이 매우 양호함). 이 경우 필요한 용접조건은 projection이 성형된 재료의 두께에 따라야 한다. 한쪽 판의 두께가 1.5mm보다 두꺼운 경우에는 두꺼운 판에 projection을 성형해야 한다.

② 예로서 3mm 모재에 1mm모재를 용접해야 할 경우 projection은 3mm 모재에 행한다. 이 경우에 projection 직경(D)은 크게 하고 높이(h)는 작게 하는 것을 원칙으로 하되, 반드시 양산작업에 들어가기 전에 시험작업을 실시한 후 직경과 높이를 결정하는 것이 좋다.

4) 각종 재료의 용접성

각종재료	연강	연강 (주석 도금)	연강 (아연 도금)	스테 인리 스강	알루 미늄 합금	구리판	황동판	양백판	인청 동판	니켈판
연강	A	B	B	A	X	D	C	B	C	B
연강(주석도금)	B	C	C	C	D	D	C	D	D	C
연강(아연도금)	B	C	C	D	D	X	D	D	D	B
스테인리스강	A	C	C	A	X	X	C	C	X	C
알루미늄합금	X	D	D	X	B	X	D	C	D	X
구리판	D	D	X	X	X	C	C	C	C	C
황동판	C	C	D	C	D	C	B	C	C	B
양백판	B	D	D	C	C	C	C	B	C	C
인청동판	C	D	D	X	D	C	C	C	C	C
니켈판	B	C	B	C	X	C	B	C	B	B

A : 용접 양호   B : 다소 양호   C : 다소 용접 불량   D : 용접 불량   X : 용접 불가

3.4.4 특수 용접

1) 불활성가스 아크 용접법(Shielded Inert Gas Metal-Arc Welding)

이 방법은 용접부를 공기와 차단한 상태에서 특수 torch에서 불활성 gas(inert gas)를 전극 holder를 통하여 용접부에 공급하면서 용접하는 방법이다. 불활성 가스에는 argon이나 helium이 사용되며, 전극으로서는 텅스텐(tungsten) 봉 또는 용접심선봉이 사용된다. 불활성가스 아크 용접법은 shield inert arc welding이라고도 하며, 그림 3.46과 같이 불활성가스 분위기에서 텅스텐 아크에 의한 열원을 사용하는 방법과 용접심선 자체의 전극에 의한 열원을 사용하는 두 가지 방식으로 분류된다. Al, 구리 및 구리합금, 스테인리스강 등의 용접에 많이 사용된다.

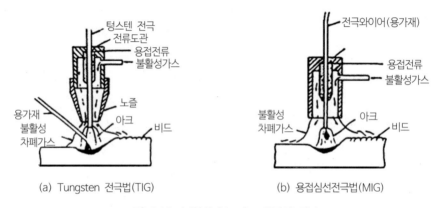

(a) Tungsten 전극법(TIG)   (b) 용접심선전극법(MIG)

그림 3.46 불활성가스 아크 용접의 원리

(1) 불활성가스 텅스텐 아크 용접법(Inert Gas Tungsten-Arc Welding)

TIG welding이라고도 하며, 텅스텐봉을 전극으로 써서 가스용접과 비슷한 조작방법으로 용접봉을 아크로 용해하면서 용접한다. 전극인 텅스텐은 거의 소모하지 않으므로 비용극식(非溶極式) 아크 용접 또는 비소모식 불활성가스 아크 용접법이라고도 한다.

본 방법에는 교류나 직류가 사용되며 그 극성은 용접결과에 큰 영향을 미친다. 직류정극성(전극 ⊖, 용접부 ⊕)에서 음전기를 가진 전자가 모재를 세게 충격시키므로 깊은 용입을 일으키며 전극은 그렇게 가열되지 않는다. 그러나 직류역극성(전극 ⊕, 용접부 ⊖)에서는 전극은 적열하게 되고 모재의 용입은 넓고 얕아진다. 그림 3.47은 TIG welding에 사용되는 torch이다.

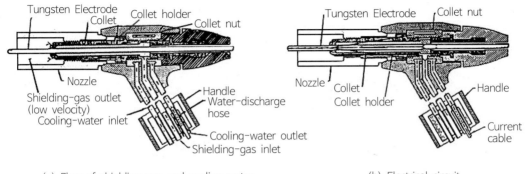

(a) Flow of shielding gas and cooling water

(b) Electrical circuit

그림 3.47 TIG 용접용 Torch(수동식)

(2) 불활성가스 금속 아크 용접법(Inert Gas Metal-Arc Welding)

MIG welding이라고도 하며 용접봉인 전극 wire를 연속적으로 보내어 아크를 발생시키는 방법으로 용극식(溶極式) 아크 용접법 또는 소모식 불활성가스 아크 용접법이라고도 한다(그림 3.48).

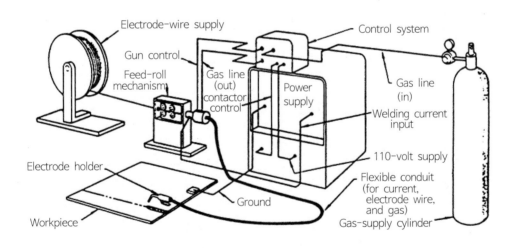

그림 3.48 MIG 용접장치

보통 아크 용접에 비해 고가이나 용제를 사용할 필요가 없으므로 용접부의 부식 및 열집중에 의한 균열과 잔류응력이 적고, 기계적 성질이 변화하지 않는 장점이 있다. 그림 3.49, 3.50에 TIG 용접 및 MIG 용접의 작업 예를 나타냈다.

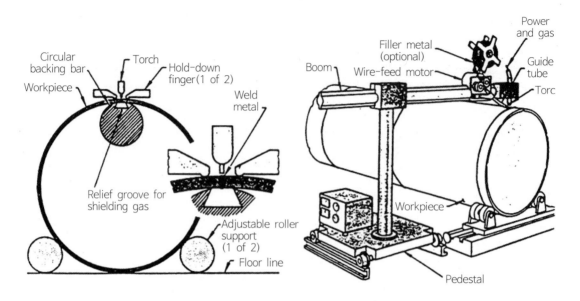

그림 3.49 TIG 용접의 작업 예

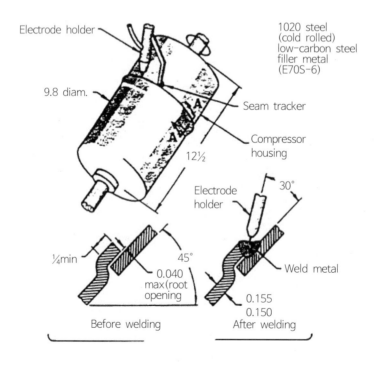

그림 3.50 MIG 용접의 작업 예

2) 잠호(潛弧) 용접(Submerged-Arc Welding)

이 용접방법은 일종의 자동 아크 용접법으로서 용접이음의 표면에 입상(粒狀)의 용제를 공급관을 통하여 공급시키고, 그 속에 연속된 wire로 된 전기용접봉을 넣어 용접봉 끝과 모재 사이에 아크를 발생시켜 용접하는 것이다.

이 용접법은 아크나 발생가스가 모두 용제 속에서 생기고 밖에서 보이지 않아 잠호(潛弧, submerged)라 한다(그림 3.51).

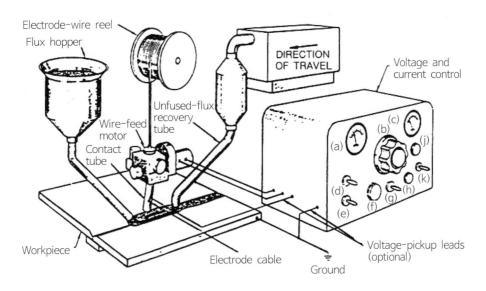

(a) Ammeter (b) Welding-voltage adjustment (c) Voltmeter (d) Current adjustment
(e) Travel control (f) Inch button (g) Retract feed (h) Weld stop (j) Start
(k) Contactor

그림 3.51 Submerged-arc welding 기본장치

|장점|

① 용접조건을 일정하게 하고 자동용접하므로 용접공 기술의 차이에 의한 용접품질의 차이가 없고 강도도 우수하여 용접이음의 신뢰도가 높다.

② 적당한 wire와 용제를 써서 용착금속의 모든 성질을 개선할 수 있다.

③ 열에너지의 손실도 적고 용접속도가 수동용접의 10~20배에 달한다.

④ welding groove의 크기가 작아도 용접길이가 길고, 용접재료의 소비가 적어 경제적이며 용접 후 변형이 적다.

|단점|

① 자동용접이므로 설비비가 많이 든다.

② 용접길이가 짧고 용접부위가 구부려져 있을 때에는 용접장치의 조작이 어려워져 비능률적이다.
주로 아래 보기의 용접에만 적용된다.

그림 3.52는 용접의 예이다.

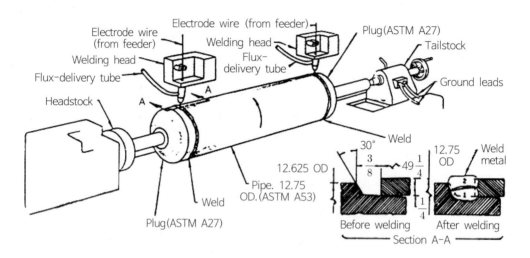

그림 3.52 Submerged Welding 작업 예

3) Plasma Welding

Plasma라 함은 고도의 전리(電離)된 gas체의 아크로서 이것을 이용한 용접으로 plasma jet 용접과 plasma arc 용접이 있다. 가공재를 ⊕의 전극으로 하면 이행형(移行型) 아크 토치라 하고, nozzle (orifice) 자체를 ⊕의 전극으로 한 것을 비이행형(非移行型) 아크 토치라 한다. 즉, 전자를 plasma arc 라 하고 후자를 plasma jet라 한다. plasma arc 쪽의 열이 높아 용접에는 주로 이 형식이 쓰이고, plasma arc 용접이라 부른다.

그림 3.53은 TIG와 plasma arc welding의 열분포를 비교한 것이며, 그림 3.54는 plasma arc welding의 원리이다.

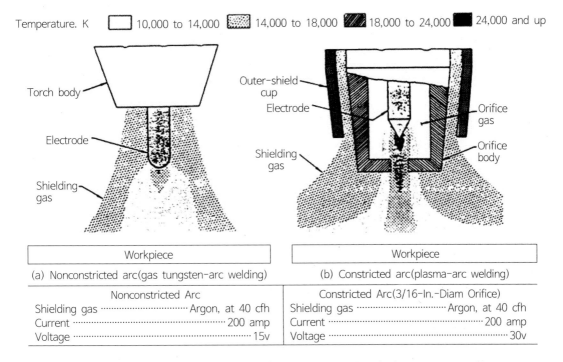

Temperature. K ☐ 10,000 to 14,000 ▦ 14,000 to 18,000 ▨ 18,000 to 24,000 ■ 24,000 and up

(a) Nonconstricted arc(gas tungsten-arc welding)

(b) Constricted arc(plasma-arc welding)

Nonconstricted Arc	Constricted Arc(3/16-In.-Diam Orifice)
Shielding gas ···································· Argon, at 40 cfh	Shielding gas ···································· Argon, at 40 cfh
Current ···································· 200 amp	Current ···································· 200 amp
Voltage ···································· 15v	Voltage ···································· 30v

그림 3.53 TIG 용접과 plasma arc welding의 비교

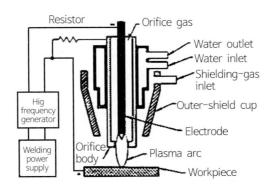

그림 3.54 Plasma arc welding의 원리

3.4.5 **Brazing(브레이징)**

접합시킬 모재를 용융시키지 않고 두 모재의 경계면에 모재보다 융점이 낮고 융합하기 쉬운 땜납 (filler metal)을 용융시켜 모재를 서로 접합하는 방법이다. 즉, 모재의 결합되는 부위에 용융된 땜납을 모세관현상에 의해 침투시켜 접합시키는 것으로 현재에는 ceramic, 흑연 등의 비금속 접합에도 사용 되고 있다.

납땜의 작용은 엄밀히 말하면 모재금속을 용융하지 않는 것은 극히 일부이고 대개는 모재 양금속이 땜납을 경계면으로 하여 야금적 반응을 일으켜 아주 얇은 층이 서로 녹아 붙은 현상, 즉 확산된 합금층을 만드는 것이다.

Brazing에는 사용땜납재의 융점과 납땜방식에 따라 연납땜(soldering)과 경납땜(brazing)으로 분류된다.

① 연납땜(Soft soldering)

용융온도가 450℃ 이하의 납을 사용하는 납땜으로 주성분은 주석과 납이다. 연납의 대표적인 것은 땜납을 들 수 있으며, 이외에도 알루미늄, 주석, 아연의 합금인 알루미늄납, 연납 등이 있다.

② 경납땜(Hard soldering, brazing)

용융온도가 450℃ 이상의 땜납제를 써서 납땜하는 것으로 땜납제에는 은납, 황동납, 알루미늄납, 인동납, 니켈납 등이 있다.

본 항에서는 경납땜 관련 땜납재의 상세내용, 가열방법 및 이음설계 등에 대해 설명한다.

1) Brazing 땜납재와 용제(Flux)

(1) Brazing 땜납재의 종류와 적용

그림 3.55와 같이 땜납재의 형상에는 선(線)모양, 얇은 판모양, 분말상태, paste상태 등이 있으며, 대표적인 재료의 종류와 이의 적용모재는 다음과 같다.

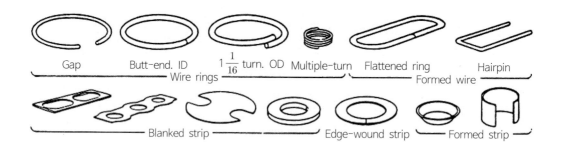

그림 3.55 땜납재의 형상

① 은납(Silver alloy filler metal)

㉮ 성분 : 은(40~50%), 구리, 카드뮴(Cd)을 주성분(BAg-1, BAg-2)으로 한 합금이며 경우에 따라 니켈(Ni), 주석(Sn)을 첨가한 것도 있다.

㉯ 특징 : 융점이 비교적 낮아 유동성이 좋으며 인장강도, 전연성(展延性) 등의 성질이 우수하고 은백색을 띠기 때문에 외관상으로도 아름답다. 결점으로는 은이 주성분인 관계로 가격이 비싸다.

　　㉰ 적용 : 구리 및 동합금(7-3 황동, 6-4 황동), 인(P) 및 규소를 함유한 청동, 스테인리스강, 초
　　　　경질합금(주로 BAg-3, 4), 일반강, 주철(BAg-1), 니켈 등이다.

② 인동납(Copper-phosphorus filler metal)

　　㉮ 성분 : 구리를 주성분으로 한 것에 소량의 인(P)을 5~7% 함유한 것(BCuP-1, BCuP-2)과 소
　　　　량의 인(P) 및 은(Ag)을 함유한 것(BCuP-3, BCuP-4)이 있다.

　　㉯ 특징 : 유동성이 좋고 전기나 열의 전도성, 내식성 등은 우수하나 유황을 포함한 고온가스 중
　　　　에서의 사용은 좋지 못하다.

　　㉰ 적용 : 구리 및 동합금의 납땜에는 적합하나 철이나 니켈을 함유한 모재의 납땜에는 적당하지
　　　　못하다.

③ 동납(Copper filler metal)과 황동납(Copper-zinc filler metal)

　　㉮ 성분 : 동납은 구리 99.9%(BCu-1)와 구리 86.5%(BCu-2) 이상의 재료이고, 황동납은 구리와
　　　　아연을 주성분으로 한 합금이며, 아연 함유량의 증가에 따라 인장강도가 증가되며, 또한 아연
　　　　의 변화량에 따라 그 색깔이 변화한다. 아연 60% 정도의 것(BCuZn-0)은 동적색(銅赤色), 아
　　　　연 40% 정도의 것(BCuZn-4~6)은 순금에 가까운 색, 아연 30% 정도의 것(BCuZn-1~3)은
　　　　담녹색을 띤다.

　　㉯ 특징 : 융점이 820~930℃ 정도이고 과열되면 아연이 증발하여 다공성(多孔性)의 이음이 되기
　　　　쉬우므로 과열에 주의해야 한다. 도전성이나 내진동성이 나쁘고, 250℃ 이상에서는 인장강도
　　　　가 약한 결점이 있다.

　　㉰ 용도 : 동납은 강재, 니켈 및 구리/니켈 합금이며 황동납은 강재, 구리 및 구리합금에 널리 사
　　　　용된다.

④ 알루미늄납(Aluminium-silicon alloy filler metal)

　　㉮ 성분 : Al을 주성분으로 한 것에 실리콘(Si) 7~13%(BAlSi-0~4)를 첨가한 것.

　　㉯ 특징 : 용융점이 600℃ 전후가 되어 모재의 융점에 가깝기 때문에 작업성이 나쁘다. 납땜 후
　　　　남아 있는 용제를 완전히 제거하지 않으면 부식의 원인이 된다.

　　㉰ 용도 : Al 및 Al 합금재료에 사용된다.

⑤ 기타 납땜재

　　구리 및 동합금 모재납땜에 니켈납(BNi group)이 있으며, 그밖에 양백납, 금납 등이 있다.

(2) Brazing용 용제(Flux)

Flux는 땜납재와 모재표면의 산화물 등을 제거함과 동시에 이음부분을 둘러싸 다시 산화하는 것을
방지하는 등의 역할을 하고 있다. 용제에는 일반적으로 표 3.1과 같은 것을 사용한다.

표 3.1 땜납 모재와 용제

땜할 모재	용 제
금 및 은	붕사($Na_2B_4O_7 10H_2O$) (borax)
철 및 강	붕사 혹은 염화암모늄(NH_4Cl)
아연(Zn)	염산(HCl)
구리 및 황동	붕사 혹은 염화암모늄(NH_4Cl)

2) Brazing 가열방식

납땜작업을 할 때 여러 가지 조건을 충분히 검토하는 것도 중요하나 가장 알맞은 가열방식의 선택도 땜납재 선택과 함께 중요하다. 경납땜에서 가열방식은 다음과 같은 것이 있다.

(1) Torch Brazing

토치램프(torch lamp), 알코올램프, 산소-아세틸렌 불꽃, 산소-프로판 불꽃, 산소-수소 불꽃 등의 열원으로 가열하여 작업하는 납땜법이다. 수동으로 많이 사용되고 있으며 강재, 스테인리스강, 알루미늄합금, 구리 및 구리합금 모재에 적용할 수 있다. 그림 3.56은 수동형 brazing 장치의 예이다.

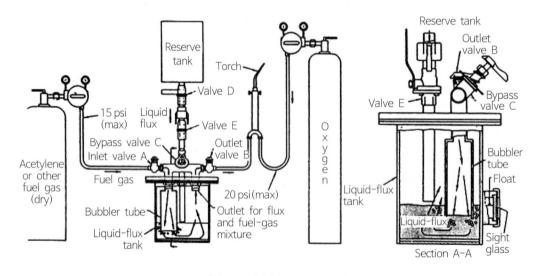

그림 3.56 수동형 Brazing 장치

(2) 노내납땜(Furnace Brazing)

노내납땜은 대량생산에 적합한 것으로 땜납과 용제는 미리 제품에 삽입시켜 노 안에 넣어 가스열이나 전열 등으로 가열시켜 납땜하는 방식이다.

노 안에 수소, 질소, 이산화탄소, 탄산가스, 아르곤가스 등을 불어넣어서 하는 납땜과 노 안을 진공상태로 작업하는 진공납땜도 있으며, 이 방식을 쓰면 용제가 불필요하다. 그림 3.57은 노내납땜장치이다.

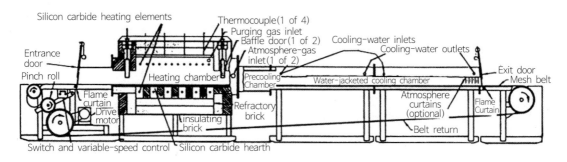

그림 3.57 노내납땜장치(Conveyor belt 식)

(3) 침투납땜(Dip Brazing)

접합면에 땜납을 삽입시키고 미리 가열되어 녹아 있는 화학약품용기에 담구어 땜납을 침투시키는 방법과 납땜할 제품을 용제가 들어 있는 용해된 땜납 중에 담구어 납땜하는 금속용 납땜의 두 가지 방법이 있다.

통조림통의 가열방식에서는 외부가열방식과 내부가열방식이 있으며, 이에 대한 구조는 그림 3.58과 3.59와 같다.

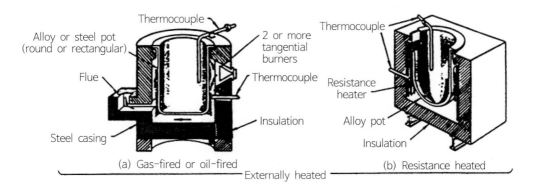

그림 3.58 외부가열방식

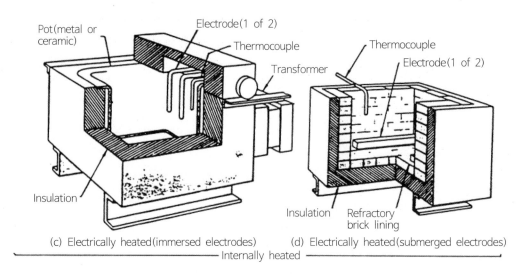

(c) Electrically heated(immersed electrodes)   (d) Electrically heated(submerged electrodes)

Internally heated

그림 3.59 내부가열방식

(4) 저항납땜(Resistance Brazing)

납땜한 접합면에 용제를 발라 땜납재 사이에 넣고 전극 사이에 끼워 가압하면서 통전하여 저항열에 의해 행하는 납땜법이다. 이 방법에서는 점용접기를 사용하여 능률적으로 작업할 수 있고, 작은 물건 이나 서로 다른 종류의 금속납땜에 적합하다(그림 3.60).

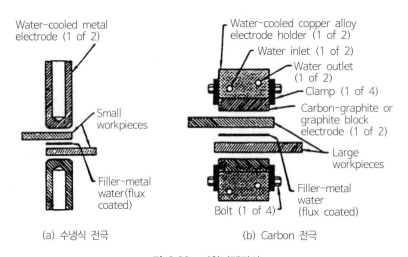

(a) 수냉식 전극   (b) Carbon 전극

그림 3.60 저항납땜장치

(5) 유도가열납땜(Induction Brazing)

유도가열납땜은 그림 3.61과 같이 배치된 가열코일에 고주파전류(3~450kHz)를 통함으로써 얻어지는 열에 의해 가열하는 방법이다. 가열시간이 짧고 모재의 변질이나 산화가 적은 이점이 있으나, 시설비가 비싸기 때문에 대량생산에만 적합하다.

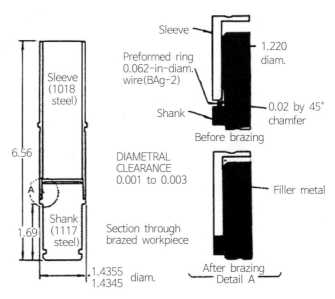

그림 3.61 유도가열에 의한 납땜결합의 예

3) Brazing 이음설계와 강도

이음에는 겹치기(lap joint), 맞대기이음(butt joint)이나 이들의 이음을 변형시킨 것이 쓰이고 있다 (그림 3.62 및 3.63).

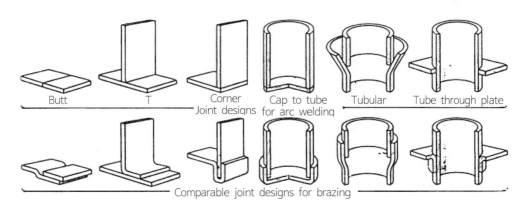

그림 3.62 납땜이음의 형상

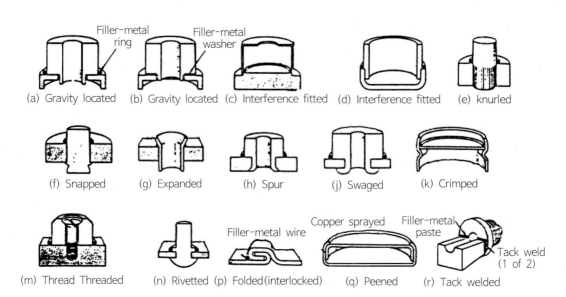

(a) Gravity located (b) Gravity located (c) Interference fitted (d) Interference fitted (e) knurled

(f) Snapped (g) Expanded (h) Spur (j) Swaged (k) Crimped

(m) Thread Threaded (n) Rivetted (p) Folded(interlocked) (q) Peened (r) Tack welded

Low-carbon steel brazed to leaded low-carbon steel
copper filler metal(BCu-1)

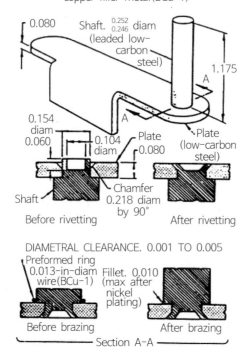

그림 3.63 1차 기계적 결합 후의 납땜 실시 예

겹치기이음에서 겹침량은 얇은 쪽의 모재두께의 3~6배가 적당하다. brazing 결합은 땜납재가 용융되어 모세관현상으로 이음부위에 스며들게 되어 모재가 결합되는 것이므로, 이음부위의 틈새가 일정하지 않으면 용융 땜납재가 이음부위 전체에 스며들지 않고 중도에서 그치게 되어 강도가 저하된다. 그림 3.64(a)는 틈새가 일정할 때 brazing된 상태이고 (b)는 일정치 않을 때의 상태이다.

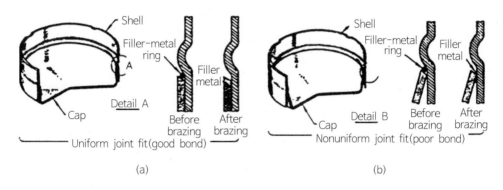

그림 3.64 틈새가 일정할 때와 일정하지 않을 때의 brazing 상태

표 3.2는 각 땜납재의 알맞은 이음틈새를 나타낸 것이다.

표 3.2 이음부의 적당한 틈새

땜납재	이음의 틈새 (mm)
Al-Si 계	0.15~0.25 (겹치기 6mm 이하) 0.25~0.65 (겹치기 6mm 이상)
Cu-P 계	0.025~0.15
Ag 계	0.05~0.15
Cu-Ag 계	0.05~0.15
Cu 계	0.00~0.05
Cu-Zn 계	0.05~0.15
Mg 계	0.10~0.25
Ni-Cr 계	0.05~0.15
Ag-Mn 계	0.05~0.15

틈새가 적당하지 않으면 강도에 많은 영향을 주게 된다. 그림 3.65은 그 일례를 표시한다.

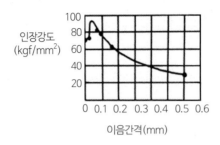

그림 3.65 스테인리스강에서의 틈새와 강도관계

Press 가공용 재료

Press 가공용 재료에는 그 용도에 따라 여러 가지가 있으며, 같은 종류의 재료라도 화학적 성분, 물리적 성질, 열처리 등에 따라 변하게 되므로 작업에 앞서 그 재료의 성질과 취급방법을 충분히 알아야 한다.

일반적으로 판금에 많이 사용되는 재료(열간압연강판, 냉간압연강판, 피강, 스테인리스강판)에는 주석도금강판, 아연도금강판, 구리판, 인청동판, 황동판, 양백판, 알루미늄판, 알루미늄합금판 등이 사용된다.

1) 강판

(1) 열간압연강판 및 강대(KSD3501)

일반구조용 강에 비해서 연하므로 가공하기 쉽고, deep drawing에 적합한 것도 있으며, 표면상태를 중요시할 필요가 없는 판금부품에 쓰인다.

(2) 냉간압연강판 및 강대(KSD3512)

열간압연 후 산으로 씻고, 다시 상온에서 판두께의 40% 이상 압연을 하여 연화처리를 한 재료로서, 표면이 깨끗하고 변형이 적으며 품질이 균일하고 연신율이 크므로 일반적으로 가장 많이 쓰인다.

(3) 아연도금강판(KSD3506)

열간압연강판에 아연도금한 것으로 보통 함석판(galvanized sheet)이라 부른다. 주석도금강판에 비하여 염분에 약하나, 가격이 저렴하고 녹이 잘 슬지 않아 각종 기구, 건축재료 등에 쓰인다.

(4) 주석도금강판(KSD3516)

보통 양철판이라 하며, 이것은 열간압연강판 또는 냉간압연강판에 주석을 도금한 것으로서, 내식성이 좋고 특히 유독물질을 만들지 않으며 표면이 깨끗하므로 통조림통의 재료로 많이 쓰이고, 그밖에 여러 가지 용기, case, 공업용품에 많이 사용된다.

(5) 스테인리스강판(KSD3705, KSD3698)

스테인리스강판에는 열간압연판과 냉간압연판이 있으며, 변형시키는데 큰 힘이 들기는 하나 성형성이 좋아서 각종 공업용품에 널리 사용되고 있다.

스테인리스강을 대별하면 마르텐사이트계, 페라이트계 및 오스테나이트계의 3종류로 분류된다. 이 중에서 press가공에 사용되는 것은 STS430으로 대표되는 페라이트계와 STS304로 대표되는 오스테나이트계의 2종이다.

STS430은 기계적 성질이 연강과 성형성이 거의 같으나 STS304는 연신율이 크고 가공경화성이 높기 때문에 성형성은 연강보다 우수하다. 그러나 가공경화가 크기 때문에 여러 공정을 요하는 deep drawing에서는 중간풀림이 필요하게 되며, 또 spring back이 많고 형상이 나쁘기 때문에 이 점에 주의해야 한다.

2) 구리 및 구리합금판

(1) 동판

동판은 전연성(展延性)이 좋고 가공하기 쉬우며 또한 전기 및 열전도가 우수하고 내식성도 비교적 좋으므로 공업용이나 일반생활용품에 널리 사용된다.

① 타프피치 동판

산화환원 정련한 주괴를 압연한 것으로 전기열의 전도성이 우수하고 전연성, drawing 가공성, 내식성 및 내후성이 좋다. 전기부품, 증류솥, 건축용, 화학공업용 등에 사용된다.

② 인탈산 동판

산화환원 후 인(P)으로 탈산한 주괴를 압연한 것으로, 타프피치 동판에 비해 용접성이 좋다.

(2) 황동판(KSD5201)

황동은 구리와 아연의 합금으로 기계적 성질이 좋고, 내식성 및 가공성도 좋다. 대표적인 것은 7 : 3 황동과 6 : 4 황동이다. 전자는 연하여 drawing 가공에 사용되고, 후자는 강하므로 절단가공에 사용된다.

(3) 특수황동판(KSD5201)

황동에 다른 원소를 첨가하여 기계적 성질의 개량 또는 절삭성의 개량을 한 것이다. 황동에 첨가하는 원소로는 주석, 규소, 알루미늄, 철, 망간, 니켈, 납 등이다.

① 연입(鉛入) 황동판

황동판에 납을 0.4~3% 넣은 것이 일반적으로 많이 사용된다. 보통 황동판보다 전연성은 떨어지나 절삭성이 좋으므로 blanking 가공에 적합하며 그다지 강도를 요하지 않는 시계, 계기의 gear, cam 등에 사용된다.

② 네이벌황동판

황동(6 : 4)에 1% 정도의 주석을 첨가한 것이 네이벌황동이나 보통 황동에 비해 경도나 인장강도가 우수하며, 내식성도 우수하다.

(4) 인청동판(KSD5506, KSD5202)

구리와 주석의 청동에 소량의 인(P)을 첨가한 합금판이며 동판, 황동판에 비해 인장강도가 크고 내식성이 우수하며 blanking 가공은 우수하나, 압연에 의한 가공경화나 방향성이 심하므로 bending, drawing 가공을 할 때는 풀림재료를 사용하거나 bending 반지름을 크게 한다.

인청동판은 내식성, 내피로성이 좋으므로 내식성을 필요로 하는 부품을 비롯하여 작은 gear, 판 spring, 전기부품 등에 널리 사용되고 있다. 다만, 고성능의 스프링 재료를 필요로 할 경우는 스프링용 인청동판이 사용된다.

3) 니켈-구리 합금판

(1) 양백판(KSD5506)

황동에 니켈을 첨가한 것으로 니켈량이 많이 함유된 것은 은백색, 적은 것은 황색을 띤 회색이다. 광택이 아름답고 변색되지 않으며 가공성이 풍부하여 양식기, 장식류, 건축물, 가구 등의 장식품 또는 악기, 계측기, 의료기 등에 쓰인다.

(2) Spring용 양백판(KSD5201)

광택이 아름답고 전연성, 내피로성, 내식성이 좋다.

특히 저온으로 풀림(annealing)한 것으로 고성능 스프링재에 적합하다. 계전기용 접점 스프링, 전기 기기용 스프링 등에 사용된다.

(3) 니켈 및 니켈 합금판(KSD6718)

니켈판은 99% 니켈이며, 합금판 알루미늄이 소량 함유된 것이다. 염분 등에 대해서 내식성이 우수하며 내열성 및 전기전도성이 좋아서, 전자, 전기 공업에 널리 사용된다. 특히 니켈 알루미늄티탄 합금판은 시효경화성으로 인해 강도가 높고 탄성도 우수하다.

4) 알루미늄 및 알루미늄 합금판

알루미늄 및 그 합금판을 일반적으로 분류하면 알루미늄판, 내식 알루미늄 합금판, 고력 알루미늄 합금판 및 고력 알루미늄 합금 접합판의 4종류로 나뉘어진다.

(1) 알루미늄판(KSD6701)

알루미늄판은 다른 금속에 비해 비중이 작아 철의 약 1/3이고, 열전도성이 좋으며 연성과 전성이 풍부하고 상온가공이 용이하다. 또 수분이나 공기중에서 내식성이 좋으며, 이것을 표면처리함으로써 더욱 향상된다. 알루미늄판은 건축용 재료, 가정용기, 화학공업용, 그밖에 강도를 그다지 필요로 하지 않는 기기부품 등에 널리 사용된다.

(2) 내식 알루미늄 합금판

알루미늄에 내식성을 가급적 떨어지지 않도록 하고 소량의 구리 등의 원소를 첨가하여 강도를 높인 것이다. 건축용재료, 취사도구 등 내식성과 어느 정도의 강도를 필요로 하는 부품에 사용된다.

(3) 고력 알루미늄판

알루미늄에 구리나 그 밖의 합금원소를 첨가한 것이며, 내식성은 떨어지나 담금질한 것은 강도가 높다. 항공기 등의 경량이면서 큰 강도를 필요로 하는 용도에 사용된다.

(4) 고력 알루미늄 합금 접합판

고력 알루미늄 합금판의 내식성을 높이기 위하여 판표면에 내식성이 좋은 알루미늄이나 내식 알루미늄 합금을 붙인 것이며, 항공기용으로 많이 사용된다.

5) 전자기 재료

CHAPTER 05 표면처리

5.1 도 금

5.1.1 도금의 개요 및 목적

금속으로 된 물품을 전해된 수용액 중에 넣어 한 개의 전극으로 하고, 이 전극과 상대 전극간에 전류를 통과시켜 그 표면에 금속을 밀착시키거나 화학변화를 일으키게 하여 필요로 하는 성질을 피도체에 부여하는 것을 말하며 다음과 같은 목적으로 주로 처리된다.

① 장식용으로서 Au, Ag, Pt, Rh 등의 귀금속에 Ni, Cr 등의 도금을 하여 외관을 미려하게 하는 것.

② 장식겸 방식용으로는 철강, 아연합금상의 Ni, Ni-Cr 도금이 있다.

③ 단순한 방식용으로는 철강소지상 Zn, Cd, Sn, Pb 등이 있다.

④ 공업용으로서는 적당한 물리적 화학적 성질을 갖는 도금을 하는 경우로서, 내마모용으로 경질크롬도금, 윤활용으로 Cr, In, Sn, 보수용으로 Cu, Fe, Cr, 철의 침탄방지용으로 Cu, 내식용으로 Cr, 전주에 Cu, Fe, Ni 도금 등이 있다.

5.1.2 전기도금

전기분해에 의해 금속염 수용액에서 음극으로 한 제품의 표면에 금속피막을 석출시키는 도금방법으로 밀착이 좋고, 두께의 조절이 용이하며, 외관이 좋으며, 많은 종류의 금속도금이 가능하므로 장식에서부터 특수목적에 이르기까지 응용범위가 대단히 넓으며 프레스 부품 설계에 직접적인 관계가 있다.

1) 전기도금의 종류 및 특징

(1) 동도금

동도금은 철이나 아연 diecast, Al 제품의 하지도금으로 널리 쓰이고 있다. 하지만 도금으로서의 동은 비교적 다른 금속과의 친화성이 좋고 부드럽기 때문에 소지금속과 표면도금금속과의 밀착성을 좋게 한다.

(2) Ni 도금

니켈은 화학적으로 안정되고 내식성이 크기 때문에 철이나 아연 diecast 소지의 방식피막으로 쓰이며, 물리적 성질로서 경도가 크므로 내마모성의 성질을 이용하여 장식도금뿐 아니라 기계부품의 하지도금으로 많이 쓰이고 있다.

① 무광택 Ni 도금

② 광택 Ni 도금

③ 특수 Ni 도금

※ Strike Ni 도금 : stainless 강에의 도금, 부동태화한 Ni, Cr 도금 위에 다른 도금을 할 때 밀착성을 좋게 하기 위해 사용한다.

(3) Cr 도금

Cr 도금은 외관이 아름답고 대기중에서의 부식에 강한 등의 성질이 있으므로 장식용으로 이용되기도 하며 경도가 높고 마찰계수가 작기 때문에 내마모용 등의 공업적 분야의 도금(경질도금)으로서도 용도가 넓다. 장식용 Cr 도금은 보통 하지도금으로서 니켈 또는 동 및 니켈 도금을 하여 $0.1 \sim 0.5 \mu m$ 정도의 엷은 도금을 한다. 공업용 Cr 도금에서는 두꺼운 도금을 소지에 직접하고 있으나, 강한 내식성이 필요한 경우에는 가끔 하지도금으로 Ni 도금을 하는 것도 있다.

(4) 아연도금

아연도금은 철강의 방식피복으로서 다른 금속도금에 비하여 우수하다. 이것은 아연이 대기부식에 대하여 특유한 저항을 가지며 전기적으로 +성질을 가지고 있기 때문이다. 또 밀착도 강하여 변형가공에 의하여 깨지거나 부풀음이 적다. 아연 도금의 방식을 한층 향상시키기 위하여 크로메이트 처리를 행하게 되며, 이로써 아연도금 그 자체보다 $10 \sim 20$배의 방식력을 가지게 한다.

이것은 아연표면에 크롬산 크롬의 치밀한 피막을 형성하여 공기중의 수분 또는 부식성 기체를 차단하기 때문이다.

① 크로메이트 처리(Chromate Treatment)

아연도금의 chromate 처리는 장식적인 외관과 내식피막을 생성하여 아연도금의 방청력을 높여주는 효과가 있다. chromate 처리는 6가 크롬을 주성분으로 하며, 이것에 황산, 질산, 초산 등의 무기산 및 유기산 등의 촉진제 또는 염류 등 이외에 완충제를 함유한 용액으로, 화학적으로 처리하여 아연도금 표면에 6가 및 3가 크롬의 착화합물을 생성고착시켜 방청력을 부여하는 것이다.

② 피막의 두께

처리시간이 길면 생산피막은 두껍게 되어 건조할 때 탈락하기 쉬우며 건조 후에도 균열이 확대되기 쉬워 염수분무시험 등에서 내식성이 떨어진다. 너무 엷으면 내식성이 떨어지므로 적당한 두께가 좋다. 피막의 두께는 보통 수분의 $1 \mu m$이라고 알려져 있다.

③ 흑색 Chromate

아연도금의 흑색 chromate 피막은 chromate 액에 은이온을 첨가한 것에 의해 내식성 있는 흑색 피막이 얻어진다. 이것은 은이온이 중크롬산은으로서 용해하여 이것과 아연의 용해시에 생긴 활성수소이온과 반응하여 흑색의 산화은을 생성하여 chromate 피막중에 흡장되어 피막이 흑색화 한다고 생각된다.

(5) 금도금

금도금은 주로 장식도금에 많이 사용되었으나 고온산화에 강하고 화학약품에 안전하며 전기접촉저항이 적으므로 최근에는 공업용으로서 전자산업, 정밀기계 산업 등에서 요구되는 print 배선기판, relay, 단자반도체 등의 전도성, 방식성, 내마모성의 성질을 이용한 제품에 많이 이용되고 있다.

(6) 은도금

은도금은 초기에는 장식품, 식기 등의 생활용품에 사용되는 귀금속도금에 한정되었으나 전도성이 좋고 내식성이 우수하다는 특성으로 최근에는 전자부품, 통신기부품 등의 분야에서 급속하게 응용되고 있다.

(7) 주석도금

주석은 대기중에서 내식성이 좋으며 식품 등에 함유된 유기산에도 잘 견딘다. 또 실용금속 중에서 융점이 231.9℃로 낮으므로 전자공업부품에 대한 납땜작업의 능률화, 접합강도 등의 향상의 요구로 주석도금이 많이 사용되고 있다. 종래의 전자부품의 대부분은 납땜성, 균일 전착성이 좋은 카드뮴 도금이 많이 쓰였으나 카드뮴의 공해에 대한 규제가 엄격하게 되어 납땜성을 요하는 부분에 쓰였던 카드뮴 도금이 주석도금으로 전환되었다.

또한 접점, 단자류의 도금은 광택주석도금의 접촉사항이 은도금에 필적할 만큼 작은 것이 특성으로 주석도금의 기능적 특성 때문에 사용분야가 많이 확대되었다. 그러나 주석의 전기도금에서는 whisker 라 불리는 주석의 침상단 결정이 발생하는 경향이 강하므로 정밀한 전기회로부품 등에 적용할 때는, 회로단락사고를 사전에 방지하기 위한 소지 및 후처리 등에 충분한 배려가 필요하다.

2) 도금공정

(1) 전처리(Pretreatment)

도금 전의 공정을 총칭하여 전처리라 한다.

① 연마

표면의 산화물의 제거, 가공시 발생한 chip의 제거, 평활하고 광택있는 소지면을 얻기 위한 조작으로, 기계적인 방법(buff 연마, barrel 분사연마)과 전기화학적인 방법(전해연마), 화학적인 방법(화학연마)이 있다.

② 탈지

표면에 부착되어 있는 유지를 제거하여 금속피막이 소지면에 밀착시키기 위한 예비처리로 유기용제 세정(solvent cleaning)과 알칼리액 중에서 세정하는 알칼리성 세정(alkali cleaning) 그리고 알칼리 중에서 전해하여 탈지하는 전해 세정(electrolytic cleaning) 등으로 대부분 이것을 병용한다.

③ 산세(Pickling)

표면에 생긴 산화막을 제거한다.

사용하는 산 및 산농도는 소지의 종류에 따라 달라진다.

④ 중화

연마, 탈지, 산세 등을 거쳐 깨끗하게 되어진 소지를 도금하려고 하는 도금 액성으로 해주기 위한 공정으로 소지와 피막 사이의 밀착성에 크게 관계한다.

(2) 도금

전처리에 의해 깨끗해진 제품을 도금조에 넣어 도금한다. 제품을 rack에 걸어 음극에 접속하여 대치시켜 전류를 통하여 전해하거나, 작은 부품은 barrel에 넣어 많은 양을 동시에 도금한다. 이때 제품 전체의 전류분포가 균일하게 되도록 양극과 음극을 배치해야 한다. 도금 후의 제품은 우선 찬물에 씻어 도금액의 대부분을 떨어뜨린다. 이 세정액은 회수되어 도금액의 공급에 쓰인다. 회수 세정은 대단히 중요하여 도금액을 될 수 있는 대로 완전하게 회수하여 배수중으로 흘러나가지 않도록 하는 것이 배수처리에 중요하며 도금의 cost에도 상당한 영향을 미친다.

(3) 후처리

도금 후의 처리를 총칭하여 후처리라 한다. 도금의 종류, 목적에 따라 변색방지처리, 착색처리 등여러 가지의 처리가 있다.

각 공정과 공정 사이에 반드시 수세공정이 들어간다. 이것은 전 공정에 의한 부착액을 제거하여 다음 공정의 액중에 혼입되지 않도록 하는 것이 절대필요조건으로 특히 소지와 피막 사이의 밀착성, 도금의 외관, 변색성 등의 도금불량의 원인이 되므로 주의해야 한다.

3) 도금 품질

(1) 도금에 영향을 미치는 전기분해현상

① Gas의 흡장

전기분해에 따른 음극에서의 수소의 발생으로 도금층에는 도금종류에 따라 차이는 있으나 다소의 수소 gas를 흡장하고 있다.

수소를 흡장하면 crack의 원인이 되므로 이것을 막기 위해서는 200℃ 전후에서 열처리하여 탈수소 처리를 하거나, 금속에 따라서는 끓는 물에 담구는 것만으로도 효과가 있는 것도 있다. 수소는 오랫동안 방치하면 일부는 탈출해가므로 crack이 오기 쉬운 부분에 사용할 때는 한동안 방치하여 수소를 탈출시킨 후 사용한다.

② Pin Hole의 생성

Pin hole(pores)은 수소 gas가 음극면상에서 방출되지 않고 부착 잔류하든지 또는 소지상의 다른 물질에 의해 결정성장의 결함으로 일어나는 것으로, 극히 미세한 구멍이나 소지까지 관통하는 것이 많다.

그러나 도금과 동시에 수소 gas가 발생하는 것이 보통이며, 또 소지에는 다소의 凹凸이나 다른 물질의 존재는 피할 수 없으므로 전혀 도금층에 pin hole을 없게 하는 것은 어렵다. 이 pin hole을 통하여 소지와 도금층의 전위차에 의해 부식이 진행되므로 도금층의 전위가 귀한 쪽(높은 쪽)이면 소지가 부식되고, 소지의 전위가 귀한 쪽(높은 쪽)이면 도금층이 부식된다.

pin hole의 생성은 도금층의 부식에 가장 중요한 영향을 미치는 것이므로 수소의 발생을 억제하여 치밀한 도금층을 성장시킴과 동시에 두께를 충분히 하여 소지의 결함에 의한 pin hole의 생성을 적게 하거나, 아니면 미리 소지의 결함을 제거할 필요가 있다.

③ 균일전착성(Throwing Power)

전기도금 피막의 각 부분을 균일한 두께로 석출하는 능력을 말하는 것이다. 각 부분이 균일한 두께로 되기 위해서는 음극유효면의 각 점이 금속을 석출하는데 필요한 분해전압으로 되어 전류밀도가 균일할 필요가 있으므로 전류밀도를 균일하게 하는 능력이 높은 것이 높은 균일전착성을 갖게 된다. 보통 피복력(covering power)이 균일전착성과 같은 의미로 쓰이고 있으나 피복력은 도금피막이 음극표면을 석출피복하는 능력을 나타내는 것으로, 예를 들면 표면상에 있는 凹부에도 도금할 수 있는지의 능력을 나타내는 것으로 균일전착성과 똑같은 의미는 아니다. 그러나 양자는 본질적으로 다른 개념은 아니며 피복력이 凹부와 같은 곳에 어느 정도 깊이까지 도금이 들어갈 수 있는가의 능력을 나타내는 것이며 균일전착성은 도금두께의 분포까지를 포함한다.

균일전착성은 표면상의 전류밀도분포의 균일이 중요하거나 전극면의 기하학적인 조건에 의해 생기는 전류분포를 균일하게 하기 위해서는,

- 극간 거리를 넓힌다.
- 전극 단면의 각도를 크게 한다.
- 보조극을 사용한다.
- 음극을 움직이게 한다.
- 액을 교반한다.

등의 조건이 필요하게 된다.

④ 부동태(Passivity)

도금액 중에서 분해전압에 달하게 되면 양극에 산소가 발생하게 되므로 표면에 안정된 산화물층이 생기게 되어 불용성 양극으로 되기 쉽다. 이 불활성 상태를 부동태라 한다.

이때의 양극은 전도성은 있으나 불용성이므로 전류에 의한 이온화는 거의 없어 양극 전류효율은

극히 나쁘며, 도금은 거의 액중의 금속분 소모에 의해서만 되어 음극 전류효율도 떨어지게 되므로 고순도 양극의 사용과 양극면의 slime 제거를 위한 brushing, 접점부의 청소 등이 필요하게 된다.

(2) 도금의 결함

① 도금두께의 불균형

전기도금의 큰 결함 중의 하나로서 부품 각 부분에 대해 도금두께의 불균형은 문제로 되어 있다. 이것은 부품의 각 부위에 대한 전류분포가 일정치 않아 돌기부 또는 선단부에 집중하는 성질 때문이다. 따라서 부품의 형상이 복잡하면 도금두께의 불균형 문제점이 증가하며, 이 경향은 도금의 종류에 의해서도 현저히 다르다.

특히, 크롬도금은 이 경향이 있다. 또, 도금작업시 양극과 음극과의 관계 위치에 의해서도 큰 차이가 있다. 이 같은 도금두께의 불균형을 한 가지로 논하기는 곤란하나, 한 예로서 그림 5.1에서와 같은 형상, 구조의 부품에 표준아연도금을 했을 경우 각 부의 도금두께는,

평균두께 10μm으로 했을 때,

$$A : B : C = 4 : 10 : 20$$

이 된다.

이상에서와 같이 전기도금에서는 반드시 도금두께의 불균형이 생기므로 설계시 충분히 고려하여야 한다.

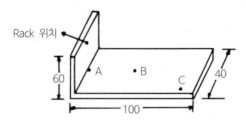

그림 5.1 도금두께의 불균형 예

즉, 부품의 각 부분에 도금두께를 일정하게 하기는 대단히 곤란하므로 설계상 복잡한 형상의 부품에 대해서는 필히 그 부품의 주요면을 지정하고 그 면에 있어서의 도금두께를 지정해 주어야 한다.

② 전기적, 기계적 특성

도금피막의 전기적, 기계적 특성은 각각의 금속과 거의 같은 성질을 가지나 경도는 일반적으로 금속의 경도보다 높아진다. 특히 광택제를 첨가한 도금에 있어서는 현저히 증대한다. 또 도금욕 조성, 도금조건에 따라서도 피막의 경도는 달라진다. 합금도금의 경우는 각각의 단독도금에 비

하여 경도가 증가함과 동시에 융점은 낮아진다. 납땜도금은 그 대표적인 예이다. 전기저항은 그 금속과 거의 동일하나 첨가제를 첨가한 경우 또는 합금도금한 경우는 일반적으로 높아지는 경우가 있다.

③ 수소취성

전처리로서의 산세와 도금액 중에서의 전해중에 발생하는 수소는 활성도 높은 발생기수소로 소재표면에서 내부에 흡착 침투하여 소재를 취약하게 한다. 이 현상을 수소취성이라 한다. 수소취성은 산의 종류, 도금액의 종류, 도금조건, 재질 등에 따라 다르나 더욱 수소취성을 받기 쉬운 재질은 스프링강, 고탄소강이다.

도금액에서는 알칼리욕이 산성욕보다 수소취성을 받기 쉽다. 도금종류에서는 아연, 카드뮴도금이 취화하기 쉽고 니켈도금은 비교적 적다. 산세에서는 혼산의 경우가 크고 농도가 클수록 크다. 또 침적시간이 길고 액온이 높으면 영향이 크다. 이처럼 도금에서의 수소취성은 큰 문제점이므로 스프링강에 도금했을 경우에는 반드시 도금 후 취성제거의 열처리를 하여 줄 필요가 있다. 통상 $200℃×1$시간 또는 $100℃×2$ 시간이다.

④ 내부응력

도금의 피막에는 도금종류, 도금조건 등에 의해서 그 크기는 다르나 어떠한 도금에서도 내부응력은 존재한다. 응력에는 압축응력과 인장응력이 있고 도금종류, 도금액 조성, 첨가제의 종류 등에 따라서 응력이 생긴다.

인장응력의 증대는 도금피막의 박리를 조장하는 경향이 있고 도금의 밀착성에서 보면 압축응력의 쪽이 영향이 적으나 어떠하게 도금하여도 응력은 없는 쪽이 좋다. 일반적으로 두께가 엷은 도금에 있어서는 그 내부응력은 문제가 적은 경우가 많으나 두꺼운 도금을 할 경우는 응력에 의한 변형 박리, 기타의 문제점이 있으므로 충분히 주의할 필요가 있다.

⑤ 도금의 납땜성

도금의 납땜성은 그 금속 자체와 거의 같으나 도금욕 조성 특히 첨가제의 유무 등에 의해 차이가 생긴다. 또, 보관 취급 등에 의하여 표면상태가 변화한 경우, 즉 산화 또는 오염 등에 의해서 납땜성은 저하된다.

각종 도금의 납땜성 측정결과를 보면 납땜, 동, 카드뮴, 주석의 4종이 양호한 납땜성을 가진다. 따라서 설계상 이것을 지정할 경우, 납땜성만을 사용목적으로 할 경우는 상기 4종중에서 어느 것을 선택하여도 좋으나 방청을 가미할 경우는 내식성을 고려하여 선정할 필요가 있다.

또 작업 전의 보관이 고온 고습이면 동, 주석, 니켈은 현저히 납땜성이 저하하며, 납땜도금은 도금두께가 엷으면 고온 고습에 의해 쉽사리 저하함으로 주의를 요한다.

⑥ 산세에 의한 소모량

도금작업에 있어서는 부품의 표면을 세정하기 위해 전처리 작업으로서 탈지 또는 산세작업이 행하여진다. 산세작업에 의한 소모량은(알루미늄 제외) 산의 종류, 농도, 온도처리시간, 소재표면의 산화막 부착상태 등에 따라 현저히 다르다. 특히 주의해야 할 것은 부품 중에 부분적으로 전기용접 또는 가스용접을 한 것의 예이다. 이 경우, 산화막은 일반적으로 대단히 두꺼우므로 이것을 제거하기까지 산처리를 행하면 다른 부분의 용해가 커져 산세과도가 될 위험이 있다. 따라서, 이러한 것은 기계적 제거법(sand blast, grinding 등)을 병용하여야 한다. 그러므로 공작시에 있어서는 산화막이 부착되지 않는 용접법을 채용하거나 또는 산화막을 제거하기 쉬운 구조로 하는 등의 배려가 필요하다.

(3) 도금의 내식성

도금의 품질을 판정하는 데에는 여러 가지 요소가 있으나, 그 중에서도 내식성은 가장 중요한 요소이다.

내식성의 시험방법에는 염수분무시험, 고온고습시험, 폭로시험, corrode kote시험 등이 있으나, 이러한 시험은 어느 것이나 가속시험으로 실제 사용상태에 있어서 내식성과 관련성을 파악하는 것은 대단히 곤란하다. 이러한 시험방법 중에서는 폭로시험과 고온고습시험이 실제 사용상태에 거의 가까운 방법이나 시험기간이 길기 때문에 일상 생산품의 판정에는 부적합하다. 따라서 비교적 단시간 내에 판정할 수 있는 염수분무시험이 일반적으로 행하여진다. 또 corrode kote 시험은 구미(歐美, 유럽과 미국)에서 자동차부품에 적용되는 것으로 주로 동, 니켈, 크롬의 3종 도금에 사용된다.

다음 표 5.1, 5.2, 5.3의 시험결과표를 참조, 도금품질결정에 도움이 되었으면 한다.

표 5.1 염수 분무 시험 결과

도금종류	소지	도금두께 (μm)	내식성 (시간)			JIS 규격차
			적청(赤銹)	백청(白銹)	청청(靑銹)	
알칼리동	철강	Ni : 15~20	24	–	–	
광택 니켈	철강	Cu : 5~10, Ni : 10~15	172	–	–	48
	황동	Ni : 1~8	–	–	288	
장식 크롬	철강	Cu : 5~10, Ni : 10~15 Cr : 0.5	96	–	–	48
	황동	Ni : 5~8, Cr : 0.5	–	–	288	
산성석	철강	10~15	24 이하	–	–	
	동	10~15	–	–	192	
아연	철강	10~15	–	96	–	96
카드뮴	철강	10~15	–	120	–	96
은	동	5~10	–	–	288	

주 : (1) 내식성의 판정은 철강소지상의 동, 니켈, 크롬, 석(주석)도금은 적청(赤銹)을 발생할 때까지, 아연, 카드뮴 도금은 백청(白銹)을 발생할 때까지의 시간이다.
　(2) 장식크롬 도금을 제외하고는 소재표면을 연마하지 않은 것이며 소재연마하면 한층 내식성은 향상한다.

표 5.2 고온 고습 시험 결과

도금 종류	소지	도금두께 (μm)	내식성 (월)		비 고
			청(鏽)	변색	
알칼리동	철강	Ni : 15~20	2.5	0.3	적청(赤鏽)으로 판정
광택 니켈	철강	Cu : 5~10, Ni : 10~15	5	2.5	적청(赤鏽)으로 판정
	황동	Ni : 4~8			6개월간 이상 없음
장식 크롬	철강	Cu : 5~10, Ni : 10~15	4		적청(赤鏽)으로 판정
		Cr : 0.5			6개월간 이상 없음
	황동	Ni : 5~8			
산성석	철강	10~15		0.5	
	동	10~15		0.2	
아연	철강	10~15	4		
카드뮴	철강	10~15	4		백청(白鏽)으로 판정
은	동	5~10		0.5	백청(白鏽)으로 판정

온도 : 35~40℃, 습도 : 90% 이상, 기간 : 6개월 이상(24시간 연속)

표 5.3 옥외 폭로 시험 결과

도금종류	소지	도금두께 (μm)	내식성 (월)		비 고
			청(鏽)	변색	
알칼리동	철강	Ni : 15~20			9개월까지 이상 없음
광택 니켈	철강	Cu : 5~10, Ni : 10~15			〃
	황동	Ni : 4~8			
장식 크롬	철강	Cu : 5~10, Ni : 10~15,			〃
		Cr : 0.5			
	황동	Ni : 5~8, Cr : 0.5			
산성석	철강	10~15	0.1		적청(赤鏽)으로 판정
	동	10~15			9개월까지 이상 없음
아연	철강	10~15	1		백청(白鏽)으로 판정
카드뮴	철강	10~15	1	1	〃
은	동	5~15		1	〃

(4) 도금의 실시 예

소재별, 사용목적별 및 사용장소별 실시 예를 아래 표에 나타냈다. 표 5.4의 예는 예의 기준으로 사용조건에 따라 변동되며 내약품용의 것과 같은 특수용도의 것은 생략한다.

표 5.4 도금실시 예(도금두께는 최저치임)

소재		사용목적	적용도금	도금사양	도금두께(μm)	비 고
철강	옥외	방청	아연 카드뮴 크롬	 Cu+Ni+Cr	30 20 20+20+1	크로메이트 처리 〃 장식에도 적용한다.
		내마모	크롬	경 질	지정에 의함	옥외, 옥내 동일표 참조
	옥내	방청	아연 카드뮴 니켈	 Cu+Ni	10 10 10+10	크로메이트 처리 〃
철강	옥내	방청장식	크롬	Cu+Ni+Cr	10+10+0.5	
		전기접촉	은 금	Cu+Ag Cu+Au	15+5 15+2	변색은 절대 방지
동 및 동합금	옥외	방청	니켈		10	
		방청, 장식	크롬	Ni+Cr	10+0.5	
		전기접촉	은 금		10 5	변색은 절대 방지
	옥내	방청	니켈		5	
		방청, 장식	크롬	Ni+Cr	10+0.5	
		전기접촉	은 금		5 1	변색은 절대 방지
아연다이캐스팅	옥외	방청				크로메이트 처리만 한다.
		장식	크롬	Cu+Ni+Cr	20+10+0.5	
	옥내	방청				크로메이트 처리만 한다.
		장식	크롬	Cu+Ni+Cr	10+5+0.5	
알루미늄	옥외	방청	양극산화		20	봉공처리만 행한다.
		장식	〃		10	〃
	옥내	내마모	〃		40	
		장식	착색		5+착색	
			크롬	Cu+Ni+Cr	20+10+0.5	

4) 전기도금의 특성 및 설계상의 유의점

설계상 도금사양을 결정하는데 설계자는 전기도금의 제특성, 즉 내식성, 도금두께, 도금두께의 균형, 외관적 가치, 전기적, 기계적 성질 등을 충분히 파악하고 제품의 사용장소, 사용목적에 적합한 도금을 지정해야 한다. 따라서, 전기도금의 제특성 및 설계상의 유의점을 대략적으로 기술한다.

(1) 소재재질과 도금의 난이(難易)

도금의 품질은 소재에 의하여 좌우되는 경우가 많다. 즉, 소재의 표면상태(거칠음, 핀홀, 균열, 녹 등)에 의하여 내식성, 밀착성, 외관 등이 달라지며 소재의 조성성분에 따라서도 현저히 달라진다.

이같이 소재의 결함은 도금에 큰 영향을 주나 도금 전에 있어서는 발견되지 않고 도금하는 도중에 나타나는 경우도 있다. 이런 경우는 근본적으로 소재불량이지만 도금불량과의 단정이 어려우므로 좋은 품질의 도금을 얻기 위해서는 녹, 균열, 피트 등 결함이 없는 평활한 재료를 사용하는 것이 우선적이다.

또 재질과 도금의 난이도 문제가 된다. 어떠한 재질에 대해서도 도금은 가능한 것이나 재질에 따라서는 특별한 전처리를 행하지 않으면 안 되는 것, 또 불안정한 밀착력이 얻어지는 것 등이 있다.

따라서, 새로운 재질을 지정하는 도금의 경우에는 사전에 표면처리 담당자와 협의하여 도금사양을 결정할 필요가 있다. 각종 재질에 대한 도금의 난이를 보면 표 5.5와 같다.

동 및 동합금에 대한 크롬도금은 양극에 대해 영향이 적은 부분(저전류)은 도금액에 의해 부식이 일어나므로 marking할 필요가 있다.

표 5.5 재질에 따른 도금의 난이

재질명 \ 도금종류	Ni	Cu	(Cu)	Cr	Zn	Cd	Sn	Pb	Ag	Au	Pt
순 철	◎	○	◎	◎	◎	◎	◎	◎	○	○	○
주 철	○	△	△	△	△	○	○	○	−	−	−
규소강	△	△	△	△	△	△	△	△	△	−	−
Mn강	○	○	○	◎	◎	◎	○	○	−	−	−
황 동	◎	◎	◎	◎	◎	◎	◎	◎	◎	◎	◎
인청동	○	◎	◎	◎	◎	◎	○	○	○	○	○
쾌삭 황동	○	◎	◎	○	○	○	−	−	○	○	○
스테인리스강	×	×	×	×	×	×	×	×	×	×	×
알루미늄	△	△	△	△	△	△	△	△	△	△	△
아연 다이캐스팅	○	−	○	○	○	○	○	−	−	−	−

◎ : 직접 도금이 가능한 것   ○ : 하지도금을 하면 도금 가능한 것
△ : 하지처리 및 하지도금을 하면 도금 가능한 것   × : 불가능
주 : 스테인리스강에 대한 도금은 불가능한 것으로 되어 있으나 도금액을 특별히 조정하고 또 특수한 전처리를 행하면 가능하다. 단, 생산 cost가 대단히 높게 된다.

이상에서와 같이 하지도금 또는 특수한 전처리를 추가하면 거의 재질과 무관하게 도금은 가능하나 cost가 높아지므로 이를 피한다.

(2) 형상 및 구조

설계상 부품을 일정한 도금품질에 싼 가격으로 생산하기 위해서는 형상, 구조가 대단히 중요하다. 예를 들면, 복잡한 형상의 부품 각 부위에 일정한 도금두께로 도금하는 것은 선단효과에 의해 전류밀도의 불균일로 인해 거의 불가능하다. 이것을 무리하게 일정한 두께로 도금하려면 대단히 큰 공수를 요하고 공업적 생산에는 부적합하다. 따라서, 도금할 때는 도금의 난이를 충분히 고려하여 설계할 필요가 있다.

도금작업상 곤란한 형상구조의 대표적인 것은 다음 표 5.6과 같다.

표 5.6 도금작업이 곤란한 각종의 형상구조

형 상	형상의 개요	문제점
용접부품	spot 용접	접합부(接合部)에 산, 알칼리가 나옴. 용접부의 고온 스케일 제거가 필요함.
곡각(曲角) 및 접합각(接合角)이 적은 부품		곡각(曲角)이 적은 도금 곤란
간격이 좁은 부품		두개의 판 내측 및 밑바닥은 도금 불능
구멍이 있는 부품		구멍 내면은 도금 불능
선단부가 있는 부품		선단효과에 의해 날카로운 선단에는 도금 과다
상자 부품		상자 내면에는 도금 불능

5.1.3 양극 산화 피막

알루미늄은 공기중에서 산화가 잘 되고 이것이 보호피막으로 작용하지만, 더욱 오래 사용하고 아름다운 표면을 얻기 위해서 전기화학적으로 양극산화시켜서 이 피막을 그대로 또는 착색 등으로 처리해서 사용하고 있다.

이와 같은 전기화학적으로 산 또는 알칼리액에서 알루미늄을 양극으로 하여 산화시키는 것을 양극산화(陽極酸化)라고 하고, 구미(歐美)에서 개발한 황산법을 아노다이징(anodizing)이라고 한다. 우리나라에서는 1985년경에 황산법이 도입되었다.

앞서 옥살산법은 주로 교류 또는 교류와 직류의 중첩을 사용하고 있으나, 황산법은 직류 전원을 사용하고 있다. 이중 옥살산법은 전해만으로도 황색(금색)을 나타내어 주방기구에 많이 사용되고 있고, 황산법은 투명하며 백색이므로 착색을 하는 용품이나 건축자재의 표면처리에 널리 사용되고 있다.

5.1.4 도금 품질 관리

1) 품질관리 및 중요성

도금에는 제품의 종류, 용도에 의해 요구되는 성능이 달라 도금검사항목도 종류가 많다. 검사에 있어서 제품의 사용목적에 맞는 검사항목을 선택하여 시험방법으로 채택, 적용시키는 것이 가장 중요하며, 도금시험방법에는 정도(精度)가 높고 정량적인 방법으로서 확립되어 있는 것도 있으나, 그 반대로 재현성이 좋지 않은 방법도 적지 않다. 그러나 규정된 시험방법에 맞추어 정확히 실시해 가능한 한 주관성이 포함되지 않게 용도에 맞는 성능시험을 실시하는 것이 대단히 중요하다.

2) 국내외 시험방법
(1) 도금두께 측정방법
① 자기적 방법
② 화학적 방법
③ 전기적 방법
④ 현미경 측정법

(2) 내식성 시험
① 염수분무 시험(표 5.7)
② Corrode Kote Test
③ 아황산 가스 시험
④ 유공도 시험(Pin Hole Test)
⑤ 내후성 시험

표 5.7 염수분무시험 항목

시험법 규격 조건항목	염수분무시험		초산산성염수분무시험		CASS 시험	
	JIS 2-2371	ASTM B-117	ASTM B-287	BS -1224	JIS D-0102	ASTM
식염수 농도	5±1%	5±1%	5±1%	50±5g/l	5±1%	5±1%
식염수 PH	6.5~7.2	6.5~7.2	3.1~3.3	3.2±0.1	3.1~3.3	3.1~3.3
초산	–	–	1~3ml	1~3ml	1~3ml/l	1~3ml/l
염화제 2동	–	–	–	–	0.26g/l	1g/gal
분무압	0.7~1.8 kgf/cm³	0.7~1.8 kgf/cm³	0.7~1.8 kgf/cm³	분무량에 따라 조정	1±0.01 kgf/cm³	0.7~1.8 kgf/cm³
분무기내 온도	35±2℃	35±1.5℃	35±1.5℃	35±2℃	49±2℃	49±1.1℃
분무량	0.5~3.0 ml/hr	0.75~2.0 ml/hr	0.75~2.0 ml/hr	1.5~0.5 ml/hr	1.0~2.0 ml/hr	1.0~2.0 ml/hr
분무시간	8시간분무 16시간중단	연속	연속	연속	연속	연속

(3) 외관검사

이는 중간검사, 출하검사, 수입검사시에 소비자가 선택하는 것으로서 도금 양(良), 부(否)를 판정하는 경우에는 육안검사를 하며, 특히 장식도금에서는 그 판단에 따라 상품가치를 좌우하는 중요한 검사이다. 따라서, 이 검사는 검사원의 주관이 삽입되기 쉬운 결점이 있어 가능하면 한도견본품(限度見本品)을 만들어, 이것과 비교하여 검사기준에 의거 당사자간에 합의가 꼭 필요하다. 보통 외관검사시에는 광호(光戶), 얼룩, 부풀음, scratch, 소지노출(素地露出), 소지연마(素地研摩)로 인한 변형 등을 밝은 조명(JIS H8612 참조)하에서 육안으로 실시해야 한다.

(4) 경도 시험(Hardness Test)

(5) 밀착성 시험

도금이 벗겨진다고 하는 것은 도금제품에서 치명적인 결함이며 최대의 불량이다. 그러나 밀착시험방법에는 정량적인 방법은 없고 정성적인 방법으로서 굴곡시험과 가열시험이 있다. 그림 5.2에서와 같이 굴곡시험은 파괴시험이나 현장에서 많이 사용하는 방법으로서 90° 1왕복을 1회로 했을 때의 도금층이 벗겨질 때까지의 횟수를 구해서 밀착도를 정하며, 소지의 비파괴시험인 가열시험은 시료를 가열용기에 넣어 일정기간 가열후 급격히 냉각시키는 방법으로서 그 일례는 표 5.8과 같다.

그림 5.2 굴곡시험

표 5.8 니켈 · 크롬도금제품의 가열시험법

소지(素地)	온도(℃)	시험법
철강(鐵鋼)	350	전기로(爐, Electrofurnace)나 oven(오븐)에서 가열 후 (5분) 꺼내어 급냉 후 표면을 관측한다.
동 합 금	250	
아연합금	150	

5.1.5 자료상에서의 도금 및 표면처리기호

Press 제품에 도금처리할 필요가 있을 때는 그 도면에 도금의 종류를 명기하여야 한다. 도금의 표시를 기호로 표기하는 일이 많으며, 이 기호표기방법은 독일의 Siemens社(지멘스 회사)의 방식을 나타내고 있다(표 5.9).

표 5.9 도금표시용 기호표시 방법

기 호	도금(표면)처리 내용	적용 재료
648	Ni 도금	구리 및 구리합금판
649	Cu 도금 후 Ni 도금	Steel 부품
671	황색 Cr 도금	아연 주물품에 사용
672	광택 아연 도금 후 크로메이트 처리	Steel 부품
674	Ni 도금 후 Cr 도금	구리 및 구리합금판
675	구리도금→Ni 도금→Cr 도금(고광택)	Steel 제품(장식용)
676	구리도금→Ni 도금→Cr 도금(반광택)	Steel 제품(장식용)
682	전기주석도금	Steel 또는 동합금
761	흑착색	Al 부품
865	착유	
866	탈지	
868	고광택 마무리 작업	Stainless, Ni 부품

5.2 도 장

5.2.1 도장의 개요 및 목적

도장의 목적은 물체의 표면에 도료를 도포시켜 경화된 도막을 형성하고 물체(피도물)를 보호하며 미화시키는데 있다. 또한 절연, 방화, 방균, 방음, 표식 등의 특수한 목적으로 이용되기도 한다.
① 보 호 : 방청, 방식, 방수, 방습, 내약품, 내열, 내마모, 내방사선 등

② 미 화 : 색채, 광택, 모양, 평활성, 입체성 등 좋은 촉감성 부여

③ 특수성 : 열, 전기, 절연성, 방화, 방균, 방충, 방음, 방열, 도로표시, 온도표시 등

이 3가지 목적은 서로 연관성을 갖는 경우가 대부분이다.

5.2.2 도장 전처리

1) 전처리의 목적

도장의 주목적은 소지의 보호(내식성 증가)와 미관(색과 광택)에 있다. 그러나 소지의 재질이나 가공법 등에 따라 소지면은 변질층이나 산화물층 등으로 덮여 있고, 또한 유지, 수분, 녹, 먼지 등의 오물이 부착되어 있어, 도장하기 전에 이러한 물질을 완전히 제거하지 않고 도장하게 되면 소지와 도료와의 부착력을 저하시킬 뿐 아니라 도막의 불건조, 부풀음 및 균열이 일어나 도막이 박리되는 원인이 된다.

특히, 소지면에 녹(rust)이 남아 있는 채 도장을 하게 되면 도막 밑에는 녹이 계속적으로 발생하게 되어 점점 그 면적이 증대하고 도막에 부풀음이나 균열이 일어나 결국은 도막을 파괴하게 된다. 그러므로 도장하기 전에 미리 이러한 모든 이물질을 완전히 제거함과 동시에 도막 밑에서 녹이 발생하지 않도록 내식성 있는 화성피막을 입힘으로써 바라는 도막을 얻을 수 있는 것이다. 이러한 작업 전체를 소지조정 또는 전처리라고도 한다. 전처리의 목적은 다음과 같다.

① 소지면을 불활성화(안전화)하여 내식성을 향상시킨다.

② 소지면에 부착, 생성된 이물질을 완전히 제거함으로써 도료의 밀착성을 높인다.

③ 소지면과 도료의 친화력(affinity)과 습윤성(wetting)을 준다.

④ 소지면의 돌출부를 제거하여 소지면을 평탄하게 한다.

2) 금속의 표면상태

① 1차 가공 표면

② 2차 가공 표면

3) 금속의 표면처리

(1) 탈지

탈지란 금속 피도물의 표면에 녹을 방지하기 위하여 도포되는 방청유, 프레스나 기계로 가공하는 과정에서 묻는 기계유, 절삭시의 쇳가루, 연마제, 먼지 등 주로 유성물질을 금속표면에서 제거하는 것을 말한다.

(2) 제청

일반적으로 금속물질은 그때의 환경에 따라 다른 물질과 어울려 안전한 화합물이 되려는 특성을 가

지고 있다.

특히 공업제품으로 흔히 사용되는 철강이나 알루미늄, 아연, 마그네슘, 동 및 합금으로 구성된 제품은 반드시 공기나 습기에 직접적으로 닿는 곳에 놓이는 경우가 대부분이므로 심하게 또는 약간의 녹이 표면에 발생된다. 이 녹은 도막결함의 커다란 요인이 되므로 반드시 도장 전에 완전히 제거하지 않으면 안 된다.

① 녹이란

일반적으로 도장계에서는 금속표면에 생성된 산화물 및 수산화물을 녹이라 부르고 있으며, 금속체는 항상 다른 물질과 반응하여 처음의 안정된 상태로 되돌아 가려는 성질이 있기 때문에 그것이 녹이라고 하는 화합물을 생성하게 하는 요인이 된다.

철강제를 예로 들면 검은 녹과 붉은 녹이 있다. 검은 녹은 압연이나 열가공시에 생긴 두터운 산화물층으로 별명은 흑피 또는 밀스케일이라고 하며, 붉은 녹은 철의 표면에 물이 묻어 젖어서 생기는 것으로서 주성분은 수산화 제2철[$Fe(OH_2)$]이며 산화 제2철[Fe_2O_3]에 물 3분자가 결합된 것이다.

② 녹의 상태

녹의 상태를 육안으로 관찰하려면 녹의 색깔, 녹의 발생상태와 녹슨 정도를 알고, 거기에 적응하는 효율적인 제청방법을 강구하지 않으면 안 된다.

㉮ 적　색 : 실제적으로 황갈색 또는 다갈색 등이며, 조정은 수산화철로서 산화철의 표면에 물과 산소 때문에 발생한다. 보통 도장 전의 금속제품에 발생되어 있다.

㉯ 검정색 : 보통 철색이라고 하는 흑청색으로서 붉은 녹이 되기 이전의 상태에서는 층의 스케일과는 본질적으로 다르다.

㉰ 변　색 : 금속 본래의 광택을 상실한 상태로서 기름이나 먼지 등으로 그 표면에 연마해 보아, 금속표면이 좀먹지 않을 때를 변색이라고 하고 변색된 층은 엷으며 유순하다.

㉱ 흐　름 : 금속면이 흐릿한 상태로서 금속의 표면이 변색이나 착색되었다고 볼 수 없는 정도의 상태

(3) 화성처리

① 철 소지상의 화성처리

금속표면에 산화막이나 무기염 피막을(주로 수용액을) 화학적으로 만들어 금속의 도장하지로 사용하는 것을 화성처리라고 한다.

여기에서는 이 가운데의 하나인 인산염 처리에 대해서 기술한다. 인산염 처리는 화성피막의 일종으로 인산 및 인산염을 이용하여 화성피막을 형성시키는 것이며, 특히 철강의 방청, 도장하지로서는 가장 널리 이용되고 있다. 인산피막처리에서 형성된 인산피막은 다음과 같은 4가지의 주요사항을 가지고서 도막의 수명을 연장시킨다.

㉮ 도막의 부착을 증진시킨다.

㉯ 부식을 방지한다.

㉰ 활성금속, 산화물 혹은 부식물과 마감도막을 격리시킨다.

㉱ 전기의 부도체이므로, 녹을 번식시키는 양극과 음극의 영역이 없는 동종의 표면을 이루게
  한다.

② 아연도 강판의 화성처리

아연표면은 활성도가 높아 유기도막의 부착이 어려울 뿐만 아니라 아연 2차 생성물이 생기기 쉽
다. 이러한 문제해결을 위해 아연도 강판의 활성도를 억제하는 방법이 있는데, 그 중에서 공업적
으로 행하여지고 있는 방법이 화성처리법이다(표 5.10).

화성처리방법은 다음과 같다.

㉮ 인산염 처리

㉯ 크로메이트(chromate) 처리

㉰ 복합 산화물 피막 처리

표 5.10 아연도 강판용 화성처리 방법 및 특징

종 류	용 도	특 징
인산염 피막	착색 아연도 강판, 일반도장 인산염 처리 아연도 강판 등의 표면처리에 적합하다.	결정성 피막이다. 철강과 동시처리가 가능하다. 도장 성능이 우수하고 안정하다.
크로메이트 피막	주로 일시 방청용이며, 크로메이트 처리 아연도 강판의 일시 방청용이다.	비결정질 피막이 형성된다.
복합산화물 피막	착색 아연도 강판 및 일반 도장의 표면처리에 적합하다.	비결정질 피막으로서, 가공성능이 우수하여 가공조건이 까다로운 경우에 적합하다(처리액 : 알칼리성).

③ 알루미늄의 화성처리

Al 및 Al alloy의 표면처리에서는 양극산화 처리가 가장 많이 사용되고 있으나 도장하지로서는
처리비용이 높고 baking type의 도장에서는 열을 받아 균열이 생성되므로 적당하지 못하다. 따
라서 도장하는 경우에는 다른 화학처리를 행하는 것이 보통이고 도장 전처리로서는 chromate
방법을 가장 많이 사용하고 있다.

(4) 아연도 강판의 종류

① 용융 아연도 강판

깨끗이 처리한 강제를 용융아연 중에 침적시켜 화학반응에 의한 피막을 형성시킴으로써 만드는
것이다.

용융아연도강판에는 도장성과 용접성을 향상시킬 목적으로 합금화아연도금이 있는데, 이는 용융 아연도금 후에 열처리를 하여 아연층을 균일한 철-아연의 합금층으로 변하시키는 것으로써, 전 면이 균일하여 안정화한 조면이 되기 때문에 도장성은 개량이 되나 표면광택을 잃게 되어 회색 으로 된다.

용융아연도강판의 표면에 스팽글(spangle)이 존재하므로, 스팽글을 작게 한 것(minimized spangle), 백청방지를 위한 크롬산 처리를 한 것, 클리어(clear)를 도장한 것, 방청유를 도포한 것 등의 여 러 종류가 있다.

② 전기 아연도 강판

아연염류의 욕을 이용하여 깨끗이 처리한 철재의 표면에 아연층을 전해석출시킨 것이기 때문에 아연부착량은 $10{\sim}50g/m^3$(면편)으로 용융 아연 도강판에 비하여 아연측은 얇다. 전기 아연 도강 판은 합금층을 생성하지 않고 아연층을 얇고 균일하게 도포하기 때문에 프레스 가공성이 양호하 며 용접성도 우수하다.

③ 아연 용사 강판

Plastic 가공한 표면에 특수한 용사기(溶射機)로 아연 와이어 또는 분말을 이용하여 반용융상태 의 아연분말을 투사시켜 피막을 얻는 방법으로, 용사법에 의한 아연층에 미세한 요철이 많고 돌 기부분이 많아서 두께가 불균일하다.

(5) 아연도 강판 도장의 난이점

① 아연표면은 활성이 강하다.
② 아연 2차 생성물은 수가용성이다.
③ 아연백청은 도막을 박리시킨다.
④ 아연은 금속석검을 형성한다.
⑤ 아연면의 이종(異種)금속에 의한 도막의 박리현상이 나타난다.
⑥ 아연 2차 생성물은 알칼리성이다.
⑦ 도금면의 공기내장에 의해 소부시 브리스터(blister)가 형성된다.

5.2.3 도장 방법

1) Air Spray 도장

압축공기로 도료를 무산(霧散)시켜 분출시키는 것으로서 방아쇠를 당기면 공기 밸브와 도료의 needle valve가 동시에 열려 노즐에서 무산된 도료가 분출된다. 이때 도료는 cap에서 나오는 공기로 다시 가느다란 입자가 되어 물체에 도장된다.

2) Airless Spray 도장

Air spray는 건의 내부에서 압축공기를 이용하여 도료를 미립화하였으나 airless spray는 도료에 직접 압력을 가해 아주 작은 노즐로 미립화하여 spray하는 방법으로서, dust의 날림이 적고 도료손실 및 도장실의 오염이 적다. 도료의 분출량, 패턴의 크기에 따라 작업능률이 다르며 피도물이 넓고 두꺼운 도막을 필요로 하는, 주로 선박, 컨테이너, 객화차의 도장에 사용한다.

3) Hot Spray 도장

일반 spray 도장은 도장하기 적당하게 도료에 용제를 가하여 점도를 낮추어서 도장을 하는 방법인데 비해, hot spray 도장은 용제 사용량을 줄이고 도료에 열을 가해 점도를 낮추어 spray하는 방법으로서 불휘발분(도막형성성분)이 많은 high solid 상태의 도장을 함으로써 두꺼운 도장을 할 수 있고 신나의 소비량을 줄인다는 이점이 있어 용제가 다량 필요한 락카계 도장에 적당하다.

가열기의 열원으로는 주로 전기를 많이 이용하고 그외에 열탕 증기 가열공기를 이용하기도 하는데 air 및 airless 도장이 있다.

4) 정전도장

정전도장은 air spray, airless spray식으로 공기를 이용하여 도료를 무화(霧化)하여 미립함과 동시에 earth를 시킨 피도물(+)과 spray head(−)간에 고전압으로 하전하여 전계를 발생시켜 미립화된 도료의 입자를 대전하여 전계의 작용으로 피도물에 부착하게 하는 도장방법이다.

그림 5.3은 정전도장 원리의 일례를 나타낸 것인데 spray head(−)의 고전압(80~100KV)을 하전시키고 피도장물은 earth(접지)를 시키면 head와 피도물간에 전계가 발생하게 된다.

Spray head에서 미립화된 도료입자는 (−)정전기로 대전되고 반대편 피도장물에 전기력선(電氣力線)의 작용으로 부착하게 된다.

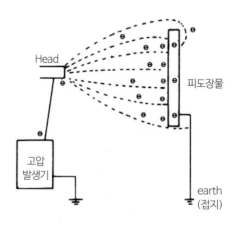

그림 5.3 정전도장 원리

전기적 작용에 의한 도료의 부착에서 일반 air spray나 airless spray에 비교해 볼 때 정전도장은 비산(飛散)에 대한 도료의 손실이 거의 없다.

|정전도장의 장단점|

① 장점

㉮ 도료의 손실이 거의 없다(손실이 10% 이하, 일반 스프레이 30~70%).

㉯ 컨베이어 자동시스템으로 양산으로 인한 품질이 안정하여 작업능률이 높다.

㉰ 표면과 이면을 동시에 도장할 수 있어 원통형, 망상, 선상(線狀)도장에 적합하다.

② 단점

㉮ 전기불량도체(나무, 초자, 고무) 등에 도장할 수 없다(최근에는 전기 불량도체에 도전성 물질을 입혀 정전도장을 행하고 있기도 하다).

㉯ 凹은 전위가 낮아 도료부착이 좋지 않을 경우가 있다.

㉰ 설비비가 많이 든다.

5) 침지도장(Dipping)

피도물의 도료탱크 속에 침지시켜 올려서 남은 도료를 떨구어 제거하여 그대로 건조시켜 도막을 얻는 방법으로, 조작이 간단하고 도료손실이 없으며 형상이 복잡한 것이나 대형, 소형부품 등의 내외면을 도장하는데 적합하다.

주로 소부도료의 경우가 많이 쓰이는데 유성에나멜, 락카스테인 등에도 이용된다. 침적도장용 도료는 저점도이며 안료의 침전이 없어야 하고 피막이 생기지 않아야 하며 탱크 중에 장기간 있게 되므로 저장안전성이 좋아야 한다.

6) 전착도장(Electro Phoretic Deposition Coating)

전착도장은 주로 수용성 도료용액 중에 피도물을 양극, 도료탱크를 음극으로 하여 직류전압을 통하면 도료가 전기적으로 도착되어 도막을 형성하는 방법으로서 최근 들어 생력화(省力化), 생에너지가 요구되어 공해 및 화재문제에서 탈피하는 소용성 도료의 급속한 개발과 발전으로 인해 자동차 차체의 프라이머용으로 이미 채택되어 자동화된 대량생산체제로 진행되고 있어 권장해줄 만한 도장방법이다.

(1) 원리

전착도장은 전착도료용액 중에 양극 또는 음극으로 침전한 피도물과 그 대극 사이에 직류전류를 통하여 다음과 같은 현상이 동시에 일어나면서 피도물 표면에 전기적으로 도료가 전착하게 된다.

(2) 전착도장의 장·단점

① 장점

㉮ 전착효율이 높다.

　　　㉯ 피도면에 유지가 다소 부착되어 있더라도 도막부착에 그리 영향을 주지 않는다.

　　　㉰ 도막의 밀착성이 좋고 방청하지도장의 경우 방청성이 향상된다.

　　　㉱ 도막두께를 제어할 수 있다.

　　　㉲ 표면의 凹凸부나 모서리 부위에도 도막이 균일하게 오른다.

　　　㉳ 탱크상이나 상자형태의 피도물에서 내면도장도 동시에 된다.

　　　㉴ 균일한 물품으로 대량도장을 할 수 있다.

　　　㉵ 흐름, mott, blister 등의 도막결함이 거의 생기지 않는다.

　　　㉶ setting, 시간(flash off)이 단축된다.

　　　㉷ 도료손실량이 거의 없다.

　　　㉸ 화재의 위험이 없고 위생적이다.

　② 단점

　　　㉮ 비교적 전력이 많이 사용되고 설비비가 높다.

　　　㉯ 전하장치, 절연장치 등이 필요하며 컨베이어 행거(hanger) 등이 복잡하다.

　　　㉰ 전착조 내의 도료관리나 정리에 전문기술자가 필요하다.

　　　㉱ 전착도료의 조성을 충분히 고려하여 사용하여야 한다.

　③ 전착도장의 성능(표 5.11 참조)

표 5.11 전착도장의 항목 및 성능

항목 ＼ 성능		음이온형		양이온형	
외 관		○		○	
광 택		△		△	
연필경도 (파괴/흔적)		H-2H / HB-F		2H-3H / F-H	
Cross cut (1m×10×10)		○		○	
내충격성 (1/2)		500g×50cm		500g×50cm	
Erichsen		7mm		7mm	
Drawing test		○		○	
염수분무시험		10u	20u	10u	420u
	무처리	48H	72~96H	200~300H	400H
	인산철 처리	72H	144H	400H	600H
	인산아연처리(Spray)	144~240H	240~360H	400~500H	800H
	인산아연처리침(침지)	240H	360~500H	500~800H	800~1000H
내산성 (1/5N-HSO)		5일		10일	
내알카리성 (1/10N-NaOH)		10일		10일 이상	

7) 분체도장(分體塗裝, Powder Coating)

분체도장은 합성수지를 분말형태로 하여 피도물에 coating하는 분말수지의 도장방법이다. 보통의 도료는 유기용제나 물에 수지를 용해하거나 현탁시키고 도료에 유동성을 부여하여 작업성을 좋게 하고, 유기용제나 물은 공기중에 휘발하여 도막을 형성하게 된다. 실제 유기용제나 물은 도막물성에는 무익한 성분이어서, 이러한 성분을 없애고 수지만을 이용하는 방법을 고안해낸 도장방법이 바로 이 분체도장이다.

(1) 분체도장의 특징

분체도장은 종래의 유기액체 도료와 달라 분체를 피도물에 입혀 가열용융하여 도막을 얻는 것인데 종래의 도장법은 도료를 피도물에 도포하기 위한 보조수단으로 용제를 사용하여 중독, 냄새, 폭발 등의 환경위생면에서 문제점이 많았다. 그런데 분체도장법은 이러한 문제점을 대부분 해결하게 되는데 고성능 합성수지를 사용할 수 있어 도막의 성능이 우수하다. 그러나 이러한 특징이 있는 반면에 개량할 문제점들이 있다.

(2) 장점

① 고성능의 도막을 얻을 수 있다.

　유기용제형 도료에 비교해서 용제를 쓸 필요가 없으므로 일반 도료화에 곤란했던 고분자량 수지(예를 들면, polyethylene, nylon, 불소수지 등)를 사용하면 도막 중에 용제잔존분이 없어 수지 본래의 성능을 충분히 발휘할 수 있다. 고도의 성능(내식성, 내충격성, 내마모성, 내약품성, 전기 전열성 등)을 요구하는 데에 응용된다.

② 한번 도장하여 두꺼운 도막을 얻을 수 있다.

　$100 \sim 1,000 \mu m$의 두꺼운 도막을 쉽게 얻을 수 있는데, 용제형 도료에는 그만큼 두꺼운 도막을 올리면 핀홀 등의 도막결함이 생기게 된다.

③ 도료손실이 없다.

　피도물에 부착된 도료는 회수장치로 회수하여 재사용할 수 있으므로 도착 효율이 100%에 가깝다.

④ 작업성

　㉮ 용제형 도료에 비해서 setting 시간이 필요없으므로 도장시간 및 공정이 단축된다.

　㉯ 용제를 사용하지 않으므로 화재, 중독의 우려가 없다.

　㉰ 자동화 공정설계가 용제형 도료에 비해서 용이하다.

(3) 단점

① 미려한 도막을 얻기가 곤란하다.

② 액체도료에는 얇은 막을 쉽게 칠할 수 있으나, 분체도장은 $100 \mu m$ 이상의 막이 올라 평활하고

미려한 도막을 얻기가 곤란하다.

③ 가열온도가 높다.

④ 자유로이 조색할 수 없다. 용제형 도료에 비해 여러 가지 색상을 조색하기가 곤란하다.

⑤ 가열이 불가능한 피도물에 적용할 수 없다.

8) 플로우 도장(Flow Coating)

피도물에 도료를 흘러내려서 도장하는 방법으로서 스프레이 도장보다 도료손실이 적고 양산작업을 할 수 있는 이점이 있다. 도장방법은 크게 나누어 shower coating과 curtain coating이 있다.

9) T.F.S 도장

T.F.S.(trichlene finishing system) 도장은 침적도장의 일종으로 주로 금속 제품에 적용되는데 탈지세척-화성처리-도장의 3공정이 모두 불연성 용제인 Trichlene(trichloroethylene)을 기재로 한 처리액 또는 도료를 사용한 도장방법으로 1956년 Du Pont(듀폰)에서 개발하여 공업적으로 실용화되었다.

10) 텀블링 도장(Tumbling Coating)

피도물을 도료와 같이 회전용기 안에 넣고 회전시켜 도장하는 방법으로 침적도장을 개량한 것이라 볼 수 있다.

11) 롤러 도장(Roller Coating)

인쇄용 롤러와 같은 방식으로 롤러 사이를 피도물이 이동하여 도장이 되는 방법으로 스프링판, 합판, 종이 등의 평탄에 적당하며 피도물의 속도나 도료의 점도에 따라 또 롤러와 피도물의 간격에 따라 도막두께의 차이가 난다(그림 5.4).

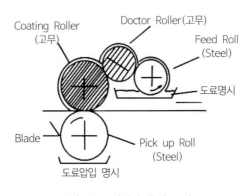

그림 5.4 정상식 롤러 코터

12) Vapocure 도장

Vapocure system이란 한마디로 2액형 polyurethane도료를 상온에서 amine 분위기 중에 수분간 방치하여 건조 경화시키는 도료건조방법이라고 말할 수 있다.

5.2.4 금속도료 일반

금속제품에 사용되는 도료로서 소지에 직접 칠하는 물성 위주의 소지용 도료와 외계로부터의 보호와 가장 중심의 표면용 도료로 대별된다.

1) 소지용 도료

소지와 표면용 도료의 접착성 향상을 목적으로 사용되며 강한 방식력과 leveling 작용으로 도장계 전체의 내구성을 향상시킨다.

(1) 프라이머(Primer)

온도변화에 따른 팽창, 수축에 대한 순응성과 수분투과를 적게 하는 방식성에 중점을 둔다. surfacer나 putty에 비해 수지함유량이 많으므로 자외선에 약하다.

(2) 퍼티(Putty)

소지 표면의 凹凸, 타흔, 비틀림, 용접자국 등은 primer만으로 조정할 수 없으므로 putty층은 부착성, 연마성이 양호하고 흡입저항성이 커야 하므로 안료농도를 높이게 되어 탄력부족이거나 균열, 박리가 생기기 쉽다.

(3) 서페이서(Surfacer)

소지 凹凸의 최종 조절, 표면용 도료의 용제 삼투 저지, 도장계 내수성 향상, 시속(市續) 소지와 표면용 도료의 부착성 강화

(4) 프라이머 서페이서(Primer Surfacer)

(5) 실러(Sealer)

도장마감 후 발견되는 작은 凹凸 부위를 사전에 제거하기 위해 소지용 도료 위에 도장하여 그 자체의 광택으로 흠의 발견을 쉽게 한다.

Putty나 surfacer의 물성을 상승시키면서 표면용 도료보다 연성이 좋다. 대개 표면용 도료와 상용성이 있는 동종의 vehicle 또는 극성을 지닌 수지가 선택된다.

2) 표면용 도료

표면용 도료는 finishing 또는 top coat라 불리는 부분으로 외계로부터의 보호나 미장(美粧)이 주요

목적이다. 용제의 증발이나 수지의 용융 등에 의해 물리적으로 도막이 형성되는 비반응형 도료와 용제 증발 후 다시 vehicle의 반응이 진행되어 경화하는 반응형 도료로 나뉜다.

(1) 유성도료

식물성 건성유(乾性油)를 도막형성제로 한 유성 paint와 식물성 건성유에 수지를 첨가한 유성 enamel로 분류된다.

① 유성 Paint

　보일유와 안료를 섞어 제조하여, 내후성(耐候性)이 우수한 도막을 형성하므로 철골, 목재 구조물에 사용된다.

② 유성 Enamel

　유성 varnish에 안료를 섞어 착색한 것으로 건축물, 기계기구의 도장에 사용된다.

(2) 합성수지 조합 도료

장유성(長油性) 건성유 변성 alkyd 수지와 내후성 안료로 만들어진 도료로서, 대형 기계류나 내부에 들어가는 철골류, 외부에 설치되는 배전반에 사용된다.

(3) Amino Alkyd Paint

Alkyd 수지와 amino 수지를 주성분으로 한 도료로서, 가열 건조형은 비교적 낮은 온도(120~150℃), 짧은 시간(20~30hr)으로 경화된다.

최근 가장 많이 사용되는 공업용 도료로 광택이 좋고 단단하며 내수성, 내alkali성, 내열성, 내후성이 좋다.

(4) Epoxy Paint

Epoxy(에폭시)기를 가진 수지를 vehicle로 하는 도료로서 urethane(우레탄) 도료와 함께 최고급 도막성능을 갖는다. 공업용으로서는 거의 모든 곳에 사용 가능하다.

(5) Vinyl 수지 도료

초산 vinyl(비닐), 염화 vinyl, 기타 vinyl 수지를 vehicle로 하는 도료로서, 건조가 빠르고 내수성, 내alkali성 등이 좋다. 그러나 내열성이 약하고, 불발성(不發性)이 적어 도막두께를 올리기 어렵고 붓 도장 하기가 어렵다.

(6) Acryl 수지 도료

Acryl(아크릴) 수지 도료는 화학적으로 vinyl 계통이지만 성능이 판이하여 별도 구분한다. 공업용 도료로 널리 사용되는 고급도료로서 경도가 높고 황변하지 않으며 지속건조가 alkyd보다 빠르다.

(7) Polyester 수지 도료

2가 alcohol과 불포화 2산소와 반응으로 만드는 수지로, 도료를 묽게 하기 위해 첨가하는 styrene과 반응하여 도료의 100%가 도막이 되고, 공기중의 산소와 관계없이 반응하므로 내부와 외부와의 건조 차이는 거의 없이 두꺼운 도막이 가능하다. 대체로 건조가 빠르고(경화 3시간 이내), 경도가 높고 내 수성, 내약품성, 내후성, 내마모성, 전기절연성이 좋다.

(8) Polyurethane 수지 도료

보통 2형 도료로서, polyester 수지를 주체로 한 도료와 isocyanate를 주체로 한 경화제로 되어 있 다. 경도, 광택, 내화학성, 내마모성, 전기절연성, 내열성(150℃)이 좋다.

가격이 비싸고 내황변성이 나쁘며, 가사시간에 제한이 있다.

(9) 수성수지 가열건조형 도료

용제의 대부분이 물이기 때문에 취급하기가 용이하고 인화성, 폭발성이 없고 작업이나 위생에 안전 하다.

5.2.5 도료 도막의 특성과 시험방법

1) 도료의 특성

도료에는 유성도료에서 합성수지도료에 이르기까지 그 조성(粗成)이나 성질이 다른 많은 종류가 있 으며 그 사용목적도 각기 다르다. 도료란 극히 일부의 예외를 빼놓고는 다음과 같은 공통된 성질을 가 지고 있다.
① 점도(粘度)
② 은폐력
③ 유동성
④ 저장 안정성

2) 도막의 특성

도료와 마찬가지로 도막에는 유성도막에서 합성수지도막에 이르기까지 조성이나 성질이 다른 여러 가지 종류가 있으나, 극히 일부의 예외를 제외하고는 다음과 같은 공통된 성질을 갖고 있다.
① 광택
② 색
③ 마무리된 외관
④ 경도(硬度)
⑤ 부착성
⑥ 건조성

3) 중요 시험방법

① 도막상태(먼지, 분화구 현상 등이 없을 것)

신나로 소정 점도에 맞춘 후 시편을 침지 후 방치하여 건조시킨 후 외관 판정

② 색상(기본색과 대차 없을 것)

육안 판정 또는 색차계를 사용한다.

③ 광택(88 이상)

60° 경면 광택계로 시편의 광택을 측정

④ 경도(F 이상)

Tombow #8900 연필을 사용 1kgf의 하중으로 45° 각으로 밀었을 때, 도막이 패임되지 않는 연필을 그 경도로 표시한다.

⑤ 도막두께(30∼40μm)

막후계로 측정

⑥ 획책 시험(100/100)

1mm 간격의 바둑칸 100개를 축침으로 긋고 tape를 붙인 후 순간적으로 떼어 도막의 박리상태를 조사한다.

⑦ 내충격성(500g×30cm×1/2″)

Dupont 충격시험기를 사용하여 도막표면에 낙구되었을 시의 충격저항성을 중량과 거리로서 조절하여 측정한다.

⑧ 신장시험(5mm)

Erichsen 시험기를 사용하여 도막표면이 갈라지는 시점의 길이를 측정한다.

⑨ 내알카리성(Blister나 현저한 변색이 없을 것)

규정된 알카리용액에 규정시간 침지 후 수세하여 2∼3 시간 실내에서 건조시킨 후 판정한다.

⑩ 내산성(Blister나 현저한 변색이 없을 것)

⑭항과 같은 요령으로 판정한다.

⑪ 내오염성(현저한 착색이 없을 것)

상온에서 magic ink, 구흥을 도막에 표시하여 규정시간 방치 후 alcohol이나 규정 용제로 닦은 후 그 자국을 조사한다.

⑫ 내염수분무시험(박리폭 5mm 이내)

5% NaCl 35℃의 내염수분무시험기에 시편을 X선을 그어 규정시간 정치 후 꺼내어 이상유무를 조사한다.

⑬ 내습성(Blister, 박리, 백화, 연화가 없을 것)

고습도로 밀봉된 상자 내(RT 40℃, RH 95%)에 시편을 규정시간 정치 후 꺼내어 이상유무를 조사한다.

⑭ 내후성(Blister 변색이 없을 것)

Weather meter에 시편을 규정시간 정치 후 꺼내어 이상유무를 조사한다.

5.2.6 **도장 품질**

1) 도장시에 발생하는 결함

① 붓 자국(Brush Mark)

도막표면에 붓 자국 또는 붓 얼룩이 생긴다. 붓이 지나간 자국이 도막에 생기는 현상이다.

② 오렌지 필(Orange Peel)

도막표면에 유자나 밀감 껍질처럼 곰보가 생기는 현상

③ 흐름 처짐(Running)

도막표면의 일부분에 도료가 흘러있든가 늘어쳐진 현상

④ 은폐력 부족(Lack of Hiding)

피도물의 바탕이나 하도의 표면이 도포된 도막을 통해 보이는 현상

⑤ 주름(Wrinkling)

도막에 주름같은 무늬가 생기는 현상

⑥ 핀홀(Pin Hole)

도막을 바늘로 찌른 것처럼 적은 구멍들이 생긴 상태. 이 현상은 바탕까지 통한 것이 많다. 이 결함은 유성도료와 같은 건조가 늦은 도료에는 별로 생기지 않으나 건조가 빠른 래커계에서 많이 생긴다.

⑦ 거품(Bubble)

도막에 기포가 생기는 현상

⑧ 백화(白化 : Blushing)

도면이 하얗게, 희미하게 광택이 없어지는 상태. 이 현상은 전체 또는 국부적으로 하얗게 되는 경우가 있다.

⑨ 번짐(Bleeding)

도료를 겹칠하였을 때 하도의 색이 상도 도막표면에 떠올라와 상도의 색이 변색함.

⑩ 오목꼴(凹 : Cratering)

도막면에 작고 얇은 원추형 또는 원통형의 오목이 생기는 현상

⑪ 얼룩 무늬(Flooding)

2가지 이상의 안료를 넣은 도료를 도포하였을 때, 도막표면에 비중이 가벼운 안료가 분리되어 표면에 떠올라 처음의 색과 다르게 되는 것(색분리 또는 색얼룩과 같다).

⑫ 가스 체킹(Gas Checking)

가열건조시 도막표면에 서리를 맞는 것처럼 주름이 생기는 현상

⑬ 메타리 얼룩

도막표면에 얼룩, 흐름 등이 생기며 무늬가 일정치 않고 크고 적은 좁쌀 같은 것이 돋고 포리싱 (polishing, 연마) 작업을 하면 도면에 부분적으로 변색이 생기는 현상.

2) 도장 후 즉시 생기는 결함

(1) 박리

바탕 또는 하도와 상도간의 층간(層間)으로부터 일부분 또는 전부가 적은 충격으로 또는 저절로 벗겨지는 현상을 말한다.

(2) 재점착(再粘着)

도장 후에 경화되었던 도막이 시간이 경과함에 따라 다시 점착성(粘着性)을 갖는 현상

※ 점착(粘着 : tack), 점착성(tackness)

(3) 변색(Discoloration)

도막의 색이 변하는 것. 변색의 상태에는,

① 퇴색(fading) : 도막중의 안료의 색이 감퇴되는 것

② 황변(黃變 : yellowing) : 백색 또는 투명 도막이 일광, 인공광선 또는 열의 작용으로 황색 또는 갈색으로 변하는 현상

③ 변색 : 도장 후 어떤 원인으로 도막의 색이 급격히 변하는 것

(4) 광택 소실(Dulling Loss of Gloss Mating)

광택이 있는 도료가 도장 후 단시간에 광택이 소실되는 현상. 장기 옥외 폭로에 의해 생긴 현상은 여기에 포함시키지 않는다.

3) 도장 후 장시간 경과 후 발생되는 결함

(1) 분필화(Chalking)

도막표면이 분해 변화되어 점차 분필처럼 되어 소모되어 가는 현상

(2) 균열(Cracking)

도막에 금이 간 것을 말하며, 이것이 다시 진행되면 도막은 파괴되어 벗겨진다. 금이 간 정도에 따라 다음과 같이 분류된다.

① 바탕까지 깊이 쪼개진 것(cracking)

② 표면 도막만 쪼개진 것(checking)

③ 표면 도막에서는 다각형의 엷은 금(crazing)

(3) 부풀음(Blistering)

도막의 일부에 생긴 부종의 현상을 말한다. 부종이란, 도막의 일부가 바탕 또는 하지에서 떠올라 그 속에 액체 또는 기체가 포함되어 있다. 부풀음의 현상을 형태별로 분류하면 다음과 같다.

① 팽창 브리스터(film expansion blister)
② 부식 브리스터(corrosion blister)
③ 실상 브리스터(snail track blister)
④ 태양 브리스터(sun blister)

(4) 황변(黃變 : Yellowing)

도장된 지 오래된 도막이 황색 또는 갈색으로 변화되는 현상

(5) 변색(퇴색 : Discoloration)

도막의 색상이 변하는 것을 말한다.

5.2.7 도장부품설계 유의사항

도장부품도 도금부품의 설계유의사항과 유사하나, 특별히 유의할 사항이나 도금부품과 상이한 부분을 열거하면 다음과 같다.

① 도장걸이의 반영은 되어 있는가.
② edge 및 전단 부분의 외부노출은 없는가.
③ 성형 r이 적어 도막의 crack이나 박리 현상이 발생되지 않겠는가.
④ 성형 r이 적어 소지의 노출이 발생될 부분은 없는가.
⑤ 도막의 두께는 합리적인가.
⑥ 도착효율이 낮은 구조는 아닌가.
⑦ 도장성이 나쁜 재료를 사용하지 않았는가.
⑧ 도장 후 도장면의 design 측면의 품질은 명확한가.
⑨ 조립시 타부품에 의해 도막의 손상이 발생하지 않는가.
⑩ 도장후 운송시 도막의 긁힘 등이 발생되지 않는 구조인가, 특히 burr의 수준 및 방향의 지시는 합당한가.
⑪ 선단부의 도장맺힘이 조립에 문제되지 않는가.
⑫ 도장걸이 위치가 작업시 생산성(도장품 layout) 증가를 위한 위치이며 도장결함의 방지가 가능한 위치인가.

5.2.8 도료 소요량 산출방식의 실례

1) Manual화의 목적

도료의 사용량은 도료의 종류, 색상, 도막두께, 도장작업방법에 따라 많은 차이가 있으므로, 실제 사용되는 양에 대한 표준계산식이 없게 되면 사람에 따라 많은 차이가 발생하게 되어 자재관리가 어렵게 된다. 이러한 문제점을 개선시키고자 제반 조건을 반영한 manual(매뉴얼)을 작성, 유지 관리할 필요가 있다. 참고로 냉장고 공장에 있는 manual을 소개하고자 한다.

2) 도료 소요량 산출 기준

(1) 산출 공식

$$L/M^2 = \frac{도막두께}{10 \times 도료비중 \times \left(\dfrac{100}{도료비중} - \dfrac{휘발분}{용제비중} \right)} \times \frac{1}{토착효율}$$

(2) 도료의 종류, 색상별 구분

도료종류	색상 항목	도료비중	휘발분	색 상	구분
아크릴 PAINT	WHITE	1.25	37↓	WHITE	①
	담색	1.20	43↓	M/WH, M/AL, R/BE, AL	②
	유색	1.15	50↓	O/Gr, A/Gr, WA	③
멜라민 PAINT	WHITE	1.20	47↓	WHITE	④
	유색	1.12	50↓	R/Gr, A/Gr, WA	⑤

(3) 도막두께별 구분

도막두께(μm)	적용범위	구분
45	내수(WHITE, 담색, 유색). 수출(WHITE, 담색, O/Gr, A/Gr)	㉠
40	〃	㉡
35	〃	㉢
30	수출(WALNUT)	㉣
25	수출(WALNUT)	㉤

(4) 작업방법별 구분

작업방법 ＼ 항목	토착효율	구분	비 고
Rans Burg	0.8	Ⓐ	
Hand Spray	0.35	Ⓑ	
Dipping	0.9	Ⓒ	
Rans Burg＋Hand Spray	0.51	Ⓓ	
	0.51	Ⓔ	

〈작업방법〉

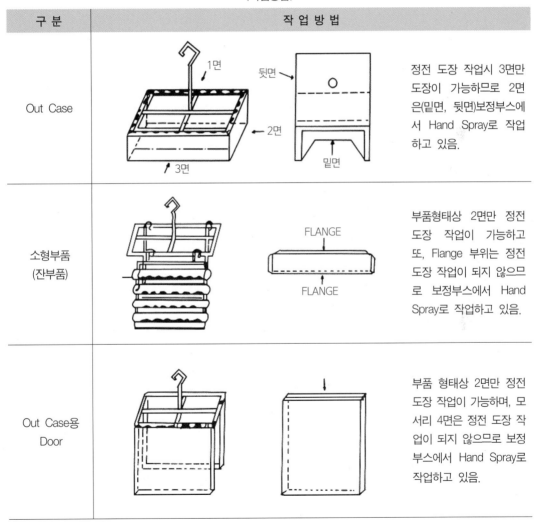

구 분	작 업 방 법	
Out Case		정전 도장 작업시 3면만 도장이 가능하므로 2면은(밑면, 뒷면)보정부스에서 Hand Spray로 작업하고 있음.
소형부품 (잔부품)		부품형태상 2면만 정전 도장 작업이 가능하고 또, Flange 부위는 정전 도장 작업이 되지 않으므로 보정부스에서 Hand Spray로 작업하고 있음.
Out Case용 Door		부품 형태상 2면만 정전 도장 작업이 가능하며, 모서리 4면은 정전 도장 작업이 되지 않으므로 보정부스에서 Hand Spray로 작업하고 있음.

(5) 용제의 비중

0.865

(6) 토착효율 산출기준

현재 냉장고 도장실의 도장방법은 rans burg(정전도장)와 hand spray(touch up)를 병행하고 있음.

① 도료소요량

rans burg : hand spray=80% : 20%

② 토착효율

㉮ out plate type

rans burg : hand spray=0.8 : 0.35

㉯ out case type

rans burg : hand spray=0.55 : 0.35

㉰ 소형부품(잔부품)type

rans burg : hand spray=0.55 : 0.35

㉱ out case용 door type

rans burg : hand spray=0.55 : 0.35

※ out case, 소형부품, out case용 door type은 다음과 같은 사유로 정전도장작업시 토착효율을 55%로 한다.

③ 효율계산식

(정전도장작업시 도료소요비율×정전도장작업시 토착효율)+(hand spray시 도료소요비율×hand spray시 토착효율)

㉮ out plate type

$(0.8 \times 0.8) + (0.2 \times 0.35) = 0.71$

㉯ out case, 소형부품, out case용 door type

$(0.8 \times 0.55) + (0.2 \times 0.35) = 0.51$

(3) 면적당 도료소요량 계산

이상의 구분에 따라 ℓ/m^2에 대한 도료소요량을 아래와 같이 적용하고자 한다.

No.	도료의 종류 색상별 구분	도막 두께별 구분	작업 방법별 구분	도료 소요량 (ℓ/m^2)	비 고
1	①	Ⓛ	Ⓐ	0.10745	
2	①	Ⓛ	Ⓑ	0.24559	
3	①	Ⓛ	Ⓒ	0.09551	
4	①	Ⓛ	Ⓓ	0.12107	
5	①	Ⓛ	Ⓔ	0.16854	
6	②	Ⓛ	Ⓐ	0.12394	
7	②	Ⓛ	Ⓑ	0.28328	
8	②	Ⓛ	Ⓒ	0.11016	
9	②	Ⓛ	Ⓓ	0.13964	
10	②	Ⓛ	Ⓔ	0.19441	
11	③	Ⓛ	Ⓐ	0.14914	
12	③	Ⓛ	Ⓑ	0.34088	
13	③	Ⓛ	Ⓒ	0.13256	
14	③	Ⓛ	Ⓓ	0.16804	
15	③	Ⓛ	Ⓔ	0.23394	
16	③	Ⓔ	Ⓐ	0.11185	$30\mu m$
17	③	Ⓔ	Ⓑ	0.25565	
18	③	Ⓔ	Ⓒ	0.09942	
19	③	Ⓔ	Ⓓ	0.12602	
20	③	Ⓔ	Ⓔ	0.17545	
21	③	Ⓜ	Ⓐ	0.09321	$25\mu m$
22	③	Ⓜ	Ⓑ	0.21305	
23	③	Ⓜ	Ⓒ	0.08286	
24	③	Ⓜ	Ⓓ	0.10503	
25	③	Ⓜ	Ⓔ	0.14621	

4) 도료산출공식의 "10"의 근거

면적 : $A\,(\text{ft}^2)$

DFT : $h\,(\mu\text{m})$ 1Gal 당의 도장 면적을 산출하면

SV : 고형분 용적비

$$밑넓이(A) \times 높이(h) \times \frac{100}{SV} = 부피 \quad \text{……………………………………①}$$

$h\ : \mu\text{m} \rightarrow \text{ft}\ 환산$

$$(1\mu m = 10^{-4}\text{cm}, \quad 1\text{cm} = \frac{1}{2.54}\text{inch}, \quad 1\text{inch} = \frac{1}{12}\text{ft})$$

①의 식에 대입하면

$$A \times h \times 10^{-4} \times \frac{1}{2.54} \times \frac{1}{12} \times \frac{100}{SV} = 1\text{Gal} \quad\cdots\cdots\cdots\cdots ②$$

$$1\text{Gal} \rightarrow \text{ft}^3 \text{ 환산}(1\text{Gal}=3.785l, \quad 1l = \frac{1}{28.32}\text{ft}^3)$$

②의 식에 대입하면

$$A \times h \times 10^{-4} \times \frac{1}{2.54} \times \frac{1}{12} \times \frac{100}{SV} = \frac{3.785}{28.32}(\text{ft}^3)$$

$$A = \frac{3.785 \times 12 \times 2.54 \times SV \times 10}{28.32 \times h \times 100}$$

$$1\text{Gal} = \frac{3.785 \times 12 \times 2.54 \times SV \times 100}{28.32h} \quad\cdots\cdots\cdots\cdots ③$$

$$(A : \text{ft}^2/\text{Gal})$$

③의 식에서 1Gal 당 도장할 수 있는 도장면적(ft²) → l당 m²으로 환산
(1Gal당=3.785l, 1ft²=0.0929m²)

$$A(\text{m}^2/l) = \frac{3.785 \times 12 \times 2.54 \times SV \times 100 \times 0.0929}{28.32 \times h \times 3.785}$$

$$= \frac{10}{h} \times SV \quad\cdots\cdots\cdots\cdots ④$$

$$= \frac{10}{DFT(\mu m) \times SV}$$

$$l = \frac{DFT(\mu m) \times A}{10 \times SV}$$

∴ 식 ④에서 10과 동일 의미

$$SV = 100 - \frac{(100 - \text{신나의 휘발분}) \times \text{생도료비중}}{\text{신나의 비중}}$$

$$SV = \text{생도료 비중} \times \left(\frac{100}{\text{새도료비중}} - \frac{35}{\text{신나비중}} \right) \quad\cdots\cdots\cdots\cdots ⑤$$

5) 전처리액 소요한 산출기준

NO	전처리액	P/N	소요량(kg)	참고
1	탈지제	51726007	0.74576	
2	표면조정제	51725001	0.14758	
3	피막제	51712002	0.68424	도료 1ℓ에 대한 소요량임
4	촉진제	51723001	0.26088	
5	중화제	51736009	–	

※ 중화제는 정제시에만 소요되므로 P/L(Part List, 목록표)등재 불필요.
※ P/N(Part Number)
※ 산출근거

구분 / 전처리액	탈지제	표면 조정제	피막제	촉진제	도료
소요량/日	120kg	30kg	150kg	70kg	268.325ℓ
정비시 소요량 /日	2,000kg/25日 =80kg	240kg/25日 =7.6kg	840kg/25日 =33.6kg	–	–
TOTAL	200kg	39.6kg	183.6kg	70kg	268.325ℓ
도료대 비율	0.34536kg	0.14758kg	0.68424kg	0.26088kg	1ℓ

※ 생산량/일(日)은 1,250대(台) 기준했음.

제 3 편 ● Die Casting 제품의 설계

Die Casting(다이캐스팅) 제품 설계 및 금형

1.1 개 요

Die casting법은 금속제 금형에 보다 낮은 융용점을 갖는 금속을 융용상태에서 고온, 고압으로 주입하여 동일 형상의 금속물을 단시간에 대량 생산할 수 있는 방법이다.

Die casting 금형 구조는 plastic mold 금형의 구조와 유사하므로 제품설계의 일반적 주의 사항은 plastic mold 설계와 비슷하다. die casting 제품은 통상 주조 후 후처리 공정을 거치므로 die casting 제품설계시 후처리공정을 고려한 설계를 하여야 신뢰성 있고 경쟁력 있는 제품이 될 수 있다.

1.2 Die Casting 제품의 공정

보통 die casting 제품은 설계에서 완성품까지 다음의 공정을 거친다.
① 제품설계 ⇨ mock-up 제작, 시험, 수정
② ⇨ 금형설계 ⇨ 금형 제작 ⇨ 시사출 ⇨ 금형 수정 보완 ⇨ 금형 열처리
③ ⇨ 주조 ⇨ gate 제거, burr 제거 ⇨ 제품 열처리
④ ⇨ 교정 ⇨ 후가공 ⇨ 표면처리

여기서는 위의 공정에 따라 연구개발 및 설계 담당자가 die casting 제품의 설계시 알아야 할 사항에 대해 기술한다.

1.3 Die Casting 제품의 특징

Sand cast나 permanent mold cast 등의 일반 cast 제품과 비교하여 다음과 같은 장점이 있다.
① 복잡한 형상의 제품이 제작 가능하다.
② 치수 정도(정밀도)가 높아 기계가공비가 절감된다.

③ 표면상태가 양호하다.

④ 살두께가 얇게 되므로 중량 경감으로 원가가 절감된다.

⑤ 융용금속의 고속주입, 급냉으로 조직이 작고 치밀하며 강도가 높다.

⑥ 단위시간당 생산량이 많으며 생산 space를 작게 차지한다.

⑦ 제품의 기밀성이 높다.

⑧ 제품의 균일성이 높다.

⑨ insert의 이용이 가능하다.

반면, 다음과 같은 단점을 갖는다.

① 크기의 제한이 있다. 제품중량이 최소 25kgf을 넘지 못하며 통상 5kgf 미만이다.

② 제품의 형태와 gate 위치, 형태에 따라 제품 내에 기포가 발생할 우려가 있다.

③ 생산설비 및 금형이 고가이므로 대량생산시에 경제적이다.

④ 알루미늄, 아연 등과 같이 동합금보다 융용점이 높지 않은 금속에 적용 가능하다.

1.4　Die Casting 제품의 설계기준

Die casting 제품 설계시 경험에 의존해야 할 것이 많다. 이를테면 casting 상태를 가능한 형상 및 치수공차, 적절한 빼기구배 등은 경험없는 엔지니어가 결정하기는 곤란하며 현실성 있는 제품설계가 불가능하다. 이런 경우, die casting 설계기준을 참조하면 편리하다. 1장 끝에 첨부된 PRODUCT STANDARDS FOR DIE CASTINGS(ENGINEERING "E" METRIC SERIES STANDARDS : American die casting Institute, Inc. 刊)을 참고하기 바란다.

1.5　사출기의 종류 및 사출공정

Die casting 사출기는 cold chamber 방식과 hot chamber 방식으로 분류된다. 금형의 구조는 사용될 사출기의 종류에 따라 달라진다. 사출기의 종류 및 특징은 제2장에서 상세히 기술한다.

사출공정은 　① 금형체결　② 급탕　③ 압입
　　　　　　　④ 냉각, 응고　⑤ 금형 열림　⑥ eject
　　　　　　　⑦ 제품 취출

의 순서로 이루어진다.

Hot chamber 방식과 cold chamber 방식에서의 사출공정개념을 그림 1.1에 나타냈다.

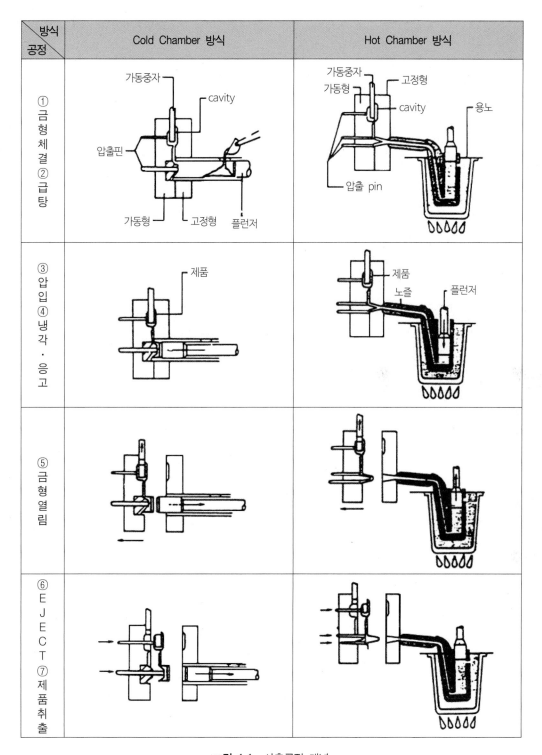

방식 공정	Cold Chamber 방식	Hot Chamber 방식
① 금형체결 ② 급탕	가동중자, cavity, 압출핀, 가동형, 고정형, 플런저	가동중자, 가동형, 고정형, cavity, 용노, 압출 pin
③ 압입 ④ 냉각 · 응고	제품	제품, 노즐, 플런저
⑤ 금형 열림		
⑥ EJECT ⑦ 제품 취출		

그림 1.1　사출공정 개념

1.6 주조작업시의 3현상

주조작업시의 제현상은 다음 3가지 측면에서 생각할 수 있으며 제품설계, 금형설계, 주조작업시 아래의 3항목을 고려하여야 한다.

1.6.1 압 입

사출장치가 gate를 통해 재료에 적절한 분사속도와 분출유량을 공급하는 현상이다. 사출기의 사출장치에서 그 동력원을 공급하며 주입 cylinder 및 gate가 그 동력을 필요한 속도와 유량으로 바꾼다. 사출장치의 출력은 동일해도 gate 형상에 따라 재료의 출력은 변화한다.

1.6.2 재료 흐름

사출재료가 금형의 cavity 구석까지 충전되는 현상으로 cavity 형상, 크기, 복잡한 정도, gate 위치 및 크기, gas vent, 분사속도, 분출량, 주조조건, 합금에 따라 다르다. 영향을 미치는 요인이 많아 이론적 계산이 곤란하다.

1.6.3 응고, 냉각

충전 후 재료가 응고, 냉각하는 현상으로 금형이 열을 빼앗는 열교환 현상의 결과이다. 이 현상은 충전 중에도 일부 일어나며 반드시 응고 완료 전에 cavity가 차야 한다. 열교환 적, 부가 주물품질에 큰 영향을 미치고, 연속주조의 가부를 결정한다. 응고현상을 좌우하는 요인으로는 주물의 크기, 주입 재료, 금형재료의 열전도율, 금형온도, 주입온도, 냉각수관의 배치 등이 있다.

1.7 금형 구조

Die casting 금형은 상판(cover die half)과 하판(ejector die half)으로 구성된다. 상판은 사출기의 고정판에 부착되며 재료가 주입되는 부분이다. 하판은 ejector mechanism과 대부분의 경우 runner를 포함하며 사출기의 가동축에 부착된다. 그림 1.2는 간단한 hot chamber die-casting 금형의 단면이다.

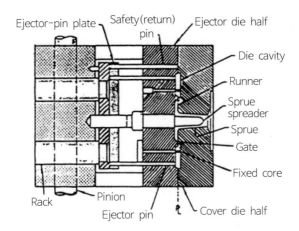

그림 1.2　Principal components of a simple hot chamber
die-casting die with integral rack and pinion ejection

금형 각 부분에 대한 개략적 설명은 다음과 같다.

(1) Cavity

제품의 형태를 결정하는 부분으로 상판 및 하판에 가공된다. 금형이 열렸을 때 제품이 하판에 부착된 상태가 되도록 cavity의 방향을 결정해야 한다.

(2) Gate

용탕에 걸린 압력 energy를 속도 energy로 바꾸는 작용을 한다. 흐름의 저항, 형상, 난류, 흐름방향 등을 원하는 형태로 조정한다. die cavity 내부를 일정속도로 연속적으로 흐르게 하는 것이 중요하다. 분사직후 벽에 충돌하면 난류가 심해지고 금형에 소부현상을 일으키므로 gate의 형상 및 위치는 중요하다. gate의 형상은 일반적으로 사다리꼴을 하며 두께는 얇고 폭은 좁게 한다. 너무 얇게 하면 gate 부분에 소부현상이 생긴다. 한편 폭이 너무 넓으면 유속의 차이가 생겨 문제가 발생하므로 그 이상되는 gate를 분할한다.

(3) Runner

주입 cylinder 또는 nozzle에서 gate에 재료를 유도하는 통로이다. 형상은 유입되는 재료가 난류가 되지 않도록 유의하며 분기탕구로 될 때는 탕류와 용탕의 배분을 고려한다.

단면은 대개 사다리꼴로 하나 폭, 두께의 조정으로 재료가 유입되는 속도를 조정할 수 있다. 곡률을 주면 흐름이 좋아지나 너무 크면 공기 등이 유입되어 좋지 않다.

(4) Overflow

초기재료는 냉각상태의 불균일, 불순물 함유, 낮은 온도, cavity 내부공기에 의한 산화 등으로 상태가 좋지 않으므로 내보내기 위해 overflow 설치한다.

흐름이 어려운 곳, 끝나는 곳, 만나는 곳, 금형온도가 낮은 곳 등에 통상 설치한다. 또한 제품의 크기가 아주 작은 경우 금형온도를 상승시켜 적절한 온도유지를 목적으로 사용되기도 하며 제품에 eject pin 자국이 허용되지 않을 때에도 사용된다.

(5) Gas Vent

금형 cavity 내의 공기가 빠져나가는 통로로 미성형을 방지한다. gate 위치 및 흐름을 고려하여 gas vent 위치가 결정되며 gas 차는 곳, 빼기 힘든 곳, 남은 곳에 설치한다. 금형과 가동 core, eject pin, slide 사이의 틈새도 gas vent의 역할을 한다(그림 1.4 참조).

(6) Ejector Pin

Casting 제품을 금형에서 분리해내는 작용을 한다. 분리시 제품이 뒤틀림 또는 굽힘, 변형이 생기지 않도록 충분한 수의 ejector pin이 필요하다.

여러 개의 ejector pin은 ejector pin plate에 의해 일체화된다. 제품의 중요 면에 ejector pin 자국을 남기지 않도록 배치해야 한다. 제품이 제거되고 다음 cycle을 시작하기 위해 금형이 닫힐 때 ejector pin plate를 원위치하게 되고 ejector pin은 제자리로 돌아온다.

(7) Core

제품에 구멍이나 기타 형상을 만들기 위해 cavity를 메워주는 부분으로 금형의 운동방향과 평행한 방향으로 설치되는 경우를 고정 core라 부르며(그림 1.2 참조), 이 경우 ejector pin에 의해 제품이 eject된다. 한편 금형운동방향과 평행하지 않은 core를 가동 core라 부르며 eject 이전에 별개의 기구로 가동 core를 뽑아낸 다음 제품을 eject해야 한다.

(8) Slide

Die 면을 구성하는 금형가동부분이다. 제품의 undercut(언더컷)이 있는 경우에 slide를 사용한다. 제품이 eject되기 전에 slide는 제거상태에 있어야 한다.

또한, 별개의 locking 기구가 필요하다. slide가 존재하는 경우 금형구조가 복잡해져서 금형 trouble의 우려가 많고 금형가격이 상승하므로 slide가 필요없는 제품설계가 좋다.

(9) Parting Line

가동측과 고정측이 분리되는 면으로 가급적 단일평면이 되도록 한다. sprue, gate, overflow 및 gas vent는 parting line 이외에는 설치가 불가능하다. 사출 후 금형이 열릴 때 제품이 반드시 금형하판에 부착되도록 parting line을 결정해야 한다.

(10) 냉각수관

사출시 매 cycle마다 많은 양의 고온의 금속이 cavity로 흘러 들어가서 금형 온도를 상승시킨다.

cycle time을 단축하기 위해서 금형 특히, sprue 부근과 살두께가 두꺼운 부분의 냉각이 필요하다. 금형의 온도를 적절히 유지하기 위해 금형내부에 형성한 구멍으로 냉각수를 흘려 넣는다. 흘려주는 냉각수의 양으로 금형온도를 제어한다.

1.8 금형의 종류

금형은 1회 사출에 1개의 제품을 얻을 수 있는 단일 cavity 금형, 복수개의 제품을 얻을 수 있는 복수 cavity 금형, 다른 형태의 제품을 단일금형에서 얻을 수 있는 복합금형으로 나눌 수 있다.

1.8.1 단일 Cavity(캐비티) 금형

다음의 경우에 사용된다.
① 제품의 면적이 넓어 1 cavity로서 금형이 차는 경우
② 제품의 체적이 커서 사출기의 사출용량에 근접하는 경우
③ 소량생산이 예상되는 경우
④ 복수 cavity 금형으로 제작시 적절한 사출기가 없는 경우
⑤ 제품에 가동 core나 slide가 있어 금형구조가 복잡한 경우
단일 cavity 금형의 예는 아래 그림 1.3과 같다.

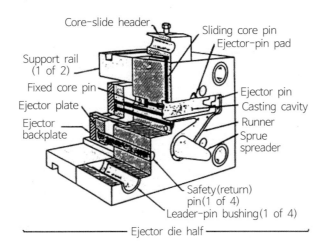

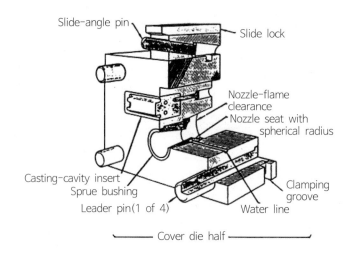

Slide-angle pin
Slide lock
Nozzle-flame clearance
Nozzle seat with spherical radius
Casting-cavity insert
Sprue bushing
Leader pin(1 of 4)
Clamping groove
Water line
—— Cover die half ——

그림 1.3 Components of a single-cavity die-casting die for use in a hot chamber machine

위에서 보는 바와 같이 상판은 사출기의 고정판에 T-bolt와 clamp로 고정된다. 사출기의 nozzle과 연결되는 nozzle 자릿면은 반구면으로 가공되어 금형설치시 조금의 위치변동이 있어도 사출금속의 누설이 없게 되어 있다.

Sprue에는 반드시 냉각수관을 설치하여야 한다. 이 냉각수는 금형이 열리기 전까지 nozzle 자릿면 부근의 금속이 응고되도록 한다. 금형이 닫힌 후 사출시에 냉각된 nozzle 내부의 금속을 가열하여 녹이기 위해 nozzle에 가스화염을 이용하는데, 이 화염이 nozzle에 닿도록 금형상에 nozzle-flame clearance를 둔다. 사출 후 금형이 열리면서 하판이 후퇴하면 사출기의 knock out plate가 ejector plate와 충돌하면서 eject pin이 제품을 금형에서 eject하게 되며, 제품대나 담금질 tank로 제품이 떨어지거나 자동제거기로 제거된다. 다시 금형이 닫힐 때는 return pin이 상판에 밀리면서 eject pin이 원위치하게 된다.

1.8.2 복수 Cavity 금형

하나의 금형에 2개 이상의 동일 cavity가 있는 것으로 한번의 사출 cycle로 복수 개의 제품을 만들 수 있다. 동일 기계 작동시간에 많은 제품을 만들 수 있으므로 단일 cavity에 비해 제품원가가 싸다. cavity가 대칭으로 배치되어서 일정한 온도 분포를 얻게 되므로 열변형을 적게 하여 양호한 제품을 얻을 수도 있다. 단점으로는 금형 trouble을 일으킬 가능성이 높고 scrap(스크랩) rate가 높아질 우려가 있다. 사출 cycle time이 다소 길어지며 더 큰 사출기계가 필요하다. 복수 개의 cavity가 크기와 형태가 동일하지 않다는 것과 금형수정이 힘들다는 것도 단점이다.

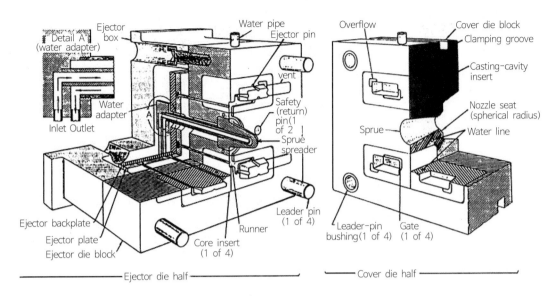

그림 1.4 Multiple-cavity die for casting four automotive lamp bezels per shot

1.8.3 복합 Cavity 금형

각기 다른 제품의 cavity를 하나의 금형에 넣은 것이다. 일반적으로 단일제품의 부품들을 복합 cavity 금형으로 구성한다. 적절한 cavity 배열과 최적 gate 형태를 결정하는 것이 복수 cavity 금형 제작 때보다 힘들다. 그 이유는 cavity의 크기와 형태가 서로 다르므로 금형에서의 기계적, 열적 측면에서 불균형이 생기기 때문이다. cavity들 간의 크기나 체적비가 10 : 1 이상이 되면 힘들다. 사출시 여러 cavity 중 가장 사출조건이 나쁜 것에 기준을 두고 사출해야 하므로 다른 제품들에 대해서는 사출 효율이 낮아진다(그림 1.5).

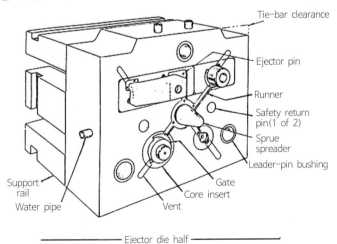

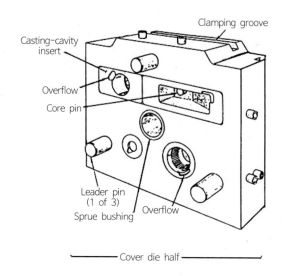

그림 1.5 Combination die used to produce four automobile deck-handle components per shot

또 단일제품의 부품을 한 복합 cavity 금형에 넣으므로 1 cavity의 것이 불량이 발생하면 다른 cavity의 것도 버려야 한다. 불량이 많을 때는 경제성이 없다. 복합 cavity 금형의 적용 예로서 소형 모형차를 들 수 있다. 이 경우, 각 부품이 너무 작아 개별적으로 취급하기 힘들기 때문에 사출후 사출 부품들이 runner에 부착된 상태로 포장, 선적된다.

1.9   제품 설계 제작시 고려사항

제품 설계시 고려사항은 다음과 같다.

① P/L(Parting Line) 위치, 상태를 고려하여 주물형상 설계 P/L을 가급적 단일평면, 단순평면에 하는 것이 좋다. sprue, gate, overflow, gas vent는 P/L 이외에는 설치가 불가능하다.

② undercut과 slide core가 없는 설계

③ 제품이 금형에서 분리시 무리없는 형태 및 draft(그림 1.6, 1.7 참조)

④ gate 위치 및 gas vent에 대한 고려

⑤ 제품설계자 지정사항

　㉮ parting line

　㉯ ejector 위치

　㉰ gate 위치

　㉱ 재질

　　㉮ 후 처리 공정

　　㉯ 최초 starting dimension 및 6점의 기준위치

⑥ 살두께는 너무 두껍거나 얇지 않게, 균일하게

⑦ eject pin의 크기, 위치, 주물강도를 고려한 설계

⑧ rib를 충분히 고려한 설계

⑨ 흐름을 원활하게

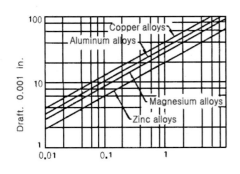

그림 1.6 Minimum draft required for inside walls of die castings made of four types of alloys. Draft for outside walls is half the values shown. (SOURCE : American Die Casting Institute)

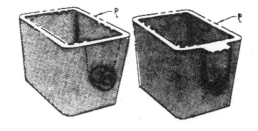

그림 1.7 Die-cast housing that was redesigned for straight-line instead of recessed parting to simplify die construction

한국공업규격
KOREAN INDUSTRIAL STANDARDS   **KS D 9515**

제 정 1973-12-29

알루미늄 합금 주물 제조 작업 표준

Recommended Practice for Aluminium Alloy Castings

1. 적용 범위   이 규격은 KS D 6008(알루미늄 합금주물)(이하 주물이라 함)의 제조작업에 대하여 규정한다.

2. 원 료

 2.1 알루미늄 지금   주물에 사용하는 알루미늄지금은 KS D 2304(알루미늄 지금)에 규정하는 것으로서 합금의 종류에 따라 표 1에 따라서 사용한다. 특히 7종 B는 불순한 지금을 사용하면 기계적 성질 또는 내식성이 저하되므로 주의하여야 한다.

 2.2 알루미늄 합금 지금   알루미늄 합금은 KS D 2330(주물용 알루미늄 합금 지금)에 규정하는 것을 표 1에 따라 사용한다.

 2.3 주물용 알루미늄 2차합금 지금   주물용 알루미늄 2차합금 지금은 KS D 2334(주물용 알루미늄 2차 합금 지금)에 규정하는 것을 표 1에 따라서 사용한다.

 2.4 동지금   동지금은 KS D 2341(전기동지금)을 사용한다.

 2.5 규소 지금   규소지금은 KS D 2313(금속규소)의 2호 이상의 것을 사용한다.

 2.6 마그네슘 지금은 KS D 2314(마그네슘지금)의 2종 이상의 것을 사용한다.

 2.7 망간지금   망간지금은 KS D 2312(금속망간)을 사용한다.

 2.8 니켈 지금   니켈지금은 KS D 2307(니켈지금)의 3종 이상의 것을 사용한다.

 2.9 재생재 및 합금설   공장내의 재생재에 관해서는 선별 또는 관리를 철저히 하여야 한다. 특히, 7종 A 및 7종 B에 대해서는 철, 동, 규소, 아연, 니켈 등을 혼입시켜서는 안 된다. 자가공장 이외의 합금설을 사용하는 경우는 일단 용해하여 주괴를 만들고, 이의 화학분석을 하여 사용하는 것이 좋다.

관련규격 : 19페이지 참조

PRODUCT STANDARDS FOR DIE CASTINGS

ENGINEERING "E" METRIC SERIES STANDARDS

American Die Casting Institute, Inc.

2340 Des Plaines Ave,(River Rd), Des Plaines, IL 60018 · Phone 312/298-1220

PRODUCT STANDARDS FOR DIE CASTINGS	"E" SERIES PRODUCT STANDARDS
	METRIC

AMERICAN DIE CASTING INSTITUTE "E" SERIES STANDARDS

Die casting can be produced which are excellent in surface finish, dimensional precision and minimum draft ; these are elements for which a standard has been or will be established. All such requirements in maximum degree combined in one die casting will rarely if ever be required. For this reason, these Standards cover values consistent with speed, uninterrupted production, reasonable die and tool life and maintenance cost, normal inspection, packing and shipping costs. Conformity to these Standards assures dependable service and lowest cost. Special requirements for finish, dimensional accuracy, etc., beyond the Standard may be specified when required. Consultation with the die caster may result in these requirements being incorporated with little addition in cost.

American Die Casting Institute, Inc.

2340 Des Plaines Ave.(River Rd). Des Plaines. IL 60018 · Phone 312/298-1220

PRODUCT STANDARDS
FOR DIE CASTINGS

ADCI-E1-65	METRIC
LINEAR DIMENSION TOLERANCES	

Note-*The values shown herein represent normal production practice at the most economic level. Greater accuracy involving extra close work or care in production should be specified only when and where necessary since additional cost may be involved.*

LINEAR DIMENSION TOLERANCES, AS CAST

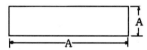

The tolerance on a dimension "A" will be the value shown in the table. This tolerance must be increased where the parting line of the die, or moving die parts, affect dimension "A". (See Standard E2 and E3) Metric.

TOLERANCES FOR <u>CRITICAL</u> DIMENSIONS IN mm(ONE OR TWO PLACE DECIMALS)				
Length of Dimension "A"	DIE CASTING ALLOY			
	ZINC	ALUMINUM	MAGNESIUM	COPPER
Basic Tolerance up to 25 mm	±0.08	±0.10	±0.10	±0.18
Additional Tolerance for each addition 25 mm of Dim "A" — Over 25 mm to 300 mm	±0.03	±0.04	±0.04	±0.05
Over 300 mm	±0.03	±0.03	±0.03	XX

EXAMPLE : An aluminum die casting would have on a 100 mm Dimension "A" a tolerance of ±0.22 mm if that dimension is not affected by a parting line or moving die part.

TOLERANCES FOR NON CRITICAL DIMENSIONS IN mm (UNTOLERANCED OR DIMENSIONS ROUNDED TO NEAREST WHOLE NUMBER)				
Length of Dimension "A"	DIE CASTING ALLOY			
	ZINC	ALUMINUM	MAGNESIUM	COPPER
Basic Tolerance up to 25 mm	±0.25	±0.25	±0.25	±0.36
Additional Tolerance for each addition 25 mm of Dim "A" — Over 25 mm to 300 mm	±0.04	±0.05	±0.05	±0.08
Over 300 mm	±0.03	±0.03	±0.03	XX

<u>NOTE</u> : The tolerances shown above must be modified if a parting line or moving die part affects Dimension "A".

American Die Casting Institute, Inc.

2340 Des Plaines Ave.(River Rd). Des Plaines. IL 60018 · Phone 312/298-1220

PRODUCT STANDARDS FOR DIE CASTINGS	ADCI-E2-65 METRIC
	PARTING LINE TOLERANCES

Note-*The values shown herein represent normal production practice at the most economic level. Greater accuracy involving extra close work or care in production should be specified only when and where necessary since additional cost may be involved.*

PARTING LINE TOLERANCES-IN ADDITION TO LINEAR DIMENSION TOLERANCES
(BASED ON SINGLE CAVITY DIE)

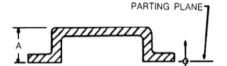

PARTING PLANE

A

Parting Line Tolerances, in addition to Linear Dimension Tolerances, must be provided when the parting line affects a linear dimension.

"Projected Area" is the area of the die casting in square centimeters at the die parting plane.

ADDITIONAL TOLERANCES IN MILLIMETERS				
Projected Area of Die Casting in cm^2	DIE CASTING ALLOY			
	ZINC	ALUMINUM	MAGNESIUM	COPPER
Up to 325 cm^2	±0.10	±0.13	±0.13	±0.13
325 to 650 cm^2	±0.15	±0.20	±0.20	-
650 to 1,300 cm^2	±0.20	±0.30	±0.30	-
1,300 to 2,000 cm^2	±0.30	±0.40	±0.40	-

NOTE : The above tolerances are to be added to Linear Tolerances worked out for a dimension as provided in Standard E1 Metric.

Additional tolerances in the case of moving die parts are shown in Standard E3 Metric.

American Die Casting Institute, Inc.
2340 Des Plaines Ave.(River Rd). Des Plaines. IL 60018 · Phone 312/298-1220

PRODUCT STANDARDS FOR DIE CASTINGS	ADCI-E3-65	METRIC
	MOVING DIE PART TOLERANCES	

Note-*The values shown herein represent normal production practice at the most economic level. Greater accuracy involving extra close work or care in production should be specified only when and where necessary since additional cost may be involved.*

MOVING DIE PART TOLERANCES-IN ADDITION TO LINEAR DIMENSION TOLERANCES

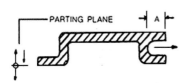

Moving Die Part Tolerances, in addition to Linear Dimension Tolerances, and Parting Line Tolerances must be provided when a moving die part affects a linear dimension.

"Projected Area" is the area, in square centimeters, of the portion of the die casting affected by the moving die part.

ADDITIONAL TOLERANCES IN MILLIMETERS				
Projected Area in cm^2 of Die Casting Portion	DIE CASTING ALLOY			
	ZINC	ALUMINUM	MAGNESIUM	COPPER
Up to 65 cm^2	±0.10	±0.13	±0.13	±0.25
65 to 130 cm^2	±0.15	±0.20	±0.20	-
130 to 325 cm^2	±0.20	±0.30	±0.30	-
325 cm^2 and up	±0.30	±0.40	±0.40	-

NOTE : The above tolerances are to be added to Linear Tolerances worked out for a dimension as provided in Standards E1 and E2 Metric

American Die Casting Institute, Inc.

2340 Des Plaines Ave.(River Rd). Des Plaines. IL 60018 · Phone 312/298-1220

PRODUCT STANDARDS FOR DIE CASTINGS	ADCI-E4-55T(Page 1)	METRIC
	DRAFT REQUIREMENTS FOR WALLS (LESS THAN 25mm IN DEPTH)	

Note—*The values shown herein represent normal production practice at the most economic level. Greater accuracy involving extra close work or care in production should be specified only when and where necessary since additional cost may be involved.*

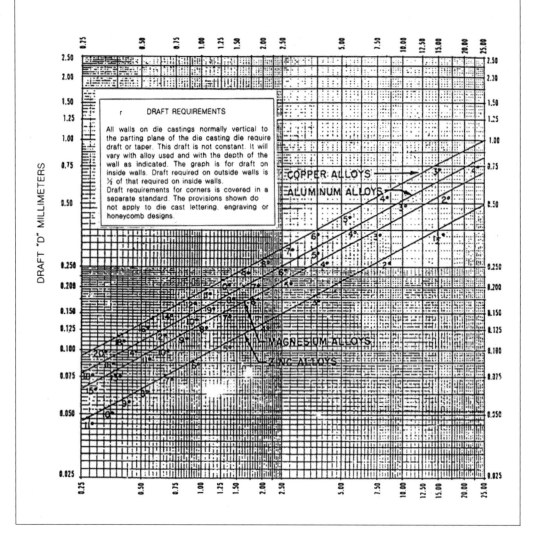

DRAFT REQUIREMENTS

All walls on die castings normally vertical to the parting plane of the die casting die require draft or taper. This draft is not constant. It will vary with alloy used and with the depth of the wall as indicated. The graph is for draft on inside walls. Draft required on outside walls is ½ of that required on inside walls.
Draft requirements for corners is covered in a separate standard. The provisions shown do not apply to die cast lettering, engraving or honeycomb designs.

American Die Casting Institute, Inc.

2340 Des Plaines Ave.(River Rd). Des Plaines. IL 60018 · Phone 312/298-1220

**PRODUCT STANDARDS
FOR DIE CASTINGS**

ADCI-E4-55T(Page 2) | METRIC |

DRAFT REQUIREMENTS FOR WALLS
(OVER 25mm IN DEPTH)

Note–*The values shown herein represent normal production practice at the most economic level. Greater accuracy involving extra close work or care in production should be specified only when and where necessary since additional cost may be involved.*

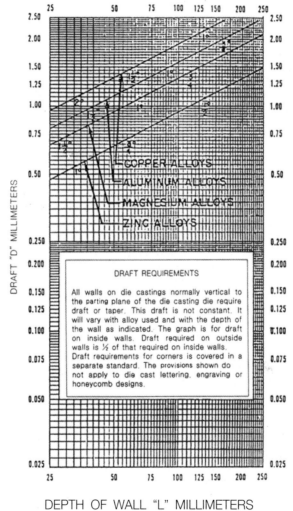

DRAFT "D" MILLIMETERS

COPPER ALLOYS
ALUMINUM ALLOYS
MAGNESIUM ALLOYS
ZINC ALLOYS

DRAFT REQUIREMENTS

All walls on die castings normally vertical to the parting plane of the die casting die require draft or taper. This draft is not constant. It will vary with alloy used and with the depth of the wall as indicated. The graph is for draft on inside walls. Draft required on outside walls is ½ of that required on inside walls.
Draft requirements for corners is covered in a separate standard. The provisions shown do not apply to die cast lettering, engraving or honeycomb designs.

DEPTH OF WALL "L" MILLIMETERS

FOR WALLS LESS THAN 25 mm IN DEPTH SEE PAGE ONE

American Die Casting Institute, Inc.

2340 Des Plaines Ave,(River Rd), Des Plaines, IL 60018 · Phone 312/298-1220

PRODUCT STANDARDS FOR DIE CASTINGS	ADCI-E5-65	METRIC
	FLATNESS TOLERANCES	

Note-*The values shown herein represent normal production practice at the most economic level. Greater accuracy involving extra close work or care in production should be specified only when and where necessary since additional cost may be involved.*

TOLERANCES FOR FLATNESS

Flatness shall be measured with a feeler gauge from three widely separated points on a continuous plane surface of the die casting

FLATNESS TOLERANCES-As Cast in mm	
Dimension* of Die Casting	ALL ALLOYS
Basic Tolerance up to 75 mm	0.20
Additional tolerance(mm) for each additional 25 mm	0.08

* Dimension means maximum dimension(diameter of a circular surface or diagonal of a rectangular surface).

American Die Casting Institute, Inc.

2340 Des Plaines Ave.(River Rd). Des Plaines. IL 60018 · Phone 312/298-1220

PRODUCT STANDARDS FOR DIE CASTINGS	ADCI-E6-65	METRIC
	DEPTH OF CORED HOLES	

Note-*The values shown herein represent normal production practice at the most economic level. Greater depth involving extra close work or care in production should be specified only when and where necessary since additional cost may be involved.*

CORED HOLES

Optimum greatest depth of cored holes as related to diameter is shown in the table. The values shown for hole depths are subject to the draft requirements shown in ADCI Product Standard E7 Metric.

Requirements for tapped holes are shown in ADCI Product Standard E8 Metric.

ALLOY Zinc*	DIAMETER OF HOLE-MILLIMETERS								
	3	4	5	7	10	13	16	19	25
	MAXIMUM DEPTH-MILLIMETERS								
	9	14	20	28	40	52	80	114	150
Aluminum*	7.5	12.5	16.5	28	40	52	80	114	150
Magnesium*	7.5	12.5	16.5	28	40	52	80	114	150
Copper				14	26	32	51	90	125

* For cores larger than 25 mm in diameter the diameter-depth ratio shall be 1 : 6

NOTE-*The depths shown are not applicable under conditions where small diameter cores are widely spaced and, by design, are subject to full shrinkage stress.*

American Die Casting Institute, Inc.

2340 Des Plaines Ave.(River Rd). Des Plaines. IL 60018 · Phone 312/298-1220

PRODUCT STANDARDS FOR DIE CASTINGS

ADCI-E7-65   METRIC

DRAFT REQUIREMENTS IN CORED HOLES

Note-*The values shown herein represent normal production practice at the most economic level. Lesser draft involving extra close work or care in production should be specified only when and where necessary since additional cost may be involved.*

DRAFT REQUIREMENTS IN CORED HOLES.

Holes cast in die casting are produced by the use of cores. Such cored holes require draft. The graph indicates the total of draft in the hole.

The depth of cored holes shown in the graph is subject to the diameter-depth relationships shown in ADCI Product Standard E6 Metric.

Requirements for tapped holes are shown in ADCI Product Standard E8 Metric.

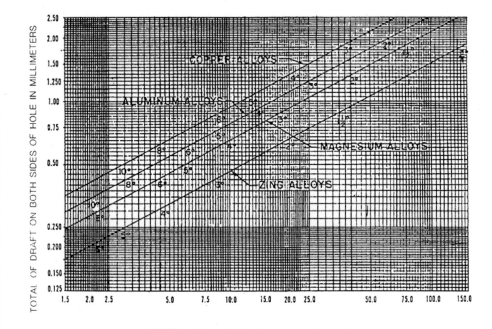

DEPTH OF HOLE IN MILLIMETERS

EXAMPLE-In a zinc die casting, a cored cylindrical hole 50 mm deep will have a total draft of 1.07 mm for the 50 mm of depth.

American Die Casting Institute, Inc.

2340 Des Plaines Ave.(River Rd). Des Plaines. IL 60018 · Phone 312/298-1220

PRODUCT STANDARDS FOR DIE CASTINGS	ADCI-E8-65 · METRIC
	CORED HOLES FOR TAPPING WITH THREAD CUTTING TAPS

CORED HOLES FOR TAPPING

Holes required for tapping necessitate values for draft and depth other than the optimum values for cored hole production at most economic levels shown in ADCI Product Standards E6 and E7. However casting holes for subsequent tapping is, in general, more economic than drilling such holes.

When required cored holes in zinc, magnesium and aluminum die castings may be tapped without removing the draft by drilling. Recommended sizes for tapping are based upon allowing 75% of full depth of thread at bottom or small end of the cored hole, and 55% at the top or large end of the cored hole.

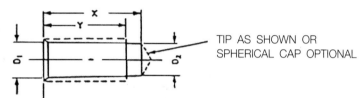

TIP AS SHOWN OR
SPHERICAL CAP OPTIONAL

DIMENSION-CORED HOLES FOR TAPPING-in MILLIMETERS

METRIC Tap Size Nominal Pitch	Hole Diameters**		Max. Threaded Depth of Hole "Y"	Max. Depth of Cored Hole "X"
	D_1 (55%)	D_2 (75%)		
M3.5 × .6	3.07	2.92	5.5	7
M4 × .7	3.50	3.32	6.5	8
M5 × .8	4.43	4.22	8	10
M6 × 1	5.29	5.03	11	13.5
M8 × 1.25	7.11	6.78	14.5	17
M10 × 1.5	8.93	8.54	18	21.5
M12 × 1.75	10.75	10.30	22	27.5
M14 × 2	12.57	12.05	26	32
M16 × 2	14.57	14.05	32	38
M20 × 2.5	18.21	17.56	37.5	45
M24 × 3	21.86	21.08	45	54
M30 × 3.5	27.50	26.60	56.5	67

* Minimum sizes recommended for aluminum or magnesium alloys.
** These dimensions are subject to ±.05 mm tolerance on holes M8×1.25 and smaller, and ±.08 mm on holes M10×1.5 and larger. Caution : An undesirable loss of draft may occur if the full tolerance is taken to the minus (−) side on D_1 and to the plus (+) side on D_2

American Die Casting Institute, Inc.

2340 Des Plaines Ave.(River Rd). Des Plaines. IL 60018 · Phone 312/298-1220

PRODUCT STANDARDS FOR DIE CASTINGS

ADCI-E9-65	METRIC
EJECTOR PIN MARKS	

Note-*The procedures shown herein represent normal production practice at the most economic level. Extra close work or care in production should be specified only when and where necessary since additional cost may be involved.*

EJECTOR PIN MARKS

Ejector pin marks on die castings are formed by the movable pins which eject the die castings from the die. The number and location of ejector pins required, for most economic production, will vary with the size and complexity of the die casting, as well as with other factors.

LOCATION OF EJECTOR PINS

Ejector pin locations shall be at the option of the die caster subject to the customer's agreement where required.

ACCEPTABLE EJECTOR PIN MARKS

Ejector pin marks on most die casting may be raised 0.4 mm max. or may be depressed 0.4 mm maximum. Ejector pin marks are surrounded by a flash of metal. If end use permits, ejector pin mark flash will not be removed. Where this is not suitable, such ejector pin mark flash may be crushed or flattened.

NOTE-*Complete removal of ejecor pin marks and flash by machining or hand scraping operations should be specified only when requirements justify the expense involved in the extra operation or operations necessary.*

American Die Casting Institute, Inc.

2340 Des Plaines Ave.(River Rd). Des Plaines. IL 60018 · Phone 312/298-1220

PRODUCT STANDARDS FOR DIE CASTINGS	ADCI-E10-65	METRIC
	FLASH REMOVAL	

Note-*The values shown herein represent normal production practice at the most economic level. Extra close work or care in production should be specified only when and where necessary since additional cost may be involved.*

FLASH REMOVAL

1. Formation and Location

A flash of metal is formed on die casting at the parting line of the die and where moving die parts operate. A seam of flash may also be formed where separate die parts form the impression, as at cored holes.

Treatment of flash formed by Ejector Pins is covered in ADCI-E9 METRIC

2. Removal Simplification

Necessary flash removal costs can be reduced by consideration, in design stages, of the method to be employed and the amount of flash to be removed. Early consultation with the die caster can often result in production economies in treatment of flash removal.

3. Extent Of Removal

Description	TYPE OF FLASH AND NOMINAL AMOUNT REMOVED				
	Heavy Gates and Overflow	Light Gates and Overflow	Parting Line and Seam Flash	Flash in Cored Holes	Sharp Corners
Degated	Rough within 3 mm		Excess Only Broken Off	Not removed	
Commercially Trimmed*	Flush within 0.8 mm	Flush within 0.4 mm		Removed within 0.25 mm	Not removed

* 'Commercially trimmed' does not include washing to remove unattached material.

NOTE-*In some instanced, where surface finish is not involved, the most economic method of degating and flash removal may include a fumbling operation.*

NOTE-*Complete removal of flash involves additional operations and should be specified only when requirements justify the expense involved in the extra operation or operations necessary.*

American Die Casting Institute, Inc.

2340 Des Plaines Ave.(River Rd). Des Plaines. IL 60018 · Phone 312/298-1220

PRODUCT STANDARDS FOR DIE CASTINGS

ADCI-E11-65(page 1) | METRIC

ANGULARITY TOLERANCES
(PLANE SURFACES)

Note-*The values shown herein represent normal production practice at the most economic level. Greater accuracy involving extra close work or care in production should be specified only when and where necessary since additional cost may be involved.*

ANGULARITY TOLERANCES-Pages 1

Angularity

Angularity refers to the angular departure from the designed relationship between the elements of a die casting. The angular accuracy of a die casting is affected by numerous factors including the size of the die casting, the strength and rigidity of the die casting die and die parts under conditions of high heat and pressure, positioning of moving die members, and distortion during handling of the die casting.

Applicability of Standard-(see Page 3)

This standard may be applied to plane surfaces of, or cored holes in, die casting of all alloys.

Where applicable consideration is required of the effect on angularity tolerances of ADCI E4, Metric Draft Requirements for Walls; ADCI E5 Metric Flatness : ADCI E6 Metric Draft Requirements in Cored Holes.

Angularity Tolerances-Plane Surfaces-All Alloys

Tolerances required vary with the length of the surface on the die casting and relative location of these surfaces in the casting die cavity.

1. Surfaces in fixed relationship-in the same die section, or part of the same moving member Surfaces 75 mm long or less ·········· 0.13 mm Additional tolerance per 25 mm of length in excess of 75 mm ···················· 0.03 mm	SURFACE A / DATUM PLANE
2. Surfaces formed by die surfaces in opposite die sections Surfaces 75 mm long or less ·········· 0.20 mm Additional tolerance per 25 mm of length in excess of 75 mm ···················· 0.04 mm	SURFACE A / DATUM PLANE
3. One surface formed by die section, and the other surface by a moving die member in the same die section Surfaces 75 mm long or less ·········· 0.20 mm Additional tolerance per 25 mm of length in excess of 75 mm ···················· 0.04 mm	SURFACE A / DATUM PLANE
4. One surface formed by die section, and the other surface by a moving die member located in opposite die section, or surfaces formed by two moving die members Surfaces 75 mm long or less ·········· 0.28 mm Additional tolerance per 25 mm of length in excess of 75 mm ···················· 0.08 mm	DATUM PLANE / SURFACE B / SURFACE A

For Angularity Tolerances For Cored Holes See Page 2.

American Die Casting Institute, Inc.

2340 Des Plaines Ave.(River Rd). Des Plaines. IL 60018 · Phone 312/298-1220

PRODUCT STANDARDS FOR DIE CASTINGS	ADCI-E11-65(Page 2)	METRIC
	ANGULARITY TOLERANCES (CORED HOLES)	

Note-*The values shown herein represent normal production practice at the most economic level. Greater accuracy involving extra close work or care in production should be specified only when and where necessary since additional cost may be involved.*

ANGULARITY TOLERANCES-Page 2

Cored Holes-All Alloys

Cores used in dies to form holes in die casting bend after prolonged exposure to the thermal and mechanical stresses encountered.

The alignment tolerances are applicable only when proportions of the cored holes conform to the diameter-to-depth ratios and draft requirements of ADCI Standards E6 and E7 Metric.

The values shown refer to deviation from the normal axis of the cored hole.

In some cases, additional angularity tolerance will be necessary if the measuring methods used involve ADCI Standard E5 Metric.

Angularity Tolerances-(Deviation from normal axis)-Cored Holes-All Alloys

Minimum tolerance-any hole	0.13 mm
Tolerance for holes 75 mm or less in depth	$\dfrac{0.25D}{M}$ D=Depth of Hole M=Max. Depth in Standard ADCI E6
Tolerance for holes greater than 75 mm in depth	0.25 mm plus 0.08 mm per 25 mm of depth over 75 mm

For Angularity Tolerances For Plane Surfaces See Page 1.

American Die Casting Institute, Inc.

2340 Des Plaines Ave.(River Rd). Des Plaines. IL 60018 · Phone 312/298-1220

PRODUCT STANDARDS FOR DIE CASTINGS	ADCI-E11-65(Page 3)	METRIC
	ANGULARITY TOLERANCES (HOW TO APPLY THIS STANDARD)	

ANGULARITY TOLERANCES-Page 3

HOW TO APPLY THIS STANDARD

Tolerances for Plane Surfaces-(Page 1.)

1. Surfaces in fixed relationship:

   Surface A and the datum plane are formed by the same die section. If surface A is 125 mm long, it will be parallel to the datum plane within : [0.13 mm for the first 75 mm + (2×0.03)] = 0.13 + 0.06 = 0.19 mm

2. Surfaces formed by die surfaces in opposite die sections:

   Surface A and the datum plane are formed in opposite die sections. If surface A is 175 mm long, it will be parallel to the datum plane within : [0.20 for the first 75 mm + (4×0.04)] = 0.20 + 0.16 = 0.36 mm.

3. One surface formed by a die section, and the other by a moving die member in the same die section:

   Surface A is formed by a moving die member in the same die section as the datum plane. If Surface A is 125 mm long, it will be normal to the datum plane within 0.28 mm[0.20 for the first 75 mm+(2×0.04)]=0.28 mm.

4. One surface formed by a die section, and the other by a moving die member located in the opposite die section; or surfaces formed by two moving die members.

   Surface A is formed by a moving die member and the datum plane is formed by the opposite die section. If surface A is 125 mm long, it will be normal to the datum plane within 0.44 mm. [0.28 for the first 75 mm + (2×0.08)] = 0.44 mm.

   Surfaces A and B are formed by two moving die members.
   If surface A is used as the datum plane and surface B is 125 mm long, surface B will be parallel to the datum plane within 0.44 mm. .028 for the first 75 mm + (2×0.08) = 0.44 mm.

Tolerances For Cored Holes(Page 2)

   If a hole is 12.7 mm diameter and 38 mm deep, alignment of the hole will deviate from its normal axis 0.19 mm max.

   (The hole is less than 75 mm deep. Therefore formula $\dfrac{0.25D}{M}$ will apply.

   The hole depth (D) is 38 mm. The maximum depth(M) for a 12.7 mm hole, Standard E6, is 50 mm.
   $$\left[\frac{0.25 \times 38}{50} = 0.19\right].$$
   If a hole is 25 mm diameter and 125 mm deep, alignment of hole will deviate from its normal axis 0.41 mm max.
   The hole is more than 75 mm deep—[0.25 for the first 75 mm + (2×0.08)] = 0.25 + 0.16 = 0.41 mm.

American Die Casting Institute, Inc.

2340 Des Plaines Ave.(River Rd). Des Plaines. IL 60018 · Phone 312/298-1220

PRODUCT STANDARDS FOR DIE CASTINGS	ADCI-E12-65(Page 1)	METRIC
	CONCENTRICITY TOLERANCES	

Note-*The values shown herein represent normal production practice at the most economic level. Greater accuracy involving extra close work or care in production should be specified only when and where necessary since additional cost may be involved.*

CONCENTRICITY TOLERANCES-Page 1

Concentricity
  Concentricity of cylindrical surfaces is affected by the design of the die casting. Factors involved include the size, wall thickness, shape and complexity of the die casting.

Applicability of Standard
  This standard applies to die castings of all alloys having maximum rigidity and uniformity of shape and wall thickness. Under these conditions die castings may be slightly out-of-round but this ovality is included in the concentricity tolerances.
  In some cases, the effect of other application ADCI Product Standards must be considered in determining concentricity tolerances.
    Note : Die castings containing inserts are not covered by this standard.

Tolerance for Concentricity of Die Cast Surfaces-All Alloys
  Concentricity of die cast surfaces is affected by the type of die casting die elements involved. These include surfaces in fixed relationship(formed by one die member), by opposite die section, by auxiliary die members such as slides and cores, or combinations of these.

  All tolerances are total indicator reading(T.L.R.)

1. Surfaces in Fixed Relationship in One Die Section

Basic Tolerances

Diameter of Largest Surface(A)	Tolerances (T.I.R) mm
75 mm or Less	0.10
Over 75 mm	0.10 mm+0.04 mm per additional 25 mm

2. Surfaces Formed by Opposite Sections of Die-Based on Single Cavity Die

Additional tolerance-add to basic tolerance

*Projected Area(C) of Die Casting-cm^2	Additional Over Basic Tolerance-mm
Less than 325	0.38
325-650	0.51
650-1,300	0.76
1,300 up	1.02

3. Surfaces Formed by Two Moving Die Members

Additional tolerance-add to basic tolerance-each die member

Projected Area(C, D) of Moving Die Member-cm^2	Additional Over Basic Tolerance-mm
Less Than 65	0.15
65-130	0.30
130-325	0.45
325-650	0.64

* "Projected area" is the area of the die casting at the parting plane of the die

American Die Casting Institute, Inc.

2340 Des Plaines Ave.(River Rd). Des Plaines. IL 60018 · Phone 312/298-1220

PRODUCT STANDARDS FOR DIE CASTINGS	ADCI-E12-65(Page 2)	METRIC
	CONCENTRICITY TOLERANCES (HOW TO APPLY THIS STANDARD)	

CONCENTRICITY TOLERANCES-Page 2

A. How to Apply This Standard

1. Basic Tolerance-Surfaces in Fixed Die Relationship
   Cylindrical surfaces A and B are formed by the same die section. If diameter A is 178 mm and diameter B is 102 mm, diameter A will be concentric with diameter B within 0.25 mm T.I.R. [0.10 mm+(4×0.04)] = 0.26 mm.

2. Surfaces Formed by Opposite Die Sections
   Diameters A and B are formed by opposite die halves. If the projected area C of the die casting is 250×380 mm (950 cm^2), cylindrical surface A is 200 mm in diameter and cylindrical surface B is 150 mm in diameter, diameter A will be concentric with diameter B within 1.60 mm T.I.R.
   [Projected area allowance 0.76 + basic tolerance(0.10+(5×0.04))]=0.76+0.30=1.60 mm

3. Surfaces Formed by Two Moving Die Members
   Diameters A and B are formed by moving die members. If diameter A is 125 mm and diameter B is 50 mm, projected area of die member C is 160 cm^2 and projected area of die member D is 77 cm^2, diameter A will be concentric with diameter B within 0.93 mm T.I.R.

Basic tolerance for 125 mm diameter 0.10+(2×0.04) ····································	0.18
Projected area allowance for member C(160 cm^2) ·······························	0.45
Projected area allowance for member D(77 cm^2) ·······························	0.30
Total ···	0.93

B. Concentricity Affected by Other Standards

Moving die member C is part of the ejector die, and moving die member D is part of the cover die. Therefore concentricity of diameter A and B are affected by die parting line tolerances.

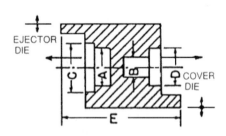

If the projected area E of the die casting is 484 cm^2, and conditions A-B-C-D are as in the preceding example, diameter A will be concentric with diameter B within 1.23 mm T.I.R.

From the preceding example-two moving die members ·······························	0.93
From ADCI E2, Parting Line Tolerances, allowance for 484 cm^2 projected area, assuming a zinc die casting, ±0.15 ····································	0.30
	1.23 mm

American Die Casting Institute, Inc.

2340 Des Plaines Ave.(River Rd). Des Plaines. IL 60018 · Phone 312/298-1220

PRODUCT STANDARDS FOR DIE CASTINGS	ADCI-E13-65	METRIC
	MACHINING STOCK ALLOWANCE	

MACHINING STOCK ALLOWANCE

General

Surfaces, on die castings where machining operations will be performed, should have a minimum of material removed. This conserves material, simplifies and speeds up operations, and assures maximum mechanical properties and density of the machined surface. Variables covered by Standards E-1-2-3-5-11-12 Metric should be considered in determining stock to be removed in machining. Locating and checking surfaces may usually be chosen which will minimize or eliminate the effects of most of these variables.

For process reasons, the interior surfaces and most of the detail in the die casting which involve use of moving die members are formed by the ejector half of the die casting die. Best results are attained if the die casting is located from ejector die surfaces for machining operations.

The supplier of the die casting should always be consulted in planning machining operations.

Machining Stock Allowance

Consideration of the above usually will result in machining stock allowance of not less than 0.25 mm, to avoid excessive tool wear, nor more than 0.50 mm on each surface for all except very large die castings.

American Die Casting Institute, Inc.

2340 Des Plaines Ave.(River Rd). Des Plaines. IL 60018 · Phone 312/298-1220

PRODUCT STANDARDS FOR DIE CASTINGS

| ADCI-E14-65(Page 1) | METRIC |

DIE CAST THREADS
(EXTERNAL THREADS)

Note-*The data shown herein represent normal production practice at the most economic level. Variations from recommended thread designs or tolerances should be specified only when and where necessary since additional cost may be involved.*

DIE CAST THREADS-(Page One)

Under certain conditions, die cast threads can be obtained in zinc, aluminum and magnes ium die castings. Generally, this practice is confined to external threads where precision fits are not required. Unless parts are very simple it is usually less costly to machine threads.

External Threads

External threads can be formed across the parting line of dies(Fig. 1), with slides (Fig. 2), or with solid die components(Fig. 3). Such threads are of the American National Thread Form.

Tolerances

The tolerances applicable to external die cast threads reflect the method by which the threads are formed as shown in the table.

TOLERANCES FOR EXTERNAL DIE CAST THREADS
(Based on single cavity die)

Method of Forming Threads	Fig.1		Fig.2		Fig.3	
	Zinc	Aluminum Magnesium	Zinc	Aluminum Magnesium	Zinc	Aluminum Magnesium
Minimum pitch in mm	0.8	1.0	0.8	1.0	1.25	1.5
Minimum O.D. in mm	5	6	5	6	6	12
Tolerance on thread lead per length of 25 mm	0.13	0.20	0.13	0.20	0.13	0.20
Minimum pitch Diameter Tolerance in mm	0.10	0.13	0.13	0.15	First 13mm±0.05 / Each additional 13mm±0.03	±0.08 / ±0.03
Other Factors	Fins formed on threads must be removed by trimming or chasing		Additional trim necessary to remove flash formed by slides		Ejection requires unscrewing of die or die casting	

NOTES : Apply direct tolerances shown wherever possible rather than specifying thread class or fit. The values indicated include parting line, moving die part, and linear dimension tolerances, as required.

For Design Considerations and Internal Die Cast Threads See Page 2

American Die Casting Institute, Inc.

2340 Des Plaines Ave.(River Rd). Des Plaines. IL 60018 · Phone 312/298-1220

PRODUCT STANDARDS FOR DIE CASTINGS	ADCI-E14-65(Page 2)	METRIC
	DIE CAST THREADS (DESIGN CONSIDERATIONS; INTERNAL THREADS)	

Note-*The data shown herein represent normal production practice at the most economic level. Variations from recommended thread designs or tolerances should be specified only where and when necessary since additional cost may be involved.*

DIE CAST THREADS-(Page Two)

Design Considerations

The recommended *designs* for terminating a die cast *external* thread are shown in the illustrations.

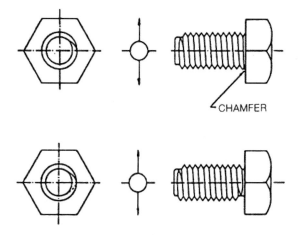

CHAMFER

Internal Threads

Die cast internal threads require the use of a solid die component or core which must be unscrewed from the die casting(or the die casting unscrewed from the core). Due to the shrinkage of the die casting around the threads, considerable force must be used to unscrew the die core from the die casting. Draft is usually required on the thread *major, minor,* and *pitch* diameters which tends to reduce the usefulness of the die cast thread.

In view of the problems connected with die casting internal threads, they are not generally die cast in aluminum or magnesium and should be considered to be special cases in zinc alloy to be reviewed with the die caster before specifying.

For External Die Cast Thread Tolerances See Page 1 of This Standard.

American Die Casting Institute, Inc.

2340 Des Plaines Ave.(River Rd). Des Plaines. IL 60018 · Phone 312/298-1220

PRODUCT STANDARDS FOR DIE CASTINGS

| ADCI-E14-65(Page 1) | METRIC |

FILLETS, RIBS, & CORNERS
(FILLETS)

Note-*The recommendations and notations herein represent normal production practice at the most economic level. Sharp inside surface junctions, acute angle corner conditions and delicate, deep and closely spaces ribs should be specified only where and when necessary since additional cost may be involved.*

FILLETS, RIBS, AND CORNERS(Page One)

Fillets

Intersecting surfaces forming junctions of metal thickness are properly joined with fillets in order to avoid high stress concentrations in the die casting and to control and facilitate maintenance of otherwise squared edges in the casting die. Fillets projected in a direction normal to the parting plane require draft, but the amount is always governed by the draft of the intersecting surfaces. Draft in corners or fillets projecting in a direction normal to the parting plane have approximately 1.5 the amount of draft of the intersecting walls.

In the sketches below, consideration has been given to the stresses of use and to the stresses induced in the die casting by the process, as well as to die manufacturing and maintenance costs. The suggestions cover fillets on corners which are projected normal to the parting plane in die casting of moderate depth. Shallow die casting may have much smaller fillets, while deep pockets and other inside corners may have larger fillets. Sharply squared corners of much length projecting in a direction normal to the parting plane may cause spalled edges in withdrawing the die casting from the die.

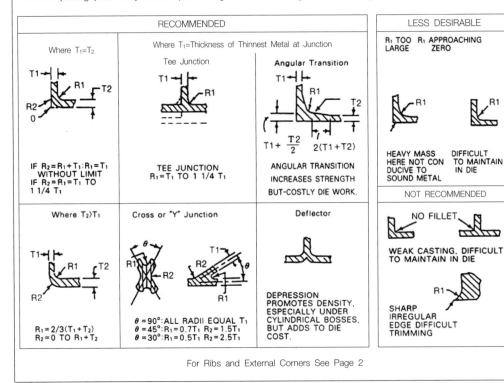

For Ribs and External Corners See Page 2

American Die Casting Institute, Inc.

2340 Des Plaines Ave.(River Rd). Des Plaines. IL 60018 · Phone 312/298-1220

PRODUCT STANDARDS FOR DIE CASTINGS	ADCI-E14-65(Page 2)	METRIC
	FILLETS, RIBS, & CORNERS (RIBS AND EXTERNAL CORNERS)	

Note-*The recommendations and notations herein represent normal production practice at the most economic level. Sharp inside surface junctions, acute corner conditions and delicate, deep and closely spaces ribs should be specified only where and when necessary since additional cost may be involved.*

FILLETS, RIBS, AND CORNERS(Page Two)

Ribs

Ribs are used to increase the stiffness of, or add strength to, a die casting and to aid in making sound die casting, Ribs are sometimes misused and can be a detriment if working stresses are concentrated by their use or if stresses at the edges of the ribs are high.

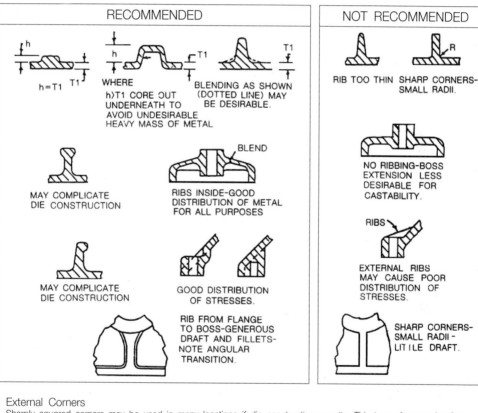

External Corners

Sharply squared corners may be used in many locations if die construction permits. This type of corner is often mandatory at parting line locations and die block intersections. Other than this, corners of die casting should have radii in order to prevent early die failure, to reduce the probability of nicking the edge of the die casting in handling, and to minimize material handling hazards for personnel.

For Fillets See Page 1 of This Standard.

American Die Casting Institute, Inc.

2340 Des Plaines Ave,(River Rd), Des Plaines, IL 60018 · Phone 312/298-1220

PRODUCT STANDARDS FOR DIE CASTINGS	ADCI-E16-65	METRIC
	LETTERING AND ORNAMENTATION	

Note-*The values shown herein represent normal production practices at the most economic level. Fine detail may involve additional casts.*

DIE CAST LETTERING & ORNAMENTATION:

Lettering, medallions, trademarks and identification symbols may be reproduced on the surfaces of die castings.
Such ornamentation may be raised or depressed, the raised being of lesser die cost and die maintenance. Raised lettering on a depressed panel, in some cases, is an economical substitute for depressed letters.

NOMENCLATURE:

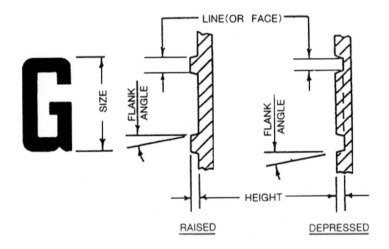

Line shall be 0.25 mm or greater.
Height shall be equal to or less than line.
Flank Angle should be 10° or greater.

American Die Casting Institute, Inc.

2340 Des Plaines Ave.(River Rd). Des Plained. IL 60018 · Phone 312/298-1220

PRODUCT STANDARDS FOR DIE CASTINGS	ADCI-E17-63T	METRIC
	PRESSURE TIGHTNESS	

Note-*Production of pressure tight die castings <u>requires a deviation from normal production practice</u>* in that pressure testing equipment and pressure testing are usually needed.

<u>Where pressure tightness is required</u>, test methods and inspection procedures <u>should be agreed upon in advance</u> between the die caster and the customer. Duplicate test fixtures and test methods are recommended wherever possible.

PRESSURE TIGHTNESS

Most die castings can be cast pressure tight, however, in some cases impregnation may be required. Consultation with the die caster in the early design stages is recommended where a requirement for pressure tightness exits in order to take advantage of the basic knowledge of the design and processing factors which will help him to cast pressure tight die castings. Important considerations relating to the economic production of pressure tight die castings include the following:

1. Design
Successful casting of pressure tight die castings requires conformance to the principles of good die casting design.
Recommendations concerning fillets, ribs and corners contained in ADCI Product Standard E15 should be followed very carefully.
Sections should be as uniform as possible.
Holes and passages requiring pressure tightness should be cored to reduce the effect of porosity.
Ample draft should be allowed in cored holes and passages which are not machined.
Heavy sections should be avoided.
Careful consideration of the factors of good design will aid in the economical casting of pressure tight die castings.

2. Machining
The nature of the die casting process is such that the outer surface of a die casting is usually dense and relatively free from porosity.
A minimum amount of machining stock should be allowed to avoid cutting deeply into a die casting where porosity may be present.
Avoid large draft angles which would require the removal of a large amount of stock from surfaces to be machined, particularly where holes are cored.
Where machining is required, both sides of the same section of a die casting should not be machined.
Where a large amount of machining must be done, impregnation probably will be required after machining.

3. Size
Larger die castings are generally more difficult to cast pressure tight die will require pressure testing by the die caster to assure adequate process control. Impregnation is more generally required for large die castings.

4. Pressure
Pressure requirements for die castings are generally in the order of 35 kPa to 100kPa.
Pressures in excess of 700 kPa will require special consideration by the die caster.

5. Alloy
Certain alloys are better for making pressure tight die castings. Reference is made to ADCI Product Standard M4 for aluminum alloys(in which comparisons are shown for pressure tightness of various aluminum alloys) to aid in the selection of the most favorable alloy.

6. Pressure Testing
Reference is made to the lst two paragraphs of ADCI Product Standard C8-56.

American Die Casting Institute, Inc.

2340 Des Plaines Ave.(River Rd). Des Plaines. IL 60018 · Phone 312/298-1220

PRODUCT STANDARDS FOR DIE CASTINGS	ADCI-E18-64T	METRIC
	SURFACE FINISH, AS CAST	

Note-*The classifications shown herein represent variations in production practice. Minimum surface finish should be specified for the most economic level. Generally, extra care in production is required for the more exacting finishes and additional cast may be involved.*

SURFACE FINISH, AS CAST

General Purpose of Standard on As Cast Surface Finish:

For some applications it is desirable to specify surface finish requirements. The purpose of this specification is to classify as cast surface finish of die castings into a series of grades so that the type of finish required may be defined in advance. These standards should be used to classify the type of finish only, and final quality standards should be agreed upon between the die caster and the customer.

AS CAST FINISH

1. Surface imperfections(cold shut, blisters, oil flow marks, surface porosity, etc.) not objectionable.

2. Some surface imperfections(cold shut, rubs, surface porosity, etc.) not objectionable.

3. Slight surface imperfections(cold shut, rubs, surface porosity, etc.), that can be removed by spot polishing, not objectionable.

4. Surface imperfections, that can be removed by automatic buffing only, not objectionable.

5. No objectionable surface imperfections that would be highlighted by electro-chemical polishing. Where surface waviness(flatness) noted by light reflection is a reason for rejection, special agreement should be reached with the die caster.

END FINISH OR USE

Surface finish of no importance.

Protective Coatings:
   Anodize(non-decorative)
   Chromate
   Heavy paint
   Matte or wrinkle finish

Decorative Coatings:
   Lacquers
   Enamels
   Plating(Al)
   Chemical Finish
   Polished Finish

Structural Parts(high stress areas).
Plating(Zn).
Electrostatic Painting.

American Die Casting Institute, Inc.

2340 Des Plaines Ave.(River Rd). Des Plained. IL 60018 · Phone 312/298-1220

CHAPTER 02

사출기의 종류와 구성

2.1 사출기의 종류(융용금속의 공급방식에 따른 분류)

다이캐스팅 사출기는 융용금속의 공급방식에 따라 ① cold chamber 방식과 ② hot chamber 방식으로 분류된다. 그 전체의 형태를 그림 2.4와 그림 2.5에서 나타내었고, 융용금속의 주입부분의 상세도를 그림 2.1~2.3에 보였다.

Cold chamber 방식은 plunger의 작동방향에 따라 수평 cold chamber 방식과 수직 cold chamber 방식으로 나누어진다. 수직 cold chamber 방식은 금형의 parting면의 방향에 따라 vertical die parting과 horizontal die parting 방식으로 분류된다.

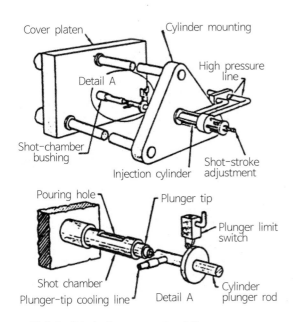

그림 2.1 Principal components of the shot end of a horizontal cold-chamber die casting machine

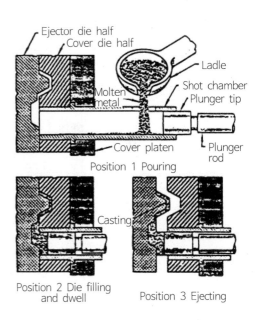

그림 2.2 Operating cycle of a horizontal cold chamber die-casting machine

분류방식을 표로 나타내면 다음과 같다.

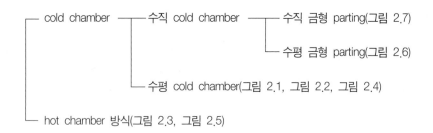

Hot chamber 방식은 주로 주석, 아연, 납 등의 저용융점을 갖는 금속의 사출에 사용되며 주조압력은 70~300 기압, 300~1,000 shots/hr의 사출속도를 갖는다.

한편 cold chamber 방식은 Al, 마그네슘, 구리합금 등의 고용융점을 갖는 합금의 사출에 사용되며 주조압력은 400~2000 기압, 100 shots/hr 정도의 사출속도를 갖는다.

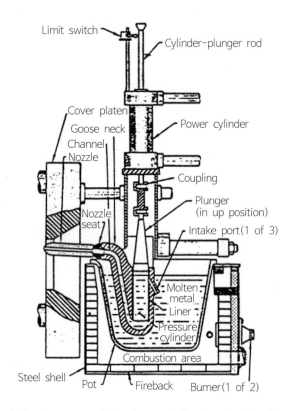

그림 2.3 Principal components of the shot end of a hot-chamber die-casting machine

2.1.1 Hot Chamber 방식

Goose neck(압력 cylinder와 plunger를 포함)이 융용금속 속에 담겨 있으므로 융용금속의 온도와 동일하다.

이러한 구성에서는 금속이 최소의 시간과 최소의 온도감소로 금형으로 사출된다. 그림 2.3에서 보는 바와 같이 plunger의 위치가 올라가 있을 때는 압력 실린더의 입구를 통해 융용금속이 실린더 내부로 들어간다.

금형이 닫히고 power cylinder가 plunger에 압력을 전달한다. plunger가 cylinder 입구를 지나면 융용금속은 goose neck를 통해 금형 cavity 내부로 들어간다.

금속이 굳으면 power cylinder는 plunger를 위로 당기고 cylinder 내부는 융용금속으로 채워져 다음 cycle이 준비된다.

2.1.2 수평 Cold Chamber 방식

용해로에서 가열, 융용된 금속을 국자로 퍼서 사출실에 부어넣은 상태에서는 가열되지 않고 plunger tip은 과열을 피하기 위해 냉각수를 흘려 냉각한다. 금속을 부어넣기 쉽게 사출실은 수평으로 놓여 있고 pouring hole은 사출실의 상측에 있다. 그림 2.3에 사출동작과정을 보였다. 이 방식의 장점은 사출실이 융용금속에 잠겨 있지 않으므로 비교적 기계의 침식이 작으며 사출압력이 높다는 것이다.

반면 단점으로는 ① 금속을 공급하여 주는 보조장치가 필요한 것이고 ② hot chamber 보다 cycle time이 길며 ③ 금속을 충분히 가열해야 하므로 과열로 인한 금속손상의 가능성이 있다는 것이다. 사출실과 plunger tip의 크기는 사출시 필요한 금속량으로 결정된다. 사출실이 너무 크면 공기가 휩쓸려 들어갈 우려가 있고 사출실이 너무 작으면 금속이 충분치 못하여 미성형되거나 pouring hole로 튀어나올 우려가 있다. 사출기를 설치시 plunger tip이 진행하면서 바로 pouring hole을 막도록 조정해야 한다. 대부분 pouring hole이 막힐 때까지는 plunger가 천천히 움직이다가 막힌 후에는 급격히 움직여서 금속을 분사시켜 넣는다.

최적의 plunger 속도는 사출금속의 종류, 제품의 크기, 형태, gate와 runner의 설계에 따라 달라진다.

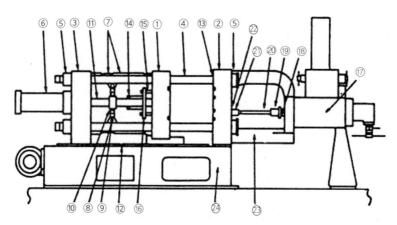

① 가동판	② 고정판	③ 링크하우징	④ Tie Bar
⑤ Tie Bar Nut	⑥ 금형닫음 Cylinder	⑦ 링크	⑧ Toggle Pin
⑨ Toggle Pin Bush	⑩ 크로스 헤드	⑪ Guide Bar	⑫ 윤활유
⑬ T 홈	⑭ Ejector Cylinder	⑮ Ejector Rod	⑯ Ejector Plate
⑰ 사출 Cylinder	⑱ 사출 Piston Rod	⑲ Plunger Rod Coupling	⑳ Plunger Rod
㉑ Plunger Tip	㉒ Sleeve	㉓ 사출 Tie Bar	㉔ Base Frame

그림 2.4 Cold Chamber 사출기의 예

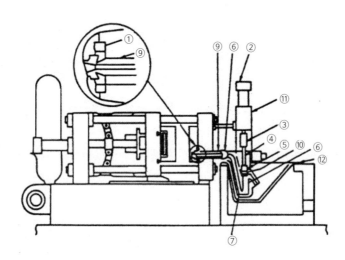

① Locate Ring	② 사출 Cylinder	③ Plunger Rod Coupling
④ Plunger Rod	⑤ Plunger Tip	⑥ Sleeve
⑦ Goose Neck		⑨ Nozzle
⑩ Plunger Ring	⑪ Yoke	⑫ Melting Pot

그림 2.5 Hot Chamber 사출기의 예

2.1.3 수직 Cold Chamber 방식

1) 수평 금형 Parting 방식

위에서 설명한 바와 같이 수직 cold chamber 방식에는 금형 parting면의 방향에 따라 수직 금형 parting과 수평금형 parting으로 나뉘며, 그중 일반적인 형식이 수평 금형 parting방식으로 그림 2.6에 그 주요부분을 나타냈다. 이 방식에서는 금속이 금형 아래쪽에서 사출된다. 금형 내부의 공기가 뽑혀 나가고 용용금속이 사출실로 빨려 들어간다. 이 상태에서 plunger가 위로 움직이면 금속이 금형내부로 밀려 들어간다.

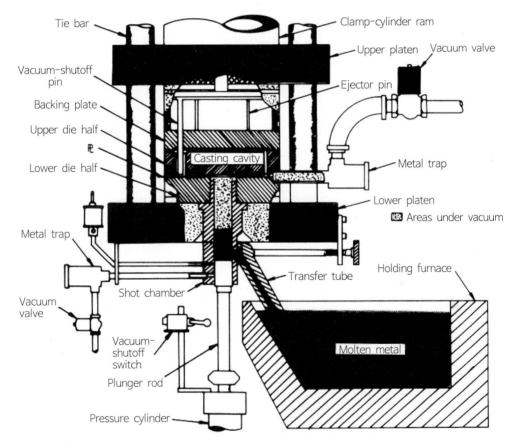

그림 2.6 Principal components of a vertical cold-chamber die-casting machine with the die parting line in the horizontal plane

2) 수직 금형 Parting 방식

수직 금형 parting 방식을 그림 2.7에 보였다. 그림에서와 같이 수직 사출실은 곧바로 금형의 상판과 연결되어 있다. 융용금속을 사출실에 부어넣을 때는 유압으로 작동하는 lower plunger가 수직 cold chamber의 bushing(부싱) 구멍을 막고 있다. upper plunger가 아래로 움직임에 따라 lower plunger가 아래로 밀리고 bushing 구멍이 열리면서 금속이 금형내부를 채운다. 이 장치의 단점은 plunger가 2개이므로 유지보수작업이 빈번하다는 것이다.

수직 cold chamber 방식의 장점은 cold chamber가 수직이라는데 있다. 수직 chamber에서는 plunger가 진행함에 따라 융용금속이 뭉쳐서 다니므로 난류를 방지하고 제품상에 기포형성을 방지한다.

일반적으로 수직 chamber 방식은 수평방식에서 제품을 만들 수 없는 경우에 사용한다. 고밀도가 요구되거나 insert가 있거나 중앙 gate가 유리한 경우에 사용된다. 전형적인 경우가 전기다리미의 바닥판이다. 이 제품은 밑면의 가공후 거울면을 가져야 하며 발열체가 insert된다. 또한 바퀴나 송풍기의 impeller와 같이 중앙 gate가 필요한 곳에도 많이 적용된다.

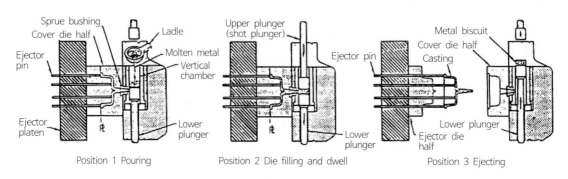

그림 2.7 Operating cycle of a vertical cold-chamber
die-casting machine with vertical die parting

2.2 사출기의 구성

앞에서 살펴본 바와 같이 사출기는 여러 부분으로 구성되며 구성별로 좀더 상세히 살펴보면 다음과 같다.

2.2.1 사출-압력 System

사출 system은 유압 또는 공압을 사용하다. 유압 system인 경우 주로 vane pump와 gas-oil accumulator가 사용된다. accumulator 사용으로 pump 용량을 줄일 수 있다.

2.2.2 Die Clamping System

금형의 상·하판은 사출시 parting line으로 융용금속이 새어나오지 않도록 clamp해야 한다. 사출기계의 호칭단위를 이 clamping 힘으로 호칭한다.

이를 테면 400ton 사출기란 금형의 상·하판을 밀착시키는 clamping 힘이 400ton이라는 뜻이다. clamping system은 2개의 고정판, 1개의 가동판, 4개의 정밀한 tie bar와 locking mechanism으로 구성된다.

2.2.3 Die Locking Mechanism

Die clamping system의 일부로서 locking 방식에는 ① toggle식 ② 유압식 ③ wedge식 ④ 이상의 방법을 복합한 combination식이 있다.

여기서는 유압-toggle combination식과 유압-wedge 복합식에 대해 설명한다. 유압-toggle combination 방식을 그림 2.8에 보였다. 링크 system의 장점을 최대한 이용한 것으로 작동은 유압 실린더로 한다. 외측의 link pin 3개가 일직선이 되고 cross head link가 그와 수직할 때 금형 체결력이 최대가 되며 locking된다.

그림 2.9는 유압-wedge locking mechanism을 보였다. 3개의 유압 실린더가 사용되며 그 중 2개는 금형의 상·하판을 locking하기 위한 것이고, 나머지 1개는 열려진 금형이 닫힐 때까지 움직여서 wedge cylinder가 동작 가능한 위치까지 wear plate를 움직여 주기 위한 것이다. locked position에서 wedge가 wear plate를 눌러 locking력을 크게 한다. wedge 각도, cylinder 직경, pump 압력에 의해 locking력이 결정된다.

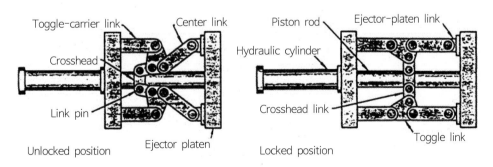

그림 2.8 Die-locking system that combines a hydraulic-cylinder stroke and dual toggle action to develop the locking force

2.2.4 Ejection System

금형물의 냉각, 응고 후 금형으로부터 분리, 취출하는 기구이다. 보통 die casting 금형 내부에 기계적 동작에 의해 eject하는 부분을 갖는다.

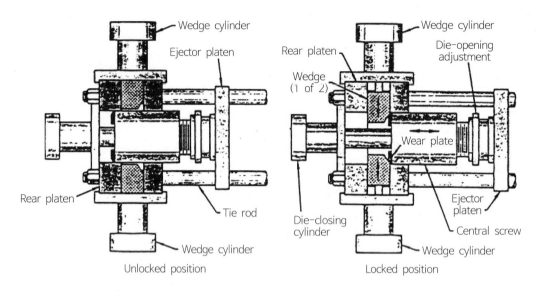

그림 2.9 Die-locking system that combines a hydraulic-cylinder stroke
and dual wedge action to develop the locking force

이 eject mechanism의 구동원은 ① 기계적인 knock-out plate ② rack and pinion 또는 ③ 유압실린더 등일 수 있다.

기계적인 knock-out plate system은 그림 2.10 (a)에서 보는 바와 같이 금형이 열릴 때 사출기의 knock-out plate에 금형의 knock-out pin이 부딪치게 되면 ejector pin plate로 운동이 전달된다. 계속하여 금형하판이 이동하면 ejector pin plate 상에 설치된 ejector pin이 제품을 eject하게 된다. 금형이 닫힐 때는 safety pin이 금형상판의 parting line에 닿으면서 원래의 위치를 찾게 된다.

그림 2.10 (b)는 유압 cylinder system을 보였다. 금형하판의 뒷면에 유압 실린더가 부착되어 ejector pin plate를 거쳐 pin을 구동할 수 있다. 이 방법의 장점은 유압 실린더의 구동에 의해 ejector pin을 원위치할 수 있는 것이다.

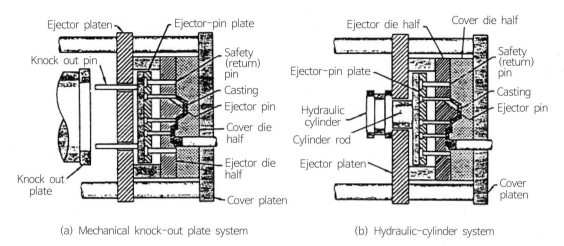

(a) Mechanical knock-out plate system (b) Hydraulic-cylinder system

그림 2.10 Two types of systems used for ejecting castings from a die

2.3 사출기의 선정

사용금속의 용융점에 따라 hot chamber 또는 cold chamber 방식을 결정한다.

납, 주석, 아연 합금과 같은 저용용점을 갖는 금속을 사출할 때는 hot chamber 방식을 채택한다. cold chamber 방식에는 모든 다이캐스팅 재료를 사출할 수 있지만 보통 알루미늄, 마그네슘, 구리합금 등의 경우에 이용한다. 그 외에 clamping force, 금형 개폐 행정거리, 사출 stroke, 최대사출압력, 금형의 크기, tie bar의 간격, 전반적 size, 비용 등을 고려해야 한다. 작업이 가능한 범위에서 크기가 작은 사출기를 선택하는 것이 유리한다. 작을수록 cycle time이 비례하여 빨라지며 시간당 비용이 싸진다.

2.4 기타 사출보조장치

다이캐스팅 기계에는 작업자의 안전 확보 또는 생산성 향상, 불량품 감소를 목적으로 보조장치를 사용한다. 여기에서 ① casting을 금형으로부터 제거, 운반하는 장치 ② 금속 이동, 공급장치 등이 있다.

알루미늄 다이캐스팅 재료

3.1 알루미늄 재료의 특징

알루미늄은 지각에 존재하는 금속재료 중 가장 풍부히 존재한다. 1886년 경제적인 알루미늄 제련법이 개발되기 전까지는 금속형태의 알루미늄을 얻기가 힘들었다.

그 이후 알루미늄의 수요가 급격히 늘어 현재 철에 이어 두 번째로 많이 쓰이는 금속 재료가 되었다.

알루미늄의 첫 번째 특징은 그 무게가 가볍다는 것이다. 비중이 2.7로 강의 7.9에 비하면 1/3에 불과하다. 그 이외의 특징을 들면 다음과 같다.

① 성형성

알려진 금속성형공정을 거의 모두 사용할 수 있다. 660℃ 정도의 낮은 용용점을 가지므로 주조가 쉽다. 반면 250℃ 이상의 고온에서는 사용이 제한된다.

② 기계적 특성

합금으로 만들면 강도가 향상되어 연철의 2배 정도의 강도를 얻는다.

③ 저온특성

대부분의 금속은 저온에서 취성이 생기나 알루미늄은 인성이 유리하므로 저온환경에서 사용되는 경우가 많다.

④ 내부식성

대기, 식품, 화학물질에 의한 부식에 뛰어난 저항성을 갖는다.

⑤ 높은 전기, 열전도도

단위체적당 알루미늄의 전기전도도는 구리의 60% 정도이나 단위 무게당 전기전도도는 구리보다 높다.

⑥ 반사성

표면처리에 의해 우수한 반사체가 되며 산화로 인한 열화가 없다.

⑦ 후처리성

다른 금속보다 후처리 공정이 다양하다.

3.2 알루미늄 재료의 분류

알루미늄의 강도, 주조성, 가공성 등을 향상시킬 목적으로 합금의 형태로 사용되며 이는 순수 알루미늄보다 훨씬 광범위하게 사용된다. 주된 합금 첨가물은 구리, 망간, 실리콘, 마그네슘, 아연 등이고 야금학적 목적으로 다른 원소들이 소량 첨가된다.

상용목적으로 개발된 알루미늄 합금은 수백종에 이르기 때문에 aluminum association(AA)에서는 체계적 분류방식을 만들었다.

첫째, 알루미늄 합금은 사용형태에 따라 주조용과 가공용의 2가지로 나눈다. 가공용 알루미늄은 rolling, drawing, 단조 및 다른 특별한 공정으로 성형되므로 광범위하다.

주조용 알루미늄은 용용된 상태로 주형에 주입된 후 응고하여 원하는 형태로 만든다.

가공용과 주조용은 성분이 아주 다르며 가공용은 제조과정 동안 인성을 유지해야 하는 반면 주조용은 주조성을 위해 유동성이 있어야 한다.

알루미늄 합금은 부여된 번호로 구분되며 가공용은 4자리의 숫자로 구성되고 주조용은 3자리 숫자와 소수점 아래 1자리 숫자로 구성된다.

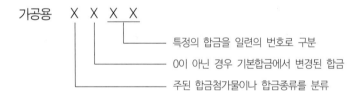

※ 1XXX series에서는 예외로서, 이 경우 마지막 2 숫자는 최소한의 알루미늄 성분을 나타낸다. 예를 들면, 1060은 적어도 99.60% 이상의 순수 알루미늄을 뜻한다.

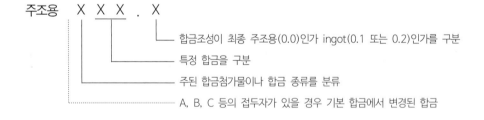

표 3.1 Designation System for Wrought Aluminum Alloys

Alloy Series	Description or Major Alloying Element
1xxx	99.00% minimum aluminum
2xxx	Copper
3xxx	Manganese
4xxx	Silicon
5xxx	Magnesium
6xxx	Magnesium and silicon
7xxx	Zinc
8xxx	Other element
9xxx	Unused series

표 3.2 Designation System for Cast Aluminum Alloys

Alloy Series	Description or Major Alloying Element
1xx.x	99.00% minimum aluminum
2xx.x	Copper
3xx.x	Silicon plus copper and/or magnesium
4xx.x	Silicon
5xx.x	Magnesium
6xx.x	Unused series
7xx.x	Zinc
8xx.x	Tin
9xx.x	Other element

3.3 야금학적 상태의 분류

알루미늄 합금의 상태를 기술하는 데는 야금학적 상태가 포함되어야 한다. 야금학적 상태를 기술하는 방법체계는 유일하게 알루미늄 합금에서만 존재하며 AA가 개발했다.

이 방법은 가공용, 주조용 알루미늄 합금 모두에 적용된다. 상태 표시는 합금번호 다음에 " "으로 연결한다. 그 기본상태 분류는 다음과 같다.

F-As-Fabricated. Applies to the products of shaping processes in which no special control over thermal conditions or strain hardening is employed. For wrought products there are no mechanical property limits. O-Annealed. Applies to wrought products that are annealed to obtain the lowest strength temper, and to cast products that are annealed to improve ductility and dimensional stability. The O may be followed by a digit other than zero.

H-Strain-Hardened (Wrought Products Only). Applies to products that have their strength increased by strain hardening, with or without supplementary thermal treatments to produce some reduction in strength. The H is always followed by two or more digits.

W-Solution Heat Treated. An unstable temper applicable only to alloys that spontaneously age at room temperature after solution heat treatment. This designation is specific only when the period of natural aging is indicated; for example: W 1/2 hr.

T-Thermally Treated to Produce Stable Tempers Other than F, O, or H. Applies to products that are thermally treated, with or without supplementary strain hardening, to produce stable tempers. The T is always followed by one or more digits. (See Table 3.3 and 3.4)

표 3.3 Subdivisions of H Temper: Strain Hardened

First digit indicates basic operations:
    H1-Strain hardened only
    H2-Strain hardened and partially annealed
    H3-Strain hardened and stabilized

Second digit indicates degree of strain hardening
    HX2-Quarter hard
    HX4-Half hard
    HX8-Full hard
    HX9-Extra hard

표 3.4 Subdivisions of T Temper: Thermally Treated

First digit indicates specific sequence of treatments:
  T1-Cooled from an elevated-temperature shaping process and naturally aged to a substantially stable condition
  T2-Cooled from an elevated-temperature shaping process, cold worked, and naturally aged to a substantially stable condition
  T3-Solution heat-treated, cold worked, and naturally aged to a substantially stable condition
  T4-Solution heat-treated, and naturally aged to a substantially stable condition
  T5-Cooled from an elevated-temperature shaping process and then artificially aged
  T6-Solution heat-treated and then artificially aged
  T7-Solution heat-treated and overaged/stabilized
  T8-Solution heat-treated, cold worked, and then artificially aged
  T9-Solution heat-treated, artificially aged, and then cold worked
  T10-Cooled from an elevated-temperature shaping process, cold worked, and then artificially aged
Second digit indicates variation in basic treatment:
Examples:
T42 or T62-Heat treated to temper by user
Additional digits indicate stress relief:
Examples:
TX51 or TXX51-Stress relieved by stretching
TX52 or TXX52-Stress relieved by compressing
TX54 or TXX54-Stress relieved by combination of stretching and compressing

3.4 알루미늄 합금의 Die Cast성

Die cast성이란 일반 주물의 주조성에 해당하는 것으로 다음의 조건을 충족해야 한다.
① 융용점이 낮을 것이 요구되며, 이 경우 금형온도와 차가 작아 냉각률이 작다.
② cavity 내의 충전능력을 향상시키기 위해 흐름을 좋게 할 것이 요구된다.
③ 수축이 작을 것 : Mg은 수축을 크게 하고 Fe, Ti, Ni, Si는 수축을 작게 한다.
④ 급냉시 고온균열을 방지하기 위해 열팽창계수가 작아야 한다.
⑤ 금형에 달라붙지 않을 것 : Fe이 이용된다.
⑥ 금속이 산화성이 크면 탕류를 나쁘게 하고 산화물은 제품의 주조결함을 일으키므로 산화가 잘 일어나지 않아야 한다.
⑦ 응고시 수축이 작아야 한다.

3.5 Die Casting 합금의 종류별 특징

Die casting 합금도 여러 종류로 분류되며 각기 특징이 있으므로 제품설계시 적절한 합금을 선정해야 한다. 그 종류 및 특징은 다음과 같다.

(1) ALDC1(Al-Si계)

정밀 복잡하고 얇은 살두께의 제품, 강도보다는 내식성이 요구되는 곳에 사용된다. 광학부품, 항공부품, 전기장치부품 등에 사용된다.

(2) ALDC2(Al-Si-Mg계)

내식성, 내압성 특히 인장강도, 신율, 내충격성이 우수하다.

(3) ALDC3, 4(Al-Mg계)

내식성이 아주 우수하다. 적당한 강도, 높은 신율을 가지나 열간균열, 유동성, 주조성은 다른 금속보다 나빠 깨어짐, 흐름 불량 발생 우려가 있다. 재료가 금형에 달라붙기 쉬워 생산성 및 금형수명을 저하한다.

(4) ALDC7, 8(Al-Si-Cu계)

Cu 첨가로 기계적 성질이 향상된다. ALDC8종은 주조성을 향상하기 위해 Si 첨가함. 주조성이 양호하므로 생산성 높고 기계적 성질, 내압성이 우수하며 die casting의 표준합금용으로 사용된다.

3.6 합금 규격별 비교 Table(표)

| KS | JIS H 5302 (1976) | AA (1973) | FS QQ-A-59 1E | ASTM | | SAE J 453 C (1973) | ISO R 164 (1960) | NF A 57-703 (1970) | BS 1490 (1970) | DIN 1725 (1973) |
				B85 (1973)	B85 (1972)					
ALDC1	ADC 1	A 413.0	A 413.0	A 413.0	S 12A	305	Al-Si 12 CuFe	A-S 12-Y4	LM 20	GD-AlSi 12(Cu)
ALDC2	ADC 3	A 360.0	A 360.0	A 360.0	SG 100A	309	–	A-S9G-Y4	–	GD-AlSi 10Mg(Cu)
ALDC3	ADC 5	518.0	518.0	518.0	G 8A	–	Al-Mg 6 Fe	A-G6-Y4	–	GD-AlMg 9
ALDC4	ADC 6	L 514.0	–	–	–	–	Al-Mg 3	–	–	–
ALDC7	ADC 10	A 380.0	A 380.0	A 380.0	SC 84A	306	Al-Si 8 Cu 3 Fe	A-S9U3-Y4	LM 24	GD-AlSi 8 Cu 3
ALDC8	ADC 12	383.0	–	383.0	SC 102A	–	–	–	LM 2	–
		384.0		384.0	SC 114A					

3.7 알루미늄 합금 불순물 영향

(1) 규소

유동성을 증가하며 응고잠열, 응고수축, 열팽창계수는 작아져 diecast성을 향상시키는 반면 절삭성을 저하한다.

(2) 동

기계적 성질, 절삭성, 연마성을 향상시킨다.

주조성은 떨어지나 고온 강도가 강하다.

(3) Mg

내식성, 전기도금성, 양극피막성이 향상된다.

T4 열처리로 경도는 증가하나 저온취성을 주어 신율, 충격치를 저하한다.

(4) Fe

금형고착을 방지하므로 어느 정도는 필요하다.

경도 증가, 신율, 충격치 감소, 규격범위 내에서 기계적 성질에 거의 영향이 없다.

Cast Aluminum

Designations and nominal compositions of commom aluminum alloys used for casting

Alloys				Composition, %				
AA number	Former AA designaton	Former ASTM number	Product (a)	Cu	Mg	Mn	Si	Others
201.0 ······	····	····	S	4.6	0.35	0.35	····	0.7 Ag, 0.25 Ti
206.0 ······	····	····	S or P	4.6	0.25	0.35	0.10(b)	0.22 Ti, 0.15 Fe(b)
A206.0 ····	····	····	S or P	4.6	0.25	0.35	0.50(b)	0.22 Ti, 0.10 Fe(b)
208.0 ······	108	CS43A	S	4.0	····	····	3.0	····
242.0 ······	142	CN42A	S or P	4.0	1.5	····	····	2.0 Ni
295.0 ······	195	C4A	S	4.5	····	····	0.8	····
296.0 ······	B295.0, B195	····	P	4.5	····	····	2.5	····
308.0 ······	A108	SC64A	S or P	4.5	····	····	5.5	····
319.0 ······	319, Allcast	SC64D	S or P	3.5	····	····	6.0	····
336.0 ······	A332.0, A132	SN122A	P	1.0	1.0	····	12.0	2.5 Ni
354.0 ······	354	SC92A	P	1.8	0.50	····	9.0	····
355.0 ······	355	SC51A	S or P	1.2	0.50	0.50(b)	5.0	0.6 Fe(b), 0.35 Zn(b)
C355.0 ····	C355	SC51B	S or P	1.2	0.50	0.10(b)	5.0	0.20 Fe(b), 0.10 Zn(b)
356.0 ······	356	SG70A	S or P	0.25(b)	0.32	0.35(b)	7.0	0.6 Fe(b), 0.35 Zn(b)
A356.0 ····	A356	SG70B	S or P	0.20(b)	0.35	0.10(b)	7.0	0.20 Fe(b), 0.10 Zn(b)
357.0 ······	357	····	S or P	····	0.50	····	7.0	····
A357.0 ····	A357	····	S or P	····	0.6	····	7.0	0.15 Ti, 0.005 Be
359.0 ······	359	SG91A	S or P	····	0.6	····	9.0	····
360.0 ······	360	SG100B	D	····	0.50	····	9.5	2.0 Fe(b)
A360.0 ····	A360	SG100A	D	····	0.50	····	9.5	1.3 Fe(b)
380.0 ······	380	SC84B	D	3.5	····	····	8.5	2.0 Fe(b)
A380.0 ····	A380	SG84A	D	3.5	····	····	8.5	1.3 Fe(b)
383.0 ······	····	SC102A	D	2.5	····	····	10.5	····
384.0 ······	384	SC114A	D	3.8	····	····	11.2	3.0 Zn(b)
A384.0 ····	384	SC114A	D	3.8	····	····	11.2	1.0 Zn(b)
390.0 ······	390	····	D	4.5	0.6	····	17.0	1.3 Zn(b)
A390.0 ····	A390	····	S or P	4.5	0.6	····	17.0	0.5 Zn(b)
413.0 ······	13	S12B	D	····	····	····	12.0	2.0 Fe(b)
A413.0 ····	A13	S12A	D	····	····	····	12.0	1.3 Fe(b)
4430 ······	43	S5B	S	0.6(b)	····	····	5.2	····
A443.0 ····	43	····	S	0.30(b)	····	····	5.2	····
B443.0 ····	43	S5A	S or P	0.15(b)	····	····	5.2	····
C443.0 ····	A43	S5C	D	0.6(b)	····	····	5.2	2.0 Fe(b)
514.0 ······	214	G4A	S	····	4.0	····	····	····
518.0 ······	218	G8A	D	····	8.0	····	····	····
520.0 ······	220	G10A	S	····	10.0	····	····	····
535.0 ······	Almag 35	GM70B	S	····	6.8	0.18	····	0.18 Ti
A535.0 ····	A215	····	S	····	7.0	0.18	····	····
B535.0 ····	B218	····	S	····	7.0	····	····	0.18 Ti
712.0 ······	D712.0, D612, 40E	ZG61A	S or P	····	0.6	····	····	5.8 Zn, 0.5 Cr, 0.20 Ti
713.0 ······	613, Tenzaloy	ZC81A, B	S or P	0.7	0.35	····	····	7.5 Zn, 0.7 Cu
771.0 ······	Precedent 71A	ZG71B	S	····	0.9	····	····	7.0 Zn, 0.13 Cr, 0.15 Ti
850.0 ······	750	····	S or P	1.0	····	····	····	6.2 Sn, 1.0 Ni

(a) S = sand casting, P=permanent mold casting, D=die casting (b) Maximum

Characteristics of common aluminum alloys used in sand permanent mold castings(a) (b)

Alloy	Type of mold(c)	Fluidity	Resis- tance to hot cracking	Pressure tightness	Heat treat- ment	Strength at elevated temper- atures	General corrosion resist- ance	Machi- ning	Polishing	Anodi- zing Appear- ance
208.0···	S	2	2	2	Optional	3	4	3	3	3
213.0···	P	2	3	3	No	3	4	2	2	3
222.0···	S or P	3	3	3	Yes	1	4	1	2	3
242.0···	S or P	3	4	4	Yes	1	4	2	2	3
295.0···	S	3	4	4	Yes	3	4	2	2	2
296.0···	P	3	4	3	Yes	2	4	3	2	3
308.0···	P	2	2	2	No	3	3	3	3	4
319.0···	S or P	2	2	2	Optional	3	3	3	4	4
328.0···	S	1	1	2	Optional	2	3	3	3	4
332.0···	P	1	2	2	Yes	1	3	4	4	4
333.0···	P	1	2	2	Yes	2	3	3	3	4
336.0···	P	1	2	2	Yes	1	3	4	4	4
354.0···	P	1	1	1	Yes	2	3	4	4	4
355.0···	S or P	1	1	1	Yes	2	3	3	3	4
C355.0···	S or P	1	1	1	Yes	2	3	3	3	4
356.0···	S or P	1	1	1	Yes	3	2	3	4	4
A356.0···	S or P	1	1	1	Yes	3	2	3	4	4
357.0···	S or P	1	1	1	Yes	3	2	3	4	4
A357.0···	S or P	1	1	1	Yes	2	2	3	4	4
359.0···	S or P	1	2	2	Yes	2	2	4	4	4
B443.0···	S or P	1	1	1	No	4	2	5	4	4
512.0···	S	3	3	4	No	3	1	2	2	2
513.0···	P	4	4	4	No	3	1	1	1	1
514.0···	S	4	4	5	No	3	1	1	1	1
520.0···	S	4	4	5	Yes	5	1	1	1	1
535.0···	S	5	4	5	Optional	3	1	1	1	1
705.0···	S or P	4	4	4	No	4	2	1	2	2
707.0···	S or P	4	4	4	No	4	2	1	2	2
710.0···	S	4	5	4	No	4	4	1	2	2
711.0···	S	3	5	4	No	4	3	1	2	2
713.0···	S or P	3	4	4	No	4	3	1	1	1
771.0···	S	3	4	4	Yes	4	3	1	1	1
850.0···	S or P	4	5	5	Yes	5	4	1	3	···
851.0···	S or P	4	5	5	Yes	5	4	1	3	···
852.0···	S or P	4	5	5	Yes	5	4	1	3	···

(a) From Standards for Aluminum Sand and Permanent Mold Castings. The Aluminum Association. 1977
(b) Characteristics are comparatively rated from 1 to 5.1 the highest or best : possible rating (c) S=sand P=permanent

Characteristics of aluminum die casting alloys(a)

Alloy	Approximate melting temperature C	Hot crack-ing	Resistance to : Die solde-ring	Corro-sion	Die filling capacity	Machi-ning	Polish-ing	Electro-plating	Anod-ized Appea-rance	Surface Prote-ction	Elevated tempe-rature stre-ngth	Pres-sure tightn-ess
360.0···	557.596	1	2	2	3	3	3	2	3	3	1	2
A360.0···	557.596	1	2	2	3	3	3	2	3	3	1	2
380.0···	538.593	2	1	4	2	3	3	1	3	4	3	2
A380.0···	583.593	2	1	4	2	3	3	1	3	4	3	2
383.0···	516.582	1	2	3	1	2	3	1	3	4	2	2
384.0···	516.582	2	2	5	1	3	3	2	4	5	2	2
413.0···	574.552	1	1	2	1	4	5	3	5	3	3	1
A413.0···	574.532	1	1	2	1	4	5	3	5	3	3	1
C443.0···	574.632	3	4	2	4	5	4	2	2	2	5	3
518.0···	535.621	5	5	1	5	1	1	5	1	1	4	5

(a) From ASTM B85. Resistive rating of die casting alloys from 1 to 5.1 is the highest or best possible rating A rating of 5 in one or more categories does not alloy out of commercial use if other attributes are favorable. however ratings of 5 may present manufacturing difficulties.

Factors affecting selection of casting process for aluminum alloys

Factor	Casting process		
	Sand casting	Permanent mold casting	Die casting
Cost of equipment ··········	Lowest cost if only a few items required	Less than die casting	Highest
Casting rate ·····················	Lowest rate	11 kgf/h(25 lb/h) Common: higher rates possible	4.5 kgf/h(10 lb/h)common: 45 kgf/h(100 lb/h)possible
Size of casting ················	Largest of any casting method	Limited by size of machine	Limited by size of machine
External and internal shape ····························	Best suited for complex shapes where coring required	Simple sand cores can be used, but more difficult to insert than in sand casting	Cores must be able to be pulled because they are metal : undercuts can be formed only by coilapsing cores only by coilapsing cores or loose pieces
Minimum wall thickness ························	3.0 · 5.0 mm(0.125 · 0.200 in.) required; 4.0 mm (0.150 in.) normal	3.0 · 5.0 mm(0.125 · 0.200 in.) required; 3.5 mm (0.140 in.) normal	1.0 · 2.5 mm (0.100 · 0.040 in.); depends on casting size

| Factor | Casting process | | |
	Sand casting	Permanent mold casting	Die casting
Type of cores ················	Complex backed sand cores can be used	Reusable cores can be made of steel, or nonreusable backed cores can be used	Steel cores: must be simple and straight so they can be pulled
Tolerance obtainable ········	Poorest: best linear tolerance is 300 mm/m (300mils/in.)	Best linear tolerance is 10 mm/m (10 mils/in.)	Best linear tolerance is 4 mm/m (4 mils/in.)
Surface finish ···················	6.5 · 12.5 μm (250 · 500 μin.)	4.0 · 10μm (150 · 400 μin.)	1.5μm(50 μin. best finish of the three casting processes
Gas porosity ·····················	Lowest porosity possible with good technique	Best pressure tightness; low porosity possible with good technique	Porosity may be present
Cooling rate ·····················	0.1 · 0.5 Cs (0.2 · 0.9 Fs)	0.3 · 1.0 Cs (0.5 · 1.8 Fs)	50 · 500 Cs (90 · 900 Fs)
Grain size ·························	Coarse	Fine	Very fine on surface
Strength ····························	Lowest	Excellent	Highest. usually used in the "as cast" condition
Fatigue properties ············	Good	Good	Excellent
Wear resistances ··············	Good	Good	Excellent
Overall quality ···················	Depends on foundry technique	Highest quality	Tolerance and repeatability very good
Remarks ···························	Very versatile as to size, shape internal configurations		Excellent for fast production rates

Typical tensile properties for separately cast test bars of
common aluminum casting alloys

Alloy	Product (a)	Temper	Alloy	Product (a)	Temper
201.0 ··············	S	T4		P	T51
	S	T6		P	T6
	S	T7		P	T62
206.0 A206.0 ·····	S	T7		P	T7
206.0 ··············	S	F		P	T71
242.0 ··············	S	T21	356.0 ··············	S	T51
	S	T571		S	T6
	S	T77		S	T7
	P	T571		S	T71
	P	T61		P	T6
295.0 ··············	S	T4		P	T7
	S	T6	357.0 A357.0 ····	S	T62
	S	T62	359.0 ··············	P	T61
296.0 ··············	P	T4			T62
	P	T6	360.0 ··············	D	F
	P	T7	A360.0 ··············	D	F
308.0 ··············	P	F	380.0 ··············	D	F
319.0 ··············	S	F	383.0 ··············	D	F
	S	T6	364.0, A364.0 ···	D	F
	P	F	390.0 ··············	D	F
	P	T6		D	T5
336.0 ··············	P	T551	A390.0 ··············	S	F, T5
	P	T65		S	T6
354.0 ··············	P	T61		S	T7
355.0 ··············	S	T51		P	F, T5
	S	T6		P	T6
	S	T61		P	T7
	S	T7	413.0 ··············	D	F
	S	T71	A413.0 ··············	D	F

Typical tensile properties for separately cast test bars of
common aluminum casting alloys(continued)

Alloy	Product (a)	Temper	Tensile Strength		Yield strength (b)		Elongation (c)
			MPa	psi	MPa	psi	%
443.0 ··············	S	F	130	19	55	8	8.0
B443.0 ··············	P	F	159	23	62	9	10.0
C443.0 ··············	D	F	228	33	110	16	9.0
514.0 ··············	S	F	170	25	85	12	9.0
518.0 ··············	D	F	310	45	190	28	5.0 · 8.0
520.0 ··············	S	T4	330	48	180	26	16
535.0 ··············	S	F	275	40	140	20	13
712.0 ··············	S	F	240	35	170	25	5.0
713.0 ··············	S	T5	210	30	150	22	3.0
	P	T5	220	32	150	22	4.0
771.0 ··············	S	T6	345	50	275	40	9.0
850.0 ··············	P	T5	160	23	75	11	10.0

(a) S=sand casting, P=permanent mold casting, D=die casting (b) 0.2% offset (c) With 12.7mm (1/2in) diam. specimen

한국공업규격
KOREAN INDUSTRIAL STANDARDS　**KS D 2331**

제　정　1970-10-31

다이캐스팅용 알루미늄 합금 지금

개　정　1979-06-15

Aluminum Base Alloys in Ingot for Die Casting

1. 적용 범위　이 규격은 다이캐스트용으로 사용하는 알루미늄 합금 지금(이하 지금이라 한다)에 대하여 규정한다.

2. 종　류　지금은 화학 성분에 따라 부표와 같이 6종류로 분류한다.

3. 제조 방법　지금의 제조에 쓰이는 원료 알루미늄은 KS D 2304(알루미늄 지금) 2종(99.5% A1 이상) 이상의 순도이어야 한다.

4. 품　질

4.1 지금은 품질이 균일하고 표면이 깨끗하며 해로운 용제나 기타 다른 품질이 없어야 한다.

4.2 화학 성분은 부표에 따른다.

5. 시　험　화학 분석 시험은 다음 규정에 따른다.

KS D 1851 (알루미늄 및 알루미늄 합금 분석 방법 통칙)

KS D 1863 (알루미늄 및 알루미늄의 규소 분석 방법)

KS D 1864 (알루미늄 및 알루미늄의 철 분석 방법)

KS D 1865 (알루미늄 및 알루미늄의 구리 분석 방법)

KS D 1866 (알루미늄 및 알루미늄의 망간 분석 방법)

KS D 1868 (알루미늄 및 알루미늄의 마그네슘 분석 방법)

KS D 1869 (알루미늄 및 알루미늄의 아연 분석 방법)

KS D 1871 (알루미늄 및 알루미늄의 니켈 분석 방법)

6. 검　사

6.1 분석 시료 채취 방법은 지금을 주입할 때 분석 시료를 채취할 경우에는 매용해마다 3개 이상의 주입시료를 취한다.

주입 시료는 될 수 있는 대로 완전히 지금과 동일한 품질을 얻도록 주형의 형상, 크기 및 주입 시기 등에 주의해야 한다.

지금으로부터 분석시료를 채취하는 경우에는 지금에 표시된 매용해 번호마다 3개 이상의 지금을 취한다.

6.2 지금의 겉모양 검사는 5에 의하여 시험하고 4의 규정에 합격해야 한다.

6.3 제조자는 분석 시험의 결과를 제출해야 한다.

6.4 기타 일반적인 사항은 KS D 0003(지금의 시험 및 검사 통칙)에 따른다.

7. 표　시　지금에는 다음 사항을 주출하거나 기타 적당한 방법으로 표시하여야 한다.

(1) 기호

(2) 용해 번호

(3) 제조자 명 또는 그 약호

관련규격 :

후처리 I-후가공

4.1 후처리의 종류

Die casting 제품은 표면상태가 양호하므로 사출된 상태 그대로 사용되기도 하지만 많은 경우 필요에 따라 다음과 같은 후처리 공정을 거친다.

4.1.1 Trimming(트리밍)

사출 후 runner, gate, overflow, parting line 지느러미 등을 제거한다. 소량생산인 경우 수작업으로 행하지만 대량생산인 경우 trimming 금형을 사용한다.

Trimming 금형은 press 금형의 blanking, piercing 금형과 비슷하다. 제품의 구멍을 뚫는 데도 사용된다.

4.1.2 Deburring(디버링)

Burr 표면의 부식물을 제거하기 위해 barreling 또는 sanding을 한다.

4.1.3 열처리

사출물은 잔류 열응력을 많이 갖고 있어 시간이 경과함에 따라 계속 변형하므로 이를 막기 위해서 또는 강도를 향상시키기 위해 열처리한다.

4.1.4 후가공

금형사출물 상태에서 얻을 수 없는 정도의 정밀부위나 tab 부위 등은 절삭 가공한다. 후가공이 필요하면 제품설계시 후가공 공정을 구체적으로 작성하여 제품설계시 반영하여야 한다.

4.1.5 표면처리

제품의 부식방지 또는 상품가치를 높이기 위해 내부식 표면처리 또는 도장을 한다. 이는 제5장에서 상세히 설명한다.

4.2 후가공 Jig(지그)의 정의와 목적

4.2.1 지그(Jig and Fixture)의 정의

대량 생산하는 제품에 있어서 필요한 제조수단으로 제품의 균일성, 경제성, 생산성을 향상시키는 보조장치이다.

4.2.2 Jig의 목적

① 제조의 정도(精度)를 향상시켜 제품, 부품의 품질을 높인다.
② 제조과정 시간을 단축시켜 제조경비를 절감시킨다.
③ 제품, 부품을 정밀도를 유지하면서 대량생산한다.
④ 균일한 품질로 호환성을 확보한다.
⑤ 미숙련자도 쉽게 작업할 수 있다.
가공, 조립, 검사 등의 정도를 높이고, 제품의 품질을 향상시키고, 생산성을 제고시켜 제조원가를 절감시키며, 작업자의 능률을 올리고, 안전을 확보하는데 그 목적이 있다.

4.3 Jig의 3요소

동일한 여러 개의 공작물이 가공 혹은 조립되기 위해서는 어느 공작물이나 동일한 위치에 정착이 되어야 하고 가공 혹은 조립중에 움직이지 않아야 한다. 여기서 공작물이 동일한 위치와 같다는 것은 그 각각의 공작물이 같은 기준에서 위치가 결정된다는 것이다. 그리고 공작물이 움직이지 않기 위해서는 가공 및 조립시 가해지는 외력에 견디어야 한다. 따라서 jig의 3요소는 기준설정, 위치결정, clamp이다.

4.3.1 기준 설정

1) 기준 설정 원리

움직임이 자유로운 강체는 6 자유도를 갖는다. 축 X, Y, Z에 따르는 3개의 이동과 각 축 주위의 회전운동이 이것이다. jig에서 가공대상물을 unique하게 고정하기 위해서는 0 자유도로 만들어야 한다. 1점을 접촉하면 1 자유도가 감소되고 pin 고정을 하면 2 자유도가 감소된다. 마이너스 자유도인 경우는 안정된 기준설정이 되지 않으나 필요한 경우도 있다. 4.3.2의 (1)의 4)를 참조하기 바란다.

2) 각주형상 가공물의 기준결정 방법

세 개가 서로 직각인 축계에 있어서 생각되는 모든 강체는 6개의 자유도를 갖고 있다. 축 OX, OY, OZ에 따르는 세 개의 이동(그림 4.1)과 같은 축 주위의 회전운동이 이것이다. 만일에 6개의 좌표(파선)을 주면 가공물의 공간에서의 위치를 정밀하게 결정할 수가 있다.

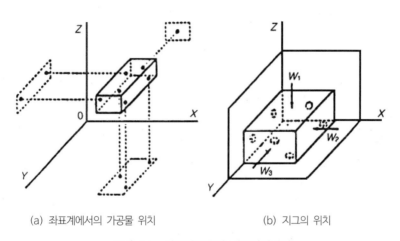

(a) 좌표계에서의 가공물 위치   (b) 지그의 위치

그림 4.1 각주가공물의 기준결정방법

평면 XOY에 대해서 가공물의 위치를 정하는 세 개의 좌표를 정하면 세 개의 자유도가 없어진다. 즉, 축 OZ에 따라서의 이동과 축 OY와 OX 주위의 회전이 할 수 없게 된다. 평면 ZOX에 대한 가공물의 위치를 정하는 두 개의 좌표는 두 개의 자유도를 없앤다. 즉, 축 OX방향의 이동과 축 OZ 주위의 회전이 할 수 없게 된다. 가공물을 평면 XOZ에 대해서의 위치를 정하는 6번째의 좌표를 정하면 최후의 자유도도 없어지고 축 OZ 주위의 회전이 할 수 없게 된다.

만일에 좌표를 수점(핀)을 정하면 각주가공물의 기준결정을 나타내는 상태가 얻어진다(그림 4.1). 조이는 W1, W2, W3는 폐쇄한 힘의 작용관계를 확보한다. 세 개의 지점을 갖고 있는 가공물의 면을 주기준면, 두 개의 지점을 갖는 측면을 안내면, 한 개의 지점을 갖는 단면을 충돌면이라 한다.

주기준면으로서는 최대의 넓은 면을 택하는 것이 바람직하고 안내면으로서는 가장 긴 면을 택한다.

3) 간략화된 위치결정방법

시리즈 생산, 특히 대량생산의 기계가공에서는 정밀하게 치수를 정하는 자동적 장치법이 널리 사용되고 있다. 공작기계의 조절에서 절삭공구의 치수조절에 사용하는 돌편(突片), 캠의 장치는 가공물의 수취기준면에 따르거나 또 보다 정밀한 가공에서는 이것에 대응하는 jig장치면에 의해 한다.

만일 주어진 장치작업에서 축 X, Y, Z에 대해서의 3방향 좌표치수가 필요할 때는 기준결정을 위해 세 개의 면조합이 필요하게 된다. 각 방향의 치수에 대해서 대응하는 자기의 기준면을 정하여야 한다. 이 경우에는 6개의 자유도를 모두 제거하는 완전한 기준결정법을 사용한다. 또 두 방향 혹은 한 방향만의 치수를 정할 경우에는 간략한 기준결정법을 사용한다. 다음에 그 예를 설명한다.

그림 4.2 (a)에 표시하는 가공물에서 프라이스 가공되는 홈의 위치는 세 개의 좌표 치수 X, Y 및 Z에 의해 정해진다. 따라서, 조절된 공작기계로 세 개의 치수를 자동적으로 구할 수 있게 하는 데는 가공물은 완전한 기준결정법을 써서 면 1, 2 및 3으로 기준결정할 필요가 있다.

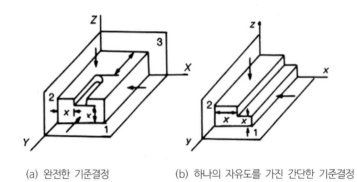

(a) 완전한 기준결정   (b) 하나의 자유도를 가진 간단한 기준결정

그림 4.2 기준결정법

그림 4.2 (b)에 표시하는 가공물에서는 가공하는 단의 위치는 두 개의 치수 X와 Z로 정해지고 축 Y방향에서의 정밀도는 의미가 없다. 따라서, 여기서는 두 개의 기준면 1과 2만으로 충분하다. 이것이 한 개의 자유도를 가진 간이 기준결정법이다. 이 경우 가공물의 단면은 지지면 (기준면이 아님)으로서 이용되며 지지편에 의해 받게 된다. 이 지지편은 보통 절삭력의 긴쪽 방향의 분력을 받

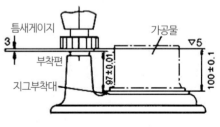

그림 4.3 3자유도를 가진 기준결정

기 위해 이용된다. 지금 각주형가공물의 상면을 치수 100±0.1의 정도로 가공한다고 본다(그림 4.3).

이때의 장치에는 한 개의 기준면(하면)만이 필요하며 장치법은 가장 간단하게 된다(세 개의 자유도를 갖는다). 가공물의 이동을 막고 수평면에서 대략의 방향을 잡기 위해서는 가공물의 측면을 지지편에 밀어붙이면 된다.

그림 4.4는 가공물을 배형받침대로 간단하게 기준결정하는 방법을 나타낸다. 치수 Z는 자동적으로 확보되고 가공홈이 축심에 대해서 대칭이 되기 위해서는 가공물 네 개의 자유도를 제거함으로써 충분하다. 배형받침대에 따른 이동과 가공물의 회전은 치수 Z와 홈의 대칭도에는 영향을 받지 않는다. 필요할 때는 축의 단면이 충돌면(기준면이 아님)으로서 이용된다.

가공하는 홈이 축심에 대해서 대칭일 뿐만 아니라 이미 뚫은 구멍에 대해서도 대칭으로 하고 싶을 때 그림 4.4 (b)에는 가공물에서 5개의 자유도를 없앨 필요가 있고 이것을 위한 기준결정은 배형받침대에 의한 장치 4점과 상하면을 깎은 짧은 핀에 의한 1점이 필요하게 된다.

또한 홈의 길이를 일정하게 가공할 필요가 있을 때에는 완전기준결정법을 사용하여야 하나 이것에는 제2의 충돌기준(축의 단면)을 이용한다.

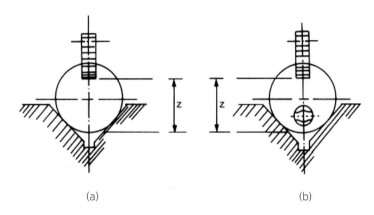

(a)   (b)

그림 4.4 배형 받침대에 의한 간단화 기준결정법

4) 부착핀을 사용한 평면과 구멍에 의한 기준결정의 방법

이 기준결정법은 다음 세 가지의 군으로 분류할 수가 있다.

① 단면과 구멍에 의한 기준결정

② 평면과 단면 및 평면에 평행한 축의 구멍에 의한 기준결정

③ 평면과 이것에 직각인 두 개의 구멍에 의한 기준결정

그림 4.5는 기준면에 대한 지점의 수를 상징적으로 나타내고 있다.

단면과 구멍에 의한 기준결정에는 다음 두 가지 경우가 가능하다.

① 주기준면이 구멍인 경우

② 주기준면이 단면인 경우

그림 4.5 (a)는 고강성의 축에 의해 가공물의 중심내기를 하는 방법이다. 구멍은 주기준으로 네 개의 지점, 단면은 한 개의 지점을 가지며 가공물에는 하나의 자유도, 즉 축주변의 회전이 남겨져 있다. 강성이 높은 선반장치축의 기준결정법은 앞 방법과 같다[그림 4.5 (b)].

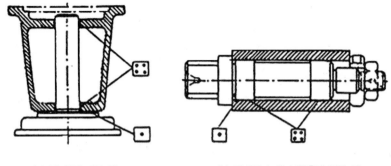

| (a) 긴 축에 따른 예 | (b) 강성이 높은 부착축에 따른 예 |

그림 4.5   1자유도를 가진 구멍(주기준)에 따른 기준결정

주기준으로 가공물의 단면 사용이 요구될 때에는 위치결정축을 낮게 하여야 한다.

그림 4.6 (a)와 같이 단면(3점)과 구멍을 장축(4점)으로 기준결정하면 6점의 기준 결정법칙이 이반된다. 이 결과 가공물은 휘어서 부착되고 수직한 조임의 힘 W를 작용시켰을 때 축의 변형과 휨이 생긴다.

따라서 단면과 구멍에 의한 장치를 확실하게 하는 데는 5점만을 사용하여야 한다.

그림 4.6 (b)에서 명백한 것과 같이 이것은 가공물을 낮은 축에 부착함으로써 확보된다(2점).

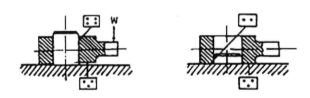

| (a) 위치결정축이 긴 예(부적당) | (b) 위치결정축이 짧은 예(적당) |

그림 4.6   1자유도를 가진 단면(주기준)과 구멍에 따른 기준결정

그림 4.7 (a)는 가공물을 평면, 단면 및 구멍에 의해 완전기준결정하는 예를 나타낸다. 만일 축과 구멍과의 틈새가 치수 L에서의 공차보다도 작을 때에는 가공물의 하면이 jig에 접촉하지 않는다. 접촉을 확실하게 하는 데는 상하면을 잘라낸 축을 써서 이것에 의해 치수 L방향의 틈새를 크게 한다(다음 참조). 이 방법에 의해 상하면을 평평하게 잘라낸 축에 의해 두 개의 지지점이 확보된다.

그림 4.7 (b)는 연결률을 단면(3점)과 두 개의 구멍(3점)에 의해 완전기준결정하는 예를 나타낸다. 장치를 정하기 위해 낮은 원통(2점)과 노치핀(1점)을 사용한다.

그림 4.7 (c)에 짧은 원통과 노치핀을 써서 평면과 두 개의 구멍에 의한 가공물의 기준결정법을 나타낸다. 같은 방법이 판, 뚜껑, 기통체 등의 가공에도 때때로 사용된다.

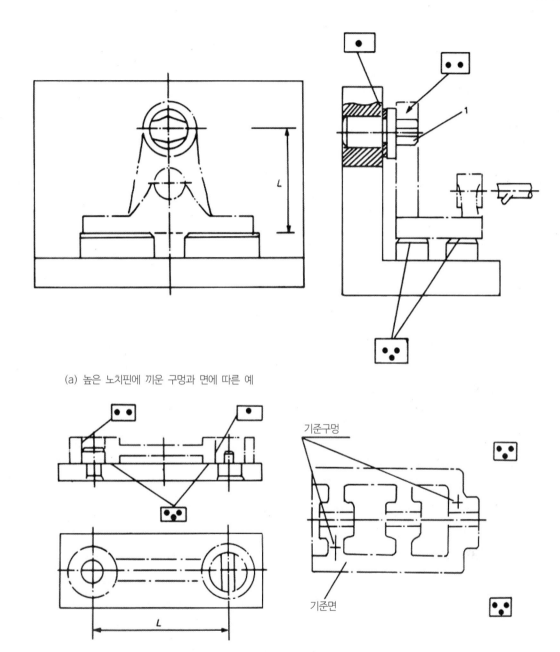

(a) 높은 노치핀에 끼운 구멍과 면에 따른 예

(b), (c) 낮은 원통핀과 노치핀을 끼운 두 개의 구멍과 평면에 따른 예

그림 4.7 완전 기준 결정법

이것들의 장치에서 평면과 기준점(3점)이 되고 축에 끼어지는 두 개의 구멍은 그림 4.1 (b)에 표시하는 기본방법의 안내와 충돌기준이 된다. 전술의 방법에서 가공물을 높은 원통으로 평평하게 하지 않고 부착했을 때에는 가공물에서 네 개의 자유도를 없애고 낮은 원통에서는 두 개, 높은 노치축에서

는 두 개, 낮은 노치축에서는 한 개의 자유도를 없앤다는 것을 알 수가 있다.

4.3.2 위치 결정 및 지지

1) 위치결정 원리

(1) 평탄한 표면의 위치결정 원리

공작물의 위치결정은 금긋기와 같은 방법으로 그리지 않고 필요한 수의 제한요소로서 공작물의 표면을 위치결정할 수 있다. 부품은 단지 한 방향의 운동을 억제하는 것을 "부품을 한정한다."고 불리우며 그 다음에는 부품이 억제 요소와 접촉토록 clamping이 작용한다. 단지 부품의 한 평면만을 억세하는 경우에 단일 한정이라 하며, 부품의 두 평면을 억제할 경우 복수 한정이라 하며, 세 평면을 억제할 경우 전표면 한정이라고 한다. 여기에서는 한정 표면이 실제로는 평행치 않는 상태이며 일반적으로는 완전한 상태는 아니지만 세 개의 한정평면은 서로 수직인 경우이다.

그림 4.8은 평탄한 표면을 한정하고 위치결정한 직6면체이다. 직6면체가 고정구의 수평면 위에 놓여지는 경우에 단일 한정이며(a 위치), 밑면에 수직인 길이방향 평면과 완전 접촉이 이뤄질 때 복수 한정이 되며(b 위치), 또한 밑면에 수직인 양 끝면과 접촉될 때 전표면이 한정이 된다(c 위치).

또한 단이 있는 평탄한 표면의 위치결정시에는 부품의 공차로 인해 두 표면이 동시에 효율적인 접촉이 이루어질 수가 없다. 그러므로 clamp가 작용될 때 부품은 경사지거나 한 표면에서는 접촉치 않게 된다. 이와 같은 현상은 지름이 다른 원통형체에도 나타난다. 이러한 경우 부품을 세 점으로 위치결정함으로써 보완된다.

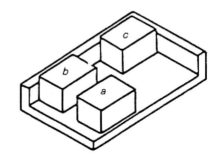

그림 4.8 평탄한 표면을 가진 부품의 한정과 위치결정

(2) 네스팅(Nesting)

한 부품이 일직선상에서 적어도 두 개의 반대방향의 운동을 억제하는 경우, 둘 또는 그 이상의 표면 사이에서 억제되며 위치결정된다. 따라서, 부품은 억제 요소에 의해 nesting되어 있다고 말한다.

그림 4.9 a에 있어서 부품은 전표면 한정이 되어 있으며 이것은 단일 nesting이라 하고 b와 c에서는 복수 nesting이며 d는 전표면 nesting이 된다.

전표면 nesting 고정구는 부품이 고정구에 삽입될 수 있는 덮개가 있어야 하고, 부품을 가공할 수 있도록 개방되어야 한다.

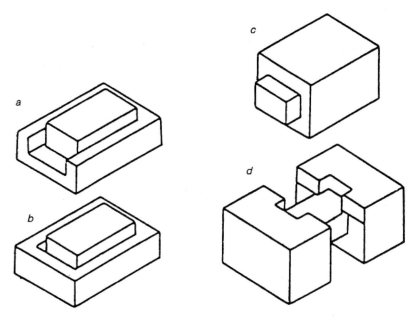

그림 4.9　Nesting(네스팅)

　Nesting은 위치결정면 또는 점간의 한 위치에 부품을 삽입할 수 있어야 한다. 또한 가능한 한 결합 표면 사이에는 작은 공차로 조립되어야만 한다. 이 공차가 비록 작다고 하더라도 고정구 내에 부품을 설치하고 장탈하기가 쉬워야 함으로 어느 정도 틈새를 요하게 된다. 만약 억지끼워맞춤에 의해 결합 되었다면 부품은 정확하게 위치결정이 되었다고 할 수는 있겠지만 부품을 쉽게 장탈하지 않기 때문에 적용될 수 없다. 또한 틈새가 큰 헐거운 끼워맞춤일 경우에는 부품에 대한 오차발생이 크다. 그러므로 헐거운 끼워맞춤 중에서도 틈새가 작은 공차 범위가 적합하다.

　Nesting에는 여러 가지 형태가 있다. nesting 표면은 평행하지 않아도 된다.

　그림 4.8의 고정구의 한 모서리를 중심으로 회전되면 부품이 C위치에 있을 때 두 수직면 위에 복수 nesting임을 알 수가 있다(그림 4.10 참조). 부품의 대각선은 고정구의 중심과 항상 일치된다. 이러한 경우를 중심맞추기라 하며 다음 장에서 보다 상세하게 설명하겠다.

　그림 4.10의 예는 고정구와 부품의 접촉면에 의해 6방향 운동을 억제한 것이다. 밑면은 첫 번째의

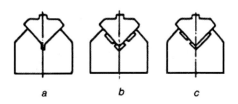

그림 4.10　Nesting 원리의 응용

세 위치결정점과 같으며 한 측면은 두 번째의 위치결정점과 같고 끝면은 마지막 위치결정점과 같다고 할 수 있다. 이와 같은 방법을 위치결정의 원리라고 한다. 위치결정요소는 가능한 한 공간을 널리 띄운다. 왜냐하면 이 공간이 작용하중(중력, 고정력과 절삭력 등)에 대해서 안정도를 주며 위치결정 요소의 작은 결함에 의한 오차를 줄일 수 있기 때문이다.

(3) 3.2.1 원리

3.2.1 원리는 위치결정을 위한 최소의 요구조건이다. 위치결정구와 부품을 고정하는 clamp(그림 4.8 c)에 의해 부품은 평형상태를 이룬다. 그러나 기계가 공중의 안정도를 반드시 보증하지는 못한다. 통상 밑면의 세 개의 버튼은 될수록 멀리 띄우고 절삭력은 버튼으로 이루어진 삼각형 면적에만 절삭력이 작용한다면 부품은 기울거나 뒤집히려고 할 것이며, clamp에 의한 압력과 마찰력은 이러한 움직임에 대해 반작용을 일으키게 한다. 그러므로 기계가공중의 진동과 충격 때문에 부품은 clamp에서 미끄러지는 결과가 생긴다.

(4) 4.2.1 원리

밑면에 4번째의 위치결정구를 추가함으로써 지지된 면적은 4각형이 되어 요구되는 안정도를 얻게 된다. 이 원리를 4.2.1 원리라고 한다. 거친 주조품에서는 4개의 밑면 위치결정구 중 하나를 조절할 수 있게 한다. 이러한 위치결정구는 지지구의 장에서 상세히 설명되어 있다.

위치결정면이 기계가공되었다면 모든 위치결정구는 고정식으로 하며, 이것은 또 다른 장점을 가지고 있다. 즉 부품이 4개의 위치결정구 상에 적절하게 놓여질 때 안정하게 되며, 만약 칩이나 이물이 끼었다거나 위치결정면에 구부러졌다면 부품은 안정되지 않고 흔들리게 된다. 이것은 작업자에게 주의를 환기시키며 올바르게 설치되어야 할 경우에 무언가 결함이 있음을 깨닫게 한다.

(5) 오차발생 요인

위치결정면이 큰 고정구에서는 공차와 기하학적 형상이 정확해야 하며 실제로 기계가공된 표면이라 하더라도 정확하게 가공되기가 어렵기 때문에 다른 방법으로 위치결정되어야 한다.

부품의 표면형상에 다른 가장 일반적인 오차발생은 凹凸면, 뒤틀림과 각도 오차 등이 있다. 凹凸과 뒤틀림에 의한 오차의 발생은 그림 4.11에 좀 과장하게 도시되어 있다.

볼록 나오고 뒤틀린 표면은 쉽게 부품이 흔들리기 때문에 위치결정을 정확하게 할 수 없다. 또한 곡면과 불충분한 강도를 가진 부품은 고정될 때 탄성변형이 발생되며 clamp를 풀면 원상태로 되돌아가므로 가공중의 평탄한 표면은 곡면이 될 것이다.

고정구와 공작물간의 인접한 표면의 각도오차는 clamping 장치가 부정확하게 설계되거나 작용될 때 서로 밀착되지 않는 원인이 된다. 그림 4.12는 그 예이며 큰 화살표가 클램핑힘(clamping force)이며 이중 화살표가 치수오차를 표시한 것이다. 가장 좋지 못한 경우가 그림 4.12의 d이다. 왜냐하면 오차가 쉽게 눈에 띄지 않기 때문이다.

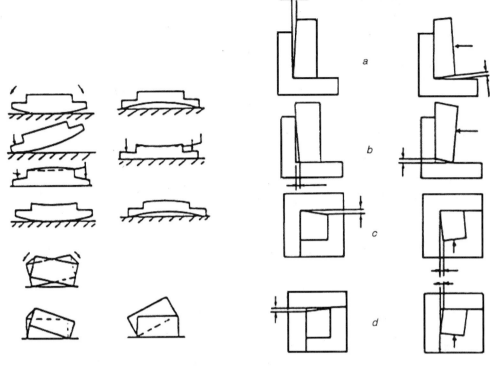

그림 4.11 곡면과 뒤틀림면의 위치결정영향

그림 4.12 위치결정에 의한 각도오차의 발생

그러므로 nesting은 이와 같은 각도오차에 대한 적절한 해결방법이 없는 단점이 있으며, 그림 4.13에서 나타나는 nesting 여유만큼 각도오차가 발생된다고 볼 수 있다.

2) 위치결정 요소의 설계

위치 결정구는 부품의 적절한 위치결정 이외에도 많은 요구사항을 필요로 한다. 이 사항 중 가장 중요한 것은 다음과 같다.

① 내마모성

② 교환할 수 있는 설치

③ 가시성(visibility)

④ 소제의 용이성

⑤ 칩(chip)의 제거

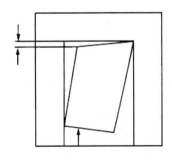

그림 4.13 Nesting에 의한 각도오차 발생

이 사항들은 위치결정요소를 선택하고 설계하는데 필요로 하며 jig설계자는 고정구의 설계에 앞서 먼저 생각해야 하며 고정구의 장착과 장탈을 역시 검토해야 한다.

4.3.3 Clamp(클램프) 설계

1) Clamping의 정의와 분류

Jig 또는 고정구의 설계에 있어 공작물의 위치결정 후에는 공구에 의해 가해지는 절삭력 때문에 생기는 변형을 방지하고 관계위치에서 이탈되는 것을 방지하기 위하여 안전하게 clamping하여야 한다. 이를 위해서 clamping 장치는 여러 가지 형태로 개발되어 설계자는 clamping 장치를 새로이 고안할 필요가 없이 이미 나와 있는 것 중에서 적당한 것을 선택하면 될 것이다.

아직 우리나라에서는 이러한 장치들이 표준화되어 시판되지 않고 있으나 선진국에서는 필요한 것을 시중에서 쉽게 구입할 수 있어 설계 및 제작이 훨씬 편리하다. clamping 장치의 기본적인 형태로시는 나사, 스트랩, 쐐기, 캠, 토글(toggle), 랙과 피니언 등이 사용되고 있다.

대부분의 clamp는 주로 마찰을 사용하는 것이 많고 그 작동은 수동 또는 유압이나 공기압에 의한 것이 있으며 가장 많이 사용되는 strap(스트랩)은 그 구조가 단순보(simple beam)를 개조한 것으로 볼 수 있다.

2) Clamp 설계시 고려 사항

(1) 공작물에 대한 고려

공작물에 요구되는 관계치수 또는 위치를 만족시키기 위하여 clamp의 위치 또는 힘의 작용방향을 선택하고 힘의 크기를 결정할 경우에는 다음 사항이 고려되어야 한다.

① 작업자의 기술에 관계없이 공작물이 위치결정장치에 접촉되도록 힘을 가하게 설치할 것
② 공구력이 작용하더라도 공작물이 위치결정장치에 이탈되지 않도록 가능한 한 공구력이 같은 방향으로 힘이 작용하도록 할 것
③ 공작물의 치수가 달라지더라도 위치결정장치에서 공작물이 이탈되지 않게 할 것
④ 공작물에 휨이 생기지 않는 적당한 힘의 크기로 하여야 하며 큰 힘이 요구되면 여러 개의 clamp를 사용하여 힘을 분산시킨다.
⑤ 공작물을 clamp하여야 할 면이 가공되는 면일 때는 합력을 사용하여 간접적으로 clamping할 것
⑥ 공작물을 장착, 장탈하기에 지장이 없게 설치할 것
⑦ 공작물 표면에 상처가 생기기 쉬울 경우에는 clamp의 접촉부분을 연한 금속이나 고무, plastic, 나일론 등을 사용할 것
⑧ 공작물 표면이 거친 경우에는 접촉되는 부분의 마모를 방지하기 위해 접촉부분을 열처리하거나 내마모성 재료를 붙인다.

(2) 작업특성에 대한 고려

각 작업에 대한 공구력의 크기가 다르므로 공작물을 clamping하는 clamp 설계시에 다음 사항을 고려해야 한다.

① Milling

Cutter가 공작물을 절삭할 때 힘의 크기가 달라져 진동이 발생되기 쉬우므로 clamp 장치는 공작물이 이탈되지 않게 큰 힘을 가할 수 있는 구조로 하며 공작물의 변형이 생기지 않는 위치를 선택하여 설치한다.

② 평삭 또는 형삭

밀링에서 보다 공구력이 작고 균일하므로 치수와 공작물이 이탈되지 않는 구비조건이면 된다.

③ Drilling, Tapping

Drill 또는 tap의 회전력보다 큰 힘으로 clamping하면 된다.

④ 용접

공작물과 고정구의 열팽창 및 수축에 의한 응력이 크게 발생되므로 이 응력에 견딜 수 있게 단면의 크기 및 재료선택이 중요하다. 또 한가지는 clamp와 고정구 부품간의 균일한 열팽창 및 수축이 요구된다.

(3) 경제성에 대한 고려

Clamp 장치는 모두 jig나 고정구에서 공작물을 고정시켜 작업을 하는 것이나 작업후에 공작물을 끄집어 내고 다시 공작물을 올려놓고 작업을 할 때 신속하게 작업이 이루어져야 생산성을 높일 수 있다. 따라서, clamp 장치를 설계할 때는 작업시간의 절감과 고정구의 제조원가를 고려하여 형태를 결정해야 한다.

4.4 Jig 설계시 고려사항

4.4.1 Fixture 설계시 Rough Design의 일반적인 순서 및 유의사항

1) 공작물의 위치결정치 Locator 설계

① 공작물을 점선 또는 색연필 등으로 삼각법에 의해 sketch한다.

② 공작물의 치수, 공차, 휨, 비틀림 등을 고려하여 locator의 형태 및 재질이 공작물의 형상과 재질에 적당하도록 한다.

③ 정밀한 가공을 위하여 가능한 한 기계가공된 면을 많이 사용한다.

④ locator의 위치 및 형상이 가능한 한 앞 공정 및 다음 공정과 일치하도록 한다.

⑤ 가능한 한 쉽고 안전하게 locating될 수 있도록 한다.

⑥ locator는 chip을 깨끗이 제거할 수 있도록 한다.

2) 공작물의 Clamping 장치 설계

① clamp는 사용이 쉽고 빨리 작동되도록 한다.

② loading과 unloading이 쉽게 되도록 한다.

③ 가공중 진동이나 추력에 의해 풀리지 않도록 한다.

④ clamping 압력이 가해질 때 공작물이 휘거나 비틀리거나 움직이지 않는 형태를 취한다.

⑤ 공작물이 파손되거나 표면이 손상되지 않도록 한다.

⑥ 가공여유를 적당히 준다.

⑦ 절삭공구의 압력 및 추력에 가장 잘 견디는 곳에 위치시킨다.

⑧ 공작물이 휘지 않도록 clamp는 가능한 한 공작물의 지지점에서 가깝거나 그 위에 위지시킨다.

⑨ 가능한 한 간단한 장치를 사용한다.

⑩ 몸체에 고정되지 않는 clamp는 분실방지를 위하여 몸체에 부착시킬 수 있는 방법을 강구한다.

⑪ 표준부품을 최대한 활용한다.

3) 특수장치의 설계

① 절삭공구와 clamp의 압력 및 추력을 흡수하는 지지 jack(잭)

② location과 clamping의 보조물

③ 절삭공구의 setting을 용이하게 하기 위한 set-block의 설치

④ 특수공구의 취급 및 무거운 공구의 운반을 위한 보조장치

⑤ clip 및 coolant의 배출구

4) 몸체의 설계

① 몸체는 생산할 부품의 수량을 고려하여 계획한 산정된 비용에 알맞도록 한다.

② 몸체의 크기 및 형태는 공작물의 크기 및 형태에 적당하도록 한다.

③ 기계가공 작업의 종류와 사용 장비에 적당하도록 한다.

④ 크고 복잡한 부품은 가능한 한 주조 몸체를 사용한다.

⑤ 몸체의 구조는 절삭시의 진동과 clamping시의 비틀림을 흡수할 수 있도록 충분히 크고 견고하게 한다.

⑥ 가능한 한 표준 fixture 몸체를 사용한다.

⑦ 장비에 설치가 용이하도록 key 및 T-bolt를 위한 홈 또는 clamp를 위한 flange(플랜지)를 만든다.

5) 치수, 재질 및 필요 Data 결정

① 예비 sketch가 완성되면 중요 부위의 치수 및 위치, 형상 규제를 한다.

② 주요 부품의 재질, 열처리 방법, 기타 data를 기재한다.

6) 검토

최종 도면에 착수하기 전에 예비 설계 sketch의 모든 요소들을 철저히 검토한다.

① loading, unloading이 용이한가.

② 작업자의 안전이 고려되었는가.

③ 마모가 심한 곳을 wear plate를 써서 용이하게 교체할 수 있도록 한다.

④ chip 및 coolant 배출상태가 용이한가.

⑤ 작동 및 가공상의 모순점이 없는가.

⑥ 간섭을 받지 않는 간격이 유지되었는가(cutter, arbor 등 표시) 등을 검토한다.

4.4.2 Jig 설계를 위한 기초 지식

① 제품도 분석 및 해독 능력

② workpiece control theory

③ tolerance control

④ jig재료 선택

⑤ STD 자료 선택

⑥ 도면 작성법

4.4.3 Jig 설계시 필수 고려사항

① 생산량에 따른 경제성

② 사용 장비

③ 작업 능률

④ 작업자 안전

⑤ 제품의 정밀도

4.4.4 Jig 설계 순서

1) 공구 설계의 일반적인 3단계

① 부품도 및 생산계획 검토

② sketch에 의한 예비계획

③ tool drawing

2) Jig설계 순서

① 제품도 분석

② 생산계획 검토

③ jig 설계를 요하는 공정 분석

④ locating 및 clamping 결정

⑤ bushing 설치 결정

⑥ body & accessory sketch

⑦ assembly & detail drawing

⑧ detail list

4.4.5 Jig Check List

① 제품도는 최근의 것으로 이상이 없는가.

② jig의 각 부품은 조립도에서 정확하게 표시되어 있는가.

③ 위치결정 및 clamping에 사용되는 요소들은 효과적으로 적용되었는가.

④ 위치결정요소들은 쉽게 청소되고 교환될 수 있는가.

⑤ 설계는 효과적으로 되었는가. 즉, 강도와 단순성은 고려되었는가.

⑥ jig의 모든 투영도는 정확하게 투영되고 명확하며 조립상에 오는 기능이 명확하게 표시되어 있는가.

⑦ jig는 기계에 쉽게 취부되며 또 공구는 쉽게 교환될 수 있는가.

⑧ 부품들은 쉽게 조립 및 분해가 되는가.

⑨ 부품들은 바른 방법 외에 다른 방법으로도 조립될 수 있지는 않은가. 즉, 조립 및 보수시 절대 안전한가.

⑩ 안전에 대한 제문제는 고려했는가.

⑪ chip 통로 및 제거방식은 적당한가.

⑫ 가능한 규격 부품 및 공구를 사용했는가.

⑬ jig부품들은 적절한 재료를 사용하며, 가공은 가능하며, 불필요한 가공은 줄이도록 설계는 되었는가. 즉, 합리적인 공차 끼워맞춤, 상관부품에 대해 적절하게 jig가 기입되었으며, 사상기호는 표시되었으며, 필요한 부위에 열처리는 되었는가.

⑭ 모든 복잡성(간섭형상)은 제거되었는가.

⑮ 만약 jig부품으로 주물이 사용되었으면 주물(주형)관계는 고려했는가.

⑯ jig에 냉각장치가 사용되어야 하지는 않는가. 만약 그렇다면 필요한 부위에 조치는 되었으며 그 조치는 jig에 적절히 순환될 수 있도록 되어 있는가.

⑰ 마모되기 쉬운 부품은 쉽게 대치되는가.

⑱ 조립자는 조립하는데 필요한 모든 정보를 도면에 기입하였는가.

⑲ 표제란은 명확하고 올바르게 기입했는가.

⑳ 사용시 작업조건은 고려해 넣었는가.

CHAPTER 05

후처리 Ⅱ-표면처리, 부식시험

5.1 순수 알루미늄의 내식성

알루미늄이 화학적으로 활성적인 금속이지만 그 표면을 덮고 있는 아주 얇은 산화피막층에 의해 훌륭한 내식성을 갖는다. 이 산화층이 손상을 받으면 금방 재형성된다.

이 산화피막은 더 이상의 산화를 막고 화학물질에 의한 부식을 잘 막아낸다. 이 산화피막은 다음의 특성을 갖는다.

① 5~10nm로 극히 얇다.

② 화학적으로 매우 안정되어 있다.

③ 매우 단단하며 지금까지 알려진 물질 중 가장 단단한 것의 하나이다.

④ 피막이 떨어져 나가지 않는다.

⑤ 투명하다.

5.2 일반 알루미늄 합금의 부식

다음 3가지 인자에 부식성이 영향을 받는다.

① 산화피막의 안정성

② 환경

③ 합금원소

들로 이 인자는 서로 관계가 있다. 산화피막은 pH 4.5~9.0에서 안정하다. 그러나 중성용액에 있는 어떤 종류의 양, 음이온에 약하다. 일반적으로 알루미늄 순도가 높을수록 내식성이 높아지며 Mn, Mg, Zn, Si, Sb, Bi, Pb, Ti 등의 합금원소는 내식성에 거의 영향이 없으며 Cu, Fe, Ni 등은 나쁜 영향을 끼친다.

5.3　방청처리

　Al 합금의 방청처리는 화학처리와 전기화학처리가 있다.

　화학처리는 자연산화피막을 chromate, 인산 또는 인산 chromate 복합 coating으로 치환하는 것으로 내식성 향상 또는 도료의 밀착을 양호하게 하기 위한 것이다. 전기화학처리에는 니켈이나 크롬도금과 anodizing이 있다. 도금은 경도나 내마모성을 향상시킨다. anodizing 처리를 하면 아주 작은 기공들이 생기는데 끓는 물 속에 금속을 담가둠으로써 이 기공이 메워진다. 전해액의 종류에 따라 여러 가지의 anodizing이 있다. 또 다른 방청처리 방법은 painting이 있다. painting 이전에 화학처리나 anodizing 처리를 하면 더욱 좋다.

5.4　부식시험

　방청처리의 적부를 판단하기 위해 부식시험을 실시한다. 부식시험은 보통 염수분무시험(appendix 참조)을 실시하며 시험시간을 단축하기 위해 촉진염수분무시험도 있다.

한국공업규격
KOREAN INDUSTRIAL STANDARDS **KS D 9502**

염수 분무 시험 방법
Method of Salt Spray Testing

제 정	1964-10-07
상공부고시	제1394호
승 인	1973-06-14
공업진흥청	제130호
고 시	

1. 적용 범위 이 규격은 금속재료 또는 도금, 무기피막, 유기피막 등을 입힌 금속재료의 식성을 염수 분무 시험에 의해서 시험하는 방법에 대하여 규정한다.

2. 장 치

(1) 염수시험에 필요한 장치는 분무실, 염수탱크, 압축공기의 공급, 분무노즐 시험편지지기실, 가열설비, 조절장치 등이다. 이 규격에 규정한 모든 조건에 적합하면 장치의 크기 및 상세한 구조는 임의로 할 수 있다.

(2) 분무실의 천정이나 뚜껑에 고인 용액의 방울이 시험편 위에 떨어져서는 안 된다.

(3) 시험편에서 떨어지는 용액의 방울이 염수탱크로 다시 들어와서 또다시 시험에 사용되어서는 안 된다.

(4) 재료는 분무의 부식성에 영향을 주지 않는 것이어야 한다.

3. 시험편 시험편의 모양, 치수 및 판정기준은 시험재료 또는 제품 규격에 따른다.

4. 시험편의 준비

(1) 금속 또는 금속피막의 시험편은 적당하게 씻어야 한다. 씻는 방법은 표면의 성질 및 더러움에 따라 적당한 방법을 택하여도 좋다. 다만, 페이스트(paste)상의 침강성탄산칼슘 및 산화마그네슘 이외의 연마제와 부식성 또는 보호피막을 생기게 하는 세척제를 사용해서는 안 된다. 시험편을 처리한 후 부주의로 더럽히는 일이 없도록 하여야 한다.

(2) 페인트 및 비금속 피막으로서 피복한 시험편은 시험전에 다른 처리를 하여서는 안된다.

(3) 페인트 또는 유기피막의 손상으로부터의 부식 진행을 측정할 필요가 있을 때에는 시험 전에 소지금속이 노출되도록 끝이 뾰족한 기구로서 피막을 긁어 상처를 만든다. 이 상처를 만드는 조건은 당사자 사이의 협정에 따른다.

(4) 만약, 다른 규정이 없으면 피막을 입힌 재료 및 합판의 시험편 절단면 또는 지지기에 닿는 부분은 시험중 안전한 피막으로서 보호하지 않으면 안 된다.

5. 시험중의 시험편의 위치 시험중 염수분무실 내의 시험편의 위치는 다음의 각 조건에 적합하여야 한다.

(1) 다른 규정이 없는 한, 시험편의 주요면은 연직선에서부터 그 결과에 영향을 미치지 않는 범위의 각도(^{1})로 기울게 하되, 실내 분무의 수평흐름의 주요방향에 평행으로 설치(^{2})하여야 한다.

(2) 시험편은 지지물 이외의 것에 접촉되어서는 안 된다.

(3) 모든 시험편은 분무의 자유낙하를 방해받지 않도록 설치되어야 한다.

(4) 하나의 시험편으로부터의 염수는 다른 시험편에 떨어지지 않도록 하여야 한다.

　　주 (^{1}) 15~30°의 기울기를 표준으로 한다.

　　　 (^{2}) 지지물의 재료로서는 유리, 고무, 플라스틱 또는 적당히 피복된 목재가 좋다. 시험편은 밑면 또는 측면을 지지하되 피복하지 않은 금속을 사용해서는 안 된다.

관련규격 :

평평한 시험편은 홈이 파인 재료가 적당하다. 시험편이 규정된 위치에 놓여지도록 하기 위해서는 유리걸이 또는 비닐끈을 사용하여도 무방하다. 만약, 필요하다면 시험편의 밑면을 2차적으로 받쳐준다.

6. 식염수 식염수를 조제하는 데는 증류수 또는 전체 고형물이 200ppm 이하의 물에 용해하고 염농도를 5±1%(중량)로 조제한다[3]. 사용하는 염화나트륨은 시약용으로 35℃에서 분무한 상태의 용액은 pH 6.5~7.2의 범위에 있도록 한다[4]. 용액은 분무 전에 현탁물이 있어서는 안 된다[5]. pH 출정은 포화 염화칼륨 전교를 사용한 유리 전극으로 하거나 또는 지시약으로써 브롬티몰블루(bromthy-mol blue)를 사용하는 비색법으로 한다.

주 [3] 33~35℃의 온도에서 측정했을 때 1.0268~1.0413의 비중을 갖고 있는 용액이 규정한 농도에 적합하다. 이 비중은 매일 확인하는 것이 좋다.

[4] 실온에서 이산화탄소가 포화된 물로서 조제할 식염수의 pH는 온도에 의해서 영향을 받기 때문에 pH의 조절을 다음의 세 가지 방법에 의해서 하는 것이 좋다.

가. 식염수의 pH가 실온에서 조정되어 35℃에서 분무되는 경우, 모든 용액의 pH는 고온에서 이산화탄소가 없어지기 때문에 원용액보다 높아진다. 따라서 식염수의 pH를 실온에서 조정할 때는 35℃에서 분무후의 채취 용액이 pH6.5~7.2가 되도록 pH를 6.5 이하로 만들 필요가 있다. 실온에서 만든 식염수 약 50ml를 취하여 30초 동안 조용히 끓여 냉각시킨 후 pH를 측정한다. 식염수의 pH를 이 방법에 의해서 6.5~7.2로 조정하였을 때는 35℃에서 분무한 후 다시 모인 용액의 pH는 이 범위 내에 들어간다.

나. 식염수를 끓여서 35℃로 냉각하든지 또는 약 48시간 35℃로 유지하면 35℃에서 분무하더라도 그의 pH는 큰 변화가 없다.

다. 식염수 조제용 물에 용해되어 있는 이산화탄소를 추출하기 위하여 35℃ 또는 그 이상으로 가열해서 식염수의 pH를 6.5~7.2로 조정하면 35℃에서 분무했을 때 그 pH가 크게 변하지 않은 용액이 얻어진다.

[5] 노즐이 막히는 것을 방지하기 위해서는 식염수를 탱크에 보급하기 전에 여과 또는 경사법으로 하든지 혹은 분무기에 용액을 도입하는 관의 끝을 유리 거르개 또는 적당한 흰 천을 통과하도록 하는 것이 좋다.

[6] pH는 염산 또는 수산화나트륨의 묽은 용액으로서 조정한다.

7. 공급 공기 염용액을 분무하기 위해서 노즐에 보내는 압축공기는 기름 및 먼지가 없고[7] 0.7~1.8 kgf/cm² 로 유지되어야 한다.

주 [7] 공급공기는 물의 세척기를 통하게 하든지 또는 적어도 길이 60cm의 석면, 양모, 좋은 대패밥, 슬래그울(slag wool) 또는 활성아르미나와 같은 세척제를 통해서 기름 및 먼지를 제거함이 좋다.

8. 염수 분무실의 조건

8.1 온도 염수 분무실의 시료의 주변온도는 35±2℃에 유지하고, 적어도 조석 2회 정도 그 온도를 기록한다[8].

주 [8] 온도를 기록하기 위한 방법은 연속 기록장치에 의하든지 또는 밀폐실의 외부에서 읽을 수 있는 온도계에 의함이 좋다. 기록 온도는 분무실을 밀폐한 채로 읽어야 한다.

8.2 분무량 적어도 2개의 깨끗한 분무 채취용기를 시료주변에 놓되, 다른 것으로부터 액이 떨어지지 않도록 한다. 채취 용기는 시험편 가까이 놓되, 하나는 노즐에 가장 가까운 곳에, 다른 하나는 가장 먼 곳에 놓는다. 적어도 16시간 이상의 분무시험을 평균해서 각 80cm²의……

QQ-N-290N(Federal Specification)
NICKEL PLATING(ELECTRODEPOSITED)

1. Scope and Specification

Scope : requirements for electrodeposited nickel plating on steel, copper and copper alloys, zinc and zinc alloys.

Classes : Class 1   corrosion protective plating

Class 2   engineering plating

Grade : For Class 1 plating

Grade A : 0.0016 inch thick

Grade B : 0.0012 inch thick

Grade C : 0.0010 inch thick

Grade D : 0.0008 inch thick

Grade E : 0.0006 inch thick

Grade F : 0.0004 inch thick

Grade G : 0.0002 inch thick

2. Application documents

Federal

Specification

QQ-S-624 : steel bar, alloys, hot rolled and cold finished(general purpose)

Standards

Fed. Test Method Std. No. 151 : metals ; test method

Military

Specification

MIL-S-5002 : surface treatment and inorganic coatings for metal surface of weapon systems

Standards

MIL-STD-105 : sampling procedure and tables for inspection by attributes

Other Publications

ASTM B407 : measuring metal and oxide coating thickness by microscopic examination of a cross section

ASTM B504 : measuring the thickness of metallic coatings by coulometric method.

ASTM B529 : measurement of coating thickness by the Eddy Current Test

ASTM B530 : measurement of coating thickness by the Magnetic Method : electrodeposited nickel coating on magnetic and nonmagnetic substrate

3. Requirements

· Steel parts having an ultimate tensile strength greater than 240,000 psi shall not plated without the embrittlement relief.

· Stress relief treatment : All steel parts which are machined or have a hardness of Rockwell C40 and higher, shall be given a heat treatment at maximum of 375±25℉ for 3 hours.

· Cleaning : Steel   - MIL-S-5002

         Copper and copper alloys   - ASTM B281

         Zinc and zinc alloys   - ASTM B252

· Underplate

   Class 1 plating : copper on steel, copper and copper alloys

                    copper or yellow brass on zinc and zinc based alloys

· Thickness of plating

   For Class 1

basis metal		plating thickness	
steels 1 zinc and zinc alloys 2-coating grade	copper and copper alloys 3-coating grade	surface touched by 0.75" dia. ball	all other surfaces 4
		inch-min.	inch-min.
A	–	0.0016	0.0012
B	B	0.0012	0.0010
C	C	0.0010	0.0008
D	D	0.0008	0.0006
E	E	0.0006	0.0004
F	F	0.0004	0.0002
–	G	0.0002	0.0001

1   copper underplate : 0.0002" to 0.001"

2   zinc and zinc alloy shall have a copper underplate of 0.0002 inch minimum thickness.

3   copper containing zinc equal or greater than 40% shall have a copper underplate of 0.0003" min. thickness.

4   threads, holes, deep recesses, bases of angles and similar areas.

*   the thickness of nickel plating shall not exceed 0.002".

For Class 2 : specified in the contract, order or drawing. if not specified, it shall be 0.003" for the finished parts and in any case, it shall not be less than 0.002".

4. Quality assurance provisions

     · Production control inspection

     · Quality conformance inspection

     · Non-destructive tests

Sampling

numbers of items in lot inspections	number of items in samples(randomly selected)	acceptance no.(max. no. of sample items non-conforming to any tests)
15 or less	7	0
16 to 40	10	0
41 to 110	15	0
111 to 300	25	1
301 to 500	35	1
501 and over	50	2

- Visual inspection
- Thickness of plating

· Destructive tests

Sampling : a random sample of 4 articles taken from each lot

- Thickness of plating
- Adhesion
- Hydrogen embrittlement relief

· Tests

- Thickness

for non-destructive measuring : Fed. Test Method Std. No, 151 Method 520(electronic test)

ASTM B529(eddy current)

ASTM B530(magnetic test)

for destructive measuring : ASTM B504(coulometric)

- Adhesion : By scraping the surface or shearing with a sharp edge. Alternatively the specimen may be clamped and bent back and forth until rupture occures.

If the edge of the ruptured plating is peeled or separated between the plate and base metal. Adhesion is not satisfactory.

- Embrittlement relief : The selected specimen shall be subjected to sustained tensile load equal to 115% of maximum design yield load. The notched specimen shall be subjected to a sustained tensile load equal to 75% of the ultimate notch tensile strength of the material. The article shall be held for at least 200 hours and then examined for crack or fracture.

5. Notes

· Intended uses

Class 1 : to protect iron, copper, or zinc alloys against to corrosive attack in rural, industrial or marine atmophere depending on the thickness of the nickel deposit or is used as an undercoat for chrome or one of the precious metals. Class 1 plating is used also for decorative purposes.

Class 2 : used for wear resistance, abrasion resistance and such incidental corrosion protection of parts as the specified thickness of the nickel plating may afford.

· Ordering data

    a) Title, number, and the date of this specification

    b) Class of plating

    c) Grade of Class 1 if applicable

    d) When plating is to be applied, if other than specified

    e) Stress relief treatment, if other than specified

    f) Cleaning of steel, if other than specified

    g) Underplating required

    h) Coverage, if other than specified

    i) Surface finish, if particular finish required

    j) Thickness of coating, if other than specified

    k) Control record requirement

    l) Preproduction control examination

    m) Sampling plan

    n) Number of samples for destructive testing

    o) Whether hydrogen embrittlement is required

· Class 1 processing

    SB : Single layer coating in a fully bright finish.

    SD : Single layer coating in a dull or semi-bright finish, containing less than 0.005% sulphur and having elongation greater than 8%. Full bright finish may be obtained by polishing.

    M :

layer		elongation	sulphur %	% of total nickel thickness
double layer	bottom	.G.T. 8.0	.L.T.0.005	.G.E. 60 .G.E. 75 : ferrous
	top		.G.T. 0.04	.G.T. 10
triple layer	bottom	.G.T. 8.0	.L.T.0.005	.G.E. 50
	inter.		more than top layer	.L.E. 10
	top		.G.T. 0.04	.G.T. 10

· Correlation of Class 1 nickel plating grades and deposition

grades	forms of deposition for steel, zinc & zinc alloy	for copper & copper alloy
A	SD and M	-
B	SD and M	SB and M
C	M	SB, SD and M
D	SB, SD and M 2	SD and M
E	SB, SD and M 2	SB, SD and M 2
F	SB, SD and M 2	SB, SD and M 2
G	-	SB, SD and M 2

<u>2</u> : nickel deposited under form SD or M conditions may be substitute for nickel deposited in form SB condition where the nickel deposit and top coat is subject to mild or moderate service condition

· Thickness measurements
　　- For single layer Class 1 plating : magnetic method
　　- For double and triple layer Class 1 plating : microscopic method
　　　Measurement of the individual nickel layer are permitted using the suitable etchants as follows.
　　　　　　a) Etchant no. 1
　　　　　　　　　nitric acid(sp. gr. 1.42) 1 volume
　　　　　　　　　glacial acetic acid 1 volume
　　　　　　b) Etchant no. 2
　　　　　　　　　sodium cyanide　　　　100 gms/liter of water
　　　　　　　　　sodium or amm-　　　　100 gms/liter of water
　　　　　　　　　onium
　　　　　　dull, semi-bright layer : columnar
　　　　　　bright layer　　　　　　: banded or unresolved
· Sulphur contents : X-ray fluorescence technique

MIL-C-5541B

CHEMICAL CONVERSION COATINGS ON ALUMINUM AND ALUMINUM

ALLOYS(CHROMATE CONVERSION COATING)

1. Class

    Class 1A - For maximum protection against corrosion, painted or unpainted.

    Class 3   - for protection against corrosion where low electrical resistance is required.

2. Applicable documents

  Specification

    Federal

QQ-A-250/4	Aluminum Alloy 2024, plate and sheet
QQ-A-250/11	Aluminum Alloy 6061, plate and sheet

    Military

MIL-A-8625	Anodic coatings, for aluminum and aluminum alloys
MIL-F-18264	Finishes, organic, weapons system, application and control of
MIL-P-23377	Primer coating, epoxy polyamide, chemical and solvent resistance
MIL-L-81352	Lacquer, acrylic(for naval weapons system)
MIL-C-81706	Chemical conversion coating material for aluminum and aluminum alloys

  Standards

    Federal

Fed. Test Method	Paint, varnish, lacquer and related material, methods of
Std. No. 141	inspection, sampling and testing

    Military

MIL-STD-105	Sampling procedure and tables for inspection by attributes

3. Requirements

- Chemical coatings : materials in accordance with the qualification requirements of MIL-C81706 and accepted for listing on the applicable Qualified Product List.
- Basis metal : free from all defects which will detrimental to the appearance, performance or function of the coating.
- Cleaning : Aluminum and aluminum alloys shall be cleaned with non-etching cleaner before subsequent conversion treatment, where an uninhibited alkaline etching solution is used in the fabrication of aluminum parts for the chemical removal or milling excess metal.

The basis metal shall then be treated in an acid deoxidizing bath to remove any surface smut prior to other cleaning operations. The basis metal shall be throughly cleaned and rinsed with water. Abrasive containing iron are prohibited for all cleaning operations as particle from them may become embeded in the metal and accelerate corrosion of the aluminum and aluminum alloys.

If the coating is damaged, the part shall be recleaned and recoated or it shall be rejected.

· Application : the chemical materials shall be applied to the part by spray, brush or immersion to form the conversion coating after all heat treatments and mechanical operation.

· Chemical coating : non-electrolytically with an aqueous solution of chemicals conforming to MIL-C-81706. Unless otherwise specified, surface with Class 3 coating shall not painted. The resultant chemical conversion coating shall not be subjected to surface temperature greater than 140°F during drying or curing. This restriction shall not apply to the curing or drying of a supplementary paint system which require a higher temperature in accordance with the applicable specifications.

· Corrosion resistance

· Weight of film

· Paint adhesion property

· Adhesion(knife) : cut paint film shall not flake or separate

· Adhesion(tape) : no removal

· Substitution and repair : Class 1A coating shall be permitted to be used on parts in lieu of anodic coating conforming to MIL-A-8625(by brush application of Class 1A material)

4. Quality Assurance Provision

· Production control inspection

· Quality conformance inspection

   Lot : unless otherwise specified, the lot size shall not exceed the number of parts, articles, items or components resulting from a daily production.

· Test method

   · Dimension for test specimens : 10 inches in length, 3 inches in width 0.032±0.005 inch thick

   · Corrosion resistance : 5% salt spray test in accordance with Method 6061 of Fed. Test Method Std. No. 141, except that the significant surface shall be inclined approximately 6 degree from vertical. After 168 hours exposure, test pieces shall be cleaned in running water, not warmer than 100°F, blown with clean, dry, unheated air.

      criteria : show no more than 15 isolated spots or pits, none larger than 1132 inch in diameter in a total of 150 square inches ; nor no more than 5 isolated spots or pits, none larger than 1/32 inch in diameter in a total 30 square inches; except those areas within 1/4 inch from the edges.

· Weight of film

   · Within 3 hours after the coating has been applied, panels or items shall be used. Test pieces shall be measured to the nearest 1/16 inch and weighed to the nearest 0.1 milligram.

   · Film removal : After weighing, test pieces shall be immersed for 60 sec in fresh made nitric acid solution, composed of equal parts by volume of concentrated nitric acid and water. Coating may be facilitated by brushing the test pieces with a clean cotton swab. After removal, the test piece shall be rinsed throughly in demineralized or distilled water, blown dry with clean, filtered oil-free air and reweighed. If the coating has been aged for more than 3 hours, the test piece shall be first immersed for 2 minutes in a molten salt bath of reagent grade sodium nitrite maintained at 645±25°F, prior to treatment in the nitric acid solution. After removal from the salt bath and cooling, test pieces shall be throughly rinsed in cold running water.

· Calculation(miligram per square foot)

$$\frac{144*(W1-W2)}{S}$$

where W1 : initial weight in miligrams

W2 : final weight in miligrams

S : surface area of test piece in square inches

· Adhesion(knife) : The adhesion test of the air-dried painted test pieces shall be determined in accordance with Method 6304 of Fed. Test Method Std. No. 141 by cutting into the paint film with a sharp knife. The knife blade shall be held so that an angle of approximately 30 degrees is maintained between it and the surface of the the piece

criteria : cut paint film shall not flake or separate.

· Adhesion(tape) : conducted as described in Method 6301 of Fed. Test Method Std. No. 141

criteria : no removal

5. Preparation for delivery

· Class 1A : Class 1A chemical conversion coatings are intended as corrosion-preventive films when left unpainted as well as to improve adhesion of paint finish systems to alunimum and aluminum alloys. Coating of this type may be used. for example, for all surface treatments of tanks, tubings, and component structures where paint finishes are not required for the interior surfaces but required for the interior surfaces but required for the exterior surfaces. Repair of mechanically damaged area of anodic coating conforming to MIL-A-8625 by use of Class 1A film will provide an effective means of reestablishing corrosion resistance but will not restore the abrasion resistance of the anodic coating.

· Class 3 : intended as a corrosion preventive film for electrical and electronic application where low-resistance contacts are required.

· Ordering data

a) Title, number and date of this specification

b) Class of coating

c) Etching cleaners, if required

d) Method of application if restricted

e) Paint finish system for treated Class 3 parts, if applicable

f) Clear film, if permitted

g) Testing for corrosion resistance if desired on a lot basis

h) Weight of film, if other than specified

i) Testing for paint adhesion, if applicable

j) Lot size if different from that specified

k) Sampling plan, if other than specified

l) Paint system for testing, if other than specified

· Abrasion resistance : The abrasion resistance of chemical films is relatively low. Films are durable when subjected only to moderate handling, but are readily removed by severe wear or erosion. However, with care, cold forming operations can be generally performed on treated metals without appreciable damage to the coating

· It is impractical to selectively coat different areas of many electronic parts with the two different classes of coating.

· Chromate conversion coatings will commence losing corrosion resistance properties if exposed to temperature of 140℉ or above, during drying, subsequent fabrication or service.

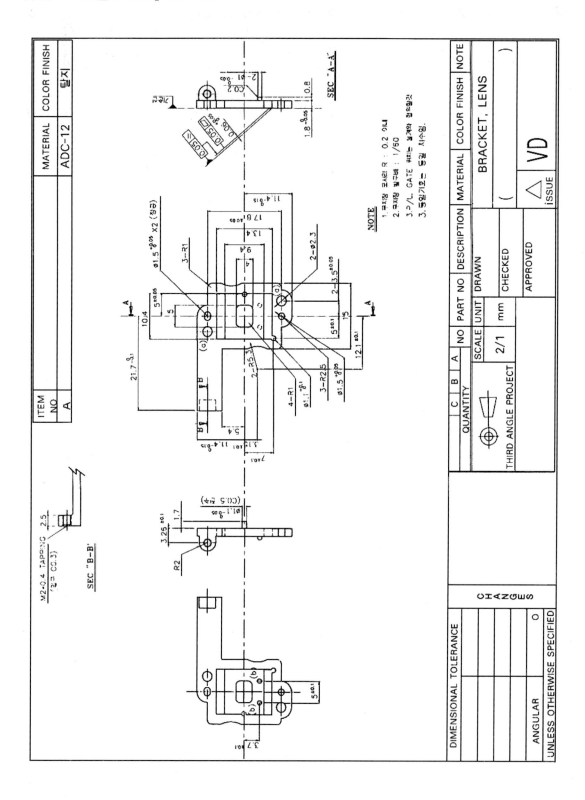

최신 **제품설계**
ADVANCED PRODUCT DESIGN

제 4 편 ● 통신단말기의 기구 설계 적용

Handset(핸드셋)의 설계기준

전화기(telephone)의 handset(핸드셋)은 통화에 지장을 일으키지 않을 정도의 음량과 음질을 얻기 위한 송화기(transmitter) 및 수화기(receiver) 등을 내장시킬 수 있는 크기가 필요하고, 수화시 수화음이 새지 않도록 귀와 수화구(受話口)와의 밀착성이 좋아야 하며, 송화시 음량, 음질의 확보를 위해 송화구(送話口)가 입 가까이 올 수 있는 구조이어야 한다.

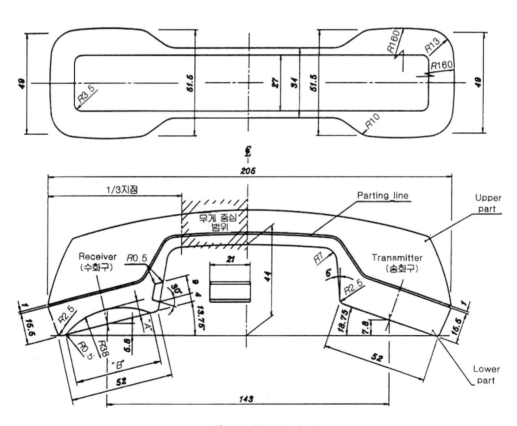

그림 1.1 K-1 Handset

또한 handset은 통화시 손으로 잡고 사용하는 것이므로 사용중 부담을 느끼지 않도록 해야 한다. 따라서 적절한 무게와 쥐기가 편리해야 하며, 적어도 handset을 잡은 손가락이 뺨에 닿지 않도록 해야 하고, 송화구가 입에 접촉되지 않는 구조이어야 한다.

이들을 만족할 수 있는 대표적인 handset은 미국형 K-1 handset이다.

K-1 handset을 응용한 handset의 설계기준은 다음과 같다.

(1) Receiver(受話口)와 Transmitter(送話口)의 중심거리 및 각도

그림 1.1을 참조한다.

(2) 무게와 중심

Handset의 무게는 180gr~200gr 범위로 한다(무게가 이 범위에 들어오지 않을 때는 weight를 내부에 삽입할 수 있다).

무게중심은 receiver측의 끝단으로부터 전체 길이의 1/3지점에서 1/2지점 이내에 들어오도록 한다(이것은 hook switch의 확실한 동작과 전화기를 벽궤용으로 전환사용시 유리하다).

(3) receiver의 구조

사용자의 귀에 완전 밀착될 수 있는 구조가 되도록 구형상으로 하고 그림 1.1에서 "A"의 치수는 3~7mm, "B"의 치수는 $\phi40~\phi50$mm 범위로 한다. 그 밖의 handset 설계시 고려해야 할 사항으로는 다음과 같다.

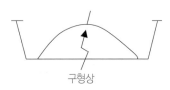
구형상

① receiver & transmitter unit의 고정방법

양 unit의 handset내에 고정시 rubber ring pad 등을 lower part에 삽입시켜 음이 새지 않도록 밀착될 수 있는 구조이어야 한다. upper part 등을 완전조립한 상태에서 drop test(높이 150cm)에 의해 unit들이 이탈되는 현상이 없도록 견고히 고정되어야 한다.

② parting line

upper part와 lower part와 만나는 경계면의 간격은 0.5~1mm로 전주(全周)가 일정하게 유지되어야 한다.

③ lower part에는 내부배선 처리를 위한 wire guide 구조가 있어야 한다(그림 1.2 참조).

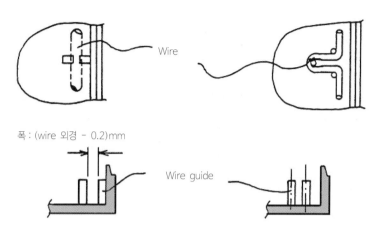

그림 1.2 Handset 내부 배선처리를 위한 구조

※ 다음의 그림 1.3은 NTT(일본전신전화주식회사)가 1980년 조사한 일본인의 얼굴의 형상, 손가락의 굵기 등의 data를 기초로 하여 정한 handset 형상의 설계한계를 나타낸 것이다.

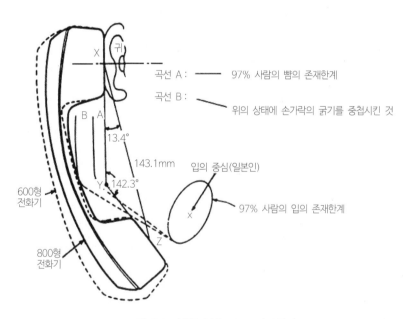

그림 1.3 NTT의 Handset 설계한계

Plunger(플런저)

Plunger는 전화기 내에 실장되어 있는 hook switch(훅 스위치)를 동작시켜주는 것으로 handset의 자중(自重)을 hook switch에 전달시켜주는 중간매개체이다. 전화기에서 plunger는 매우 중요한 역할을 하므로 설계시 세심한 주의가 필요하다.

① stroke : 5~8mm를 유효범위로 하며, plunger만의 실제 가능동작 stroke는 유효범위의 전후 0.5mm 이상의 여유를 확보하여야 한다.

전기적인 동작은 plunger의 유효 stroke의 25~75% 범위 내에서 이루어지도록 한다.

② operating force : handset무게의 30~35% 하중에서 완전 하강할 것.

(plunger의 operating force는 hook switch의 operating force와 직접 관련되므로 plunger 설계시 이를 고려한다.)

③ handset을 역방향으로 하여 전화기의 cradle(크래들)에 안착시에도 plunger 동작(회로 접점동작)이 이상 없도록 하는 것이 좋다.

④ housing의 plunger guide hole과 plunger의 clearance(틈새)

• 상하운동 type : 0.8~1.0mm(양측합계 clearance)

• hinge type : 0.8~1.5mm(양측합계 clearance)

⑤ 동작시 가능한 마찰면적이 작도록 하는 구조이어야 하며 재료는 마찰계수가 적은 POM으로 쓸 수도 있다.

⑥ handset과 plunger와의 접촉지점은 동작초기부터 완료까지 구간에서 일정한 지점을 유지하면서 동작토록 한다.

⑦ 외부의 충격에 의해 plunger가 위치 이탈이 되어서는 안 된다.

⑧ 무접점 hook switch(photo-interrupter)를 사용하는 경우 plunger의 재료는 빛을 완전 차단할 수 있는 것으로 사용해야 한다(PC, PE, POM같이 투명하거나 반투명재료는 사용 불가).

CHAPTER 03

Rubber Key Pad(고무 키패드) & Button(버튼)의 설계

3.1 Rubber Key Pad의 설계

(1) 사용재료
silicon rubber

(2) Operating Force
① 일반적 : 140±35gr
② 소형 button(면적 75mm² 범위) : 120±30gr
③ cellular phone : 200±40gr

(3) Stroke
1~2±0.1mm

(4) Life Cycle
100만회 이상

(5) Hardness(Hs A 또는 Durometer)
50~70(insulative rubber 부위)

(6) Tactile Feeling
Rubber key pad에서 tactile feeling이 있도록 설계되어야 하며, skirt(스커트) 부위의 형상에 따라 그 특성을 달리한다(그림 3.1 참조).

※ air path의 목적은 key pad의 key가 눌리고 복구될 때 공기의 순환을 위한 것으로 동작의 원활을 위해 필요하다.

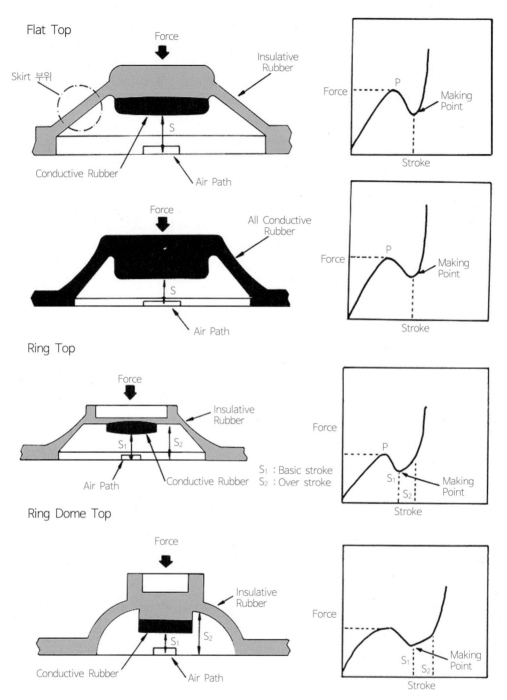

그림 3.1 Skirt 형상에 따른 operating force 특성

(7) Conductive Rubber

표면 저항은 100Ω 이하이어야 하며 직경은 대부분 φ3, φ4mm를 사용한다.

길이가 긴 key는 한 key 내에 2곳 또는 한 개의 타원형 conductive rubber를 사용하거나, 또는 그림 3.2와 같이 2곳 또는 4곳(크기가 큰 key의 경우)에 돌기를 세워 key의 편측을 눌렀을 때 conductive rubber가 기울어지면서 PCB의 접점과의 접촉불량을 방지한다.

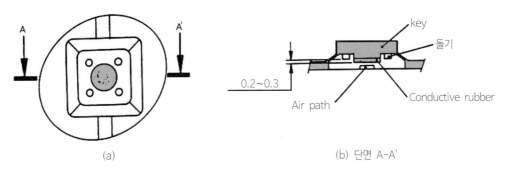

그림 3.2 Key 내부의 돌기치수

(8) Key Pad 설계시 Guide

Key pad 설계시 치수 guide는 다음과 같다(그림 3.3 참조).

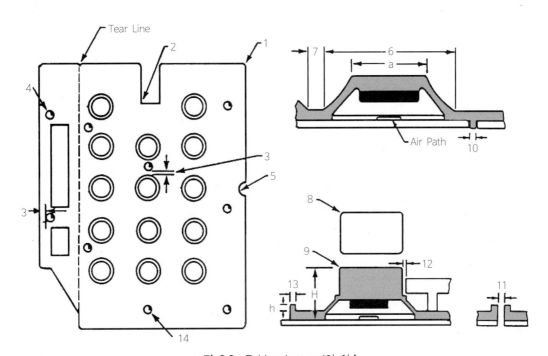

그림 3.3 Rubber key pad의 치수

Design Notes

1. Minimum curvature 1.0mm in diameter
2. Minimum curvature 0.5mm in diameter
3. 1.5mm or more (typical)
4. 1.5mm or more (typical)
5. According to Notes 1, 2 and 4
6. a+2.5(or 2.0)mm (approximately)
7. 1.5mm (typical)
8. H<7mm min. R0.4
   7<H<10mm min. R0.9
9. 0.2mm min.
10. 1.5mm or more (typical)
11. 1.5mm or more (typical)
12. 0.3mm(typical, depending on key structure, pad size, guide hole position, bezel design, etc.)
13. >1/2h
14. Guide holes should be symmetrically located and placed no further than 2 inches apart.

(9) 일반치수공차

표 3.1 key pad의 제작공차

Range (mm)	Tolerance
10	± 0.1 mm
10.1 ~ 20	± 0.15 mm
20.1 ~ 30	± 0.2 mm
30.1 ~ 40	± 0.3 mm
40.1 ~ 50	± 0.4 mm
50.1 이상	± 1 %

(10) ESD(Electro Static Discharge, 정전기) 방지 Key Pad Rubber 구조

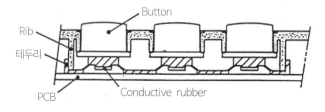

그림 3.4 ESD 방지 구조

Button군(群)의 주변에 사각 rib를 성형시켜 그 사각 rib를 덮도록 key pad 주변에 테두리를 형성시킨다.

다음 그림은 무선전화기의 handset용 key pad rubber 관련 도면이다.

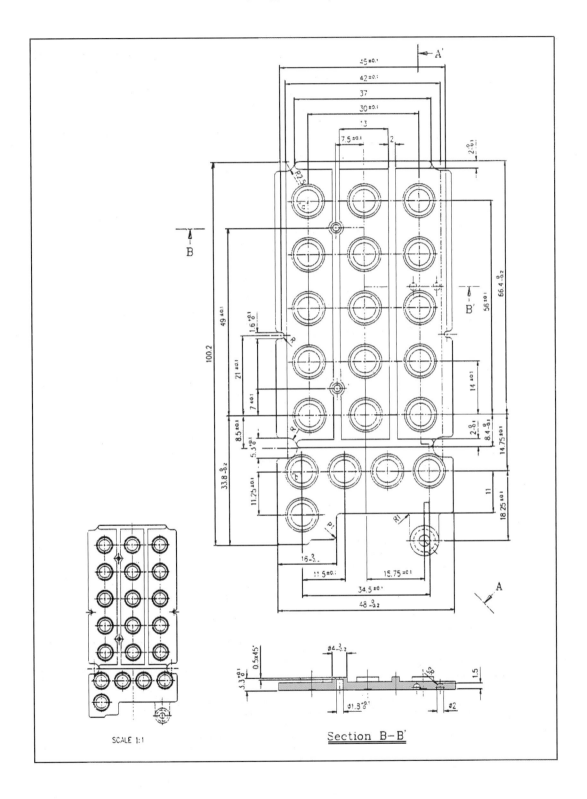

SCALE 1:1

Section B-B'

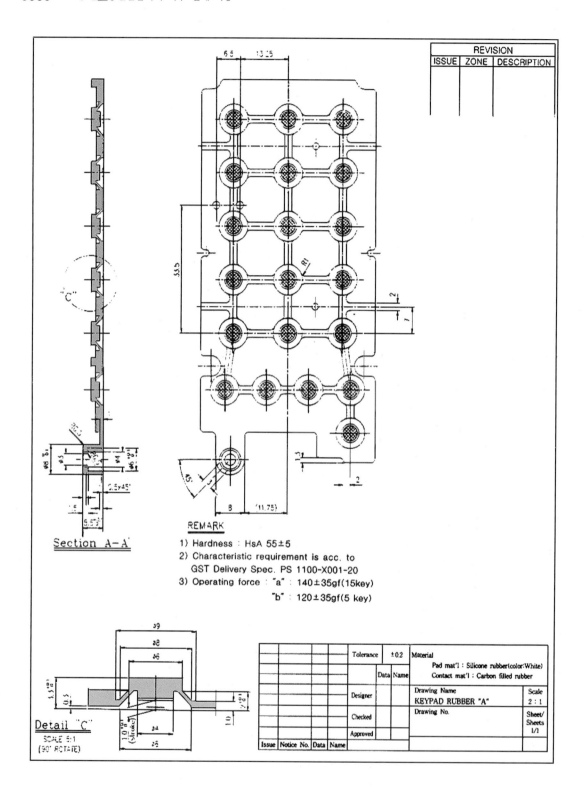

					Tolerance	±0.2	Material
							Pad mat'l : Silicone rubber(color:White)
				Data	Name		Contact mat'l : Carbon filled rubber
						Drawing Name	Scale
			Designer			KEYPAD RUBBER "A"	2 : 1
						Drawing No.	Sheet/
			Checked				Sheets
							1/1
			Approved				
Issue	Notice No.	Data	Name				

REVISION

ISSUE	ZONE	DESCRIPTION

REMARK

1) Hardness : HsA 55±5
2) Characteristic requirement is acc. to
   GST Delivery Spec. PS 1100-X001-20
3) Operating force : "a" : 140±35gf(15key)
                     "b" : 120±35gf(5 key)

Section A-A

Detail "C"
SCALE 5:1
(90° ROTATE)

3.2 Plastic Button의 설계

(1) Plastic Button과 Button Hole(그림 3.5 참조)의 Gap

0.15~0.2mm(편측)

(2) Stroke 관련 Button(Plastic 또는 Rubber)의 표면에서 돌출높이

$$높이 = S + 0.6^{+0.1}_{0} \ (S : Stroke)$$

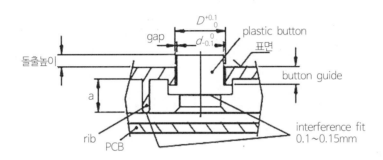

그림 3.5 Button과 button hole 관련치수 및 rubber key pad와의 관련치수

(3) Button Sticking(Button이 눌려진 상태에서 복구하지 못하는 상태)

Button sticking(스티킹)을 피하기 위해서는 자유상태에서 button의 stroke와 관련하여 돌출높이에 주의하여 button의 구석을 눌렀을 때 button hole 표면 이하로 잠기지 않도록 한다(button hole 주변의 burr로 인한 button sticking 방지목적 및 조직 편리성 도모 목적).

그리고 이때 key pad rubber의 형상이 ring top, ring dome top일 때 over stroke가 있음을 주의해야 한다.

(4) Button과 Rubber Key Pad와의 결합치수(그림 3.5 참조)

그림에서와 같이 button의 밑면과 rubber key pad 윗면이 0.1~0.15mm만큼 눌려 조립되도록 관련치수를 정하고, key pad를 잡아주는 housing rib도 바닥면을 0.1~0.15mm 눌려지도록 rib의 길이 또는 관련치수를 정한다(이것은 관련치수의 공차로 인해 조립 후 button이나 key pad가 상하 방향으로의 유동발생을 방지하기 위해서이다).

3.3 전면조광(全面照光) Button의 구조

기능의 동작표시가 필요한 button[예를 들어 C/T(cordless telephone)의 통화 button, SLT(single line telephone) 등의 speaker phone button, key phone의 hold 또는 국선 button 등]을 일부 조광 방식 또는 LED를 button의 외부 인접부근 실장방식에서 전면을 조광하는 방식으로 사용하는 경우가

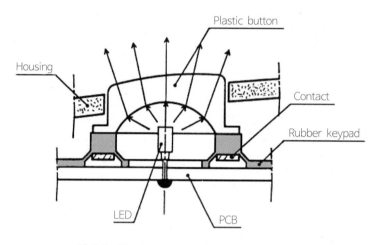

그림 3.6 Plastic button을 사용한 전면조광 Button

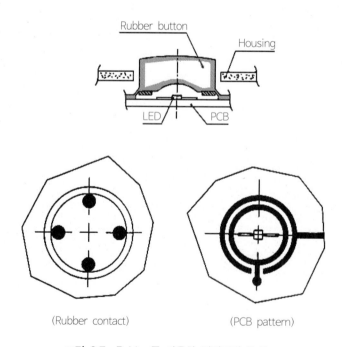

그림 3.7 Rubber를 사용한 전면조광 Button

많아졌다. 이는 제품의 새로운 분위기, 고급스런 design의 효과를 얻기 위한 것이다.

Button의 전면을 조광시키기 위해서는 LED를 button 내의 중앙에 실장시키는 것이 효과적이며, 통상 button의 경우 동작의 원활성을 위해 key pad의 접점의 위치가 중앙에 실장되었으므로 본 전면조광 button의 구조는 기존 button의 것과 달라져야 한다.

그림 3.6은 plastic을 사용하는 전면조광 button의 구조 예로서 사용되는 plastic 재질은 PMMA이며 은은한 빛을 내기 위해 우윳빛(浮白色)을 착색시켰고, 내부의 형상은 오목형으로 하여 빛의 분산효과를 얻도록 한 것이다. LED는 button의 중앙에 위치하고 key pad 접점은 button의 가장자리에 4개를 설치한 것이다.

그림 3.7은 plastic button을 사용하지 않고 반투명 silicon rubber를 사용해 key pad와 button을 겸한 구조이다.

3.4 각종 Rubber의 특성과 주된 용도

◎ 매우 우수, ○ 우수
△ 우수하지 못함, × 나쁨

고무의 종류 (ASTM 약어)	천연 고무 (NR)	합성천연고무 (IR)	부틸렌 고무 (SBR)	클로로프렌고무 (CR)	나이트릴 고무 (NBR)	에틸렌 프로필렌 고무 (EPM, EPDM)	우레탄 고무 (U)	실리콘 고무 (Si)
화학구조	Polyisoprene	Polyisoprene	Butadiene styrene 공중합	Polychloroprene	Butadiene acrylonitrile 공중합	Ethylene Propylene 공중합	Polyurethane	Silicon
주된 특징	탄성이 우수하고 내마모성 등의 기계적 성질이 좋음	천연고무와 거의 동일한 성질을 가짐	천연고무보다 내마멸성, 내노화성이 좋으며 가격도 쌈	내후성, 내오존성, 내열성, 내약품성 등 평균적으로 우수	내유성, 내마모성, 내노화성이 우수	내노화성, 내오존성 등 극성에 대한 저항성, 전기적 성질이 우수	기계적 강도가 특히 우수	고도의 내열성과 내한성을 가짐. 전기전열성, 내약품성도 우수
비중	0.92	0.92~0.93	0.93~0.94	1.15~1.25	1.00~1.20	0.86~0.87	1.00~1.30	0.95~0.98
인장강도 (kgf/cm²)	30~300	50~200	50~200	50~250	50~250	50~200	200~450	40~100
신율(%)	1000~100	1000~100	800~100	1000~100	800~100	800~100	800~300	800~300
반발탄성	◎	◎	○	◎	○	○	◎	◎
내마열성	◎	◎	◎	○~◎	◎	○	◎	×~△
내굴곡 균열성	◎	◎	○	○	○	○	◎	×~△
내노화성	○	○	○	◎	◎	◎	○	◎
최고사용온도 (°C)	120	120	120	130	130	150	150	280
용도	자동차 Tire, Hose, Belt, 공기 Spring, Mic holder, Foot 등의 일반용 및 공업용품	자동차, 항공기용 Tire 등 천연고무가 사용되는 곳에 거의 대용됨	자동차 Tire, 운동용품 및 일반용 고무 제품	전선피복, Conveyor belt, 방진용 고무, 철틀용 고무, 일반 공업제품 (상품명 Neoprene)	Oil seal, Gasket, 내업 hose, Conveyor belt, 인쇄 roller 등의 내유제품	전선피복, Steam용 hose, Conveyor belt 등	공업용 roller, Solid tire, 고무 Packing, Coupling 등의 강력한 힘이 걸리는 제품	Packing, Gasket, Oil seal, Keypad, 방진용 roller, 방진고무 등의 내열, 내한성이 내열, 전기절연용 등 및 의료용 등

(물리적 성질: 반발탄성, 내마열성, 내굴곡 균열성, 내노화성, 최고사용온도)

CHAPTER 04

Switch(스위치) / Volume (Potentiometer) 및 knob(놉)

4.1 Hook Switch(훅 스위치)의 선정

Hook switch는 plunger(제2장 참조)와 기구적으로 연동시켜 전화가 착발신 되었을 때 loop를 구성 및 개방시키는 switch로, 보통 handset의 자중을 이용하여 동작된다. handset(H/S) 선정시 다음 사항을 고려한다.

① 접점회로수가 전화기 회로에 만족할 것

② H/S(핸드셋)의 접점동작은 총 stroke의 25~75% 범위 내에서 이루어져야 한다.

③ life cycle : 20만 회 이상이고, 접촉저항 100mΩ 이내일 것.

④ 접점의 구동에서 sliding 방식으로 동작되는 switch는 동작시 click음을 발생시킬 수 있어 좋지 않다.

※ stroke가 작은 switch(예 : micro switch 등)는 hook switch로서 적당하지 못하다(동작불안의 원인이 된다).

※ hook switch로서 기계적 접점 switch 외에도 key phone(키폰)의 경우에서는 무접점 switch (photo interrupter)를 이용하여 plunger에 의해 on-off시키는 방법이 많이 사용된다.

그림 4.1, 4.2는 현재 사용되고 있는 hook switch의 예이다.

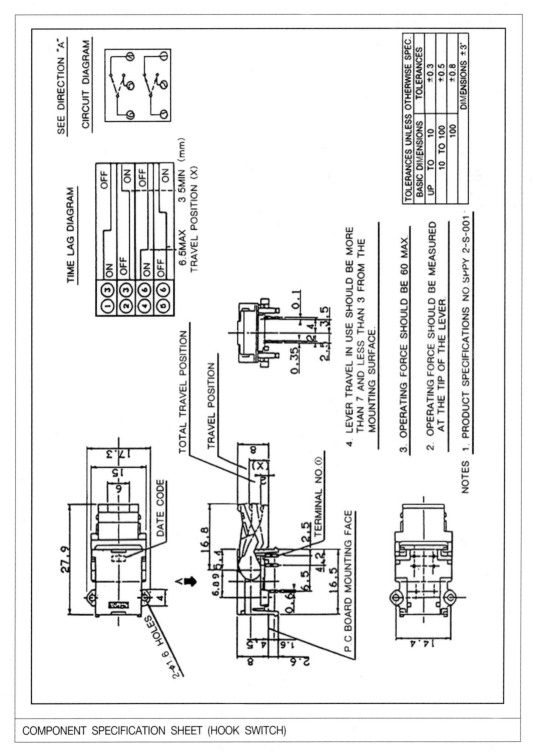

COMPONENT SPECIFICATION SHEET (HOOK SWITCH)

그림 4.1 Hook switch(예 1)

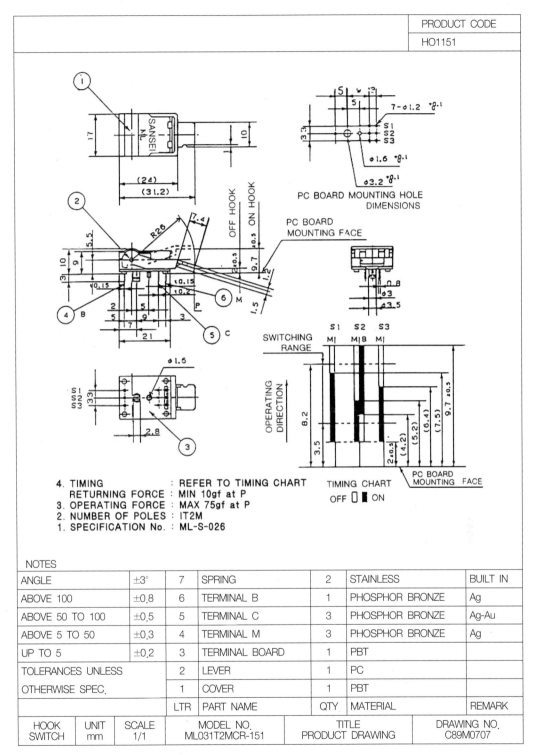

PRODUCT CODE
HO1151

NOTES

ANGLE	±3°	7	SPRING	2	STAINLESS	BUILT IN
ABOVE 100	±0.8	6	TERMINAL B	1	PHOSPHOR BRONZE	Ag
ABOVE 50 TO 100	±0.5	5	TERMINAL C	3	PHOSPHOR BRONZE	Ag-Au
ABOVE 5 TO 50	±0.3	4	TERMINAL M	3	PHOSPHOR BRONZE	Ag
UP TO 5	±0.2	3	TERMINAL BOARD	1	PBT	
TOLERANCES UNLESS		2	LEVER	1	PC	
OTHERWISE SPEC.		1	COVER	1	PBT	
		LTR	PART NAME	QTY	MATERIAL	REMARK
HOOK SWITCH	UNIT mm	SCALE 1/1	MODEL NO. ML031T2MCR-151	TITLE PRODUCT DRAWING		DRAWING NO. C89M0707

4. TIMING : REFER TO TIMING CHART
   RETURNING FORCE : MIN 10gf at P
3. OPERATING FORCE : MAX 75gf at P
2. NUMBER OF POLES : IT2M
1. SPECIFICATION No. : ML-S-026

그림 4.2 Hook switch(예 2)

4.2 일반용도 Switch

Switch에는 그 종류가 매우 다양하며 기구 및 전기적 용도에 맞게 선택해야 한다.
Switch 종류에는 다음과 같은 것이 있다(표 4.1 참조).

표 4.1 Switch의 종류와 용도

Switch 종류		적용 예
① Push switch	Locking type	OHD, Hold 등
	Non-locking type	OHD, Function switch 등
② slide switch(2단형, 3단형)		T/P, Volume control 등
③ Tact switch		Dial, Function switch, Vol. up-down 등
④ Micro switch		내부 Signal 절환용 등
⑤ 연동 switch		2-line tel.(L1, L2, Hold, Conf) 등
⑥ Lever switch(Toggle switch)		Power on-off switch 등
⑦ See-Saw switch		Power on-off switch, key phone H/T/P용
⑧ Reed switch		Magnet에 의해 동작되는 근접 sensor용 switch

```
* OHD : On Hook Dialing      T/P  : Tone/Pulse(전자식/기계식)
  Vol. : Volume              Tel. : Telephone
  L1   : Line 1(국선 1)       L2   : Line 2(국선 2)
  Conf : Conference          H/T/P : High/Tone/Pulse
```

1) 일반 Switch 관련 용어

(1) Shorting Type

Make before break(그림 4.3 참조)(회로절환시 단자간이 전기적으로 일단 접속한 후 절환하는 것)

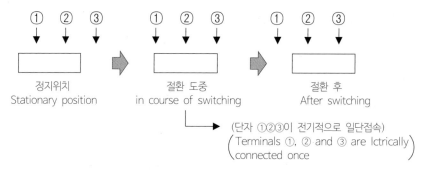

그림 4.3 Shorting type의 그림 예

(2) Non-Shorting Type

Break before make(그림 4.4 참조)(회로절환시 단자간이 전기적으로 일단 OFF가 되는 것)

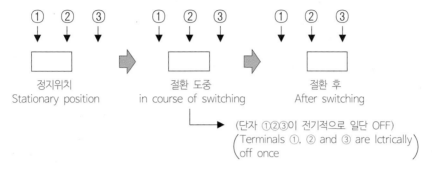

그림 4.4 Non-shorting type의 그림 예

(3) Muting Circuit

회로끼리의 절환타이밍(changeover timing)을 지연시키기 위한 회로로, 각종 절환 noise 방지를 하기 위해 각 회로간의 절환도중을 ON 또는 OFF시키는 switch 회로이다.

(4) 전원 Switch의 회로구성

그림 4.5의 회로구성은 주로 전원 스위치에 이용되는 미소전류용 스위치의 회로구성이다.

단극단투(單極單投)	단극쌍투(單極双投)	쌍극단투(双極單投)	쌍극쌍투(双極双投)
SPST(1회로 1접점)	SPDT(1회로 2접점)	DPST(2회로 1접점)	DPDT(2회로 2접점)
	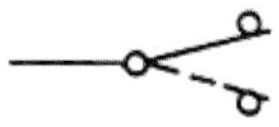	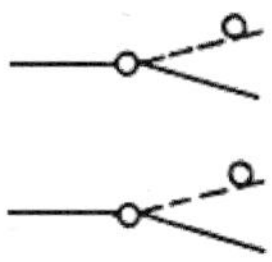	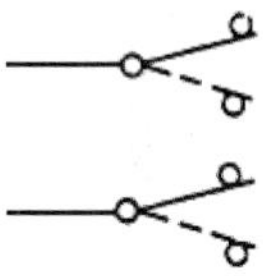

S : Single, D : Double, P : Pole, T : Throw

그림 4.5 전원스위치의 회로구성

4.3 Volume(Potentiometer)

Volume(볼륨)은 기계적 동작의 변화에 따라 그 저항값이 변화되도록 한 부품으로 ringer volume, speaker volume 등에 사용되며 그 종류는 다음과 같다.

① Slide Volume : stroke(travel)는 10, 16, 20, 25mm가 일반적이며 대개는 PCB mounting형을 많이 사용한다. 주로 2종류(type)가 많이 사용된다.
  * vertical mount
  * horizontal mount

② Rotary Volume
  * with on-off switch
  * without on-off switch

※ volume 선정시 resistance taper 특성에 유의하여 선정한다. resistance taper는 Vol. (Volume)의 stroke(travel)에 따라 저항의 변화값을 나타내는 것으로 A, B, C, D & W type이 있다(그림 4.6 참조).

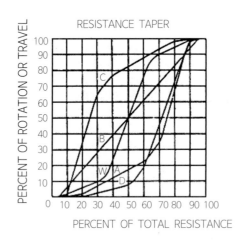

그림 4.6 Resistance taper

4.4 Knob(놉)

Slide switch나 volume에서 그 자체의 stem(머리부)이나 shaft를 밖으로 노출시켜 조절하는 경우도 있으나 대개는 knob를 끼워 사용하게 된다. 이때 stem이나 shaft의 치수는 maker의 catalog 및 sample을 참조하여 설계토록 한다.

Knob과 knob이 결합되는 housing(하우징)의 구조는 접촉(마찰면)이 가급적 적도록 하여 원활하게 동작토록 하고, knob의 동작구간의 opening hole에 의해 장치내부가 외부에서 보이지 않도록 설계한다. 그림 4.7, 4.8은 그 예이다.

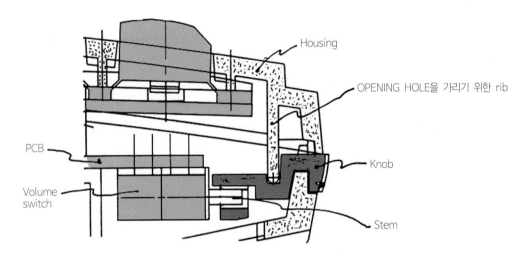

그림 4.7 Volume knob의 설계-I

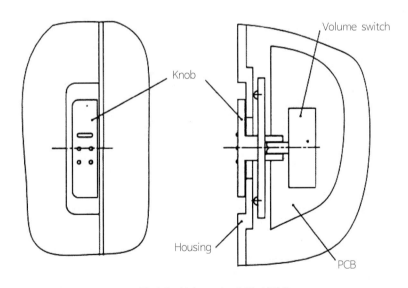

그림 4.8 Volume knob의 설계-II

Membrane Switch
(멤브레인 스위치)

Membrane switch는 plastic film을 이용하여 제작된 switch로서 key pad로 많이 사용된다. 특징은 다음과 같다.

① silk 인쇄에 의해 panel의 다색인쇄가 가능하고 또한 key layout도 자유롭다.

② 표면이 plastic film으로 덮여져 있어 밀폐성이 좋아 내환경성이 우수하다.

③ plastic film의 적층구조이므로 초박형, 경량이다.

그림 5.1, 5.2, 5.3은 membrane switch의 종류와 구조 및 특성을 나타낸 것이다.

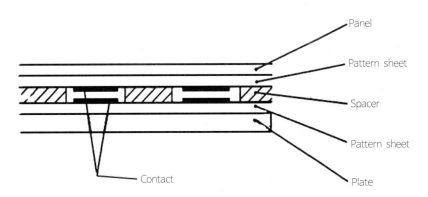

```
        specifications
    max. rating         : 24V DC 10mA resistance load
  * contact resistance  : 500Ω Max.
                          (including conductor resistance)
    insulation resistance : 100MΩ Min.(250V DC)
    dielectric strength : 250V AC rms for 1 minute
  * operating force     : 100~400gr
  * stroke              : 0.2~0.5mm
    (* : 설계에 따라 변경 가능)
```

그림 5.1 Flat type
(flat type은 key를 누르는 촉감이 없는 것이 큰 단점이다.)

Snap Dome Contact

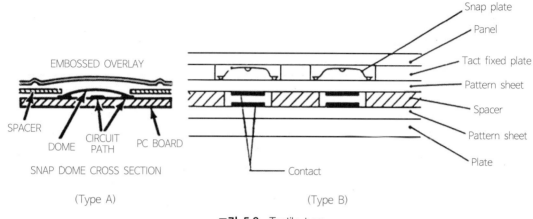

(Type A)   (Type B)

그림 5.2 Tactile type

```
              specifications
        max. rating         : 24V DC 10mA resistance load
     *  contact resistance  : 500Ω max.
                              (including conductor resistance)
        insulation resistance : 100MΩ min. (100V DC)
        dielectric strength : 50V AC rms for 1 minute
     *  operating force     : 350±100gr
     *  stroke              : 0.3~0.5 mm
     (* : 설계에 따라 변경 가능)
```

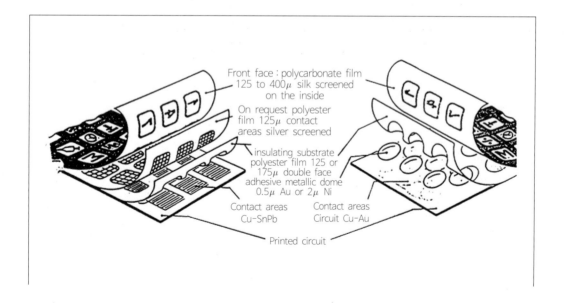

Contact areas
tactile actuation (1) or
non tactile actuation (1)

Contact areas
tactile actuation(2)

☐ (1) Non tactile actuation - Non thermoformed front face film - Contact : silver screened conductive ink.
☐ (1) Tactile actuation - Thermoformed front face film - Contact : silver screened conductive ink.
☐ (2) Tactile actuation - Thermoformed front face film - Contact : metallic dome gold plated.

· Dimensions :
· No of colours of front face film required :
· Material required for front film : ☐ polycarbonate ☐ polyester ☐ P.V.C.
· Finish : ☐ gloss finish ☐ satin finish
· Graphic-design : ☐ helvetica medium ☐ univers 65 ☐ NFL 70132 ☐ other
· Cut out area :
· Led window :
· Transparent window for LCD display :
· Translucent window for segment display :
· Thickness of printed circuit : ☐ 1.6mm ☐ 2.4mm ☐ 3.2mm
· Circuit : ☐ common point ☐ X.Y. matrix ☐ other
· Connection : ☐ connectors ☐ solder buckets ☐ other
· Voltage :
· Current :
· Contact resistance :
· Life required :
· Mounting : ☐ by studs ☐ by clips ☐ other
Comments :

그림 5.3 Membrane switch의 설계조건

Spring(스프링) 설계기준

6.1 요 점

1) Coil Spring

Coil spring의 설계시에는 사용목적, 조건에 따라 재료를 선정하고, 재료의 직경 d, coil의 평균직경 D, 유효권수 Na 등을 결정한다. 즉, spring에 작용하는 하중 P, spring deflection δ, 응력 τ 등이 주어지면 d, D, Na 등을 계산으로 구할 수 있으나, 실제는 D값을 정하고 d, Na를 구한다.

2) 판 Spring

판 spring의 설계는 사용목적, 조건에 따라 재료를 선정하고 spring에 생기는 응력 σ, deflection δ, spring 정수 k 등을 산출하고 가정한 치수가 적절한지 결정한다.

6.2 Spring용 재료의 탄성계수

표 6.1 각 재료의 G 및 E 값(값은 KS B 2406에서 발췌)

재 료	횡탄성 계수 G (kgf/mm^2)	종탄성 계수 E (kgf/mm^2)
• 스프링강 • 경강선 • Piano 선 • Oil tempered 선	8×10^3	21×10^3
Stainless steel 선	7×10^3	18.5×10^3
양백선	4×10^3	11×10^3
황동선	4×10^3	10×10^3
인청동선	4.3×10^3	11×10^3
베릴륨동선	4.5×10^3	12×10^3

6.3 인장/압축 Coil Spring의 기본공식

Spring 종류	Spring의 형상		최대응력 σ, τ	하중 P	deflection δ, ϕ
원통압축/인장 Spring		d	$\tau = \dfrac{8DP}{\pi d^3} = \dfrac{8c^3P}{\pi D^2}$ $= \dfrac{dG\delta}{\pi nD^2}$	$P = \dfrac{d^4G}{8nD^3}\delta = \dfrac{dG}{8nc^3}\delta$ $= \dfrac{\pi d^3\tau}{8D}$	$\delta = \dfrac{8nD^3}{d^4G}P$ $= \dfrac{8nc^3}{dG}P$
		a	$\tau = \dfrac{PD}{0.4164a^3}$ $= \dfrac{aG\delta}{0.74\pi nD^2}$	$P = \dfrac{a^4G}{1.78\pi nD^3}\delta$ $= \dfrac{0.4164a^3\tau}{D}$	$\delta = \dfrac{1.78\pi nD^3}{a^4G}P$ $= \dfrac{0.74\pi nD^2\tau}{aG}$
원추형 Spring		d	$\tau = \dfrac{8D_2P}{\pi d^3}$ $= \dfrac{4D_2dGS}{\pi n(D_1^2+D_2^2)(D_1+D_2)}$	$P = \dfrac{d^4G\delta}{2n(D_1^2+D_2^2)(D_1+D_2)}$ $= \dfrac{\pi d^3}{8D_2\tau}$	$\delta = \dfrac{2nP(D_1^2+D_2^2)(D_1+D_2)}{d^4G}$

σ : 최대 굴곡응력(kgf/mm^2), δ : deflection(mm), τ : 최대 전단응력(kgf/mm^2), n : 유효권수
E : 종탄성 계수(kgf/mm^2), c : Spring 지수(=D/d), G : 횡탄성 계수(kgf/mm^2)

Coil spring의 설계상 고려사항

항 목	고려사항

유효권수 (Na)	스프링의 설계에 사용하는 유효권수(Na)는 보통 자유권수(Nf)와 같게 잡는다. 유효권수는 3 이상으로 잡는 것이 좋다.
	
	 1) 압축 스프링의 경우
	    $Na = Nt - (x_1 + x_2)$
	 x_1, x_2는 코일 양끝부의 각각의 자리 감김수를 나타내며, 코일 끝만이 다음의 자유코일에 접하고 있을 때(그림 a, b)는,
	    $x_1 = x_2 = 1$
	 따라서
	    $Na = Nt - 2$
	 코일 끝이 다음의 코일에 접하지 않고 연삭부의 길이가 3/4 감김의 것 (그림 c)은,
	    $x_1 = x_2 = 0.75$
	 따라서
	    $Na = Nt - 1.5$
	 2) 인장스프링의 경우
	    $Na = Nt$ (단, Hook 부분은 제외)
	
	 (a) Closed end(연삭없음)
	
	 (b) Closed end(연삭)
	
	 (c) Open end(연삭)

항 목	고려사항
Spring 지수 (c)	일반적으로 4~10 범위에서 선택한다.
종횡비 (Hf/D)	종횡비(자유높이 Hf와 코일 평균지름 D의 비)는 0.8에서 4까지의 범위에서 선택하는 것이 좋다.
Pitch	0.5D 이하로 한다.
밀착높이 (Hs)	압축 Spring의 밀착높이는 원칙으로 지정하지 않는다. 밀착높이를 필요로 할 때는 다음 식으로 구한다. $Hs = (Nt - 1)d + (x_1 + x_2)$

6.4 판 Spring의 기본공식

(a)의 경우 $\delta = \dfrac{4Pl^3}{bh^3 E}\left(I = \dfrac{bh^3}{12}\right)$,   (b)의 경우 $\delta = K_1 \dfrac{4Pl^3}{b_2 h^3 E}\left(I = \dfrac{b_2 h^3}{12}\right)$

단 K_1 값은 다음의 도표로 구한다(그림 6.2 참조).

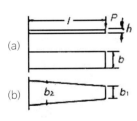

그림 6.1 판 Spring

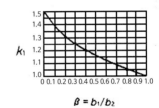

그림 6.2 K₁ 값의 도표

6.5 Torsional Coil Spring(비틀림 코일 스프링)의 기본공식

$$P = \frac{\pi d^3 \sigma}{32r},\ \sigma = \frac{32Pr}{\pi d^3}$$

$$\alpha = \frac{11{,}520P\ell r}{\pi^2 d^4 E} = \frac{360\,\ell\,\sigma}{\pi\,dE}$$

$$\ell(\text{총길이}) = D\pi n + r + r',\ S \geq d + 0.2$$

$$Di \approx D\frac{n}{n + \dfrac{\alpha}{360}} - d$$

(α각 만큼의 비틀림이 작용되었을 때의 직경변화)

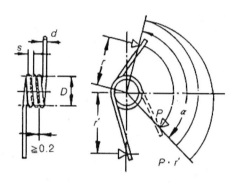

그림 6.3　Torsional spring

　다음의 도면은 각 Spring에 대한 설계도 예이다(각 Spring 공식에 실제수치를 대입하여 공식활용을 익히도록 한다). 예로 든 그림에서 보는 바와 같이 Spring force diagram을 반드시 도면에 표시해야 한다(그림 6.4~6.10 참조).

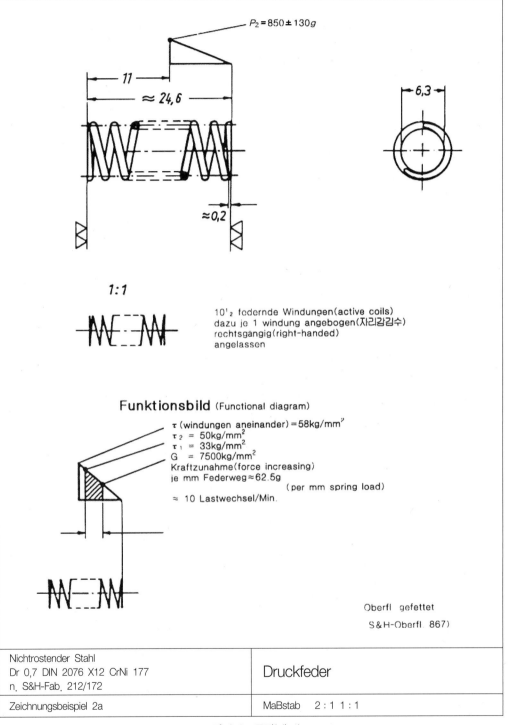

$P_2 = 850 \pm 130 g$

11

≈ 24,6

≈ 0,2

6,3

1:1

10^1$_2$ federnde Windungen(active coils)
dazu je 1 windung angebogen(자리감김수)
rechtsgangig(right-handed)
angelassen

Funktionsbild (Functional diagram)

τ (windungen aneinander) $= 58 kg/mm^2$
$\tau_2 = 50 kg/mm^2$
$\tau_1 = 33 kg/mm^2$
$G = 7500 kg/mm^2$
Kraftzunahme(force increasing)
je mm Federweg ≈ 62.5g
                        (per mm spring load)

≈ 10 Lastwechsel/Min.

Oberfl gefettet

S&H-Oberfl 867)

Nichtrostender Stahl Dr 0,7 DIN 2076 X12 CrNi 177 n. S&H-Fab. 212/172	Druckfeder
Zeichnungsbeispiel 2a	MaBstab 2 : 1 1 : 1

그림 6.4 도면(예 1)

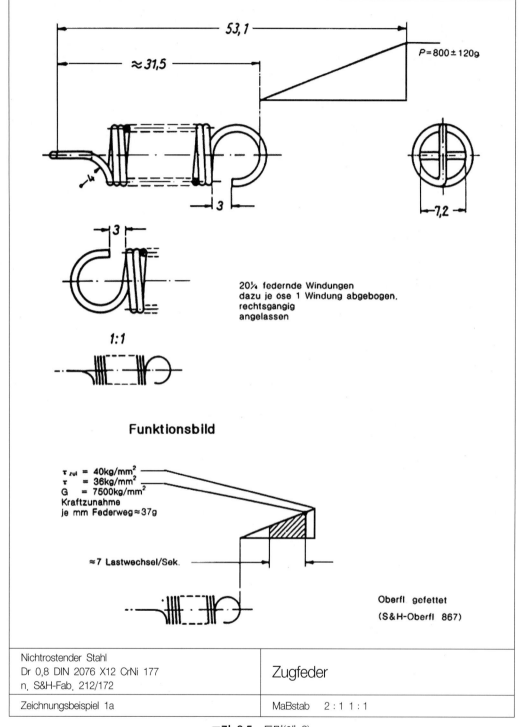

그림 6.5 도면(예 2)

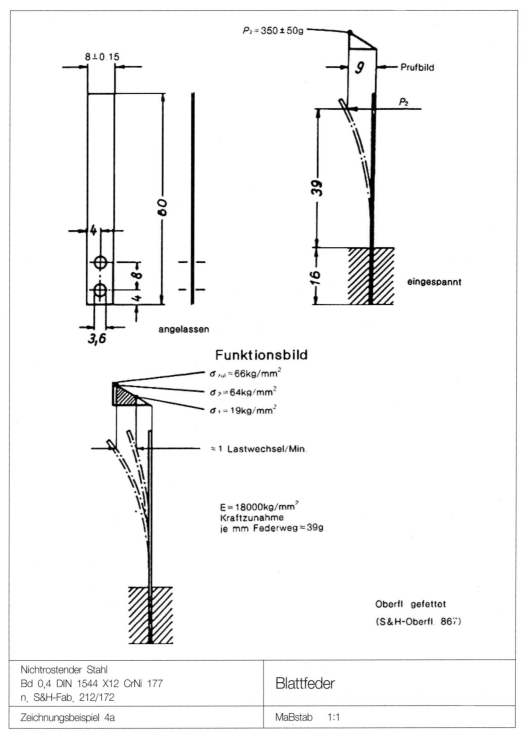

그림 6.6 도면(예 3)

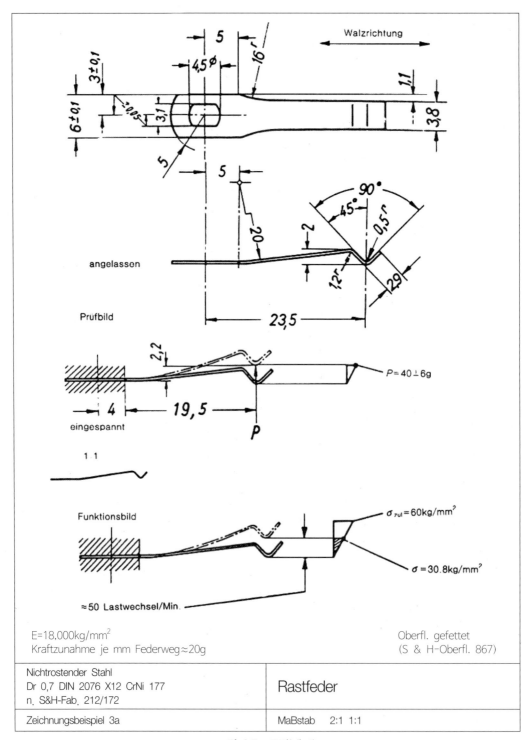

그림 6.7 도면(예 4)

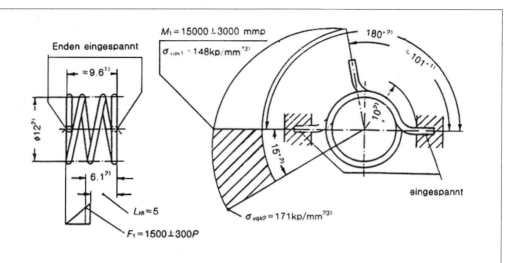

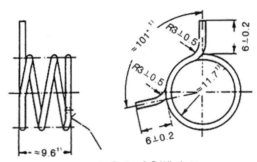

je Ende ≈ 0.7 Windung
mit Steigung 0 gewickelt

E = 20,000p/mm²

G = 8,000kp/mm²

σ_{bE} = 172kp/mm²

$\sigma_{ob(10^7)}$ = 172kp/mm²

ausgehärtet

Windungsrichtung : links

$i_f = 2^{4)}$

$i_g = 3.28^{5)}$

$C \approx 423$ p/mm

$C_M \approx 190$ pmm/°

$n_{max} \approx 60$ Lastnspiele/min

Betriebstemperaturbereich : −20 bis+80℃

1) freigegeben für Ferigungsausgleich

2) theoretisches Ma β

3) Vergleichsspannung(mit Beiwert q und k) errechnet mit Gleichung $\sigma_{vqk} = \sqrt{\sigma_q^2 + 3\tau_k^2}$

4) für Druckfeder - Berechnung

5) $i_g - i_f$ für Drechfeder - Berechnung

SHN 052410 beachten

Obfl.636

Dr 1.1C DIN 2076-X7CrNiAl 177n.SHN052431	Druckfeder
Zeichnungsbeispiel 2a	MaBstab 2 : 1

그림 6.8 도면(예 5)

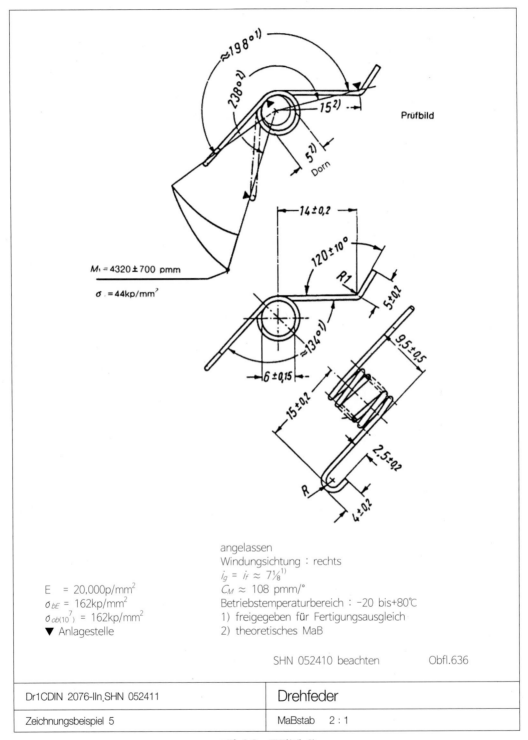

Prüfbild

$M_t = 4320 \pm 700$ pmm

$\sigma = 44$kp/mm^2

Dorn

angelassen
Windungsichtung : rechts
$i_g = i_f \approx 7\frac{1}{8}$[1]
$C_M \approx 108$ pmm/°
Betriebstemperaturbereich : -20 bis+80℃
1) freigegeben für Fertigungsausgleich
2) theoretisches MaB

E = 20,000p/mm^2
σ_{bE} = 162kp/mm^2
$\sigma_{ob(10^7)}$ = 162kp/mm^2
▼ Anlagestelle

SHN 052410 beachten   Obfl.636

Dr1CDIN 2076-lln,SHN 052411	Drehfeder
Zeichnungsbeispiel 5	MaBstab 2 : 1

그림 6.9 도면(예 6)

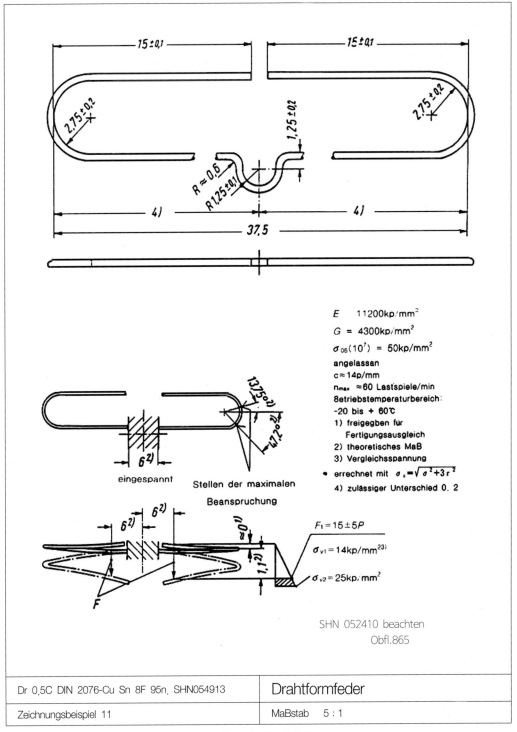

E   11200kp/mm²

G = 4300kp/mm²

$\sigma_{06}(10^7)$ = 50kp/mm²

angelassan

c ≈ 14p/mm

n_{max} ≈60 Lastspiele/min

8etriebstemperaturbereich:

-20 bis + 60℃

1) freigegben für
   Fertigungsausgleich

2) theoretisches Maß

3) Vergleichsspannung

• errechnet mit $\sigma_t = \sqrt{\sigma^2 + 3\tau^2}$

4) zulässiger Unterschied 0. 2

eingespannt

Stellen der maximalen

Beanspruchung

$F_1 = 15 \pm 5P$

$\sigma_{v1} = 14kp/mm^{23)}$

$\sigma_{v2} = 25kp/mm^2$

SHN 052410 beachten

Obfl.865

Dr 0,5C DIN 2076-Cu Sn 8F 95n. SHN054913	Drahtformfeder
Zeichnungsbeispiel 11	Maßstab 5 : 1

그림 6.10 도면(예 7)

CHAPTER 07 PCB(Printed Circuit Board ; 인쇄회로기판) 설계기술

7.1 PCB 소개(紹介)

7.1.1 PCB(Printed Circuit Board : 印刷回路基板) 개요(概要)

1) PCB란

회로설계를 근거로 하여 부품을 접속하는 전기배선을 배선도형 형태로 절연물상의 동박에 형성하여 전기도체로 표현된 제품으로 정의된다.

2) PCB의 역사(歷史)

최초의 인식은 18세기로 거슬러 올라가지만 1903년 한센(영국)에 의해 구체적으로 만들어졌고, 1941년 아이스터(영국)가 금속박(copper clad)을 에칭(etching)으로 가공한 PCB제조방법을 고안함으로써 현대적 의미의 PCB가 자리잡게 되었다.

1945년 NATIONAL BUNCAN OF STANDARD에서 포탄의 신관에 사용하여 양산화가 이루어 졌다. 그 후 transistor 개발 등 부품기술 개발과 함께 꾸준한 성장을 하여 기구부품으로써 확실한 영역을 구축, 반도체의 기술진보와 전자기술의 응용범위가 확대됨에 따라 CAD/CAM system 등을 도입하여 보다 고정밀도를 향한 노력이 진일보되고 있다.

7.1.2 PCB의 종류(種類)

구조(構造) 및 특징(特徵)에 의한 분류(分類)

1) 단면(斷面) PCB(SINGLE SIDE PCB)

① 회로가 단면에만 형성된 PCB로 실장밀도가 낮고, 제조방법이 간단하여 저가의 제품이다(그림 7.1 참조).

② 주로 TV, VTR, AUDIO 등 민생용의 대량생산에 사용이 된다.

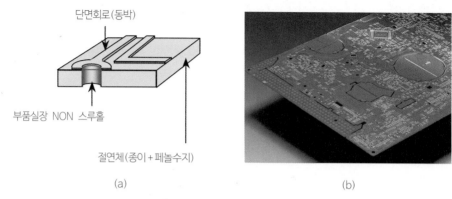

(a)   (b)

그림 7.1 단면 PCB의 구성

2) 양면(兩面) PCB(DOUBLE SIDE PCB)

① 회로가 상·하 양면으로 형성된 PCB로 단면 PCB에 비해 고밀도 부품실장이 가능한 제품이며, 상하 회로는 스루홀(through hole, 관통구멍)에 의하여 연결되어진다(그림 7.2 참조)

② 주로 PRINTER, FAX 등 저기능 OA기기와 저가격 산업용 기기에 사용된다.

그림 7.2 양면 PCB의 구조

3) 다층(多層) PCB(MULTI LAYER BOARD)

① 내층과 외층회로를 가진 입체구조의 PCB로 입체배선에 의한 고밀도 부품실장 및 배선거리의 단축이 가능한 제품이다(그림 7.3 참조).

② 주로 대형컴퓨터, PC, 통신장비, 소형가전기기 등에 사용된다.

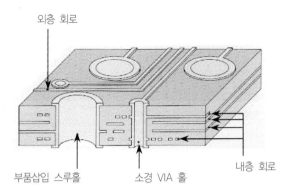

외층 회로

부품삽입 스루홀 소경 VIA 홀 내층 회로

그림 7.3 다층 PCB(MLB)의 구조

4) 특수(特殊) PCB

(1) IVH MLB(Interstitial Via Hole MLB)

① 전자기기의 고기능 소형화에 따라 고밀도 PCB 회로의 설계시 배선량의 증가로 인한 층수의 증가, 그에 따른 Via Hole이 차지하는 면적을 절감하기 위하여 각 층별로 선택적으로 회로연결이 가능토록 부분적 Via Hole을 가공하여 회로연결용 홀이 차지하는 면적을 최소화한 PCB이다(그림 7.4 참조).

② 주로 핸드폰, 노트북PC, PDA 등 고기능 소형전자기기에 이용된다.

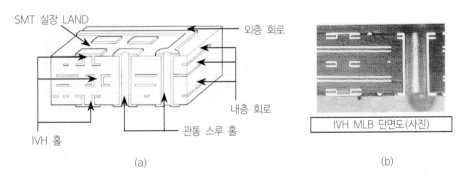

SMT 실장 LAND

외층 회로

내층 회로

IVH 홀 관통 스루 홀

IVH MLB 단면도(사진)

(a) (b)

그림 7.4 IVH MLB의 구성

(2) BGA PCB(Ball Grid Array PCB)

Package의 다핀, fine pitch화 진전에 대한 기존 QFP로의 실장에 한계가 있어 이를 대신할 신규 표면실장으로 QFP의 lead 대신 package용 sub기판에 bare chip을 실장 후 밑면에 solder ball을 grid 형태로 부착하여 main PCB에 실장되도록 설계된 package용 PCB이다(그림 7.5 참조).

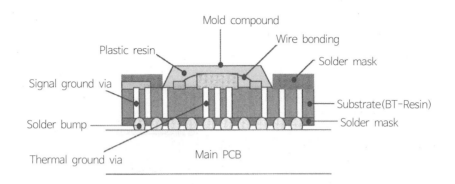

그림 7.5 BGA PCB의 단면도(구조도)

(3) R-F PCB(Rigid-Flex PCB)

전자기기의 고성능 소형화에 따라 여러 기판간 다량의 접속이 필요하게 되는데 한정된 기기 공간의 최대한 활용 및 접속신뢰도 향상을 위하여 경질의 MLB구조간에 굴곡성이 있는 flex PCB를 일체화시켜 전기적 접속을 시킨 PCB이다(그림 7.6).

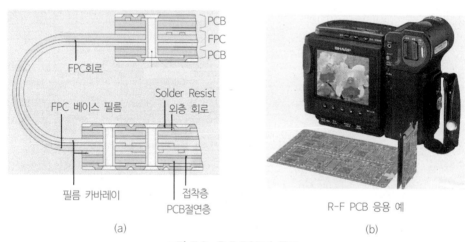

그림 7.6 R-F PCB의 구조

(4) MCM PCB(Multi Chip Module PCB)

① 전자시스템의 경박단소화를 위한 파워의 감소, IC밀도와 핀수증가 요구에 single chip 패키징으로 한계가 있어 IC chip 사이를 미리 구성된 기판 위에 여러 개의 chip을 탑재해 모듈화한 package용 PCB로 기존 대비 1/10크기로 축소가 가능하다(그림 7.7).

② 주로 CPU, 고성능 워크스테이션, 노트북 PC, ABS, 에어백, 군사용 레이더 등 고성능 장비에 사용된다.

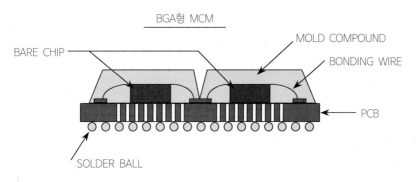

그림 7.7 MCM PCB의 단면도(구조도)

7.1.3 PCB 제작과정(製作過程)

일반적으로 PCB가 완성되기까지는 논리설계도에서 회로형성에 필요한 필름원판 또는 data화하는 공정인 PCB회로 design, 이를 사용하여 PCB 제조업체에서 PCB제작용 tools(필름, 스크린, 드릴 data, 금형, 전기검사용 JIG 등)로 전환하는 공정, PCB를 제작하는 공정으로 구분되고 제품화를 이루는 부품실장공정과 최종제품으로 완성되는 단계가 있다.

설계에서 제품화가 이루어지는 과정은 그림 7.8과 같다.

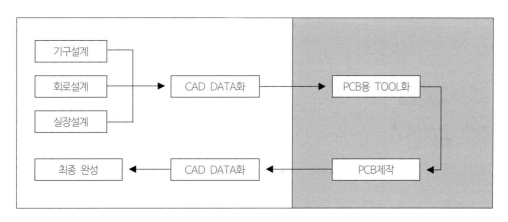

그림 7.8 PCB의 제작과정

7.1.4 PCB 제조공정(製造工程)

설계가 완료되면 PCB 제조공정은 해당 설계에 맞는 공법을 선택하여 단면 PCB, 양면 PCB, 다층 PCB로 구분하여 제조하게 된다(그림 7.9).

(1) 단면(斷面) PCB 제조공정(製造工程)

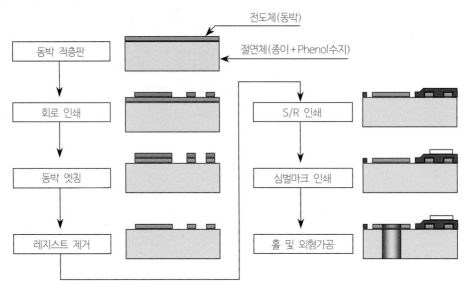

그림 7.9 단면 PCB의 제조공정

(2) 양면(兩面) PCB 제조공정(製造工程)

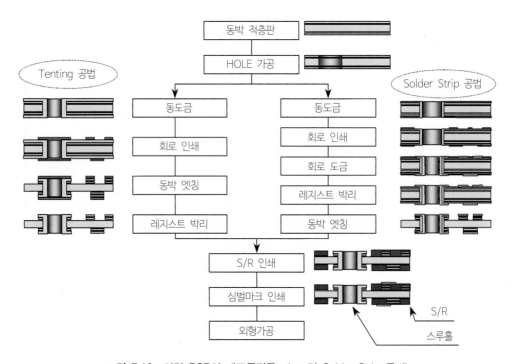

그림 7.10 양면 PCB의 제조공정(Testing 및 Solder Strip 공법)

(3) 다층(多層) PCB 제조공정(製造工程)(6층)

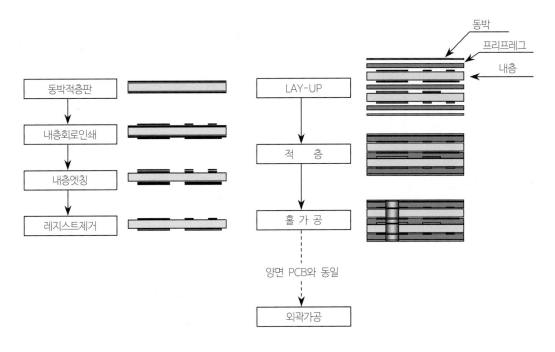

그림 7.11 다층 PCB(6층의 제조공정)

7.1.5 다층 주요공정 소개(多層 主要工程 紹介)

1) 내층회로인쇄

① 사진인쇄법

회로를 사진촬영 방법에 의해 형성하는 방법으로 감광성이 있는 드라이 필름을 열과 압력으로 내층용 동박적층 원재료의 표면에 밀착 도포한 후 회로가 나타나 있는 마스터 필름을 이용하여 빛을 조사한 후 현상을 거쳐 회로를 형성한다(그림 7.12).

② 스크린인쇄법

드라이필름 대신 회로가 나타나 있는 실크스크린에 의해 잉크를 제품의 표면에 회로부분만 인쇄하는 방법이다.

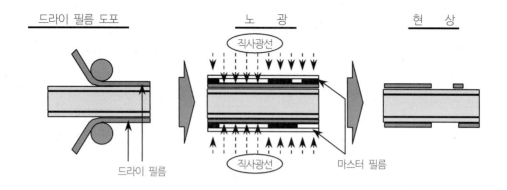

그림 7.12 내층회로 인쇄의 사진인쇄법

2) 내층 에칭 & 레지스트 박리

사진인쇄법 및 스크린 인쇄법에 의해 회로인쇄가 완료된 내층용 원판의 표면을 회로부분만 남겨두고 불필요한 동박을 부식성이 강한 약품으로 제거하여 회로를 형성하고, 회로부분만을 도포하여 부식을 방지하고 있던 드라이 필름을 박리하여 회로형성을 완료하는 공정이다(그림 7.13).

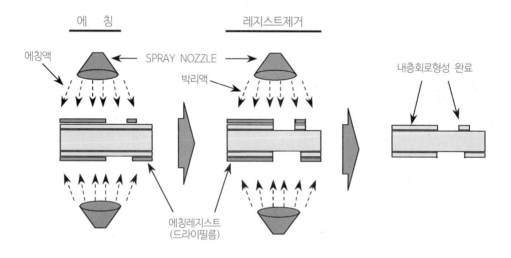

그림 7.13 내층 에칭 및 레지스트 박리 공정

3) 적층

내층용 원판상에 사진법 또는 인쇄법에 의해 내층회로를 형성한 후 설계된 층별 적층구조에 맞추어 순서대로 배열(lay-up)하고, 각층 사이에 접착 및 절연의 기능을 수행하는 반경화 에폭시 함침 그래스 sheet(Pre Preg)를 삽입한 후 고열과 압력을 가하여 각층을 접착하는 공정으로 MLB제품에만 적용되는 공정이다(그림 7.14).

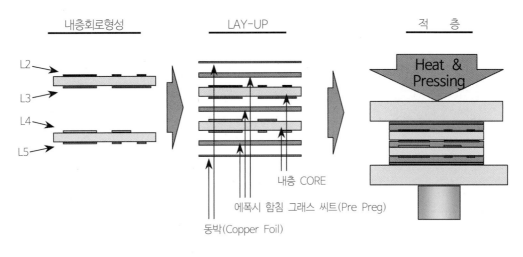

그림 7.14 적층 공정

7.1.6　양면 및 다층 주요 제조공정 소개(兩面 및 多層 主要製造工程 紹介)

1) 홀 가공

① 일반적으로 회로설계시 PCB 홀가공용 data를 제작하여 PCB제조업체에 제공된다.

② 가공되는 홀의 위치정밀도는 PCB에 있어서 중요한 품질요소이기 때문에 홀가공설비는 CNC방식의 다축 드릴링 장비를 사용한다.

③ 현재는 초경 텅스텐 카바이드 드릴 비트를 사용하여 0.3mm~6.0mm까지 기계적 방법으로 가공하고 있으며, 이보다 더 작은 홀가공 및 IVH MLB 가공을 위하여 laser, plasma 기술을 응용한 새로운 홀가공 기술이 개발되고 있다(그림 7.15).

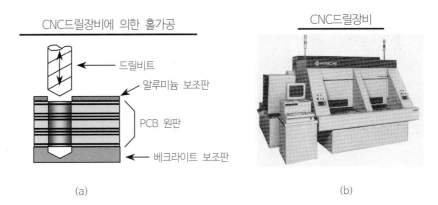

그림 7.15 PCB 홀 가공 및 CNC 드릴장비

2) 도금(鍍金)

① 홀 가공 후의 드릴링된 홀 속의 벽면은 전도성이 없는 상태로 레진과 그래스가 노출되어 있기 때문에 전기적으로 접속이 가능하도록 전도성이 있는 물질(동)로 도금을 한다.

② 도금처리 순서는 드릴링된 홀벽은 전기적 성질을 갖고 있지 못하기 때문에 1차적으로 화학약품에 의해 전기를 필요로 하지 않는 무전해 동도금을 한 후, 그 위에 2차적으로 전기방식의 동 도금을 한다(그림 7.16 참조).

③ PCB의 통상의 도금두께는 $20\sim30\mu$m 수준이며, 점차 fine pattern화 되면서 $10\sim15\mu$m 정도로 낮아지고 있다.

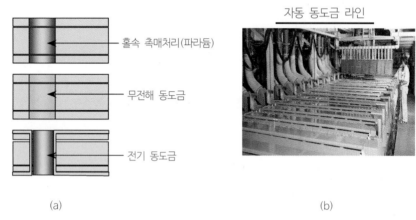

자동 동도금 라인

홀속 촉매처리(파라듐)

무전해 동도금

전기 동도금

(a)   (b)

그림 7.16 동(銅) 도금 순서 및 도금라인

3) 회로인쇄(回路印刷)

① 사진인쇄법

회로를 사진촬영 방법에 의해 형성하는 방법으로 감광성이 있는 드라이 필름을 열과 압력으로 동 도금된 제품의 표면에 밀착 도포한 후 회로가 나타나 있는 마스터 필름을 이용하여 빛을 조사한 후 현상을 거쳐 회로를 형성한다(양면 및 MLB 제품에 적용, 그림 7.17).

② 스크린 인쇄법

드라이 필름 대신 회로가 나타나 있는 실크스크린에 의해 잉크를 제품의 표면에 회로부분만 인쇄하는 방법이다(단면, 저밀도 제품에 적용).

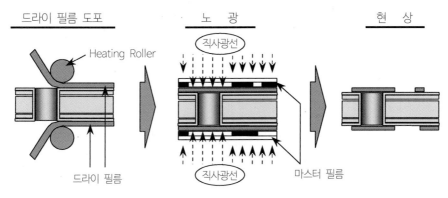

그림 7.17 회로인쇄의 사진인쇄법

4) 에칭 & 레지스트 제거(除去)

사진인쇄법 및 스크린 인쇄법에 의해 회로인쇄가 완료된 PCB의 표면을 회로부분만 남겨 두고 불필요한 동박을 부식성이 강한 약품으로 제거하여 회로를 형성하고, 회로부분만을 도포하여 부식을 방지하고 있던 드라이 필름을 박리하여 회로형성을 완료하는 공정이다(그림 7.18).

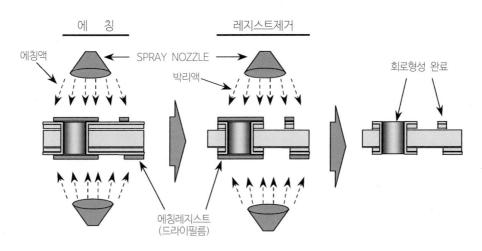

그림 7.18 에칭 및 레지스트 제거공정

5) Solder Mask 인쇄(印刷)

① 부품실장 시 솔더링 땜납의 브리지 발생을 방지하고 노출된 회로의 산화를 방지하기 위하여 영구적인 에폭시 성분의 솔더마스크 절연잉크를 도포하는 공정이다.

② 도포방식에는 저밀도 PCB의 경우 실크스크린 인쇄방식에 의해 열경화성 잉크를 직접 도포하며, 고밀도 PCB의 경우 회로 형성시와 유사한 방법으로 감광성잉크(Photo S/R)를 실크스크린인쇄법 또는 스프레이 코팅법으로 전체 도포 후 불필요 부분을 노광 및 현상으로 제거한 다음 열경화

도포하는 방법이 있다(그림 7.19).

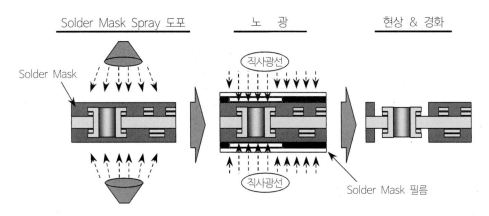

그림 7.19 솔더 마스크(Solder Mask) 인쇄공정

6) 외형가공(外形加工)

① PCB의 최종 외형을 잘라내는 공정으로 대량생산 방식으로는 금형을 사용한 프레스가공으로 절
  단을 하고, 다종소량의 경우 CNC 방식의 라우트 장비에 의하여 외형을 가공한다(그림 7.20).
② 단면 PCB의 경우 전량 금형으로 가공하며 외형가공과 함께 부품실장홀을 동시에 가공한다.

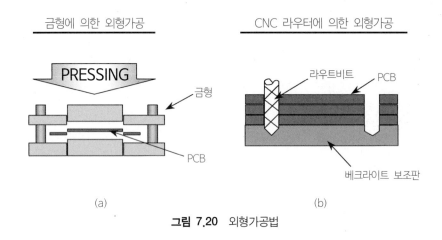

그림 7.20 외형가공법

7) 검사(檢査)

제작된 PCB의 회로연결상태 및 외관을 검사하는 공정으로 검사방법은 전기적 검사와 육안검사로
구분된다.

① 전기적 검사(electric inspection) : 설계된 data를 기준으로 전기 검사용 jig를 제작하여 PCB의 회
  로형성이 설계 data와 동일한 상태로 제작이 되었는지 각 회로별로 신호를 check할 수 있는 장

비를 이용하여 전수 실시한다.

② 육안검사(visual inspection) : 현재는 전기적 검사가 완료된 PCB의 외관적인 결함을 사람의 눈으로 검사하는 공정이다. 점차 고밀도 회로화로 인한 육안검사의 한계점에 다달아 기계적으로 검사가 가능한 장비를 개발, 이용하는 추세로 변화하고 있다.

7.2 PCB 설계순서 및 고려사항

① 회로 설계부서와 설계되어야 할 PCB가 양면인가 단면인가를 결정하고 재질 및 두께를 결정한다. 현재 시판되고 있는 PCB 원판의 재질, 공칭두께 및 그 허용차는 표 7.1과 같다.

표 7.1 PCB 원판의 공칭두께 및 재질

공칭두께 Nominal Thickness		Plus or Minus Thickness Tolerances (NEMA)			
		(Phenol) XPC, XPC(FR) XXXPC, FR-2, FR-3		(Epoxy) CEM-1, CEM-3 FR-4, G-10	
mm	inch	mm	inch	mm	inch
0.8	1/32	0.10	0.004	0.1651	0.0065
1.0	1/25	0.10	0.004	0.1651	0.0065
1.2	3/64	0.1143	0.0045	0.1905	0.0075
1.6	1/16	0.127	0.005	0.1905	0.0075
2.0	5/64	0.16	0.006	0.21	0.008
2.4	3/32	0.1778	0.007	0.2286	0.009
3.2	1/8	0.2032	0.008	0.3048	0.012
4.0	5/32	0.2286	0.009	0.381	0.015
4.8	3/16	0.254	0.010	0.4826	0.019
5.6	7/32	0.2794	0.011	0.5334	0.021

※ 일반적으로 사용되는 PCB 두께는 1.6t이나, 장치의 내부공간이 적거나 가벼운 부품이 실장될 때는 0.8, 1.0, 1.2t 등을 사용할 수 있고, KSU(key service unit)의 mother board(주기판)와 같이 특별히 기계적 강도가 요할 때는 2.4t 등이 사용되고 있다.

② PCB size를 결정할 때는 다음의 표 7.2, 7.3을 참조한다.

표 7.2 PCB 원판별 개체량 조견표(양면)

unit : mm

EPOXY (FR-4) & CEM-3 (Double side)

915×1220

Long side of Card design

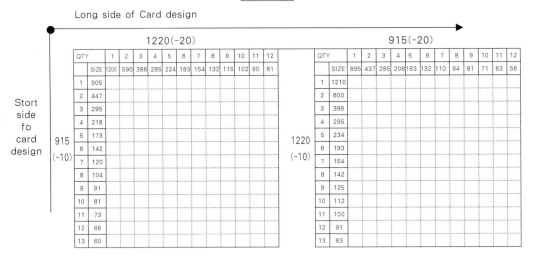

1220(-20)

QTY	1	2	3	4	5	6	7	8	9	10	11	12
SIZE	1200	590	386	285	224	183	154	132	115	102	90	81
1	905											
2	447											
3	295											
4	218											
5	173											
6	142											
7	120											
8	104											
9	91											
10	81											
11	73											
12	66											
13	60											

915(-10)

915(-20)

QTY	1	2	3	4	5	6	7	8	9	10	11	12
SIZE	895	437	285	208	163	132	110	94	81	71	63	56
1	1210											
2	600											
3	396											
4	295											
5	234											
6	193											
7	164											
8	142											
9	125											
10	112											
11	100											
12	91											
13	83											

1220(-10)

Stort side fo card design

1000×1200

Long side of Card design

1200(-20)

QTY	1	2	3	4	5	6	7	8	9	10	11	12
SIZE	1180	580	380	280	220	180	151	130	113	100	89	80
1	990											
2	490											
3	323											
4	240											
5	190											
6	156											
7	132											
8	115											
9	101											
10	90											
11	80											
12	73											
13	66											

1000(-10)

1000(-20)

QTY	1	2	3	4	5	6	7	8	9	10	11	12
SIZE	980	480	313	230	180	146	122	105	91	80	70	63
1	1190											
2	590											
3	390											
4	290											
5	230											
6	190											
7	161											
8	140											
9	123											
10	110											
11	99											
12	90											
13	82											

1200(-10)

Stort side fo card design

※ NOTE : 양면 PCB의 경우 외곽 size의 긴 쪽을 상기 조견표의 가로에 적용하고, 짧은 쪽을 세로에 적용함.

표 7.3 PCB 원판별 개체량 조견표(단면)

unit : mm

PHENOL & CEM1, CEM3 (Single side)

1000×1200 (CEM1, CEM3)

1000(-4)

QTY		1	2	3	4	5	6	7	8	9	10	11	12
	SIZE	996	496	329	246	196	162	138	121	107	96	86	79
1	1196												
2	596												
3	396												
4	296												
5	236												
6	196												
7	167												
8	146												
9	129												
10	116												
11	105												
12	96												
13	88												

1200 (-4)

1000×1000 (Phenol, CEM1)

1000(-4)

QTY		1	2	3	4	5	6	7	8	9	10	11	12
	SIZE	996	496	329	246	196	162	138	121	107	96	86	79
1	996												
2	496												
3	329												
4	246												
5	196												
6	162												
7	138												
8	121												
9	107												
10	96												
11	86												
12	79												
13	72												

1000 (-4)

915×1220 (CEM1, CEM3)

915(-4)

QTY		1	2	3	4	5	6	7	8	9	10	11	12
	SIZE	911	453	301	224	179	148	126	110	97	87	79	74
1	1216												
2	606												
3	402												
4	301												
5	240												
6	199												
7	170												
8	148												
9	131												
10	118												
11	106												
12	97												
13	89												

1220 (-4)

※ NOTE : 1) 단면 PCB의 경우 가로 세로 size에 무관함.
　　　　 2) 단면 phenol 사용시 상기 1000×1000 조견표만 적용바람.

이것은 PCB제작 maker에서 그 원판의 size(1000×1000, 1000×1200, 915×1220)가 정해져 생산되고 있으므로 설계되는 PCB size에 따라 개체량이 결정되기 때문이다.

③ punching(펀칭)으로 가공되는 PCB(phenol)는 다음의 치수를 준수한다(그림 7.21 참조).

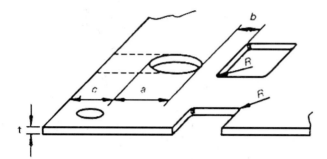

a : 최소 구멍직경은 2/3t 이상
b : 구멍과 구멍의 간격은 최소 t 이상
c : 구멍과 면 끝부의 간격은 최소 1.5t 이상
  (1.5t 이하는 점선과 같이 open한다)
R : 각공(角孔) 또는 Notching의 모서리에는
  반드시 R(일반적으로 t 이상)을 준다.
t : PCB의 재료두께

그림 7.21 Phenol PCB의 Punching

④ Screw 고정용 hole은 고정용 screw head의 직경과 고정용 boss의 직경을 감안하여 component와 pattern이 지나가지 않도록 도면에 표시한다(표 7.4 참조).

표 7.4 Screw 호칭경에 따른 PCB 확보직경

Screw 호칭경	D_1	D_2
*M4	$\phi 4.5$	$\phi 11$
M3	$\phi 3.5$	$\phi 7$
M2.5	$\phi 2.8$	$\phi 6$
M2	$\phi 2.3$	$\phi 5$

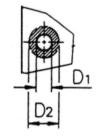

* KSU(키폰의 주장치 : Key Service Unit)에 적용됨.

⑤ Connector의 wire는 가능한 그 길이가 짧은 위치에 놓이도록 connector 위치를 도면에 표시한다.

⑥ Case 내부의 허용공간을 감안하여 실장 부품의 최고 허용높이를 등고선식으로 PCB 도면에 표시한다. 그림 7.22 (a)는 도면의 예이다.

⑦ 부품의 hole information 예
  다음 그림 7.22 (b)는 tactile feedback(click)을 갖는 tact switch의 외형도이다.
  PCB 도면을 설계할 때 회로부품을 실장하기 위한 치수는 위의 외형도를 참고로 한 그림 7.22 (c)와 같은 PCB 취부용 치수를 기준으로 하여 PCB 도면상에 취부 구멍치수(mounting hole dimensions)를 기입한다.

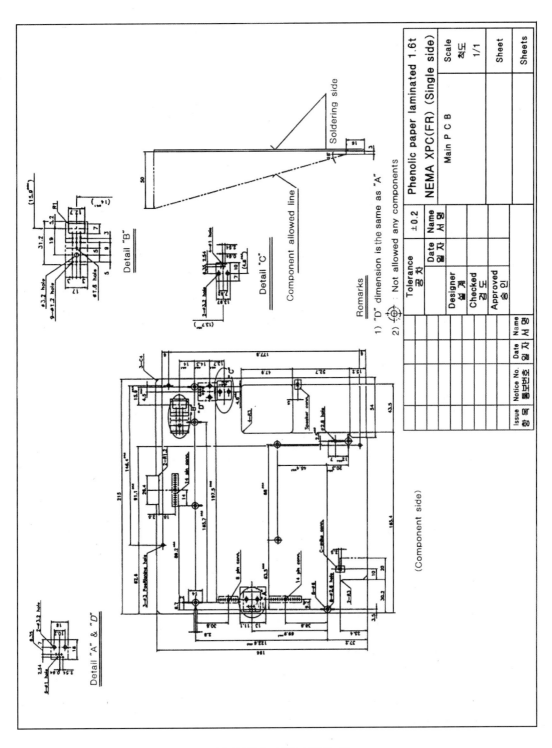

그림 7.22(a) PCB 도면의 예

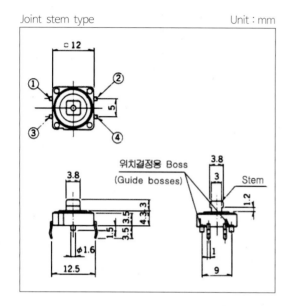

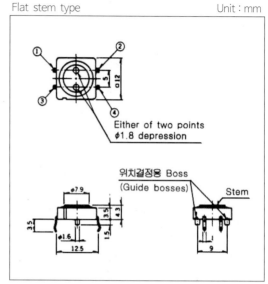

그림 7.22(b) Tact switch의 외형도

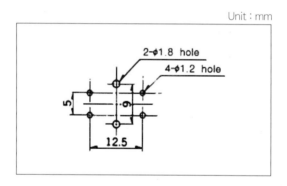

그림 7.22(c) PCB 취부 구멍치수도

7.3 PCB 재질의 특성

1) Copper Clad Phenolic Laminate

두께 0.1~0.2mm의 종이 바탕에 phenol 수지를 침투시켜 이것을 여러 장 겹쳐 가열, 압축시킨 것으로 가격은 저렴하나, 구부림 강도, 취성 등의 기계적 강도 및 전기적 특성이 열세이다. 단면 PCB재료로 많이 쓰인다. 여기에 해당하는 NEMA 등급은 XPC, XXXPC, FR-2, FR-3 등이다.

2) Copper Clad Epoxy Laminate

유리천(glass cloth) 바탕에 epoxy 수지를 침투시켜 가열 압축하여 제작되는 것으로 기계적 전기적 특성이 우수하며, 동박의 접착성도 우수하다.

양면 PCB, 다층(multi-layer) PCB 등에 사용된다.

여기에 해당하는 NEMA등급은 CEM-1, CEM-3, FR-4, G-10 등이다.

(G-10을 제외하고는 일반적으로 많이 사용한다.)

7.4 PCB 관련 규격 및 용어

1) PCB 관련 규격

① NEMA 규격

National electrical manufactures association(미국전기기기 제조자 협회)의 규격으로서 PCB에 대해 세계적으로 권위가 인정되고 있다.

NEMA 규격에 의해 copper clad laminate의 종류를 분류하고 있다.

현재 NEMA는 ANSI(american national standard institute) 산하에 들어가 ANSI 규격으로 바뀌었으나 NEMA와 병행하여 사용되고 있다.

② Art Work

작성된 회로를 PCB로 제품화하기 위한 배선작업

③ Bare PCB

PCB 원판가공(etching, 도금, lettering인쇄, solder mask, hole 가공 등)이 끝난 상태의 PCB(부품이 장착되기 이전 상태의 PCB)

④ SMT(Surface Mounting Technology)

PCB에 부품삽입용 hole을 뚫지 않고 PCB 표면에 부품을 붙이는 기술이다. 여기에 사용되는 부품을 SMD(surface mounting device)라 하며, SMD접착방법에는 reflow soldering(solder cream 방식)과 flow soldering(adhesive 방식)의 2종류가 있다.

단면 PCB의 회로면(pattern면)에 SMD를 실장시킬 때는 flow soldering이 사용되고 양면 PCB의 부품면에 SMD를 실장시킬 때는 reflow soldering이 사용된다.

Soldering(납땜)하는데 사용되는 장비로는 reflow soldering에서는 infra-red oven(그림 7.23)이며, flow soldering에서는 ultra-violet oven이 사용된다.

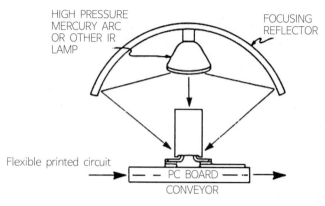

그림 7.23   Infra-red oven

⑤ FPC(Flexible Printed Circuit)

FPC는 절연성과 가용성(flexibility)을 함께 가진 얇은 base film의 표면에 전도재료(주로 동박)로서 회로설계에 의한 배선을 형성시킨 것이다(표 7.5 참조).

표 7.5   FPC의 종류

Base 재료	Base 두께 (μm)	동박 두께 (μm)
Polyamide film	25, 50, 75	18, 35, 70
Polyester film	38, 50, 75, 100, 125	18, 35, 70
Glass cloth epoxy	100	35, 70

FPC는 주로 전선, cable의 대체품으로서 사용되나, 그 외에 전자부품을 실장할 수 있는 기능도 아울러 갖고 있다. 즉, PCB, connector의 기능을 복합시킬 수 있다.

FPC의 최대 특징은 가요성이다. 이 특성을 활용하여 자유자재로 좁은 공간에 입체적으로 고밀도 실장할 수 있고 가동부[예 : printer head와의 회로배선연결, 휴대폰 폴더(folder) 내에 구성된 LCD부와의 회로배선 연결 및 부품실장 등]의 배선에도 활용할 수 있다.

2) PCB 관련 용어

① 인쇄회로(Printed Circuit)

프린트 배선, ㉮ 프린트 부품으로 구성된 회로, ㉯ 프린트 부품 혹은 탑재부품으로 구성된 회로

② 프린트 배선(Print Wiring)

회로설계의 근본으로써 각 부품을 연결시키는 도체 Pattern을 절연기판의 표면이나 내부에 형성시키는 배선 혹은 기술

③ 인쇄회로기판(Printed Circuit Board)

　　인쇄회로도체를 형성시킨 판

④ 인쇄배선판(Printed Wiring Board)

　　인쇄배선을 형성시킨 판

⑤ 단면 인쇄회로기판(Single-Side Printed Circuit Board or One-Side Printed Circuit Board)

　　한쪽면만 도체회로가 구성된 인쇄회로기판

⑥ 양면 인쇄회로기판(Double-Side Printed Circuit Board or Both-Side Printed Circuit Board)

　　기판의 양쪽면에 도체회로가 구성된 인쇄회로기판

⑦ 다층인쇄회로기판(Multilayer Printed Circuit Board)

　　기판의 양쪽면은 물론 내층에도 도체회로가 구성된 인쇄회로기판

⑧ 프렉시블 배선판(Flexible Printed Circuit Board)

　　유연성이 좋은 절연판을 이용한 인쇄회로판

⑨ 프렉스-리지드 배선판(Flex-Rigid Printed Circuit Board)

　　유연성 및 경질성의 절연판 2종류를 각각의 용도 특성을 살린 복합체의 인쇄회로기판

⑩ 패턴(Pattern)

　　인쇄회로기판에 형성되는 도전성 또는 비도전성의 도형으로 도면 및 필름에서도 쓰인다.

⑪ 절연판(Base Material)

　　인쇄회로기판의 재료에 있어서 표면에 회로를 형성하기가 용이한 절연재료판

⑫ 프리 프레그(Pre-Preg)

　　B 스테이지 수지처리가 되어 있는 유리섬유포 Sheet의 다층회로판의 재료

⑬ 동박 적층판(Copper Clad Laminated Board)

　　절연판의 한쪽면 또는 양쪽면에 동박을 입힌 인쇄회로기판용 적층판

⑭ 동박 호일(Copper Foil)

　　절연판의 한쪽면 또는 양쪽면에 접착시켜서 도체회로를 형성하는 얇은 동판으로 원통에 감겨진 상태로 있다.

⑮ 관통접속(Through Connecting)

　　인쇄회로판의 양쪽면에 있는 도체를 서로 관통하여 전기적 접속을 시킴

⑯ 도금 스루홀(Plated Through Hole)

　　홀의 내벽면에 금속을 도금하여 전기적 접속 관통시킨 홀

⑰ 랜드(Land)

　　부품의 연결 납땜을 하기 위한 도체 Pattern의 일부

⑱ 부품 홀(Component hole)

　　회로기판에 부품의 끝부분이 삽입되어 도체의 Land와 납땜 등 전기적 접속이 이루어지기 위한 Hole

⑲ 층(Layer)

다층인쇄회로기판을 구성하고 있는 모든 층으로써 기능적인 반도체(신호층, 전원층, 접지층), 절연층, 구성상의 내층, 표면층, 커버층 등이 있다.

⑳ 바이아 홀(Via hole)

다층인쇄회로기판에서 다른 층과 전기적 접속을 좋게 하기 위해 스루 홀을 한 홀

㉑ 레지스트(Resist)

제조공정 중 Etching액, 도금액, 납땜 등의 특정한 영역에서 보호용으로 사용되는 피복재료

㉒ 에칭(Etching)

도체회로를 얻기 위해 원자재에서 불필요한 금속부분을 화학적, 혹은 전기적 방법으로 제거하는 공정

㉓ 솔더레지스터(Solder Resister)

인쇄회로기판의 특정영역에 도포시키는 재료로 납땜작업시 부분납땜이 가능하며 납땜이 불필요한 부분의 회로도 보호를 한다.

㉔ 스크린 인쇄(Screen printing)

제판(製版)이 되어 있는 스크린 원판에 잉크를 붓고 스퀴지로 압력을 가하면서 인쇄하여 PCB의 표면에 모양을 전사시키는 방법

㉕ 메탈 코어 배선판(Metal core printed circuit board)

기재(基材)가 금속판으로 된 인쇄회로판

㉖ 마더 보드(Mother-board)

인쇄회로의 조립품을 취급함에 있어서 동시에 접속연결이 가능한 Main 회로판

㉗ 부품면(Component side)

인쇄회로기판에 있어서 대부분의 부품이 탑재되는 면

㉘ 납땜면(Solder side)

부품면의 반대면으로 각 부품의 납땜이 이루어지는 면

㉙ 격자(Grid)

인쇄회로기판의 설계상 부품의 위치결정시 수직수평선을 맞출 수 있도록 제조된 방안목 종류의 망목

㉚ 도체패턴(Conductive pattern)

인쇄회로기판에서 전류가 흐를 수 있는 도전성 재료가 형성된 부분

㉛ 비도체 패턴(Non-conductive pattern)

인쇄회로기판의 회로에서 전류가 통할 수 없는 부분으로 도체패턴을 제외한 부분

㉜ 도체(Conductor)

도체회로에서 각각의 도전성 회로

㉝ 플러시 도체(Flush conductor)

도체의 표면이 절연판의 표면과 격차간격이 없이 동일한 평면상태의 도체

㉞ 콘택회로(Printed contact or contact pattern)

전기적 접촉을 목적으로 형성된 회로부분

㉟ 엣지 컨덕터 단자(Edge board conductors)

인쇄회로기판의 끝부분의 회로 콘택으로서 소켓에 연결하여 사용토록 설계된 단자부분

㊱ 프린트 부품(Printed component)

인쇄기술에 의해서 형성된 전자부품(예 : printed coil, 저항인쇄 등)

㊲ 테핑부품(Taped component)

테이프에 부품을 연속으로 배열하여 사용하기 편리하게 만든 부품

㊳ 인쇄회로기판 조립품(Printed board assembly : PCB A'ssy)

인쇄회로기판에 필요한 부품을 탑재하여 납땜공정을 완료한 반제품

㊴ B 스테이지 수지(B-stage Resin)

경화반응의 중간단계에 있는 열경화성 수지

㊵ 윅킹현상(Wicking)

절연판 섬유질의 결을 따라 액체의 모관 흡수현상

㊶ 본딩 시트(Bonding sheet)

다층인쇄회로기판을 제조할 때 각 층간의 접착시 사용하는 것으로 적당한 접착성이 있는 프리프레그 등의 재료 Sheet

㊷ 금속베이스 기판(Metal Clad Base Material)

베이스의 소재가 금속 등으로 제작된 양면 또는 단면 기판용 절연기판

㊸ 적층판(Laminated)

2장 혹은 그 이상의 얇은 절연재료에 수지를 함침(含浸)시켜서 적층하여 가압가열에 의하여 만들어지는 판

㊹ 층간접속(Interlayer Connection)

인쇄회로기판의 서로 다른 층과 도체 패턴의 전기적 접속

㊺ 와이어관통접속(Wire Through Connection)

Wire를 Hole에 관통시켜 연결 접속시킴.

㊻ 점퍼와이어(Jumper Wire)

Jumper용 와이어 선

㊼ 랜드레스 홀(Landless Hole)

Land가 없는 도금 스루홀

㊽ 엑세스 홀(Access Hole)
다층회로판 내층의 표면을 노출시킨 홀

㊾ 클리어런스 홀(Clearance hole)
다층회로판에 있어서 도금 스루홀에 의해 각 층간 전기적 접속을 하고 있으나 층의 중간에서 전기적 접속을 요구하지 않는 곳에 랜드를 삭제한 영역

㊿ 위치선정 홀(Location hole)
정확한 위치를 선정하기 위해 회로판이나 판넬에 홀을 뚫음.

(51) 마운팅 홀(Mounting hole)
회로판의 기계적 취급이 용이하게 하기 위한 hole

(52) 크로스 해칭(Cross-hatching)
넓은 도체의 pattern 중에서 불필요한 도체 부분을 없애서 도체의 면적을 감소시킴.

(53) 폴러라이징 슬롯(Polarizing slot)
적합한 콘넥터에 삽입하였을 때 정확하게 콘넥터 단자와 간격을 맞추기 위해 인쇄회로기판의 끝부분에 정확한 설계를 함.

(54) 아트워크 마스터(Art work master)
제조용 원판 필름을 만들기 위하여 만들어진 원도(原圖)

(55) 제작 데이터(Datum reference)
Hole 위치, size, 층수 등의 특기사항의 작업, 내용 등을 수록

(56) 랜드 폭(Annular width)
홀의 주위에 있는 도체의 폭

(57) 앤뉴얼 링(Annular ring)
Land에서 홀의 부분을 제외한 나머지 도체 부분

(58) 도체 층간 두께(Layer-to-layer-spacing)
다층인쇄회로기판에서 인접한 도체층간의 절연층 재료의 두께

(59) 카바층(Coverlayer)
인쇄회로기판의 도체회로를 보호하기 위해 입힌 절연층

(60) 절연보호 코팅(Conformal coating)
완성된 인쇄회로기판 조립품의 표면상태를 보호하기 위한 절연보호피막

(61) 브라인드 도체(Blind conductor)
인쇄회로기판에 있어서 전기적 특성과 관계없는 도체

(62) 심볼마크(Symbol mark)
인쇄회로기판의 조립 및 수리작업이 편리하도록 부품의 형태 및 기호를 표시

㉓ 제조도면(Manufacturing drawing)

인쇄회로기판의 사양(仕樣), 특성, 외형, 패턴의 배치, 홀 size 등의 규정을 표기한 도면

㉔ 사진축소(Photographic reduction dimension)

원도(Art-work master)를 축소 촬영하는 공정

㉕ 포지티브(Positive)

양화(陽畵) 패턴부분의 불투명한 상태

㉖ 포지티브 패턴(Positive pattern)

도체회로부분이 불투명한 상태

㉗ 네거티브(Negative)

음화(陰畵), 포지티브의 반대로서 회로부분이 투명한 상태

㉘ 네거티브 패턴(Negative pattern)

도체회로부분이 투명한 상태

㉙ 제조용 원판(Original production master)

제조용 필름으로써 배율 1 : 1의 패턴필름 원판

㉚ 양산용 원판(Multiple image production master)

제조용 원판 필름을 양산용으로 여러 장 복사 편집한 원판 Film

㉛ 판넬(Panel)

양산작업시 1매 이상 편집된 크기의 원재료

㉜ 서브트랙티브법(Subtractive process)

원재료인 동박적층판 혹은 금속적층판에서 필요한 도체의 회로 부분을 제외한 불필요한 부분의 동 또는 금속을 제거시켜서 필요한 도체회로를 형성하는 인쇄회로기판의 제조공정

㉝ 에디티브법(Additive process)

절연판에다 도전성(導電性) 재료를 이용해서 필요한 도체회로를 직접 형성시키는 인쇄회로기판의 제조공정

㉞ 풀 에디티브법(Fully additive process)

에디티브법의 일종으로써 절연판에 무전해도금과 전해도금을 이용해서 필요한 도체회로를 형성시키는 제조공정

㉟ 세미 에디티브법(Semi additive process)

에디티브법의 일종으로써 절연판에 무전해도금과 전해도금 후 다시 에칭 등의 방법을 이용하여 필요한 도체회로를 형성시키는 제조공정

㊱ 에찬트(Etchant)

에칭에 사용되는 부식성 용액

⑦ 포토에칭(Photo etching)

원자재인 금속박적층판의 표면에 감광성 레지스트를 도포한 후 사진제판법에 의해 불필요한 부분을 에칭하는 공정

⑦ 차별에칭(Differential etching)

에칭 전의 도금 두께를 조절하기 위해 필요한 두께 외의 부분을 부분 에칭하는 공정

⑦ 에칭팩터(Etching factor)

도체 두께 방향의 깊이를(T) 도체폭 방향의 깊이(D)의 대비로서 에칭팩터는 T/D이다(그림 7.24).

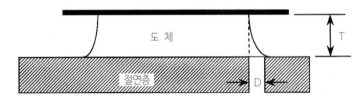

그림 7.24 에칭팩터의 개요도

⑧ 네일 헤드(Nail heading)

다층인쇄회로판에서 내층회로의 드릴링 홀 부분에 못의 머리모양으로 도금이 되어 있는 부분을 말한다(그림 7.25).

그림 7.25 네일 헤드의 단면도

⑧ 홀 세정(Hole cleaning)

홀 내의 도체 표면을 깨끗이 청정하게 함(통상적으로 화학처리). → Etch back

⑧ 패턴도금(Pattern plating)

도체 패턴부분에 선택적인 도금

⑧ 텐팅법(Tenting)

도금스루홀 및 도체패턴을 드라이 필름에 의해 보호하는 에칭법

⑧ 도금리드(Plating bar)

전기도금에서 상호접속시키는 금속

⑧ 오버도금(Over plating)

형성된 도체회로에 필요 이상의 금속이 도금되는 것.

⑧ 휴징(Fusing)

도체회로의 solder 금속피복을 용해시켜서 다시 응고시키면서 깨끗하게 하는 공정

⑧⑦ 핫 에어 레베링(hot air levelling)

열풍으로 필요없는 부분의 납(solder)을 용해 제거하면서 납땜이 필요한 도체부분의 납 표면을 고르게 하는 방법

⑧⑧ 솔더 레베링(Solder levelling)

회로표면의 납(solder)을 기계적인 방법의 열이나 열풍 등으로 표면을 평탄하게 하는 방법

⑧⑨ 플로우 솔더(Flow solder)

용해된 납이 탱크에서 상하순환하면서 용해된 납의 표면이 회로판에 납땜되는 방법

⑨⑩ Dip Solder

부품이 삽입된 회로판을 용해된 납조의 정지표면에 접촉하면서 납땜이 되는 공정으로 많은 부품을 단번에 납땜한다.

⑨① 웨이브 솔더링(Wave soldering)

Flow soldering과 동일

⑨② 기상(氣相)솔더링(Vapor phase soldering)

증기 에네르기가 방출되면서 납을 용해시켜 납땜공정을 이행하는 방법

⑨③ 리플로우 솔더링(Reflow soldering)

납땜을 하고자 하는 부품에만 납을 용해시켜서 납땜하는 작업

⑨④ 매스솔더링(Mass soldering)

여러 곳의 납땜할 곳을 동시에 납땜하는 방법

⑨⑤ 표면실장(Surface mounting)

부품의 홀을 이용하지 않고 도체회로의 표면에 직접 부품을 탑재시켜서 납땜하는 방법

⑨⑥ 솔더웨팅(Solder wetting)

금속의 표면 위에 분포된 납(Solder)의 상태가 골고루 잘되어 있는 상태

⑨⑦ 솔더 디웨팅(Solder dewetting)

금속의 표면 위에 납(Solder)의 분포가 고르지 못하여 납의 표면에 요철이 심한 상태

⑨⑧ 솔더 논 웨팅(Solder non wetting)

금속의 표면 위에 납(Solder)의 분포가 고르지 못하여 밑부분의 금속이 부분적으로 노출된 상태

⑨⑨ 동박면 및 동박제거면

동박적층면에 접착되어 있는 동박면과 동박(銅箔) 제거면

⑩⑩ 테스트보드(Test board)

생산품과 동일한 방법 및 공정을 거친 제품 중에서 수입허가를 결정하기 위한 대표적 견본의 인쇄회로기판

⑩① 테스트 쿠폰(Test coupon)

테스트 보드의 일부분을 절취하여 시험용으로 사용하기 위한 시험판

⑩ 테스트 패턴(Test pattern)

각종 검사 및 시험에 사용할 패턴

⑬ 복합 테스트 패턴(Composite test pattern)

2개 혹은 그 이상의 시험용 패턴

⑭ 돌기(Bump)

금속의 표면상에 발생한 凸 상태

⑮ 결각(缺刻, Indentation)

금속의 표면상에 발생한 凹 상태

⑯ 핀홀(Pin hole)

인쇄회로기판의 표면이나 내층 또는 스루홀 내벽 등에 발생한 작은 홀

⑰ 레진스미어(Resin smear)

절연기판으로부터 수지가 도체회로의 표면이나 회로판의 끝부분으로 이동하여 부착된 상태의 수지

⑱ 휨(Bow)

판이 평형을 유지하지 못하고 구부러진 상태

⑲ 트위스트(Twist)

판이 평형을 유지하지 못하고 좌·우·상·하로 구부러진 상태

⑩ 판두께(Board thickness)

도금두께를 제외한 인쇄회로 및 동박적층판의 두께

⑪ 전체두께(Total board thickness)

인쇄회로기판의 가공 후 최종제품의 두께

⑫ 레지스트레이션(Registration)

지정된 위치대로 패턴이 배치된 정도

⑬ 엣지디스턴스(Edge distance)

인쇄회로기판의 끝부분으로부터 패턴이나 부품까지의 거리

⑭ 도체폭(Conductor width)

인쇄회로기판에서의 사양 및 관계규격상의 도체의 실측 폭

⑮ 설계도체폭(Design width of conductor)

구입자 또는 사용자의 요구에 의해 승인 설계된 도체폭

⑯ 도체두께(Conductor thickness)

인쇄회로기판에서 solder resist ink 등 비도전성 물질을 제외한 도체의 두께(도금두께는 포함)

⑰ 설계도체간격(Design spacing of conductor)

구입자 및 사용자의 요구에 의하여 승인 설계된 도체와 도체의 간격

⑱ 도체간격(Conductor spacing)

인쇄회로기판에서 도체의 인접한 도체의 간격

⑲ 아웃그로스(Outgrowth)

제조중에 도체회로 형성시에 인쇄 및 필름에 의한 도체폭보다 약간 넓게 위로 도금되는 부분

⑳ 보이드(Void)

서로 다른 물질과 물질 사이에 생기는 공동(空洞)현상

㉑ 박리강도(Peel strength)

절연기판으로부터 도체를 벗겨내는데 필요한 단위폭당의 힘

㉒ 층간분리(Delamination)

절연기판 또는 인쇄회로기판의 내부층이 분리되는 현상

㉓ 부풀음(Blister)

절연기판의 층간이나 또는 절연기판과 도체사이에 발생하여 부분적으로 부풀어오른 상태

㉔ 크래이징 현상(Crazing)

Glass epoxy 기재를 물리적 힘으로 구부리면 유리섬유의 조직과 수지의 균열로 백색의 십자모양의 형태가 나타나는 현상

㉕ 미즈링 현상(Measling)

Glass Poxy 기재를 열의 힘에 의해 유리섬유의 조직과 수지의 균열로 백색의 십자모양의 형태가 나타나는 현상

㉖ 하로잉(Haloing)

기계적이나 화학적 원인으로 glass epoxy 절연기판표면 또는 내부가 파괴되어 층간 분리 또는 흰색의 백화현상을 하로잉이라 한다.

㉗ 홀 편심(Hole breakout)

홀이 랜드의 중심으로부터 이탈된 현상

㉘ 잔류 동(Treatment transfer)

에칭 후 절연판에 잔류한 동

㉙ 직물보임(Weave texture)

Glass epoxy 기재 내부의 glass 섬유가 완전히 수지로 피복되지 않은 표면상태

㉚ 직물노출(Weave exposure)

Glass epoxy 기재 내부의 glass 섬유가 완전히 수지로 피복되지 않은 표면상태

㉛ 플레이밍(Flaming)

불에 연소되는 상태

㉜ 그로잉(Growing)

불에 연소 후 적색의 열 상태

⑬ 블로우 홀(Blow hole)

납 스루홀 내부에 부품을 투입하여 follow soldering할 때 hole 속의 납 도금층 사이에 잔재한 공기나 운발분, 수분 등이 열에 의하여 급격한 순간으로 gel화되어 hole 속의 납속에 남아 있거나 납을 뚫고 외부로 토출되면서 발생되는 공동현상

⑬ 외관 및 형세의 비(Aspect ratio)

종과 횡의 비로써 PCB 원판의 두께 대비 Hole의 크기를 말한다.

⑬ 도금전착성(Throwing power)

PTH 부분의 도금에서 균일한 도금 전착성을 의미한다. Aspect ratio가 클수록 전해동도금 및 무전해도금의 Throwing power가 좋아진다.

⑬ 겔점(Gel point)

다작용성인 축합중합에서 중합반응의 진행에 따라 그물모양구조를 가진 중합체의 부분이 점차로 증가하는데 겔점은 반응계 전체가 한 그물 모양구조를 가지게 되는 점이다. 따라서 이 점을 지나면 계전체가 3차원적 구조가 되기 때문에 용매에 대하여 불용성이 되므로 gel point는 매우 예민하게 된다. 페놀포름알데히드 수지(베크라이트)의 제조공정에서는 이 때문에 어느 순간을 지나면 반응용기속의 모든 수지가 고체화되어 제품을 꺼낼 수 없게 된다.

⑬ ACF(Anisotropic Conductive Film)

미세도전입자를 접착수지에 혼합시켜 film 상태로 만든 이방성 도전막이다. 미세도전입자로써 Mi, 금속, carbon, solder ball이 있다.

⑬ Base Material

절연재료에 도체패턴을 붙인 형태이다. 그것은 단단하거나 유연하며 절연판이나 절연된 금속판이다.

⑬ CAD

Computer Aided Design. 설계작업에 Computer를 이용하는 것.

⑭ CAM

Computer Aided Manufacturing. 공업생산에 Computer를 이용하는 것. Gerber Data, NC Data, Mount용 Data 등을 이용하는 것.

⑭ FPC

Flexible PCB. 폴리아미드, 폴리에스테르 등의 Base Film을 사용하여 동박을 부각시키고 Cover film을 입한 PCB

⑭ IVH

Interstitial Via Hole의 약자로 PCB의 표면을 관통하지 않고 접속에 필요한 층만을 형성한 것.

⑭ SMT(Surface Mount Technology)

Bare PCB 위에 Chip 부품을 장착하고 납땜하는 일련의 기술 Cream solder에 의한 Reflow 방식과 접착제에 의한 flow 방식이 있다.

LED Window 및 LED Light Pipe의 설계

기능동작의 표시가 필요한 button이나 기능작동중임을 나타내는 표시로 LED(light emitting diode)가 대부분 이용되며, 그의 불빛을 외부로 전달하기 위한 목적으로 button 내의 LED window나 light pipe가 사용되고 있다.

LED window는 기능 button의 편측에 button 몸체와 투명 plastic으로 2중 사출성형시켜 제작되고, light pipe는 기능 button의 인접부근 또는 기타 위치에 별도부품으로 고정시켜 LED 불빛을 전달해 작동유무를 표시한다. 이들의 구조는 그것을 통과한 불빛이 어느 방향에서도 광도가 일정해야 하고 또한 효율적으로 불빛을 전달하는 것이 이상적이므로 설계시 다음 사항을 염두에 두어야 한다.

① LED window 및 light pipe의 재질은 투명 plastic인 PMMA, SAN, PC 등이 있으며 이중 PMMA가 광선투과율이 92% 이상으로 가장 우수하다. 그 구조는 중공(中空)구조가 아닌 충실형(充實形)이 빛 전도도에서 훨씬 유리하며, 또한 충실형은 그 길이에 관계없이 높은 효율의 빛을 전달할 수 있는 장점이 있다. 그러나 충실형의 구조는 사출 후 내부의 기포, sink 등이 발생하기 쉽고 사출이 까다로워, 제품설계시 두께 등에 주의가 필요하다.

실 예로서 그림 8.1과 같은 충실형 2중사출 button의 경우는 button 아랫부분에만 약간의 sink가 발생하였고 외관상에서는 문제점이 되지 않아 충실형으로 성공한 제품이다(충실형의 크기로서는 한계치수로 추정된다).

② 내부기포, sink 문제로 중공형으로 해야 할 때는 가능한 LED와의 거리를 가깝게 해야 하며, 내부에 diamond 무늬 등을 넣어 빛의 분산효과를 얻도록 한다.

③ 우유빛 착색 또는 부식면으로 하면 전면이 조광되나 광도는 저하한다.

④ light pipe의 경우 별도의 부품이 아닌 투명 rubber key pad에 LED light pipe를 일체형으로 형성시켜 LED 불빛을 외부로 전달시킬 수 있다. 그 길이가 $\ell = 11mm$에서도 좋은 불빛전달을 얻을 수 있다. 이때 그림 8.2의 외부돌출부 "D"의 치수에 따라 불빛차이가 생기므로 한 장치 내에서 일정 불빛을 얻기 위해서는 일정돌출의 높이로 해야 한다(돌출이 크면 불빛은 저하한다).

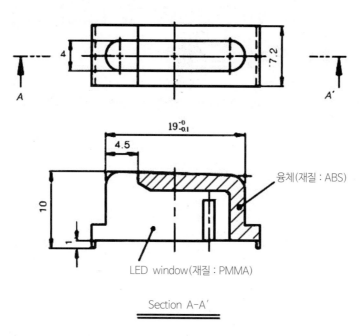

융체(재질 : ABS)

LED window(재질 : PMMA)

Section A-A′

그림 8.1   충실형 이중사출 Button 구조

⑤ LED가 서로 가깝게 인접(12mm 이하)해 있는 경우 LED가 발광하면 발광하지 않는 인접의 LED window(or light pipe)에도 영향을 미치므로 housing에 빛 차단벽(partition)을 설치해야 한다 (그림 8.2 참조).

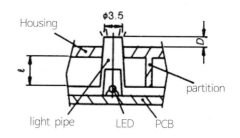

그림 8.2   Rubber LED Light Pipe

⑥ 곡률을 갖는 LED light pipe

그림 8.3에서 나타낸 바와 같이 곡률을 갖는 LED용 light pipe의 설계조건으로서 light pipe(즉 매질)가 전반사가 이루어지려면 곡률반경 R>2t보다 큰 조건을 광학적으로 만족해야 하므로 R 8>2×3=6과 같이 설계치수를 기입한다.

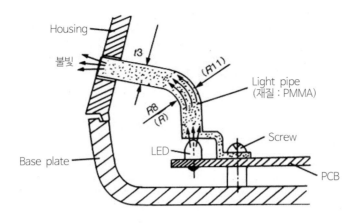

그림 8.3 곡률을 갖는 LED용 Light Pipe 구조

다음 그림 8.4는 휴대폰(cellular phone) 또는 호출기(pager)용 LCD에 빛을 밝혀주는데 사용되는 light pipe 관련 도면이다.

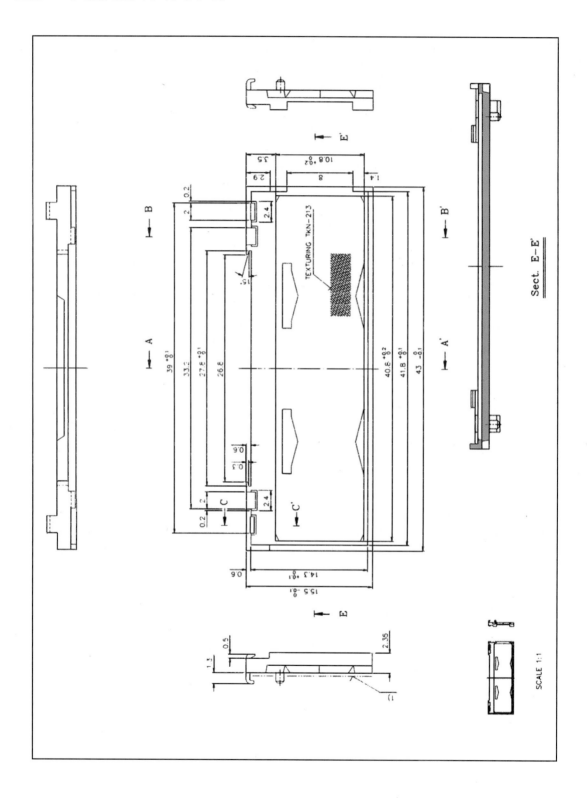

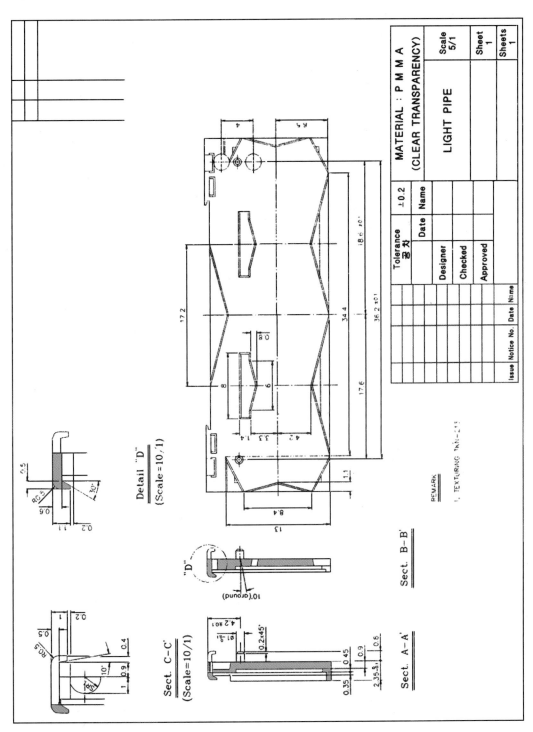

그림 8.4 Light Pipe 도면의 예

LCD(액정표시장치) / LED LAMP

1) LCD(Liquid Crystal Display)의 mode에는 STN(supper twisted nematic)과 TN(twisted nematic)가 있다. STN은 TN보다 contrast비, viewing angle에서 2배 이상 우수하다. 삐삐(페이저, pager)의 액정표시장치로 TN-LCD가 사용되었고, CDMA 및 PCS 휴대폰용으로는 STN-LCD(보급형 액정표시장치)가 널리 사용된다.

2) Display mode에서는 segment 방식과 dot matrix 방식이 있다.

3) LCD Cover

LCD가 장치에 실장될 때 LCD보호 또는 외관의 개선목적으로 LCD cover를 LCD 윗면에 실장하는 경우가 대부분이다. 이때의 주의점은,

① 특히 휴대용 장치에 실장된 경우는 외부의 빛의 방향에 따라 전반사가 일어나면 display 내용이 전혀 보이지 않으므로, LCD cover표면에 매우 고운 texture 처리 또는 anti-glare coating을 실시한다. 이때 LCD cover와 LCD는 gap이 없도록 가능한 밀착시킨다(거리가 생기면 LCD 내용이 번져 보임).

② LCD cover의 재료는 시판되고 있는 얇은 polycarbonate sheet(0.3~0.5t)를 사용하며 mold 제품이므로 제작될 때는 두께를 일정하게 하고 가능한 얇게 하는 게 좋다(그림자 발생을 최소화할 목적).

③ ESD(electro static discharge)침입을 방지할 수 있는 구조로 하기 위해 LCD cover가 LCD를 감싸는 구조로 한다.

4) LCD의 Back Lighting의 방법

LCD 표시조건에 따라 다음의 type이 있다.

① 반사형 : 시각방향에서 광을 반사하여 표시하는 것

② 반투과형 : 시각방향에서 반사광과 후방에서의 투과광을 이용하여 표시하는 것

③ 투과형 : 후방에서 광을 투과하여 표시하는 것

따라서 back lighting이 필요한 LCD는 반투과형이나 투과형이어야 한다. back lighting하는 광원에 따라 여러 방법이 사용되고 있다.

(1) Lamp 광원

Low cost 방법으로 간단히 조명하는 경우에 사용되고 있다. color filter에 따라 각종 color 표시가 가능하다. 특히, 적, 황, 등(orange)의 따뜻한 색을 표시하는데 적합(그림 9.1).

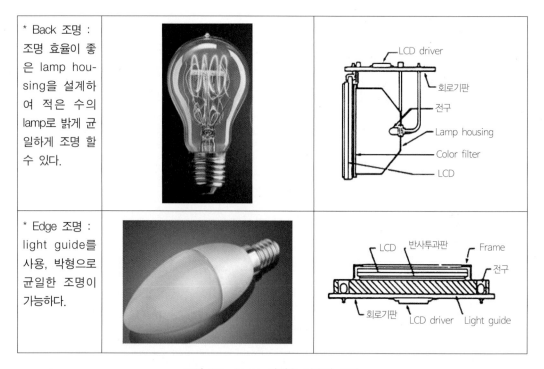

* Back 조명 : 조명 효율이 좋은 lamp housing을 설계하여 적은 수의 lamp로 밝게 균일하게 조명 할 수 있다.		LCD driver 회로기판 전구 Lamp housing Color filter LCD
* Edge 조명 : light guide를 사용, 박형으로 균일한 조명이 가능하다.		LCD　반사투과판　Frame 전구 회로기판　LCD driver　Light guide

그림 9.1　Lamp 광원을 이용한 조명

(2) CFL 광원

긴(長) 수명의 발열이 적은 CFL(냉음극 형광 lamp)을 사용, 넓은 면적에서 균일한 조명이 가능하다. 광원이 백색으로 밝기 때문에 모든 색을 선명하게 표시할 수 있다(그림 9.2).

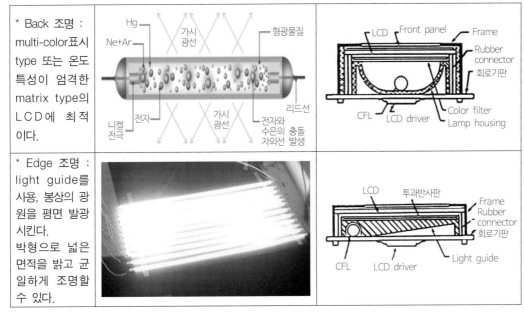

그림 9.2 CFL 광원을 이용한 조명

(3) LED 광원

얇은 형상의 compact형으로 가능하며 수명도 긴 저소비전류의 광원이다(가장 일반적 방식). 적, 녹 등의 color가 있으며 한 LED에서 2color 발광형도 있다(그림 9.3).

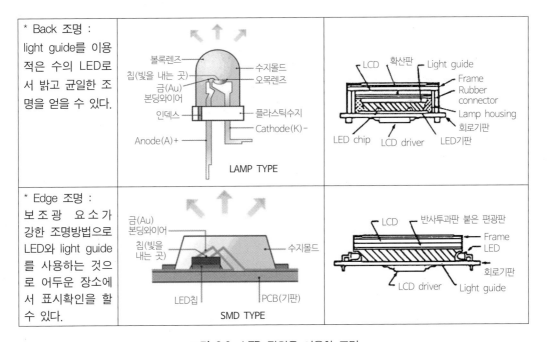

그림 9.3 LED 광원을 이용한 조명

(4) EL 광원

Sheet 형상의 면광원 EL(electro-luminescence)을 LCD module(모듈) 이면에 설치하는 것으로 발열이 거의 없고 매우 박형이다(그림 9.4).

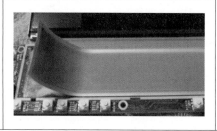
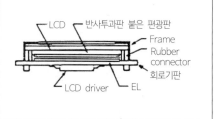

* Back 조명 :
광원이 면발광체(面發光體)이므로 넓은 면적을 용이하고 균일한 조명이 가능하다.

그림 9.4 EL 광원을 이용한 조명

(5) BLU(Back Light Unit)

액정 디스플레이(LCD)는 자체로 빛을 내지 못하기 때문에 LCD 뒷쪽에 빛을 비춰야만 LCD에 나타난 화면을 볼 수 있다. 이 때 LCD 뒷쪽에 고정시키는 광원을 포함하여 광원에서 나온 빛을 받아 화면 전체로 퍼뜨려주는 역할을 하는 장치를 BLU(백라이트 유닛)라고 한다.

BLU구조

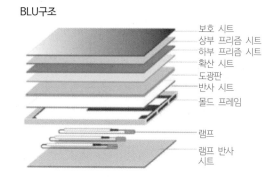

보호 시트
상부 프리즘 시트
하부 프리즘 시트
확산 시트
도광판
반사 시트
몰드 프레임

램프
램프 반사 시트

5) LCD의 Connection 방법

(1) Pin Connection

납땜이 가능한 pin단자로 직접 LCD module에 붙여 PCB납땜으로 연결하는 방법이다(그림 9.5).

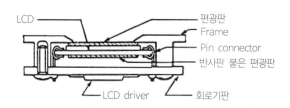

LCD
편광판
Frame
Pin connector
반사판 붙은 편광판
LCD driver
회로기판

그림 9.5 Pin 단자형 LCD의 Connection

(2) Rubber Connection(Zebra Connector)

LCD module과 PCB의 접촉부위 사이를 적당히 압축되는 통전성 rubber connector를 이용하여 연결하는 방법이다(그림 9.6).

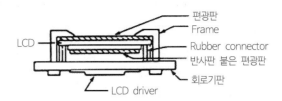

그림 9.6 Rubber Connector를 이용한 LCD의 Connection

(3) Tape Connection

Film base에 도전성 및 절연성 수지가 상호 형성된 것으로 LCD module 또는 PCB의 전극부에 열압착하여 접촉시키는 방법이다(그림 9.7).

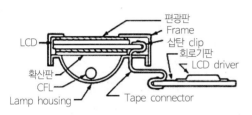

그림 9.7 Tape에 의한 LCD의 Connection

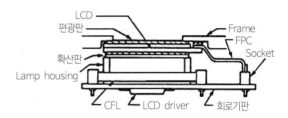

그림 9.8 FPC의 열압착에 의한 LCD의 Connection

(4) FPC 열압착 Connection

이방성 도전 sheet를 붙인 FPC를 LCD module의 접촉부에 열압착시켜 연결하는 방법이다(그림 9.8).

표 9.1 LCD Connection 방법의 비교

Connection 방식	단자(Pitch) mm	장 점	단 점
Pin Connection	2.54 2 1.8	• PCB상에 직접 Soldering 방식으로 실장이 가능	• 단자 Pitch가 한정된다.
Rubber Connection	0.4	• 단자 Pitch를 임의로 설정 가능 • 실장조립이 용이하다.	• PCB 위치가 어느 정도 제약이 생긴다.
Tape Connection	0.4	• 단자 Pitch를 작게 할 수 있다. • 실장 Layout의 자유도가 높다.	• 열압착 전용기가 필요
FPC 열압착 Connection	0.4	• 단자 Pitch를 작게 할 수 있다. • 실장 Layout의 자유도가 높고 PCB에 접촉이 용이.	• 열압착 전용기가 필요

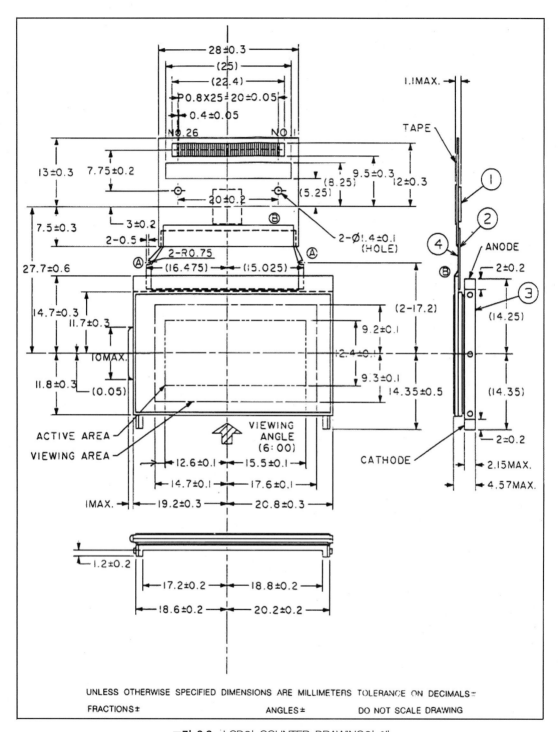

그림 9.9 LCD의 COUNTER DRAWING의 예

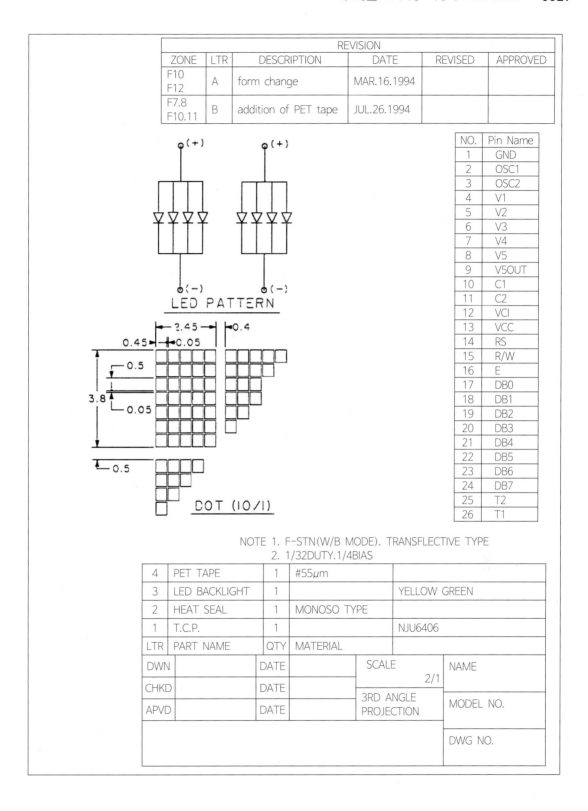

REVISION

ZONE	LTR	DESCRIPTION	DATE	REVISED	APPROVED
F10 F12	A	form change	MAR.16.1994		
F7.8 F10.11	B	addition of PET tape	JUL.26.1994		

NO.	Pin Name
1	GND
2	OSC1
3	OSC2
4	V1
5	V2
6	V3
7	V4
8	V5
9	V5OUT
10	C1
11	C2
12	VCI
13	VCC
14	RS
15	R/W
16	E
17	DB0
18	DB1
19	DB2
20	DB3
21	DB4
22	DB5
23	DB6
24	DB7
25	T2
26	T1

LED PATTERN

DOT (10/1)

NOTE 1. F-STN(W/B MODE). TRANSFLECTIVE TYPE
2. 1/32DUTY.1/4BIAS

4	PET TAPE	1	#55μm	
3	LED BACKLIGHT	1		YELLOW GREEN
2	HEAT SEAL	1	MONOSO TYPE	
1	T.C.P.	1		NJU6406
LTR	PART NAME	QTY	MATERIAL	

DWN		DATE		SCALE 2/1	NAME
CHKD		DATE		3RD ANGLE PROJECTION	MODEL NO.
APVD		DATE			
					DWG NO.

6) LCD Back Lights Presentation Guide

(1) Description :

LCD back light is a kind of solid state, active light source.

In most applications, it is incorporated with LCD as a back light source, it also can be the back light in large viewing area panel and sign indicator.

Here are the applications which will use LCD back light:

a. palmtop instruments, computer and game machine.

b. fish finder.

c. transmitter set.

d. musical instruments.

e. video, audio equipments.

f. camera

g. home appliances.

h. OA machine.

i. FA machine.

j. cellular phone.

k. alarm clock.

l. medical instruments.

(2) Feature:

• high reliability and long life.

• obtain good and even luminance.

• dual-color and tri-color are available.

• it uses low voltage drive and doesn't need inverter devices to increase voltage.

• the source color is from red(700mm)to pure green(555mm) it can suit all kinds of machine for customer design.

• module type easy to installation.

(3) Structure and Function:

1. Chip ON Board(C.O.B.)Type:

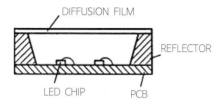

2. Side-Look Type:

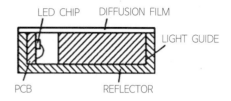

3. Lamp Assembly Type:

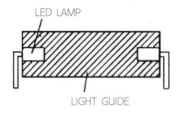

7) CDMA 휴대폰(컬러단말기)용 LCD의 컬러구현 기술방식

이동전화 단말기(CDMA[1] 800MHz, PCS[2] 1800MHz 등의 휴대폰)의 LCD화면 컬러화 기술방식으로는 일반적으로 TFT-LCD(박막트랜지스터 액정표시장치, Thin Film Transistor-Liquid Crystal Display)와 STN(보급형)-LCD방식의 이동전화 단말기 LCD화면 컬러화 기술구현방식이 있다. 이 중에서도 TFT-LCD가 한발 앞선 고컬러화 기술방식이다.

> ※ 주 : 1) CDMA(Code Division Multiple Access, 코드분할다중접속)
> 2) PCS(Personal Communication System, 개인휴대통신) : PCS는 AMPS와 같은 1세대 아날로그 이동통신에 이은 2세대 디지털 이동통신 시스템을 부르는 명칭이다.

2002년 LG전자가 6만 5천 컬러 STN-LCD 컬러단말기를 내놓으면서 고컬러화 경쟁에 돌입하자 삼성전자는 TFT-LCD, 모토롤라코리아는 6만 5천 컬러 STN-LCD의 경쟁제품을 출시했다. 계속적으로 26만 컬러 STN-LCD, 6만 5천 컬러 TFT-LCD 등 고컬러화 경쟁이 끝없이 진행된다.

이처럼 컬러단말기 시장에서 고컬러화 기술경쟁이 본격화되면서 화면구현방식과 TFT-LCD와 STN-LCD 등이 가진 각 요소들이 구현하는 컬러화면 비교에 대해 간략히 설명하고자 한다.

우선 LCD 기술개발의 역사를 제1세대 TN(Twisted Nematic)-LCD, 제2세대 STN(Super TN)-LCD, 제3세대 TFT(Thin Film Transistor)-LCD 방식의 3종류로 구분하고 있다. 이 같은 기술진화 방식에도 이미 TFT-LCD와 STN-LCD의 기술은 상당한 차이가 있다. 그리고 제3세대 TFT-LCD를 본격 컬러화 방식으로 인정하고 있다.

컬러(color)구현 기술을 일반적으로 5가지 요소를 기준으로 평가한다. 밝기, 색상수(컬러수), 명암비, 색 재현성, 반응속도 등의 5가지 요소이다. 색상수로는 256컬러, 4,096컬러, 6만 5천 컬러(정확히는

256×256＝65,536 컬러임), 26만 컬러 등이 있다.

구동방식에서 TFT-LCD는 LCD 화소(畵素, pixel : 비디오 화면표시체계에서 독립적으로 처리할 수 있는 화상의 최소 요소) 하나하나가 직접 구동되는 능동구동방식을 택한다. 해상도(解像度, resolution), 명암비, 시야각(viewing angle), 응답속도 등이 월등히 뛰어나다. 또 고도의 제조기술이 필요하고 고가 및 고급제품에 적용된다.

이에 반해 STN-LCD는 단순히 전기신호에 의해 화소가 반응하는 수동구동방식을 택한다. 능동구동방식에 비해 화질의 표현력에서 한계가 있다. 가격이 저렴해 중·저가 보급형 제품에 주로 적용된다.

또 표현방법에서 TFT-LCD는 투과형으로 주·야간시 항상 일정한 밝기를 유지하는데 반해, STN-LCD는 투과형과 반사형이 혼합된 반투과형으로 주간에 반사효율이 낮아 밝기가 크게 떨어지는 단점이 있다.

밝기는 칸델라(cd)로 나타내는데 cd가 높을수록 밝고 선명한 화질을 표현한다. 일반적으로 TFT-LCD는 200cd, STN-LCD는 50cd 정도의 밝기이다. 색감조절은 명암비로 나타내는데 TFT-LCD는 300 : 1, STN-LCD는 30 : 1 정도이다.

동영상·동화상 구현시의 반응속도는 초당 프레임수로 나타내는데 TFT-LCD는 30프레임/초, STN-LCD는 4~5프레임/초 정도이다. 이로 인해 TFT-LCD는 잔상이 없지만, STN-LCD는 LCD 화면에 잔상이 남는다. 따라서 TFT-LCD와 STN-LCD는 컬러화면상 시각적으로 확실히 우열구분이 가능하다. 그러나 같은 STN-LCD에서 컬러수(색상수)가 일정수치 이상 올라가면 일반적인 구분은 불가능해진다.

국내에서는 800MHz의 AMPS/CDMA 시스템의 용량한계를 뛰어넘어 1800MHz(1.8GHz) 대역에서 CDMA를 이용한 PCS 서비스가 구현되었다.

PCS 자체는 2세대 디지털 통신 서비스를 지칭하는 것으로, 어떤 특정한(CDMA 같은) 통신방식을 지칭하는 용어는 아니다. 대표적으로 미국의 PCS는 PCS1900(주파수대역은 1,900MHz임)이라 하여 유럽의 GSM(유럽형이동통신) TDMA방식을 이용하고 있다.

이동통신 업체의 설명에 의하면 PCS는 뭔가 굉장히 새로운 시스템을 도입한 것처럼 소개되어 있지만, 엔지니어링 관점에서 보면 그냥 900MHz의 CDMA 방식으로는 주파수자원의 한계가 있어서 1.8GHz에 같은 방식의 통신 서비스를 추가로 만든 것일 뿐이다. 이러한 1.8GHz 대역의 CDMA 서비스가 기존의 900MHz대역 CDMA와는 차별화된 명칭이 필요하기 때문에 PCS라는 서비스명을 붙이게 되었다.

8) LED Lamps

(1) 종류 및 특성

• AXIAL LAMPS

OUTLINE	DEVICE		DESCRIPTION		LUMINOUS INTENSITY Iv TYP. @ 10mA	TYPICAL VIEWING ANGLE $2\theta\frac{1}{2}*$	Vf TYP. @ 20mA	PACKAGE DIMENSION
	PAC KAGE	PART NO.	COLOR $(\lambda\ P)$	LENS				
	Submi- niature Lamp	LTL-93BPK1	Bright Red (697nm)	Water Clear	3.7 mcd	34°	2.1 V	
		LTL-93BEK1	Orange (630nm)	Water Clear	19 mcd	34°	2.0 V	
		LTL-93BGK1	Green (565nm)	Water Clear	19 mcd	34°	2.1 V	
		LTL-93BYK1	Yellow (585nm)	Water Clear	8.7 mcd	34°	2.1 V	
		LTL-93BPA1	Bright Red (697nm)	Diffused	1.7 mcd	90°	2.1 V	
		LTL-93BHRA1	Hi Eff. Red (635nm)	Diffused	3.7 mcd	90°	2.0 V	
		LTL-93BGA1	Green (565nm)	Diffused	2.5 mcd	90°	2.1 V	
		LTL-93BYA1	Yellow (585nm)	Diffused	5.6 mcd	90°	2.1 V	

• SURFACE MOUNT ASSEMBLY LED LAMPS

OUTLINE	DEVICE		DESCRIPTION		LUMINOUS INTENSITY Iv TYP. @ 20mA	TYPICAL VIEWING ANGLE $2\theta\frac{1}{2}*$	Vf TYP. @ 20mA	PACKAGE DIMENSION
	PAC KAGE	PART NO.	COLOR $(\lambda\ P)$	LENS				
	SOT-23 Surface Mount LED Lamp	LTL-907PK	Bright Red (697nm)	Water Clear	1.7 mcd	140°	2.1 V	
		LTL-907LK	Green (560nm)	Water Clear	2.8 mcd	140°	2.1 V	
		LTL-907EK	Orange (630nm)	Water Clear	3.7 mcd	140°	2.1 V	
		LTL-907YK	Yellow (585nm)	Water Clear	2.8 mcd	140°	1.8 V	
		LTL-907HK	Green	Water Clear	2.8 mcd	140°	2.1 V	
			Orange		3.7 mcd		2.0 V	
		LTL-907NK	GaAlAs Red	Water Clear	12.6 mcd	140°	1.8 V	
			GaAlAs Red					
		LTL-907JK	Orange	Water Clear	3.7 mcd	140°	2.0 V	
			Orange					

Notes: *$2\theta\ \frac{1}{2}$ is the off-axis angle at which the luminous intensity is half the axial luminous intensity.

• BIG LED LAMPS

OUTLINE	DEVICE		DESCRIPTION		LUMINOUS INTENSITY Iv TYP. @ 10mA	TYPICAL VIEWING ANGLE 2 θ ½*	Vf TYP. @ 20mA	PACKAGE DIMENSION
	PAC KAGE	PART NO.	COLOR (λ P)	LENS				
	Standard 1″ Lead 8φ	LTL-327P	Bright Red (697nm)	Diffused	2.5 mcd	46°	2.1 V	
		LTL-327HR	Hi Eff. Red (635nm)	Diffused	12.6 mcd	46°	2.0 V	
		LTL-327G	Green (565nm)	Diffused	12.6 mcd	46°	2.1 V	
		LTL-327Y	Yellow (585nm)	Diffused	12.6 mcd	46°	2.1 V	
		LTL-327EA	Orange (630mm)	Diffused	12.6 mcd	46°	2.0 V	
	12 Pin DIP. 100″ Centers 20φ	LTJ-811HR	Hi Eff. Red (635nm)	Diffused	25.0 mcd	180°	2.0 V	
		LTJ-811G	Green (565nm)	Diffused	25.0 mcd	180°	2.1 V	
		LTJ-811Y	Yellow (585nm)	Diffused	25.0 mcd	180°	2.1 V	

• BLUE LED LAMPS

OUTLINE	DEVICE		DESCRIPTION		LUMINOUS INTENSITY Iv TYP. @ 10mA	TYPICAL VIEWING ANGLE 2 θ ½*	Vf TYP. @ 20mA	PACKAGE DIMENSION
	PAC KAGE	PART NO.	COLOR (λ P)	LENS				
	T-1¾ Narrow Viewing Angle 1″ Lead 5φ	LTL-353BJ	Blue (470nm)	White Diffused	2.5 mcd	40°	3.0 V	
		LTL-353BK		White Clear	19 mcd	12°	3.0 V	
	T-1 Standard 1″ Lead 3φ	LTL-42B5	Blue (470nm)	White Diffused	3.7 mcd	40°	3.0 V	
		LTL-42B6		White Clear	12.6 mcd	12°	3.0 V	

• LOW CURRENT LED LAMPS

OUTLINE	DEVICE		DESCRIPTION		LUMINOUS INTENSITY Iv TYP. @ 2mA	TYPICAL VIEWING ANGLE 2 θ ½*	Vf TYP. @ 20mA	PACKAGE DIMENSION
	PAC KAGE	PART NO.	COLOR (λ P)	LENS				
	T-1 Standard 1″ Lead 20φ	LTL-4221NLC	Hi Eff. Red (635nm)	Diffused	2.5 mcd	45°	1.8 V	
		LTL-4231NLC	Green (565nm)	Diffused	2.5 mcd	45°	1.8 V	
		LTL-4251NLC	Yellow (585nm)	Diffused	1.1 mcd	45°	1.9 V	
	T-1 Standard 1″ Lead 5φ	LTL-307ELC	Hi Eff. Red (635nm)	Diffused	3.7 mcd	50°	1.8 V	
		LTL-307GLC	Green (565nm)	Diffused	3.7 mcd	50°	1.8 V	
		LTL-307YLC	Yellow (585nm)	Diffused	3.7 mcd	50°	1.9 V	

Notes :

*2θ ½ is the off-axis angle at which the luminous intensity is half the axial luminous intensity.

(2) How To Test Luminous Intensity Of Liton LED Lamps

① Standard luminous intensity tester:

eg & g model 550-1 radiometer/photometer

② Reference luminous intensity tester:

a. textron : x j 16 photometer   b. vim model 200 photometer

③ Measurement hints

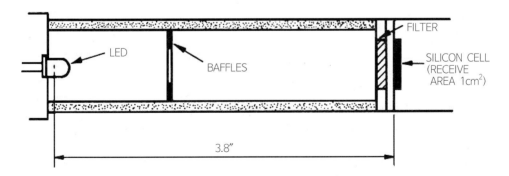

④ LED adapter

At one foot, one footcandle is equivalent to one candela.

At 3.8 inches, one footcandle is equivalent to 100 millicandelas.

9) Seven-Segment Numeric LED Display

PACKAGE DIMENSIONS

A. LTS-10×04

B. LTS-10×05A

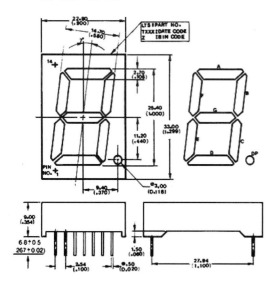

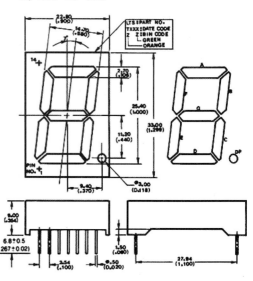

NOTES : All dimensions are in millimeters(inchs.) tolerances are: ±0.25mm(0.010) unless otherwise noted.

PIN CONNECTION

PIN NO.	CONNECTION			
	A. LTS-10804	B. LTS-10304	C. LTS-10805A	D. LTS-10305A
1	Cathode E	Anode E	Cathode E	Anode E
2	Cathode D	Anode D	Cathode D	Anode D
3	No Pin	No Pin	No Pin	No Pin
4	Common Anode	Common Cathode	Common Anode Green	Common Cathode Green
5	Cathode C	Anode C	Cathode C	Anode C
6	Cathode D.P.	Anode D.P.	Cathode D.P.	Anode D.P.
7	No Pin	No Pin	No Pin	No Pin
8	Cathode B	Anode B	Cathode B	Anode B
9	Cathode A	Anode A	Cathode A	Anode A
10	No Pin	No Pin	No Pin	No Pin
11	Common Anode	Common Cathode	Common Anode Orange	Common Cathode Orange
12	Cathode F	Anode F	Cathode F	Anode F
13	No Pin	No Pin	No Pin	No Pin
14	Cathode G	Anode G	Cathode G	Anode G

INTERNAL CIRCUIT DIAGRAM

A. LTS-10804

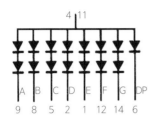

C. LTS-10805A

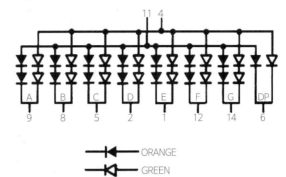

B. LTS-10304

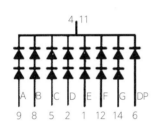

D. LTS-10305A

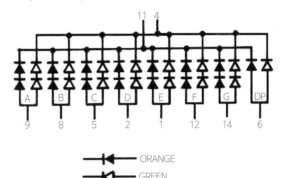

ABSOLUTE MAXIMUM RATINGS AT $T_A = 25℃$

PARAMETER	GREEN	YELLOW	ORANGE	UNIT
Power Dissipation Per Segment	120	100	120	mW
Peak Forward Current Per Segment (1/10 Duty Cycle, 0.1ms Pulse Width)	100	80	100	mA
Continuous Forward Current Per Segment	25	20	25	mA
Derating Linear From 25℃ Per Segment	0.33	0.27	0.33	mA/℃
Reverse Voltage Per Segment	10	10	10	V
Operating Temperature Range	−35℃ to +85℃			
Storage Temperature Range	−35℃ to +85℃			
Solder Temperature 1/16 inch Below Seating Plane for 3 Seconds at 260℃				

Overlay(오버레이)

Overlay는 key phone 등에서 underlay(재질 : paper이며 상대방의 전화번호나 이름을 써놓도록 된 것)위에 덮어 underlay를 고정시켜주는 투명 polycarbonate sheet이다.

보통 사용되는 두께는 0.5~0.7t이고, GE 社(미국), Bayer 社(독일)의 것이 많이 사용된다.

1) Overlay 외곽과 Housing 공차

$0.25^{+0.2}_{-0.2}$(편측)

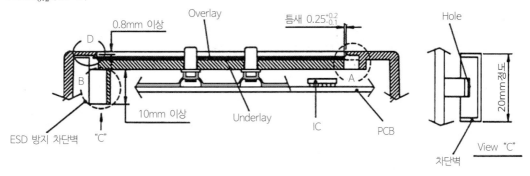

그림 10.1 Overlay 고정용 구멍 주변의 차단벽

2) ESD(Electro Static Discharge)

Overlay를 housing에 고정시키기 위해서는 위 그림 10.1의 "A"와 같이 측면에 구멍이 필요하게 된다. 이 구멍을 통해 ESD 침입이 쉽게 되어 PCB상의 IC 등이 파괴될 가능성이 매우 높다. 따라서 "B"와 같은 형상의 차단벽을 설치하여 ESD 침입을 막아야 한다.

3) "D" 부위의 살두께

"D" 부위의 살두께는 0.8mm 이상 확보하는 것이 미성형 및 주변부위 sink 발생을 방지할 수 있다.

Wall Mount Hole
(벽걸이용 구멍, 벽괘용 구멍)

특히 미국 수출용 전화기(SLT, key phone 등)에서는 거의 wall mount hole(벽걸이용 구멍)이 전화기 바닥면에 필요하다. 이를 위해 전화기 base plate에 직접 hole을 만드는 수도 있고, 별도의 wall mount kit(벽걸이용 장치)를 사용하여, 그곳에 hole을 만드는 수가 있다.

Hole의 설계시 wall plate jack의 mounting stud간의 간격, modular jack과의 connection관계 등을 고려해야 하며 wall plate jack에는 미국 AT & T style과 GTE style의 2종이 있으므로 두 style에 겸용 될 수 있는 구조가 되도록 해야 한다(그림 11.1). 전화기가 wall mounting된 후에도 좌우로 흔들거림 이 없도록 전화기의 바닥 좌우측에 탄성을 가진 돌기를 만들어 wall plate와 밀착토록 한다.

다음의 도면은 AT&T style의 wall plate jack과 현재 실시하고 있는 wall mount hole설계의 예이다 (그림 11.2, 11.3).

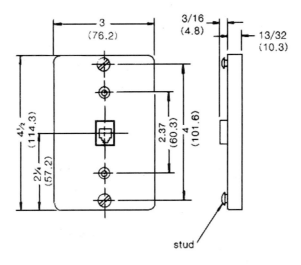

그림 11.1 Wall plate jack 외관(AT&T Style)

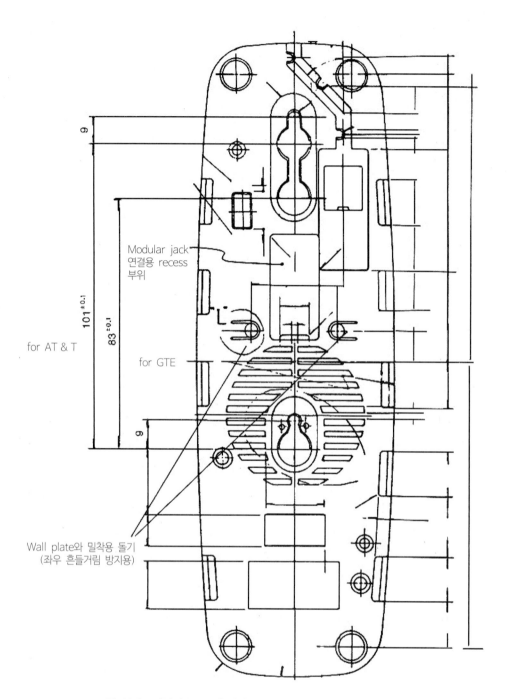

그림 11.2 전화기 Base에 직접 Wall mounting hole을 설치할 때

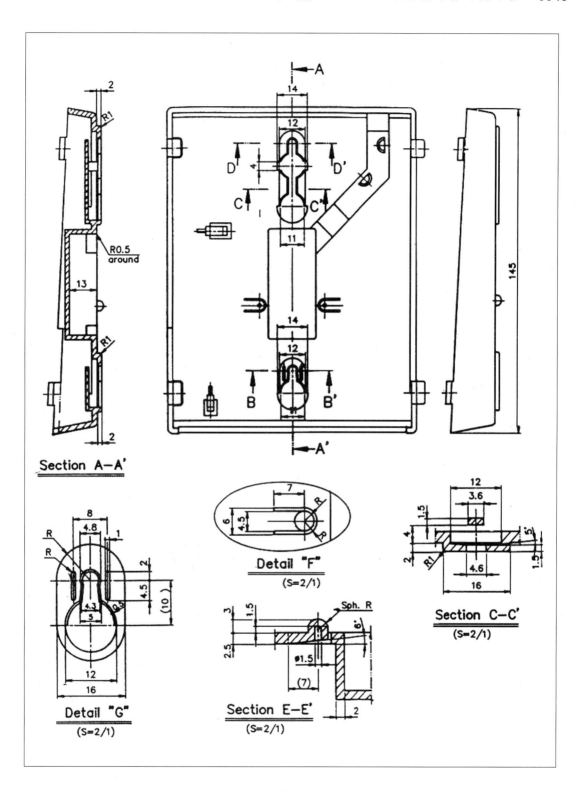

Section A-A'

Detail "F"
(S=2/1)

Section C-C'
(S=2/1)

Detail "G"
(S=2/1)

Section E-E'
(S=2/1)

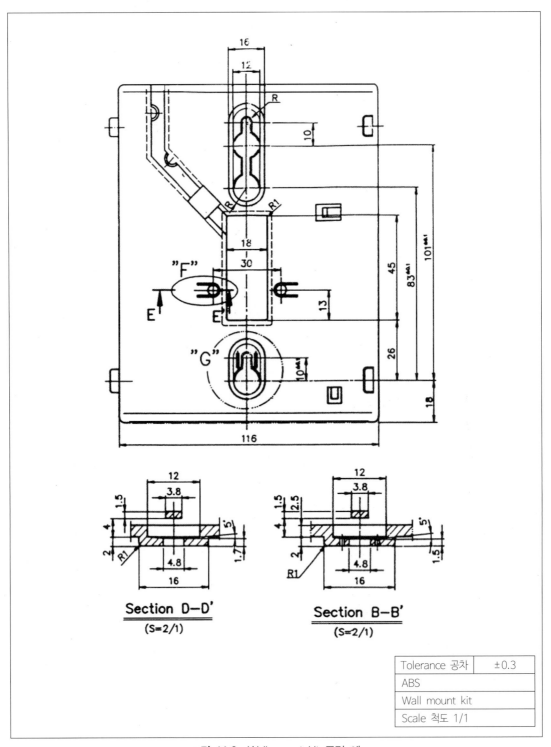

Section D-D'
(S=2/1)

Section B-B'
(S=2/1)

Tolerance 공차	±0.3
ABS	
Wall mount kit	
Scale 척도 1/1	

그림 11.3 Wall mount kit 도면 예

Cable(케이블) & Wire(와이어)

12.1 개 요

Cable이나 wire는 서로 분리되어 있는 한 곳 이상의 전원 또는 신호의 전달을 위해 사용되며, 전류가 흐를 수 있는 도체와 절연체(피복)로 구성되어 있다.

그 종류는 각 제조업체에서 각각 분야에 적당하도록 여러 가지 형태로 제작하고 있다.

다음의 표 12.1은 대표적인 그 종류와 특징을 나타낸다.

표 12.1 Cable & Wire의 종류와 용도

Classification	Type or Style No.		Rating		Characteristics	Application	Flame retardant
	UL	CSA	Volt (V)	Temp (℃)			
Heat resistant PVC wire	1007	TR-64	300	80,90	• GS-wrap(TA-SC) available. • peak voltage : 600V	• Internal wiring of various electric & electronic equipment • Internal wiring appliance where exposed to oil at a temperature not exceeding 60℃	VW-1
	1011 1013 1017 1019 1020	TR-32	600	80,90	• Peak voltage : 600V		
	1015 1028	TEW	600	105	• GS-wrap(TA-SC) available • Peak voltage : 2,500V		
	1032	TR-32	1000	90	• Peak voltage : 1,400V	• Internal wiring of TV and other high voltage operating appliance	VW-1

Classification		Type or Style No.		Rating		Characteristics	Application	Flame retardant
		UL	CSA	Volt (V)	Temp (℃)			
Heat resistant PVC wire		1095	–	300	80	–	• Internal wiring in electric bookkeeping, machines, electronic, medical or dental equipment	VW-1
		1283 1284	TEW	600	105	–	• Internal wiring of electronic equipment	VW-1
Heat resistant semi-rigid PVC wire		1001 1195 1208 1061	– – – AWM	300	80	• Excellent mechanical and abrasion resistance • Save wiring space	• Internal wiring of business machine	VW-1
TV feeder wire		2396	Twin Lead -64	300	80	• Good stability of electric	• Internal wiring of radio and television appliances	VW-1
Heat resistant PVC shield wire		1115	–	300	80	• Peak voltage : 600V	• Internal wiring of electronic equipment	VW-1SC
		1185 1347 2405 2265 2266	TR-64	300	80,90			
		2428	–	–	80			
Heat resistant semi-rigid PVC shield wire		1503 1533 2547 2521	– – – –	150 – – 150	80	• Save wiring space • Good mechanical strength and cut-through resistance	• Internal wiring of appliances audio, video	VW-1SC
Flat ribbon cable	Extrude type	2433 2468 2504 2569 2877 2651	– AWM – – AWM –	300 300 600 600 300 300	80 80 105 105 80 105	• GS-wrap(TA-SC) available • Low terminating cost.	• Internal wiring of print panel.	

Classification		Type or Style No.		Rating		Characteristics	Application	Flame retardant
		UL	CSA	Volt (V)	Temp (℃)			
Flat ribbon cable	Bonding type	2444	–	300	80	• High density assembling	• Internal wiring of electric, electronic equipment	VW-1
		2473	–	600	80			
		2474	–	600	105			
		2476	–	300	80			
		2500	–	600	90			
		2555	–	300	80			
		2647	–	300	105			
		2648	–	150	80			
		2649	–	300	105			
		2689	–	60	30			
		2818	–	300	60			
		20012	–	150	80			
		20028	–	150	105			
Multi-conductor computer cable		2092	–	300	60	–	• Internal wiring of external interconnection of electronic equipment (Such as desk-type calculators, dictating machines or X-ray equipment)	VW-1
		2093	–	300	60			
		2094	–	300	60			
		2343	–	–	80			
		2344	–	–	80			
		2345	–	–	80			
		2346	–	–	80			
		2384	–	30	60			
		2385	–	30	60			
		2386	–	30	60			
		2448	–	30	60			
		2464	TR-64/ TEW	300	80			
		2532	–	30	80			
		2598	–	300	60			
		2668	–	30	60			
		2761	–	600	60			
		2778	–	150	60			
X-mas tree wire		FXT	–	125	60	–	• For christmas-tree decoration set	–
Flat-cord		SPT-1	SPT-1	300	60,105	–	• Power supply cords for as use radio TV etc.	VW-1
		SPT-2	SPT-2	300	60,105			
		SPT-3	SPT-3	300	60,105			
Round-cord		SVT	SVT	300	60,105	–	• Power supply cords for as use washing machines, vacuum cleaner etc.	VW-1
		SJT	SJT	300	60,105			

| Classification | Type or Style No. | | Rating | | Characteristics | Application | Flame retardant |
	UL	CSA	Volt (V)	Temp (℃)			
Irradiated PE insula- tion coaxial cord	1,354	–	30	60	• Good stability of temperature	• Internal wiring of electronic equipment class 2 wiring systems	–
	2,557	–	30	80			
	1,550	–	30	80			
	1,631	–	30	80			
	2,552	–	30	60			
	2,577	–	30	80			
	2,623	–	30	80			
	1,380	–	300	80			

12.2 Cable & Wire 관련 용어

(1) AWG

AWG는 American Wire Gauge의 약어로서, 미국뿐 아니라 세계적으로 널리 쓰이고 있는 도체의 굵기를 나타내는 규격이다. AWG No. 4/0의 외경을 0.4600 inch, AWG No. 36의 외경을 0.0050 inch라 정하고 그 사이를 $39\sqrt{0.4600/0.005} = 1.1229322$의 등비급수로 하여 39개로 나뉘어져 있다.

번호가 크면 도체의 굵기는 가늘어지며, 번호가 3씩 변하면 도체저항, 중량은 거의 2배 또는 1/2로 되고, 6씩 변하면 중량은 거의 4배 또는 1/4로 된다.

표 12.2는 AWG에 따른 wire 굵기 및 면적을 나타낸 것이다.

(2) AWM

Appliance Wiring Material(기기배선전선)의 약자

(3) VW-1

UL 규격에 의한 수직연소시험에 합격한 것을 나타낸 것이다(vertical flame test passed wire).

(4) VW-1SC

완성품 및 코어가 UL 수직연소시험에 합격한 것을 나타낸 것이다.

(vertical flame test passed wire, both inner core and sheath)

(5) 전기용 연동선(Annealed copper wire)

상온에서 가공한 동선을 약 600℃의 가열로에서 annealing한 것을 의미한다. 만국표준 연동의 도전율은 58×10^4S/cm(20℃)이고, 그 도전율을 100%라 한다.

표 12.2 Wire Gauge Classification

AWG	DIAMETER		AREA		
	in.	mm	Circular Mils	in^2	mm^2
10(1)	.1019	2.59	10,384	.00816	5.27
10(37/26)	.1113	2.83	9,361	.00736	4.75
12(1)	.0808	2.05	6,528	.00513	3.31
12(19/25)	.0895	2.27	6,088	.00479	3.09
12(37/28)	.0882	2.24	5,883	.00463	2.88
14(1)	.0641	1.63	4,109	.00323	2.08
14(19/27)	.071	1.80	3,831	.00300	1.94
16(1)	.0508	1.29	2,581	.00203	1.31
16(19/29)	.0557	1.41	2,426	.00190	1.23
18(1)	.0403	1.02	1,620	.00128	.823
18(19/30)	.050	1.27	1,900	.00149	.963
20(1)	.032	.813	1,020	.000804	.519
20(7/28)	.0378	.960	1,113	.000875	.563
20(19/32)	.040	1.02	1,216	.000956	.616
22(1)	.0253	.643	640	.000503	.324
22(7/30)	.030	.762	700	.000550	.355
22(19/34)	.0315	.800	754	.000593	.382
24(1)	.0201	.511	404	.000317	.205
24(7/32)	.024	.609	448	.000352	.227
24(19/36)	.025	.653	475	.000372	.241
26(1)	.0159	.404	253	.000199	.128
26(7/34)	.0189	.480	278	.000218	.141
26(19/38)	.020	.510	304	.000239	.154
28(1)	.0126	.320	159	.000125	.0804
28(7/36)	.015	.381	175	.000137	.0889
28(19/40)	.0155	.395	183	.000143	.0925
30(1)	.0100	.254	100	.0000785	.0507
30(7/38)	.012	.306	112	.0000882	.0568
30(19/42)	.0125	.320	119	.0000933	.0600

AWG	DIAMETER		AREA		
	in.	mm	Circular Mils	in^2	mm^2
32(1)	.0080	.203	64.0	.0000503	.0324
32(7/40)	.0093	.237	67.3	.0000529	.0341
32(19/44)	.010	.255	76.0	.0000597	.0386
34(1)	.0063	.160	39.7	.0000312	.0201
34(7/42)	.0075	.192	43.8	.0000344	.0222
36(1)	.0050	.127	25.0	.0000196	.0127
36(7/44)	.006	.153	28.0	.0000220	.0142
38(1)	.0040	.102	16.0	.0000126	.00811
40(1)	.0031	.079	9.61	.00000755	.00487
42(1)	.0025	.064	6.25	.00000491	.00317
44(1)	.0020	.051	4.00	.00000314	.00203

* Classifications of insulated round copper conductors

Connector(커넥터)의 분류 및 종류

13.1 내부실장용 Connector(커넥터)

1) 직접형 Connector

PCB, FPC, flexible flat cable(FFC) 등의 끝면(edge면)을 plug 부분으로 하여 직접삽입, 접촉되는 형식의 connector이다.

(1) 종류

① card-edge connector(board-to-board connector)(그림 13.1)

② PCB 대 FDC/FFC connector(그림 13.2)

③ PCB 대 wire connector(그림 13.3)

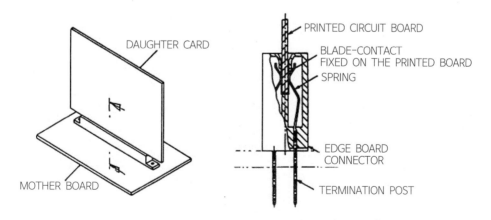

그림 **13.1** Card-edge Connector

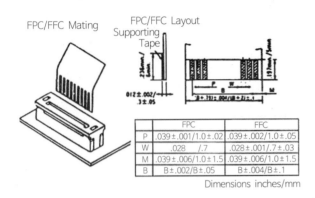

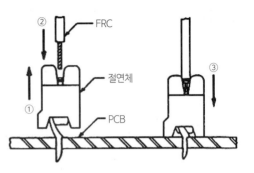

	FPC	FFC
P	.039±.001/1.0±.02	.039±.002/1.0±.05
W	.028 /.7	.028±.001/.7±.03
M	.039±.006/1.0±1.5	.039±.006/1.0±1.5
B	B±.002/B±.05	B±.004/B±.1

Dimensions inches/mm

그림 13.2 PCB 대 FPC/FFC Connector **그림 13.3** PCB 대 Wire Connector

2) 간접형 Connector

PCB 상호간 및 PCB와 cable간의 접속을 중간에 또 하나의 connector를 개입시켜 접속하는 형식의 connector이다(그림 13.4).

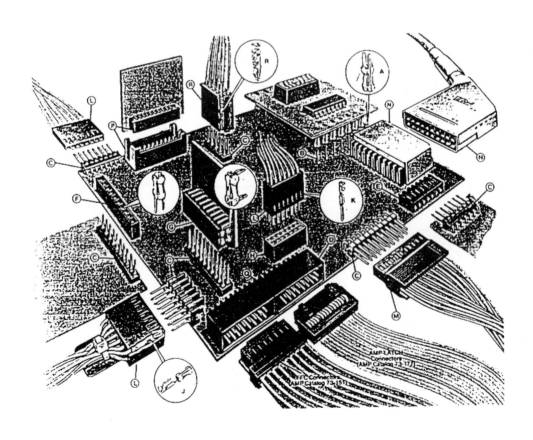

A Horizontal and Vertical Board Mounted Receptacles

B Machine Applied Posts. Zip strip posts also available

C Unshrouded Straight and Right-Angle Post Header Assemblies, Single and Double Row. Breakaway version also available-100[2.54], 125[3.18] and 150[3.81] Centers

D Shrouded Straight and Right-Angle Post Header Assemblies, Single and Double Row. Versions available with and without mounting ears and detent slots-100[2.54]Centers

E Horizontal Board Mounted Receptacle Assemblies. Single

Row-100[2.54]and. 150[3.81] Centers

F Vertical Board Mounted Receptacle Assemblies. Single Row-100[2.54] Centers

G Horizontal Board Mounted Receptacle Assemblies. Double Row-100[2.54]. 125[3.18] and 150[3.81] Centers

H Vertical Board Mounted Receptacle Assemblies. Double Row-100[2.54] and 150[3.81] Centers

J Wire Crimp Snap-In Receptacle Contacts for Standard. Intermediate and High Pressure Applications. No-strip, solder tab and card extender versions also available

K Wire Crimp Snap-In Pin Contacts for 26-22 AWG[0.12-0.4 mm^2] wire range. Can be used in all wire applied housings.

L Wire Applied Contact Housings. Single and Double Row. Available polarized. non-polarized, keyed. unkeyed, with and without mounting ears, strain relief and detent latching-100[2.54]. 125[3.18] and 150 [3.81] Centers

M MT Receptacle Connectors. Single and Double Row. Available with polarizing. non-polarizing, ejection, hermaphroditic and latching covers-100 [2.54] and .125[3.18] Centers

N Shielding kits for MT Connectors. Available for right-angle pc board headers, panel mounted feed-thru and pin connectors and MT receptacle connectors-100 [2.54] Centers

P Two-Piece Pc Board Header and Receptacle Assemblies. Double and Triple Row-100 [12.54] Centers

Q Barrier Insert. Other accessories available are keying plugs and end shrouds.

R Locking Clip Connectors and Contacts, Single and Double Row-100 [2.54] and 150 [3.81] Centers

그림 13.4 간접형 Connector

(1) 종류

① flat ribbon cable(FRC) connector

② 압착형 connector

③ PCB connector(PCB 상호간 접속용)

3) 직접형과 간접형 Connector 비교

직접형 connector는 부품수가 적어 low cost에는 유리하나 반면 다음과 같은 단점이 있다.

① 직접형의 PCB는 그 자체가 plug 역할을 하므로 접촉면의 내마멸성 한계가 있어 자주 삽발(揷拔)하는 경우에는 적당치 못하다.

② PCB plug의 표면 정도(精度)의 양부 또는 휨 발생에 따라 접촉불량의 원인이 된다. 그러나 간접형 connector는 중간 connector를 통해 접속되므로 위의 문제가 해소되며 신뢰성이 있어 그 사용량이 확대되고 있다.

13.2 Interface Connector

Interface는 CPU 등과 같이 외부장치를 접속시켜 어떤 동작을 이루게 하는 것이다.

1) GP-IB(General Purpose Interface Bus)용 Connector

PC에 계측기 또는 주변장치를 접속시켜 계측용 system을 구축하기 위한 장치간을 접속하는 interface connector로서 표준규격으로 정해져 있다(그림 13.5).

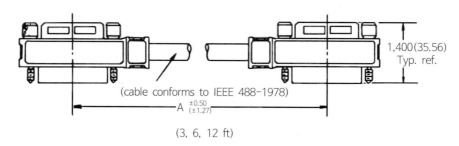

(cable conforms to IEEE 488-1978)

A ±0.50 (±1.27)

(3, 6, 12 ft)

그림 13.5 24-Position interface bus cable ass'y

2) RS-232C Interface Connector

RS-232C는 CCITT(국제전신전화자문위원회)의 권고를 받아 미국의 EIA(미국전자공업회)가 정한 modem(모뎀)과 data 단말기와의 접속에 관한 interface 규격이다(그림 13.6).

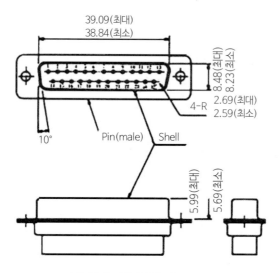

그림 13.6 RS-232C Connector

사용되는 connector는 D-sub connector라 부르는 25pin connector로 modem측은 socket이 사용되고, 접속 cable은 plug가 사용된다.

3) Centronics Interface Connector

Centronics interface는 centronics社 제품의 사양이다. 다른 printer maker라든가 주변기기 maker가 그 interface를 채용하므로 현재는 printer의 표준 interface로 되어 있다(그림 13.7).

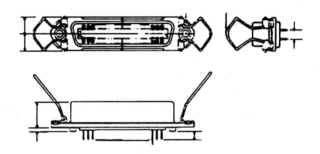

그림 13.7 Centronics Connector

4) Modular Connector

Modular connector는 미국의 AT&T에서 개발된 것으로 cord가 붙은 plug와 jack으로 구성되며 전화기용 및 data 전송기기의 connector로 매우 널리 사용되고 있다(그림 13.8).

본 connector의 특징은 다음과 같다.

① 착탈이 매우 용이하다.

② 많은 횟수의 삽발(揷拔)에 대해 높은 신뢰성이 있다.

③ 경량이며 compact형이다.

④ 오 삽입방지구조가 있다.

⑤ jack의 고정방법은 다수의 종류 중에 선택할 수 있다.

Modular connector에는 4극, 6극, 8극의 3가지가 있으며, jack의 경우 외부형상에 따라 여러 가지 종류가 시판되고 있다. conductor의 금도금 두께는 15mil(0.38μm), 30mil(0.75μm), 50mil (1.27μm)의 3종이 있다.

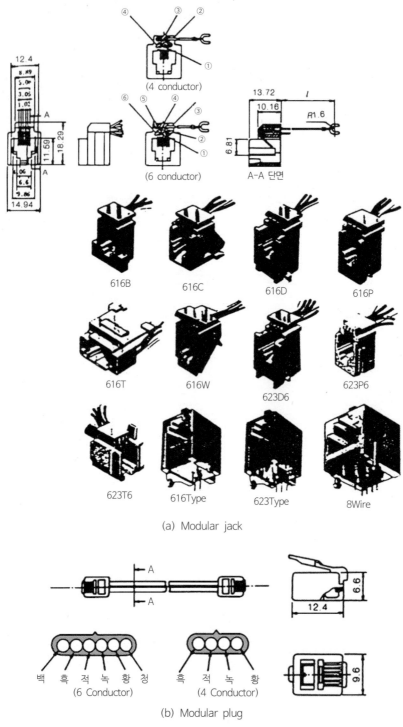

(a) Modular jack

(b) Modular plug

그림 13.8 Modular Connector

13.3 Cable Connector

Cable connector는 cable과 cable, cable과 기기와의 접속을 시켜 주는 것이다(그림 13.9).

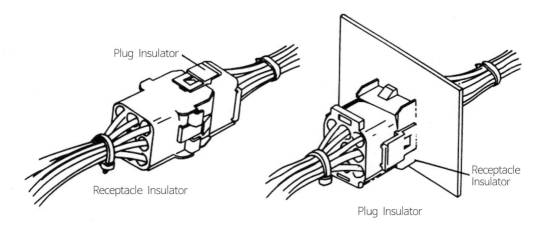

그림 13.9 Cable Connector

13.4 간이형 Connector

간이형 connector의 정의는 확실히 정해져 있는 것은 아니나, 군사용, 특수한 용도에 비해 범용성을 가진 일반전기, 전기기기간의 전기접속에 사용되는 총칭으로 표현된다.

Tab(평형단자) connector는 간이형의 기본이라 할 수 있다(그림 13.10). 대표적인 형상은 그림 13.10과 같으며 그 중에서도 표준적인 tab은 다음의 6종류가 일반적으로 사용된다.

① 2.8mm 폭(100inch 계)

② 4.8mm 폭(187inch 계)

③ 5.2mm 폭(205inch 계)

④ 6.3mm 폭(250inch 계)

⑤ 8.0mm 폭(312inch 계)

⑥ 9.5mm 폭(375inch 계)

6종류 중 250inch 계가 많이 사용되며 적용전선 범위는 0.3~2mm²이다.

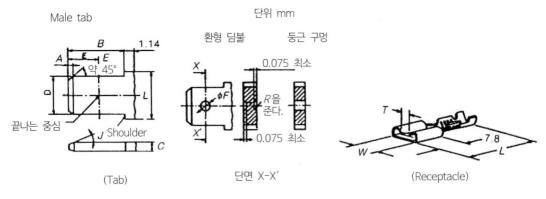

그림 13.10 간이형 Connector(Tab)

13.5 고주파동축 Connector의 종류와 특징

Cellular phone 및 900MHz C/T 등의 개발과 더불어 동축 cable의 사용이 많아졌다. 고주파 동축 connector는 고주파 동축 cable 또는 antenna(안테나) 등을 상호접속하는 connector이다.

현재 적용하고 있는 동축 connector의 종류와 특징은 다음과 같다.

1) BNC형

Bayonet lock 방식의 소형 connector로 사용하기 쉽고 통신분야, 방송, 계측분야에서 널리 사용된다(그림 13.11).

① 결합방식 : bayonet lock(외경 약 φ14.5)

② 특성 Impedance : 50Ω 또는 75Ω

③ 사용주파수 범위 : 4GHz 이하(50Ω)

2) TNC형

결합방법을 나사식의 구조로 한 것으로 계측분야에서 micro파용으로서 폭 넓게 사용된다(그림 13.12).

① 결합방식 : 나사(7/16-28UNEF-2)

• UN : UNified

• EF : Extra Fine[극세(極細)]

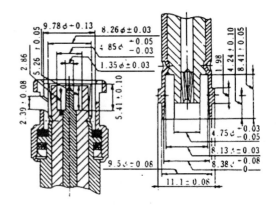

그림 13.11 BNC Connector

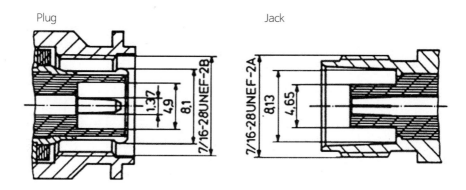

그림 13.12 TNC Connector

② 특성 Impedance : 50Ω
③ 사용주파수 범위 : 11GHz 이하

3) SMA형

Micro파용으로서는 최고의 고성능 초소형 connector로서 사용되는 cable도 일반적인 flexible cable에서 외부 도체에 동 pipe를 사용한 semi-rigid cable까지 폭넓게 사용할 수 있다(그림 13.13).

① 결합방식 : 나사(1/4-36UNS-2)
② 특성 Impedance : 50Ω
③ 사용주파수 범위 : 18GHz 이하

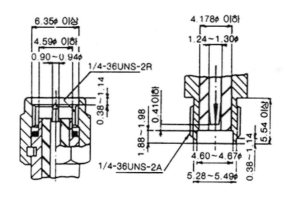

그림 13.13 SMA Connector

4) SMB형

결합방식은 snap기구를 사용한 저전력용의 초소형 connector로 취급의 간편함이 큰 특징이다. 특히 기기의 내부 배선 등에 많이 사용된다(그림 13.14).

① 결합방식 : snap lock(외경 약 $\phi5$)

② 특성 Impedance : 50Ω

③ 사용주파수 범위 : 500GHz 이하

그 밖의 동축 connector로서는 SMC형, N형, C형 등이 있다.

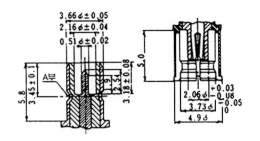

그림 13.14 SMB Connector

13.6 각종 Connector

1) Audio용 Plug & Jack

Radio, TV, tape recorder 등에 mike, earphone, head phone 등을 접속하는 connector이다. plug의 종류는 sleeve의 직경에 따라 초소형($\phi2.5$), 소형($\phi3.5$), 대형($\phi6.3$)이 있다(그림 13.15 참조).

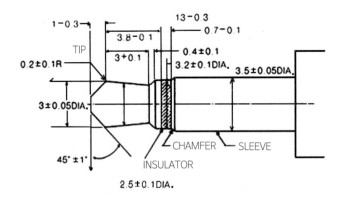

그림 13.15 Phone Plug(2 Conductor type)

2) Power Jack

AC/DC power adapter의 DC전원을 기기에 공급하기 위한 connector이다. cordless telephone, TAD(Telephone Answering Device : 자동응답 전화기), 다기능 전화기, 휴대폰 등에 사용되고 있다(그림 13.16).

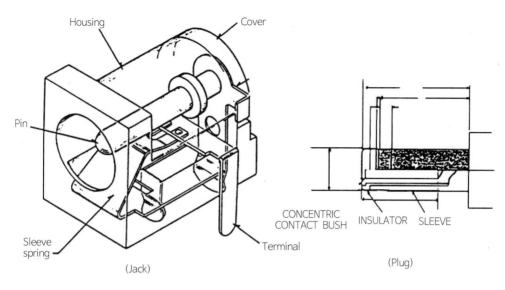

그림 13.16 Power Jack and Plug

3) LCD용 Elastomer Connector(Zebra Connector)

LCD module과 PCB를 연결시켜주는 connector로서, 전도성 rubber와 절연성 rubber를 서로 교차시켜 적층시킨 것이다. 다음과 같은 종류의 것이 많이 사용되고 있다(그림 13.17).

① SS형

얇은 전도성 및 절연성 rubber를 적층시킨 후 경도가 낮은 silicon rubber로 양측을 support한 것이다.

② SG형

구조는 SS형과 유사하나 SS형보다 더욱 낮은 경도의 connector로서 대형 LCD에 많이 쓰인다.

③ L형

주로 dot matrix type의 LCD에서 LCD module의 상면에 전극이 노출되어 있는 경우에 사용된다.

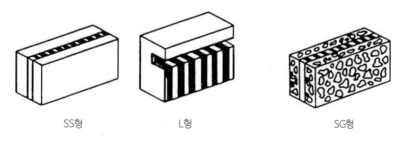

그림 13.17 LCD용 Connector(Zebra connector)

각 제품별 허용공차규격

14.1 Press제품 또는 일반제품의 허용공차

Press제품 또는 기타제품의 허용공차는 보통 독일의 DIN 7168(deviation for dimension without of tolerances)을 적용하며 그 내용은 다음의 표 14.1과 같다.

표 14.1 DIN 7168

등급 치수의 범위(mm)	f (fine)	m (middle)	g (coarse)
0.5 이상 3 이하	±0.05	±0.1	±0.15
3 이상 6 이하	±0.05	±0.1	±0.20
6 이상 30 이하	±0.1	±0.2	±0.5
30 이상 120 이하	±0.15	±0.3	±0.8
120 이상 315 이하	±0.2	±0.5	±1.2
315 이상 1,000 이하	±0.3	±0.8	±2
1,000 이상 2,000 이하	±0.5	±1.2	±3
2,000 이상 4,000 이하	±0.6	±2	±4
4,000 이상 8,000 이하	−	±3	±5
8,000 이상 12,000 이하	−	±4	±6
12,000 이상 16,000 이하	−	±5	±7
16,000 이상 20,000 이하	−	±6	±8

위 표의 f, m 및 g급 중에서 m급을 가장 일반적으로 사용하고 있으며 도면상에 m급을 적용코자 할 때는 "DIN 7168m"이라 표기한다.

KS B 0236과 비교하면, KS B 0236의 12급과 DIN 7168f가 동일하며 14급과 m급이 동일하고, 16급과 g급이 거의 동일하다.

14.2 Plastic 성형품의 허용공차

　현재 세계에서 발표된 각종 plastic 성형품의 허용공차규격으로는 미국의 SPI, 독일의 DIN 16901, 스위스의 VSM 77012 등이 있다. 이들 규격 중에서 정평있는 것이 DIN 16901이며 널리 채용되고 있다.

　본 규격의 적용범위는 열경화성 및 열가소성 수지를 사출성형, 압축성형에 의해 제작되는 성형품의 허용공차에 관해 적용하고, 압출제품, blow 성형품, 소결부품 및 절삭수지물에 대해서는 규정하지 않는다.

　본 규격에서는 '금형에 의해 직접 정해지는 치수'와 '금형에 의해 직접 정해지지 않는 치수'로 구분되어 공차를 달리하고 있다(제1편 제5장 제2절 참조).

14.3 PCB 치수 허용공차 규격

　PCB의 기구적 치수의 허용공차는 독일의 SN(Siemens Norm)30412에 따른다(표 14.2).

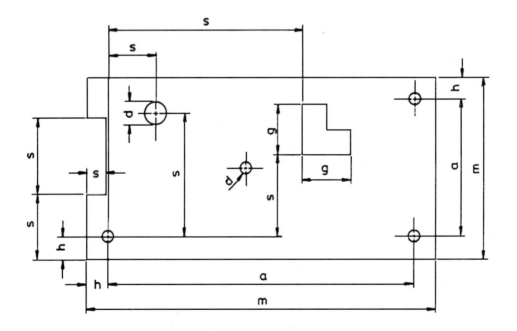

표 14.2 SN 30412

기호	기호 설명	공칭치수범위 (mm)	허용공차
a	고정 구멍 간격	–	±0.1
d, g	직경 및 관통형상 치수	0.6∼2	+0.15
		2∼6	+0.25
		6 이상	+0.3
h	PCB의 가장자리에서 고정구멍간의 위치	–	±0.1
m	외부치수	200까지 50mm씩 증가시	−0.4 −0.1씩 추가
S	기타치수	10 까지	±0.2
		10 이상	DIN 7168 m

14.4 Rubber 제품의 허용공차 규격

본 규격은 압축 및 사출성형 형태로 제작되는 가황(加黃)의 연성고무제품에 대해 적용한다. 적용하는 규격은 독일의 DIN 7715이다(표 14.3).

표 14.3 DIN 7715

공칭 치수 범위	등급 M1		등급 M2		등급 M3		등급 M4	
	F ±	C ±	F ±	C ±	F ±	C ±	F ±	C ±
6.3까지	0.10	0.10	0.15	0.20	0.25	0.4	0.5	0.5
6.3 초과 10까지	0.10	0.15	0.20	0.20	0.30	0.5	0.7	0.7
10　16	0.15	0.20	0.20	0.25	0.40	0.6	0.8	0.8
16　25	0.20	0.20	0.25	0.35	0.50	0.8	1.0	1.0
25　40	0.20	0.25	0.35	0.40	0.60	1.0	1.3	1.3
40　63	0.25	0.35	0.40	0.50	0.80	1.3	1.6	1.6
63　100	0.35	0.40	0.50	0.70	1.0	1.6	2.0	2.0
100　160	0.40	0.50	0.70	0.80	1.30	2.0	2.5	2.5

* 공차등급 M1 : 특 정밀도
　　　　　　고도의 정밀치수를 요구하는 고정밀 제품
　　　　　M2 : 상 정밀도
　　　　　　일반제품에 비해 비교적 높은 치수정밀도를 요구하는 제품
　　　　　M3 : 중 정밀도
　　　　　　일반제품
　　　　　M4 : 하 정밀도
　　　　　　특별한 치수조건이 없는 제품

가장 많이 적용되는 등급은 M3이며 정밀성이 불가피할 때 M1 또는 M2를 사용한다.

* 치수의 정의
　F : 금형에 의해 직접 정해지는 치수
　C : 금형에 의해 직접 정해지지 않는 치수

Acryl(아크릴) 성형품의 광학 특성을 이용한 제품 설계

15.1 굴절률(屈折率)

굴절률은 plastic을 광학적 제품에 응용할 때 가장 중요한 성질이다. 그림 15.1에 나타낸 바와 같이 어떤 매질 B에 i의 각도로 빛을 조사(照射)하였을 때 이것이 경계면(S)으로 빛의 진로가 굽어져 각도 r의 방향으로 나아간다고 하면 입사한 각도(i)와 굴절한 각도(r)과의 사이에 일정한 관계가 이루어지는데, $\sin i/\sin r$을 매질 B(여기서는 plastic 재료)의 매질 A에 대한 상대굴절률(보통 간단하게 '굴절률'이라 함)이라 하며, A가 진공인 경우에는 이 $\sin i/\sin r$을 B의 절대굴절률이라 한다. plastic의 굴절률 측정에는 광원으로써 나트륨 램프인 D선(파장은 5893 Å)

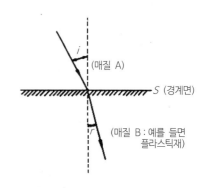

그림 15.1 빛의 굴절

을 사용하기 때문에 그 굴절률을 nD로 표시한다. plastic의 nD 값은 대개 1.4~1.6 범위이다.

굴절률값은 파장이나 온도에 의해서도 변화하지만 성형가공시의 수지의 분자배향에 따라 방향성을 나타내며, 고도의 신장(伸長)(연신(延伸))을 줄 때에는 그 차이는 특히 현저해진다.

그림 15.2는 acryl(PMMA) 수지에 대한 굴절률과 파장과의 관계를 나타낸다. 그림 15.3은 폴리카보네이트(PC)의 온도와 굴절률과의 관계를 표시하는 것으로써 곡선의 꺾어진 점은 glass전이점이다. 이와 같이 굴절률은 물성의 변화를 해명하는 수단으로서도 이용할 수가 있다. acryl 수지의 투명판에 문자나 그림 등을 조각해 판의 일단에서 광선을 비추면 조각한 부분에서 광선이 반사하여 그 부분이 빛나 보인다. 이러한 조명효과를 edge lighting이라 한다. 사용방법에 따라서는 아주 호화스런 느낌을 낼 수가 있다.

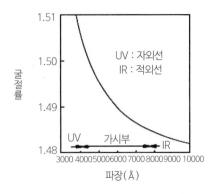

그림 15.2 Acryl수지의 굴절률과 파장과의 관계

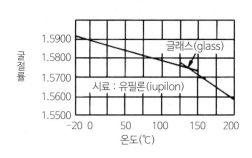

그림 15.3 폴리카보네이트의 굴절률의 온도특성

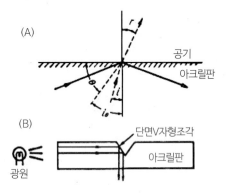

그림 15.4 Edge lighting효과의 원리

그림 15.5 Pipe light효과를 발휘시킨 좋은 설계 예(라디오 눈금판)

　그 원리는(그림 15.4 참조) 판을 투과한 광선이 입사각 i 로 들어온 것이 공기와의 경계면에서 굴절되어 r 의 각도로 된다. 이 경계면에서 전반사를 하기 위한 임계각 i_o는 $\sin i_o = 1/n$의 식에 acryl 수지의 굴절률 $n = 1.49$를 대입해서 구하면 $i_o = 42°10'$이 된다. 따라서 그림에서 $\theta = 47°50'$ 각도내에 있는 광선은 전반사를 하기 때문에 조각부분이 빛나 보이는 것이다.

　예로서 그림 15.5와 같은 판의 일단에 빛을 비추면 마치 빛이 pipe 내를 통과하고 있는 것같이 빛나 보이기 때문에 pipe light라고 불리며 광고판, 라디오의 눈금판이나 통신기기 등의 조명에 응용되어진다.

15.2 설계 개요

Acryl(PMMA)은 양호한 물리적 성질을 가지고 있으므로 설계자는 우선 그 기계적 성질만을 고려하는 경향이 있다. 그러나 많은 경우 이 투명한 plastic은 기계적 성질보다도 오히려 광학적 성질 때문에 사용되어지고 있다. 그렇지만 광투과 acryl 성형품에는 광학적 효과를 최고로 발휘시키기 위해서 설계상 주의하지 않으면 안 되는 사항이 몇 가지가 있다.

Acryl은 빛을 굴절, 산란(散亂), 집광, 방향성을 부가하고 또 corner나 curve를 통해 상당히 먼거리까지 빛을 보낸다. 그래서 이런 광전송 특성 때문에 의료진단용 조명이나 dial, 신호, 전시 등의 기구에 응용된다. 이론적으로는 이 재료는 무한의 거리까지 빛을 전송할 수 있으나 재료의 순도나 성형품의 모양이나 표면처리 등의 영향으로 실제로는 한계가 있다. 이하에 기술한 설계 예는 비행기 부품, 렌즈, 안경, 안전 shield, dial cover, slit 창, 그 밖의 acryl plastic의 투명성을 활용하는 부품의 설계에 적용해야만 하는 조건이다.

평면상에 보강 리브(rib)를 붙이면 그 부근에 수축에 의한 sink가 생기는 경우가 있지만 이것은 성형 cycle을 변화시킴으로써 용이하게 제거할 수가 있다. 만약 성형 cycle을 변경할 수 없는 경우는 리브(rib)의 반대측의 재료에 금을 내거나 홈을 내면 수축 sink를 방지할 수가 있다.

Acryl 수지의 투명성은 3차원 성형물에 응용할 수 있다. 전각을 평활(平滑)하게 해 저면에 여러 가지 깊이로 성형하여 적당히 색을 첨가한 것을 앞에서 보면 3차원의 효과가 분명히 나타난다. 표 15.1는 광학적 특성을 보여준다.

표 15.1 광학적 특성 표

항 목	flexible glass판	성형 flexible glass
광투과율	90~92%	90~92%
혼탁도(cloud)	1~3%	3~10%
굴절률 N_D	1.488~1.489	1.48~1.50
분산 N_p - N_c	0.008	0.008
일광변화	약간	약간
경년변화	약간	약간
광학적농도	0.036	0.036
투과광파장	3,600~10,000Å	3,600~10,000Å
내구성	1%투과손실, 일사 200시간에 대해	1%투과손실, 일사 200시간에 대해

15.3 설계 예

① 편광을 약하게 하기 위해 가능한 한 flexible glass판에 수직으로 시선을 맞닿도록 하여야 한다. 또 완전히 평활(平滑)하면서도 평행한 두 면을 갖는 판을 성형으로 제작하는 것은 불가능하다. 물론 acryl은 plastic 중에서도 이 점에 있어서는 상위에 랭크되어 있지만 연마판 유리(glass) 보다도 떨어진다. 시선이 plastic면에 수직인 경우에는 광선의 92%가 투과하고 8%는 반사한다. 그래서 시각이 감소함에 따라서 반사광의 비율도 증가한다. 85°에서는 100%에 가깝게 된다. 그러므로 시각이 50° 이상이 되도록 설계하는 것이 필요하다[그림 15.6(1)].

② 원통상 또는 구상의 창의 곡률중심에 관측자가 있는 경우, 전시선은 그 plastic의 표면에 대해 바른 각도를 이루어, 투명 재료의 광학적 특성의 이점이 충분히 발휘된다[그림 15.6(2)].

③ 반경은 6in보다 큰 것이 좋다. 작은 반경에서는 찌그러짐 없이 보이는 유효시야가 한정되어 버린다[그림 15.6(3)].

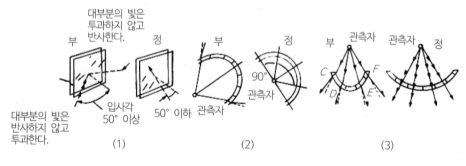

그림 15.6 설계 예-Ⅰ

④ 곡률 반경이 작은 것은 관측자의 눈을 그것에 접근시켜 보도록 하는 경우에 사용할 것[그림 15.7(4)].

⑤ 쐐기형 곡선은 정접원보다도 좋다. 그것은 곡률 반경에 있어 급격한 변화가 있으면 대응하는 접선의 점에 대해서도 편향적으로 급격한 변화를 초래하기 때문이다[그림 15.7(5)].

⑥ 연마한 투명 rib부에서는 광학적 찌그러짐이 발생한다. 이와 같은 부분에는 불투명 가공이 바람직하다. 두꺼운 리브는 광원을 굴절시키는 prism(프리즘)과 같은 작용을 한다[그림 15.7(6)].

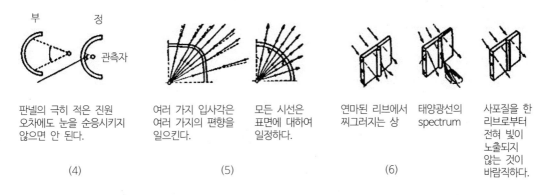

판넬의 극히 적은 진원 오차에도 눈을 순응시키지 않으면 안 된다.	여러 가지 입사각은 여러 가지의 편향을 일으킨다.	모든 시선은 표면에 대하여 일정하다.	연마된 리브에서 찌그러지는 상	태양광선의 spectrum	사포질을 한 리브로부터 전혀 빛이 노출되지 않는 것이 바람직하다.
(4)	(5)		(6)		

그림 15.7 설계 예 - Ⅱ

⑦ Plastic을 통해서 광학기계에서 관측하지 않으면 안 되는 경우, 그림 15.8(7)에서 보는 바와 같이 작은 흠은 지극히 적은 면밖에 영향을 주지 않지만, 그것을 수정하기 위해 사포질(페이퍼질)이나 연마를 한다면 쐐기 효과나 렌즈효과를 가져온다. 이 문제는 렌즈가 붙은 관측기구를 사용하는 경우에는 특히 주의를 요한다. 광학적 성질이 중요하지 않은 면, 금속이나 도료로 덮이는 부분은 그 취지를 명시해서 가공비를 절감하는 것이 필요하다.

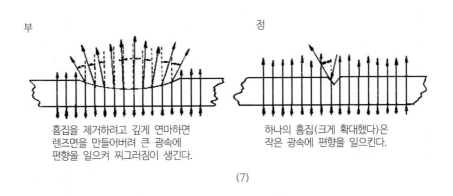

흠집을 제거하려고 깊게 연마하면 렌즈면을 만들어버려 큰 광속에 편향을 일으켜 찌그러짐이 생긴다.	하나의 흠집(크게 확대했다)은 작은 광속에 편향을 일으킨다.

(7)

그림 15.8 설계 예 - Ⅲ

⑧ Acryl 도관을 통해서 전송된 빛의 일부분은 직선으로 연이은 층을 통해서 진행한다. 나머지는 연마면 사이를 반사를 반복하면서 왕복한다. 반사각은 보통 둔각(鈍角)이다. 그래서 taper면은 빛의 연속층을 가로막아, 살짝 사포질을 한 평활단면보다도 잘 빛난다. 이것은 plastic 성형품이 소정의 범위에서 적당히 조명을 내비치는 곳에 사용되는 경우에 중요하다[그림 15.9 (8)].

⑨ Pipe line 일부 표면을 조각이나 sand blast에 의해 흠을 내면, 그 부분에서 빛이 새어나간다. 이것은 재료의 광전송 효율이 표면반사율에 의해 결정되기 때문으로, 원하는 곳에 사포질을 하거나 sand blast, 칼자국을 내거나 조각 등과 같이 표면에 흠을 냄으로써 간단하게 그 부분을 빛나게 할 수가 있다[그림 15.9(9)].

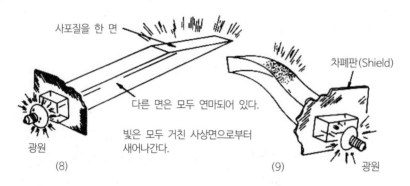

그림 15.9 설계 예 - Ⅳ

⑩ 광원에 가까운 연마면은 광학적으로는 매우 효율이 좋다. 만약 멀리까지 빛의 투과가 필요하다면 광원 가까이에 붙은 빛나게 비쳐지는 문자나 모양은 극히 작게 된다면 좋다. 원통에서는 조각하는 편이 좋다[그림 15.10(10)].

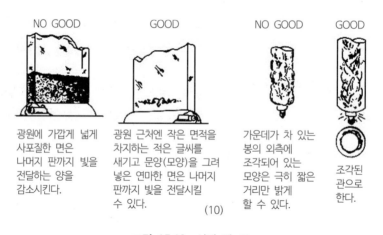

그림 15.10 설계 예 - Ⅴ

⑪ Acryl의 굴절률은 1.49이다. 이 때문에 빛의 굴절각도는 48° 이상이 된다. 또 내경의 최소곡률은 단면두께의 2배 이상 되어야만 한다. 가능하다면 3배가 좋다[그림 15.11(11)].

⑫ Acryl로 prism을 만드는 경우는 prism각을 42.2°～74° 사이로 해서 성형하면 최고의 광택을 얻는다. 42.2°보다 prism각이 작은 경우는 빛은 면 a로부터 투과해 굴절해서 면 b로 빠져나간다 [그림 15.11(12)(A)]. prism각이 42.2°～45.9° 사이에 있는 경우는 빛은 수직으로 면 a에 들어가 반사해서 면 a로 되돌아나온다[그림 (B)]. prism각이 45.9°～74° 사이에서는 a에서 들어간 빛은 b에서 반사해 굴절해서 c로 빠진다. 이때 prism의 정점을 통해서 보는 상은 모두 반전한다[그림 (C)].

위의 표면만을 볼 수 있도록 해서 prism 외의 부분을 어두운 상자에 집어 넣으면 그림 (B)는 그림 (C)보다도 환하게 보인다. 또한 역으로 생각하면 그림 (C)는 prism의 상면은 물론 양측에서의 빛을 모으기도, 반사하기도 하기 때문에 빛나 보인다.

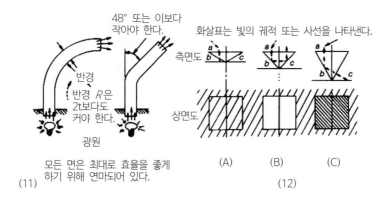

그림 15.11 설계 예 - Ⅵ

⑬ 광원에 가까운 부분의 두께를 증대시켜 조명을 최대한도로 이용한 예이다. plastic의 얇은 선을 쓰고 있는 곳에서는 광원에 가까운 단면을 통해서 그 가운데를 빛은 "연돌상(煙突狀)"으로 통과한다[그림 15.12(13)].

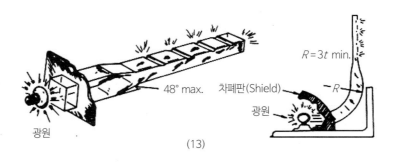

그림 15.12 설계 예 - Ⅶ

⑭ Acryl에 색을 집어넣고, 그 성형품의 단면을 변화시킴으로써 엷거나 짙은 색조를 띠게 할 수가 있다. 단면을 두껍게 하면 그만큼 짙은 색조를 띠며 성형품의 두께가 그대로, 색조의 깊이에 연결된다[그림 15.13(14)].

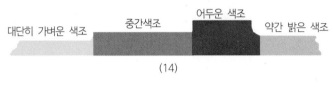

(14)

그림 15.13 설계 예 -Ⅷ

16.1 액정프로젝터 조명광학계의 개요

16.1.1 서 론

액정프로젝터는 대화면을 고정도 고휘도로 표시할 수 있고 소형경량화한 장치를 실현할 가능성이 있으므로 맹렬히 개발이 진행되고 있다.

최근의 액정디스플레이(LCD) 및 렌즈 등 광학기술이 진보함에 의해 액정프로젝터의 해상도에 관해서는 실용단계로 되었다고 생각된다. 그러나 밝기에 관해서는 아직 충분치 않아서 신기술에 의한 밝은 액정프로젝터의 개발이 기대된다. 여기서는 액정프로젝터의 밝기향상에 관해 조명 광학계를 예를 들어 광을 손실시키는 요인과 그 해결책인 고휘도화 기술동향의 소개를 한다.

16.1.2 액정프로젝터-조명용 광학부품

액정프로젝터는 소형의 액정판넬의 화상을 광원에 의해 비추어 렌즈에 의해 확대투영하는 것이다. 일반적인 구성으로서 액정판넬을 조명하는 조명광학계와 액정판넬상의 화상을 확대투사하는 투사광학계로 구성된다. 칼라 영상을 얻기 위해서 액정판넬을 이용하는 것에는 색분리 합성계를 가진 것도 있다. 조명광학계의 기본구성부품으로써 광의 발생원인 광원램프와 그 광을 액정판넬상에 모아서 조명하는 집광광학계로 나누어진다. 이제부터 조명광학계의 구성부품에 대해 간단히 설명한다.

1) 광원램프

액정프로젝터에 이용되는 광원램프에는 이하의 성능이 필요하다.

① 발광 스펙트럼이 적, 녹, 청으로 강도의 밸런스가 양호하다.

② 가시역에서 발광효율이 높다.

③ 수명이 길다.

④ 신뢰성, 안정성이 높다.

⑤ 가격이 싸다.

⑥ 그 외(안전성, 발열, 시동특성 등)

그러나 이러한 전부를 만족하는 램프는 없다. 현재에는 필요한 성능을 고려해서 각종 램프를 선택해서 이용하고 있다.

현재 액정프로젝터에 이용되고 있는 주요한 램프로는 메탈할로이드 램프, 할로겐 램프, 크세논 램프의 3종류가 있다. 이하 이들의 특징을 기술한다.

(1) 메탈할로이드 램프

메탈할로이드 램프는 고압수은증기 중에 금속할로겐화물을 첨가시킨 고압램프이다. 메탈할로이드 램프는 첨가한 금속할로겐화물에 의해 발광특성의 선택이 어느 정도 가능하기 때문에 복수의 첨가물의 조합에 의한 램프가 실용화되고 있다. 다만, 현재 발광스펙트럼의 밸런스는 얻어지지 않고 전체적으로 색온도가 높은 것이 많다[그림 16.1(a) 참조].

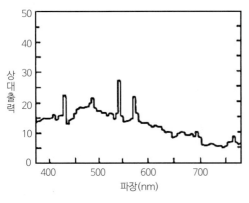

(a) 메탈할로이드 램프의 발광 Spectrum

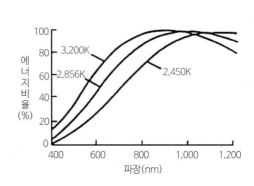

(b) 할로겐램프의 발광 Spectrum

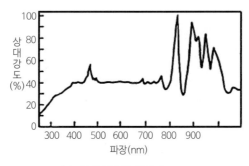

(c) 크세논램프의 발광 Spectrum

그림 16.1 광원램프의 종류

점화방식으로써는 교류방식과 직류방식이 있어서 종래는 효율면에서 교류방식이 주류였으나 최근에는 직류방식에도 교류방식과 같은 효율에 더욱더 수명도 우수한 것이 발표되고 있다.

이상의 관점에서 현재 액정프로젝터에는 메탈할로이드램프를 이용한 것이 많이 상품화되어지고 있다. 다만, 메탈할로이드 램프도 액정 프로젝터용 광원램프로써 전체적으로 만족되지는 않고 점광원화와 장수명화 등의 개선이 요구된다.

(2) 할로겐 램프

할로겐 램프는 일반적으로 조명램프로써 이용되어지고 발광관 내에 불활성가스 및 미량의 할로겐화물을 첨가시켜 텅스텐필라멘트를 전극으로써 사용한 램프이다. 얻어진 광은 연속적인 분광특성을 가지고 있지만 청색의 강도가 낮기 때문에 색온도는 낮다[그림 16.1(b) 참조]. 점화는 순간적으로 되고 재점화도 즉시 가능하고 점화장치는 간단한 구성의 것을 사용 가능하므로 장치, 크기, 중량, 가격면에서 유리하다. 다만, 점화전압의 변동에 의해 발광특성의 변화가 큰 점에 주의가 필요하다.

이상의 관점에서 현재 할로겐램프는 비교적 저가의 소형장치에 많이 사용되고 있다.

(3) 크세논 램프

크세논 램프는 발광관 내에 크세논가스를 봉입하고 방전에 의해 발광한다[그림 16.1(c) 참조]. 광은 가시역에서 연속적인 분포를 가지고 색온도는 자연광에 가까운 것을 얻을 수 있다. 또, 사용조건에 의한 변동이 적고, 시동이 순간적으로 되고 점광원에 가까운 발광 spot을 얻을 수 있다. 액정프로젝터용 광원램프로써 유리한 점이 많다.

반면 램프시동에 고압펄스가 필요하기 때문에 점화장치가 크고, 가격도 불리하다. 더욱 적외선이 많아서 발광효율이 나쁜 점 발광관 내 압력이 높아서 안전대책이 중요한 점 등이 문제. 이상의 특성 때문에 현재 크세논램프는 비교적 고가형, 대형, 고광출력장치에 이용되고 있다.

2) 집광 광학계

조명의 방법에는 critical 조명과 koehler 조명이 있고 집광 수단으로써는 렌즈에 의한 것과 오목거울에 의한 것 및 이것을 조합한 것이 있다.

비교적 간단한 구성으로 반대측에 출사한 광에 오목거울을 이용한 것이 일반적으로 많이 채용되고 있다. 또, 효율이 좋은 투사렌즈에 집광하기 위해서 field lens를 채용하는 경우가 많다.

(1) Critical 조명

Critical 조명에는 광원으로부터의 광을 집광해서 투영물체(액정판넬)상에 광원상을 만드는 방법이 있다. 이 조명방식에는 투사화면의 중앙은 밝지만 주변부에는 어두워져 휘도균일성이 나쁘게 되는 점과 광원의 발광 arc의 형상이 그대로 조명얼룩이 되므로 일반적으로는 액정프로젝터용 조명계로는 적당하지 않다(그림 16.2 참조).

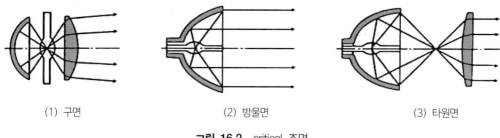

(1) 구면   (2) 방물면   (3) 타원면

그림 16.2 critical 조명

(2) Koehler 조명

Koehler 조명은 광원의 상을 투사렌즈의 동공상에 결상하는 것이다.

이 방식에는 광원에 얼룩이 있어도 투사화면에는 얼룩이 없는 것이 특징이다. 따라서, 투사화면에 균일성을 요구하는 액정프로젝터의 집광광학계에는 koehler 조명이 유리하다(그림 16.3 참조). 이상의 광학계의 방식에 관계없이 기본적인 과제로써 광원램프의 크기가 유한한 점을 들 수 있다.

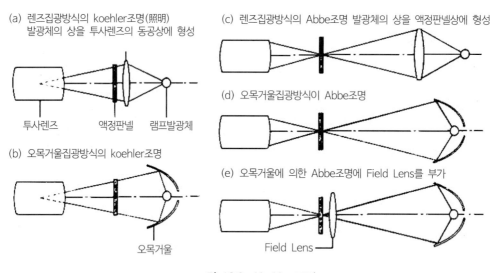

(a) 렌즈집광방식의 koehler조명(照明) 발광체의 상을 투사렌즈의 동공상에 형성

투사렌즈   액정판넬   램프발광체

(b) 오목거울집광방식의 koehler조명

오목거울

(c) 렌즈집광방식의 Abbe조명 발광체의 상을 액정판넬상에 형성

(d) 오목거울집광방식이 Abbe조명

(e) 오목거울에 의한 Abbe조명에 Field Lens를 부가

Field Lens

그림 16.3 Koehler 조명

Short-arc 크세논 램프 이외의 램프에는 실제적으로 발광부분의 크기가 커서 유효하게 액정판넬상에 집광할 수 없는 형태로 집광효율이 떨어지는 문제가 있다.

3) 광손실요인과 개선책

현재 일반적으로 사용되어지고 있는 액정 프로젝터를 예로 들어 이용효율을 설명한다.

광원램프에 메탈할로이드 램프를 이용하고 적, 녹, 청, 3장의 TN(Twisted Nematic) 액정을 조명하는 3판식 액정프로젝터의 광학계를 그림 16.4에 나타내었다.

이 방식의 액정프로젝터에는 각 공정당 광손실이 생긴다. 액정프로젝터 전체의 광이용효율은 약 2%로 지극히 작다. 밝은 액정프로젝터를 실현하기 위해서는 각 공정별 광이용효율의 개선이 필요하다. 특히, 조명광학계의(집광효율, 편광효율) 광이용효율 개선이 중요하다.

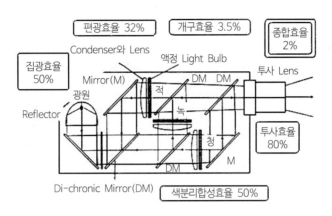

그림 16.4 3판식 액정프로젝터의 광학계

(1) 집광효율 개선

① 광원 램프의 Short Arc화

그림 16.4의 구성과 같은 액정프로젝터에는 광원으로부터 액정판넬, 액정판넬부터 투사렌즈까지 어느 정도 거리가 필요하다.

따라서 광원으로부터 축사된 광이 액정판넬을 투과하고 투사렌즈까지 손실이 적게 도달하기 위해서는 광원으로부터 출사된 광을 될 수 있는 한 평행광이 되도록 하는 것이 필요하다. 통상 reflector라 불리우는 오목거울(방물면 반사경 등)을 이용해서 평행광으로 되지만 광원램프가 점광원으로 되는 것이 중요하다. 광원이 유한한 크기를 가지는 경우에는 평행광뿐만 아니라 수속광, 발산광이 포함되어져 있기 때문에 최종적으로 투사렌즈, di-chronic mirror 등에 의한 shading이 생겨서 유효하게 사용할 수 없는 광이 발생한다.

점광원에 가까운 광원램프로 하기 위해서는 전극간격이 작은 short-arc화가 필요하다. 다만, short-arc화에 의한 램프수명이 짧아지는 것을 주의해야 한다. 현재에는 2~7mm 정도의 것이 많이 발매되고 있다.

② Optical Integrator

상기모양의 광원램프에 의해 출사된 광을 평행광으로 만들기 위해 오목거울을 이용한다. 이때 평행광의 단면형상은 원형이다. 그러나 액정판넬은 직사각형(4 : 3, 16 : 9 또는 5 : 4) 이어서 원형에서 직사각형으로 변환할 때 손실이 생긴다.

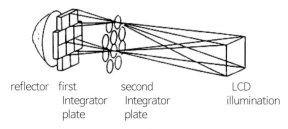

reflector first   second   LCD
           Integrator   Integrator   illumination
           plate   plate

(for clarity only two subbeams are drawn)

그림 16.5 Optical Integrator

이 손실을 저감하기 위해서 광원램프로 복수의 렌즈군을 사용하여 다광원화하고 각각의 광원램프를 액정판넬에 조사하는 방법이(optical integrator) 제안되고 있다(그림 16.5).

이 방법은 반도체 프로세스를 이용한 stepper에 의한 종래에 채용되고 있는 파리눈렌즈와 같은 방법으로 생각될 수 있고, 이는 단지 직사각형 변환율을 향상시킬 뿐만 아니라 다광원화에 의해 투사화면 내의 밝기와 색의 균일화에 큰 효과가 있다.

③ 비구면(非球面) Reflector

램프의 short arc화에 서술된 모양에서 광원은 유한한 크기를 가지기 때문에 단순한 오목거울에는 완전한 평행광을 얻기는 힘들다.

따라서 복수의 초점을 가진 reflector를 이용해서 유한한 크기를 가지는 광원으로부터의 광을 적어도 평행광에 근접하게 하는 것도 고려되고 있다.

(2) 편광효율 개선

① 편광변환광학계

TN액정을 이용한 액정판넬의 조명은 직선편광이 요구된다. 백색광원에서의 광은 자연광이므로 통상은 편광판을 이용해서 직선편광광으로 만들기 때문에 약 60%의 광이 편광판에서 손실된다. 손실되어진 광은 열로 변화하고 편광판을 열화시키는 요인도 된다.

편광변환광학계는 광원에서의 자연광을 액정판넬에 입사하기 전에 전부 직선편광광으로 변환시키는 것에 의해 효율을 2배로 하고 편광판의 열화도 저감할 수 있다.

구체적으로는 광원에서의 자연광을 편광 beam splitter(PBS)로 2개의 편광방향의 광으로 분리시켜 통상은 편광판에 흡수되어지는 편광성분을 다시 한번 편광방향으로 회전시켜 2개의 광을 합성해서 액정판넬상에 조사한다(그림 16.6 참조).

이 방법은 실용화되어 이미 제품에 적용되어 있다.

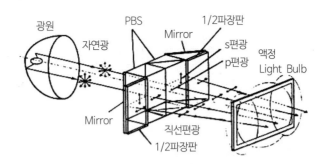

그림 16.6 편광변환광학계

② Cholesteric 액정

Cholesteric 액정이 원편광의 회전방향에 대해서 반사/투과의 선택성을 가진 것을 이용하고 상기 편광광학계와 같은 형태의 광원에서의 자연광을 액정판넬에 입사하기 전에 전부 편광광으로 변환하는 것에 의해 편광변환효율을 개선하는 것도 있다.

원리는 램프에서 출사된 광 중 우회전의 원형편광광은 cholesteric 액정을 투과하나 좌회전의 원편광광은 반사되어 광원방향으로 되돌아간다.

반사되어진 좌회전의 원편광광은 반사거울에 의해 회전방향이 반전되어 우회전의 원편광광으로 되어 다시 cholesteric 액정에 입사한다.

이에 의해 광원에서 출사된 광은 전부 우회전편광광으로 되고 cholesteric 액정을 투과한다. 이후 1/4파장판을 투과하고 우회전의 원편광광을 직선편광광으로 변환한다. 다만, 광원 가까이 사용되므로 cholesteric 액정특성 중 온도 의존성이 염려된다(그림 16.7 참조).

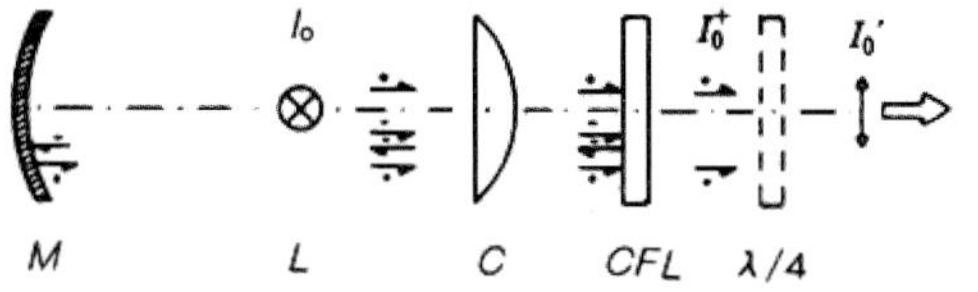

Liquid crystal polarized light source LC-PLS.
M=mirror, L=lamp, C=condenser lens,
CFL=cholesteric filter with left-handed helical
pitch, λ/4=quarter wave plate

그림 16.7 Cholesteric 액정

③ Polymer 분산형 액정

TN 액정을 사용하기 위해서는 편광판을 사용해야만 한다. 그래서 광손실이 큰 편광판이 필요없는 산란 mode를 이용한 polymer 분산형 액정판넬의 사용방법이 제안되고 있다(그림 16.8).

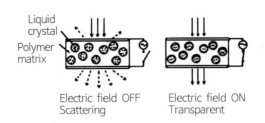

그림 16.8 Polymer 분산형 액정

Polymer 분산형 액정은 액정분자의 장축 방향과 같은 굴절률을 가진 polymer에 nematic액정을 분산한 것이다. 이 액정에 전계를 인가한 상태에서는 액정분자축이 전계방향과 일치하기 때문에 액정과 주변의 polymer와의 굴절률이 일치해서 산란이 발생되지 않게 되어 입사한 광은 투과한다.

그러나 전계무인가시에는 액정분자축이 random하게 존재해서 액정과 주변 polymer와의 굴절률의 불일치에 의해 산란이 발생하고 입사광의 투과율이 낮아진다. 따라서, 전계의 강도에 의해 투과율변화를 얻는 것이 가능하다. 다만, 이 액정을 이용한 경우에는 산란에 의한 투과율 변화를 이용하기 때문에 높은 contrast를 얻기 위해서는 평행성이 중요하게 된다.

16.1.3 그 외의 것

1) Micro Lens

박막 transistor(TFT) type의 액정판넬에는 block matrix라 불리는 차광구조가 존재해서 개구율이 액정판넬 전체의 투과율들 대부분을 결정한다. 아직 차광부의 광은 반사와 열을 동반하는 문제가 있다.

Micro lens는 액정판넬의 화소 하나하나에 대응해서 미소렌즈를 대향기판상에 일체화 형성한 것이다. 이것에 의해 상기 block matrix에 의한 투과율 저하를 개선할 수 있다. 이 기술을 적용한 것이 제품화 되어지고 있다. 다만, 미소렌즈에 의해 화소의 개구 내에 집광을 행하기 때문에 광원에서의 광의 평행성 대향기판 두께와 화소 pitch, 투사렌즈의 back focus와 준옥경 등의 정합성이 중요하다(그림 16.9 참조).

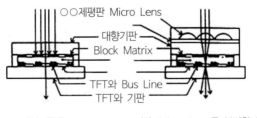

(1) 종래   (2) Micro Lens를 부가한 경우

그림 16.9 Micro Lens

16.1.4 **결 론**

액정프로젝터의 밝기 향상에 관해서 조명광학계를 예로 들어 광손실요인과 해결책인 고휘도화 기술 동향의 소개를 하였다. 이 기술 내에 몇 개는 실용화되어 제품화되고 있다. 액정프로젝터의 휘도향상을 위해서는 금후 이러한 기술들이 조합되어야 할 필요가 있다고 본다.

액정프로젝터는 문자정보도 선명히 표시 가능하기 때문에 정보단말기로써의 이용분야 등 여러 가지 용도로 기대되고 있다. 이러한 희망에 응답하기 위해서는 고휘도화가 필요하고 신기술의 개발실용화가 액정프로젝터 보급에 중요하게 되고 있다.

16.2 Camera의 Strobo Reflector(스트로보 반사경) 설계

16.2.1 **서 론**

현재 상용되고 있는 대부분의 조명계는 광원과 그 광원을 싸고 있는 reflector(반사경, 반사갓)로 구성된다. 광원으로부터 나오는 빛은 주로 2가지로 구분해 볼 수 있다.

첫째가 광원으로부터 직접 조사되는 빛과 둘째 반사갓에서 반사된 빛으로 구분된다. 거리의 가로등과 같이 조사범위가 넓은 각도가 요구되는 조명계에 있어서는 광원으로부터 나오는 빛이 반사갓에서 반사된 빛에 비해 무시할 수 없을 정도의 많은 부분을 차지하고 있다. camera의 strobo계와 같이 촬영 lens의 초점거리에 의해 화각이 정해지고, strobo의 조사 범위가 결정되어지는 조명계에서는 광원 [주로 Xe(크세논) tube]으로부터 직접 나오는 빛의 양은 반사갓에 의해 반사된 빛의 양에 비해 무시할 수 있을 정도로 작다고 할 수 있으므로, 반사갓의 형상을 어떻게 해야 할 것인가가 주요한 설계 과제일 것이다.

따라서 camera strobo계에서 사용되고 있는 반사갓의 기구적 형상에 대해 살펴보고, 실제 적용되고 있는 사례에 대해 검토해 보기로 하겠다.

16.2.2 **Focal Curve의 일반식**

어느 일정점(focal point)으로부터 일정한 관계에 있는 점들의 궤적을 포컬커브(focal curve)라 하며 여기서, 이러한 포컬커브에 대한 일반식을 도출해 보기로 한다.

타원형이라 함은, 어느 일정한 두 점(focal point)으로부터의 거리의 합이 일정한 값을 가지는 점들의 궤적을 말하며, 두 개의 focal point가 일치할 때 그 커브는 원이 된다. 두 개의 focal point 중 한 개를 ∞쪽으로 이동시켰을 때 우리는 포물선(parabola)이라 한다.

따라서 focal curve의 일반식을 도출하기 위해 그림 16.10과 같이 두 개의 focal point f_1, f_2를 가지

는 타원형으로부터 시작하기로 한다.

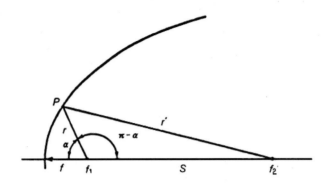

그림 16.10 타원형의 단면 일부

$$r' = (r^2 + S^2 + 2rS\cos\alpha)^{1/2}$$

r = P와 focal point f_1과의 거리

r' = P와 focal point f_2와의 거리

S = focal point f_1과 f_2와의 거리

α = 중심축과 focal point f_1 사이의 각도

f = 타원형의 초점길이(focal length)

타원형의 정의에 의해 $r + r'$는 일정한 값을 가지므로

$$K = r + r' = S + 2f = r + (r^2 + S^2 + 2rS\cos\alpha)^{1/2}$$

$$r = \frac{2(f^2 + Sf)}{(2f + S) + S\cos\alpha}$$

$$\frac{r}{f} = \frac{2}{1 + \dfrac{f + S\cos\alpha}{f + S}}$$

여기서 $\dfrac{S}{f} = E$ (상수)라 하면

$$r = \frac{2f}{1 + \dfrac{1 + E\cos\alpha}{1 + E}} \quad \text{......} \quad \text{①}$$

이 된다.

E를 focal curve의 "elongation"이라 한다.

①식이 focal curve의 일반식이라 할 수 있으며, ①식으로부터 focal length와 두 개의 focal point 사이의 거리만 주어지면 우리가 원하는 focal curve를 구할 수 있음을 알 수 있다. 그리고 각 focal curve의 입사광과 반사광의 관계를 그려보면 다음과 같다(그림 6.11).

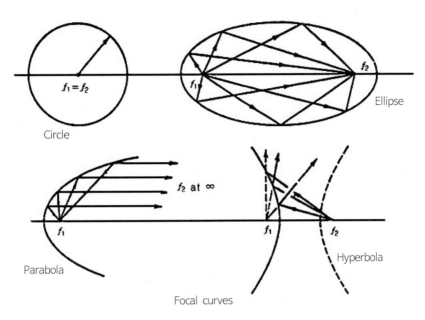

그림 16.11 Focal curve의 입사광과 반사광

다음은 E값에 따른 focal curve의 형상을 표시하였다. 그리고 그림 16.12는 E값에 따른 focal curve의 도시이다.

표 16.1 E(Elongation) 값

구 분	E 값
포물선	$E=\infty$
타원형	$0<E<\infty$ $-1<E<0$ $(E\neq0)$
원	$E=0$
수평선	$E=-1$
수직선	$E=-2$
쌍곡선	$-2<E\leftarrow1$ $-\infty<E\leftarrow2$ $E\neq-2$

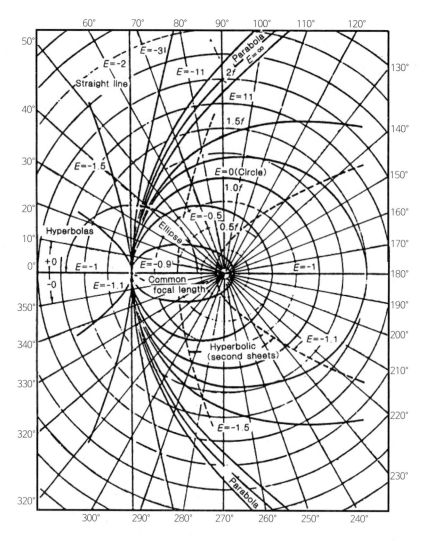

그림 16.12 E값에 따른 Focal curve

16.2.3 Reflector의 재질

일반적으로 electromagnetic radiation에 의한 빛이 물체의 표면에 닿을 때의 현상은 다음과 같이 분류해 볼 수 있다.

① Transmission(Passage into surface)

② Absorption in the surface as heat

③ Differential wavelength response

④ Redirection

흔히 사용되고 있는 금속 재질로서는 aluminium, silver, gold, copper 등을 들 수 있는데, camera 의 strobo계에서는 aluminium이 가장 많이 사용되고 있다. 여기서는 일본 sumitomo super mirror 1050H24를 사용하고 있다.

16.2.4 실제 적용 예

Parabola 형상의 반사갓은 비교적 원거리 조사를 위한 compact beam을 위해 주로 사용되며 다시 말해, 중앙부의 beam intensity가 가장 강하며, 주변부는 약해지는 특성을 가지고 있다. camera strobo계의 실제 적용 예는 일본 chion의 pocket zoom이 parabola 형상의 반사갓을 사용하고 있으며 일본 canon의 autoboy-3 autoboy zoom-3는 타원형상의 반사갓을 사용하고 있다.

16.2.5 Reflector 설계

1) Reflector Size
Reflector size 결정시 고려되어야 할 사항은 다음과 같다.
① Size of light source
② Beam spread required
③ Cost
④ Allocable space in a system

2) Reflector의 형상을 parabola 형상으로 하든, 타원형상으로 하든 촬영 lens의 초점거리 결정이 우선되어야 한다. 우선 사용하고자 하는 camera 촬영 lens의 초점 거리에 따라서 촬영사진의 화각이 결정되고, strobo의 반사갓은 촬영사진의 화각(시계각) 범위만 조사해주면 되기 때문이다.

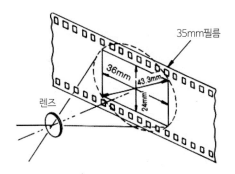

그림 16.13 35mm 필름에서는 Image circle은 양면의 대각선 길이 43.3mmφ를 커버하고 있으면 충분

$$\text{수직 화각은 } \theta \, \text{vert} = \tan^{-1} \frac{12}{f} \quad \text{수평 화각은 } \theta \, \text{hori} = \tan^{-1} \frac{18}{f}$$

3) C社의 pocket zoom reflector를 검토해 보면 다음과 같다(그림 16.14의 별첨 도면 참조). lens의 초점거리 $f = 38mm$ 이므로

$$\text{수직 화각 } \theta \, \text{vert} = \tan^{-1} \frac{12}{38} = 17.5°, \quad \text{수평 화각 } \theta \, \text{hori} = \tan^{-1} \frac{18}{38} = 25.3°$$

실제 reflector의

$$\text{수직 화각 } \theta \, \text{vert} = \tan^{-1} \frac{4.5}{5.625} = 38°, \quad \text{수평 화각 } \theta \, \text{hori} = \tan^{-1} \frac{9.3}{3.2} = 71°$$

(수평화각은 Xe-tube의 가운데 지점을 중심점으로 했을 때)

상기 data를 검토해 보면 설계 spec.(specification, 규격)상 요구되는 수직화각은 35°(17.5°×2)이나 실제 설계 spec.을 만족키 위해서는 첫째 reflector의 길이(ℓ)가 14.2cm가 되어야 하나 이는 camera의 현실적 space상 실현하기에는 어렵다. 따라서 수직화각 차이분 (41°)만큼 광량이 loss가 생긴다 하겠다.

둘째 reflector의 깊이(h)가 1.77cm가 되어야 하나, 이에 대한 검토는 실험과 함께 이뤄져야 할 것으로 본다.

16.2.6 기 타

일반적 반사갓 설계 이론은 앞서 기술한 바와 같으나 lens의 화각을 만족하기 위한 reflector의 기구적 size 문제가 현실적으로 적용하기에는 많은 어려움이 따른다. 더욱이 요즘 camera의 다기능 소형화 추세에 비추어 Xe-tube로부터 나오는 광량을 효율적으로 이용하여, 광량의 loss분을 최소화시키는 쪽으로 역점을 두어 설계가 이루어져야 할 것이다.

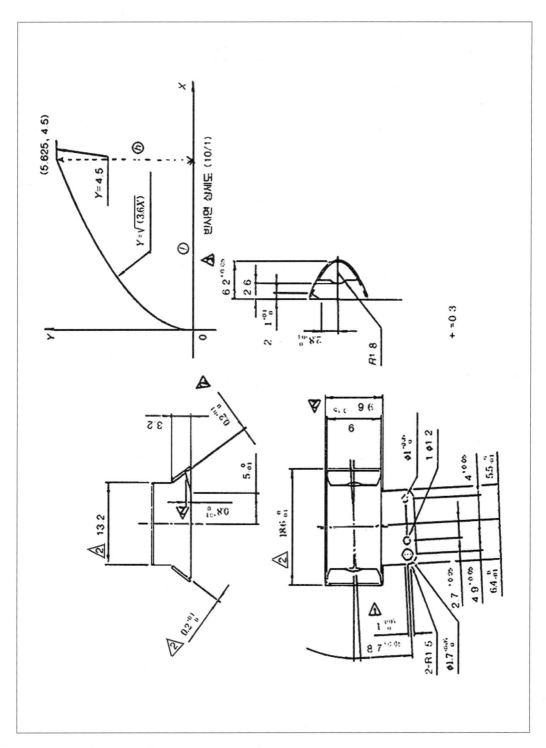

그림 16.14　Reflector 설계도면

17

조립구상도와 부품도면
(Part Drawing)의 작성

17.1 조립구상도(검토도) 작성

디자인 도면과 디자인 도면으로 제작된 design mock-up을 참고로 하여 조립구상도(검토도)를 그리게 된다. 이 조립구상도는 제품으로 양산되어지는 모든 부품(parts)들을 조립시켜 구성해 놓은 상태의 도면이다. 이 조립구상도(組立構想圖)의 내용을 살펴보면 다음과 같다.

1) 관련 부품의 배치 및 실장(實裝)

① 각종 case
② 버튼, 커버, 놉(knob) 등의 수지물
③ PCB
④ rubber류
⑤ press물
⑥ switch, LED, LCD, C-mike 등 각종 전자부품(component)
⑦ magnetic 부품
⑧ PCB상의 부품(component) 배치

2) 부품간의 간섭 체크 및 연결 상태 확인

① 수지물과 부품간의 간섭 체크
② 부품과 부품간의 간섭 체크
③ mechanism의 동작 검토(구동시 animation화하여 동작 상태 점검 및 주변과의 touch 여부 파악)
④ lead wire(도선), cable 및 connector류와의 연결
⑤ screw의 체결

3) CASE와의 형합(Fitting) 및 조립상태 확인

① 수지물간의 끼워맞춤 및 공차

② 수지물과 전자부품(electronic component)간의 조립

4) 외관 형상 정의

금형가공전에 외관 형상의 정의를 명확화시킴

5) 금형제작시의 발생 예상 문제점 체크 및 보완

① 성형성

② 조립성

③ 양산성

17.2 부품도면(Part Drawing) 작성

조립 구상도가 완전하게 작성된 후 각종 part drawing에 대한 도면 정보만을 추출하여 part draw-ing 작업을 수행한다.

17.3 도면(Drawing) 작성을 위한 CAD 장비

일반적으로 가장 널리 사용하는 CAD tool은 2차원(2D)용 AutoCAD이고 최근 외관 modeling 및 동시공학(concurrent engineering)용으로의 3D(3차원) CAD tool로는 Intergraph, Unigraphics, Pro-engineer, I-DEAS, SolidWorks 등이 사용되고 있다.

17.4 적용 예(비디오카메라, 프린터 복합기, 디지털 카메라)

그림 17.1은 camcorder(비디오카메라)의 조립 구상도의 일부를 나타냈으며, 그림 17.2는 상기 조립 구상도에서 품명(part name)이 "battery cover"인 part drawing 작업을 수행한 도면이다. 그림 17.3 (1)은 3D CAD에 의한 프린터 복합기의 외관 모델링, 그림 17.3 (2)는 프린터 복합기의 조립도 모델링으로 이미지를 구체적으로 나타내고, 그림 17.3 (3)은 프린터 복합기의 분해도 모델링 작업을 수행한 도면의 예를 보여주고 있다.

그림 17.4 (1)은 IT기기의 대표적인 제품의 일종인 디지털 카메라(Digital camera)의 조립도 및 분해도의 모델링이고 그림 17.4 (2)는 디지털 카메라를 구성하고 있는 모든 부품목록을 제시한 조립구성

도 및 파트리스트(partlist, 부품목록, 부품표)이다.

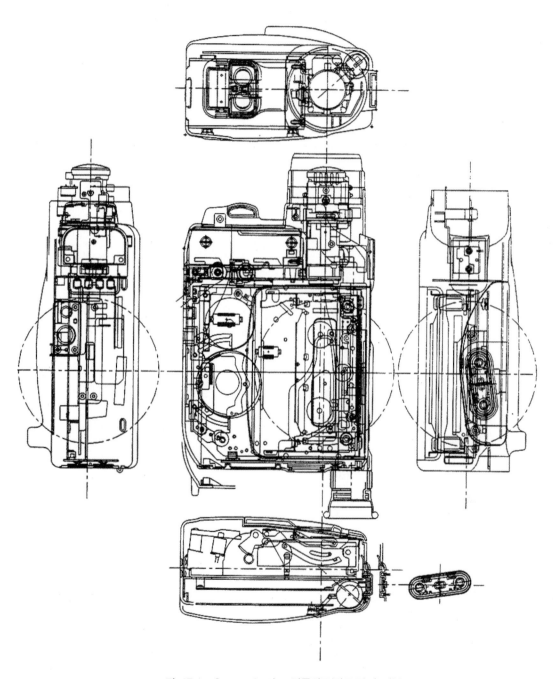

그림 17.1 Camcorder의 조립구상도(검토도)의 일부

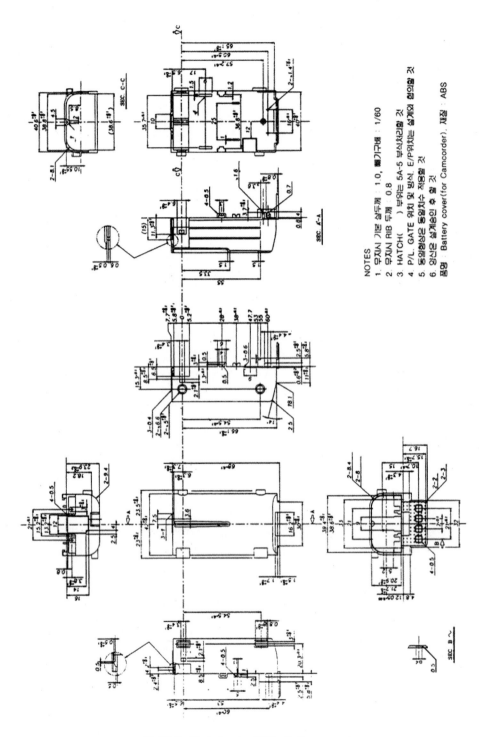

NOTES
1. 무지시 기본 살두께 : 1.0, 빼기구배 : 1/60
2. 무지시 RIB 두께 0.8
3. HATCH(　) 부위는 5A-5 부식처리할 것
4. P/L, GATE 위치 및 방식, E/P위치는 설계와 협의할 것
5. 동일형상은 동일치수 적용할 것
6. 양산은 설계승인 후 할 것
품명 : Battery cover(for Camcorder). 재질 : ABS

그림 17.2 Part drawing(품명 : Battery cover)

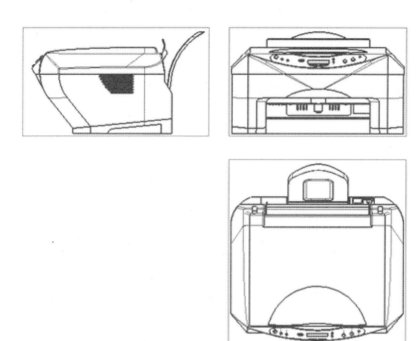

그림 17.3 (1) 프린터 복합기의 외관 모델링(Outer design modeling)

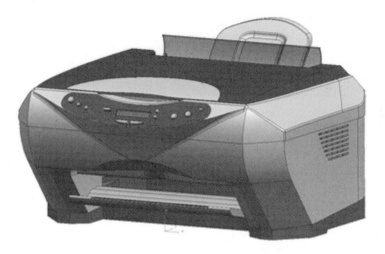

그림 17.3 (2) 프린터 복합기의 조립도 모델링(Assembly modeling)

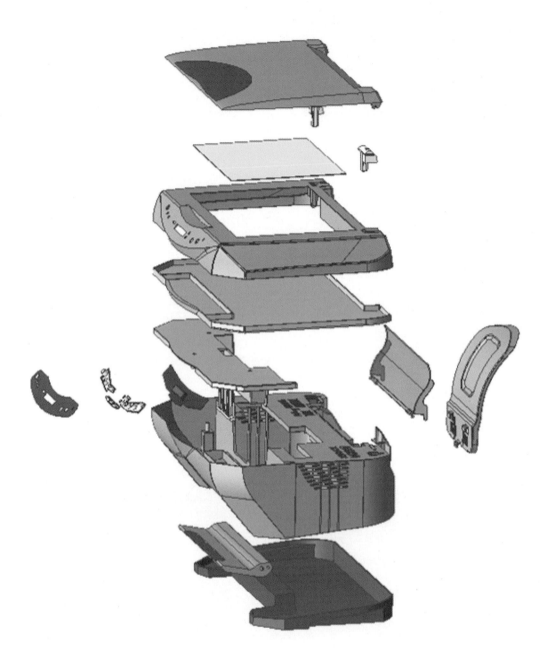

그림 17.3 (3) 프린터 복합기의 분해도 모델링(Disassembly modeling)

그림 17.4 (1) 디지털 카메라의 조립도 및 분해도 모델링

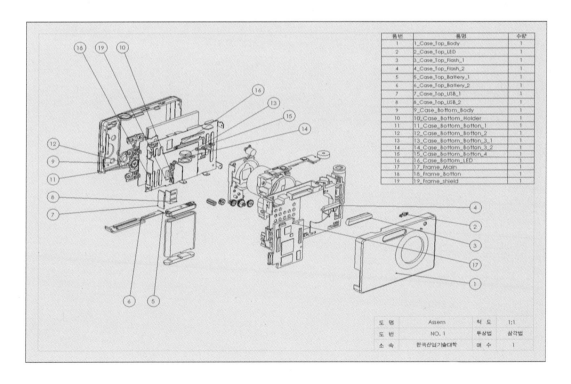

품번	품명	수량*
1	1_Case_Top_Body	1
2	2_Case_Top_LED	1
3	3_Case_Top_Flash_1	1
4	4_Case_Top_Flash_2	1
5	5_Case_Top_Battery_1	1
6	6_Case_Top_Battery_2	1
7	7_Case_Top_USB_1	1
8	8_Case_Top_USB_2	1
9	9_Case_Bottom_Body	1
10	10_Case_Bottom_Holder	1
11	11_Case_Bottom_Botton_1	1
12	12_Case_Bottom_Botton_2	1
13	13_Case_Bottom_Botton_3_1	1
14	14_Case_Bottom_Botton_3_2	1
15	15_Case_Bottom_Botton_4	1
16	16_Case_Bottom_LED	1
17	17_Frame_Main	1
18	18_Frame_Botton	1
19	19_Frame_shield	1

도 명	Assem	척 도	1:1
도 번	NO. 1	투상법	삼각법
소 속	한국산업기술대학	매 수	1

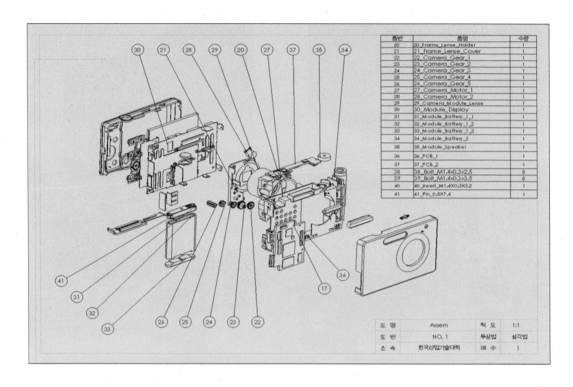

품번	품명	수량
20	20_Frame_Lense_Holder	1
21	21_Frame_Lense_Cover	1
22	22_Camera_Gear_1	1
23	23_Camera_Gear_2	1
24	24_Camera_Gear_3	1
25	25_Camera_Gear_4	1
26	26_Camera_Gear_5	1
27	27_Camera_Motor_1	1
28	28_Camera_Motor_2	1
29	29_Camera_Module_Lense	1
30	30_Module_Display	1
31	31_Module_Battery_1_1	1
32	32_Module_Battery_1_2	1
33	33_Module_Battery_1_3	1
34	34_Module_Battery_2	1
35	35_Module_Speaker	1
36	36_PCB_1	1
37	37_PCB_2	1
38	38_Bolt_M1.4x0.3x2.5	8
39	39_Bolt_M1.4x0.3x3.5	8
40	40_Insert_M1.4X0.3X3.2	1
41	41_Pin_0.5X7.4	1

도 명	Assem	척 도	1:1
도 번	NO. 1	투상법	삼각법
소 속	한국산업기술대학	매 수	1

그림 17.4 (2) 디지털 카메라의 조립구성도 및 파트리스트(Partlist)

기구 설계 표준의 예

각 제품에 있어 동일하거나 유사한 형상을 갖는 부위나 동일한 부품(부품 공용화)이 조립되는 부위에서는 설계를 표준화하여 설계 효율 및 제품 품질을 향상시킨다.

기 구 설 계 표 준		
표준화 ITEM	BOSS(보스)	No : 1
종 류	PCB 고정용	PAGE :

DRAWING

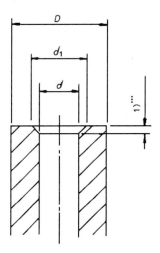

TABLE 및 FILE NAME

SCREW 호칭	외 경(D)	내 경(d)	코어 핀(d₁)	FILE NAME	REMARK
M2	4.0	1.7	2.0	BOSS-1	
M2.5	5.0	2.1	3.0	BOSS-2	
M3	6.0	2.5	3.5	BOSS-3	
M3.5	7.0	3.0	4.5	BOSS-4	
M4	7.0	3.3	5.0	BOSS-5	

REMARK

1. 1)*** : CHAMFER부 치수는 금형설계 표준에 준한다.

기 구 설 계 표 준

표준화 ITEM	HOOK 형상	No : 2
종 류	PCB 고정용	PAGE : 2-1

DRAWING

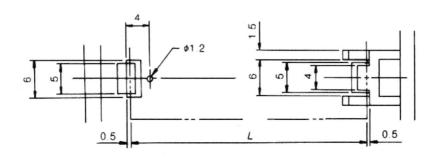

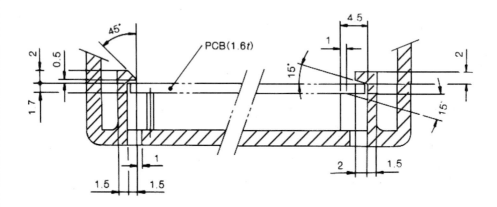

TABLE 및 FILE NAME

    FILE NAME : HOOK-1

REMARK

    1. L : PCB 길이

기 구 설 계 표 준

표준화 ITEM	HOOK 형상	No : 2
종 류	PANEL 고정용	PAGE : 2-2

DRAWING

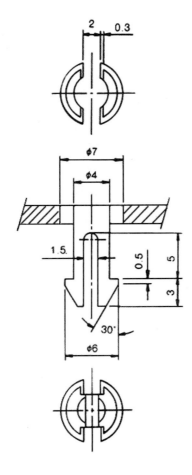

TABLE 및 FILE NAME
    FILE NAME : HOOK-2

REMARK

기 구 설 계 표 준

표준화 ITEM	SPEAKER 고정부	No : 3
종 류	FERRITE TYPE SPEAKER	PAGE :

DRAWING

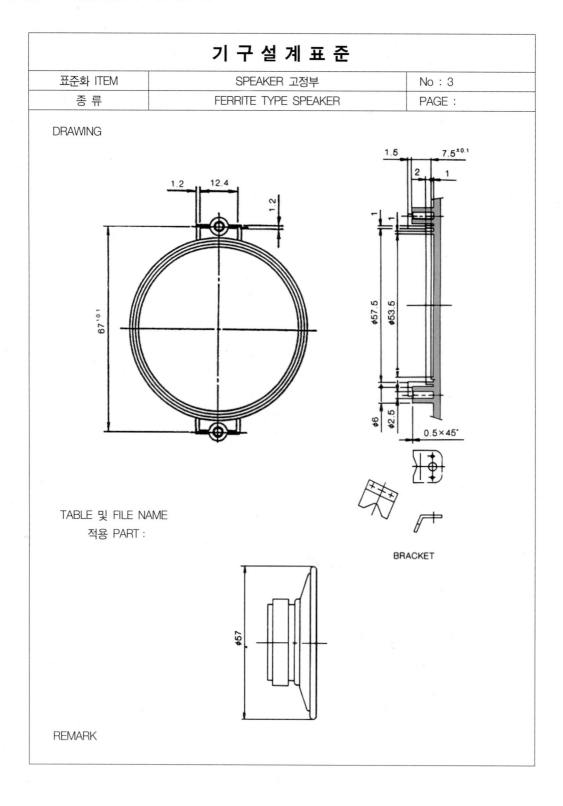

BRACKET

TABLE 및 FILE NAME

　　적용 PART :

REMARK

기 구 설 계 표 준

표준화 ITEM	SPEAKER GRILLE	No : 4
종 류	SLOT TYPE	PAGE :

DRAWING

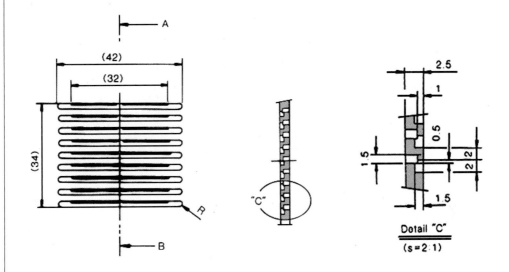

SECT. A-B

TABLE 및 FILE NAME

FILE NAME : GRILL-1

REMARK

    1. ( )의 치수는 가변 가능 치수임.

기 구 설 계 표 준

표준화 ITEM	VENTILATION HOLE	No : 15
종 류	VENTILATION HOLE "A"	PAGE :

DRAWING

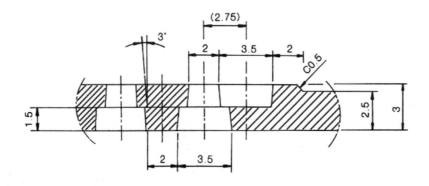

Section C-D (S=5/1)

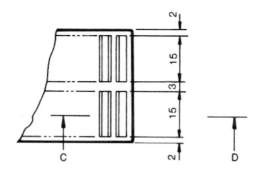

TABLE 및 FILE NAME

    FILE NAME : VENTI-1

REMARK

    1. ( )의 치수는 가변 가능 치수임

MODULAR JACK 고정부(1)

623K Line modular

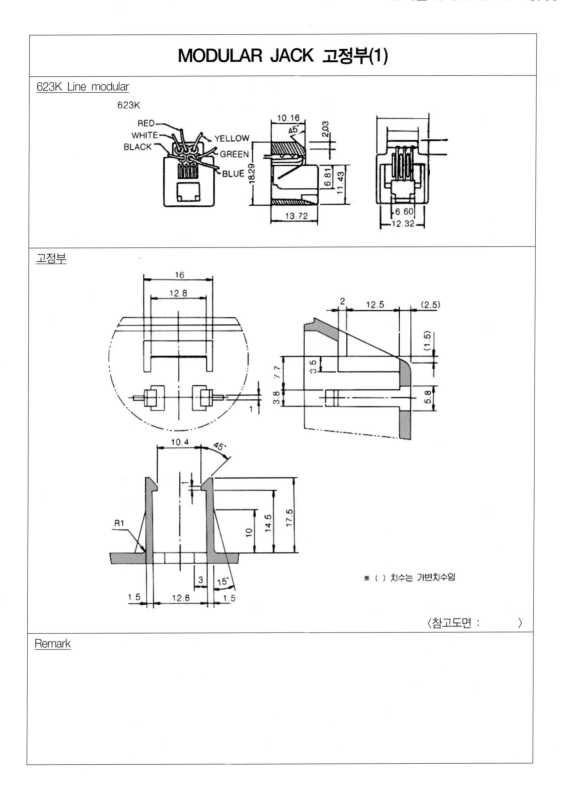

고정부

※ ( ) 치수는 가변치수임

〈참고도면 :   〉

Remark

MODULAR JACK 고정부(2)

<u>616Y Handset modular</u>

<u>고정부</u>

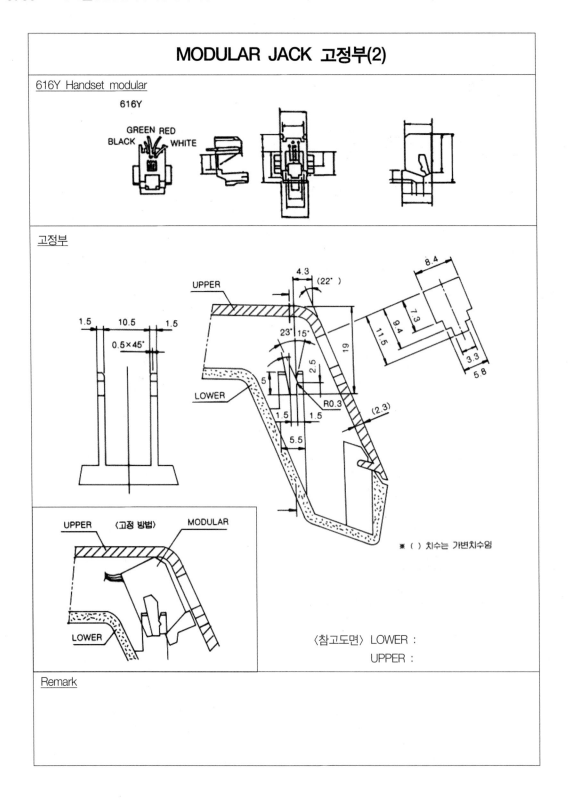

※ ( ) 치수는 가변치수임

〈참고도면〉 LOWER :
UPPER :

<u>Remark</u>

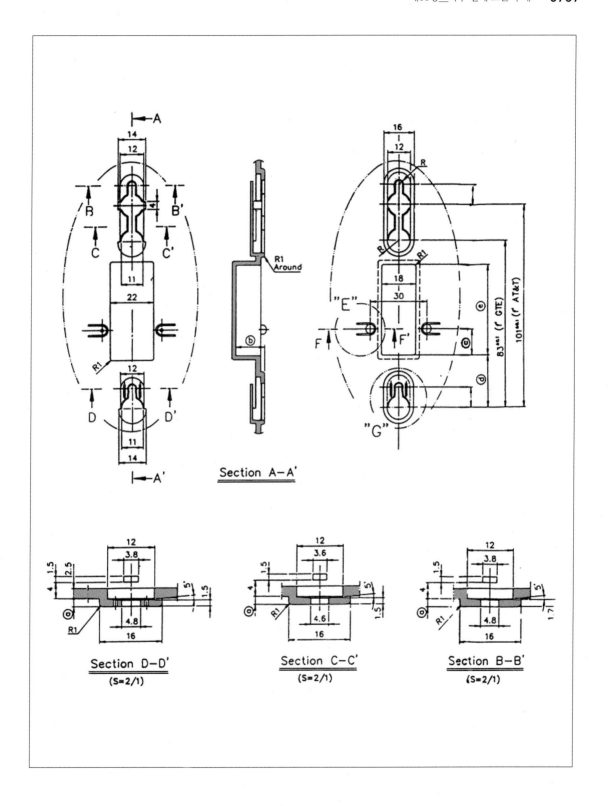

Section A-A'

Section D-D'
(S=2/1)

Section C-C'
(S=2/1)

Section B-B'
(S=2/1)

기 구 설 계 표 준		
표준화 ITEM	Wall mounting hole 부위	No :
종　류	GTE/AT&T 브라켓 공용	PAGE :

Detail "E"

(S = 2/1)

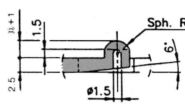

Section F-F'

(S = 2/1)

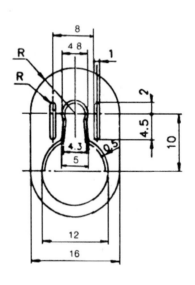

Detail "G"

(S = 2/1)

REMARK	Variable Dimension
ⓐ : 제품 바닥높이 미만	
ⓑ : (Min) 15	
ⓒ : 제품중량에 관련 수량 및 위치 가변	
ⓓ : (Max) 36	
ⓔ : (Max) 35	

19.1 Portable Antenna Technical Manual

The current market offers a confounding variety of hand portable radio and telephone antennas. Choosing an antenna for a precise application that will give optimum performance for the price paid can be a confusing proposition. Attention must be given to electrical and mechanical performance and connection to the radio without neglecting appearance and, of course, cost.

Galtronics offers this manual to help choose the right antenna for a particular application. The following is an overview of the basic concepts of antenna theory along with an explanation of Galtronics radio and telephone antenna types. The basic information included is easily understood. If further information is warranted, detailed books on antenna theory are available. However, we trust that this simplified design guide will be useful.

19.1.1 Antenna Types Available

Constructions for a variety of frequency bands are available to obtain resonant antennas of reasonable size with good mechanical strength. Length is a major consideration in antenna selection for portable telephones and radios. Antenna length generally depends on frequency, Table 19.1 (below) gives a general picture of antenna lengths for different bands covered by Galtronics antennas.

A full wavelength can be calculated by the equation:

$$\text{Wavelength} = k(c/f)$$

$$c = \text{speed of light}(300 \times 10^6 \text{m/s})$$

$$f = \text{frequency in Hertz}(1/s)$$

k = speed factor*

Lengths for different types of antennas such as 1/4 or 1/2 wave must be manipulated accordingly.

*The speed factor is an important consideration, especially in portable antennas. It adjusts for the fact that the electrical and physical lengths of the antenna are not the same. The coating on the radiating element is the major determination of speed factor. The speed factor for the polyurethane coating of Galtronics antennas is 0.9.

Following is a brief description of each antenna type. Electrical performance will be discussed in the next section.

표 19.1 Antenna types and Frequency Ranges for Different Systems

BAND	TYPE	MHz RANGE	LENGTH
PMR Low/Mid	1/4 Wave Base Loaded	40 to 70	200 mm
	1/4 Wave Helical	70 to 130	300 mm
PMR VHF	1/4 Wave Helical	130 to 180	180 mm
	1/4 Wave Whip	130 to 180	350 mm
PMR UHF	1/4 Wave Helical	400 to 520	80 mm
	1/4 Wave Whip	400 to 520	160 mm
Cellular	1/4 Wave Whip	400 to 470	160 mm
	3/8 Wave Whip	400 to 470	200 mm
	1/2 Wave Whip	400 to 470	350 mm
	1/2 Wave Dipole	400 to 470	350 mm
Cellular/ Trunking	1/4 Wave Helical "Stubby"	800 to 1,000	25 mm
	1/4 Wave Whip	800 to 1,000	90 mm
	3/8 Wave Whip	800 to 1,000	150 mm
	1/2 Wave Whip	800 to 1,000	170 mm
	1/2 Wave Dipole	800 to 1,000	200 mm

1) 1/4 Wave Whip Antenna

The 1/4 wave is the simplest antenna available. It consists of a radiating element and a connector. It provides 50Ω impedance when functioning over a good ground plane. This antenna is useful in the 400MHz and 800—1,000MHz ranges.

However, it is less desirable in the ranges lower than 450MHz. The 1/4 wave antenna is a monopole. The connector unit need only be a single conductor(coaxial connector not necessary).

2) 1/4 Wave Helical Antenna

The 1/4 wave helical antenna was developed to reduce the length of the radiating element. The primary use for this type of antenna has been in the VHF and UHF bands. Recently however, Galtronics has applied this configuration to the 800—1,000MHz cellular range. The resulting "Stubby" antenna has been successfully received because of its extraordinarily short length. The 1/4 wave helical antenna is a monopole. The connector unit need only be a single conductor(coaxial connector is not necessary).

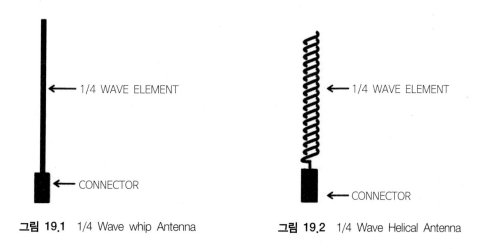

| 그림 19.1 1/4 Wave whip Antenna | 그림 19.2 1/4 Wave Helical Antenna |

3) Base Loaded 1/4 Wave Helical Antenna

The base loaded helical was developed for low and midband applications. In order to reduce the length, a loading coil was placed at the base of the antenna. The coil compensates the capacitive reactance of the antenna resulting in a resistive(resonant) antenna at a length shorter than the standard 1/4 wave helical.

4) 3/8 Wave End-Fed Whip Antenna

The 3/8 wave antenna is an end-fed whip antenna that uses a matching circuit to match the output impedance of the radio to the impedance of the radiating element. The matching circuit requires a ground as well as the active connection.

Therefore, a coaxial connector is necessary. Length was the primary reason that the 3/8 wave antenna was developed.

Cellular systems in the 400MHz and the 800-1,000MHz ranges are the primary users of this antenna type.

5) 1/2 Wave End-Fed Whip Antenna

This 1/2 wave antenna is also an end-fed whip. It functions in the same manner as the 3/8 wave. A matching circuit matches the output impedance of the radio to the impedance of the radiating element. The matching circuit requires a ground as well as the active connection. Therefore, a coaxial connector is necessary. The antenna is commonly used in the 400MHz and the 800-1,000MHz cellular ranges and in the trunking system.

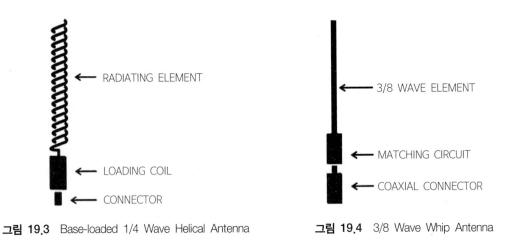

그림 19.3 Base-loaded 1/4 Wave Helical Antenna   **그림 19.4** 3/8 Wave Whip Antenna

6) 1/2 Wave Center-Fed Dipole Antenna

The 1/2 wave dipole antenna consists of a coaxial connector with a coaxial cable leading to the centrally located feed point. The radiating element consists of two 1/4 wavelength elements. Half wave dipoles are commonly used on transportable cellular phones in the 400MHz and 800-1,000MHz ranges. They are also used on trunking radios, most recently on the base stations for such systems as CT2 and PBX.

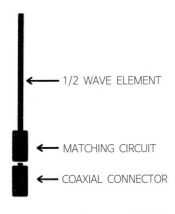

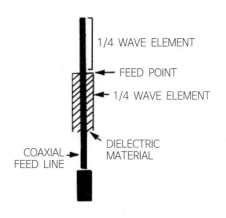

그림 19.5 1/2 Wave End-Fed
Whip Antenna

그림 19.6 1/2 Wave Center-Fed
Dipole Antenna

7) "Retractable" Two-In-One Antenna

For small portable telephone use, Galtronics has developed the "Retractable" two-in-one antenna. The antenna consists of a full 1/4 wave element plus a 1/4 wave helical element in one antenna. There is no electrical connection between the two elements.

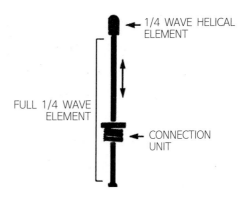

19.1.2 Electrical Performance

그림 19.7 "Retractable" Two-in-One Antenna

Simply stated, an antenna is intended to radiate a signal from the radio to space or receive an incoming signal from space. How well the antenna does this is the Electrical Performance.

The first step in gauging electrical performance is to get the signal into the antenna from the radio. A perfect antenna will accept 100% of the transmitted signal. One of the methods of measuring electrical performance is by checking the return loss of the antenna. The return loss is the ratio between the reflected signal and incident signal expressed in dB's. The same information denoting the efficiency of the antenna can also be expressed by VSWR. In Appendix A, a chart is shown that correlates return loss, VSWR and the reflected power percentage.

Once the antenna accepts the signal, the second phase in measuring electrical performance is to transmit the signal effectively into space. A radiation test can be performed to ascertain in which direction the power is being transmitted. It is possible to calculate the gain of the antenna from the resulting radiation pattern. Gain is the ratio of the radiation in a given direction to that of a reference antenna radiating in the same direction given equal power input. It is important to understand that there can be inherent characteristics in the antenna that cause it to absorb the signal as it is radiated, resulting in internal loss. These losses can be minimized by proper selection of materials for the radiating element and plastic coating. Efficient connector design is also a decisive factor in minimizing internal losses.

The radio design will also affect overall radiated power. The amount of ground plane in the radio can have a significant effect on the performance of certain antennas. Not all antenna types will function properly on a given radio.

Table 2(below) shows typical gain for different antenna types on the same radio. The example given is for the 800/900MHz cellular bands.

The standard antenna used to determine gain for the 800/900MHz cellular range is the 1/2 wave center-fed dipole in free space.

표 19.2 Comparative Gain of Different Antenna Types

BAND	TYPE	GAIN IN dB
Cellular/ Trunking	1/4 Wave Helical "Stubby"	−6~−7
	1/4 Wave Whip	−4~−5
	3/8 Wave Whip	−2~−3
	1/2 Wave Whip	0~−2
	1/2 Wave Dipole	0~−1

1) Base Loaded And Helical Antenna

The reduction in physical length of the resonant antenna at the low frequencies necessitates some compromise in performance. Base loaded and helical antennas generally have a compara-tively narrow bandwidth and slightly reduced radiation efficiency.

2) 1/4 Wave Helical Antenna

The 1/4 wave helical is a monopole so a ground plane is essential. Helical design makes the bandwidth of the antenna more narrow than the bandwidth of the straight 1/4 wave whip.

Reducing the length results in slightly lower gain. Many times the helical design is the only way to achieve a reasonable length for the antenna.

Figure 19.8 shows that the antenna is dependent on the ground plane of the radio in order to complete the electrical field. The figure illustrates that the most sensitive area of the antenna to outside effects is the top of the radiating element(area of largest charge concentration).

Therefore, it is understandable why the efficiency of the antenna varies when the radio is held in the hand. The hand of a person holding the radio affects the size of the ground plane, because the human body is a conductor for RF frequency.

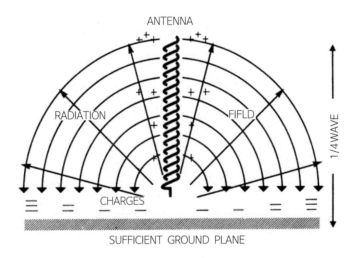

그림 19.8 1/4 Wave Helical Antenna

3) Wide Band 1/4 Wave Helical Antenna

The narrow bandwidth of the helical VHF antenna can be opened by a matching circuit between the connector and the helical element. This method provides a 2 or 3 times wider band than with a standard helical. The matching circuit requires an active connection and a ground. Therefore, a coaxial connector is necessary.

4) 1/4 Wave Whip Antenna

The 1/4 wave whip antennas are dependent on a ground plane for proper operation. The ground plane consists mainly of the radio body(especially the metal chassis) and the body of the operator. Therefore, a sample radio shell or sample antennas covering the frequency range required must be provided to act as standards for the accurate placement of the resonant frequency.

Whip antennas have a wider bandwidth and higher efficiency than helicals and are therefore less critical in frequency cutting, and they perform better. However, all 1/4 wave antennas are operating with inadequate and variable ground plane when used on a radio shell and will be 3 to 5dB weaker than a standard 1/2 wave dipole. The advantage is a shorter, simpler and less expensive antenna than a 1/2 wave dipole.

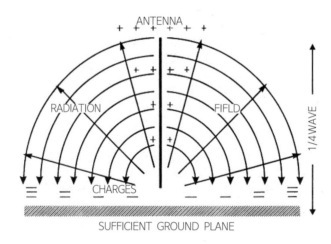

그림 19.9   1/4 Wave Whip Antenna

5) 3/8 Wave Whip Antenna

The 3/8 wave whip antennas are also dependent on ground plane. However, the matching circuit will provide more stable and effective frequency response than the 1/4 wave. The 3/8 wave antennas also have a wide band. The gain of this antenna is between that of the 1/4 wave and 1/2 wave whips. 2−3dB below the 1/2 wave standard dipole.

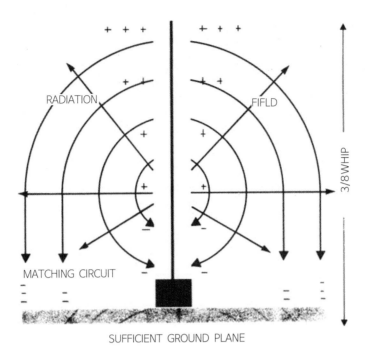

RADIATION

FIFLD

3/8WHIP

MATCHING CIRCUIT

SUFFICIENT GROUND PLANE

그림 19.10 3/8 Wave Whip Antenna

6) 1/2 Wave Whip Antenna

The 1/2 wave whip antenna are not so dependent on ground plane effects. The charges in each half of the antenna are equal and opposite and balance each other without reference to ground. The antenna is slim in design and has a small matching circuit at the base to match the high impedance of the end of the 1/2 wave to the impedance of the connector of the end of the 1/2 wave to the impedance of the connector and radio coaxial cable, which is usually 50Ω.

However, there is still some interference from the proximity of the radio shell and the operator's body. The active end of the antenna is very close to the radio body, and the matching circuit is not quite so accurate a match as is the center feeding of the 1/2 wave dipole antenna.

The advantages of this antenna are that its performance is almost as good as a center-fed 1/2 wave dipole, but it is slimmer in design, more flexible mechanically and slightly less expensive. The gain of this antenna is approximately 0dB compared to a standard 1/2 wave dipole in space.

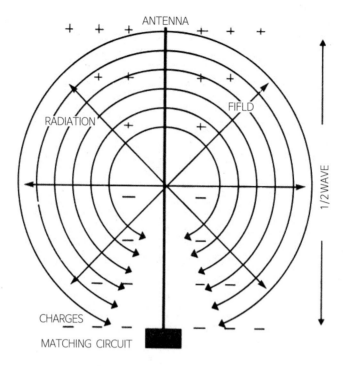

그림 19.11   1/2 Wave Whip Antenna

7) 1/2 Wave Dipole Center-Fed Antenna

The 1/2 wave dipole center-fed antennas are almost totally free of ground plane effects and interference from the body of the operator. This is due to the extra space at the lower end of the antenna element and to the action of the balun tube in preventing radio frequency energy from coming down the outside of the coaxial cable and connector. Therefore, the active length of the antenna is confined to the element only, which can be more accurately manufactured for correct frequency of resonance.

Although slightly more expensive, this antenna gives the best match from the radio to space (radio/space ratio) and is the most stable and efficient in operation. Its gain is 0dB(a standard antenna).

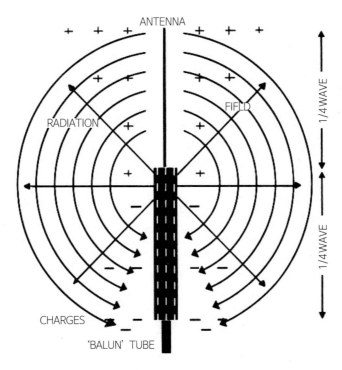

그림 19.12 1/2 Wave Dipole Center-Fed Antenna

8) Higher Gain Antenna

Higher gain antennas can be designed for the higher frequencies using longer than 1/2 wave antennas to give gains above 0dB. This can be done by adding one or two extra elements to the 1/4 or the 1/2 wave whip to give +2 to +3dB for one extra section or +4 to +5dB for two extra sections. This improves signal strength at the horizon and reduces needless radiation toward the ground and the sky.

However, it assumes a vertical antenna. For this reason, higher gains than +5dB are not desirable, as a small tilt of the antenna axis from vertical will result in considerable loss of registered signal strength at the base station. Also, as an example, if the transmitter in the handset is limited to 3 watts output(by law), and the maximum "effective radiation power" is 7 watts, the ceiling for antenna gain is about +5dB(assuming maximum transmitter power is to be used).

19.1.3 Testing

There are two kinds of tests in common use to evaluate the electrical performance of an antenna. The return loss test reveals input impedance and matching between the radio system and radiation element. In this test, the antenna is supplied with a frequency sweep of the required band. The energy reflected(i.e., not absorbed or radiated) is displayed on a screen as a graph of return loss(dB) against frequency.

The field pattern test is more difficult but more revealing of antenna efficiency. The antenna is fed with a single frequency near resonance and is physically rotated while transmitting to a nearby receiving antenna. This gives the antenna's field strength pattern for different directions in space and directly shows antenna gain, beam width and beam tilt. All Galtronics antennas are reflection tested as part of the manufacturing process, where resonant frequency is adjusted. Each type of antenna is also field pattern tested during development and at intervals in statistically reliable quantities during the course of production. Specification information is based on both tests.

1) Return Loss Test

Return loss is the measure of the efficiency of the matching between the antenna and the radio input/output. Every communication system has a certain frequency range, and the antenna must cover it. Depending on the application, the frequency range of the system can be covered on different return loss levels. Many times, the bandwidth of the antenna is measured at the level of −10dB.

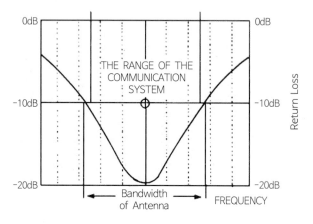

그림 19.13 Return Loss Curve

2) Field Pattern Test

The field patterns for antenna radiation are tested by rotating the antenna about two axes : the vertical axis of the antenna itself and the horizontal axis, which is also at right angles to the direction of the receiving antenna(azimuth and elevation).

The distance between the antennas must be at least ten times the wavelength. Usually this test is performed with radios in free space; that is, with no objects close to the antenna and the radio far enough from ground.

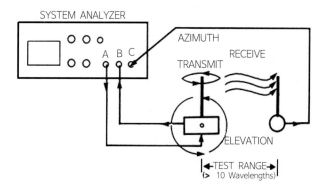

그림 19.14 Field Pattern Test Set Up

The azimuth pattern, when tested in free space, should be close to circular for portable antennas with a greater diameter for higher gain units.

The elevation pattern shows that the gain is obtained by directing the energy available more toward the horizon where it is needed. However, the beam width must not be too small or large variations in signal strength will occur when the antenna is tilted from the vertical. This invariably happens with hand held units. Beam width and beam tilt(if any) can also be seen from the elevation pattern, and efficiency can be calculated from input power and pattern area.

19.1.4 Mechanical Reliability

The antenna is one of the most abused components on portable radios and telephones. Galtronics antennas are designed with this in mind. Mechanical durability is just as important to us as electrical performance. In the development process, antennas are subjected to various accelerated life cycle tests in order to ensure reliability. The typical tests performed are listed below:

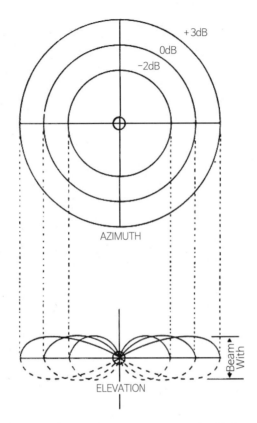

그림 19.15 Typical Field Patterns comparing 3 Antennas

① Drop Test : The antenna is attached to a fully weighted radio or telephone and dropped directly onto the antenna from a height of one meter. The test is usually repeated four times.

② Flex Test : The antenna is subjected to repeated flexing over a mandrel.

③ Temperature Shock

The antenna is subjected to severe temperature variations.

④ Torque Test : The connector of the antenna is checked to ensure that it is securely fastened to the plastic over molding.

⑤ Pull Test : A force is applied between the connector and the antenna.

⑥ Engagement And Rotation Tests : The connector of the antenna is repeatedly engaged and/ or rotated to ensure contact reliability

19.1.5 Mechanical Design

The antenna usually is the single most expensive component on a telephone or radio. Cost effective antennas are achieved through precision design coupled with effective manufacturing technique. Design for manufacturability(DFM) principles are an intrinsic part of Galtronics antenna design.

DFM starts in the initial phases of product development and continues throughout the life of the product. In our search for increasingly efficient means of production to reduce costs, quality remains a Galtronics priority.

The connector is the most important mechanical component of the antenna. It has a substantial effect on the electrical performance, mechanical reliability and cost of the antenna. All connectors developed by Galtronics have been manufactured to meet this high standard of performance, reliability and cost effectiveness. Special connector configurations are also available such as a 90-degree elbow and swivel adaptor. As a matter of fact, the swivel component was originally developed by Galtronics to solve a customer's design problem.

표 19.3 Connector Comparison

Connector Type	Frequency Range	Cost*	Advantages	Disadvantages
BNC(M)	Up to 4GHz	H	Medium size. Quick connect and disconnect with bayonet.	
TNC(M)	Up to 11GHz	M	Same size as BNC, but with threaded coupling. Effective with swivel. Good mechanical strength.	
SMA(F)	Up to 18GHz	L	Miniature size. Good mechanical strength. Low cost	
SMA(M)	Up to 18GHz	M	Miniature size. Good mechanical strength.	
FME(F)	Up to 1GHz	M	Small size.	
NANO(F)	Up to 12.4GHz	H	Micro-miniature size. Allows for slimmest antenna profile.	High Cost. Low mechanical strength.
N-Type	Up to 18GHz	H	Very high mechanical strength. Excellent RF characteristics.	Relatively large size and heavy. Higher cost.
Mini-UHF(M)	Up to 1GHz	L	Medium size. Low cost.	

* Bases on our simplicity of design and quantities.

Table 19.3 (below) is a comparison table of available common. Connectors which describes their advantages and disadvantages.

Another important mechanical component of the antenna is the radiating element. As mentioned in the electrical performance section, the selection of materials is vital to minimize internal losses. This is especially true for the radiating element.

Galtronics chooses materials and plating for elements that are highly conductive. The depth of the plating is specified to ensure the skin effect will not cause internal losses(if the plating too thin, resistance can result that will cause heating).

Galtronics specializes in developing antennas to satisfy our customers' unique design requirements. If specifications include stringent electrical and mechanical parameters as well as cost considerations, Galtronics is prepared to furnish a solution.

표 19.4 (A) VSWR, Return Loss and Power Reflection

VSWR	Return Loss (dB)	Power Refl. (%)	VSWR	Return Loss (dB)	Power Refl. (%)	VSWR	Return Loss (dB)	Power Refl. (%)
1.00	∞	.0	1.40	15.6	2.8	1.80	10.9	8.2
1.02	40.1	.0	1.42	15.2	3.0	1.82	10.7	8.5
1.04	34.2	.0	1.44	14.9	3.3	1.84	10.6	8.7
1.06	30.7	.1	1.46	14.6	3.5	1.86	10.4	9.0
1.08	28.3	.1	1.48	14.3	3.7	1.88	10.3	9.3
1.10	26.4	.2	1.50	14.0	4.0	1.90	10.2	9.6
1.12	24.9	.3	1.52	13.7	4.3	1.92	10.0	9.9
1.14	23.7	.4	1.54	13.4	4.5	1.94	9.4	10.2
1.16	22.6	.5	1.56	13.2	4.8	1.96	9.8	10.5
1.18	21.7	.7	1.58	13.0	5.1	1.98	9.7	10.8
1.20	20.8	.8	1.60	12.7	5.3	2.00	9.5	11.1
1.22	20.1	1.0	1.62	12.5	5.6	2.50	7.4	18.4
1.24	19.4	1.1	1.64	12.3	5.9	3.00	6.0	25.0
1.26	18.8	1.3	1.66	12.1	6.2	3.50	5.1	30.9
1.28	18.2	1.5	1.68	11.9	6.4	4.00	4.4	36.0
1.30	17.7	1.7	1.70	11.7	6.7	4.50	3.9	40.5
1.32	17.2	1.9	1.72	11.5	7.0	5.00	3.5	44.4
1.34	16.8	2.1	1.74	11.4	7.3	5.50	3.2	47.9
1.36	16.3	2.3	1.76	11.2	7.6	6.00	2.9	51.0
1.38	15.9	2.5	1.78	11.0	7.9			

표 19.4 (B) Frequency Bands for Different Cellular and Trunking Systems

RANGE	SYSTEM	FREQUENCY
400 Cellular	French 450	441~453MHz
	R2000	414.8~428.0MHz
	German C-Netz	450~456MHz
	NMT 450	453~468MHz
800/900 Cellular	EAMPS	824~894MHz
	AMPS	825~890MHz
	ETACS	872~950MHz
	GSM, TACS.	890~960MHz
	NMT 900	
Trunking	800 Trunking	806~870MHz
	900 Trunking	896~941MHz

GLOSSARY OF TERMS
Terms found in Portable Antenna Technical Manual

Coaxial Connector

A connector containing two separate conductors, one within the other, separated by insulating material. There are a variety of coaxial connector types available.

Decibel(dB)

A convenient unit for expressing the ratio between two power levels, such as the gain of an antenna. Gain dB=10log10P2, where P2 is the power ratio, and log10 is the common logarithm. Decibles are convenient to use in figuring system gain, because they can be added and subtracted to obtain net gain.

Frequency

The number of oscillations or cycled per unit of time. Frequency is read in the unit of Hertz (Hz) which measures the number of oscillations per second.

Gain

Often referred to as power gain, it is the ratio of the radiation of an antenna in a given direction to that of a reference antenna radiating in the same direction given equal power input.

Ground Plane

A device that affects the electrical field around an antenna. It is essential to a 1/4 wave antenna but is not important to a 1/2 wave dipole.

Impedance

The ratio between voltage and current, it can also be stated as the amount of hindrance an object has to current flowing through the object. It can be resistive and/or reactive. Most radio antenna systems work with 50Ω impedance.

Incident Signal

The whole signal entering into the circuit. A part of it may reflect back.

Inductance Coil4

A circuit element that hinders any changes in current through it.

Matching Circuit

An electrical circuit whose purpose is to transform the impedance of the antenna to 50Ω impedance of the radio system.

Polarization

The orientation of the electric field vector. If the long dimension of the radiating element is vertical, the polarization generally is vertical ; if horizontal, the polarization is likewise horizontal. Most two-way radio antennas are vertically polarized.

Power Rating

The power rating is power input into the antenna terminals that the antenna can safely handle while delivering its rated performance. Generally, it is limited to the power handling capacity of the feed line.

Radiating Element

The radiating element is the mechanical from that sends forth or receives the energy between the radio and the atmosphere. It can take many forms such as a flexible rod, flexible wire, or helical spring.

Radiation Pattern

A graphic representation of the power radiation of an antenna usually shown for the two principal planes, azimuth and elevation. The radiation pattern of an antenna is usually measured in the far field, which generally is considered to be beyond the distance of 10 wavelengths.

Reflected Signal

Any changes of the impedance of the transmission line will cause a certain part of the signal to reflect back. This part of the signal is called the reflected signal.

Resonance

Enhancement of the response of a system to a periodic driving force oscillating at the frequency at which the system tends to oscillate naturally.

Return Loss

Return loss is the ratio between the reflected signal and the incident signal described in dB's. With a short or open circuit, return loss is 0dB, and the whole signal will reflect. With perfect matching, return loss is infinitive dB and nothing will reflect.

Skin Depth

When the frequency increases, the current density in any conductor is reduced inside the conductor starting from the center. The skin depth is that distance below the surface of a conductor where the current density has diminished to 1/e of its value at the surface. In practice, there is no current below the distance of five skin depths from the surface.

Stud Connector

A single electrical axis connector, usually a threaded fastener, to connect the base of the antenna to the radio.

VSWR

Voltage Standing Wave Ratio is the ratio of the maximum and minimum values of voltage(or current) in the standing wave pattern at the antenna. A standing wave is produced when the antenna(load) impedance differs from the characteristic impedance of the transmission line.

Wavelength4

The ratio of the velocity of the wave to the frequency of the wave.

800–900MHz CELLULAR RANGE :
RETRACTABLE

(824–894MHz, 872–950MHz, & 890–960MHz)

DESCRIPTION

This innovative antenna was developed by Galtronics for portable cellular telephones. The patented antenna is made up of two separate radiating elements.

When the antenna is in the down position it works as a helical 1/4 wave, when it is the up position it works as a full 1/4 wave. It is factory turned to the required frequency for best VSWR in both working positions. The flexible elements is fully encapsulated in durable polyurethane.

SPECIAL CHARACTERISTICS

Extremely small and flexible, this antenna is especially designed to conserve space inside the radio case. The antenna will withstand a minimum of 5kgf pull dead weight, holding the antenna by the cap. The full 1/4 wave antenna offers about 2 dB gain over the helical 1/4 wave.

SPECIFICATIONS

FREQUENCY:
> 824–894 MHz, EAMPS.
> 872–950 MHz, ETACS.
> 890–960 MHz, NMT 900.

IMPEDANCE:
> 50 ohms.

ELEMENT:
> Flexible cable and helical copper wire.

POWER:
> 5 watts maximum.

MATERIAL:
> Injection molded polyurethane over plated carbon steel cable, copper wire.

CONNECTOR TYPES:
> The connection to the radio must be designed in cooperation between the radio designers and Galtronics.

TOTAL LENGTH:
> 15mm in down position, 90 mm in up position

RETURN LOSS
> Down position, maximum–6 dB.
> Up position, maximum–10dB

Typical VSWR data
Retractable
(824–894 shown)

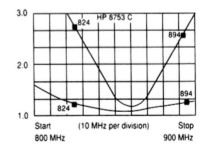

GENERAL

description : retractable with 1/4λ helical over 1/4λ whip

product name : cellular phone, retractable(extended whip & helical)

galtronics p/n : 02-6128-46-87(EAMPS)

ELECTRICAL

frequency range : 824-894MHz(EAMPS)

impedance : 50 ohm nominal

return loss : retracted position : -4dB across the band extended position : -10dB across
the band

electrical length : retracted position : 1/4λ helical extended position : 3/8λ whip

polarization : vertical

directivity : none resistance at contact of down position : less than 1Ω

MECHANICAL

appearance/dimensions : see drawing 02-6128-46-87

connector type : screw mount boss(see dwg. 01-52-09)

insertion force : initial value 100g to 800g after 1,000 cycles 30% of original value

extraction force : initial value 100g to 800g after 1,000 cycles 30% of original value

attachment strength : 7kgf minimum for 60 seconds

initial deflection : antenna extended-5mm   any position

RELIABILITY

flexing : no damage after 1,000 cycles through angle of ±70°

drop test : not broken after 1.5m drop in vertical or horizontal position onto wooden
plate

high temperature soak : no appearance change after 8 hours at +70°±3℃

low temperature soak : no appearance change after 4 hours at -30°±3℃

moisture resistance : no appearance change after 120 hours at +50°±3℃ and 90%±
5% rh

thermal shock : no appearance change after 4 repeated cycles of 2 hours at 65℃ and 2
hours at -10℃

COMPONENT SPECIFICATION SHEET (ANTENNA)

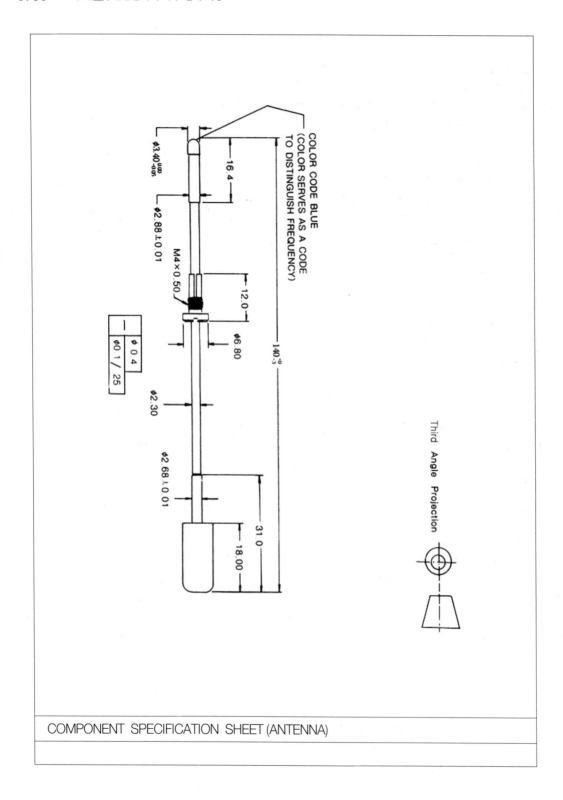

COMPONENT SPECIFICATION SHEET (ANTENNA)

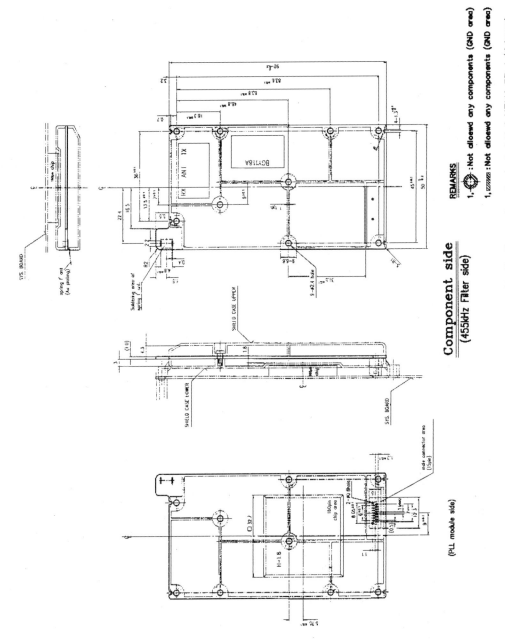

Part Name : RF BOARD(900MHz 휴대폰)

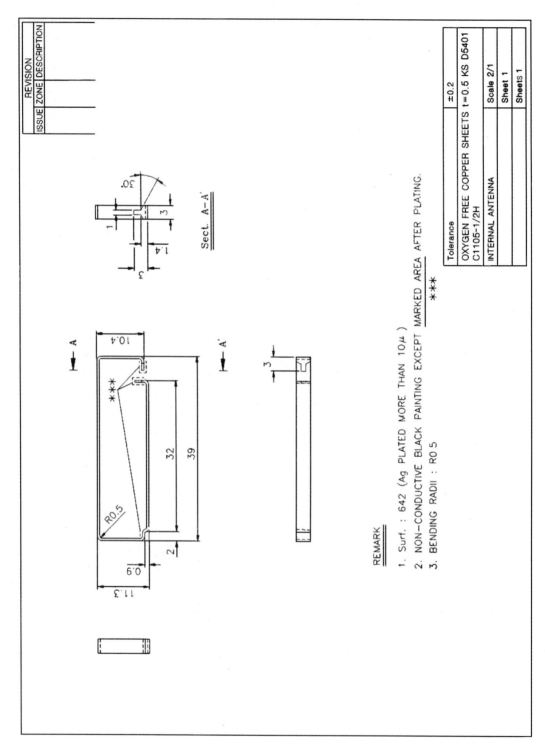

삐삐(Pager)용 내부 안테나(antenna)

19.2　EMI

19.2.1　서 론

현대 문명사회에서 전기·전자 기술의 발달로 인해 전자파 에너지를 동작수단으로 하는 기기가 다양화되고, 그 사용이 급격히 증가하고 있다. 이들 기기상호간의 전자계 간섭현상(EMI : Electromagnetic Interference)은 고전적 의미의 공해(대기 및 수질오염, 소음 등)와는 다른 차원의 심각한 공해(전자파 공해)로 인식되고 있다. 전자파 간섭현상의 흔한 예를 보면 다음과 같다.

① 가전에서 전자레인지 혹은 형광등을 켤 때 TV 화면이나 audio 음질에 잡음이 발생한다.

② PC에서 방출되는 전자파가 산업용 로봇의 controller에 간섭을 일으켜 주변작업자나 기기가 로봇으로부터 피해를 받는다.

③ 무선송신설비의 antenna로부터 방출된 전자파 noise가 교통신호제어기, engine 제어장치, 화재경보기 등에 오동작의 원인을 제공한다.

④ TV 게임기로부터의 누설전자파로 인해 열차무선교신이 지장을 받는다. 이와 같은 전자계 간섭현상에 의해서 불특정 다수의 예상치 못한 현상이 나타날 수 있다.

따라서 EMI 현상을 해소하기 위하여 구미(歐美)선진국에서는 이미 국방산업(MILSTD)에서는 물론 민수산업에 이르기까지 저감대책에 많은 연구를 하고 있다. 이러한 움직임은 각종 국제위원회(CISPR, IEEE) 및 각국의 표준기관(FCC, FTZ, 정보통신부, 우정성, 통상성)을 통하여 규격화되고 있으며 자국의 수입 전자기기 제품에 대해서 각종 안전규격을 적용하고 있다.

수출중심인 우리나라로서는 이러한 규정의 적용으로 인하여 현재 심각한 수출제재를 받고 있는 실정이다. 이에 대응하기 위해서 예전의 체신부 주관하에 "전자파 공해방지 기본계획"을 수립하였고, 산하의 "전파연구소"에서 국내 전파관련법을 제정·고시하기에 이르고 있다.

19.2.2　도전성 도료에 의한 EMI 대책

전자장치, 특히 컴퓨터 기기가 급속한 발전을 이루어, 디지털 기술을 이용한 고도의 전자장치가 많은 분야로 진출해 있다. 이들은, 기능의 고속화처리를 지향하므로, 장치 내에서 고속 IC, LSI 및 클록이 사용되고, 그들의 고주파 성분이 방사성 장해전파가 되어서 환경에 영향을 미친다. 또 소형, 경량화, 양산화, 코스트다운의 필요성에서 기기의 광체는 금속에서 plastic제품으로 바뀌어져 있다.

그러나 plastic은 전파에 대해서, 투과성이고, 또한 이들의 광체는 모든 구조는 아니다. 그러므로 장치 내에서 발생한 방사성 장해전파가 장치외부로 새는 동시에 외부에서 장해전파를 받아서 내부회로에 영향을 주어 잘못 동작을 일으키는 전자파 장해가 클로즈업되고 있다.

그림 19.16에 방해전파 규격의 비교를 표시한다.

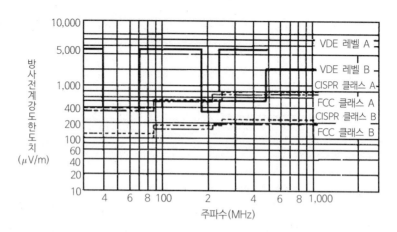

그림 19.16 방해전파 규격의 비교

그 중에서 전자기기의 각종 실드 대책이 실시됐는데, 대책의 한 방법으로 도전성 도료를 도장하는 방법이 있다. 여기서는 도전성 도료에 대해서 설명한다.

1) 실드 방법과 그 특징

Plastic 하우징을 실드하는 방법으로 도전성 도료를 칠하는 방법, 용사, 진공증착, 스퍼터링, 금속휠 붙이기, 금망, 도금, 도전성 plastic에 의한 성형 등 여러 가지 방법이 있다.

어느 실드 방법이 좋은가는 실드 효과와 신뢰성, 재료가공, 설비비를 합친 토털 코스트가 작업성 및 양산성, 밀착성 소재에 대한 적용성 등에서 판단하여 정해야 한다. 표 19.5에 실드 방법과 그 특징을 표시한다. 미국에서 EMI 실드 기술의 비율은 표 19.6과 같다고 하는데, 앞으로는 아연용사의 비율이 내려가고, 도료와 도전성 plastic의 비율이 높아질 것이 예상된다.

표 19.5 실드 방법과 그 특성

실드의 종류	실드 방법	장 점	단 점
도전성 도료	금속·카본 등을 도전필터로 하고, 각종 합성수지와 혼합한 도료로 스프레이 등으로 도포한다.	복잡한 형상에 도포 가능. 설비비용 적음. 많이 생산. 각종 합성수지에 가능.	벗겨질 위험성이 있다. 균일한 도막을 만들기 어렵다.
	1. 은계 ·················→ 2. 니켈계 ··············→ 3. 카본계 ··············→ 4. 동계 ···············→ 5. 은·동 복합계 ········→	도전성 양(良) 도전성과 가격균형 저가격 도전성과 가격균형 도전성 양(良)	고가 도전성 나쁨 산화하기 쉬움 고가(은계보다 저렴)

실드의 종류	실드 방법	장 점	단 점
용 사	금속을 아크의 열로 순간적으로 용융시킴과 동시 고압 공기로 무상으로 해서 플라스틱에 넣는다.	도전성 양(良)	밀착성에 문제 용사장치 고가 아연은 독성이 있다.
진공증착	진공용기 중에서 알루미늄 등의 저비용 금속을 증발시켜 플라스틱 면에 박막을 형성한다.	도전성 양(良)	용기의 사이즈로 제품의 크기가 제한된다. 언더·코트가 필요.
스퍼터링	진공용기 중에서 아르곤·이온을 금속에 고에너지로 충돌시켜 나온 금속으로 박막을 형성한다.		설비 비용 많음
금속휠붙임	접착제를 한쪽면에 도포한 금속휠을 목적장소에 붙인다.	도전성 양(良) 부분이 벗겨지지 않는다. 필요에 따라 사이즈 가능.	복잡형상은 붙이기 어렵다. 손질이 많아진다.
환원법	염화은을 플라스틱 표면에 도포하고, 금속은을 석출한다.	도전성 양(良) 설비 비용 적음	공정 복잡 마스킹(masking) 곤란
수지도금	ABS 등의 도금가능한 플라스틱에 도금한다.	도전성 양(良) 부분적으로 벗겨지지 않음.	적용재료에 제한 있음. 설비 비용 많음. 특수 기술 요함. 공해대책 필요.
도전성 플라스틱	플라스틱에 도전필터를 이겨서 넣은 것으로 만든다.	만든 것과 실드 일체 가격 낮음.	
금망	금망을 부착한다.		메쉬(mesh)가 크면 실드성 저하

표 19.6 미국에서의 EMI 실드의 방법

실드 방법	1980년	1981년
금속아연용사	65%	35~40%
도전성도료	30%	50~60%
도금	5%	5%
기타	0.3%	2%

도료의 이점으로서는 대규모의 설비는 필요하지 않고, 콤프레서, 스프레이어, 스프레이·부스는 범용인 도료설비로 충분하다. 각종 합성수지에 도장도 된다. 또 하우징의 형상이나 크기에 그렇게 제약을 받지 않고, 복잡한 형상에도 도장되고 양산성에도 대응되는 특징이 있다.

2) 실드 효과

실드란, 전자파의 에너지를 흡수하거나 반사시키거나 해서, 외부로 그 에너지가 전해지는 것을 막는다. 그 정도는 데시벨(dB)로 표시되며, 그 효과는 다음 식에 의해 표시된다.

$$SE = 20 \log (E_i / E_t) \quad \cdots\cdots\cdots\cdots\cdots\cdots\cdots\cdots\cdots\cdots\cdots\cdots\cdots\cdots\cdots\cdots\cdots\cdots\cdots (1)$$

$\quad\quad E_i$: 입사전계 강도(V/m)

$\quad\quad E_t$: 전송전계 강도(V/m)

그리고 SE의 값에는, 다음과 같은 실드 효과의 표준이 있다.

① 0~10dB   : 거의 실드 효과는 없다.

② 10~30dB   : 최소한의 실드 효과

③ 30~60dB   : 평균

④ 60~90dB   : 평균 이상

⑤ 90dB 이상 : 최고 레벨의 실드효과

또 체적 저항률에서 SE를 구하면 다음 식과 같이 된다.

$$SE = R + A \quad \cdots\cdots\cdots\cdots\cdots\cdots\cdots\cdots\cdots\cdots\cdots\cdots\cdots\cdots\cdots\cdots\cdots\cdots\cdots (2)$$

$$R = 50 + 10 \log (\rho_B \cdot f)^{-1}$$

$$A = 1.7 t (f \cdot \rho_B)^{1/2}$$

$\quad\quad \rho_B$: 체적저항률(Ωcm)

$\quad\quad f$: 주파수(MHz)

$\quad\quad t$: 두께(cm)

보통 기계를 만질 때 (2) 식과 같이 SE가 즉 대응하는 일은 없는데, 실드 효과의 저항 의존성은 명백하며, 그 값이 작을수록 실드 효과에 유리하다.

3) 도전성 도료의 종류

도료의 바인더로서 아크릴계, 우레탄계, 에폭시계에 은, 동, 니켈, 카본의 도전성 필터를 혼합한 여러 가지 종류의 것이 있다.

① 은계 도료

은 부분을 도전 필터로서, 각종 바인더를 조합한 것으로 도전성은 가장 우수한데, 가격이 높으므로 민생용으로는 어렵다.

② 동계 도료

동 부분을 도전 필터로서, 각종 바인더로 조합한 것이다. 도전성은 $10^{-3}\Omega$cm으로 니켈계와 같은 정도인데, 동 부분은 산화되기 쉽고 산화방지를 해야 하며, 아직 일반적으로는 보급돼 있지 않다.

③ 니켈계 도료

니켈 부분을 도전 필터로서, 각종 바인더를 조합한 것이다. 니켈 부분은 동보다 가격이 높은데 산화가 되지 않으며 환경시험에서도 비교적 안정되어 있으며, 고주파 대역에서 실드 효과가 좋고, FCC 규제의 주파수 대역에는 적당해서, 일반으로 널리 사용되고 있다.

④ 카본계 도료

카본 또는 그래파이트 도전 필터로서, 각종 바인더를 조합한 것이다. 가격이 낮고 경제적인데 도전성이 충분하지 않으므로, 실드 효과는 기대되지 않는다.

4) Plastic의 코팅에 대한 UL

EMI 실드를 목적으로 한 아연용사 또는 도전성 도료의 금속 코팅에 대해서 UL은 plastic과 금속막이 충분한 밀착강도를 갖고, 장시간 사용에 있어도 벗겨져 떨어지지 않도록 되어 있다.

UL 114/UL 478(사무기기/컴퓨터 기기의 규격)의 회합에서, 기기의 하우징에 사용되는 금속 코팅에 대해서는, UL 746 C 37A 브리트·코팅 규격에 합격한 도료를 적용하도록 제한되어, 1986년 10월부터 실시되어지고 있다.

5) 실드 효과의 측정법

재료에 대한 실드 효과 측정방법으로는 MIL 285가 있는데 저주파 영역에 대해서는 아직 확립되어 있지 않다. FCC의 규제강화에 따라, 재료의 실드 효과 측정방법도 검토되고 있다. 여기서는 재료의 실드·특성 측정으로 일반적으로 사용하고 있는 방법에 대해서 설명한다. 측정항목으로서

① 고임피던스 전계에 대한 실드 효과

② 저임피던스 자계에 대한 실드 효과

③ 평면파에 대한 실드 효과의 측정방법이 있다.

①과 ②의 측정방법에는 다께다이연(理硏)에 의해 개발된 방법이 있고, 그림 19.17에 표시한다.

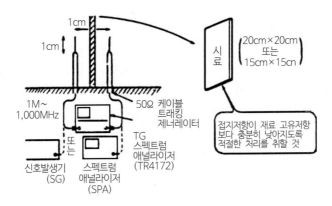

그림 19.17 고임피던스 전계에 대한 실드 효과의 측정도

①의 측정방법은 길이 1cm의 미소전극을 시료에서 1/2cm 떨어져서 설치하고, 고주파 전압을 가해서 하는 것이다. 시료에는 전계파가 부딪쳐서 반사흡수에 의해 감쇠되어 시료 후에 나타난 신호를 마찬가지인 전계 픽업용 프로브(probe)로 검출한다. 이 값을 스펙트럼 애널라이저에 의해 해독하고 시료가 있을 때와 없을 때 전압비에서 실드효과를 구한다.

②의 측정방법은 그림 19.18과 같이 지름 1cm의 미소루프 코일을 시료에서 1cm 떨어져서 설치하고, 고주파 전류를 흘려서 한다.

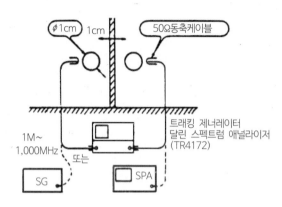

그림 19.18 저임피던스 자계에 대한 실드 효과의 측정도

시료에 부딪친 자계파는 반사나 흡수에 의해 감쇠하고, 시료배후의 자계파 검지용 루프·코일로 검출되어, 스펙트럼 애널라이저로 해독한다. 시료의 유무에 의한 레벨차로 실드 효과가 측정된다.

③의 측정방법으로서, 미국의 한 연구소에 의한 동축 전송 선로법이 있다. 이것은 원추상의 체임버에 의해 전자파를 편향시켜, 좁은 공간 내에서도 평형파에 의해 측정되도록 한 것이다(그림 19.19).

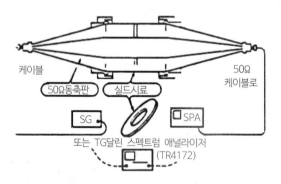

그림 19.19 미국 배텔 연구소에 의한 동축전송선로법
(평면파형기에 가까운 평가)

6) 전자파 실드 도료의 특성

실제 예로서 니켈계 도료의 특성을 도시바 케미컬 CT 240을 사용해서 설명한다.

전자파 실드의 특성은, 도막의 도전성에 관계있다. 또, 도전성은 칠해진 도막의 두께에도 관계가 있다. 그림 19.20에 도막두께와 표면저항의 관계를 표시한다.

도막두께 $50\mu m$ 이상에서 거의 저항이 안정되어 있는 것을 알 수 있다.

실드 효과를 먼저 말한 다께다이연(理硏) 스펙트럼 애널라이저를 사용해서 측정한 결과를 그림 19.21, 그림 19.22에 표시한다.

고임피던스 전계의 조건에서, 도막 막두께 $36\mu m$에서는 30~45dB, $70\mu m$에서는 40~55dB의 감쇠가 있는 것을 알 수 있다. 또 저임피던스 자계의 조건에서 막두께 $36\mu m$에서는 20~35dB, $70\mu m$에서는 30~50dB이다. 특히 300MHz 이하의 주파수대에서는 저임피던스 자계의 감쇠는 작고, 막두께 의존성이 큰 것을 알 수 있다.

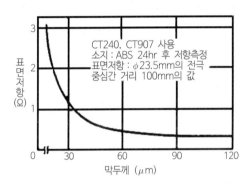

그림 19.20 도막두께와 표면저항의 관계

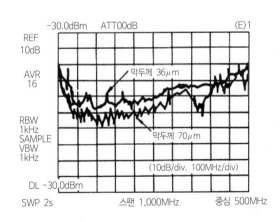

그림 19.21 CT 240의 고임피던스 전계실드 특성

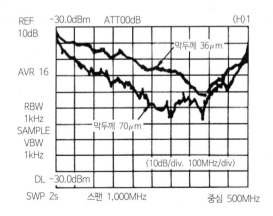

그림 19.22 CT 240의 저임피던스 자계실드 특성

Plastic의 경우 히트 사이클에 의해 신장과 축소를 일으킨다. 이때 칠해진 도막이 어떻게 영향되느냐를, 또 니켈의 산화에 의해서 실드 효과가 어떻게 변화하느냐를 보기 위해 막두께 70μm의 샘플을 히트 사이클을(-20℃↔65℃, 각 1hr, 5사이클) 시험한 후의 실드 효과를 측정한 결과를 그림 19.23, 그림 19.24에 표시한다. 초기에 대해서 전계, 자계의 감쇠율은 수 dB 정도 나쁘게 되었는데, 실제로 실기(實機)의 하우징에 CT 240을 도장한 것을 3m법으로 기준선치로 측정한 결과 히트 사이클시험 전후에서 실드 효과에는 변화가 없었다.

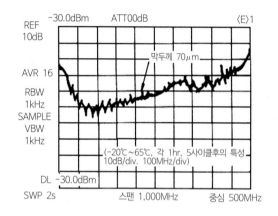

그림 19.23 CT240의 고임피던스 전계실드 특성 **그림 19.24** CT240의 저임피던스 자계실드 특성

7) 사용방법

먼저도 말했지만 니켈계 도전 도료는 니켈부분에 상온 건조형 아크릴 수지를 바인더로 한 도료가 일반적이다. 그 때문에 도막의 건조 조건은 자연 건조가 권장되고 있다. 갑자기 건조가 필요할 경우에는 수지의 특성 및 성형 비뚤어짐을 고려해서 60℃ 이하의 온도로 건조하는 것이 보통이다.

CT 240 경우의 건조시간과 절연저항의 관계를 그림 19.25에 표시한다.

여기서 알듯이 지속건조(250℃)로 3~5분이고, 핸들링이 가능해져서 절연저항이 일정하게 되는 것은 거의 12시간 후이다. 표 19.7에 CT 240 경우의 도장조건을 표시한다.

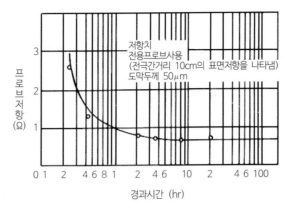

그림 19.25 도장 후 경과시간과 절연저항의 관계

표 19.7 CT240의 도장조건

항 목	조 건
희석비	CT240 각티너＝70~60, 30~40(중량비)
뿜기 정도	9.5~11.5(초) NK 2컵
뿜기 압력	2~4(kgf cm^2)
스프레이건 구경	1.0~1.5(mm)
뿜기 횟수	싱글 2~3회
건조도막 두께	50~70(μm)

(1) 도장품의 관리 방법

도장품이 일정한 실드 효과를 갖기 위해서는 도막을 균일하게 도포해야 한다. 이를 위해서는 도료의 관리와 동시에, 자동도장 등 일정한 조건으로 도장하는 것이 바람직하다. 또 도장품을 비파괴로 도막의 두께를 측정하는 것은 곤란하므로 도장품의 정해진 개소, 수점간의 표면저항을 측정함에 의해서, 실드 효과를 관리하고 있다.

(2) 도장의 실시 예

실드 대책에 대해서는 여러 가지 방법이 있고, 도료는 퍼스컴의 키보드, CRT, 특수 전화기 광체, 팩시밀리, 비디오·디스크, 전자악기, 계측기(pH 미터 등), 디지털·오디오, 통신기(트랜시버 등), 사무기(레지스터, 카피 등), 의료용 기기 등 여러 가지의 전자기기용 plastic 하우징에 사용되고 있다.

(3) 끝으로

디지털 기기에서 발생하는 방사 전자파 장해를 막기 위해 각종 대책이 있는데, 도장방식의 특징과 그 특성 및 여러 가지에 대해서 말했다. 앞으로 도장방식이 발전하기 위해서는 자동화와 함께, 간이 마스킹(masking) 방법 등 개량이 필요하다.

19.2.3 설계의 예

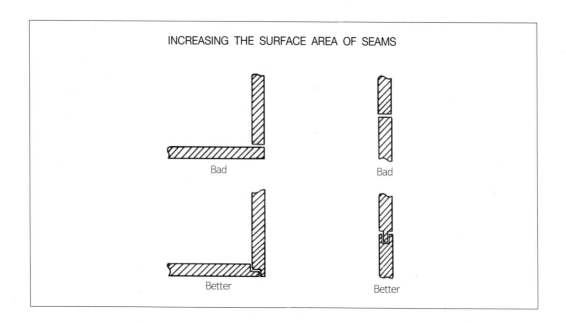

As shown in the examples above, increasing the contact surface area at the seams can also significantly reduce the transfer impedance. The contact area should also have a certain amount of surface roughness because a surface that is too smooth might not have enough microscopic points of contact.

If a fixed amount of force is available to clamp the seams together, increasing the surface area will decrease the contact pressure. In this case, a tradeoff between the two parameters must be made.

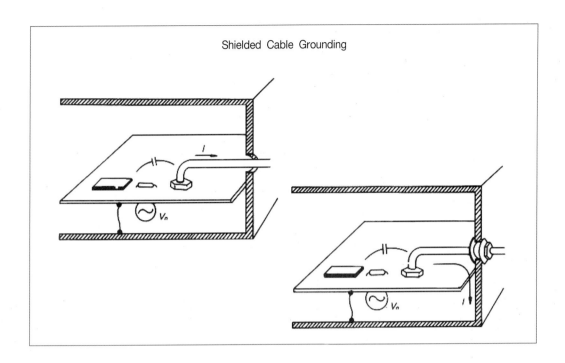

One of the easiest ways to degrade the effectiveness of a shield is to bring a cable through a hole in the enclosure. When a wire, such as a power connection or the outer surface of a cable shield, is brought through a shield wall, it is susceptible to radiated fields on both sides of the shield. Fields external to the shield can be picked up by the wire, conducted inside, and subsequently be re-radiated. Conversely, signal generated by the internal circuitry can be either radiated or directly conducted onto the wire and thereby carried through the shield wall.

Bypassing power and control wires at the point of entry to the shield using feed through capacitors or other elements minimizes the shielding degradation. In the case of control leads, the size of the capacitor is limited by the bandwidth of the signal.

The figure illustrates that grounding the shield of a cable to the shielded enclosure effectively prevents current on the outside of the cable shield from flowing through the wall. A bulkhead connector should be used to ensure good electrical contact around the entire 360° perimeter of the cable shield.

다음 그림은 EMI 차폐용 shield plate와 cover, power shield도면이다.

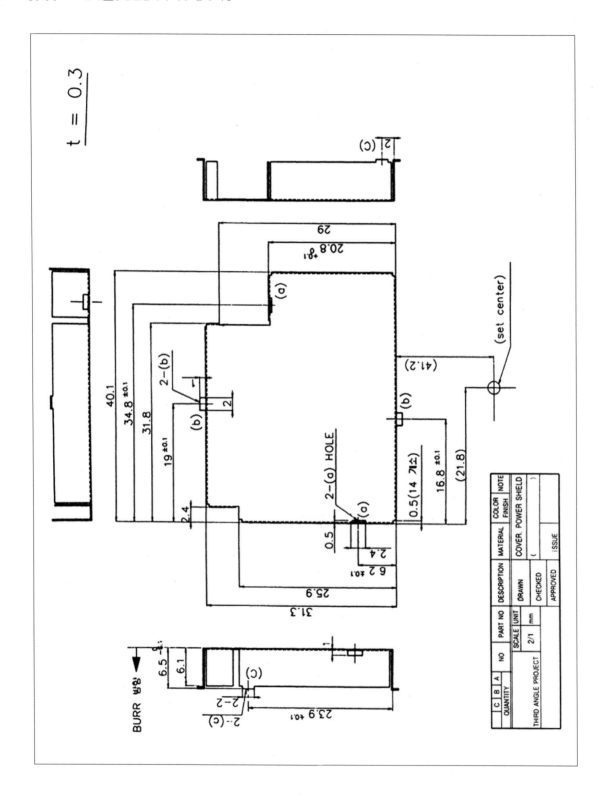

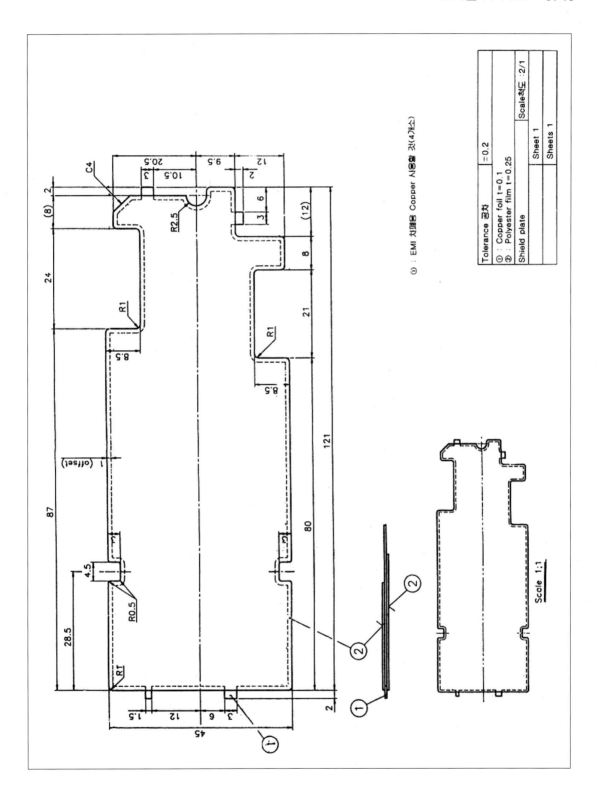

19.3 전지(電池)

19.3.1 전지총론

1) 전지의 구성과 기전반응(起電反應)

보통의 화학전지는 환원제(아연, 납 등 비금속)와 산화제(중금속의 산화물)와의 산화환원반응의 자유에너지를 전기에너지로서 이용하는 것이다. 기전반응에 관여하는 환원제 및 산화제(減極劑)를 활성물질이라 부른다. 주요구성요소로서 양음극도전체, 음극활성물질, 양극활성물질, 양활성물질 사이에 개재하는 이온 도전체(전해질), 양음양극의 직접적인 전자접촉을 막는 격리체(세퍼레이터)로서 되는 각 요소와 격납용기로 이룬다.

기전반응은 개별로 병행하여 진행하는 음극에서의 산화반응과 양극에서의 환원반응과의 조합이다. 예를 들면 납축전지의 음극에서는 납이 $Pb + SO_4^{-2} \rightarrow PbSO_4 + 2e$에 의해 산화되어 2개의 전자를 방출하고, 또 양극에서는 이산화납이 $PbO_2 + SO_4^{-2} + 4H^+ + 2e \rightarrow PbSO_4 + 2H_2O$의 환원반응에 의해서 2개의 전자를 흡수한다. 전반응으로서는 $Pb + PbO_2 + 2H_2SO_4 \rightarrow 2PbSO_4 + 2H_2O$가 진행한 것이 된다.

2) 전지에 관한 용어

- 1차전지   : 충전하여 몇 번이고 반복 사용할 수 없는 전지
- 2차전지(축전지)   : 충전함으로써 몇 번이고 반복하여 사용할 수 있는 전지
- 소(素)전지   : 전지를 구성하기 위한 단위전지, 전지로서 발전에 필요한 구성요소를 조합한 것뿐인 반제품상태의 것
- 단(單)전지   : 소전지 1개로 구성된 제품으로서의 전지
- 집합전지   : 소전지 2개 이상으로 구성된 전지
- 공칭(公稱)전압   : 전지의 표시에 사용하는 전압이며 저부하로 통전하였을 때의 동작전압에 가깝다.
- 종지(終止)전압   : 전지의 시험에 있어서 방전 또는 충전을 종료하는 한계를 나타내는 전압. 대략 실용성의 사용한도에 상당한다(부하에 따라서 다르다).
- 방전율   : 전용량을 어느 정도의 시간 내에 방전하느냐를 나타내는 비율
- 연속방전   : 쉬지 않고 계속하여 방전하는 방법. 정전류연속방전, 정저항연속방전 등이 있다.
- 간헐(間歇)방전   : 방전과 휴지를 시간을 정해서 서로 교대로 반복하는 방법
- 급속방(충)전   : 대전류로 급속히 방(충)전하는 것. 중부하방전이라고도 함.

- 지속시간   : 전지에 규정된 부하저항을 연결하여 방전시켰을 때, 그 폐로전압이 규정된 종지전압 이상의 값을 지속하고 있던 시간. 간헐방전의 경우 순전한 방전 시간만을 통산한다.

- 방전특성   : 전지를 방전하였을 때 전압의 시간경과를 나타내는 곡선

- 자기방전   : 전지는 일반적으로 저장 중에 전기량이 조금씩 감소해 간다. 이 현상을 자기방전이라 한다. 단위시간(월, 연) 당의 %감소량을 자기방전율이라 한다.

- 용 량   : 소정의 조건으로 전지를 방전시켰을 때, 소정의 종지전압까지 지속하는 시간 또는 뽑아낼 수 있는 전기량(A · h로 표시).

- 시간율   : 공칭용량 C[A · h]의 전지를 정전류로 방(충)전하였을 경우, 그 전류치를 A(A)라고 하면, 시간율= C/A

- 와트시용량   : 에너지량의 표현으로 A[A]로 방전하였을 때의 평균전압을 V, 지속시간을 h 라고 하면. 용량= $AVh = Wh$

- 중량효율 · 용적효율   : 전지의 단위중량 또는 단위체적 당의 에너지 용량(W · h/kgf, W · h/ℓ 등)

- 방전수명   : 전지를 방전시키고 있을 때, 그 단자전압이 정해진 종지전압에 달하기까지의 시간

- 저장수명   : 1차전지를 저장하였을 경우, 그 성능이 열화(劣化)하여 정해진 한도까지 저하하기까지의 시간

- 사이클수명   : 2차전지를 소정의 부하로 반복하여 방충전시켰을 때, 열화 때문에 점차 용량이 감소되어서 결국 쓸 수 없게 된다. 소정의 용량값까지 몇 번 반복하여 이용할 수 있느냐를 나타내는 횟수

- 에이징   : 전지를 제조후 어떤 기간동안 방치해 두는 것

- 이용률   : 종지전압까지 방전시켰을 때, 양극 또는 음극활성물질이 충전된 용량에 대해서 실제로 뽑아낼 수 있었던 전기량의 비율

- 충전효율   : 충전시에 소요된 전기량 Q_c는 방전시에 얻어지는 전기량 Q_d보다 항상 크다. 충전효율= $(Q_d / Q_c) \times 100$[%]

- 플로트(浮動)충전   : 정류전원에 대해서 부하와 전지가 병렬로 접속된 시스템을 플로트라 한다. 정전압의 정류전원을 사용하고, 플로트접속으로 사용해 가면서 충전하는 것을 플로트충전이라 한다.

- 트리클충전   : AC전원이 살아있을 때는 무부하상태이고, AC전원이 끊어졌을 때만 전지를 2차 전원으로서 동작시키는 사용법에 있어서 무부하시 항상 충전상태로 유지해 두기 위해서 자기방전전류에 가까운 전류값으로 충전하는 것

3) 전지의 내용을 나타내는 식

전지의 기전반응에 관계하는 가장 중요한 물질을 나타내는 동시에 어떤 구성의 전지인가를 매우 간단히 표현하는 식이며 예를 들면 다음과 같다.

$$(-)Zn \quad | \quad 1N \; ZnSo_4 \qquad \qquad \| \qquad \qquad 1NCuSO_4 \quad | \quad Cu(+)$$

음극활성물질   음극측 전해액   양극측전해액   양극활성물질
또는   이온도전성 칸막이   또는
전극체   전극체

좌단에 음극재료, 우단에 양극재료를, 또 |의 안쪽에 전해질을 기입한다. 전극재료 이외의 중요한 것(도전체 등)이 혼합되어 있을 때 $MnO_2(C)$와 같이 괄호에 넣어 활성물질의 바깥쪽에 기입한다.

4) 기기설계에 관한 주의

전지는 살아 있는 물건이며 사용중이나 방전 후의 부식성가스의 발생, 누액(漏液) 등의 염려가 있다. 이 때문에 전지 격납용기는 독립시켜 두는 것이 바람직하다. 또 단자는 평판상을 피하고 스프링접촉으로 한다. 종지전압은 루크란쉐형으로 중고부하에서는 0.9V, 경부하에서는 1.2V가 기준이다. 만능인 전지는 없으므로 목적에 따라서 가격, 용량 등도 감안하여 전지를 선택하는 것이 바람직하다. 그림 19.26은 각종 전지의 특성을 표시한다.

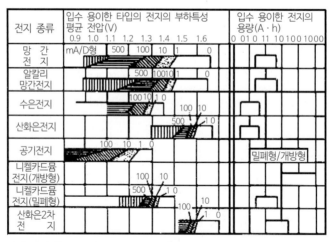

(주) 방전성능은 표시전류로 방전시켰을 때의 평균전압을 단일형전지로 환산
     하여 표시하였다.

그림 19.26 입수용이한 타입의 전지의 방전성능과 용량

19.3.2 1차전지

1) 망간 건전지

2산화망간(MnO_2)을 주감극제(활성물질)로 하고, 이것과 탄소를 주성분으로 하는 혼합제를 양극작용물질, 아연(Zn)을 음극작용물질, 염화암모늄(NH_4Cl) 또는 염화아연($ZnCl_2$) 등 중성염의 수용액을 전해액으로 하는 전지를 말한다. 루크란쉐전지라고도 한다. 전해질로서 $ZnCl_2$만을 사용한 것을 염화아연전지라 하며 보통의 루크란쉐전지와 구별하고 있는 나라도 있다.

(1) 구성과 구조

$(-)Zn \mid : ZnCl_2, NH_4Cl, H_2O \mid MnO_2(C) \ (+)$

실제의 구조를 그림 19.27(a)에 표시한다. 고급품은 전해 MnO_2, 세퍼레이터로서 크래프트지, $ZnCl_2$ 주성분의 전해액을 각각 사용하고 있다.

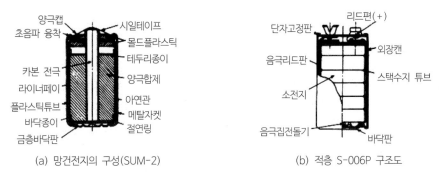

(a) 망건전지의 구성(SUM-2)　　　　(b) 적층 S-006P 구조도

그림 19.27 망간 건전지의 구성과 구조도

(2) 전지반응

음극 : $Zn + 2NH_4Cl \rightarrow Zn(NH_3)_2Cl_2 + 2H^+ + 2e$, 양극 : $2MnO_2 + 2H_2O + 2e \rightarrow 2MnOOH + 2OH^-$,

전반응 : $Zn + 2NH_4Cl + 2MnO_2 \rightarrow Zn(NH_3)_2Cl_2 + 2MnOOH$

(3) 적층 및 편평(偏平)건전지

그림 19.27(b)에 표시한 것처럼 편평형의 소전지를 몇 개 겹쳐서 일괄하여 외장한 적층형 건전지는 높은 전압을 얻기 위해서 중요하다. 적층용의 소전지도 판매되고 있으며 Union Carbide社(미국)의 minimax전지가 유명하다. 매우 얇고 flexible한 Ray-O-Vac社(미국)의 랑캐스터셀도 있다. Polaroid社에서는 카메라용에 얇은 웨이퍼상($106 \times 88 \times 2.3$(두께)mm)전지를 개발하였다(ESB 기술).

(4) 특성

표 19.8에 대표적인 전지의 여러 특성을 표시한다. 방전곡선은 예를 그림 19.28에 표시한 것처럼 평탄하지 않고, 방전의 진행과 함께 전압은 저하한다. 연속적인 급속방전에서는 이용할 수 있는 전기

량이 매우 낮다. 고성능전지(SUM)는 중부하특성이 좋다. 저온특성은 좋다고는 할 수 없다. 0℃에서는 상온의 용량의 60%, −10℃에서는 40%로 내려간다. 한편 고온에서는 열화가 진행되며 누액의 염려도 생긴다. 안심하고 사용할 수 있는 온도범위는 0~35℃의 범위이다.

(5) 용도

특성은 특별히 뛰어나지는 못하지만 가격, 사용의 용이도, 입수하기 쉬운 점에서 발군(拔群)이므로 각종 가정전기 전자기기의 전원으로서 널리 사용되고 있는 외에 사무용, 연구용, 통신용기기에도 사용 가능하다.

표 19.8 대표적 망간 건전지의 치수, 정격*

기호	통칭	공칭전압[V]	치수(최대치) [mm]		대략의 무게[g]	최대부하 [Ω]	종지전압 [V]	개략용량 (간헐방전) [A·h]	
			외경	총고					
SUM-1(고급)	단1	1.5	34.0	61.5	105	2	0.9	4.7(2Ω부하)	7.4(20Ω부하)
SUM-1(보통)	단1	1.5	34.0	61.5	95	2	0.9	3.7(2Ω부하)	6.3(20Ω부하)
SUM-2(고급)	단2	1.5	26.0	50.0	55	2	0.9	1.7(2Ω부하)	3.3(40Ω부하)
SUM-2(보통)	단2	1.5	26.0	50.0	45	2	0.9	1.3(2Ω부하)	2.7(40Ω부하)
SUM-3(고급)	단3	1.5	14.5	50.5	20	5	0.9	0.7(5Ω부하)	1.2(75Ω부하)
SUM-3(보통)	단3	1.5	14.5	50.5	20	5	0.9	0.6(5Ω부하)	1.0(75Ω부하)
UM-5	단5	1.5	12.0	30.0	7	10	0.9	0.25(15Ω부하)	
S-006P		9	17.5×26.0×49.0(고)		35	100	5.4	0.34(600Ω부하)	
4AA		6	31.0×31.0×60.0(고)		85	100	3.6	1.00(600Ω부하)	

* 보급품 UM-1~UM-3은 거의 시장에서 볼 수 없게 되었으므로 기술을 생략하였다.

(6) 내한(耐寒)건전지

특수한 전해액($CaCl_2$-$ZnCl_2$-H_2O 등)을 사용하면 −45℃까지 작동할 수 있는 건전지를 얻을 수 있다. 이것을 내한건전지라 한다. 여러 특성은 보통 전지보다 뒤지며 입수도 곤란하다.

2) 알카리·망간 전지(알칼리 건전지)

(1) 구성

$(-)Zn(Hg$ 수 %$)$ ｜ KOH 또는 $NaOH(30~50\%)$ ｜ $MnO_2(C)$ $(+)$

(2) 전지반응

음극 : $Zn + 4OH^- \rightarrow ZnO_2^{-2} + 2H_2O + 2e$, 양극 : $2MnO_2 + 2H_2O + 2e \rightarrow 2MnOOH + 2OH^-$,

전반응 : $Zn + 2MnO_2 + 2OH^- \rightarrow ZnO_2^{-2} + 2MnOOH$

(3) 특성

전압은 1.5V, 망간건전지에 비해서 급속방전에 강하고 저온특성도 양호(−20℃에서도 可)하며 용량도 큰 것 등 우수한 점이 많다. 가격은 2배 정도이다.

대표적인 전지의 종류와 정격 등을 표 19.9에, 또 방전곡선의 예를 그림 19.29에 표시한다. 대전류를 요하는 기기, 면도기, 테이프레코더, 시네마용 강력라이트, 사진용 스트로보 등에 가장 적합하다.

표 19.9 알칼리·망간전지의 종류와 정격

성능 \ 품번	AM-1 (SUM-1와 동형)	AM-2 (SUM-2와 동형)	AM-3 (SUM-3와 동형)	AM-5 (SUM-5와 동형)	PX-30
공칭전압	1.5V	1.5V	1.5V	1.5V	3.0V
표준방전전류	320mA	300mA	130mA	25mA	25mA
용량 (종지전압 0.9V)	9A·h	3.7A·h	1.5A·h	0.45A·h	0.25A·h
중량	135g	70g	25g	10g	15.5g
최대 부하	2Ω	2Ω	4Ω	20Ω	50Ω

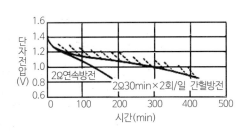

그림 19.28 망간건전지(SUM-1)의 방전특성

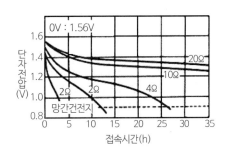

그림 19.29 알칼리·망간전지(AM-1)의
방전특성곡선(20℃, 연속방전)

3) 소형전지

전자시계, 전자식 탁상계산기, 전자수첩 등 소형전자기기용 전원으로서 급속하게 신장하였다. 종래의 수은, 산화은전지를 소형화한 것 외에 신형전지도 사용되고 있다. 전지의 종류에 따라서 전압·용량 등이 다르지만 모양·치수는 규격이 통일되어 가고 있다.

표 19.10에 정격을 정리하고 구조의 대표 예를 그림 19.30에 표시한다. 용기는 니켈도금연강, 스테인리스 등이 사용된다. 용도는 전자시계, 전자식 탁상계산기, 전자카메라, 보청기, 전자라이터, 전자낚시찌 등 넓다.

표 19.10 단추형 전지의 정격표*

치수 (mm)		산화은전지					수은전지					니켈 · 아연 전지					알카리 · 망간전지(상단) 리튬 전지(하단)				
외경	총고	**칭호	공칭전압 [V]	공칭용량 [mA·h]	표준전류 [μA]	중량 [g]	**칭호	공칭전압 [V]	공칭용량 [mA·h]	표준전류 [μA]	중량 [g]	**칭호	공칭전압 [V]	공칭용량 [mA·h]	표준전류 [μA]	중량 [g]	칭호	공칭전압 [V]	공칭용량 [mA·h]	표준전류 [μA]	중량 [g]
7.9	3.6	G3	1.5 1.5	35	75	0.8	HA	1.3 1.3	40 30	65 1mA	0.8						LF-A	3	30		0.5
11.6	3.1	G10	1.5	75 60	150	1.3 1.3		1.3 1.3													
11.6	3.6	G11	1.5 1.5	90 85	150	1.5 1.5	HB	1.3 1.3	110 55	100 1.2mA	1.8 1.5										
11.6	4.2	G12	1.5 1.5	50 120	200	1.9 1.9		1.3 1.3				NZ · 12	1.6	60	2.5	1.5					
11.6	5.4	G13	1.5 1.5	190 150	200	2.5 2.5	HC	1.3 1.3	220 125	200 2.5mA	2.9 2.5	NZ · 13	1.6	100	2.5	1.8	LR07 LF-C	1.5 3	100 120	2.5	3 1.5
15.7	6.1						HD	1.3	225	5mA	4.5						LR9 LF-D	1.5 3	250		4.5 3.0

* 동일 항목 중의 위는 주로 손목시계용, 아래는 보통 용도
** 손목시계용의 전지는 외형이 같아도 보통품과 성능이 다르다. 아직 공업규격이 없다. 기호에 W를 쓰는 메이커가 많다.

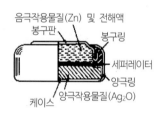

음극작용물질(Zn) 및 전해액
봉구판
봉구링
세퍼레이터
양극링
양극작용물질(Ag₂O)
케이스

그림 19.30 전자손목시계용 산화은 전지 구조단면도

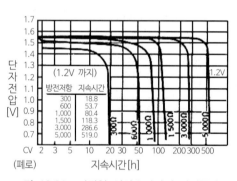

방전저항	지속시간
300	18.8
600	53.7
1,000	80.4
1,500	118.3
3,000	286.6
5,000	519.0

(1.2V 까지)

그림 19.31 편평형 산화은전지의 방전특성

(1) 산화은전지

$(-)Zn(Hg \ 수\%) \ | \ KOH$ 또는 $NaOH(30 \sim 50\%) \ ZnO$포화 $| \ Ag_2O(C)$ 또는 $Ag_2O + AgO(C)(+)$

버튼전지의 주류이고, 전압 1.5V, 방전특성은 평탄, 저온특성도 좋고, 에너지 밀도도 크다. 특성의 예를 그림 19.31에 표시한다. 매우 우수한 전지지만 가격이 비싸다.

(2) 수은전지

$(-)Zn(Hg \ 수\%) \ | \ KOH$ 또는 $NaOH(30 \sim 50\%) \ ZnO$포화 $| \ HgO, \ Hg(+)$

원통형과 편평형이 있고, 편평형은 적층으로 한 것도 있다. 양극활성물질에 HgO만을 사용한 것은 1.35V, $10 \sim 20\% \ MnO_2$를 혼합한 것은 1.4V이다. 방전중의 전위변화는 매우 적고, 보존 중의 전압안정성은 뛰어나다. 용량도 크고 염가이다. 단, 저온특성이 충분치 못하며 전압이 낮다.

(3) 니켈·아연전지

최근 개발된 전지이며, 중부하특성, 저온특성에 뛰어나고 전압 1.55V, 염가이지만 용량은 크지 않다.

(4) 리튬전지

음극활성물질로서 금속리튬을 사용한 전지다. 동작전압이 약 3V로 높고 용량도 크며 에너지 밀도는 보통전지의 2∼3배이다. 전압은 양극활성물질의 종류에 따라 다르다. 1.0mm 두께의 코인형도 있다. 경부하에 적합하다.

4) 기타의 전지

(1) 공기전지

$(-)Zn \mid KOH (NaOH)H_2O \mid C : 미세공막 : 공기(O_2)(+)$

전압 1.3∼1.4V, 에너지 밀도가 매우 크고, 경부하방전에 적합하며 단추형에서 50A·h(350g)∼ 2,000A·h(18kgf)까지 여러 종류가 있고, −10∼+50℃의 범위에서 전화기, 각종통신, 신호, 표식용전 원으로서 장기무보수에 견딘다. 단, 소형전지는 장기간헐방전에는 적합치 않다.

(2) 주수(注水)전지

보존시는 전해액을 넣지 않아서 건조상태에 있으며 경량, 보존성이 양호하다. 사용온도범위는 −40 ∼+90℃에 미친다. 여러 가지 있지만 전압은 일반적으로 1.7∼1.9V이다. 사용 직전에 주액(水)하거나 물에 담가, 부활(賦活)하여 사용한다. 자기방전이 크며 한번 액을 넣으면 장기간 조금씩 꺼내서 사용할 수가 없다. 군용, 해난 등의 긴급용이나 낚시 등에도 사용한다. 음극재료로서 Mg, Zn, Pb 등의 금속을, 또 양극재료로서 은(II)염, 이산화납, 과황산염 등이 사용된다.

(3) 고체전해질전지

전해질로서 고체전해질을 사용하는 새 타입의 전지이며, 누액의 염려가 없고 박막화, 적층화가 용이하다. 사용온도범위도 넓고 저장수명도 길다. 그러나 현 시점에서는 양질의 이온도전체가 Ag의 화학물 이외에 적고, 이 때문에 단전지의 동작전압이 0.7V로 낮을 뿐만 아니라 극히 경부하의 사용에 한정되어 있다. $Ag \mid RbAg_4I_5 \mid RbI_3$에서는 0.7V, 내부저항 0.25Ω, 사용전류 1mA 전후(경 12.5mm, 5.4mm 높이)이다.

19.3.3 **2차전지**

1) 2차전지의 특성

반복하여 충전함으로써 반복 사용할 수 있는 전지를 2차전지, 또는 축전지라 부른다. 동작원리는 1차전지와 동일하지만 방전과 충전이 전혀 반대방향인 반응이 가역적으로 진행되지 않으면 안 된다.

표 19.11 각종 2차전지의 특성비교

전지명		구 성			단전지당의공칭전압 [V]	에너지 밀도		보존성	방전특성				충방전 사이클 수명 [사이클]	입수 용이도	염가성	충전의용이함
		양극활성물질	전해질	음극활성물질		W·h/kgf	W·h/l		강전류방전특성	전압안정성	저온	고온				
연축전지	개방형	PbO_2	H_2SO_4	Pb	2.0	30~50	50~80	B	A	A	B	A	100~400	A	AA	C
	밀폐형	PbO_2	H_2SO_4	Pb	2.0	15~30	30~70	B	A	A	B	A	50~300	B	B	B
알칼리축전지	Ni-Cd(개방형)포켓식	NiOOH	KOH	Cd	1.2	15~30	25~50	A	A	A	A	A	500~5,000	B	C	B
	소결식	NiOOH	KOH	Cd	1.2	20~40	30~70	A	AA	AA	AA	A	500~5,000	B	C	AA
	밀폐형	NiOOH	KOH	Cd	1.2	20~35	50~70	A	AA	AA	AA	A	200~1,000	A	B	A
	Ni-Fe(개방형)	NiOOH	KOH	Fe	1.2	15~22	45~64	B	B	A	A	A	~2,000	B	B	A
	Ni-Zn(개방형)	NiOOH	KOH(ZnO)	Zn	1.55	40~100	40~100	B	AA	A	A	A	100~500	C	B	A
	밀폐형	NiOOH	KOH(ZnO)	Zn	1.55	35~80	40~100	B	AA	A	A	A	200~500	C	B	A
	은·아연	AgO	KOH(ZnO)	Zn	1.5	60~110	100~250	B	A	AA	A	A	10~200	C	D	B
	은·카드뮴	AgO	KOH	Cd	1.1	35~55	90~180	A	AA	AA	A	A	300~1,500	C	D	A

[주] 특성의 평가기호는 특별히 우수한 것을 AA로 하고, 이하 A, B, C의 순으로 한다.

이 때문에 제작이 1차전지보다 곤란하고 에너지밀도도 낮다. 2차전지를 크게 나누면 예비전원, 비상시전원으로서 사용되는 고정용 전지나 자동차, 전동차, 선박 등에 사용되는 가반용(可搬用)의 비교적 대형인 개방식 전지와 휴대 전자기기 등에 사용되는 소형 밀폐식 전지로 구별할 수 있다. 현용 2차전지의 방전특성에서 본 성능비교를 표 19.11에 표시하였다.

2) 납축전지

납축전지는 플랜트(G.Planté)가 발명한 이래 이미 100년을 넘는 역사를 가지며 수많은 개량을 거쳐서 오늘에 이르렀다. 성능면에서만 말하면 납축전지보다도 우수한 다른 2차전지가 있지만, 경제성을 가미한 종합면에서는 납축전지가 가장 실용성을 갖추고 있고, 입수의 용이성, 품질의 안정성으로 니켈·카드뮴 축전지와 함께 보급도가 높은 전지이다.

납축전지는 규격이 용도별로 표준공업규격으로 규정되어 있으므로 공업규격리스트(표 19.12 참조)를 참조하여 전지를 선택할 수 있다. 납축전지의 구성은

$$(-) \ Pb \ | \ H_2SO_4(H_2O) \ | \ PbO_2(+)$$

이며 전지반응은

$$PbO_2 + 2H_2SO_4 + Pb \ \underset{충전}{\overset{방전}{\rightleftarrows}} \ 2PBSO_4 + 2H_2O$$

로 표시되며 기전력은 약 2V이다. 그러나 황산용액의 농도에 따라서 그림 19.32에 표시한 것처럼 평

형전위가 바뀐다. 따라서 방전반응이 진행되면 황산이 소비되고 그 농도가 감소하여 평형전위가 낮아진다.

표 19.12 각종 납축전지 KS 번호표

각칭 (各稱)	번 호
가반납축전지	C 8506
고정납축전지	C 8505
자동차용축전지	C 8504
열차용축전지	C 8508
디젤전기기관용축전지	C 8509
이륜자동차용축전지	C 8510
동차용축전지	C 8511

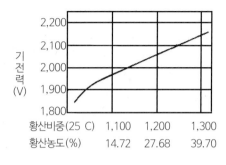

그림 19.32 각 황산농도에서의 납축전지의 기전력

충전하면 이 반응프로세스가 반대방향으로 진행하여 황산농도가 높아져서 전위도 높아진다는 과정을 밝게 된다. 납축전지의 특성의 개요를 종합하면 아래와 같이 된다.

(1) 충·방전 특성

2차전지의 충전이나 방전을 할 때 공칭용량을 n시간의 비율로 방전(또는 충전)할 때, n 시간율의 방(충)전 또는 C/n방(충)전이라 한다. 충전 또는 방전 중의 전지전압의 경시변화는 일례를 그림 19.33에 표시하는 것처럼 충·방전율에 따라 현저하게 다르며 높은 충·방전율로 사용할수록 충전 또는 방전할 수 있는 용량이 공칭용량보다도 작아진다.

(2) 온도의존성

일반적으로 납축전지의 사용온도역은 −10~+45℃로 되어 있지만, 이 온도범위 내에서는 방전특성이 온도가 높을수록 좋고 용량도 크다. 페이스트식 고정축전지에서는 방전용량의 온도의존성으로서 다음의 환산식이 주어지고 있다.

$$C_t = C_{25}\{1 + 0.008(t - 25)\}$$

C_{25} : 온도 25℃에서의 방전용량　　　　　C_t : 온도 t [℃]에서의 방전용량

(3) 내부저항

납축전지의 내부저항값은 전지의 크기에 따라서 다르며, 대체로 용량이 큰 전지일수록 작은 값을 갖는다. 10A·h 전지에서는 약 10mΩ, 1,000A·h 전지에서는 약 0.5mΩ이다. 또 내부저항값은 전지의 충전의 상태에 따라서도 다르며, 완전충전시의 값은 완전방전시의 1/3~1/2의 값이다. 한편 커패시턴스는 대략 0.04×(공칭용량) F의 오더(order)이다.

(4) 규격 · 수명

고정용전지의 수명은 일반적으로 15년 정도라고 한다. 규격의 일례를 표 19.13에 표시한다.

표 19.13 고정 납축전지(벤트형, 시일형)의 종류와 규격(발췌)(KS C 8505)

형식	공칭전압 V	용량 Ah{kC}[1]		외형치수최대 mm					참고	
		10시간율 (10HR)[2]	5시간율 (5HR)[2]	총높이		전조높이	나비	길이	질량(액포함) 약 kgf	전해액량 약 ℓ
				벤트형	시일형 E					
PS-15-6 (E)	6	15 {54.0}	12 {43.2}	230	270	187	135	202	8	2.5
PS-60-6 (E)	6	60 {216.0}	48 {172.8}	230	270	187	135	305	15	4
PS-30 (E)	2	30 {108.0}	24 {86.4}	230	270	187	135	69	3	1
PS-90 (E)	2	90 {324.0}	72 {259.2}	230	270	187	135	156	7.5	2
PS-210 (E)	2	210 {756.0}	168 {604.8}	405	443	328	173	198	19	6
PS-330 (E)	2	330 {1,188.0}	264 {950.4}	405	443	328	173	198	28	6
PS-500 (E)	2	500 {1,800.0}	400 {1,440.0}	405	443	328	173	393	43	12
PS-800 (E)	2	800 {2,880.0}	640 {2,304.0}	405	452	328	173	518	63	16
PS-1000 (E)	2	1000 {3,600.0}	800 {2,880.0}	800	800	643	303	283	108	31
PS-2000 (E)	2	2000 {7,200.0}	1600 {5,760.0}	800	800	643	303	393	178	37
PS-2400 (E)	2	2400 {8,640.0}	1920 {6,912.0}	800	800	643	303	393	198	33

주) (1) 국제 단위계(SI)로의 환산은 1Ah=3.6kC로 한다.
　　(2) HR은 Hour Rate를 뜻한다.

(5) 보수

납축전지를 오래 쓰기 위해서는 다음 사항을 지켜야 한다.

① 전해액의 점검을 하여 액이 감소하였을 때는 정제수를 보충하여 액이 끊이지 않도록 할 것. 함부로 희황산액을 보급해서는 안된다(비중은 항상 1.300(20℃) 이하로 유지한다).

② 적절한 충전을 한다(함부로 급속충전은 하지 않는다. 부동충전에서는 충전전압을 엄수한다. 방전후는 가급적 빨리 충전한다).

③ 과방전을 하지 않는다. 또한 무보수, 소형 휴대용으로서 밀폐식 전지도 개발되어 시판되고 있다.

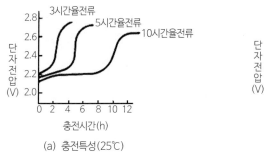 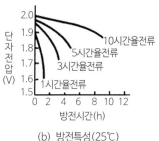

그림 19.33 클래드 납축전지의 충·방전특성

3) 알칼리 축전지

수산화나트륨이나 수산화칼륨 등의 강알칼리의 농후수용액을 전해액으로서 사용한 2차전지의 총칭이며, 그 대표적인 것으로서 니켈·카드뮴(Ni-Cd) 축전지가 있다. 이외에 은·아연, 은·카드뮴, 니켈·철, 니켈·아연 등의 축전지가 있다.

그러나 알칼리축전지라고 하면 일반적으로 Ni-Cd 축전지를 가리킨다. Ni-Cd 축전지는 주로 대형의 개방식전지와 휴대용에 사용하는 소형밀폐식 전지로 크게 나뉘지만 반응프로세스는 동일하다. Ni-Cd 축전지에는 중부하특성이 좋고, 저온도성이 좋으며, 사이클 수명이 길고, 보수가 용이하며, 과방전하여도 전지를 손상시키는 일이 적은 따위의 뛰어난 특징이 있다. 그러나 가격이 비쌀 뿐만 아니라 작동전압이 1.2V로 낮다는 문제점도 있다. 전지구성은

$$(-) \ Cd \ | \ KOH \ (+LiOH) \ | \ NiOOH \ (+)$$

이며 전지반응은

$$Cd + 2NiOOH + 2H_2O \ \underset{\text{충전}}{\overset{\text{방전}}{\rightleftarrows}} \ Cd(OH)_2 + 2Ni(OH)_2$$

이고 기전력은 1.3V이다. 개방식전지는 전극의 구조에 따라서 소결식(燒結式)과 포켓식이 있다. 양자는 내부저항에 차이가 있고, 소결식은 그림 19.34에 표시한 바와 같이 급속방전에 뛰어나며 10C 방전도 가능하다. 또 저온특성에도 뛰어나고 −40℃에 있어서도 0.2C 정도의 방전이면 충분히 사용 가능하다.

밀폐식 Ni-Cd축전지(니카드 전지)구조는 그림 19.35에 표시한 것처럼 시트상의 양음양극을 사용하고, 이 사이에 부직포의 세퍼레이터를 끼워서 스파이럴로 감고 니켈도금강판용기에 수납·밀폐화한 것이다.

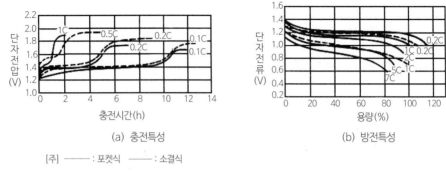

(a) 충전특성　　　　　　(b) 방전특성

[주] ——— : 포켓식 　 —— : 소결식

그림 19.34 니켈·카드뮴 축전지(개방형)의 충·방전특성의 일례

전극구성에 연구를 집중시켜서 적절한 조건의 충전이면 과충전을 하여도 용기 내의 압력은 상승하지 않도록 제작되어 있지만 예측치 못한 내압상승을 방지하기 위해서 뚜껑에 가역 밸브가 설치되어 있다. 니카드전지에는 공업규격이 제정되어 있으며 그 개요를 표 19.14에 표시하였다. NR-C형(단2사이즈)전지의 대표적인 방전특성을 그림 19.36에 표시한다. 니카드전지의 내부저항값은 1,000Hz 측정에서 10~50mΩ(25℃)의 오더(order)이다.

그림 19.35 밀폐형 니켈·카드뮴 전지의 구조

표 19.14 밀폐식 니켈·카드뮴 축전지의 규격(KSC 8515-1982)

| 형 식 | 공칭전압 [V] | 크 기 | | (0.2C방전) 공칭용량 [mA·h] | 사이클 수 명 | 중 량 [g] |
		최대경 [mm]	총 고 [mm]			
NR-⅓AA	1.2	14.5	17.0	90	300회 이상	7
NR-⅔AA	1.2	14.5	30.0	225	300회 이상	15
NR-AA	1.2	14.5	50.5	450	300회 이상	25
NR-SC	1.2	23.0	43.0	1 200	300회 이상	50
NR-C	1.2	26.0	50.0	1 650	300회 이상	80
NR-D	1.2	34.0	61.5	3 500	300회 이상	170

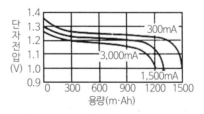

그림 19.36 밀폐형 니켈·카드뮴 축전지(NR-C : 단 2형)의 방전 특성

1600—	Gilbert(England)	• Establishment of the basics of electricity
1700— 1791-- 1800--	Galvani(Italy) Volta(Italy)	• Discovery of animal electricity • Invention of the voltaic cell
1800— 1831-- 1836-- 1840-- 1859-- 1866-- 1868-- 1888-- 1899--	Faraday(England) Daniell(England) Armstrong(England) Planté(France) Siemens(Germany) Leclanché(France) Gassner(USA) Jungner(Sweden)	• Formulation of Faraday's Law • Invention of the Daniell cell • Invention of the water-powered generator • Invention of the lead storage battery • Innovative improvements to the generator • Invention of the dry cell • Completion of the Leclanche cell • Invention of the Nickel-Cadmium storage battery
1900— 1901-- 1932-- 1947-- 1962-- 1977-- 1982--	Edison(USA) Shlecht-Ackermann (Germany) Neumann(France)	• Invention of the nickel-alkali storage battery • Invention of sintered plate • Successful complete sealing of the Nickel-Cadmium battery • first practical use of Sanyo CADNICA batteries • first practical use of Sanyo lithium(MnO_2-Li)batteries • first practical use of Sanyo amorphous is solar cells(AMORTON)

그림 19.37 The History of Batteries

19.4 Classification of Batteries

There are many types of batteries used today for the storage and conversion of energy. All batteries can be defined as devices to convert energy. by chemical reaction. or physical reaction into electric current, and classified as chemical batteries and physical energy batteries. Given below is the classification of batteries currently put to practical applications.

An explanation of the 3 classification of chemical batteries is : (i) primary batteries : energy is exhausted when active materials are consumed : (ii) Secondary batteries : (storage batteries), active materials are regenerated by charging : and (iii) Fuel Cells : externally supplied active materials are converted into electric energy. Secondary batteries include : acid storage batteries, such as lead-acid batteries where acids are used for electrolytes, and alkaline storage batteries such as Nickel-Cadmium batteries where alkalines are used for electrolytes. Table 19.15 and 19.16 summarize the characteristic performances of main chemical batteries commercially available today.

표 19.15 Energy Density of Commonly used Batteries

			(Wh/kg)	(Wh/ℓ)
Primary batteries		Carbon-Zinc Dry Cell	~50	~100–200
		Mercuric oxide battery	~100	~300–400
		Alkaline-Manganese Battery	~50	~400–500
		Silver oxide battery	~50–100	~300–400
		Silver chloride battery	~50–100	~250–400
		Zinc-Air Cell	~100–250	~150–300
	Lithium Batteries	Fluorocabon Lithium	~200–300	~550–650
		Manganese Dioxide Lithium	~200–300	~500–700
		Copper Oxide Lithium	~50	~500
Secondary batteries	Lead-acid Batteries	Vented type	~50	~150–200
		Sealed type	~30	~150–200
	Alkaline batteries	Nickel-Iron (Edison)	~30	~150–200
	Nickel-Cadmium Batteries	Jungner	~30	~150–200
		Sintered	~30	~150–200
		Sealed	~30	~150–250
		Silver Oxide-Zinc	~50–100	~150–350
		Silver Oxide Cadmium	~50	~150–250
		Carbon Lithium		

- Batteries
  - Chemical Batteries
    - Primary Batteries — Carbon-Zinc Dry Cell. Lithium Battery. Mercuric Oxide Battery. Silver Oxide Battery. etc.
    - Secondary Batteries — Lead Acid Battery. Nickel-Cadmium Battery. Lithium Battery.
    - Others — Fuel Cell.
  - Physical Energy Batteries — Solar Cell. Nuclear Energy. Thermal Battery.

[Coin Type Lithium Primary Batteries]

High voltage [3V] and high energy density, ideal for compact and light- weight equipment.

● Energy Density of Different Primary Batteries

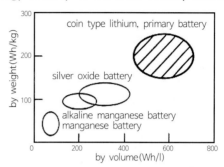

■ Features

● Low self-discharge rate and long life(self-discharge rate at room temperature less than 1% a year).

● Stable discharge voltage.

● Superior high rate pulse discharge characteristics.

● Wide operating temperature range(temperature range : −20℃ to +70℃)

● Superior leakage resistance.

● Extremely safe(UL recognized component : File No. MH12383).

■ Applications

watches(digital and analog) · calculators · electronic notebooks · electronic keys for automobiles · card radios · IC cards · memory cards · medical equipment · memory backup power source

■ Specifications

Model	Nominal voltage (V)	Nominal capacity[1] (mAh)	Standard discharge current(mA)	Max. discharge current(mA)		Max. dimensions(mm)		Weight (g)
				continous[2]	pulse[3]	diameter(D)	height(H)	
CR1220	3	35	0.1	2	10	12.5	2.0	0.8
CR1620	3	60	0.2	3	20	16.0	2.0	1.2
CR2016	3	80	0.3	5	50	20.0	1.6	1.7
CR2025	3	155	0.3	6	50	20.0	2.5	2.7
CR2032	3	220	0.3	4	40	20.0	3.2	3.2
CR2430	3	280	0.3	6	50	24.5	3.0	4.0
CR2450	3	560	0.2	3	50	24.5	5.0	6.2

※1 Nominal capacity is determined to an end voltage of 2.0V when the battery is allowed to discharge at a standard current level at 23℃

※2 Current value is determined so that 50% of the nominal capacity is obtained with an end voltage of 2.0V at 23℃

※3 Current value for obtaining 2.0V cell voltage when 15sec pulse applied at 50% discharge depth(23℃)

Cadnica

(Standard Assembled CADNICA Batteries)

In the device design stage, battery model selection requires consideration of ratings, conditions of use and operating temperature range, while the determination of assembled battery configuration must take into account the equipment space and battery mounting method. For reference, Sanyo's standard configurations of assembled batteries are shown below.

Contact Sanyo if the standard configurations are inappropriate, or a special battery case is needed.

■ Precautions for Incorporating Assembled Batteries

• When batteries are used at high temperatures, their charge efficiency decreases and degradation of their performance and material properties is accelerated. To prevent this, keep the battery away from heat generating parts such as in transformers, and attempt to improve the heat radiation of equipment and battery.

• Reversed charging of a battery may cause leakage of electrolyte(strong alkaline), thus calling for alkaline-resistant material in the periphery of the battery. Together with the electrolyte, oxygen or hydrogen gas may leak. During design, measures must be incorporated to prevent combustion which may be caused by sparks from motor or switches.

• Avoid contact-type connections such as those employing a spring, as an oxidized coating will from on the contact surface after prolonged periods of use, leading to possible improper contact. If a contact-type connection is used, remove the battery and wipe the contact with a cloth every few months to improve conductivity.

■ Standard Configurations

Connection types

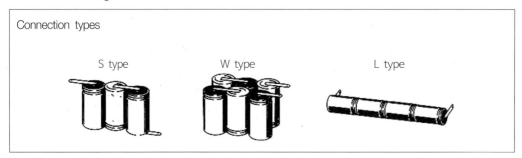

S type   W type   L type

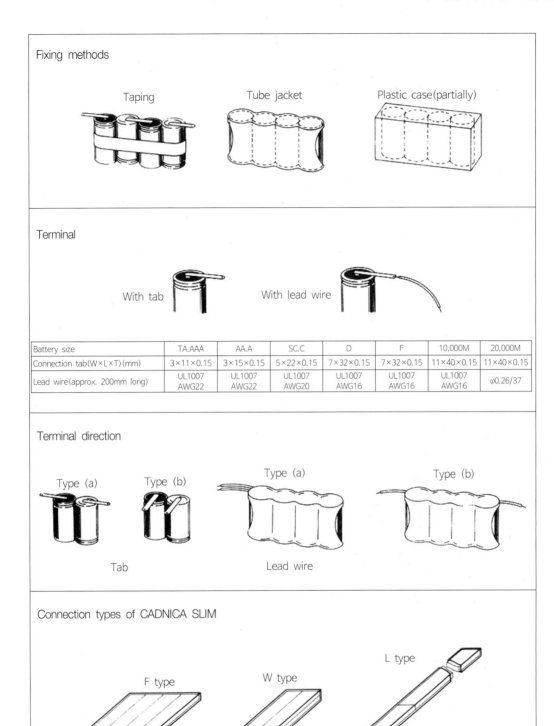

Fixing methods

Taping Tube jacket Plastic case(partially)

Terminal

With tab With lead wire

Battery size	TA.AAA	AA.A	SC.C	D	F	10,000M	20,000M
Connection tab(W×L×T)(mm)	3×11×0.15	3×15×0.15	5×22×0.15	7×32×0.15	7×32×0.15	11×40×0.15	11×40×0.15
Lead wire(approx. 200mm long)	UL1007 AWG22	UL1007 AWG22	UL1007 AWG20	UL1007 AWG16	UL1007 AWG16	UL1007 AWG16	φ0.26/37

Terminal direction

Type (a) Type (b) Type (a) Type (b)

Tab Lead wire

Connection types of CADNICA SLIM

F type W type L type

표 19.16 Comparison of Commonly used Batteries

Battery	Composition			Rated Voltage	Self-discharge Rate at R.T. (%)	Discharge Characteristics					Service Life
	Active Material of Positive Electrode	Electrolyte	Active Material of Negative Electrode			High-rate Discharge	Voltage Stability	Thermal Temperature			
								Low Temp	High Temp		
Carbon-zinc Dry Cell	MnO_2	$NH_4Cl \cdot ZnCl_2$	Zn	1.5	10/year	B	C	C Low-Temp Model Available	C		—
Mercury Oxide Battery	HgO	KOH(ZnO)	Zn	1.3	5/year	C (intermittent) B~C	AA	C Low-Temp Model Available	AA		—
Alkaline-Manganese Battery	MnO_2	KOH(ZnO)	Zn	1.5	7/year	B	B~C	A	A		—
Silver Oxide Battery	Ag_2O	KOH or NaOH(ZnO)	Zn	1.5	10/year	B	AA	A	A		—
Silver Chloride Battery	AgCl	Sea Water	Mg	1.4	Storable for 3-5 years	AA	AA	AA	A		—
Zinc air Cell	Air (activated charcoal)	KOH(ZnO) or NH4Cl	Zn	1.3	—	C	A	B	C		Negative Zn Electrolyte Replaceable
Lithium Battery	MnO_2	Propylene Carbonate and other Organic Solvent	Li	3.0	0.5~1/year	A~B	A	A	A		—
	(CF)n	$LiBF_4$ + γ-butyrolactone	Li	3.0	0.5~1/year	B	A	A	A		—
	CuO	Propylene Carbonate and other Organic Solvent	Li	1.5	0.5~1/year	B	A	A	A		—
Vented	PbO_2	H_2SO_4	Pb	2.0	20/month	B	A~B	C	A		100~400
Sealed	PbO_2	H_2SO_4	Pb	2.0	3/month	B	A~B	A	A		200~500
Nickel-Iron	NiOOH	KOH	Fe	1.2	20/month	B	A	C	A		100~2,000
Jungner	NiOOH	KOH	Cd	1.2	30/year	B	A	A	A		500~5,000
Sintered	NiOOH	KOH	Cd	1.2	30/year	AA	A	A	A		500~5,000
Sealed	NiOOH	KOH	Cd	1.2	25/month	AA	A	A	A		300~2,000
Silver Oxide Zinc	AgO	KOH(ZnO)	Zn	1.5	20/month	AA	2 level Portions	A	A		10~400
Silver Oxide Cadmium	AgO	KOH	Cd	1.1	25/year	B	2 level Portions	A	A		300~2,000
Carbon Lithium	C	Propylene Carbonate and other Organic Solvent	Li	3.0	5/year	C	C	B	A		2,000~10,000

19.5 Advantages and Characteristics of CADNICA(Nickel-Cadmium) Batteries

As an energy storage and conversion system, CADNICA batteries excel in ease of operation and electric characteristics, even though being classified as a secondary battery. Anticipating diversified market requirements, Sanyo Electric Co., has recently put CADNICA batteries to use in sophisticated applications that call for such requirements as high-speed charging and high-temperature operation, while maintaining all the features of general-use CADNICA batteries. Other significant features of the CADNICA battery are as follows.

① Outstanding economy and long service life which can last over 500 charge/discharge cycles.

② Low internal resistance which enables high-rate discharge, and constant discharge voltage which guarantees excellent sources of DC power for any battery-operates appliance.

③ Completely sealed construction which prevents leakage of electrolyte and is maintenance free. No restriction on mount direction so as to be incorporated in any appliance.

④ Ability to withstand overcharge and overdischarge.

⑤ Long storage life without deterioration in performance; and recovery of normal performance on being recharged.

⑥ Operational within a wide temperature range and under unfavorable humidity conditions.

⑦ Metal casing which guarantees mechanical ruggedness.

⑧ Interchangeability with ordinary AA, C and D size cells, thanks to similarities in discharge voltage.

⑨ High reliability in performance due to high standard quality control in manufacturing process.

19.6 휴대폰(CDMA, PCS)의 기구 케이스(CASE)의 플라스틱 재질

① PC(LEXAN 141) : 메이커 미국 GE회사

충격에 대단히 강하다(내충격성 우수). 일반 ABS에 비하여 수지 흐름성이 좋지 않다.

예 LG 휴대폰 사이언(Cyon)

② PC(LEXAN 121) : 메이커 미국 GE회사

PC(LEXAN 141)보다는 내충격성이 약간 떨어지나 ABS가 더 많이 섞여 있어 수지 흐름성이 좋다. 살두께는 고속사출기를 사용하여 0.55t(즉 0.55mm)까지 사출이 가능하며 휴대폰의 무게를

80~85gr까지 경량화 시킬 수 있다.

예 모토로라(Motorola) 휴대폰 스타택(StarTac)

③ PC(SP1210R-701 : Black) : 메이커 미국 GE회사

살두께 1.0t 이하로 성형이 가능하며, 사출조건을 좋게 하기 위해 PC표준품인 PC(LEXAN 141) 등급보다 ABS가 더 많이 함유됨.

예 맥슨(Maxon)의 휴대폰

④ PC(SR1220R) : 메이커 삼성 제일모직

살두께를 얇게 사출성형할 수 있으며, 경량화가 가능하다.

예 삼성 휴대폰 애니콜(Anycall)

제 5 편 ● 기계요소의 적용과 설계

1.1 나사의 분류

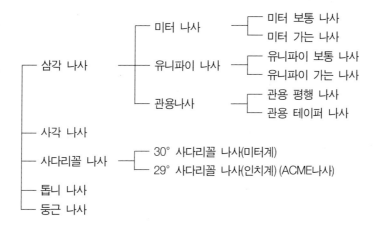

1.2 일반적인 나사의 종류

1) 작은 나사(Cap Screw or Machine Screw)

볼트의 축지름이 작은 나사로서 일반적으로 지름 9mm 이하의 머리붙이 수나사를 작은나사라고 한다. 보통 머리부에는 드라이버로 돌릴 수 있도록 홈이 파져 있다.

홈의 모양에 따라 다음과 같이 분류한다.

① 1자홈 작은 나사(Slotted head machine screw)

② 십자홈 작은 나사(Cross recessed head machine screw)

①은 보통 드라이버로 돌릴 수 있는 것이고, ②는 십자 드라이버로 돌리는 것이다. 십자 드라이버 끝의 십자날은 그 일부가 테이퍼져 있기 때문에 작은 나사를 끝에 부착시켜서 돌릴 수 있으며 드라이

버가 나사홈에서 빠지기 어렵고, 또 돌리는 횟수는 적어도 되고 홈의 파손이 적다. 또한, 작은 나사는 머리 모양에 따라 그림 1.1, 1.2와 같은 것이 있으며 모두 KS 규격에 주요치수가 규정되어 있다.

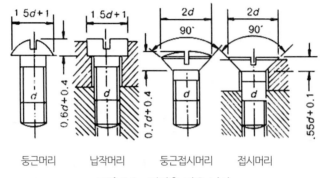

둥근머리   납작머리   둥근접시머리   접시머리

그림 1.1 일자홈 작은 나사

둥근머리   냄비머리   트러스   바인드   접시머리   둥근접시머리

그림 1.2 십자홈 작은 나사

2) 멈춤 나사(Set Screw)

누름나사라고도 하며, 2개의 결합부의 미끄러짐이나 회전을 막기 위하여 사용되는 나사로서 저항하중은 작다. 그림 1.3과 같이 구멍붙이(a), 홈붙이(b), 사각머리붙이(c)의 3종류가 있고, 나사끝의 멈춤작용을 하는 부분은 용도에 따라 여러 가지 모양의 것이 있으며, 경화시키는 것이 보통이다.

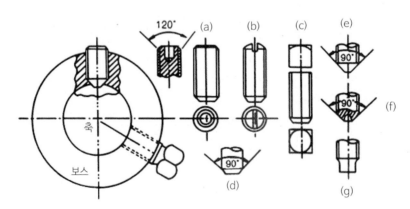

(a) 구멍붙이 멈춤나사   (b) 홈붙이 작은 나사   (c) 4각머리 작은 나사
(d) 납작끝   (e) 뾰족끝   (f) 오목끝   (g) 막대끝

그림 1.3 멈춤 나사

3) 나사못(Wood Screw)

나사부가 긴 원추모양으로 되어 있고, 이에 피치가 큰 삼각나사를 절삭한 것으로서 일반적으로 목재와 같은 연한 재료에 나사를 박을 때 사용한다. 그림 1.4와 같이 여러 가지의 머리모양의 것이 규정되어 있다.

둥근머리 접시머리

그림 1.4 나사못

그림 1.5 태핑 나사

4) 태핑 나사(Tapping Screw)

침탄(浸炭)담금질한 일종의 작은 나사로서, 암나사 쪽은 나사 구멍만을 뚫고 스스로 나사를 내면서 죄는 것이다. 단지 부매(簿枚)를 연결하는데 사용하는 소형의 나사에서는 나사 끝에 나사못과 같이 테이퍼를 붙이고, 두꺼운 판에 사용하는 조금 큰 나사에서는 탭과 같은 홈을 붙인다(그림 1.5 참조).

5) 헬리서트(Heli-Sert)

이것은 그림 1.6과 같이 나사산 단면을 두 개 합친 마름모꼴 단면의 코일을 암나사와 수나사 사이에 삽입하여 주철, 경금속, plastic, 목재 등 강도가 불충분한 모재를 강화하거나, 멸변형 등으로 손상된 암나사 구멍을 재생하는데 사용된다.

헬리서트는 18-8 스테인레스강 또는 인청동 등의 비교적 고급재료를 사용하여, 전용공구로 만들어진다. 헬리서트를 받아들이는 나사구멍은 높은 정밀도가 필요하며, 헬리서트의 자유 지름은 15~20% 정도 크게 하여 구멍에 끼워졌을 때 spring 작용에 의하여 벽면에 고착되도록 한다.

헬리서트

그림 1.6 헬리서트

6) 볼 나사(Ball Screw)

그림 1.7과 같이 나사의 미끄럼 접촉면에 강구를 넣어 나사구조에다 ball bearing의 저마찰특성을 도입한 고효율의 나사이다. 그림 1.8과 같이 미끄럼 마찰면이 구름 마찰면으로 되어 있으므로 미끄럼 마찰에 의한 사각나사에 비하여 효율이 높다. 너트를 2개로 분할하여 예압(預壓)을 주면 백 래시를 없애고, 강성을 높일 수 있다. 이와 같은 특성을 이용하여 이작기계의 피드 나사(feed screw), 자동차 및

항공기의 스티어링 장치(steering gear)에 사용되고 있다.

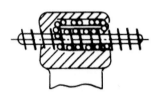

그림 1.7 Ball 나사

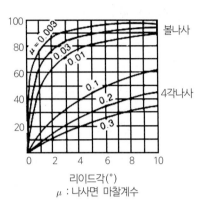

리이드각(°)
μ : 나사면 마찰계수

그림 1.8 Ball 나사의 효율

1.3 나사의 적정체결

1) 나사의 적정체결력

나사의 적정체결력은 나사부품의 강도, 피체결물의 강도, 나사결합체에 작용하는 외력의 종류 및 크기를 고려하여 결정하는데 맹목적으로 같은 기준을 적용할 수 없다. 초기체결력 F_f는 (강의 경우)

$$F_f = As\,(0.7\,\sigma_s)\,\mathrm{kgf}$$

As : 나사부의 유효단면적

$$As = \frac{H}{4}\frac{(d_2 + d_3)^2}{2}$$

d_2 : 나사의 유효지름

$$d_3 = d_1 - 2\left(\frac{H}{4} - \frac{H}{6}\right) = d - 1.227P$$

d_1 : 골지름 d : 호칭지름

H : 산높이 σ_s : 항복점(kgf/mm^2)

예 강도 5, 6의 경우

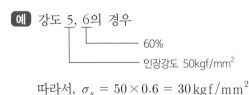

60%

인장강도 50kgf/mm^2

따라서, $\sigma_s = 50 \times 0.6 = 30\,\mathrm{kgf/mm^2}$

2) 체결력과 체결 Torque와의 관계

나사를 체결할 때의 체결 torque T와 체결력 F의 관계는 이 나사가 항복점 이하의 체결력의 경우 다음과 같이 된다. 일반적인 경우 torque 계수를 0.2로 잡는다.

$$T = kdF$$

k : torque 계수 d : 호칭지름 F : 체결력

나사 표면 상태	Torque 계수	
	평균	표준 편차
건 조	0.2492	0.1432
착 유	0.1920	0.01961
왁 스	0.1224	0.0111
아연도금	0.2390	0.0396

1.4 나사부품용 표면처리

종 류	두께 (μm)	기 호	적 용
전기아연 도금 광택 크롬	2	MFZn I	철강재, 일반용 (내구소비재)
	5	MFZn II	
전기아연 도금 유색 크롬	2	MFZn I-C	철강재, 내식용 (공업용 기기)
	5	MFZn II-C	
카드뮴 도금	2	MFCd I	고탄소강, 합금강 (공해문제로 거의 사용 안 함)
	5	MFCd II	
니켈 도금	3	MBNi I	활용재, 일반용
흑니켈 도금	2	MFNi I (흑)	철강재, 미관용(사진기, 라디오 등)
니켈크롬 도금	3	MFCr I	철강재, 미관용
	3	MFBCr I	황동재, 미관용
주석 도금	3	MFSn I	철강재, 도전부품용
	5	MFSn II	철강재, 납땜부품용
은 도금	3	MBAg II	황동재, 도전용
	5	MBAg III	

종 류	두께 (µm)	기 호	적 용
산화철 피막	0.2~0.3	-	철강 열처리부품 간이처리용 (6각 홈붙이 볼트, 멈춤나사 등)
인산염 피막	0.5~1	-	철강재, 일반간이 처리용
용융아연 도금	50	HDZ35A	철강재, 옥외 내식용
	57	HDZ40A	
용융알루미늄 도금	60	HDA1	철강재, 옥외내식, 미관용

1.5 나사 및 Nut 표기 방법

1) Screw, Bolt, Rivet 표기방법

(1) Head

R : Round head

RCS : Round counter sink head

T : Truss head

F : Flat head

CS : Counter sink head

P : Pan head

RF : Round flat head

B : Bind head

(2) 재질 및 표면처리(공통)

BN : Brass nickel

SZ : Steel zinc(natural)

BS : Brass

BC : Brass chromium

SB : Steel black oxide

SN : Steel nickel

AL : Aluminium

SS : Stainless steel

SC : Steel chromium

SW : Steel zinc(white)

(3) 취부 Washer의 형태표기

TA   : Toothed lock washer(내치형, A-type) ─┐

TB   : Toothed lock washer(외치형, B-type)   ├── Lock washer

TC   : Toothed lock washer(접지형, C-type)   │

TAB : Toothed lock washer(내외치형, AB-type) ─┘

PSR : Plain washer(소형원형)
PBR : Plain washer(광택원형)
PLR : Plain washer(보통원형) ── Plain washer
P4S : Plain washer(소형 4각)
P4L : Plain washer(대형 4각)

(4) 예

*X-head M/C screw — (KSB1023의 counter sink cross-recessed head screw)

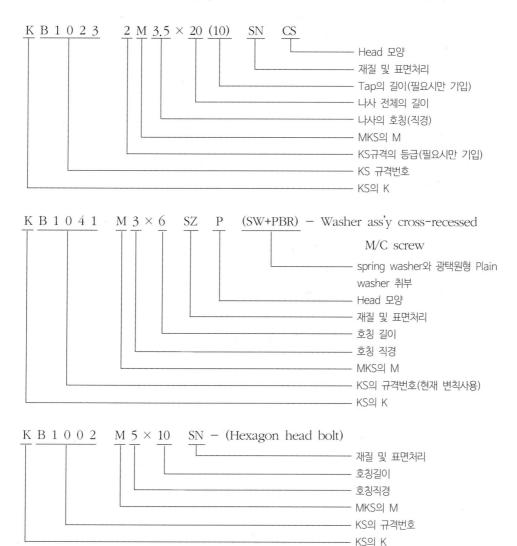

K B 1 0 2 3   2 M 3.5 × 20 (10)   SN   CS
— Head 모양
— 재질 및 표면처리
— Tap의 길이(필요시만 기입)
— 나사 전체의 길이
— 나사의 호칭(직경)
— MKS의 M
— KS규격의 등급(필요시만 기입)
— KS 규격번호
— KS의 K

K B 1 0 4 1   M 3 × 6   SZ   P   (SW+PBR) — Washer ass'y cross-recessed
M/C screw
— spring washer와 광택원형 Plain washer 취부
— Head 모양
— 재질 및 표면처리
— 호칭 길이
— 호칭 직경
— MKS의 M
— KS의 규격번호(현재 변칙사용)
— KS의 K

K B 1 0 0 2   M 5 × 10   SN — (Hexagon head bolt)
— 재질 및 표면처리
— 호칭길이
— 호칭직경
— MKS의 M
— KS의 규격번호
— KS의 K

*KB1002와 같이 Head가 규격번호에 나타날 경우는 Head 표시를 하지 않음.

2) Nut, Washer 표기법

(1) 형태

TA   : Toothed lock washer (내치형, A-type)
TB   :   ″   (외치형, B-type)
TC   :   ″   (접지형, C-type)
TAB :   ″   (내외치형, AB-type)

— Lock washer

PSR : Plain washer (소형원형)
PBR :   ″   (광택원형)
PLR :   ″   (보통원형)
P4S :   ″   (소형 4각)
P4L :   ″   (대형 4각)

— Plain washer

(2) 재질 및 표면처리(공통)

BN : Brass nickel   SN : Steel nickel
SZ : Steel zinc(natural)   AL : Aluminium
BS : Brass   SS : Stainless steel
BC : Brass chromium   SC : Steel chromium
SB : Steel black oxide   SW : Steel zinc(white)

(3) 예

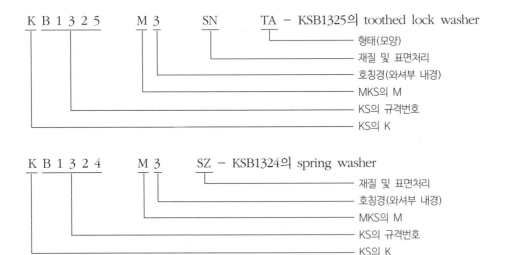

K B 1 3 2 5   M 3   SN   TA – KSB1325의 toothed lock washer
형태(모양)
재질 및 표면처리
호칭경(와셔부 내경)
MKS의 M
KS의 규격번호
KS의 K

K B 1 3 2 4   M 3   SZ – KSB1324의 spring washer
재질 및 표면처리
호칭경(와셔부 내경)
MKS의 M
KS의 규격번호
KS의 K

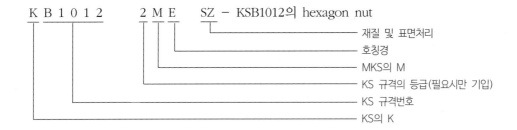

K B 1 0 1 2 2 M E SZ - KSB1012의 hexagon nut
- 재질 및 표면처리
- 호칭경
- MKS의 M
- KS 규격의 등급(필요시만 기입)
- KS 규격번호
- KS의 K

참고사항

No.	KS 표기	품 명	비 고
1	KSB1002	Hexagon head bolt	
2	KSB1003	Hexagon head cap screw	
3	KSB1005	Wing bolt	
4	KSB1012	Hexagon nut	
5	KSB1014	Wing nut	
6	KSB1021	Slotted head M/C screw	
7	KSB1023	X-head M/C screw	
8	KSB1025	Slotted set screw	
9	KSB1028	Socket set screw	
10	KSB1032	X-head tapping screw	
11	KSB1041	Washer ass'y 또는 with washer	Washer 취부 및 붙이
12	KSB1056	Wood screw	
13	KSB1101	Round head rivet	
14	KSB1103	Rivet semi-tubular	
15	KSB1321	Pin split	
16	KSB1324	Spring washer	
17	KSB1325	Toothed lock washer	
18	KSB1326	Plain washer	
19	KSB1337	Ring retaining(E-type ring)	
20	KSB1339	Spring pin	

일반공차				R E V I S I O N	
치수	공차	치수	공차		
0~	±0.1	~			
~		~			
~		~			

No.	REMARK	QUANTITY	MATERIAL	COLOR/FINISH
A		1EA/SET	SUS303	탈지

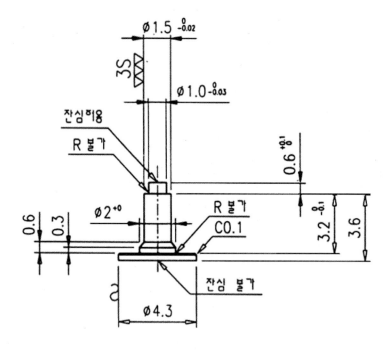

NOTE

1. 무지시 치수공차는 ±0.1, 무지시 각도공차는 ±1
2. 가공 후 BURR가 없을 것

C	B	A	NO.	PART NO.	DESCRIPTION	MATERIAL	COLOR/FINISH	REMARK
QUANTITY								

척도	단위	품명	관계도면	도면번호
5/1	mm	PIN, IDLER ARM		

일반공차				R E V I S I O N
치수	공차	치수	공차	
0~	±0.1	~		
~		~		
~		~		

No.	REMARK	QUANTITY	MATERIAL	COLOR/FINISH
A			C3604BD	탈지

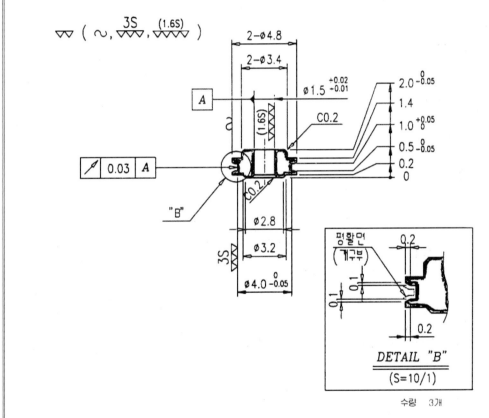

DETAIL "B"
(S=10/1)

수량 3개

NOTE
1. 무지시 치수공차는 ±0.1, 무지시 각도공차는 ±2°
2. 가공 후 BURR가 없을 것.
3. 본 도면은 E/S용 도면임.

C	B	A	NO.	PART NO.	DESCRIPTION	MATERIAL	COLOR/FINISH	REMARK
QUANTITY								

척도	단위	품명	관계도면	도면번호
5/1	mm	PULLEY, IDLER		

일반공차				R E V I S I O N	
치수	공차	치수	공차		
0~	±0.1	~			
~		~			
~		~			

No.	REMARK	QUANTITY	MATERIAL	COLOR/FINISH
A		2EA/SET	SUS420J2	탈지

▽▽ (0.8S ▽▽▽▽)

0.001 0.002
○   —

$\phi 1.5 {}^{-0.003}_{-0.008}$

0.8S

2-R0.2 ~ R0.4
BARRELING

14.2

NOTE
1. 무지시 치수공차는 ±0.1
2. 절삭 BURR가 없을 것.
3. 열처리 후 경도 Hv550 이상
4. 양단 잔심 높이 MAX. 0.03

C	B	A	NO.	PART NO.	DESCRIPTION	MATERIAL	COLOR/FINISH	REMARK
QUANTITY								
척도			단위		품명	관계도면		도면번호
5/1			mm		SHAFT, REEL			

Spring(스프링)

2.1 Spring 재료의 응력을 취하는 방법

Spring 설계에서 요구하는 spring 특성을 만족함과 동시에 사용상의 공간적 조건에 맞도록 하며, 즉 spring이 놓이는 환경을 기준으로 하여 spring에 가해지는 하중조건에 대하여 필요한 수명을 갖도록 하여야 한다. spring에는 주로 비틀림 응력(전단응력) 혹은 굽힘 응력(인장, 압축응력)이 작용하는 2가지 경우가 있다. 여기서의 응력이 정하중으로 부하가 걸리는 것과 반복하중으로 부하가 걸리는 경우에 대하여 설명한다.

2.1.1 정하중을 받는 Spring

정하중이라고 하는 것은 사용상태에서 하중변화가 거의 없는 것, 혹은 반복하중이 있더라도 spring의 수명을 통틀어 수천 회 이하의 것을 말한다.

1) 비틀림 응력의 경우

(1) 압축코일 Spring

정하중에 대하여 허용응력은 그림 2.1과 같다. 여기서 τ_{al} 은 피아노선, 경강선의 경우 인장강도(σ_B)의 80%까지를 통상 spring에 필요한 탄성역(σ_{al})로 하고, 인장응력(σ)와 전단응력(τ)의 비를 0.6으로 하면,

$$\tau_{al} = 0.6 \times \sigma_{al} = 0.6 \times (0.8 \times \sigma_B) = 0.48 \times \sigma_B \fallingdotseq 0.5\sigma_B$$

여기서 σ_B는 각 강선의 KS에 규정된 인장강도의 범위에서 최소치이다. 또한, 오일 템퍼선은 냉간 신선(伸線)으로서 인장강도를 얻는 것보다 항복비가 높으므로 0.5의 계수를 0.55로 하고 스테인리스 강선은 피아노선, 경강선보다 항복비가 낮으므로 0.45로 한 것이다. 설계상의 최대 사용응력은 여기서의 허용응력의 80%를 잡는 것으로 한다.

(2) 인장코일 Spring

정하중에 대한 허용응력은 압축코일 spring과 같이 그림 2.1이 사용된다. 인장코일 spring은 초기장력이 있는 것이 많다. 또한 후크부분의 응력집중도 있으므로, 본래 이 응력집중을 계산해야 하지만 보통 coil부의 응력 τ_0로써 계산하기 때문에 이것을 고려하여 압축 spring의 경우의 80%를 취하는 것으로 한다. 따라서 설계상의 최대 사용응력은 압축 spring에 준하여 80% 즉, 그림 2.1에 대하여 64%를 취한다.

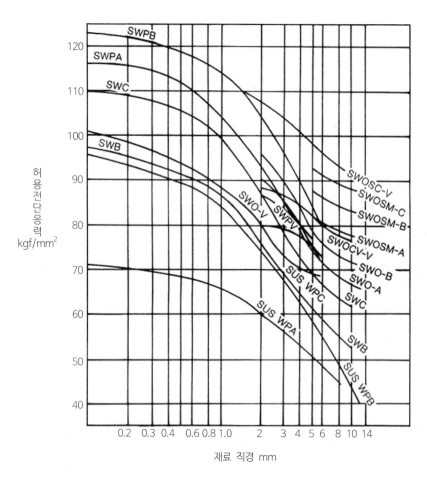

그림 2.1 정하중에 대한 허용 전단응력

2) 굽힘응력의 경우

(1) 비틀림 코일 Spring

정하중에 대하여 응력을 취하는 방법은 KS에서는 모멘트가 spring을 감는 방향으로 작용하는 경우는 사용강선의 종류에 따라 그림 2.2에 의하여 허용응력을 취하는 것으로 하고 있다. 그림 2.2는 각

강선의 KS에 나타낸 인장 강도 범위의 최소치에 대하여 피아노선, 경강선, 오일템퍼선은 0.8의 계수, 또 스테인리스 강선은 0.75의 계수를 곱한 것으로 취한 것이다.

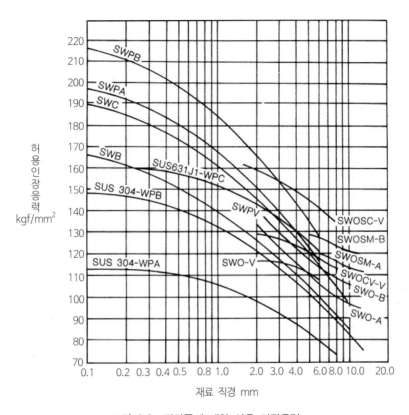

그림 2.2 정하중에 대한 허용 인장응력

2.1.2 반복하중을 받는 Spring

Spring은 반복하중을 받는 경우가 많다. 그때 spring의 파손까지 반복하는 횟수를 설계상 예상하지 않으면 안 되는 경우가 많다. 그러한 경우에는 정하중의 허용응력과 별도로 반복하중에 대한 응력을 취하는 방법이 필요하다.

일반적으로 spring의 피로강도는 열처리, setting, 쇼트 피닝 등의 조건 미 부식환경, 온도 등 spring 이 놓이는 주위환경에 영향을 받으므로 비록 재료 자체의 피로강도를 알더라도 정확히 spring의 수명을 판정하는 것은 곤란한 문제이다. 따라서 KS의 설계기준에는 spring에 생기는 응력의 상한치와 하한치의 관계 및 피로강도에 미치는 모든 인자 등을 고려하여 적당한 값을 선택하게끔 기록되어 있다.

KS를 참고로 하면 피아노선, 밸브 spring용 오일템퍼선 등 내피로성이 뛰어난 선을 사용하여 보통의 주위환경에서 반복하중을 받는 spring의 수명을 추정하는 Goodman diagram의 비틀림 응력용 그림 2.3 및 굽힘응력용 그림 2.4를 KS에 나타내고 있다.

그림 2.3 및 그림 2.4는 인장강도를 기본으로 한 것이므로 인장강도를 알고, spring 사용상의 상한 응력과 하한응력을 알면 피로한도 및 피로강도를 알 수 있는 것이다.

예 SWPB(피아노선 B)를 사용하여 $d = 1\text{mm}$ (σ_B의 최소치 230kgf/mm²), $D = 10\text{mm}$, $Na = 8$, $Nt = 10$, $Ho = 32\text{mm}$ 의 압축 spring이 사용범위

$$H_1 = 24\text{mm}, \ P_1 = 1\text{kgf} \ \text{부터} \ H_2 = 12\text{mm}, \ P_2 = 2.5\text{kgf}$$

매분 800회의 정현파상의 반복하중을 받는 경우의 수명횟수를 검토하면

$$\tau_{\max} = K \times \frac{8PD}{\pi d^3} = 1.15 \times \frac{8 \times 2.5 \times 10}{\pi \times 1^3} = 73.2\text{kgf/mm}^2$$

상한응력계수는 $\dfrac{\tau_{\max}}{\sigma_B} = \dfrac{73.2}{230} = 0.318$

$$\gamma = \frac{P_{\min}}{P_{\max}} = \frac{1}{2.5} = 0.4$$

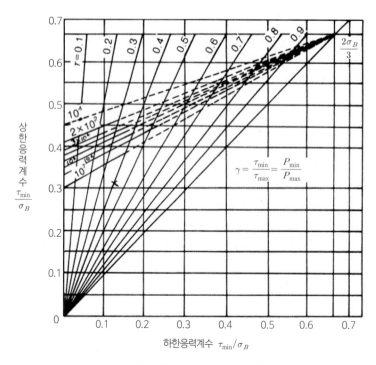

그림 2.3 반복하중에 있어 비틀림응력 계수

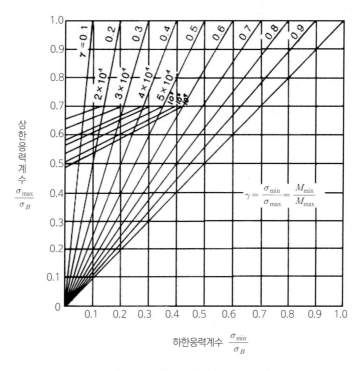

그림 2.4 반복하중에 있어 굽힘응력 계수

이상의 결과로부터 그림 2.3에 표시한 X표의 점을 얻는다. 이 점은 피로한도 이내에서 10회 이상의 수명을 기대하는 것이 가능하다.

2.2 압축코일 Spring

2.2.1 원통형 압축코일 Spring의 기본식

	하중 P (Kgf)에 의한 식	변형 δ (mm)에 의한 식	응력 τ_o (Kgf/mm²)에 의한 식
하중을 구하는 식 (P)		$P = \dfrac{Gd^4}{8NaD^3}\delta$	$P = \dfrac{\pi d^3}{8D}\tau_o$
변형을 구하는 식 (δ)	$\delta = \dfrac{8NaD^3}{d^4 G}P$		$\delta = \dfrac{\pi d^3}{8D}\tau_o$
응력을 구하는 식 (τ_o)	$\tau_o = \dfrac{8D}{\pi d^3}P$	$\tau_o = \dfrac{dG}{\pi NaD^2}\delta$	

D　　　　: 코일 평균경(mm)

Na　　　: 유효 감김수

d　　　　: 재료의 직경, 선경(mm)

G　　　　: 횡탄성 계수(kgf/mm^2)

$C = D/d$: spring 지수

K　　　　: 응력수정계수

코일 내측의 응력의 최대치인 비틀림 수정응력 τ(kgf/mm^2)은

$$\tau = K\tau_o$$

2.2.2 응력 수정계수

KS에서는 Wahl에 의한 다음의 식을 사용하고 있으며 그림 2.5에서 표시하고 있다.

$$K = \frac{4C-1}{4C-4} + \frac{0.615}{C}$$

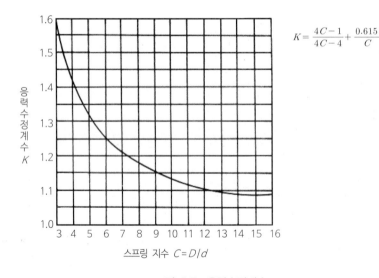

그림 2.5 응력수정계수

2.2.3 탄성계수

표 2.1 탄성계수

(단위 : kgf/mm^2)

재　　료		횡탄성계수 (G값)	종탄성계수 (E값)
피아노선		8×10^3	21×10^3
경강선		8×10^3	21×10^3
오일템퍼선		8×10^3	21×10^3
스테인레스 강선	STS302	7×10^3	18.5×10^3
	STS304		
	STS316		
	STS631 J1	7.5×10^3	20×10^3
황동선		4×10^3	10×10^3
양백선		4×10^3	11×10^3
인청동선		4.3×10^3	11×10^3
베릴륨동선		4.5×10^3	12×10^3

2.3 인장코일 Spring

2.3.1 인장코일 Spring의 기본식

	하중 P (kgf)	변형량 δ (mm)	응력(無修正) τ_o (kgf/mm^2)
하중 P (kgf)를 구하는 식		$P = \dfrac{Gd^4}{8D^3 Na}\delta + \Pi$	$P = \dfrac{\pi d^3 \tau_o}{8D}$
변형량 δ (mm)를 구하는 식	$P = \dfrac{8NaD^3}{d^4 G}(P - \Pi)$		$P = \dfrac{\pi Na D^2}{Gd}(\tau_o - \tau_i)$
응력(無修正) τ_o (kgf/mm^2)을 구하는 식	$\tau_o = \dfrac{8DP}{\pi d^3}$	$\tau_o = \dfrac{Gd\delta}{\pi Na D^2} + \tau_i$	

P_i : 초기 장력, 나머지 기호는 압축코일 spring 참조

2.3.2 초기장력

인장 spring 중 밀착감김의 냉간성형 코일은 초기장력 P_i를 발생한다. 이 경우 초기장력에 의한 비틀림 응력 τ_i는 강에 대하여 원칙적으로 다음 그림 2.6의 범위에서 취한다.

$$\text{여기서, } P_i = \frac{\pi d^3}{8D}\tau_i$$

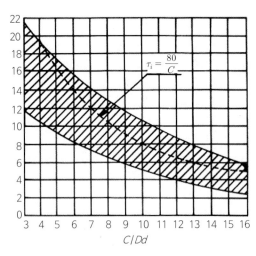

그림 2.6 초기장력 허용치

2.4 비틀림 코일 Spring

2.4.1 비틀림 코일 Spring의 기본식

1) 암(arm)의 길이를 고려하지 않아도 좋은 경우

$L \fallingdotseq \pi DN$

$\phi = \dfrac{ML}{EI} = \dfrac{64MDN}{Ed^4}(\text{rad})$

$K_T = \dfrac{M}{\phi} = \dfrac{Ed^4}{64DN}$

$\sigma = \dfrac{M}{Z} = \dfrac{32M}{\pi d^3} = \dfrac{Ed\phi}{2\pi DN}$

각도수(degree)로 표시하면

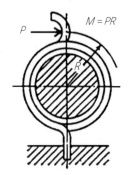

M : 비틀림 모멘트
$\phi\,(\phi_d)$: 스프링의 비틀림각
$K_T\,(K_{Td})$: 스프링 상수

그림 2.7 비틀림 코일 스프링
(암 길이를 고려하지 않음)

$$\phi_d = \frac{64MDN}{Ed^4} \cdot \frac{180}{\pi} \fallingdotseq \frac{3,667MDN}{Ed^4}$$

$$K_{Td} = \frac{Ed^4}{64DN} \cdot \frac{\pi}{180} \fallingdotseq \frac{Ed^4}{3,667DN}$$

$$\sigma = \frac{Ed\phi_d}{360DN}$$

2) 암(arm)의 길이를 고려할 필요가 있는 경우

$$L \fallingdotseq \pi DN + \frac{1}{3}(a_1 + a_2)$$

$$\phi = \frac{64M}{E\pi d^4}\left[\pi DN + \frac{1}{3}(a_1 + a_2)\right](\mathrm{rad})$$

$$K_T = \frac{E\pi d^4}{64\left[\pi DN + \frac{1}{3}(a_1 + a_2)\right]}$$

각도수(degree)로 표시하면

$$\phi_d \fallingdotseq \frac{3,667MDN}{Ed^4} + \frac{389M}{Ed^4}(a_1 + a_2)(\mathrm{degree})$$

$$K_{Td} \fallingdotseq \frac{Ed^4}{3,667DN + 389(a_1 + a_2)}$$

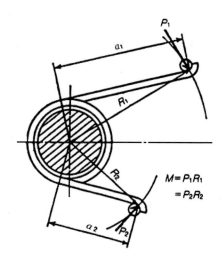

그림 2.8 비틀림 코일 스프링(암 길이 고려)

암의 길이를 고려하는 여부에 대한 판단은 $(a_1 + a_2) \geqq 0.09 \times \pi DN$으로 한다.

2.4.2 Spring의 비틀림 방향과 응력관계

Spring을 감는 방향이면 기본식대로 좋으나 되감는 방향의 경우에 코일의 내측에 생기는 최대 인장 응력($\sigma_{\max}$)는,

$$\sigma_{\max} = \frac{32(R + D/2)P}{\pi d^3} \times K_b$$

단, K_b는 다음 식에 의한다.

$$K_b = \frac{4C^2 - C - 1}{4C(C - 1)}$$

이 식을 그림으로 나타내면 그림 2.9와 같다.

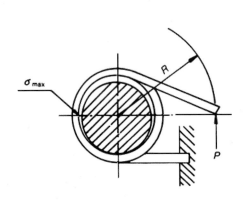

그림 2.9　되감는 경우

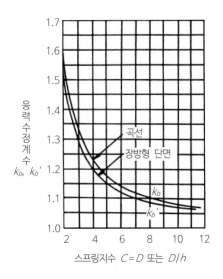

그림 2.10　스프링지수에 따른 응력수정계수

2.5 　박판(薄板) Spring

일반적으로 박판 spring은 박판재료를 사용해 이것을 적당한 형상으로 가공해서 spring 작용을 하도록 한 것으로 종류와 형상은 여러 가지가 있다.

2.5.1　계산식

1) 직선형 한단지지 Spring

그림 2.11에서 장방형의 한 단을 고정시킨 spring에 하중 W 를 나타낸 위치에 작용시켰을 때 임의 위치 x 에서의 처짐 δ_x 는 다음과 같다.

$$l_1 > x > 0 \text{에서는 } \delta_x = \frac{W l_1 x^2}{6B}\left(3 - \frac{x}{l}\right) = \frac{\sigma_{\max} x^2}{3Eh}\left(3 - \frac{x}{l}\right) \tag{2.1}$$

$$l > x > l_1 \text{에서는 } \delta_x = \frac{W l_1}{6B^3}\left(3\frac{x}{l_1} - 1\right) = \frac{\sigma_{\max} l_1}{3Eh^2}\left(\frac{3x}{l_1} - 1\right) \tag{2.2}$$

여기서 l_1 은 하중이 작용하는 위치까지의 길이이고 l 은 전체길이이다. B 는 판의 굽힘강성계수 (flexural rigidity)라고 하며 판두께가 꽤 두꺼울 때에는

$$B = \frac{b\,h^3 E}{12} \qquad (2.3)$$

으로 주어지지만 판두께가 아주 얇을 때에는

$$B = \frac{b\,h^3 E}{12(1 - \nu^2)} \qquad (2.4)$$

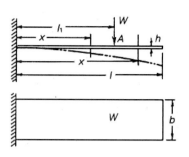

그림 2.11 한단지지 spring

가 된다. E는 재료의 종탄성계수이고, ν는 poisson 비이다. b 및 h는 판의 폭 및 두께이다. σ_{max}는 고정단에 대한 최대굽힘응력이다. 하중작용이 자유단의 경우에는 $l = l_1 = x$에 대해서 자유단에 대한 처짐 δ를 표시하면

$$\delta = \frac{W l^3}{3B} = \frac{2\,\sigma_{max}\,l^2}{3Eh} \qquad (2.5)$$

이 경우 δ가 커서 $\delta > 0.2l$이 되면 처짐 및 응력은 다음 식으로 표시되며 φ 및 η값은 그림 2.12와 같이 주어진다.

$$\delta = \frac{\varphi\,W l^3}{3B}, \ \sigma_{max} = \frac{\eta\,6\,W l}{bh^2} \qquad (2.6)$$

Spring의 판두께가 일정하고 판폭이 직선적으로 변화하고 있는 그림 2.13의 경우, 자유단에서의 처짐 δ는 다음과 같다.

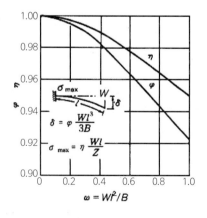

그림 2.12 한단지지 spring의 큰처짐계수

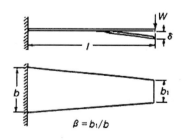

그림 2.13 태형(台形) 한단지지 spring

$$\delta = \frac{\alpha W l^3}{3B} \tag{2.7}$$

식 (2.7) 중 α값은 $\beta = \dfrac{b_1}{b}$에 의해 그림 2.14와 같다. 큰 처짐에 대해서는 식 (2.6)과 같은 형태로 표시되며 φ 및 η값을 나타내면 그림 2.15 및 그림 2.16과 같다.

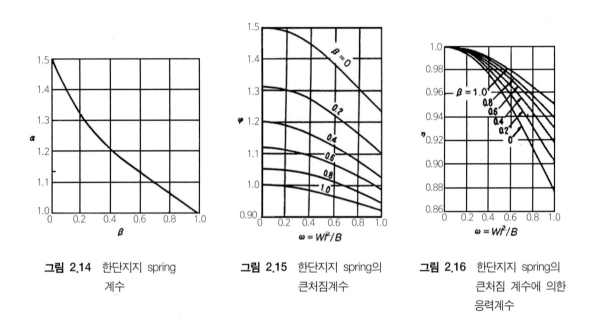

그림 2.14 한단지지 spring
계수

그림 2.15 한단지지 spring의
큰처짐계수

그림 2.16 한단지지 spring의
큰처짐 계수에 의한
응력계수

직선형상의 박판 spring에 있어 하중과 처짐의 관계를 비선형으로 하기 위한 방법으로 spring 처짐에 대응해 spring의 스팬(span)을 변화시켜 그림 2.17과 같이 한 방법을 나타냈다.

그림 2.17 한단지지 spring에 비선형
특성을 주는 방법

그림 2.18 자유단에 지지 spring을
갖는 한단지지 spring

그림 2.18과 같이 박판 spring의 고정단으로부터 l_2의 위치에 지지점이 있으며 spring 상수가 k 이면 이 지지점에 대한 지지력 P 는 다음과 같다.

$$P = \frac{l_1^3 \left(3\dfrac{l_2}{l_1} - 1\right)}{\dfrac{6B}{k} + 2l_2^3} (W - W_c) \quad (W > W_c 의\ 경우)$$ (2.8)

여기서 W_c는 지지단 C가 δ만을 발생시키는 하중으로

$$W_c = \frac{3B\delta}{l_2^3}$$

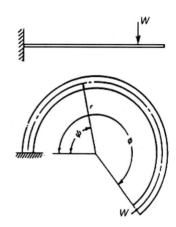

로 된다. 이 경우도 하중과 처짐과의 관계는 비선형이 된다.

그런데 판두께의 중심선이 직선이며 판폭의 중심선이 원호인 그림 2.19의 경우에 있어 하중 W에 의한 판면 바깥의 처짐에 대해서 임의의 중심각 $\varPsi$ 위치에서의 처짐 $\delta_\varPsi$는 다음과 같다.

그림 2.19 한단지지 spring

$$\delta_\varPsi = \frac{Wr^3}{B} \left[\frac{B+C}{2C} \{\varPsi\cos(\phi-\varPsi) - \cos\phi\sin\varPsi\} \right.$$
$$\left. + \frac{B}{C} \{\varPsi - \sin\varPsi - \sin\phi(1 - \cos\varPsi)\} \right]$$ (2.9)

여기서 ϕ는 도시한 것과 같이 하중작용점까지의 중심각에 대해서 r은 판폭의 평균반지름, B와 C는 판 및 spring의 굽힘강성계수이다.

2) 원호형 한단지지 Spring

판두께 중심선이 원호인 한단지지 spring에 하중이 작용할 때의 처짐을 구하기 위해서는 일반적으로 Casterian 정리를 이용하면 편리하다.

그림 2.20과 같이 원호 spring에 하중 W 또는 P가 작용할 때 처짐 δ_W 및 δ_p는 다음과 같다.

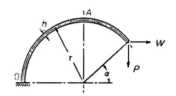

그림 2.20 원호 spring

$$\delta_W = \frac{Wr^3}{B} \left[(\pi - \alpha)\left(\sin^2\alpha + \frac{1}{2}\right) - \frac{3}{4}\sin 2\alpha - 2\sin\alpha \right]$$ (2.10)

$$\delta_p = \frac{Pr^3}{B} \left[(\pi - \alpha)\left(\cos^2\alpha + \frac{1}{2}\right) + \frac{3}{4}\sin 2\alpha \right]$$ (2.11)

여기서 r 및 α는 반경 및 중심각이며 δ_W, δ_p는 하중작용점에 있어 작용방향에 따른 처짐이다. 윗식에서 $\alpha = 0$일 때에는 반원호 spring의 처짐은

$$\delta_W = \frac{\pi W r^3}{2B} \tag{2.12}$$

$$\delta_p = \frac{3\pi P r^3}{2B} \tag{2.13}$$

중심각이 α인 경우 W에 의한 최대응력 σ_{max}는 $\alpha < 30°$에서는 그림 2.20의 A점에서 발생되고 $\alpha > 30°$에서는 고정단 O에서 발생되며

$$\sigma_{max} = 6Wr(1 - \sin\alpha)/bh^2 \tag{2.14}$$

P에 의한 최대 응력 σ_{max}도 고정단에서 생기며

$$\sigma_{max} = 6Pr(1 + \cos\alpha)/bh^2 \tag{2.15}$$

그림 2.21에 도시한 반원과 $\frac{1}{4}$원호가 조합된 spring에서 하중 P가 그림과 같이 자유단에 작용할 때 자유단에서의 처짐 δ를 계산하면

$$\delta = 19\pi P r^3/4B \tag{2.16}$$

최대응력 σ_{max}는, 고정단에서 생기며 $\sigma_{max} = 18Pr/bh^2$ \tag{2.17}

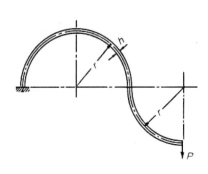

그림 2.21 원호 spring

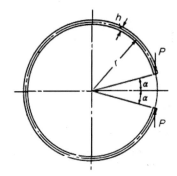

그림 2.22 원호 spring

그림 2.22와 같이 일부가 터진 원호 spring에 하중 P가 작용하는 경우, 대칭형이기 때문에 그림 2.20 형상에서의 처짐의 2배가 되므로 식 (2.11)로부터

$$\delta = \frac{Pr^3}{B}\left[(\pi-\alpha)(1+2\cos^2\alpha)+\frac{3}{2}\sin 2\alpha\right] \tag{2.18}$$

3) 원호와 직선부를 갖는 Spring

그림 2.23과 같이 중심각 β인 원호와 직선부 길이 l_1이 조합된 spring에 있어 도시한 대로 원호의 한단이 고정되고 직선부 끝단에 하중 P가 작용할 때 A단에서의 처짐 δ는 다음과 같다.

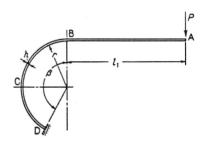

그림 2.23 원호와 직선 spring

$$\delta = \frac{Pr^3}{B}\left[\frac{\lambda^3}{3}+\beta\lambda^2+2\lambda(1\cos\beta)\right.$$
$$\left.+\frac{\beta}{2}-\frac{\sin 2\beta}{4}\right] \tag{2.19}$$

여기서 $\lambda = \dfrac{l_1}{r}$을 나타내고, r은 원호부의 반지름이다. 이 경우 최대 응력 $\sigma_{\max}$는 $\beta \leqq \dfrac{\pi}{2}$에서는 고정단에서 생기며

$$\sigma_{\max} = 6Pr(\lambda+\sin\beta)/bh^2 \tag{2.20}$$

$\beta > \dfrac{\pi}{2}$에서는 $\sigma_{\max}$는 C점에서 생긴다.

그림 2.23과 같은 spring을 2개 조합시킨 것에 의해 그림 2.24와 같은 형상의 spring을 얻을 수 있기 때문에 이것에 하중 P가 그림과 같이 작용할 때 하중작용 방향의 처짐은 식 (2.19)에서 얻어진 처짐의 2배가 된다. 따라서 그림 2.24의 경우 처짐은

$$\delta = \frac{2Pr^3}{B}\left[\frac{\lambda^3}{3}+\beta\lambda^2+2\lambda(1-\cos\beta)+\frac{\beta}{2}-\frac{\sin 2\beta}{4}\right] \tag{2.21}$$

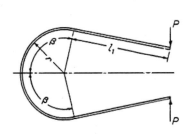

그림 2.24 원호와 직선 spring

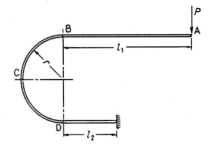

그림 2.25 원호와 직선 spring

그림 2.25와 같이 한단을 고정한 직선부와 원호부를 갖는 spring의 A단에 하중 P를 작용시킬 때 A단의 처짐은

$$\delta = \frac{pr^3}{B}\left[\frac{1}{3}(\lambda^3+\mu^3)+\lambda^2(\mu+\pi)+\lambda(4-\mu^2)+\frac{\pi}{2}\right] \tag{2.22}$$

여기서 $\lambda = \dfrac{l_1}{r}$, $\mu = \dfrac{l_2}{r}$ 이다. 최대 굽힘 응력 $\sigma_{\max}$는 그림 2.25의 경우 C점에서 생기며,

$$\sigma_{\max} = 6Pr(1+\lambda)/bh^2 \tag{2.23}$$

$l_1 < l_2$의 때에는 $(l_2-l_1) > (l_1+r)$의 경우에 최대응력은 고정단에서 생기며 $(l_2-l_1) < (l_1+r)$ 에서는 최대응력은 C점에서 생기며 식 (2.23)과 동일하다.

$\lambda = \mu$인 경우 직선부가 평행하며

$$\delta = \frac{Pr^3}{B}\left[\frac{2}{3}\lambda^3+\pi\lambda^2+\frac{4\lambda+\pi}{2}\right] \tag{2.24}$$

곡률반지름이 작은 원호와 직선이 조합된 그림 2.26과 같은 형상에서는 원호부의 반지름을 무시한 처짐은 다음과 같다.

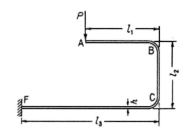

그림 2.26 직선과 직선과의 조합 spring

$$\delta = \frac{P}{3B}\left[l_1^3+3l_1^2l_2+3l_1^2l_3-3l_1l_3^2+l_3^2\right] \tag{2.25}$$

이때 최대응력은 l_1의 길이에 의해서 BC부까지는 고정단에 생기며 $l_1 > \dfrac{l_3}{2}$의 경우에는 BC부에 $\sigma_{\max} = 6P_1l_1/bh^2$이 되고, $l_1 < \dfrac{l_3}{2}$의 경우에는 고정단에서의 $\sigma_{\max} = 6P(l_3-l_1)/bh^2$이 된다.

4) 계산식의 단위

(1) 일단지지 박판 Spring

$$\delta = \frac{Wl^3}{3EI} = \frac{4\,Wl^3}{Ebt^3} = \frac{2\sigma l^2}{3Et}$$

$$\sigma = \frac{6\,Wl}{bt^2} = \frac{3}{2} \cdot \frac{tE\delta}{l^2}$$

δ : 휨(mm)

W : 하중(kgf)

I : 단면2차 모멘트(mm^4)

l : spring 길이(mm)

t : 재료두께(mm)

b : 재료폭(mm)

σ : 최대굽힘응력(kgf/mm^2)

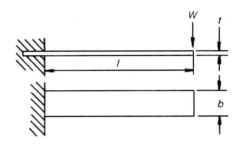

그림 2.27 일단(한단)지지 박판 스프링

(2) 태형상(台形狀) Spring

$$\delta = \alpha\frac{Wl^3}{3EI} = \alpha\frac{4\,Wl^3}{Ebt^3} = \alpha\frac{2\sigma l^2}{3Et}$$

여기서 α는 $\dfrac{b_1}{b}$ 에 따라서 변하는 값으로서 그림 2.29에서 구한다.

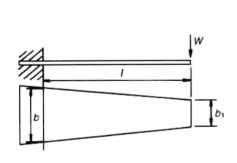

그림 2.28 태형상 스프링

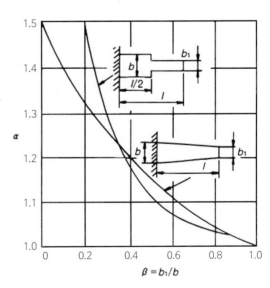

그림 2.29 $\dfrac{b_1}{b}$ 에 따른 α값

일반공차				C
치수	공차	치수	공차	H
0~6	±0.1	~		A
6~	±0.15	~		N
~		~		G
~		~		E
				S

No.		MATERIAL	COLOR/FINISH
A		SUS304WPB	NATURAL

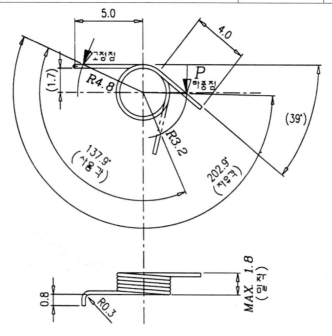

NOTE

1. 재질	SUS304WPB
2. 선경	$\phi 0.26$
3. 권내경	$\phi 3.4^{\pm 0.1}$
4. 권수	5권
5. 권방향	좌
6. 자유각	202.9°

7. 하중특성 : 권중심 기준, 하중점과 고정점이 이루는 각(사용각)이 137.9°를 이루었을 때 하중 P = 25kgf ± 10%

8. 치수측정시 ϕ3.40PIN GATE, 하중측정시 ϕ3.0 안내봉 사용

9. 무지시 BENDING 부 내측 R0.3 이하, 각도공차 ±2°

10. 기타 사항은 JIS B 2709에 의함.

C	B	A	NO.	PART NO.	DESCRIPTION	MATERIAL	COLOR/FINISH	REMARK
QUANTITY								

척도	단위	품명	관계도면	도면번호
5/1	mm	SPRING, BRAKE		

일반공차				R E V I S I O N
치수	공차	치수	공차	
0~	±0.1	~		
~		~		
~		~		

No.	REMARK	QUANTITY	MATERIAL	COLOR/FINISH
A		2EA/SET	SUS304WPB	

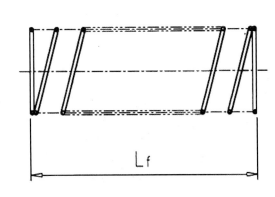

L_f

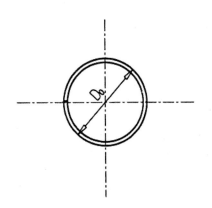

D_o

COMPRESSED SPRING	
재질	SUS304WPB
선경	$\phi 0.16$
종권수	9
유효권수	7
COIL외경(D_o)	$\phi 4.6$
좌권형상	CLOSED ENDS 무연마
권방향	좌권
자유고(L_f)	(12.5)
하중	$10^{\pm 10\%}$
하중고	2.1

NOTE

1. 자유고에 관계없이 지정고에서 하중 맞춤
2. 기타 지정하지 아니한 사항은 JIS B 2707 2급에 준함.
3. 본도면은 E/S 용 도면임.

C B A	NO.	PART NO.	DESCRIPTION	MATERIAL	COLOR/FINISH	REMARK
QUANTITY						

척도	단위	품명	관계도면	도면번호
N/S	mm	SPRING, COLLAR		

일반공차				R
치수	공차	치수	공차	E
0~	±0.1	~		V
~		~		I
~		~		S
				I O N

REVISION

No.	REMARK	선경	자유고	하중고	하중(gf)	QUANTITY	MATERIAL	COLOR/FINISH
A	요목표 참조	φ0.50	(16.4)	2.1	510	15EA	SUS304WPB	
B	〃	φ0.50	(19.0)	2.1	600	15EA	SUS304WPB	
C	〃	φ0.50	(13.3)	2.1	400	15EA	SUS304WPB	

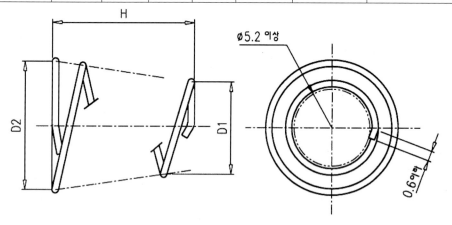

φ5.2 이상

0.6 이상

CONICAL SPRING	
재질	SUS304WPB
선경	상기
종권수	5
유효권수	3
D_1	φ6.4
D_2	φ9.6
좌권형상	무연마
권방향	좌권
자유고(H)	상기
하중	상기 하중 ±5%
하중고	2.1

NOTE

1. 자유고에 관계없이 지정고에서 하중 맞춤
2. 기타 지정하지 아니한 사항은 JIS B 2707 2급에 준함.
3. COIL END부 형상에 유의.
4. 본도면은 E/S 용 도면임.

C	B	A	NO.	PART NO.	DESCRIPTION	MATERIAL	COLOR/FINISH	REMARK
QUANTITY								
척도			단위		품명		관계도면	도면번호
N/S			mm		SPRING, REEL			

일반공차				R E V I S I O N
치수	공차	치수	공차	
0~	±0.1	~		
~		~		
~		~		
~		각도공차	±1°	

No.		MATERIAL	COLOR/FINISH
A		SUS t0.2(spring재)	

NOTE
1. 전단부가 매끄러울 것.
2. 직각 및 평탄도를 유지할 것.
3. 양산전 설계자 승인을 득할 것.

C	B	A	NO.	PART NO.	DESCRIPTION	MATERIAL	COLOR/FINISH	REMARK
QUANTITY								

척도	단위	품명	관계도면	도면번호
5/1	mm	SPRING-PACK		

일반공차				R E V I S I O N	
치수	공차	치수	공차		
0~	±0.1	~			
~		~			
~		~			
~		각도공차	±1°		

No.		MATERIAL	COLOR/FINISH
A		인청동 t0.4	

0.7
t0.4
3-R0.5
1.5
R0.75
R1.70
1.0
0.9
R1.55
R1.00
R0.5(반구)
19.6
21.85+0
10.85
φ1.05-0
5.0
2.0
0.55
4.0+0
1.60
5.60

NOTE
1. 전단부가 매끄러울 것.
2. 전도성이 양호할 것.
3. 양산전 설계자 승인을 득할 것.

C	B	A	NO.	PART NO.	DESCRIPTION	MATERIAL	COLOR/FINISH	REMARK
QUANTITY								

척도	단위	품명	관계도면	도면번호
5/1	mm	TERMINAL "A"		

Bearing(베어링)

3.1 Bearing의 분류

1) 형식에 의한 분류

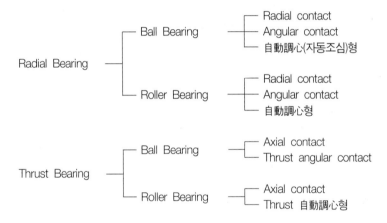

2) 보조형식에 의한 분류

① full complement ball or roller bearing

retainer가 없이 ball 또는 roller를 될 수 있는 한 많이 넣은 bearing

② seal, shield bearing(밀봉 bearing)

③ 원통구멍 bearing과 테이퍼 구멍 bearing

④ bearing with locating snap ring 또는 flanged bearing

⑤ 조합 bearing : 2개 이상 나열시켜 만든 것.

3.2   Bearing의 호칭번호

기 본 번 호					보 조 기 호				
베어링 계열번호			내경 번호	*접촉각 기호	Retainer 기호	Seal, Shield 기호	궤도륜 형상 기호	틈새 기호	등급 기호
형식 기호	치수 기호								
	폭 또는 높이기호	직경 기호							

* 접촉각 기호는 Angular Ball Bearing 및 둥근 Roller Bearing에만 적용한다.

비고 : 접촉각 기호 및 보조 기호는 해당하는 것만 나타내고 해당하지 않는 것은 생략한다.

예

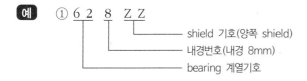

① 6 2 8 Z Z

— shield 기호(양쪽 shield)
— 내경번호(내경 8mm)
— bearing 계열기호

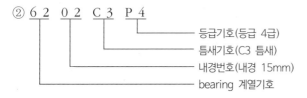

② 6 2 0 2 C 3 P 4

— 등급기호(등급 4급)
— 틈새기호(C3 틈새)
— 내경번호(내경 15mm)
— bearing 계열기호

③ 7 0 3 6 B D B P 5

— 등급기호(등급 5급)
— 조합기호(배면조합)
— 접촉각기호(접촉각 40°)
— 내경번호(내경 180mm)
— bearing 계열기호

④ 3 0 2 0 6

— 내경번호(내경 30mm)
— bearing 계열기호

3.3 Bearing의 선정

선정조건은 일반적으로 다음 2가지를 만족시켜야 한다.
① 기계의 사용조건, bearing에 대한 요구조건이 완전히 만족될 것.
② 보수, 점검이 용이하고 bearing 입수 및 교환이 용이하며 경제적으로 유리할 것.

1) 사용조건과 요구조건

① 허용공간 : 보통 직경계열 0, 2, 3이 사용된다.
　　bearing의 단면이 차지하는 공간이 제한되는 경우는 직경계열 9 또는 비슷한 단열 bearing이 적
　　당하다. 반경방향 공간이 제한될 때는 복열 또는 needle bearing을 사용한다.
② 하중의 크기 및 방향 : 경하중용에는 ball bearing 중하중용에는 roller bearing을 사용하며, 접촉
　　각이 클수록 thrust 부하능력이 뛰어나다.
③ 수명 시간 : 표 3.1 참조
④ 허용회전수 : 3.4절 참조

표 3.1 사용기계와 수명시간

사용기계	수명시간
항상 회전이 필요없는 기구, 장치 (도어 개폐장치, 자동차 방향지시기)	500
단시간 또는 단속적으로 사용되는 기계로서, 만일 고장으로 기계가 정지하더라도 비교적 다른 데에 큰 영향을 주지 않는 것.(수공구, 일반수동공구, 농업용기계, 주물공장 Crane, 재료자동이송장치, 가정용 기구 등)	4,000~8,000
연속 운전되지 않지만 운전중에는 확실성이 필요한 기계 (발전소의 보조기계, 일반하역 Crane, 사용빈도가 낮은 공작기계)	8,000~12,000
1일 8시간 운전되지만 항상 full 운전되지 않는 기계 (공장 전동기, 일반 치차장치 등)	12,000~20,000
1일 8시간 full 운전되는 기계 (기계공장의 일반기계, 상시 full 운전되는 Crane, 송풍기 등)	20,000~30,000
24시간 연속 운전되는 기계 (Compressor, Pump, 컨베이어 Roller, 공장의 Motor 등)	50,000~60,000
24시간 연속운전시 사고를 절대 허용하지 않는 기계 (셀룰로오스 제조기, 제지기계, 발전소, 광산배수 Pump, 수도설비, 선박에서 연속 사용되는 기계)	100,000~200,000

⑤ 사용 온도 : 보통 100℃ 이하에서 사용. 이상에서는 치수가 변화하므로 특수 열처리한 것이나 고온용 재료를 사용한 것을 이용한다.

⑥ 정도(精度) : 일반적으로 0급이 사용된다. 정밀기계-6급, 5급, 4급 사용.

⑦ 조심성(調心性) 및 설치오차 : bearing 공작오차 및 축의 변형, 열팽창 등으로 인한 과대한 하중을 받아서 조기에 손상되는 경우가 있다. 자동 조심형 bearing은 설치오차에 대하여 bearing 자체로 이것을 피할 수 있다.

⑧ 축방향의 위치 결정 : 온도상승에 대하는 고정축 bearing과 자유축 bearing으로 사용한다.

2) 경제성

① 간단한 구조

② 보수가 용이 : 윤활불량에 의하여 늘어붙었을 경우 보수점검이 용이하다.

③ 시장성 : 쉽게 입수 가능한지 확인한다.

3.4 Bearing의 수명

Bearing의 수명은 기계의 사용시간 및 필요로 하는 신뢰도 등을 고려하여 설정한다.

동일조건의 bearing군의 90%가 breaking을 일으키지 않고 회전하는 총 회전수를 기본정격수명(L_{10})이라고 부른다. 예를 들면 $L_{10} = 30,000h$ 라는 것은 신뢰도 90%의 수명이 3만 시간이라는 것이고, 3만 시간 회전했을 때 고장나지 않는 확률이 90%이고 고장날 확률이 10%라는 것이다. 이 bearing의 신뢰도 95%의 수명 L_5 는

$$L_5 = a_r \cdot L_{10} = 0.62 \times 30,000 = 18,600h \ \ (h : 시간)$$

수명과 하중과의 관계식은

$$L_1/L_2 = (P_2/P_1)^p \qquad\qquad ①$$

$p = 3$: ball bearing
$p = 10/3$: roller bearing

위의 식에 의하여 수명을 하중으로 표현하여 100만 회전의 기본정격수명을 가질 수 있는 일정하중을 기본동정격하중 C 라고 부른다. 기본동정격하중 C 는 bearing 수명의 다른 표현방법으로써, 동적상태에서 허용하는 하중을 말하는 것은 아니다. 실제 기본동정격하중 상당의 하중이 가해졌을 때는 bearing은 영구변형을 일으킨다. 기본동정격하중에 대하여 재료의 개량에 의한 보정을 한 값을 유효동정격하중 C_e 라고 부른다.

식 ①을 사용하여 임의의 하중을 P 로 하면 10^6회전의 기본정격수명 L 은 식 ②에서 표시된다.

$$L = (C_e / P)^p \qquad\qquad\qquad ②$$

시간으로 표시한 실제의 bearing 수명 L_n은 식 ③에 의하여 구하여진다.

$$L_n = a_r \cdot a_t \cdot a_c \frac{10^6}{60n} \left(\frac{C_e}{P} \right)^p$$

a_r : 신뢰도 계수

a_t : 온도 계수

a_c : 윤활조건 계수

n : 회전수(rpm)

레이디얼(radial) 하중과 축방향 하중이 동시에 작용하는 경우와 같은 수명을 갖는 레이디얼 하중을 동등가 레이디얼 하중 P 라고 부르며 다음 식과 같다.

$$P = XF_r + YF_a$$

$$F_r = f_w \cdot f_d \cdot F_{cr}$$

$$F_a = f_w \cdot F_{ca}$$

$X,\ Y$값은 레이디얼 계수로서 F_a / F_r 와 e (F_a와 정격하중 C_o 의 비에 의하여 변하는 정수)의 관계에 의하여 결정된다. 깊은 홈 ball bearing에 대하여서

$$F_a / F_r \leqq e \text{ 이면 } X = 1, \qquad Y = 0$$

$$F_a / F_r > e \text{ 이면 } X = 0.56, \quad Y = 0.435 / e$$

즉, $e = 0.0623 + 0.464(F_a / C_o)^{0.303}$

F_r : 레이디얼 실제하중

F_{cr} : 레이디얼 이론적 하중

F_a : 축방향 실제하중

F_{ca} : 축방향 이론적 하중

f_w : 하중계수

f_d : 전동계수

표 3.2   신뢰도계수(a_r)

신뢰도 (%)	L_n	신뢰도계수 a_r
90	L_{10}	1.00
95	L_5	0.62
96	L_4	0.53
97	L_3	0.44
98	L_2	0.33
99	L_1	0.21

표 3.3   고온계수(a_t)

최고사용온도 (℃)	기호	고온계수 a_t
100	–	1.00
130	TS1	0.95
160	TS2	0.87
200	TS3	0.68
250	TS4	0.30

표 3.4   하중계수(f_w)

충격의 정도	하중계수 f_w	예
거의 충격이 없다.	1.0~1.2	전기기계, 공작기계, 계기류
가끔 충격이 있다.	1.2~1.5	철도차량, 자동차, 압연기, 금속기계 제지기계, 고무기계, 인쇄기계 항공기, 섬유기계, 전장품, 사무기계
큰 충격이 있다.	1.5~3.0	분쇄기, 농업기계, 건설기계

표 3.5   전동계수(f_d)

전동 방식	종 류	전동계수 (f_d)
기 어	정밀기어	1.05~1.1
	보통기계 가공기어	1.1~1.3
벨 트	V 벨트	1.5~2.0
	이붙이 벨트	1.1~1.3
	평벨트(아이들러 붙이)	2.5~3.0
	평벨트	3.0~4.0
체 인	체 인	1.2~1.5

Gear(기어)

4.1 Gear의 분류

1) 두 축의 상대위치에 의한 Gear의 분류

맞물고 도는 한 쌍의 gear(기어, 치차)에서 2개 축의 상대적인 위치에 의하여 분류하면 그림 4.1[KS B 0102의 (3)의 202에서 227을 참고]에서 보는 바와 같다.

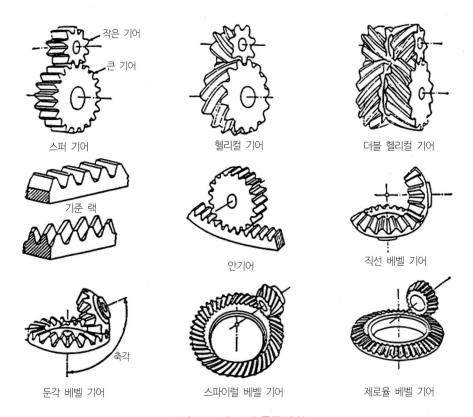

작은 기어
큰 기어

스퍼 기어

헬리컬 기어

더블 헬리컬 기어

기준 랙

안기어

직선 베벨 기어

축각

둔각 베벨 기어

스파이럴 베벨 기어

제로율 베벨 기어

그림 4.1 Gear의 종류(계속)

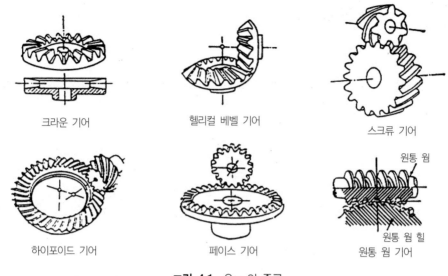

크라운 기어　　　헬리컬 베벨 기어　　　스크류 기어

하이포이드 기어　　　페이스 기어　　　원통 웜
원통 웜 힐
원통 웜 기어

그림 4.1 Gear의 종류

　도시한 바와 같이 gear의 종류가 극히 많고, 각 그 물림의 성능상 또는 공작상의 장점과 단점이 있고, 가격 및 형식에 의하여 아주 다르므로, 설계할 때 그 선택에 있어서 충분히 신중한 고려가 있어야 될 것이다. 일반적으로 스퍼 gear(平齒車), 헬리컬 gear, 베벨 gear(傘齒車), 웜 gear 등이 가장 많이 사용된다.

2) Gear의 크기, 즉 바깥지름에 의한 분류

① 극대형 gear : 1,000mm 이상
② 대　형 gear : 250~1,000mm
③ 중　형 gear : 40~250mm
④ 소　형 gear : 10~40mm
⑤ 극소형 gear : 10mm 이하

보통 자동차 등에 사용하는 gear는 바깥지름 $D_o = 40~250$mm 정도가 많으므로 중형 gear가 많다.

3) 치형(齒形)을 절삭가공하는 방법에 의한 분류

① 성형치절(成形齒切) gear
② 창성치절(創成齒切) gear

　성형치절 gear는 성형치절법으로 깎아낸 gear로서, 밀링 머신(milling machine)으로 깎아낸 혼성 gear(composite gear)가 여기에 해당된다. 또, 따로 치(齒, 이)의 형체를 계산하여 판자 게이지를 만들고, 이 게이지에 맞춘 바이트로써 치를 하나씩 셰이퍼(shaper)와 같은 공작기계로 깎아낸 것도 있다. 일반적으로 하급 gear에 사용된다. 창성치절 gear의 고급정밀도와 다량의 능률 생산을 요망하고 있는 오늘날, 이 창성식에 의한 gear가 많이 제작되고 있다. 이것은 커터(cutter)와 gear 소재와의 관계적 운동에 의하여 이를 깎아 나가는 방법이다. 즉, 호브라든가 피니언 커터, 랙형 커터 등으로서 전문적인 치절기계로서 절삭하는 것이다.

직선 베벨 gear, 스파이럴 베벨 gear, 웜과 웜 gear 등도 거의 창성식으로 제작되고 있다.

4) 사용목적에 의한 Gear의 분류

① 동력 gear : 주로 회전력을 전달시키는 gear로서 강도, 윤활, 마모 등을 중요시한다.

② 산출 gear : 산출정밀도를 주로 중요시 하는 gear로서 피치의 정확성이 요망된다.

③ 펌프 gear : 유체를 송출하는 gear펌프의 gear로서 잇수가 적고, 압력각이 큰 것이 요망된다.

5) 전위 여부에 의한 분류

① 표준 gear

② 전위 gear

보통의 창성식 gear에 있어서, 잇수가 적은 spur gear를 치절하여 가면 undercut(언더컷)이 생긴다. 이 undercut을 피하기 위하여 또는 중심 거리를 바꾸기 위하여 또는 다른 이유로서 전위한다. 전위한 gear가 전위 gear이며, 규격 치수의 gear가 표준 gear이다. 과거는 표준 gear가 많이 사용되었으나, 최근에는 전위 gear가 많이 사용되고 있다.

KS B 0102의 (3)의 228에는 표준 gear(standard gear)는 대칭치형의 인벌루트 gear에서 그 기준 피치원상의 $\frac{1}{2}$인 것을 표준 gear라 한다. 그러나 기준 랙의 기준 피치선은 gear의 기준 피치원에 접한다고 규정하고 있다. 229번에 전위 gear(profile shifted gear)는 그 기준 랙의 기준 피치선이 gear의 기준 피치원에 접하지 않은 것을 말한다고 규정하고 있다.

6) 치형곡선에 의한 분류

① 사이클로이드 기어(cycloid gear)

② 인벌루트 기어(involute gear)

③ 콤포지트 기어(composite gear)

Cycloid gear는 기구학에서 이미 말한 바와 같이 시계, 기타 정밀기계의 계기 등에 주로 사용되고, 곡선 자체가 이론적이기 때문에 학문연구에 사용된다. involute gear는 실용적이고, 일반 기계공업의 모든 기계의 gear는 거의 involute gear가 사용된다. composite gear는 혼성치형방식 gear라든가, 브라운 샤프(brown & sharpe) 표준치형 gear라고 불리는 것이고, involute와 cycloid 또는 원호와의 혼성된 gear이다.

7) Gear 소재의 재료에 의한 분류

① 주철 gear

② 주강 gear

③ 탄소강 gear(SC재) (SF)

④ 합금강 gear

⑤ 일반연강 gear

⑥ 합성수지 gear

⑦ 기타 인청동 포금(砲金)

8) 이(齒)를 만드는 방법에 의한 분류

① 절삭(切削) gear : 커터 또는 바이트 등으로 절삭하는 gear

② 주조(鑄造) gear : 주방 gear라고도 부르고, 잇면의 곡선을 주형으로 형체를 이루는 gear로서, 치절가공을 하지 않으므로 고급 정밀도의 gear를 만들 수 없다.

③ 전조(轉造) gear : 형으로 밀어 붙이면서 굴려 만든 gear이다. 냉간가공과 열간가공이 있다.

④ 식치(植齒) gear : 치를 rim(림)의 둘레에 묻혀 넣어서 만든 gear이다.

⑤ 인발(引拔) gear : 프레스(press) 등으로 gear의 형체를 잡아 빼어 만든 gear로서, 냉간가공과 열간가공이 있다.

9) 물림상태에 의한 분류

① 상시 물림 gear : 언제든지 물고 있는 gear이다.

② 슬라이딩 gear

변속 등의 목적으로 키 축 또는 spline(스플라인) 축의 위를 활동하는 gear이다. 미끄럼 gear는 되도록 가볍게 또 정확하게 활동하기 위하여 미끄럼면을 연마 다듬질하는 것이 좋다. 또 미끄럼 기구도 정확하지 않으면 잘 활동되지 못하므로 끼워맞춤 치수, 즉 끼워맞춤(fitting)에 각별한 주의가 필요하다. 또 미끄럼한 후에 이와 이가 물리게 되므로 미끄러져 잘 들어가도록 들어가는 쪽의 이(tooth)의 모떼기가 필요하다.

4.2 Gear 이의 각부 명칭

마찰차에 의한 동력전달은 그 사이에 약간의 미끄럼(slip)이 있으므로 회전속비는 확실하지 못하다. 지금 이 마찰차의 원주표면을 기점으로 하여, 그 위아래에 요철을 만들고, 그 물림에 의하여 회전을 전달시키면 그 사이에는 미끄럼이 조금도 없고 정확한 속비(速比)로 회전을 전달시킬 수가 있다. 이

장치를 gear라고 말하는 것은 이미 아는 바이다.

이 마찰차의 외원주에 해당하는 원을 gear의 피치원(pitch circle)이라 부르고, 요철을 이(齒 : tooth)라 부른다. 이 피치원에서 아래 이의 곡면을 이뿌리면(齒根面 : tooth flank)이라 말하고, 위쪽 이의 곡면을 이끝면(齒先面 : tooth face)이라 말한다. 이 봉우리의 이끝 평면을 이봉우리면(top surface)이라 부른다.

그림 4.2와 같이 서로 물려 있는 gear의 잇수의 차가 특히 심할 때, 큰 쪽을 단지 gear라 부르고, 작은 쪽을 pinion이라 말한다.

그리고 gear의 반지름이 무한대로 될 때는 림(rim)이 곧은 직선으로 되는데 이것을 랙(rack)이라 부른다. KS B 0102의 3.3에는 피치면에 대하여 용어를 설명하고 있다.

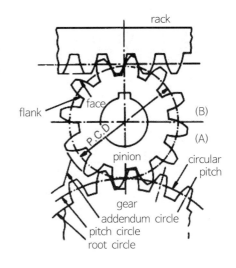

그림 4.2 rack과 pinion

특히 다음과 같은 명칭이 기본적으로 중요하다. 이끝높이(a), 이뿌리높이(e), 이끝면(m), 이뿌리면(n), 총 이높이(h), 이나비(b), 원주이두께(t), 직선 이두께(t'), 이홈나비(w), 백래시(C), 여기에는 원둘레 방향의 백래시(C_o)와 법선방향의 백래시(C_n)가 있다. 그림 4.3을 보자.

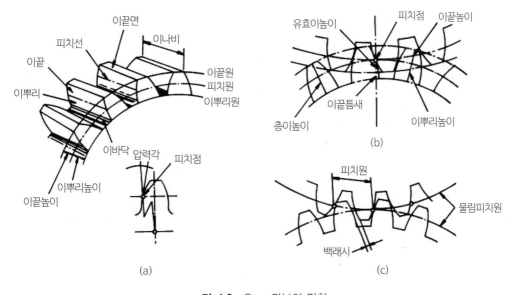

그림 4.3 Gear 각부의 명칭

4.3 Spur Gear(스퍼 기어)

1) Spur Gear의 계산식

Spur Gear의 계산식

명 칭	기호	모듈 m	지름피치 P_d 기준	비 고
기준피치원지름	D	Zm	$\dfrac{Z}{P_d}$	
이끝높이	a	m	$\dfrac{1}{P_d}$	KS 규격에서는 어덴덤
이뿌리높이	d	1.25m 이상	$\dfrac{1.25}{P_d}$ 이상	KS 규격에서는 디덴덤
총이높이	h	2.25m 이상	$\dfrac{2.25}{P_d}$ 이상	
이끝틈새	c	km(k는 0.25 이상)	$\dfrac{k}{P_d}$ (k는 0.25 이상)	
바깥지름	D_o	$m(Z+2)$	$\dfrac{2+Z}{P_d}$	
중심거리	A	$\dfrac{m(Z_1+Z_2)}{2}$	$\dfrac{Z_1+Z_2}{2P_d}$	
피치	P	πm	$\dfrac{\pi}{P_d}$	
이두께	t t'	$\dfrac{\pi m}{2}$ $Zm \times \sin\dfrac{90°}{Z}$	$\dfrac{\pi}{2P_d}$ $\dfrac{Z}{P_d} \times \sin\dfrac{90°}{Z}$	
캘리퍼 이높이	a'	$\dfrac{Zm}{2}\left(1-\cos\dfrac{90°}{Z}\right)+a$	$\dfrac{Z}{2P_d}\left(1-\cos\dfrac{90°}{Z}\right)+a$	

2) 최소 잇수

간섭을 일으키지 않는 치수관계표

압력각 α	작은 기어의 치수 Z_1	큰 기어의 치수 Z_2	치수비 Z_2/Z_1	물림률 ϵ	
14.5°	22	22	1.00	1.83	1.83
	23	26	1.13	1.86	1.84
	24	32	1.33	1.91	1.85
	25	40	1.60	1.96	1.86
	26	52	2.00	2.00	1.88

압력각 α	작은 기어의 치수 Z_1	큰 기어의 치수 Z_2	치수비 Z_2/Z_1	물림률 ϵ	
14.5°	27	68	2.52	2.06	1.90
	28	92	3.28	2.08	1.91
	29	132	4.55	2.14	1.93
	30	220	7.34	2.21	1.94
	31	506	16.35	2.30	1.96
	32	랙	∞	2.50	1.97
15°	21	21	1.00	1.78	1.78
	22	27	1.23	1.83	1.80
	23	32	1.39	1.88	1.81
	24	45	1.87	1.93	1.82
	25	58	2.31	1.99	1.83
	26	81	3.12	2.04	1.84
	27	118	4.37	2.08	1.85
	28	194	6.92	2.14	1.86
	29	476	16.40	2.19	1.87
	30	랙	∞	2.23	1.87
20°	12	12	1.00	1.25	1.25
	13	16	1.23	1.48	1.44
	14	25	1.79	1.49	1.47
	15	44	2.94	1.61	1.48
	16	94	5.87	1.68	1.51
	17	랙	∞	1.73	1.53

4.4　전위(轉位) Gear

　일반적으로 전위 gear는 랙 커터의 기준피치선을 gear의 기준피치원으로부터 어느 거리만큼 이동시켜서 창성치절(創成切削)을 하여 얻어진다. 즉, 전위 gear는 기준 랙의 기준 피치선이 gear의 기준피치원에 접하지 않는 gear인 것이다. 인벌루트 gear에서 랙 커터의 치형이 직선이므로 그림 4.4와 같이 랙 커터의 기준피치선이 치절삭 피치선과 xm만큼 떨어져 있어도 기준피치원 위의 압력각은 α로서 변하지 않으며, 따라서 기초원지름 및 법선피치도 변화하지 않으므로 동일한 랙 공구로 창성된 gear는 전위의 유무에 관계없이 각속도비에는 변화가 없고 정확하게 물려 돌아간다.

　여기서 xm을 전위량, x를 전위계수라 하며, 기준 랙(랙 공구)의 기준피치선이 gear의 기준피치원의 바깥 쪽에 있을 때를 양(+)으로, 안쪽에 있을 때를 음(−)으로 잡는다.

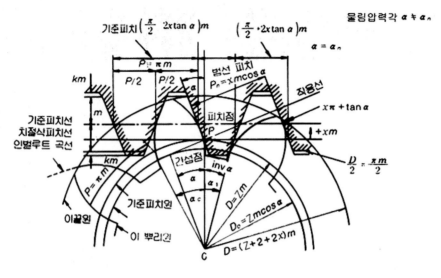

그림 4.4 전위 Gear

그림 4.4와 같이 랙의 치절삭 피치선이 기준피치선과 xm 만큼 떨어져서 gear의 기준피치원과 구름 운동을 하기 때문에 치절삭 피치선 위의 이홈의 나비$(\pi/2 + 2x \tan \alpha)m$이 gear의 피치원 위의 이두께가 되며, 표준 gear에서의 피치의 ½보다 크게 된다.

또 전위치형은 같은 기초원 위의 인벌루트 곡선의 기초원에서 먼 부분을 사용한 것이므로 미끄럼률이 감소된다. 이와 같이 전위량 xm을 적당히 선정함으로써 언더컷을 방지할 뿐만 아니라 자유로이 중심거리를 얻을 수 있고, 물림 압력각 α가 공구압력각 $\alpha_n(14.5° 또는 20°)$와 달라지며, 따라서 이끝 원지름, 이높이가 변화하여 물림률 성능이 향상되며 또한 이의 굽힘 강도가 증가하는 등 인벌루트 gear의 단점을 개선할 수 있다.

1) 전위 Gear의 설계공식

전위 평gear의 설계공식을 표시하면 다음과 같다.

(1) 전위 gear의 기본식

$$\text{inv}\,\alpha = 2(\tan \alpha) \frac{x_1 + x_2}{z_1 + z_2} + \text{inv}\,\alpha_n \tag{4.1}$$

$x_1,\ x_2$: 피니언, gear의 전위계수

$z_1,\ z_2$: 피니언, gear의 잇수

α : 물림압력각

α_n : 공구압력각

(2) 중심거리 C

$$C = \frac{z_1 + z_2}{2} m + ym + Br \tag{4.2}$$

여기서 y는 중심거리 증가계수, ym은 중심거리 증가량, Br는 백래시 Bn에 의한 중심거리 증가량이며 다음과 같다.

$$y = \frac{z_1 + z_2}{2} \left(\frac{\cos \alpha_n}{\cos \alpha} - 1 \right) \tag{4.3}$$

$$= B_r - \frac{Bn}{2 \sin \alpha} \tag{4.4}$$

(3) 피니언 및 gear의 바깥지름 D_{k1} 및 D_{k2}

$$D_{k1} = (z_1 + 2)m + 2(y - x_2)m + 2Br$$
$$D_{k2} = (z_2 + 2)m + 2(y - x_1)m + 2Br \tag{4.5}$$

(4) 총 이높이(절삭 깊이) h

$$h = (2 + k)m - (x_1 + x_2 - y)m + Br \tag{4.6}$$

$$k = C_k / m, \quad C_k = \text{이끝틈새}$$

이상의 공식에서 백래시가 없을 때에는 $Br = 0$으로 한다.

전위 gear를 설계할 때에는 일반적으로 공구압력각 α_n과 잇수 z_1, z_2가 주어지고 전위계수 x_1, x_2의 값이 결정되면, 물림압력각 α를 식 (4.1)으로부터 계산한다. 이때, 인벌루트 함수표를 사용한다. α가 구해지면 다음에 y를 계산하고 중심 거리를 산출한다. α와 더불어 y를 구할 때, 그림 4.5 및 그림 4.6을 사용하면 매우 편리하다. 또는 전위기어의 계산을 간편하게 하기 위하여 $B(\alpha)$, $Br(\alpha)$와 같은 물림압력각 α의 함수를 설정하여, 그 계산치를 표로 만들어 사용하고 있다.

즉, 기본식을 변형하여

$$\frac{2(x_1 + x_2)}{z_1 + z_2} = \frac{\text{inv} \, \alpha - \text{inv} \, \alpha_n}{\tan \alpha} = B(\alpha) \tag{4.7}$$

또, 중심거리 증가계수 y는

$$y = \frac{z_1 + z_2}{2} Br(\alpha), \quad \text{다만} \ Br(\alpha) = \frac{\cos \alpha_n}{\cos \alpha} - 1 \tag{4.8}$$

기본식에서 α를 구하여 다음에 y의 식에 대입하는 대신에 표에서 $B(\alpha)$를 구하고, 이에 대응하는 $Br(\alpha)$를 표에서 구하도록 되어 있다.

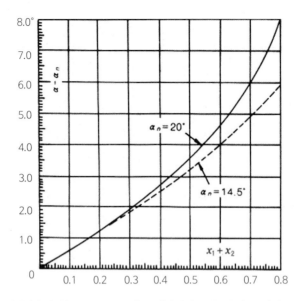

그림 4.5 전위계수의 합 $x_1 + x_2$로부터 물림압력각 α를 구하는 선원(線圓) (BS 규격)

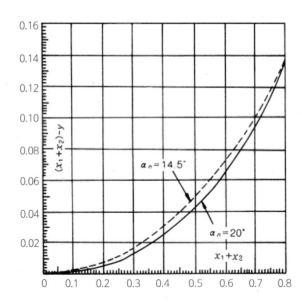

그림 4.6 전위계수의 합 $x_1 + x_2$로부터 중심거리 증가계수 y를 구하는 선원(線圓) (BS 규격)

2) 전위계수의 선정

앞서 말한 바와 같이 전위치차는 치차(기어)의 여러 성질을 개선하기 위하여 사용되며, 전위계수의 값은 어느 범위 내에서 임의로 잡을 수 있으므로, 지금까지 그 선정에 대하여 많은 제안이 있다. 따라서 실제의 설계에 있어서는 그 치차의 목적과 사용상태를 고려하고, 이들 제안을 참고로 하여 x 의 값을 정하게 된다. 몇 가지 보기를 들면 다음과 같다.

(1) 언더컷의 방지를 위한 전위계수

언더컷을 일으키는 한계는 공구의 이끝이 간섭점을 통과하는 경우이므로 언더컷을 방지하기 위한 전위계수 x 는 물림압력각을 α 라고 하면 그림 4.7로부터

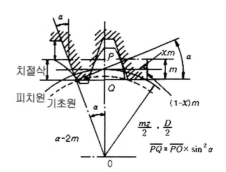

$$(1-x)m \leq \frac{mz}{2}\sin^2\alpha$$

이 식과 식 $z_1 \geq \dfrac{2}{\sin^2\alpha} = z_g$ 로부터

$$x \geq 1 - \frac{z}{2}\sin^2\alpha = 1 - \frac{z}{z_g} = \frac{z_g - z}{z_g}$$

그림 4.7 언더컷 방지를 위한 전위계수

따라서 이론상의 전위계수 x 는 압력각의 크기에 따라

$$\alpha = 14.5° 일 \ 때 \ \ x \geq \frac{32 - z}{32}$$

$$\alpha = 20° 일 \ 때 \ \ \ \ x \geq \frac{17 - z}{17}$$

(4.9)

그러나 실용상으로는 어느 정도의 언더컷은 허용되므로 독일의 DIN 규격에 의한 다음의 값을 실용상의 전위계수로 하여도 좋다.

$$\alpha = 14.5° 일 \ 때 \ \ x \geq \frac{26 - z}{32}$$

$$\alpha = 20° 일 \ 때 \ \ \ \ x \geq \frac{14 - z}{17}$$

(4.10)

그러나 어떤 경우에도 언더컷이 일어나지 않아야 하므로 x 는 큰 쪽이 안전하며 접촉응력 및 미끄럼률의 값을 작게 하기 위하여도 x 를 크게 잡는 쪽이 유리하므로 식 (4.9)의 이론한계를 기준으로 설계하는 것이 좋다.

(2) 중심거리를 표준 Gear의 그것과 같게 하는 전위계수

전위 gear에서는 지름이 변화하며 양전위를 하면 지름은 커지고 음전위를 하면 지름은 작아진다. 그러므로 피니언에 양(+)의 전위계수 x_1을 주고, gear에 이것과 절대치가 같은 음(−)의 전위계수 x_2를 주면

$$x_2 = -x_1 \qquad \therefore \alpha = \alpha_n, \ y = 0\text{이 되고}$$

따라서

$$C = \frac{(z_1 + z_2)}{2} m$$

이 되어, 중심거리는 표준 gear의 것과 같게 된다. 그러므로 전위 gear와 같은 복잡한 계산이 필요없고 중심거리가 공작에 편리한 값이 되며 물림률도 일반적으로 커지므로 널리 사용된다. 다만, 양 gear에 언더컷을 일으키지 않기 위하여는 $\alpha = 14.5°$일 때 $z_1 + z_2 \geqq 64$, $\alpha = 20°$일 때 $z_1 + z_2 \geqq 34$의 제한이 필요하다.

(3) 메리트의 전위계수

영국의 메리트(merrit)의 고안에 의한 것으로서 영국 규격에 규정되어 있으며, 공구 압력각 20°의 기준 랙에 대응하는 커터로 창성되는 gear를 가진 잇수 10 이상의 gear에 적용된다. 이 방법은 일반기계용 gear에 많이 사용되고 있다. 이 경우의 전위계수는

① $z_1 + z_2 \geqq 64$인 경우의 피니언의 전위계수는

$$x_1 = 0.4\left(1 - \frac{z_1}{z_2}\right)$$

또는 $x_1 = 0.02(30 - z_1)$를 계산하여 큰 쪽의 값을 사용한다. 그리고 $x_2 = -x_1$으로 한다.
② $z_1 + z_2 < 60$인 경우에는

$$x_1 = 0.02(30 - z_1)$$
$$x_2 = 0.02(30 - z_2)$$

어느 경우에도 $0 \leqq x_1 \leqq 0.4$이며 ①의 경우에는 $y = 0$이 되어 중심거리가 표준 gear의 그것과 같게 되어 계산이 간단하게 된다.

②의 경우에는 $x_1 + x_2 \neq 0$이므로 $y \neq 0$이 되어 계산이 복잡해진다. 이때에는 그림 4.5 및 그림 4.6의 도표를 사용하면 편리하다.

4.5 Plastic Gear 설계

4.5.1 설계 Flow(흐름도)

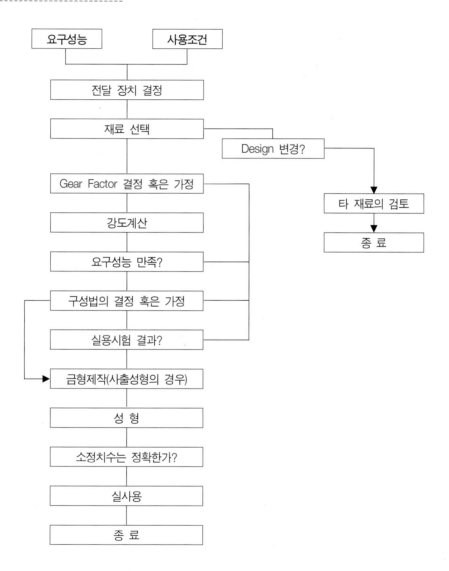

4.5.2 Plastic Gear 재료

범용 engineering plastics가 주로 gear 재료로 사용되고 있다.

Engineering plastics 중에서 PA(PolyAmide, Nylon), PC(PolyCarbonate), POM(Polyacetal), 변성 PPE, 폴리에스테르(PET, PBT)의 5종을 5대 engineering plastic이라고도 하며 최근 PPS(Polyphenylene Sulphide)가 범용에 가까워지고 있다. 범용은 수만 톤 이상의 수요를 가리키는 것이다.

1) PA(나일론)

여기서는 여러 가지 grade가 있다. PA-66, PA-6, PA-12, PA-11, PA-46, 아모퍼스(amorphous, 비결정성) PA-46, 방향족 나일론(MXD, MCX, 아라아미드) 등 일반적으로 내약품성, 내마모성이 뛰어나고 glass 섬유와 친화성이 좋다. 이 때문에 비교적 약하지만 glass 섬유 충전 효과는 크다. grade에 따라서 조금, 또한 흡수하더라도 성질이 변하지 않는 것도 있다. 아모퍼스와 성형시 급냉하면 투명하게 된다.

2) 폴리아세탈(POM)

마모, 피로, creep에 강하고 탄성도 가지고 있다. 내약품성에는 뛰어나다. 결점은 결정성이 강도를 유지시키고 있기 때문에 성형시에 특히 결정성(성형 조건)과 열분해에 주의를 요한다.

3) 폴리카보네이트(PC)

내충격성에 뛰어나고 투명하며 내후성, 난연성이 있다. 또한 무독이다. 결정성이 낮아 치수안정성이 있다.

4) 변성 PPE

PPE는 내열성이 높아 성형하기 힘듦으로 변성(變性)시킨 grade가 일반적이다. 물에 강하고 난연성을 가지며 치수안정성이 있다.

5) 폴리에스테르(PET, PBT)

PET는 내열성이 뛰어나고 결정성이며, 급냉하면 투명하게 된다. PBT는 PET보다 흡수성이 작으며 내충격성도 갖고 있다. 그러나 폴리에스테르는 물을 포함한 상태에서 고온에 있으면 가수분해하여 성질이 떨어진다.

PET는 충격에 약하기 때문에 glass 섬유를 넣어서 사용한다. PBT는 불투명하다.

4.5.3 Plastic 정밀 Gear

1) 치수변화 원인

강성계수가 작기 때문에 plastic gear는 강한 금속 gear만큼의 정밀도를 요구하지 않는다고 한다. 그러나 지나친 Tooth-to-Tooth Error(TTE)*와 Total Composite Error(TCE)*는 소음과 마모 그리고 치형 왜곡에 의한 높은 피로응력을 발생시켜 gear가 조기에 고장이 나는 원인이 된다.

정밀 gear는 사출성형 plastic의 고질적인 두 가지 특성을 최소화하여야 얻어질 수 있다. 첫째로 몰드 cavity의 고르지 못한 유동, 둘째로 plastic 중합체의 이방성 수축이다. 몰드 디자인, 재료선택, 몰드 parameter의 세 가지를 적당히 control함으로써 높은 정밀도의 gear를 얻을 수 있다. 몰드 설계에 있어서 다음 사항을 고려하여야 한다.

① 중심에 위치한 게이트
② 고르고 적당한 ejector 시스템
③ 정확한 기계가공기술
④ 적당한 냉각 시스템
⑤ 고품질 mold 금형재
⑥ 균형이 맞는 runner 시스템
⑦ 정확하게 계산된 수축 특성

좋은 gear는 재료선택 또는 molding parameter와 관계없이 잘못 설계된 몰드에서는 만들어질 수 없다.

2) 수치와 충전강화재의 효과

여러 가지 열가소성 중합체를 사출성형하여 치수정확도를 조사한 결과 표 4.1과 같다. 이 테스트에서 사용된 gear는 32pitch, 20° 압력각, 1.25in. 피치경, 0.125in 폭의 spur gear이다(그림 4.8).

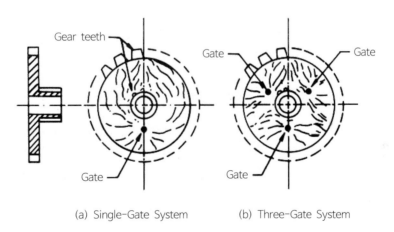

(a) Single-Gate System　　　(b) Three-Gate System

그림 4.8 Plastic spur gear

※그림 4.14 참조

0.004in/in의 수축여유를 가지는 cavity는 저수축률 재료 사출용으로 사용했고, 0.015in/in의 것은 고수축률 재료용으로 사용했다. TTE를 최소화하기 위하여 생산시, gear cavity의 수축은 재료와 잘 맞아야 한다. test용 재료가 많기 때문에 이것을 모든 재료에 맞출 수 없다. TTE보다 중요한 것은 runout(런아웃)이다. 이것은 대부분의 plastic gear의 정밀도를 나타낸다.

표 4.1 Dimensional Tolerances as a Function of Base Resin and Filler Content

Filler		Nylon 6/6		Polycarbonate	
Type	Amount (% by wt)	Total Composite Error(TCE) (10^{-4} in)	Tooth-to-Tooth Error(TTE) (10^{-4} in)	Total Composite Error(TCE) (10^{-4} in)	Tooth-to-Tooth Error(TTE) (10^{-4} in)
Glass Fibers	10	73	11	–	–
Glass Fibers	40	65	10	18	7
Glass Beads	30	27	6	7	4
Glass Fibers/PTFE	30/15	60	10	18	7
PTFE	20	25	6	–	–

원재료 수지(base resin)로서 nylon 6/6와 polycarbonate를 선택했다. 이 재료들은 통상적으로 gear재료로 사용되는데, 하나는 높은 수축률 결정성 재료(nylons, acetals, olefins)를 대표하고 다른 하나는 낮은 수축률, 비결정 재료(polycarbonate, polysulfones, ABS and SAN)를 대표한다. 이 두 가지 gear에 대한 runout 차트에서 비결정성 수지(PC)는 결정성수지(nylon 6/6)보다 정확하게 사출성형된다는 것을 보여준다(그림 4.9, 4.10).

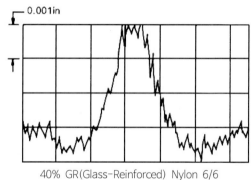

40% GR(Glass-Reinforced) Nylon 6/6

(a)

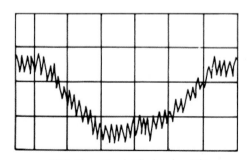

30% Glass-Bead-Filled Nylon 6/6

(b)

30% GR 15% PTFE·Lubricated Nylon 6/6

(c)

그림 4.9 Runout checks for single-gated, glass-reinforced nylon 6/6 gears

그림 4.9(a)와 4.10(a)는 수축이 횡단방향(transverse direction)보다 유동방향(flow direction)에서 적게 일어남을 보여준다. 이것은 glass 섬유(수축에 저항함)가 유동방향으로 배열되기 때문이다.

그림 4.9(a)와 4.10(a)의 비교에서 glass bead 충전 nylon 6/6은 같은 이방성 수축특성을 가지지만 그 수축이 더욱 작다. 따라서, glass bead 충전수지로 glass 섬유 충전수지보다 더욱 더 정밀한 gear를 만들 수 있다.

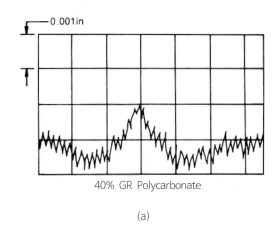

40% GR Polycarbonate

(a)

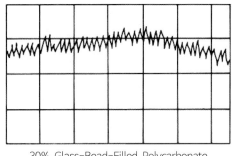

30% Glass-Bead-Filled Polycarbonate

(b)

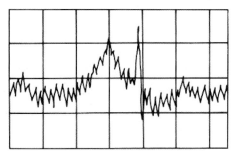

30% GR 15% PTFE·Lubricated Polycarbonate

(c)

그림 4.10 Runout checks for single gated glass reinforced polycarbonate gears

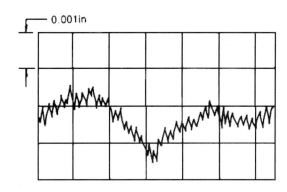

그림 4.11 Runout check for single gated, 20% PTFE lubricated nylon 6/6 gear

3) Gate 위치에 의한 효과

그림 4.9부터 4.11까지 나타난 실험결과에서 대부분의 total composite error 최대는 gate에서 180°되는 곳에서 생기며 충전재의 방향에 영향을 받는다.

3gate 사출물은 runout curve에서 3군데의 구배를 형성한다. 이것의 상사점은 게이트 사이의 weld line을 따라서 반경방향으로 섬유가 배열한 곳에서 생긴다. 그러나 이 상사점들은 단일 gate의 사출 gear보다 작다.

따라서, 3 gate system은 동심도 및 균일한 유동에 더욱더 적합하다.

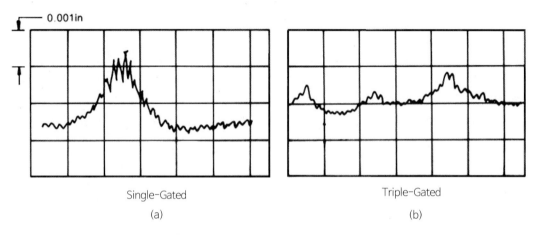

Single-Gated
(a)

Triple-Gated
(b)

그림 4.12 Runout checks for 40% glass-reinforced nylon 6/6 gears made in a single-gated mold, (a) and in a triple-gated mold, (b)

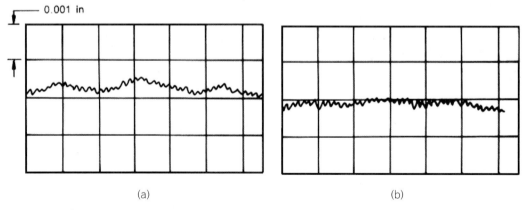

(a)

(b)

그림 4.13 Runout checks for triple-gated, 30% glass-reinforced polycarbonate gears. Standard molding conditions produced the runout shown at (a), a higher holding temperature improved runout as shown at (b).

4) 사출성형 조건에 의한 효과

표준상태에서 사출성형된 gear의 TCE와 TTE를 기준 data로 하고(표 4.2) 사출성형조건의 한 조건만 변화시켜 TCE와 TTE의 변화를 조사하여 표 4.3에 나타내었다.

표 4.2 Typical Molding Conditions

Molding Parameter	40% Glass-Reinforced Nylon 6/6	30% Glass-Reinforced Polycarbonate
Injection Booster Pressure(psi)	1,200	1,200
Injection Hold Pressure(psi)	700	1,000
Injection Hold Time(sec)	5	5
Injection Booster Time(sec)	0.2	0.2
Mold Cure Time(sec)	10	10
Mold Open Time(sec)	2	2
Injection Rate(sec)	0.2	0.2
Screw Speed(rpm)	100	100
Back Pressure(psi)	50	50
Melt Temperature(℉)	580	620
Mold Temperature(℉)	–	–
Stationary	140	180
Moving	140	180
Cushion(in)	1/16	1/16

표 4.3 Effects on TCE and TTE of Varying Molding Parameters

Molding Variable	40% Glass-Reinforced Nylon 6/6		30% Glass-Reinforced Polycarbonate	
	Total Composite Error(TCE) $(10^{-4}$ in)	Tooth-to-Tooth Error(TTE) $(10^{-4}$ in)	Total Composite Error(TCE) $(10^{-4}$ in)	Tooth-to-Tooth Error(TTE) $(10^{-4}$ in)
Typical Conditions	33	7	18	7
Lower Injection Pressure	26	7	18	7
Higher Injection Pressure	40	8	20	6
Slower Injection Rate	30	7	18	6
Shorter Holding Pressure	70	13	18	6
Longer Holding Pressure	43	5	18	5
Lower Cylinder Temperature	40	9	–	–
Higher Cylinder Temperature	46	6	13	5
No Cushion	50	6	19	6
Hotter Mold	48	8	–	–
Colder Mold	–	–	20	7

(1) 비결정성 재료

비결정성 재료는 사출성형조건에 덜 센서티브(민감)하므로 고품질 gear를 성형한다. stock 온도를 높이는 것이 유리강화 폴리카보네이트의 TCE에 가장 큰 영향을 준다. 용융온도에서 40°F의 증가는 TCE와 TTE에서 30% 감소를 가져온다. (향상)유리강화 비결정성 수지는 사출시 최소량의 전단하에서 높은 품질의 gear를 만들 수 있다.

(2) 결정성 재료

결정성 재료는 holding time을 줄이거나 금형온도를 높이고, cushion이 없는 상태에서 사출성형한 경우 TCE가 상당히 증가한다. 재료가 빨리 식도록 하면서 식는 동안 일정한 압력이 유지되면 좋은 품질의 gear를 만들 수 있다. 이 조건은 횡방향 수축을 작게 하고 섬유의 방향에 따른 이방성 수축을 최소화한다. 사출성형응력(molded-in stresses)을 낮게 하고 섬유의 방향성을 작게 하는 것이 더 나은 gear를 만들 수 있는 경향이 있다(즉, 사출속도가 느린 것이 빠른 것보다 낫다).

그러나 이 향상도 cycle의 냉각부분을 조절하는 것만큼 중요하지는 않다. 이것은 stock온도를 증가하면 TCE가 증가하는 것을 설명하는데, 비록 높은 온도가 응력을 최소화하지만 냉각속도도 감소시키기 때문이다.

5) 사출성형 조건에 대한 Gear 강도

사출성형조건의 변화에 따라서 성형된 gear를 강도 테스트한 결과 평균 강도값은 표 4.4와 같다. 어느 것도 10% 이상 변화를 주지는 않았다.

표 4.4 Gear-Tooth Strength as a Function of Molding Variables

Molding Variable	40% Glass-Reinforced Nylon 6/6	30% Glass-Reinforced Polycarbonate
Typical Conditions	38,500	28,500
Lower Injection Pressure	37,000	26,800
Higher Injection Pressure	38,800	28,400
Slower Injection Rate	35,800	25,800
Shorter Holding Pressure	37,000	27,000
Longer Holding Pressure	38,500	28,700
Lower Cylinder Temperature	38,800	–
Higher Cylinder Temperature	37,500	28,000
No Cushion	37,500	27,500
Hotter Mold	37,000	–
Colder Mold	–	28,800

이 결과는 섬유방향으로 강한 전달을 준 조건이 조금 더 높은 강도를 갖는다. 또한 늦은 사출속도 가 가장 낮은 강도값을 갖는다.

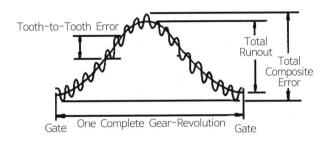

그림 4.14 Typical plot of a gear-runout check, showing tooth-to-tooth error (TTE) and total composite error (TCE). All runout checks start and finish at the gate.

05 멈춤링(Retaining Ring)

5.1 멈춤링의 종류와 특징

멈춤링은 스냅링 또는 리테이너라고 칭하는 일이 많으며, 판스프링성을 이용하여 축 또는 구멍에 판상의 돌기를 설치하는 것으로서, 착탈이 비교적 쉽고, 제작이 간단하다고 하는 이유로 광학기계, 전기기구 등에 폭넓게 사용되고 있다.

사용방법에 의하여 멈춤링을 분류하면, 축선 방향으로 움직여 어떤 위치에 멈추게 하는 것과 반경 방향으로부터 밀어서 넓혀 멈추게 하는 것이 있다.

제조방법으로부터 분류하면, 선재 가공에 의한 것과 강판을 프레스 타발 가공에 의한 것이 있다. 형상에 의하여서는, C형 편심 멈춤링, C형 동심 멈춤링, E형 멈춤링, 그립 멈춤링, V형 멈춤링, K형 멈춤링, 자기잠금 멈춤링 등이 있다.

5.2 C형 멈춤링

그림 5.1에서와 같이 편심원으로 이루어진 멈춤링으로서 그 형상이 C와 유사하다. 축용과 구멍용의 2종류가 있으며, 경도는 약 HRC44~53 정도이다.

5.3 C형 동심 멈춤링

C형 멈춤링은 주로 프레스로써 타발가공하기 때문에 재료비가 차지하는 비용이 크다. 따라서 이형선을 감아서 절단한 동심멈춤링이 사용되는 경우가 있다. 용도 범위는 C형 멈춤링을 사용할 것까지 없는 트러스트 하중이 작용하는 경우에 사용된다.

5.4   E형 멈춤링

C형 멈춤링은 멈춤링을 넓혀서 축방향으로 이동시켜 홈에 끼워 넣는 것이지만 E형 멈춤링은 축에 설치된 홈에 반경방향으로부터 삽입하는 것이다. 그러므로 약전기(弱電機) 광학기계, 사무기기 등 소형의 것에서 부착물의 축방향 이동을 막아주기 위하여 사용되고 있다.

5.5   그립 멈춤링

이 멈춤링은 상대축에 홈을 깎을 필요가 없이 멈춤링의 탄성을 이용하여 임의 위치에 멈추어 어느 정도의 축방향 하중을 지지하는 것이다. 이 때문에 축에 부착한 부품의 미끄럼을 방지하는 경우 등에 사용하면 편리하다. 용도로서는 약전기 관계의 소형부품에 사용되는 것이 많다. plastic 제품의 장착 등에 이용되면 편리하다.

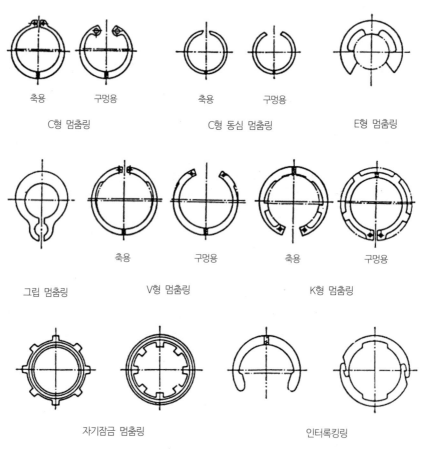

그림 5.1 멈춤링의 종류

일반공차				R E V I S I O N
치수	공차	치수	공차	
0~	±0.1	~		
~		~		
~		~		

No.	REMARK	QUANTITY	MATERIAL	COLOR/FINISH
A		1EA/SET	POM	NA

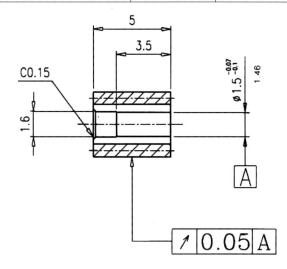

WORM GEAR	
치형	INVOLUTE HELICOID
치직각 MODULE	0.4
압력각	20°
줄 수	1
P.C.D	$\phi 3.3$
O.C.D	$\phi 4.1^{0}_{-0.05}$
진행각	83.038°
비틀림 방향	우
LEAD 길이	1.266
정 도	JIS6 급에 준함

NOTE

1. 무지시 치수공차 ±0.1
2. 재질 : DURACON M90-44 GRADE 또는 그 상당품으로 할 것.
3. 빼기구배는 치수공차 이내이고, 치수는 대치수 기준임.
4. GATE, P/L, EJECT PIN 설계자와 협의할 것.
5. GATE, EJECT PIN 자국은 설계자와 협의할 것.
6. 무지시 금형표면 조도 0.8S 이하이고, 치면부 금형표면 조도는 0.2S 이하로 할 것.
7. 각 부 치수는 성형 후 상온에서 24시간 이상 경과 후, 온도 18~25℃, 습도 45~55% RH에서 측정한 치수일 것.

C	B	A	NO.	PART NO.	DESCRIPTION	MATERIAL	COLOR/FINISH	REMARK
QUANTITY								

척도	단위	품명	관계도면	도면번호
5/1	mm	GEAR, WORM		

일반공차				R E V I S I O N	
치수	공차	치수	공차		
0~	±0.1	~			
~		~			
~		~			

No.	REMARK	QUANTITY	MATERIAL	COLOR/FINISH
A		1EA/SET	POM	NA

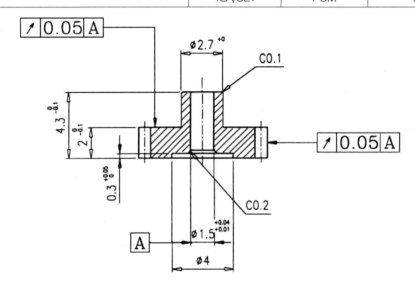

SPUR GEAR	
치형	INVOLUTE
MODULE	0.4
입력각	20°
치 수	19
P.C.D	$\phi 7.6$
O.C.D	$\phi 8.4$
정 도	JIS 6급에 준함

<u>NOTE</u>

1. 무지시 치수공차 ±0.1

2. 재질 : DURACON M90-44 GRADE 또는 그 상당품으로 할 것.

3. 빼기구배는 치수공차 이내이고, 치수는 대치수 기준임.

4. GATE, P/L, EJECT PIN 설계자와 협의할 것.

5. GATE, EJECT PIN 자국은 설계자와 협의할 것.

6. 무지시 금형표면 조도 0.8S 이하이고, $\phi 1.5^{+0.04}_{+0.01}$ HOLE 금형표면 조도 0.2S 이하

7. 각 부 치수는 성형 후 상온에서 24시간 이상 경과 후, 온도 18~25℃, 습도 45~55% RH에서 측정한 치수일 것.

C	B	A	NO.	PART NO.	DESCRIPTION	MATERIAL	COLOR/FINISH	REMARK
QUANTITY								

척도	단위	품명	관계도면	도면번호
5/1	mm	GEAR, TRANSFER		

CHAPTER
06
도면 관련의 제도 규격

기계나 부품의 표면을 보면 다양한 표면상태를 이루고 있다. 이와 같은 제품의 표면 상태는 성능뿐만 아니라 비용이나 수명에도 크게 관계가 있기 때문에, 도면에서는 반드시 이에 대한 지시가 이루어지고 있다. 이러한 제품의 표면에 대한 정보를 면의 표면(表面)이라 하고, 그 가운데 표면의 요철(凹凸) 크기를 표면 거칠기(surface roughness)라고 한다. 단위는 μm이다.

표면 거칠기의 측정방법에는 몇 가지 방법이 있지만 일반적으로 촉침식(觸針式)이 널리 사용되며 그 측정방법에는 그림 6.1과 같이 3가지가 있다.

① 영국규격(B.S 1134 : 1961)에 정의된 중심선 평균거칠기 R_a(center line average height roughness)

② 일본공업규격(JIS B 0601) 및 한국규격(KS B 0161)에 정의된 최대높이 $R_{\max}$

③ 10점 평균거칠기 R_z

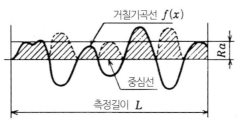

(a) 중심선 평균 거칠기(R_a)

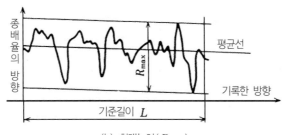

(b) 최대높이($R_{\max}$)

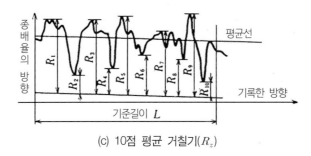

(c) 10점 평균 거칠기(R_z)

그림 6.1 거칠기 측정법의 종류

6.1 표면거칠기와 표면다듬질

1) 표면거칠기와 다듬질 기호

그림 6.2와 같이 다양한 공정에 의해 가공되는 표면다듬질(마무리)의 범위와 이와 관련된 상대시간은 표면거칠기의 정도(정밀도)와 비례한다. 그림에서 보는 바와 같이 표면거칠기(Surface roughness)가 거칠수록 가공하는 상대시간은 적게 걸리는 반면 표면거칠기가 정밀할수록 가공하는 상대시간도 많이 소요되어 가공비용이 상승하게 된다. 따라서 사용목적 및 가격에 맞추어 표면거칠기 및 다듬질 기호를 결정해야만 한다.

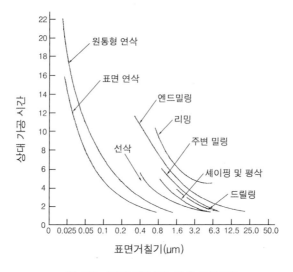

그림 6.2 표면거칠기와 상대 가공시간

표 6.1은 다양한 공정에 의한 특정 표면마무리를 얻기 위한 상대비용을 나타낸 것이다.

표 6.1 표면거칠기와 소요되는 상대비용

공 정	표면거칠기 (μm)	개략적 상대비용 (%)
황삭(rough machining)	6	100
표준 절삭	3	200
정삭, 거친 연삭	1.5	440
초정밀 절삭, 일반 연삭	0.8	720
정밀 연삭, 셰이빙, 호닝(honing)	0.4	1,400
초정밀 연삭, 셰이빙, 호닝, 래핑	0.2	2,400
래핑, 버니싱, 수퍼호닝, 연마(polishing)	0.05	4,500

6.2 표면거칠기의 표시 방법

표면거칠기를 도면의 필요 개소(個所)에 표시하기 위해서 그림 6.3과 같이 면의 지시기호를 사용한다. 뾰족한 부분을 도형의 외측에 닿게 하고, 이 기호 위에 표면 거칠기의 수치를 기입한다. (a)는 60°로 열린 길이가 다른 절선(折線)이며, 이것은 그 표면을 제거 가공하는가의 여부에 관계없는 경우에 사용된다. (b)는 제거 가공을 하는 경우에 한해서 사용하고, (c)는 이 기호로 표시된 부분은 제거가공을 해서는 안 된다는 의미이다.

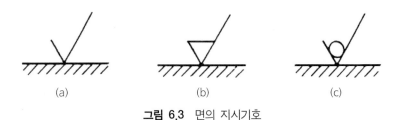

(a)   (b)   (c)

그림 6.3 면의 지시기호

이들 기호를 사용하여 표면 거칠기의 크기를 지시하기 위해서는 중심선 평균 거칠기의 경우에는 그림 6.4와 같이 기호 위에 그 크기를 표시하는 수치를 기입한다. 이때, 거칠기의 값은 임의의 값이라도 좋지만, 규격에서는 표 6.2 중에서 선택하여 사용하도록 하고 있다.

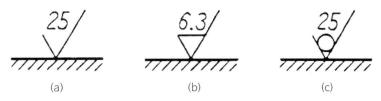

(a)   (b)   (c)

그림 6.4 중심선 평균거칠기 Ra에 의한 거칠기의 지시방법

표 6.2　각종 거칠기의 표준수열(標準數列)

중심선 평균 거칠기 (R_a)	최대높이 (R_{max})	10점 평균 거칠기 (R_z)	다듬질 기호
0.013a	0.05S	0.05Z	
0.025a	0.1S	0.1Z	
0.05a	0.2S	0.2Z	▽▽▽▽
0.1a	0.4S	0.4Z	
0.2a	0.8S	0.8Z	
0.4a	1.6S	1.6Z	
0.8a	3.2S	3.2Z	▽▽▽
1.6a	6.3S	6.3Z	
3.2a	12.5S	12.5Z	▽▽
6.3a	25S	25Z	
12.5a	50S	50Z	▽
25a	100S	100Z	
50a	200S	200Z	—
100a	400S	400Z	

※다듬질 기호에 대한 거칠기의 표준값은 각 란의 가장 큰 수치로 한다.

거칠기를 중심선 평균거칠기가 아니라, 최대높이나 10점 평균거칠기로 표시할 필요가 있는 경우는 그림 6.5와 같다.

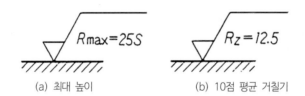

(a) 최대 높이　　　　　(b) 10점 평균 거칠기

그림 6.5　최대높이(R_{max}), 10점 평균거칠기(R_z)에서의 거칠기 기입

6.3 기하공차

표 6.3에 기하공차의 종류 및 각각의 기호가 정해져 있다. 예를 들어 진직도란 물체의 직선부분이 기하학적으로 똑바른 직선에서 얼마만큼 비뚤어져 있는가 하는 그 크기를 말하며, 진직도 공차란 그 허용치이다.

6.4 기하공차의 도시 방법

기하공차는 표 6.3과 같은 기호를 사용하며, 그림 6.6과 같은 직사각형을 한 공차기입틀에 의해서 그 종류 및 공차역을 나타낸다.

표 6.3 기하공차의 종류와 기호

적용하는 형체	공차의 종류		기호	적용하는 형체	공차의 종류		기호
단독 형체	형 상 공 차	진직도 공차	—	자 세 공 차	직각도 공차	⊥
		평면도 공차	▱			경사도 공차	∠
		진원도 공차	○	관련 형체	위치 공차	위치도 공차	⊕
		원통도 공차	⌀			동축도 공차 또는 동심도 공차	◎
단독형체 또는 관련형체		선의 윤곽도 공차	⌒			대칭도 공차	═
		면의 윤곽도 공차	◠		흔들 림 공차	원주 흔들림 공차	↗
관련 형체	자세 공차	평행도공차	∥			전체 흔들림 공차	⟋⟋

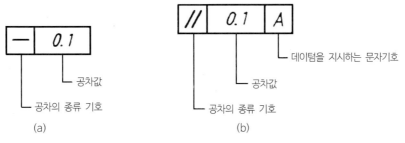

그림 6.6 공차의 기입 틀

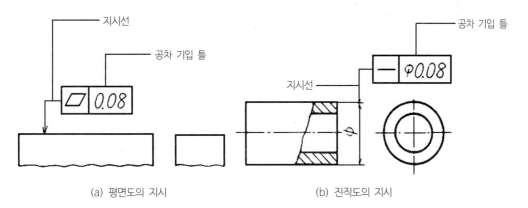

(a) 평면도의 지시   (b) 진직도의 지시

그림 6.7 기하공차의 도시 방법

　예로써 그림 6.7 (a)의 공차기입 틀의 기호는 이 제품이 표시된 표면 전체가 0.08mm 정도 떨어진 2개의 평행한 평면 사이에 있어야 한다는 것을 나타내고, (b)는 이 원통의 축선이 직경 0.08mm인 원통 내에 있지 않으면 안 된다는 것을 나타낸다.

6.5　데이텀(Datum)의 도시

　평행도 공차 등에서는 데이텀과의 관련 공차가 규제되므로 데이텀을 도시할 필요가 있으므로, 그림 6.8과 같이 데이텀이 되는 부분에 칠을 한 직삼각형(데이텀 삼각기호)으로 표시한다.

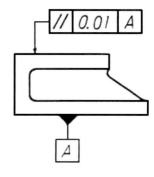

그림 6.8　데이텀의 지시

6.6　치수 공차

　공차방식에 있어 최대 실체로 다듬질한 상태를 최대 실체 상태(Maximum Material Condition ; MMC)라 하며 여기서 최대 실체란 치수 공차 범위에 있어서 실체, 즉 그 질량이 최대가 되도록 다듬질한 상태로서 축과 같은 외측 형체에서는 그것이 최대허용치수일 때이고, 또 구멍과 같은 내측 형체인 것에서는 거꾸로 최소 허용치수일 때이다. 이 경우 틈새는 최소가 된다. 한편 틈새가 최대인 경우는 구멍, 축 쌍방 또는 한쪽이라도 MMC를 이탈하여 상기의 반대상태가 될 경우를 최소실체 상태(Least Material Condition ; LMC)라 한다. 그림 6.9에 일례로 핀부품의 최대 실체 상태 및 최소 실체 상태의 치수공차를 나타냈다.

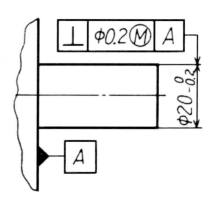

(a) 도시

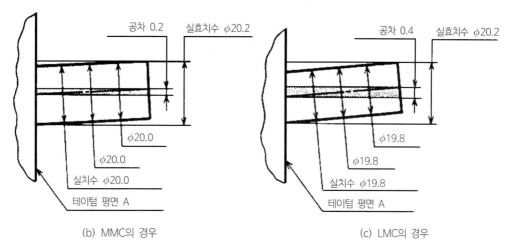

(b) MMC의 경우   (c) LMC의 경우

그림 6.9 핀(pin) 부품의 최대 실체 및 최소 실체의 공차

6.7 다듬질 기호와 표면거칠기

다듬질 기호와 표면거칠기에 대한 규격 및 적용 예는 표 6.4와 같다.

표 6.4 다듬질 기호와 표면거칠기

다듬질명	다듬질 기호	표면거칠기			적용 예
		R_{max}	R_z	R_a	
안함	−(∼)	특별한 규정 없음			주조의 경우, 주조 버(burr)를 제거하는 정도 환강 등은 흑피 그대로
거친다듬질	▽	100S	100Z	25a	일정한 형상, 치수를 보증하는 개소(個所) 축의 단면, 릴리프, 가대(架台)의 평활면
보통다듬질	▽▽	25S	25Z	6.3a	끼워맞춤 개소로, 일정한 틈새를 보증하는 축과 베어링 등
정밀다듬질	▽▽▽	6.3S	6.3Z	1.6a	고속, 고하중, 충격을 받는 끼워맞춤부 볼베어링의 축, 왕복동축 등
연마다듬질	▽▽▽▽	0.8S	0.8Z	0.2a	특히 정밀한 면으로, 연마 또는 버프 다듬질을 한 뒤에 피팅(fitting, 쫼合)을 함. 유압기계의 로드, 압축기 피스톤의 로드 등

KS와 JIS를 비교한 주요 재료 기호 일람표

한국 공업 규격				일본 공업 규격	
규격번호	규격명	KS 기호	기호 설명	JIS 번호	JIS 기호
KSD2301	타프피치 형동	B-Tcu,C-Tcu	B-Billet,C-Cake,T-Tough Pitch	H 2123	B-Tcu,C-Tcu
〃 2302	납 지금	Pb	Pb-Lead	〃 2105	-
〃 2304	알루미늄 지금	Al	Al-Aluminium	〃 2102	-
〃 2305	주석 지금	Sn	Sn-Tin	〃 2108	-
〃 2306	금속 크롬	Cr	Cr-Chromium	G 2313	Mcr
〃 2307	니켈 지금	Ni	Ni-Nickel	H 2104	N
〃 2308	은 지금	Ag	Ag-Silver	〃 2141	-
〃 2310	인동 지금	Pcu	P-Phosphor Cu-Copper	〃 2501	Pcu
〃 2312	금속 망간	M Mn E	M-Metal Mn-Manganese E-Electric	〃 2311	MMn E
〃 2313	금속 규소	MSi	M-Metal Si-Silicon	〃 2312	MSn
〃 2316	훼로 티탄	FTiL	F-Ferro Ti-Titanium L-Low	〃 2309	F TiH, F TiL
〃 2320	주물용 황동 지금	BsIC	Bs-Brass, I-Ingot, C-Casting	〃 2202	YBs CIn
〃 2321	주물용 청동 지금	BIC	B-Bronze, I-Ingot, C-Casting	〃 2203	BCIn
〃 2322	주물용 인청동 지금	PBIC	P-Phosphor B-Bronze I-Ingot C-Casting	〃 2204	PBCIn
〃 2331	다이캐스팅용 알루미늄 합금 지금	AIDC	A-Aluminium I-Ingot D-Die C-Casting	〃 2212	Dx V
〃 2332	다이캐스팅용 알루미늄 재생 합금 지금	AIDCS	A-Aluminium I-Ingot D-Die C-Casting S-Secondary	〃 2118	Dx S
〃 2351	아연 지금	Zn	Zn-Zinc	〃 2107	-
〃 3501	열간 압연 연강판 및 강대	SHP	S-Steel H-Hot P-Plate	〃 3131	SPHC, SPHD SPHE
〃 3506	아연도 강판	SBHG	S-Steel B-보통 H-Hot G-Galvanized	〃 3302	SPG
〃 3507	배관용 탄소 강관	SPP	S-Steel P-Pipe P-Piping W-Water	〃 3452	SGP
〃 3509	피아노 선재	PWR	P-Piano W-Wire R-Rod	〃 3502	SWRS
〃 3510	경강선	HSW	H-Hard S-Steel W-Wire	〃 3521	SW
〃 3511	재생 강재	SBR	S-Steel B-보통(일반)R-Rerolled	〃 3111	SRB SPCE
〃 3515	용접구조용 압연 강재	SWS	S-Steel W-Welded S-Structure	〃 3106	SM
〃 3516	주석도금 강판	ET, HD	E-Electric T-Tin H-Hot D-Dipped	〃 3303	SPTE, SPTH
〃 3520	착색 아연도 강관	SBPG	S-Steel B-보통(일반)P Precoated G-Galvanized	〃 3312	SCG

한국 공업 규격				일본 공업 규격	
규격번호	규격명	KS 기호	기호 설명	JIS 번호	JIS 기호
KSD3521	압력 용기용 강관	SPPV	S-Steel P-Plate P-Pressure V-Vessel	H 3115	SPV
〃 3522	고속도 공구강 강재	SKH	S-Steel K-공구 H-High Speed	〃 4403	SKH
〃 3523	중공강 강재	SKC	S-Steel K-공구 C-Chisel	〃 4410	SKC
〃 3525	고탄소크롬 베어링강 강재	STB	ST-Stainless B-Bearing	〃 4805	SUJ
〃 3526	마봉강용 일반 강재	SGD	S-Steel G-General D-Drawn	〃 3108	SGD
〃 3527	철근 콘크리트용 재생봉강	SBCR	S-Steel B-Bar C-Concrete R-Reinforcement	〃 3117	SRR, SDR
〃 3528	전기아연도금강판 및 강대	SEHC, SECC SEHE	S-Steel E-Electrolytic H-Hot C-Commercial C-Cold, D-Deep Drawn E-Deep Drawn Extra	〃 3313	SEHC, SECC SEHE, SEHD SECD, SECE
〃 3550	피복아크 용접봉 심선	SEHD	S-Steel W-Wire W-Welding	〃 3523	SWY
〃 3552	철선	MSW	M-Mild S-Steel W-Wire	〃 3532	SWH
〃 3554	연강 선재	MSWR	M-Mild S-Steel W-Wire R-Rod	〃 3505	SWRM
〃 3555	강관용 열간압연 탄소강대	HRS	H-Hot R-Rolled S-Steel	〃 3132	SPHT
〃 3556	피아노선	PW	P-Piano W-Wire	〃 3522	SWP
〃 3559	경강 선재	HSWR	H-Hard S-Steel W-Wire R-Rod	〃 3506	SWRH
〃 3560	보일러 및 압력 용기용 탄소강 및 몰리브덴강 강판	SBB	S-Steel B-보통 B-Boiler	〃 3103	SB
〃 3561	마봉강	SB	S-Steel B-보통	〃 3123	SS-B-D
〃 3562	압력 배관용 탄소 강관	SPPS	S-Steel P-Pipe P-Pressure S-Service	〃 3454	STPG
〃 3563	보일러 및 열교환기용 탄소 강관	STBH	S-Steel T-Tube H-Heat	〃 3461	STB
〃 3564	고압 배관용 탄소 강관	SPPH	S-Steel P-Pipe P-Pressure H-High	〃 3455	STS
〃 3565	수도용 도복장 강관	STPW-A SRPW-C	S-Steel T-Tube P-Pipe W-Water A-Aspalt C-Coaltar	〃 3443	-
〃 3566	일반 구조용 탄소 강관	SPS	S-Steel P-Pipe S-Structure	〃 3444	STK
〃 3568	일반 구조용 각형 강관	SPSR	S-Steel P-Pipe S-Structure R-Rectangular	〃 3466	STKR
〃 3569	저온 배관용 강관	SPLT	S-Steel P-Pipe L-Low T-Temperature	〃 3460	STPL
〃 3570	고온 배관용 탄소 강관	SPHT	S-Steel P-Pipe H-High T-Temperature	〃 3456	STPT
〃 3571	저온 열교환기용 강관	STLT	S-Steel T-Tube L-Low T-Temperature	〃 3464	STBC
〃 3572	보일러·열교환기용 합금 강 강관	STHA	S-Steel T-Tube H-Heat A-Alloy	〃 3462	STBA
〃 3573	배관용 합금강 강관	SPA	S-Steel P-Pipe A-Alloy	〃 3458	STPA
〃 3575	고압가스 용기용 이음매 없는 강관	STHG	S-Steel T-Tube H-High G-Gas	〃 3429	STH
〃 3577	보일러·열교환기용 스테인레스 강관	STSxTB	ST-Stainless S-Steel T-Tube	〃 3463	SUSxTB

한국 공업 규격				일본 공업 규격	
규격번호	규격명	KS 기호	기호 설명	JIS 번호	JIS 기호
KSD3579	스프링용탄소강오일템퍼선	SWO	S-Spring W-Wire O-Oil	H 3560	SWO
〃 3580	밸브 스프링용 탄소강 오일 템퍼선	SWO-V	S-Spring W-Wire O-Oil V-Valve	〃 3561	SWO-V
〃 3581	밸브 스프링용 크롬 바나듐강 오일 템퍼선	SWOCV-V	S-Spring W-Wire O-Oil C-Chromium V-Vanadium V-Valve	〃 3565	SWDCV-V
〃 3582	밸브 스프링용 실리콘 크롬강 오일 템퍼선	SWOSC-V	S-Spring W-Wire O-Oil S-Silicon C-Chromium V-Valve	〃 3566	SWOSC-V
〃 3583	배관용 아크용접 탄소강관	SPW	S-Steel P-Pipe W-Welding	〃 3457	STPY
〃 3699	열간압연 스테인레스 강대	STSxHS	ST-Stainless S-Steel H-Hot S-Strip	〃 4306	SUSxHS
〃 3700	냉간압연스테인레스 강대	STSxCS	ST-Stainless S-Steel C-Cold S-Strip	〃 4307	SUSxCS
〃 3701	스프링 강재	SPS	SP-Spring S-Steel	〃 4801	SUP
〃 3702	스테인레스 강선재	STSxWR	ST-Stainless S-Steel W-Wire R-Rod	〃 4308	SUS SUB
〃 3703	스테인레스 강선	STSxWSWH	ST-Stainless S-Steel W-Wire S-Soft H-Hard	〃 4309	SUS
〃 3705	열간압연 스테인레스 강관	STSxHP	ST-Stainless S-Steel H-Hot P-Plate	〃 4306	SUS
〃 3706	스테인레스 강봉	STSxB	ST-Stainless S-Steel B-Bar	〃 4303	SUS
〃 3707	크롬 강재	SCr	S-Steel Cr-Chromium	〃 4104	SCR
〃 3708	니켈 크롬강 강재	SNC	S-Steel N-Nickel C-Chromium	〃 4102	SNC
〃 3709	니켈 크롬 몰리브덴 강재	SNCM	S-Steel N-Nickel C-Chromium M-Molybdenum	〃 4103	SNCM
〃 3710	탄소강 단강품	SF	S-Steel F-Forging	〃 3201	SF
〃 3711	크롬 몰리브덴 강재	SCM	S-Steel C-Chromium M-Molybdenum	〃 4105	SCM
〃 3712	훼로 망간	FMn	F-Ferro Mn-Manganese	〃 2301	FMn
〃 3713	훼로 실리콘	FSi	F-Ferro Si-Silicon	〃 2302	FSi
〃 3714	훼로 크롬	FCr	F-Ferro Cr-Chromium	〃 2303	FCr
〃 3715	훼로 텅스텐	FW	F-Ferro W-Wolfram(Tungsten)	〃 2306	FW
〃 3716	훼로 몰리브덴	FMo	F-Ferro M-Molybdenum	〃 2307	FMo
〃 3717	실리콘 망간	SiMn	Si-Silicon Mn-Manganese	〃 2304	SiMn
〃 3751	탄소 공구 강재	STC	S-Steel T-Tool C-Carbon	〃 4401	SK
〃 3752	기계 구조용 탄소 강재	SM	S-Steel M-Machine	〃 4051	SxC
〃 3802	무방향성 전기강관및강대	SExC	S-Steel E-Electric C-Cold	〃 2552	Sx
〃 4101	탄소 주강품	SC	S-Steel C-Casting	G 5101	SC
〃 4102	구조용 고장력 탄소강 및 저합금강 주강품	HSC	H-High S-Steel C-Casting	〃 5111	SSC, SCMn SCCrM 등
〃 4103	스테인레스 주강품	SSC	S-Steel S-Stainless C-Casting	〃 5121	SCS
〃 4104	고망간 주강품	HMnSC	H-High Mn-Manganese S-Steel C-Casting	〃 5131	SCMnH
〃 4105	내열 주강품	HRSC	H-Heat R-Resistant S-Steel C-Casting	〃 5122	SCH

한국 공업 규격				일본 공업 규격	
규격번호	규격명	KS 기호	기호 설명	JIS 번호	JIS 기호
KSD4106	용접 구조용 주강품	SCW	S-Steel C-Casting W-Welded	G 5102	SCW
〃 4107	고온 고압용 주강품	SCPH	S-Steel C-Casting P-Pressure H-High	〃 5151	SCPH
〃 4301	회 주철품	GC	G-Gray C-Casting	〃 5501	FC
〃 4303	흑심가단 주철품	BMC	B-Black M-Malleable C-Casting	〃 5702	FCMB
〃 4304	펄라이트 가단 주철품	PMC	P-Pearlite M-Malleable C-Casting	〃 5704	FCMP
〃 4305	백심가단 주철품	WMC	W-White M-Malleable C-Casting	〃 5703	FCMW
〃 5506	인청동 및 양백판 및 조	PBS, PBT	P-Phosphor B-Bronze S-Sheet T-Tape	〃 3731	PBP, PBR
〃 5512	연판	PbS	Pb-Lead S-Sheet	〃 4301	PbP
〃 5515	아연판	ZnP	Zn-Zinc P-Plate	〃 4321	-
〃 5530	동 버스바	CuBB	Cu-Copper B-Bus B-Bar	H 3361	CuBB
〃 5539	이음매없는 니켈동합금관	NCuP	N-Nickel Cu-Copper P-Pipe	〃 3661	NCuT
〃 5540	조명 및 전자기기용 몰리브덴선	VMW	V-Vacuum M-Molybdenum W-Wire	〃 4481	VMW
〃 5545	동 및 동합금 용접관	BsPW	Bs-Brass P-Pipe W-Welding	〃 3671	BsTW
〃 6001	황동 주물	BsC	Bs-Brass C-Casting	〃 5101	YBsC
〃 6002	청동 주물	BrC	Br-Bronze C-Casting	〃 5111	BC
〃 6003	화이트 메탈	WM	W-White M-Metal	〃 5401	WJ
〃 6004	베어링용 동-연 합금주물	KM	K-Kelmet M-Metal	〃 5403	KJ
〃 6005	아연 합금 다이캐스팅	ZnDC	Zn-Zinc D-Die C-Casting	〃 5301	ZDC
〃 6006	알루미늄 합금 다이캐스팅	AlDC	Al-Aluminium D-Die C-Casting	〃 5302	ADC
〃 6007	고강도 황동 주물	HBsC	H-High Bs-Brass C-Casting	〃 5102	HBsC
〃 6008	알루미늄 합금 주물	ACxA	A-Aluminium C-Casting A-Alloy	〃 5202	AC
〃 6010	인청동 주물	PBC	P-Phosphor B-Bronze C-Casting	〃 5113	PBC
〃 6011	연입 청동 주물	PbBrC	Pb-Lead Br-Bronze C-Casting	〃 5115	LBC
〃 6012	베어링용 알루미늄 합금 주물	AM	A-Aluminium M-Metal	〃 5402	AJ
〃 6013	초경 합금	SGD	S-Special G-General D-Drawing	〃 5501	SGD
〃 6014	실진 청동 주물	SzBrC	Sz-Siluzin Br-Bronze C-Casting	〃 5112	SzBC
〃 6701	알루미늄 및 알루미늄합금 판 및 조	AxxxxP	A-Aluminium R-Ribbon C-Clad	〃 4000	AxxxxP, R, E PC
〃 6702	연관	PbP	Pb-Lead P-Pipe	〃 4311	PbT
〃 6703	수도용 연관	PbPW	Pb-Lead P-Pipe W-Water	〃 4312	PbTW
〃 6705	알루미늄 및 알루미늄 합금 박	AlF	Al-Aluminium F-Foil	〃 4191	AlH
〃 6706	고순도 알루미늄 박	AlFS	Al-Aluminium F-Foil S-Special	〃 4192	AOH
〃 6713	알루미늄 및 알루미늄 합금 용접관	AxxxxTW	Al-Aluminium T-Tube W-Welded	〃 4090	AxxxxTE, TDTES, TDS
〃 6757	알루미늄 및 알루미늄 합금 리벳재	Axxxx	Al-Aluminium	〃 4120	AxBR
〃 6761	이음매없는 알루미늄 및 알루미늄 합금관	AxxxxPE PD	Al-Aluminium P-Pipe E-Extruded D-Drawing	〃 4080 〃 4180	Axxxx TE, T Axxxx PB.
〃 6762	알루미늄 및 알루미늄 합금 의 판 및 관의 도체	AELS	Al-Aluminium E-Extruded C-Conductor S-Shaped		SBSBC, SBSC TB,

한국 공업 규격				일본 공업 규격	
규격번호	규격명	KS 기호	기호 설명	JIS 번호	JIS 기호
				H 4040	TBS
KSD6763	알루미늄 및 알루미늄	AxxxxBE	A-Al B-Bar E-Extrusion		AxxxxBE,
	합금봉 및 선	BDBES, BDS	D-Drawing S-Special	″ 4140	BDBES,
″ 6770	알루미늄 및 알루미늄	AxxxxFD,	Al-Aluminium F-Forging		BDS
	합금 단조품	FH	D-Die H-Hand	″ 3536	AxxxxFD
″ 7002	PC 강선 및 PC강연선	SWPC	S-Steel W-Wire P-Prestressed	″ 3538	FH
″ 7009	PC 경강선	SWHD	S-Steel W-Wire H-Hard		SWPR,
		SWHR	D-Deformed R-Round	″ 8612	SWPD
″ 8302	니켈 및 니켈 크롬 도금	SN	S-Steel N-Nickel	″ 8610	SWCR,
″ 8304	전기아연 도금	ZP, ZPC	Z-Zinc P-Plating C-Chromate	″ 8641	SWCD
″ 8308	용융 아연 도금	ZHD	Z-Zinc H-Hot D-Dipped	″ 8642	FNM, FGM
″ 8309	용융 알루미늄 도금	AD	Al-Aluminium D-Dipped	″ 8301	ZM, ZMC
″ 8320	알루미늄 용사	AS, ASP,	Al-Aluminium, S-Spray,		HDZ
		ASS, ASD	P-Primer, S-Sealing D-Diffusion	″ 8300	HDA
″ 8322	아연 용사	ZnS	Zn-Zinc S-Spray		ZS, ZSP

최신 **제품설계**
ADVANCED PRODUCT DESIGN

제 6 편 ● 3차원 CAD론

기본 개념 및 이론

1.1 CAD의 기본 개념

1.1.1 정 의

1) CAD/CAM이란?

설계 및 생산설계부문에서 컴퓨터에 의한 해석, 설계, 가공 및 검사정보를 수집 분석함으로써, 제품 생산의 납기단축 및 품질향상을 지원하는 시스템 혹은 기술분야이다.

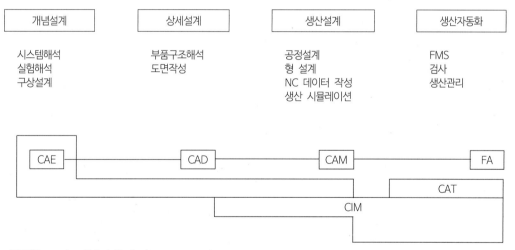

개념설계	상세설계	생산설계	생산자동화
시스템해석 실험해석 구상설계	부품구조해석 도면작성	공정설계 형 설계 NC 데이터 작성 생산 시뮬레이션	FMS 검사 생산관리

- CAD(Computer Aided Design)
- CAE(Computer Aided Engineering)
- CAM(Computer Aided Manufacturing)
- CAT(Computer Aided Testing)
- CIM(Computer Integrated Manufacturing)

1.1.2 개발 Process와의 관계

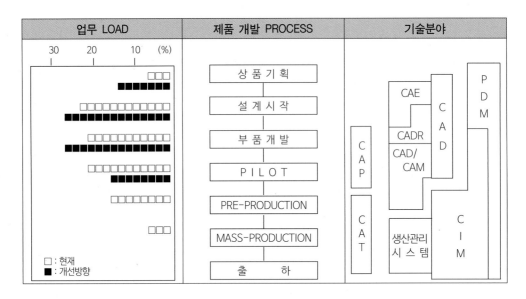

- CAP(Computer Aided Planning) · CADR(Computer Aided DRawing) · PDM(Product Data Management)

1.1.3 CAD System의 구성

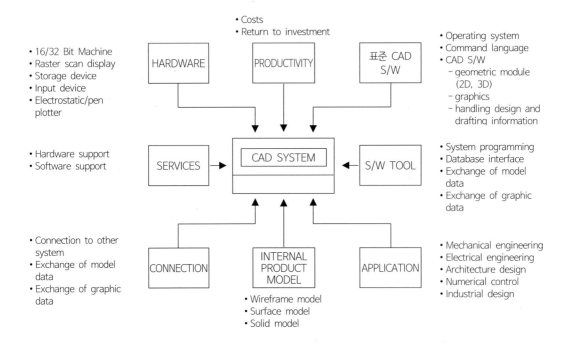

1.1.4 CAD System의 기술추세

1) 도형 전송 표준

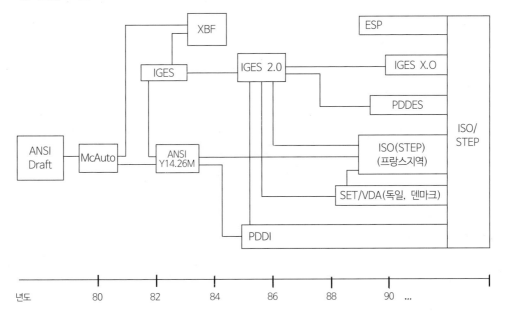

- IGES(Initial Graphic Exchange Specification)
- STEP(STandard for the Exchange of Product model data)
- PDES(Product Definition Exchange Specification)

2) 컴퓨터 Hardware의 동향

① VLSI 기술의 진보

② 병렬 계산

③ 분산 처리

④ 계산 기능과 화상 처리 기능의 연계

3) Feature

형상 뿐 아니라 필요한 속성도 정의된 Library

4) 통합화된 Model Data : NURBS(Non-Uniform Rational B-Spline)

① 자유곡선을 나타내는 수식 혹은 수식을 이용한 형상정의 알고리즘
② NURBS를 이용하여 원호나 타원을 exact equation으로 정의 가능
③ 형상 entity가 NURBS로 통일 가능함.

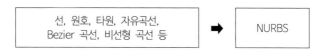

5) Variational Design

(1) 정의

형상과 공학적 제한 조건을 고려하여 형상을 정의해 주고 조건을 조정하면서 설계작업을 수행

6) Knowledge Base

(1) 정의

AI 기법(주로 expert 시스템 이용)을 응용하여 제품이나 공정을 고려한 형상에 관계되는 업무내용을 자동적으로 의사결정해 준다.

(2) 활용 분야

① 가공성 해석
② 정비 보수 해석
③ 비용 평가
④ 설계 최적화 자가 진단
⑤ 설계 검증 및 확인
⑥ 생산성 해석

3) System 구성

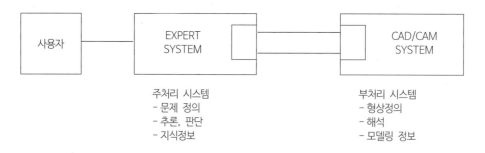

1.2 3D CAD의 기초 이론

1.2.1 Hardware

1) Computer

(1) Microprocessors

(Source : IEEE Spectrum '93.12월호)

μ-Processor 항목	Alpha 21064	MIPS R4400SC	PA7100	Pentium	PowerPC 601	Super Sparc	68040	80486
회사명	DEC	MIPS Tech	HP	Intel	IBM & Motorola	SUN Micro Systems	Motorola	Intel
출시시기	'92.2	'92.11	'92.2	'93.3	'93.4	'92.5	'89.7	'91.6
형식	RISC	RISC	RISC	CISC	RISC	RISC	CISC	CISC
bit 수	64	64	32	32	32	32	32	32
TR, 개수(백만개)	1.68	2.3	0.85	3.1	2.8	3.1	1.2	1.2
Clock(MHz)	200	150	100	66	80	60	25	50
SPECint	130	88	81	67.4	85	80	21	27.9
SPECft	184	97	150	63.6	105	100	15	13.1

(2) 본체
16/32 Bit Machine

2) 주변기기

(1) Graphic Display
① CRT형-refresh(random scan and raster scan), storage
② Plasma, LCD형

(2) Storage Device
① Hard Disk driver, CA driver, DAT driver, M/T driver
② Media-magnetic tape, cartridge tape, DAT, diskette tape, CD, …

(3) Input Device
keyboard, mouse, touch screen, digitizer, tablet, …

(4) Plotter

electrostatic, pen plotter

(5) Hardcopier

열전사 방식, ink jet 방식

(6) Printer

dot, laser beam, ink jet 방식

1.2.2 **Software**

1) Modeler

(1) 형상 모델링의 분류 및 비교

분류 항목	2 Dimension	3 Dimension
도형 구성 방법	• 도면을 작성하는 기준으로 작성 • 기본 물체를 정면도, 평면도, 측면도로 표시한다.	• 대상 물체를 X,Y,Z의 좌표축을 기준으로 하여 입력하므로 3개 좌표축 데이터를 가진 물체로 형성한다.
도형에 대한 정보	• 2차원적인 도형을 가지고 있다. 　- 선 : 길이, 시점/종점의 좌표 　- 원 : 반지름, 중심점의 위치	• 도형 자체의 체적, 표면적, 무게중심, 관성 모멘트 등의 물체에 관한 데이터를 계산할 수 있다. 　- 도형 작성 후 BOM데이터 생성 가능
활용 범위(안)	• 단순 도면 작성	• 물체구성을 통하여 타분야에의 데이터 활용 　- Shading(음영) 처리를 통한 시각화 　- 2차원 도면 형상 작성 　- FEM 해석을 위한 형상 데이터 • 가공을 위한 데이터로 활용 가능
사용성	• 간단히, 쉽게 배울 수 있다. • 입력방법이 쉽다.	• 물체를 구성하여야 하므로 입력에 상당한 노력이 필요 • 좌표계를 이용하여 입력(기존 S/W) • 설계용으로 적합
상호 관계	• 도면화 작업에 Cost-Performance가 높다. 　- 치수작업 및 주기란 처리에 용이	• 모델링 구성에 용이 　- 3차원 물체 구성 후 2차원으로 형상 변경을 통하여 2차원 도면의 형상 작성

(2) 3차원 모델링 기법의 특징

세부항목	WIREFRAME	SURFACE	SOLID
개요	• 물체의 경계를 선, 원, 원호를 사용하여 표시하므로 일종의 Line으로 이루어지는 모델 구성 기법 • 2차원 Drafting단계에서 발전한 Modeling 구성 기법 • 3차원 모델링의 기본	• Wire-Frame Modeling보다 한 단계 향상된 모델링기법으로 복합형상을 표시할 수 있다. • 여러 개의 자유곡면에 의해서 생성되는 곡면을 모델링할 수 있다.	• 물체를 완전한 실물과 같이 모델링하는 3차원 모델링의 최고 수준
기능	• 사용 도형 요소 : 선, 원호, 2차 곡선, Bezier 곡선, Spline 곡선	• 원통면, 구면외에 Sweep에 의한 면과 2개 곡선 사이를 직선으로 연결한 Ruled Surface가 사용됨	• Boolean Operation : Primitive 라는 도형요소를 이용하여 이것들을 연산자(합, 차)에 의해 형상을 정의 • Sweep Operation : 물체의 단면을 지정하는 방향으로 이동 혹은 지정하는 축을 기준으로 회전시킴
① Data	• 선, 선분, 곡선으로부터 기하학 계산에 의해서 치수, 방향등의 신규점의 위치가 구해진다. • 자유곡면에 관한 정보는 얻을 수 없음.	• Wire-Frame에서 얻어질 수 없는 곡면에 관한 데이터가 얻어진다.	• 기하학적 형상에 관한 모든 데이터가 얻어진다.
② 입체감	• Wire-Frame으로는 Real한 표현은 이루어지지 않는다.	• 형상의 완전한 입체적 표현은 이루어지지 않는다.	• 물체의 완전한 표현이 가능
③ Fit	• 접합하는 부분은 2개의 곡면으로 이루어지는 관계이므로 접합에 관련사항은 시각적 판단에 의함.	• 접합부에 면을 작도하므로 자동적으로 계산된다.	• 완전한 경계면에 의해서 자동적으로 평가된다.
④ 간섭 Check	• 간섭Check는 시각적으로 판단. 대상 물체를 완전히 정의하지 않기 때문에 가능성으로는 간섭부근의 외형을 Wire-Frame 만으로 Check하여야 한다.	• 대상이 면을 기본으로 이루어져 있으므로 간섭 부위의 Check 는 자동적으로 이루어지지 않는다.	• 전체부품에 대해서 자동적으로 검토된다. 더욱이 관절 Mechanism에 대해서도 실행된다.
⑤ 체적 계산	• 자동적으로 혹은 직접적으로는 계산이 이루어지지 않는다.	• 대상이 전체면이 구성되어 있지 않은 관계로 체적의 계산은 자동적으로 수행되지 않는다.	• 체적 계산은 완벽히 이루어진다.

세부항목	WIREFRAME	SURFACE	SOLID
⑥ 해석 모델	• 사용자의 판단. 자동으로는 불가, 적용상의 기능 미비	• 하나의 곡면에 관해서 Mesh를 분할할 수 있다. 단, 전체 체적에 관해서는 불가	• 해석 모델의 Mesh 작성은 쉽다. • Auto-Mesh 기능을 대부분 보유
⑦ 공차 누적	• 해석용 일부 데이터 얻어짐. 조립 경계에서의 자유도와 허용도를 입력할 필요가 있다.	• 각 간섭면에 부여되면 자동적으로 해석이 가능. 접합면의 대부분은 평면과 원통면이다.	• Interface의 기능이 가능하므로 한계공차 입력에 의해서 평가 해석이 가능. 완전 자동해석도 가능
⑧ 제도	• 제도를 위한 기본 데이터는 작성. 단, 은선 소거는 불가능	• 도면작성에 대해서는 Wire-Frame에 비해 현저한 기능 향상은 없다. • 단지 면적의 계산이 자동으로 수행 은선 및 음영의 처리가 가능	• 형상 전체에 대해서 체적 계산이 가능하고, 윤곽선과 은선 처리가 자동으로 이루어져 명확한 표시가 가능하다. 음영처리가 완벽하다.
⑨ 치수 기입	• 선분의 길이가 자동 계산되어 치수기입이 가능. 단, 곡면에 대한 치수정보는 불완전하다.	• 곡면형상에 관한 완벽한 데이터가 생성된다.	• 모델 내에 완전히 치수정보를 가지고 있으므로 완전한 치수 작업이 가능
⑩ 단면도	• 단면에 관한 정보 사용자의 시각적 판단에 의한다.	• 임의의 단면에 관한 형상을 얻을 수 있다.	• 임의의 형상에 관한 단면 형상 및 Cross-Hatching 가능

(3) Solid Geometry Model

① 기본 개념

Solid model이란 3차원 물체의 기하를 다루기 위하여 컴퓨터로 조작할 수 있도록 형상을 표현하는 것이다. 이는 3차원 물체에 대한 여러 가지의 수치적 연산이나, 기호적 연산을 수행하여 3차원 물체로부터 수치적 자료를 얻어내어 이 자료를 기하학적 연산을 수행하는 부분에 제공하는 역할을 한다. 이렇게 하므로 형상 정보를 창출하고 교환할 수 있는 것이다.

② 종류별 특징

㉮ CSG(Constructive Solid Geometry)

간단한 입체의 조합으로부터 좀더 복잡한 모양의 입체를 정의하는 방식으로 union(합집합), intersection(교집합), difference(차집합) 등의 boolean 연산을 이용하여 입체를 조형한다. 이때의 조형과정을 ordered binary tree로 저장하여 tree의 최종 구성은 입체 표현의 기본 입체 (primitive)이고, 중간 node는 변환(이동, 회전)을 나타내는 조합 연산자가 된다. 기본입체 (primitive)의 모양은 구, 원기둥, 육면체 등이다.

CSG 모델은 입체의 체적을 잘 표현하나, 유일한 표현 방법은 아니다. 그리고 입체구성 tree

로 보아서 마지막 형상을 파악하기가 어렵고 물체를 시각적으로 인식하기가 어렵고, 물체의 외곽을 인식하기 위해서는 surface evaluation이 필요하다. 그러므로 curve 또는 surface의 기하학적 정보를 요구하는 디자인 응용분야나 자유곡면을 갖는 NC data 생성 등의 업무분야에는 부적합하다.

㉯ B-REP(Boundary-Representation)

입체에 대한 face, edge, vertex 등으로 입체경계를 표현하는 기법이며, CSG와 유사한 방법으로 구축이 가능하다. 이 기법은 topological 정보와 geometry 정보를 동시에 간직하는 데 topological 정보는 face, edge, vertex들의 구성적인 관계를 나타내고 geometry 정보는 이들간의 수치적 관련식을 표현한다.

이러한 surface 정보를 간직하고 있으므로 surface geometry에 직접적인 데이터 조작이 가능하고, line-drawing, graphic-rendering 등이 CSG에 비해서 훨씬 간편한 장점이 있다. 단점으로는 방대한 데이터를 가지고 있으므로 이를 다루는데 복잡한 면이 있다.

㉰ CSG와 B-REP의 비교

구 분	CSG	B-REP
형상 작성 방법	Primitives를 이용하여 직접 형상을 구성	사용자가 대화형식으로 하거나 CSG에서 다시 만듦
형상 Data의 구조	Tree 형식의 구조	Network 형식의 구조
필요 Memory 공간	구조가 간단하기 때문에 적음	복잡한 Topology 구조를 갖고 있기 때문에 큰 Memory를 필요로 함
체적 및 중량계산	용이함	적분계산에 의해 구하므로 과정이 복잡함
표면적 계산	경계부분의 재계산이 필요	곡면과 경계부분은 이미 구해져 있으므로 용이
NC Data의 계산	Primitive에서 NC Data를 추출하므로 용이	곡면에서 NC Data를 추출하므로 용이

㉱ NURB(Non Uniform Rational B-spline)

B-spline의 일종으로 arc, conic을 B-spline에서는 완벽한 표현이 불가능하였으나, NURB로는 표현이 가능하다.

기존의 solid 모델링 S/W는 line, arc, conic, B-spline, bezier curve, non-linear curve, parametric cubic spline 등의 도형요소를 이용하여 형상을 단순히 정의하였지만, 여기서는 곡선을 원하는 치수까지 연속성/불연속성을 유지할 수 있으며, 곡선의 부분적인 수정이 가능하고, 모든 종류의 geometry entity를 한 종류의 방정식으로 표현이 가능하고, 계산속도가 빠르며, wave가 없는 fair한 곡선을 얻을 수 있다.

이외의 특징으로는 타 S/W와 데이터 교환이 쉽고, S/W 자체의 algorithm이 간단하다.

㉤ Feature-Base Design

Feature-base란 slot, counterbore, pocket와 같이 tooling이 되어지는 부분으로서 parame-terized object로 표현 가능. feature-base design에서는 solid 모델링 기법에서 주로 사용되는 boolean operation 대신 object로부터 feature를 가감함으로서 원하는 형상을 만들어간다. 종래의 CAD system에서는 제조과정(fixturing, 또는 tooling)에 관한 정보를 전혀 포함하지 않았으므로 제작시 숙련기능공이 지식과 경험을 바탕으로 도면을 참고하여 제작순서나 tooling 방법을 결정한다. feature-base design에서 만들어진 모델은 기하학적 정보뿐만 아니라 가공정보를 가지고 있으므로 모델로부터 제작순서, tooling정보를 추출할 수 있음(hole → drilling, slot → milling).

|장점|

design이 완료되면, 모델로부터 제작을 위한 데이터(가공경로, 가공조건, 가공 tool 등)을 추출해 낼 수 있으므로 CAM과 연결이 가능하다.

㉥ Parametric Design

형상을 sketch한 후 특정값이나 parameter로 표현되는 수식을 입력함으로써 형상을 만들어내는 방식으로 parameter나 수식을 변경하면 자동적으로 형상이 수정된다.

㉦ Variational Design

parametric design 방식과 유사하다.

• parametric design → parameter가 형상을 결정
• variational design → relation(constraint)으로 형상 결정

|장점|

• 도면수정이 용이하다.
• kinematics design이 가능
• 유사형상의 부품 설계가 가능
• tolerance and sensitivity analysis
• 최적설계시 관련 부품의 설계가 연계되어 활용될 수 있다.

|문제점|

• 완벽한 기능을 갖는 상용 package가 없다.
• relation(constraint)에 관한 정보를 타 system으로 전달할 수 있는 표준 tool이 없다.

2) 형상 표현 기법

(1) 도형의 좌표변환

① matrix의 표시(3×3 matrix)

$$[x \ y \ 1]\begin{bmatrix} a & d & g \\ b & e & h \\ c & f & s \end{bmatrix} = [ax+by+c \ dx+ey+f \ gx+hy+s] = [x' \ y' \ k]$$

$$[x'/k \ y'/k \ 1] = [x^* \ t^* \ 1]$$

$$x^* = (ax+by+c)/(gx+hy+s), \ y^* = (dx+cy+f)/(gx+hy+s)$$

$$1 = (gx+hy+s)/(gx+hy+s)$$

※ 2×2 matrix에서는 확대와 회전은 가능하지만, 이동변환은 계산할 수 없다.

※ 동차좌표변환 : n차원의 벡터를 n+1차원의 요소벡터로 표현

② 변환

구분	기본적인 수식	matrix 변환 표현
이동	$x^* = x + tx$ $y^* = y + ty$	$[x \ y \ 1] = \begin{bmatrix} 1 & 0 & 1 \\ 0 & 1 & 0 \\ c & f & 1 \end{bmatrix} = [x+c \ y+f \ 1] = [x^* \ y^* \ 1]$
확대, 축소	$x^* = xdx$ $y^* = ydy$	$[x \ y \ 1] = \begin{bmatrix} a & 0 & 0 \\ 0 & e & 0 \\ 0 & 0 & 1 \end{bmatrix} = [ax \ ey \ 1] = [x^* \ y^* \ 1]$
회전	$x^* = x cos\theta + y sin\theta$ $y^* = y cos\theta - x sin\theta$	$[x \ y \ 1] = \begin{bmatrix} cos\theta & -sin\theta & 0 \\ sin\theta & cos\theta & 0 \\ 0 & 0 & 1 \end{bmatrix} = [x\cos\theta + y\sin\theta \ y\cos\theta - x\sin\theta]$ $= [x^* \ y^* \ 1]$
변환 matrix	$[x \ y \ 1]\begin{bmatrix} cos\theta & -sin\theta & 0 \\ sin\theta & cos\theta & 0 \\ 0 & 0 & 1 \end{bmatrix} \times \begin{bmatrix} 1 & 0 & 0 \\ 0 & 1 & 0 \\ 0 & 0 & 1 \end{bmatrix}\begin{bmatrix} s & 0 & 0 \\ 0 & s & 0 \\ 0 & 0 & 1 \end{bmatrix} = [x \ y \ 1]\begin{bmatrix} s cos\theta & -s sin\theta & 0 \\ sin\theta & -cos\theta & 0 \\ ax & ay & 1 \end{bmatrix} = [x^* \ y^* \ 1]$	
	$[x \ y \ \omega]\begin{bmatrix} a & d & g \\ b & e & h \\ c & f & s \end{bmatrix} = [x^* \ y^* \ \omega^*]$	

(2) 곡선 모델링 기법

① 자유 곡면이란

구면이나 실린더면과 같이 수식으로 간단하게 표현할 수 없는 곡면.

선박, 항공기 혹은 자동차 등의 제품에서는 유체역학 특유의 곡선 혹은 곡면을 필요로 하고 있으며, 가전제품에서도 제품이 fashionable하게 되거나 외관이 round 경향을 갖는 추세에 있기 때문에 자유곡면의 필요성이 증대하고 있다.

Shadow mask나 선풍기 날개를 만드는데 필요한 곡면을 정의하기 위해 여러 개의 점열(혹은 단

면형상)을 이용하기도 하지만, 곡면이나 곡선을 수식으로 표현하면 다음과 같은 장점이 있다.

㉮ 엄밀한 정의가 가능

㉯ 표현방식에 있어서 data의 양이 적다.

㉰ 각종 계산(예를 들면, 특정지점의 위치, 곡률 및 접선벡터)이 용이하다.

② 자유곡면의 표현 방법

구분	내 용	주요곡면	자유곡면의 표현방법
내삽법	곡면 형상을 정의하는 접선 벡터 방향과 크기가 필요함. 곡면의 제어가 힘드나, 엄밀한 표현이 가능함.	Coon's 곡면	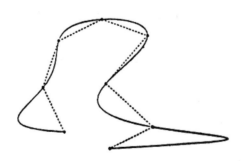
근사법	각 Knot들의 위치 벡터의 크기만으로 곡선제어 가능함. 곡면의 제어가 용이하고, 대화적인 곡면설계에 적합함.	Bezier's 곡면 Spline 곡면	

③ 자유 곡선의 종류

㉮ 내삽 3차 spline 곡선 : 곡선을 몇 개의 구간으로 나누어 각 구간의 치수를 3차로 유지하고, 구간의 tangency를 되도록 높이 유지되도록 한다.

구성된 곡선

$$
\begin{bmatrix}
\tau_2 2(\tau_1 + \tau_2)\tau_1 & & & \\
& \tau_3 2(\tau_2 + \tau_3)\tau_2 & & \\
& & \cdots\cdots & \\
& & & \tau_{n-1} 2(\tau_{n-2} + \tau_{n-1})\tau_{n-2}
\end{bmatrix}
\begin{bmatrix}
P_1' \\ P_2' \\ \vdots \\ P_n'
\end{bmatrix}
=
\begin{bmatrix}
3[(P_3 - P_2)\tau_2^2 + (P_3 - P_2)\tau_1^2]/(\tau_1\tau_2) \\
3[(P_3 - P_2)\tau_3^2 + (P_4 - P_3)\tau_2^2]/(\tau_2\tau_3) \\
\cdots\cdots \\
3[(P_{n-1} - P_{n-2})\tau_{n-1}^2 + (P_n - P_{n-1})\tau_{n-2}^2]/(\tau_n - 2\tau_{n-1})
\end{bmatrix}
$$

고차다항식에 의한 내삽 곡선

내삽 3차 Spline 곡선의 예

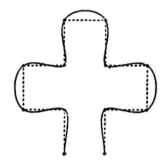

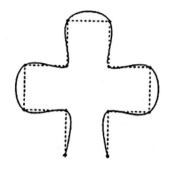

(a) 고정 조건 P'_1 = [0, 1, 0], P'_{12} = [0, -1, 0]　　　　　　　(b) 자연 조건

다만, 과선의 1변의 길이를 1로 하고 있다.

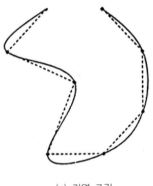

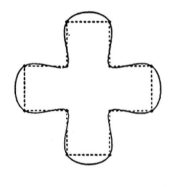

　　　　　　(c) 자연 조건　　　　　　　　　　　　　　　(d) 주기 조건

㉯ Bezier 곡선 : 프랑스 르노 자동차의 설계자인 Bezier가 차체 구조에 응용한 곡선이다.

$$R(t) = \sum_{i=0}^{n} \binom{n}{i} t^i (1.0 - t)^{n-1} P_i \quad (0 \le t \le 1)$$

Bezier 곡선의 예

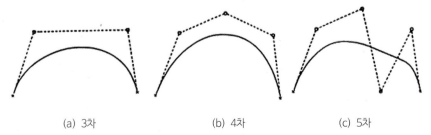

　　　　(a) 3차　　　　　　　　　(b) 4차　　　　　　　　(c) 5차

Bezier 곡선의 예

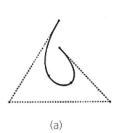

(a)

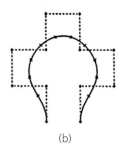

(b)

Bezier 곡선의 접속

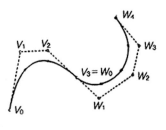

㉲ B-Spline : 미국 유타대학의 Riesenfeld 교수에 의해 고안된 이래 곡선설계에 널리 사용한다.

$$BSm(s) = BSm(V_0, \ V_1, \ \cdots \ Vm\,;s) = \sum_{k=0}^{n} N_{k \cdot m}(s) V_k$$

$V_0, \ V_1, \ V_2$: 3차원 공간 내의 점열
m : 계
s : knot(절점)

B-Spline의 폐곡선의 예

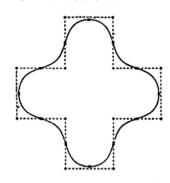

여기서, 점 N_k의 중첩함수 $N_{k,m}(s)$는 다음과 같이 정의
- $m = 1$일 때
$$N_{k,1}(s) = \begin{cases} 1 \\ 0 \end{cases} \quad s_k \le s < s_{k+1}$$
$$\text{기타}$$
- $m > 1$일 때는
$$N_{k,m}(s) = (s - s_k)N_{k,m-1}(s)/(s_{k+m-1} - s_k)$$
$$+ (s_{k+m} - s)N_{k+1,m-1}(s)/(s_{k+m} - s_{k+1})$$

4계 B-Spline의 중첩함수

$$N_{k,4}(s) = \begin{cases} (s - s_k)^3/(6h^3) & s_k \le s < s_{k+1} \\[2mm] [(s - s_k)^2(s_{k+2} - s) + (s - s_k)(s - s_{k+1})(s_{k+3} - s) \\ + (s - s_{k+1})^2(s_{k+4} - s)]/(6h^3), & s_{k+1} \le s < s_{k+2} \\[2mm] [(s - s_k)(s_{k+3} - s)^2 + (s - s_{k+1})(s_{k+3} - s)(s_{k+4} - s) \\ + (s - s_{k+2})(s_{k+4} - s)^2]/(6h^3) & s_{k+2} \le s < s_{k+3} \\[2mm] (s_{k+4} - s)^3/(6h^3), & s_{k+3} \le s < s_{k+4} \\[2mm] 0, & \text{기타} \end{cases}$$

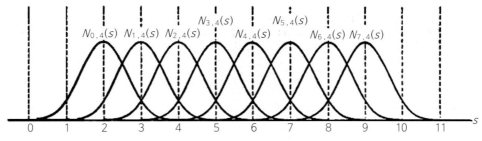

(a) 절점 벡터율 [0, 1, 2, …, 11]이라 했을 때

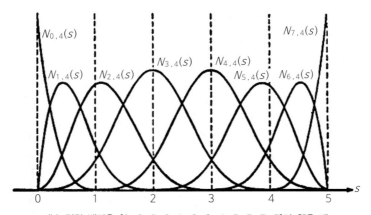

(b) 절점 벡터율 [0, 0, 0, 0, 1, 2, 3, 4, 5, 5, 5, 5]라 했을 때

3) Expert System

(1) 특징

① knowledge base – 전문가와 같은 수행 능력, 고도의 숙련, 적절한 정도로 힘들 것

② 기호화된 추론 – knowledge의 symbol화, symbol화된 지식의 재정립

③ rule base – 어려운 문제영역의 취급 및 rule화

(2) 적용 범주

구 분	내 용	주요 활동 분야
Interpretation	Sensor data로 상황을 추론, 설명	설비조건제어, 노광제어
Prediction	주어진 상황에서 예상되는 결과를 추론	Simulation, 설비 PM
Diagnosis	System의 기능 장애를 추론	의료 진단
Design	제약조건하에서 최적의 안을 추출	건축 설계
Planning	우선순위 및 흐름을 전제로 작동 계획을 수립	공정 설계
Monitoring	예상되는 결과와 현재의 상태를 비교, 제어	설비 모니터링
Debugging	잘못된 것의 수정	고장 수리

(3) Knowledge 표현 방법

① Rule base

　㉮ If-then 형태 : "If 가정 Then 결론" 혹은 "If 조건 Then 조치"

　㉯ 예

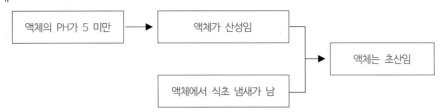

② Frame

　㉮ 개념이나 대상을 나타내는 node를 연결하여 지식을 표현

　㉯ node의 network이 frame이며, hierarchical하게 구성

　㉰ 예

③ Semantic

　㉮ 개념이나 대상을 나타내는 node의 network으로 구성된 지식을 표현

　㉯ 예

　　(문장 "John gives Mary a gift.")

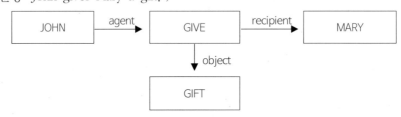

CHAPTER 02 3차원 CAD와 CAE와의 관계

2.1 3차원 CAD의 종류와 기능

2.1.1 CAD 시스템의 종류

CAD 시스템의 종류는 2, 3차원으로 대별되며 3차원 CAD의 종류는 wire-frame, surface, solid 모델링의 3종류가 있으며, 현재는 solid base의 3차원 CAD 시스템이 주로 활용되고 있으며, S/W의 구성 기술로는 NURBS 기법이 보편화되어 사용되고 있다.

CAD 시스템 종류 및 구성 기술

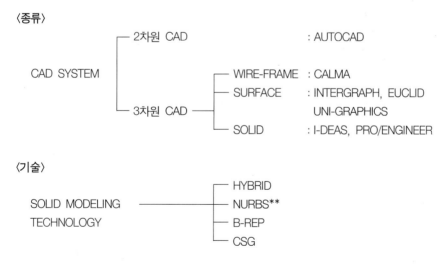

〈종류〉

```
                    ┌── 2차원 CAD                    : AUTOCAD
   CAD SYSTEM ──────┤
                    │                  ┌── WIRE-FRAME : CALMA
                    │                  ├── SURFACE    : INTERGRAPH, EUCLID
                    └── 3차원 CAD ──────┤                 UNI-GRAPHICS
                                       └── SOLID      : I-DEAS, PRO/ENGINEER
```

〈기술〉

```
                                      ┌── HYBRID
   SOLID MODELING                     ├── NURBS**
   TECHNOLOGY   ──────────────────────┤
                                      ├── B-REP
                                      └── CSG
```

주 • NURBS : Non Uniform Rational B-Spline
　• B-REP : Boundary Representation
　• CSG : Constructive Solid Geometry

2.1.2 시스템별 기능 비교

3차원 CAD 시스템별 기능 비교

세부항목		wire-frame	surface	solid
모델링 특성		• 물체의 경계(능선)표시에 의해서 형상 표현 • 자유로운 각도로부터 본 것에 의해서 3차원으로서의 식별은 가능하지만, 곡면과 입체 내부의 식별은 불가	• wire-frame에 곡면을 추가한 것으로 경계의 판별은 가능하지만 내부의 식별은 불가	• 입체의 경계 및 내부의 식별이 가능
설계	치수 위치	• 기존의 점, 선, 곡선으로부터 기하계산에 의해 치수, 방향, 새로운 점의 위치가 구해짐 • 곡면에 관한 정확한 정보는 wire-frame상에서 구해짐	• wire-frame에서 얻어지지 않은 곡면에 관한 데이터를 사용하여 치수, 위치결정이 이루어짐	• 기하정보에 관한 어떠한 제약도 없음
	입체감	• 실물과 같은 real한 입체 형상은 보여지지 않음	• wire-frame에 비해서 현저한 개선은 이루어지지 않음	• 실물과 같은 형상을 정의할 수 있음
해석	정합성	• 접합부는 2개 면의 관계이기 때문에 정합성의 판단은 사용자가 직접 판단	• 접합부에 면을 만드는 것에 의해 자동적으로 판단 가능	• 전체 경계면에서 자동적으로 평가
	간섭 체크	• 간섭부위는 시각적으로 판단 • 완전한 solid 상태로 정의할 수 없으므로 자동 판단 불가 • 간섭 체크 부위의 wire-frame 데이터로 확인	• 체크 대상 모델 전부가 surface로 구성되어야 가능. 체크는 자동적으로 이루어지지 않음	• 구성부품 전체에 대해서 자동으로 체크 가능 • 관절 mechanism에 대해서도 체크 가능
	체적 계산	• 체적, 무게중심 등과 같은 mass-property의 계산 불가 • 단, 점의 위치, 선분의 길이는 자동 계산	• 대상으로 하는 모델 전부가 surface로 부여되어 있지 않으면 계산 불가 • 곡면에 관한 표면적 계산 가능	• 체적, 무게중심, 관성 모멘트 등의 자동 계산
	공차 누적	• 조립경계에서 자유도와 허용도를 입력으로 계산 가능	• 각 부위가 면으로 구성되어 있으면 계산 가능 접합면은 보통 평면과 원통으로 구성되어 있음	• 접합면의 기술이 가능하며, 한계 공차의 입력에 의해서, 평가, 해석 가능
DOCUMENT	제도	• 2D의 기본적인 데이터 생성 가능. 단, 선분의 선택은 사용자 조작에 의함. 은선 처리는 manual 조작으로 실행	• wire-frame과 유사하며 음영 처리 및 은선 처리는 자동 가능	• 사용자 지정 view에서의 2D 데이터 생성 • 자동 은선 처리로 정확한 데이터 생성 • 자동 음영 처리 가능

세부항목		wire-frame	surface	solid
D O C U M E N T	치수 기입	• 선분의 길이는 구해지며, 치수값으로 사용 가능 • 단, 곡면에 관한 정보는 불완전하므로 사용 불가	• 곡면에 관한 정확한 정보 계산 가능	• 모델 내에 항시 완전한 기하 정보를 가지고 있음 • 완전한 dimension 가능
	단면도	• 단면의 자동 생성은 거의 곤란 • 사용자의 operation에 의해서 일부 생성 가능 • 원 및 곡면의 생성은 불가	• manual 조작에 의해서 단면 생성 가능 • 내부영역의 cross-hatch는 사용자 조작에 의함	• 임의의 평면과 곡면의 단면 생성 가능 • 자동적으로 cross-hatch가 이루어짐
제 조	NC	• NC PGM에 있어서 참고 데이터로 사용 가능 • 곡면 데이터는 불완전하므로 사용 불가	• 정의된 곡면에 대해서 자동적으로 NC tool-path 생성	• 임의의 면상에서 tool-path의 자동 생성 가능

2.1.3 Solid 모델링 기능

3차원 CAD 시스템이 일반적으로 구비하고 있는 기능으로는 형상 모델링, 편집, 디스플레이(표시), 해석 및 simulation 기능으로 요약된다.

1) 기 능

	형상 모델링	편 집	디스플레이	해석	시뮬레이션
특성	• CSG, B-REP, NURBS 등의 3가지 기법 동시 병행 사용 • 복잡한 물체의 형상 모델링에 용이 • 곡선의 정의에 의한 복합 곡면의 생성 용이	• 2차원 형상의 작도에 의해서 - rotation - sweep - move - copy 등의 도형 편집 기능 • 단면도의 편집에 의한 도면 작성	• 직각투영, isometric 투영 등의 투시도 생성 기능 • 자동 은선 처리로 - 은선소거법 - 은선의 파선표시 • 은면처리 - 은면 완전 소거 - color에 의한 은면 구분 • color-shading 기능	• 측정 기능으로 - 점의 위치/선의 길이 측정 • 계산 기능 - 곡선의 길이 - 무게, 무게중심, 관성 모멘트 등의 계산 기능 • 간섭 check 기능 • mesh-generation (FE 모델링 기능)	• mechanism 적용에 의한 구동 현상 simulation • 동화면 생성에 의한 구성 부품 입체 및 실물 animation 기능 보유

2) 적용 방안

① 제품의 소형 경량화를 수반하는 설계

② 부품의 개수 및 배열의 복잡한 설계

③ micron 단위 고정도 형상 설계

④ 복잡한 형상 및 복합 곡면의 설계

⑤ 의장 설계의 성격이 많은 부품

⑥ CAE 해석을 위한 부품 설계

2.1.4　연구/설계 업무 Process 분석

연구개발 부문과 설계 업무 process는 거의 유사하나, 연구개발 부문은 신기술 적용에 주력하는 것이 특징이다.

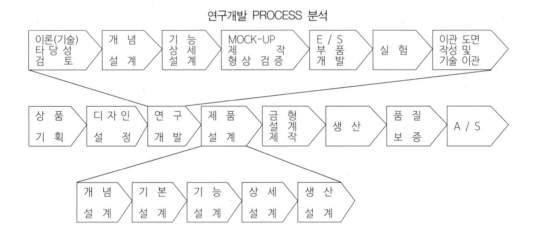

2.2　연구개발 부문에서의 활용

2.2.1　연구개발 부문에서의 활용

주요 적용 분야는 기술적 타당성 검토를 위한 simulation 및 analysis를 위한 해석용 기초 데이터 생성에 3차원 solid 모델링 시스템을 사용하여야 하며, 이 결과를 설계 단계에서 활용할 수 있도록 하여야 한다.

연구개발 EVENT별 적용 방안 분석

이론(기술) 타당성 검토	개념 설계	기능 상세 설계	MOCK-UP 제작 형상검증	E/S 부품 개발	실험	이관 도면 작성 및 기술 이관

ANALYSIS	3D SOLID MODELING	RP 제작	E/S 제작	실험	2D DRAFTING

3D CAD/CAE	CAE	CAE	2D CAD
(FE MODELING) PRE-PROCESSOR (3D SOLID MODELING)	ANALYSIS	FE MODELING	POST-PROCESSOR
	3D SOLID MODELING (형상 정의 데이터)	RP MODULE	2D DRAFTING

주 • RP : RAPID PROTOTYPE(=SLA ; STEREO LITHOGRAPHY APPARATUS)

2.2.2 업무 Event별 적용 방안

업무단계	업무내용	적용방안
의장 설계	• 설정된 기능을 충실히 실현하면서 제품의 가치를 높이기 위한 조형미를 인위적으로 실현하는 세계	• 외관 형상의 FREE-SKETCH로 디자인 설정 • 외관 부품의 다양한 채색 • CG에 의한 ANIMATION 전개
개념 설계 (기술 타당성 검토 포함)	• 제품의 이미지를 형이라는 것과 기능을 sketch 등으로 묘사하면서 고정시키는 설계 단계 • 최적 설계 수행	• 부품별 FREE-SKETCH에 의한 형상 설정 • 3차원 공간 구조 구성도 작성
기능 설계	• 기능의 실현과 성능의 향상을 위하여 적용, 기술방식을 설정하여 무형의 이미지를 유형 형태로 만드는 세계	• 부품별 조립에 MECHANISM 수행 • 3차원 데이터를 이용한 부품별 ANALYSIS 수행 • 부품별 최적 설계(안) 도출
기본 설계	• 제품의 형태, 크기 등을 구체적인 도면으로 표현하는 설계 단계	• 3차원 형상으로부터 2차원 형상 추출 도면화 작업
상세 설계	• 사용 부품을 결정하고, 각 부품별로 치수를 결정하는 것으로, 설계적인 것은 물론 주로 제도적인 업무가 대부분이다.	• 3차원 데이터를 이용한 부품별-원재료 소용량 등의 계산 • 3차원 도형으로부터 2차원 형상 추출 도면화
생산 설계	• 제품의 기능을 실현하면서 원가를 낮출 수 있는 기술을 동원하여 구체적으로 실현하는 설계 단계	• 금형 가공용 NC-TOOL PATH SIMULATION 및 데이터 생성

2.3 3차원 CAD와 CAE와의 관계

2.3.1 CAE 시스템의 종류별 특성

CAE 시스템은 simulation 입출력 데이터 작성 지원 시스템과 설계(안)의 해석을 중시하는 시스템으로 분류된다.

1) CAE 시스템의 종류별 특성 분석

(1) 종류/특성

① 시뮬레이션 주도형 시스템
  • 시뮬레이션 작업 중시
  • 데이터 입출력 작업 중시
  • 전문가 사용 중심

② 해석 주도형 시스템
  • 시뮬레이션 작업 중시
  • 데이터 입출력 작업 중시
  • 전문가 사용 중심

(2) 시스템의 형태

① 범용형 CAE 시스템
② 통합형 CAE 시스템
③ 인공지능형 CAE 시스템
④ 범용형 pre-post processor 시스템
⑤ 전용형 pre-post processor 시스템

범용형 PRE-POST PROCESSOR 시스템(1)

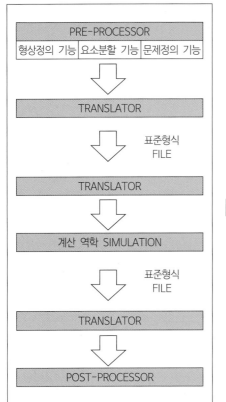

핵심 기술(주적용 분야)
 : 유한요소법(FINITE ELEMENTS METHOD)
PRE/POST : 범용형 PRE-POST PROCESSOR

[시스템 특성]
① 시뮬레이션에 익숙한 사용자 중심
② 해석 대상의 모델링/요소분할 기능에의 어려움
③ 사용자의 KNOW-HOW를 삽입 가능
④ MAN-MACHINE INTERFACE 기능 우수
⑤ 형상 정의 기능에 다양한 엘리멘트가 혼재 사용
   (1~3 차원 다면체)
⑥ 수학적 모델 사용으로 형상 모델링에 한계
⑦ POST-PROCESSOR에 CG(COMPUTER-
   GRAPHICS)기능 활용
⑧ 범용형 시스템이므로 컴퓨터 기종에 관계없이
   사용 가능(EWS)

[시스템 단점]
① 자체 PRE-POST PROCESSOR를 사용하므로
   형상 정의에 한계
② 3차원 CAD S/W와 INTERFACE 기능이 미비
   (형상 모델링 데이터)

전용형 PRE-POST PROCESSOR 시스템(2)

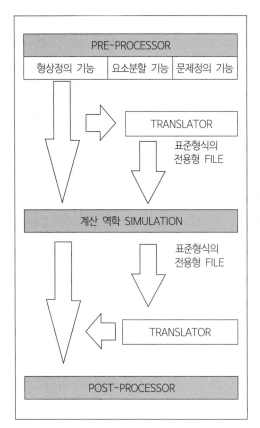

핵심 기술(주적용 분야)
: 유한요소법(finite elements method)
pre/post : 범용형 pre-post processor

[시스템 특성]
① 시뮬레이션에 익숙한 사용자 중심
② 해석 대상의 모델링/요소분할 기능에의 어려움
③ simulation s/w(solver)는 특정한 문제를 해결할 수 있는 기능 보유
④ 형상 정의 기능에 다양한 엘리멘트가 혼재 사용(1~3 차원 다면체)
⑤ pre-post processor와 solver와의 interface 기능이 우수
⑥ 업무 적용 범위가 solver의 해석 범위에 따라 한정되어 있음
⑦ 단계적으로 범용형 시스템 형태로 발전되어 가고 있음

[시스템 단점]
① 자체 pre-post processor를 사용하므로 형상 정의에 한계
② 3차원 CAD s/w와 interface 기능이 미비 (형상 모델링 데이터)

디자인에서의 3차원 CAD 활용

3.1 개 요

3.1.1 배경(Background)

환경변화에 적극적으로 대처하기 위하여 제품외관의 다양한 구성요소들(형상/재질/색채/그래픽/사용환경)과의 관계검토를 위한 디자인 전용의 시스템이 필요시 된다.

1) 디자인 CAD의 필요성

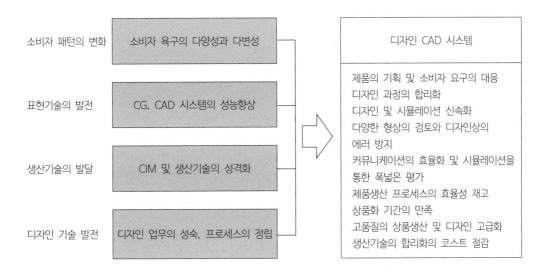

디자인의 정확하고 효율적인 제품화를 위하여 3D 형상 data를 설계제조 부문과 연계할 수 있는 시스템 구축이 과제로 대두된다.

2) CAD/CAM 일관화의 필요성

• 기존 프로세스

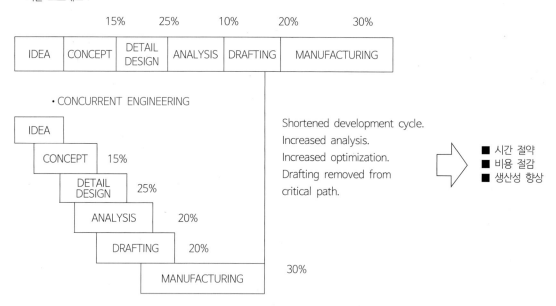

3.1.2 Design Process(디자인 과정)

디자인의 process에 3차원 CAD를 도입하여 디자인의 조기평가 체제를 구축하고 이를 설계부문과 연계하여 최적의 디자인안이 상품화될 수 있도록 process를 재정립한다.

Design Process

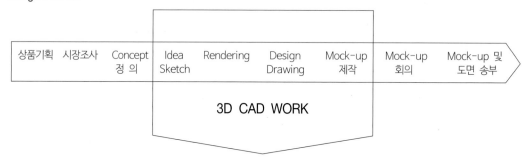

① 디자인 평가를 mock-up 의존형에서 조기평가형으로 한다.
② 스케치, 도면, mock-up 사이에 있어서 정보변환 정밀도의 향상
③ dynamic simulation
④ 설계/제조 부문과의 정보 network 활용

3차원 CAD 작업을 통해 이미지 데이터는 디자인안의 색채/질감 등의 평가에 활용하고 모델링 데이터는 실물 가공, 설계 부문과의 데이터 공유 등에 활용한다.

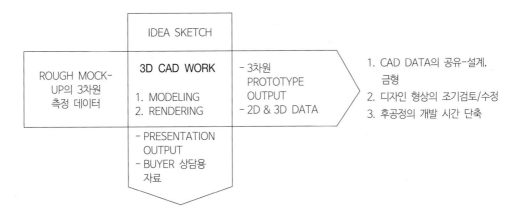

1. 디자인 안의 공유 – 설계, 금형, 상품기획, 영업 등
2. 디자인 형상의 조기평가 – 외관, 색채, 재질감 등

3.2 Design CAD의 기본개념, 작업과정, 그리고 Data의 활용

3.2.1 Alias를 이용한 작업과정

1) What is Alias?

Alias 시스템은 캐나다에서 computer graphic용으로 개발된 디자인 전용의 3차원 모델링/렌더링 소프트웨어로 제품 디자인, 자동차 모델링, 방송광고 제작 등에 사용된다. 모델링, 렌더링, 애니메이션 모듈과 CAD Interface를 위한 옵션을 가지고 있다.

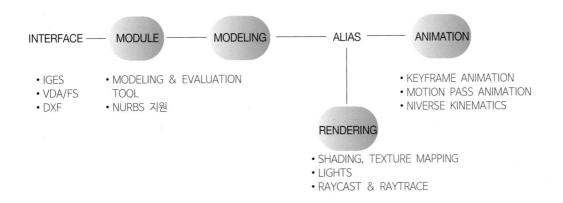

2) Alias를 이용한 작업과정

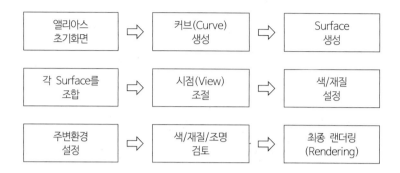

3) Alias Data의 활용

ALIAS에서 만들어진 데이터는 IGES를 이용, 3차원 CAD시스템과 공유하고, DXF를 사용하여 2차원 CAD로 변환한다. 또한 STL을 사용하여 3차원 PROTOTYPE을 제작한다.

(1) Data의 활용

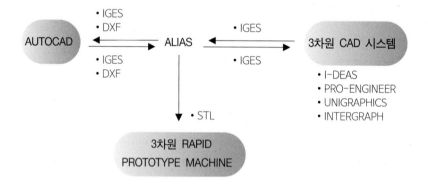

3.3　업무적용 사례

3.3.1　디자인 개발 사례

1) Alternative

(1) 시안 A

(2) 시안 B

전기자전거(E-bike)의 이미지 렌더링의 예

2) 풍력발전기를 활용한 광고 및 발전시스템

다음은 경남 창녕군 우포늪 생태관을 포함하는 생명길 둘레 코스에 설치한 친환경 에너지발생장치인 풍력발전기의 날개(blade)를 활용한 광고 효과이다.

그리고 풍력발전기에서 발생되는 전기에너지를 이용하는 둘레코스 곳곳에 설치된 충전시스템과 이동수단인 전기모터 구동방식인 전동킥보드를 사용하는 디자인 이미지이다.

(1) 시안 A

(2) 시안 B

(3) 시안 C

풍력발전기를 활용한 광고 및 발전시스템의 렌더링의 예

3) 스마트 전동킥보드의 디자인을 활용한 개념설계안

다음은 디자인 렌더링을 활용하여 스마트한 전동킥보드(Electric kickboard)의 주요 기능과 특징을 보여주는 개발 개념설계안(Conceptual design)의 사례를 보여준다.

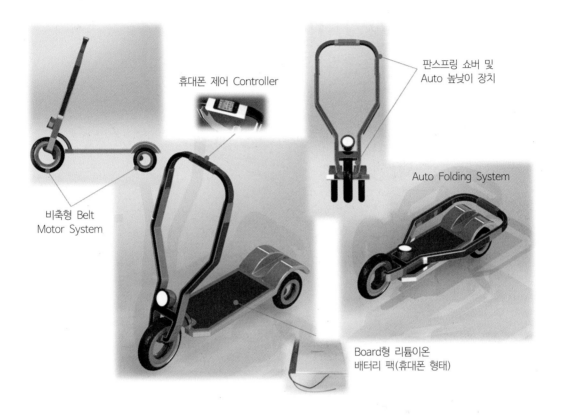

스마트 전동킥보드의 디자인 및 주요 특징을 보여주는 스토리보드(Story board)

3.3.2 3차원 CAD 활용

1) 모델 선정 및 모델링 Part의 선정

모델의 선정은 camcorder(video camera)로 하고 모델링 part는 그림에서와 같이 case, left(왼편 케이스)로 선정했음.

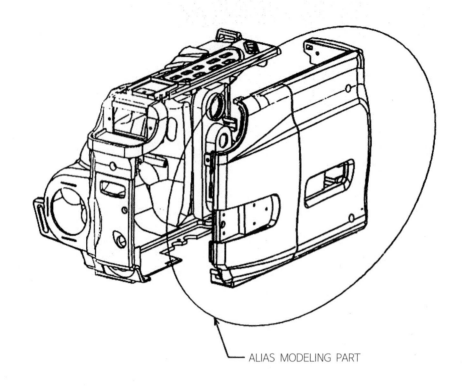

ALIAS MODELING PART

2) 진행절차

| 디자인 | ⇨ | 제품설계 | ⇨ | 금형설계 |

SYSTEM	ALIAS STUDIO	UNIGRAPHICS	UNIGRAPHICS
PART	CASE, LEFT	CASE, RIGHT의 5종	CASE, RIGHT의 5종
I/F	IGES V5.0	IGES V5.0	
내용	MODELING	MODELING SLA제작	ACRYL NC 가공 금형설계 금형가공

3) Alias 모델링

이미 작성된 AUTOCAD 도면을 사용하여 3차원 모델링한 뒤 IGES로 변환하여 설계부서로 이관.

|모델링 Process|

① AUTOCAD 도면변환(→DXF) : 도면요소 중 불필요한 요소들(치수, 단면도, 해칭선 등)을 삭제하고 외곽선만을 DXF로 추출하여 Alias로 넘김.

② 평면 layout 불러들인 data를
　각 View에 맞게 배열

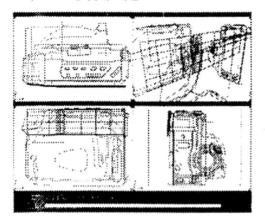

③ 기준면 및 형태결정의 대표면 작성

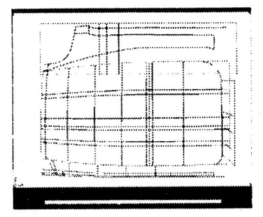

④ 각 모서리의 라운드 처리

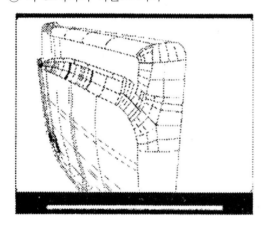

⑤ 몸체와 테이프 삽입덮개 분리

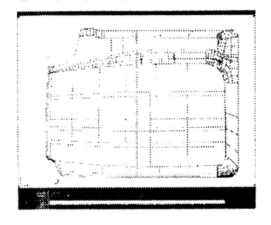

⑥ 테이프 표시창 작성

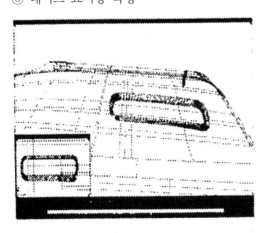

⑦ 몸체 버튼면 작성

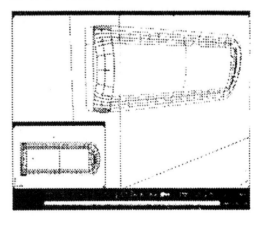

⑧ 완성된 모습

⑨ surface 평가

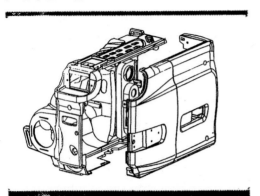

⑩ surface quick rendering

4) Data 변환

작성된 surface를 IGES data를 추출하여 unigraphics로 전송한다.

Translation summary of file :

/usr/a3demo/user-data/cam-if/wire/e7.iges

Alias entity	occurs	IGES entity	type	form	passed
B-Spline Surface	43	Ration. B-Spline	128	0	43
Trimmed Surface	31	Trimmed Param. Surface	144	0	31
Group	2	Associativity Instance	402	7	2

5) Unigraphics에서의 Data 변환

NUMBER OF IGES ENTITIES IN FILE

TYPE	FORM	COUNT
102	0	60
126	0	286
128	0	63
142	0	32
144	0	31
402	7	2
TOTAL =		474

NUMBER OF UNIGRAPHICS
ENTITIES CREATED

GROUPS   = 30
B-SURFACES = 74

TOTAL =   104

The following entities were not converted :

DE	PD	TYPE	FORM	REASON
185	1084	402	7	Unsupported entities type/form
947	6917	402	7	Unsupported entities type/form

2 entities were not converted

총 ENTITIES 수	변환된 ENTITIES 수	변환율
474	472	99.58%

6) Unigraphics에서의 작업과정

① alias data를 unigraphics에 변환한 초기 상태　② 원점 수정

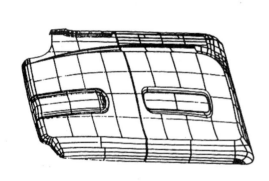
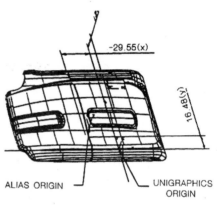

③ 치수 검토　④ 데이터 수정

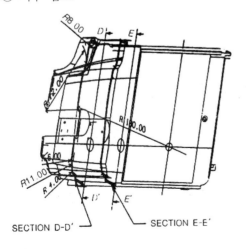
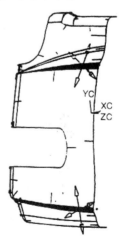

⑤ part별 분리

⑥ 내부구조 모델링

(곡면을 제외한 부분의 solid 모델링)

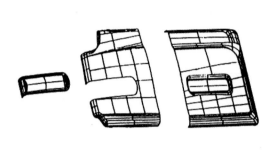

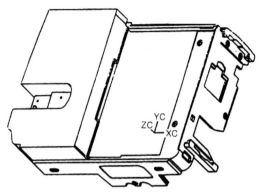

⑦ 내부구조 모델링(solid → surface로 변환)

⑧ 내부구조 완성

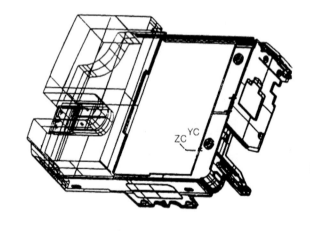

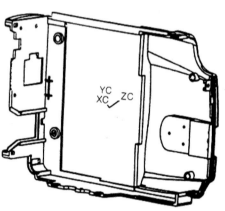

⑨ 모델링 완료

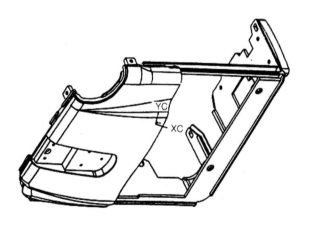

제품 설계에서의 3차원 CAD 활용

4.1 설계 방법론의 변화

4.1.1 제품개발 환경의 변화

(1) 기업환경

① 시장경쟁의 격화 ┐
② market needs의 급변 ┘── 제품의 life-cycle 단축

(2) 설계개발 부문에서의 변화 요구

① 개발 기간 단축 ┐
② 가격 경쟁력 ── 의 제품 개발
③ 고품질 ┘

(3) 대응 방향

① 과거의 대응 방향

   기술력 확보, 경험 데이터의 축적·활용, 개별적 CAD/CAM 사용

② 문제점

   제품개발 기술과 조직의 지원 시스템과 유기적으로 통합된 개발환경의 구축 불가

③ 대응책

   MDA(Mechanical Design Automation), Concurrent Engineering

4.1.2 CE 추진의 필요성

1) 설계초기 단계의 중요성

개발 cost의 5%가 제품 life-cycle 전체 cost의 85% 결정

제품의 LIFE-CYCLE COST

개념 설계	평가, 검토	상세설계	제조	판매

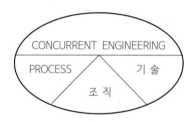

- **TASK AUTOMATION ➡ MDA or CE 변환요**

4.1.3 CE의 개요

1) CE의 구성

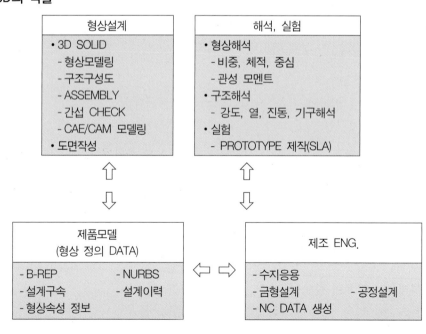

2) CE에서의 3D의 역할

형상설계	해석, 실험

• 3D SOLID
  - 형상모델링
  - 구조구성도
  - ASSEMBLY
  - 간섭 CHECK
  - CAE/CAM 모델링
• 도면작성
	• 형상해석
	  - 비중, 체적, 중심
	  - 관성 모멘트
	• 구조해석
	  - 강도, 열, 진동, 기구해석
	• 실험
	  - PROTOTYPE 제작(SLA)

제품모델 (형상 정의 DATA)	제조 ENG.
- B-REP - NURBS - 설계구속 - 설계이력 - 형상속성 정보	- 수지응용 - 금형설계 - 공정설계 - NC DATA 생성

3) CE의 효과

① 제품개발 전체기간의 단축

② 제품 cost의 절감

③ 제품 시장점유율 확대 및 수익 증대

④ 제품개발력 혁신 및 전부문의 co-operation 증진

⑤ 전개발 과정에서의 전략적인 data 관리

4.2 3D CAD 활용시 고려사항

4.2.1 3D CAD의 활용 기법

(1) 3차원 Modeling의 경우 조직적인 전담자 필요

① 자신의 업무에 대한 해박한 지식 필요(디자인→가공)

② S/W에 대한 이해도가 충실할 것

③ S/W와 업무에 대한 접목 응용기술이 필요

(2) S/W에 대해 회사의 이상적인 수준을 요구하기보다는 현재 회사의 업무 수준에 가장 적합한 S/W를 선정할 것

① 100% S/W는 존재치 않음

② 현재업무+알파(개선 부문)를 가미한 S/W를 검토할 것

(3) 3차원 Modeling시 가능한 한 쉬운 기능을 많이 이용할 것

① 대다수의 3차원 modeling design은 단순한 기능의 조합으로 구성

② model data의 연속성 중요(CAD→CAE→CAM DATA)

③ data-base의 활용도 고려

(4) 3차원 Modeling 작업시 향후 이용할 CAE 및 CAM 특성을 고려할 것

① 3차원 제품 model data를 100% 이용하지는 않음

② 수정(변경) 부분에 대한 고려를 제품 modeling시 반영할 것

(5) 3차원 Modeling Data의 Flow에 대한 처리방법을 Pattern화할 것

① 동일한 형상에 대한 동일한 작업 방법

② CAE 및 CAM에서 수정시 수정 부분을 정형화

③ 특정 형상(feature)을 구체화

(6) Modeling 방법

① 단순한 형상 modeling에서 복잡한 형상 modeling으로

② 가능한 한 단순한 기능을 사용

③ library 활용의 극대화

(7) 사용자(Operator) Level과 운영자(Algorithm) Level을 구분하여 추진

4.2.2 3D CAD 사용시 User(사용자) 요구 사항

① 조작이 용이하고, 다양한 process가 고속으로 처리

② 동일한 S/W가 다양한 계층의 시스템에서 사용 가능

③ 이기종 시스템과의 호환성 및 단일의 아키텍처

④ user의 customize화 용이성

⑤ 2D CAD의 data로 3D modeling이 가능

⑥ computer graphic과의 연계

⑦ intelligent한 기능으로 사용자의 부담 경감

⑧ 한글화와 3D data의 규격화

⑨ solid와 surface와의 data 일관화

```
┌─── 향후 13-CAD로의 발전 ──────────┐
│   (Integrated, Interactive, Intelligent CAD)  │
└────────────────────────────────┘
```

4.3 3D CAD 활용 기법

4.3.1 Designer와 Consensus 일치

① 통상적으로 디자인 도면은 정확한 형상이 정의되어 있지 않다.

② 디자인 도면과 Mock-up을 참고로 하여 외관형상 위주로 3D modeling을 하여 상호 개발모델의 형상 및 정의를 일치시킨다.

4.3.2 구조 구성도 작성

(1) 2D 구조구성도 이용시

표준부품 LIB가 구축이 안 되어 있는 경우 2D 구조구성도 작성과 병행하여 3D modeling을 한다.

(2) 3D 구조구성도 작성

① 3D 표준부품 LIB가 구축되어 있는 경우 바로 구조구성도를 작성

② 3D CAD 적용효과 극대화 가능

4.3.3 주요 구조 구성도의 골격이 잡혀지면 3D Modeling 시작

4.3.4 Modeling시 주요사항

① modeling시 치수입력은 도면에 입력된 방식과 동일하게 입력한다.

② 향후 변경이 용이하도록 치수 입력한다.

③ CAE용, CAM용 응용을 고려하여 modeling할 것

④ 가능한 model의 data량이 적게 modeling할 것

    ㉮ 적은 수의 element로 modeling한다.

    ㉯ 변경사항이 적은 element는 press(blank)시켜 작업 속도를 빠르게 할 것

4.3.5 설계자의 의지

① 실제 1개 모델에 적용하지 않으면 활용능력이 생기지 못한다.

② 3D CAD 응용 능력은 사용자의 modeling 시간에 좌우된다.

4.4 Rapid-Prototyping(쾌속 시작품 제작) 시스템

4.4.1 Rapid-Prototyping 시스템 개요

1) Rapid-Prototyping(Rapid Mock-up Manufacturing)의 정의

설계 초기단계에서 제작되는 시작품(prototyping, working model)의 제작에 있어서, 종전의 수작업 위주의 작업(acryl 시작품 등)에서 탈피하여 CAD data를 이용하여 고정도의 복잡한 시작품을 신속히 제작하여 개발에 이용한다.

2) 광조형 시스템의 기본원리

3D CAD DATA를 이용하여 2차원 단면형상을 생성한 후, 광반응에 의한 광에너지의 화학적 작용 혹은 열작용에 의해 유동성 소재를 고화시켜 3차원 입체물을 생성한다.

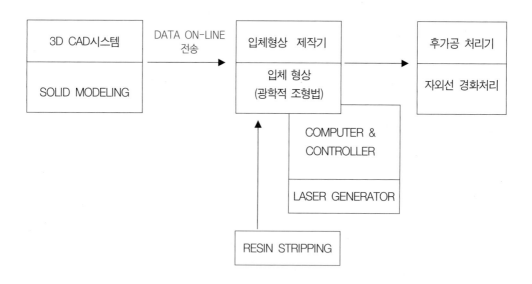

(1) 노광(露光) 방법

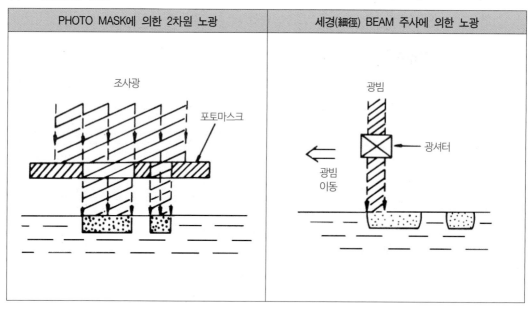

(2) 채층(債層) 방법

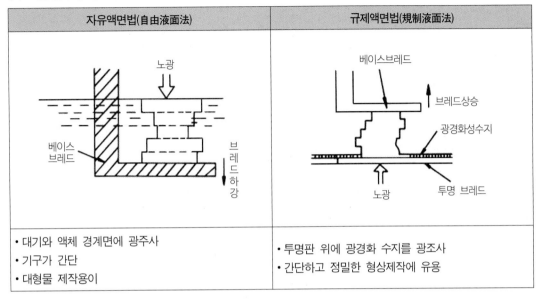

자유액면법(自由液面法)	규제액면법(規制液面法)
• 대기와 액체 경계면에 광주사 • 기구가 간단 • 대형물 제작용이	• 투명판 위에 광경화 수지를 광조사 • 간단하고 정밀한 형상제작에 유용

(3) LASER 주사(走査) 방법

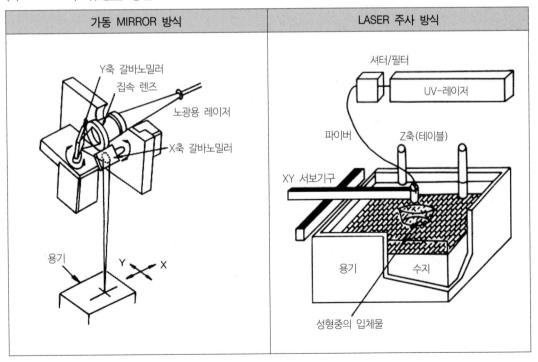

가동 MIRROR 방식	LASER 주사 방식

4.4.2 광조형 시스템의 특성 및 종류

1) 광조형 시스템의 공정 구분

(1) SLA(Stereo Lithography Apparatus) 공법

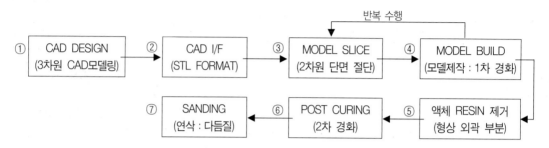

|장점|

- 가장 많이 보급된 기술
- 기술의 활용이 용이

|단점|

- 재료가 고가
- 제작 후 수축, 변형에 의한 오차 발생
- 별도의 support 제작 필요

(2) SGC(Solid Ground Curing) 공법

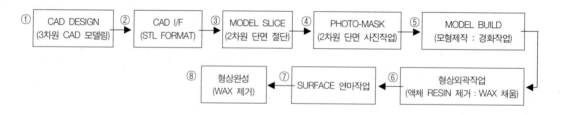

|장점|

- 다양한 물체의 동시 제작
- 형상의 자유도 크다(assembly 형상 제작 등).
- support 필요없다.

|단점|

- 가공시간 소요 크다.
- 제작 후 재질 수축에 의한 오차 발생

2) 광조형 시스템의 종류

Rapid prototyping 제품은 광조형 응용기술 외에 몇 종류의 다른 기술을 응용한 것도 있으나, 현재 가장 많이 사용되고 있는 광조형 시스템의 종류는 다음과 같다.

MAKER명	시스템명	광원	노광방식	주사방식	적층방식	최대작업 SIZE	비 고
SONY	SOUP-400GA-SP	Ar	주사형 (SLA공법)	NC 기구	자유액면법	850*600*500	- 미국제품(전세계 M/S 75% 차지)
	SOUP-400GH+SP	He-Cd		MIRROR 방식	〃		
	JSC-3000	Ar	〃	MIRROR 방식	〃	1000*800*500	
	SCS-1000HD	He-Cd				300*300*300	
3D 시스템	SLA-500	Ar	〃	〃	〃	508*508*610	
三井조선	COLAMA	He-Cd	〃	NC 기구	규제액면법	300*300*300	
帝人製機	SOLIFORM	Ar	〃	MIRROR 방식	자유액면법	300*300*300	
CUBITAL	SOLIDER-5600	자외선	MASK형 (SGC 공법)	–	–	500*350*500	- 이스라엘 제품. 특징 있는 제품

4.4.3 광조형 기술 이외의 Rapid-Prototyping 기술

현재 가장 많이 사용되고 있는 광조형(SLA)에 의한 방법외에 새로운 기술을 이용한 RP 방법이 소개되고 있으나 아직 기술적으로 다소 문제점을 갖고 있으나 향후 점차 이용이 확산되리라 예상된다.

새로운 RP 방법

RP 구분	기본 원리	특징	시스템명	MAKER
FUSED DEPOSITION MODELING법 (FDM법)	주로 플라스틱 제품을 신속히 제작하는 3차원 인쇄공법으로 마치 치약을 짜서 그림을 그리듯이 펌프를 이용하여 용융된 플라스틱을 분출하여 단면을 형성	• 정밀도 개선 필요 • 모델생성이 빠름, 재료가격 저렴 • 재질 : 가공왁스, 캐스팅용 왁스, 플라스틱, 실리콘러버 등	3D MODELER	STRATASYS사
입자 분사법	INK JET PRINTER의 원리를 이용하여 용융된 WAX와 폴리에틸렌의 혼합물을 분사하여 적층을 생성		BPM	PRECEPTION SYSTEM사
LAMINATED OBJECT MANUFACTURING법 (LOM법)	소재 SHEET(종이, 폴리에틸렌 등)에 자외선 레이저로 절단하고 층과 층 사이를 열압착하여 적층. 작업 후 여분의 SHEET를 제거하여야 함.	• 가격이 싸며 주로 목형 메이커에서 많이 사용 • 변형이 적으나 정도가 떨어짐 • 얇은 두께 형상은 휨 발생	LOM	HELISYS사

RP 구분	기본 원리	특 징	시스템명	MAKER
소결법(SLS법 : SELECTIVE LASER SINTERING)	분말(세라믹스) 층에 레이저를 원하는 부위에 조사하여 소결(경화)시켜서 적층	• 사용재질이 다양함 • 제조 후 Polishing에 의해 표면 거칠기 조절 가능 • 매우 복잡한 형상 제작 가능 • 정밀도가 떨어져 기계부품용으로는 부적합	SLS	DTM사
BINDER 분사법	세라믹스분말의 평면에 Binder액을 분사하여 부분적으로 고화시키면서 다음 분말층을 생성시킴	• 세라믹스 취급이 어려움 • 견고함	SOLIGEN	MIT

4.4.4 광조형 시스템의 CAD Interface(인터페이스)

1) 광조형 시스템의 CAD Data 이용 방법

2) 광조형 시스템에 사용되는 Data 형태

(1) STL(STereo Lithography)

① CAD data를 3각형의 다면체 형태의 data로 변환하고 이것을 다시 2차원 평면의 윤곽 data로 변화하여 사용

② 모델의 정도가 떨어짐

③ 가장 많이 사용되는 방법

(2) IGES(Initial Graphics Exchange Specification)

① 2차원, 3차원 CAD 시스템간 data 교환용으로 가장 많이 사용

② 2차원 및 surface data의 I/F를 지원하며 nongraphics data는 지원이 안 됨

(3) STEP(Standard for Exchange of Product model Data)

① STL 및 IGES의 문제점을 보완키 위하여 ISO에서 적극 추진하는 국제표준 data I/F.

② 아직 실제 적용이 안 되고 있음.

4.4.5 광조형 시스템 적용상의 문제점(해결 과제)

광조형 시스템의 사용상의 문제점은 다음 그림과 같다.

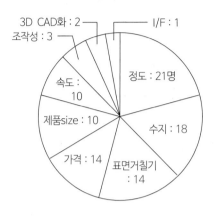

자료 : 일본 광조형 시스템 심포지엄('92.5) 참가자 95명 조사결과

(1) 가격

시스템 가격이 5,000만 원인 광조형 시스템을 운영키 위해서는 많은 running cost가 발생하므로 1개 사업부 차원에서 사용하기에는 아직 많은 무리가 따른다고 판단된다.

*일본 사용업체의 분석 사례

구 분	항 목	상 세	금 액
고정비	광조형 시스템	리스료(4년, 2.5%)	1,250,000円
	세정기	50만 円/48개월	10,000円
	유지보수료	130만 円/년	110,000円
	토지사용료	8,000 円/m*12m	100,000円
	인건비	4Hrs*30일*2,900円/Hr	350,000円
변동비	레이저 교환비	1,500Hr*가동률40%=5개월	500,000円
	재료비	레이저 가격 : 250만 円/개 1개월 평균실적	380,000円
	전기료		10,000円
합 계			2,710,000円

(2) 수지

① 시제품으로 활용되기 위하여서는 다음의 특성요소에 대하여 많은 개선이 요구된다.

　강도, 내구성, 내열성, 도장성, 절삭성, 변형정도 등

② 고정도(高精度)의 형상제작을 위해서는 경화반응시 수축이 적어야 하며, 제작 후에도 변형이 적

은 수지의 개발이 요구된다.

(3) CAD

① 3차원 CAD data의 작성에 많은 시간 소요

② 3차원 CAD 시스템이 아직 보편화되어 있지 않다.

(4) 소형화

① 장치의 소형화 필요

② 현재 많이 사용되는 Ar, He-Cd 레이저는 고가이고 수명이 짧으므로 반도체를 이용한 laser 개발
이 필요하다.

4.4.6 광조형 시스템 사용 현황(美, 日)

미국과 일본에 주로 많이 보급되어 있으며 특히 설계업무 형태가 틀린 미국에서 많이 보급되어 있다.

1) 보급 현황

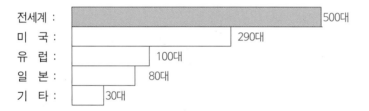

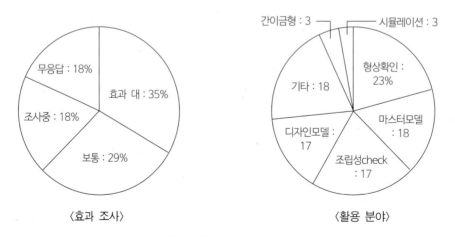

〈효과 조사〉   〈활용 분야〉

자료 : 일본 광조형시스템 심포지엄('92.5) 95명 조사결과

2) 미국과 일본의 광조형 시스템의 Needs의 차이

미국의 설계방식	일본의 설계방식

① 생산 기술도 설계자의 영역
② 도면에 생산기술적인 DATA 표현
  (부족한 도면정보를 위해 광조형시스템 사용 필요)
③ 3D CAD 사용의 보편화
  • 분업화에 따른 정보공유 필요
  • 불안정적인 조직구조(전직 등)에 따른 설계정보 전달 필요
  • 국제분업화에 따른 설계정보의 전달 필요
	① 설계와 생산기술 업무의 분리
	② 도면에 생산기술 관련 정보 표시치 않음
	③ 3D CAD 사용이 저조
	  • 기술 전수(정보 공유)가 용이한 조직구조 및 풍토
	  • 시작품 제작에 우수한 기능의 보유
	  • 국내개발에 의하므로 정보전달이 단순함
	④ NC 가공기술의 발달

일본의 개발환경과 유사한 국내 개발환경으로 보아서 광조형 시스템의 활성화는 조만간 실현되기 어렵지만, 3차원 CAD가 점차 보급되면 많은 수요가 예상된다.

금형에서의 3차원 CAD 활용

5.1 금형의 CAD/CAM

5.1.1 금형에서의 CAD/CAM 적용분야

금형은 디자인 및 제품설계 형상을 실물화시키는 공정이므로 복잡한 3차원 자유곡면의 가공을 위한 CAD/CAM은 필수적이며 공정간 데이터 공유를 위하여 CAD/CAM, CAD/CAT 일관화를 추진한다.

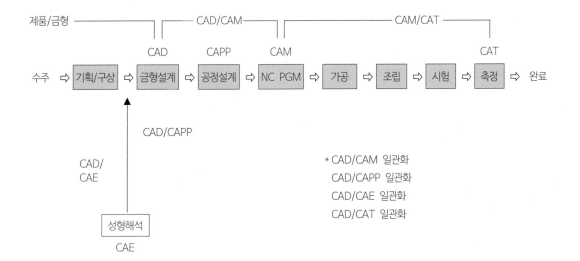

5.1.2 금형 설계/가공업무 Flow

1) 금형 설계업무(CAD) Flow

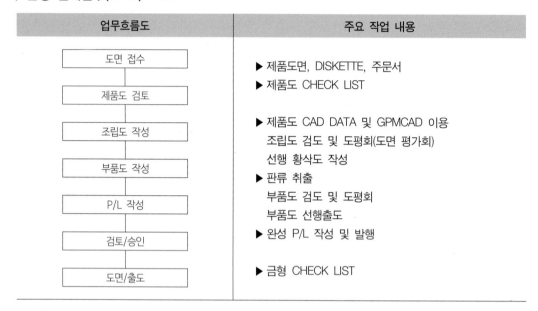

업무흐름도	주요 작업 내용
도면 접수	▶ 제품도면, DISKETTE, 주문서 ▶ 제품도 CHECK LIST
제품도 검토	
조립도 작성	▶ 제품도 CAD DATA 및 GPMCAD 이용 　 조립도 검도 및 도평회(도면 평가회) 　 선행 황삭도 작성
부품도 작성	▶ 판류 취출 　 부품도 검도 및 도평회 　 부품도 선행출도
P/L 작성	
검토/승인	▶ 완성 P/L 작성 및 발행
도면/출도	▶ 금형 CHECK LIST

2) 금형 가공업무(CAM) Flow

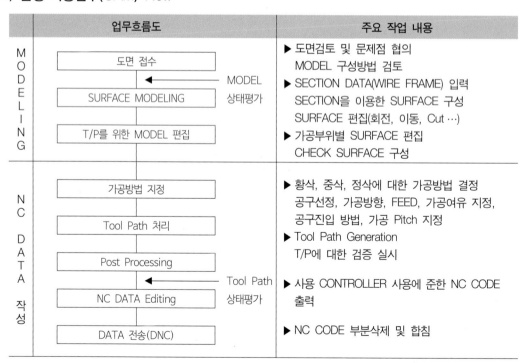

	업무흐름도		주요 작업 내용
M O D E L I N G	도면 접수 SURFACE MODELING T/P를 위한 MODEL 편집	MODEL 상태평가	▶ 도면검토 및 문제점 협의 　 MODEL 구성방법 검토 ▶ SECTION DATA(WIRE FRAME) 입력 　 SECTION을 이용한 SURFACE 구성 　 SURFACE 편집(회전, 이동, Cut …) ▶ 가공부위별 SURFACE 편집 　 CHECK SURFACE 구성
N C D A T A 작성	가공방법 지정 Tool Path 처리 Post Processing NC DATA Editing DATA 전송(DNC)	Tool Path 상태평가	▶ 황삭, 중삭, 정삭에 대한 가공방법 결정 　 공구선정, 가공방향, FEED, 가공여유 지정, 　 공구진입 방법, 가공 Pitch 지정 ▶ Tool Path Generation 　 T/P에 대한 검증 실시 ▶ 사용 CONTROLLER 사용에 준한 NC CODE 　 출력 ▶ NC CODE 부분삭제 및 합침

5.2 금형의 CAD/CAM 추진현황

5.2.1 금형의 CAD/CAM 일관화 방향

제품도 CAD data를 적극 이용하여 금형제작 기간을 단축시킴으로써 제품개발기간 단축에 기여하고, 내부적으로는 man, system의 일원화를 추구한다.

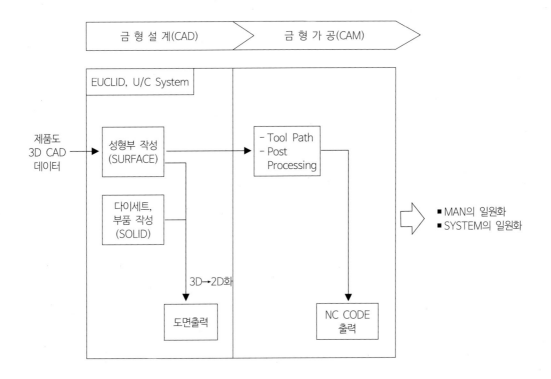

5.3 3차원 제품도 CAD 데이터 일관화

5.3.1 제품도 CAD 데이터 일관화 필요성

제품외관의 고품위 디자인 추세에 따른 금형에서의 형상재현과 금형제작기간 단축을 통한 LEAD TIME 단축을 위해서는 CAD DATA 일관화는 필수적임.

제품의 환경변화	대(對) 금형 요구사항
① 제품개발 LEAD TIME 단축 ② 고품위 디자인 추세 　　2차원 도면화 난이형상 증가	① 금형제작기간 단축의 가속화 요구 ② 치수 없는 형상의 금형제작 요구 　Sample 형상대로 제작요구 　적당히/보기 좋게 제작 요구 　☞ (a) 형상확인을 위한 test 　　　 cutting 증가로 납기대응 　　　 불가 　　(b) 디자인 형상의 재현 불가

⇨ 현재의 방법으로
해결책 제시 곤란

⇩

제품설계시의 3D CAD 활성화 및
　　　　제품도 CAD DATA의 금형설계에의 활용으로 해결 시도

제 7 편 ● 동시공학적 제품 설계
(Concurrent Engineering of Product Design)

개발환경의 변화와 동시공학
(Concurrent Engineering ; C.E)

제품개발력 강화에 대처하기 위해 노력하는 기업들이 많아지고 있다. 대처방안 또한 총합적이고 적극적인 형태를 취하고 있다. 대표적인 예가 TQM(Total Quality Management), TPM(Total Productivity Management) 등이다. 그리고 CAD에 의한 설계 효율화, VE에 의한 제품의 원가절감(Cost down), 기술정보관리(EDB 구축 : Engineering Data Base), 설계관리(Management) 능력의 강화에 의한 업무 효율화와 활성화, 상품 기획력 강화 등이 적극적으로 전개되고 있다.

근래에는 "개발기간 단축, 높은 품질"이라는 총합적인 대처를 요하는 테마가 늘어나고 있다. 이를 위해 개발·설계 부분의 대처만으로는 불충분하게 되었으며, 관련부문의 힘이 집결하는 체제(Team-work 체제)가 형성되어야만 비로소 가능해지게 되었다.

그렇다면 우리의 환경은 왜 이와 같은 총합적인 개발체제를 요구하는지부터 알아보기로 한다.

1.1 '90년대와 2000년대에 요구되는 환경

'90년대에 들어서면서 제품은 점차 복합화되어 가고 있다. PC(Personal Computer) 단독으로 사용되다가 FAX 기능이 합해졌고, TV와 VCR이 하나로 이루어지게 되었으며, TV를 PC 모니터로도 시청할 수도 있게 되었다. 이 외에도 여러 제품들이 급격하게 복합될 전망이다. 종류 또한 다양화함으로써 다양한 고객층(10대를 겨냥한 상품이나, 20대, 30대를 위한 상품, 중년층을 상대로 한 상품 등)에 대처해 나가고 있는 추세이다.

반면, 제품의 Life Cycle과 납기(Lead Time)는 짧아지고 있다. 과거 전자제품을 사면 10년은 사용해야 된다고 하던 말은 잊혀진 지 오래되었고, '80년대 초창기에 나왔던 PC는 오락기로도 사용하지 못하는 처지가 되었다. '92년도에는 386 PC, '94년까지만 해도 486 PC가 시장을 주도했는데, '90년대 후반부터 586, 686 등 펜티엄(Pentium) PC가 보급되기 시작하면서 완전히 시대에 뒤떨어진 물건이 되어 버렸다. 제품 수명이 1년도 안 되었던 것이다.

환경에 대한 규제가 심해지면서 오존층 파괴의 주범이란 냉매의 대체 등은 이미 오래 전부터 논의되어 왔던 사안이며, 절전형 제품의 개발요구, 환경파괴를 극소화하는 제품 등은 광범위하게 요구를 받게 되었다. 이밖에 UR(우루과이 라운드), WTO(세계무역기구) 등의 타결로 세계는 무한 경쟁의 시대에 접어들게 되어, 개발력을 갖추지 못한 기업은 자연 도태될 수밖에 없는 상황에 이르렀다.

1.2 제품개발상의 비용발생과 경비삭감의 기회

기업이 어떤 제품을 만들고, 그것을 판매할 때에는 "이익"이라는 요소가 반드시 필요하다. 표면적으로 나타나는 산출식으로, "이익＝판매가－총비용"으로 나타낼 수 있지만, 이익이 나는 상품이 되기 위해서는 총비용에 대한 철저한 분석이 필요하다.

늘어나는 상품의 갖가지 특성에도 불구하고, 소비자 요구(질은 높고 가격은 저렴한)와 기업의 요구(흑자가 나는 상품)를 만족하기 위해서는 "상품이 어떻게 만들어져야 하고, 어떻게 설계되어야 한다."라는 기획·설계 단계에서부터 위의 요구를 고려하지 않으면 안 되는 것이다.

그러나 아주 저렴한 상품으로 만들어진 상품이라 하더라도, 전혀 팔리지 않으면 그것은 회사에 커다란 짐이 될 것이고, 아주 잘 팔리는 상품이라 하더라도 비용이 판매가를 넘어선다면 이 또한 낭패일 것이다.

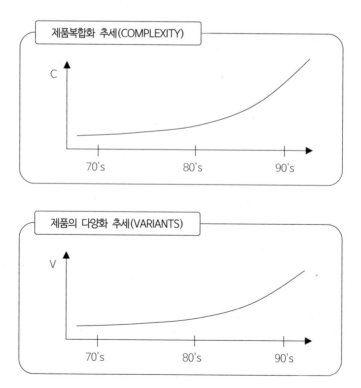

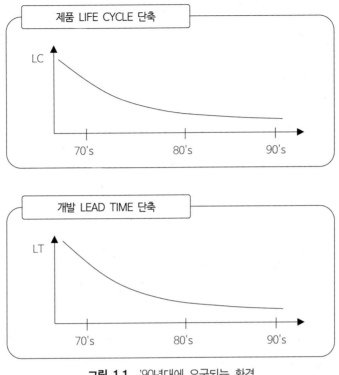

그림 1.1 '90년대에 요구되는 환경

　제품이 개발되면서 밟아 나가는 각 단계에서 에러(Error)가 검출될 때 수반되는 비용의 비율을 분석한 결과, 최초 제품의 개념을 잡아가는 Concept 단계에서 발생되는 비용은 생산단계의 비용에 비해 무려 1,000배 이상 낮은 것으로 나타났다(그림 1.2 참조). 이는 제품을 만들어 가는 과정에서는 쉽게 수정할 수 있지만(도면 등 책상에서의 수정), 이미 금형이 진행되고 난 뒤의 수정은 지금까지 만들어진 제품의 폐기비용뿐 아니라 생산시스템의 변형 등, 직·간접 비용이 기하학적으로 늘어나게 된다는 것이다.

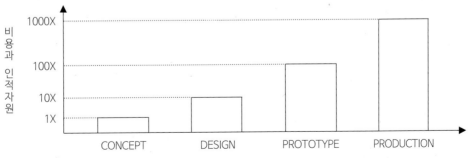

자료출처 : Mentor Graphics Corp. Market Research

그림 1.2 개발 Process(과정)상에서의 비용과 인적 자원

반면 제품단가의 결정은 설계가 완료되는 상세설계단계에서 95%가 결정된다는 놀라운 사실을 그림 1.3에서 알 수 있다. 다시 말해 이 단계에 접어들면 제품비용을 낮추려 해도 더 이상 낮출 수 없는 지경에 이르게 된다는 것이다. 그동안 기업에서 "TFT[1) 활동" 등을 통해 수익개선 활동을 전개해 왔으면서도 실제 경영에는 이렇다 할 성과를 보지 못했음을 지적해 주는 자료이기도 하다.

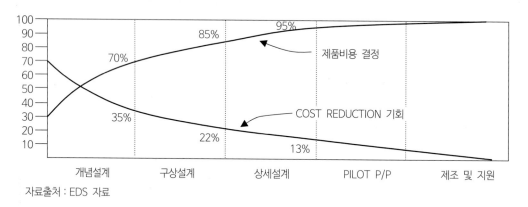

자료출처 : EDS 자료

그림 1.3 개발 과정(Process)상에서의 발생경비와 삭감기회

1.3 제품개발 과정(Process)의 변혁

전통적으로 설계는 설계자가 최초의 생각을 고집하고, 그 생각에 추가나 삭제를 한다. 복잡한 상품일수록 끊임없는 설계변경이 불가피하게 발생된다. 소비자의 끊임없는 요구는 계속 추가되고, 경쟁자도 계속 등장한다. 따라서 설계는 하나 혹은 그 이상의 개발팀이 상호협조하에 설계를 진행, 평가, 확인하게 되는데, 과거 Serial하게 진행되어 왔던 제품개발 방식으로는 신속하게 대처할 능력이 없다.

C.E(동시공학 : Concurrent Engineering)의 제품개발 환경에서는 동시화, 일관화, 직접화로 설계자가 필요한 시점에 필요한 정보 및 도구를 활용할 수 있도록 제공함으로써 시간경쟁력을 확보하고, 정보흐름을 원활하게 함으로써 설계되는 동안 원가나 업무의 진행 체크, 제품의 확실성, 소비자 인지 등을 확인할 수도 있다. 그리고 결정과정을 조직화함으로써 설계시 왜 특정대안이 선택되었는지를 재차 단언할 수 있다. 그러나 아무리 완벽한 설계 결정일지라도 설계에 대한 요구는 항상 따르기 마련이므로, 추진중인 상품개발 과정에서 반드시 고려되어야 한다.

제품개발 팀은 시나리오를 통한 설계선택 과정인 트레이드 오프 분석을 통해 모든 가능한 선택을 세밀히 분석, 평가한 후 선택함으로써, 더 일관성 있고 지속적인 설계 결정을 할 수 있다. 또 이렇게 함으로써 설계가 진행되어 감에 따라 변화의 수를 계속 감소시켜 나갈 수 있다. 그림 1.4는 Serial하게

---

1) TFT(Task Force Team) : 업무(과제)를 해결하기 위해 임시적(일시적)으로 운영하는 혁신적인 팀

진행되어 왔던 제품개발 방식을 병행화(Concurrent 혹은 Parallel)함으로써 제품개발 기간을 짧게 단축시킬 수 있음을 보여주고 있다.

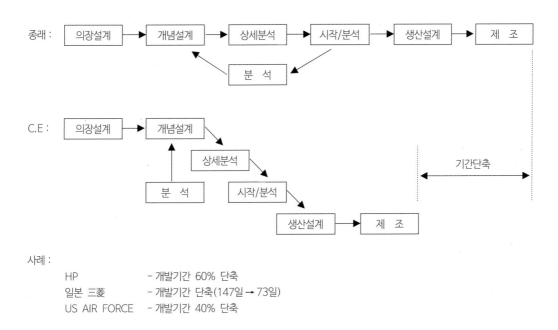

사례 :

HP	- 개발기간 60% 단축
일본 三菱	- 개발기간 단축(147일 → 73일)
US AIR FORCE	- 개발기간 40% 단축

그림 1.4 종래 및 C.E의 제품개발 과정(Process)

C.E(동시공학 ; 同時工學)

2.1 정 의

Concurrent Engineering(C.E ; 同時工學)은 제조 및 간접부문을 포함, 제조에 관련된 모든 과정을 집적화하고, 동시화하여 설계하는 시스템적 접근이다.

접근 목적은 개발자가 품질, 비용, 일정, 고객요구 사항 등을 포함한 개념 설계에서 출하까지 제품 Life Cycle의 모든 요소들을 설계 초기단계에서부터 고려할 수 있도록 하기 위한 것이다.

- 미 국방 분석 연구소(IDA) -

2.2 C.E의 키 워드(Key Word)

IDA의 정의를 분석해 보면 다음의 5가지로 함축할 수 있다.

① 일관성
② 동시에
③ 계통적
④ 병행적
⑤ 개발의 원류에서부터

위의 key word는 활동의 방법이나 조직에 대한 것이다. 그리고

• Life cycle
• 품질, 비용, Schedule
• User의 필요요건

등이 있는데, 이는 취급해야 할 테마를 표시한다. 더욱이

• Design
• 분석

- Planning
- Program

등은 말할 필요도 없이 제품개발 과정에서 담당자가 사용하는 Tool, 즉 수법이라고 할 수 있다.

따라서 C.E는 이런 구성요소를 기본으로 하고, 제품개발 과정에서 하고자 하는 자세를 요구하게 된다.

2.3 C.E의 매력

C.E를 제품개발 현장에 적용하는 경우, 지금까지의 업무습관이나 조직을 변화시킬 수 있다. 업무습관은 지금까지 업적을 중요시해 왔고, 조직은 한 사람 한 사람의 사고방식이나 지향하는 바를 반영하지 못하고 있다. 따라서 C.E의 매력은 이것을 용이하게 변화시키는 것은 아니지만, 가능하게 하는 데 있다.

C.E의 도입은 어떤 것에 대한 도전이며, 업무습관이나 조직의 무엇을 변화시킬 수 있겠는가 하는 점을 검토함으로써 명확하게 해나갈 수 있게 해준다. 그림 2.1에 중점사항을 집약해 보았다.

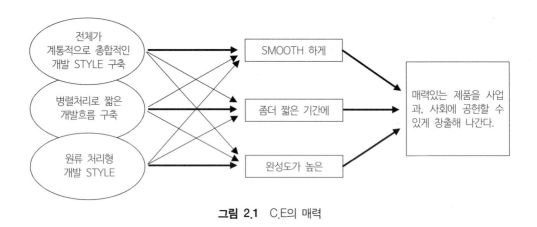

그림 2.1 C.E의 매력

2.4 C.E의 활동 방향

C.E의 목적을 "전체가 계통적으로 총합적인 개발 Style을 구축하고, 병렬처리로 짧은 개발흐름 구축 및 원류 처리형 개발 Style"로 달성하기 위해서 3가지의 큰 축을 기틀로 활동을 전개해 나가야 한다 (그림 2.2 참조).

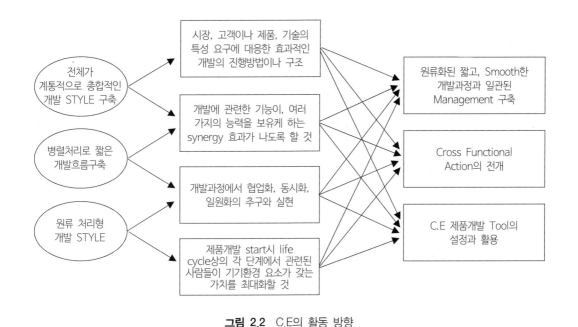

그림 2.2 C.E의 활동 방향

2.4.1 계통적이고 총합적인 개발 Style

총합적인 개발에 대하여 생각해 보자. 이에 대한 반대개념은 "단면이 합쳐진 이음새 투성이의 개발형"이라 할 수 있을 것이다. 예를 들어 다음과 같은 현상을 말할 수 있다.

① 제품개발 : 생산의 흐름이 원활하지 않고, 담당자가 관련부문과 그때 그때 조정하면서 추진해 가는 방식

② 개발 도중에 갑자기 중단되거나 다른 문제들이 끼여드는 경우

③ 개발부문으로부터 생산기술부문, 그리고 제조부문으로 넘어감에 있어서 설명, 조정, 되돌림이 많기 때문에 제대로 과정이 이행되지 않는다.

④ 담당자가 자주 바뀌고, 프로젝트의 책임자가 보이지 않는다.

⑤ 개발 도중에 다양한 외부의 의견이 들어와 진로가 좌우된다.

이를 극복하기 위해서 그에 따른 원인을 극복해야 하는데, 원인으로는 대상제품의 품종, 기술적인 불확정 정도, 필요로 하는 생산기술 등의 특성에 체계적인 개발의 진행방식이 만들어져 있지 않다는 점이다.

또한 개발·설계부문, 생산기술부문, 자재·구매부문, 제조부문의 사이를 단지 종전의 방식대로 순환하는데 그치는 경우가 있는데, 이때는 필요로 하는 개발흐름과 현실의 흐름 사이에 갭이 발생하여 많은 부조화가 초래된다.

"계통적이고 총합적인 개발 Style"은 이와 같은 "부조화"의 요인을 제거한 다음 필요한 기능만을 명확히 선별하여 구성한 제품개발 구조이다.

2.4.2 병렬처리에 의한 짧은 개발 흐름

병렬처리는 제품개발에 관련된 각 부문이 협업하지 않으면 실행될 수 없다. 따라서 "병렬처리에 의한 짧은 개발 흐름"을 만들어 내는 것은 개발업무의 협업화, 동시화, 일원화를 철저히 추구하는 것이라 할 수 있다.

종래 혼자서 처음부터 끝까지 처리하던 방식에서 벗어나 생산량 및 처리량의 증대에 대응하기 위해 고안된 분업화, 표준화, 단순화에 의해 효율이 향상되었지만, 업무를 분업화하는 방법은 단순히 효율 추구에만 전념함으로써 다음과 같은 병폐를 낳기도 했다.

① 업무를 협력하여 처리한다는 의식 결여
② 앞의 업무가 끝나지 않으면 자신의 업무를 시작할 수 없다는 직렬순서의 의식
③ 분업한 사람들 중 누가 완성에 대해 책임을 지는가라는 최종 Output에 대한 책임의식 결여

업무를 협력하면 투입되는 총공수는 줄어들지 않는 경우가 발생하지만 기간이 단축되는 것은 틀림없다. 그리고 누군가 완성품에 대한 책임을 진다면 분담한 부분보다는 완성품의 질을 높이기 위한 행동이 많아질 것이다. 이처럼 "병행처리에 의한 짧은 개발 흐름"은 효율과 질의 추구 및 단기간이라는 세 가지 요소를 추구하는데 그 목적이 있다.

2.4.3 원류설계형 개발

제품을 개발할 때 그 제품이 앞으로 직면할 모든 장벽을 제거할 수 있는 대응책을 생각해 둘 수만 있다면, 이 제품은 순조롭게 사명을 완수하게 될 것이다. 제품개발시 가장 기본적으로 고려되어야 할 것은 "팔릴 수 있기 위한 조건" 혹은 "좋은 제품이 되기 위한 조건"이다. 다만, 경우에 따라서 "경쟁 제품보다 좋은 제품일 것" 또는 "새로운 기술의 도입" 등이 과제로 부각되는 일도 있다. 하지만 모든 관심은 "시장, 고객이 받아들여 줄까?"하는 것 등의 문제이다. "원류설계형 개발"은 설계, 제조, 판매, 고객의 사용단계에 한정되지 않고, 사용이 끝난 후의 단계까지를 포함하여 생각하여야 한다. 이에 반대되는 개념이 "사후 대응형 개발"로, 각각의 상황에 맞추어 그때 그때 해결책을 생각하는 것이다. 즉 "담당하고 있는 한 가지 업무에만 역할을 담당하게 하는 것으로, 제품의 Life cycle 및 수명에 관계되는 역할은 담당하지 않는다."라는 사고방식이다. 그러나 "원류설계형 개발"은 제품의 Life style을 확인하여 원류단계에서 매력 넘치는 제품으로 육성하여 가고자 하는 방식인 것이다.

2.5　C.E 체제 구축 이미지(Image)

지금까지 C.E의 개념과 매력, 활동 방향 등에 대하여 알아보았다. 특히 C.E의 사고방식을 실현하기 위해서는 다음과 같은 목표가 매우 중요하다.

① 계통적이고 총합적인 개발을 실현한다.

② 병행처리로 짧은 개발 흐름을 실현한다.

③ 원류 설계형 개발체제를 구축한다.

이 목표를 달성하기 위해서는 제품개발 실무 중에서 구체적인 요소항목을 쌓아 올리는 활동이 필요하다. 그 항목은 그림 2.3에서 알 수 있듯이,

① Cross Functional 활동체제 구축

② C.E 제품개발 Process와 Management의 재구축

③ 적절한 Tool의 선정과 활용

④ 개발지원을 위한 기술정보관리 System 구축

⑤ 전(全) Process의 관리체제 구축 등이다.

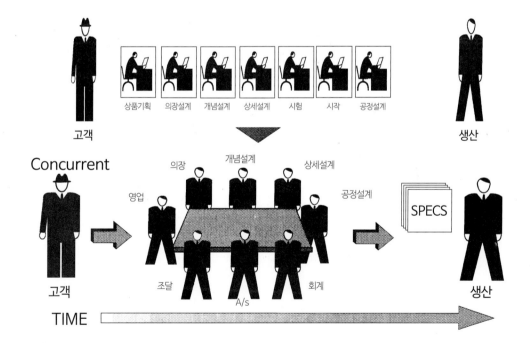

• 원류단계에서부터 동시진행 개발 Process 전개
• 고객 요구의 체계적인 전개, 반영 및 설계 신뢰성 향상

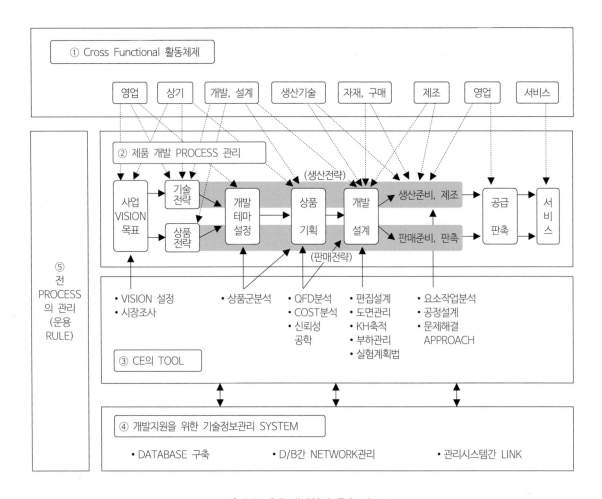

그림 2.3 C.E 개발혁신 구축 개요도

C.E 활동 접근(Approach)

시장은 점점 상품의 다양화를 요구하고 있다. 그러나 기업은 가능한 한 적은 일손과 공정으로 그러한 요구에 효율적으로 대응하고, 앞날을 위한 여력을 확보해야 한다.

C.E는 이런 과제를 해결하기 위한 System적 접근 방법으로 제품 Life cycle의 모든 요소들을 고려할 수 있는 체제를 구축함은 물론, Tool의 운용 또한 매우 중요한 사항이다. 따라서 여기서는 활동체제를 구축하기 위한 기본 요소와 이의 실현 방법, 적절한 Tool의 소개 및 기술정보 System과의 관계 등을 통해 C.E의 활동 방법을 알아보고자 한다.

3.1 Cross Functional 활동체제

3.1.1 목 적

각자의 능력을 효과적으로 발휘할 수 있도록 하고, 정보의 발생 시점부터 참여하고, 기다리지 않도록 함으로써 원활하게 제품개발을 추진하는데 그 목적이 있다.

3.1.2 목 표

① 기능 분업으로 전문화 및 시너지(Synergy) 효과 추구
② Cross Functional 활동영역 명확화 및 Output의 책임 설정

3.1.3 활동 체제(추진 조직)

어떤 제품이 개발되기 위해 개발팀이 구성되는데, 이때 설계부문의 구성뿐만 아니라 Cross Functional 팀을 만들어 운용해 나가야 한다. 팀은 각 부문의 전문가적 역할을 할 수 있는 부문별 Leader가 적당하며, 그림 3.1과 같은 체제가 바람직하다고 본다.

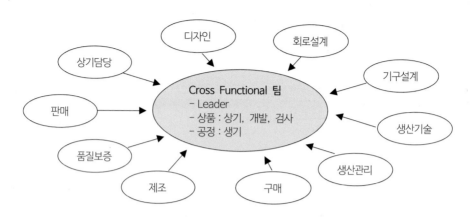

그림 3.1 활동체제

- Cross Functional팀은 상품설계, 공정설계, 공법개발, 검사수준 결정의 책임을 갖고 수행
- 담당은 자기 부문의 직무 범위에 책임을 갖고 업무 수행

3.1.4 역할 분담과 기능 분담

하나의 제품이 여러 가지 기능이 합성되어 성립하듯, 하나의 업무 역시 몇 가지 업무기능의 합성에 의해 성립된다. 따라서 각 담당자의 업무를 기능 분담형으로 운영하는 것은 당연하다. 그림 3.2에 한 가지 예를 나타냈는데, "제조원가를 검토한다."는 당면 목적에 필요한 업무 기능을 살펴보면,

① 새로운 부품의 단가를 산정하는 업무와

② 사내 가공, 조립비를 견적하는 업무가 파악될 수 있다.

이들의 업무는 설계와 자재, 생산기술 부문의 협조적인 업무검토가 효과적임을 알 수 있다. 그러나 이것이 현실의 조직체에서는 원활하게 수행되지 못하고 있는데, 그 원인은 우선 의식 문제이다. 즉, 설계가 끝나고 나서 자재나 생산기술 부문이 업무를 한다는 생각이 그것이다. 이밖에 어떤 제품을 개발하고자 할 때 필요한 기능이 언제 발생하는지, 혹은 언제 필요한 기능을 고려하는게 좋은지 분석되어 있지 않은 점 또한 큰 문제점이다.

Cross Functional 활동에 가장 필요한 것은 가장 필요한 때에 필요한 기능 분담에 의한 협업을 도모하는 구조 만들기이다. 관련부문의 사람이 모여 협동하는 장을 만든다는 것이 가장 기본이기는 하나, 의견을 말하기 위해서 참여할 뿐이라면 그것은 곤란한 일이라 아니할 수 없다.

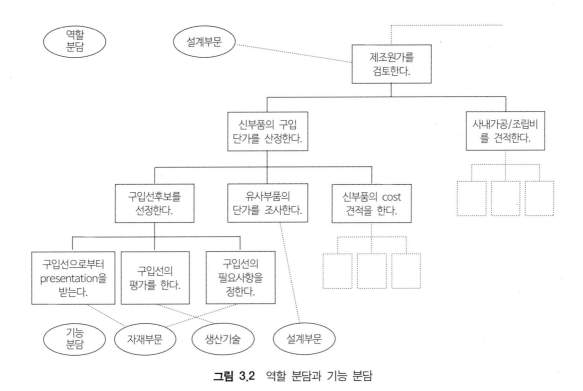

그림 3.2 역할 분담과 기능 분담

또 다른 예로 제품도면의 작성을 생각해 보자. 역할 분담에서 생각해 본다면 그림 3.3 상단에 나타나 있는 대로 설계는 도면을 작성하고, 생산기술은 도면에 기반을 두어 생산공정표를 작성하며, 자재·구매는 구입선 결정에만 신경을 쓰면 된다. 따라서 생산기술이나 구매부서는 설계도면만을 기다리게 된다.

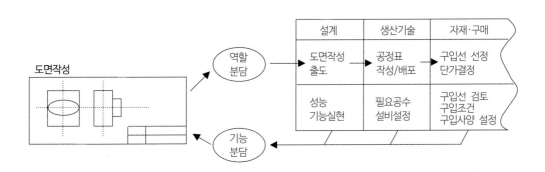

그림 3.3 도면 작성시 역할 분담과 기능 분담

이것을 기능 분담형으로 처리하면 어떤 모습이 될 것인가? 설계자가 도면을 작성할 때 형상·재질을 고려하여 성능·기능을 실현하는 업무를 수행할 때, 생산기술자는 이 도면을 실현하기 위해 필요한 설비를 준비하고 작업을 검토하게 될 것이다. 즉, 도면은 성능·기능을 실현하기 위한 업무뿐 아니라, 생산공정에 필요한 형상과 치수가 고려되어 있지 않으면 안 된다는 것이다. 물론 설계자가 설계시 이 모든 것을 고려하여 설계한다면 그것보다 더 좋은 방법은 없지만, 실제로 그것이 가능한 일인가? 또 효과적인 것인가? 생각해 볼 필요가 있다. 필요공정의 준비를 구체적으로 해야만 하는 담당자는 아무래도 생산기술자에게 맡기는 것이 효과적이라 생각된다.

1) CF 분석

Cross Functional 활동을 정착시키기 위해서 몇 가지 준비가 필요하다. 첫째, 기능교차 활동의 장만들기와 제품개발 Process의 재구축이고, 둘째, 팀 만들기와 활동방법 정하기, 셋째, 제품개발 Project와 제품개발 업무의 책임결정, 넷째, Cross Functional 능력 강화이다. 여기서 Cross Functional 활동의 장 만들기와 제품개발 과정 만들기에는 CF 분석이 효과적이다. 여기서 C는 Cross, F는 Function으로, 제품개발 Process 중 시간축에 관련한 것이 Cross의 기능이며, 이에 따른 필요 기능을 전개한 것이 Function이다. 필요 기능이란, 가치(V), 품질(Q), 원가(C), 생산성(P)에 관계된 사항으로, Life cycle에 영향을 주는 것을 제거하고 질은 향상시키기 위한 기능 전개를 행한다. 작성시 C축은 현상분석을 기본으로 한다.

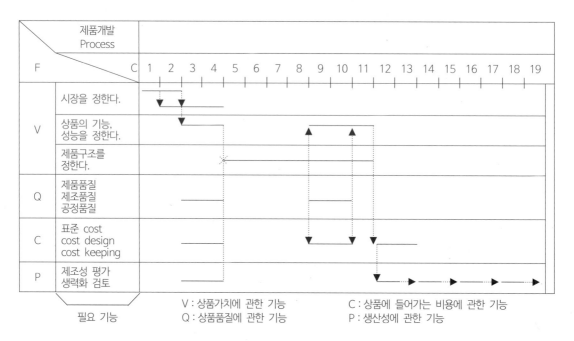

그림 3.4 CF 분석의 예

※각각 업무처리와 평가관리가 존재한다.

※CF 분석표 작성시에는 목표가 필요하다. 즉, V · Q · C · P Level up이라든지 공수삭감 등의 설정이 필요하다.

2) CF 분석의 Output

① 제품개발에 필요한 기능 전개(행하고자 하는 업무)
- 제품 Life cycle상에서 발생이 예측되는 모든 장애에 대해 대응책을 마련하기 위한 기능
- 제품 Life cycle상에서 필요한 고품질을 확보하기 위해 대응하는 기능
- 가치(V), 품질(Q), 원가(C), 생산성(P)의 완성도를 높이기 위한 기능(처리 및 평가, 관리)
- 제품개발에 필요한 정보수집, 작성집, 작성, 전달을 위해 행하는 기능

② 필요 기능을 수행하기 위한 최적 Timing, 필요기간, 인원의 설정
- 기간이 단축되는 필요기간 설정
- Smooth하게 추진되는 업무 순서
- 기능을 수행하기 위한 최적의 인원(부문) 선정

③ Cross Functional 활동영역과 테마 설정
- Cross Functional 활동 테마 선정
- Cross Functional 멤버 선정
- Cross Functional Input과 Output, 수순, 책임항목 설정

3) CF 활동 멤버 선정(제품개발 Process에 따라)

어떤 업무를 수행하기 위한 조직으로 Project팀이나 서클활동, 위원회 등이 있다. Project팀은 어떤 특정 목표를 달성하기 위해 협동 · 협업하는 형식을 취한다. 따라서 협동작업을 통해 목표달성을 최대의 사명으로 여긴다. 서클활동은 커뮤니케이션을 주체로 한 아이디어 창출 활동이다. 반면, Cross Functional 활동팀은 특별한 테마를 달성하기 위해 그에 맞는 기능에 단련된 구성원들이 최대의 시너지 효과를 내면서 협업하는 팀이다.

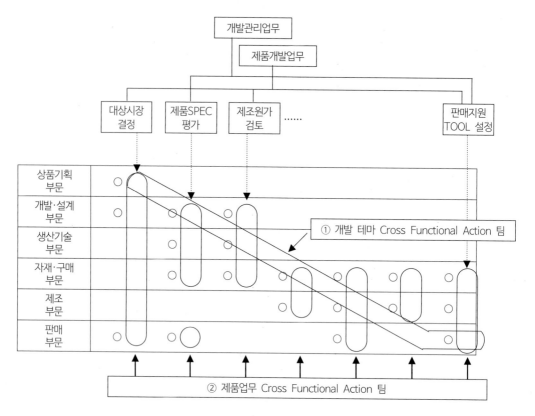

그림 3.5 Cross Functional Action 팀

※멤버가 중복될 수 있다.

※멤버는 사전에 지명되고 숙련자가 되어야 한다.

※업무의 Cross Functional팀은 업무책임을 갖고, 테마 Cross Functional팀은 개발 PJT(Project) 책임을 갖는다.

※개발관리는 주로 품질보증, 원가관리, 품질관리 등에 관한 것으로, 필요한 시기에 각 부문 또는 팀의 활동에 반영하고 실시한다.

3.2 C.E 제품개발 과정(Process)과 개발 관리(Management)의 재구축

3.2.1 목 적

① 원류화된 짧고 Smooth한 개발 Process와 일관된 Management 구축

② 제품 Life cycle상 각 단계에 질을 높이기 위한 원류처리

③ 최적 시기에 최적 기능의 협업 추구(Cross Functional화)

④ 기간 단축과 공수 삭감을 위한 병렬처리로 짧고 Smooth한 흐름화

3.2.2 목 표

① 원류화

② 병행화, 고밀도화

③ Cross Functional화

④ 제품개발 Project와 Team Management

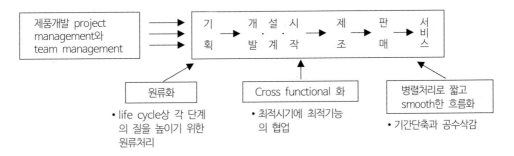

그림 3.6 원류화로 짧고 Smooth한 일관된 Management 구축

3.2.3 제품개발 Process 개선

원류화 개발 Process는 제품개발 start 시점에서 제품 Life cycle상에 영향을 준다.

1) 원류화 개발 Process에 대한 대책을 준비

① 원류화 Process의 대상 선정
- 기종 단위의 제품개발 Process인가?
- 상품군 단위가 좋은 제품개발 Process인가?
- 시장 단위로 생각하는 게 좋은 Process인가?

② 제품개발 Process상에서 저해요소 극복을 위한 분석표

제품개발 Process를 분석해 보면 지금까지 진행되어 왔던 개발 Process가 앞으로의 제품개발에도 적절하게 작용되어, 소비자의 요구에 적절히 대응할 수 있겠는가 하는 데에는 생각해 보아야 할 것이다. 비록 지금까지 잘 적용되어 왔던 Process지만 개발시간이 점차 짧아지고 있는 현실을 감안할 때 Process의 단축이 요구되고 있는 것이다. 이를 위해서는 현재의 Process에 대한 철

저한 분석이 요구되며, 이를 토대로 개선점을 파악하고, 개선해 나가야 하겠다. 그림 3.7은 분석을 위한 양식 중 하나이다.

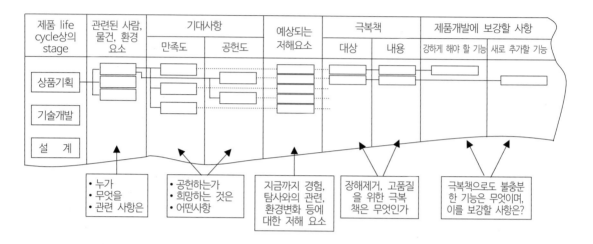

그림 3.7 제품개발 Process 저해요인 분석표

2) 병렬처리로 짧고 Smooth한 흐름화

병렬처리를 위해 업무를 기능별로 분석하고, 분해해서 협동처리의 가능성을 명확히 한다. 그러므로 한 사람이 오랜 기간 경험을 위주로 일을 하는 것을 배제해야 한다.

① 병렬처리 대상
- 예정기간을 선정한 업무(長납기의 부품수배, 금형수배 등)
- 제품에 반영되는 요소기술 중 개발의 불확정성이 높은 업무
② 병렬처리의 사고 방향
- 기능으로 업무를 분석하고 병렬처리화를 진행시킨다.
- 소요기간이 긴 것, 불확실성이 높은 테마는 병렬처리로 대처한다.
※병렬화 이외 "사전화, 직격화, 배제, 개선, 과제 한정화" 등이 포함되어 업무 Process를 구축한다.

3.2.4 일관된 제품개발 Management

「全 Life cycle에서 가치를 높인다」라는 것을 실현하기 위해 사내·외적인 문제를 중시해야 한다.

1) 제품개발의 유형

기본 기능인가, 기본을 전개한 Variation 기종인가로 분류

① 제품의 종류

    ⓐ Series

    ⓑ Basic

    ⓒ Variation

    ⓓ Option

    ⓔ Attachment

② S.B type(Series, Basic)

    ⓐ 새로운 기술의 사용이나 신기능, 신성능이 실현된 제품인 경우

    ⓑ 시장전략과 상품기획, 기술전략과 기술개발 계획 단계에서의 검토가 매우 중요하다.

    ⓒ 제품개발 기간이 길고, 관련요소(부문)가 많다.

③ V type(Variation)

    일부 spec이 고객의 요구에 의해 변경되는 제품

2) 제품개발 Type에 의한 Management의 변화

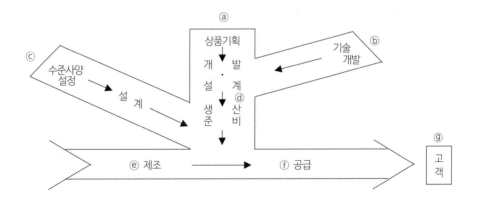

그림 3.8 제품개발 Type에 의한 Management의 변화

CHAPTER 04
C.E의 진단

조사진단의 체계는 그림 4.1에 표시했다. 진단단계의 조사는 어디까지나 전체적인 개선과제를 찾고, 그것에 대한 목표설정과 활동계획 작성을 행하는 것이 목적이며, 상세분석은 구축단계에서 행하게 된다.

여러 가지의 분석항목에 대한 분석 Format을 별도로 작성했지만, 이것은 어디까지나 현상을 정리하고 쉽게 분석하기 위한 것으로, 그것 자체가 문제를 표시하기 위한 것은 아니다. 따라서 목표 Image에 대한 Gap이나 그것을 메꾸지 않으면 안 되는 것을 조사하기 위해서는 관계된 사람과 의견교환을 해나가면서 전체 의견을 채용하는 Process가 중요하다(관계자를 모집하고 토의 형식으로 문제점을 검토하며, 과제를 정리하는 방법도 좋다).

4.1 기본 분석

기본 분석에서는 다음과 같은 분석을 행한다. 분석 요령에 대해서는 별도로 기술하기로 한다.
① 제품 경쟁력 분석
② 제품분석
  • 제품분석 Sheet(기능, 부품구성) 1
  • 제품분석 Sheet(기능, 부품구성) 2
③ 업무분석
  • 업무 Flow 분석(Macro 분석)
  • 업무 Flow 분석(정보 Flow 분석) 1
  • 업무 Flow 분석(정보 Flow 분석) 2
  • 업무 Flow 분석(정보내용 분석)
④ 정보량 분석
⑤ System 기반 분석(System 기능)
  System 기반 분석(System 구성 및 Network)

4.2 Q.C.D 문제점 분석

각 구분에 포함된 Q.C.D에 관계된 문제를 정리한다.

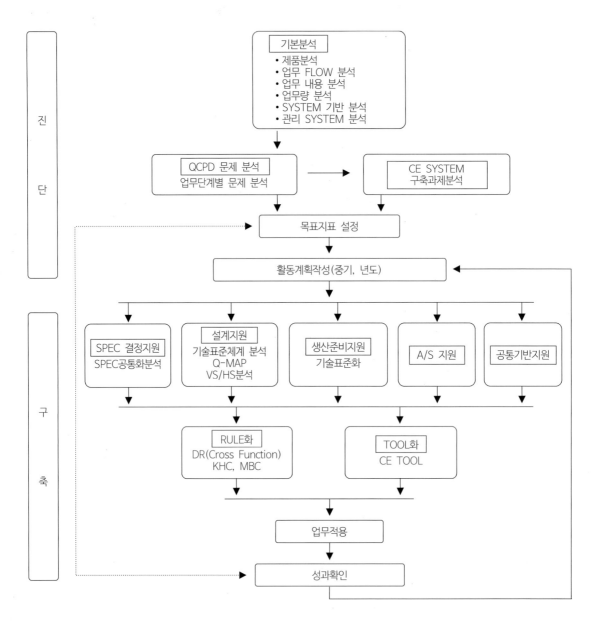

그림 4.1 C.E System 구축을 위한 진단체계

4.3 C.E System 구축에 대한 과제 분석

C.E의 목표 Image 실현을 위해 필요한 과제 정리 및 목표 지표 달성을 위해 필요한 과제를 정리한다.

요점정리

① Serial하게 진행되어 왔던 제품개발 방식을 병행화함으로써 제품개발 기간을 단축할 수 있다.

② C.E는 제조 및 간접 부문을 포함, 제조에 관련된 모든 과정을 집적화, 동시화하여 설계하는 시스템적 접근이다.

③ C.E의 목표를 달성하기 위해서는 제품개발 실무상에서 구체적인 요소항목을 쌓아 올리는 활동이 필요하다.

④ C.E의 진단단계의 조사는 어디까지나 전체적인 개선과제를 찾고, 그것에 대한 목표설정과 활동계획 작성을 행하는 것이 목표이며, 상세분석은 구축단계에서 행하게 된다.

개발(연구 · 설계) 및 생산관리 기술

5.1 동시공학, 개발 및 생산관리에 관한 용어 설명

용 어	설 명
A/S	After Service(판매 후 서비스). 상품을 판매하고 난 뒤에 고객에게 수리, 지도, 보상 등을 해주는 행위
ABC 관리	자재별(資材別) 중요도를 기준으로 분류하는 기법 수량이 적고 비용이 많은 품목 : A 그룹 수량이 많으나 비용이 적은 품목 : B 그룹 수량이 많으나 비용이 가장 적은 품목 : C 그룹
ARRAY	어레이. 몇 개의 개별 인쇄회로기판(PCB)을 1개의 보드(Board)로 하여 생산성을 높이는 방법으로, 머신 홀(Machine hole)이나 V컷(V-cut)을 경계로 배치
ARTWORK	아트워크. 정해진 회로를 기구 도면에 맞게 패턴(Pattern)을 형성하는 작업
ARTWORK FILM	아트워크 필름. PCB 제작시 사용되는 패턴으로 제작된 필름
ASSEMBLY	어셈블리. 약어는 ASS'Y이다. 어떤 결함품이나 가조립품 또는 부분품(Part)들을 특정한 기능을 갖도록 결합하는 것.
AXIAL	액시얼. 레지스터(Resistor), 점퍼(Jumper), 다이오드(Diode) 등 PCB면과 수평으로 뉘어지는 부품(부품 형태에 따름)을 자동 삽입하는 공정
BOM	Bill Of Material. 물자 수급을 위한 기본 구성표
BURR	버. 사출시 혹은 기계 가공시 발생하는 칩(Chip)
CAD	Computer Aided Design. 컴퓨터를 활용한 설계
CAE	Computer Aided Engineering. 컴퓨터를 활용한 분석 · 해석
CAM	Computer Aided Manufacturing. 컴퓨터를 활용한 제조
CAT	Computer Aided Testing. 제품의 외관, 치수, 기능, 성능 등을 컴퓨터를 이용하여 자동적으로 검사하는 시스템

용 어	설 명
CIM	Computer Integrated Manufacturing(컴퓨터에 의한 통합생산시스템). 수주에서부터 설계, 생산계획 및 생산통제·운영·출하에 이르기까지 공장 내의 모든 기능이 통합화되어, 컴퓨터에 의한 신속한 계획 변경이나 생산조정 등 신축성 있는 총합 시스템
CIRCUIT DIAGRAM	제품을 구성하고 있는 모든 전기적인 회로도
COMPONENT/PARTS	부품. 한 파트(Part) 또는 어떤 기능을 수행할 수 있게 조립된 여러 파트(Parts)의 조합
CONDITION	컨디션. 물자수급 방법을 의미하는 표시방법
D/N	Documentation Notice(설계자료). 설계시 작성된 모든 기술자료로 개발 부서에서 생산기술 및 생산관련부서에 배포되는 것이다. P/L(Part List ; 부품표), C/D(Circuit Diagram ; 회로도), W/D(Wiring Diagram ; 배선도), 시험사양을 말한다.
DIP(Auto)	IC(집적회로)를 자동 삽입하는 공정 Dual In-Line Package의 약자로 일반적인 IC의 통칭
DR	Design Review(설계 검토). 제품 개발상의 각 단계(Event)에 있어서 기획, 영업, 개발, 생산 등 관련 전부서의 DR 위원들이 각 단계별로 심의하고 평가하여 개선안을 추출하여 해결함으로써 개발하는 제품의 신뢰성을 확보하도록 하는 활동
DR-1	제품기획 단계에서 DR 위원들이 DR을 실시하는 회의
DR-2	설계시작(E/S ; Engineering Sample) 단계에서 DR 위원들이 DR(설계 검토)를 실시하는 회의
DR-3	기술시작(Pilot) 단계에서 DR 위원들이 DR을 실시하는 회의 기술시작을 시험시작(T/P ; Test Production)이라고도 함
DR-4	양산시작(P/P ; Pre-Production) 단계에서 DR 위원들이 DR을 실시하는 회의
DR-n	도면(회로 및 기구), 규격, BOM 등 개발 및 설계도면이 출도되기 전 도면 DR을 행하는 회의의 총칭
DR 위원	개발제품과 관련하여 이 제품과 연관있는 부서의 담당자(실무자)들의 총칭
ECO	Engineering Change Order(설계시방 변경서). 제품을 생산하는 과정에서 기능의 보완이나 수정의 필요성이 있을 경우, 개발 및 설계 부서에서 D/N(설계자료) 대신 보내는 설계변경 통보서
ECR	Engineering Change Request(설계변경 요청서). 제품을 생산하는 과정에서 기능의 보완이나 수정이 필요할 경우에 생산관련 부서에서 개발 및 설계 부서에 보내는 설계변경 요구서
ED	독일 지멘스(Siemens)사에서 사용하는 전자부품 및 부속장치를 공용화시킨 등재규격(Numbering System)

용 어	설 명
ENGINEERING SAMPLE	약어로 E/S(설계시작). 기술적 동작 스펙(Spec.=Specification ; 시방 혹은 규격) 외에 생산 및 판매상의 여건을 고려하여 주로 손작업(Hand-made)으로 시험 제작하는 단계
IE	Industrial Engineering(산업공학). 생산의 요소인 사람, 재료, 설비의 종합적 시스템을 설계, 개선, 정착시킴으로써 생산성 향상을 도모하는 기술
INVOICE	송장. 매매 당사자들이 서로 먼 거리에 있을 경우, 매도인이 매수인 앞으로 작성해 보내는 선적 화물의 계산서 및 내용 명세서
MASS-PRODUCTION	대량 생산. 실제 생산 라인(Line)을 거쳐 양산하는 단계
MOCK-UP	신제품을 개발하는 초기 단계에서 구상하는 형태의 제품을 목재 또는 ABS, 아크릴(Acryl)을 이용하여 외형만 볼 수 있도록 만든 샘플(Sample)
NECK 과제	개발중 일정 지연이 예상되거나 품질에 영향을 주는 문제점을 총칭해서 말함. 주로 기획에서 E/S 단계까지 발생되는 문제점
P-CARD	Previous Card(가공전표). 하나의 부품을 가공하는 순서와 사용하는 공구 원재료, M/C(Material Cost ; 재료비), 작업장, 작업공수 등이 기록된 가공전표
PDCA	Plan(계획), Do(실행), Check(검증), Action(활동)
P/L	Part List(부품표). 제품을 구성하고 있는 모든 부품을 나열한 표로서 생산활동의 기본
PILOT-PRODUCTION	기술시작. 개발완료 후 양산하고자 하는 제품과 동일한 금형(金型, Tool)으로 제작된 사출물로 생산 라인(Line) 설치 이전에 시험적으로 한정된 대수(약 30~50대)를 제작하는 단계
POP	Point Of Production. 생산현장의 정보를 생산 시점에서 실시간(Real time)으로 수집하여 자료(Data)를 관리하는 시스템
PRE-PRODUCTION	양산 시작. 개발 제품의 생산 라인(Line) 설치 후 양산 이전에 시험적으로 한정된 대수(약 100~1,000대)를 제작하여 출하하는 단계
RADIAL	콘덴서(Condensor), 트랜지스터(Transistor) 등의 부품(부품 형태에 따름)을 자동 삽입하는 공정
REWORKING	수정, 개선할 목적으로 한 번 이상 재작업하는 것.
SMC	Surface Mount Component. SMT에 이용되는 칩(Chip) 소자(素子 ; Element)의 총칭
SMD	Surface Mount Device. SMT를 하기 위해 쓰이는 일련의 장비의 총칭
SMT	Surface Mount Technology. 원판 PCB(Bare PCB) 위에 칩(Chip) 부품을 장착하고 납땜하는 일련의 기술로 크림 솔더(Cream Solder)에 의한 리플로(Reflow) 방식과 접착제에 의한 플로(Flow) 방식이 있음.
SOLDERING	납땜. 모지금속이 용해되지 않고 납으로 표면을 결합시키는 작업
TEST POINT	전기적 회로에 근접한 특수점은 시험용으로 사용

용 어	설 명
TFT	Task Force Team. 업무(과제) 해결을 위해 임시로 운영되는 혁신적인 팀
TOUCH UP	Soldering Machine(납땜기)으로부터 납땜이 끝난 후 작업자가 PCB의 부품면 또는 납땜면의 납땜 상태를 수정, 보완하는 작업. Reflow 방식과 접착제에 의한 Flow 방식이 있음.
V-CUT	인쇄회로기판(PCB)의 양면에서 V자 홈을 파내어 절단할 수 있도록 한 작업
VE	Value Engineering(가치공학). 설계 착상시의 손실(Loss), 불필요한 기능을 제거하여 최소의 비용으로 최대의 가치를 높이는 원가절감기법
WIRING DIAGRAM	배선도(配線圖). 배선도로서 사용되는 와이어(Wire)의 색상 및 연결 위치를 표시한 선도
간접 인원	직접 인원을 관리 또는 지원하는 인원
개발 대일정 관리표	개발 제품의 전체 일정을 기본계획, 수정계획 등으로 표현하여 관리하기 위한 양식
개발 단계별 중일정 관리표	제품의 개발 각 단계(기획, E/S~양산)별로 수행해야 할 업무를 기록하고, 일정을 계획하고, 이의 실행을 관리하기 위해 작성하는 양식
개발 양산 품질 현황표	제품 개발중 Pilot에서 양산까지의 품질에 영향을 주는 문제점을 기록하고, 이에 대한 원인분석, 항구대책을 관리하기 위해 사용되는 양식
INSPECTION	검사. 제품과 서비스에서 한 개 또는 여러 개의 특성을 측정, 조사, 시험, 게이지(Gauge) 맞춤 등에 의하여 특정의 요구사항과 비교하여 적합한가를 판정하는 활동으로 수개의 샘플만을 검사하는 표본검사(Sample 검사)와 전량을 검사하는 전수검사가 있음.
견적	업체에서 제시한 품목의 가격, 수량 및 납기 문의에 대하여 거래업체에서 제시하는 계약조건
결점	의도된 사용을 위한 요구사항을 만족시키지 않는 것.
고유기술	하나의 제품을 생산하는 데 있어 기본적이고 체계화된 기술
고장률	어느 시점까지 고장 없이 동작되는 시스템, 설비, 부품 등이 단위시간 내에 고장을 일으키는 비율
공차	기능, 조립, 품질상에서 허용할 수 있는 최대치와 최소치를 설정하여 합(○), 부(×)의 기준을 정하는 것.
공수	사람 또는 기계설비를 시간단위로 나타낸 것. (Man-Hour/Machine-Hour)
공장 자동화율	공장 자동화의 정도를 나타내는 비율 $$공장\ 자동화율 = \frac{자동화\ S.T(표준시간)\ 합계}{총\ S.T(표준시간)\ 합계} \times 100(\%)$$
공정	완제품은 순서적인 작업 계열을 실시함으로써 완성되는데, 이때 하나 하나의 작업을 공정(工程, Process)이라 함.

용 어	설 명
공정 CHECK-SHEET	공정 체크 시트, 각 공정별 작업자가 작업 지도서와 동일하게 작업하고 있는가를 생산 라인의 직장, 반장이 순회하며 체크한 후 품질 문제에 대한 분석을 목적으로 사용하는 양식
공정 검사	매 생산공정과 공정 간에 실시하는 검사
공정 분석	공정이라는 분석 단위로 대상물을 순서에 따라 가공, 운반, 검사, 정체, 저장의 5가지로 분류하고, 각 공정의 조건과 함께 분석하는 것.
공정 설계	제품의 설계 시방에 의거하여 생산공정의 순서, 작업내용, 작업시간 등의 공정 표준을 생산 개시 이전에 결정하는 것.
공정표	제품을 위한 일련의 작업 계열을 제시하는 표로, 작업순서에 따라 필요한 공구, 재료, 작업시간, 기능 정도 등을 나타낸 것.
관리도	공정을 관리하고 해석하기 위해서 그리는 그래프
관리본	표준발행 이후 그 개정본이 계속 배포되어 항상 최신본으로 유지되는 문서
관리 사이클	P → D → C → A (Plan ; 계획, Do ; 실시, Check ; 검토, Action ; 조치)
관세환급	수출 지원을 위하여 수출용 원재료를 제조, 가공하여 수출한 경우, 수출용 원재료 수입시 납부한 관세 등을 되돌려 주는 것.
구매품	외주품을 제외한 당사 이외의 제조회사 또는 도매·소매업체를 통하여 구입하는 완성품, 조립품, 가공물, 부품 등의 자재
규격	제품이나 서비스에 직접, 간접으로 관계하는 기술적 사항에 대해 정한 것.
규정	회사의 업무를 수행하는 데 필요한 조직, 권한 및 책임, 운영 절차 등을 정한 것.
규칙	규정에 구속을 받으면서 업무의 필요한 사항을 정한 것.
기능 설계	제품 설계시 처음으로 실시하는 단계로서, 주로 고객의 요구(Needs)를 반영한 기능 동작시험 위주의 설계
납기 준수율	당사의 요구 납기에 대한 협력업체의 납기 준수도
도장	Painting. 물체의 표면에 도료를 도포시켜 경화된 도막을 생성시키는 가공법
도착 일자	거래업체에서 당사가 주문한 물자를 납품한 일자 • 국내 구매품 : 수입창고 도착일 • 해외 구매품 : 보세창고 입고일
동작 분석	작업 동작의 미세한 부분을 하나씩 분석하여, 어떤 작업에 최소 에너지를 소모해서 최대 효과를 올리려는 기법
동작 요소	단위별로 분할 가능한 최소 단위
라인 편성 기법	Line Balancing. 작업 순서에 맞추어 단위공정 작업시간이 균등하게 모든 요소 작업을 공정에 할당하는 것. $$= \frac{\text{각 공정시간의 합계}}{\text{NECK 공정시간} \times \text{공정수(또는 작업자수)}} \times 100(\%)$$

용 어	설 명
로트	Lot. 1회에 처리하기 위하여 구성된 작업 대상물의 묶음.
목표관리	개인의 능력개발과 조직의 활성화를 꾀하여 조직력의 집중 발휘와 효율적 경영활동을 지향하는 관리체제
무인 반송차	컴퓨터에 의해서 제어되어 자동적으로 목적지까지 대상물을 운반하는 반송차
무작업 공수	직접 인원이 작업에 투입되지 않은 시간
물류	원자재, 부자재를 조달해서 생산과정을 거쳐 제품을 소비자에게 전달하는 일체의 수송·배송 활동의 총칭
반자동화	주체 작업 또는 일부 작업이 무인화되었으나, 매 사이클(Cycle)마다 인력 투입이 필요한 상태
발주	자재담당 부서가 필요한 자재를 구매담당 부서에 구매 청구하는 행위
번인(BURN-IN)	일정시간 정해진 환경에서 동작시키며, 목적은 초기 불량률 감소 및 특성 안정
범용기	설비의 주어진 성능, 능력 범위 내에서 다양한 부품을 가공·조립할 수 있는 기계
부적합	지정요구사항을 만족시키지 않는 것.
부품면	Component Side. 부품이 삽입되는 면
부품인쇄도 (LETTERING)	인쇄회로기판의 부품면 또는 납땜면측에 부품의 기호나 번호 등을 인쇄하기 위한 도면
불량품	업체에 입고되어 수입검사, 생산현장 및 필드(Field)에서 본래의 사용목적(성능·기능)에 맞지 않는 부품이나 반제품
비관리본	표준 발행 당시에는 최신본이나 표준이 수정, 변경되더라도 최신 개정본으로 유지할 책임을 갖지 않는 문서
사급자재	당사의 부품을 조립하기 위해 외주업체에 유상·무상으로 사급되는 원재료 부품 및 물리적 형태를 이루는 부자재 등
사양(시방)	Specification. 재료, 제품, 공구, 설비 등을 제작시 요구되는 일체의 제조방법 및 시험방법 등을 규정한 것.
사출용량	사출 성형기가 1회의 사출 공정에서 사출할 수 있는 성형 재료의 부피 또는 무게, 크기
사후보전	고장이 발생한 후에 실시하는 보전(保全 ; Maintenance)
산점도	두 데이터의 관계를 보기 위한 그래프
성력화, 생력화	省力化. 일손을 덜기 위해 작업의 자동화나 무인화를 촉진하는 것.
생산	원재료 및 부품을 사용하여 제품화하는 활동
생산계획	판매계획을 근거로 하여 이에 필요한 설비, 자재, 인원 등의 자원 조달을 계획하고, 외주(外注) 및 자작(自作)의 작업량 개략을 결정하는 것.
생산관리	생산에 관한 자재, 설비, 인원 등을 관리하는 업무

용 어	설 명
생산기술	생산을 효율적으로 실시하기 위한 사용재료, 인력, 시설, 조건, 순서, 방법, 환경 등에 관한 기술체계
생산능력	현재의 설비, 인원과 재료공급 능력의 총칭
생산성	투입량에 대한 산출량의 비율 • 생산성 $= \dfrac{\text{산출량(OUTPUT)}}{\text{투입량(INPUT)}}$ 의 비율 • 물적 노동생산성 $= \dfrac{\text{생산량(양품실적} \times \text{S.T})}{\text{노동량(시간)}}$
설계관리	수행하는 상품화 프로젝트(Project)에 관한 활동으로서 설계부서의 효율적인 설계활동과 기술 및 설계기법(Know-how) 축적을 위한 관리활동
설계 사양(시방) 변경금지	도면출도(出圖) 후 어떤 일정기간에 집약해서 일괄 시방을 실시하고, 그 이후는 기술시작(Pilot), 양산 개시 후의 검토 결과에 의해 설계변경 시점까지 설계변경을 금하는 것.
설계표준	각 상품(제품)의 설계활동에 관한 표준으로서 고객의 요구, 제조의 경제성, 기술수준, 고유기계설비 등을 고려하여 정한 표준
설비관리	설비의 도입, 설치, 사용, 수리, 폐기에 이르는 설비의 라이프 사이클(Life cycle)을 통해 종합적인 기술과 관리의 활동
성과율	순작업수에 대한 회수 공수의 비율 $\dfrac{\text{회수공수}}{\text{순작업공수}} = \dfrac{\text{양품수} \times \text{표준시간(S.T)}}{\text{실동공수} - \text{재작업공수}} \times 100(\%)$
소요량 산출	BOM 및 Item Master File에 근거하여 생산계획상의 제품생산을 위해 소요되는 부품의 양과 시기를 계산하는 것.
수명 시험	제품의 사용규격에 의해 사용방법을 시간, 횟수(回數)로 구분하여 반복시험(사용)해서 그 기능이 상실되기까지의 횟수, 시간을 측정하는 방법
수율(收率)	원재료를 가공했을 때 원재료의 소비량과 제품 생산량과의 비율
순작업 공수	직접 인원이 순수 직접 작업에 투입된 공수
시방서	제품 또는 서비스가 적합해야 할 요구사항
시사출 관리	시사출품이 나오는 사출업체(Maker) 현장에서 시사출 개발 및 관련 담당자가 참석하여 각종 문제점을 현지에서 검토, 수정하는 것.
시스템	System. 개별 기능단위를 복합 구성하여 통합된 기능을 갖는 것.
신뢰성	아이템(Item)이 정하여진 조건이나 기간 동안 요구 기능을 완수하는 기능
실동 공수	직접 공수 중 무작업 공수를 제외한 것.
양산 안정일수	양산 첫 로트(Lot) 개시 후 생산 라인(Line)의 불량률이 기준공정 불량률과 일치하는 시점까지의 일수

용 어	설 명
여력관리	생산실시 단계에서 현재 작업량과 보유 능력(CAPA.=Capacity)을 비교해서 균형을 잡으면서 소일정 계획을 결정해 나가는 것.
완전 자동화	부품의 투입, 이송, 주체 작업 등이 무인화되어 인원이 불필요한 상태
외주품	규격 및 시방에 의거하여 외주 협력업체에서 가공 또는 제작되어 업체에 공급되는 부품, 조립품, 가공품 등의 자재
요구품질	"고객의 요구"를 고객이 사용하는 언어로 파악하여 각 항목간 관련성을 고려하여 2차, 3차로 나타낸 것.
인쇄회로기판	전자 제품의 모체로서 전자 부품의 고정 및 회로 연결 기능을 하는 핵심 부품(PCB ; Printed Circuit Board, PWB ; Printed Wiring Board)
일정계획	작업의 우선 순위별로 각 작업의 시작, 완료 등이 예정 시각을 정하여 일정표로 나타낸 것.
입고일자	주문 자재의 필요 시점으로 주문서상에 명기된 주문 납기와 동일한 개념으로 • 국내 구매품 : 회사의 수입검사 합격일 • 해외 구매품 : 수입통관 완료일
자동화	스스로의 동력에 의하여 일을 하도록 하는 것.
자재관리	생산에 필요한 자재(資材)를 효율적인 방법으로 관리하는 체제
작업분석	요소작업을 하나하나 분석해서 불필요한 작업을 제거하고 요소작업을 정량화하여 작업 개선 아이디어를 체득해서 방법을 개선하는 기법
작업연구	작업 시스템의 설계, 개선, 안착을 대상으로 하는 기법 체계로 IE(Industrial Engineering ; 산업공학)의 근본이며, 방법 연구(Motion study)와 시간 연구(Time study)가 있음.
재고관리	재고, 출고 요구에 대해 원활한 공급을 최소의 비용으로 실시하는 것.
재고비용	재고품을 보관함으로써 발생되는 금리비용과 보관비용
재공품	부품 창고에서 출고 후 완제품으로 되기까지의 모든 물품
재작업 공수	순수 직접 작업이 아닌 불량수리 작업, A/S 작업 등
전용기	특정한 단일 부품만을 가공 또는 단일 제품만을 조립할 목적으로 만들어진 고정기계와 설비
절삭가공	피가공물보다 경도가 높은 공구를 사용하여 불필요한 부분을 제거하는 가공법
제조지시	공장이나 가공 현장에 제조를 지시하는 것.
제품설계	설계 표준에 따른 제품규격 및 제반사항을 말하며, 기능설계와 생산설계로 구분
조립 P-CARD	조립순서에 따라 조립되는 부품과 작업자의 표준시간(S.T)이 기록되는 조립공정표
주문	구매 청구서에 의거 사·외의 업체를 선정하여 당사에서 인정한 품목에 한하여 상호 합의된 가격 및 납기로 거래업체와 구매계약을 맺는 행위

용 어	설 명
직접 공수	직접 인원의 투입된 총 공수
직접률	직접 공수에 대한 순작업 공수의 비율 $\dfrac{순작업공수}{직접공수} = \dfrac{실동공수 - 재작업공수}{직접인원\ 총\ 출근공수} \times 100(\%)$
직접 인원	직접 제품의 생산에 투입되는 인원
직접 회수율	직접 공수에 대한 회수 공수의 비율 $\dfrac{회수공수}{직접공수} = \dfrac{양품수 \times 표준시간(S.T)}{직접인원\ 총\ 출근공수} \times 100(\%)$
진도관리	일정 계획을 실행해 나가는 도중에 계획과 실적을 비교, 검토하여 필요한 조치를 취하는 것.
체크 시트	Check Sheet. 손쉽게 데이터를 모아 해석하기 위한 표
초기 유동관리	제품의 개발단계에서 양산단계까지 각 단계에서의 완성도를 높여 양산시 발생하는 문제점을 사전에 예방하는 관리기술
총원 회수율	총 투입 공수에 대한 회수 공수의 비율 $\dfrac{회수공수}{총\ 투입공수} \times 100(\%)$
총 투입 공수	직접, 간접 인원의 투입된 총 공수
출하검사	생산 완료된 제품에 대하여 품질상태를 검사하여 출하 또는 재작업을 결정하는 것.
특성 요인도	품질특성, 불량항목 등과 그 원인과 결과의 관계를 나타낸 것.
특채	규격이나 시방서와 일치하지 않는다고 판정된 불합격 로트(Lot)를 그대로 사용한다든지, 가공, 수리하거나 후공정에 이미 적절한 조치를 가해 사용하도록 하는 것.
파레토도(圖)	Pareto Diagram. 불량항목을 크기 순으로 나타내고, 누적 곡선을 그려 관리항목을 찾는 것.
포장	물품의 운송, 보관, 적치시에 상품가치 및 상태를 유지하기 위한 작업상태를 관계하는 사람들 사이에서 이익이나 편리가 공정하게 주어지도록 통일화, 단순화를 목적으로 업무나 기술에 대해 정해 놓은 것.
표준작업 지도서	각 단위 공정의 표준작업(표준작업방법, 표준작업시간 등)을 명문화하여 하나의 표로 작성한 것.
표준시간	Standard Time(S.T). 표준화된 정상적인 작업 조건하에서 정상적인 숙련 작업자가 정상적인 작업방법과 정상적인 작업속도로 1단위 작업을 수행하는 데 걸리는 시간
표준화	표준을 설정하고 이를 활용하기 위한 조직적 행위
품질	물품 또는 서비스가 사용목적을 만족시키는지를 결정하기 위한 평가의 대상이 되는 특징 및 특성의 전체
품질관리	Quality Control(Q.C). 품질 요구를 만족시키기 위하여 사용하는 운용상의 기법 및 활동

용 어	설 명
품질 매뉴얼	국제품질보증규격의 요구사항을 만족하기 위한 회사 시스템의 기본 사항을 기술한 문서
품질보증	Quality Assurance(Q.A). 제품의 품질이 정해진 수준 이상임을 보증하는 것.
품질 시스템	품질 경영을 실시하기 위한 조직의 구조, 책임, 수순, 공정 및 자원
품평회	제품 개발상의 각 단계에 있어서 관련 전 부서의 DR 위원들에 의해 결정된 내용이 Q.C.D(Q : Quality, C : Cost, D : Delivery)를 확보할 수 있는가를 공장장 및 개발 부서장들이 확인하는 회의
PPM	Parts Per Million(100만분의 1). 미량으로 함유된 물질의 양을 나타내는 단위
협력업체	회사의 규격, 시방서 및 도면에 의해 제조, 공급하는 업체를 총칭한다.
호환성	서로 교환될 수 있는 성질
회수 공수	표준시간×생산량 • 4M(생산의 4요소) : Man(사람), Material(재료), Machine(기계, 설비), Method(방법) • 5M(생산의 5요소) : 4M, Measurement(계측기)

5.2 동시공학, 개발 및 생산관리에 관한 약어 설명

약 어	설 명
A-Cost	Appraisal Cost(평가비용)
A/D	Analog to Digital(아날로그/디지털 변환)
AC/DC	Alternative Current to Direct Current(교류/직류 변환기)
A/S	After Service(판매 후 서비스)
AM	Amplitude Modulation(진폭변조)
AMPS	Advanced Mobile Phone System(셀룰러폰 통신방식)
ANSI	American National Standards Institute(미국공업규격)
ASS'Y	Assembly(조립, 조립품)
ATE	Automatic Test Equipment(자동기판시험기)
AWG	American Wire Gauge(미국전선규격)
B/L	Bill of Lading(선하증권)
BS	British Standards(영국공업규격)
B/S	Before Service(판매 전 서비스)

약어	설명
BEP	Break Even Point(손익분기점)
BOM	Bill Of Material(부품구성표)
C.I.F	Cost, Insurance, Freight(운임, 보험료 포함 가격)
C/O	Certificate of Origin(원산지 증명서)
C/S Center	Customer Service Center(고객 서비스 센터)
CAD	Computer Aided Design(컴퓨터를 이용한 설계)
CAE	Computer Aided Engineering(컴퓨터를 이용한 해석)
CAM	Computer Aided Manufacturing(컴퓨터를 이용한 제조)
CAT	Computer Aided Testing(컴퓨터를 이용한 시험)
CIM	Computer Integrated Manufacturing(컴퓨터에 의한 통합생산 시스템)
CB	Citizen Band(생활 무전기)
CKD	Component Knock Down(부품단위)
CNC	Computerized Numerical Control(컴퓨터에 의한 수치제어)
DIN	Deutsche Industrie Normen(독일공업규격)
D/N	Documentation Notice(설계자료)
DC/DC	Direct Current to Direct Current(직류/직류 변환기)
DWG	Drawing(도면)
E.L	Export License(수출허가서)
ECO	Engineering Change Order(설계시방 변경서)
ECR	Engineering Change Request(설계변경 요청서)
ED	Electronic components Domestic(전자부품 규격)
EIA	Electronic Industries Association(전기/전자 산업협회)
EMI	Electro Magnetic Interference(전자파 장해)
EOQ	Economic Order Quantity(경제적 발주량)
ESD	Electro Static Discharge(정전기)
ETA	Expected Time of Arrival(도착 예정일)
ETD	Expected Time of Departure(출하 예정일)
F-Cost	Failure Cost(실패 비용)
F.O.B	Free On Board(본선 인도가격)
FA	Factory Automation(공장 자동화)
FCC	Federal Communications Commission(미연방 통신위원회)

약 어	설 명
FM	Frequency Modulation(주파수 변조)
FMEA	Failure Mode Effects Analysis(고장 모드의 영향 분석)
FMS	Flexible Manufacturing System(유연 생산시스템)
FY	Fiscal Year(회계년도)
GSP	General System of Preference(일반특혜 관세제도)
HC	Handling Charge(화물취급비, 은행의 어음 매입수수료)
I.L	Import License(수입허가서)
ICA	In-Car Adaptor(차량용 어댑터)
ICT	In Circuit Tester(PCBA 시험 테스터)
IE	Industrial Engineering(산업공학)
ISO	International Organization for Standardization(국제표준화기구)
JIS	Japanese Industrial Standards(일본공업규격)
JIT	Just In Time(적기 생산방식)
KS	Korean Industrial Standards(한국공업규격)
L/C	Letter of Credit(신용장)
L/T	Lead Time(납기, 납기기간)
LAN	Local Area Network(근거리 통신망)
M/C	Material Cost(재료비)
MP	Mass Production(양산)
MRP	Material Requirement Planning(자재 소요량 계획)
NTB	Non-Tariff Barrier(비관세 장벽)
OEM	Original Equipment Manufacturing(주문자 상표(부착) 생산방식)
PABX	Private Automatic Branch Exchanger(자동 사설교환기)
PCB	Printed Circuit Board(인쇄회로기판)
PEM	Producibility Evaluation Method(생산성 설계평가법)
PL	Product Liability(제품 책임)
PP	Pre-Production(예비생산)
PPM	Parts Per Million(품질의 단위로 100만분 몇 개의 불량품)
PWB	Printed Wiring Board(인쇄회로기판)
Pilot(Prod.)	Pilot Production(기술시작)

약 어	설 명
Q-Cost	Quality Cost(품질비용)
QA	Quality Assurance(품질보증)
QC	Quality Control(품질관리)
QFD	Quality Function Description(품질기능전개)
QM	Quality Management(품질경영)
R&D	Research and Development(연구개발)
RF	Radio Frequency(고주파)
RX	Receiver(수신, 수신기)
S/D	Shipping Date(선적일)
SKD	Semi Knock Down(완제품을 몇 개의 Ass'y로 구성)
SMD	Surface Mount Device(표면장착 부품)
SQC	Statistical Quality Control(통계적 품질관리)
TA	Technical Agreement(기술계약)
TCR	Total Cost Reduction(사업목표 달성을 위한 원가절감 목표전개 기법)
TP	Test Plan(기능검사 계획)
TPM	Total Productive Maintenance(총합 설비관리)
TQC	Total Quality Control(전사적 품질관리)
TQM	Total Quality Management(전사적 품질경영)
TX	Transmitter(송신, 송신기)
UL	Underwriters Laboratories(미국안전규격)
VAN	Value Added Network(부가가치 통신망)
VCO	Voltage Controlled Oscillator(전압제어 발진기)
VMS	Voice Mail Service(음성 사서함 서비스)
VRP	Variety Reduction Program(표준화, 공용화를 통한 부품 반감화 계획)

5.3 개발(연구·설계) 및 생산관련 기술(업무)의 프로세스(Process) 분석

5.3.1 연구개발 부문의 적용

주요 적용 분야는 기술적 타당성 검토를 위한 Simulation 및 Analysis를 위한 해석용 기초 데이터 생성에 3차원 Solid Modeling 시스템을 사용하여야 하며, 이 결과를 설계 단계에서 활용할 수 있도록 하여야 한다.

연구개발 Event별 적용 방안 분석

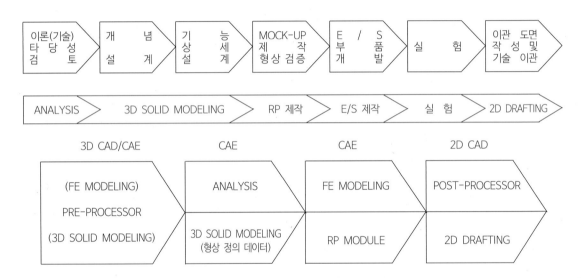

[주] RP : RAPID PROTOTYPE(=SLA : Stereo Lithographic Apparatus)
자료 : 연구개발 및 설계 Process 분석, CIM 구축을 위한 실천 CAE(일본공업조사회 자료, 1991)

5.3.2 연구·설계 업무 프로세스(Process) 분석

연구개발 부문과 설계업무 Process는 거의 유사하나, 연구개발 부문은 신기술 적용에 주력하는 것이 특징이다.

연구개발 Process 분석

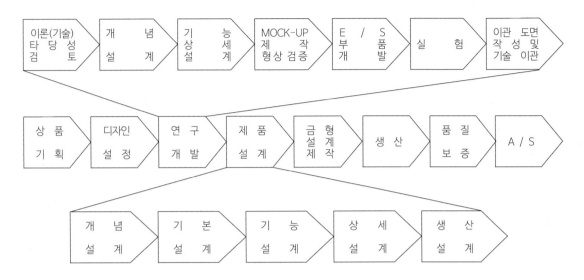

자료 : 연구개발 및 설계 Process 분석, 설계 관리 Management(일본 JMAC 자료 분석)

5.3.3 업무 이벤트(Event)별 적용 방안

업무단계	업무 내용	적용 방안
의장설계	• 설정된 기능을 충실히 실현하면서 제품의 가치를 높이기 위한 조형미를 인위적으로 실현하는 세계	• 외관 형상의 Free-Sketch로 디자인 설정 • 외관 부품의 다양한 채색 • CG(Computer Graphics)에 의한 Animation 전개
개념설계 (기술 타당성 검토 포함)	• 제품 이미지의 형과 기능을 Sketch 등으로 묘사하면서 고정시키는 설계 단계 • 최적 설계 수행	• 부품별 Free-Sketch에 의한 형상 설정 • 3차원 공간 구조 구성도 작성
기능설계	• 기능의 실현과 성능의 향상을 위하여 적용 기술방식을 설정하여 무형의 이미지를 유형 형태로 만드는 세계	• 부품별 조립에 Mechanism 수행 • 3차원 데이터를 이용한 부품별 Analysis 수행 • 부품별 최적 설계(안) 도출
기본설계	• 제품의 형태, 크기 등을 구체적인 도면으로 표현하는 설계 단계	• 3차원 형상으로부터 2차원 형상 추출 도면화 작업
상세설계	• 사용 부품을 결정하고, 각 부품별로 치수를 결정하는 것으로, 설계적인 것은 물론 제도적인 업무가 대부분이다.	• 3차원 데이터를 이용한 부품별-원재료 소용량 등의 계산 • 3차원 도형으로부터 2차원 형상 추출 도면화

업무단계	업무 내용	적용 방안
생산설계	• 제품의 기능을 실현하면서 원가를 낮출 수 있는 기술을 동원하여 구체적으로 실현하는 설계 단계	• 금형 가공용 NC-TOOL Path Simulation 및 데이터 생성

자료 : 연구개발 및 설계 Process 분석, 설계 관리 Management(일본 JMAC 자료 분석)

5.4 개발 단계별 업무 플로(flow)

어떤 제품을 기획하고, 연구 및 설계 부서에서의 개발과정을 거쳐 생산 부서를 통해 생산되어져 소비자에게 이르기까지 각 회사별로 다음과 같이 유사한 개발 단계별로 인증 절차를 거친다.

이런 개발 단계별 인증 절차는 품질을 안정화시키고, 제품의 생산성을 증가시키며, 또한 부품 및 자재 등의 밸런싱(균형)을 이루어 적기에 제품이 생산되도록 하기 위한 것이다.

이것은 회사별로 대규모 혹은 소규모의 조직을 가지고 유기적으로 체계화되어 있고, 국내 품질 규격은 물론 해외 수출용 인증 규격인 ISO 9000 시리즈 승인을 위한 기본적이면서도 필수적인 개발 및 생산관련 시스템(프로세스)이다.

5.4.1 개발 단계별 인증절차표준(Revision O)

항목 \ 단계		제품기획	Design	W/S(P/T : 시제품)(Prototype)(Working Sample)	E/S(설계시작)(Engineering Sample)	Pilot(T/P : 기술시작)(Pilot Production)(Test Production)	Field Test(현장 시험)	P/P(양산시작, 예비생산)(Pre-Production)	M/P(양산)(Mass Production)
주 관		마케팅팀, 영업	개발팀, 용역업체	개발팀, 용역업체	개발팀, 용역업체	개발팀 (설계팀)	QM팀 (QC팀)	생산팀	생산팀
협 조		개발팀, 용역업체	마케팅팀, 영업팀	마케팅팀, 영업팀	생산기술팀, QM팀, 생산팀	생산기술팀	개발, 생산 기술팀 영업, 고객지원팀	생산기술팀, QM팀	생산기술팀, QM팀
PCB Ass'y				개발팀, 용역업체	생산기술팀, 생산팀	생산기술팀, 생산팀, QM팀		생산팀	생산팀
Set Ass'y				개발팀, 용역업체	개발팀, 용역업체	생산기술팀, 생산팀		생산팀	생산팀
제작대수	상품 PC류					5	T/P품으로 시험		
	통신기기류					5			
	Option물류					5			

항목 \ 단계		제품기획	Design	W/S(P/T : 시제품) (Prototype) (Working Sample)	E/S(설계시작) (Engineering Sample)	Pilot(T/P : 기술시작) (Pilot Production) (Test Production)	Field Test (현장 시험)	P/P(양산시작, 예비생산) (Pre-Production)	M/P(양산) (Mass Production)
제작대수	NBPC		2	3	5	제작 30, 시료 20		100	
	DTPC		2	3	5	제작 30, 시료 20		100	
제	C-phone		2	3	5	제작 50, 시료 30		100	
품	Car Alarm		2	3	5	제작 50, 시료 30		100	
	CNS		2	3	5	제작 50, 시료 30		100	
	Pager		2	6	10	제작 50, 시료 30		200	
	Check Man		2	6	10	제작 50, 시료 30		300	
	Board류			6	10	제작 50, 시료 30		200	

비고 : NBPC(Note Book PC), DTPC(Desk Top PC), C-phone(카폰 등 휴대폰), Car Alarm(차량 경보기), CNS(차량 항법장치 ; Car Navigation System), Pager(페이저, 삐삐), Check Man(차량 원격 시동키), Board류(PCB, 인쇄회로 기판류)

요구사항 \ 제품		Design Mock-up	Working Mock-up 으로 제작	Soft Tooling 으로 제작	금형 1차 시사출물로 제작	T/P품으로 시험	양산부품으로 진행	
자재	자재청구		개발팀, 용역업체	개발팀, 용역업체	개발팀, 용역업체		생산팀, 생산기술팀	생산팀
	자재구매		개발팀, 용역업체	개발팀, 용역업체	개발팀, 용역업체		구매팀	구매팀
	발주기준			Preliminary P/L에 의거	기 BOM 적용		양산용 BOM에 의거	
품평회	회의주관	마케팅팀, 영업팀	개발팀, 용역업체	개발팀, 용역업체	개발팀	QM팀	QM팀	생산팀
	참석대상	개발팀, 용역업체	마케팅팀, 영업팀, 생산기술팀, QM팀	마케팅팀, 영업팀, 생산기술팀, QM팀	생산기술, QM, 영업팀, 마케팅, 생산, 고객지원팀	생산팀, 생산기술, 영업, 개발팀, QM팀, 용역업체	개발, 고객지원팀, 용역업체, 영업팀	생산팀, QM팀, 개발팀, 용역업체, 생산기술, 영업팀
	이관결정		개발팀, 용역업체 마케팅팀, 영업팀 합의	개발팀, 용역업체	QM팀 • 인증검사기간 - PC류, C/P, CNS 등-1주 - Pager, C-Man, B'D-1주	QM팀 • 인증검사기간 - PC류, C/P, CNS 등-1주 - Pager, C-Man, B'D-1주	T/P시험시 병행	QM팀 • 인증검사기간 - PC류, C/P, CNS 등-1주 - Pager, C-Man, B'D-1주
	목적	1. 개발 동기 확인 2. 기획목적 및 목표 확인	• 디자인결정 - 외관, 형태, 색상 결정 - 개발 및 영업 목표 확인 - 영업활동지원	• 기능 검증 - 기본설계구상의 확인 - 동작, 성능 확인 - 작업성, 목표원가 확인 - 설비소요 검토 - 금형발주 결정	• 설계품질인증 - 설계의도, 품질 확인 - W/S개선 대책 사항 확인 - 신뢰성, 안정성, 환경성능 확인	• 상품품질 인증 - 신뢰성, 안정성, 환경성능 확인 - 생산공정 확인 - 제조설비 소요 확인 - 미결기술 문제점 확인	- 상용시험 - 시장품질 확인	- 양산품질 인증 - 생산품질 확인 - 양산시의 예상 문제점 확인 - 공정분배(Line Balancing) - 기획, W/S의 목표 확인	1. 양산시작 평가 2. 공정 검토 3. 적합품질 파악

요구사항 \ Sample 제품			Design Mock-up	Working Mock-up 으로 제작	Soft Tooling 으로 제작	금형 1차 시사출물로 제작	T/P품으로 시험	양산부품으로 진행	
목적					- 제반규격, 특허 관련사항 확인 - 부품조달 구분 확정 - 생산구분(사내, 하청) - 설비소요 확정 - 작업성, 목표원가 확인 - T/P 자재 발주 - P/P 장납기자재 발주	- 각종 Jig/Fixture 확인 - P/P 자재 발주 - 양산계획 수립 - M/P 장납기자재 발주		- 양산자재 발주 - 필요시 Field Test 실시	
결정사항		상품화 결정	외관·디자인 결정	금형 진행 E/S 이행 결정	T/P 이행 결정	P/P 이행 결정	출시 결정	양산 이행 결정	
품평회	준비자료	- 신제품 기획서	- Design Mock-up - 디자인 처리서 - 상품기획서 - 개발계획서	- Sample Set - 기구도면, 정기적 측정 Data - 신규부품 List - Key Component List - 개발문제점 보고서	- Sample Set - 회로도 - 측정 Data, 신뢰성 Data - 제반규격 및 특허관련 검토사항 - 원가계산표 - 목표 자재비 - 개발문제점 보고서 - 경쟁사 제품과 비교평가 Data (기본기능)	- Sample Set - 성능검토 Data - 측정 Data - 신뢰성 Data - 생산성, 조립성 검토 Data - 생산시 유의사항 - S.T 산출 - T/P 문제점 보고서 • 양산용 기술이관 자료 - 제품규격, 조립도 - 기구 및 회로 설계도면 - BOM(전산입력 Parts List) - Multi Vender List - Test Spec. - ECN List - Parts Spec. (승인원) - Technical Manual	- Field Test 결과보고서	- Sample Set - 초기생산 문제점 Data - 시험보고서(측정 Data 포함) - 작업지도서 - 공정도 (Flow-chart) - Service Manual • 양산용 기술이관 자료 - 제품규격, 조립도 - 기구 및 회로 설계도면 - BOM(전산입력 Parts List) - Multi Vender List - Test Spec. - ECN List - Parts Spec. (승인원) - Technical Manual	- 작업표준 결정 - 품질표준 결정 - 검사항목 방법 설정

주 1. C/P(Cellular Phone) : 휴대용 이동전화기를 말하며, H/P(Handy Phone)이라고도 부른다.
　2. QM(Quality Management) : 품질관리의 뜻으로 QC(Quality Control)와 같은 의미로 사용된다.

5.4.2 단계별 품질보증 체계

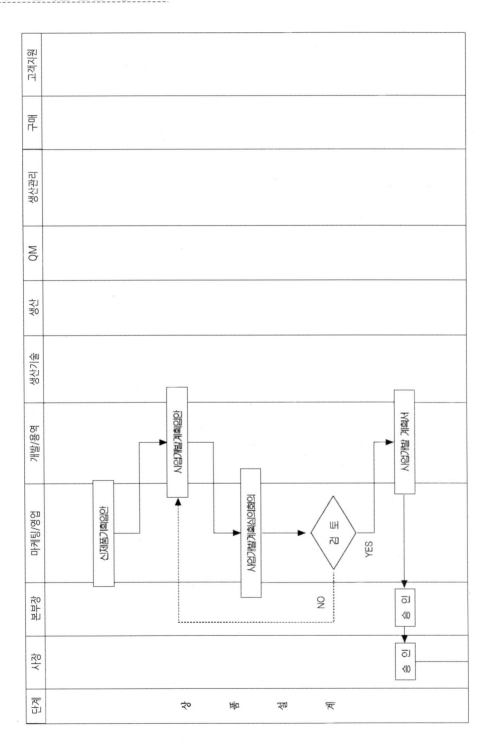

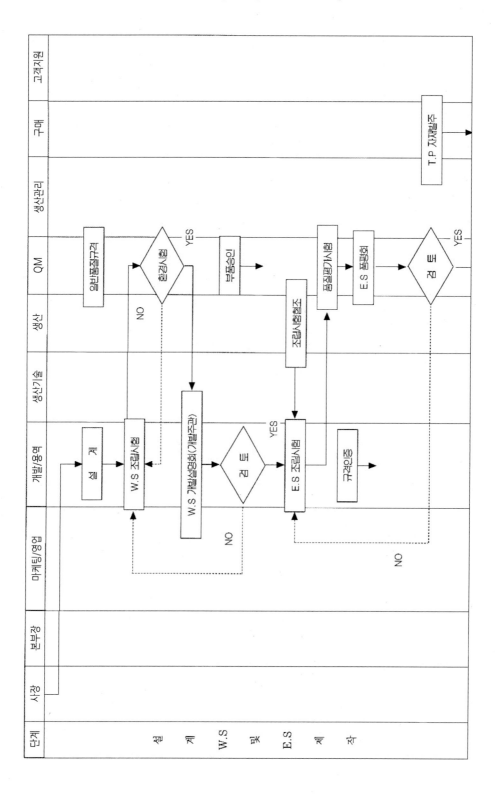

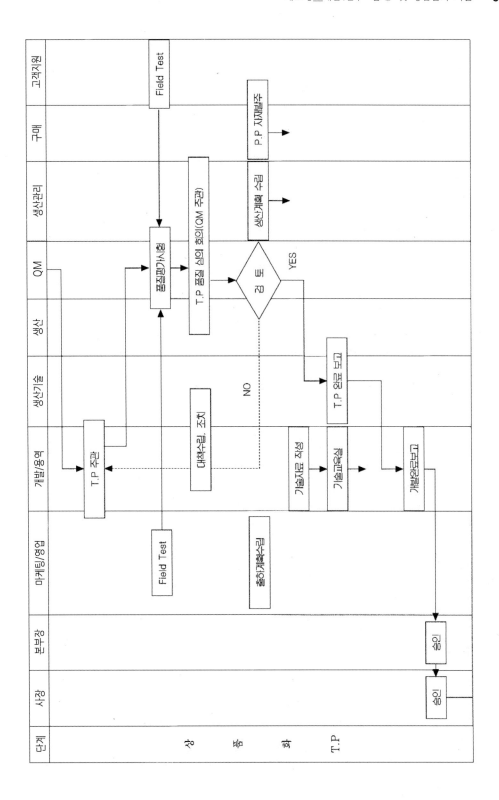

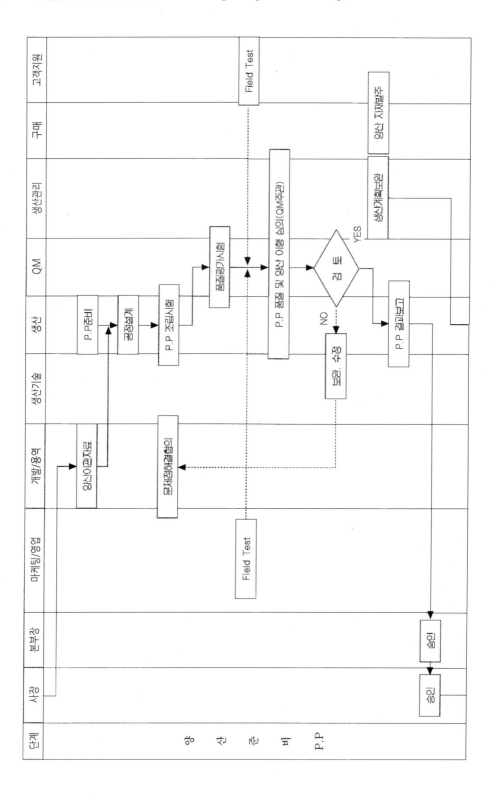

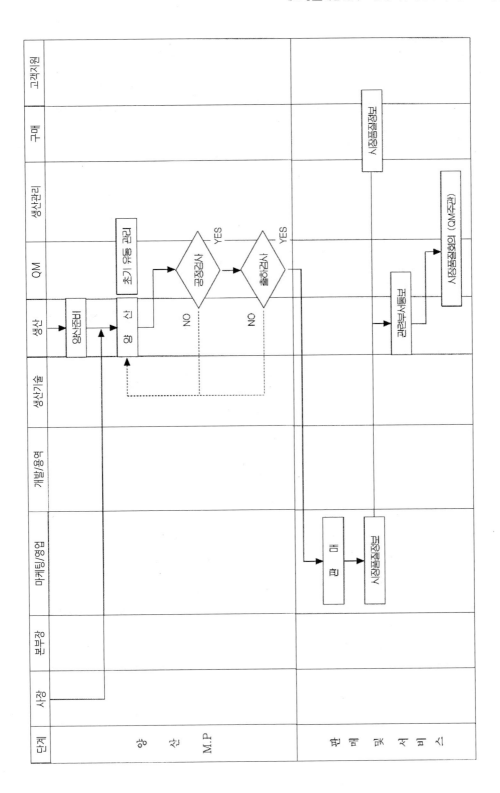

5.4.3 충전식 전동공구 개발 마스터플랜(Master plan)의 예

1) 마스터플랜 수립

개발을 위한 마스터플랜 수립시 제일 먼저 해야 할 부분이 기술 및 제품, 업체 동향, 시장규모, 시장의 성장성 등 국내외 환경 분석이다. 그래야만 신제품 스펙을 제대로 정할 수 있기 때문이다. 그 다음으로 고객 니즈 및 제품의 분석이 중요하다. 이 때 고객 니즈로부터 요구품질을 얻어낼 수 있고, 또한 이 요구품질로부터 품질특성을 얻어낼 수 있다. 요구품질과 품질특성을 점수화하여 점수 순서대로 우선순위를 정한다. 여기서의 순위는 바로 개발 스펙의 중요도라 할 수 있다. 새로운 아이디어의 발굴을 위해서는 경쟁사의 벤치마킹도 필요하다. 이러한 작업을 거쳐 신제품의 스펙이 결정되는 것이다. 다음은 충전식 전동공구개발을 위한 마스터플랜 즉 개발단계별 실행안(Action plan)을 예시적으로 보여준다.

2) 특허 조사 및 분석

개발하기 이전에 경쟁사의 기술을 비교 분석해야만 한다. 이를 '선행기술조사'라고 한다. 선행기술조사는 기존에 제품화되어 있거나, 경쟁사가 보유하고 있는 기술과의 유사한 기술인지(유사성), 중복된 기술인지(중복성)을 파악하고 이를 회피하여 설계하거나(회피설계), 다른 기술(차별성)임을 확인하는 개발을 위한 필수적인 조치이다. 그림 5.1은 선행기술조사의 일부분으로 특허 조사 및 분석의 한 예이다.

충전식 전동공구개발의 마스터플랜(Master plan)

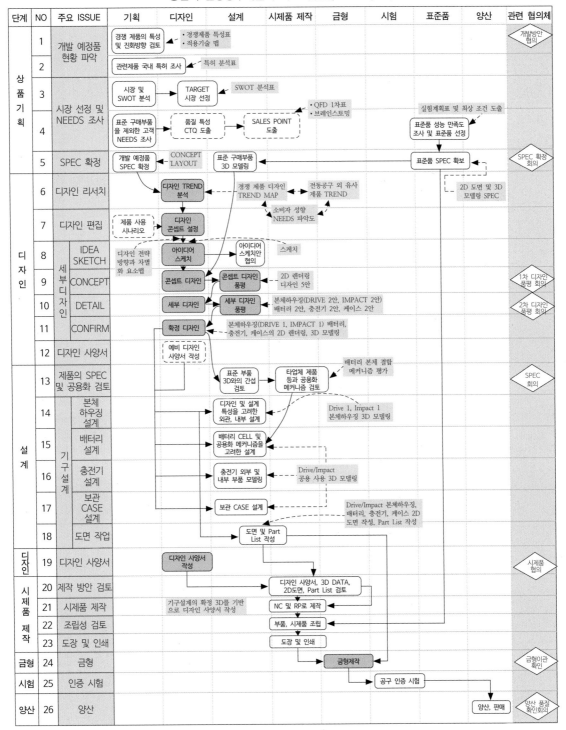

단계	NO	주요 ISSUE		기획	디자인	설계	시제품 제작	금형	시험	표준품	양산	관련 협의체
상품기획	1	개발 예정품 현황 파악		경쟁 제품의 특성 및 진화방향 검토	• 경쟁제품 특성표 • 적용기술 맵							개발방안 협의
	2			관련제품 국내 특허 조사	• 특허 분석표							
	3	시장 선정 및 NEEDS 조사		시장 및 SWOT 분석	TARGET 시장 선정	SWOT 분석표						SPEC 확정 회의
	4			표준 구매부품을 제외한 고객 NEEDS 조사	품질 특성 CTQ 도출	SALES POINT 도출	• QFD 1차표 • 브레인스토밍		실험계획표 및 최상 조건 도출 / 표준품 성능 만족도 조사 및 표준품 선정				
	5	SPEC 확정		개발 예정품 SPEC 확정	CONCEPT LAYOUT	표준 구매부품 3D 모델링				표준품 SPEC 확보		
디자인	6	디자인 리서치		디자인 TREND 분석	경쟁 제품 디자인 TREND MAP	전동공구 외 유사 제품 TREND				2D 도면 및 3D 모델링 SPEC		
	7	디자인 편집		제품 사용 시나리오	디자인 콘셉트 설정	소비자 성향 NEEDS 파악도						
	8	세부디자인	IDEA SKETCH	디자인 전략 방향과 차별화 요소맵	아이디어 스케치	아이디어 스케치안 협의	스케치					1차 디자인 품평 회의
	9		CONCEPT		콘셉트 디자인	콘셉트 디자인 품평	2D 렌더링 디자인 5안					
	10		DETAIL		세부 디자인	세부 디자인 품평	본체하우징(DRIVE 2안, IMPACT 2안) 배터리 2안, 충전기 2안, 케이스 2안					2차 디자인 품평 회의
	11		CONFIRM		확정 디자인	본체하우징(DRIVE 1, IMPACT 1) 배터리, 충전기, 케이스의 2D 렌더링, 3D 모델링						
	12	디자인 사양서		예비 디자인 사양서 작성								
설계	13	제품의 SPEC 및 공용화 검토				표준 부품 3D와의 간섭 검토	타업체 제품 등과 공용화 메커니즘 검토	배터리 본체 결합 메커니즘 평가				SPEC 회의
	14	기구설계	본체 하우징 설계			디자인 및 설계 특성을 고려한 외관, 내부 설계	Drive 1, Impact 1 본체하우징 3D 모델링					
	15		배터리 설계			배터리 CELL 및 공용화 메커니즘을 고려한 설계						
	16		충전기 설계			충전기 외부 및 내부 부품 모델링	Drive/Impact 공용 사용 3D 모델링					
	17		보관 CASE 설계			보관 CASE 설계	Drive/Impact 본체하우징, 배터리, 충전기, 케이스 2D 도면 작성, Part List 작성					
	18		도면 작업			도면 및 Part List 작성						
디자인	19	디자인 사양서		디자인 사양서 작성								시제품 협의
시제품 제작	20	제작 방안 검토					디자인 사양서, 3D DATA, 2D도면, Part List 검토					
	21	시제품 제작				기구설계의 확정 3D를 기반으로 디자인 사양서 작성	NC 및 RP로 제작					
	22	조립성 검토					부품, 시제품 조립					
	23	도장 및 인쇄					도장 및 인쇄					
금형	24	금형						금형제작				금형이관 확인
시험	25	인증 시험							공구 인증 시험			
양산	26	양산									양산, 판매	양산 품질 확인회의

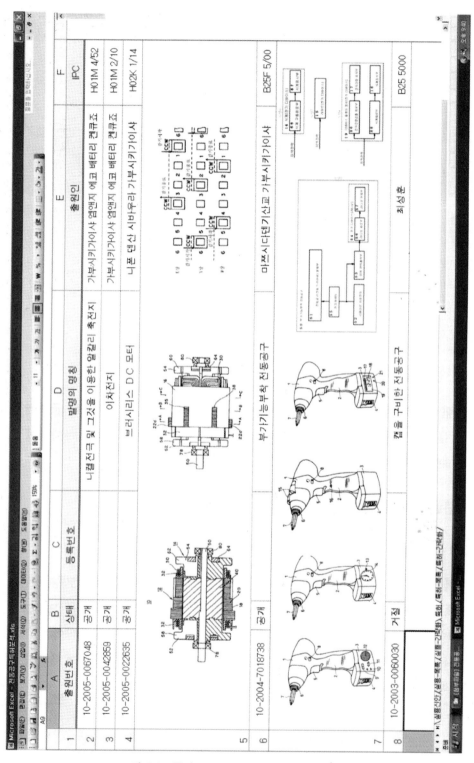

그림 5.1 특허 조사 분석(선행기술조사)의 예시

5.4.4 고속삐삐(Flex Pager) 개발 일정(Milestone)의 예

FLEX Pager Developent & Production Schedule

동선연구 3팀　　　　　1997.7.01.

1 of 2

ID	Task Name	Plan Start	Plan Finish	Action Start	Action Finish
1	제품 Design	06/12/97	07/28/97	06/12/97	NA
2	1. 1st Design Idea Sketch	06/12/97	06/26/97	06/12/97	06/26/97
3	2. 2nd Design Idea Sketch	06/27/97	07/01/97	06/27/97	07/01/97
4	3. Design Rendering	07/01/97	07/05/97	07/02/97	NA
5	4. Design Mock up 제작	07/05/97	07/16/97	NA	NA
6	Hardware 개발	06/01/97	10/15/97	06/01/97	NA
7	1. 부품선정 및 회로설계	06/01/97	06/30/97	06/01/97	06/30/97
8	2. 1st PCB Artwork& Manufact	07/01/97	07/15/97	07/01/97	NA
9	3. 1st PCB Evaluation	07/16/97	07/31/97	NA	NA
10	4. 2nd PCB Artwork& Manufact	08/01/97	08/16/97	NA	NA
11	5. 2nd PCB Evaluation	08/18/97	08/30/97	NA	NA
12	6. E/S 제작	08/01/97	08/30/97	NA	NA
13	7. 형식 검정	09/01/97	09/30/97	NA	NA
14	8. Test Production	10/01/97	10/15/97	NA	NA
15	9. QM Approval	10/01/97	10/15/97	NA	NA
16	10. Pilot Production	10/16/97	10/31/97	NA	NA
17	11. 012 사업자 인증	10/16/97	10/31/97	NA	NA
18	12. Mass Production	11/01/97	NA	NA	NA
19	Software 개발	06/01/97	08/30/97	06/01/97	NA
20	1. LCD 개발	06/01/97	07/31/97	06/01/07	NA
21	2. Protocol 개발	06/01/97	07/15/97	06/01/97	NA
22	3. MMI 개발	07/16/97	08/30/97	NA	NA
23	양산준비	08/01/97	10/15/97	NA	NA
24	1. 자재발주	08/01/97	10/15/97	NA	NA
25	2. 생산장비 발주	09/01/97	10/15/97	NA	NA
26	3. Line Setup	09/01/97	10/15/97	NA	NA
27					
28					
29					
30					

비 고 : NA : Not Available

Summary :　　　　Plan :　　　　Progress :

제7편 동시공학적 제품 설계(Concurrent Engineering of Product Design)

2 of 2

통신연구 3팀

FLEX Pager Developent & Production Schedule

1997.7.01.

ID	Task Name	Plan Start	Plan Finish	Action Start	Action Finish	97/06				97/07				97/08				97/09				97/10				97/11		
						2	9	16	23	30/7	14	21	28	4	11	18	25	1	8	15	22	29/6	13	20	27/3	10	17	24
						1	2	3	4	5	6	7	8	9	10	11	12	13	14	15	16	17	18	19	20	21	22	23	24	25	26
31	기구개발	07/05/97	10/15/97	NA	NA																							
32	1. Design& Mock up	07/05/97	07/11/97	NA	NA																							
33	2. 기구 설계	07/05/97	07/30/97	NA	NA																							
34	3. 1st Working Mock up 제작	07/31/97	08/10/97	NA	NA																							
35	4. Set Assembly	08/11/97	08/14/97	NA	NA																							
36	5. Drawing Modify	08/15/97	08/19/97	NA	NA																							
37	6. 금형제작	08/20/97	10/07/97	NA	NA																							
38	7. 2nd Working Mock up 제작	08/20/97	08/25/97	NA	NA																							
39	8. 1st 시사출	10/08/97	10/09/97	NA	NA																							
40	9. Tool Modify	10/10/97	10/14/97	NA	NA																							
41	10. Tool Fix	10/15/97	NA	NA	NA																							
42																												
43																												
44																												
45																												

비   고 | NA : Not Available | Summary : ▨▨▨ | Plan : ⟶ | Progress : ⬚⬚⬚

5.4.5 유럽용 휴대폰(GSM)의 기구(機構) 개발 일정의 예

MILESTONES(GSM) REV.6

ITEM	Milestone	DEV. Period / Mechanical Part	Remarks
		1997 M+12 (10, 30) — M+13 (11, 30) — M+14 (12, 30) / **1998** M+15 (1, 30) — M+16 (2, 30)	
HAND-SET	Working mock-up 2 Set finish	10/14 → 10/17	for India HFCL presentation
	Mechanical Drawing Modification(2nd)	10/14 → 10/25	
	Working mock-up manufacturing(2nd)	10/25 → 11/5	1 Set
	PCB Ass'y test	11/5 → 11/8	
	Soft mold manufacturing(2nd)	11/5 → 11/17	
	Tooling	10/26 → T1 12/26 → T2 1/20 → T3 2/15	100 Set
	1000 Set provision	1/20 → 1/31	for Field Test (India)

DEV. Period / Mechanical Part

ITEM	Milestone	1997 10 (M+12)	1997 11 (M+13)	1997 12 (M+14)	1998 1 (M+16)	1998 2 (M+6)	Remarks
CHARGER	Developement Maker Meeting	10/14 – 10/17					
	Mechanical Design	10/18 – 1/31					
	Working mock-up manufacturing(2nd)	11/1 – 11/7					
	Soft mold manufacturing(2nd)		11/8 – 11/17				
	Tooling		modify 11/17	T1 12/26	T2 1/20	T3 2/15	for Field Test (India)
	1000 Set provision				1/20 – 1/31		
COMPO-NENT	Battery Pack	maker decision 10/22	arrival 11/7				
	Antenna	maker decision 10/22	arrival 11/7				
EVENT		W/S	E/S		T/P	P/P	

5.4.6 유럽용 휴대폰(GSM)의 전자부품 Part List 구성의 예

GSM 2nd Evaluation Order List

통신연구팀
GSM Part

97-10-17
1 of 2

Item	Quan	Part NO.	Description	Vendor	Manufacture	P/O 수량	Delivery	P/O	입고예정	Remark
1	1	DA121	DIODE,SMT,SINGLE	ROHM	ROHM	70대분 샘플신청		무상	11월5일	
2	1	DA223	DIODE	ROHM	ROHM	70대분 샘플신청		무상	11월5일	
3	1	RLZ 8.2	ZENER,DIODE,SMT	ROHM	ROHM	70대분 샘플신청		무상	11월5일	
4	1	RLZ 6.2	ZENER,DIODE,SMT	ROHM	ROHM	70대분 샘플신청		무상	11월5일	
5	6	SML-210MIT-86	LED,SMT,GREEN	ROHM	ROHM	70대분 샘플신청		무상	11월5일	
6	3	UMT3904T106	NPN,SWITCH	ROHM	ROHM	70대분 샘플신청		무상	11월5일	
7	2	UMT2222AT106	PNP,SWITCH	ROHM	ROHM	70대분 샘플신청		무상	11월5일	
8	1	DTA144EETL	PNP,SW	ROHM	ROHM	70대분 샘플신청		무상	11월5일	
9	5	DTC144EETL	NPN,SW	ROHM	ROHM	70대분 샘플신청		무상	11월5일	
10	2	AT-32011	NPN,Bipolar Transister	PANWEST	H.P	70대분 샘플신청		무상	11월5일	
11	1	HSMS-2815	DIODE	PANWEST	H.P	70대분 샘플신청		무상	11월5일	
12	1	2SC4226-T1	NPN,RF	NEC	동한전자	70대분 샘플신청		무상	11월5일	
13	1	BRPG1204W	LED,2 COLOR,SMD	Unisemitron	Stanley	70대분 샘플신청		무상	11월5일	
14	1	IRF7604	PMOS,LOW R	IRT	IRT	70대분 샘플신청		무상	11월5일	
15	1	08-6210-018-010-800	LCD_CONN(18 PIN)	ELCO	ELCO	70대분 샘플신청		무상	11월5일	
16	1	94303-0006	SIM CARD SOCKET	MOLEX	MOLEX	70대분 샘플신청		무상	11월5일	
17	2	RN1906	NPN,SW	TOSHIBA	TAESUCK	70대분 샘플신청		무상	11월5일	
18	1	RN1902	NPN,SW	TOSHIBA	TAESUCK	70대분 샘플신청		무상	11월5일	
19	2	TK11336BMCL	REGULATOR,FIXED	Dongkwang	TOKO	70대분 샘플신청		무상	11월5일	
20	1	TK11330BMCL	REGULATOR,FIXED	Dongkwang	TOKO	70대분 샘플신청		무상	11월5일	
21	1	TK11340BMCL	REGULATOR,FIXED	Dongkwang	TOKO	70대분 샘플신청		무상	11월5일	
22	1	13 0HCF-SA180E	2ND IF 13MHZ E205FILTER	DAELIM	TDK	70대분 샘플신청		무상	11월5일	
23	1	HEC 2751-01-620	DC-JACK	KML	HOSIDEN	70대분 샘플신청	5주	9월26일	11월5일	
24	1	KUB2823-017320	MICROPHONE	KML	HOSIDEN	70대분 샘플신청	5주	9월26일	11월5일	
25	1	HDR0958-010030	SPEAKER(16 ohm)	KML	HOSIDEN	70대분 샘플신청	5주	9월26일	11월5일	
26	1	KMU0508-010030	BUZZER	KML	HOSIDEN	70대분 샘플신청	5주	9월26일	11월5일	
27	1	KM616V1000BLT-7	64Kx16 SRAM	SAMSUNG	SAMSUNG	70대분 샘플신청	4주	10월11일	11월5일	
28	1	GT280F008B3B-70	512KX16 FLASH	Suckyoung	intel	70대분 샘플신청	6주	9월30일	11월5일	
29	2	FAR-F5CH-902M50-L2EW	RF XMT FILTER	KML	FUJITSU	1000대 신청	12주	9월23일	11월5일	
30	1	AXR_8121	EXT_CONN	A-PRO	PANASONIC	70대분 샘플신청	6주	9월23일	11월5일	
31	2	HVU350	VARACTOR,SMT,SINGLE	SEUNGJUN	HITACHI	3000대 신청	10주	9월1일	11월 초순	L/C OPEN 함
32	1	PF01411A	POWER AMP	SEUNGJUN	HITACHI	500대 신청	12주	9월1일	11월 초순	L/C OPEN 함
33	2	BAV99LT1	DIODE,SMT,DUAL	LITE-ON	MOTOROLA	3000대 신청	4주	10월15일	11월 중순	
34	1	MMBD6050LT1	DIODE,SMT,SINGLE	LITE-ON	MOTOROLA	3000대 신청	4주	10월15일	11월 중순	
35	1	MIC29204BM	REGULATOR,FIXED	SHINHWA	MICREL	500대 신청	8주	9월29일	11월 중순	
36	1	FAR-F5CH-947M50-L2EV	RF RCV FILTER	KML	FUJITSU	1000대 신청	12주	9월23일		1월은 12월말에 입고, 별도로120가 신청(11월5일)
37	1	SNP3077A	VC-TCXO,26MHz	SHINHWA	NDK	500대 신청	14주	9월23일		12월중순
38	1	DFY2R902CR947BHG-TA2	DUPLEXER FILTER	SAMWOO	MURATA	한 달신청	12주	9월23일		1월초, 타사의 신청분 200대보유
39	1	DRR030KE1R350TC	1.350GHZ RESONATOR	SAMWOO	MURATA	한달신청	12주	9월23일		12월중순,20개 샘플은 이달말 입고

0966

통신연구팀
GSM Part

GSM 2nd Evaluation Order List

Item	Quan	Part NO.	Description	Vendor	Manufacture	P/O 수량	Delivery	P/O	입고예정	Remark
40	1	B4556(B4568)	IF 71MHZ SAW FILTER	SIEMENS	SIEMENS	미국에서 퉁슨사제품신청				미국에서 구입
41	1	X24165SI-2.7	EEPROM	XICOR	RICHTECK	재고 활용				구매팀에서 별도 진행
42	1	MC34119D	AUDIO AMP	LITE-ON	MOTOROLA	재고 활용				재고
43	2	Semi-Regide	COAX_CABLE	Telwave	Telwave	별도 진행	3주			새로 PCB진행사항에 맞춰진행
44	1	LCD_MODULE	3V TAB DISPLAY	SAMSUNG	SAMSUNG	별도 진행				별도 진행
45	1	UC-019	WHIP ANTENNA		ALGON	별도 진행				별도 진행
46	1	Main PCB	8 Layer, BVH	SAMSUNG	SAMSUNG	별도 진행				별도 진행
47	1	Battery	1200mA / 4.8V	STANDARD	SANYO	별도 진행				별도 진행
48	1	Adaptor	12V DC / 1200mA			별도 진행				
49	1	Charger				별도 진행				

GSM 2nd Evaluation 문제되는 부품 List

통신 연구팀
GSM Part

Item	Quan	Part NO.	Description	Vendor	Manufacture	P/O 수량	Delivery	P/O	입고예정	Remark
1	2	HVU350	VARACTOR,SMT,SINGLE	SEUNGJUN	HITACHI	3000대 신청	10주	9월1일		11월 초순, 핵심에서 L/C OPEN 함
2	1	PF01411A	POWER AMP	SEUNGJUN	HITACHI	500대 신청	12주	9월1일		11월 초순, 핵심에서 L/C OPEN 함
3	2	BAV99LT1	DIODE,SMT,DUAL	LITE-ON	MOTOROLA	3000대 신청	4주	10월15일		11월 중순
4	1	MMBD6050LT1	DIODE,SMT,SINGLE	LITE-ON	MOTOROLA	3000대 신청	4주	10월15일		11월 중순
5	1	MIC29204BM	REGULATOR,FIXED	SHINHWA	MICREL	500대 신청	8주	9월29일		11월 중순
6	1	FAR-F5CH-947M50-L2EV	RF RCV FILTER	KML	FUJITSU	1000대 신청	12주	9월23일		1월은 12월말에 입고, 샘프로120개 신청(11월5일)
7	1	SNP3077A	VC-TCXO,26MHz	SHINHWA	NDK	500대 신청	14주	9월23일		12월중순
8	1	DFY2R902CR947BHG-TA2	DUPLEXER FILTER	SAMWOO	MURATA	한 달신청	12주	9월23일		1월초, 타사의 신청분 200대로 유
9	1	DRR030KE1R350TC	1.350GHZ RESONATOR	SAMWOO	MURATA	한 달신청	12주	9월23일		12월중순. 20개 샘플은 이달말 입고
10	1	B4556(B4568)	IF 71MHZ SAW FILTER	SIEMENS	SIEMENS	미국에서 톰 순서제품신청				미국에서 구입
11	1	X24165SI-2.7	EEPROM	XICOR	RICHTECK	재고 활용				구매팀에서 별도 진행
12	1	MC34119D	AUDIO AMP	LITE-ON	MOTOROLA	재고 활용				재고
13	2	Semi-Regide	COAX_CABLE	Telwave	Telwave	별도 진행	3주			새로 PCB진행사항에 맞춰진행
14	1	LCD_MODULE	3V TAB DISPLAY	SAMSUNG	SAMSUNG	별도 진행				별도 진행
15	1	UC-019	WHIP ANTENNA		AUGON	별도 진행				별도 진행
16	1	Main PCB	8 Layer, BVH	SAMSUNG	SAMSUNG	별도 진행				별도 진행
17	1	Battery	1200mA / 4.8V	STANDARD	SANYO	별도 진행				별도 진행
18	1	Adaptor	12V DC / 1200mA							
19	1	Charger				별도 진행				

5.4.7 유럽용 휴대폰(GSM)의 금형 및 자재 리스트(List)

1) MOLD 금형 및 자재 LIST

No	Part No.	품 명	Cavity	수량	Resin	비 고
1	90010	CASE−FRONT	1×1	1	LEXAN 1210R	
2	90011	CASE−REAR	1×1	1	〃	
3	90012	BATT. CASE−REAR	1×2	2	〃	
4	90013	BATT. CASE−FRONT(SLIM)	1×1	1	〃	
5	90014	BATT. CASE−FRONT(HIGH)	1×1	1	〃	
6	90016	INDICATOR−LED	1×4	1	〃	
7	90017	DOOR−SIM LOCK	1×2	1	〃	
8	90018	GUIDE−TERMINAL	1×2	1	PBT & GF30%	
9	90019	KNOB−BATT.	1×2	1	LEXAN 1210R	
10	90015	WINDOW−LCD		1		

2) PRESS 금형 및 자재 LIST

No	Part No.	품 명	재 질	소요량	비 고
1	90030	INSERT−ANTENNA	MBsBD/Ni, Au Plate	1	
2	90031	INSERT−MAIN	〃	4	
3	90032	BAR−CARRYING HANDLE	MBsBD/흑색처리	1	
4	90033	SPRING−KNOB	SUS 304	1	
5	90034	ANTENNA−CONTACT SPRING	PBS/Ni, Au Plate	1	
6	90035	TERMINAL 'A'	〃	4	
7	90036	TERMINAL 'B'	〃	1	
8	90037	FINGER	〃	8*	

3) 부자재 LIST

No	Part No.	품 명	재 질	수량	비 고
1	90040	KEY−PAD	SILICON RUBBER	1	
2	90041	ZEBRA, C−MIC	SILICON RUBBER	1	
3	90042	DUST CAP ASS'Y−RECEIVER	SILICON & 부직포 0.8t	1	
4	90043	DUST CAP ASS'Y−BUZZER	NR & 부직포	1	
5	90044	RUBBER−LCD	EVA SPONGE 0.8t	1	

4) PACKING & 기타 자재 LIST

No	Part No.	품 명	재 질	수량	비 고
1	90056	LABEL-MAIN		1	
2	90057	LABEL-BATT.(SLIM)		1	
3	90058	LABEL-BATT.(HIGH)		1	
4		가죽 CASE		1	
5		CARRYING HANDLE		1	
6	90060	INNER-CUSHION		1	
7	90062	GIFT BOX		1	
8	90063	CARTON BOX		?	

5.4.8 유럽용 휴대폰(GSM)의 기구물 예상 재료비(M/C ; Material Cost) 리스트(List)

1) 기구물 M/C LIST

구분	품 명	수량	부품 단가	후가공 단가	비 고
MOLD	CASE-FRONT	1	₩550	₩900	EMI SPRAY(SILVER)
	CASE-REAR	1	₩550	₩900	〃
	DOOR-SIM LOCK	1	₩150		
	LCD-WINDOW	1	₩550		
	INDICATOR-LED	1	₩100		
	KNOB-BATT.	1	₩200		
PRESS	INSERT-MAIN	4	₩200		1EA=₩50
	INSERT-ANTENNA	1	₩200		
	BAR-CARRYING HANDLE	1	₩50		
	SPRING-KNOB	1	₩50		
	SPRING-ANTENNA	1	₩100		
	FINGER	8*	₩800		1EA=₩100
	SCREW	4	₩40		1EA=₩10
부자재	KEY PAD	1	₩1,200		
	COVER-EXT. CONNECTOR	1	₩30		

구분	품 명	수량	부품 단가	후가공 단가	비 고
부자재	DUST CAPASS'Y−BUZZER	1	₩30		
	DUST CAPASS'Y−RECEIVER	1	₩80		
	RUBBER−LCD	1	₩20		
	ZEBRA	1	₩100		
	CARRYING HANDLE	1	₩300		
SUB TOTAL			₩5,300	₩1,800	
TOTAL			₩7,100($6.3)		$1=₩1,140

2) PACKING물 M/C LIST

구분	품 명	수량	부품단가	비 고
	LABEL	3	₩90	1EA=₩30
	MANUAL	1	₩500	
	INNER-CUSHION	1	₩950	
	GIFT BOX	1	₩800	
	CARTON BOX	?	₩700	
	POLY BAG	4*	₩120	1EA=₩30
	TOTAL		₩3,160($2.8)	$1=₩1,140

※ 수량에 '*' 표시가 있는 것은 수량이 정확히 확정된 것이 아님을 뜻함.
※ 상기 금액들은 대략적인 금액이므로 양산 단가와 차이가 있을 수 있음.
※ BATTERY 관련 기구물들은 회로팀의 BATTERY ASS'Y 비용에 별도로 포함되었음.

*BATTERY 기구물 LIST

구분	품 명	수량	비 고
MOLD	BATT. CASE−FRONT, SLIM	1	
	BATT. CASE−FRONT, HIGH	1	
	BATT. CASE−REAR	2	
	GUIDE−TERMINAL	2	
PRESS	TERMINAL	5	

5.4.9 고속삐삐(Flex Pager)의 기구 금형 사출물 검토 및 수정 지시서의 예

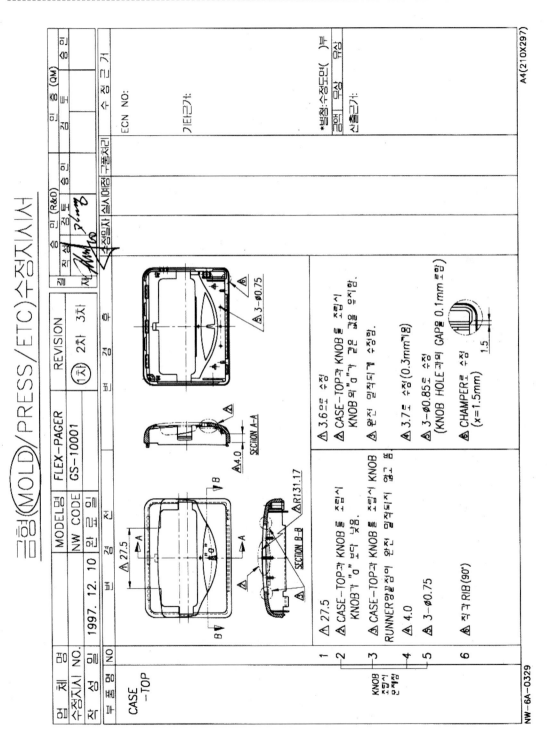

NW-6A-0329

금형(MOLD)/PRESS/ETC)수정지시서

업 체 명		MODEL명	FLEX-PAGER	REVISION	
수정지시 NO.	1/2	NW CODE	GS-10002	(1차) 2차 3차	
작 성 일	1997. 12. 10	완 료 일			

결재	승 인 (R&D)			인 증 (QM)		
	작 성	검 토	승 인	검	토	승 인

부 품 명	NO	변 경 전	변 경 후	수정일자	실시예정	구품처리	수 정 근 거
CASE -BOTTOM		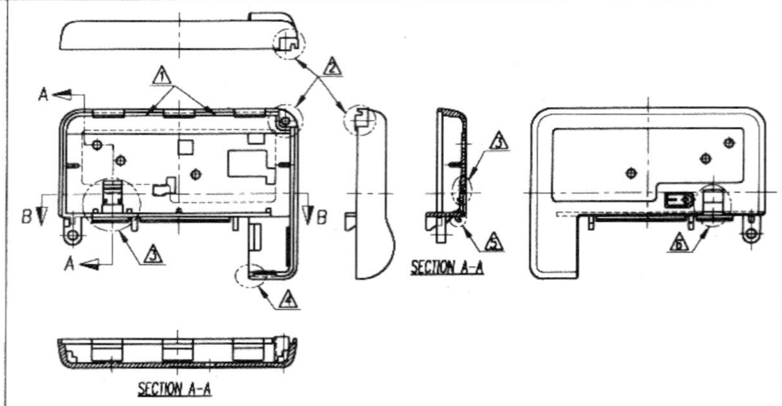					ECN NO: 기타근거:
	1	⚠ CASE-TOP 과 조립시 밀리는 현상 발생	⚠ 형합 보조 RIB 추가(2개소) 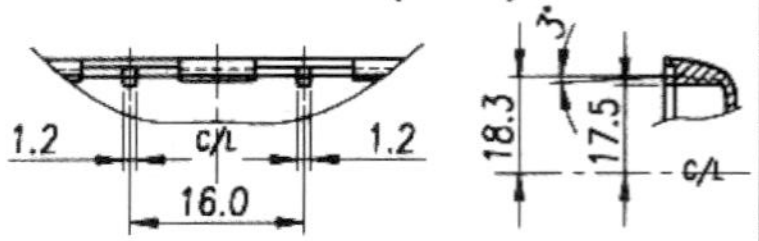				*별첨:수정도면( )부
	2	⚠ 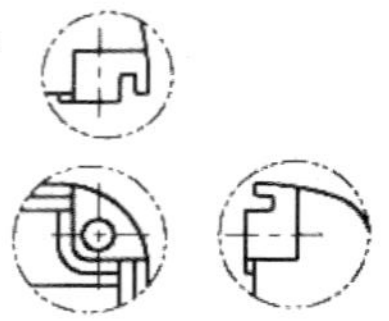	⚠ 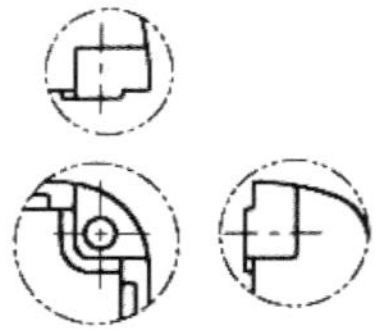 구멍을 메꿈.				금액 무상 유상 / 산출근거:

NW-6A-0329

A4(210X297)

금형(MOLD)/PRESS/ETC)수정지시서

제품명	수정지시 NO.	2/2	MODEL명	FLEX-PAGER	REVISION	승인 (R&D)		승인 (QM)	
			NW CODE	GS-10002	1차 2차 3차	작성 검토 승인		검토 승인	
	작성일	1997. 12. 10							

부품명	NO	내용		수정처리	ECN NO:
CASE -BOTTOM	3	LOCKER가 걸리지 않음.	도금부 검토.	실시여부 구품처리	기타근거:
	4	CASE-TOP과 조립시 벌어지는 현상 방음.	힘랑 보조 RIB 추가 (다우쉬모과 밤위)		*발췌·수정도면( )부
	5	DOOR-BATTERY를 조립시 GUIDE 부분이 TIGHT함.			제출근거:
	6	LOCKER가 좌,우 움직임이 있음.			

2-R0.4

5.3

5.2

4.55

4.65

A4(210X297)

NW-6A-0329

금형(MOLD)/PRESS/ETC) 수정지시서

관리처	수정지시 NO.	작성일
품명		1997. 12. 10

MODEL명 FLEX-PAGER
NW CODE GS-10003
연 관 관 리

REVISION
(1차) 2차 3차

ECN NO:

기타근거:

*별첨:수정도면( )부

수정근거

품 명	NO
CAP	1
	2
	3

1. △ 8차 BOSS HEIGHT=6.5mm
(case-top parting어서의 size)
SECTION A-A

2. △ REFLECTOR위의 단차임

3. △ CASE-TOP과 CAP을 걸어서 HOOK가
약함.(걸리는 양이 적음)

△ PARTING방향으로 높이를 0.5mm 높임.
(∴8차 BOSS HEIGHT=6.0mm)

△ 4.0mm 구간 RIB삽입함.

△ HOOK부 삽입함.
(EL LAMP와의 간섭 CHECK)
RIB 각 1개소 추가 삽입

△4.0
△6.0
△6.5

A4(210X297)

NW-6A-0329

금형(MOLD)/PRESS/ETC)수정지시서

명 칭	제 명	수정지시 NO.	작 성 일

MODEL명	FLEX-PAGER
NW CODE	GS-10004
	1997. 12. 10

REVISION　(1차)　2차　3차

부품명 | DOOR-BATTERY

ECN NO:

기타근거:

*별첨:수정도면( )부

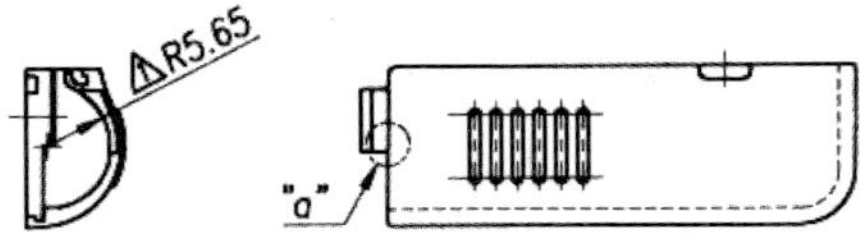

신출근거:

△R5.65

△R5.55로 수정.

1　△ "σ"부분이 미성형됨.

A4(210X297)

NW-6A-0329

금형(MOLD)/PRESS/ETC)수정지시서

여판금 처치리	명 NO.	MODEL명	FLEX-PAGER	REVISION	승 인 (R&D)	인 증 (QM)

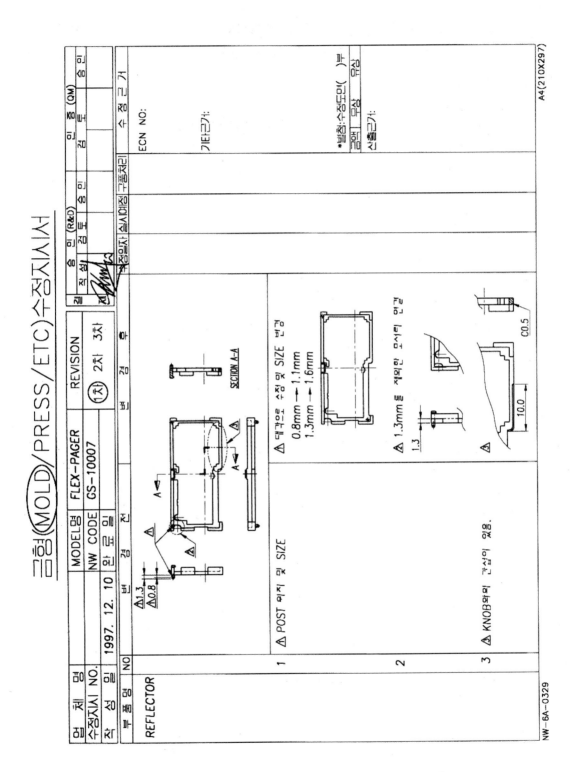

금형(MOLD)/PRESS/ETC)수정지시서

업 체 명		MODEL명	FLEX-PAGER	REVISION	
수정지시 NO.		NW CODE	GS-10008	(1차) 2차 3차	
작 성 일	1997. 12. 10	완 료 일			

결재	승 인 (R&D)			인 증 (QM)		
	작 성	검 토	승 인	검	토	승 인
	(서명)	(서명)				

부 품 명	NO	변 경 전	변 경 후	수정일자	실시예정	구품처리	수 정 근 거
KNOB -S/W	1	SECTION A-A A A	C0.3 10.0 SECTION A-A				ECN NO: 기타근거: *별첨:수정도면( )부 금액 무상 유상 산출근거:

NW-6A-0329

A4(210X297)

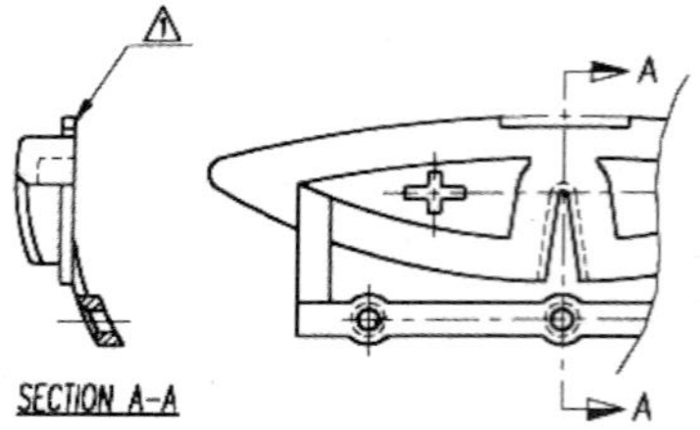

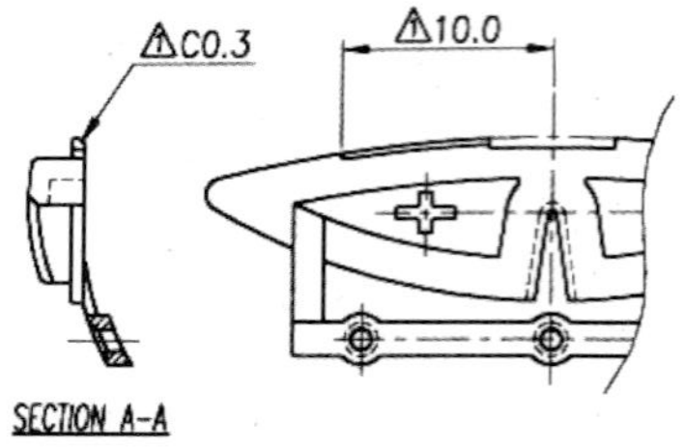

5.4.10   고속삐삐(Flex Pager)의 전자부품 Part List 구성의 예

NO	DESCRIPTION	PART NUMBER	SPECIFICATION	PACKAGE	Q'TY	GS U/PRICE	CY	DELIVERY	VENDOR	
1	IC_A/D CONVERTER	TLV5590ED			1	0.7500	$	12WEEKS	T.I	
2	IC_DC/DC CONVERTOR	XC6383A301MR	PFM	SOT-23	1	45.0000	Y	8WEEKS	TOREX	
3	IC_DECODER	TLV5593			1	7.3000	$	12WEEKS	T.I	
4	IC_DEMODULATER	TA31147FN			1	135.0000	Y	12WEEKS	TOSHIBA	
5	IC_EEPROM	AT93C66	10SC, 2.7V	SO-8	2	0.4000	$	8WEEKS	ATMEL	
6	IC_EL DRIVER	SP4425CU			1	700.0000	W	6WEEKS	SIPEX	
7	IC_OTP	HD6473837UX			1	10.5000	$	8WEEKS	HITACHI	
8	IC_PLL	SM5166AV			1	150.0000	Y	10WEEKS	NPC	
9	IC_VOLTAGE DETECTOR	XC61AC1102MR		SOT-23	1	28.0000	Y	8WEEKS	TOREX	
10	IC_VOLTAGE DETECTOR	XC61AC2502MR		SOT-23	1	28.0000	Y	8WEEKS	TOREX	
11	IC_MCU	HD6433835 SERIES	MASKING TYPE		?	3.1000	$	12WEEKS	HITACHI	
12	DIODE_SCHOTTKY	RB411DT146		SMD3	2	0.0630	$	4WEEKS	ROHM	
13	DIODE_VARICAP	1SV239			1	15.0000	Y	12WEEKS	TOSHIBA	
14	DIODE_SWITCH	KRC114		SOT-23				4WEEKS	한국전자(KEC)	
15	TR_RF	2SC4226		SOT-323	?	19.0000	Y	10WEEKS	NEC	
16	TR_RF	BFR92AW		SOT-323	?	0.1100	$	12WEEKS	PHILIPS	
17	TR_SWITCH	2SA1037AKQ		SMT3	?	0.0200	$	4WEEKS	ROHM	
18	TR_DRIVER	2SD145SK			2			4WEEKS	ROHM	
19	TR_SWITCH	KDS114						4WEEKS	한국전자(KEC)	
20	FILTER_CERAMIC	CS455E8		SMD	1			4WEEKS	삼성	
21	FILTER_CRYSTAL	NC21M15A-R1			1	87.0000	Y	4WEEKS	NIC	
22	FILTER_SAW	DF325C1		SMD	?	680.0000	W	4WEEKS	대우전자부품	
23	CRYSTAL UNIT	CSA-309	20.945MHz (20/20ppm)		1	36.0000	Y	12WEEKS	CITIZEN	
24	CRYSTAL UNIT	MX1V-ON	76.8kHz (30ppm, 12.5PF)	LEAD	1	0.2800	$	4WEEKS	MICRO CRYSTAL	
25	CRYSTAL UNIT	NC85-3C-R1	12.8MHz (10/5ppm)		1	101.0000	Y	4WEEKS	NIC	
26	DISCRIMINATOR_CERAMIC	CDBM455C47		PIN	1			4WEEKS	삼성	
27	LCD	TN, TRANSFLECTIVE	39×16.85×0.55 mm		1	0.5700	$	4WEEKS	TRULY SEMICON	
28	EL LAMP		GREEN		1	600.0000	W	3WEEKS	신평물산	
29	CONNECTOR_HEAT SEAL		0.7PITCH, 40PIN		1	13.7000	Y	7WEEKS	SHINETSU	

NO	DESCRIPTION	PART NUMBER	SPECIFICATION	PACKAGE	Q'TY	GS U/PRICE	CY	DELIVERY	VENDOR	
30	CONNECTOR	CH-10DSG-FST	10PIN	SMD	1	190.0000	W	4WEEKS	C&A	
31	CONNECTOR	CH-10DSG-M	10PIN	LEAD	1	60.0000	W	4WEEKS	C&A	
32	CONNECTOR	CH-12DSG-FST	12PIN	SMD	1	228.0000	W	4WEEKS	C&A	
33	CONNECTOR	CH-12DSG-M	12PIN	LEAD	1	70.0000	W	4WEEKS	C&A	
34	SWITCH_TACT	TSM156H		SMD	2	90.0000	W	3WEEKS	삼원전기	
35	MOTOR_VIBRATION	LA6-404EC			1	160.0000	Y	8WEEKS	COPAL	
36	BUZZER	SMS-9632L		LEAD	1	420.0000	W	4WEEKS	신우전자	
37	PCB_LOGIC	0.8T, 1OZ, 4LAYER			1			1WEEK	풍산	
38	PCB_RF	0.8T, 1OZ, 4LAYER			1			1WEEK	풍산	
39	CAPACITOR_CHIP	GRM36COG 0R5C		0402	1			12WEEKS	MURATA	
40	CAPACITOR_CHIP	GRM36COG 020C		0402	1			12WEEKS	MURATA	
41	CAPACITOR_CHIP	GRM36COG 030C		0402	?			12WEEKS	MURATA	
42	CAPACITOR_CHIP	GRM36COG 040C		0402	?			12WEEKS	MURATA	
43	CAPACITOR_CHIP	GRM36COG 050C		0402	?			12WEEKS	MURATA	
44	CAPACITOR_CHIP	GRM36COG 060D		0402	?			12WEEKS	MURATA	
45	CAPACITOR_CHIP	GRM36COG 070D		0402	?			12WEEKS	MURATA	
46	CAPACITOR_CHIP	GRM36COG 080D		0402	1			12WEEKS	MURATA	
47	CAPACITOR_CHIP	GRM36COG 090D		0402	1			12WEEKS	MURATA	
48	CAPACITOR_CHIP	GRM36COG 100D		0402	5			12WEEKS	MURATA	
49	CAPACITOR_CHIP	GRM36COG 120J		0402	1			12WEEKS	MURATA	
50	CAPACITOR_CHIP	GRM36COG 150J		0402	1			12WEEKS	MURATA	
51	CAPACITOR_CHIP	GRM36COG 180J		0402	3			12WEEKS	MURATA	
52	CAPACITOR_CHIP	GRM36COG 220J		0402	1			12WEEKS	MURATA	
53	CAPACITOR_CHIP	GRM36COG 270J		0402	4			12WEEKS	MURATA	
54	CAPACITOR_CHIP	GRM36COG 330J		0402	3			12WEEKS	MURATA	
55	CAPACITOR_CHIP	GRM36COG 390J		0402	?			12WEEKS	MURATA	
56	CAPACITOR_CHIP	GRM36COG 470J		0402	1			12WEEKS	MURATA	
57	CAPACITOR_CHIP	GRM36X7R 181K		0402	1			12WEEKS	MURATA	
58	CAPACITOR_CHIP	GRM36X7R 821K		0402	1			12WEEKS	MURATA	
59	CAPACITOR_CHIP	GRM36X7R 102K		0402	8			12WEEKS	MURATA	
60	CAPACITOR_CHIP	GRM36X7R 122K		0402	2			12WEEKS	MURATA	
61	CAPACITOR_CHIP	GRM36X7R 182K		0402	1			12WEEKS	MURATA	
62	CAPACITOR_CHIP	GRM36X7R 103K		0402	7			12WEEKS	MURATA	
63	CAPACITOR_CHIP	GRM39Y5V 104Z		0603	14			12WEEKS	MURATA	

NO	DESCRIPTION	PART NUMBER	SPECIFICATION	PACKAGE	Q'TY	GS U/PRICE	CY	DELIVERY	VENDOR	
64	CAPACITOR_TANTAL	TMCMA0G106MTR	10uF, 4V, M	A	3	5,6000	Y	6WEEKS	HITACHI	
65	CAPACITOR_TANTAL	TMCMA0G226MTR	22uF, 4V, M	A	6	5,6000	Y	6WEEKS	HITACHI	
66	CAPACITOR_TRIMMER	TZV02R200A110		SMD	2	20,0000	Y	12WEEKS	MURATA	
67	CAPACITOR_TRIMMER	TZV02Z100A110		SMD	1	20,0000	Y	12WEEKS	MURATA	
68	RESISTOR_CHIP	MCR01MZSJ 000		0402	2			4WEEKS	ROHM	
69	RESISTOR_CHIP	MCR01MZSJ 470		0402	6			4WEEKS	ROHM	
70	RESISTOR_CHIP	MCR01MZSJ 101		0402	1			4WEEKS	ROHM	
71	RESISTOR_CHIP	MCR01MZSJ 121		0402	1			4WEEKS	ROHM	
72	RESISTOR_CHIP	MCR01MZSJ 331		0402	1			4WEEKS	ROHM	
73	RESISTOR_CHIP	MCR01MZSJ 471		0402	2			4WEEKS	ROHM	
74	RESISTOR_CHIP	MCR01MZSJ 681		0402	1			4WEEKS	ROHM	
75	RESISTOR_CHIP	MCR01MZSJ 102		0402	1			4WEEKS	ROHM	
76	RESISTOR_CHIP	MCR01MZSJ 222		0402	6			4WEEKS	ROHM	
77	RESISTOR_CHIP	MCR01MZSJ 332		0402	1			4WEEKS	ROHM	
78	RESISTOR_CHIP	MCR01MZSJ 682		0402	1			4WEEKS	ROHM	
79	RESISTOR_CHIP	MCR01MZSJ 103		0402	5			4WEEKS	ROHM	
80	RESISTOR_CHIP	MCR01MZSJ 183		0402	2			4WEEKS	ROHM	
81	RESISTOR_CHIP	MCR01MZSJ 223		0402	3			4WEEKS	ROHM	
82	RESISTOR_CHIP	MCR01MZSJ 104		0402	3			4WEEKS	ROHM	
83	RESISTOR_CHIP	MCR01MZSJ 124		0402	3			4WEEKS	ROHM	
84	RESISTOR_CHIP	MCR01MZSJ 224		0402	1			4WEEKS	ROHM	
85	RESISTOR_CHIP	MCR01MZSJ 105		0402	1			4WEEKS	ROHM	
86	RESISTOR_CHIP	MCR01MZSJ 335		0402	1			4WEEKS	ROHM	
87	INDUCTOR	0603HS 180XKBC		0603	1	0,1400	$	8WEEKS	COIL CRAFT	
88	INDUCTOR	0603HS 220XKBC		0603	1	0,1400	$	8WEEKS	COIL CRAFT	
89	INDUCTOR	0603HS 270XKBC		0603	1	0,1400	$	8WEEKS	COIL CRAFT	
90	INDUCTOR	0603HS 330XKBC		0603	1	0,1400	$	8WEEKS	COIL CRAFT	
91	INDUCTOR	0805CS 331XKBC		0805	1	0,1300	$	8WEEKS	COIL CRAFT	
92	INDUCTOR	1008CS 122XKBC		1008	1	0,1200	$	8WEEKS	COIL CRAFT	
93	INDUCTOR	ELJPA331KF			2	8,0000	Y	8WEEKS	PANASONIC	
94	RESONATOR_CERAMIC	CSBF1000J-TC01		SMD	1		Y	12WEEKS	MURATA	

5.4.11 ECO 처리 플로 차트(Flow Chart)

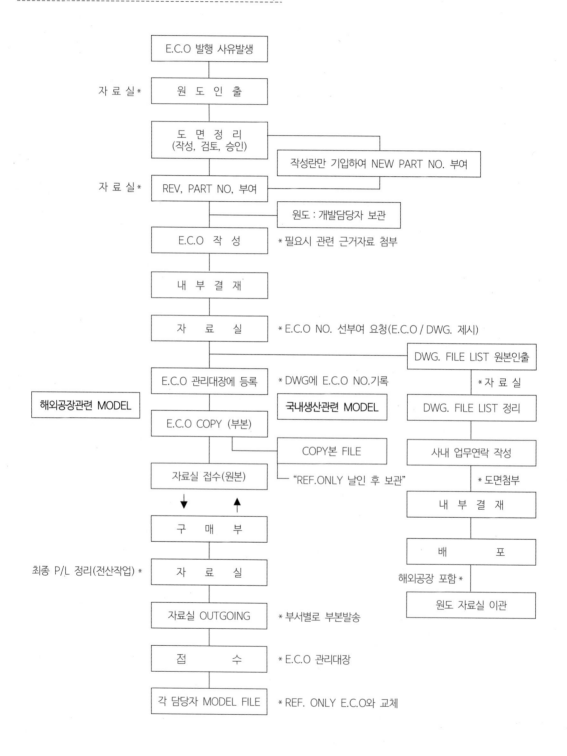

5.4.12 기구설계(機構設計 ; Mechanical Design) 업무 플로(Flow)

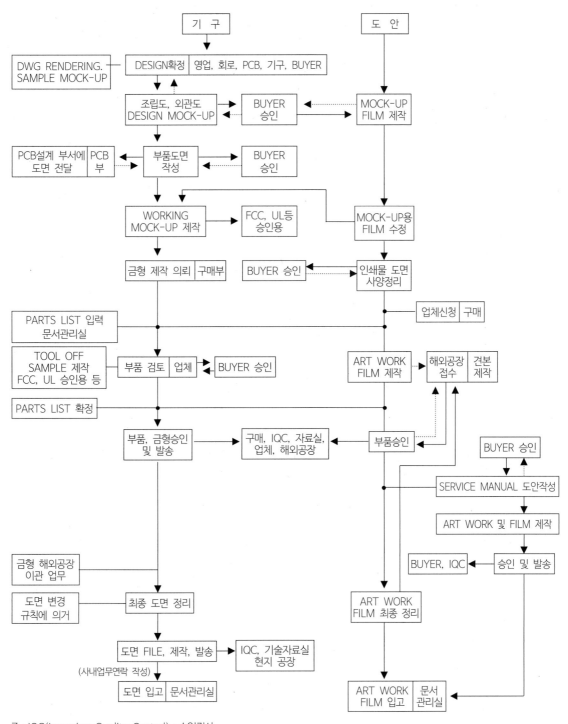

주 : IQC(Incoming Quality Control) : 수입검사

5.4.13 800MHz band(대역) CDMA 휴대폰 Development Milestone

ID		Task	Duration	Start	Finish	Remarks
1		Marketing Stage	57days	01-09-03	01-11-30	
	1	Spec. Definition & Design Fix	35days	01-09-03	01-10-15	
	2	Working Sample made	1day	01-10-15	01-10-16	*Working Sample(2sets)임
	3	Product Presentation	45days	01-10-16	01-11-30	
	4	L/C open	45days	01-10-16	01-11-30	L/C를 확정해야 최종물자발주 가능 (1차P/L : 10/16, 2차 : 11/18, 3차P/L : 12/14)
2		Mechanical & Tooling Process Stage	161days	01-08-02	02-01-10	
	1	Rendering Design Fix & Drawing	49days	01-08-02	01-09-20	
	2	Solid Mock Up	9days	01-09-20	01-09-29	단계 생략 가능함
	3	Structure Drawing	18days	01-09-20	01-10-08	기구도면 설계
	4	PCB Dimension Drawing	3days	01-09-20	01-09-23	
	5	Tool Drawing	16days	01-09-23	01-10-09	
	6	Working Mock Up(Master or Softmold)	7days	01-10-09	01-10-16	*Working Sample 2sets 제작완료
	7	1차 P/L Tentative	0day	01-10-16	01-10-16	
	8	Tooling	49days	01-10-16	01-12-04	
	9	T1 Plastic	2days	01-12-04	01-12-06	
	10	Tooling Modify	15days	01-12-06	01-12-21	
	11	T2 Plastic	5days	01-12-21	01-12-26	
	12	Tooling Modify	10days	01-12-26	02-01-05	
	13	Final Plastic	5days	02-01-05	02-01-10	
3		1차 Working Sample Stage(50sets)	42days	01-09-01	01-10-13	
	1	Circuit Design	7days	01-09-01	01-09-08	
	2	PCB Layout(Artwork)	6days	01-09-08	01-09-14	
	3	PCB Delivery	7days	01-09-14	01-09-21	
	4	SMD	5days	01-09-21	01-09-26	
	5	Operation	7days	01-09-26	01-10-03	
	6	Information P/L	0day	01-09-30	01-09-30	**외주 생산업체에 통보 또는 OEM
	7	1차 Assembly & Test	10days	01-10-03	01-10-13	*Working Sample 2sets임.
	8	Debugging	10days	01-10-03	01-10-13	

ID	Task	Duration	Start	Finish	Remarks
4	2차 Working Sample Stage(50sets)	32days	01-10-13	01-11-14	
1	Circuit Design	3days	01-10-13	01-10-16	
2	PCB Layout(Artwork)	5days	01-10-16	01-10-21	
3	PCB Delivery	6days	01-10-21	01-10-27	
4	SMD	3days	01-10-27	01-10-30	
5	Operation	4days	01-10-30	01-11-03	
6	2차 Assembly & Test	2days	01-11-03	01-11-05	
7	Debugging	9days	01-11-05	01-11-14	
5	Engineering Sample Stage(50sets)	29days	01-11-15	01-12-14	
1	Circuit Design Review(DEC-A)	3days	01-11-15	01-11-18	
2	2차 P/L Tentative	0day	01-11-18	01-11-18	**외주 생산업체에 통보
3	PCB Layout(Artwork)	5days	01-11-18	01-11-23	
4	PCB Delivery	7days	01-11-23	01-11-30	
5	SMD	3days	01-11-30	01-12-03	
6	Operation	6days	01-12-03	01-12-09	
7	2차 Assembly & Measure the Spec.	3days	01-12-09	01-12-12	
8	Sample Ready(2sets)/Mock Up/T1 plastic	0day	01-12-12	01-12-12	
9	P/L Final	2days	01-12-12	01-12-14	**외주 생산업체에 통보
10	Design Review(DEC-B)	0day	01-12-14	01-12-14	
6	FTMS Sample Stage(100sets)	31days	01-12-15	02-01-15	
1	PCB Modify(A) & Order	6days	01-12-15	01-12-21	
2	PCB Delivery	7days	01-12-21	01-12-28	
3	SMD	3days	01-12-28	01-12-31	
4	Operation	2days	01-12-31	02-01-02	
5	Assembly & Finalize the Spec. /w T1	8days	02-01-02	02-01-10	
6	Sample Ready(20sets)	0day	02-01-10	02-01-10	
7	TA Sample(3sets) & FCC	5days	02-01-10	02-01-15	
8	Provider Test Sample(10sets)	0day	02-01-15	02-01-15	

ID	Task	Duration	Start	Finish	Remarks
7	Pilot Sample Stage(100sets)	24days	02-01-16	02-02-09	
1	PCB Modify(B) & Order	4days	02-01-16	02-01-20	
2	PCB Delivery	5days	02-01-20	02-01-25	
3	SMD	2days	02-01-15	02-01-27	
4	Operation	2days	02-01-27	02-01-29	
5	Assembly & Finalize the Spec. / w T2	4days	02-01-29	02-02-02	
6	Sample Ready(120sets)	0day	02-02-02	02-02-02	
7	Engineering Ref. & Improve(20sets)	0day	02-02-02	02-02-02	
8	QA Pilot Approval(40sets)	0day	02-02-02	02-02-02	
9	Marketing Sample(40sets)	0day	02-02-02	02-02-02	
10	Internal Field Unit(20sets)	0day	02-02-02	02-02-02	
11	Pilot Evaluation	7days	02-02-02	02-02-09	
8	Component Order	116days	01-10-16	02-02-09	**외주 생산업체에서 주관
9	Pre-Production(200sets)	19days	02-02-09	02-02-28	
1	P-P PCB Delivery(1000sets)	7days	02-02-09	02-02-16	
2	Component Kiting	3days	02-02-16	02-02-19	
3	P-P SMD	2days	02-02-19	02-02-21	
4	P-P Operation(100sets) / w T3	3days	02-02-21	02-02-24	
5	Assembly & Finalize(QA Test 40sets)	4days	02-02-24	02-02-28	
6	960sets Sample Ready	0day	02-02-28	02-02-28	
10	Mass Production(Start Target)	11days	02-02-28	02-03-11	
1	3k	1day	02-02-28	02-03-01	1st Lot
2	30k	10days	02-03-01	02-03-11	2nd Lot
11	Software Development	199days	01-08-02	02-02-09	
1	Basic Hardware Drive Ver.	10weeks	01-08-02	01-10-11	
2	MMI Build & Call Task(Call Processing)	10weeks	01-08-05	01-10-14	
3	Field Test & TA Version Gen.	18days	01-10-14	01-11-01	
4	Advanced Features Implement	190days	01-08-02	02-02-02	
5	Circuit switched & Packet Data(IS-707)	1day	02-02-01	02-02-02	
6	Melody Download	1day	02-02-01	02-02-02	
7	Auto Hyphen	1day	02-02-01	02-02-02	

ID	Task	Duration	Start	Finish	Remarks
8	500 Phone Number Memory	1day	02-02-01	02-02-02	
9	Customizable Banner	1day	02-02-01	02-02-02	
10	SMS(English/China Language Support)	1day	02-02-01	02-02-02	
11	English / China Language Prompts	1day	02-02-01	02-02-02	
12	Group 3 FAX	1day	02-02-01	02-02-02	
13	Voice Mail Alert	1day	02-02-01	02-02-02	
14	Call Line Identifier(16 Caller ID Memory)	1day	02-02-01	02-02-02	
15	Authentification	3weeks	01-08-02	01-08-23	
16	Preferred Roaming	3weeks	01-08-02	01-08-23	
17	Data Circuit & Fax, Data Roaming	4weeks	01-08-02	01-08-30	
18	Mass Version Gen	1day	02-02-16	02-02-17	
12	ATE Development	24days	02-01-16	02-02-09	
1	Program Loading	1day	02-01-16	02-01-17	
2	Cal. & Final Test	1day	02-01-16	02-01-17	
3	Yield Control Consol	1day	02-01-16	02-01-17	
4	ESN & Namming	1day	02-01-16	02-01-17	
5	Packing & Data Base Control	1day	02-01-16	02-01-17	
6	PST Tools	24days	02-01-16	02-02-09	
13	Accessories Development	60days	01-10-16	01-12-16	외주개발(Outsourcing)
1	DeskTop Charger	60days	01-10-16	01-12-16	
2	DeskTop Charger & Travel Charger 겸용	60days	01-10-16	01-12-16	
3	Cigarette Lighter Adaptor	60days	01-10-16	01-12-16	
4	Data Cable(for PC Interface)	60days	01-10-16	01-12-16	
5	Handsfree Car Kit	60days	01-10-16	01-12-16	
6	Handstrap	60days	01-10-16	01-12-16	
7	Ear-Mike	60days	01-10-16	01-12-16	
8	Necklace	60days	01-10-16	01-12-16	
9	Holster	60days	01-10-16	01-12-16	
14	Field & Operator Testing	31days	02-01-16	02-02-16	
1	Lab Testing	31days	02-01-16	02-02-16	
2	Interoperability & Field Testing	31days	02-01-16	02-02-16	

ID	Task	Duration	Start	Finish	Remarks
10	Extra Battery(Li-ion)	60days	01-10-16	01-12-16	
15	Packing류	61days	01-10-16	01-12-16	외주개발(Outsourcing)
1	Unit Box(1개입)	61days	01-10-16	01-12-16	기본용(f' Basic)
2	Unit Box(1개입)	61days	01-10-16	01-12-16	옵션용(f' Option)
3	Master Box(8개입)	61days	01-10-16	01-12-16	
4	Carton(for Container)	61days	01-10-16	01-12-16	
5	Label	61days	01-10-16	01-12-16	
6	Silk 인쇄 film	61days	01-10-16	01-12-16	
7	양산용 color chip 및 도료 개발	61days	01-10-16	01-12-16	
8	User Manual	61days	01-10-16	01-12-16	
9	Catalog	61days	01-10-16	01-12-16	
10	한글에서 영문/중문으로 바꿈	30days	01-11-16	01-12-16	

용어설명

- Spec.(Specification) : 스펙, 규격, 사양, 시방서 등으로 표현됨
- L/C(Letter of Credit) : 신용장
- P/L(Partlist) : 부품목록, 부품표
- T1(1st Try 또는 1st Shot) : 1차 시사출(시험사출)
- T2(2nd Try 또는 2nd Shot) : 2차 시사출(시험사출)
- Tz(Final Try 또는 Final Shot) : 최종 시사출(시험사출 완료를 의미하며, 이때부터 대량사출, 즉 양산을 시작함.)
- FTMS(Final Tool Made Sample) : (수정, 보완된) 최종 금형에 의해 사출되어져 제작된 샘플(시료)
- TA(Type Approval) : 형식승인으로 한국에서는 MOC 승인(한국 전파연구소), 미국은 FCC 승인(미국 연방통신위원회), 중국은 신식산업부의 입망(入網) 등의 형식승인이 있다.
- /w T1(with T1) : with의 약어 표시이며 w/T1과 같이 사용된다. 해석하면, 즉 T1 시제품으로 반대 표현으로는 w/o(without : 없는, 없이)가 사용된다.
- MMI(Man Machine Interface) : UI(User Interface)와 동일하게 사용되며, 사용자 관련 프로그램(Software)을 뜻한다.
- Cal.(Calibration) : 교정, 보정
- ESN(Electronics Serial Number) : 휴대폰에 있는 각각의 제품을 인식하는 고유번호
- DTC(DeskTop Charger) : 일반 탁상용 충전기
- TC(Travel Charger) : 여행용 충전기
- Authentification : S/W(Software) 인증

5.4.14 휴대폰 신뢰성시험 조건표

시험항목	시험 조건	판정 기준
고온동작	1) 비포장, 전원인가 상태 2) 온도 오차 : ±2℃ 3) 시험 온도 : 60℃ 4) 시험 시간 : 4시간 후	1. 외관 : 이상 없을 것. 2. 기능 : 정상 동작 3. 전기적 특성 : 최소 규격 만족
저온동작	1) 비포장, 전원인가 상태 2) 온도 오차 : ±2℃ 3) 시험 온도 : −20℃ 4) 시험 시간 : 4시간 후	1. 외관 : 이상 없을 것. 2. 기능 : 정상 동작 3. 전기적 특성 : 최소 규격 만족
고온보존	1) CARTON BOX에 포장 2) 온도 오차 : ±2℃ 3) 시험 온도 : 75℃ 4) 시험 시간 : ⓐ 75℃유지 : 72시간 　　　　　　　ⓑ 상온 방치 : 4시간	1. 외관 : 이상 없을 것. 2. 기능 : 정상 동작 3. 전기적 특성 : 최소 규격 만족
저온보존	1) CARTON BOX에 포장 2) 온도 오차 : ±2℃ 3) 시험 온도 : −40℃ 4) 시험 시간 : ⓐ −30℃유지 : 72시간 　　　　　　　ⓑ 상온 방치 : 4시간	1. 외관 : 이상 없을 것. 2. 기능 : 정상 동작 3. 전기적 특성 : 최소 규격 만족
고온/ 내습보존	1) CARTON BOX에 포장 2) 온도 오차 : ±2℃ 3) 시험 온도 및 습도 : 60℃/95% 4) 시험 시간 : ⓐ 60℃/95% 유지 : 8시간 　　　　　　　ⓑ 상온 방치 : 8시간	1. 외관 : 이상 없을 것. 2. 기능 : 정상 동작 3. 전기적 특성 : 최소 규격 만족
온도 CYCLE	1) CARTON BOX에 포장 2) 온도 오차 : ±2℃ 3) 온도 증감 속도 : 1℃/분 이하 4) 시험 온도 및 시간 <표 아래 참조> ※방치 시간 : 2시간 5) 반복 횟수 : 3회	1. 외관 : 이상 없을 것. 2. 기능 : 정상 동작 3. 시험종료 후 상온에서 전기적 특성 만족할 것.

온도 CYCLE 시험 온도 및 시간 표:

구분 / 단계	조건 온도	조건 습도	시간 유지	시간 변경
단계 1	25℃	0%	1HR	1HR
단계 2	−30℃	0%	4HR	1HR
단계 3	0℃	0%	0.5HR	0.5HR
단계 4	40℃	95%	3HR	0.5HR
단계 5	75℃	0%	4HR	1HR

시험항목	시험 조건	판정 기준
열충격 TEST	1) 비포장, 전원인가 상태 2) 온도 오차 : ±2℃ 3) 온도 변화 시간 : 5분 이내 4) 시험온도 및 시간 　ⓐ 온도 : 85℃~-40℃ 　ⓑ 시간 : 각 2시간 5) 반복횟수 : 10회	1. 외관 : 이상 없을 것. 2. 기능 : 정상 동작 3. 전기적 특성 : 최소 규격 만족
진동 TEST	1) 진동 주파수 : 5Hz~500Hz 2) 가속도 : 3.1G RMS 3) 진폭 : 2mm 4) 진동주기 : 1분 5) 진동방향 : 상하, 좌우, 전후 6) 진동시간 : 각 2시간	1. 외관 : 이상 없을 것. 2. 기능 : 정상 동작 3. 전기적 특성 : 최소 규격 만족
낙하시험	1) 낙하 높이 : 150cm 2) 낙하기 바닥 : 철판 3) 시료상태 : 비포장 Battery 전원 인가 상태 4) 낙하부위 : 6면(전, 후, 좌, 우, 상, 하) 5) 낙하횟수 : 각 면별 3회(총 18회)	1. 외관 : 이상 없을 것. 2. 기능 : 정상 동작 3. 전기적 특성 : 최소 규격 만족 4. 외부 Crack이 3mm 이내일 것.
정전기 (ESD)	1) 방전저항 : 300Ω 2) 방전용량 : 150pF 3) 인가부위 : 무작위 4) 인가 횟수 및 방전 시간 　- 5초 간격으로 노출부 각 5회씩 5) 인가 조건(AIR/CONTACT무관) | 구분	SET	충전기	Battery | |---|---|---|---| | 오동작 | ±15KV | ±15KV | ±12KV | | 파괴 | ±17KV | ±17KV | ±15KV |	1. 외관 : 이상 없을 것. 2. 기능 : 정상 동작 3. 전기적 특성 : 최소 규격 만족
염수 분무 시험	1) 온도 : 35±1℃ 2) 분무 시간 : 8시간 3) 방치 시간 : 24시간 4) 염도 : 5% NACL 5) 기압 : 1±0.025kgf/cm^2 6) 분무량 : 1.0~3.0ml/H 7) 횟수 : 1회	1. 외관 및 내부 부품 부식이 없을 것. 2. 외관색상 변색이 없을 것. 3. 전기적 특성 : 최소 규격 만족

(2) E/S 인정

구분	발생된 문제점/현상	문제 원인 ▶ 해결 방안	현재 상황/비고
기능 (외관 포함)	1) 전원 on시 진동이 불균일하게 발생	→ H/W Error ▶ H/W 보완(TR4, Jumper 추가)	- H/W 수정, PCB Artwork 수정
	2) 수신신호 발생시 진동, Bell, Back light 동시 발생	→ H/W Error ▶ H/W 보완(TR4, Jumper 추가)	- H/W 수정, PCB Artwork 수정
	3) 수신신호시 진동만 발생(진동 mode) Spec. 오기	→ 기능은 맞고 Spec. 오기 ▶ Spec. 수정	- Spec. 수정 완료
	4) ICA 사용시 Hands free 기능 작동 안 됨.	→ S/W Error ▶ S/W 수정	- S/W 수정 완료
	5) Pause 기능이 안 됨.	→ S/W Error ▶ S/W 수정	- S/W 수정 완료
	6) Wake-up tone이 명확하지 않음.	→ H/W Error ▶ H/W 보완(IC19 삭제, Jumper 추가)	- H/W 수정, PCB Artwork 수정
	7) Option과 같이 Ring volume, Hands free volume 사용시 6레벨보다 7레벨이 더 작음.	→ 저항 오조립 ▶ 작업 주의	- 작업 주의 교육
	8) Key tone 레벨 조정시 2레벨씩 가변되는 경우 발생함.	→ Key pad Sample 불량 ▶ Key pad 교체/교육	- Key pad 작업 주의 기술 교육 실시
	9) RJ11, Memo 기능 안 됨.	→ Test command 누락 ▶ Test command 추가	- 기술자료 정리
	10) Data on 후 재차 Data on시 전원 Reset됨.	→ S/W Error ▶ S/W 수정	- S/W 수정 완료
	11) −30℃에서 Registration이 안 됨.	→ 2'nd Local X-tal 불량(82.705MHz)/교체 ▶ 지속적인 검토	- H/W 수정, PCB Artwork 수정
	12) BTN과 LCD Display의 내용이 다름.	→ Key pad 문자 표기 Error ▶ Key pad 수정, 작업 지도	- Key pad 수정/적용
	13) Dial 2 digit는 송출 안 됨.	→ Super Speed dialing 기능으로 인해 다이 얼 2자리를 송출시 단축메모리 번지의 내 용 송출 ▶ 기능 Spec. 자료 정리	- 기능 Spec. 자료 정리 완료
	14) 대기, 통화시 소모전류 불량	→ 소모전류 Spec. 재검토 ▶ Spec. 정리	- Spec. 조정/정리 완료
	15) 시료간의 Low batt. 전압 차이가 있음.	→ 작업 불량 ▶ Detect point 재조정	- Detect point를 초기화시 Default화
전 기 적 특 성	1) 음성 최대주파수 편이 Spec. over	→ 조정작업 불량(TX Limiting 조정값 over) ▶ 재조정/조정작업 교육	- 조정작업 교육 실시
	2) 프리 엠퍼시스 불량	→ 차폐 불안 ▶ Coating된 Holder & HSG	- 수정 진행 완료
	3) 스피리어스 발사강도 불량	→ 조정작업 불량(TX Limiting) ▶ 재조정/교육	- 조정작업 교육 실시
	4) Audio Level별 출력전압과 SINAD값 불량	→ S/W Error, H/W 불안 ▶ S/W 수정, H/W 변경	- S/W 수정, H/W 변경 완료
	5) 수신감도 불량	→ 차폐 불안 ▶ Coating된 holder & HSG	- 수정 진행 완료
기타	1) 통화시 기존 모델에 비해 높은 열 발생	→ ▶ 지속적인 검토	- 통화시 약간 높은 열 발생
	2) 환경 시험시 TX distortion 불량	→ ▶ Coating된 Holder & HSG	- 수정 진행 완료

2) P/T시 발생 문제점

(1) P/T 제작, 검토

구분	발생된 문제점/현상	문제 원인 ▶ 해결 방안	현재 상황/비고
기판	1) TCXO, PAM을 수작업함. • 수작업 납땜으로 인한 Loss 발생	→ ▶ TCXO, PAM의 SMD화	- 일부 해결(PAM은 Reflow 후 Ground를 재 납땜하며, TCXO는 미해결)
	2) Ear-phone jack이 bulk-type으로 입고되어 SMD 작업이 힘듬.	→ ▶ 자료 수정/입고 Type을 수정하여 발주	- 자료 변경/SMD 작업 진행
	3) ECO/불량수리가 힘들다.	→ 부품 구성이 조밀 ▶ 빈 공간을 최대한 활용	- PCB Artwork 수정
	4) Via hole에 납이 있는 상태로 입고됨.	→ ▶ 업체 작업 주의 요청	- 납 제거 후 입고 조치됨.
	5) X-tal(Main) Short 됨.	→ X-tal land 사이에 S/R 도포가 안 됨. ▶ S/R 도포 처리	- S/R 도포가 됨.
	6) Via & Through hole에 S/R 도포가 되지 않음.	→ ▶ PCB Artwork 수정	- S/R 도포가 됨.
	7) SMD 후 Soldering이 부족한 부품 • Conn.류[conn. 1, 2(Main), conn1(RF)], Jack류(Ear-phone jack), IC류(0.5pitch), …	→ ▶ PCB Artwork 수정 • 재작업 • SMT 보완	- Dummy pad, Thermal pad 추가 • SMD 후 재작업 • Solder cream량 조절
	8) RF conn(J1) 접촉 불량	→ 부품의 밑면에 hole이 있어 Reflow 작업시 Flux 침투로 인한 접촉 불량 발생 ▶ 부품변경 or Solder cream량 조절	- Stencil 변경
	9) PCB 절삭이 잘 되지 않음(CRD PCB' A)	→ 절삭선이 잘못 표기됨. V-cutting이 미약하다. ▶ PCB 수정	- PCB 수정 완료
	10) 부품의 Lead pitch와 PCB hole이 불일 치함. • DSC : Q5, 8 	→ 부품 lead 간의 pitch가 2.0mm인데 반하여 PCB hole 간의 pitch는 1.8mm임. ▶ PCB hole 간의 간격 수정	- PCB hole 간격 수정됨.
	11) 삭제된 부품이 PCB에 그대로 남아 있음 • Solder cream의 낭비, 작업 혼돈 야기 • Main : C91, R52, 60, 71, 87, 69, 105 • RF : C7, 65, 78, 114-117, 133, 140, 153, L15 • DSC : C9, R24, 27-34, 39	→ ▶ PCB Artwork 수정	- New PCB 적용
	12) Tombstone 현상이 일어남. 	→ 1005 chip pad가 균일하지 않음. ▶ 크기를 동일하게… or Land를 원형으 로… 	- 사각형 모양의 동일한 크기로 PCB Artwork

구분	발생된 문제점/현상	문제 원인 ▶ 해결 방안	현재 상황/비고
	13) 부품 Lead에 비해 PCB pad가 길어 과납으로 인한 short 발생 • IC5(Main, 0.5 pitch)		- PCB Artwork 수정
	14) 부품의 크기와 PCB land의 크기가 틀림. - Main PCB'A • 부품이 작음 : R27, C50, 106, 107, L1 • 부품이 큼 : C49	→ 부품 Spec. 정리 미비 ▶ 부품 ED Spec. 재점검, D/N 정리	- ED Spec. 검토 • D/N 정리
	- RF PCB'A • 부품이 작음 : L1 • 부품이 큼 : C35, 38, 45, 47, 48, 49, 50, 71, 73, 125, 127, 134, 157, 159, 30, 33, 61, 67, 68, 75, 76, 81	→ 부품 Spec. 정리 미비 ▶ 부품 ED Spec. 재점검, D/N 정리	- ED Spec. 검토 • D/N 정리
	- DSC PCB'A • 부품이 작음 : C2 • 부품이 큼 : C1, 11	→ 부품 Spec. 정리 미비 ▶ 부품 ED Spec. 재점검, D/N 정리	- ED Spec. 검토 • D/N 정리
	15) 부품 미납/냉납 - Main PCB'A • Con1(In-car conn.)	→ Reflow 작업시 Ground 열 손실 ▶ Conn. 밑부분의 Through hole 1ø 이상으로 뚫을 것. • Thermal pad 만들 것. 	- PCB Artwork 수정
	• Con2	→ Ground 열 손실 ▶ Thermal pad로 만들 것.	- PCB Artwork 수정
	• IC1	→ Ground point의 열 손실 ▶ GND Thermal pad 보완	- PCB Artwork 수정
	• VR1		- PCB Artwork 수정
		→ ① point의 land가 큼으로 인해 부품이 ① 쪽으로 끌려가 ②, ③ 미납/냉납이 발생함. ▶ ← 0.2mm 이동	
	- RF PCB'A • DPX, PAM, X-tal, TCXO, Tr18, IC4, 6, C2	→ 작업 불량, Ground 열 손실 ▶ 작업지도서에 주의 명기 Ground에 Thermal pad 보완	- 작업지도서 보완, PCB Artwork 수정
	- DSC PCB'A • R36	→ SMD Program 위치가 틀림 ▶ Program 수정	- SMD Program 수정

구분	발생된 문제점/현상	문제 원인 ▶ 해결 방안	현재 상황/비고

기판	16) 부품 short
	  - RF PCB'A
	    • X-tal
	  - DSC PCB'A
	    • U2, 3, 4, 5, 6, & C5, 10, 3
		→ ▶ X-tal 밑면에 절연체 부착,
		   작업지도서 주의 명기
		→ 부품의 배치가 Wavesolder 방향과 맞지 않
		  음 ▶ PCB Artwork 수정
			- 부품 변경, 작업지도서 수정
			
			- PCB Artwork 수정

	17) 부품 미삽/오삽/역삽
	  - Main PCB'A
	    • IC19, 20, C69, TR3, D9
	  - RF PCB'A
	    • BPF1, C5, 132
	  - DSC PCB'A
	    • IC1 Socket
	    • C1
	    • Con1, 2
	    • Adaptor Jack
	
	  - CRD PCB'A
	    • Modular Jack
	
	  - Chip mounter 가속시 1005 chip이 날림.
		→ SMD Program 위치가 틀림
		   ▶ Program 수정
		
		→ SMD Program 위치가 틀림
		   ▶ Program 수정
		
		→ 작업불량 ▶ 작업지도서에 작업 주의 명기
		→ SMD Program 위치가 틀림
		   ▶ Program 수정
		→ PCB에 Lettering silk가 되지 않음 ▶ Silk
		→ PCB hole의 크기가 실제 부품에 비해 커서
		  Wavesoldering시 삐뚤어짐
		   ▶ PCB hole 수정
		
		→ PCB의 홈이 작기 때문에 Modular Jack을
		  끼우기가 힘들다. ▶ PCB 홈 확대
		
		→ ▶SMT 보완
			- SMD Program 수정
			
			- SMD Program 수정
			
			- 작업지도서 명기/교육
			- SMD Program 수정
			- PCB에 silk 추가
			- PCB hole 크기 수정
			
			- PCB 수정
			
			- SMT 보완

조립	1) HSG의 압력으로 인한 X-tal의 short 발생 • RF PCB의 X-tal과 Lower HSG 증착부위	→ ▶ Lower HSG의 접촉부위를 도피	- 변경된 New Lower HSG 입고

	2) Vibrator를 Lower HSG의 홈에 고정하기
	  위해 접착제를 사용함.
	  • 충격에 의해 Vibrator가 떨어짐.
	  • 작업이 까다롭고 시간이 많이 걸린다.
		→ ▶ Vib.에 양면 tape를 부착(외주화)하고
		  Vib.를 Lower HSG의 홈에 양면 tape를 이
		  용하여 부착 후 Cushion Rubber를 부착
		
			- 외주화 완료됨/작업 진행

	3) Ant. 사용시 걸림.	→ Ant.가 HSG의 Rib에 걸림
		  ▶ Ant. guide tube 제작,
		   HSG Rib 부위 보완(길이를 늘림)
			- Ant. guide tube 적용, Hook 부위 수정

	4) Batt. 결합시 헐렁거림 및 단자 변형	→ ▶ Lower case 측면 편측 0.2mm 줄임, Batt. 걸이용 Hook 0.3mm 조정	- 수정/ 적용

	5) Upper & Lower case 분리하기가 힘들다.
	  • 불량 수리시 분리가 어렵다.
	  • 무리한 힘을 가할 경우 Upper/Lower
	   HSG에 흠집이 생겨 case를 폐기하여야
	   한다.
		→ ▶ Hook 3개 삭제, Hook 두께 줄임
		  (1.1 → 0.8mm)
			- 금형 수정/적용,
			  HSG 분리 JIG 제작/사용

구분	발생된 문제점/현상	문제 원인 ▶ 해결 방안	현재 상황/비고
	6) Dust gauze f' Ear-piece의 양면 tape가 정면에서 보임	→ ▶ Upper housing 홈 수정 및 Ear-piece 양면 tape 삭제 홈을 더 막음	- 수정/적용
	7) Lock plate의 조립이 어려움.	→ 삽입위치가 난해하고, 탄성으로 인하여 조립이 힘들다. ▶ JIG 제작	- JIG 제작/적용
	8) LCD가 한쪽으로 치우침.	→ LCD Window 인쇄불량/자체가 0.5mm 우측으로 치우침. ▶ LCD 2'nd Vendor 개발	- LCD 변경
	9) LED의 조립방법이 난해함.	→ Wire로 연결된 LED를 PCB에는 conn.를 이용하여 결합하고, DSC Upper case에는 접착제를 이용하여 결합한다. ▶ Upper와 PCB의 높이를 고려한 JIG를 이용, LED를 PCB에 직접 납땜.	- PCB Artwork 수정, JIG 제작/적용
	10) RF cable loss가 크고 두껍다.	→ ▶ RF cable 변경	- 변경된 RF cable 적용
시험	1) Ear-piece 이상음 발생 Through hole	→ PCB Through hole과 Ear-piece lead short ▶ 절연 tape 부착, S/R 도포 Through hole → S/R 도포	- S/R 도포
	2) Back light의 밝기가 어둡다.	→ ▶ H/W 변경(R27, 35, 90~95 변경)	- H/W 수정
	3) 전원 on시 Ear-piece Noise 발생	→ ▶ H/W 변경(R107 추가)	- H/W 수정
	4) 전원 on시 간헐적 Vib. 동작	→ ▶ H/W 변경(R108 추가)	- H/W 수정
	5) RX voice(Ear-piece) Level 감소	→ ▶ H/W 변경(R101, 102, 83)	- H/W 수정
	6) Key-tone 왜곡	→ Side tone 부위 삭제 ▶ R69, 105 삭제	- H/W 수정
	7) 50Ω Desensitization 저하	→ ▶ H/W 변경(R2 변경)	- H/W 수정
	8) 특정 Ch. 감도 저하	→ Main PCB 내 1.2kHz clock line의 양향 ▶ H/W 변경(R61, 63 변경)	- H/W 수정
	9) Lock-up 및 이상문자 Display & ICA를 이용한 전원절체 시험 결과 Data 및 ESN 파손	→ Reset IC 불량 ▶ IC 교체(PST573FMT)	- 재현 안 됨.
기타	1) Upper HSG에 Mike 자국이 남음.	→ ▶ 금형 수정	- 수정 완료
	2) 물자 확보로 인한 지연시간이 많다. • 전용/공용 물자	-	-
	3) D/N에 없는 부품을 사용함.(DSC)	→ 부품 size와 PCB land의 크기가 맞지 않아 대체품을 사용함. ▶ 기술자료 정리	- 기술자료 정리 완료
	4) Part list/회로도/PCB lettering의 자료가 일치하지 않는다. • 작업에 혼돈을 야기함.	→ ▶ 자료 정리의 지연	- 자료 정리됨.

구분	발생된 문제점/현상	문제 원인 ▶ 해결 방안	현재 상황/비고
	5) ED Spec.과 D/N의 part list Spec.이 틀림.	→ 신규부품 Spec.에 대한 정보공유가 안 됨. ▶ 신규부품 Spec. 인정/문제에 대한 정보 공유	
	6) Key pad Letter size가 작고 어둡다.	→ ▶ Design 변경	- Key pad 변경
	7) Ant. 부위 수지물 깨짐 예상	→ 수지물 Weld line ▶ 강도 보강을 위하여 원재료 변경	- 원재료 변경
	8) Ear-phone Jack & In-Car conn. 부위로의 먼지 유입	→ Ear-phone이나 Option을 사용하지 않을 경우 ▶ Cap 개발	- Cap 개발/적용
	9) Batt. 삽입 관련된 장, 탈착 표시가 없음. (H/S)	→ 제품 외관에 별도의 표시가 없음. ▶ Manual에 장, 탈착 방법 도시	- Manual로 대체
	10) DSC에 본체 삽입시 빡빡함.	→ Logo plate의 돌출에 기인함. ▶ 본체 금형을 수정하여 면을 낮춤, Logo plate 돌출부 높이를 낮춤.	- 수정/적용
	11) DSC Adaptor 입구에 각인(DC 9V~)이 없음.	→ ▶ 충전기 Case 수정	- 수정/적용
	12) 야간 운행중 강한 눈부심에 의한 위험 방지(CRD)	→ CRD 밝기 조정 ▶ H/W 수정	- R1, 2(ED1131-R0122-J) 추가
	13) PCB Array에서 중간 PCB가 모두 불량 PCB가 2가지 종류로 입고됨(0.8t/1.0t)	→ PCB 작업 불량 ▶ PCB 업체 지도	- PCB 업체 지도

(2) P/T 인정

구분	발생된 문제점/현상	문제 원인 ▶ 해결 방안	현재 상황/비고
기능 (외관 포함)	1) 낙하시험시 • Vibrator 이탈 • Housing 벌어짐. • ROM IC가 Socket에서 분리됨. • H/S의 Batt. 접촉단자가 변형되어 전원 공급이 안 됨. • Ant. 부위 파손	→ ▶ 양면 tape로 고정 후 cushion rubber 부착 ▶ PCB와 HSG 사이에 Rubber 보완 ▶ IC socket 삭제 ▶ Long pack 수지물 두께 키움(+0.2mm), Ultra-sonic 돌기 2개 추가 • 기구설계 결함 ▶ 차기 모델 반영	- 수정이 완료되었으나 작업성이 떨어짐.
	2) H/S이 Cradle과 쉽게 분리됨. • 차량 운전시 가벼운 흔들림에 H/S이 쉽게 이탈됨.	→ ▶ Lock plate의 Bending 각도 수정 및 Lever 돌기 추가(틈새 줄임 0.2mm 편측)	- 수정 완료
	3) CRD의 ON/OFF 위치가 바뀜.	→ ▶ 외주 작업 지도	- 외주 기술지도 실시
	4) Keypad간의 밝기에 차이가 있음.	→ Keypad 불량 ▶ Keypad 업체 기술지도	- 수정/적용
	5) Button 동작시 지속음 발생 • Sticking 현상 발생	→ ▶ Rubber skirt 두께 줄임, Dome 탄성 증가	- 수정 완료
	6) 충전도중 Batt.가 타버림.	→ Batt. 내부 Short(내부 공간이 너무 협소하여 Wire가 Short됨) ▶ Batt. 배선 위치를 바꿈, 충전기 pin 배열 및 H/W 수정	- Batt. 배선 변경, 작업시방 변경, 교육 충전기 H/W 수정

구분	발생된 문제점/현상	문제 원인 ▶ 해결 방안	현재 상황/비고
	7) Keytone 레벨 조정시 2레벨씩 가변되는 경우 발생함. Sticking 현상	→ Keypad 불량, S/W Error ▶ Keypad 업체 기술지도, S/W 수정	- 수정/적용
	8) 상하 압박시 삐걱거림. 압박시 Noise 발생	→ PCB와 HSG 사이의 Gap에 기인함. ▶ PCB와 HSG 사이의 Gap 제거(Rubber 추가)	- Rubber 추가
	9) Clock Noise 발생	→ ▶ H/W 보완, S/W 수정	- H/W, S/W 수정
	10) Hand-off 소리가 타 경쟁사 제품에 비해 큼.	→ ▶ H/W 보완, S/W 수정	- H/W, S/W 수정
	11) 착신벨이 울린 후 받지 않으면 Keypad LED가 Off되지 않음.	→ S/W Error ▶S/W 수정	- H/W, S/W 수정
	12) 통화중 볼륨 Up/Down시 사용이 불편함	→ Up/Down Key가 Keypad에 있어 통화도중 Volume 조정이 불편하다. ▶ Key를 H/S의 좌측 상단 측면에 설정	- 차기 모델에 반영
	13) 버튼 크기가 일정하여 차별성이 없음	→ 타사 제품은 PWR, SND 버튼을 차별화함. ▶ 특별기능 Key의 차별화	- 차기 모델에 반영
	14) Option 설치시 다소 불편함	→ Option이 많고 크다. Cable이 많고 길다. ▶ 신형구조 변경	- CRD+DQC → CR-DC • 차기 모델에 반영
	15) 착신벨의 음색이 좋지 않음	→ Buzzer 자체 주파수 특성이 불량 ▶ Buzzer 변경, S/W 변경	- 부품(Buzzer) 변경, S/W 수정
전기적특성	1) Ear-mic 사용시 수신되는 통화음이 낮음	→ ▶ H/W 보완(R83 변경)	- H/W 수정
	2) Ear-mic 사용시 Key tone Level이 매우 큼	→ ▶ H/W 보완, S/W 보완	- H/W 수정, S/W 수정
	3) No SVC로 빠진 후 Roam or Home mode로 전환이 안 됨	→ X-tal 발진 미약 ▶ H/W 보완(L 추가)	- H/W 수정
	4) −30℃에서 Registration이 안 됨	→ 2'nd Local X-tal 불량(82.705MHz)/교체 ▶ 지속적인 검토	- H/W 수정, PCB Artwork 수정
	5) RSSI가 2개일 때도 통화가 안 됨	→ RSSI Level이 낮게 설정되어 있음. ▶ H/W 변경	- H/W 수정
기타	1) 소모전류에 대한 구체적인 기준이 없음.	→ ▶ 소모전류 기준 제시	- 소모전류 Spec. 정리
	2) LCD Display 상태가 타사에 비해 떨어짐.	→ S/W Error ▶ S/W 수정	- 차기 모델에 반영 협의

HOME
SIGNAL LVL

HOME
마지막 통화번호
- - = =

3) P/P시 발생 문제점

(1) P/P 제작, 검토

구분	발생된 문제점/현상	문제 원인 ▶ 해결 방안	현재 상황/비고
기판	1) Adaptor의 Jack이 조립되지 않음(DSC)	→ 부품(Pwr Jack)의 Lead보다 DSC PCB의 홈이 커서 Wavesolder시 삐뚤어짐. ▶ PCB 홈 수정	- PCB 수정
	2) DSC의 Dispense 작업이 곤란, PCB가 휨.	→ ▶ PCB Array 변경	- PCB Array 수정
	3) 부품과 PCB Land의 크기가 맞지 않음. • Main : C29, 30, 69, 85, 102, R27 • RF : BPF1	→ ▶ Part list 수정(C29, 30, 69, 85, 102), BOM 수정(R27), PCB Land 수정(BPF1)	- 수정/적용
	4) LCD Contrast 조정에 작업공수 Loss 발생	→ SMD 작업 후 조정봉을 이용하여 LCD 밝기를 조정 ▶ 고정저항을 이용하여 작업공수 감소	- VR1 : 가변저항 → 고정저항(10kΩ) R20 : 4.7kΩ → 820Ω
	5) 불량부품 수리 및 수조립 부품 작업시 작업 불량 발생	→ 원인분석자, 작업자 경험 부족 ▶ 작업자 납땜 교육	- 교육 실시
	6) 검출력 부족에 의한 불량 아닌 불량 발생	→ 납땜 불량 검출력 부족 ▶ 납땜 불량 검출력 교육 실시, 주요 Point 를 Check하여 흐름검사 강화	- 교육 실시, 흐름검사 실시/적용
	7) SMD 작업중 부품교체 오류	→ 작업일정 관리 미흡 ▶ 부품 교체자 Check sheet 작성, 교체 후 초품검사 실시	- 적용/시행
	8) SMD M/C 조건설정 오류	→ 작업자 부주의 ▶ 자체 교육 및 담당기사의 지속적인 현장 지원 교육	- 적용/시행
	9) TX Power Level 불량, 전류 Over	→ C93 Short, PAM 불량 ▶ VCO Can 납땜시 작업 유의사항 지도, PAM 부품 중점 관리	- 작업지도, PAM 부품 특성 개선, H/W 보완중
	10) Volume Key 누름시 수신음성 無	→ C103 Clack(ECO 작업) ▶ 작업방법 변경 → PCB Artwork 수정	- PCB Artwork 수정
	11) DSC 장착 Error 발생	→ PCB Guide hole 변경 ▶ Guide hole 수정	- 수정/적용
	12) CRD Spk. 소리 無	→ Micro S/W 기울어짐(PCB Hole size가 큼) ▶ PCB Hole size 축소	- PCB 수정/적용

구분	발생된 문제점/현상	문제 원인 ▶ 해결 방안	현재 상황/비고
	13) 후취부 작업 Loss가 많다. • RF : PAM, X-tal, TCXO, TX Amp can, TX VCO can, Relay, Ant. terminal, RF Shield • Main : In-car con, Ear-phone Jack, X-tal, C-mic, Ear-piece Ass'y, Buzzer, LCD * 기판 불량률 RF : 8.5% 　　　　　　　　Main : 6.3%	→ 후취부 조립이 많다. 재납땜/수장착이 있다. ▶ 차기 모델에 반영 → 188대 제작	- 차기 모델 반영 협의
조립	1) 통화중 누름시 Noise 발생 2) Ant. 걸림 3) Ear-piece, Buzzer, Coax cable 조립 난이	→ 부품간 Ground면 마찰 ▶ 도전성 Tape 밀착 부착 → 절연 Tape 부착 → Guide tube 눌림, PCB Holder 형상 변형 ▶ 불량수리 후 Tube를 교체할 것, 조립방법 재교육(Hook 눌림), PCB Holder 교체 → Wire 정리, 고정 불안 ▶ 작업방법 변경, 고정 Rib 보완	- 기구설계 변경(RF Shield에 절연 Tape 추가) - 교육 실시/적용, PCB Holder 업체 기술지도 - 시행/적용
시험	1) 고온에서 Power가 불안하다. 2) TX Frequency 불량 3) SAT, ST, WBD 조정 불량 4) TX Noise, RX distortion 불량 5) TX Hum & Noise 불량 6) No SVC. 7) LCD Display 불량 8) Ear-mic 불량 9) Incoming call 소리 無	→ ▶ H/W 보완 → 조정 불량 ▶ 조정사양 검토 후 사양 변경 → 조정이 까다롭다. ▶ 조정이 쉽도록 S/W 변경 → JIG 내 회로 Error ▶ JIG 내 회로 수정 → H/W Error ▶ H/W 수정 → Main-RF 연결 con.의 pin이 어긋남 ▶ 결합방법 변경 → Heat seal 단선 ▶ 보강 tape 추가 → PCB pattern이 일어남 ▶ PCB pattern 폭 넓힘. 작업조건 작업지도서 반영 → Buzzer wire 단선 ▶ Wire 길이 변경 (+5mm), 납땜부 Bonding 처리	- H/W 수정(R47 변경) - 온도관계로 하향 조정함 - S/W 변경 - JIG 개조 - C60 : 0.22μF → 0.039μF - 회전 결합 → 수직 결합 - 보강 tape 추가(외주) - PCB 수정, 작업방법 교육 - 수정/적용
기타	1) RSSI update time이 짧다(2sec).	→ ▶ S/W 수정	- 2sec → 4sec • A/S를 위한 Loaner phone과의 NVM Transfer 기능 추가

최신 **제품설계**
ADVANCED PRODUCT DESIGN

제 8 편 ● 창의적 개념 설계

창의적 문제해결론 트리즈(TRIZ)

1.1 트리즈(TRIZ)란 무엇인가?

구소련의 겐리히 알츠슐러(Genrich Altshuller)는 탁월한 창의성이 소수 특정인들의 선천적 능력이 아니라며 기술 발전 역사에서 유추할 수 있는 객관적 법칙을 따라 사고함으로써 누구나 자신의 창의성을 개발할 수 있으리라 믿었다. 이러한 신념에 따라 그는 1946년 이후 수십만 건의 특허 자료를 연구, 분류하여 혁신적인 기술 발전을 이룰 수 있는 사고방법론(Thinking Method) 및 표준해법(Standard Solution)을 얻어내었다.

여기서 알츠슐러는 여러 가지 유형의 문제 중 "최소한 하나 이상의 (기술적)모순을 가지고 있으며 아직 그 해결방법이 알려져 있지 않은 문제"를 특별히 "창의적 문제(Inventive Problem)"라고 하였고 특히 이 문제를 해결하였을 때 혁신적인 문제해결이 이루어질 수 있다고 보았다.

혁신적인 문제해결은 주어진 문제에 내재하는 근본 모순의 제거를 통해서만 얻을 수 있다고 믿은 알츠슐러는 이러한 문제를 풀어가는 방법을 "창의적 문제를 해결하는 방법론(Teoriya Reshniya Izobretatelskikh Zadatch)"이라 하였고 러시아 원명의 각 단어 앞글자를 따서 TRIZ라 부르게 되었다. TRIZ가 가지고 있는 문제해결 도구들은 그 해결책이 획기적이고 객관적이고 실증적인 특허자료를 분석하여 추출한 것이기 때문에 문제해결 및 지식기반 도구(Knowledge Based Tool)로서 실증적인 객관성을 가진다. 따라서 TRIZ는 다음과 같이 요약할 수 있을 것이다.

"TRIZ는 주어진 문제의 가장 이상적인 결과를 얻어내는데 관건이 되는 모순을 찾아내고 이를 극복함으로써 혁신적 해결안을 얻을 수 있는 방법론이다."

TRIZ는 문제 해결을 위해 아래와 같은 특징을 가지며 TRIZ의 다양한 도구를 사용하여 문제를 해결한다.

① 문제를 추상화하여 일반적인 문제로 변환한 후 문제를 해결한다.
② 심리적 관성에 의한 오류에서 벗어나게 한다.
③ 달성해야 하는 요구조건 사이의 모순을 찾아내어 해결한다.
④ 가장 이상적인 해결안을 제시한다.

TRIZ의 다양한 지식기반 도구와 그 기능을 짝지어 보면 아래의 표 1.1과 같다.

표 1.1 TRIZ의 다양한 도구와 문제해결 방향과의 관계

Main Tool \ Function	미지(未知) / 복잡한 문제 ↓ 기지(旣知) / 단순한 문제	모순 / 갈등 극복	이상적 해결안 달성 방향 설정	심리적 경험적 관성 극복
Function Analysis	●			●
Contradiction Modeling	●	●	●	●
40 Principles	●	●	●	
Separation Rules	●	●		
SuF Model (Standards Sol.)	●	●	●	●
Pointers of Effects			●	●
Ideal Final Result	●		●	
Full Scheme	●	●	●	●
Objective Laws of System Evolution		●	●	●
ARIZ	●	●	●	●

위에 나타내고 있는 도구들은 고전적 TRIZ(Classical TRIZ)에서 사용되는 도구를 나타낸 것이다.

TRIZ는 이와 같이 문제를 창의적으로 해결하기 위해 다양한 도구를 이용하여 해결책의 방향을 제시한다. 이러한 특성 때문에 TRIZ는 공학적인 분야에서 뿐만이 아니라 경영과 같은 비공학적인 분야의 혁신적 문제로 방법론으로서의 접목을 시도하고 있다.

1.1.1 기술적 모순과 모순 행렬

TRIZ에서는 문제를 파악하는 하나의 관점으로서 모순(Contradiction)의 개념을 도입하고 있다. 특히 "어떤 기술시스템의 변수 A를 개선하고자 하면 다른 변수인 B가 악화한다."와 같은 상태를 기술적 모순(Technical Contradiction)이라 한다. 마치 놀이터의 시소처럼 한쪽의 특성을 좋게 하기 위해 그 시스템 변수 A를 높이면, 다른 쪽의 시스템 변수 B의 특성은 나빠지게 된다. 이러한 변수는 시스템이 두 개의 서로 다른 변수를 가지고 특성이 나빠지거나 좋아지게 된다. 이러한 기술적 모순을 타협하지 않고 해결해 가기 위한 유효한 기법으로서 모순 행렬(Contradiction Table)을 활용하는 일이 많다.

알츠슐러는 기술적 모순을 표현하기 위한 변수를 수많은 공학적 변수를 일반화된 39개로 집약하여 "39가지 표준특성"이라 하였고, 개선하는 특성도 악화하는 특성도 39가지의 표준특성에 적용하게 하고 있다. 따라서, 모순행렬(Contradiction Table)은 39×39 행렬로 되어 있고(표 1.2 참조), 일반적으로 행측이 개선특성으로 열측이 악화특성으로 되어 있다. 그리고 해결하고 싶은 기술적 모순에 대응한 특성의 행과 열이 교차하는 셀(cell) 가운데는 이 모순을 타협하지 않고 해결하기 위한 창의적 발명 원리가 나열되어 있다.

표 1.2 모순 행렬표

악화되는 특성 개선하려는 특성	1. 움직이는 물체의 무게	2. 고정된 물체의 무게	...	38. 자동화 정도	39. 생산성
1. 움직이는 물체의 무게		–	...	–	35, 3, 24, 37
2. 고정된 물체의 무게	–		...	–	1, 18, 15, 35
...	...	...	...	...	...
38. 자동화 정도	28, 26, 18, 35	28, 26, 34, 10	...		5, 12, 35, 26
39. 생산성	35, 26, 24, 37	28, 27, 15, 3	...	5, 12, 35, 26	

전부 40가지 원리이며, 일반적으로 40가지 발명원리라 한다. 따라서 모순행렬의 cell 중에 들어 있는 번호의 발명원리를 그 우선순위별(왼쪽 위에서 오른쪽 아래 방향 순으로 우선순위가 높다.)로 참고하여 구체적 아이디어를 발상해 가면 타협하지 않고 해결안에 도달할 가능성이 높다고 할 수 있다.

39가지 표준특성은 다음과 같다.

39가지 표준특성

1. 움직이는 물체의 질량
2. 고정된 물체의 질량
3. 움직이는 물체의 길이
4. 고정된 물체의 길이
5. 움직이는 물체의 면적
6. 고정된 물체의 면적
7. 움직이는 물체의 체적

8. 고정된 물체의 체적

9. 속도

10. 힘

11. 장력, 압력

12. 형상

13. 물체의 안정성

14. 속도

15. 움직이는 물체의 운동 지속성

16. 고정된 물체의 운동 지속성

17. 온도

18. 습도

19. 움직이는 물체가 사용하는 에너지

20. 고정된 물체가 사용하는 에너지

21. 동력

22. 에너지의 손실

23. 물질의 손실

24. 정보의 손실

25. 시간의 손실

26. 물질의 양

27. 신뢰성

28. 측정정도

29. 제조정도

30. 물체에 작용하는 유해 요인

31. 나쁜 부작용

32. 만들기 용이

33. 조작의 용이성

34. 보수의 용이성

35. 순응성

36. 장치의 복잡성

37. 제어의 복잡성

38. 자동화 정도

39. 생산성

40가지 발명원리는 다음의 표 1.3과 같다.

표 1.3 40가지 발명의 원리

(주로 공학용, 비공학용으로 해석, 응용)

1. 분할(Segmentation)	18. 진동(Oscillation)	30. 유연한 박막 및 필름
2. 분리, 추출(Extraction)	19. 주기적인 작용	(Flexible Membrane and Thin
3. 국부적 성질(Local Quality)	(Periodic Action)	Films)
4. 비대칭성(Asymmetry)	20. 유용한 작용의 지속	31. 다공성의 재료를 사용
5. 조합(Combining)	(Steady Useful Action)	(Porous Materials)
6. 범용성(University)	21. 빠르게 지나가기	32. 색 변환(Changing Color)
7. 끼워 넣기(Nesting)	(Rushing Through)	33. 균질성(Homogeneity)
8. 평형추(Counterweight)	22. 해로움을 유익함으로 전환	34. 폐기 또는 재생성
9. 예비응력(Preliminary	(Turn a Minus into a Plus)	(Rejection and
Counteraction)	23. 피드백(Feedback)	Regeneration)
10. 기능을 미리 해놓기	24. 중개 물질	35. 물체의 물리적 또는 화학적
(Preliminary Action)	(Mediator, Intermediary)	상태의 변환
11. 사전 보상(Compensation)	25. 셀프서비스(Self-service)	(Changing Properties)
12. 등위성(Equipotentiality)	26. 모방(Copying)	36. 물질 상태변화 이용
13. 거꾸로 하기(Reverse)	27. 고가인 내구성 물질 대신 싸고	(Use of Phase Change)
14. 회전타원형(Sphericity)	수명이 짧은 물질을 사용	37. 열팽창
15. 다이나믹성	(Cheap Short Life)	(Thermal Expansion)
(Degree of Dynamics)	28. 비기계적 방식으로 전환	38. 산화제 사용(Oxidant)
16. 초과 또는 부족	(Redesign)	39. 불활성 환경
(Excess or Shortage)	29. 공기매체와 유체 이용	(Inert Environment)
17. 다른 차원으로의 전환	(Pneumatics and	40. 복합재료
(Changing Dimension)	Hydraulics System)	(Composite Materials)

이 모순행렬표를 활용하여 기술적 모순을 타협하지 않고 해결할 수 있는 아이디어를 유추할 수 있으며 아주 편리하고 효과적인 방법이라 할 수 있겠다.

1.1.2 물리적 모순

모순행렬을 사용하여 문제를 해결하는 것은 쉬워 보이나 현실적으로 모순을 모두 만족할 만한 형태로 해결하는 것은 현실적으로 무리이다. 그러한 때에는 별개의 관점에서 모순이라는 문제를 파악해 가는 것도 필요하다. 구체적으로는 기술적 모순의 배후에 담겨 있는 "물리적 모순(Physical Contradiction)"을 해결해 내어 문제해결을 도모하는 접근이다. 기술적 모순에 비교하여 그 문제의 추상도가 높고 보다 본질적으로 문제를 파악하는 것으로 된다. 즉 기술적 모순을 더 세심하게 관찰 분석하면 물리적 모순을 찾을 수가 있다.

물리적 모순은 하나의 변수가 배타적상태(자기대립)에 놓여야만 하는 상태, 즉 어떤 변수 C가 높아야 하지만 동시에 낮기도 해야 하는 경우이다.

이것을 그림 1.1로 나타내면 다음과 같다.

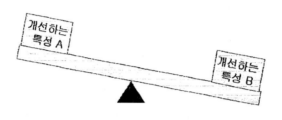

그림 1.1 물리적 모순

또한 이러한 물리적 모순을 타협하지 않고 해결하기 위한 원리로서 4가지 분리의 원리를 적용한다.

① 공간에 의한 분리 : 개선하려는 특성이 서로 다른 공간에서 일어나도록 분리한다.

② 시간에 의한 분리 : 개선하려는 특성이 시간에 따라서 다른 시간에서 일어나도록 분리한다.

③ 부분과 전체에 의한 분리 : 시스템의 크기에 따라서 특성을 분리한다.

④ 조건에 의한 분리 : 시스템이나 특성의 조건에 따라서 분리한다.

1.1.3 물질-장 모델

물질-장 모델은 시스템에 관련하여 시스템을 이루고 있는 요소들을 물질(Substance)이라는 것으로 이 요소들 간의 상호작용을 이로운 작용(Useful Action)과 해로운 작용(Harmful Action), 불충분한 작용(Insufficient Action)과 초과 작용(Exceeding Action)으로 나누어 표시함으로써 문제를 보다 쉽게 정리하여 볼 수 있도록 하여 문제의 본질을 쉽게 파악하게 하여준다. 그림 1.2는 물질-장 모델의 기본 구조를 도식적으로 표현한 것이다.

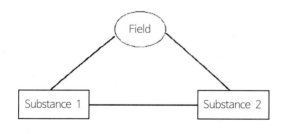

그림 1.2 물질-장 모델의 기본 구조

여기에 쓰이는 장(Field)은 다음과 같다.

① 기계장(Mechanical field) : 기계적인 동작으로 이루어지는 장

② 전기장(Electric field) : 전기적인 힘에 의해 이루어지는 장

③ 열장(Thermal field) : 열에 의해 이루어지는 장

④ 화학장(Chemical field) : 화학적인 작용에 의해서 이루어지는 장

⑤ 자기장(Magnetic field) : 자기력에 의해서 이루어지는 장

⑥ 전자기장(Electromagnetic field) : 전자기력에 의해서 이루어지는 장

이 장을 이용하여 보다 편리하게 물질-장 모델을 구성하면 다음 그림 1.3과 같다.

그림 1.3 물질-장 모델

다음 그림 1.4에서 보여주는 도식은 상술한 TRIZ를 현재 활용중인 CAD/CAE/CAM/CAT에 접목시켜 상위 창의적 개념설계 프로세스인 CAI와 연계시킨 것이다.

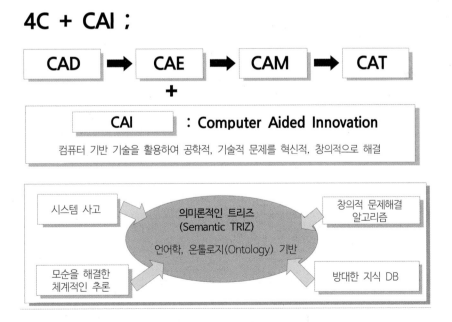

그림 1.4 CAI 프로세스

다음 그림 1.5는 TRIZ와 최적설계(Optimum Design), 강건설계(Robust Design)와 차별성을 나타낸 적용 예이다.

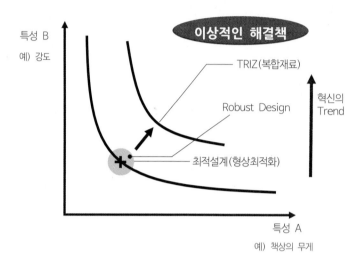

그림 1.5 TRIZ와 최적설계, 강건설계와의 비교

다음 그림 1.6의 프로세스는 TRIZ를 6σ(식스시그마)와 접목시킨 창의적 개념설계 개발 프로세스인 DFSS(Design For Six Sigma)의 한 예이다.

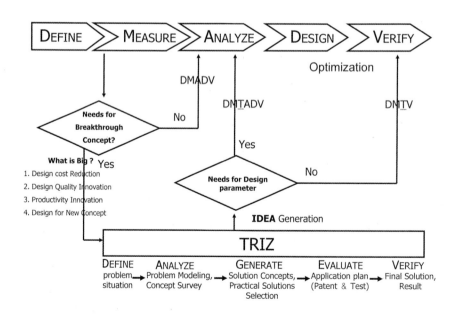

그림 1.6 TRIZ를 활용한 DFSS 개발 프로세스

다음 그림 1.7은 TRIZ를 활용한 기술분야 개발프로세스의 구체적인 실행안(Action plan)의 한 예이다.

트리즈 프로세스 DAGEV(기술분야)

단계	Activity	1/1	1/5	1/30	2/15	2/28	3/15	3/30
과제정의 (**D**efine)	과제/활동 개요 문제 상황 기술 관련 특허 요약 기대 효과				문제정의, 분석			
문제분석 (**A**nalyze)	RCA(원인)/기능 분석 문제 해결 범위 선정 모순 분석 물질-장 분석 자원 분석 이상적 최종 해(IFR 정의)							
해결안 도출 (**G**enerate)	해결안 해결안 요약				다양한 아이디어			
해결안 평가 (**E**valuate)	해결안 비교 평가 적용성 및 특허성 검토 최종 해결안 선정				최적안			
해결안 검증 (**V**erify)	최종 해결안 검증 결과 특허 출원 결과 결론 과제 완료 소감 과제 요약							

그림 1.7 기술분야에 있어서의 TRIZ를 활용한 개발프로세스의 예

다음 그림 1.8은 비공학분야인 사무간접분야에 있어서의 TRIZ를 활용한 문제점 해결방안의 예이다.

사무간접분야 모순 해소, 트리즈 모델링 ; DAGEV 프로세스

(V : verify)

Define (문제기술)	Analyze (트리즈적 모델링)	Generate (모순 해소안 도출)	Evaluate (최적안 도출, 실행)
- 과제 도출 (회사 전략) - 개념 해결 문제 - 재무적 예상 성과 - 사내 구현 가능성	- 기능 분석, 도표화 (대립 관계) - 원인 분석, 도표화 - 목표(이상해결책) 선정 - 자원분석(비용고려)	- 분리 원리 적용 [시간, 공간, 부분/ 전체, 상황(조건)] - 발명 원리 적용 - 36계, 31개 유형 - 진화원리, 벤치마킹	- 해결안들 평가 (실현가능성, 경제성, 다른 발생 문제점) - 최적안 도출과 실행 계획 - 위험 요소 분석
⬇	⬇	⬇	⬇
- 과제 선정 - 문제 기술	- 목표 구체화 - 모순 정의	- 해결안들 도출 - 실행 개요 추가	- 최적안, 시나리오 - 위험요소의 대책

그림 1.8 TRIZ를 활용한 사무간접분야의 문제(모순)해결 모델링의 예

Is TRIZ a good tool to R&D ?

Yes ! **TRIZ**는 근본적 개선이나 혁신이 필요한 기술분야 및 비기술 분야의 복잡한 문제를 해결하는 과정에 적용가능

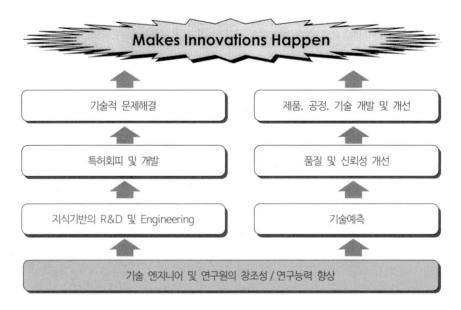

그림 1.9 TRIZ의 적용

그림 1.9는 최근에 화제인 삼성그룹의 창의적 개발(Creative Development), 혁신적 개발(Innovative Development)에 적용되는 TRIZ의 장점을 보여주는 체계도이다.

1.1.4 TRIZ에 의한 창의적 설계 및 발명

(1) 트리즈

발명문제 해결이론인 TRIZ는 창조적으로 문제를 해결하는 기법이다(Theory of Inventive Problem Solving).

TRIZ는 러시아의 겐리흐 알츠슐러가 1946년부터 1963년까지의 러시아 특허 20만 건을 분석하여 그 중에서도 창의적이라 할 수 있는 4만 건의 특허를 선정하여 발명문제의 정의, 발명의 수준, 발명의 유형, 기술시스템진화의 유형 등을 분석함으로써 여기에는 발명문제에 관련된 기술적 진화에 있어서 모순의 해결이 관건임을 파악하였다. 따라서 발명가들이 자주 대하는 기술적 모순을 제거하고 해결하기 위해 "40가지 원리"와 모순 행렬표를 사용하여 발명문제의 해결을 꾀하는 것이다.

(2) 발명의 단계
① 기술적 모순인 문제점 발견
② 발명을 위한 정보조사 및 수집
③ 아이디어 발상
④ 자연과학지식 및 공학의 기초지식의 활용으로 아이디어의 구체화
⑤ 창의적 설계
⑥ 시제품(모형) 제작
⑦ 사업화

(3) 아이디어 발상 및 아이디어 구체화

그 중에서 아이디어 발상은 구상하는 아이디어에 대한 정보, 즉 기술에 대한 검색이 필요하며, 비슷한 해결책들을 분석하고, 연구하면서 훌륭한 발명을 할 수가 있다.

이런 검색 소프트웨어(Software)로 TRIZ를 구현하는 툴이 바로 "Goldfire Innovator"이다.

|"Goldfire Innovator"의 활용|
① 전세계 1,200만 개 이상의 특허를 DB(Database)화하여 혁신적인 발명특허검색
② 자연과학분야의 지식 9,000여건의 DB로 방대한 자연과학지식을 전 산업분야에서 발생한 실제응용사례와 원리 동영상을 함께 검색할 수 있다.

일종의 학문적 도서관 역할을 하며, 적용된 응용사례를 통하여 자신의 발명 아이디어 문제에 접목시켜 발명의 아이디어 발상을 제공해 준다.

|발명 : 물로켓의 Goldfire Innovator 검색 예|

※응용예 : 물로켓 발명을 위한 로켓의 동작원리 탐구(물로켓의 Goldfire Innovator 검색 예)

① Effect Description(효과의 표시) : How to move the rocket?

　→ 원하는 기능을 키워드(key word)가 아닌 자연어(자연스러운 문장) 형식으로 질문함.

② Resource Constraints : 기능별로 정리된 과학기술정보 제공

　→ 검색된 결과의 기능별, 원리별 보기

③ Effect 보기(표시 ; Description, 조건 ; Conditions, 공식 Formula 등의 보기)

　→ 애니메이션(Animation)을 이용하여 쉽게 과학기술원리를 이해

　→ 과학기술을 다른 기술로 연계하여 유추할 수 있도록 유도(동기부여)

　→ 과학기술로부터 나온 결과를 제어할 수 있는 방법 제시(물이 뿜어서 나가는 양과 물체의 속도 제어)

④ 물로켓 발명에의 응용

다음은 TIRZ 활용 software인 "Goldfire Innovator"를 사용하여 검색하는 물로켓 발명에 관한 과학 기술응용 예이다.

Goldfire Innovator 검색엔진(그림 1.10~1.14 참조)

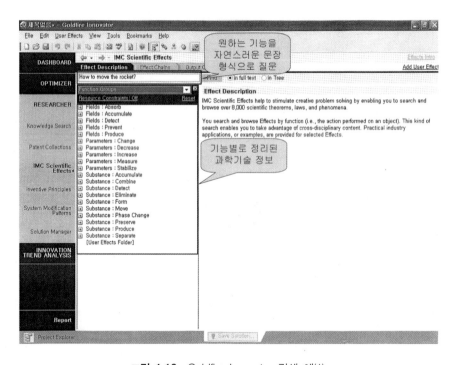

그림 1.10　Goldfire Innovator 검색 예(1)

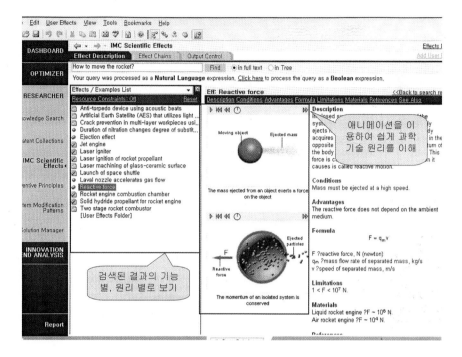

그림 1.11 Goldfire Innovator 검색 예(2)

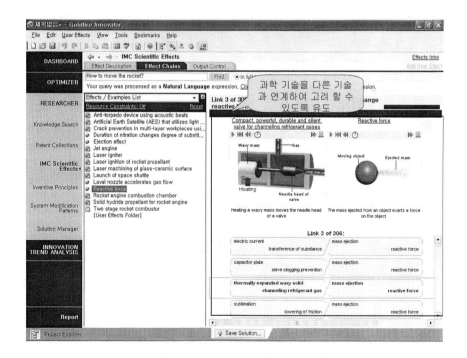

그림 1.12 Goldfire Innovator 검색 예(3)

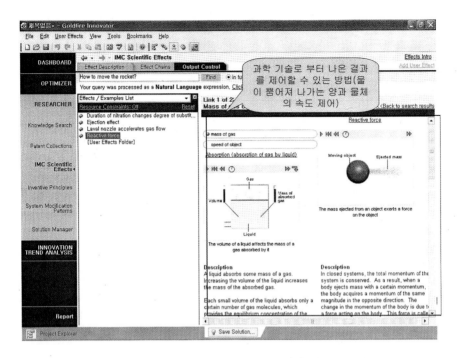

그림 1.13 Goldfire Innovator 검색 예(4)

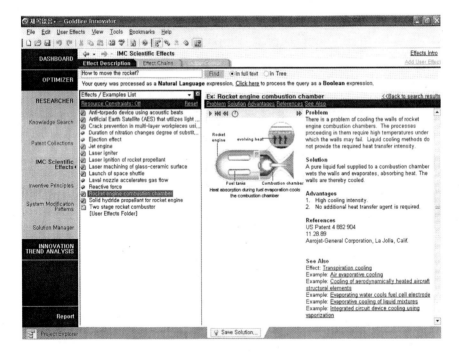

그림 1.14 Goldfire Innovator 검색 예(5)

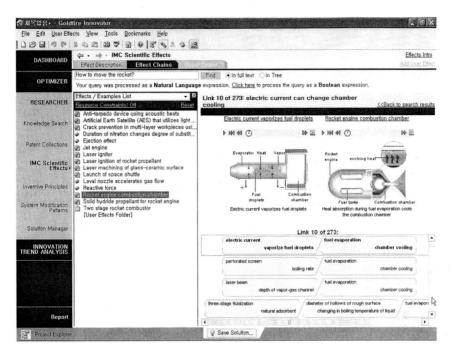

그림 1.15 Goldfire Innovator 검색 예(6)

(4) TRIZ에 의한 창의적 설계

① 기술적 모순을 해결함으로써 발명에서 시행착오를 줄이는 문제해결 과정은 다음과 같다.

발명문제	➡	표준문제	➡	표준해결책	➡	해결책
기술적 모순		현상의 파괴		과학적, 공학적 지식		실험, 제작 등의 검증

② "40가지 원리"를 활용한 발명원리의 예

㉮ 추출(Extracting ; 빼내기, 회수, 제거) 발명

기존의 제품에서 불편을 주거나 방해가 되는 부분을 빼버리거나 제거하고, 새롭게 개선하여 더 좋은 발명품을 설계함.

> **예** 씨없는 수박, 무과당 주스, 조절이 필요없는 몽키 스패너, 추없는 시계 등

㉯ 복제(Copying ; 모방) 발명

타인의 아이디어를 다른 용도의 곳에 사용하는 발명으로 아이디어를 빌려서 새로운 발명품을 만듦.

> **예** 스티커 봉투, 자바라 물통, 3단 물통 등

㉰ 모양변경(Changing the shape)의 발명

기존의 제품 모양을 변경시켜 편리성, 기술성, 실용성 등을 높이는 발명으로 모양변경의 발명이다.

> **예** 대형세탁기, 풍차, 반지시계, 소형카세트 등

㉠ 용도전환(Convert to use)의 발명

제품의 용도를 바꾸어 사용하는 발명

> **예** 발가락 양말, 각도 커팅자, 쉬운 양손가위 등

㉢ 더하기(Addition) 발명

기존의 제품에 기능을 추가하여 더 편리하게 성능을, 즉 용도를 개선시킴.

> **예** 지압 훌라후프, 지우개 달린 연필, 양날 면도기, 라이트 볼펜, 라이트 휴대폰 등

③ 더하기 발명 ; 지압 훌라후프의 창의적 설계 예

㉮ 발명문제의 제기

어떻게 하면 훌라후프 운동을 하면서 허리살을 줄일 수 있을까?

공원에서 허리의 군살이 많은 사람들이 기존의 훌라후프를 하는 것을 보고 허리에서 훌라후프가 미끄러져 빠지지 않고, 허리살을 줄이는 훌라후프의 발명을 생각

㉯ 표준문제

더하기 발명(기존 훌라후프에 지압봉을 더하여 효과를 냄)

㉰ 표준 해결책

훌라후프에 진동, 압력 등을 주는 장치를 추가시켜 발명 문제 제기에 따른 모순을 해결

㉱ 해결책

기본의 훌라후프에 지압용 봉을 추가하여, 훌라후프 구조를 개선하여 운동시 허리춤에서 잘 내려오지 않고, 허리에 진동 및 압력자극을 주도록 제작한다.

(5) 시제품(모형) 제작

3차원 CAD(Computer Aided Design, 컴퓨터에 의한 설계)인 Pro/ENGINEER, SolidWorks 등을 사용하여 3차원 입체 모델링(형상화)을 할 수가 있으며, 여기서 형성된 데이터에 의하여 CAM(Computer Aided Manufacturing, 컴퓨터에 의한 가공)에 의하여 모형을 가공할 수가 있다.

① 3차원 입체 모델링의 종류

- 파트 모델링(Part Modeling) : 한 개의 단품을 모델링
- 서피스 모델링(Surface Modeling) : 곡면을 이루는 표면을 모델링
- 어셈블리 모델링(Assembly Modeling) : 단품이 모여서 이루어지는 조립상태의 모델링

② 작동 모의 실험(Simulation)

3차원 CAD에서는 메커니즘(mechanism)의 동작을 시킬 수 있는 애니메이션(animation) 기능이

구현되어 컴퓨터상 모의 실험에 의하여, 제작할 시제품의 동작상 문제 등을 사전에 파악할 수 있으며, 이의 문제점을 개선한 3차원 모델링을 다시 하여 완전한 모형을 가공할 수 있다.

㉮ 사용의 예(SolidWorks) : IPA(Interactive Product Animator) 사용하기

ⓐ 프로그램 다운받기

http://www.immdesign.com에 접속하여 다운로드

ⓑ 프로그램 설치하기

프로그램 크기는 13.9MB이다. 실행(R)을 클릭한다.

ⓒ 사용 예 : 자동차 애니메이션 만들기

IPA를 실행한다.

시작 → 모든 프로그램 → IPA → IPA 8.0 Demo → O.K 클릭

㉯ 사용의 예(3차원 CAD Pro/ENGINEER)

파일 OPEN → Applications → Animation → Snapshot1 → Close

CHAPTER 02

개발상의 적용

다음은 TRIZ와 연계된 개발프로세스상의 설정된 목표를 이루기 위한 실행안(Action plan)의 구체적인 예를 보여준다.

2.1 개발에의 적용

1) 제품의 통합적 기구원가(M/C) 절감 방안

① 설계부문

② 공정부문

③ 금형제작부문

④ 사출부문

⑤ 구매부문

⑥ 기타 품질환경구축

2) 제품의 통합적 기구원가(M/C) 절감 방안

원가구조=회로 M/C+기구 M/C로 일반적으로 구성됨.

Target(예 : 기존 기구 M/C중 30% 절감 방안)

① 설계부문(15% ↓) : TRIZ에 의한 창의적 개념설계 및 IDEA 도출, 특허 회피설계

② 공정부문(3% ↓)

③ 금형제작부문(3% ↓)

④ 사출부문(2% ↓)

⑤ 구매부문(2% ↓)

⑥ 기타 품질환경구축(5% ↓) : TDR, ERP, SCM, 6σ, PLM 등

3) 창의적 개발 및 설계

① 종래의 설계

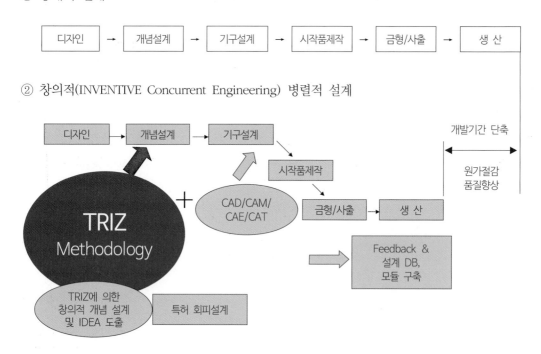

② 창의적(INVENTIVE Concurrent Engineering) 병렬적 설계

2.1.1 설계부문

1) 종래의 설계방안

2) 동시공학적(Concurrent Engineering) 병렬적 설계방안

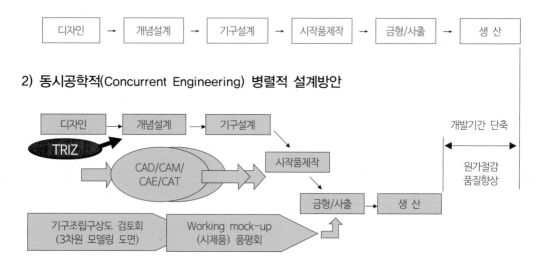

• 디자인/설계/시제품제작/금형제작/사출의 양산 전과정 In-line system 구축(3D data)

  - 초기부터 단계별 품질관리로 품질향상 및 생산성 증가

  - 초기부터 단계별 품질관리로 납기단축 및 신속한 양산 follow-up(지원)

  - 초기부터 양산까지 단계별 품질관리로 통합적 원가(M/C) 절감

   → Feedback & 설계 DB, 모듈 구축

3) 설계부문 원가절감 방안

① 디자인 및 개념설계에서 모든 부품(parts) 최소화 설계 및 동일 Tool(3D) 사용

  • 몰드(mold) / 다이캐스팅(diecasting)

  • 프레스물(press) / 판금물(metal forming)

  • 절삭물(free cutting material) / rubber류 / 부자재

  • 후공정(coating, spray, inserting, plating, staking 등)

② 예비 기구물 원가(M/C)분석 설계

③ 공정단축을 위한 설계(공정설계) : 공정도 분석

  • 가능한 Top/Down 방식으로 ST(작업시간) 단축설계

  • 금형제작의 생산성을 높이기 위한 설계(가능한 상/하 코어로 설계)

  • 요소기술(선행기술 ; core technology) 설계

> **예** 몰드에 rubber류의 결합시는 후공정이 필요하므로 2종류로 설계하지 않고
>   → 일체화로 설계(이중사출) 재질 : santoprene(치솔)

④ 원자재 절감 설계

  • 사출물의 살두께 t를 줄여 사출단가 절감

⑤ 설계기간 단축 및 품질 안정화

  ㉮ 3차원 CAD Pro-Engineer 등에 의한 설계로 시제품제작, 금형제작, Moldflow 해석, CAT

  ㉯ 설계자에 의한 조립상태 및 설계품질 검토(cross functional team이 주도함)

  ㉰ 생산공정 및 원가 재확인

  ㉱ 금형제작에 의한 최적금형조건 협의

    - 재료 선정 및 물성치 확인

    - 금형의 구조, 게이트(gate)종류 및 위치, 런너 등 금형설계품질 체크

    - 사출압력, 온도, 충전(filling) 등 최적성형 조건 협의

⑥ 기구조립 구상도(3차원 모델링도면) 검토회

  • 설계품질 체크

  • 공정 및 부품원가 분석

  • 기구 M/C 분석

- 금형 Parts 분석 및 cavity, gate 등 설정
⑦ Working mock-up(시제품) 품평회
  - 양산시 사전 문제점 도출 및 업무 공조
  - 개발일정 체크
  - pre BOM 작성
⑧ 양산 Follow-up
  - 설계보완/품질보완
  - 금형 수정
  - 사출조건 협의
  - 자재 구매 및 검사 : 원가절감 차원

2.1.2 공정부문

|Trouble Shooting 최소화|
① 공정부품의 최소화 설계
② 조립성 향상을 위한 설계(생산성 향상)
  - Top/Down 방식 설계
  - 가능한 후공정 배제 설계
  - Cost 분석에 경험한 설계
  - lead free 등 친환경 설계(Pb, Hg, Cd, 6가Cr 등 배제 설계)
③ 금형 수정의 최소화
  - 동시공학적(병렬적) 설계에 의한 설계/시제품제작/금형제작/사출까지 권한과 책임을 가짐으로 문제점을 사전에 파악 및 현장에서 수정/보완함으로써 금형수정 cycle을 최소화하고 Tz을 앞당김.
  - 금형도면 설계 및 제작시 문제점(bottle neck)을 없애기 위한 설계 process를 갖추고 있음.
  - 사출조건까지 현장에서 엔지니어를 수시 상주함으로써 최적화 및 사출일정을 단축시킴(금형을 직접 올리고 현장에서 즉시 사출).

2.1.3 금형제작 부문

① 양산 예상(사출수량)에 따른 금형 core 재질 선정
  - KP4M
  - NAK80

- SKD61 등
② Pro-Engineer 등에 의한 동시공학적 설계/금형도면 분석 및 체크/금형제작의 In-line System화 (금형, 사출, sub-조립, 후가공 등) 구축
③ 금형부품의 표준화, 공용화에 의한 원가절감
④ 기구설계에 의한 금형제작의 bottle neck 체크 및 주지시킴.

2.1.4 사출부문

① 사출단가를 위한 최적의 부피 최소화 설계

> **예** 살두께 2.0t → 1.2t~1.5t → 0.8t~1.0t

② 사출재료 분석(대체사용)으로 사출원가 절감

> **예** WLL CDMA, Pager 재질
> - PC(LEXAN 141) : 내충격성 우수, 수지흐름성 좋지 않다.
> - PC(LEXAN 121) : 141보다는 내충격성 떨어지나, 수지흐름성 양호
> - PC(SP1210R-701) : 사출흐름성 양호
> - PC(SP1220R) : 경량화 가능 등 재료 대체 사용 검토

> **예** 재질
> - 내수용 : ABS(94HB)-일반재질로 지연성(내충격성은 유지할 것.)
> - 수출용 : ABS(94V-0, 1, 2)-자기소화성으로 난연성 재질

③ 사출조건 최적화시키는 데 협업팀 투입(사출현장 수시로 상주)

2.1.5 구매부문

① 구매부품 원가절감
- 부품의 표준화/공용화로 원가절감
- 부품의 대체품 활용
- 업체에 제작공정 개선 지도로 원가절감
- sub ass'y 작업을 가능한 줄여(공수절감으로) 원가절감
- 단기, 중기, 장기 Item 철저히 관리
② 사전원가 분석 및 구매방안 검토
- 협업팀(TFT팀)과 사전 기구조립 구상도 검토회(3차원 모델링도면) 및 Working Mock-up(시제품) 품평회를 통하여 구매품목 및 구매가 사전 분석
- M/C 분석하여 제조원가에 반영 및 VE방안 도출

2.1.6 기타 품질환경구축

① 3차원 Pro-Engineer 등에 의한 CAD/CAM 구축

② 3차원 Pro-Mechanica 등에 의한 CAE(동작성)

③ 3차원 Moldflow 등에 CAE(사출유동해석)

④ CAT

⑤ 기타 운용상 기법 : ERP, TDR, PLM, PDM, VE, JIT 등

|제품의 기구원가 절감 방안|

→ "Target : 기구원가 30% 절감"(즉 총프로세스에서 절감)

  예 TDR

2.1.7 사출단가 절감방안

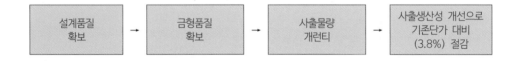

| 설계품질 확보 | → | 금형품질 확보 | → | 사출물량 개런티 | → | 사출생산성 개선으로 기존단가 대비 (3.8%) 절감 |

(1) CASE색상(사출색상)의 단일화

① 색상 단일화로 원료장기보관에 따른 손실과 적재의 어려움 해소

② 제품의 관리와 제반업무의 효율 증가에 따라

  ㉮ 재고 자금부담 최소화, 원료발주로 인한 납기 신속으로 생산성 증가(JIT)

  ㉯ color의 잦은 교환으로 인한 원료 loss를 줄여 원가절감

    ☞ (색상교환 및 control time 15분)

      15분÷20hr(총생산시간/일)=1.25%↓

(2) 발주 조건

① 가동률 확보 및 생산성 증가를 위해 최소 2개월의 물량확보 유지 및 월별 생산 balancing(목표물량) 유지

② order를 정확하고 여유있게 받아서 철저한 생산대비로 품질 및 인력관리, 사출재료, 사출기 가동의 효율성을 높여 원가절감

    ☞ 1항의 1.25%×2개월=2.5%↓

2.2 조립공수 절감 설계

다음은 TRIZ의 40가지 발명원리를 활용하여 조립공수 단축을 이룬 구체적인 설계사례를 보여준다.

1) 분리된 체결요소

조립공정에 있어 와셔와 스크루를 사용하여 체결시

- 두 개의 요소가 조립되어짐.
- 일체화된 와셔붙이 스크루의 체결요소는 조립비용을 줄여 생산성을 향상시킨다.

2) 분리된 제조공정 → 통합원리

알루미늄 부품을 제조하기 위한 제조공정(Bearing bracket)

- 생산량을 고려하여 설계
- 베어링 브래킷의 생산량이 재료 선정, 제품현상, 제조공정을 결정하는데 영향을 끼치므로 생산성 및 원가절감이 결정된다.

3) 조립작업의 수를 줄임 ⇨ 부품의 최소화 ⇨ 부품삭제(1)

저탄소강의 레버의 회전을 판스프링이 제어하고 있으나 판스프링을 제거한 설계

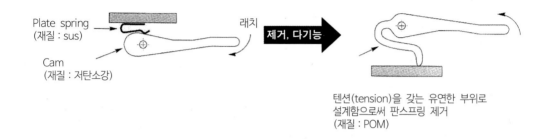

- 사출성형된 하나의 다기능 플라스틱(재질 : POM) 부품으로 대체함으로 부품을 줄이고, 조립작업의 최소화로 원가절감 및 생산성 향상

4) 조립작업의 수를 줄임 ⇨ 부품의 최소화 ⇨ 부품삭제(2)(통합, 동질성의 원리)

Camcorder, VCR, DVD player의 spindle 구동 요소

- 서로 다른 재료의 금속 요소 조립품을 단일화(동질성의 단일품목으로 대체)하여 부품삭제 및 조립공정을 용이하게(코킹→용착)하여 원가절감 및 생산성 향상

5) 부품 삽입의 용이화 설계 ⇨ 조립성 향상(차원변경)

U자형 스프링 클립을 판(plate)에 끼울 때

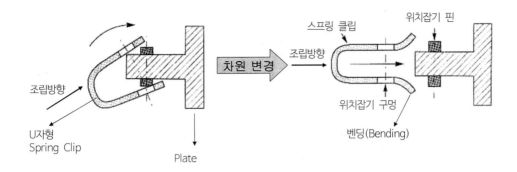

- 부품의 형상을 변경하여, 조립작업에 단순한 직선운동을 사용하여 조립성 용이하도록 하여 생산성 증가.

6) 부품 삽입의 용이화 ⇨ 조립성 고려/제조 고려 설계의 예(1)(사전조치)

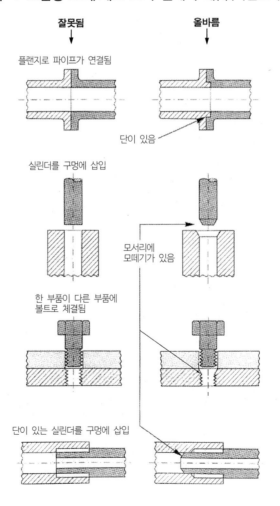

7) 부품 삽입의 용이화 ⇨ 조립성 고려/제조 고려 설계의 예(2)(다기능, 추출)

TI(Texas Instruments)의 열추적 조준경용 가능자 조립공정

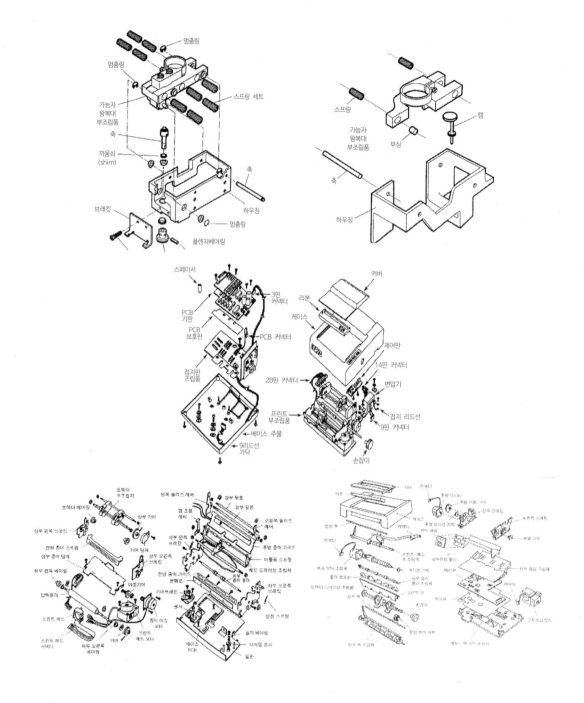

8) 조립작업의 수를 줄임 ⇨ 부품의 최소화 ⇨ 부품삭제(3)(다기능)

나사와 와셔, Nut로 체결시 와셔, Nut 제거 설계

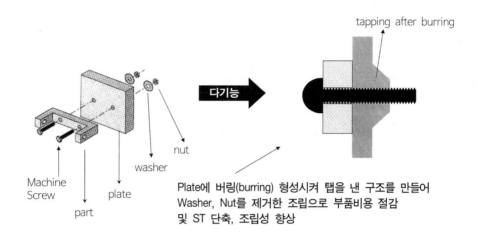

tapping after burring

nut

washer

Machine
Screw

plate

part

다기능

Plate에 버링(burring) 형성시켜 탭을 낸 구조를 만들어
Washer, Nut를 제거한 조립으로 부품비용 절감
및 ST 단축, 조립성 향상

9) 조립성 향상 및 품질 향상을 개선한 설계(중간 매개물)

가전제품에서 빛을 발하는 조명설계

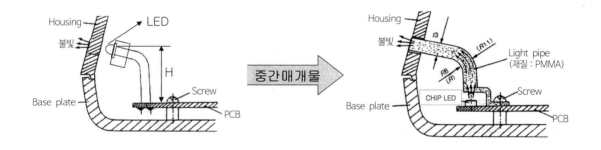

Housing

불빛

LED

H

Screw

Base plate

PCB

중간매개물

Housing

불빛

r3

(R1)

Light pipe
(재질 : PMMA)

R8

(R)

CHIP LED

Screw

Base plate

PCB

- LED의 높이(H)를 단자(pin)로 조절하기 어렵고, 납땜하는 공정도 있어 작업성도 어렵다. 이를
  SMD chip LED를 사용하여 조립성을 개선시켰고 또한 Light Pipe를 사용하여 어느 방향이나 위치
  에서도 불빛을 볼 수 있도록 개선.

10) 조립성 향상 설계(차원 변경)

휴대폰, 무선전화기, 게임기 등에서의 전면조광(全面照光) 버튼의 구조

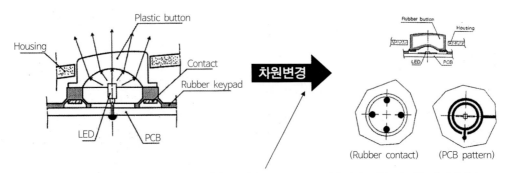

일반 LED를 chip LED로 사용하여 버튼 구조를 변경시켰다.
대량 생산시 LED 조립공정의 단순화로 원가절감 및 Rohs도
해소함.

11) 조립 부품의 삭제 ⇨ 부품일체화(통합, 다기능)로 생산성 향상

IT 제품의 스피커(Speaker) 조립

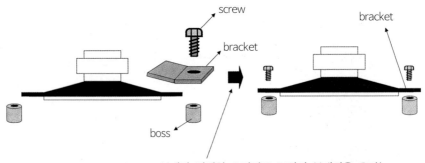

브래킷 일체형 스피커로 조립시 브래킷을 올려놓고
고정하는 공정을 삭제함으로 공정시간 절약

12) 조립 부품의 삭제와 대체로 공정개선(추출, 다기능)

IT 무선전화기의 Battery 조립 구조

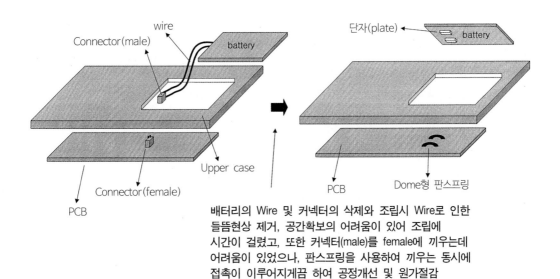

배터리의 Wire 및 커넥터의 삭제와 조립시 Wire로 인한
들뜸현상 제거, 공간확보의 어려움이 있어 조립에
시간이 걸렸고, 또한 커넥터(male)를 female에 끼우는데
어려움이 있었으나, 판스프링을 사용하여 끼우는 동시에
접촉이 이루어지게끔 하여 공정개선 및 원가절감

핸드폰 내부의 배터리와 연결된 부품들

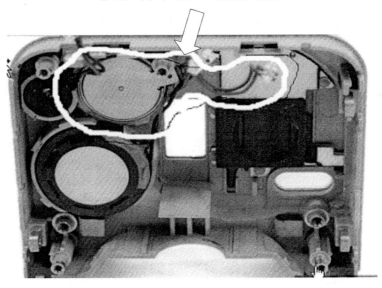

13) 설계 예(통합, 다기능)

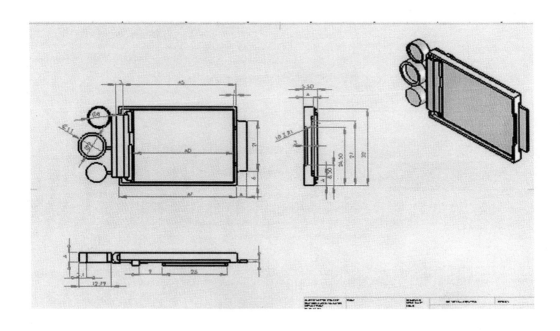

14) 부품의 삭제 및 공정 개선으로 원가 절감 및 생산성 향상(추출)

제품의 Labeling 삭제 및 이의 대체

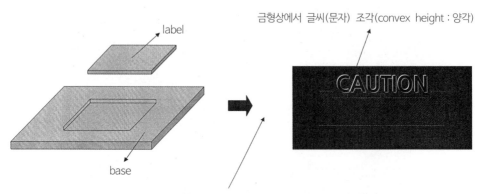

제품의 밑바닥에 label을 붙이는 작업을 label을 없애고
직접 금형상에서 문자를 조각하여 원가절감 및 생산성 향상
(영어, 불어, 일본어 등 여러 문자를 core 금형으로 해결)

15) 조립성 개선으로 생산성 증가(통합, 다기능)

판 스프링의 고정

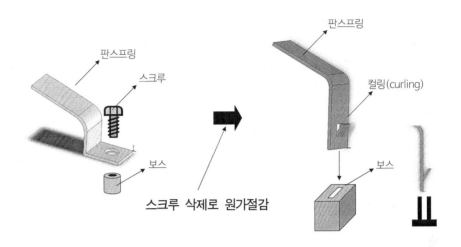

16) 부품 수의 삭감으로 조립성 개선(통합, 다기능, 동질성)

①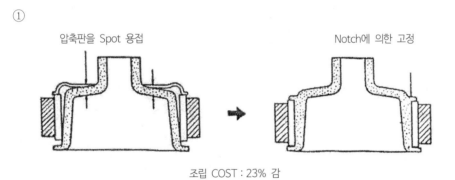

②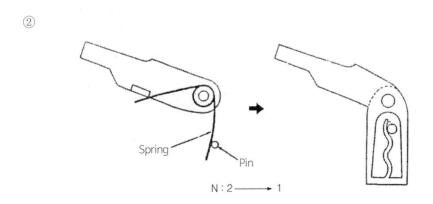

③

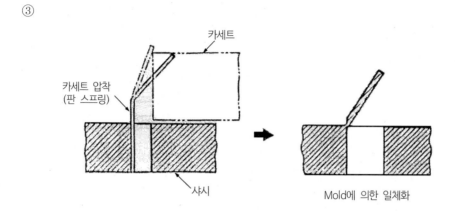

④

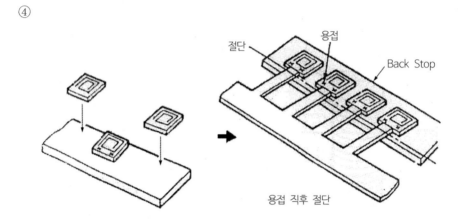

17) 조립성 개선으로 생산성 향상(사전 조치)

①

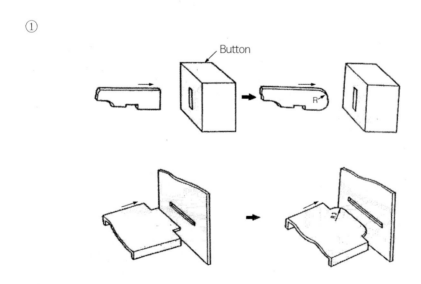

②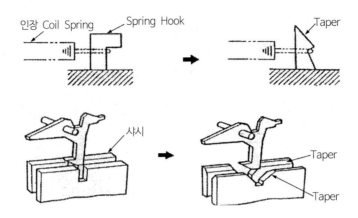

③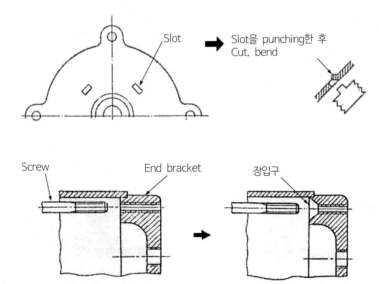

18) 분리된 부품 ⇨ 통합하여 다기능 부품(모듈)을 만들어라

① 모터와 기어박스의 모듈식 설계

 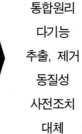

통합원리
다기능
추출, 제거
동질성
사전조치
대체

② 모듈(module)화된 다기능 부품식 설계와 이에 따른 제조공정은

　→ 공정관리를 단순화하고, 부품수를 줄이고 설비비용을 줄이고, 조립을 단순화함으로써 A/S도
　　용이하다(모듈교체).
　　생산성 향상

CHAPTER 03

기능분석(Function Analysis)

3.1 기능분석

기능분석은 제품, 기술 시스템이나 공정 등이 갖고 있는 고유의 시스템을 기능의 관점에서 분석하여 비교적 간단한 모델로 그 시스템을 분석하는 새로운 트리즈의 방법론이다.

해결해야 할 기술과제가 복잡하게 얽혀 있거나, 문제가 명확하지 않은 복잡한 제품이나 시스템, 공정을 분석하는 경우에 있어서 기능분석은 매우 중요하다.

모든 시스템이나 생산공정, 제품들은 그 자체의 차별화된 특성에 따라 하는 일, 즉 역할이라고 말하는 고유한 기능을 갖고 있다. 기능분석을 도식화하여 정확히 하면 전체 시스템을 구성하는 모든 요소들의 관계와 역할(즉 기능)들이 유기적인 관계로 연결되어져 있음을 파악할 수가 있다. 따라서 창의적인 문제해결은 기능분석으로 시작되고 기능분석의 결과로 귀결된다고 해도 과언은 아니다.

3.2 전동공구의 기능분석 예

앞에서 설명한 기능분석을 충전식 전동공구에 다음과 같은 순서로 적용하였다.

3.2.1 기능분석–시스템 완전성 분석

그림 3.1은 전동공구 구성에 대한 것이다.

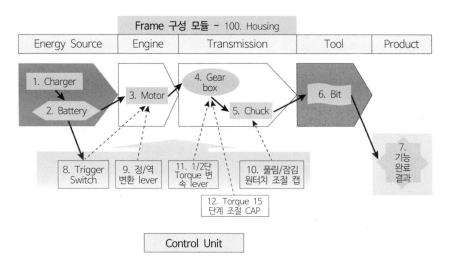

그림 3.1 전동공구의 구성

3.2.2 분해도

전동공구의 구성 예시에 따라 그림 3.2와 같이 분해도로 현실화한다.

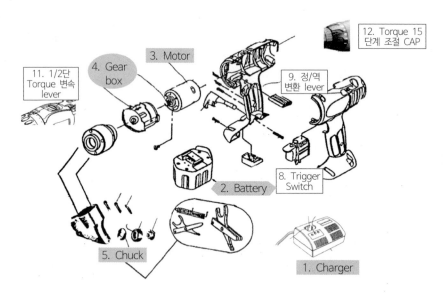

그림 3.2 전동공구의 분해도 예시

3.2.3 각 모듈 분석

1) 모듈 분석 1(Charger-Energy Source)

모듈 분석에서는 각 부분별로 기능, 요구성능, 벤치마킹을 포함한다.

구분				
기능	1-10. 전원 저장	1-20. battery에 전원공급	1-30. battery 지지	1-40. 충전 상태 표시
요구성능 (useful)	1. 방열판과 fuse 용량은 커야 한다.	1. 12~18V까지 충전 기능 2. 1시간 충전이면 OK 3. 접지부 탄성 유지 4. 충전 완료 후 자동 전원 차단 5. 고장시 기판만 A/S 될 것	1. 역 삽입 불가 형상 2. 접지부 탄성 유지	1. 충전 전후 LED 표시 색깔 변경
품질 불량 (harmful)		1. 완전 방전 후 순간부하가 요구되므로 내부 부품 손상 및 화재 발생 우려 2. 장시간 충전시 접지가 눌러 붙음		

Action

1. Charger → (전원공급 / battery 지지) → 2. Battery → (접지부 탄성 없게 함 / 완전 방전시 순간부하 요구) → 1. Charger
(과다 충전시 battery 접지 손상 및 내부 cell 손상)

Bench marking 제품

B사 접지부 호환	A사 기판 방식

2) 모듈 분석 2(배터리)

구분	2-10. 전원 저장	2-20. motor에 전원공급	2-30. trigger switch에 전원공급	2-40. housing 고정	2-50. 충전 전동공구를 안정적 상태로 유지
기능	2-10. 전원 저장	2-20. motor에 전원공급	2-30. trigger switch에 전원공급	2-40. housing 고정	2-50. 충전 전동공구를 안정적 상태로 유지
요구성능 (useful)	1. 14.4V 요구 cell-1.5, 2.0, 2.4, 3.0Ah 2. Battery 덮개는 screw type으로 할 것			1. Battery 밑바닥에서 버튼 거리 최소화 2. 버튼은 크게, spring은 강하게 할 것 3. Housing 결합하는 곳 양쪽 4군데가 안정적	1. 작업 중 세워질 것 2. 척과 심각 접촉으로 안정적으로 놓일 것
품질 불량 (harmful)	1. Charger 관련 불량 내용 참조	1. 접지 단자간의 접촉 불량		1. 버튼이 눌러지지 않음. 2. 외부 충격으로 버튼 턱 파손	1. 불안정적 구조로 낙하 시 파손 심함
Action					
Bench marking 제품	BAT 접지부 호환 	AS 고정 방식 			

3) 모듈 분석 3(모터)

구 분			
기능	3-10. trigger switch로 부터 전원 및 신호 수신	3-20. gear 모듈에 회전력 전달	3-30. 정/역 switch로부터 회전 방향 변경 수신	3-40. housing으로부터 고정 됨
요구성능 (useful)	1. 전자식 variable 기능 2. 신호의 흐름이 원활할 것	1. 소음이 없을 것 2. 전기 brake 기능이 있을 것	1. 정/역 변환 신호 수신이 원활할 것	1. 작동 시 진동 없을 것 2. 낙하 시 모터 파손이 없을 것 3. 열 방출 최적화할 것
품질 불량 (harmful)	1. 단선 불량 발생	1. Brake시 파란 불꽃 발생 2. Motor의 연소 현상 발생	1. 먼지 등 이물질로 인해 switch가 눌러지지 않음	
Action				
Bench marking 제품	OOO사 부품 호환			

4) 모듈 분석 4(기어박스–트랜스미션)

구분					
기능	4-10. motor로 부터 회전력 수신	4-20. chuck으로 회전력 전달	4-30. 1/2단 torque lever 로부터 변속 수신	4-40. 15단계 torque 조절 cap으로 부터 조절 수신	3-40. housing으로부터 고정 됨
요구성능 (useful)	1. 모터 관련 요구 성능 참조	1. Center shaft 조립을 wrench 등으로 할 것 2. 전기 brake 기능이 있을 것	1. 중립 상태 없앨 것	1. Torque 조절 cap을 돌릴 때 touch감 있을 것	1. 낙하 충격시 gear 모듈 및 shaft 정상 작동할 것
품질 불량 (harmful)	1. Motor 고정부 내피로성 취약 2. Torque 과부하로 gear 모듈 내부 파손(유성기어 파손)	1. Screw로 shaft 고정 시 내피로성 취약 2. Shaft 상하좌우 흔들림 없을 것 3. Spindle 휨 발생	1. Lever부 housing과의 마찰로 전후진 sliding 난해 2. 중립 작동시 gear 모듈 파괴		1. 낙하 충격시 gear box case 파손
Action					
Bench marking 제품	XXXX사 부품 호환				

Action 부분 다이어그램:

Housing

고정

3. Motor — 회전력 전달 → 4. Gear box — 회전력 전달 → 5. Chuck

12. Torque 15 단계 조절 CAP — 회전력 조절 → 4. Gear box

11. 1/2단 Torque 변경 lever — 변속 신호 전달 → 4. Gear box

5) 모듈 분석 5(척-트랜스미션)

구 분			
기능	5-10. gear 모듈 shaft로부터 회전력 수신	5-20. bit 고정	5-30. 충전 공구 몸체의 하중 지지
요구성능 (useful)	1. Chuck에 회사명 각인할 것 2. Keyless chuck 사용할 것 3. Chuck 외관을 미끄럽지 않게 할 것 4. Chuck 흔들림 없을 것	1. Quick clamp system chuck으로 할 것	1. 낙하 충격시 gear 모듈 및 shaft 정상 작동할 것
품질 불량 (harmful)	1. Chuck 흔들림 심함	1. Screw로 shaft 고정 시 내피로성 취약 2. Shaft 상하좌우 흔들림 없을 것	1. 낙하 충격시 gear box case 파손
Action	4. Gear box	5. Chuck	6. bit
Bench marking 제품		AS사 제품 선호	

Action 다이어그램: 4. Gear box → (고정) 5. Chuck → (고정) 6. bit, 외부 충격 전달

6) 모듈 분석 6(하우징-프레임)

기능	요구성능 (useful)	품질 불량	Bench marking 제품
2-40. battery 고정 / 3-40. motor 고정 4-40. gear box 고정 / 8-40. trigger switch고정 9-40. 정/역 회전 방향 변환 레버 고정 11-40. 1/2단 torque 변속 lever 고정 12-40. torque 회전력 변경 cap 고정 100-10. 외관 표시 100-20. 외부 충격 흡수 100-30. 내부열 발출	1. 회사명 로고 표시할 것(양각, 접착, 조립) 2. 열 방출구 Bosch와 동일하게 할 것 3. 주면 평평하게 할 것 4. grip부 이중사출로 할 것 5. grip감이 동양인 손에 맞게 할 것 6. grip 목 부분이 center와 가까워야 함 7. 조립은 insert nut 방식으로 할 것 8. B사와 내부 부품 공용화를 위한 rib, boss 동일하게 할 것	1. 낙하 충격시 목 부분 파손	B사와 호환 · grip감 MA사 참조 · Battery 고정 AIM사 참조 · 외관 HITACHI사 참조

3.2.4 특성 도출

기능분석에서 설명한 요구 성능 이외에 다음의 특성들을 추가하여 충전식 전동공구의 최종스펙 (spec 또는 제원)으로 결정한다.

Driver Drill의 경우 전압 배터리 용량은 14.4Ah/1.5(V)로 정하고 충전시간은 1시간, 그리고 최대토 크는 30(Nm)으로 하며, 벤치마킹 대상은 독일 보쉬(BOSCH)사로 최종 결정한다.

구 분	충전 공구 종류							
	Driver drill		Impact drill		Impact wrench		Impact driver	
	level	찬성 (인원)	level	찬성 (인원)	level	찬성 (인원)	level	찬성 (인원)
전압(V) / Battery 용량(Ah)	14.4/1.5	5	14.4/2.4	3	14.4/2.4	3	14.4/2.0	2
	14.4/2.0,2.4,2.6	각 1	14.4/2.0,2.6	각1	14.4/2.0,2.6	각1	14.4/2.4	2
	14.4	1	14.4	1	14.4	1	14.4/2.6	1
	12/1.5	1	18/2.4	5	18/2.4	2	18/2.0	각1
	12	1			18/2.6	1	18/2.6	1
					18	1		
충전시간 (h)	1시간	2	1시간	2	1시간	2	1시간	2
	20~30분	1	20~30분	1	20~30분	1	20~30분	1
최대토크 (N·m)	27	1	50	3	200	2	135	1
	30	1			400	1	200	1
벤치마킹	BOSCH	9	BOSCH	5	MAKITA	2	BOSCH	7
	AIMSAK/ MAKITA	각 3	MAKITA	1	AIMSAK	1	MAKITA	2
	AEG	1	DEWALT	1	DEWALT	1	HITACHI/ AIMSAK/ DEWALT	각1

최신 **제품설계**
ADVANCED PRODUCT DESIGN

제 9 편 ● 지식재산권(발명특허)

지식재산이란

1.1 지식자본

　지식재산을 이해하기 위해서는 먼저 지식자본이란 용어를 알아야 한다. 지식자본이란 지식재산을 포함하는 넓은 개념으로서 지식재산을 생산하는 유형자산 및 무형자산을 총칭하는 것이다. 여기에서 유형자산이란 인적자산을 의미하고 무형자산이란 지식창작물을 의미한다. 인적자산에는 발명자와 기업의 지식재산부원이 있고 지식창작물에는 지식재산권을 포함하는 지식재산이 있다.

　지식자본은 기업 가치를 향상시키는 원천이 된다. 경영자는 이 지식자본을 측정하고 계량화하여 기업의 경영자원에 포함시킴으로써 기업의 가치를 향상시킬 수 있다.

지 식 자 본

그림 1.1 지식자본과 인적자산 및 지식창작물의 관계

1.2 인적자산

　인적자산이란 지식재산과 관련하는 인재를 말한다. 인재의 능력, 지식, 노하우, 경험 등이 인적자산의 주요 지표이다. 인적자산에는 발명자와 지식재산담당부원이 있다.

1) 발명자

발명자는 기업 내에서 발명, 고안, 창작 등을 실제 담당하는 직원을 말한다. 즉 기업 내의 기술자 가운데 연구개발에 종사하고, 오직 발명만 하는 자를 말한다. 최근에는 비즈니스 특허 발명의 등장으로 기업 내의 발명자는 연구개발자에 국한되지 않고 기업 내의 관리, 기획 등에 종사하는 직원도 발명자의 대상이 된다. 기업은 사내에서 발명자의 수를 파악함으로써 기업의 기술력의 시표를 가늠할 수 있다. 예를 들면 기술분야별로 발명자 수와 특허 건수를 대비함으로써 인재 배치, 신규 인재 채용이나 연구개발 예산 배치를 결정하는 참고로 삼을 수 있다.

2) 지식재산 담당부원

발명자가 만들어낸 발명 등을 권리화 하기 위해서는 지식재산부원이 필요하다.

지식재산부원이란 지식재산부, 특허부 등에 속하는 인재 외에 실질적으로 지식재산의 창출 지원, 촉진, 권리화 지원, 활용을 추진하는 인재를 총칭하는 것이다. 예를 들어, 기업에서는 법무부, 총무부, 경영기획 등에 관련한 부서에 속하는 사람이 포함될 수 있다. 지식재산부원은 단지 발명자의 발명을 변리사에게 제공하는 업무를 하는 것은 아니다. 기업 내에서 지식재산부원은 아래와 같은 사항을 체크함으로써 기업 내 지식재산 관리에 상당히 중요한 역할을 한다.

- 당해 발명이 기업 전략과 일치하는가?
- 당해 발명이 권리가 될 가능성은 있는가?
- 당해 발명이 노하우로서 확보해야 하는 기술인가?
- 발명자에 대한 보상금에 대한 기준을 어떻게 정할 것인가?
- 발명의 가치를 극대화하기 위해 어떻게 할 것인가?

이와 같이 지식재산부원은 그 자신이 지식자본으로서 상당히 중요한 요소이지만 발명가에 비해 그렇게 중점을 두지 않는 것 같다. 향후 지식재산부원에 대해서도 평가 및 지표화를 달성함으로써 인센티브로 보상할 필요가 있다.

1.3 지식창작물

지식창작물이란 기업 활동에 기여하는 지식창작활동의 성과물을 말하는 것으로, 지식재산이 그 주가 된다. 지식재산 가운데 각 법률에 의해 보호되는 특허권, 실용신안권, 상표권, 디자인권, 저작권 등을 지식재산권이라고 한다. 또한 법률상 명시적으로 보호되지 않는 것이라고 하더라도 부정경쟁방지법이나 민법 등에 의해 일정의 범위에서 보호된다. 한편, 지식재산권 이외의 영역에 속하는 지식재산으로는 기업 내의 업무 처리를 위한 새로운 지식, 방법 등 인간의 창조적 활동으로부터 발생되는 것은 전부 포함된다. 이들은 무형이기 때문에 그동안 관리면에서 소홀하였지만 향후 기업의 사업 전략에의 활용을 위해 조직적인 관리가 요구된다.

1.4 지식재산의 이해

이상 설명한 바와 같이 지식재산이란 의미는 기업의 지식자본 중 인적자산이 만들어낸 지식창작물의 범위에 속하는 한 부분으로 이해하여야 할 것이다. 기업은 최대의 수익을 창출하기 위해 가지고 있는 지식재산이 무엇인지 먼저 파악하고, 이를 잘 경영할 필요가 있다.

1.5 발명분야의 권리화 대상 및 지적재산권

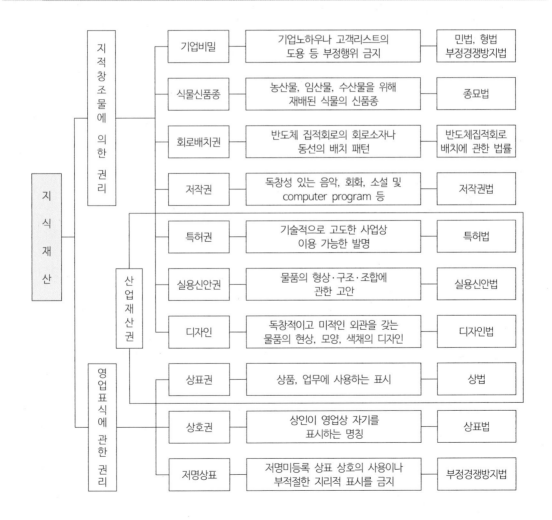

1.6 지적재산권의 예(휴대폰)

저작권
사상 또는 감정을 창작적으로 표현한 것을 창작으로부터 창작자 사후 50년간 보호

실용신안권
물품의 현상·구조 조합에 관한 고안에 대하여 출원일로부터 10년간 독점
[예] 콤팩트하게 전화기내에 수용가능한 안테나의 구조에 관한 고안

특허권
자연법칙을 이용한 신규성 있는 산업상 유용한 발명에 대해 출원일로부터 20년간 독점
[예] 긴 수명, 소형 경량화한 리튬 이온 전지에 관한 발명, 액정화면에 관한 발명

상표권
상품, 업무에 사용하는 마크 (문자, 도형, 기호 등)을 등록하여 등록일로부터 10년간 독점 10년마다 갱신 가능
[예] 전화기 메이커가 자사 제품의 신용보호를 위해 제품이나 포장에 표시하는 마크

디자인권
미관, 신규성, 창작성 있는 물품의 현상, 모양, 색체에 관한 디자인을 등록일로부터 15년간 독점
[예] 스마트한 전화기의 형상, 모양 색체에 관한 디자인

1.7 특허경영(지식재산권의 보호)

1) 지식재산보호의 필요성

지식재산의 창출 및 권리화를 통해서 취득한 지식재산권은 기업의 무형자산으로서 인식되어 기업자산의 일부분으로서 위치한다.

이러한 지식재산권을 타사(주로 경쟁사)에서 침해하는 경우는 기업의 경영에 큰 영향을 미친다. 즉, 침해 대응을 위해 많은 비용과 시간이 소요되고 심지어 본업을 중단해야 되는 등 경영전반에 제약이 따르게 된다. 한편, 자사의 지식재산권이 타사의 지식재산권을 의식적 또는 무의식적으로 침해하는 경우도 마찬가지이다.

출원을 통한 지식재산권의 소극적 보호 측면보다는 지식재산권, 특히 특허권의 등록 후에 발생하는 각종 분쟁에 관련된 적극적인 보호가 필요하다.

1.8 지식재산권(발명)의 보호

1) 철저한 선행기술조사로 사전에 분쟁을 회피한다.

특허권의 분쟁을 미연에 방지하기 위해서는 선행기술조사를 철저히 해야 한다. 생산단계 이전에 선행기술을 조사하여 생산할 제품이 기존의 특허권과 저촉될 경우에는 설계를 변경하거나 라이센스 교섭을 하여 기존 특허권자의 특허를 이용한다.

2) 업계의 동향을 탐지한다.

최근에 특허권자(또는 특허관리회사)는 수많은 기업을 상대로 경고를 발하고, 다수의 기업을 피고로서 특허침해소송을 제소하는 경우가 많다. 이 때문에 선진기업 및 국내외 관련업계의 특허활동 상황을 주의 깊게 계속 관찰한다면 위험 특허를 예지할 수 있다.

3) 특허맵을 활용한다.

기술개발 이전에 작성된 특허맵을 활용하면 신규사업시 사업방향과 영역의 결정, 제품 개발 및 설계변경의 기준을 제시하여 사전에 특허침해 분쟁의 소지를 피해가는 방책을 수립하는 것이 가능하다.

4) 특허 감시체제를 구축한다.

기술개발에 있어서 연구 주제의 채용에서 제품판매에 이르기까지의 기술동향이나 경쟁회사의 정보, 특히 특허정보에 대해 정확히 파악할 수 있는 특허 감시체제를 적극적으로 구축한다.

5) 특허권 매입도 훌륭한 특허전략의 일종이다.

제품을 수출하고자 하는 나라에서 특허권을 확보하고 있지 못한 상태라면 실제 제품을 수출하기에 앞서 특허권을 매입하여 특허권을 확보한 후에 들어간다.

6) M & A를 활용하여 분쟁을 예방한다.

특허 보유업체를 인수하여 위험을 회피하고 협상력을 제고하는 것도 분쟁 예방을 위한 효과적인 방안이다.

7) R&D 투자를 확대하고 직무발명제도를 활성화한다.

제품이나 기술개발을 위한 투자를 더욱 확대하여 창조적인 기술개발활동을 적극적으로 추진하여 특허 분쟁의 소지를 줄인다.

또한 직무발명제도의 활성화 등을 통하여 기업 내 발명자에게 판매이익의 일정 비율을 지불하는 등 인센티브 제도를 도입하여 직장 내 발명분위기를 확산시킨다.

8) 기술개발활동을 권리화한다.

타사에 대한 차별화로서 단순히 독창성이 있는 기술개발로는 불충분하며, 이것을 권리화하는 것이 중요하다.

9) 특허 전담부서를 설치하고 전문인력을 확보한다.

특허분쟁의 발생시 최고경영진을 보좌하여 신속하고 적절한 조기대응을 위해서는 사내에 특허 전담부서의 설치와 전문요원의 양성이 선결되어야 한다.

10) 타사의 부실 특허권을 삭제한다.

경쟁기업의 특허권이 공지, 공용기술 즉 하자유무를 발견하여 하자가 있는 특허권에 대하여는 무효심판이나 권리범위 확인심판 등을 청구하는 방법으로 자사의 업무와 관련되는 타인의 부실권리를 사전에 무력화시켜 특허분쟁의 발생을 예방한다.

11) 제품 출시보다 특허 출원이 우선이다.

새로 개발한 기술을 특허 출원 전에 제품 출시 또는 팸플릿을 통한 광고 등을 통하여 공개하게 되면 추후에는 특허를 받을 수 없으므로, 공개 이전에 특허 출원을 먼저 하는 것이 무엇보다 중요하다.

12) OEM 생산계약시 특허분쟁의 책임소재를 명확히 한다.

OEM 방식으로 제품을 수출하거나 부품을 수입하여 완제품을 만든 후 수출하는 방식의 사업인 경우는 만일의 특허분쟁에 대한 책임소재를 계약으로 명확히 해 놓지 않으면, 예상하지 못한 특허분쟁에 휘말려 손해를 보는 경우가 많으므로 유의할 필요가 있다.

13) 주요 부품 도입시 특허권 관련조항을 삽입한다.

주요 부품을 국외로부터 도입하여 완제품을 생산 수출할 경우 해당부품으로 인하여 발생할지도 모르는 특허분쟁에 대해서는 모든 책임을 부품공급업자가 지도록 특허권 관련조항을 삽입하여 구입계약을 체결하도록 하여야 한다.

14) 자사의 기술비밀 보안을 생활화한다.

만일의 경우를 대비하여 자사에서 외부로 배포되는 모든 기술관련 자료와 부품에는 영업비밀 자료임을 표기하여 자가 기술비밀의 유출을 차단한다.

15) 기술계약시 특허권 보호 조항을 반영한다.

기술계약 체결시 과거, 현재, 미래에 발생 가능한 특허분쟁 상황을 최대한 검토하여 반영시킴으로써 추후 분쟁 가능성을 미연에 방지할 수 있도록 한다.

지식재산전략

2.1 지식재산전략의 의미와 그 효과

지식재산전략이란 자사 사업을 수행하기 위해 지식재산을 창조하고 이를 권리화하면서, 지식재산 자체에 의한 현금흐름을 만드는 종합적인 구성을 만드는 전략이다.

표 2.1 지식재산전략을 통해 얻는 효과

번호	효 과
1	자체 기술에 의한 제품화
2	자사 제품의 보호
3	경쟁 상대의 시장 참여 저지
4	타사로의 라이센스 제공에 의한 수익 확보
5	타사와 크로스 라이센스에 의한 제품 개발
6	지식재산을 기초로 한 자금조달에 의한 사업규모의 확대

2.2 지식재산의 관리

지식재산전략의 본질은 자사 보유의 지식재산의 상태를 파악하고 이를 사업전략과 개발전략에 어떻게 연계하여 관리하면 좋은가를 결정하는 것이다.

표 2.2 지식재산의 관리

1) 자사 보유 지식재산의 파악

지식재산을 관리하기 위해서는 먼저 자사가 보유한 지식재산의 가치를 평가하는 재무조사를 할 필요가 있다.

(1) 법적 가치의 파악

① 지식재산권의 등록이 무효화될 가능성이 있는가

특허, 상표 등의 지식재산권의 등록이 무효가 되면 그 지식재산권의 가치는 없어진다. 또한, 그 지식재산권을 행사로 인한 이득은 반환 청구의 대상이 되어 버린다.

② 지식재산을 계약 조건에 따라 제대로 실시하고 있는가

라이센싱 계약에 있어서 라이센시 측이 계약서에 정해진 범위 내에서 실시하고 있는가를 수시로 파악한다. 계약서에 정해진 범위 외에서 실시하고 있으면 관련 실시료의 비율 개정을 포함하는 계약 수정을 행한다.

(2) 기술적 가치의 파악

① 지식재산이 일반적 기술수준에서 어느 정도의 우위성을 가지는가

경쟁사가 평가 대상 기술보다도 우수한 기술을 개발하고 있으면 그 개발의 진보에 따라 해당 기술의 진부화가 빨라진다. 또한, 객관적으로 높은 수준의 기술을 갖고 있어도 기업 내에서 관련 기술이 거의 존재하지 않고 해당 기술을 활용할 수 있는 체제를 갖추지 않으면 해당 기술의 현

재 기술적 가치는 높다고 할 수 없다.

(3) 자산적 가치의 파악

① 경영자는 지식재산을 경제적 재화로서 인식하는가

경영자가 지식재산을 경제적 재화라고 인식하지 않는 경우 지식재산은 단지 자사 실시를 위한 보호의 도구로 전락된다.

2) 사업환경 등의 파악

기업의 세계화에 따른 사업환경의 변화는 지식재산전략을 수립하는 데에 큰 영향을 미친다. 기업의 해외진출이 증가하면 개발 장소와 생산 장소의 분리가 가속화되고 이로 인한 지식재산의 일괄 관리가 이전보다도 더 어려워진다.

3) 지식재산전략의 기획 입안

(1) 기본 이념 및 전략의 책정

경영자는 스스로가 지식재산을 중시하는 경영 방침을 명확히 하고 동시에 대외적으로 명시한다. 사내적으로는 지식재산 중시의 의식을 공유한다.

(2) 지식재산전략의 책정

지식재산이 경제적 재화라는 인식을 기초로 하여 경영방침에 기초한 지식재산전략을 책정한다.

표 2.3 지식재산전략 입안에 있어서 유의점

번호	유의점
1	자사보유 지식재산의 상황과 경영방침의 차이의 확인
2	사업전략과의 연대(선택과 집중)
3	자사실시 중심에서 타사실시로의 균형 중시의 전환
4	개발전략과의 연대(개발시기 일정과 동기화)
5	사업에서의 독립한 지식재산전략(세계화의 시점에서)

① 자사보유 지식재산의 현황과 경영방침과의 차이를 확인한다.

자사보유 지식재산을 파악하여 자사를 둘러싼 사업환경 내의 강점과 약점을 명확히 한다. 그 결과 자사가 보유하는 지식재산의 현황이 경영방침과 어느 정도 차이가 있는지 명확히 한다.

② 사업전략과 연계한다(선택된 사업에 집중).

경영전략으로서 선택된 사업을 집중하기 위해 지식재산을 우위적으로 확보한다. 이때 지식재산을 자사의 연구개발에 의해 창조하지 않고 타사로부터 라이센스나 매매, M&A 등에 의해 다각적으로 취득하는 것을 검토한다.

반면, 사업전략으로서의 선택 사업으로부터 제외된 지식재산에 대해서는 보유하지 않고 타사에 라이센스 또는 크로스라이센스로서 제공하거나 매각한다. 또는 해당 지식재산을 자사에서 분사화하여 신규 사업화하는 방안도 고려한다.

타사의 힘을 활용함과 동시에 지식재산의 유지에 필요한 비용을 최소화한다.

③ 자사실시 중심에서 타사실시와의 균형 중시로 전환한다.

사업의 선택과 집중이 행해지면 자사실시의 대상외가 되는 지식재산은 일반적으로 방치 또는 포기된다.

지식재산은 경제적 재화라는 인식하에서는 해당 지식재산을 타사실시의 대상으로 최대한 활용한다. 자사보유 지식재산권에 대하여 자사실시와 타사실시의 균형을 고려하면서 지식재산전략을 입안 추진하기 위해서는 보유하는 지식재산권을 아래의 4개의 층으로 분류 정리하여 관리한다.

표 2.4 보유 지식재산의 기능적 분류

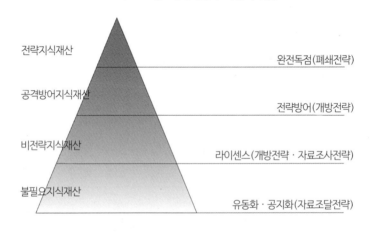

즉 취득한 지식재산권에 대하여

㉮ 자사사업을 수행하기 위해 반드시 필요한 것(전략지식재산)

㉯ 타사로의 크로스라이센스 등에 사용하기 위해 잠재적으로 필요성이 있는 것(공격방어 지식재산)

㉰ 타사로의 개방(라이센스) 가능한 것(개방지식재산)

㉱ 사업상 이익이 없는 것(불필요 지식재산권)으로 분류할 수 있다.

④ 개발전략과 연계한다(개발 일정과 동기화한다).

개발전략은 지식재산의 창출에 관한 전략과 거의 일체를 이룬다.

기업에서 연구개발에 관한 지식재산에 대해서는 단기, 중기, 장기에 따라 분류하여 이에 각각 대응한 지식재산전략을 입안한다.

단기적(1~2년)인 연구개발에 관한 지식재산전략에 대해서는 그 후도 범용기술로서 실시가능하지 않는 한, 특허권 등을 취득하지 않는다. 단기적으로 개발된 기술의 대부분은 기술수명이 짧고, 출원해도 특허권 등을 취득하기까지 그 기술이 진부해져 버리기 때문에 불필요한 비용을 발생시키게 된다.

중기적(3~4년)인 연구개발에 관한 지식재산전략에 대해서는 사업전략과의 연계성을 특히 고려한다. 개발전략이나 사업전략이 병합되어 해당 권리를 회피하기 위한 연구개발비의 추가, 해당 기업과의 제휴, 실시 권한의 취득 및 지식재산의 실시품의 구입 등을 행함으로써 개발리스크를 완화하고 결과적으로 사업이익을 증대할 수 있다.

장기적(5년 이상)인 연구개발에 관한 지식재산전략에 대해서는 대학이나 공적기관과의 공동연구나 위탁연구를 고려한다.

⑤ 세계화의 관점에서 연구개발 부문을 독립화한다.

세계화로 진행하는 기업 중에는 연구개발은 국내에서 행하고 제조 판매는 해외에서 하는 경향이 있다. 연구개발부문을 비용지출 관점에서 보는 것이 아니라 수익을 발생하는 이익창출 관점으로 전환할 필요가 있고, 이를 위해 지식재산전략이 요구된다.

4) 재식재산의 취득관리

① 좋은 지식재산권의 기준

취득할 지식재산권은 기업의 이익에 공헌할 수 있어야 한다.

표 2.5 좋은 지식재산권의 기준

번호	기 준
1	타사를 공격할 수 있는 지식재산권
2	판매우위성을 확보할 수 있는 지식재산권

② 바람직한 특허권 취득관리의 모델

발명자로부터 신고된 발명을 사업전략이나 개발전략과 연결한 지식재산전략에 정말로 적합한가의 관점에서 평가하여 권리취득을 위한 출원을 한다.

표 2.6 특허취득의 관리업무

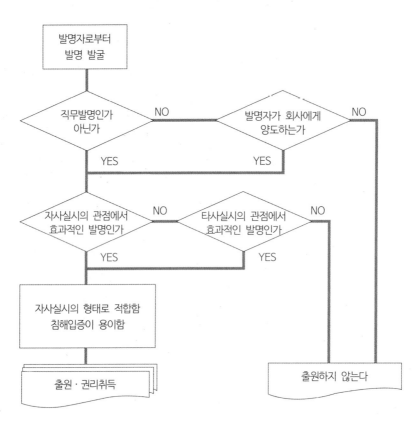

2.3 지식재산전략과 사업전략 및 연구개발전략

1) 사업전략 및 연구개발전략과 일체인 지식재산전략

기업경영은 사업전략, 연구개발전략 및 지식재산전략을 삼위일체하여 고려하여야 한다. 진입 장벽 없는 시장에서 그 기업의 경쟁우위를 도모하고 기업가치를 향상시킬 필요가 있는 가운데에 지식재산을 어떻게 창조, 보호 및 활용할 것인가는 연구개발, 금융 및 회계 등 기업활동 전반에 영향을 미친다.

표 2.7 사업전략, 연구개발전략, 지식재산전략의 삼위일체

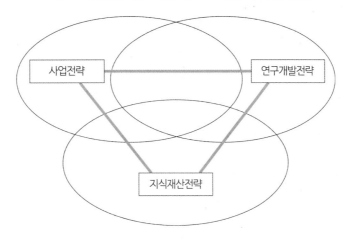

표 2.8 지식재산의 평가와 삼위일체의 경영전략

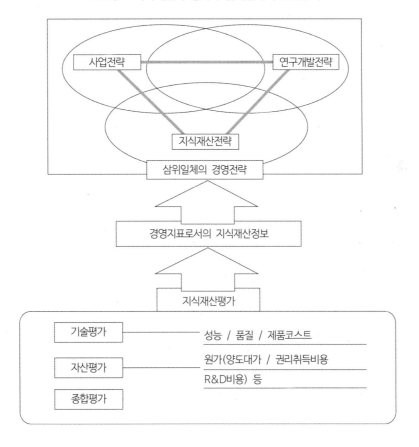

2) 사업전략, 연구개발전략과의 삼위일체의 구체화 초기단계

자사에서 보유한 지식재산의 각각에 대해서 경영판단을 가능하도록 하기 위해 경영지표화한다. 지식재산을 경영지표로 하는 것은 각각의 수익성 및 비용을 계산하여 그 자산가치를 도출하는 것을 의미한다. 이때 자사보유 지식재산을 기술적인 측면과 자산적인 측면으로 평가한다.

경영지표학된 지식재산정보는 지식재산전략의 근간이 되어 지식재산전략이 사업전략과 연구개발전략에 연계하는 역할을 한다.

3) 사업전략, 연구개발전략과의 삼위일체의 구체화 심화단계

기업에서 경영계획은 경영계획서로서 서면화 되고 기업경영의 지침으로 활용된다.

표 2.9 경영의 삼위일체화와 지식재산 평가, 지식재산전략서 및 경영계획서의 관계도

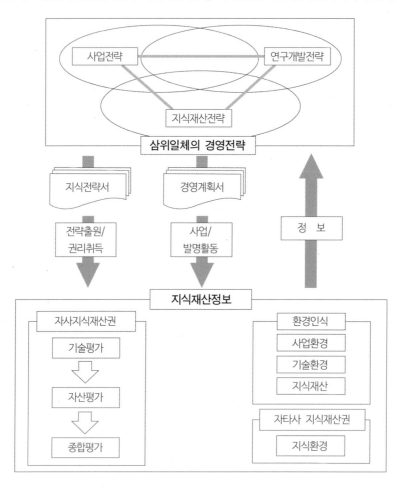

지식재산전략을 경영전략 하에 입안 및 수행해 나가기 위해서는 경영계획과 일치하는 지식재산전략을 입안함과 동시에 이를 경영계획서와 동격으로서 서면화한 지식재산전략서를 작성한다. 지식재산전략서는 사외 비밀로 처리한다.

지식재산전략서에는 자사보유 지식재산의 각각에 대하여 수익성과 비용이 계산되고, 각각의 지식재산이 어느 정도 수익에 공헌하고 있는가 등의 지식재산정보가 작성되어 있다.

지식재산전략서는 전략적 출원을 위한 권리취득의 지침서로 경영계획서는 사업 및 발명 활동의 지침서로 역할을 한다.

CHAPTER 03 연구개발의 전략

3.1 연구개발전략의 절차

1) 연구개발전략이란

기업 내의 지식재산 창출 활동은 연구개발에서 비롯된다. 기업에서 연구개발을 효율적으로 하기 위해서는 전사적 차원에서의 연구개발전략이 요구된다.

연구개발전략은 연구개발 담당부서뿐만 아니라, 기획·생산기술·생산·판매부서 등 기관의 모든 부서에 공통적으로 적용되는 포괄적인 지침이다. 기업의 연구개발부서와 생산관련부문이 서로 정보를 주고 받으면서 연구개발전략을 수립하는 데에 일체가 되어야 한다.

또한, 연구개발전략은 시대상황에 따른 수요를 미리 예측하고 빠르게 준비하기 위한 방편이다. 연구개발전략계획을 미리 수립하지 않은 채 연구개발 프로그램이나 프로젝트를 시작하는 것은 시행착오를 많이 일으킬 뿐만 아니라 기업활동에 큰 손실(loss)을 가져올 수가 있다.

2) 연구개발전략의 수립 절차

연구개발전략 책임자는 최고 기술경영자(Chief Technology Officer : CTO)에 해당하는 자에게 일임하여 기술전략의 수립과 집행을 지휘하게 한다. 연구개발전략 책임자는 경영전략부문과 긴밀한 연계를 갖고, 경영의 중요한 의사결정에 참여해야 한다.

연구개발전략계획을 수립할 때에는

첫째, 환경의 변화를 정확하게 예측해야 한다. 여기에는 거시동향·기술동향·시장동향에 대한 예측을 포함해야 한다.

둘째, 자사의 강점과 약점을 토대로 환경이 자사에 줄 수 있는 기회와 위협 요인을 분석한다.

셋째, 자사가 중점적으로 도전해야 할 기술영역과 목표를 설정하고, 그 목표를 달성하는데 필요한 전술적인 차원의 방안을 강구해야 한다.

넷째, 연구자들과의 커뮤니케이션을 끊임없이 유지해야 한다.

다섯째, 연구기술개발에 있어 지속적인 혁신(Innovation)을 주어야 한다.

3) 연구개발전략의 효율성

연구개발전략을 수립한 다음에는 연구개발의 효율성을 높이면서 기술적 우위를 유지한다. 여기에서 연구개발의 효율성이란 연구개발비용에 있어서 영업이익의 비율을 말하는 것이다. 즉, 연구개발의 효율성을 나타내는 수치가 높다는 것은 연구개발비에 대하여 영업이익이 크다는 것을 의미하기 때문에 연구개발의 효율성을 향상시키는 것은 영업이익의 확대로 연결된다.

기업은 연구개발의 방향성을 결정할 때 이 지표를 참고로 하여 행하고, 고부가가치의 제품 개발과 고수익성을 실현할 수 있도록 연구개발을 효율적으로 실시할 필요가 있다.

4) 경영자원의 선택과 집중

경쟁이 심한 시장에서 기업이 지속적 경쟁을 유지해 나가기 위해서는 기업의 선택과 집중에 의해 연구개발 투자를 가장 자신 있는 분야로 집중해 나감으로써 우위성 확보와 이익의 향상을 도모할 필요가 있다. 또 한편, 블루오션(Blue ocean) 시장을 개척해 나가야 한다.

5) 삼성전자 연구개발전략의 사례

삼성전자 신기술경영 '트리즈' 부상

'트리즈(TRIZ)'가 새로운 기술혁신 기법으로 급부상하고 있다. 삼성전자가 이를 도입, 개발·마케팅 부문 등에서 상당한 성과를 거둔 사실이 입소문으로 퍼지면서 업계에서는 요즘 '트리즈'가 화두로 떠오르고 있다.

TRIZ는 러시아어인 'Teoriya Reshniya Izobretatelskikh Zadatch'의 약자로, 영어로는 TIPS(Theory of Inventive Problem Solving : 창의적 문제해결 방법)와 동일한 의미를 갖고 있다.

삼성전자 관계자는 "최근 윤종용 부회장이 간부 간담회를 주재하면서 '삼성은 개발 및 마케팅 분야에서의 혁신이 일어나지 않으면 미래가 없다.'고 지적하면서 선진업체 및 경쟁사의 좋은 사례를 벤치마킹하라는 특별지시를 내렸다."고 소개하면서 "이에 따라 개발혁신을 위해 '트리즈'기법을 도입해 마케팅 부문 등에 적용해 상당한 성과를 거둔 것으로 안다."고 말했다.

실제 삼성전자는 윤 부회장 주재하에 2개월마다 개발혁신 간담회를 열고 있으며 이 간담회에는 본사 CFO 산하의 경영혁신팀과 CTO전략실(이기원 부사장) 산하의 e-CIM센터 관계자들이 고정 멤버로, 사안에 따라 현업 부서장들이 참석하고 있다.

현재 삼성에서는 트리즈 관련, 러시아 출신의 박사급 연구원 4명을 확보해 놓고 있다. 또한 반도체 공정 및 단말기에 트리즈를 적용, 몇몇 아이디어에 대해서는 현재 특허까지 출원한 것으로 알려졌다.

(1) 트리즈의 역사

트리즈는 유대계 러시아인인 겐리히 알트슐러(G. Altshuller)가 1946년부터 연구를 시작한 것으로, 200만 건에 달하는 기존의 특허를 분석해 발명의 방향, 원리를 구현한 것이다. 1980년대 후반부터 미국에서 SW(소프트웨어) 개발 툴로 상용화가 시작됐으며, 미국·일본·유럽 등 서방세계에 90년대 초반에 도입됐다.

현재 미국에는 2개의 트리즈 관련 SW회사가 있으며 컨설팅회사는 다수가 존재하고 있다. 미국·일본·유럽의 주요기업에서 '테크옵티마이저(TechOptimizer) SW'를 이용한 트리즈 기법이 널리 도입돼 있는 상황이다. 트리즈 국제공인자격 인증을 통해 '마스터(Master)'자격을 부여하고 있는데, 현재 전 세계에 70여 명의 마스터가 활동중이다.

(2) 기존 기법과의 차이점

기존의 브레인스토밍(Brainstorming)과 같은 아이디어 발상 기법 등은 실제로 문제를 해결해 주는 것이 아니라 문제 해결을 위한 아이디어만을 제공한다는 점에서 트리즈와 다르다. 트리즈는 '무엇을 해결해야 하는가'를 가르쳐 주는 것과 함께 '어떻게 해결해야 하는지'를 가르쳐 주는 기법이다. 트리즈의 기대 효과는 제품 개발시 발생되는 문제점을 40가지 원리 등 특유의 트리즈 기법으로 접근함으로써 단순히 문제를 개선하는 차원을 뛰어넘어 혁신적 문제해결이 가능하다는 특징을 갖고 있다.

예를 들어 제품 및 부품을 기능 위주로 분석, 다른 부품이 기능을 대신하거나 해당 부품이 필요 기능을 수행하도록 변형하는 등의 재설계를 통해 개발비용 등을 절감할 수 있다는 것이다. 또한 제품의 진화과정을 예측함으로써 시장을 선점할 제품을 개발할 수 있다는 것도 트리즈 기법의 장점으로 꼽힌다.

3.2 연구개발단계에서의 지식재산전략

연구개발단계에서 특허 등의 지식재산을 활용하면 대응전략을 미리 수립하여 제품을 생산할 수 있을 뿐 아니라, 제품을 전략적으로 개발하기 때문에 경쟁사와의 차별전략으로 제품기술의 혁신을 도모할 수 있는 장점을 가진다. 그 외에도 발명이나 아이디어를 탄생시키는 힌트, 장래의 기술예측 등 장점이 많다.

1) 기술별 문제특허의 발굴

해당기술 분야에서 선도적인 기업이 아니라면 진입하고자 하는 분야에 선행특허가 다수 존재하므로 이에 대한 대비책 수립이 기술개발단계의 특허전략의 1차적인 사항이 된다. 이러한 작업은 정밀한 특허조사에 의해 이루어져야 하며 개발수행 전에 이에 대한 대비책을 마련하고 기술개발전략을 수립하여야 한다.

이는 차별화된 기술과 이러한 기술이 뒷받침 하여 주는 히트·전략적 제품을 위한 선행기술을 확보하는 데에 있어서도 필수적인 단계이다.

2) 개량특허의 출원

문제특허에 대한 대응전략으로 가장 유효한 것은 생산성이나 기능에 있어서 탁월한 효과를 나타내는 개량특허를 출원하는 것이 전략이 될 수 있다. 따라서 기본특허를 이용하여 대체 또는 개량기술을 출원하는 전략을 채택하는가, 아니면 기술료 협상을 진행할 것인가 하는 것은 회사별 기술수준 및 해당기술의 영향력에 따라 달라진다.

3) 전략적 제휴

특허 전략은 반드시 공격석이거나 적대적인 것이 아니고 사업영역 내의 기업활동의 자유도를 높이고, 수익을 극대화하는 것이므로 보유기술의 영향력에 따라서는 경쟁업체와의 전략적 제휴가 가장 유리한 전략이 될 수도 있다. 이는 서로 부족한 기술의 제휴(즉 공유)에 의해 시장 선점의 가속화를 추진할 수 있다.

4) 특허 포트폴리오의 구축

자사 및 주요 경쟁사의 특허권 분석을 통하여 각 단계의 활동내용을 구체적으로 살피고, 그 활동의 질을 높이는 수법을 적용하여, 향후에 넓고 강한 특허권의 집합을 얻은 결과로 가치 있는 특허 포트폴리오를 구축한다.

(1) 특허 포트폴리오

특허 포트폴리오란 기술의 선도업체가 다른 경쟁업체로 하여금 그 관련 기술을 개량하거나 회피하지 못하도록 철저하게 기본특허와 개량특허 및 주변특허와의 관계를 통해 그 기술을 침해하지 못하도록 구축하는 특허망을 말한다.

3.3 지식재산창출 실무

2005년 11월 현대자동차는 "신기술 특허 실적 장려금"제도를 도입하였다. 신기술 개발에 기여한 인재들에게 1인당 최고 5,000만 원까지 포상금을 지급한다는 것이다. 이렇게 2000년대에 이르러서는 모든 기업들이 과히 특허전쟁에 돌입했다고 하여도 지나친 표현은 아닐 것이다. 이에 대한 가장 기초적이며, 필수적인 단계로 개발기술에 대한 선행기술조사를 필요로 한다. 새로운 개념, 창의적 문제해결을 위한 특허전략도구로 위에서 소개한 트리즈(TRIZ)가 최근 급부상하고 있다.

1) 선행기술조사를 한다.

출원하기 전에 발명이 진보성, 신규성과 같은 특허요건을 갖추고 있는지를 판단하여, 불필요한 출원을 진행하는 것을 방지하기 위해 선행기술 조사가 반드시 필요하다. 조사범위는 비용대비 효과로 결정되고 대상은 주로 "특허공개공보", "특허공보", "실용공개공보" 등이 있다.

특허정보의 조사는 인터넷을 통하여 간단히 행할 수 있다. 그러나 복잡하고 전문적인 기술 또는 해

외에 연관된 기술(해외출원, 해외에 제품 수출 등)인 경우에는 특허검색 전문업체에 의뢰하여 특허정
보를 행할 수 있다.

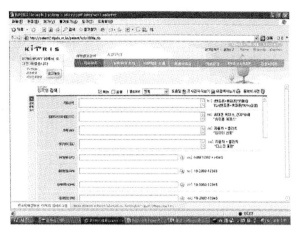

특허정보 검색 페이지

(1) 산업재산권 정보자료 제공처

특허청 홈페이지(http://www.kipo.go.kr)의 특허정보 무료검색 서비스(KIPRIS)를 클릭한 후 특허정
보를 검색하거나, One click Service의 특허정보 검색을 원하시나요?란을 클릭하여도 특허정보 검색이
가능하다. 이외에도 유료로 검색을 제공하는 웹사이트가 있다.

Tel : (042)481-5127~8   Fax : (042)557-8414

특허청 서울 사무소 열람실

Tel : (02)568-6221   Fax : (02)557-8414

(2) 지식재산권 담당부서(또는 담당자)의 역할

연구개발단계에서의 핵심 인력은 연구개발자 및 기술자이지만 이를 지원하는 인력인 지식재산관리
자도 그 중요성이 크다.

지식재산관리자는 이하의 업무를 통해 연구개발자나 기술자의 기술창출 활동을 지원한다.

① 선행기술 조사와 특허맵의 작성

선행기술 조사(타사 특허 조사)를 행하고, 그 결과를 특허맵으로 작성한다.

• 특허맵

특허맵이란 시장의 특허 취득 상황을 이해하기 쉽게 데이터베이스화한 것이다. 특허맵의 작성
과 분석은 기업의 유효한 연구개발전략의 책정 및 실시를 위해 반드시 필요하다.

표 3.1　특허맵의 활용목적과 용도

활용목적	용 도
연구개발전략 수립 (Techno Map)	R&D 동향 파악, 공백 기술분야 파악, 선행 프로젝트의 현존기술 파악, 중요 특허 파악, 타켓제품의 시장조사
	기술분야의 체계 파악, 자사의 위치 설정
경영전략 수립 (Manage Map)	경쟁사의 동향 파악, 시장동향 및 상품의 변혁과 흐름 파악
	신규 사업방향 및 가능성 파악
	자가 기술 매각, 해외진출, 기술도입
	사업화시 주의를 요하는 권리 파악
특허전략 수립 (Claim Map)	정보제공, 이의신청 및 무효심판 등의 자료
	특허 관리망 형성
	강력한 특허권 취득을 위한 명세서 작성

② 개발된 신기술의 특허출원

지식재산관리자는 연구개발자 및 기술자가 개발한 신기술의 보호 범위를 넓게 하여 특허출원을 하도록 한다.

③ 공동개발

타사의 기술자와 공동개발을 행하는 경우에 노하우 개시를 위한 비밀 유지, 기술 개발분야의 분석, 개발 비용, 공동 개발 신제품의 취급 등의 계약 사항을 지식재산관리자가 주도적으로 진행한다.

④ 타사 특허의 저촉관계

지식재산관리자는 자사 기술과 타사 보유 특허권과의 저촉 유무에 대한 검토를 하여 신속히 적절한 대책을 세운다.

⑤ 교육

지식재산관리자는 특허 등의 지식재산권의 교육을 연구개발자 및 기술자에게 수시로 시행한다.

직무발명 및 지식재산권

4.1 직무발명

4.1.1 직무발명

회사에 근무하는 종업원이 회사 업무로서 연구, 개발한 결과물 즉 완성한 발명을 '직무발명'이라고 하고, 직무발명은 종업원 자신의 노력과 재능에 의해 개발한 것이지만 사용자인 회사도, 급료, 설비, 연구비 등을 종업원에게 제공하고 있기 때문에 발명의 완성에 일조를 했다고 할 수 있다.

따라서 특허법에서는 발명자인 종업원에게 특허를 받을 권리가 있다고 인정하지만 사용자인 회사의 공헌도를 고려하여 발명의 실시나 예약승계에 대하여 보상적 권리를 인정하고 있다.

표 4.1 직무발명

특허받을 권리의
취득

예약승계에 의해
대가지급

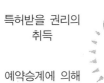

직
무
발
명

법정의 통상실시권
취득

특허를 받은 권리의
예약승계 가능

1) 직무발명이란

직무발명이란 종업원의 발명이 사용자 등의 업무범위에 속하고 발명을 하게 된 행위가 종업원 등의 현재 또는 과거의 직무에 속하는 발명으로 특허법 제39조 제1항에서 규정하고 있는 발명이다.

직무발명이라는 것은 다음의 3요건을 만족하는 경우라고 할 수 있다.

① 종업원 등이 한 발명일 것

종업원 등에 속하는 범위가 문제가 되지만, 그 종업원 등은 조문상 명시적으로 들고 있는 종업원이나 법인의 임원 등에 한정되지 않고 넓게 법인 등의 사용자와의 사이에서 종속적으로 노무를 제공한 관계가 있는 자 전반을 포함한다.

② 당해 발명이 그 성질상 당해 사용자 등의 업무범위에 속할 것

"사업범위에 속하는"이라는 것은 종업원 등이 사용자 등의 요구에 따라 종업원이 사용자의 업무에 일부를 수행함으로써 발명을 행한 경우를 나타내고 주로 자유발명이나 업무발명과 직무발명을 구별하는 경우에 기준이 되는 요건이다.

③ 당해 발명을 하게 된 경우가 그 사용자 등에 있어 종업원 등의 현재 또는 과거의 직무에 속할 것

"과거의 직무"에는 과거에 근무한 직장의 직무경험에 기초한 발명을 포함하지만, 당해 종업원 등이 퇴직 후에 한 발명에 대해서는 ①의 요건과의 관계에서 직무발명에는 포함되지 않는다는 해석이 있다.

표 4.2 직무발명의 개념도

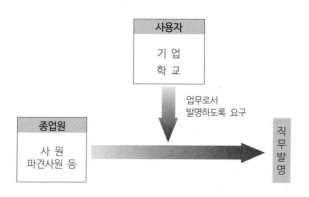

2) 자유발명, 업무발명과의 차이점

자유발명이라는 것은 종업원 등이 한 발명에 있어서 회사의 업무범위에 속하지 않는 발명을 말한다. 즉 당해 발명이 종업원 등이 회사의 업무시간 내에 행한 발명이라 하더라도 또한 회사의 설비 등을 사용하여 행한 발명이라 하더라도(당해 행위의 직무규율위반 등의 가능성은 별도의 문제) 회사의 업무범위에 속하지 않는 발명은 직무발명이라고 인정되지 않는다.

업무발명이라는 것은 종업원 등이 낸 발명 가운데 사용자 등의 업무범위에 속하는 발명을 말한다. 직무발명은 모든 업무발명이고, 직무발명은 업무발명 가운데 특허법 제35조에서 정하는 효과를 인정하는 것으로 한정된다.

표 4.3 종업원에 의한 발명의 종류

종업원의 발명	직무발명	회사의 업무범위에 속하고, 발명을 하는데 도달한 행위가 종업원의 현재 또는 과거의 직무에 속하는 발명
	업무발명	회사의 업무범위에 속하고, 직무발명이 아닌 발명
	자유발명	회사의 업무범위에 속하지 않는 발명

3) 직무발명의 효과

어떤 발명이 직무발명이라고 인정된 경우 당해 발명의 특허를 받을 권리는 종업원 등에 귀속하지만 사용자 등은 그 발명에 대하여 특허를 받은 경우에는 당해 특허권에 대하여 통상실시권을 취득한다. 이 통상실시권은 당해자의 의사여부에 상관없이 특약 등이 없으면 당연히 발생하는 것으로 법정실시권이라고 부른다.

또한 직무발명에 대해서는 미리 사용자 등에게 특허를 받을 권리 또는 특허권을 승계시킨다는 취지의 특약, 혹은 전용실시권을 설정한다는 취지의 특약을 계약이나 근무규칙 등에 정할 수 있다. 이러한 경우에는 사용자 등은 종업원 등에 대하여 상당한 대가를 지급하여야 한다.

4.1.2 **직무발명의 보상**

1) 직무발명보상제도

종업원의 기술적 창작활동을 유도하여 기업의 기술개발을 촉진시키기 위해서는 직무발명보상제도의 마련은 무엇보다도 중요하다고 할 수 있다.

기업의 발명이 이윤창출과 연계되는 과정을 살펴보면, 직무발명보상제도를 통한 인센티브를 제공하여 직무발명을 활성화시키고 완성된 발명을 실용화하여 이윤창출을 극대화시키는 연속적 과정이다.

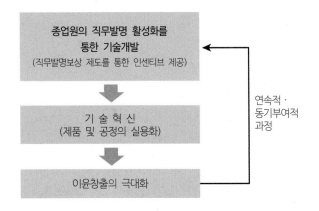

일반적으로 직무발명보상제도를 마련할 경우 다음의 내용이 포함되어야 한다.

표 4.4 직무발명 규정의 내용

① 규정의 목적
② 권리의 귀속
③ 직무발명의 인정 기준 및 인정 수수료
④ (직무발명에 대한 사용자 등에 권리가 귀속되도록 한 경우)권리 이전 시기
⑤ (동)특허출원의 절차 등에 관한 규정(예를 들면, 출원서류 작성에 있어 발명자의
   협력의무 등을 정한 것.)
⑥ (동)보상금(대가)에 관한 규정
⑦ 비밀유지 의무 등

2) 직무발명에 대한 보상

(1) 보상의 종류

직무발명에 대한 특허를 받을 권리 또는 특허권을 사용자 등이 취득하고 혹은 출원된 특허에 대해 전용실시권을 사용자 등이 취득하는 경우에는 발명자인 종업원 등에 대하여 상당한 대가를 지급하여야 하고, 이 상당의 대가로서 보상금을 지급하는 예가 많다. 최근에는 특허기술로 판매된 이익에 대한 일부, 제공기술로 발생된 로열티 수익의 일부로 직무발명에 대한 대가를 보상하는 사례가 증가하고 있는 추세이다.

① 발명시 보상금 지급

발명보상은 종업원 등이 고안한 발명을 특허청에 출원하기 전에 받는 보상으로 출원유무에 관계없이 종업원 등의 아이디어와 발명적 노력에 대한 일종의 장려금적 성질을 가진 보상이다.

② 출원시 보상금 지급

출원보상은 종업원 등이 한 발명을 사용자 등이 특허받을 수 있는 권리를 승계하여 특허청에 출원함으로써 발생하는 보상으로 미확정 권리에 대한 대가이기 때문에 장려금적 성질을 가지며, 특허성과 경제성이 있다고 판단해서 출원한 것이고, 일단 출원 후에는 후원배제의 효과와 출원공개시 확대된 선원의 지위를 가질 수 있기 때문에 지급하는 보상이다.

③ 등록시 보상금 지급

사용자 등이 승계받은 발명이 등록결정되었거나 특허 등록되었을 때 지급하는 보상이다.

표 4.5 연구개발부터 특허출원 실시까지의 흐름과 보상금

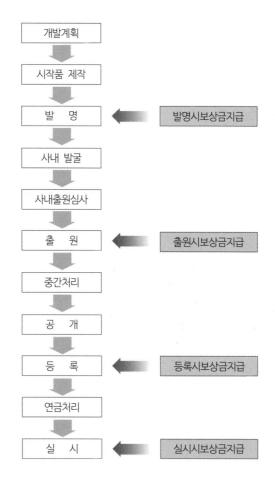

④ 실시시 보상금 지급

자사 실시뿐만 아니라 제3자 실시, 크로스라이센스 등에 의해 해당 발명으로부터 이익이 발생할 경우 종업원 등에게 지급하는 보상이다.

⑤ 기타

사용자 등이 종업원의 직무발명을 노하우(Know-How)로 보존하는 경우 또는 공개시 중대한 손해가 발생할 우려가 있다고 판단되어 출원을 유보하는 경우에도 보상을 하여야 한다. 이 경우 보상금액은 당해 발명이 산업재산권으로 보호되지 아니함으로써 종업원 등이 받게 되는 경제적 불이익을 고려하여 결정하여야 한다(발명진흥법 제13조 제2항).

4.2 지식재산권의 예

다음 표 4.6은 휴대전화기의 지식재산권의 예를 보여주고 있다.

표 4.6 휴대전화기 중의 지식재산

저작권
사상 또는 감정을 창작적으로 표현한 것을 창작으로부터 창작자 사후 50년간 보호

실용신안권
물품의 현상·구조 조합에 관한 고안에 대하여 출원일로부터 10년간 독점
[예] 콤팩트하게 전화기내에 수용가능한 안테나의 구조에 관한 고안

특허권
자연법칙을 이용한 신규성 있는 산업상 유용한 발명에 대해 출원일로부터 20년간 독점
[예] 긴 수명, 소형 경량화한 리튬 이온 전지에 관한 발명, 액정화면에 관한 발명

상표권
상품, 업무에 사용하는 마크 (문자, 도형, 기호 등)을 등록하여 등록일로부터 10년간 독점 10년마다 갱신 가능
[예] 전화기 메이커가 자사 제품의 신용보호를 위해 제품이나 포장에 표시하는 마크

디자인권
미관, 신규성, 창작성 있는 물품의 현상, 모양, 색체에 관한 디자인을 등록일로부터 15년간 독점
[예] 스마트한 전화기의 형상, 모양 색체에 관한 디자인

4.3 특허취득 절차

표 4.7 특허취득 절차

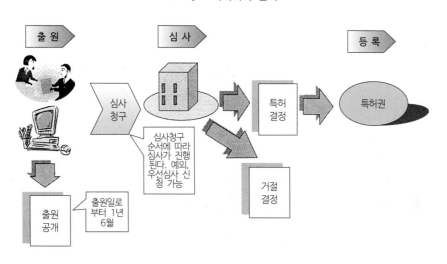

4.3.1 출원서류의 제출

특허출원을 하려고 하는 경우, 소정의 사항을 기재한 '특허출원서'를 특허청에 제출하여야 한다. 특허출원서에는 요약서, 명세서, 도면(필요한 경우)이 첨부되어야 한다.

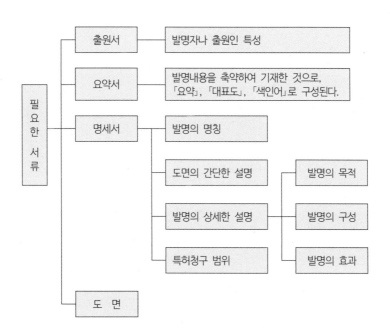

출원서류를 작성할 때에는 특허출원서, 요약서, 명세서 순으로 작성하되, 그 발명이 속하는 기술분야에서 통상의 지식을 가진 자가 출원인이 제출한 출원서류에 기재된 내용을 보고 용이하게 실시할 수 있을 정도로 그 발명의 목적·구성·효과를 구체적으로 기재하여야 한다.

(1) 서식안내

특허청 홈페이지 http://www.kipo.go.kr에 접속하여 HOT LINK 민원서식 다운로드/특허출원/특허출원서에서 다운받아 사용할 수 있다.

특허정보의 활용

5.1 특허정보의 의미

특허는 발명의 내용에 대한 정보를 일반에 공개하는 대가로 발명자에게 부여되는 독점적 권리로서, 발명과 진보를 장려하기 위한 사회적 장치로 개발되었다. 특허권 취득 요건은 그다지 높지 않으며, 신규성 혹은 진보성을 갖춘 발명에 대해서는 부분적 변화에 대해서도 완전히 새로운 진보만큼 쉽게 특허권이 승인된다.

특허가 가능한 대상에는 운영방법·프로세스, 물리적인 구조, 제품사양이 포함된다. 프로세스 단계의 고유한 순서는 비록 개별 단계가 일반적으로 이미 잘 알려진 것이라고 해도, 각 단계를 특정한 순서로 연결하여 유일한 결과를 산출할 수 있다면 특허가 승인되며, 과거의 사양이나 구조 역시 그것이 다른 맥락이나 전혀 새로운 측면에서 사용된다면 역시 특허가 허용된다.

특허 정보는 특허 제도상에서 특정 발명에 대해 이러한 권리를 부여하는 과정에서 나타나는 모든 관련 정보들을 뜻하며, 일반적으로 출원인이 특허권을 인정받기 위해서 해당 국가 기관에 특허 출원서를 제출하는 출원 행위에서부터 발생되는 모든 문서상, 행정상 정보들을 포괄한다.

특허 문헌의 구조는 특허법에 엄격히 정해져 있으며 나라마다 다소간의 차이가 있으나, 대체로 시간적 정보, 인적 정보, 번호 정보, 기술내용적 정보, 기타 정보 등의 내용이 크게 서지사항과 명세서로 구분되어 표시된다. 서지사항은 발명을 누가, 언제, 어디서 했으며, 그 소유권을 누가 가지고 있는지, 그리고 그 발명이 어떤 기술 분야에 속하는가 등에 대한 정보를 담고 있다. 두 번째 부분인 명세서는 '발명의 상세한 설명'과 특허 청구범위로 구분되는데, '발명의 상세한 설명'은 새롭게 개발된 기술을 타인이 편리하게 활용할 수 있도록 설명한 부분이며, 특허 청구범위는 특허권자가 독점권을 갖는 기술의 범위를 서술한 부분이다.

공고특허특 1992-0000556

(19)대한민국특허청(KR)
(12) 특허공보(B1)

(51) Int. Cl. [5] G07D 5/00	(45) 공고일자 1992년 01월 16일 (11) 공고번호 특 1992-0000556 (24) 등록일자

(21) 출원번호	특 1988-0014931	(65) 공개번호	특 1989-0008734
(22) 출원일자	1988년11월12일	(43) 공개일자	1989년07월12일
(30) 우선권주장	62-286215 1987년11월12일 일본(JP)		
(73) 특허권자	산요덴끼 가부시끼가이샤 이무에 사또시 일본국 오오사까우 모리구지시 게히하 혼도모리 2쪼메 18반지		
(72) 발명자	다쯔께 사부로우 일본국 사이타마켕 죠다시 무까이마치 23-17 마쓰다 에니지 일본국 군마켕 오타시 우지가시마 1574 무지다 히로유끼 일본국 사이타마켕 끼다모토시 시모이사도시따 703-3 만넴 히로아끼 일본국 사이타마켕 기따다치굼 후끼아끼마치 후지미 1-13-7
(74) 대리인	남계영

심사권 : 조성옥 [뼈자공보 제2825호]

(54) 자동판매기의 경화지불 장치

요약

내용 없음.

대표도

도1

명세서

[발명의 명칭]

자동판매기의 경화지불 장치

[도면의 간단한 설명]

제1도는 대기상태를 표시한 경화지불장치의 종단측면도.

[발명의 상세한 설명]

본 발명은, 경화처리장치에 설치되는 경화(硬貨:동전)지불장치에 관한 것이다.

종래, 복수의 경화튜우브 내의 경화를 1개의 구동 모우터에 의하여 개개로 지불할 수 있도록한 경화지불로는, 예로 실개소 54-70499호 공보에 표시되는 바와 같이, 복수를 병설한 코인(경과)튜우부의 하부에 설치한 베이스 플레이트와 코인튜우브하단 사이에, 각 코인튜우부내의 최하위의 경화를 각각 받아들이는 구멍을 가진 페이 마무트슬라이드를 설치하고, 이 페이마우트 슬라이드를 코인튜우브의 병설방향과 직...

[57]청구의 범위

청구항1

경화(동전)을 수납하는 복수의 경화튜우브(20A,20B,20C,20D)를 병설하여 이루는 경화 지불 장치에 있어서, 정전역전이 가능한 구동 모우터 (35)와 이 구동 모우터(35)에 의하여 왕복 이동하는 슬라이드부재(65)와 전기의 경화 튜우브(20A,20B,20C,20D) 마다에 대응하여 각각 슬라이드 부재(65)에 연결이 가능하게 설치되어 연결시의 슬라이드부재(65)의 왕복 이동에 의하여 대응하는 경화 튜우브(20A,20B,20C,20D)내의 경화(동전)를 지불하는 지불부재(67)와 전기의 구동 모우터(35)에 의하여 구동하여 경화(동전)를 지불할 경화 튜우브에 대응한 전기의 지불부재(67)를 슬라이드부재(65)에 연결시키는 선택구조를 구비하고, 전기의 구동 모우터의 일방향에의 회전에 의하여 선택 구조(32)를 구동하고, 반대 방향에의 회전에 의하여 슬라이드부재(65)를 구동하는 것을 특징으로 하는 자동판매기의 경화 지불 장치.

도면

도면1

그림 5.1 특허 문서의 예시(특허 공보)

표 5.1 특허 문서의 구조(특허 공보)

구분	서지사항	명세서
내용	발명자, 출원인, 특허권자, 대리인, 심사관 출원번호, 공개번호, 등록번호, 우선권 주장번호 출원일자, 공개일자, 공고일자, 등록일자, 우선권 주장일 국제특허분류 발명의 명칭 초록	발명의 상세한 설명 　발명의 목적 　　발명이 속하는 기술분야 　　그 분야의 종래 기술 　　발명이 이루고자 하는 기술적 과제 　발명의 구성 　　과제 해결을 위한 기술적 수단 　　기능 및 적용 　　실시 예 　발명의 효과 특허청구범위 　청구항 1 　(도면)

5.2 특허정보의 활용

특허정보의 활용은 크게 두 가지로 구분된다. 첫 번째 특허정보 활용 유형은 특허문헌에 포함된 기술적 내용이나 법률적 내용에 초점을 둔다. 심사관, 변리사, 지식재산관리자 등이 특허정보를 다루는 방식이 주로 이에 해당되는데, 독점적 권리가 발생하는 영역을 규정짓고 그 독점적 권리 행사와 관련된 법률적 문제를 해결하기 위한 기초 자료로 특허정보를 활용하는 것이다. 이 관점에서의 특허정보 활용은 주로 명세서 부분을 중심으로 이루어지며, 전통적인 특허정보 활용 형태다.

최근 부각되고 있는 특허정보의 또 다른 활용 유형은 '특허지표'로 통칭되는 데, 기술변화의 방향과 기술혁신의 성과 등을 측정하기 위한 판단 자료로 특허정보를 활용하는 것이다. 경제학자, 정책담당자, 기업전략분석가 등의 특허정보 활용이 이에 해당하며, 이 유형의 특허정보 활용에서는 서지사항에 해당되는 사항들이 주된 관심대상이 된다.

기업의 입장에서 볼 때, 특허정보 활용은 궁극적으로 기술과 관련된 경쟁정보 분석과 동일하다. 즉, 기업은 해당 산업 및 경쟁사의 기술관련 정보를 분석함으로써, 기술과 관련된 의사결정의 불확실성과 리스크를 감소시키는 동시에 새로운 기회를 찾는 등 효율적인 기술전략을 세울 수 있다. 이는 특허가 가지는 객관적이고 잘 구조화된 기술변화의 선도지표로서의 속성에 기인한다. 특허는 다른 곳에서는 입수하기 어려운 상세한 기술적 내용들을 담고 있는 경우가 대부분이며, 학술문헌 등보다 오히려 빠른 시점에서 그러한 내용들이 공개될 뿐 아니라, 특허 해당 기술의 구체적인 구성 및 작용, 상업화 가능성 등이 포함되도록 법으로 규정되어 있다.

표 5.2 기업의 특허정보 활용

기술전략에의 활용	효 과
기술 경쟁 분석 기업의 포트폴리오와 전략 비교 경쟁사의 고/저 성장 기술 판별	제품관리전략과 결정 개선 장기적 시장 획득에 보다 집중
신규 벤처 평가 잠재적 기술획득 평가 조인트벤처 기회 파악	보다 우수한 기술 인수 투자 리스크 감소 기획의 불확실성 감소
특허 포트폴리오 관리 중요 특허·제품영역·분사(spin-off) 파악 신규 분사 사업 조기식별	특허 수익 개선(라이센스·판매·개발) 잠재적 기술고객 개발
R&D 관리 공정·제품 계획 평가 기술속도 정의	R&D 자원배분 개선(핵심대상 선정) 보다 창의적인 아이디어에 대한 관심
생산영역 감시 신규특허 내용과 소유자 파악 침해사례 파악	잠재적 기술혁신, 변화·신규진입 조기경보 지적재산권에 대한 보호

　기업의 기술관련 활동은 크게 연구개발 활동과 기술 활용의 두 부문으로 나눌 수 있다. 우선 연구개발 활동과 관련, 이를 연구기획단계, 연구개발단계, 연구개발 이후 단계의 세 단계로 구분하여 특허정보 활용을 살펴보자.

　우선 연구기획단계에서는 연구과제 선택의 객관적 타당성을 확인하기 위한 자료로 특허정보를 활용할 수 있다. 즉, 관심분야에 대한 특허정보를 조사함으로써 현재까지의 기술동향 및 권리동향을 파악하는 동시에, 이를 통해 한정된 기간 내에 가장 효과적인 연구개발이 이루어질 수 있는 미개척 대상 분야를 찾을 수 있으며, 최근 많은 기업들에서 채택, 수행하고 있는 특허맵 작성은 바로 이 유형에 해당된다.

　특허맵은 특허정보 조사를 통해 기술개발 동향을 파악하고 선도기업과 유사분야 연구자의 기술력을 평가하는 전체적인 특허분석 결과를 뜻하며, 연구개발 동향 및 중요 기술, 중요 특허를 파악하고 기술 분야의 체계를 파악함으로써 연구개발 측면에서의 자사의 위치를 설정하는 연구개발전략 수립수단으로 활용할 수 있다.

　연구개발단계에서는 연구기획단계에서 설정된 연구개발 방향에 대해, 특허문헌을 통해 최신 기술동향을 확인하고 명세서에 수록된 기존 기술의 문제점 및 최신 기술 내용들을 주기적으로 확인함으로써 구체적인 연구개발 수행 방안을 수립하는 동시에 실제 연구개발 수행 과정에서 나타나는 문제들을 해결하기 위한 아이디어를 얻을 수 있다.

연구개발 이후 단계에서는 연구개발을 통해 확보한 기술에 대해 이미 특허가 주어진 기술뿐만 아니라 출원신청을 했지만 기각되거나 신청을 철회한 기술 등을 조사하여 특허를 성립시킬 수 있는지의 여부를 확인함으로써, 불필요한 특허비용을 절약할 수 있다.

기술 활용부문의 특허정보 활용은 크게 기술의 특허권 보장 및 침해 여부, 기술의 가치판정, 기술을 적용한 상품·서비스의 제공 및 판매 등의 문제와 관련되어 행해질 수 있다. 우선 특허권과 관련하여, 특정기술의 구현 및 행사단계에서 자사가 사용하고 있는 기술에 대해 동일한 기술에 대한 특허권을 조사함으로써 다른 기업이 보유하고 있는 특허권을 침해하는지의 여부를 확인함으로써 법적인 리스크를 감소시킬 수 있다.

두 번째로, 기술의 가치판정 측면에서 기술 이전 혹은 라이센스 계약 등의 기술관련 거래와 관련하여 그 기술이 해당 분야에서 어느 정도의 비중을 가지며 어떤 분야에 활용될 수 있는 가능성이 있는지 등을 확인함으로써, 해당 거래가 적절한 것인지를 판정하기 위한 근거 자료로 특허정보를 활용할 수 있다.

세 번째 문제인 상품·서비스의 제공 및 판매는 특허의 지리적 범위와 관련된다. 특허가 출원된 지역에서 해당 특허의 기술 내용을 사용하여 판매, 제공되는 제품·서비스에 대해서는 특허의 독점적 권리를 침해하는 것으로 간주되어 법적인 제약이 따르게 되며, 특허·상표·저작권을 침해했다고 판정될 경우 해당 상품의 수입을 규제할 수 있도록 한 미국의 관세법 337조는 그 대표적인 사례다. 그러나, 특허는 그 특허가 출원된 국가에서만 보호, 행사될 수 있는 권리이므로, 특정 기술의 핵심 특허가 출원, 등록되지 않은 국가에서는 그 기술을 응용한 제품·서비스를 생산, 판매함에 있어서 제약을 받지 않게 된다. 이 유형의 특허정보 활용은 특허정보가 기술개발뿐만 아니라 통상적인 상거래 행위에서도 반드시 고려되어야 할 문제임을 시사한다.

5.3 특허정보의 활용

최근 각국의 특허청은 과거 책자류나 이를 가공한 마이크로 필름의 체제에서 벗어나 보관 및 검색의 효율성 등을 고려한 디지털화가 상당부분 이루어졌다. 이러한 특허정보의 디지털화로 인해 각국의 특허청이나 데이터베이스 공급기관들이 특허정보 데이터베이스를 구축하는데 보다 용이한 여건을 가지게 되었다. 또한, 상기 구축된 특허정보 데이터베이스는 전문 텍스트 검색 및 도면검색에서도 편리함을 제공하게 되어 특허정보를 활용하는 데 많은 도움을 주고 있다. 본 장에서는 한국과 미국 특허청을 중심으로 온라인 상에서 무료로 특허정보를 검색할 수 있는 방법을 소개한다.

5.3.1 한국 특허검색 : 한국특허정보원(http://www.kipris.or.kr)

1) 개요

한국 특허청은 1998년 5월을 시점으로 이전의 공개 및 공고 공보 등의 발행 매체를 책자에서 CD-ROM으로 대체하여 발간하였고 공개 공보의 내용에 전문을 수록하기 시작하였다. 또한 2001년 7월부터는 CD-ROM 공보를 대신하여 인터넷 공보를 발간하기 시작했으며, 이러한 특허정보 데이터는 한국 특허정보원(KIPI)의 특허정보 무료검색 서비스인 KIPRIS를 통해 제공되고 있다. KIPRIS는 특허청을 대신하여 산업재산권과 관련된 모든 정보를 DB로 구축하여 일반인들이 인터넷을 통하여 무료로 검색·열람할 수 있도록 한 특허정보 종합 인터넷 서비스로, 회원가입 후 무료로 특허정보를 검색할 수 있다.

2) 특징

① 1948년 이후의 국내 산업재산권 전체정보와 1980년 이후의 해외 특허정보를 검색할 수 있다.
② 특허청 전자출원 데이터를 이용하여 정확한 DB를 구축, 데이터의 신뢰도가 높다.
③ 검색시 검색 항목간 조합에 의한 검색이 가능하다.
④ 서지사항, 초록의 일괄보기 및 검색결과의 일괄 다운로드가 가능하다(단, 검색결과는 특허의 경우 5,000건, 상표의 경우 3,000건으로 제한).

3) 제공 데이터

표 5.3 KIPRIS 보유 데이터

구분	권리	종 류		기준일	기간	형태
국내	특허	서지		공개(공고)일	'48~	TEXT
		초록		공개(공고)일	'48~	TEXT
		대표도면		공고일	'48~	TIFF
		전문	책자공보	공개(공고)일	'83~'98	TIFF
			CD-ROM / 인터넷 공보	공개(공고)일	'79~	PDF
		KPA		공개(공고)일	'79~	HTML
		생명공학		출원일	'80~	TEXT
		BM특허(한국, 미국)		출원(등록)일	'73~	TEXT

구분	권리	종 류		기준일	기간	형태
국내	실용	서지		공개(공고)일	'48~	TEXT
		초록		공개(공고)일	'48~	TEXT
		대표도면		공고일	'49~	TIFF
		전문	책자공보	공개(공고)일	'83~'98	TIFF
			CD-ROM / 인터넷 공보	공개(공고)일	'98~	PDF
	의장	조기공개		공개일	'96~	TEXT
		등록공고		공고일	'50~	TEXT
		전문	책자공보	등록공고일	'86~	TIFF
			CD-ROM / 인터넷 공보	등록공고일	'98~	PDF
	상표	서지		출원일	'50~	TEXT
		등록		출원일	'50~	TIFF
		CD-ROM / 인터넷 공보		등록공고일	'98~	PDF
	등록	서지		등록일	'50~	TEXT
해외	미국특허	서지 / 초록 / Full Text		등록일 공개일	'80~ '01~	TEXT
	유럽특허	서지 / 초록		공개일	'80~	TEXT
		대표도면				TIFF
	일본특허	서지 / 초록		공개일	'80~	TEXT
		대표도면				TIFF

4) 사용법

KIPRIS를 이용하기 위해서는 회원가입이 필요하며, 아이디와 패스워드를 입력한 후, 검색하고자 하는 유형을 클릭하면 해당 검색창이 나타난다. 검색결과로 표시되는 항목 중 원문 및 도면을 정확히 보기 위해서는 Acrobat Tiff Viewer, Acrobat Reader 등의 프로그램이 요구되며, 해당 프로그램들은 KIPRIS에서 제공하고 있다.

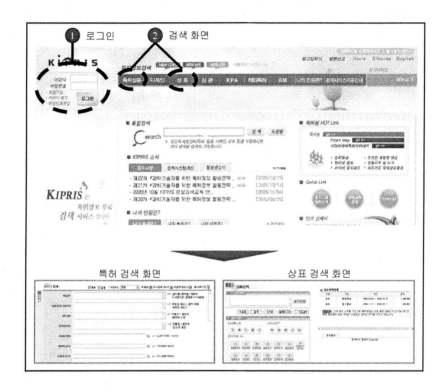

그림 5.2 KIPRIS 검색 화면

특허검색은 크게 키워드 검색과 항목별 검색으로 나뉜다. 키워드 검색은 발명의 명칭, 초록, 청구범위 내에서 특정 단어를 포함하고 있는 특허를 검색할 때 사용되며, 항목별 검색은 특허 정보 중 특정 조건을 만족시키는 특허를 검색할 때 사용된다. 즉, 키워드 검색은 항목별 검색에서 발명의 명칭, 초록, 청구범위 부분에 특정 단어를 입력한 경우를 출력하는 것으로서, 항목별 검색의 부분 기능으로 생각할 수 있다. 본 내용에서는 항목별 검색을 기준으로 검색 방법을 설명한다.

우선 그림 5.3에서 ①항은 검색범위를 선택하는 부분으로서, 특허와 실용을 구분·선택하는 동시에 거절, 등록, 무효, 취하, 포기 등 특허·실용의 현재상태별로 검색범위를 지정하는 옵션이다.

②~⑦항의 내용들은 각 항목에 해당되는 조건을 만족시키는 특허들만을 검색할 때 사용한다. ②~⑦항은 각각 단독적인 조건으로 사용될 수도 있고, 여러 가지 조건을 조합하여 그것들을 동시에 만족시키는 특허를 검색할 수도 있다.

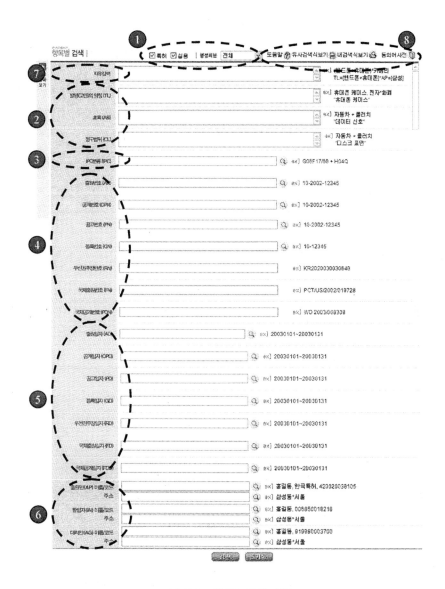

그림 5.3 항목별 검색 화면

각 검색항목은 검색조건을 직접 입력하거나 옆에 표시된 🔍 버튼을 눌러서 검색조건을 입력할 수 있으며, 검색조건을 직접 입력할 경우, ?(절단연산), +(OR), *(AND)의 세 가지 연산자를 사용할 수 있다. 각 연산자의 기능은 표 5.4와 같고, 이 연산자들은 ②~⑦항의 모든 항목에 사용 가능하다. 예를 들어 "LG?"라는 검색조건을 입력한 경우 LG로 시작하는 모든 단어가 검색조건에 포함되며, "(핸드폰+휴대폰)*카메라"라는 검색조건을 입력한 경우 "핸드폰"이나 "휴대폰"이라는 단어가 사용되는 동시에 "카메라"라는 단어가 동시에 포함된 경우가 검색조건으로 지정된다.

표 5.4 항목별 검색에서 사용 가능한 검색 연산자

연산자	형식	기 능
?	AAA?	AAA로 시작되는 단어들을 검색
+	A+B	A 또는 B가 포함된 경우를 검색
*	A＊B	A와 B 모두가 포함된 경우를 검색

②항은 특허정보 중 명칭, 초록, 청구 범위에 특정 단어가 포함되어 있는 특허를 검색할 때 사용한다. 이 항목을 사용할 때는 동의어와 외래어 표기에 주의해야 한다. 가령 "검색"이라는 단어가 포함된 특허를 찾고자 할 경우, "검색"과 동일한 뜻을 가진 "서치", "서어치" 등이 무시되지 않도록 "검색＋서치＋서어치"(검색 또는 서치 또는 서어치) 등의 형태로 조건을 입력하는 것이 더 좋은 결과를 제공할 수 있다. 또한 만일 "플라스틱"과 관계된 특허를 찾고자 할 경우, "플라스틱"이 "프라스틱"으로 표기될 수도 있다는 점을 고려해서 "플라스틱＋프라스틱"(플라스틱 또는 프라스틱)의 형태로 검색 조건을 입력해야 한다.

③항은 특정 기술부문의 특허를 찾고자 할 때 이용된다. IPC는 국제특허분류코드를 의미하는데, 만약 찾고자 하는 분야의 특허분류 코드를 이미 알고 있다면 그대로 입력해도 무방하나, 그 기술의 분류코드를 모를 경우 오른쪽에 있는 🔍 버튼을 클릭하여 분류코드를 참조하거나 ②항에 "우산"을 키워드로 사용하여 검색된 특허들을 통해 특허분류코드를 확인하는 것이 좋다. 예를 들어 "우산"과 관련된 특허분류코드를 알고 싶은 경우, 오른쪽의 🔍 버튼을 클릭할 때 나타나는 그림 5.4의 화면에서 맨 위에 위치한 "IPC 분류코드 & 내용"의 옆 입력란에 "우산"을 입력하고 검색을 눌러 "우산"이라는 항목과 관련된 특허분류코드를 검색하거나 또는 아래에 나타난 여러 가지 분류 중 "우산"과 관련된 대항목에서부터 순차적으로 선택하여 원하는 세부 분류코드를 찾을 수 있다.("우산"에 해당되는 분류코드를 순차적으로 찾을 경우, 아래 항목에서 "A. 생활 필수품"→"45. 수지품 또는 여행용품"으로 찾은 결과, "우산"과 관련된 특허분류코드는 A45B임을 확인할 수 있다.)

원하는 분류코드를 찾았을 경우, 아래에 나와 있는 선택완료 버튼을 클릭하여 선택완료 버튼 왼쪽의 사각형 난에 있는 분류코드가 IPC 입력란에 자동으로 입력되게 하거나 찾은 코드를 직접 입력란에 기입하여 검색대상 기술부문을 설정할 수 있다.

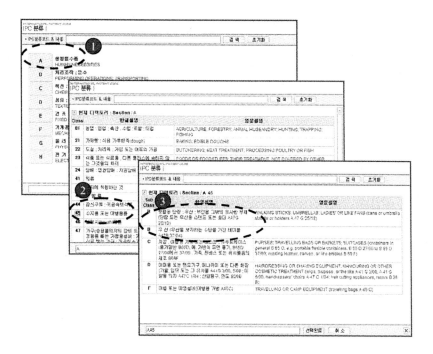

그림 5.4 IPC 찾기

④항은 특허에 부여된 여러 가지 일련번호를 이용하여 특허검색 대상을 설정할 경우 쓰인다. 앞의 두 자리 수는 특허와 실용을 구분하는 코드이고("10"은 특허, "20"은 실용) 중간의 네 자리 수는 연도를 나타내는 코드이고 뒤의 숫자들은 일련번호를 의미한다. ④항에서도 ③항과 마찬가지로 🔍 버튼을 클릭하여 쉽게 입력할 수 있으나, 우선권주장번호, 국제출원번호, 국제공개번호의 경우에는 직접 입력해야만 한다.

출원번호 (AN)		🔍 ex] 10-2002-12345
공개번호 (OPN)		🔍 ex] 10-2002-12345
공고번호 (PN)		🔍 ex] 10-2002-12345
등록번호 (GN)		🔍 ex] 10-12345
우선권주장번호 (PIN)		ex] KR2020030030648
국제출원번호 (FN)		ex] PCT/US/2002/019728
국제공개번호 (FON)		ex] WO 2003/008308

그림 5.5 특허번호별 검색

⑤항은 검색조건에 시간 조건을 부여할 때 사용된다. 특정기간에 대해 년, 월, 일의 순서로 여덟 자리 숫자를 직접 입력하거나("20030101~20030630"의 경우 2003년 1월 1일에서 2003년 6월 30일 기간을 의미), 오른쪽의 🔍 버튼을 클릭하여 입력할 수 있다.

그림 5.6 기간별 검색

⑥항은 해당 특허의 소유권자나 발명자, 혹은 소유권자나 발명자를 대신해 특허 관련 절차를 진행한 대리인을 기준으로 특허검색 조건을 지정할 때 사용된다. 이 항목은 주로 특허정보 활용 중 경쟁사 분석이나, 선두 기업·발명자의 기술 동향을 파악하는 데 유용하게 사용할 수 있다. ⑥항 역시 앞의 항목들과 마찬가지로 직접 입력이나 🔍 버튼을 사용하여 조건을 설정할 수 있는데, 다른 항목과는 달리 가급적이면 🔍 버튼을 사용하는 것이 바람직하다. 예를 들어 일본의 소니(SONY)사가 국내에 출원한 특허를 검색하고자 할 경우, 🔍 버튼을 이용함으로써 "소니"라는 단어가 포함된 출원인의 리스트를 확인하고 그 중에서 원하는 특정검색 대상을 선택함으로써 동일한 기업이 여러 가지 명칭으로 표기됨으로써 나타나는 검색오류를 방지할 수 있다.

그림 5.7은 일본을 주소지로 하는 "소니"라는 단어가 포함된 출원인명을 검색한 결과인데, 이 화면에서 순번 7의 "가부시키가이샤 소니 씨피 래보라토리즈"는 순번 1의 "가부시키가이샤 소니 크리에이티브 프로덕츠"와 관련된 연구 부서일 가능성이 높다. 즉 "크리에이티브 프로덕츠"가 약자 형태인 "씨피"로 표현된 경우라 할 수 있다. 🔍 버튼을 사용함으로써, 인명 검색에서 단순히 "소니"를 입력할 경우와 비교했을 때 검색 결과로 출력된 수많은 특허 중에서 다시 특정 회사의 특허를 걸러내야 하는 번거로움을 줄일 수 있으며, "소니 크리에이티브 프로덕츠"만을 입력함으로써 발생할 수 있는 "소니 씨피"의 누락을 방지할 수 있는 이점이 있다.

또한 동명이인이 존재하는 경우에도 🔍 버튼을 사용하면 해당 출원인·발명인·대리인의 주소지가 함께 표시되므로 찾고자 하는 출원인·발명인·대리인을 정확하게 찾아서 지정할 수 있다.

그림 5.7 인명별 검색

⑦항은 ②~⑥항의 조건들을 각각 따로 입력하지 않고 한 번에 처리할 때(즉, 검색식을 이용할 때) 쓰는 항목이며, 특별한 검색식 없이 그냥 단어들을 입력할 경우에는 ②~⑥항 모두에 그 단어들을 입력한 것과 동일한 결과가 출력된다. 검색식은 ②~⑥항에 일일이 조건들을 기입하는 대신에 하나의 문장 형식으로 조건들을 한 번에 입력하는 방식으로서, 각 항목들에 대한 영문 코드와 그 항목에 해당되는 조건들을 [ ] 안에 표시함으로써 작성 가능하다. 즉 ⑦항에 "TL=[음향]＊AP=[소니]＊AD=[20000101~20031231]"이라는 검색식을 입력하는 것은, ②항의 "발명(고안)의 명칭"란에 "음향"을 입력하고 ⑤항의 "출원일자"란에 "20000101~20031231"을 입력하는 동시에 ⑥항의 맨 윗 항목인 "출원인 이름/코드"란에 "소니"를 입력하는 경우와 동일하게 처리된다. 검색식을 사용할 때도 다른 항목들과 마찬가지로 ?, ＋, ＊ 등의 연산자가 사용 가능하며, 이를 적절히 활용하여 복잡한 검색조건 입력을 한 번에 처리할 수 있다.

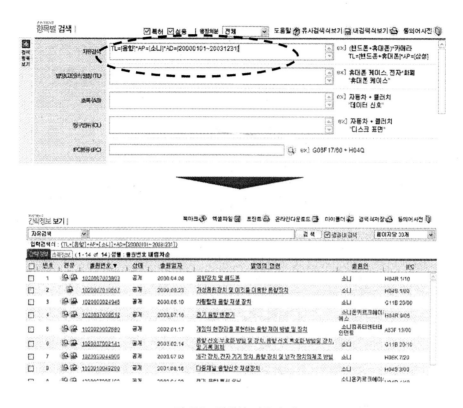

그림 5.8 검색식 사용의 예

5.3.2 미국 특허검색 : 미국 특허청(http://www.uspto.gov)

1) 개요

미국 특허청 사이트에서는 1790년 이후에 공개된 특허 공보 및 공개특허 공보에 대한 검색 및 조회 서비스를 무료로 제공하고 있다. 다만, 1790년부터 1975년까지는 특허번호와 US Class로만 검색이 가능하고, 1976년 이후 기간에 대해서는 서지사항은 물론 특허전문 검색이 가능하다. 특허 원문은 서지사항, 도면, 명세서, 청구항 등의 항목들이 PDF 전자문서로 가공되어 제공된다.

2) 특징

표 5.5 미국 특허청 특허검색의 특징

검색 종류	구분	내 용
Quick Search (Two-term Boolean Searching)	특징	두 가지 항목에 의한 Boolean 검색 기능으로, 1976년 이후 미국 등록 특허 전문을 대상으로, 2개의 검색어에 31개의 검색 필드를 조합하여 검색하는 기능을 제공한다.
	예시	• 구문검색 : "hand off" or "hand over" • 후방일치 검색 : tele$ → tele로 시작하는 단어들 포함.
Advanced Search	특징	필드 Code와 검색 조건을 Boolean 연산자를 사용하여 서술식으로 입력하여 검색하는 기능
	예시	• Boolean 연산자의 이용 : needle ANDNOT[(record AND player) OR sewing] • US Class 검색 : CLAS/455/442(미국 특허분류 455/422)
Number Search	특징	특정 특허번호를 이미 알고 있는 경우, 번호만을 입력하여 빠른 검색을 수행할 수 있는 기능 제공
	예시	특허번호 7자리 혹은 공개번호 11자리를 입력하여 검색

3) 제공 데이터

표 5.6 미국 특허청이 제공하는 특허 자료

구분	기간	종류	제공형태
Utility (특허)	1790~	명칭, 초록, 원문	Text, PDF
Design (의장)	1976~		
Plant	1976~		
Reissue	1976~		

4) 사용법

미국 특허청의 특허정보 검색은 별도의 회원가입 없이 홈페이지의 각 메뉴를 이용하여 검색이 가능하며, 상세한 검색을 위해 주로 사용되는 방법은 Advanced Search이다. Advanced Search는 사용되는 논리 연산자와 검색 항목의 종류가 약간 다른 점이 있으나, 기본적으로는 한국의 KIPRIS에서 검색식을 통한 항목별 검색(⑦항) 방식과 동일하며 Quick Search와 Number Search를 모두 포괄하는 검색형식이므로, 본 내용에서는 세 가지 방법 중 Advanced Search만을 다루기로 한다.

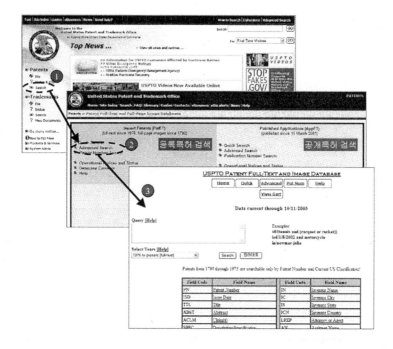

그림 5.9 미국 특허청의 특허검색 화면

표 5.7 Advanced Search에서 사용 가능한 검색 연산자

연산자	형 식	기 능
$	AAA?	AAA로 시작되는 단어들을 검색
OR	A+B	A 또는 B가 포함된 경우를 검색
AND	A＊B	A와 B 모두가 포함된 경우를 검색
ANDNOT	A ANDNOT B	A는 포함하면서 B는 포함하지 않는 경우를 검색
-〉	11/01/1997 -〉 05/12/1998	1997년 11월 1일부터 1998년 5월 12일까지의 기간 (시간적 조건을 입력할 때 사용)

5) 미국 특허 검색사이트

① USPTO 검색사이트(www.uspto.gov)

미국특허청에서 제공하는 특허검색 사이트로 1976년 이후부터 현재까지의 특허등록 공보자료에 대해서 서지적 검색 및 전문 검색이 무료로 가능하다.

그림 5.10에서 보여주는 USPTO는 Quick Search(Two-term Boolean Searching)와 Advanced Boolean Searching으로 구분되어 있고 Quick Search는 초록을 포함한 서지사항에서 검색함으로 신속하게 검색이 가능하다. Advanced Boolean Searching에서는 명세서 전체에 대하여 검색이 가능하다.

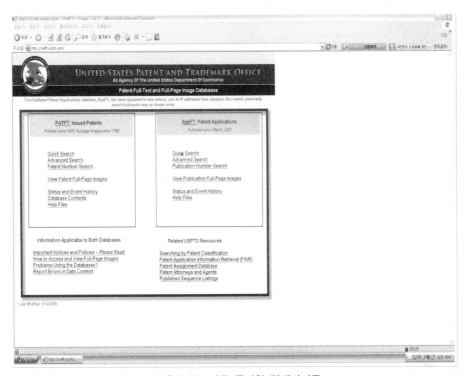

그림 5.10 미국 특허청 검색사이트

1971년에서 1976년 사이에 발행된 자료는 유료 서비스를 통해 해당 자료에 대한 접근이 가능하고, 1971년 이전의 특허자료는 Patent and Trademark Depository Library(PTDL)을 방문해야 접근이 가능하다. USPTO 검색사이트는 다양한 연산자를 이용하여 검색이 가능하며 특허공보의 전문 이미지를 무료로 다운로드 받아 출력이 가능하다.

② Delphion 검색사이트(www.delphion.com)

Delphion사에서 제공하는 유료 특허검색사이트로 미국, 유럽, INPADOC 및 일본 특허를 검색할 수 있다. 1971년 이후의 미국특허를 advanced search, boolean search 및 patent number로 구분하여 서지사항, 초록 및 전문 전체에 대하여 검색할 수 있으며 boolean search는 1개 내지 4개 필드의 검색항목에 검색하고자 하는 사항을 입력하여 검색할 수 있다. advanced search는 검색하고자 하는 키워드를 입력하여 검색할 수 있다.

Patent number는 특허번호로 검색할 수 있다. Delphion의 또 하나의 특징은 PAJ가 수록되어 있어 영문 키워드로 1976년부터의 일본특허를 손쉽게 검색할 수 있다.

5.3.3 일본 특허검색 : 일본 특허청(http://www.ipdl.ncipi.go.jp)

1) 일본 특허 검색사이트

① 일본특허청 특허검색사이트(www.ipdl.ncipi.go.jp)

일본특허청에서 제공하는 특허검색DB로 일본특허청에서 보유하고 있는 산업재산권(특허, 실용신안, 디자인, 상표) 정보를 다양한 검색 방법을 통하여 무료로 검색할 수 있는 검색사이트다. 그림 5.11과 같은 이 사이트는 초보용 검색 항목이 별도로 있으며, 특허검색에 있어서 IPC검색 및 F-term 검색 등 다양한 검색이 가능하나 주로 번호검색 위주로 구성되어 있고 키워드 검색은 1993년 이후부터 일본어로만 검색할 수 있어 사용하기 불편한 점도 있다.

그림 5.11 일본 특허청 검색사이트

그러나 일본 특허에 대한 초록 부분을 영문으로 번역하여 만든 일본공개특허영문초록(PAJ)에 대하여 영문 키워드로 검색할 수 있다.

PAJ는 1976년부터 일본에 공개된 특허에 대해 초록 부분을 영문으로 번역한 다음 대표도면을 추가하여 키워드로 검색이 가능하도록 하였기 때문에 이용자가 검색하기 편리하다. 그러나 온라인의 PAJ 검색에서는 1993년 이후의 데이터만 수록되어 있고 명칭과 초록에서만 키워드 검색이 가능하고 특허로만 구성되어 있어 실용신안은 검색할 수 없는 단점도 있다.

2) PATOLIS 검색사이트(www.patolis.co.jp)

일본특허정보기구(JAPIO)에서 분리된 ㈜PATOLIS회사가 제공하는 사이트로서 1971년 이후의 일본특허 및 실용신안에 대하여 서지정보 및 초록에서 번호 및 키워드(일본어), IPC, 출원인, 출원일 등 다양한 방법으로 검색할 수 있는 유료 사이트이다. 이 사이트는 그림 5.12와 같다.

그림 5.12 PATOLIS 검색사이트

5.3.4 유럽 특허검색 : 유럽 특허청(http://www.epo.org)

1) 유럽특허 검색사이트

유럽특허청(European Patent Office)에서 제공하는 무료 특허검색사이트로서 그림 5.13과 같으며 esp@cenet를 이용하여 유럽특허 및 국제특허(PCT)를 검색할 수 있다. PAJ가 수록되어 영문키워드로 일본특허를 검색할 수 있다.

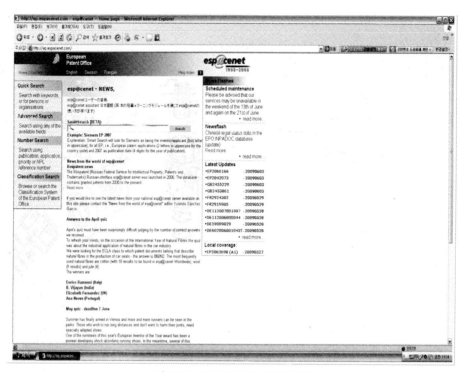

그림 5.13 유럽 특허청 검색사이트

CHAPTER 06

특허(전동킥보드)의 사례연구

전동킥보드(Electric motor driven kickboard)란 차세대 개인 이동수단으로 주목받는 1인용 전동이동기구이다. PM(Personal Mobility, 퍼스널 모빌리티)라고 일반적으로 부르며, 스마트 모빌리티(Smart Mobility) 혹은 마이크로 모빌리티(Micro Mobility)라고도 한다. 여기에는 전동킥보드, 전기자전거, 전동스쿠터, 전동휠(세그웨이, 나인봇) 등이 대표적인 퍼스널 모빌리티이다.

배터리 전기충전 및 동력기술이 융합된 개인 이동수단으로 모터에 의하여 구동된다. 동력이 전기이기 때문에 환경 오염물질을 배출하지 않는 친환경적이고, 1인 가구의 확대, 근거리 이동수단, 출퇴근용, 레저용으로 용도가 확대되고 있으며 더불어 값싼 유지비용 등으로 인하여 새로운 교통 수단에 대한 필요성이 증가하면서 더욱 주목을 받고 있다.

6.1 출원번호통지서

출원 일자	2016.06.16.
특기 사항	심사청구(무) 공개신청(무)
출원 번호	10-2016-0075181
출 원 인	이국환(4-1995-111485-1) 외 1명
발 명 자	이국환 외 1명
발명의 명칭	후륜 견인 타입 링크 부재를 이용한 전동 킥보드

6.2 특허 명세서

6.2.1 발명의 설명

1) 발명의 명칭

후륜 견인 타입 링크 부재를 이용한 전동 킥보드(Motorized Kick Board Using Link Member For Pulling Rear Wheel)

2) 기술분야

본 발명은 후륜 견인 타입 링크 부재를 이용한 전동 킥보드에 관한 것으로, 더욱 상세하게는 모터 동력을 이용하여 빠르게 주행할 수 있고 험로나 곡선부를 달릴 때에도 편안하고 안정적으로 주행함으로써 승차감을 개선할 수 있는 후륜 견인 타입 링크 부재를 이용한 전동 킥보드에 관한 것이다.

3) 발명의 배경이 되는 기술

일반적으로 전동 킥보드는 단순한 놀이 기구에 그치지 않고 지역 내에 위치한 공원, 쇼핑센터, 편의점 등을 돌아다니면서 둘러보거나 물건을 배달하는 간이 운송 수단으로 활용되는 경향이 더욱 늘어나고 있다.

종래 기술의 전동 킥보드는 발판 시트에 한 발이나 양발을 올려놓고 모터의 동력으로 구동륜을 회전시켜 운전하다가 손잡이에 설치된 제동 레버를 이용하여 주행 속도를 가감하는 단순한 기능만을 구비하고 있기 때문에 열악한 실외 환경에서 조정 안정성이 떨어져 탑승자가 안전사고에 노출되는 문제가 있다. 예를 들어 평탄하지 않은 요철 위로 넘어가거나 곡선 트랙을 따라 이동할 때 탑승자가 기우뚱 거려 자세가 흐트러지고 심지어 전복되는 현상이 발생하기도 한다.

이와 같이 종래 기술의 전동 킥보드는 전기 모터의 동력으로 비교적 빠른 속도로 주행하는 경우 숙련자라 하여도 순간 방심하면 균형을 잃기 쉬워 주행시 킥보드의 자세 제어에 많은 노력을 기울여야 하는 문제가 있다.

6.2.2 선행기술문헌

1) 특허문헌

[문헌 1] 한국등록특허 제10-1529135호
[문헌 2] 한국등록특허 제10-0424779호
[문헌 3] 일본등록특허 제3264914호

2) 비특허문헌

없음

<u>6.2.3</u> **발명의 내용**

1) 해결하고자 하는 과제

상기와 같은 종래의 문제점을 해결하기 위하여 안출한 것으로, 본 발명의 목적은 발판 시트에 올라 타서 평탄하지 않은 험로나 곡선부를 달릴 때 보드 어셈블리와 후륜부 사이를 연결하는 링크 부재가 진동, 요동 및 쏠림 현상을 완화시킴으로써 주행 안정성을 향상할 수 있는 후륜 견인 타입 링크 부재를 이용한 전동 킥보드를 제공하는 것이다.

2) 과제의 해결 수단

상기 목적을 달성하기 위한 본 발명의 실시 예에 따른 후륜 견인 타입 링크 부재를 이용한 전동 킥보드는, 적어도 하나의 전륜을 구비하는 전륜부; 적어도 하나의 후륜을 구비하는 후륜부; 상기 전륜부와 후륜부 사이에 설치하고 탑승자가 올라가는 발판 시트의 상부면 일부 또는 상부면 전부를 평탄하게 형성하는 보드 어셈블리; 상기 전륜의 회전에 따라 상기 보드 어셈블리가 종속적으로 움직이고 상기 보드 어셈블리 후방에서 상기 후륜이 상기 전륜을 추종할 수 있도록, 상기 보드 어셈블리와 상기 후륜부 사이의 단절된 갭을 횡단하여 상기 보드 어셈블리의 일측과 상기 후륜부의 일측을 연결하고 상기 보드 어셈블리와 상기 후륜부의 상대 회전에 의해 비틀림이 발생하였다가 원래 형태로 돌아올 수 있는 링크 부재;를 포함하는 것을 특징으로 한다.

또한, 상기 링크 부재는 상기 상대 회전의 크기가 비틀림 강성보다 크면 길이 방향으로 연장 형성된 몸체에서 비틀림이 발생하는 토션 바와, 상기 보드 어셈블리에 상기 토션 바 일측을 고정하는 제1 홀더와, 상기 후륜부에 상기 토션 바 타측을 고정하는 제2 홀더를 포함하는 것을 특징으로 한다.

또한, 상기 링크 부재는 상기 토션 바의 몸체가 삽입되는 고리형 체결홈이 형성된 홀더 몸체를 구비하고, 상기 제1 및 제2 홀더에 의해 양측 고정되며 상기 관통홀에 삽입된 상태에서 상기 토션 바의 움직임을 안내하기 위하여 베어링이 설치된 가이드 홀더를 포함하는 것을 특징으로 한다.

또한, 상기 토션 바는 복수 개수의 스트립을 적층하여 한 덩어리의 몸체를 형성하는 것을 특징으로 한다.

또한, 상기 보드 어셈블리는 최상부에 놓이는 상기 발판 시트를 지지하고 내부에 수용 공간을 형성한 보드 본체를 포함하고, 상기 보드 본체의 수용 공간은 일정 깊이의 수납홈으로 형성하고, 상기 수납홈에 배터리팩과 제어패널 및 상기 링크 부재를 설치한 것을 특징으로 한다.

또한, 상기 배터리팩과 제어패널은 상기 보드 어셈블리의 무게 밸런스를 고려하여 상기 보드 본체의 선두에 배분하여 설치하고, 상기 링크 부재는 상기 보드 본체의 후미에 배분하여 설치하는 것을 특징으로 한다.

또한, 상기 보드 본체의 발판 시트가 빛을 투과시키는 강화 플라스틱으로 제작되는 경우, 상기 보드 본체의 상단 테두리 안쪽에 복수 개의 램프가 배치되어 있고, 상기 복수 개의 램프는 발광다이오드 (LED)를 적용하는 것을 특징으로 한다.

또한, 상기 전륜과 후륜을 제동하기 위한 제동장치로서 디스크 브레이크 구조를 적용하되, 상기 전륜과 후륜에 대해 개별 동작하는 제1 및 제2 제동 레버를 이용하여 해당 디스크 브레이크를 가동시키고, 상기 후륜부가 한 쌍의 후륜을 구비한 경우, 상기 제2 제동 레버를 이용하여 한 쌍의 후륜에 대해 동시 제동하는 것을 특징으로 한다.

또한, 상기 전륜을 회전시키기 위한 구동 모터를 포함하되, 상기 구동 모터가 상기 전륜의 내측에 설치한 브러시리스 모터로 적용된 경우 상기 제1 제동레버의 동작에 응답하는 컨트롤러가 상기 브러시리스 모터를 제어하는 것을 특징으로 한다.

또한, 상기 전륜부가 상기 보드 어셈블리 일측에서 회동 가능하도록 상기 전륜부와 상기 보드 어셈블리 사이를 연결하는 폴딩부를 포함하고, 상기 폴딩부는 상기 전륜부의 스템에 대해 접거나 펼치는 동작에 따라 경사 각도를 설정할 수 있는 것을 특징으로 한다.

6.2.4 발명의 효과

본 발명은 전동 모터를 이용하여 빠르게 주행할 수 있는 강력한 기동성을 가지고, 보드 어셈블리와 후륜부 사이에 단절된 갭을 횡단하는 링크 부재를 설치하여 보드 어셈블리와 후륜부의 상대 회전에 따라 링크 부재가 비틀어졌다가 다시 원래 형태로 복원함으로써 험로나 곡선부 주행시 한쪽으로 편중되는 쏠림 현상을 억제하여 매우 높은 주행 안정감을 제공할 수 있다.

또한 본 발명은 전륜에 설치한 무거운 구동 모터를 고려하여 배터리팩과 링크 부재를 포함한 각종 구성부품을 보드 어셈블리의 보드 본체 내부에 분산 배치하여 전동 킥보드의 무게 중심이 편중되지 않고 안정적인 차체 균형을 확보할 수 있다.

또한 본 발명은 제동장치로서 디스크 브레이크를 전륜과 후륜에 장착하고 그 전륜과 후륜에 대해 선택적으로 제동력을 가할 수 있을 뿐만 아니라 두 개의 후륜을 장착하여 동시에 두 개의 후륜을 제동함으로써 짧은 제동거리를 확보하여 견고한 제동력을 발휘할 수 있다.

또한 본 발명에 따르면 폴딩부를 이용하여 전동 킥보드를 다양한 경사 각도로 접어 외형 구조를 변경할 수 있어 운행 도중에 주정차하거나 또는 휴대 운반시 사용 편의성을 높일 수 있다.

또한 본 발명은 발판 어셈블리에 설치된 발판 시트에 조명 기능을 부여함으로써 야간 주행시 안전사고를 미연에 방지할 수 있다.

6.2.5   도면의 간단한 설명

그림 1a 내지 그림 1c는 본 발명의 실시 예에 따른 전동 킥보드의 외관을 설명하기 위한 도면으로서, 그림 1a는 전동 킥보드의 전체 사시도이고, 그림 1b는 후륜 덮개를 분리한 상태의 전동 킥보드의 측면도이며, 그림 1c는 전동 킥보드의 핸들부의 사시도이다.

그림 2a는 본 발명의 실시 예에 따른 전동 킥보드의 발판 시트 일부를 절개한 상태에서 각부 구성을 설명하기 위한 도면이다.

그림 2b는 본 발명의 실시 예에 따른 전동 킥보드의 후륜덮개를 분리한 상태에서 후륜부의 구성을 설명하기 위한 도면이다.

그림 3은 본 발명의 실시 예에 따른 전동 킥보드의 폴딩부를 설명하기 위한 도면이다.

그림 4는 본 발명의 실시 예에 따른 전동 킥보드의 폴딩부를 이용하여 접은 상태를 설명하기 위한 도면이다.

그림 5는 본 발명의 실시 예에 따른 전동 킥보드의 제어 블록도이다.

그림 6은 본 발명의 실시 예에 따른 전동 킥보드에 설치된 제어박스, 배터리팩 및 링크 부재를 설명하기 위한 도면이다.

6.2.6   발명을 실시하기 위한 구체적인 내용

이하 본 발명의 실시 예에 따른 전동 킥보드를 첨부도면을 참조하여 상세히 설명한다.

그림 1a 및 그림 1b에 도시한 바와 같이, 본 발명에 따른 전동 킥보드(100)는 전륜(210)을 지지하는 전륜부(200)와, 후륜(510)을 지지하는 후륜부(500)와, 전륜부(200)에 결합되어 전륜(210)의 진행 방향을 바꾸어 조향하기 위한 핸들부(300)와, 전륜부(200)와 후륜부(500) 사이에 위치하여 길이 방향으로 연장 형성되고 상부에 탑승자가 올라가는 발판 시트(420)를 설치한 보드 어셈블리(400)를 포함한다.

실시 예에서 핸들부(300)에 의해 원활한 핸들 조작이 이루어지도록 하기 위하여 전륜부(200)에는 하나의 전륜(210)을 설치하고, 탑승자의 도움 없이도 킥보드가 넘어지지 않고 안정적으로 주차할 수 있도록 후륜부(500)에는 보드 어셈블리(400)의 폭만큼 이격되어 함께 회전하는 두 개의 후륜(510)을 채택하고 있으나, 전륜(210)과 후륜(510)의 개수는 필요에 따라 변경할 수 있다.

본 발명의 실시 예에 따른 전동 킥보드(100)는 전륜(210) 내측에 구동 모터(250)를 설치함으로써 전륜(210)을 돌려서 주행하는 전륜 구동 방식을 적용한다. 실시 예에서는 구동 모터(250)로서 브러시리스(BLDC) 직류 모터를 적용하였으나, 후술하는 배터리팩(900)의 충전 전류를 이용하여 구동할 수 있는 다양한 직류 모터를 적용할 수 있음은 물론이다.

본 발명의 실시 예에 따른 전동 킥보드(100)의 전륜부(200)는 일측에 핸들부(300)가 결합되고 타측에 전륜(210)이 결합되며 길이 방향으로 연장되어 통 형상으로 형성된 스템(220)을 구비한다. 또한 전륜부(200)의 스템(220) 하단에는 U자 형상의 전륜 포크(221)가 결합되고, 이 전륜 포크(221)는 전륜(210)의 회전을 간섭하지 않을 정도로 전륜(210) 상부에 위치하며, 구동륜인 전륜(210)을 조향하기 위하여 구동 모터(250)의 양측에 전륜 포크(221)의 하단이 결합된다.

보드 어셈블리(400)는 직육면체 형상의 외관을 형성하는 보드 본체(410)와, 보드 본체(410) 상부에 설치되는 발판 시트(420)를 포함한다. 핸들부(300)를 이용하여 조향하는 탑승자의 두 발을 충분히 올려놓을 수 있도록 발판 시트(420)의 폭을 설정하는 것이 바람직하다.

또한 보드 본체(410)는 탑승자의 하중을 견딜 수 있고 차체의 강성을 유지할 수 있는 경량의 강화 플라스틱으로 제작할 수 있으나, 내구성이 양호한 경량 금속으로 제작할 수도 있다.

후륜부(500)는 두 개의 후륜(510)을 회전 가능하게 지지하고 앞쪽의 보드 본체(410) 후미로부터 분리되어 일정 크기의 갭(G)을 형성하도록 단절된 후륜지지부(530)를 포함한다. 후륜지지부(530)에는 회전하는 두 개의 후륜(510)에 탑승자의 부주의로 접촉하여 발생하는 안전 사고를 방지할 수 있도록 후륜덮개(501)를 설치할 수 있다.

그림 1c를 참고하여, 핸들부(300)는 스템(220) 안에 하단이 삽입 고정되는 수직바(310)와 일자 형상으로 형성되고 양측에 미끄럼 방지 소재 예를 들어 고무 재질의 제1 및 제2그립(321)(322)이 형성되며 중앙 부분에 수직바(310) 상단이 일체로 결합된 수평바(320)를 포함한다.

수직바(310) 하단이 스템(220) 안으로 삽입된 상태에서 잠금레버(222)를 이용하여 잠금하면 수직바(310)와 스템(220)이 강하게 결속된다. 이에 따라 탑승자가 양손으로 제1 및 제2 그립(321)(322)을 잡은 채 핸들 조작을 하는 경우, 수평바(320)와 수직바(310) 그리고 스템(220)이 함께 움직이고, 스템(220) 하단의 전륜 포크(221)에 결합된 전륜(210)의 진행 방향을 바꿀 수 있다.

핸들부(300)의 높이를 조절하는 경우, 잠금레버(222)를 잠금 해제 위치로 설정하여 스템(220)에 삽입된 수직바(310)를 위쪽으로 빼거나 아래쪽으로 집어넣어서 원하는 높이로 핸들부(300)의 위치를 설정할 수도 있다.

수평바(320) 양측에는 제1 및 제2 제동케이블(341)(342)에 각각 연결되어 레버 조작에 따라 케이블 당김과 이완을 선택적으로 수행할 수 있는 제1 및 제2 제동레버(331)(332)가 결합된다.

탑승자 양손으로 제1 및 제2 그립(321)(322)을 잡은 채 전륜(210)과 후륜(510)에 대해 선택적으로 제동을 할 수 있도록 하기 위하여 제1 그립(321) 근처에 제1 제동레버(331)를 설치하고, 제2 그립(322) 근처에 제2 제동레버(332)를 설치한다.

또한 수평바(320)에는 주행 속도를 가감하기 위한 가속 레버(350)와, 운행 정보를 표시할 수 있는 표시 단말(351), 그리고 표시 단말(351)에 일체 결합되어 주변 조도를 측정하기 위한 포토 센서(352)를 설치할 수 있다.

스템(220) 상부에 통공 형태로 일측이 노출된 수용홈(223)을 형성한다. 탑승자의 핸들 조작을 방해하지 않도록 제1 및 제2 제동케이블(341)(342)을 수용홈(223) 안으로 수납한다. 또한 후술하는 제어패널에 제1 및 제2 제동레버(331)(332)의 조작에 따른 제동 신호(Po1)(Po2)와 가속 레버(350)의 조작에 따른 속도 신호(Ac1)와, 포토 센서(352)의 측정 신호(Sp1) 등 각종 신호를 전송하기 위한 신호선을 수용홈(223) 안으로 수납할 수 있다.

그림 2a 및 그림 2b를 참조하여, 보드 어셈블리(400)의 보드 본체(410)는 발판 시트(420) 하부에 내부 수납홈(430)을 형성한다.

수납홈(430)에는 후술하는 링크 부재(700), 제어패널(800), 배터리팩(900), 그리고 제1 제동케이블(341) 등이 수납될 수 있다.

본 발명의 실시예에 따른 전동 킥보드(100)는 전륜(210)과 후륜(510)을 제동하기 위한 제동장치로서 디스크 브레이크 구조를 적용할 수 있다. 여기서 디스크 브레이크 구조는 바퀴에 디스크가 부착되어 있고 제동 케이블에 연결된 캘리퍼를 이용하여 디스크 패드가 디스크에 마찰을 일으켜 제동하는 것이다.

이를 위해 전륜(210)에는 전륜 디스크(211)와 전륜 캘리퍼(212)를 설치하고, 두 개의 후륜(510) 각각에는 후륜 디스크(511)와 후륜 캘리퍼(512)를 설치하며, 제1 제동케이블(341)은 후륜 캘리퍼(512)에 결합하고, 제2 제동케이블(342)은 전륜 캘리퍼(212)에 결합하게 된다.

제1 제동케이블(341)은 스템(220) 하단 밖으로 인출된 후 수납홈(430)을 경유하여 후륜부(500)의 후륜지지부(530)로 연장 설치된다.

제1 제동케이블(341) 중도에 케이블 분기구(343)가 설치된다. 케이블 분기구(343)는 일측에 연결된 제1 제동케이블(341)을 2가닥으로 분기하고, 분기된 2개의 분기 케이블(3411)(3412)이 갈라져 나가게 한다. 하나의 제1 분기 케이블(3411)은 두 개의 후륜 중 어느 하나의 후륜(510)에 설치된 후륜 캘리퍼(512)를 당기거나 이완시키게 되고, 다른 하나의 제2 분기 케이블(3412)은 나머지 하나의 후륜(510)에 설치된 후륜 캘리퍼(512)를 당기거나 이완시킬 수 있다. 즉 제1 제동케이블(341)이 제1 제동레버(331)에 의해 당겨지거나 이완되면 제1 제동케이블(341)로부터 연장되고 케이블 분기구(343)에 의해 분기된 2개의 분기 케이블(3411)(3412)도 연동하여 당겨지거나 이완된다. 이에 따라 하나의 제1 제동레버(331)를 조작하면 두 개의 후륜(510)에 대해 동시에 제동 작용이 발휘될 수 있다.

두 개의 후륜(510)은 지지축(520) 양측에 각각 결합되며, 타이어 내측에 설치된 축 베어링(522)에 의해 후륜 디스크(511)와 일체로 회전 가능하게 된다. 이 지지축(520) 중도에는 후륜 지지부(530)의 연결바(521)가 결합된다. 연결바(521)에는 후륜 디스크(511)에 인접된 후륜 캘리퍼(512)와, 제1 및 제2 분기 케이블(3411)(3412)를 고정하는 케이블 가이드(530)를 지지하는 역할을 한다. 여기서 연결바(521)에 결합된 지지축(520)이 전후로 진행하는 경우, 두 개의 후륜(510)과 각각의 후륜(510)에 인접된 후륜 디스크(511)가 함께 회전하게 된다.

그림 1a를 참고하여, 보드 본체(410) 상부에 판형의 발판 시트(420)를 설치한다. 발판 시트(420)는 본드 본체(410)에 수납된 구성 부품을 보호하기 위하여 수납홈(430) 상부를 밀봉하는 덮개 역할을 한다.

실시 예에서는 발판 시트(420)가 발판 역할 이외에 빛이 투과할 수 있는 투시 부재로서 강화 플라스틱을 적용하며, 야간 주행시 시인성을 좋게 하기 위하여 빛을 투사하는 조명 기능을 발휘할 수 있다. 이를 위해 도 2a에 도시한 바와 같이, 보드 본체(410)의 상단 내면(411)에는 후술하는 램프 어레이(421)가 설치될 수 있다. 램프 어레이(421)는 수납홈(430) 상부에 위치하는 발판 시트(420) 양측으로 다수 개의 발광다이오드(LED)가 배열되고, 후술하는 컨트롤러(801)의 제어에 따라 점등 또는 소등하게 된다. 예를 들어, 야간 주행시 탑승자의 조작에 의해 컨트롤러(801)가 램프 어레이(421)의 발광다이오드(LED)를 점등시키고, 점등된 램프 빛이 발판 시트(420)의 투시 부재를 통해 빛이 투과되도록 하여 외부에서 탑승자를 용이하게 인식할 수 있도록 하고, 킥보드 주변을 밝게 비추어 안전하게 주행할 수 있도록 한다.

한편 본 발명에 따른 전동 킥보드(100)는 보드 어셈블리(400) 일측과 전륜부(200) 일측을 연결하고 폴딩 레버(620)를 이용하여 작동되는 폴딩부(600)를 포함할 수 있다.

그림 3과 그림 4를 참고하여, 폴딩부(600)는 보드 본체(410)의 보드 선두(4011)에 고정된 고정구(610)와, 고정구(610)에 회동 가능하게 힌지 결합되고 스템(220) 하단에 결합된 회동구(630), 및 회동구(630)에 설치된 폴딩 레버(520)를 포함한다.

회동구(630)는 일측에 삽입된 연결핀(311)에 의해 스템(220)에 결합된다. 핸들부(300)의 핸들 조작에 의해 스템(220)이 회전하더라도 회동구(630)에 의해 간섭받지 않고 스템(220) 하단의 전륜 포크(221)에 의해 전륜(210)이 진행 방향을 바꿀 수 있다.

회동구(630)는 제1 지지핀(641)에 의해 고정구(610)에 힌지 결합된다.

폴딩 레버(620)는 힌지핀(622)에 의해 회동구(630)에 힌지 결합된다. 회동구(630)에서 폴딩 레버(620)를 회동시킬 수 있고, 폴딩 레버(620)의 하단은 회동구(630) 양측에 절개된 핀유동홈(631)에 결합된 제2 지지핀(642)에 결합된다.

제1 지지핀(641)과 제2 지지핀(642)은 회동구(630) 양측을 가로지르고 이격 설치되어 있으며, 두 개의 지지핀(641)(642) 사이에 스프링(650)을 연결하여 일정 크기의 탄성력이 작용하게 된다. 여기서 제1 지지핀(641)은 회동구(630)에 고정 설치되어 있으나, 제2 지지핀(642)는 양측 핀헤드가 핀유동홈(631)에 걸려 분리되지 않은 상태로 유동할 수 있게 설치되어 있다.

스톱퍼(621)는 폴딩 레버(620)의 회동 범위를 제한하기 위하여 회동구(630) 양측을 가로질러 설치된다.

그림 1b에 도시한 바와 같이, 고정구(610)는 체결부재(640)에 의해 보드 본체(410)의 보드 선두(4011)에 고정 결합되며, 양측 상단에는 위쪽으로 개구된 복수 개의 삽입홀(611)이 형성된다.

실시 예에서 복수 개의 삽입홀(611)은 총 3개의 핀삽입홀(6111)(6112)(6113)로 구성한다. 그림 1b와 그림 3에 도시한 바와 같이, 제2 지지핀(642)이 제1 핀삽입홀(611)에 삽입할 수 있다. 이때 스프링(650)에 의해 인장력이 작용하기 때문에 폴딩 레버(620)의 조작과 같은 외력이 작용하지 않으면 제2 지지핀(642)은 제1 핀삽입홀(611)에 위치된 상태를 유지할 수 있다. 이 경우 스템(220)의 경사 각도가 가장 크게 설정된다. 이 상태에서 폴딩 레버(620)를 당기면 레버 하단에 결합된 제2 지지핀(642)는 핀

유동홈(631)을 따라 유동하여 위로 올라가서 제1 핀삽입홀(6111) 밖으로 나온다. 이렇게 제2 지지핀(642)이 제1 핀삽입홀(611)로부터 빠져나온 상태에서 회동구(630)는 제1 지지핀(641)을 기점으로 회동이 가능하게 된다. 이에 따라 스템(220)과 회동구(630)를 회동시켜 킥보드를 접을 수 있다.

회동구(630)를 회동시켜 제2 지지핀(642)을 제3 핀삽입홀(6113)에 삽입하여 스템(220)의 경사 각도를 가장 작게 설정하는 경우, 그림 4에 도시한 바와 같이 스템(220)을 뒤로 젖히는 경우 보드 본체(410)와 나란하게 접혀져 전체 킥보드의 부피를 줄일 수 있다. 이렇게 킥보드에 접는 구조를 적용함으로써 협소한 공간에 보관하기 쉽고 또한 휴대하여 운반하는 작업이 용이하게 된다.

다른 예로서, 폴딩 레버(620)를 이용하여 제2 지지핀(642)이 제2 핀삽입홀(6112)에 삽입되게 하면, 스템(220)의 경사 각도가 완전히 펴진 상태와 완전히 접힌 상태의 중간 정도로 설정된다. 이는 킥보드 운행을 잠시 멈추어 정차하고자 하는 경우에 적용할 수 있다. 예를 들어 스템(220)이 완전 펴져 있는 경우에 비하여 스템(220)을 후방으로 젖혀 경사 각도를 적게 설정함으로써 운행 중단 상태를 타인의 부주의로 인하여 킥보드가 옆으로 넘어져 파손되는 것을 방지할 수 있다.

그림 5를 참고하여, 본 발명에 따른 전동 킥보드의 제어블록도를 설명한다.

제1 제동레버(331)는 제1 제동케이블(341)에 연결되고, 제1 제동케이블(341)은 두 개의 후륜(510)에 설치된 후륜 캘리퍼(512)를 작동시킬 수 있다. 제1 제동레버(331)의 조작에 따라 제1 제동케이블(341)이 당겨지거나 이완되면 이에 대한 제동신호(Po1)가 신호선을 통하여 제어패널(800)에 내장된 컨트롤러(801)에 인가된다.

제2 제동레버(332)는 제2 제동케이블(342)에 연결되고, 제2 제동케이블(342)은 하나의 전륜(210)에 설치된 전륜 캘리퍼(212)를 작동시킬 수 있다. 제2 제동레버(332)의 조작에 따라 제2 제동케이블(342)이 당겨지거나 이완되면 이에 대한 제동신호(Po2)가 신호선을 통하여 제어패널(800)에 내장된 컨트롤러(801)에 인가된다.

컨트롤러(801)는 구동 모터(250)를 제어하며, 구동 모터(250)에 3상 전원(3PL)을 공급함과 아울러 모터 동작(on, off) 그리고 모터 토크, 속도 및 위상 제어를 위한 제어신호(Cnt)를 인가한다.

또한 컨트롤러(801)는 가속 레버(350)의 조작에 따른 속도 신호(Ac1)와, 포토 센서(352)의 측정 신호(Sp1)를 제공받는다. 이에 따라 컨트롤러(801)는 구동 모터(250)와 램프 어레이(421)를 선택적으로 제어할 수 있다.

실시 예에서 전동 킥보드(100)는 전륜(210)의 회전에 따라 보드 어셈블리(400)가 종속적으로 움직이고, 이때 보드 어셈블리(400) 후방에서 두 개의 후륜(510)이 전륜(210)을 추종할 수 있도록, 링크 부재(700)가 후륜부(500)를 견인하는 역할을 한다.

한편, 도 6에 도시한 바와 같이 본 발명의 실시 예에 따른 보드 본체(410)는 보드 선두(4001)와 보드 후미(4002) 그리고 발판 시트(420)가 놓이는 상단 테두리를 제외하고 내부에 수납 공간을 제공하기 위한 수납홈(430)을 형성한다.

수납홈(430)은 일정 깊이의 요홈 형태로 형성함으로써 외부 노출시 미관을 해치기 쉬운 제어패널

(800)과 배터리팩(900) 그리고 링크 부재(700)를 수납하는 역할을 한다.

실시 예와 같이 전륜(210)에 무거운 구동 모터(250)를 설치한 경우, 킥보드의 무게 중심이 편중되지 않도록 하기 위하여 수납홈(430) 안에 각종 구성부품[제어패널(800)과 배터리팩(900) 그리고 링크 부재(700)]을 설치할 때 무게 밸런스를 고려할 필요가 있다. 도 6 (a)에 도시한 바와 같이 실시 예에서는 수납홈(430) 앞쪽에 상대적으로 가벼운 제어패널(800)을 배치하고, 본드 본체(400)의 중간 부분에 배터리팩(900)을 설치하며, 배터리팩(900) 후방에 링크 부재(700)를 설치하는 것이 바람직하다.

이와 같이 본 발명의 실시 예에 따른 링크 부재(700)는 보드 어셈블리(400)와 후륜부(500) 사이의 단절된 갭(G)을 횡단하여 보드 어셈블리(400)의 보드 후미(4002) 일측과 후륜부(500)의 후륜 지지부(530) 일측을 연결한다.

링크 부재(700)는 보드 어셈블리(400)와 후륜부(500)의 상대 회전에 의해 비틀림이 발생하였다가 원래 형태로 돌아올 수 있는 토션 바(730)와, 토션 바(730)의 일측을 보드 본체(410)의 수납홈(430)에 고정하기 위한 제1 홀더(710)와, 토션 바(730)의 타측을 후륜 지지부(530)의 지지판(532)에 고정하기 위한 제2 홀더(720)를 포함한다.

실시 예에서 링크 부재(700)는 토션 바(730)의 원활한 움직임을 안내하기 위한 가이드 홀더(740)를 더 포함할 수 있다. 그림 6 (b)(d)에 도시한 바와 같이, 가이드 홀더(740)는 토션 바(730)가 관통 삽입되도록 통공 형태의 체결홈(743)이 형성된 홀더 몸체(741)와, 토션 바(730) 몸체 외측에 일체 결합되고 체결홈(743)에 삽입된 지지통(744)와, 상대회전에 의해 비틀림이 발생시 지지통(744)이 결합된 토션 바(730) 몸체의 움직임을 안내하기 위하여 체결홈(743)에 설치된 베어링(742)를 포함한다.

도 6 (b)(c)에 도시한 바와 같이, 제1 홀더(710)는 베이스(701)에 설치되고 토션 바(730) 일측이 관통 설치되는 홀더 몸체(711)와, 홀더 몸체(711)에 삽입된 토션 바(730) 일측을 고정하기 위한 체결부재(712)를 포함한다. 제2 홀더(720)는 토션 바(730) 타측이 관통 설치되는 홀더 몸체(721)와, 홀더 몸체(721)에 삽입된 토션 바(730) 타측을 고정하기 위한 체결부재(722)를 포함한다. 여기서 홀더 몸체(721)는 후륜 지지부(530)의 연결바(521)에 결합된다.

여기서 토션 바(730)는 길이 방향으로 연장된 복수 개의 스트립(731)을 적층하여 한 덩어리의 몸체를 형성하며, 보드 어셈블리(400)와 후륜부(500)의 상대 회전의 크기가 비틀림 강성보다 크면 비틀림이 발생하게 된다. 예를 들어 험로를 주행하거나 곡선부를 주행하는 경우 선행하는 전륜부(200)에 일체 결합된 보드 어셈블리(400)가 기울어지더라도 여전히 후륜부(500)는 수평 상태로 진행하는 경우 서로 단절된 보드 어셈블리(400)와 후륜부(500) 사이에 상대 회전이 발생하게 된다. 이러한 상대 회전의 크기가 일정 범위 예를 들어 토션 바(730)의 비틀림 강성을 넘어서면 토션 바(730) 몸체에 비틀림이 발생하게 되어 토션 바(730)의 선두와 후미는 꼬임이 발생한다. 이후 보드 어셈블리(730)가 수평 방향으로 위치하게 되어 상대 회전이 줄어들게 되면 토션 바(730)에 작용하던 비틀림이 줄어들어 원래 형태로 돌아오게 된다.

이와 같이 선행하는 전륜부(200)와 보드 어셈블리(400)가 기울어지는 현상이 후방의 후륜부(500)에까지 직접 전달되지 않도록 토션 바(730)가 완화시키는 역할을 할 수 있기 때문에 킥보드에 올라타서 운행하는 탑승자가 안정적으로 자세를 유지할 수 있다.

6.2.7 부호의 설명

100 : 전동 킥보드
200 : 전륜부
300 : 핸들부
400 : 보드 어셈블리
500 : 후륜부
600 : 폴딩부
700 : 링크 부재

6.2.8 특허청구범위

1) 청구항 1

적어도 하나의 전륜을 구비하는 전륜부;

적어도 하나의 후륜을 구비하는 후륜부;

상기 전륜부와 후륜부 사이에 설치하고 탑승자가 올라가는 발판 시트의 상부면 일부 또는 상부면 전부를 평탄하게 형성하는 보드 어셈블리;

상기 전륜의 회전에 따라 상기 보드 어셈블리가 종속적으로 움직이고 상기 보드 어셈블리 후방에서 상기 후륜이 상기 전륜을 추종할 수 있도록, 상기 보드 어셈블리와 상기 후륜부 사이의 단절된 갭을 횡단하여 상기 보드 어셈블리의 일측과 상기 후륜부의 일측을 연결하고 상기 보드 어셈블리와 상기 후륜부의 상대 회전에 의해 비틀림이 발생하였다가 원래 형태로 돌아올 수 있는 링크 부재를 포함하는 것을 특징으로 하는 후륜 견인 타입 링크 부재를 이용한 전동 킥보드.

2) 청구항 2

제1항에 있어서,

상기 링크 부재는 상기 상대 회전의 크기가 비틀림 강성보다 크면 길이 방향으로 연장 형성된 몸체에서 비틀림이 발생하는 토션 바와, 상기 보드 어셈블리에 상기 토션 바 일측을 고정하는 제1 홀더와, 상기 후륜부에 상기 토션 바 타측을 고정하는 제2 홀더를 포함하는 것을 특징으로 하는 후륜 견인 타입 링크 부재를 이용한 전동 킥보드.

3) 청구항 3

제1항 또는 제2항에 있어서,

상기 링크 부재는 상기 토션 바의 몸체가 삽입되는 고리형 체결홈이 형성된 홀더 몸체를 구비하고, 상기 제1 및 제2 홀더에 의해 양측 고정되며 상기 관통홀에 삽입된 상태에서 상기 토션 바의 움직임을 안내하기 위하여 베어링이 설치된 가이드 홀더를 포함하는 것을 특징으로 하는 후륜 견인 타입 링크 부재를 이용한 전동 킥보드.

4) 청구항 4

제2항에 있어서,

상기 토션 바는 복수 개수의 스트립을 적층하여 한 덩어리의 몸체를 형성하는 것을 특징으로 하는 후륜 견인 타입 링크 부재를 이용한 전동 킥보드.

5) 청구항 5

제1항에 있어서,

상기 보드 어셈블리는 최상부에 놓이는 상기 발판 시트를 지지하고 내부에 수용 공간을 형성한 보드 본체를 포함하고,

상기 보드 본체의 수용 공간은 일정 깊이의 수납홈으로 형성하고, 상기 수납홈에 배터리팩과 제어패널 및 상기 링크 부재를 설치한 것을 특징으로 하는 후륜 견인 타입 링크 부재를 이용한 전동 킥보드.

6) 청구항 6

제5항에 있어서,

상기 배터리팩과 제어패널은 상기 보드 어셈블리의 무게 밸런스를 고려하여 상기 보드 본체의 선두에 배분하여 설치하고, 상기 링크 부재는 상기 보드 본체의 후미에 배분하여 설치하는 것을 특징으로 하는 후륜 견인 타입 링크 부재를 이용한 전동 킥보드.

7) 청구항 7

제5항에 있어서,

상기 보드 본체의 발판 시트가 빛을 투과시키는 강화 플라스틱으로 제작되는 경우, 상기 보드 본체의 상단 테두리 안쪽에 복수 개의 램프가 배치되어 있고,

상기 복수 개의 램프는 발광다이오드(LED)를 적용하는 것을 특징으로 하는 후륜 견인 타입 링크 부재를 이용한 전동 킥보드.

8) 청구항 8

제1항에 있어서,

상기 전륜과 후륜을 제동하기 위한 제동장치로서 디스크 브레이크 구조를 적용하되,

상기 전륜과 후륜에 대해 개별 동작하는 제1 및 제2 제동 레버를 이용하여 해당 디스크 브레이크를 가동시키고,

상기 후륜부가 한 쌍의 후륜을 구비한 경우, 상기 제2 제동 레버를 이용하여 한 쌍의 후륜에 대해 동시 제동하는 것을 특징으로 하는 후륜 견인 타입 링크 부재를 이용한 전동 킥보드.

9) 청구항 9

제8항에 있어서,

상기 전륜을 회전시키기 위한 구동 모터를 포함하되,

상기 구동 모터가 상기 전륜의 내측에 설치한 브러시리스 모터로 적용된 경우 상기 제1 제동레버의 동작에 응답하는 컨트롤러가 상기 브러시리스 모터를 제어하는 것을 특징으로 하는 후륜 견인 타입 링크 부재를 이용한 전동 킥보드.

10) 청구항 10

제1항에 있어서,

상기 전륜부가 상기 보드 어셈블리 일측에서 회동 가능하도록 상기 전륜부와 상기 보드 어셈블리 사이를 연결하는 폴딩부를 포함하고,

상기 폴딩부는 상기 전륜부의 스템에 대해 접거나 펼치는 동작에 따라 경사 각도를 설정할 수 있는 것을 특징으로 하는 후륜 견인 타입 링크 부재를 이용한 전동 킥보드.

6.2.9 **요약서**

1) 요약

본 발명은 모터 동력을 이용하여 빠르게 주행할 수 있고 험로나 곡선부를 달릴 때에도 편안하고 안정적으로 주행함으로써 승차감을 개선할 수 있는 후륜 견인 타입 링크 부재를 이용한 전동 킥보드에 관한 것이다.

본 발명에 따른 전동 킥보드는 적어도 하나의 전륜을 구비하는 전륜부와, 적어도 하나의 후륜을 구비하는 후륜부와, 상기 전륜부와 후륜부 사이에 설치하고 탑승자가 올라가는 발판 시트의 상부면 일부 또는 상부면 전부를 평탄하게 형성하는 보드 어셈블리와, 상기 전륜의 회전에 따라 상기 보드 어셈블리가 종속적으로 움직이고 상기 보드 어셈블리 후방에서 상기 후륜이 상기 전륜을 추종할 수 있도록 상기 보드 어셈블리와 상기 후륜부 사이의 단절된 갭을 횡단하여 상기 보드 어셈블리의 일측과 상기

후륜부의 일측을 연결하고 상기 보드 어셈블리와 상기 후륜부의 상대 회전에 의해 비틀림이 발생하였다가 원래 형태로 돌아올 수 있는 링크 부재를 포함하는 것을 특징으로 한다.

6.2.10 대표도

그림 1a

|도면|

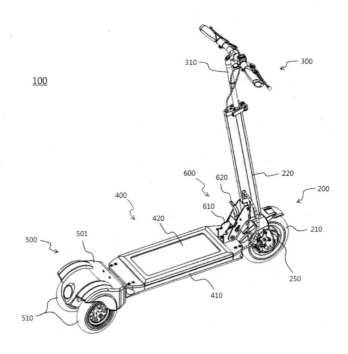

그림 1a

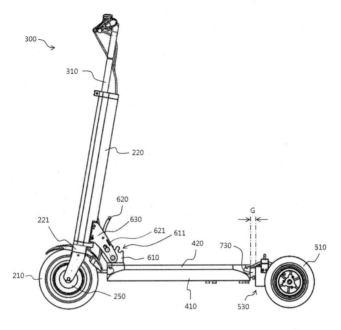

그림 1b

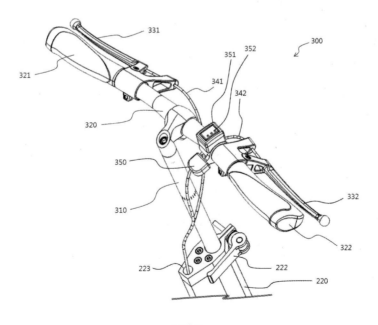

그림 1c

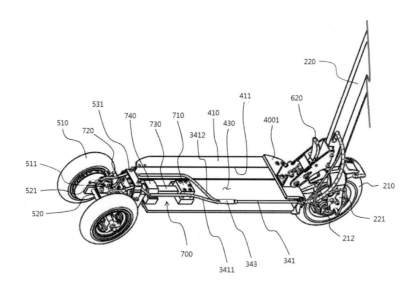

그림 2a

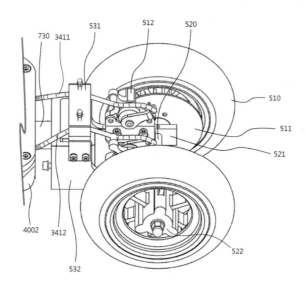

그림 2b

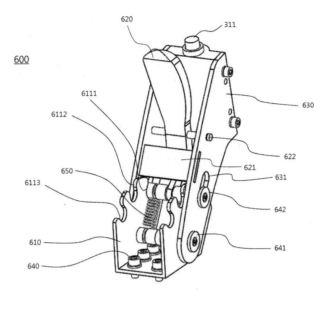

그림 3

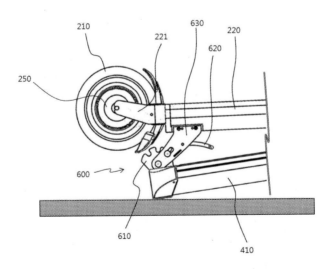

그림 4

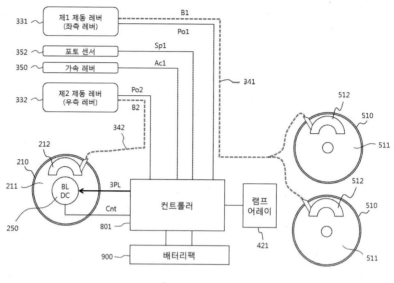

그림 5

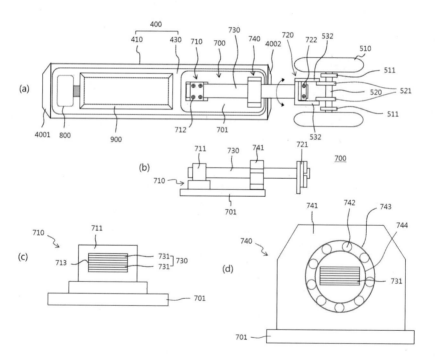

그림 6

6.3 시제품(IP-R&D, 특허에 의한 연구 · 기술개발)과 양산제품(IP-R&BD, 특허에 의한 기술사업화 · 상용화)

6.3.1 1차 시제품의 동작 및 성능 시험(현장 시연)

1) 주행 및 회전 코너링시 자세복원을 위한 자이로 메커니즘 시험(원천기술)

2) 야간 안전을 위한 조명 · 발광 시험(원천기술)

주행시 조명 범위   전면 LED 조명

상향 LED 조명장치

3) 시제품 사진

6.3.2 2차 양산 제품(디자인 보완, 성능 개선 및 기능 추가)의 사진

최신 **제품설계**
ADVANCED PRODUCT DESIGN

부 록 ● 사례연구

스마트폰 제품설계
Samsung Galaxy S3(SHW-M440S)

1 파트 리스트(PART LISTS, 부품목록)

No	부품명	제품사진	3D 모델링	재질	비고	수량
1	back_camera_cover			AL plate (1100) 0.15t	니켈도금	1
2	back_camera_pin			AL6063-T5	Cr도금 (black)	1
3	back_camera_LED_cover			PC(투명) 0.5t	transparent	1
4	back_camera_lens			PC(투명) 0.5t	비구면	1
5	back_case			PA GF50-1 Nylon 66 (50% Glass Fiber)		1

No	부품명	제품사진	3D 모델링	재질	비고	수량
6	back_cover			PC(SR1220R) UL94HB		1
7	speaker 모듈			모듈 (FPCB+ Speaker)	Maximum 75dB	1
8	back_speaker_ cover			SPCC 0.1t	Ni 도금	1
9	battery			Li-ion battery	3.7V, 2,100mAH (충전단자 : PBS+ 10μ 금도금)	1
10	bottom pcb_connector_ right			PI (Polyimide) 0.3t	FPCB (Base 50um 동박 35um)	1
11	front_camera module			FPCB 어셈블리 (Lens, FPCB)	sub ass'y (module)	1
12	front_case			PC(SR1220R) UL94HB	AL 증착	1
13	front_case_ antenna			AL 1080	회로 pattern과 matching($\frac{3}{4}\lambda$)	1
14	front_cover			LCD module	Liquid Crystal Display 모듈	1
15	front_display			Gorilla glass 3 (0.5t)	강화유리 (투명)	1
16	charging_ terminal			Phosphor bronze sheet 0.15t	PBS 0.15t 1차 Ni 도금 2차 Au 도금 (8um~10um)	1
17	M1x7 screw_1			Stainless steel 304	피치 0.25 Cr 블랙 도금	6

No	부품명	제품사진	3D 모델링	재질	비고	수량
18	M3x5 screw_2			Stainless steel 304	피치 0.5 Cr 블랙 도금	2
19	volume_button_ rubber			Silicone rubber	HsA : 65	1
20	power_button			PC(SR1220R) UL94HB		1
21	s-pen			PC(SR1220R) UL94HB		1
22	top_earphone_ jack			모듈 (FPCB+ jack)		1
23	back_camera			모듈 (FPCB+ camera)	CCD 모듈	1
24	top_pcb			MLB 1.6t	12 layer	1
25	vibrator 모듈			모듈 (FPCB+ vibrator)	Sub ass'y	1
26	bottom_pcb_ main			MLB 1.6t	12 layer	1
27	front_button			PC(SR1220R) UL94HB	Ni 도금 (은색, 광택)	1
28	power_button_ rubber			Silicone rubber	HsA : 65	1
29	volume_button			PC(SR1220R) UL94HB	Ni 도금 (은색, 광택)	1

No	부품명	제품사진	3D 모델링	재질	비고	수량
30	bottom_pcb_right			MLB 1.6t	12 layer	1
31	bottom_pcb_connector_left			PI (Polyimide) 0.3t		1
32	CPU cover_main board			AL plate (1100) 0.15t		1
33	home button_spring			SUS 301 0.15t	판스프링(strip for spring SUS 301 0.15t-3/4H)	1

2 분해 조립도(Disassembly Drawing)

3 분해도 및 파트리스트(PART LISTS, 부품목록)

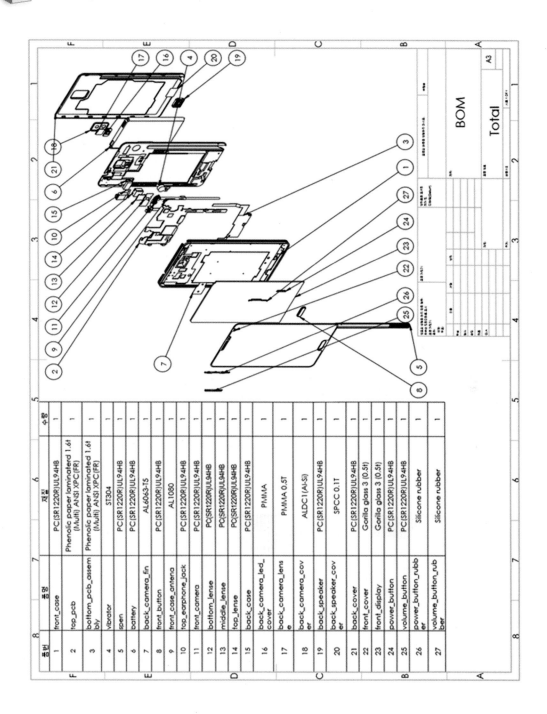

품번	품명	재질	수량
1	front_case	PC(SR1220R)UL9④H8	1
2	top_pcb	Phenolic paper laminaterd 1.6t (Multi) ANSI XPC(FR)	1
3	bottom_pcb_assembly	Phenolic paper laminated 1.6t (Multi) ANSI XPC(FR)	1
4	vibrator	ST304	1
5	spen	PC(SR1220R)UL9④H8	1
6	battery	PC(SR1220R)UL9④H8	1
7	back_camera_fin	AL6063-T5	1
8	front_button	PC(SR1220R)UL9④H8	1
9	front_case_antena	AL1080	1
10	top_earphone_jack	PC(SR1220R)UL9④H8	1
11	front_camera	PC(SR1220R)UL9④H8	1
12	bottom_lense	PC(SR1220R)UL94H8	1
13	middle_lense	PC(SR1220R)UL94H8	1
14	top_lense	PC(SR1220R)UL94H8	1
15	back_case	PC(SR1220R)UL9④H8	1
16	back_camera_led_cover	PMMA	1
17	back_camera_lense	PMMA 0.5T	1
18	back_camera_cover	ALDC1(Al-Si)	1
19	back_speaker	PC(SR1220R)UL9④H8	1
20	back_speaker_cover	SPCC 0.1T	1
21	back_cover	PC(SR1220R)UL9④H8	1
22	front_cover	Gorilla glass 3 (0.5t)	1
23	front_display	Gorilla glass 3 (0.5t)	1
24	power_button	PC(SR1220R)UL9④H8	1
25	volume_button	PC(SR1220R)UL9④H8	1
26	power_button_rubb	Silicone rubber	1
27	volume_button_rubber	Silicone rubber	1

BOM
Total
A3

4 2D CAD 도면

1) Case_main back cover

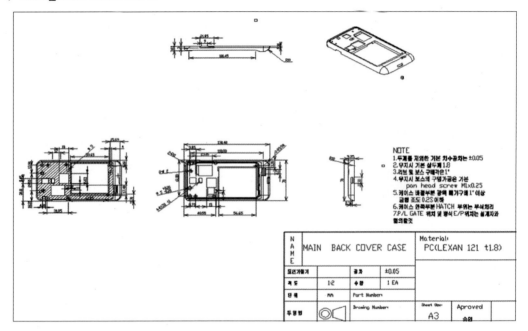

2) Body_main

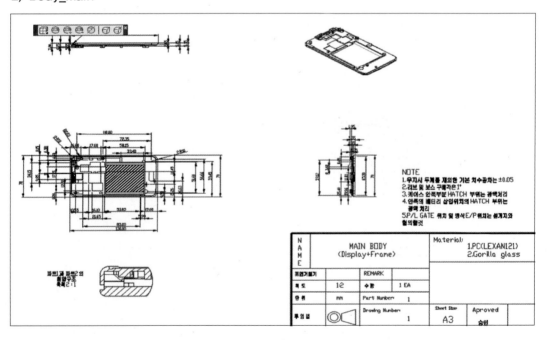

3) Case_rear cover top

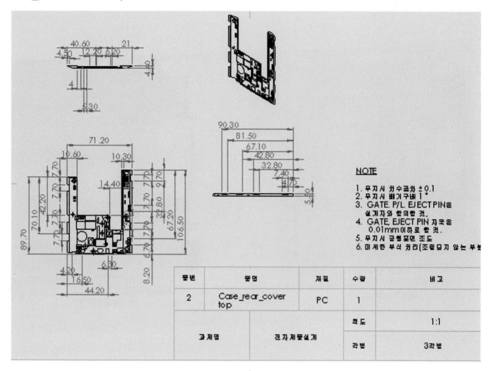

4) PCB

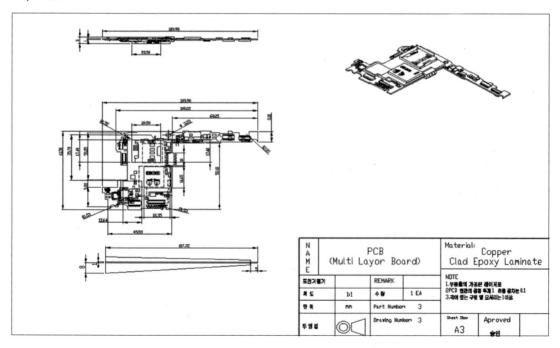

5) 3D CAD 모델링(메인보드의 실제 부품사진과 모델링 비교)

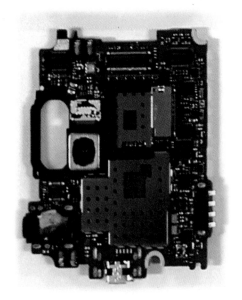

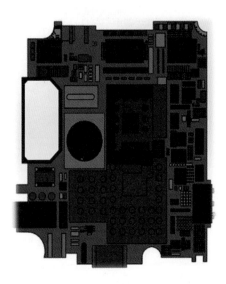

사진   모델링

6) Main board

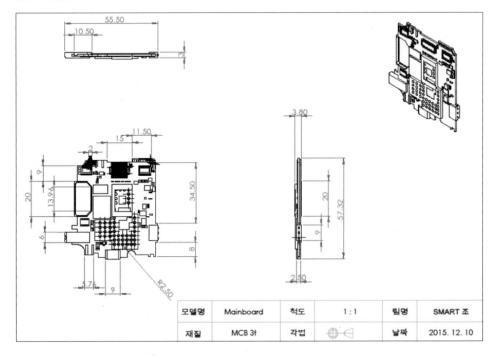

모델명	Mainboard	척도	1 : 1	팀명	SMART 조
재질	MCB 3t	각법		날짜	2015. 12. 10

7) Wireless Interface PCB

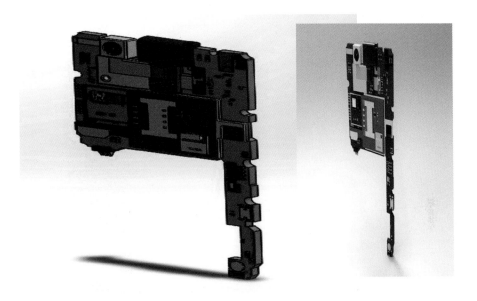

5 Assembly 모델링(최종 조립제품)

6 분해 조립도(Disassembly Drawing)

7 분해도 및 파트리스트(PART LISTS, 부품목록)

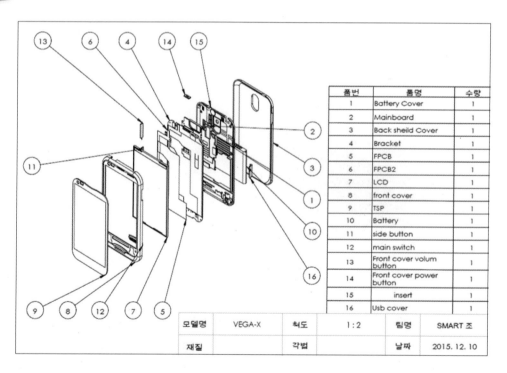

품번	품명	수량
1	Battery Cover	1
2	Mainboard	1
3	Back sheild Cover	1
4	Bracket	1
5	FPCB	1
6	FPCB2	1
7	LCD	1
8	front cover	1
9	TSP	1
10	Battery	1
11	side button	1
12	main switch	1
13	Front cover volum button	1
14	Front cover power button	1
15	insert	1
16	Usb cover	1

모델명	VEGA-X	척도	1:2	팀명	SMART 조
재질		각법		날짜	2015. 12. 10

8 Improvement design(개선설계)

1) 도금방식의 개선

- 1차 도금은 인청동판(PBS)에 Ni도금을 한다(금을 잘 붙이기 위하여).
  - 전도성과 접착성이 좋은 니켈로 1차와 2차 도금 사이를 매개한다.
- 2차 도금은 금도금을 한다(플래시 도금두께는 8~10미크론).

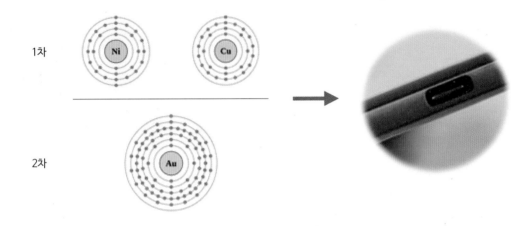

2) 인서트의 사용

플라스틱 제품에 암나사를 내게 되면 체결 시 나사산이 상할 수 있고(Tap over 현상 발생) 토크 체결력이 떨어지며 높은 열을 받게 되면 열화현상이 생길 수도 있어서 인서트(Insert)를 사용한다. 인서트 밑부분의 성형품 두께가 너무 얇으면 플로우 마크가 생기고, 너무 두터우면 싱크마크가 생긴다. 밑부분의 두께는 인서트 직경의 1/6의 간격을 유지하고 인서트 부위의 외경은 인서트물 직경의 2배 이상을 준다.

인서트의 적용 전

인서트의 적용 후

3) 보스의 리브

- 보스(Boss)는 외경측 1°, 내경측 1.5°로 빼기구배를 주어 설계하였고, 높이는 15mm, 인서트가 들어갈 자리를 고려하여 내경을 ϕ1.2mm로 설정하였다.
- 보강을 위해 보스에 들어가는 리브(Rib)의 높이는 벽두께의 1.5배 이하로 하며, 외경 ϕ1.5mm, 내경 ϕ1.2mm로 두께가 0.3mm인 것을 고려하여 0.45mm 이하로 설계하였다.
- 리브의 두께 t는 벽두께의 70%가 가장 적절하다.

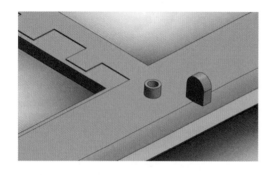
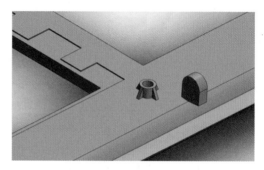

보스의 리브 적용 전   보스의 리브 적용 후

4) 언더컷 제거

- 제품의 측벽에 구멍이 있다든가, 내부 또는 외부 측면에 돌기 부분이 있어 성형기의 형개방향(상하방향)만으로는 성형품을 빼낼 수 없는 경우를 언더컷(Undercut)이라고 한다.
- 언더컷이 존재하게 되면 제품금형의 제작이 복잡하게 되어 고가로 되며, 고장이 생길 가능성이 높다. 언더컷의 제거 즉 언더컷 회피설계는 금형제작 및 사출이 쉽게 되도록 제품설계를 변경함으로써 해결할 수 있다. 또한 소재의 탄성이 있으면 쉽게 빼낼 수 있다.

언더컷 발생   언더컷 해결(회피설계)

5) 방열설계

(1) 히트 파이프

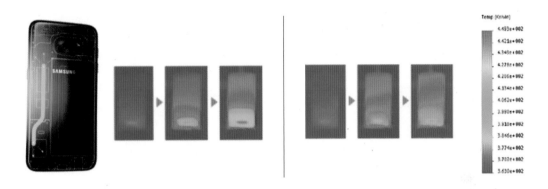

- CPU나 GPU에서 발생한 열을 히트 파이프 내부 유체의 증발을 통해 전달하는 장치를 히트 파이프 (Heat pipe)라고 하며, 일반적으로 냉각장치(Cooling system)라고 한다.
- 위에서 보여주는 바와 같이 열유동해석(CFD : Computational Fluid Dynamics)을 통해 히트 파이프의 냉각성능을 예측할 수가 있다.

(2) 히트 파이프 설계

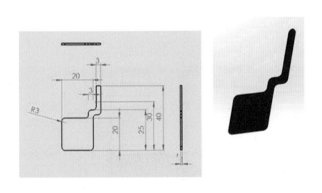
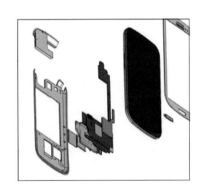

- 기화열을 이용하여 냉매를 봉입한 파이프(Pipe)를 설계한다. 발열로 인한 소비전력을 감소시킬 수 있어 고성능 클럭 및 배터리 효율을 높일 수가 있다.
- 특히 방진, 방수용 스마트폰을 비롯한 IT기기에서는 구조가 밀봉이 되어 열을 바깥으로 발산시킬 수가 없어, 방열을 위한 히트 파이프의 설계는 핵심적인 요소설계기술이다.

(3) 그래핀(Graphene) – 재료의 개선

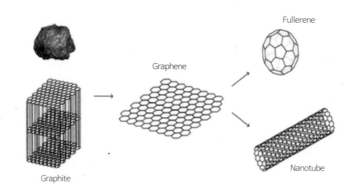

- 뛰어난 물리적 강도 : 그래핀(Graphene, 탄소원자로 이루어진 얇은 막)의 물리적 강도는 단단하다고 알려진 강철보다 더욱 강하다. 그 이유는 모든 물질마다 고유의 갈라짐이 있지만, 그래핀은 탄소 결합(C-C-C-C)이 빼곡해 무척 단단하기 때문이다.
- 우수한 열 전도성 : 그래핀의 열 전도성은 실온에서 약 5,000W/mK이다. 이는 구리, 알루미늄 같은 금속보다 10배 정도 큰 값이다.
- 플렉시블 : 그래핀은 10% 이상 면적을 늘리거나 접어도 전기전도성을 잃지 않는 장점이 있다. 즉, 유연성을 가지므로 파이프처럼 구부려 표면적을 크게 할 수가 있다.

(4) 방열패드 제작

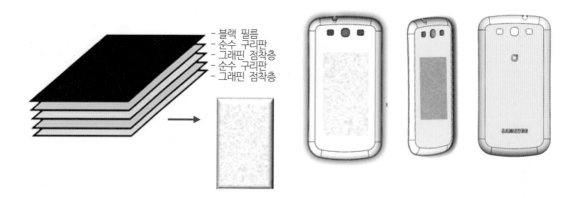

    그래핀을 적용한 방열복합소재로 열전도도 및 방열 특성이 가장 우수하다. 초내열 무기바인더와 초전도성 그래핀 소재로 융·복합된 무기방열 코팅소재로 高 내열성(무산소 최대 2,000℃)과 내식성(산화방지)을 갖는 것을 특징으로 하는 첨단 그래핀 방열코팅 신소재이다.

9 ASSEMBLY ANIMATION

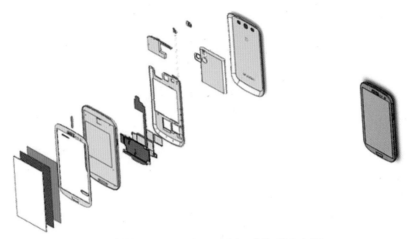

23개 종류 Parts로 Assembly(조립)한 갤럭시 S3

10 ANALYSIS(해석)

1) FEA 해석을 통한 제품 설계의 마무리 및 설계 품질 향상

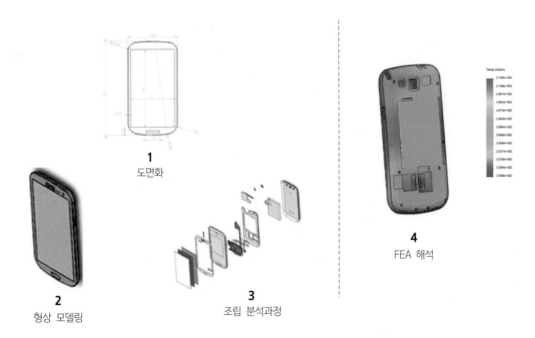

1
도면화

2
형상 모델링

3
조립 분석과정

4
FEA 해석

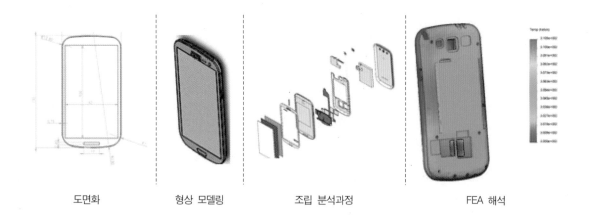

| 도면화 | 형상 모델링 | 조립 분석과정 | FEA 해석 |

FEA를 사용함으로써 성형, 가공시의 문제점을 예측할 수 있으며, 제품이 실제로 사용되는 환경에 대한 해석을 선행함으로써 결과치를 미리 예측할 수 있다. CAD는 제품의 최종 형상을 정의하며 FEA는 제품제작시의 공정 및 최종결과물의 특성을 미리 예측 가능하게 해준다. 따라서 제품 설계의 품질을 높이고 개선설계를 수행하는데 있어서 중요하다.

2) 하중 및 변형률

제품이 어떠한 하중의 상황에서까지 견딜 수 있는지 정량적 수치를 제공한다.

하중에 의한 해석   변형률 해석

SOLIDWORKS의 SIMULATION 기능을 이용

3) 좌굴 변형 1

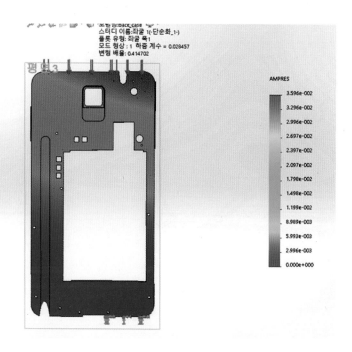

4) 좌굴 변형 2

11 해석(CAE)후 Improvement design(휨 변형의 구조 개선)

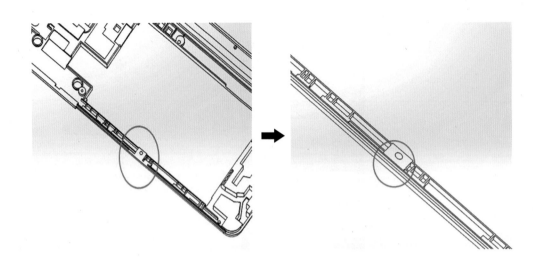

12 결과분석(Result Analysis)

1) ANALYSIS(충격해석) – ANSYS 해석

- 스마트폰 액정에 대한 충격해석

  - 해석 주제 : 높이의 변화에 따른 충격력에 대한 응력계산과 변형량

  - 재질 : PC(폴리 카보네이트)

    밀도 : 1.19g/cm^3

    탄성계수(E) : 2,280Mpa

    푸아송비(ν) : 0.43

  - 핸드폰 액정에 대한 충격력을 정하중으로 바꾸어서 계산

$$F = m \times \frac{\Delta V}{\Delta t} \times 10 \, (V = \sqrt{2gh}) \, (\Delta t = 0.01s \text{로 가정})$$

높이에 따른 하중 계산

$$H=1m \rightarrow 0.174\text{kg} \times \frac{\sqrt{2 \times 9.81\text{m/s}^2 \times 1\text{m}}}{0.01s} \times 10 = 770.82\,\text{N}$$

$$H=2m \rightarrow 0.174\text{kg} \times \frac{\sqrt{2 \times 9.81\text{m/s}^2 \times 2\text{m}}}{0.01s} \times 10 = 1089.24\,\text{N}$$

$$H=3m \rightarrow 0.174\text{kg} \times \frac{\sqrt{2 \times 9.81\text{m/s}^2 \times 3\text{m}}}{0.01s} \times 10 = 1334.58\,\text{N}$$

$$H=4m \rightarrow 0.174kg \times \frac{\sqrt{2 \times 9.81m/s^2 \times 4m}}{0.01s} \times 10 = 1489.44\,N$$

2) ANALYSIS(충격해석)

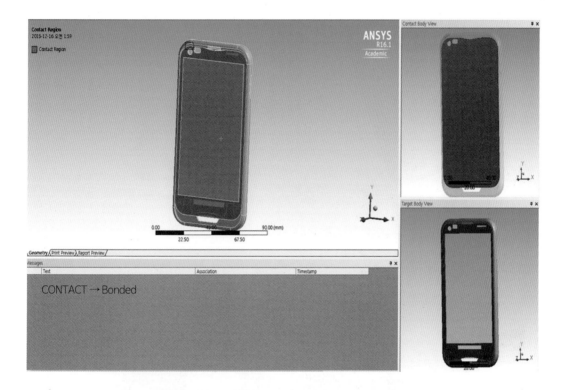

Mesh
Node : 43141
Element : 22039

(1) edge(가장자리)에 힘이 가해지는 경우

① 경계조건

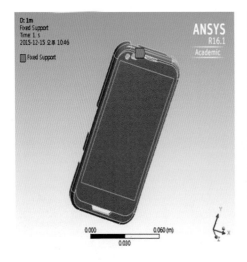

Fixed Support   Force

② 높이에 따른 응력 해석 결과

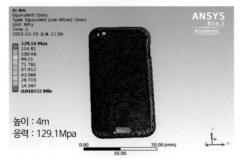

③ 높이에 따른 변형량 해석 결과

높이 : 1m
변형량 : 2.6mm

높이 : 2m
변형량 : 3.7mm

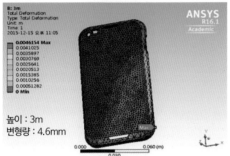

높이 : 3m
변형량 : 4.6mm

높이 : 4m
변형량 : 5.2mm

(2) 액정에 힘이 가해지는 경우

① 경계조건

Fixed Support   Force

② 높이에 따른 응력 해석 결과

높이 : 1m
응력 : 174Mpa

높이 : 2m
응력 : 247Mpa

높이 : 3m
응력 : 302Mpa

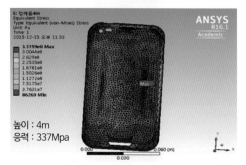

높이 : 4m
응력 : 337Mpa

③ 높이에 따른 변형량 해석 결과

높이 : 1m
변형량 : 15mm

높이 : 2m
변형량 : 22.5mm

높이 : 3m
변형량 : 27mm

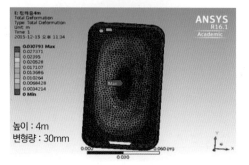

높이 : 4m
변형량 : 30mm

(3) 해석에 대한 결론

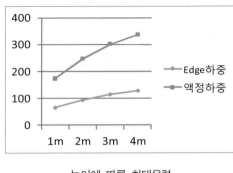

높이에 따른 최대응력

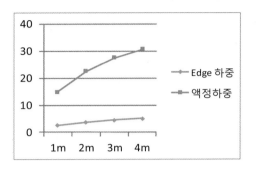

높이에 따른 최대변형량

위 그래프는 edge(모서리)와 액정정면에 충격이 가해졌을 때 높이에 따른 응력변화와 최대 변형량 수치를 비교한 그래프이다. 해석결과 그래프를 통해 edge부분에 충격이 가해질 때 보다 액정정면에 의한 충격이 파손에 더 큰 영향을 미치는 것을 확인할 수 있었다.

3) ANALYSIS DATA(낙하 충격해석)

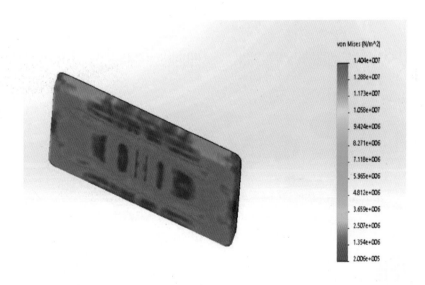

4) ANALYSIS 결과에 의한 개선설계 – Improvement design(방열)

최신기술인 히트 파이프(Heat pipe)와 그래핀 소재를 이용한 방열패드를 장착한 결과 약 3~5도 체감온도량의 감소를 보인다는 해석결과가 나왔다(발열량 3.5W 기준).

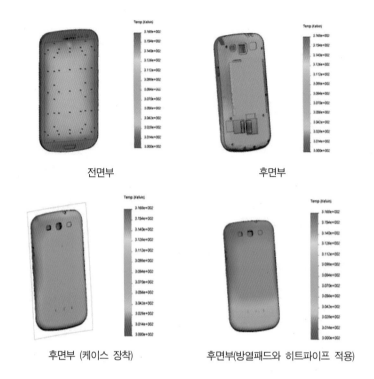

전면부   후면부

후면부 (케이스 장착)   후면부(방열패드와 히트파이프 적용)

해석을 통한 수치적 결론 도출

(1) 열 해석

(2) 열 해석

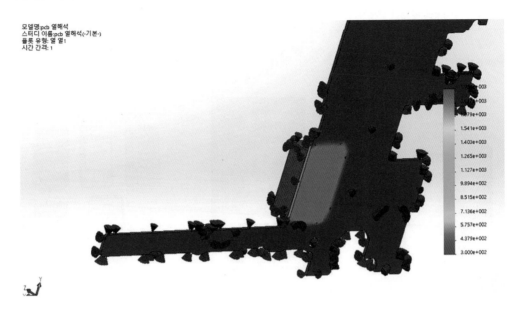

5) ANALYSIS DATA(배터리 열유동 해석)

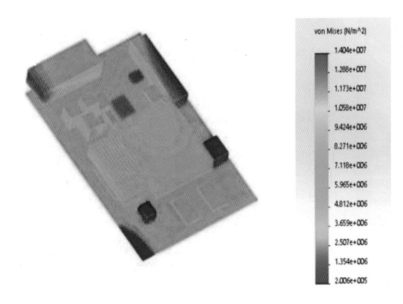

6) 3D 프린터에 의한 시제품 제작

(1) RENDERING & 3D PRINT(렌더링 및 시제품 제작)

① 3D 프린팅을 통해 실제 제품의 형상 확인

Sindoh사의 3D 프린트틀 사용하여 모델링 파일을 Gcode로 변환 후 출력(PLA재질)

② 렌더링을 통한 최종 형상 예측

3D 프린팅 후 실제 금형제품처럼 보이기 위해 후가공을 해야만 한다. 키샷 프로그램을 통해 렌더링 후 실제로 제품의 재질에 따라 조명에 따른 형상과 느낌을 예측해볼 수 있다.

③ 3D 프린터 사양

제품 사양

	Model	DP200
출 력	조형크기(W×D×H)	210×200×195mm
	적층 두께	0.05~0.4mm
	프린터젯	Single Nozzle
	노즐 직경	∅0.4mm
필라멘트	직 경	∅1.75mm
	재 질	PLA, ABS 각 7컬러
	공 급	자동공급

④ 3D 프린터 작동원리 및 제작단계

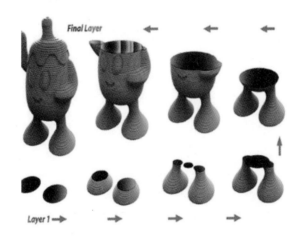

- 작동 원리 - 적층형
- 플라스틱 액체 또는 플라스틱 실을 종이보다 얇은 0.01~0.08mm의 층(layer)으로 겹겹이 쌓아 입체 형상을 만들어낸다. 레이어가 얇을수록 정밀한 형상을 얻을 수 있고, 채색을 동시에 진행할 수 있다.
- 제작 단계는 모델링(modeling), 프린팅(printing), 피니싱(finishing)으로 이루어진다. 모델링은 3D 도면을 제작하는 단계로, 3D CAD(Computer Aided Design)나 3D 모델링 프로그램 또는 3D 스캐너 등을 이용하여 제작하는 것이다. 프린팅은 모델링 과정에서 제작된 3D 도면을 이용하여 물체를 만드는 단계로, 적층형 또는 절삭형 등으로 작업을 진행하는 것이다. 이때 소요시간은 제작물의 크기와 복잡도에 따라 다르다. 피니싱은 산출된 제작물에 대해 보완 작업을 하는 단계로, 색을 칠하거나 표면을 연마하거나 부분 제작물을 조립하는 등의 작업을 진행하는 것이다.

⑤ PLA 소재의 장점과 단점

- PLA(Poly Lactic Acid) - 옥수수의 전분에서 추출한 원료로 만든 친환경 수지
- 3D 프린터에 사용되는 재료는 ABS와 달리 수축성이 덜한 편이며, 옥수수 전분을 주 성분으로 만들기 때문에, 석유 계열의 ABS보다는 친환경적인 편이다. PLA는 생분해성인 옥수수와 사탕수수로 만들어지는 친환경 수지로, 냄새가 나지 않으며 인체에 유해한 요소가 거의 발생하지 않는다. 또한 균열이나 수축 현상 등이 좋다는 장점을 가지고 있다. 하지만, ABS에 비해 상대적으로 비싼 편이며, 후가공이 ABS 소재보다는 어렵다.

⑥ 3D PRINT를 위한 .sldprt → .stl 파일로 변환

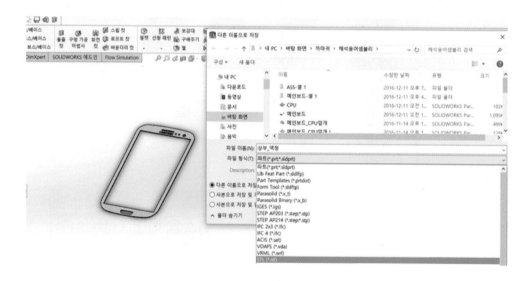

⑦ stl → gcode 변환을 위한 불러오기

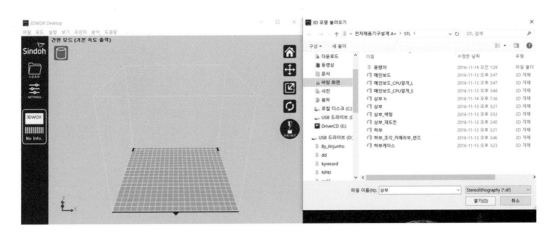

⑧ 3DWOX Desktop 프로그램을 이용한 gcode 변환

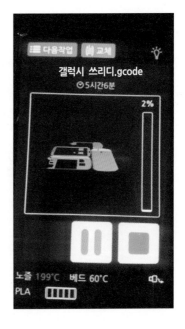

⑨ 프린팅 시뮬레이션 기능으로 레이어 순서 확인 및 수정

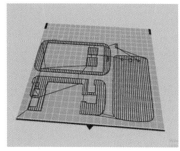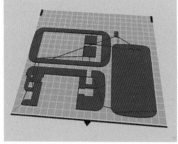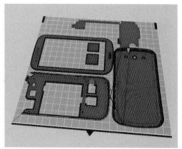

- 프린터가 물리적으로 최적 출력 방향으로 움직일 수 있게 짜며 3D 프린터의 사양도 고려하여야 한다 (두께).
- 서포트(메인 출력물을 받쳐주는 보조 출력물)의 형성 여부도 중요하다(제품두께를 고려해 외형을 확인 할 수 있는 필수 파트만 프린트).

⑩ 출력 및 확인 과정

⑪ 출력물 비교 과정

시제품의 비교결과 PLA 재질에서는 어느 정도의 수축이 발생하여 실제 스마트폰 제품과 1~3mm정도 차이가 나타났다. 따라서 정밀제품의 제작에는 부적합하지만, 제품의 최종형상을 실제 제품의 형상과 비교 하는 수준의 단계에서는 활용이 가능하다. 이를 활용하여 개선설계 방향을 사전에 예측해 볼 수도 있다(주 요부품의 형합, 레이아웃, 동작성 등).

출력물과 비교과정

⑫ 제품출력 후 실제 형상과 비교(버니어캘리퍼스로 측정)

⑬ 제품 조립 및 확인

갤럭시 노트 제품설계
Galaxy Note 3

1 핵심기술 조사

1) 방수·방진 기능(원리)

물은 전류가 흐르는 도체여서 전기가 닿으면 안 되는 부위, 부품까지 전기를 전달하기 때문에 대부분의 IT기기는 심각한 고장이 발생한다.

이에 대해, 갤럭시 S5부터 방수기능을 재차 도입하기 시작했는데 반찬통 뚜껑을 고무패킹으로 밀봉하는 것처럼 스마트폰 둘레 및 곳곳에 고무 재질을 두르고 버튼이 위치하는 미세한 틈새는 실리콘 재질로 막았다.

소리가 나오는 통로인 스피커의 경우 특별한 소재를 활용해 소리는 나오고 물 입사는 유입되지 않도록 해야 하는데 이때 고어텍스를 활용하였다.

• IP 등급표

삼성은 방수·방진기능을 적용하기 위해 외부기술을 채택하였다. 중소업체 '우전앤한단'이 개발한 LSM(Liquid Silicon Molding) 기술을 적용했다. 갤럭시 S5인 경우 방수·방진 수준에 대해서는 IP67 등급을 인증 받았다(먼지로부터 완벽하게 보호되며, 1m 이내의 수심에서 30분을 견딜 수 있다).

방진·방수 기능을 제공하면서 기기의 단가가 증가하고 크기와 무게도 증가하였다. 갤럭시 S5의 두께는 갤럭시 S4 기준으로 7.9mm에서 8.1mm로 늘었고, 무게는 131g에서 145g으로 늘었다(이는 얇은 실리콘을 기기내 케이스 외벽에 두르고 부품 사이를 밀봉시키는 등 기기에 추가적인 기술을 접목했기 때문이다).

IP등급 첫 번째 숫자		보호 대상	IP등급 두 번째 숫자		보호 대상
0		보호 안됨	0		보호 안됨
1		50mm 이상 (손으로 만지는 정도)	1		수직으로 떨어지는 물방울
2		12mm 이상 (손가락 크기 정도)	2		수직으로부터 15° 이하로 직접 분사되는 액체
3		2.5mm 이상 (연장 및 전선 정도)	3		수직으로부터 60° 이하로 직접 분사되는 액체
4		1mm 이상 (연장 및 가는 전선 정도)	4		모든 방향에서 분사되는 액체, 제한된 수준의 유입 허용
5		먼지로부터 보호, 제한된 수준의 유입 허용	5		모든 방향에서 분사되는 낮은 수압의 물줄기, 제한된 수준의 유입 허용
6		먼지로부터 완벽하게 보호	6		모든 방향에서 분사되는 높은 수압의 물줄기 (예 : 선상)
			7		15cm~1m 깊이의 물속에서 보호
			8		1m 이상 깊이의 물속에서 장시간 보호

2) LG의 G6 스마트폰 신뢰성 시험 및 인증 규격

(1) 미 국방부가 인정하는 군사표준규격 획득(미국 국방부에서 인정하는 군사 표준 규격 MIL-STD 810G)

• 군사 표준 규격 MIL-STD 810G를 획득한 곳은 미국 국방부 인증 연구기관인 MET(Maryland Electrical Testing) 연구소

• '밀스펙'은 '밀리터리 스펙(Military Spec)'의 줄임말로, 군 작전을 수행할 때 사용하기에도 충분할 정도의 극한환경에서도 안전성과 내구성을 갖췄다는 점을 인정받음

• 낙하 테스트는 물론이고 저온(포장 상태/비포장 상태), 습도, 고온, 진동, 일사량, 저압, 분진, 방수, 열

충격, 염수 분무, 방우(防雨) 등 총 14개 항목 테스트를 통과(pass)했다. 2017년 현재 전 세계에서 판매되고 있는 스마트폰 중에서도 가장 많은 14개 항목에서 테스트를 모두 통과하여 규격 인정을 받은 것이다.

• 스마트폰 제조업체들이 외부 충격이나 사용 환경 변화에도 성능을 유지하는 견고함을 증명하기 위한 방법으로 '밀스펙'을 내세우는 것은 밀스펙이 외부 환경이나 충격에 대한 완벽한 보호를 인증하는 것은 아니지만 스마트폰의 강한 안전성과 내구성을 표현하는 수단으로 충분히 활용될 수 있기 때문이다.

모래사막 수준의 먼지를 날려봐도, 강한 수압의 물을 떨어뜨려도 끄떡없이 정상적으로 작동하는 스마트폰으로 신뢰성 시험의 예를 보여주고 있다.

(2) 극한환경에서 시험항목(기계시험, 환경시험, 폭로 테스트, 내후성 시험 등)

최근 들어 스마트폰은 다양한 기능을 탑재하면서 내부 부품 집적도도 덩달아 높아지는 추세다. 깔끔한 디자인까지 강조해야 하다 보니 강화 유리를 적용하거나 베젤(Bezel, 고정 테두리)을 없애는 식으로 갈수록 '예쁜 형태의 미려한 디자인'을 취하는데, 이 과정에서 충격에는 점점 취약해지는 문제점을 보이기도 한다. 이 때문에 프리미엄 스마트폰은 대개 잘 깨지고 고장이 잘 나고, 비싼 수리비가 발생한다.

군사 표준 규격 MIL-STD 810G를 받으려면, 단순 충격을 견뎌내는 정도를 따져보는 것을 넘어, 갖가지 환경에서도 어떻게 정상적으로 작동하는지 따져봐야 한다. 따라서 물속에 침수시킨 뒤 작동 여부를 살피는 방수 테스트, 사방으로 빠르게 진동시키는 진동 테스트, 모래와 먼지를 마구 날렸을 때 작동이 제대로 되는지를 알아보는 분진 테스트, 복사열이 줄곧 내리쬐었을 때도 정상 기능을 하는지 살피는 일사량 테스트(폭염 테스트)까지 모두 받아야 한다.

또한 극저온부터 고온까지 수시로 온도를 바꿔가면서 얼마나 잘 견디는지를 보는 열충격 시험, 소금물에 24시간 간격으로 말렸다 적셨다를 96시간 동안 계속하면서 부식 억제력과 방수력을 함께 살피는 염수 분무 테스트, 빗방울 속도로 물을 떨어뜨리면서 방수력을 테스트해보는 방우(防雨) 테스트 등 각종 복합·자극요인도 함께 따져본다. LG의 G6는 이 14가지 항목에서 모두 '통과' 판정을 받은 것이나.

3) 스마트폰의 발열 정도

최저온도	평균온도	최고온도
갤럭시S4 화이트 : 32.7℃ 갤럭시S4 블랙 : 34.7℃ 갤럭시S5 : 31.1℃ 옵티머스G PRO : 27.4℃	갤럭시S4 화이트 : 47.3℃ 갤럭시S4 블랙 : 47.5℃ 갤럭시S5 : 38.6℃ 옵티머스G PRO : 37.6℃	갤럭시S4 화이트 : 58.2℃ 갤럭시S4 블랙 : 58.8℃ 갤럭시S5 : 39.7℃ 옵티머스G PRO : 44.1℃

최고온도는 약 60도에 근접하고, 평균적으로 40도가 넘는 발열이 생긴다. 이로 인하여 아래와 같은 현상이 발생한다.

① 저온화상에 걸릴 위험
② 발열로 인한 부품 및 기기 성능의 저하
③ 부속품의 빠른 소모

※저온화상이란 체온보다 약간 높은 40~50도의 온도에서 지속적인 노출로 생기는 화상으로 피부의 괴사와 수포발생이 있을 수 있고, 감각이 무뎌질 수 있다.

4) 배터리 안전성 확보

(1) 삼성 갤럭시 S8 배터리 안전성 확보

① 배터리 안전성 확보를 위한 8단계의 검사시스템 새롭게 도입 및 구축
② 배터리를 제조와 조립 과정에서 두 단계에 걸쳐 전수검사
③ 스마트폰 내부에 배터리 탑재 공간을 추가로 확보해 소비자가 제품을 떨어뜨리는 경우에도 물리적 충격을 최소화하는 구조 및 장치
④ 수축현상이 일어나지 않는 강화된 소재의 절연체 테이프 사용
⑤ 배터리 전수검사 항목
　- 배터리 외관
　- TVOC : 전해액 누출감지
　- 델타OCV : 상온 방치 뒤 전압변화 확인

삼성전자가 강화한 배터리 검사 항목

검사 항목	신설 또는 강화	변경 내용	공정 단계	검사 범위
안전성 평가	강화	검사 횟수 증가	부품	샘플
외관 검사	강화	기준 강화	제조공정	전수
엑스레이	강화	추가 검사	부품	샘플
충방전 시험	신규	–	부품·완제품	샘플
TVOC	신규	–	제조공정	전수
해체 검사	강화	추가 검사	부품	샘플
가속 시험	신규	–	완제품	샘플
델타OCV	강화	추가 검사	부품·제조공정	전수

※배터리 제조사인 삼성SDI의 엑스레이 검사는 전수 검사임.

(2) LG전자 프리미엄 스마트폰 G6 배터리 안전성 평가

다양한 안전성 평가 및 품질 테스트(배터리 안전성 검사만 20개, 완제품도 방수·낙하 등 실험, 모든 테스트 5,000시간 걸려)

LG전자의 프리미엄 스마트폰 G6에 들어가는 3,300mAh 배터리 위로 무게 9.1kg의 강철추가 61cm 높이에서 사정없이 떨어졌다. '쾅!'하는 소리와 함께 배터리가 찌그러졌지만 폭발하거나 불꽃이 튀진 않았다. 바로 옆 시험 장비에선 위쪽에 매달린 G6의 배터리를 향해 날카로운 못이 빠른 속도로 올라와 배터리를 꿰뚫었다. 못에 관통된 배터리는 아무런 이상이 없다.

LG전자 G6 배터리의 주요 안전성 검사 항목

검사 종류	테스트 내용	합격 기준
충격 시험	배터리에 지름 15.8mm의 쇠막대를 올리고, 무게 9.1kg의 추를 61cm 높이에서 낙하	발화·폭발 없을 것
관통 시험	날카로운 못을 이용해 빠른 속도로 배터리 관통	발화·폭발 없을 것
열 노출 시험	국제기준(130도)보다 15% 이상 높은 고온에 노출	발화·폭발 없을 것
화재 시험	배터리를 강제 연소해 파편이 직경 61cm 울타리를 관통하는지 확인	파편 관통 없을 것
엑스레이 분석	엑스레이로 배터리 음극판 등 정렬 확인	자체 기준 통과
분해 분석	배터리 셀과 팩 분해 분석	내부 치수 확인
누액 검사	휘발성유기화합물(TVOC)분석을 통해 전해액 흘러나오는지 확인	전해액 누출 없을 것
충·방전 검사	고온에서 연속 충·방전 후 배터리 팽창 여부 확인	자체 기준 통과

배터리 평가 연구소는 배터리 설계상 안전을 검증하는 평가실, 엑스레이 등을 활용한 분석실까지 갖추고 있다. 충격, 압력, 관통, 열 노출, 연속 충·방전 등의 배터리 시험이 가능하다. 배터리에 관한 모든 검증을

한곳에서 할 수 있으며, 안전성 검사만 20여 가지가 있다. G6 배터리는 위에서 강하게 떨어지는 무게추 충격 시험만 해도 수백 번 이상이며, 배터리를 불 속에 넣는 강제 연소 시험도 이뤄진다. 극단적 상황에서 배터리가 폭발하더라도 파편으로 화재가 발생하는 것을 방지하기 위해서다. 배터리가 터졌을 때 파편이 일정 범위(지름 61cm) 밖으로 튀지 않아야 합격 판정을 받을 수 있다. 배터리의 전해액이 흘러나오는지를 확인하는 휘발성유기화합물(TVOC) 검사, 배터리 셀(cell)과 팩을 분해해 분석하는 검사 등도 이뤄진다.

(3) 스마트폰 완제품의 신뢰성 시험
① 충격(낙하, 작은 충격)

② 환경(고온, 저온, 습도)

③ 내구성(휘어짐, 압력)

④ 성능(소모전류, 발열, 충격)

⑤ 오디오 · 화질(카메라)

⑥ 방수 · 방진(IP68 등급)

• 방수 · 낙하 등 다양한 테스트

G6 완제품 테스트는 제품 시험실에서 한다. 각종 기구를 이용해 G6의 내구성을 테스트하고 있다. 1m 높이의 투명 플라스틱 통에 제품을 넣고 360도 회전시키는 연속 낙하 시험기로 수백 번씩 통을 회전해 제품을 떨어뜨리면서 낙하시험시 잔충격에 스마트폰이 얼마나 잘견디는지와 이상 여부를 확인한다. 스마트폰 품질 테스트 항목이 1,000개 이상이고, 품질 기준은 6만 여개에 달하고, 모든 테스트를 통과하는 데는 최대 5,000시간이 걸린다. 방수 시험도 추가됐다. G6은 LG전자 스마트폰 가운데 처음으로 수심 1.5m에서 30분간 방치해도 문제가 없는 'IP68 등급'을 받았다. 방수뿐만 아니라 온도, 습도, 진동 충격 등 미국 국방부의 내구성 테스트 14개 항목을 통과했다.

2 발열에 따른 문제점 및 개선의 사례

문제점	문제 해결 방안
① CPU의 고성능화, 새로운 기능의 추가 ② 쿨링시스템(Cooling system)의 혁신적인 기술의 부재	① 히트 파이프의 사용 ② 방열시트의 사용 → 그래핀(graphene) 소재 (실리콘 대체물질로 각광을 받으며 가장 중요한 차세대 소재로 평가)

1) 문제 해결 방안(온도를 낮추는 방법)

① 기화열을 이용하는 방법

② 압력을 낮추어 온도를 낮추는 방법

③ 펠티어 소자를 이용한 방법(서로 다른 금속의 양단에 전기를 통하였을 때 양단 면에 온도차가 일어나는 현상을 이용한 방법)

④ 제베크 효과(두 종류의 금속을 고리 모양으로 연결하고, 한쪽 접점을 고온, 다른 쪽을 저온으로 했을 때 회로에 전류가 흐르는 현상)를 이용한 방법

⑤ 표면을 거칠게 하여 열전달이 잘되도록 하여 온도를 낮추는 방법

⑥ 표면적을 크게 하여 열발산을 빠르게 하는 방법(Heat sink, 히트싱크)

⑦ 히트 파이프(Heat pipe)의 사용

⑧ 방열시트의 사용 → 그래핀 소재

2) 개선 사항 1 – 히트 파이프의 사용

(1) 히트 파이프(Heat pipe)의 개념안

① 파이프의 한쪽 끝에 열을 가한다.

② 내부의 휘발성액체가 기체로 변하여(증발), 열이 가해진 반대편으로 이동한다.

③ 파이프의 다른 끝으로 이동한 기체가 열을 외부로 방출한다(방열).

④ 기체가 다시 액체로 변해 본래의 위치로 돌아가며 순환한다(냉각).

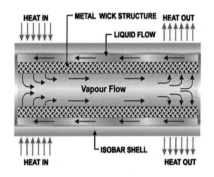

(2) 히트 파이프(Heat pipe)와 방열설계 개념도

스마트폰의 방열성능을 높이기 위한 냉각장치기술을 채택하여 국제기준보다 높은 엄격한 안전성 테스트 기준을 강화하였다.

열전도와 확산에 탁월한 구리소재의 히트 파이프로 내부 열분산 설계기술을 확보하였다.

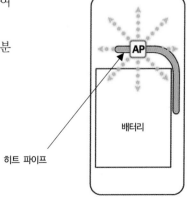

LG전자 "방열 성능 강화"···'히트 파이프' 채택·시험 기준 상향
갤노트7 의식한 듯 신제품 안전성 강조

LG G6 배터리, 150도 열기에도 이상 없다

LG전자는 열을 쉽게 전도·확산하는 구리 소재를 사용해 '히트 파이프'(Heat pipe)를 만들어 G6에 탑재했다. 히트 파이프는 통상 데스크톱·노트북 PC에서 흔히 사용하는 파이프 구조의 냉각 장치다.

스마트폰의 내부 열을 분산해 애플리케이션 프로세서(AP) 온도를 약 6~10% 낮추고, 이 열이 배터리로 전달돼 발화 사고를 일으키는 것을 막는 데 도움을 줄 것으로 보고 있다.

LG전자는 AP를 비롯해 디스플레이 구동 칩 등 열이 많이 나는 부품 간의 거리를 충분히 떼어놓아 열이 한 곳에 몰리지 않고 분산되도록 G6 내부 구조를 설계했다고 설명했다.

(3) 히트 파이프(Heat pipe) 설계에 의한 배터리 안전성 확보

• 최근 스마트폰 폭발이 인명사고로 이어지는 사례가 늘자, LG전자는 G6 스마트폰을 개발하면서 안전성을 높이는 데도 힘을 쏟아왔다. 일단 G6에는 '히트 파이프'라는 것을 처음으로 적용했다. 히트 파이프는 노트북·PC 등에 많이 사용하는 냉각장치(Cooling system)로, 스마트폰 내부 열을 효과적으로 분산시켜 주요 발열 원인인 애플리케이션 프로세서(AP) 온도를 6~10%까지 낮춰준다. 소재는 열전도와 확산에 탁월한 구리를 사용했다.

• 심한 발열을 미리 막을 수 있도록 부품 간 거리를 충분히 확보하는 형태로 설계하는 데도 힘썼다. 보통 스마트폰에서 AP 다음으로 열이 많이 발생되는 부품이 드라이버 IC(Integrated Circuit, 집적회로)다. LG전자는 G6의 설계를 변경, 드라이버 IC와 AP의 거리를 최대한 확보하고 배터리와도 멀리 떨어뜨려 열이 기기 내부에서 고르게 분산되도록 했다.

• 또 LG전자는 배터리에 대해 국제 기준보다 훨씬 엄격한 기준으로 품질을 검증하고 있다. 배터리 열 노출 시험의 경우, 미국(IEEE1725[1])과 유럽(IEC62.133[2])의 국제 기준 규격보다 15% 이상 높은 온도로 테스트를 실시한다. 날카로운 못으로 배터리 중앙을 찌르는 관통 테스트, 일정 높이에서 무거운 물체를 떨어뜨리는 충격 테스트도 실시한다.

(4) 히트 스프레더(Heat Spreader)의 상세설계

① 제품명 : 히트 스프레더(HS : Heat Spreader)

② 특징 : HS는 얇은 판형으로 제작되므로 부피를 작게 할 수 있어서 소형, 박형 IT기기의 냉각장치로 적용되며, 열전달율이 뛰어나 효과적으로 넓은 면적으로 확산시켜 냉각시킬 수 있다.

③ HS의 장점

소형, 극박형 및 고용량의 IT기기의 냉각에 적용 가능 → 두께 : 0.6~2.5mm

④ HS 적용 분야

- Computers : Notebook PC(CPU 냉각용)

- Mobile Devices : Smart Phone, PDA, Hard Disk

- Display Devices : LCD, PDP, Beam Projector

- High Performance Chips

⑤ HS 외형 및 내부 구조

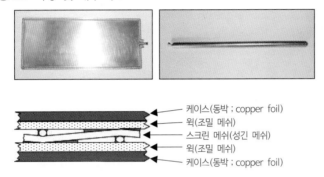

◄	케이스(동박 ; copper foil)
◄	윅(조밀 메쉬)
◄	스크린 메쉬(성긴 메쉬)
◄	윅(조밀 메쉬)
◄	케이스(동박 ; copper foil)

⑥ 작동 원리

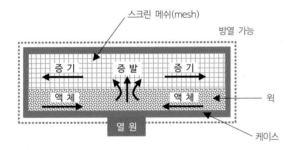

⑦ 핵심제조기술

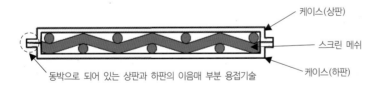

케이스(상판)

스크린 메쉬

케이스(하판)

동박으로 되어 있는 상판과 하판의 이음매 부분 용접기술

⑧ 응용제품의 예

Notebook PC(CPU 냉각용)

HS의 적용으로 팬(fan)의 높이를 작게할 수
있어 전체적으로 두께를 얇게 할 수 있다.

3) 개선 사항 2 - 그래핀 방열시트의 사용

(히트 파이프 설치 시) 문제점
① 스마트폰의 길이가 길어지며
② 부피가 커지면서 무게 또한 무거워질 것이다.

→ 이는 얇고 가벼운 폰을 선호하는 사용자의 요구와 부합되지 않는다.

(1) 그래핀 방열시트

그래핀(graphene)이란 흑연에서 분리해 낸 한 층의 탄소층으로 다음과 같은 장점이 있다.

① 구리보다 1,000배 빠른 전도성

② 강철보다 200배 강한 강성

③ 가벼운 무게

④ 전기저항이 없다.

⑤ 얇다.

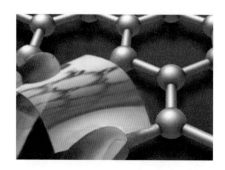

※CPU에서 발생하는 발열량

갤럭시 S5의 기준으로 $Q = \sqrt{hpkA_c}\,(T_s - T_\infty)$

- $h = 5\ \text{W/m}^2\text{k}$ (대류 열전달)
- $p = (5+140) \times 2 = 29\text{cm} = 0.29\text{m}$ (열을 받는 면적의 길이)
- $k = 3,000\text{W/mk}$ (열전달 상수)
- $A_c = (5 \times 140) = 70\text{cm}^2 = 0.70\text{m}^2$ (단면적)
- $T_s = 35.05℃$ (CPU 온도)
- $T_\infty = 33℃$ (일반 공기 평균 온도)

  $\therefore Q = \sqrt{5 \times 0.29 \times 3,000 \times 0.7}\,(35.05 - 33) = 113.12\text{W}$

(2) 그래핀 방열시트 부착 시

① 그래핀 방열시트 사용 시 약 5,000W/mk의 열전도율

② 일반 방열시트와 비교 시 약 10배 차이의 방열성능 향상

③ 스마트폰의 무게 증가가 거의 없다.

3 BOM(Bill of Material, 부품구성표) LIST

No	ASS'Y LEVEL				PART NAME	PART PICTURE	3D Modeling	QT'Y	원재료(Ingredients)		제품규격 (Wmm×D mm×Hmm)	제품 중량(g)	비고
	PRO-DUCT	ASS'Y	SUB ASS'Y	PART					재질(Material)	Grade			
1	●				Samsung GALAXY Note 3			1		–	79.1×8.3 ×151.2	168g	
2			●		Battery			1	Lithium-Ion Battery	–	53.5×5.4 ×80.0	53.65g	
3				●	Back cover			1	ABS+PC (내충격성+내열성)	–	80×5×150	11g	
4		●			Main body ass'y (Display screen+Bezel +frame)			1	Gorilla galss, PC(LEXAN 141)	–	78×1×148 78×4×148	67g	
5			●		Body-bumper			1	ABS (내충격성)	–	80×5×150	3g	Br 도금
6			●		Body-bottom			1	PC (LEXAN 141)	–	76×1×149	15g	
7				●	Bolt			14	SUS 304	–	M1.2×0.25	0.07g	Cr bk도금
8			●		PCB-Main			1	MLB 0.8t	–	72.3×0.8 ×125	12g	12 layer
9			●		PCB-Charging Terminal			1	MLB 0.8t FPCB 0.5t	–	61.3×0.8 ×60.8	2g	

No	ASS'Y LEVEL				PART NAME	PART PICTURE	3D Modeling	QT'Y	원재료(Ingredients)		제품규격	제품 중량(g)	비고
	PRO-DUCT	ASS'Y	SUB ASS'Y	PART					재질(Material)	Grade			
10			●		Camera-Back			1	PC (LEXAN 141)	–	10×6.3× 24.5	1g	
11			●		Camera-Front			1	PC (LEXAN 141)	–	5.8×4× 22.2	0.7g	
12				●	Camera-Back cover			1	Brass Plate 0.5t	–	13×2×20	0.8g	
13				●	Camera-Front holder			1	ABS (내충격성)	–	22.4×0.2 ×6	0.3g	
14				●	Camera-LED cover			1	PC (LEXAN 141)	–	12×0.4×6	0.1g	
15				●	Vibrator-module			1	SUS 304	–	7×3.5× 13.9	1g	
16			●		Earphone jack module			1	PI (Polyimide)	–	32.4×5× 13.5	1g	
17			●		Antenna			1	Cu+PVC(피복)	–	3×90.4	3g	
18				●	Antenna Cable			1	Aluminum Alloy	–	13.3×1.5× 84.9	0.8g	단자 금 도금
19				●	Button-Volume controller			1	Silicon Rubber+ Aluminum 합금	–	3.5×2×35	0.8g	Br 도금
20				●	Button-Power (On/Off)			1	Silicon Rubber+ Aluminum 합금	–	3×2×23.7	0.6g	Br 도금

No	ASS'Y LEVEL				PART NAME	PART PICTURE	3D Modeling	QT'Y	원재료(Ingredients)		제품규격	제품 중량(g)	비고
	PRO-DUCT	ASS'Y	SUB ASS'Y	PART					재질(Material)	Grade			
21				●	Touch-pen hook			1	POM (Polyacetal)	–	7.8×1.3× 10.2	0.09g	
22				●	Touch-pen rubber packing			1	Silicon Rubber	–	5×4×2.8	0.4g	HsA 60
23		●			Touch-pen			1	PC (LEXAN 141)	–	6×6× 102.2	3g	

4 분해도

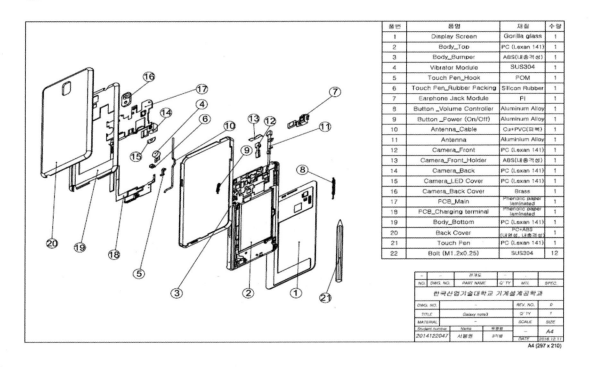

품번	품명	재질	수량
1	Display Screen	Gorilla glass	1
2	Body_Top	PC (Lexan 141)	1
3	Body_Bumper	ABS(내충격성)	1
4	Vibrator Module	SUS304	1
5	Touch Pen_Hook	POM	1
6	Touch Pen_Rubber Packing	Silicon Rubber	1
7	Earphone Jack Module	PI	1
8	Button _Volume Controller	Aluminium Alloy	1
9	Button _Power (On/Off)	Aluminium Alloy	1
10	Antenna_Cable	Cu+PVC(피복)	1
11	Antenna	Aluminium Alloy	1
12	Camera_Front	PC (Lexan 141)	1
13	Camera_Front_Holder	ABS(내충격성)	1
14	Camera_Back	PC (Lexan 141)	1
15	Camera_LED Cover	PC (Lexan 141)	1
16	Camera_Back Cover	Brass	1
17	PCB_Main	Phenolic paper laminated	1
18	PCB_Charging terminal	Phenolic paper laminated	1
19	Body_Bottom	PC (Lexan 141)	1
20	Back Cover	PC+ABS (내열성, 내충격성)	1
21	Touch Pen	PC (Lexan 141)	1
22	Bolt (M1.2x0.25)	SUS304	12

–	–	전개도	–	–
NO.	DWG. NO.	PART NAME	Q'TY	MTL.	SPEC.

한국산업기술대학교 기계설계공학과

DWG. NO.	–			REV. NO.	0
TITLE		Galaxy note3		Q'TY	1
MATERIAL				SCALE	SIZE
Student number	Name			–	A4
2014122047	시봉원	3지방		DATE	2016.12.11

A4 (297 x 210)

5 PART DRAWING(2D 도면)

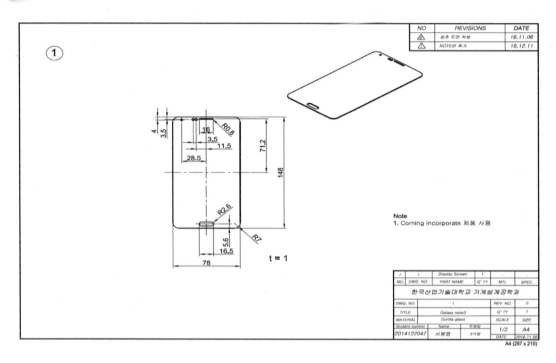

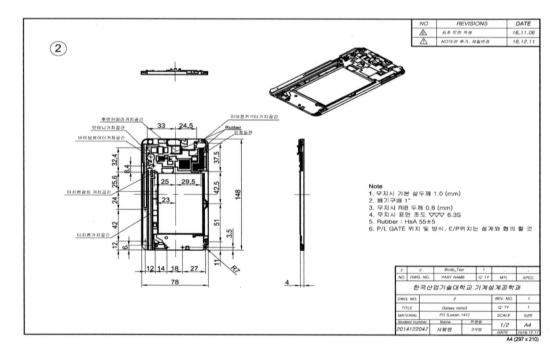

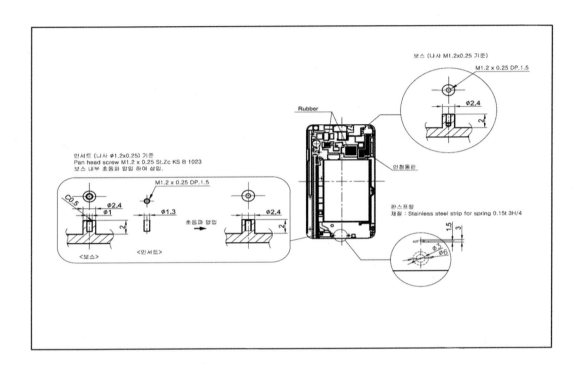

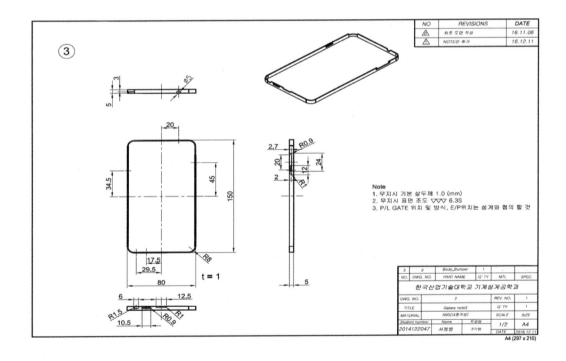

Note
1. 무지시 기본 살두께 1.0 (mm)
2. 무지시 표면 조도 ▽▽▽ 6.3S
3. P/L GATE 위치 및 방식, E/P위치는 설계와 협의 할 것

NO	REVISIONS	DATE
⚠	최초 도면 작성	16.11.06
⚠	NOTE2 추가	16.12.11

3	3	Body_Bumper	1		
NO.	DWG. NO.	PART NAME	Q' TY	MTL	SPEC.

한국산업기술대학교 기계설계공학과

DWG. NO.	2	REV. NO.	1
TITLE	Galaxy note3	Q' TY	1
MATERIAL	ABS(내충격성)	SCALE	SIZE
Student number	Name	두광림	1/2	A4
2014122047	서봉범	3학점		
			DATE	2016.12.11

A4 (297 x 210)

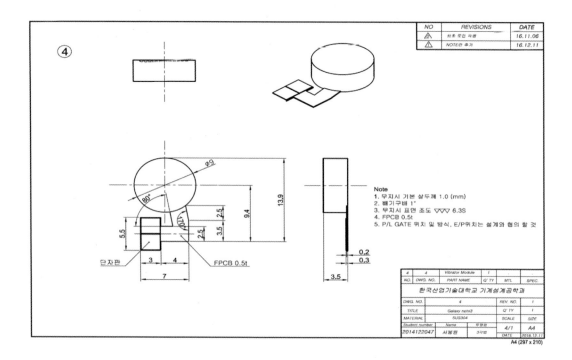

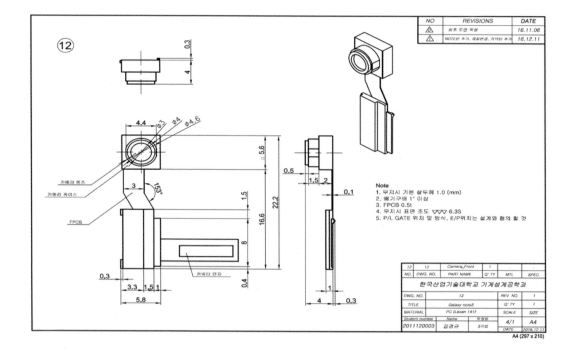

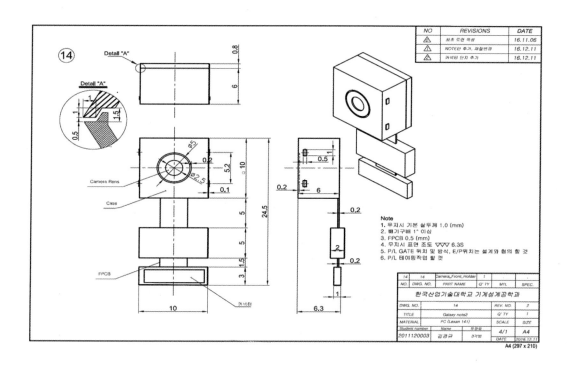

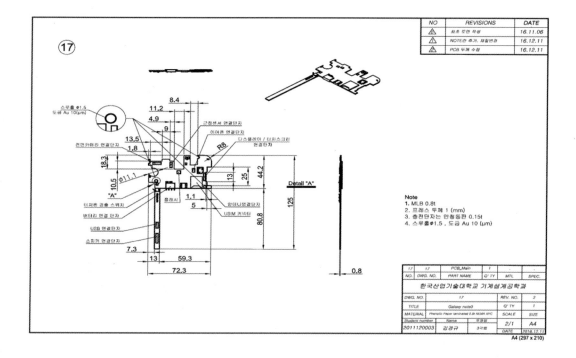

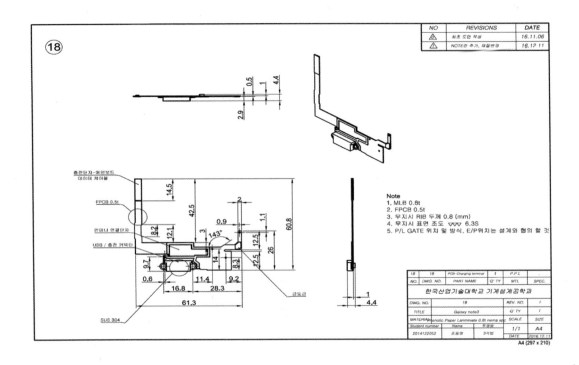

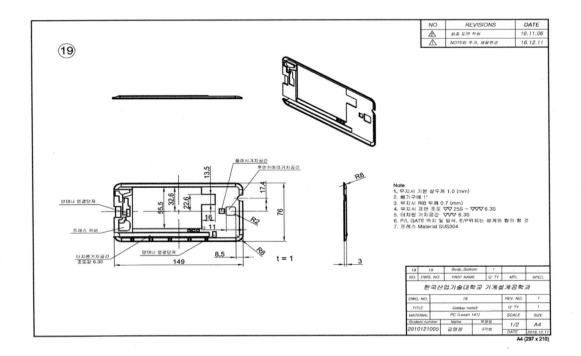

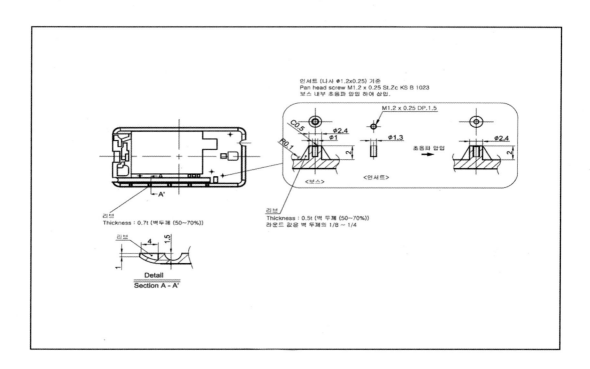

인서트 (나사 φ1.2x0.25) 기준
Pan head screw M1.2 x 0.25 St.Zc KS B 1023
보스 내부 초음파 압입 하여 삽입.

M1.2 x 0.25 DP.1.5

C0.5   φ2.4   φ1
R0.1   φ1.3   초음파 압입   φ2.4

<보스>   <인서트>

리브
Thickness : 0.7t (벽두께 (50~70%))

리브
Thickness : 0.5t (벽 두께 (50~70%))
라운드 값은 벽 두께의 1/8 ~ 1/4

리브   4   1.5

Detail
Section A - A'

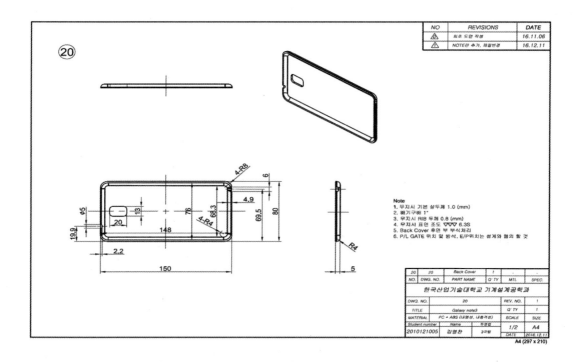

⑳

NO	REVISIONS	DATE
⚠	최초 도면 작성	16.11.06
⚠	NOTE란 추가, 제설변경	16.12.11

Note
1. 무지시 기본 살두께 1.0 (mm)
2. 빼기구배 1°
3. 무지시 RIB 두께 0.8 (mm)
4. 무지시 표면 조도 ▽▽▽ 6.3S
5. Back Cover 후면 부 부식차리
6. P/L GATE 위치 및 방식, 타/P위치는 설계와 협의 할 것

20	20	Back Cover	1	.	.
NO.	DWG. NO.	PART NAME	Q' TY	MTL	SPEC.

한국산업기술대학교 기계설계공학과

DWG. NO.	20	REV. NO.	1
TITLE	Galaxy note3	Q' TY	1
MATERIAL	PC + ABS (내열성, 내충격성)	SCALE	SIZE
Student number	Name	두광림	1/2	A4
2010121005	강영찬	3-과탑	DATE	2016.12.11

A4 (297 x 210)

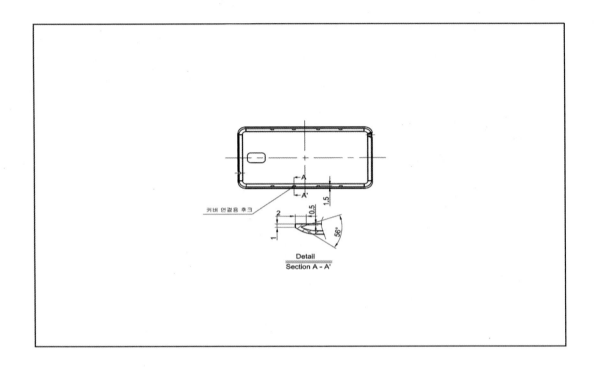

커버 연결용 후크

Detail
Section A - A'

6 3D ASSEMBLY MODELING

Ass'y

7 DISASSEMBLY MODELING(분해도)

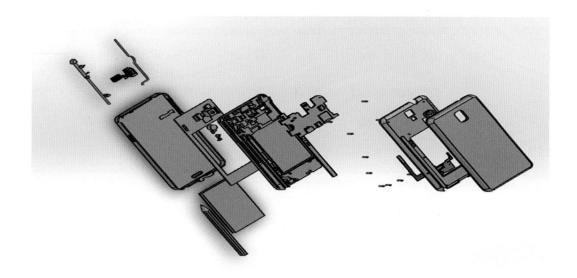

8 ANIMATION

9 CAE(해석)

1) 상온에서

상온 20노에서 대기(야외)에 의한 열전달계수를 300W/m²*K로 가정하여 배터리 발열시 표면 온도가 41.8도까지 상승하게 되면 뒷커버 표면에서 나오는 열유속이 최대 1.3757e⁻⁷W/m²까지 상승한다.

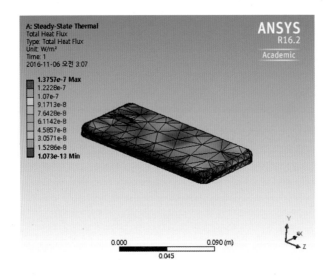

2) 고온보존

실내 대기상태에서 대류에 의한 열전달계수를 30W/m²*K로 가정하여 대기온도 75도에서의 상태를 확인하였다. 디스플레이(Display) 앞면에서 최대 77도까지 온도가 올라갔다.

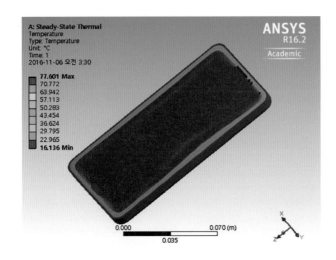

3) 저온보존

실내 대기상태에서 대류에 의한 열전달계수를 30W/m²*K 가정하여 대기온도 −40도에서의 상태를 확인하였다. 디스플레이 앞면에서 최저 −40도까지 온도가 내려갔다.

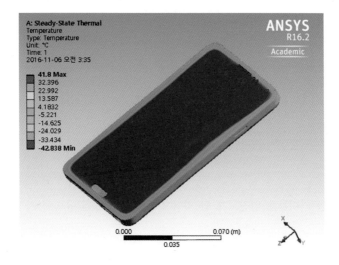

4) 열 유동

배터리에 있어 60도에서 빠져나가는 최대 열 유속은 1.05×10^6 W/m²이고 스크린(display) 방향으로 열 유속 밀도가 높다.

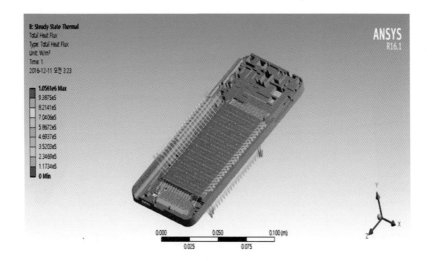

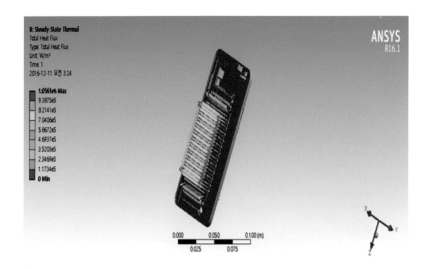

배터리에 직접 닿는 커버들은 열전도가 될 것이며, 틈사이로의 열 유속이 가장 활발하다.

10 개선 설계

1) 개선 설계

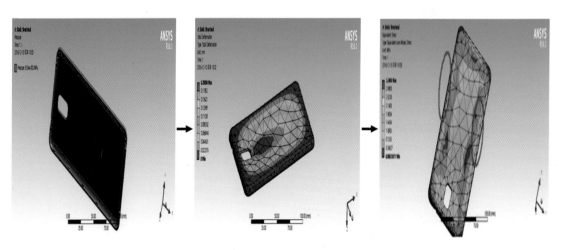

80kg 체중을 갖는 성인남성이 스마트폰을 깔고 앉았을 때를 가정하여 8MPa 압력을 작용시킨다.	최대 변형량 0.200mm 발생한다.	특히 양쪽 모서리부분이 중앙보다 더 큰 응력을 받는다.

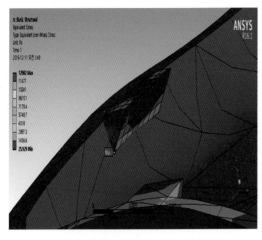

백 커버를 200Pa 정도로 탈착할 경우 리브(rib)에 걸리는 응력은 최대 13,000Pa이 걸린다.

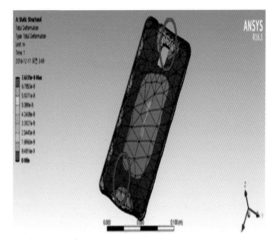

백 커버의 리브(rib)가 없는 모서리에 변형이 자주 일어나게 되면 휨이 발생한다.

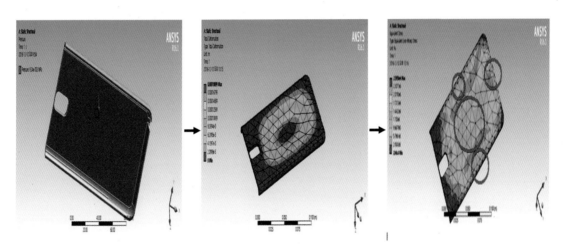

80kg 체중을 갖는 성인남성이 스마트폰을 깔고 앉았을 때를 가정하여 8MPa 압력을 작용시킨다.

최대변형량 0.189mm이 발생한다.

응력이 모서리들과 중심에 분산된다.

2) 적용 후 해석 결과

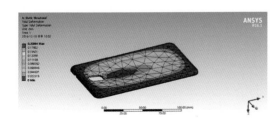

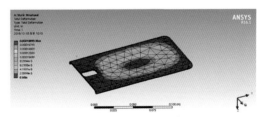

항 목	개선 전	개선 후
변형량 (mm)	0.2	0.18
응력 (MPa)	3.24	2.60

$$\frac{0.2 - 0.18}{0.2} \times 100(\%) = 10\%,$$

$$\frac{3.24 - 2.60}{3.24} \times 100(\%) = 19.7\%$$

처짐량이 줄었다.   응력이 줄었다.

Galaxy Note 3 vs. IPhone 5S 부품 비교

1 구조 비교

Part \ Product	Galaxy Note 3	IPhone 5S	특 징	
			Note 3	IPhone 5S
Main body			- 플라스틱 바디 - 소량의 인서트 - 실리콘 고무	- 알루미늄 바디 - 다수의 인서트 - 실리콘 고무

2 부품 비교

Part \ Product	Galaxy Note 3	IPhone 5S	특 징	
			Note 3	IPhone 5S
PCB_Main			- PCB 결합 부분 금 도금 처리	- Bar 형식 PCB - PCB 인서트 삽입 - 결합부분 금 도금처리

3 부품 비교

Product / Part	Galaxy Note 3	IPhone 5S	특징 Note 3	IPhone 5S
PCB_Charging terminal + Earphone jack			- PCB+ Flexible PCB 조합	- 이어폰 잭 + - 충전단자 + - 스피커 Module Ass'y

4 단자 분해

Product / Part	IPhone 5S	특징 IPhone 5S
PCB_Charging terminal		- 작은 형태의 정밀 프레스물(핀 단자) - 단자 끝 전도율을 높이기 위한 금 도금(flash plating)

5　부품 비교

Product Part	Galaxy Note 3	IPhone 5S	특 징	
			Note 3	IPhone 5S
Vibrator_ module			- 틀에 고정식 　모듈	- 볼트 체결식 - 판스프링

6　부품 비교

Product Part	Galaxy Note 3	IPhone 5S	특 징	
			Note 3	IPhone 5S
Home button			- 판 스프링 형식의 공통된 버튼 눌림(판스프링의 탄성 및 복원력 이용)	

Galaxy Note 3 vs. IPhone 5S 부품 및 적용기술 비교

No	MODEL / PART NAME	GALAXY Note 3	IPhone 5S	QT'Y	IPhone 5S 특징	비고
1	Ass'y			1		
2	Battery			1		
3	Back cover			1	2단 결합	
4	Main body ass'y (Display Screen+Bezel+ Frame)			1	아이폰 알루미늄 바디	
5	Body_Bumper			1		
6	Body_bottom			1		
7	Bolt			1	측면 벽면에 볼트 고정	
8	PCB_main			1	Bar 형식의 PCB	

No	MODEL / PART NAME	GALAXY Note 3	IPhone 5S	QT'Y	IPhone 5S 특징	비 고
9	PCB_Charging terminal			1	이어폰잭, 충전단자, 스피커 ASS'Y 형태	
10	Camera_back			1	모듈에 LED 포함	
11	Camera_front			1		
12	Camera_back cover			1		
13	Camera_front holder			1		
14	Camera_LED cover			1	판스프링	금도금 (플래시)
15	Vibrator_module			1	판스프링	금도금 (플래시)
16	Earphone jack module			1	금도금	1차 Ni 도금 2차 Au 도금 (8~10um)

No	MODEL PART NAME	GALAXY Note 3	IPhone 5S	QT'Y	IPhone 5S 특징	비 고
17	Antenna			1	핀 단자 (커넥터)	금도금 (플래시)
18	Antenna Cable			1		
19	Button_ volume controller			1		
20	Button_power (on/off)			1	단자 금도금	
21	Touch pen_ hook			1		
22	Touch pen_ rubber packing			1		
23	Touch pen			1		

참고문헌

1. 이국환, "제품설계·개발공학(Product Design and Development Engineering)", 기전연구사, 2008.
2. 이국환, "동시공학기술(Concurrent Engineering & Technology)", 기전연구사, 2001. (문화관광부 선정 2001년 기술과학분야 우수학술도서)
3. 이국환 외 공저, "설계사례 중심의 기구설계", 기전연구사, 2003.
4. 이국환 외 공저, "알기쉬운 도면해석 기계도면 보는 법", 기전연구사, 2004.
5. 이국환 외 공저, "제품개발과 기술사업화 전략", 한티미디어, 2009.
6. 이국환 외 공저, "3차원 CAD SolidWorks를 활용한 해석(CAE)", 기전연구사, 2009.
7. 이국환 외 공저, "설계사례중심의 3차원 CAD SolidWorks 2015", 기전연구사, 2015.
8. Karl T. Ulrich and Steven D. Eppinger, "Product Design and Development", McGraw Hill, 2008.
9. 이국환, "미래창조를 위한 창의성", 카오스북, 2013. (문화체육관광부 선정 2014년 기술과학분야 우수학술도서)
10. 이국환, "교육 • 강연 • 세미나 • 기술컨설팅 자료 등". 2016.
11. 이국환, "전자제품 기구설계 강의자료 등", 2016.
12. 이국환, "기계시스템응용설계 강의자료 등", 2016.
13. 이국환, "보유 특허등록 자료(미국, 중국, 한국)", 2017.
14. 이국환, "최신 기계도면 보는 법", 기전연구사, 2017.
15. 이국환, "연구개발 및 기술이전 자료, 논문 등", 2017.
16. 황한섭, "사출성형공정과 금형", 기전연구사, 2014.
17. 이국환 외 공저, "2D 드로잉 및 3D 모델링 도면사례집", 기전연구사, 2006.
18. 이국환 자문 및 감수, "중소기업을 위한 지식재산 관리 매뉴얼", 대한변리사회, 2006.
19. 홍명웅 저, "최신 엔지니어링 플라스틱 편람", 기전연구사, 2007.

저자 소개

이국환(李國煥)

한양대학교 정밀기계공학과와 동대학원을 졸업한 후 한국산업기술대학교에서 기계시스템응용설계 관련 박사학위를 받았다. 30년 이상 대우자동차 연구소, LG전자 중앙연구소, 대학교에서 기계·시스템 및 부품·소재, 전자·정보통신, 환경·에너지, 의료기기 산업 등에서 아주 다양한 융·복합기술 분야의 첨단 R&D, 제품개발 및 프로젝트를 수행하였다.
주요 내역은 다음과 같다.

- LG전자 특허발명왕 2년(1992년~1993년) 연속 수상(회사 최초)
- LG그룹 연구개발 우수상 수상(1996년) – 국내 최초 및 세계 최소형·최경량 PDA(개인휴대정보단말기) 개발로 1996년 한국전자전시회 국무총리상 수상
- 문화관광부선정 기술과학분야 우수학술도서 저술상 3회 수상(1998년, 2001년, 2014년)
- "중소기업을 위한 지식재산관리 매뉴얼" 자문 및 감수위원(특허청, 대한변리사회)
- LG전자, 삼성전자, 에이스안테나, 만도 등 다수 기업(BM발굴, 개발 및 현업문제해결 컨설팅, 특강)과 현대·기아 차세대 자동차 연구소(창의적 문제해결 방법론 교육)
- 삼성전기에서 제품개발 및 설계 직무교육
- 한국산업단지공단, 중소기업진흥공단, 지자체, 대학교 등에서 창의적 제품개발, 신사업발굴, R&D전략 및 기술사업화(R&BD), 창의적 문제해결방법론 등 교육 및 강의
- 첨단 제품 및 시스템 관련 미국특허(2건), 중국특허(2건) 및 국내특허 20여개 보유

현재 한국산업기술대학교에서 기계시스템응용설계, 창의적 공학설계, ICT 제품설계·개발 등과 더불어 대학원에서 기술사업화 및 R&D전략, 특허기반의 제품·시스템개발 및 기술사업화(IP-R&D, R&BD), 기술경영(MOT) 등을 가르치고 있으며, 정부 R&D 개발사업화 과제 선정 및 평가위원장 등 다수 역할을 수행하고 있다.

또한, 다양한 융·복합기술 분야에서 창의적이며 혁신적인 특허·지식재산권(PM : Personal Mobility, 개인이동수단 관련 다수의 국내 및 미국특허등록, 중국특허등록, 해외 PCT 출원)을 보유하고 있으며 이를 활용한 혁신적, 창의적이며 차별화된 첨단 제품과 시스템 개발에도 열정을 쏟고 있다. 다음과 같은 전문 분야에서도 활발한 활동을 하고 있다.

- 창의적 문제해결의 방법론 및 창의적 개념설계안의 도출·구체화
- 특허기술의 사업화(Open innovation), 특허분석 및 회피설계
- 제품개발과 기술사업화 전략, 사업아이템 발굴 및 BM(비즈니스 모델) 전략수립
- 제품·시스템설계 및 개발공학, 동시공학적 개발(CAD/CAE/CAM), 원가절감(VE) 및 생산성(Q.C.D) 향상
- 기술예측, R&D 평가 등

저서로는 〈최신 기계도면 보는 법〉, 〈제품설계·개발공학〉, 〈제품개발과 기술사업화 전략〉, 〈동시공학기술(Concurrent Engineering & Technology)〉, 〈설계사례 중심의 기구설계〉, 〈2차원 CAD AutoCAD 2017, 2016, 2015, 2014 등〉, 〈3차원 CAD SolidWorks 2015, 2013, 2011 등〉, 〈SolidWorks를 활용한 해석·CAE〉, 〈3차원 CAD Pro-ENGINEER Wildfire 2.0 등〉, 〈기계도면의 이해 Ⅰ·Ⅱ〉, 〈2D 드로잉 및 3D 모델링 도면 사례집〉, 〈미래창조를 위한 창의성〉, 〈알파고 시대, 신인류 인재 육성 프로젝트〉 등 제품설계 및 개발, R&D, 기술사업화, CAD/CAE, 특허, 창의성, 창의적인 혁신제품의 개발전략 분야 등 상품기획, 제품설계 및 생산에 이르는 전분야·전주기에 걸친 총 52권의 관련 저서가 출간되어 있다.

ICT 및 융·복합 제품개발을 위한

최신 제품설계

2017년 7월 5일 제1판제1인쇄
2017년 7월 12일 제1판제1발행

저 자 이 국 환
발행인 나 영 찬

발행처 **기전연구사** ─────────

서울특별시 동대문구 천호대로4길 16(신설동 104-29)
전 화 : 2235-0791/2238-7744/2234-9703
FAX : 2252-4559
등 록 : 1974. 5. 13. 제5-12호

정가 48,000원

  ISBN 978-89-336-0924-8
  www.kijeonpb.co.kr